TRILOGIE
DER INDUKTIVEN BAUELEMENTE

TRILOGIE
DER INDUKTIVEN BAUELEMENTE

APPLIKATIONSHANDBUCH
für EMV-Filter, getaktete Stromversorgungen
& HF-Schaltungen

IMPRESSUM

HERAUSGEBER

Würth Elektronik eiSos GmbH & Co. KG
Max-Eyth-Str. 1 · 74638 Waldenburg · Deutschland
Tel. +49 742 945-0 · Fax +49 742 945-5000
eiSos@we-online.de · www.we-online.de

REALISATION

Jana Haisch // Stefan Hellwig // Tamara Wendler

AUTOREN

Dr. Thomas Brander // Alexander Gerfer // Bernhard Rall // Heinz Zenkner

ZEICHNUNGEN // MZ Dokuments · 86156 Augsburg · Deutschland
DESIGN // DIE NECKARPRINZEN · 74074 Heilbronn · Deutschland
SATZ // Ideen im Kopf · 75050 Gemmingen · Deutschland
DRUCK // Dr. Cantzsche Druckerei Medien GmbH · 73734 Esslingen · Deutschland
VERLAG // Swiridoff Verlag · 74653 Künzelsau · Deutschland

AUFLAGEN

1. Auflage November 2000
2. überarbeitete und erweiterte Auflage November 2001
3. überarbeitete und erweiterte Auflage Oktober 2004
4. überarbeitete und erweiterte Auflage November 2008
4. überarbeitete und erweiterte Auflage Oktober 2013
5. überarbeitete und erweiterte Auflage November 2019

ISBN 978-3-89929-151-3

Inhalt

GRUNDLAGEN   11-286

Anhand der wichtigsten Gesetzmäßigkeiten und Grundlagen induktiver Bauelemente, Ersatzschaltbildern und Simulationsmodelle wird dem Leser elektrotechnisches Basiswissen vermittelt.

BAUELEMENTE   287-492

Das Kapitel stellt induktive Bauelemente sowie deren besondere Eigenschaften und Einsatzbereiche vor. Von EMV-Komponenten über Induktivitäten, Übertragern, HF-Bauteilen, Bauelemente für Überspannungsschutz, Abschirmmaterialien bis hin zu Kondensatoren werden alle relevanten Bauelemente erläutert.

ANWENDUNGEN   493-822

Der Leser erhält in diesem Kapitel einen umfassenden Einblick in das Prinzip von Filterschaltungen, in Schaltungstechnik sowie in zahlreiche Industrie-Applikationen, die ausführlich anhand von Originalbeispielen erklärt werden.

VERZEICHNISSE   823-861

Ein Fachwortlexikon und ein alphabetisches Stichwortregister zur schnellen und gezielten Suche runden dieses Buch ab.

Dieses Buch enthält Verweise auf verschiedene Simulations-Bibliotheken und Design-Software.
Diese Tools finden Sie unter:
www.we-online.de/toolbox

Vorwort

Sehr geehrte Leserinnen und Leser,

Induktive Bauelemente ob nun zur Spannungswandlung, Filterung oder zum Sicherstellen der EMV, sind alles andere als trivial und bereitet vielen Entwicklern Kopfzerbrechen. Was muss ich als Techniker oder Ingenieur bei der Auswahl der Bauteile beachten? Wie finde ich bei der großen Vielzahl von Varianten das optimale Bauteil für meine Applikation? Welche Bedeutung haben die Datenblattparameter? Worin unterscheiden sich die Kernmaterialien?

Diese weitverbreitete Unsicherheit und der weitestgehend fehlende praktische Ansatz in der Ausbildung zur Auswahl und Verwendung von induktiven Bauelementen, war für uns der Anlass, ein Fachbuch zu schreiben. Der große Erfolg und die immense Beliebtheit unseres Applikationshandbuchs „Trilogie der induktiven Bauelemente" zeigen, dass wir hier richtig lagen. Sie halten gerade die fünfte komplett überarbeitete und modernisierte Fassung in Ihren Händen. Tausende von Entwicklern haben in diesem Handbuch Unterstützung für Zehntausende von Designs gefunden. Das erfüllt uns mit Stolz und Dank.

Der Schwerpunkt des Buches liegt bei Applikationsschaltungen und der Auswahl von passenden Bauelementen, sowie Layoutempfehlungen unter Berücksichtigung von EMV-Gesichtspunkten.

Wir empfehlen allen Lesern, gerade dem Kapitel 1 – Grundlagen – besondere Aufmerksamkeit zu widmen. Nur wer die Grundlagen versteht und konsequent beachtet und anwendet, wird die optimalen induktiven Bauelemente auswählen und verwenden. Neben den wichtigen Grundlagen behandeln wir auch das Thema Simulation. Dieser Teil ist in der neuen Auflage deutlich erweitert, die Theorie aus anderen Abschnitten ist zur besseren Verständlichkeit nun in diesem Kapitel zusammengeführt.

Dazu gehören Filtergrundlagen, die auf höhere Frequenzen erweitert wurden, Transformatorenersatzschaltkreise, aktualisierter Ethernet- und Power-over-Ethernet-Anschluss, Grundlagen des Schaltnetzteils und der drahtlosen Leistungsübertragung sowie RF-Basics. Zusätzlich werden neue Informationen zu Skin-, Proximity-Effekt und AC-Verlusten bereitgestellt.

Verschiedene Kapitel haben wir erweitert oder neue hinzugefügt – um der wachsenden Bedeutung von Themen wie der drahtlosen Energieübertragung, von RF, Energy Harvesting und den neuen SiC(Siliziumkarbid)- und GaN(Galliumnitrid)-Schalttransistoren Raum zu geben.

Der Komponentenbereich listet alle Würth Elektronik Komponentenfamilien übersichtlich in einem Kompaktformat auf, immer gefolgt von einer Seite mit ihren wichtigsten Merkmalen und Eigenschaften. So können Sie schnell die gesamte Palette verfügbarer Komponenten und deren allgemeine Spezifikationen durchsuchen.

Mein Dank geht an dieser Stelle auch an die externen Autoren aus dem Kreis unserer Kunden und von namhaften Herstellern. Deren Erfahrungen und Lösungen in Grundlagen und Schaltungstechnik fließen hier mit ein und sind für Sie mit Sicherheit ein großer Gewinn. Abgerundet wird die Trilogie durch die Erklärung wichtiger Fachbegriffe. Somit haben Sie für Ihre tägliche Arbeit, aber auch für Lehre, Studium und Forschung, ein kompaktes und praxisbezogenes Nachschlagewerk.

Wie immer freuen wir uns auf Ihre Anregungen und wünschen Ihnen nun viel Spaß mit der „Trilogie der induktiven Bauelemente".

Herzlichst Ihr

Alexander Gerfer

CTO
Würth Elektronik eiSos Gruppe

Vielen Dank

Ein besonderer Dank für die konstruktive Mitarbeit geht an:

Michael Bairanzade, ON Semiconductor, Toulouse, Frankreich

Dipl.-Ing. (FH) Markus Braun, Fujitsu Siemens Computers GmbH, Augsburg, Deutschland

Dipl.-Ing. (FH) Hans Dieter Frank, Würth Elektronik iBE GmbH, Thyrnau, Deutschland

Dipl.-Ing. (FH) Ralf Frank, HF-Entwicklung Frank, Salem, Deutschland

Dipl.-Ing. (FH) Andreas Merkle, NewTec GmbH, Pfaffenhofen a. d. Roth, Deutschland

Dr. Andreas Schiff, ISC GmbH, Tettnang, Deutschland

Dipl.-Ing. (FH) Anestis Terzis, DaimlerChrysler, Ulm, Deutschland

Andre Schwarz, Matrix Vision GmbH, Oppenweiler, Deutschland

Ansgar Trotter, Honeywell GmbH, Schönaich, Deutschland

Jörg Meyer, Iris GmbH, Berlin, Deutschland

Matthias Mühle, Philips Medizinsysteme GmbH, Böblingen, Deutschland

Jon Harper, Fairchild Semiconductor GmbH, Fürstenfeldbruck, Deutschland

Power Integrations, San Jose, USA

Nils Dirks, Dirks Compliance Consulting, Herrsching, Deutschland

Dean Huumala, Wurth Electronics Midcom Inc., Watertown, USA

Nigel Smith, Texas Instruments, Freising, Deutschland

Alain Lafuente, Würth Elektronik eiSos, Saint Priest Cedex, Frankreich

Sébastien Chadal, Würth Elektronik eiSos, Saint Priest Cedex, Frankreich

Jochen Baier, Würth Elektronik eiSos, Waldenburg, Deutschland

Ralf Stiehler, Würth Elektronik eiSos, Waldenburg, Deutschland

Lorandt Fölkel, Würth Elektronik eiSos, Waldenburg, Deutschland

Rudolf Hauser, Supertex Inc., Gräfelfing, Deutschland

George Slama, Wurth Electronics Midcom Inc., Watertown, USA

Stefan Hellwig, Würth Elektronik eiSos, Waldenburg, Deutschland

Anregungen und Kritik zu diesem Buch bitte an:

Würth Elektronik eiSos GmbH & Co. KG

Alexander Gerfer

Tel. +49 742 945-0

E-Mail: books@we-online.de

Alle Rechte vorbehalten

© Würth Elektronik eiSos GmbH & Co. KG, Waldenburg Oktober 2019

Das Werk einschließlich aller seiner Teile ist urheberrechtlich geschützt. Jede Verwendung außerhalb der engen Grenzen des Urheberrechtsgesetzes ist ohne Zustimmung des Verlags unzulässig und strafbar. Dies gilt insbesondere für Vervielfältigungen, Übersetzungen, Mikroverfilmungen, Bearbeitung sonstiger Art sowie für die Einspeicherung und Verarbeitung in elektronischen Systemen. Dies gilt auch für die Entnahme von einzelnen Abbildungen und bei auszugsweiser Verwertung von Texten.

Die Autoren

Herr **Bernhard Rall**, geboren 1928, studierte nach Kriegsdienst und Gefangenschaft an der Technischen Hochschule Hannover. Im Jahre 1955 trat Herr Rall in das Forschungsinstitut von Telefunken ein, das später zu AEG und Daimler gehörte. Als Oberingenieur schied Herr Rall aus dem Institut aus, um am gleichen Arbeitsplatz selbständig am Thema EMV im Kraftfahrzeug weiter zu forschen. Sein Interesse gilt durchdachten, praktikablen Lösungen schwieriger Probleme. Bernhard Rall beteiligte sich an diesem Fachbuch durch die Beschreibung und durch Messungen zum Kapitel „Ersatzschaltbilder und Simulationsmodelle", sowie durch Praxisbeispiele zur Leistungsentstörung durch EMV-Ferrite bzw. Dimensionierung und Simulation eines Spulenfilters.

Herr **Heinz Zenkner**, geboren 1960, ist öffentlich bestellter und vereidigter Sachverständiger für EMV. Nach einer Ausbildung in der Funksprechentstörung und der Ausübung dieses Berufes studierte Heinz Zenkner in Augsburg Elektrotechnik im Fachbereich Nachrichtentechnik. Daraufhin wechselte er in die Entwicklung elektronischer Geräte (z.B. Höchstfrequenzkomponenten, Audiosysteme und professionelle Industrieelektronik). Durch das Aufkommen der EMV betreibt er bei Fujitsu-Siemens Grundlagenforschung, arbeitet in verschiedenen Normungsgremien mit, führt Schulungen zum Thema EMV durch und begleitet Produktentwicklungen hinsichtlich der EMV.

Herr **Alexander Gerfer**, geboren 1965, arbeitete nach seiner Ausbildung zum Radio- und Fernsehtechniker im Bereich Forschung und Entwicklung für Präzisionsmessgeräte. Es folgte ein Studium der Elektrotechnik an der Rheinischen Fachhochschule in Köln. Während seiner Studienzeit veröffentlichte Alexander Gerfer eine Vielzahl von Applikationsschaltungen und Bauanleitungen aus dem Bereich der Unterhaltungselektronik. Nach seinem Studium arbeitete er in der Distribution von elektronischen Bauelementen und ist seit 1997 bei Würth Elektronik eiSos verantwortlich für das Produktmanagement sowie für Forschung und Entwicklung.

Herr **Dr. Thomas Brander**, geboren 1970, promovierte nach seinem Physik-Studium an der Ruprecht-Karls-Universität Heidelberg über die physikalische Altersbestimmung von Eisenerzen. Anschließend arbeitete er als Entwickler bei einem Transformatoren-Hersteller. Dort entwickelte er eine Vielzahl von Drosseln und Übertragern für große Leistungen. Seit 2004 ist er bei Würth Elektronik eiSos für den Produktbereich Übertrager verantwortlich.

Trilogie der induktiven Bauelemente

Grundlagen

Applikationshandbuch für EMV-Filter, getaktete Stromversorgungen und HF-Schaltungen

I Grundlagen

Teil 1: Grundlagen

1	**Grundlagen induktiver Bauelemente**	**14**
1.1	Das Ampéresche Gesetz und die magnetische Feldstärke H	16
1.2	Magnetische Induktion B	20
1.3	Magnetischer Fluss Φ	22
1.4	Das Faraday'sche Gesetz	22
1.5	Kernmaterialien und ihre Verluste	24
1.6	Permeabilität µ	32
1.7	Induktivität L	37
1.8	Scheinwiderstand Z	41
1.9	Ohm'sche Verluste	43
1.10	Temperaturverhalten	53
1.11	Nennstrom	55
1.12	Sättigungsstrom	55
1.13	Unterscheidung EMV-Ferrit vs. Induktivität	56
2	**Ersatzschaltbilder und Simulationsmodelle**	**57**
2.1	Die wichtigsten Ersatzschaltbildtypen	58
2.2	EMV-Ferrit-Ersatzschaltbilder	69
2.3	Simulation mit LTspice	78
2.4	Entwurf optimierter EMV-Filter für reale Betriebsumgebungen	82
3	**Grundlagen zu Filtern**	**90**
3.1	Filterschaltungen	90
3.2	Das Prinzip der Filterung, Funktionsweise und Aufbau von Filtern	91
3.3	Tiefpassfilter	93
3.4	Schaltungstechnik von Filtern	99
3.5	Symmetrische Filter/Gleich-Takt Filter	106
3.6	Filter für den Frequenzbereich über 500 MHz	116
4	**Grundlagen Übertrager**	**119**
4.1	Funktionsweise eines Übertragers	119
4.2	Parasitäre Größen	123
4.3	Transformator: Parasitäre Größen und Ersatzschaltbild	125
4.4	Aufgaben und Einsatzgebiete von Übertragern	134
4.5	Anforderungen an Daten- bzw. Signalübertrager	135
4.6	Auswirkungen der Eigenschaften eines Übertragers auf die Reflexionsdämpfung	136
5	**Ethernet und Power-over-Ethernet**	**153**
5.1	Geschichte des Ethernet	153
5.2	Das OSI-Schichtenmodell	153
5.3	Was bedeutet Ethernet (Standard 802 .3)?	155
5.4	Die verschiedenen Kodierverfahren für Ethernet	163
5.5	Bob-Smith-Schaltung	167
5.6	Power over Ethernet (PoE)	168
5.7	Wichtige Sicherheitspunkte zu berücksichtigen	169
5.8	Infrastruktur, Signalintegrität und Versorgungsspannung	169
5.9	Versorgungsspannung, Leistungsklassen	172

6	**Schaltregler (Switch Mode Power Supplies, SMPS)**	**175**
6.1	Grundschaltungen	175
6.2	Buck Converter/Abwärtswandler	176
6.3	Boost Converter/Aufwärtswandler	187
6.4	SEPIC-Schaltregler mit geringem Eingangsripplestrom	191
6.5	Input Filter	194
6.6	Übertrager in getakteten Stromversorgungen	198
6.7	Der Sperrwandler	198
6.8	The forward converter	203
6.9	Der Gegentakt-Durchflusswandler (Push-Pull-Converter)	207
6.10	Der Halbbrückenwandler	209
6.11	Der Vollbrückenwandler	210
6.12	Isolierte Softschalttopologien	211
6.13	LLC-Wandler	212
6.14	Stromwandler	214
6.15	Gate-Drive-Transformer	216
6.16	Eine Einführung in die Prinzipien der Frequenzgangkorrektur	217
7	**Grundlagen der kabellosen Leistungsübertragung**	**251**
7.1	Übertragungswege für kabellose Leistungsübertragung	251
7.2	Grundlagen	253
7.3	Aufbau und Berechnung des Schwingkreises	254
7.4	Kopplung und Wirkungsgrad	257
7.5	Schirmung	259
7.6	EMV-Messungen	260
7.7	Die dominierenden Standards	262
8	**HF-Grundlagen**	**264**
8.1	Eigenschaften von HF-Induktivitäten	264
8.2	S-Parameter: Grundlagen	271

I Grundlagen

1 Grundlagen induktiver Bauelemente

Magnetismus

Das Basiswissen der Induktivitäten bilden der Magnetismus und einige Grundgesetze des elektromagnetischen Feldes. Damit lässt sich das grundlegende Wissen um Induktivitäten und Ferrite anschaulich herleiten.

Aus dem Physikunterricht sind sicherlich die wichtigsten Phänomene und Gesetze haften geblieben.

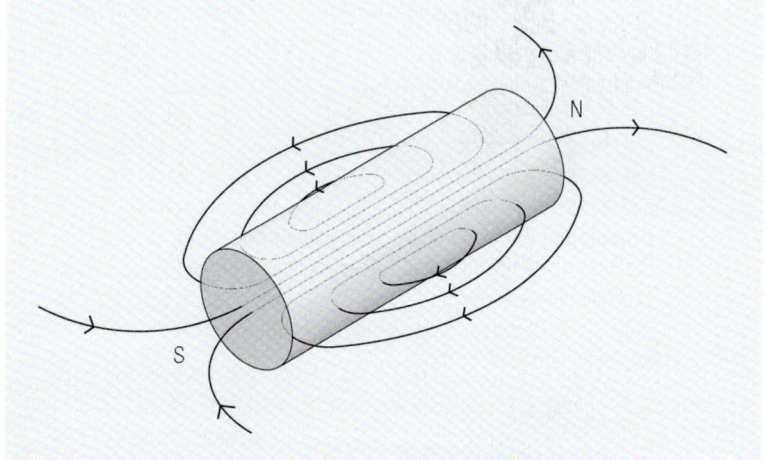

Abb. 1.1: Verlauf der magnetischen Feldlinien eines Stabmagneten

- Jeder Magnet besitzt einen Nordpol und einen Südpol. (Die Erde ist ein riesiger Magnet!)
- Zerteilt man einen bestehenden Magneten, entsteht ein neuer. Der entstandene Magnet besitzt wiederum einen Nord- und einen Südpol. Diese Teilung kann bis hinab auf die Atomar- oder Molekülebene erfolgen, ohne dass der Magneteffekt verloren geht.
- Jeden Magneten umgibt ein magnetisches Feld. Dargestellt wird dies durch das Feldlinienmodell wie in Abbildung 1.1 dargestellt
- Magnetische Feldlinien sind geschlossene Kreise, haben weder einen Anfang noch ein Ende.
- Es gibt magnetisierbare Stoffe (z.B. Eisen) und nicht magnetisierbare Stoffe (z.B. Aluminium).

Ferromagnetische Stoffe

Die weiteren Betrachtungen gelten für magnetisierbare Stoffe, die ferromagnetischen Stoffe.

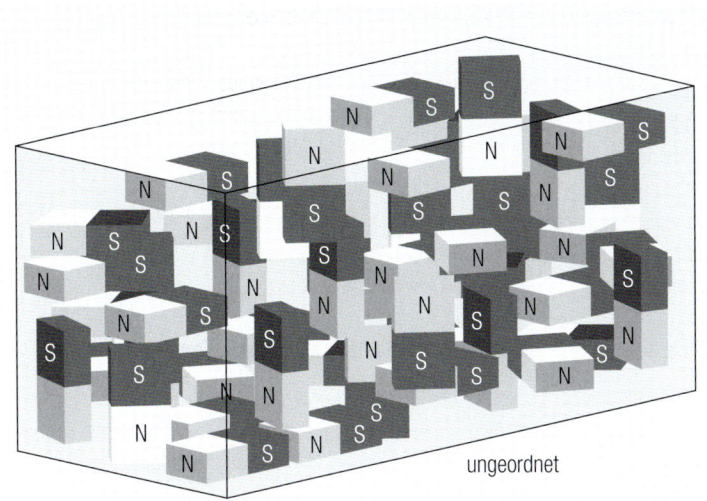

Abb. 1.2: Schematische Darstellung der Elementarmagnete im unmagnetisierten (ungeordneten) Zustand

Jeder ferromagnetische Stoff besitzt eine endliche Anzahl von kleinsten Elementarmagneten, die im unmagnetisierten Zustand wahllos angeordnet sind. Somit ist nach außen hin die Summe der Magnetwirkung gleich Null (Abbildung 1.2). Unter Einwirkung eines externen Magnetfeldes richten sich diese aus.

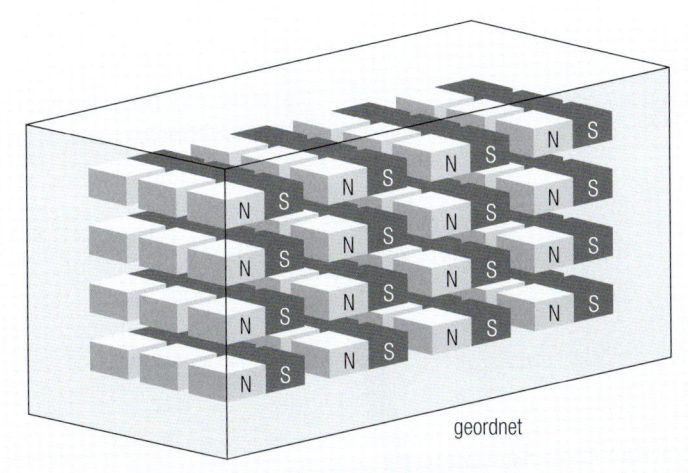

Abb. 1.3: Schematische Darstellung von ausgerichteten (geordneten) Elementarmagneten

Sind alle Elementarmagnete im magnetischen Feld ausgerichtet, so spricht man von der Sättigung des Materials (Abbildung 1.3).

Sättigung

I Grundlagen

Entfernt man das äußerlich angelegte Magnetfeld können zwei Effekte eintreten:

a) Das Material wird wieder unmagnetisch: Man spricht von weichmagnetischem Material.
b) Das Material bleibt magnetisch. Deswegen spricht man hierbei auch von einem hartmagnetischen Material.

Beim weichmagnetischen Material fallen die Elementarmagnete wieder in ihren ursprünglichen Zustand zurück und beim hartmagnetischen Material verbleiben die Elementarmagnete in der ausgerichteten Position.

Ampéresche Gesetz

1.1 Das Ampéresche Gesetz und die magnetische Feldstärke H

Wird ein elektrischer Leiter von einem Strom durchflossen, so entsteht in seiner Umgebung ein magnetisches Feld. Dieses magnetische Feld ist eine vektorielle Größe und rechtwinklig zum erzeugenden Strom gerichtet. Wird durch die magnetische Feldstärke auf einen den Leiter benachbarten magnetisierbaren Körper eine Kraft ausgeübt, so spricht man von einem Kraftfeld.

Das magnetische Feld wird durch Feldlinien dargestellt. Die magnetischen Feldlinien eines Stromleiters bilden dabei geschlossene, konzentrische Kreise.

Führt man die Integration entgegen dem Uhrzeigersinn entlang einer Feldlinie aus, dann haben H und jeder Wegabschnitt dr immer die gleiche Richtung. Ein voller Umlauf liefert die magnetische Randspannung, dargestellt in Abbildung 1.4.

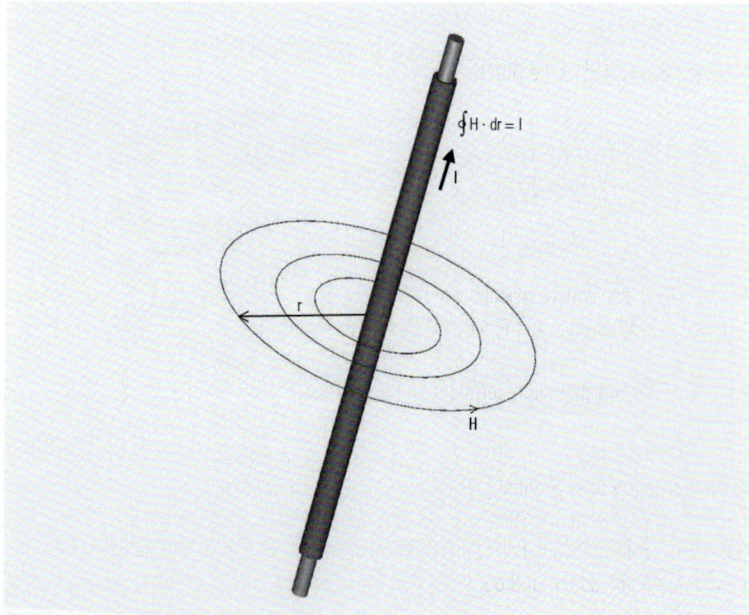

Abb. 1.4: Magnetische Feldstärke H eines langen Leiters

Treten mehrere Leiterströme durch die umspannte Fläche, dann muss auf der rechten Seite die Summe aller Ströme, unter Beachtung Ihrer Vorzeichen, gesetzt werden (Gleichung 1.1).

$$\oint H \cdot dr = \sum_V I_V \quad (1.1)$$

Das Magnetfeld wird durch die magnetische Feldstärke H beschrieben und ist durch die Summe der Feld erzeugenden Ströme definiert.

Die Feldstärke beliebiger Leiteranordnungen lässt sich mit dem Gesetz nach Biot-Savart bestimmen:

Biot-Savart Gesetz

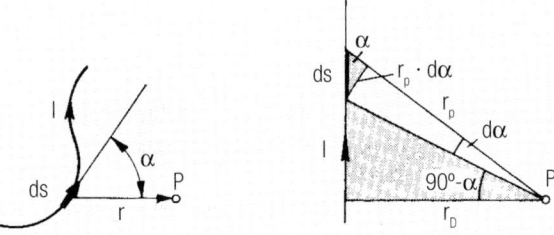

Abb. 1.5: Gesetz von BIOT und SAVART: Zur Feldstärke außerhalb eines geraden Stromleiters

Demnach liefert das kleine Stück (ds) des vom Strom I durchflossenen Leiters den Betrag:

$$dH = \frac{I \cdot \sin \alpha \cdot ds}{4 \cdot \pi \cdot r^2} \quad (1.2)$$

Hierbei ist (α) der Winkel zwischen der Richtung des Linienelementes (ds) und dessen Verbindung r mit dem Punkt P, an dem die Feldstärke (dH) besteht.

Die Feldstärke H ergibt sich hieraus aus der Integration über die Gesamtlänge des Leiters.

magnetische Feldstärke H

Das Ringintegral über H entlang einer geschlossenen Linie ist gleich dem Gesamtstrom durch die von diesem geschlossenen Weg aufgespannten Fläche. Die magnetische Feldstärke ergibt sich aus dem Gesamtstrom durch die von der magnetischen Feldlinie umschlossenen Flächen und der Länge dieser Feldlinie.

I Grundlagen

Geht man davon aus, dass gleiche Ströme in N diskreten Leitern fließen, wie bei einer Spule, vereinfacht sich die Gleichung zu:

$$\oint_l \vec{H} \cdot \vec{ds} = N \cdot I \qquad (1.3)$$

N = Anzahl der Leiter innerhalb des geschlossenen Weges *l*
I = Strom je Leiter

Die Einheit der magnetischen Feldstärke H ist A/m

Folgend einige Beispiele der magnetischen Feldstärke von gängigen Leiteranordnungen (Praxisformeln):

1.1.1 Gerader stromdurchflossener Leiter

gerader Leiter

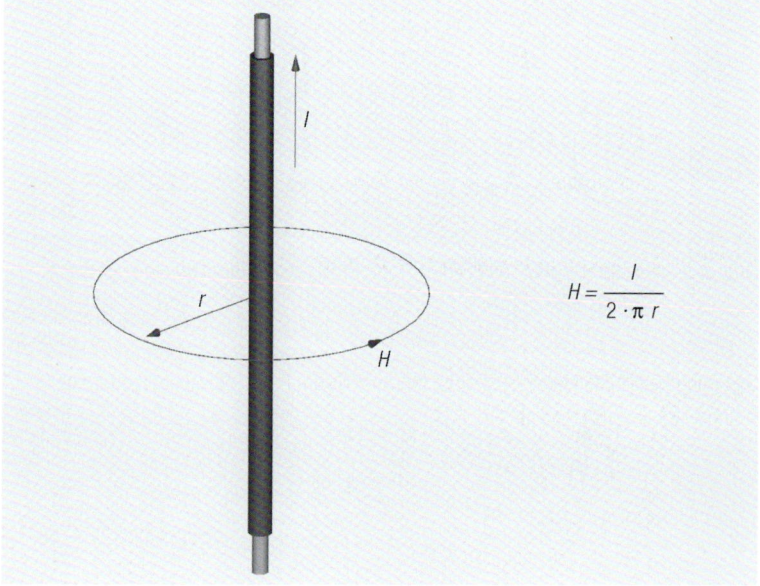

$$H = \frac{I}{2 \cdot \pi \, r}$$

Abb. 1.6: Magnetische Feldstärke H eines geraden Leiters

1.1.2 Ringkernspule

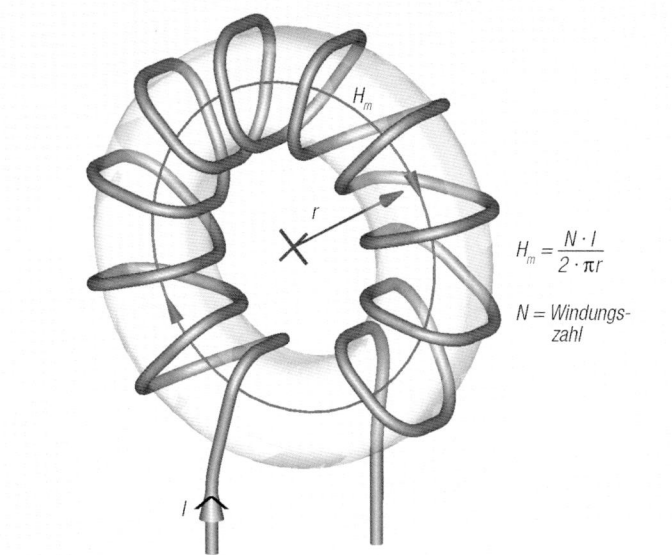

Abb. 1.7: Magnetische Feldstärke H der Ringkernspule

$$H_m = \frac{N \cdot I}{2 \cdot \pi r}$$

N = Windungszahl

1.1.3 Lange Zylinderspule (Länge l >> Durchmesser d)

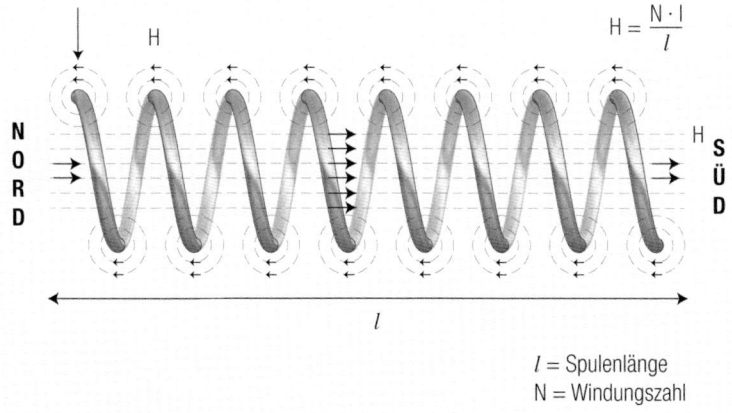

$$H = \frac{N \cdot I}{l}$$

l = Spulenlänge
N = Windungszahl

Abb. 1.8: Magnetische Feldstärke H der langen Zylinderspule

Die Größe der magnetischen Feldstärke H im Inneren einer langen Zylinderspule ist demnach abhängig von der Stromstärke I, der Spulenlänge l und der Windungszahl N.

I Grundlagen

Beispiel:

Die Ferrithülse No. 742 700 9 befindet sich auf einem stromdurchflossenen Leiter mit einem DC-Strom von I = 10 A.
Maße der Hülse: Außendurchmesser = 17,5 mm; Innendurchmesser = 9,5 mm;
Länge l = 28,5 mm
(→ durchschnittlicher Durchmesser = 13,5 mm und mittlerer Radius r_a = 6,75 mm)

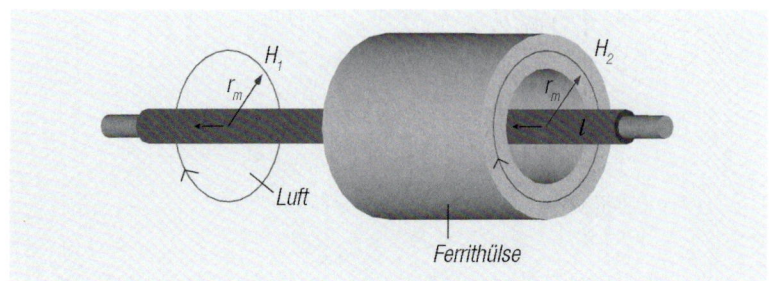

Feldstärke

Abb. 1.9: Feldstärke in Luft und in einer Ferrithülse

Fragestellung:
Wie groß ist die Feldstärke H_1 in Luft und die Feldstärke H_2 in der Ferrithülse (zentrierter Leiter)?

Ergebnis:
Die Feldstärke H_1 in Luft und H_2 in der Ferrithülse sind gleich groß, da die magnetische Feldstärke materialunabhängig ist.

Die Feldstärke beträgt:

$$H_1 = H_2 = H = \frac{I}{2 \cdot \pi \cdot r_{average}} = \frac{10 \text{ A}}{2 \cdot \pi \cdot 6,75 \cdot 10^{-3} \text{ m}} = 235,8 \frac{A}{m} \qquad (1.4)$$

1.2 Magnetische Induktion B

magnetische Flussdichte

Die magnetische Induktion, auch magnetische Flussdichte genannt, ist eine physikalische Größe. B ist die Anzahl der Magnetflusslinien, die einen definierten Bereich senkrecht durchlaufen.

In einer Leiterschleife wird eine Spannung induziert, wenn sich das durch die Leiterschleife hindurchgreifende Magnetfeld **zeitlich** ändert.

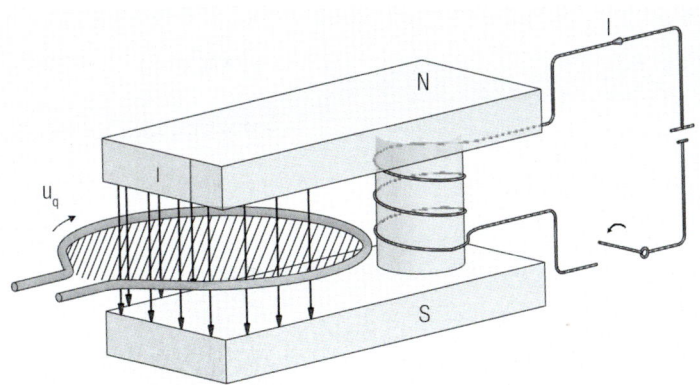

Abb. 1.10: Versuchsanordnung zur magnetischen Induktion

Den auf die Flächeneinheit der Schleife entfallenden Spannungsstoß nennt man die magnetische Induktion B. Die magnetische Induktion B ist wie die magnetische Feldstärke H eine vektorielle Größe.

magnetische Induktion B

Für die magnetische Induktion B gilt folgender Zusammenhang:

$$B = \frac{1}{N \cdot A} \int_0^t U(t)\, dt \quad (1.5)$$

Die magnetische Induktion B ist der Quotient aus dem induzierten Spannungsstoß

$$\int_0^t U(t)\, dt \quad (1.6)$$

und dem Produkt aus der Windungszahl N und der Windungsfläche A der Induktionsspule.

Die Einheit der magnetischen Induktion B ist das Tesla (T) = Vs/m^2.

Die magnetische Induktion B und magnetische Feldstärke H in Luft sind zueinander proportional.

Aus Versuchsmessungen ergibt sich als Proportionalitätsfaktor die magnetische Feldkonstante μ_0.

magnetische Feldkonstante

$$\mu_0 = 4 \cdot \pi \cdot 10^{-7}\, \frac{Vs}{Am} \quad (1.7)$$

I Grundlagen

Daraus folgt für Vakuum und mit genügender Genauigkeit auch für Luft:

$$B = \mu_0 \cdot H \tag{1.8}$$

Für o.g. Beispiel ergibt sich als magnetische Induktion B_L in Luft:

$$B_L = \mu_0 \cdot H = 4 \cdot \pi \cdot 10^{-7}\, \frac{Vs}{Am}\, 235{,}8\, \frac{A}{m} = 296{,}3 \cdot 10^{-6}\, T \tag{1.9}$$

Magnetischer Fluss Φ

1.3 Magnetischer Fluss Φ

Der magnetische Fluss (Φ) ist das skalare Produkt aus der magnetischen Induktion (Flussdichte) B und dem Flächenvektor dA.

$$\Phi = \int_A \vec{B} \cdot \vec{dA} \tag{1.10}$$

Wird die Fläche senkrecht von B durchsetzt und ist das Feld homogen gilt:

$$\Phi = B \cdot A \tag{1.11}$$

Die Einheit des magnetischen Flusses Φ ist gleich der des Spannungsstoßes (Vs) (Voltsekunde) oder Weber (Wb).

Faraday'sche Gesetz

1.4 Das Faraday'sche Gesetz

Bisher hatten wir es mit statischen Magnetfeldern zu tun. Ändert sich nun der magnetische Fluss mit der Zeit, so wird eine Spannung u induziert (Faraday'sches Gesetz).

$$u(t) = -N \cdot \frac{d\Phi(t)}{dt} = \int_A \vec{B} \cdot \vec{ds} \tag{1.12}$$

Mit
u = induzierte Spannung
t = Zeit

Die Polarität der Spannung ist so gerichtet, dass in einem geschlossenen Stromkreis ein Strom entsteht, dessen induzierter magnetischer Fluss dem ursprünglichen magnetischen Fluss entgegenwirkt, d. h. er hat die Tendenz, das Magnetfeld abzubauen (Lenz'sches Gesetz, Abbildung 1.11).

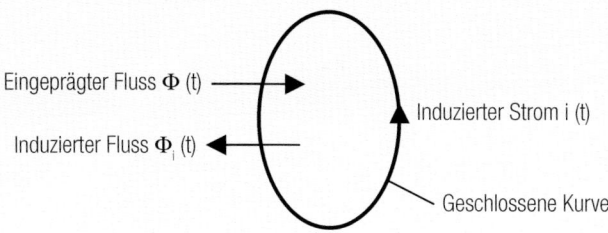

Abb. 1.11: Darstellung des Lenz'schen Gesetzes. Das eingeprägte Magnetfeld induziert einen Strom so in der Richtung, dass dessen induziertes Magnetfeld dem eingeprägten Feld entgegenwirkt

Lenz'sches Gesetz

Betrachtet man eine Wicklung mit N Windungen, so kann man das Faraday'sche Gesetz in folgender Form schreiben

$$u(t) = N \cdot \frac{d\Phi(t)}{dt} = \int_A \mu \cdot \frac{N \cdot \vec{I}}{l} \cdot \vec{ds} = \mu \cdot \frac{N^2}{l} \cdot A \cdot \frac{di}{dt} = L \cdot \frac{di}{dt} \quad (1.13)$$

A = Querschnitt der Spule
l = Länge der Spule bzw. des magnetischen Kreises
I = Strom durch die Spule
L = Induktivität der Spule [H(enry) = Vs/A]

Die Induktivität L begrenzt also die Änderung des Stromes I über der Zeit, bei Anlegen einer Spannung U. Sie kann aus den Daten einer Spule berechnet werden zu:

A_L-Wert

$$L = \mu \cdot \frac{A}{l} \cdot N^2 = A_L \cdot N^2 \quad (1.14)$$

A_L = A_L-Wert; meist in nH/N²

Für die im Magnetfeld gespeicherte Energie gelten folgende Beziehungen:

$$E_{mag} = \frac{1}{2} \cdot L \cdot I^2 = \frac{1}{2} \cdot \int \vec{H} \cdot \vec{B} \cdot dV \quad (1.15)$$

Die im Volumen V gespeicherte Energie setzt sich aus der magnetischen Feldstärke H und der magnetischen Flussdichte B zusammen. Bei Übertragern und Drosseln mit ferromagnetischem Kern ist die Flussdichte durch die Sättigung begrenzt und über den gesamten magnetischen Kreis konstant. Fügt man nun einen Luftspalt (Material mit Permeabiltät µ~1) ein, so ist in diesem Luftspalt die Feldstärke H = B/µ am größten. Daraus folgt, dass die Energiedichte im Luftspalt am höchsten ist. Man sagt auch, dass die Energie im Luftspalt gespeichert wird.

I Grundlagen

Analogien

Vergleicht man magnetische Felder mit elektrischen Feldern, so lassen sich Analogien zwischen einigen Größen herausstellen. Diese sind in Tabelle 1.1 zusammengefasst:

Magnetisches Feld	Elektrisches Feld
Magnetischer Fluss Φ [Wb]	Elektrischer Fluss I [A]
Magnetische Flussdichte B [T], T in [Vs/m²]	Stromdichte J [A/m²]
Magnetische Feldstärke H [A/m]	Elektrische Feldstärke E [V/m]
Permeabilität µ [Vs/Am]	Dielektrizitätskonstante ε [m/W]
Induktivität L [H]	Kapazität C [F]
Magnetische Energie $E_{mag} = 1/2\, L\, I^2$	Elektrische Energie $E_{elek} = 1/2\, C\, U^2$

Tab. 1.1: Analogien zwischen Magnetfeldern und elektrischen Feldern

1.5 Kernmaterialien und ihre Verluste

Bringt man Feststoffe in ein Magnetfeld, so können diese Stoffe ihrem Verhalten nach in drei Gruppen unterteilt werden:

- Diamagnetische Materialien: Magnesium, Wismut, Wasser, Stickstoff, Kupfer, Silber, Gold
- Paramagnetische Materialien: Magnesium, Lithium, Tantal
- Ferromagnetische Materialien: Eisen, Nickel, Kobalt

Dia- und paramagnetische Materialien haben eine relative Permeabilität nahe bei eins. Sie sind somit nur bedingt zum Aufbau von induktiven Bauelementen geeignet. Ferromagnetische Materialien haben eine relative Permeabilität zwischen 10 und 100 000.

Um das Verhalten ferromagnetischer Kerne zu verstehen, muss die innere Struktur dieser Materialien näher betrachtet werden.

Die Atome ferromagnetischer Materialien (in der Folge als magnetische Materialien bezeichnet) haben ein magnetisches Moment. Im unmagnetisierten Zustand sind die magnetischen Momente der Atome in alle Raumrichtungen ausgerichtet, wobei Atome in begrenzten Zellen (Weiß'sche Zellen) eine Vorzugsrichtung aufweisen. Die Grenzen dieser Weiß'schen Zellen bezeichnet man als Blochwände.

Blochwände

Legt man nun ein externes magnetisches Feld an, so versucht dieses die magnetischen Momente entlang der Magnetfeldrichtung auszurichten, wobei die Kristallrichtung nach wie vor die Vorzugsrichtung bleibt. Dies geschieht dadurch, dass die Weiß'schen Zellen mit magnetischem Moment in Feldrichtung auf Kosten benachbarter Zellen wachsen. Man spricht auch vom Verschieben der Blochwände. Bis zu bestimmten Grenzen ist dies ein reversibler Prozess. Wird die Feldstärke jedoch weiter erhöht, so springen die Blochwände von Fehlstelle zu Fehlstelle, welche durch fehlende Atome im Gitter oder durch Fremdatome gebildet werden. Solch eine Verschiebung der Blochwände ist dann nicht mehr reversibel. Sind alle Zellen ausgerichtet, werden die magnetischen Momente bei einer weiteren Erhöhung des Magnetfeldes aus ihrer Kristallrichtung in die Feldrichtung gedreht. Man spricht hier von Drehprozessen.

Dieses Verhalten spiegelt sich in der Hysterese-Kurve (auch B-H-Kurve genannt) wieder (Abbildung 1.12). Im unteren Bereich der Neukurve (Bereiche 1 bis 2 in Abbildung 1.12) herrschen reversible Blochwand- Verschiebungen vor. Im mittleren Bereich (um Bereich 2), in dem die magnetische Flussdichte B nahezu linear mit der Feldstärke H wächst, erkennt man die irreversiblen Sprünge der Blochwände (Barkhausen-Sprünge). Im Sättigungsbereich, bei dem das Ansteigen der magnetischen Flussdichte sehr viel langsamer erfolgt (Bereich 3), herrschen die Drehprozesse vor. Ein weiteres Anwachsen der Weiß'schen Zellen ist nicht mehr möglich.

Hysterese-Kurve (B-H-Kurve)

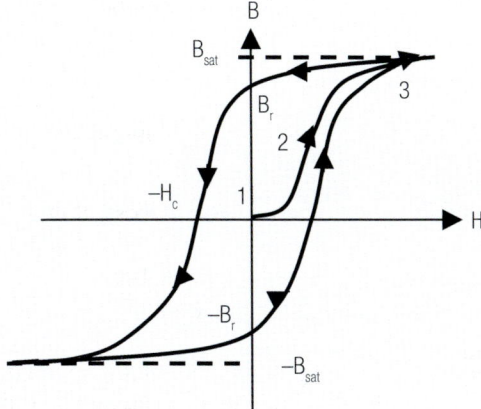

Abb. 1.12: Die B-H-Kurve zeigt die magnetische Flussdichte in Abhängigkeit eines eingeprägten magnetischen Feldes

Reduziert man die Feldstärke, so bleiben viele der verschobenen Blochwände an Fehlstellen hängen. Die magnetische Flussdichte nimmt entlang einer anderen Kurve ab. Es ist noch magnetischer Fluss im Material vorhanden, auch wenn die Feldstärke auf null zurückgegangen ist. Dies gilt für die remanente Flussdichte B_r. Um die Flussdichte auf null zurückzusetzen, muss eine bestimmte negative Feldstärke, d.h. Feldstärke in umgekehrter Polarisation, angewendet werden: Die Koerzitivfeldstärke H_c.

Remanenzflussdichte B_r
Koerzitivfeldstärke H_c

Der Verlauf der Hysterese-Kurve ist materialabhängig. Je nach Wert der Koerzitivfeldstärke spricht man von »weichmagnetischen« und »hartmagnetischen« Materialien.

- Weichmagnetische Materialien: $H_c <$ 1000 A/m, finden vor allem bei induktiven Bauelementen Verwendung.
- hartmagnetische Materialien: $H_c >$ 10000 A/m, werden als Permanentmagnete und bei Elektromagneten verwendet.

weichmagnetische Materialien
hartmagnetische Materialien

I Grundlagen

Kernverluste

Die Fläche innerhalb der Hysterese-Kurve entspricht den Kernverlusten pro Magnetisierungs-Zyklus. Bei höheren Frequenzen kommen zu diesen Verlusten noch Wirbelstromverluste hinzu.

Eine in der Praxis häufig gestellte Frage ist die der Kernmaterialverluste und der daraus resultierenden Verlustleistung durch den Ripplestrom in der Speicherdrossel.

Im folgenden Abschnitt werden einige grundlegende Informationen dazu aufgezeigt und erläutert.

Zur Bestimmung der Kernverluste sind aufwendige Messverfahren notwendig. Diese basieren in der Regel auf der Messung an Ringkernen definierter Größen. Um genaue Werte zu erhalten, werden phasentreue Leistungsverstärker und multiplizierende Messgeräte für die Leistungsmessung mit geringem Phasenunterschied benötigt. Die klassische Angabe der Kernverluste erfolgt nach der nach ihrem Erfinder Karl Steinmetz benannten „Steinmetz-Formel":

Steinmetz Formel

$$P_{CORE} = k \cdot f^a \cdot B^b \qquad (1.16)$$

mit
B   = Spitzenwert der Induktion
P_{core} = mittlere Verlustleistung pro Volumeneinheit
f   = Frequenz der sinusförmigen Messspannung.

Der Koeffizient „a" bewegt sich bei Ferriten tendenziell zwischen 1,1 und 1,9 und der Koeffizient „b" im Bereich von 1,6 bis 3. Für andere Materialien ist eine iterative Betrachtung erforderlich, um die Koeffizienten zu bestimmen.

Schaltreglerapplikationen aber arbeiten mit rechteckförmigen Spannungen bzw. Strömen an der Speicherdrossel. Bei einem Duty-Cycle von 50 % ist die Genauigkeit der Steinmetz Formel schon eingeschränkt, bei kleinerem oder größerem Tastverhältnis können Fehler von über 100 % entstehen!

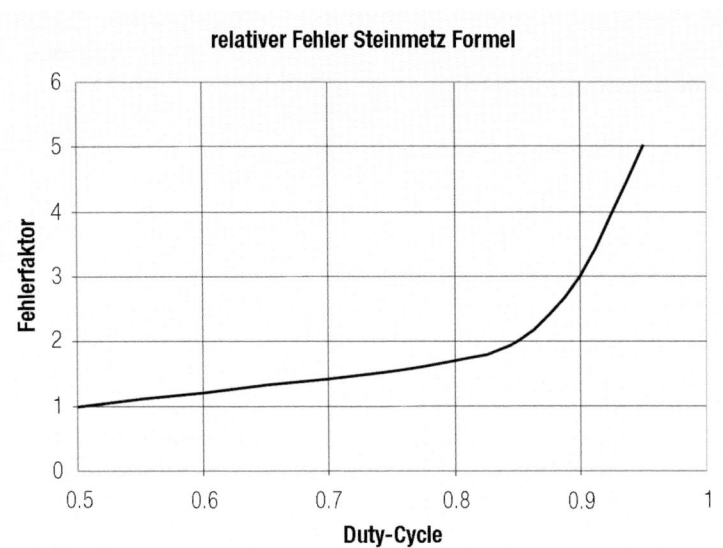

Abb. 1.13: Beispiel für den Fehler der Steinmetz-Formel bei einem Duty-Cycle > 50 %
(f = 100 kHz; MnZn-Kern)

Die Genauigkeit der Steinmetz-Formel wird weiterhin eingeschränkt durch:

- Vernachlässigung der DC-Vormagnetisierung, d.h. eine andere B-H-Kurve stellt sich ein
- Vernachlässigung der Stromharmonischen, verursacht durch die nicht-sinusförmigen Ströme durch die Induktivität
- Vernachlässigung des Vµsec-Produktes, höhere Vµsec-Produkte ~ höhere Verluste
- Temperaturabhängigkeit des Kernmateriales, viele Kernmaterialien erreichen erst bei höheren Temperaturen ihr Verlustminimum

I Grundlagen

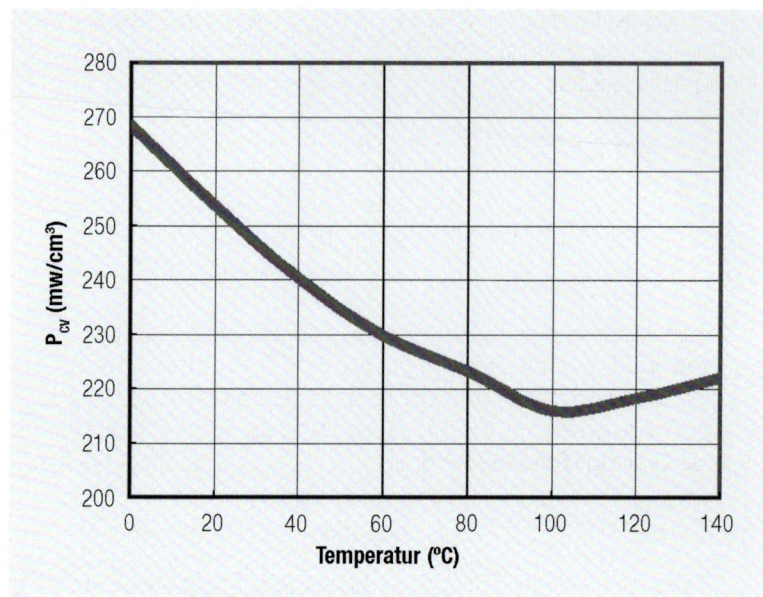

Abb. 1.14: Verlustleistung im Kernmaterial als Funktion der Temperatur am Beispiel eines MnZn-Powerferrites

Erweiterte Gleichungen

Zwar gibt es andere Gleichungen, die Hysterese und Wirbelstromverlust trennen, um das Problem nicht-sinusförmiger Wellenformen zu beseitigen, doch hat sich die empirische Steinmetz-Formel als das nützlichste Werkzeug für sinusförmige Flusswellenformen erwiesen, weil sie, mit entsprechender Modifikation, eine höhere Genauigkeit bietet und sehr einfach zu verwenden ist. Daher gibt es Erweiterungen dieser Verlustleistungsgleichung, um ihre Genauigkeit für nicht sinusförmige Flusswellenformen zu verbessern.

MSE

Eine dieser Erweiterungen ist die weit verbreitete modifizierte Steinmetz-Formel (Modified Steinmetz Equation, MSE).

$$P_V = \left(k \cdot f_{eq}^{\alpha-1} \cdot B_{pk}^{\beta} \right) \cdot f$$

$$\text{wobei} \quad f_{eq} = \frac{1}{2\pi \cdot (D - D^2)} \tag{1.17}$$

Hierbei ist f_{eq} die äquivalente Frequenz bezogen auf die Änderung des Tastverhältnisses D von nicht sinusförmigen Wellenformen.

Aufgrund gewisser Nachteile der MSE wurde später eine weitere Modifikation entwickelt, die generalisierte Steinmetz-Formel (Generalized Steinmetz Equation, GSE), die nachfolgend zu sehen ist.

GSE

$$P_V = \left(k \cdot f_{eq}^{a-1} \cdot B_{eq}^{\beta}\right)$$
$$\text{wobei} \quad B_{eq} = \frac{1}{4} \int_0^T \left|\frac{dB}{dt}\right| dt \tag{1.18}$$

Da die Kernverlustdiagramme für die GSE und die MSE auch auf sinusförmiger Anregung basieren, gibt es einige Einschränkungen, die bei der Berechnung zu berücksichtigen sind. Weiterhin gibt es Gleichungen, die von Kernherstellern entwickelt wurden, die jedoch mit den jeweils von ihnen gefertigten Kernen angewandt werden sollten, da sie nur so die höchste Genauigkeit erreichen.

Die wesentlichen Nachteile der Steinmetz-Formel und ihrer Erweiterungen sind:

- Abhängigkeit von den empirischen Daten des Kernherstellers (für Kernverlustdiagramme). Hersteller passiver Bauelemente sind auf die Daten des Kernherstellers angewiesen und haben keinen Einfluss auf den Testaufbau.
- Geringe Genauigkeit bei pulsierenden und Dreieckswellenformen. Dies liegt daran, dass die Kernverlustdiagramme aus den Daten für die sinusförmige Anregung erstellt werden.
- Aufgrund von Fehlern bei der Parameterumsetzung erreichen Erweiterungen der Steinmetz-Modelle die höchste Genauigkeit bei einem Tastverhältnis von 50 % und in einem begrenzten Frequenzbereich.
- Beschränkungen auf Komponenten, die aus bestimmten Materialien oder vom Hersteller selbst gefertigt wurden.
- Aufgrund der komplexen Schätzung der magnetischen Weglänge ist die Schätzung des Kernlustes unter Verwendung bestehender Gleichungen für Eisenpulverwerkstoffe und Metalllegierungen nicht nur sehr anspruchsvoll, sondern ihre Genauigkeit schwankt erheblich.

Deshalb sind alle Berechnungen mit der klassischen Steinmetz-Formel, wie auch mit ihren Erweiterungen, immer unter Berücksichtigung dieser Tatsachen zu bewerten.

Die sicherste Methode, um zu beurteilen, ob eine Speicherdrossel in der vorgesehenen Schaltung optimal arbeitet, besteht in der Messung des Wirkungsgrads am Schaltregler und in der Messung der Eigenerwärmung der Speicherdrossel im Betrieb, unter Beachtung der Wärmekopplung mit heißeren Bauteilen wie Dioden oder Schalttransistoren.

Das kostenlose Designwerkzeug **REDEXPERT®** von Würth Elektronik verfügt über das weltweit genaueste Kernverlustmodell zur Simulation von Speicherdrosselverlusten unter realen Bedingungen. Es betrachtet alle Arten von Kernmaterialien, Kernformen, Luftspalte und Randeffekte, sowie die Wechselstromverluste von Draht- und Wicklungsstrukturen. Basierend auf Labormessdaten, die durch Anlegen pulsierender

REDEXPERT®

I Grundlagen

Rechteckspannungen mit unterschiedlicher Frequenz, Impulsbreite und Temperatur über der Induktivität gewonnen wurden, prognostiziert das Modell die Verluste in Buck-, Boost- und SEPIC-Wandlern mit sehr hoher Genauigkeit. Das Tool bietet umfangreiche Funktionen wie Diagramme, Markierungen, einstellbare Sortierung und die Möglichkeit, bis zu 16 Produkte zu vergleichen.

Beispiel: Material 1P2400

MnZn Ferrite

Bei Übertragern, die im Bereich zwischen 50 und 500 kHz arbeiten, kommen vor allem MnZn-Ferrite zum Einsatz. Bei Würth Elektronik wird für diese Produkte das Material 1P2400 verwendet, welches nachfolgend charakterisiert wird.

Tabelle 1.2 gibt einen Überblick über die wichtigsten Parameter des Materials. Die Initialpermeabilität μ_i liegt bei 2400.

Anfangspermeabilität	μ_i	25 °C	2400
Sättigungsflussdichte	B_s	25 °C	510 mT
		100 °C	390 mT
Remanenz	B_r	25 °C	110 mT
		100 °C	60 mT
Koerzitivfeldstärke	H_c	25 °C	13 A/m
		100 °C	6,5 A/m
Spezifische Kernverluste	p_v	25 °C	600 kW/m³
		60 °C	300 kW/m³
		80 °C	260 kW/m³
		100 °C	300 kW/m³
		120 °C	380 kW/m³
Relativer Verlustfaktor	$\tan\delta/\mu_i$	100 kHz	5×10^{-5}
Curie-Temperatur	T_c		215 °C
Spezifischer Widerstand	$\rho_{el.}$		6,5 Ωm
Dichte	ρ_{mech}		4800 kg/m³

Tab. 1.2: Charakterisierung des Materials 1P2400

Abbildung 1.15 zeigt die spezifischen Kernverluste des Materials 1P2400, in Abhängigkeit von der magnetischen Flussdichte für unterschiedliche Frequenzen, bei sinusförmiger Aussteuerung und Temperaturen von +23 °C und +80 °C. Die Kernverluste bei +80 °C sind kleiner als bei +23 °C. Da magnetische Bauelemente normalerweise aufgrund von Eigenerwärmung bzw. Umgebungstemperatur im Bereich zwischen +60 °C und +100 °C arbeiten, können beim Berechnen der Verluste die Kurven für +80 °C zugrunde gelegt werden. Die Steinmetz-Koeffizienten können den Kurven entnommen werden. Durch Eingabe in die Steinmetz-Formel können dann auch die Verluste bei anderen Frequenzen und Flussdichten interpoliert werden.

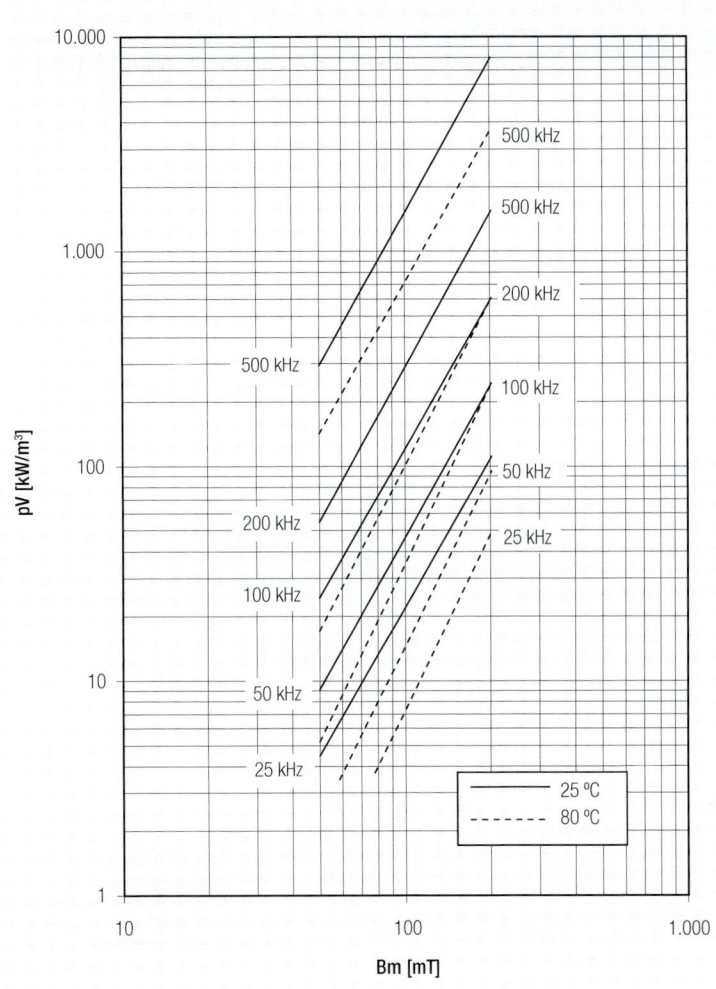

Abb. 1.15: Spezifische Verluste in Abhängigkeit der magnetischen Flussdichte des Ferritmaterials 1P2400

Da das magnetische Verhalten von Ferriten nicht linear ist, gelten die jeweiligen Steinmetzkoeffizienten nur für bestimmte Bereiche. Außerdem werden, wie bereits beschrieben, Übertrager meist nicht sinusförmig ausgesteuert. Deshalb können sich in der Realität von den berechneten Werten abweichende Kernverluste ergeben.

I Grundlagen

Permeabilität

1.6 Permeabilität µ

Einen wichtigen Effekt von ferromagnetischen Stoffen beschreibt die Permeabilität.

Wird ein ferromagnetischer Stoff in ein Magnetfeld gebracht, so stellt man fest, dass sich der magnetische Fluss im Werkstoff konzentriert. In Analogie zu einem elektrischen Leiter, stellt somit der ferromagnetische Stoff einen guten Leiter für die magnetischen Feldlinien dar. So lässt sich die Permeabilität als magnetisches Leit- oder Durchdringungsvermögen beschreiben.

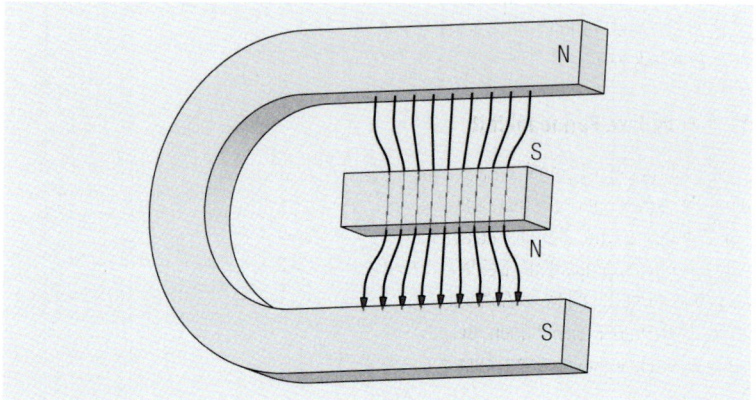

Abb. 1.16: Ferromagnetischer Stoff in einem Magnetfeld

Der Faktor, um den die Induktion B durch Einbringen des Stoffes verändert wird, heißt Permeabilitätszahl oder relative Permeabilität μ_r.

$$\mu_r = \frac{B}{B_0} \quad (1.19)$$

relative Permeabilität μ_r

Somit wird für die, mit einem magnetisch leitenden Material ausgefüllten Raum, die Gleichung um die relative Permeabilität erweitert:

$$B = \mu_0 \cdot \mu_r \cdot H \quad (1.20)$$

Ausgehend von einer konstanten relativen Permeabilität von $\mu_r = 800$, ergibt sich für die Induktion im Kernmaterial (B_F) in unserem Beispiel am Anfang des Kapitels 1.1.3, mit der Ferrithülse 742 700 9:

$$B_F = \mu_0 \cdot \mu_r \cdot H = 4 \cdot \pi \cdot 10^{-7} \frac{Vs}{Am} \cdot 800 \cdot 235{,}8 \frac{A}{m} = 237 \cdot 10^{-3} \, T \quad (1.21)$$

Die relative Permeabilität des Stoffes ist jedoch keine Konstante, sondern stark nichtlinear. Die Permeabilität eines Stoffes ist im Wesentlichen abhängig von:

- der magnetischen Feldstärke H (aussteuerungsabhängig → Hysteresekurve)
- der Frequenz f (frequenzabhängige komplexe Permeabilität)
- der Temperatur T (→ Temperaturdrift, → Curietemperatur)
- dem verwendeten Material

Typische Werte der Permeabilität μ_r verschiedener Materialien:

- Eisenpulverkerne, Superflux-Kerne   50–150
- Mangan-Zink-Kerne   300–20000
- Nickel-Zink-Kerne   40–1500

Typische Permeabilitäten

1.6.1 Komplexe Permeabilität

Die Einführung der komplexen Permeabilität erlaubt die Trennung der Impedanz einer Induktivität mit ferromagnetischen Material in eine ideale (verlustlose) induktive Komponente µ' und in einen resistiven Anteil µ" (Abbildung 1.17), der die Verluste des Materials repräsentiert. Beide Anteile sind frequenzabhängig. Der Parameter der komplexen Permeabilität in Abhängigkeit der Frequenz ist für alle ferromagnetischen Materialien zu berücksichtigen. In Abhängigkeit der Faktoren µ' und µ" ergeben sich unterschiedliche Anwendungsbereiche der Materialien.

Komplexe Permeabilität

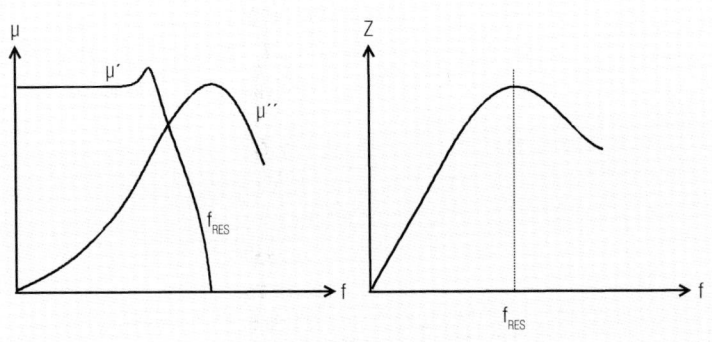

Abb. 1.17: Schematische Darstellung der Frequenzabhängigkeit der Permeabilitätsanteile µ' und µ" (linkes Bild) und der zugehörigen Impedanz Z (rechtes Bild)

$$\underline{\mu} = \mu' - j\mu'' \qquad (1.22)$$

Die komplexe Permeabilität setzt sich aus dem resistiven Permeabiliätsanteil µ' und dem induktiven Anteil µ" zusammen. Es ist zu beachten, dass der resisitve Anteil hier die komplexe Komponente ist (Formel 1.22). Dabei repräsentiert µ' den induktiven Anteil und µ" den resistiven Anteil.

I Grundlagen

Für die Transformation in die Impedanzebene gilt dabei:

$$\underline{Z} = j \cdot \omega \cdot \underline{\mu} \cdot L_0 \qquad (1.23)$$

mit
L_0 = Induktivität einer Luftspule gleicher Bauart und Feldverteilung, ohne Kernmaterial ($\mu_r = 1$).

Serienimpedanz Z

Daraus folgt für die Serienimpedanz Z:

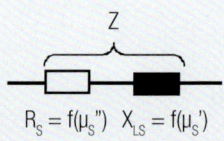

Abb. 1.18: Ersatzschaltbild der Impedanz

$$\underline{Z} = R_S + j\omega L_S = j\omega L_0 \left(\mu_S' - j\mu_S'' \right) \qquad (1.24)$$

Multiplizieren und Trennung in Real- und Imaginärteil ergibt folgenden Zusammenhang:

- Verlustanteil $\qquad R_S = \omega L_0 \mu_S''$
- Induktivitätsanteil $\qquad X_{LS} = \omega L_0 \mu_S'$

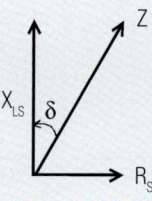

Abb. 1.19: Vektorielle Impedanzanteile einer Induktivität mit Ferrit

Für den Verlustwinkel tan δ ergibt sich daraus:

$$\tan \delta = \frac{R_S}{X_{LS}} = \frac{\mu_S''}{\mu_S'} \qquad (1.25)$$

Verlustwinkel tan δ

Ein großer Winkel δ bedeutet hohe Verluste im Ferritmaterial. Der Winkel zwischen Spannung und Strom an der Induktivität ist immer kleiner als 90°.

Weiterhin gilt:

$\mu_s^I = \mu_i$ (μ_i = Anfangspermeabilität)
$\mu_s^{II} = \mu_i \cdot \tan \delta$

Gleichermaßen können Induktivität und Widerstand auch als Parallelersatzbild gezeichnet werden; es gelten dann folgende Umrechnungen:

Parallelersatzbild

$$R_P = R_S \cdot \left(1 + \frac{1}{\tan^2 \delta}\right)$$
$$X_{LP} = X_{LS} \cdot \left(1 + \tan^2 \delta\right)$$
(1.26)

Mithilfe eines Impedanzanalysators können diese frequenzabhängigen Anteile direkt gemessen und in einem entsprechenden Diagramm dargestellt werden:

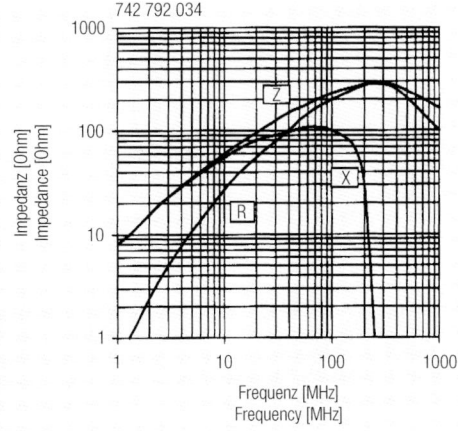

Abb. 1.20: Impedanzkurve SMD-Ferrit 742 792 034

Impedanzkurve

Feststellungen für obiges Messdiagramm:

- Die Induktivität ist bis zu ca. 10 MHz stabil, zeigt über 10 MHz eine starke Frequenzabhängigkeit. Ab 100 MHz fällt die Induktivität steil ab und strebt von ca. 250 MHz an gegen Null.
- Der Verlustanteil R wächst kontinuierlich mit der Frequenz und erreicht bei der sog. ferromagnetischen Resonanzfrequenz die gleiche Größe wie der Anteil X, im höheren Frequenzbereich dominiert R die Impedanz Z.

Das im Beispiel gezeigte Bauelement ist ein SMD-Ferrit, der bevorzugt in EMV-Applikationen Anwendung findet, die über eine große Frequenzbandbreite eine hohe Dämpfung eines Störstromes über den Verlustwiderstand R erfordern.

I Grundlagen

1.6.2 Kernmaterialien im Vergleich

frequenzabhängige Verlustanteile

Kernmaterialien lassen sich aufgrund der frequenzabhängigen Verlustanteile nur innerhalb eingeschränkter Frequenzbereiche sinnvoll zum Aufbau von Induktivitäten verwenden. Oberhalb einer materialabhängigen, typischen Frequenzgrenze, steigen die Kernverluste stark an.

Das Kernmaterial kann über dieser Frequenzgrenze in einem Bauelement verwendet werden, das bevorzugt resistiv wirkt, d.h. Störströme aufgrund des hohen Verlustwiderstandes R absorbiert. Diesen Zusammenhang soll die folgende Grafik verdeutlichen. Dargestellt ist in Abbildung 1.21 der Blindwiderstandsanteil X_L über die Frequenz von drei verschiedenen Kernmaterialien.

Induktive Impedanzanteile

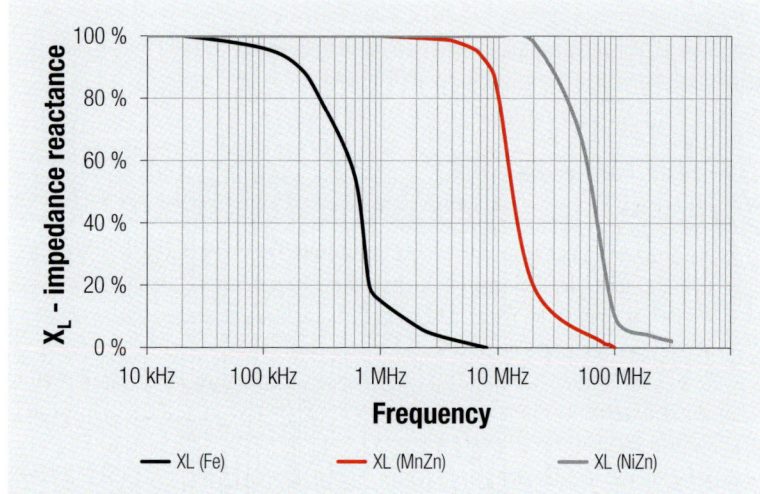

Abb. 1.21: Induktive Impedanzanteile X_L und deren Frequenzabhängigkeit für verschiedene Kernmaterialien

Die folgende Abbildung 1.22 zeigt den Anteil des Verlustwiderstandes R drei unterschiedlicher Kernmaterialien über der Frequenz. Es ist zu erkennen, dass der Verlustwiderstand nur innerhalb einer materialabhängigen Bandbreite dominant ist.

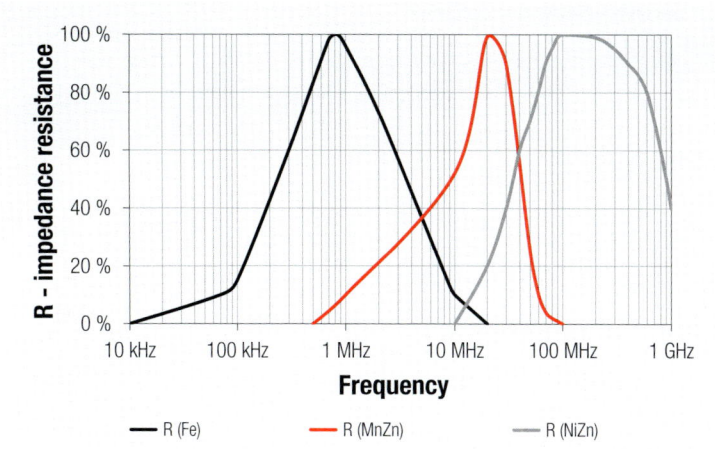

Abb. 1.22: Verlustanteile der Impedanz und deren Frequenzabhängigkeit für verschiedene Kernmaterialien

Resistive Impedanzanteile

Feststellungen:

- Eisenpulvermaterialien (Fe): Als verlustarme Induktivität bis ca. 400 kHz einsetzbar; darüber dominiert der Verlustanteil R, der bis ca. 10 MHz wirkt (je nach Kernmaterial auch darüber hinaus). Im Frequenzbereich über ca. 20 MHz ist das Kernmaterial nicht mehr wirksam bzw. einsetzbar.
- Mangan-Zink-Kerne (MnZn) sind induktiv bis zu einem Frequenzbereich um 20 MHz bis 30 MHz, ab ca. 10 MHz muss mit ansteigenden Verlusten gerechnet werden. Im Frequenzbereich ab ca. 80 MHz ist das Kernmaterial nicht mehr wirksam.
- Nickel-Zink-Kerne (NiZn) sind bis zu einem Frequenzbereich um 60 MHz induktiv, oberhalb davon ist das Kernmaterial bis 1 GHz und darüber verlustbehaftet.

Eisenpulver (Fe)

Mangan-Zink (MnZn)

Nickel-Zink (NiZn)

Dieser qualitative Vergleich verdeutlicht, warum sich besonders Nickel-Zink-Ferrite im EMV-Bereich durchgesetzt haben. Als Kernmaterial kann es im „interessanten EMV-Frequenzbereich" eine wirkungsvolle Filterfunktion erfüllen.

1.7 Induktivität L

Nicht nur magnetische Werkstoffe besitzen ein Magnetfeld, sondern jeder stromdurchflossene Leiter erzeugt ein magnetisches Feld, welches als Energiespeicher betrachtet und als solcher auch genutzt werden kann. Spulen nutzen diesen Effekt mit einer oder mehreren Windungen eines Drahtes.

Als gleichwertigen Begriff für Spule hat sich „Induktivität" durchgesetzt. Bei den Induktivitäten oder Spulen gibt es die verschiedensten Ausführungen:

- Luftspulen (ohne Ferritmaterial)
- Drosselspulen mit Eisenpulver- oder Ferritkern
- Ringkernspulen

Induktivität L

I Grundlagen

- Stabkernspulen
- SMD-Bauformen

SMD-Bauformen gewinnen aufgrund ihrer geringen Baugröße immer mehr an Bedeutung. Neben gewickelten SMD-Induktivitäten setzen sich zunehmend Induktivitäten in Multilayer-Technologie durch.

Allen Spulen gemeinsam ist ihr spezielles Verhalten, welches durch die folgenden Definitionen genauer beschrieben wird.

1.7.1 Definition der Induktivität L

Das Schaltungselement welches auf eine Stromänderung di/dt mit einer induzierten Gegenspannung u_{ind} antwortet, besitzt ein induktives Verhalten L. Eine Induktivität ist ein passives Bauteil, welches als Wechselstromwiderstand einer solchen Stromänderung eine Gegenspannung, die Selbstinduktionsspannung, entgegensetzt.

$$u_{ind} = -L \cdot \frac{di}{dt} \qquad (1.27)$$

Die Selbstinduktionsspannung U_{ind} an den Klemmen der Induktivität ist dabei von der Stromänderungsgeschwindigkeit di/dt und einem Proportionalitätsfaktor, der Induktivität L, abhängig.

Die Induktivität L der Spule ist abhängig vom Kernmaterial, der Geometrie des Kernmaterials, der Anzahl der Windungen und der Wicklungsausführung. Allgemein gültig lässt sich für die Berechnung einer Induktivität L folgende Gleichung aufstellen:

$$L = \frac{\mu_0 \cdot \mu_r \cdot A_{eff} \cdot N^2}{l_{eff}} \qquad (1.28)$$

Die Einheit der Induktivität L ist das Henry (H) = Vs/A

μ_0 = 4 π · 10^{-7} Vs/Am
A_{eff} = effektive Querschnittsfläche des Spulenkerns*
N = Windungszahl

* Details zur Bestimmung von A_{eff}; l_{eff} siehe Anhang → Kernkonstanten

Die Weglänge l_{eff} der Feldlinien bei Spulenkernen mit eingebrachtem Luftspalt lässt sich anhand folgender Formel berechnen:

$$l_{eff} = l_{mean} + (l_{gap} \cdot \mu_r) \qquad (1.29)$$

l_{eff} = effektive Weglänge der Feldlinien im Spulenkern*
l_{mean} = mittlere magnetische Weglänge im Kern (ohne Luftspalt)

l_{gap} = Weglänge des Luftspaltes
μ_r = relative Permeabilität

Diese Formel eingesetzt in die Formel für die allgemeine Induktivitätsberechnung ergibt

$$L_{gap} = \frac{\mu_0 \cdot A_{eff} \cdot N^2}{\sum l_{gap} + \frac{l_{avg}}{\mu_r}} \qquad (1.30)$$

Aus der obigen Formel lässt sich auch eine Luftspaltbreite bestimmen, wenn die gewünschte Induktivität L und die anderen Kenngrößen bekannt sind. Zu beachten ist, dass die Gleichung nur dann gilt, wenn μ_r groß und die Luftspaltlänge sehr viel kleiner als die mittlere Länge des Kerns ist.

Um die Randeffekte und deren Auswirkung auf die Induktivität einzubeziehen, schlägt der amerikanische Wissenschaftler Colonel Wm. T. McLyman folgende Berechnungsform vor:

$$F = 1 + \left(\frac{l_{gap}}{\sqrt{A_{gap}}} \cdot \ln\left(\frac{2 \cdot W_L}{l_{gap}} \right) \right) \qquad (1.31)$$

W_L = Höhe der Wicklung
l_{gap} = Weglänge des Luftspaltes
A_{gap} = Querschnittsfläche des Luftspaltes
F = Randfaktor

Daraus ergibt sich die korrigierte Induktivität L_F, ausgehend von der primär berechneten Induktivität L_{gap}, die mit dem Randfaktor F multipliziert wird:

$$L_F = F \cdot L_{gap} \qquad (1.32)$$

Der positive Einfluss des Luftspaltes ist ein erhöhter Sättigungsstrom bei sonst gleicher Kerngröße. Nachteilig ist, dass zur Erreichung eines gegebenen Induktivitätswertes L nun die Windungszahl erhöht werden muss und damit – falls kein zusätzlicher Wickelraum für stärkere Drähte zur Verfügung steht – sich auch der Gleichstromwiderstand der Wicklung erhöht.

Keinesfalls sollte die Windungszahl verringert werden, um den Randeffekt zu kompensieren, da dies die Flussdichte erhöht und so zu einer frühzeitigen Sättigung führen kann.

I Grundlagen

Eine gesuchte Luftspaltbreite bei gegebener Induktivität L kann unter Berücksichtigung des Randfaktors F in erster Näherung wie folgt berechnet werden:

$$l_{gap} = \left(\frac{\mu_0 \cdot A_{eff} \cdot N^2}{L_{eff}} \cdot F \right) - \frac{l_{avg}}{\mu_r} \qquad (1.33)$$

Praxiswerte:

- **Ein Leiterstück über leitender Ebene von 1 mm Länge hat ca. 1 nH Induktivität (Selbstinduktion beträgt ca. 0,2 nH)**
- **Luftspulen bis 2000 nH**
- **Multilayerinduktivitäten 10 nH … 10 µH**
- **Tonneninduktivitäten 1 µH … 1 mH**
- **Speicher-/Funkentstördrosseln 0,1 µH … 10 mH**

A_L-Wert

1.7.2 Definition des A_L-Wertes

Um dem Anwender die Berechnung der magnetisch wirksamen Längen l_{eff} und Fläche A_{eff} zu ersparen, werden zu Ringkernen und Hülsen die entsprechenden A_L-Werte angegeben.

Der A_L-Wert repräsentiert die wirksame Induktivität, bezogen auf eine Windung und muss zur Berechnung der tatsächlichen Induktivität L mit dem Quadrat der Windungszahl N multipliziert werden.

$$A_L = \frac{L}{N^2} \qquad (1.34)$$

Der üblicherweise in nH angegebene A_L-Wert ist die auf die Windungszahl $N = 1$ bezogene Induktivität L.

Somit kann bei gegebenem A_L-Wert, ohne Umweg über die geometrischen Daten des Kerns, direkt die gesuchte Windungszahl N der Spule für einen gewünschten Induktivitätswert L ermittelt werden:

$$N = \sqrt{\frac{L}{A_L}} \qquad (1.35)$$

Beispiel:

Gesuchte Induktivität 100 µH; der Kern hat einen A_L-Wert von 250 nH

$$N = \sqrt{\frac{L}{A_L}} = \sqrt{\frac{100\ \mu H}{250\ nH}} = 20 \qquad (1.36)$$

Ergebnis:

Der Kern muss mit 20 Windungen versehen werden, damit die Spule eine Induktivität von 100 µH besitzt.

1.8 Scheinwiderstand Z

Scheinwiderstand

Wird an eine Induktivität eine Wechselspannung angelegt, so stellt man fest, dass diese einen anderen Widerstand hat, als beim Betrieb mit Gleichspannung. Dieser Wechselspannungswiderstand an den Klemmen der Spule wird als Scheinwiderstand oder Impedanz (Z) bezeichnet.

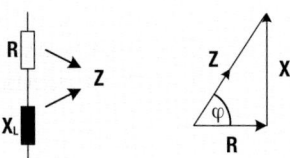

Abb. 1.23: Zusammenhang zwischen Schein-(Z), Blind-(XL) und Verlustwiderstand (R)

$$Z = \sqrt{X_L^2 + R^2} \qquad (1.37)$$

Der Scheinwiderstand (Z) ist frequenzabhängig und setzt sich aus der geometrischen Summe des Verlustwiderstandes (R) und dem Blindwiderstand (X_L) der idealen Spule (L) zusammen.

Der Blindwiderstand X_L ist nach folgender Gleichung definiert:

$$X_L = 2 \cdot \pi \cdot f \cdot L \qquad (1.38)$$

Feststellungen:

Der Scheinwiderstand Z (Impedanz) wächst mit zunehmender Frequenz.

I Grundlagen

Bei einer idealen Spule gilt dieser lineare Zusammenhang hin bis zu unendlich hohen Frequenzen.

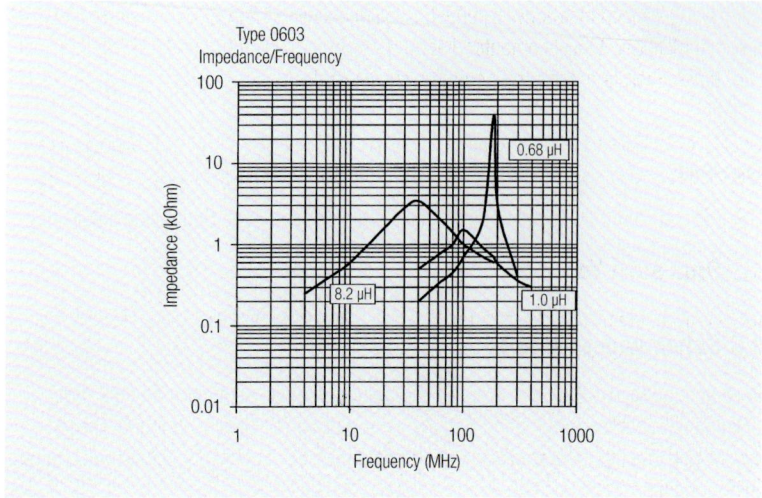

Abb. 1.24: Impedanzverlauf realer Induktivitäten

Durch die frequenzabhängige Permeabilität, den Aufbau der Spule und parasitäre Kapazitäten, ist jedoch zu hohen Frequenzen hin die Verwendbarkeit der Spulen eingeschränkt.

Die Impedanz fällt ab der Eigenresonanzfrequenz sehr schnell; der induktive Charakter der Spule geht verloren.

1.8.1 Eigenresonanzfrequenz (SRF; Self Resonant Frequency)

Eigenresonanzfrequenz

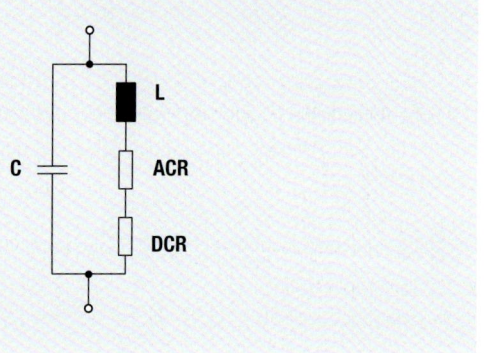

Abb. 1.25: Ersatzschaltbild der realen Induktivität

Wicklungskapazität

Jede Induktivität besitzt aufgrund der Windungen und mehreren Windungslagen kapazitive „Verkopplungen". Diese parasitären Kapazitäten sind im Ersatzschaltbild durch

den Kondensator C symbolisiert. Die Kapazität in der Spule bildet mit der Induktivität einen Parallelresonanzkreis.

Bei der Eigenresonanzfrequenz pendelt die eingespeiste Energie zwischen den frequenzabhängigen Einzelelementen Induktivität und Kapazität hin und her. Von außen wird keine Energie mehr aufgenommen (ideale Spule).

Oberhalb der Eigenresonanzfrequenz wirkt die Spule kapazitiv. In der Praxis ist man daher bestrebt, die Spulen weit unterhalb ihrer Eigenresonanzfrequenz zu betreiben.

1.9 Ohm'sche Verluste

Im Blindwiderstand X_L tritt aufgrund der Phasenverschiebung von 90° zwischen Spannung und Strom keine Wirkleistung (Wärmeverluste) auf.

Die gesamten Verluste der Spule können im Verlustwiderstand R zusammengefasst werden. Dieser Verlustwiderstand ist mit der idealen Induktivität L elektrisch in Reihe geschaltet. Daraus ergibt sich das Ersatzschaltbild der realen Induktivität (siehe Abbildung 1.25).

Spulenverluste

Die Verluste in R sind jedoch frequenz- und damit Anwendungsabhängig. Diese setzen sich aus den Anteilen des Drahtwiderstandes und des komplexen Anteils der Permeabilität des Ferritmaterials zusammen (siehe Abschnitt 1.6.1). Deshalb wird in den Datenblättern auch immer der Gleichstromwiderstand (R_{DC}) als feste Größe angegeben. Dieser ist abhängig vom verwendeten Drahtmaterial bzw. der Bauart bei SMD-Induktivitäten und wird durch eine einfache Widerstandsmessung bei Raumtemperatur bestimmt.

Der Wert des Gleichstromwiderstands hat direkten Einfluss auf die Erwärmung der Spule. Eine dauerhafte Überschreitung des Nennstromes sollte daher vermieden werden.

Die Gesamtverluste der Spule setzen sich neben den Verlusten im Gleichstromwiderstand R_{DC} außerdem aus den folgenden, frequenzabhängigen Anteilen zusammen:

Frequenzabhängige Verluste

- den Verlusten im Kernmaterial (Ummagnetisierungsverluste, Wirbelstromverluste)
- zusätzliche Verluste im Leiter durch den Skineffekt (Stromverdrängung bei hohen Frequenzen)
- Verluste durch das Magnetfeld der benachbarten Windungen (Proximity-Effekt)
- Abstrahlungsverluste
- Verluste durch zusätzliche magnetische Schirmmaßnahmen (WE-MI)

Alle diese Verlustanteile können zu einem Verlustwiderstand R zusammengefasst werden. Dieser Verlustwiderstand bestimmt maßgeblich die Güte Q der Induktivität.

Leider ist eine rechnerische Bestimmung des Verlustwiderstandes R nicht möglich. Deshalb werden die verschiedenen Impedanzanteile am Impedanzmessplatz über den

I Grundlagen

gesamten Frequenzbereich gemessen. Aus diesen Messergebnissen können die Anteile $X_L(f)$, $R(f)$ und $Z(f)$ bestimmt werden, woraus sich zusätlich die Güte als Qualitätsmerkmal der Induktivität berechnen lässt.

Kupferverluste

1.9.1 Kupferverluste

Die Kupferverluste bei induktiven Bauteilen setzen sich aus den Gleichstromverlusten und den Wirbelstromverlusten zusammen. Die Gleichstromverluste werden mit der Ohm'schen Formel berechnet:

$$P_V = R \cdot I_{RMS}^2 \qquad (1.39)$$

P_V = Verlustleistung
R = DC-Widerstand (Widerstand bei Gleichstrom)
I_{RMS} = Effektiver Strom

Bei hohen Frequenzen kommen noch die Verluste durch Skin- und Proximity-Effekt hinzu. Diese Wirbelstromverluste lassen sich direkt mit dem Faraday'schen Gesetz erklären. Der in einem Leiter fließende Strom erzeugt ein magnetisches Feld um diesen Leiter. Dieses Magnetfeld ändert sich aufgrund der hohen Frequenz sehr schnell, so dass im Leiter bzw. im benachbarten Leiter eine Spannung induziert wird. Nach dem Lenz'schen Gesetz wird durch diese Spannung ein Strom erzeugt, der dem ursprünglichen Strom entgegenwirkt. Dadurch entstehen zusätzliche Ströme im Leiter. In der Mitte wirken sie einander entgegen und löschen sich so gegenseitig aus, während sie sich an der Außenfläche aufaddieren und so die Stromdichte erhöhen. Zudem werden Ströme in benachbarte Leiter induziert.

Skin-Effekt

1.9.2 Skin-Effekt

Bei von hochfrequenten Strömen durchflossenen Leitern, ergibt sich ein Stromfluss, der nur noch auf der Außenhaut des Leiters (Abbildung 1.26) stattfindet. Die Eindringtiefe, bei der die Stromdichte auf den Wert 1/e abgefallen ist, ergibt sich aus:

$$\delta = \sqrt{\frac{\rho}{\pi \cdot \mu_0 \cdot \mu_r \cdot f}} \qquad (1.40)$$

δ = Eindringtiefe
ρ = spezifischer Widerstand des Werkstoffs
μ_0 = Permeabilität des freien Raums
μ_r = relative Permeabilität des Werkstoffs (hier: Kupfer)
f = Frequenz

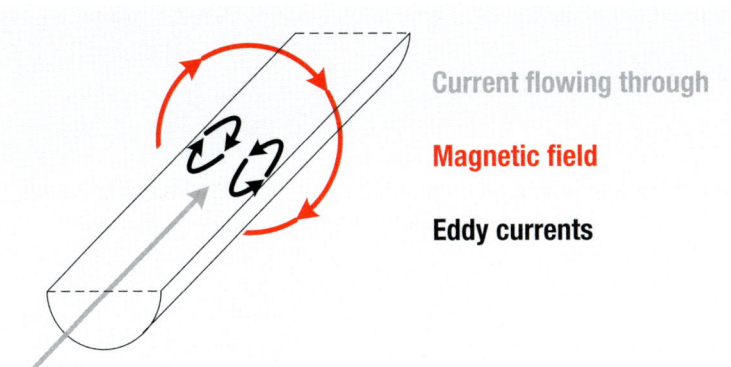

Abb. 1.26: Schematische Darstellung der Wirbelströme, die einen Skin-Effekt verursachen. Induzierte Ströme löschen den Stromfluss in der Mitte aus und verstärken ihn an der Oberfläche.

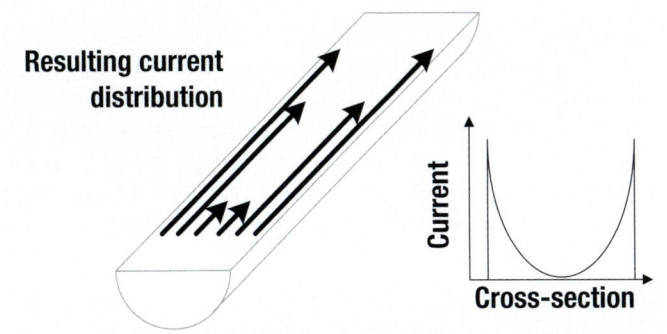

Abb. 1.27: Querschnitt des Leiters, der die Verteilung der Stromdichte zeigt

Stromdichtenverteilung

Die Eindringtiefe beträgt bei 50 Hz 9,38 mm, bei 100 kHz nur noch 0,21 mm.

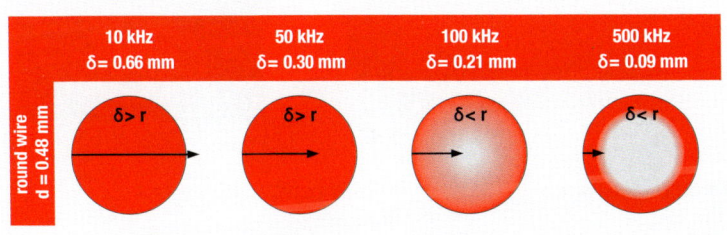

Abb. 1.28: Stromverteilung in einem Leiter bei variierender Frequenz. Der Pfeil zeigt die Eindringtiefe bei gegebener Frequenz an

I Grundlagen

Proximity-Effekt

1.9.3 Proximity-Effekt

Der Proximity-Effekt spielt bei Multilayerwicklungen sowohl bei Induktivitäten als auch bei Übertragern eine wesentlich größere Rolle, als der Skineffekt. Beim Proximity-Effekt werden durch benachbarte stromführende Leiter magnetische Felder generiert, die den Strom im betrachteten Leiter verdrängen. Bei Induktivitäten nehmen die Feldkräfte mit der Anzahl der Lagen zu, während bei Übertragern die entgegengesetzt fließenden Ströme von Primär- und Sekundärwicklung dazu beitragen, einige der Effekte zu kompensieren.

Wenn der Strom in benachbarten Drähten in die gleiche Richtung fließt, wird das magnetische Feld zwischen den Drähten kompensiert. Bereiche mit kleinen Feldern haben einen geringen Strom, weshalb sich dieser Effekt, wie unten in Abbildung 1.29 gezeigt, auf die Außenflächen des Paares konzentriert. Diesem Muster folgen die Windungslagen bei Induktivitäten und Übertragern. Zur Verdeutlichung des Prinzips verwenden wir Leiter mit einem Durchmesser, der erheblich größer ist, als die Eindringtiefe.

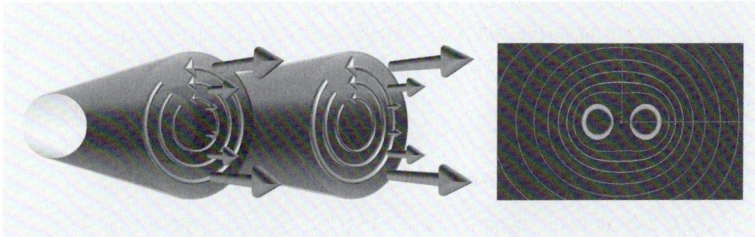

Abb. 1.29: Stromdichte in Drähten mit gleichgerichtetem Stromfluss

Wenn der Strom in benachbarten Drähten in die entgegengesetzte Richtung fließt, wird die Magnetkraft zwischen den Drähten verstärkt. Demzufolge konzentrieren sich die Ströme auf die benachbarten Oberflächen der beiden Drähte (Abbildung 1.30). Dieses Prinzip gilt für die Primär- und Sekundärwicklung eines Übertragers (Abbildung 1.31).

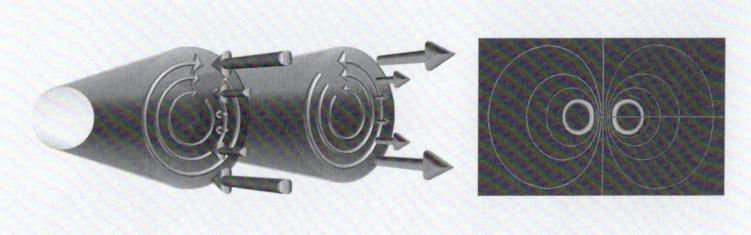

Abb. 1.30: Stromdichte in Drähten mit entgegengesetztem Stromfluss

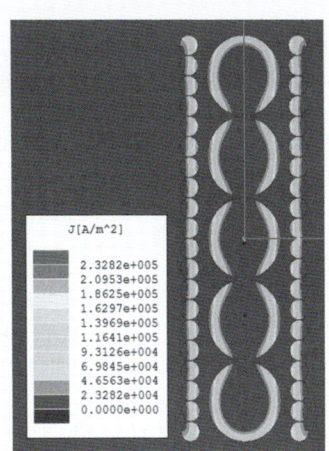

Abb. 1.31: Stromdichte einer Übertragerwicklung. Die Primärwicklung ist auf links und rechts der in der Mitte liegenden Sekundärwicklung gleichmäßig aufgeteilt. Die Ströme konzentrieren sich jeweils auf die sich gegenüberliegenden Oberflächen.

1.9.4 AC-Verlustberechnungen nach Dowell

Dowell

Die Möglichkeit zur Berechnung von Wirbelstromverlusten für einfache Geometrien beschrieb P.L. Dowell in „Effects of Eddy Currents in Transformer Windings". Er schlug vor, das Problem auf eine Dimension zu reduzieren. Hierzu sollte der Draht in gleichwertige Folienwicklungen umgewandelt und dessen Stärke auf die Eindringtiefe normalisiert werden. Das Ergebnis ist eine dimensionslose Zahl F_r (Gleichung 1.41), die das Verhältnis von Wechsel- zu Gleichstromwiderstand angibt. Im Diagramm in Abbildung 1.33 ist zu erkennen, dass der Wechselstromwiderstand mit zunehmender Drahtstärke und steigender Anzahl der Wicklungsschichten schnell zunimmt.

I Grundlagen

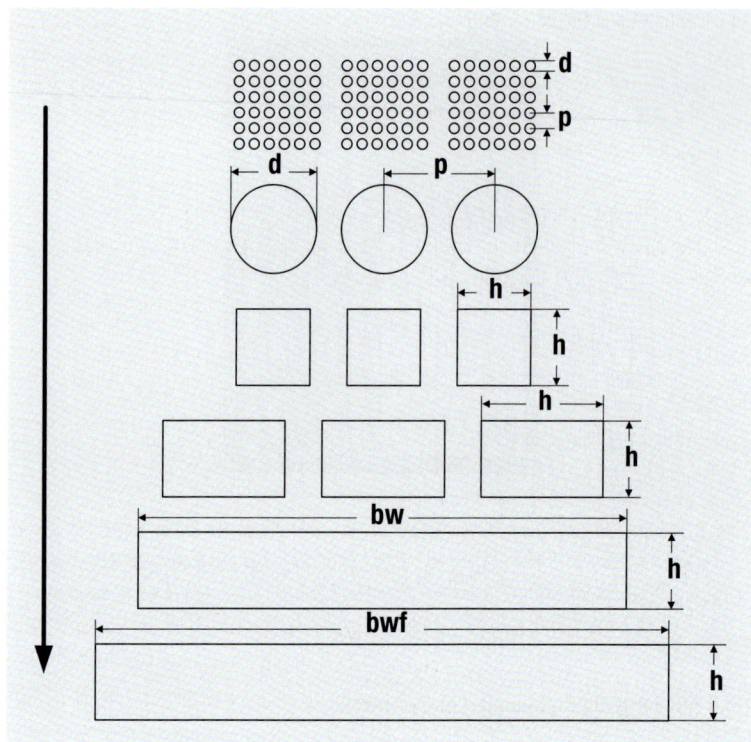

Abb. 1.32: Umwandlung von Litzen-, Rund-, Quadrat- oder Vierkantdraht in gleichwertige Folie. Zuerst wird der Rund- in Quadratdraht umgewandelt, dann zu einer Folie zusammengeführt. Dann wird die Porosität einbezogen und eine Breite bwf berechnet. Für den Vierkantdraht gilt dieselbe Vorgehensweise. Für Litzendraht verwendet man die Quadratwurzel aus der Anzahl der Litzen als Anzahl der Lagen und den Durchmesser einer Litze als Rundmaß. Bei Folie kann man die Abmessungen direkt verwenden.

$$F_r = \frac{R_{AC}}{R_{DC}} = A \left(\frac{\sinh(2A) + \sin(2A)}{\cosh(2A) - \cos(2A)} + \frac{2(N^2-1)}{3} \cdot \frac{\sinh(A) - \sin(A)}{\cosh(A) + \cos(A)} \right) \quad (1.41)$$

Mit

$$A = \left(\frac{\pi}{4}\right)^{\frac{3}{4}} \cdot \left(\frac{d}{\delta}\right) \cdot \sqrt{\frac{d}{p}} \quad (1.42)$$

d = Drahtdurchmesser
p = Abstandsmaß
δ = Eindringtiefe
N = Anzahl der Lagen

Bei Litzenleiter ersetzt man N durch

$$N_{litz} = N \sqrt{k} \qquad (1.43)$$

Mit k: Anzahl der Adern

Details über die Berechnung und Anwendungsweise von Gleichung 1.41 sind in „Kazimierczuk, M.: „High-Frequency Magnetic Components. 2nd Edition". Singapur: John Wiley & Sons, 2014, S. 306–351" zu finden.

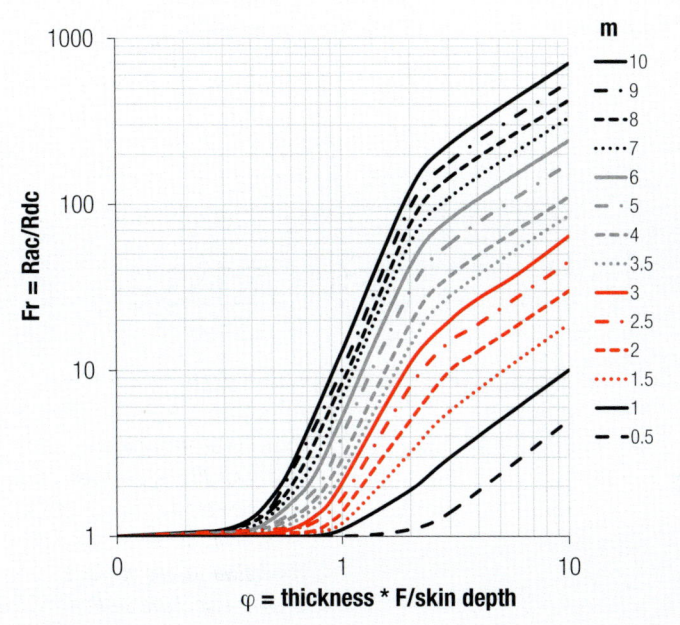

Abb. 1.33: Dowell-Kurven zeigen einen schnellen Anstieg des Wechselstromwiderstandsfaktors Fr, wenn die Drahtstärke relativ zur Eindringtiefe (φ) sowie die Anzahl der Wicklungslagen m zunehmen

Der in einem Stromkreis fließende Strom ist auf das Vorhandensein einer elektromotorischen Kraft zurückzuführen. Das ist vergleichbar mit der magnetomotorische Kraft, die benötigt wird, um den Magnetfluss in einem Magnetkreis anzutreiben. Der magnetische „Druck", der den Magnetfluss in einem Magnetkreis aufbaut, wird als Magnetomotive Force (MMF) bezeichnet. Die SI-Einheit von MMF ist Ampere-Windungen (Ampere-Turns) (AT), und ihre CGS-Einheit ist G (Gilbert). Die Stärke des MMF entspricht dem Produkt aus dem Strom durch die Windungen und der Windungsanzahl der Spule. Die Anzahl m der Lagen entspricht der Anzahl der Lagen in einem Abschnitt, in dem die MMF von 0 auf einen Maximal- oder Minimalwert bzw. von einem solchen Wert zurück auf 0 wechselt. Ein einfaches MMF-Diagramm ist in Abbildung 1.34, jeweils für eine normale und eine verschachtelte Folienwicklung dargestellt. Bei der normalen Wicklung hat die Primärwicklung zwei Lagen, die Sekundärwicklung drei. Bei der verschachtelten

MMF Diagramm

I Grundlagen

Variante gibt es für jede Lage zwei Primärwicklungen sowie eine Sekundärwicklung in der Mitte. Die magnetische Feldstärke innerhalb einer Wicklung steigt von innen nach außen an, da immer mehr Windungen (und damit immer größere Ströme) von den Feldlinien eingeschlossen werden. Das Magnetfeld der Sekundärwicklung ist dem Primärfeld entgegengerichtet. Somit wird das Magnetfeld abgeschwächt. Die Reduktion des Betrags des H-Feldes ist deutlich zu sehen. In der verschachtelten Variante wird der Sekundärteil basierend darauf, dass die MMF durch die mittlere Wicklung bei Anwendung der Dowell-Kurven auf 0 fällt, in zwei 1,5-Lagen-Abschnitte unterteilt. Daraus sind Möglichkeiten abzuleiten, die zur Begrenzung der Wirbelstromverluste führen, die von der Größe des Magnetfeldes abhängig sind. Dies kann, wie erläutert, durch Verschachtelung der Wicklungen erreicht werden. Diese Verschachtelung reduziert den Absolutwert des Magnetfelds und damit auch die Wirbelstromverluste.

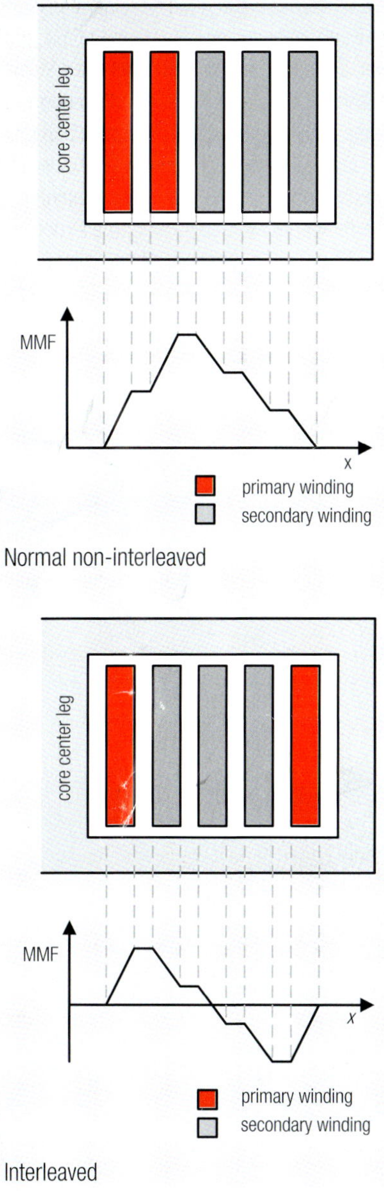

Abb. 1.34: Verlauf des magnetischen Feldes in einem Übertrager mit unterschiedlichem Wicklungsaufbau, verschachtelt und nicht verschachtelt

Weiterhin können zur Reduzierung der Wirbelstromverluste die Wicklungslagen mit dünnen, flächigen Leitern, z.B. Cu-Band, gewickelt werden. Die Dicke sollte dabei in der Größe der Eindringtiefe sein. Die Verwendung von Flachdraht sollte nur bei kleinen

I Grundlagen

Windungszahlen angewandt werden, da bei höherer Windungszahl die große Lagenzahl höhere Wirbelstromverluste verursacht.

Eine weitere Möglichkeit, Wirbelströme zu reduzieren, ist das Wickeln mit isolierten dünnen Drähten, sogenannte Litzen, anstelle eines starken Drahts. Hier muss darauf geachtet werden, dass die parallel geschalteten Einzeldrähte dieselbe Stromverteilung haben. Eine Möglichkeit hierzu bieten Hochfrequenzlitzen, bei denen die Einzeldrähte miteinander verdrillt sind, sodass im Mittel jede Litze die gleiche Lage im Magnetfeld hat. Auch bei diesem Verfahren muss darauf geachtet werden, dass die Lagenzahl nicht zu groß wird.

Gütefaktor Q

1.9.5 Definition der Güte Q

Der Gütefaktor Q ist das Verhältnis zwischen der gespeicherten Energie, die über die Reaktanz, bzw. den Blindwiderstand X_L gebildet wird und den Gesamtverlusten R des induktiven Bauteils. Er ist ein Indikator dafür, wie nahe sich eine Induktivität am Ideal befindet. Der durch den Verlustwiderstand R in Wärme umgesetzte Anteil der von außen zugeführten Energie trägt nicht zur Entstehung des Magnetfeldes bei. Je größer diese Verluste sind, desto schlechter wirkt die Induktivität als Puffer, und desto kleiner ist Q. Der Q-Faktor ist wie folgt definiert:

$$Q = \frac{X_L}{R} = \frac{1}{\tan \delta} \qquad (1.44)$$

Praxiswerte:

- Luftspulen　　　　　　　　　　　　Q bis 400
- Ferritdrosseln　　　　　　　　　　　Q bis 150
- SMD-Multilayer-Induktivitäten　　　　Q bis 60

Unter Zuhilfenahme des Güte-Frequenz-Diagrammes lässt sich die optimale Induktivitätsbauform für die jeweilige Applikation finden.

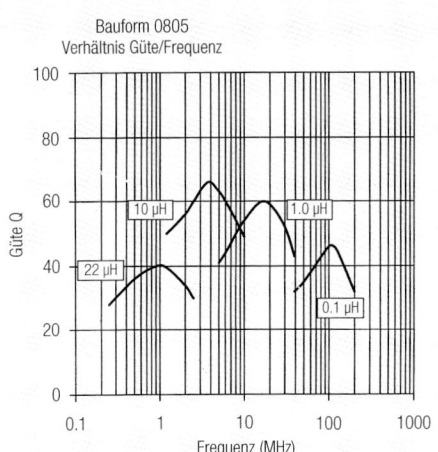

Abb. 1.35: Güte-Frequenz-Diagramm verschiedener Induktivitäten

Feststellungen:

Der Q-Faktor steigt bis zu einem Maximalwert an, um danach wieder abzufallen.

Bis zum Maximalwert der Güte kann man von konstanten kleinen Verlusten im Widerstand R der Induktivität ausgehen.

Ab dem Maximalpunkt treten die Verluste deutlich in Erscheinung und auch die Induktivität variiert aufgrund der Nichtlinearität und der Verluste des Ferritmaterials.

Der Anwendungsbereich mit geringen Verlusten befindet sich bis zum Wendepunkt der Güte. Wird die Induktivität bei höheren Frequenzen eingesetzt, steigen die Verluste schnell an.

1.10 Temperaturverhalten

Spulen mit Ferritkernmaterialien zeigen ein, sich mit der Umgebungstemperatur änderndes, induktives Verhalten. Dies ist vor allem bei spaltenlosen Kernen von Bedeutung, die oft bei hohen Temperaturen um den Faktor 2 bis 3 über den bei Raumtemperatur spezifizierten Werten ansteigen.

Der Spitzenwert der Permeabilität μ_i wird im Allgemeinen kurz unterhalb der Curietemperatur des Ferritmaterials erreicht (Abbildung 1.36).

Die Curietemperatur ist der Punkt, an dem das Ferritmaterial seine gesamte Permeabilität verliert, das Bauelement verhält sich an diesem Punkt wie eine „Luftspule", d.h. mit der Permeabilität μ_0. Diese Zustandsänderung ist reversibel. Wenn der Ferrit abkühlt, wird die ursprüngliche Permeabilität wiederhergestellt. Im Allgemeinen gilt: Je

I Grundlagen

höher die Anfangspermeabilität für den Ferrit ist, desto niedriger ist die Curietemperatur.

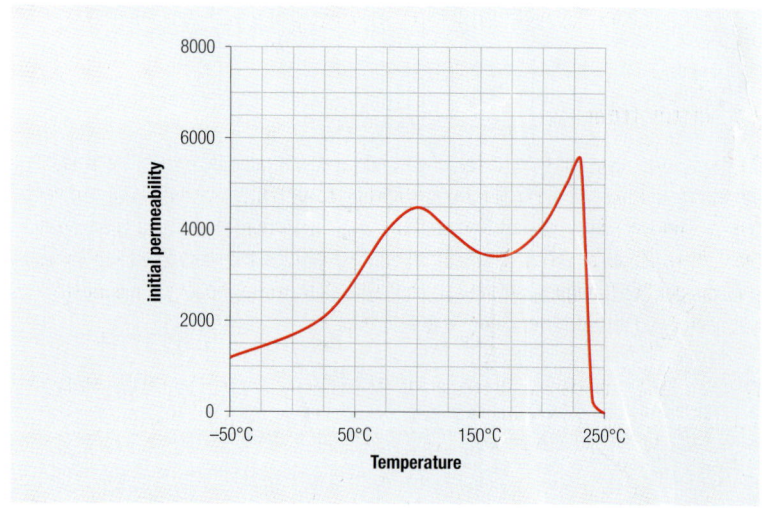

Abb. 1.36: Anfangspermeabilität in Abhängigkeit von der Temperatur für den Werkstoff Ferroxcube 3C96

Die Verwendung von Luftspalten in Induktivitäten reduziert die Schwankungen signifikant, wobei größere Luftspalten ein konstanteres Verhalten über der Temperatur ergeben.

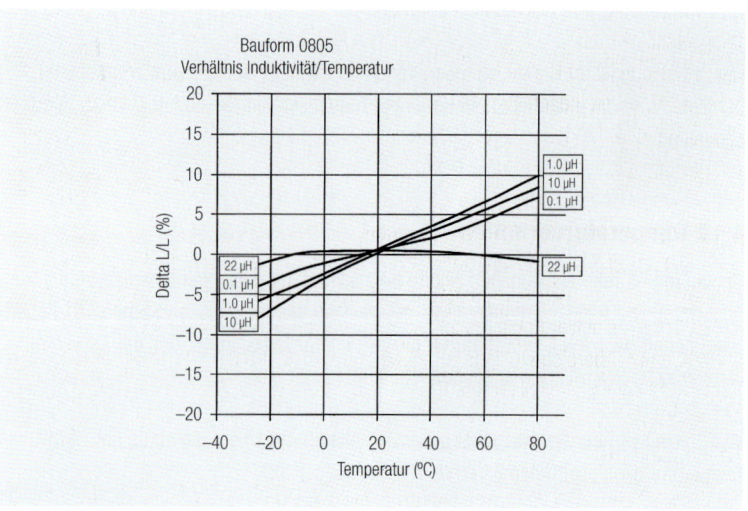

Temperaturdrift

Abb. 1.37: Temperaturdrift einer Multilayerinduktivität

Werden hohe Anforderungen an die Stabilität der mit Induktivitäten aufgebauten Schaltung gestellt (z.B. Filter in der Messtechnik), so wählt man zweckmäßigerweise

eine Spule mit fast geradlinigem Temperaturverhalten. Aus diesem Grund werden in HF-Anwendungen Induktivitäten ohne ferromagnetischen Kernen eingesetzt (z.B. Keramik). Bei diesen Bauelementen ist die temperaturabhängige Induktivitätsänderung ΔL bezogen auf die Nenninduktivität L der Spule am geringsten (Abbildung 1.37).

1.11 Nennstrom

Der Nennstrom, der von einer Induktivität übertragen werden kann, ist definiert als der Strom, der bewirkt, dass sich die Induktivität durch Selbsterhitzung aufgrund von Gleich- und Wechselstromverlusten über die Umgebungstemperatur hinaus erwärmt. Dies unterscheidet sich vom Sättigungsstrom. Der Wert des Nennstromes kann größer sein, als der des Sättigungsstromes. Beides sind Grenzwerte, wobei der niedrigere Wert den Nutzgrenzwert der Induktivität bestimmt.

Wird das Bauteil mit dem im Datenblatt angegebenen Nennstrom betrieben, wird es sich, zusätzlich zur Umgebungstemperatur, um die im Datenblatt angegebene Temperatur erwärmen. Typische Werte sind hier ΔT = 40 K.

Liegt die Temperaturerhöhung außerhalb der zulässigen maximalen Temperatur des Bauelementes, muss ein Bauteil mit höherer Nennstrom-Belastbarkeit ausgewählt werden.

1.12 Sättigungsstrom

Der Sättigungsstrom einer Induktivität ist der Strom, bei dem der Induktivitätsanfangswert um einen im Datenblatt spezifizierten Prozentsatz gefallen ist. Bei Induktivitäten kann dieser Wert zwischen 10 % und 40 % liegen. Der Wert variiert von Serie zu Serie und von Hersteller zu Hersteller, deshalb sollte dieser Wert sorgfältig geprüft und ggf. hinterfragt werden, besonders, wenn aufgrund der Applikation die Induktivität nahe am Sättigungsstrom betrieben wird. Abbildung 1.38 zeigt einige typische Sättigungsstrom-Kurven.

Auf der Hysteresekurve (B-H-Kurve) der Induktivität ist dies der Bereich, an dem die Kurve sich abzuflachen beginnt und die Permeabilität abnimmt. Materialien, wie Ferrit weisen in der Kurve einen prägnaten Knick – ein so genanntes „Knie" – auf. Bei Werkstoffen wie Eisenpulver hingegen ist das Knie weniger stark ausgeprägt, der Verlauf ist im Sättigungsbereich weniger gekrümmt. Man spricht hier auch von harten und weichen Sättigungseigenschaften.

Bitte beachten!

Gerade bei Schaltregleranwendungen oder Anwendungen mit hohen kapazitiven Lasten, kann der im Einschaltaugenblick durch die Induktivität fließende Spitzenstrom deutlich größer sein, als im Regelbetrieb. Das führt unter Umständen zur totalen Sättigung des Bauteils und somit zu möglichen Folgefehlern in der Elektronik. Es ist wichtig, die Einschaltströme der Applikation zu kennen, zu begrenzen und ggf. „Softstart"-Funktionen zu integrieren.

I Grundlagen

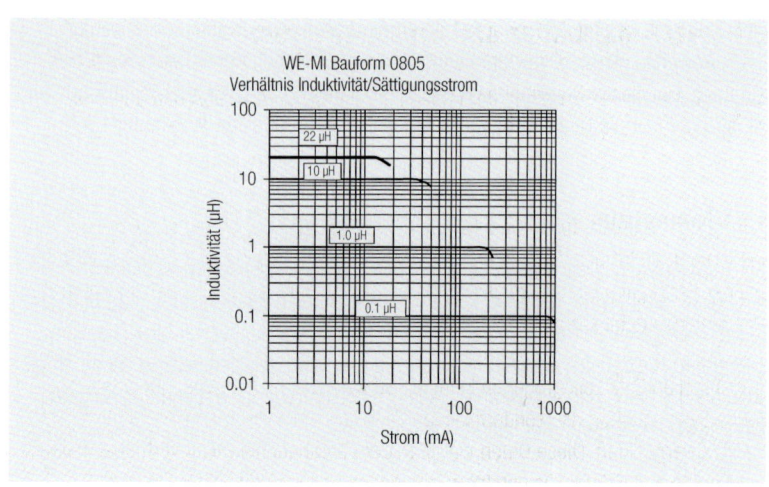

Abb. 1.38: Induktivitäts-Sättigungsstromdiagramm der Induktivitätsreihe WE-MI

1.13 Unterscheidung zwischen EMV-Ferrit und Induktivität

Über die Güte der Induktivität ist im Sprachgebrauch von Würth Elektronik eine klare Trennung zwischen Induktivitäten und EMV-Ferriten definierbar:

EMV-Ferrite

EMV-Ferrite basieren auf Ni-Zn-Werkstoffen. Im Frequenzbereich über ca. 20 MHz besitzt dieses Kernmaterial eine kleine Güte (Q < 3) – also hohe Verluste. Diese Verluste entstehen im Kernmaterial und tragen zur Absorption von EMV-Störungen bei. Die Induktivität dieser Bauteile ist deshalb bewusst niedrig gehalten.

Induktivität

Induktivitäten dagegen sollen eine hohe Güte aufweisen, also möglichst verlustfrei arbeiten und Energie im Magnetfeld zwischenspeichern. Außerdem sind bei Induktivitäten über einen weiten Frequenzbereich stabile Induktivitätswerte gefordert.

Die hervorgehobene Unterscheidung findet sich auch in der Gestaltung des Kataloges von Würth Elektronik wieder.

2 Ersatzschaltbilder und Simulationsmodelle

Moderne Messgeräte, wie z.B. der Impedanz-Analysator HP4195A und ähnliche Geräte, erlauben rechnergestützt einfache Ersatzschaltbilder zu finden und diese zu optimieren.

Konstante Parameter für die Induktivität L, die Kapazität C und den Widerstand R sind die Bedingung für eine Simulation von elektronischen Schaltungen. Ein falscher Ansatz bei der Festlegung eines Ersatzschaltbildes führt zu mangelhaften oder falschen Simulationsergebnissen.

Dabei stellen Ersatzbildgrößen in keinem Fall juristisch einklagbare, genau einzuhaltende Eigenschaften dar, sondern zeigen dem Anwender die ungefähre Lage von Toleranzschwerpunkten. Diese Daten waren in der Vergangenheit nicht verfügbar, werden aber heute entweder in Datenblättern angegeben oder sind leicht zu messen.

Elektronische Bauelemente wie Widerstände, Kondensatoren, Induktivitäten, Leitungen, näherungsweise Ferritmaterialien und Isolierstoffe, können durch Wechselstromgrößen hinreichend genau charakterisiert werden. Voraussetzung ist, dass sie ihre Eigenschaften bei verschieden hohen Spannungen und Strömen nicht nennenswert verändern, oder dass die Bauelemente im Kleinsignalbereich betrieben werden. Man spricht dann von linearen Bauelementen im Gegensatz zu nichtlinearen Bauelementen wie Varistoren, Dioden, Transistoren u.v.m.

Durch die räumliche Ausdehnung im Aufbau der Bauelemente ergeben sich z.B. von jedem Punkt der Oberfläche eines Leiters zu einem anderen Punkt kleine Teilkapazitäten. Leitungsstücke erzeugen bei Stromdurchfluss Magnetfelder und besitzen wegen der in diesen Magnetfeldern vorhandenen Energie eine Teilinduktivität.

Durch die endliche Leitfähigkeit von Kupfer, Silber, etc. oder die gezielt erzeugte Leitfähigkeit der Schichtwiderstände, werden Teilwiderstände wirksam. Bei hohen Frequenzen sind parallellaufende Leiter zudem als Stücke von Hochfrequenzleitern anzusehen, die einen Wellenwiderstand, eine Signallaufzeit und evtl. eine Signaldämpfung besitzen.

Die Realität ist im Allgemeinen recht kompliziert. Will man ein mikroskopisch feines Schaltbild mit allen Teilwiderständen, Kapazitäten oder Induktivitäten zeichnen oder sogar berechnen, dann käme man nicht zurecht.

Zum Glück finden sich für die Anwendung bei Kondensatoren und Induktivitäten ohne Eisen- oder Ferritkern ganz einfache und genaue Ersatzbilder. Aber auch andere induktive Bauelemente sind annähernd gut zu beschreiben, deren gemittelte Parameter immer noch viel besser als nicht vorhandene Eigenschaften sind. Echte Messwerte werden als Kurven den Eigenschaften der Ersatzbildmodelle gegenübergestellt, um dem Anwender die Ableitung dieser Werte zu demonstrieren. Dies trifft besonders für EMV-Ferrite zu, mit denen man Störungen unterdrücken, aber keine präzisen Schaltungen aufbauen will.

Ersatzschaltbilder

I Grundlagen

2.1 Die wichtigsten Typen von Ersatzschaltbildern

Serienresonanz

Kondensatoren → Serienresonanz

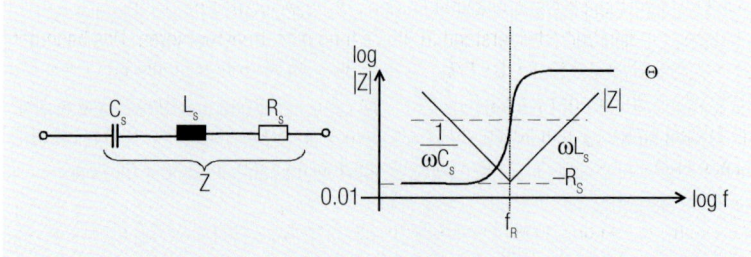

Abb. 1.39: Serienresonanzkreis und Impedanz eines Kondensators über der Frequenz

Die ideale Kapazität C_s wird durch die Zuleitungsinduktivität L_s (im Bereich einiger nH) und den Bahnwiderstand R_s (im Bereich von typ. 20 mΩ bis 100 mΩ, bei kalten Elektrolytkondensatoren bis zu 1 Ω) beeinflusst. Bei tiefen Frequenzen überwiegt der kapazitive Anteil, bei der Eigenresonanzfrequenz ist der Bahnwiderstand messbar. Die Eigenresonanz wird nach der Gleichung 1.45 berechnet.

$$\omega_C = \frac{1}{\sqrt{L_S \cdot C_S}} \tag{1.45}$$

Resonanzfrequenz

Oberhalb der Serienresonanz überwiegt der induktive Anteil, der durch kurze Anschlusslängen in gewissen Grenzen beeinflussbar ist. Die Phasenkurve geht im Resonanzbereich von ≈ −90° auf ≈ +90°. Der Phasenpunkt 0° bestimmt sehr genau den Punkt der Resonanzfrequenz, oft viel genauer als dies über die Amplitudenmessung möglich ist. Die Phasenkurve wird auch im Rechner zur Ersatzbildbestimmung verwendet (1. Näherung).

Induktivitäten → Parallelresonanzkreis

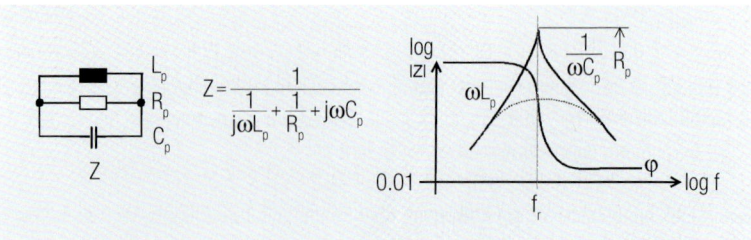

Abb. 1.40: Ersatzschaltbild (Parallelresonanzkreis) und Impedanzdiagramm einer Induktivität

Wicklungskapazitäten

Die ideale Induktivität L_p wird durch die unvermeidlichen Wicklungskapazitäten C_p und durch die in R_p zusammengefassten Verluste (Kernmaterial, Wicklungsverluste) beeinflusst. Bezogen auf das Parallel-Ersatzschaltbild strebt man bei Induktivitäten nach einem unendlich großen Parallelwiderstand R_p, bei EMV-Ferriten hingegen ist ein sehr niedriger und breitbandig wirkender Widerstand R_p ein gewünschter Parameter.

Parallelwiderstand

Beim EMV-Ferrit spielt die Induktivität L_p eine nur untergeordnete Rolle und ist der Schlüssel, um den Verlustwiderstand in die Leitung einzutransformieren. Das bedeutet, im Modell wird an der Stelle des EMV-Ferrites die Leitung aufgeschnitten und das Ersatzschaltbild dort dazwischengeschaltet. Nur durch alle drei Parameter L, C und R ist ein Bauelement genau beschrieben. Ein Parameter allein genügt nicht, obwohl bei bekannter Bauweise andere Eigenschaften abschätzbar sind.

Stellt man sich ein dreidimensionales Koordinatensystem mit den Achsen R_p, L_p, C_p vor, dann ist das Bauteil ein Punkt und sein Toleranzfeld ein Körper in diesem Raum. Verschiedene Bauelemente liegen als unterschiedliche Punkte in diesem Toleranzraum.

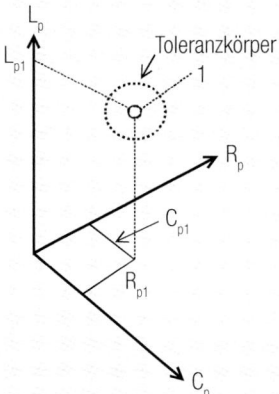

Abb. 1.41: Toleranzraum eines Bauelementes im Koordinatensystem

Die rechnerische Behandlung von Serien- und Parallelresonanzkreisen zeigt die folgende Übersicht:

Als Basis sind die Resonanzkurven für Serien- und Parallelresonankreise in Abhängigkeit von der Verstimmung Ω, in der alle Werte L, C und R enthalten sind, vereinheitlicht, d.h. normiert.

Die normierte Verstimmung Ω vereinigt die Parameter Güte Q und Resonanzfrequenz f_{RES}. Dadurch lassen sich schwingungsfähige Systeme im Frequenzbereich in ihrem Verhalten einfacher beschreiben (Gleichung 1.46).

$$\Omega = 2 \cdot Q \frac{\Delta f}{f_{RES}} \quad (1.46)$$

(Δf ... Frequenzabweichung zur Resonanzfrequenz

I Grundlagen

Serienresonanzkreis

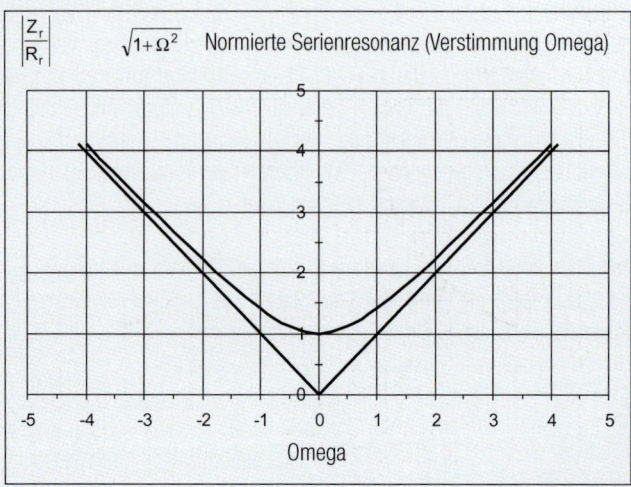

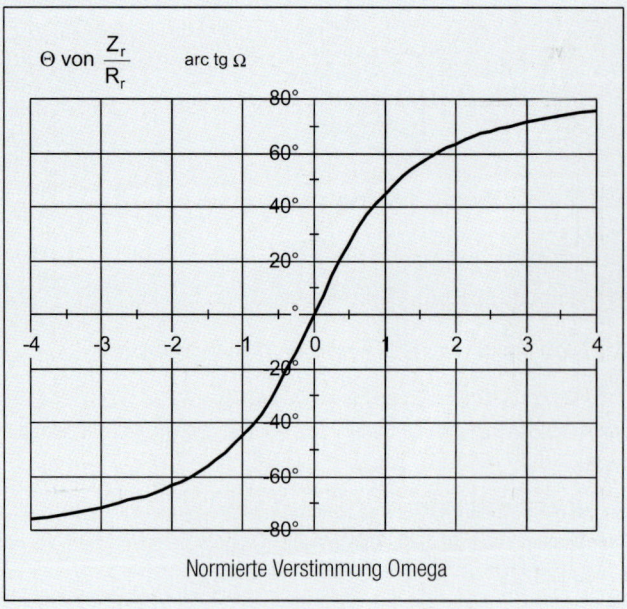

Abb. 1.42: $1 + j\Omega$ (Betrag und Phase) als Funktion von Ω

Parallelresonanzkreis

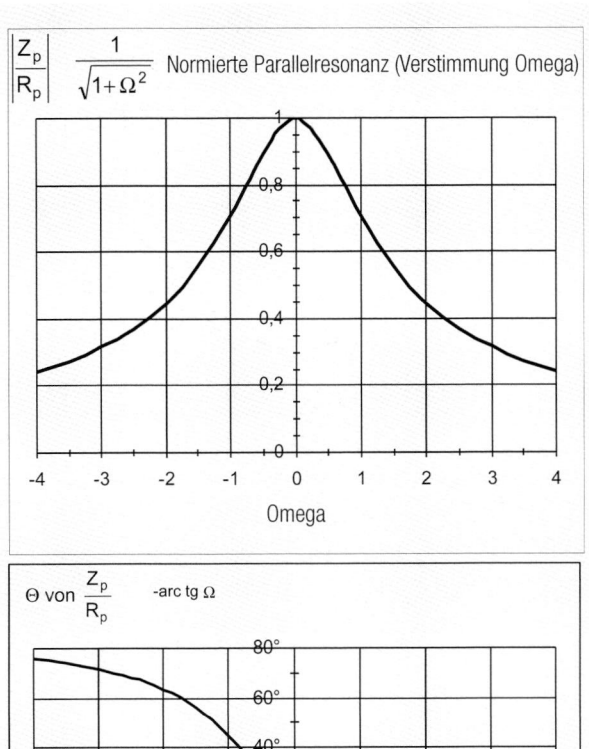

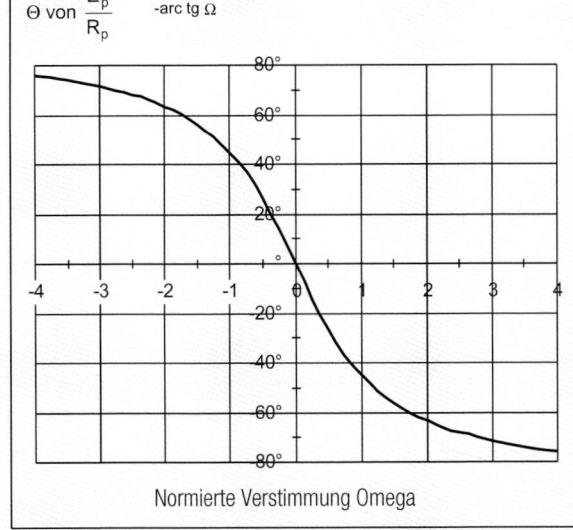

Abb. 1.43: 1/1 + jΩ (Betrag und Phase) als Funktion von Ω

Serienresonanz

$$Z_r = R_r + j \cdot \left(\omega \cdot L - \frac{1}{\omega \cdot C} \right) \qquad (1.47)$$

I Grundlagen

Parallelresonanz

$$Z_p = \frac{1}{\frac{1}{R_p} + j \cdot \left(\omega \cdot C - \frac{1}{\omega \cdot L}\right)} \tag{1.48}$$

Resonanzbedingung, allgemein:

$$\omega_0^2 \cdot L \cdot C = 1 \qquad \omega_0 = \frac{1}{\sqrt{L \cdot C}} \qquad \omega_0 \cdot L = \frac{1}{\omega_0 \cdot C} \tag{1.49}$$

Resonanzbedingung für Serienresonanz:

$$Z_{r(\omega_0)} = R_r \qquad p_r = \frac{\omega_0 \cdot L}{R_r} \tag{1.50}$$

Resonanzbedingung für Parallelresonanz:

$$Z_{p(\omega_0)} = R_p \qquad p_p = \frac{R_p}{\omega_0 \cdot L} \tag{1.51}$$

Normierte Verstimmung:

$$\Omega = p \cdot \left(\frac{\omega}{\omega_0} - \frac{\omega_0}{\omega}\right) \tag{1.52}$$

Normierte Verstimmung für Serienresonanz:

$$Z_r = R_r (1 + j\Omega) = Q \cdot v \tag{1.53}$$

Normierte Verstimmung für Parallelresonanz:

$$Z_p = \frac{R_p}{1 + j\Omega} \tag{1.54}$$

Die Verstimmung (v) gibt an, wie weit der Resonanzkreis gegenüber der aufgezwungenen Schwingung verstimmt ist bzw. gilt als Maß für die Abweichung der (Kreis-)Frequenz von der Resonanz(Kreis-)Frequenz.

normierte Kurven

Die normierten Kurven sind in Abbildung 1.42 und Abbildung 1.43 für R = 1 gezeichnet (oben der Betrag, unten die Phase).

Es gelingt durch die geschickte Wahl von Rechengrößen (Normierung), alle Eigenschaften in zwei Standardkurven abzubilden. Sie dienen dem grundsätzlichen Verständnis, während im Anwendungsfall die gemessenen Resonanzkurven verwertet werden oder bei Rechnersimulationen die Zahlenwerte von L, R und C zur Anwendung kommen.

Gewinnung von einfachen Ersatzschaltbildern

In den folgenden Beispielen werden mit dem Impedanzanalysator HP4195A gewonnene Messkurven analysiert. Das Verfahren der Analyse orientiert sich an grundlegenden theoretischen Modellvorstellungen, deshalb können selbstverständlich auch andere Impedanzmessgeräte, die über die Frequenz die Parameter Impedanz und Phase messen können und diese als Ersatzschaltbild darstellen, verwendet werden.

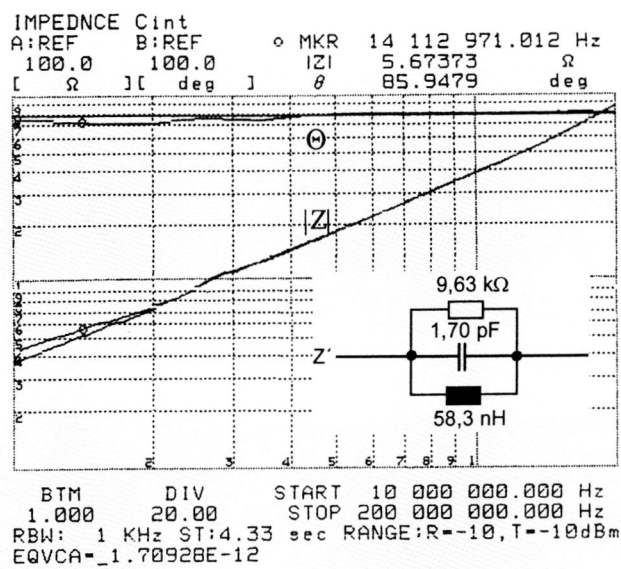

Induktivitäts-impedanz

Abb. 1.44: Impedanzverlauf einer Spule mit 6 Windungen auf einem Keramikkörper Ø 6 mm

In Abbildung 1.44 wird eine Impedanz einer kleinen Luftspule mit 6 mm Durchmesser und 6 Windungen dargestellt. Eine einfache Abschätzung der Induktivität aus den Werten bei 10 MHz und 100 MHz ergibt eine Induktivität L von 63,7 nH. Da die Phase Θ bei 85°–90° liegt, kann von einer reinen Induktivität ausgegangen werden. So berechnet sich aus |Z| = 4 Ω bei 10 MHz und |Z| = 40 Ω bei 100 MHz eine Induktivität von L = 63,7 nH (Gleichung 1.55).

$$L = \frac{|Z|}{2 \cdot \pi \cdot f} = 63{,}7 \text{ nH} \qquad (1.55)$$

I Grundlagen

Ersatzschaltbild-bestimmung

Der Analysator bestimmt hier aufgrund seiner genauer gespeicherten, als dargestellten Werte eine Induktivität von L = 58 nH. Abbildung 1.44 sind zusätzlich zu den vom Analysator gemessenen Kurven, die aus den berechneten Simulationswerten dargestellten Kurven ersichtlich.

Keramikscheiben-kondensator

Abbildung 1.45 zeigt den Impedanzverlauf eines Keramikscheibenkondensators mit 10 nF Nennkapazität und mit etwa 5 mm langen Anschlussdrähten.

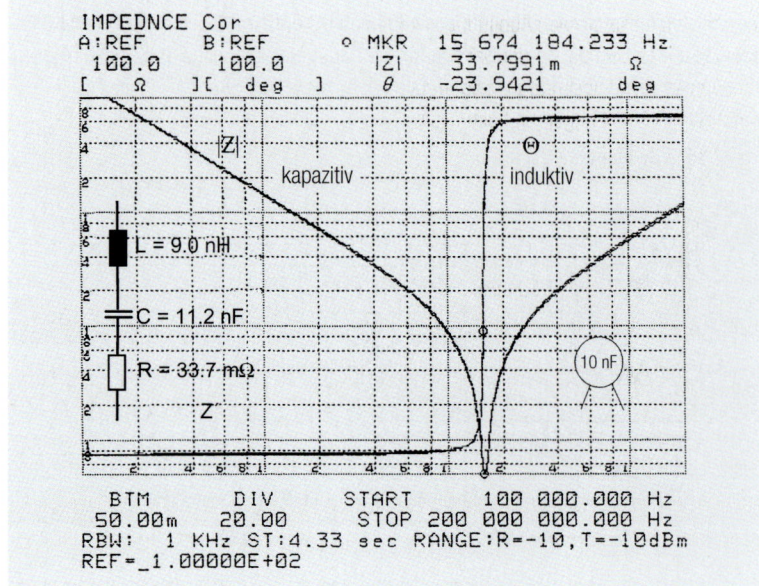

Abb. 1.45: Impedanzverlauf eines 10 nF-Keramikkondensators mit ca. 5 mm langen Anschlussdrähten

Aus den Messkurven können die Paramter C = 11,37 nF und L = 9,55 nH ermittelt werden. Aus der Impeanzkurve |Z| kann bei der Phase $\Theta = -90°$ die Kapazität, wie in Gleichung 1.56 angegeben, berechnet werden.

$$C = \frac{1}{\omega \cdot |Z|} \quad (1.56)$$

Bei der Phase $\Theta = +90°$ kann der induktive Anteil wie folgt ermittelt werden.

$$L = \frac{|Z|}{\omega} \quad (1.57)$$

Für die Impedanz Z ergeben sich somit bei verschiedenen Frequenzen folgende Werte:

$|Z|_{200\,kHz} = 70\,\Omega$, $|Z|_{4\,MHz} \approx 3.5\,\Omega$, C = 11.37 nF, $|Z|_{40\,MHz} \approx 2\,\Omega$,
$|Z|_{200\,MHz} = 12\,\Omega$ and L = 9.55 nH.

Der gemessene Serienwiderstand R beträgt 33,8 mΩ. Der Analysator bestimmt rechnerisch mit dem richtig gewählten Ersatzbild (Abbildung 1.45) R = 33,7 mΩ, C = 11,2 nF und L = 9 nH und bestätigt diese Werte durch deckungsgleiche Kurven. Die Abbildung 1.45 dargestellte Spule ist bei einer Frequenz von 200 MHz noch einsetzbar, der Kondensator nach Abbildung 1.45 ist nur im Frequenzbereich bis 30 MHz einsetzbar. Die Darstellung der parasitären Impedanzen, wie die der Induktivität der Kondensator-Anschlussdrähte, zeigt deutlich, wie wichtig deren Betrachtung für die Funktion von Schaltungen im hochfrequenten Bereich ist. Ein Beispiel in Abbildung 1.46 verdeutlicht das.

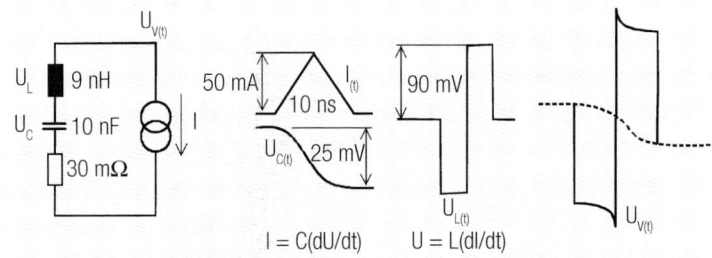

Abb. 1.46: Wirkung eines Dreieckimpulses, wie er bei Logikschaltungen während der Schaltflanke entsteht, auf einen Kondensator mit Leitungsinduktivitäten

Trifft ein Dreiecksimpuls auf einen Kondensator ohne parasitäre Induktivität, erfolgt innerhalb von 10 ns ein abnehmender Spannungsverlauf mit abgerundeter Flanke von 25 mV. Eine Leitungsinduktivität von 9 nH bewirkt durch die Induktivität einen bipolaren Impuls mit steilen Flanken von ± 90 mV. Aus den hier dargestellten Zusammenhängen wird ersichtlich, dass eine Erhöhung der Kapazität von 10 nF auf 1 µF keine Verbesserung bewirken kann. Wenn die parasitäre Induktivität durch die Anschluss-Zuleitungen des Kondensators nicht verringert wird, bleibt die Störspannung in ihrer Amplitude erhalten. Die Berechnung der Spannungen zeigen die Gleichungen 1.58 und 1.59.

Die Ladungsänderung in einem idealen 10 nF Kondensator, hervorgerufen durch den Dreiecksimpuls, führt zu einer Spannungsänderung ΔU am Kondensator.

$$\Delta U = \frac{\Delta Q}{C} = \frac{50\,mC \cdot 5\,\mu C}{10\,nF} = 25\,mW \qquad (1.58)$$

Leitungsinduktivität

I Grundlagen

Die Stromflanken +/− ΔI/Δt erzeugen mit einer Induktivität von 9 nH Spannungssprünge von

$$|\Delta U| = L \frac{|\Delta I|}{\Delta t} = \frac{|9\,\mu A \cdot 50\,mA|}{5\,\mu s} = 90\,mW \qquad (1.59)$$

Abbildung 1.47 zeigt als Beispiel einen Resonanzkreis aus einer Spule und einem Kondensator, dem ein Widerstand von 1 kΩ als Last parallelgeschaltet wurde.

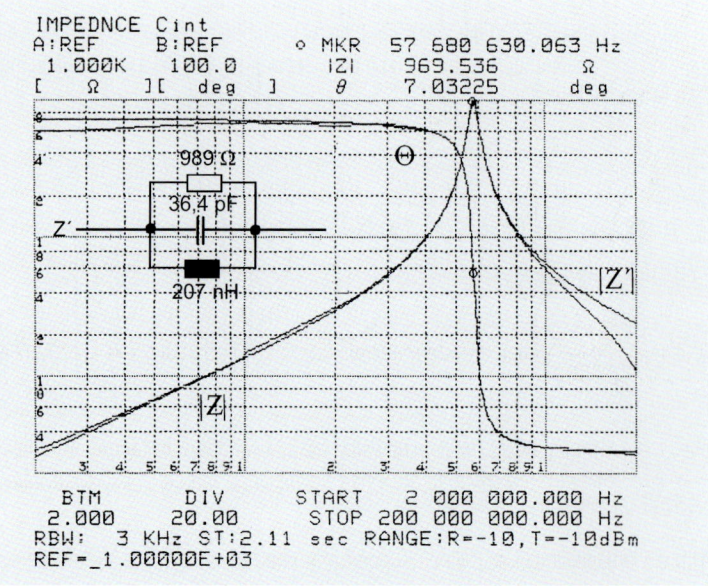

Abb. 1.47: Impedanzverlauf und Ersatzschaltbild eines Resonanzkreises

Der Impedanzanalysator gibt das Ersatzschaltbild vor, das sich mit den Messergebnissen am besten deckt (Abbildung 1.48). Andere Ersatzschaltbilder führen in der Regel zu ungünstigeren Konstellationen der Parameter.

Die Induktivität lässt sich in Abbildung 1.48 aus der Messkurve bestimmen. Die Ermittlung der Kapazität ist nur eingeschränkt möglich. Die ermittelten Werte sind im Einzelnen: $|Z|_{3\,MHz} = 4\,\Omega$, $|Z|_{57{,}6\,MHz} = 969\,\Omega$, $|Z|_{200\,MHz} = 24\,\Omega$, $L_p = 207\,nH$, $R_p = 989\,\Omega$, $C_p = 36{,}4\,pF$

Über die Gleichung 1.60 kann die Kapazität berechnet werden.

$$\omega^2 \cdot L \cdot C = 1 \rightarrow C = \frac{1}{\omega^2 \cdot L} = \frac{1}{(2 \cdot \pi \cdot 57{,}6\,MHz) \cdot 207\,nH} = 36{,}8\,pF \qquad (1.60)$$

Der berechnete Wert bestätigt das Ergebnis des Analysators.

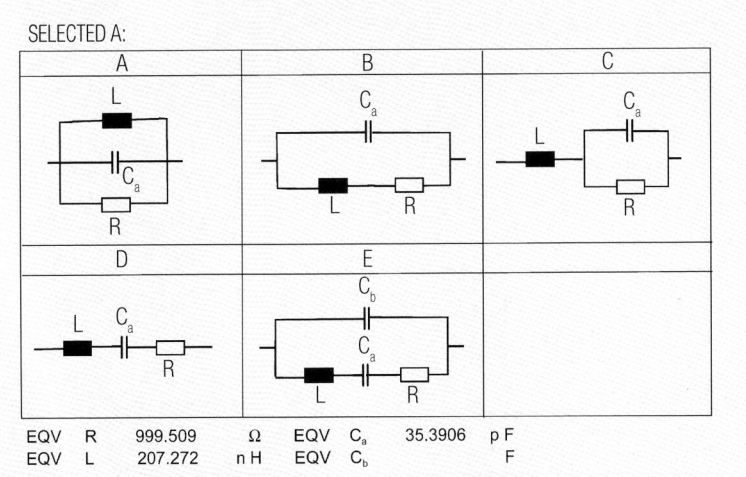

Abb. 1.48: Verfügbare Ersatzschaltbilder beim Impedanzanalysator HP4195

Abbildung 1.49 zeigt den Impedanzverlauf einer Parallelschaltung von 2 unterschiedlichen Kapazitäten.

I Grundlagen

Impedanz von parallelen Kondensatoren

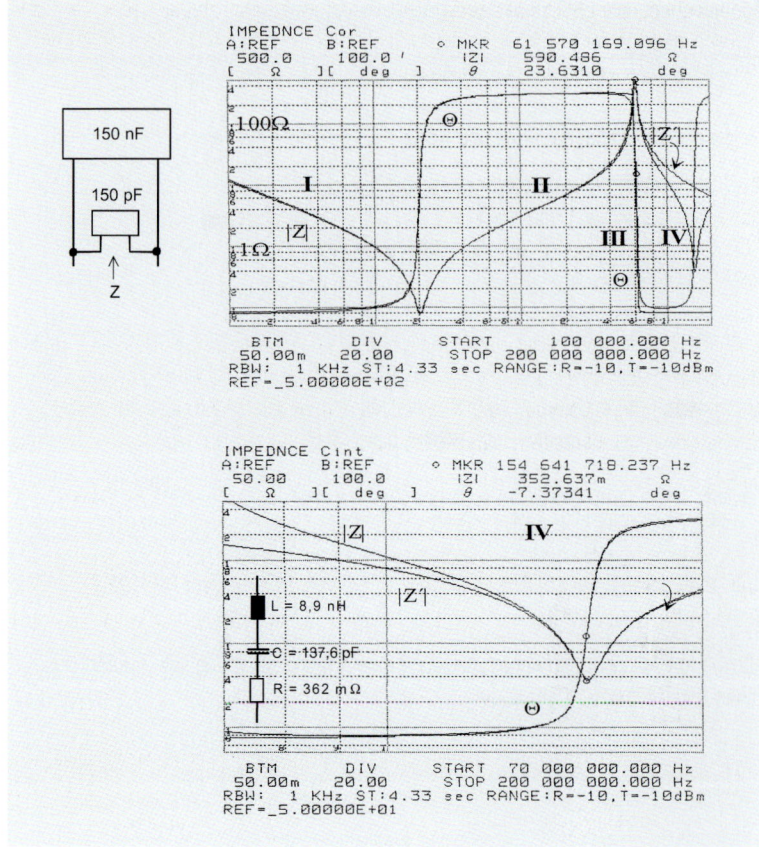

Abb. 1.49: Impedanzverlauf der Parallelschaltung von zwei ungleichen Kondensatoren (häufige Applikation bei der Abblockung der Versorgungsspannung an ICs)

Der große 150 nF Kondensator wird im Beispiel zur besseren HF-Abblockung noch durch einen kleinen 150 pF Kondensator ergänzt. Er soll den Nachteil der langen Anschlussdrähte zwischen Kondensator und Verbraucher „ausgleichen". Die Messung des Netzwerkes mit dem Impedanzanalysator zeigt eine Resonanzspitze bei 61,57 MHz mit einer Impedanz Z = 590 Ω (ohne Last). Steile Impulsflanken, ausgehend von dem abzublockenden Schaltkreis, generieren in dem Frequenzbereich um die Resonanz eine gedämpfte Schwingung, die nicht nur Störemission verursacht, sondern je nach Applikation auch Funktionsstörungen verursachen kann.

Die Bestimmung des Ersatzbildes aus dem Impedanz-Phasendiagramm erfolgt in mehreren Schritten. Der Phasenverlauf Θ ist bis 2 MHz kapazitiv (Zone I). Die Serienresonanz bei 2 MHz ist eine Folge der ca. 2 x 2 cm langen Anschlussbeine zum 150 nF Kondensator. In Zone II ist die Schaltung induktiv. Bei 60 MHz verhält sich das Netzwerk wie eine Parallelresonanz mit der Impedanz von 590 Ω. Eine Abblockung von Störungen kann, wegen der hohen Impedanz, ab diesen Frequenzbereich nicht mehr stattfinden. Von 30 MHz bis 100 MHz (Zone III) ist die Impedanz größer als 100 Ω. Auch in diesem Bereich wird aufgrund der hohen Impedanz keine wirksame Dämpfung

Parallelresonanz

von hochfrequenten Störungen stattfinden können. Im Frequenzbereich über der Parallelresonanz trägt der 150 pF Kondensator bei 154 MHz zu einer Serienresonanz bei. In Zone IV wird die Phase des Netzwerkes positiv und die Impedanz somit induktiv.

Folgende Berechnungen zeigen die Werte des Ersatzschaltbildes.

Zone I: $|Z|_{600\,kHz} = 2\,\Omega$ kapazitiv, entsprechend C = 133 nF
Zone II: $|Z|_{20\,MHz} = 6{,}5\,\Omega$ induktiv, entsprechend L = 52 nH
Zone III: Resonanz 61,6 MHz, C = $1/(\omega^2 L)$ = 128,6 pF
Zone IV: Resonanz 154,6 MHz, L = $1/(\omega^2 C)$ = 8,25 nH

Aus den Berechnungen kann das Ersatzschaltbild nach Abbildung 1.50 erstellt werden. Die vom Impedanzanalysator und die „manuell" errechneten Werte sind ähnlich und verdeutlichen die Problematik einer Abblockung durch das Parallelschalten von Kondensatoren, wenn parasitäre Impedanzen nicht mitberücksichtigt werden.

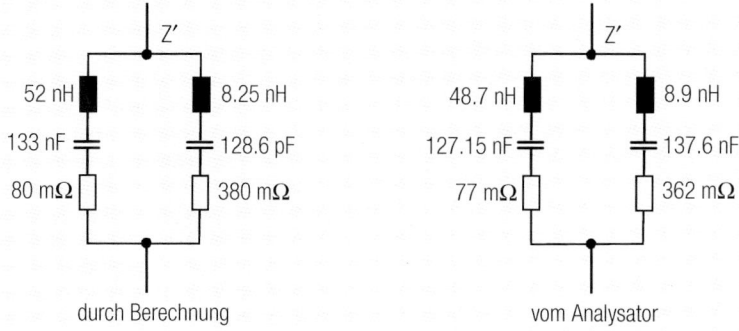

Abb. 1.50: Ersatzschaltbild zweier parallel geschalteter Kondensatoren, links: Berechnete Komponentenwerte, rechts: Werte vom Impedanzanalysator

2.2 EMV-Ferrit-Ersatzschaltbilder

Ferrit-Ersatzschaltbilder

Ferrit zur Absorption

Beim Begriff Ferrit denkt der größte Teil der Ingenieure an ein induktives Bauelement mit dessen Hilfe Spulen, Übertrager, Drosseln und ähnliche Bauelemente gefertigt werden können. Materialverluste werden als Ärgernis in Kauf genommen und sollten minimiert werden. Sie gelten als die Grenze für den Betriebsfrequenzbereich.

Bei der Wahl der Ersatzschaltbilder zur Beschreibung der frequenzabhängigen Parameter können unterschiedliche Ansätze gewählt werden, die je nach Applikation das Verständnis der eigentlichen Funktion des Bauelementes eher behindern. Das hier dargestellte Parallelersatzbild ist logisch, einfach und bequem zu messen und zu handhaben. Es ergibt sich fast von selbst, wenn Werte weit oberhalb des für typische Spulenanwendungen geltenden Frequenzbereiches erfassen möchte. Im hohen

I Grundlagen

Frequenzbereich stellen die (hier erwünschten) Verluste den Hauptbestandteil der Impedanz eines Ferritbauelementes dar.

Die Dämpfung von elektromagnetischen Störungen bzw. Strömen sollte nicht durch Filter aus Blindwiderständen geschehen, da diese Filter hoher Güte die Störenergie reflektieren. Ferrite, deren Impedanz im relevanten Frequenzbereich resistiv ist (also „ohmisch" mit Verlusten), absorbieren die Energie (Umwandlung in Wärme).

Im Folgenden werden die wesentlichen Ersatzschaltbildstrukturen von Ferrit-Bauelementen erläutert. Abbildung 1.50 zeigt das Parallelersatzschaltbild von Ferritbauelementen, abgeleitet von der Impdanz Z(f) nach Betrag und Phase bei kleiner Aussteuerung, gemessen mit dem Impedanzanalysator HP4195A.

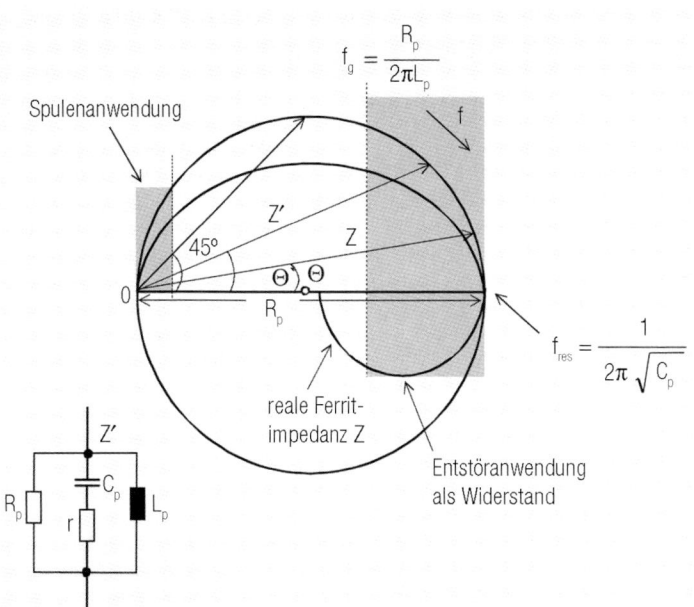

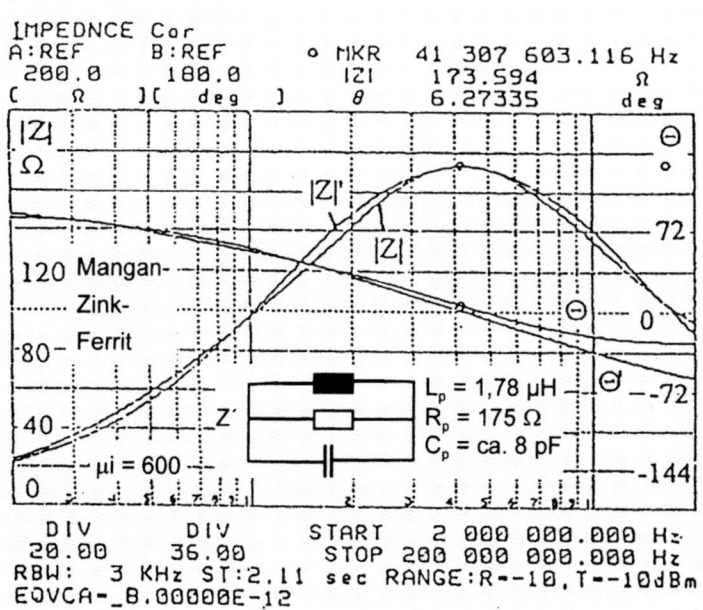

Fig. 1.51: Impedanz, Phase und Ersatzschaltbilder von Ferritrohr- oder Ferritring

Gemessen wird die Impedanz Z am Analysator mit einer speziellen Halterung, die eine möglichst kurze Leiterschleife durch das Ferritrohr zulässt, um parasitäre Impedanzen, die das Messergebnis verfälschen würden, zu minimieren. Die Parameter des Parallelersatzschaltbildes sind L_p, R_p, C_p und ggf. r (bei Mangan-Zink-Ferriten).

Parameter des Parallelersatzschaltbildes

I Grundlagen

$$Y = \frac{1}{Z} = \frac{1}{j \cdot \omega \cdot L_p} + \frac{1}{R_p} + j \cdot \omega \cdot C_p \quad \text{Ni-Zn Ferrite}$$

$$Y = \frac{1}{Z} = \frac{1}{j \cdot \omega \cdot L_p} + \frac{1}{R_p} + \frac{j \cdot \omega \cdot C_p}{1 + r \cdot j \cdot \omega \cdot C_p} \quad \text{Mn-Zn Ferrite} \quad (1.61)$$

Abbildung 1.51 zeigt das Zeigerdiagramm eines Parallelschwingkreises als Kreis Z´ und darin ein reales Zeigerdiagramm Z eines Mangan-Zink Ferrites. Werden mehrere Windungen durch das Ferritrohr gewickelt, erhöht sich die Impedanz $Z(n) = Z \cdot n^2$, abzüglich der Einflüsse durch die Spulenkapazität. Auch bei der Konstruktion von Transformatoren, Übertragern und Filtern sollten das Ersatzbild des Ferritkernes mitberücksichtigt werden.

Mangan-Zink-Ferrite

Mangan-Zink-Ferrite sind das Entstörmaterial für den Kurzwellenbereich, in diesem Bereich erstreckt sich der Wert der Anfangspermeabilität von Ferriten von $\mu_i = 2000$ bis $\mu_i = 600$.

Die Frequenz f_g, bei der $\Theta_{(Z)} = 45°$ ist, korreliert mit der Anfangspermeabilität μ_i des Materials. Die Gleichung zur Berechnung von f_g ist wie folgt:

$$f_g = \left(\frac{R_p}{2 \cdot \pi \cdot L_p}\right) \quad (1.62)$$

Initiale Permeabilitätsverluste

Der zur Materialauswahl gebräuchliche Faktor $\mu_i \cdot f_g$ erstreckt sich bei Mangan-Zink-Ferriten von 5000 MHz bis 10000 MHz. Die Verluste werden nur durch das Verhältnis

$$\frac{A_{eff}}{l_{eff}} = \frac{\text{Querschnitt}}{\text{magnetische Weglänge}} \quad (1.63)$$

bestimmt.

Hohe Gleichströme durch das Ferritrohr verursachen im Ferritmaterial eine Sättigung und die Wirkung als Induktivität, also die verlustbehaftete Impedanz (Verlustwiderstand), wird erheblich reduziert und geht schließlich gegen 0. Typische Induktionswerte liegen hier zwischen 200 mT und 400 mT.

Zur Veranschaulichung des Erstatzschaltbildes wird die komplexe Impedanz des Ferrites in den durchgesteckten Leiter eintransformiert, als ob der Leiter durchgeschnitten und dazwischen das Ersatzbild eingelötet worden wäre. Das Prinzip gilt auch für Ferrithülsen mit mehreren Windungen und ganzen Spulen. Bei Breitbandübertragern hat der Kern auch einen konstanten Parallelwiderstand. Mangan-Zink-Ferrite sind das Material für die klassischen Spulenfilter. Ihr Nachteil ist ihre hohe innere Dielektrizitätskonstante $\epsilon > 102$, die ein Grund für die hohe Kapazität im Ersatzbild ist. Für hohe Frequenzen sinkt der Parallelwiderstand Rp auf 1/2 bis 1/3 des Maximalwertes. Je höher die Anfangspermeabilität μ_i des Ferritmaterials ist, desto tiefer ist die 45° Grenzfrequenz f_g,

Dielektrizitätskonstante

mit $f_g = R_p / 2 \cdot \pi \cdot L_p$. Ab ca. $2 \cdot f_g$ beginnt der Einsatzbereich dieses Materials für EMV Zwecke als Störleistungabsorber.

Abbildung 1.52 zeigt Ersatzbilder für Ni-Zn-Ferrite, die kleine parasitäre Kapazitäten C_p haben, aber wegen ihrer geringen Permabilität μ_i erst oberhalb 20 MHz im EMV-Bereich wirksam sind.

Ni-Zn-Ferrite

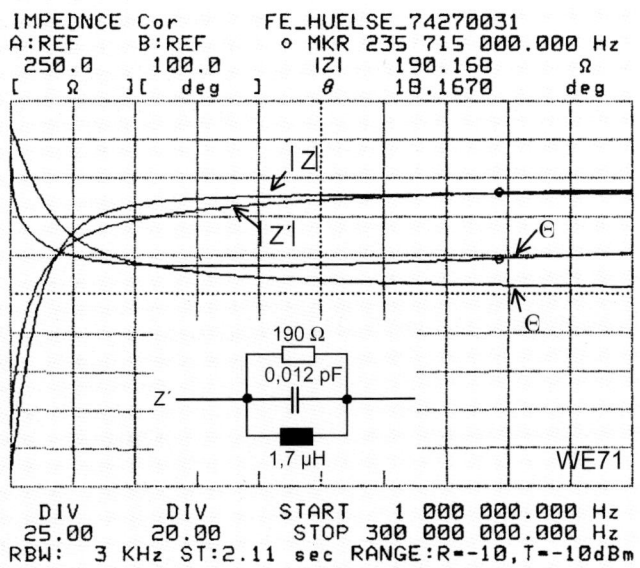

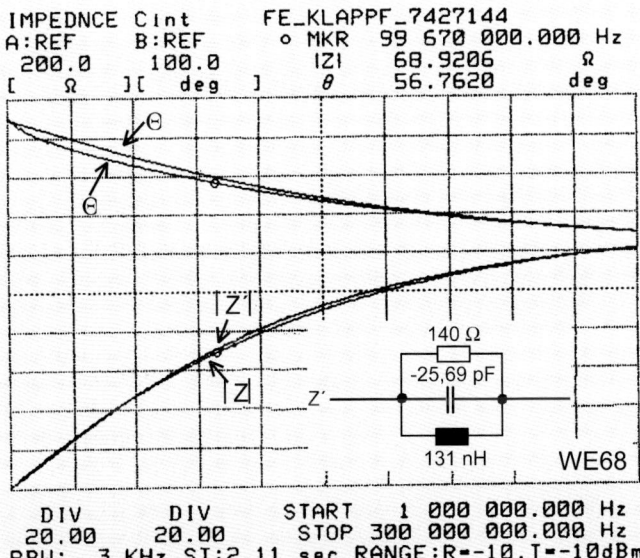

Fig.: 1.52: Ersatzbilder von Nickel-Zink-Ferriten

I Grundlagen

Curietemperatur

Im leitungsgebundenen Bereich haben klassische EMV Störer ein Spektrum das weit unterhalb von 20 MHz seinen Schwerpunkt hat. Die sonst wegen ihrer kleinen Parallelkapazität bis zu hohen Frequenzen brauchbaren Nickel-Zink-Ferrite haben im niedrigeren Frequenzbereich, typisch unterhalb von 10 MHz, eine kleine Permeabilität μ_i. Ferritmaterialien mit hohem $\mu_{i,\,typ.}$ oberhalb von $\mu_i = 800$–1000, haben den Nachteil, dass die Curietemperatur unter +125 °C sinkt. Bei Betriebstemperaturen oberhalb der Curietemperatur ist der Ferrit unmagnetisch und somit in der vorgesehenen Applikation nicht mehr brauchbar. Abbildung 1.52 zeigt zwei Impedanzmesskurven von SMD-Ferriten auf Nickel-Zink-Basis im logarithmischen Maßstab. Man sieht die hohe Übereinstimmung zwischen Messung und Simulation. Wegen des hohen spezifischen Widerstandes des Nickel-Zink-Materials, können raffinierte SMD „Ferritperlen" durch eingesinterte Leiterzüge hergestellt werden, die auch wegen ihrer geringen Baugröße in dicht gepackten Elektronikbaugruppen EMV-Maßnahmen zulassen. Eine passend gewählte Reihenschaltung von Mangan- und Nickelzinkferriten ist das optimale EMV-Bauelement mit einer einfachen L parallel R Nachbildung zur Absorption von Störströmen.

Typische Messergebnisse von SMD-Ferriten

In Abbildung 1.53 ist das Impedanz-Phasen-Diagramm über der Frequenz des SMD-Ferrites 742 792 13 gegeben. Der flach verlaufende Phasengang und die damit verbundene niedrige Güte im Bereich des Impedanz-Maximums erlauben keine Resonanz.

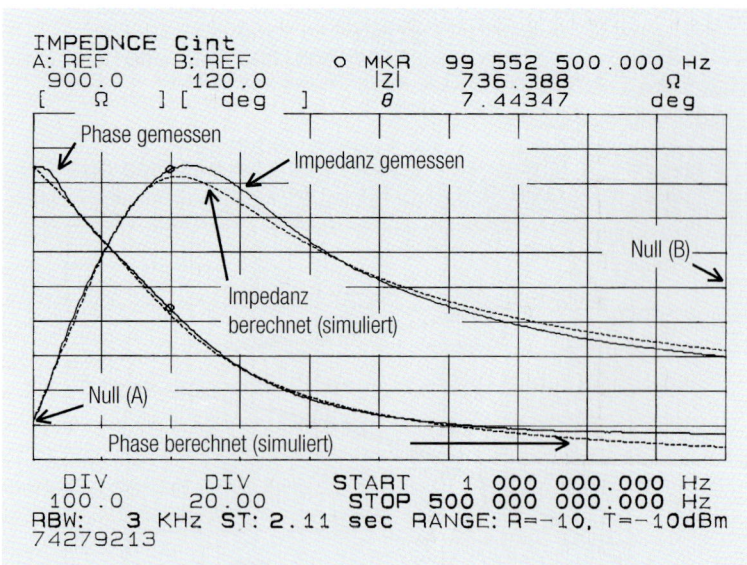

Abb. 1.53: Impedanz-Phasen-Verlauf der SMD-Ferrit-Drossel 742 792 13 (600 Ω bei 100 MHz)

Das ist ein Zeichen dafür, dass der resistive („ohmsche") Anteil der Impedanz recht groß ist. Eine Standard-RCL-Messbrücke mit 1-kHz-Prüffrequenz misst folgende Daten:

$$L = 1{,}5\ \mu H \qquad R = 0{,}15\ \Omega \qquad (1.64)$$

Eine Simulation des Bauelementes am Impedanzanalysator bei 100 MHz ergibt das Ersatzschaltbild nach Abbildung 1.54.

Simulation Impedanzanalysator

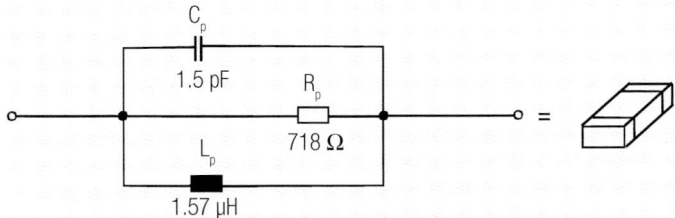

Abb. 1.54: Ersatzschaltbild des Ferrites 742 792 13 bei f = 100 MHz

Hier ist deutlich der hohe resistive Anteil an der Impedanz zu erkennen.

Gemessen mit einer Impedanzmessbrücke ergeben sich bei 100 MHz folgende Parameter:

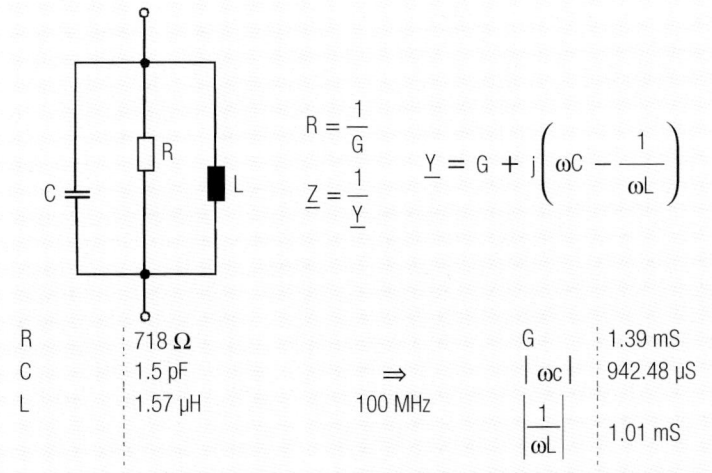

Abb. 1.55: Größen zur Berechnung der Impedanz des Ferrites

I Grundlagen

Ersatzschaltbild

In Anlehnung an die, mit der Messbrücke ermittelten Parameter, kann mit Hilfe des Ersatzschaltbildes nach Abbildung 1.55 die Impedanz überprüft werden.

$$|Y|_{100\,MHz} = (1{,}39\text{ ms} + j\,(942{,}48\text{ µs} - 1{,}01\text{ ms}))$$
$$|Y|_{100\,MHz} \approx 1{,}39\text{ mS}$$
$$|Z|_{100\,MHz} = \frac{1}{|Y|} \tag{1.65}$$
$$\phi = \arctan\left(\frac{-b}{a}\right) = \arctan\left(\frac{-71{,}25 \cdot 10^{-6}}{1{,}39 \cdot 10^{-3}}\right) = 2{,}78° \approx 3°$$

Der simulierte bzw. errechnete Wert stimmt mit dem Messwert des Diagramms gut überein und verdeutlicht die Funktionsweise des Bauelementes. Die parasitäre Kapazität ist mit 1,5 pF klein, sodass der Ferrit auch bis in höchste Frequenzbereiche (≈ 1000 MHz) eingesetzt werden kann. Beim Nennstrom von 200 mA geht die Impedanz bei 100 MHz auf 480 Ω zurück, das Impedanzmaximum verschiebt sich zu höheren Frequenzen (Abbildung 1.56).

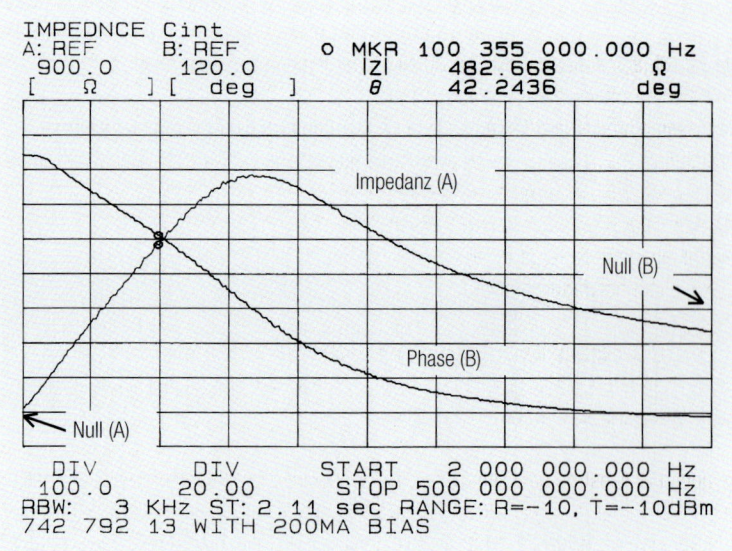

Abb. 1.56: Impedanz und Phasenverlauf des SMD-Ferrits 742 792 13, mit 200 mA Strom belastet

Sättigung

Der Grund für die Verschiebung ist die Sättigung des Ferritmaterials. Die Gleichstromkomponente erzeugt ein unipolares Feld innerhalb der Drossel, das sich mit der Wechselfeldkomponente überlagert. Die unipolaren Verluste des Ferrites verschieben den Arbeitspunkt des Ferritmaterials auf der Magnetisierungskurve. Abhängig von Amplitude und Frequenz der Wechselfeldkomponente und abhängig von der Gleichstromkomponente ergibt sich der jeweilige Impedanzverlauf der Ferritdrossel.

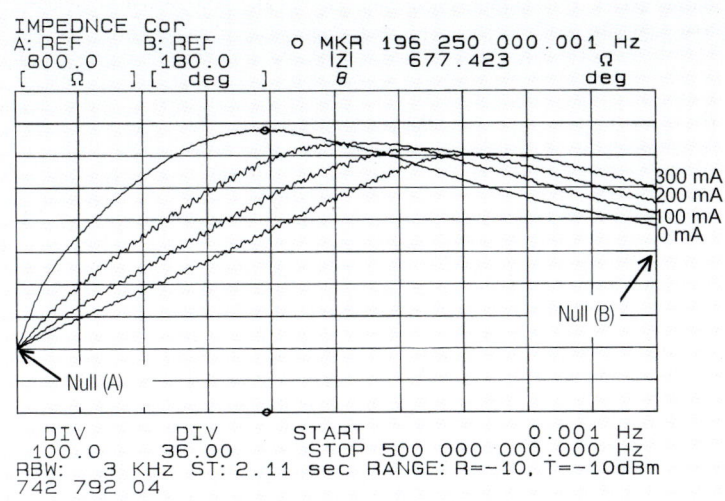

Abb. 1.57: Kurvenschar der Impedanz in Abhängigkeit vom Gleichstrom des SMD-Ferrits 742 792 04

Der Fall, dass ein Gleichstrom zusätzlich zum Signalstrom durch einen SMD-Ferrit fließt, kommt oft vor. Dieser Gleichstrom induziert im Ferrit eine hohe Feldstärke. Ab einer bestimmten Stromstärke tritt eine Kernsättigung auf, die wie schon beschrieben zu einer Permeabilitäts- und damit Impedanzabnahme führt. Aus dem Diagramm in Abbildung 1.57 ist zu ersehen, dass dieser Effekt im Bereich von ca. 150 MHz besonders stark ist und mit zunehmender Frequenz geringer wird. Ab 300 MHz – 350 MHz ist eine Impedanzzunahme zu erkennen, welche durch eine Zunahme der realen Permeabilität hervorgerufen wird.

Bei den im Folgenden dargestellten Ersatzschaltbildparametern wird dieser Effekt nicht berücksichtigt. Bei kleinen Signalpegeln und geringer Gleichstrombelastung sind die erzielten Ergebnisse aber ausreichend.

Bei hohen Gleichströmen sollte dieser Effekt allerdings nicht vernachlässigt werden. Hierfür können eigens entwickelte stromabhängige Ersatzschaltbilder Verwendung finden. Deren Komplexität ist mit den herkömmlichen Parallelersatzschaltbildern natürlich nicht zu vergleichen.

Daher sind diese bereits in die Simulationssoftware LTspice/SwitcherCADIII integriert. Bei der Komponentenauswahl muss dazu nur auf die Bauteilbibliothek „FerriteBead_Z(I)" zurückgegriffen werden.

LTspice

Beim späteren Rechtsklick auf das Schaltsymbol kann dann der gewünschte SMD-Ferrit ausgewählt werden. Die folgende Grafik ist eine Testsimulation um den Einfluss der Gleichstrombelastung darzustellen. In diesem Beispiel wurde der SMD-Ferrit 742 792 121 mit einer Impedanz $Z = 300\ \Omega$ und einem Nennstrom $I = 3$ A verwendet.

I Grundlagen

Die Kurven zeigen den Impedanzverlauf ohne Strombelastung, bei 1 A, bei 2 A und bei 3 A.

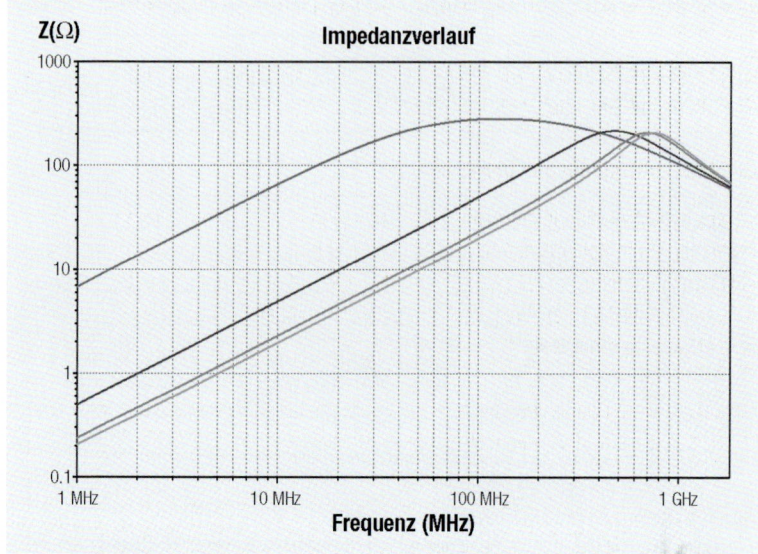

Abb. 1.58: Simulierte Kurvenschar der Impedanz des SMD-Ferrits 742 792 121 mit DC-Strombelastung von 0 A, 1 A, 2 A, und 3 A

2.3 Simulation mit LTspice

Simulation von Filterschaltungen und Schaltreglern mit LTspice

Analog Devices hat mit dem Tool LTspice einen vollwertigen SPICE-Simulator entwickelt, der keine Begrenzung an Knoten oder Bauteilen aufweist und weitestgehend mit anderen SPICE-Versionen im Befehlssatz kompatibel ist.

Hier einige Highlights der Software:

- komfortabler Schaltplaneditor
- eingebaute Spannungs- und Stromtastköpfe
- Effektivitätsreport für Schaltregleranwendungen
- umfangreiche Bauteilbibliothek
- passive Bauteile R, L, C vorbereitet als reale Bauteile (editierbar)
- Bibliothek für SMD-Ferrite
- aktive Bauteile
- eingebaute Berechnungstools für Analysen
- FFT-Funktion
- umfangreiche Hilfefunktion
- automatisches Update

Das Tool kann kostenfrei von der Website von Analog Devices unter **www.analog.com** heruntergeladen werden und wird über einen Synchronisations-Button stets auf dem aktuellen Stand gehalten. Für Fragen zu Simulationen steht außerdem eine Spezialistengruppe auf Yahoo bereit – die Software verlinkt auf Wunsch direkt dorthin.

Ausführliche Informationen zur Verwendung von LTspice finden Sie im Buch „The LTspice IV Simulator" von Würth Elektronik.

Simulationsbeispiele aus der EMV

Ein typisches Anwendungsbeispiel ist die Simulation von EMV-Ferritfiltern im Zusammenspiel mit Kondensatoren und Widerständen. Die Simulation wird umso mehr realitätsnahe Ergebnisse bringen, je mehr man die Schaltung unter Beachtung der HF-Ersatzschaltbilder der Bauteile, Platine, Steckverbinder, Leitungen und Quellen im Simulationsprogramm erstellt.

EMV Simulationen

Praxistipps zu den realen Bauteilen und deren parasitären Bauteilwerten finden sich reichlich in diesem Buch, dennoch einige typische Werte:

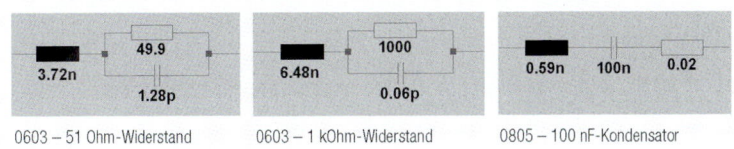

0603 – 51 Ohm-Widerstand   0603 – 1 kOhm-Widerstand   0805 – 100 nF-Kondensator

Abb. 1.59: Ersatzschaltbilder und Werte von realen Bauteilen

Impedanz des Versorgungsspannungsanschlusses eines IC's

Die parasitären Elemente des IC's werden z.B. vom Gehäuse, den internen Bonddrähten, der Anzahl und Anordnung der Vcc-Pins und dem Die-Layout maßgeblich beeinflusst. Von den IC Herstellern werden verstärkt Anstrengungen unternommen, die parasitären Elemente zu minimieren und auch anzugeben. Damit können dann Aussagen zum Impedanzverhalten gemacht werden.

I Grundlagen

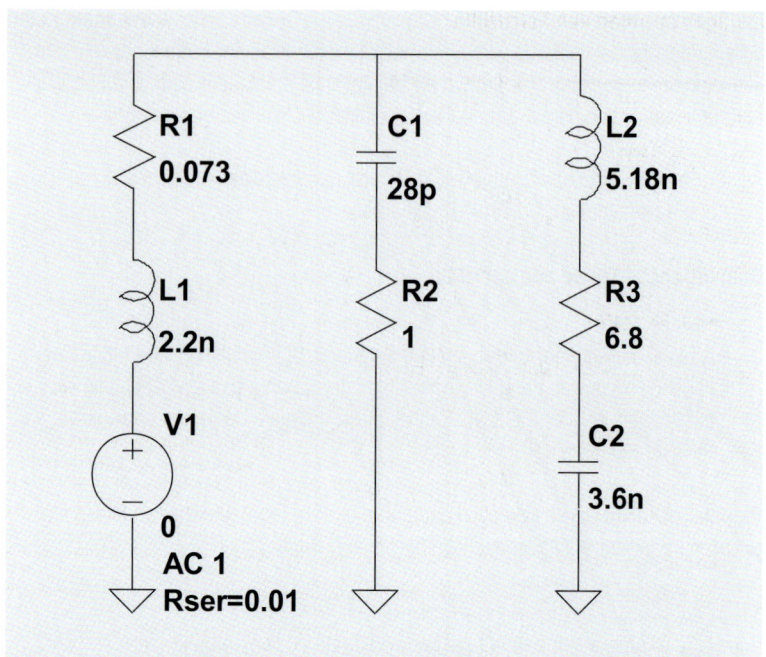

Abb. 1.60: Simulationsschaltung zur Bestimmung der Impedanz eines IC's

Die oben gezeigte Testschaltung repräsentiert mit L2/R3/C1 das untersuchte IC, mit C2/R2 die Impedanz der Platine und mit R1/L1 die Impedanz des verwendeten SMA-Verbinders. Mittels der Simulation lässt sich nun recht komfortabel das Impedanzverhalten, gemessen am SMA-Stecker, zeigen:

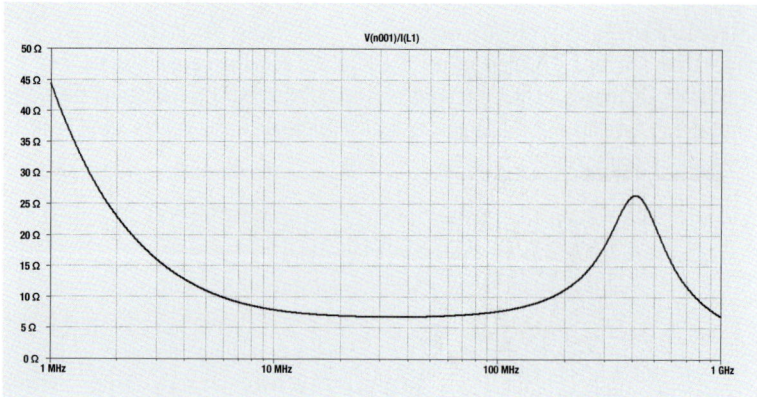

Abb. 1.61: Impedanz des IC's → bei 400 MHz bildet sich eine Resonanzstelle aus, die typische Impedanz liegt bei 10 Ω

Einfügedämpfung von Ferritfiltern

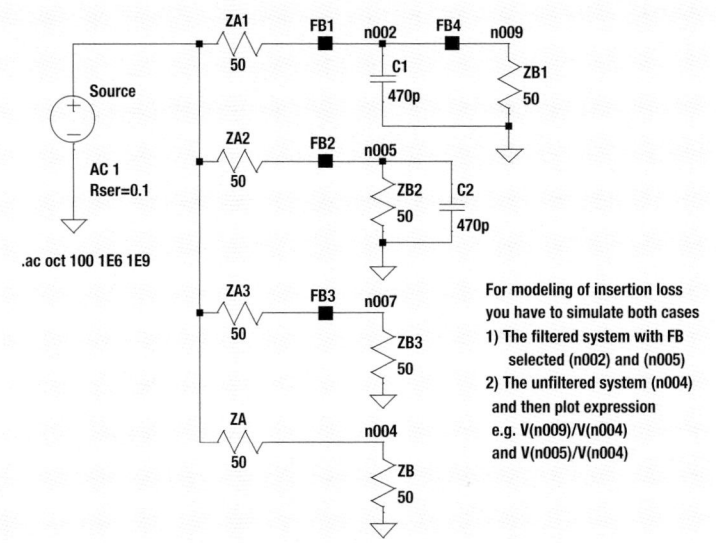

Abb. 1.62: Simulationsschaltung zur Einfügedämpfung von EMV-Filtern

Zu beachten ist bei der Simulation der Einfügedämpfung, dass auch das unbefilterte System (hier Knoten n004) mitsimuliert werden muss, um den richtigen Bezug herzustellen (siehe → Einfügedämpfung). Das besondere an LTspice ist, dass die EMV-SMD-Ferrite schon mit integriert sind und direkt im Schaltplaneditor eingebaut werden können. Die Filterantwort kann dann wie folgt aussehen und entsprechend optimiert werden:

Einfügedämpfung

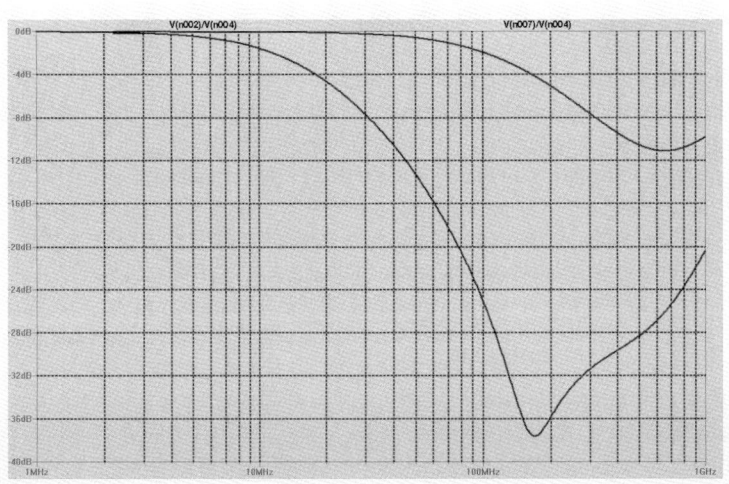

Abb. 1.63: Simulationsergebnis zur Einfügedämpfung von EMV-Filtern aus Abbildung 1.62

I Grundlagen

2.4 Entwurf optimierter EMV-Filter für reale Betriebsumgebungen

Für den erfolgreichen Entwurf breitbandiger EMV-Filter ist es notwendig, das reale (Breitband-)Verhalten aller verwendeten Bauelemente zu berücksichtigen. Der richtige Weg kann dabei für verschiedene Bauteile durchaus unterschiedlich sein. Die realen Abschlüsse des Filters können seine Wirkung unter Umständen weitestgehend zunichte machen und sind daher unbedingt zu berücksichtigen.

Eine sehr komfortable Methode zur Beschreibung von Ferrit-Bauelementen ist die Nutzung gemessener Zwei-Tor-S-Parameter. Komfortabel ist dieser Ansatz vor allem aus zwei Gründen:

1. Die Entwicklung eines geeigneten Ersatzschaltbildes entfällt
2. Das Ersatzschaltbild wird als Fehlerquelle ausgeschlossen

S-Parameter

Die Verwendung der gemessenen S-Parameter ist bei Induktivitäten und Spulen ein sehr robuster Ansatz zur Beschreibung dieser Bauelemente. Da die relevanten Impedanzen dieser Bauelemente üblicherweise in der Größenordnung oder deutlich über der Referenzimpedanz der verwendeten Messgeräte (typ. 50 Ω) liegen, ist die korrekte Messung der S-Parameter nicht besonders schwierig, parasitäre Komponenten des verwendeten Messaufbaus spielen keine wesentliche Rolle für die spätere Applikation. Kurz gesagt: Die üblicherweise von den Bauelemente-Herstellern bereitgestellten S-Parameter-Daten von Drosseln oder Spulen können sorglos in die Simulation eingebunden werden!

Neben Induktivitäten kommen in EMV-Filtern auch Kondensatoren zum Einsatz. Mittlerweile ist hinlänglich bekannt, dass sich Kondensatoren nicht wie reine Kapazitäten verhalten; vielmehr zeigt das Zusammenspiel aus Kapazität, parasitärer Induktivität und ohmschen Verlusten ein Verhalten, dass in erster Näherung mit dem eines Serienresonanzkreises (RLC) vergleichbar ist. Dabei ist es von enormer Bedeutung, für die parasitären Elemente die richtigen Werte (L, R) anzusetzen.

Um sich nun nicht den Kopf über parasitäre Elemente zerbrechen zu müssen und einer möglichen Fehlerquelle elegant aus dem Wege zu gehen, wäre es nach dem oben gesagten durchaus naheliegend, auch für die Beschreibung von Kondensatoren gemessene S-Parameter zu verwenden. Wie so oft steckt leider auch hier der Teufel im Detail: Besonders bei den heute sehr gebräuchlichen SMD-Kondensatoren ist die effektive parasitäre Induktivität zum Teil vom verwendeten Kondensator und zum Teil von Layoutgeometrie und Lagenaufbau abhängig. In vielen Fällen dominiert dabei der letztgenannte Anteil.

Aus physikalischer Sicht ist dies durchaus naheliegend. Die Gesamtinduktivität ist zunächst die Eigenschaft eines geschlossenen Stromkreises und lässt sich als partielle Induktivität – also z.B. vom einen Kontakt des Kondensators zum anderen – nur dann korrekt angeben, wenn der gesamte Stromkreis bekannt ist. Da sich dieser jedoch erst bei der Entwicklung der konkreten Applikation ergibt, ist genau diese Bedingung nicht erfüllt. Anders ausgedrückt bedeutet dies, dass man bei der Verwendung gemessener Kondensator-S-Parameter nur dann auf eine korrekte Prognose der späteren Filterdämpfung hoffen kann, wenn eine vergleichbare Layoutgeometrie wie bei der Messung der S-Parameter verwendet wird. In der Regel wird diese jedoch nicht bekannt und/ oder in der jeweiligen Applikation nicht realisierbar sein, was diesen Ansatz wenig attraktiv macht.

Im Interesse einer über große Bandbreiten präzisen Simulation, müssen also sowohl Kondensator- als auch Layoutgeometrie berücksichtigt und z.B. in Form geeigneter Ersatzschaltbilder in die Berechnungen aufgenommen werden. Diese Aufgabenstellung ist bereits aus einem anderen Anwendungsbereich bestens bekannt: Bei der Entwicklung hochleistungsfähiger und EMV-günstiger Power-Systeme (Power-Planes) ist die korrekte Beschreibung der verwendeten Kondensatoren für die verlässliche Simulation der Wechselwirkungen von Planes und Bauelementen unerlässlich.

Softwaretools, die für die Auslegung solcher Powersysteme entwickelt wurden, bieten sich also gewissermaßen für die Entwicklung von breitbandigen EMV-Filtern an, da die Technologie für die präzise Simulation des „Querzweiges" bereits vorhanden ist. Darüber hinaus ergibt sich im Zusammenhang mit derartigen Powersystemen eine konkrete Anwendung für solche Filter: Die Entkopplung des Powersystems von seiner Umgebung. So könnte z.B. die 5 V-Spannung über einen Steckerpin aus dem Backplane auf die Leiterplatte kommen und genau an dieser Stelle soll breitbandig Dämpfung eingefügt werden, um Störungen von außen nicht auf die Platine zu lassen, bzw. auf der Platine erzeugte Störungen vom Backplane (oder Kabel) fernzuhalten.

In diesem Spezialfall bestünde der Querzweig des Filters aus dem fertig entkoppelten 5 V-Powersystem und der Längszweig aus einer möglichst gut ausgewählten Ferritdrossel (Abbildung 1.64).

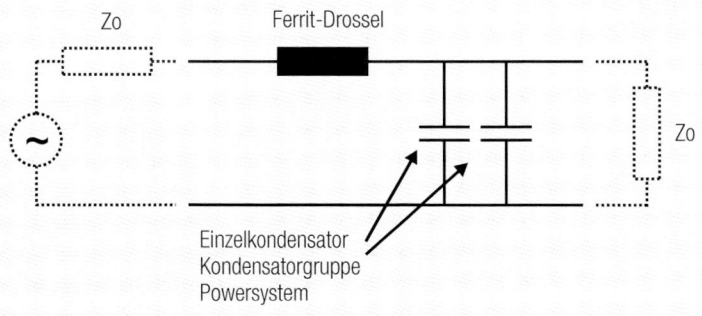

Abb. 1.64: Prinzipielle Filterstruktur

Mit der Software SILENT V4 (www.software-silent.de) wird nachfolgend ein solcher Filter entwickelt. Zielsetzung ist dabei, aus der integrierten Drosseldatenbank eine Drossel (Chip-Bead) auszuwählen, die die Eigenschaften des Querzweiges möglichst optimal ergänzt.

I Grundlagen

Zunächst soll davon ausgegangen werden, dass die Eigenschaften des Flächensystems keine Rolle spielen, die Impedanz des Querzweiges also ausschließlich von den Kondensatoren bestimmt wird. Im Falle eines Powersystems ist diese Annahme in aller Regel falsch. Soll der Filter jedoch nur aus einem oder mehreren parallel geschalteten Kondensatoren und einer Drossel bestehen, entspricht diese Annahme der Realität.

Auf die Besonderheiten im Zusammenhang mit Powersystemen wird später noch eingegangen.

In Abbildung 1.65 ist der Betrag der Impedanz |Z| eines eingebauten 100 nF-SMD-Kondensators dargestellt.

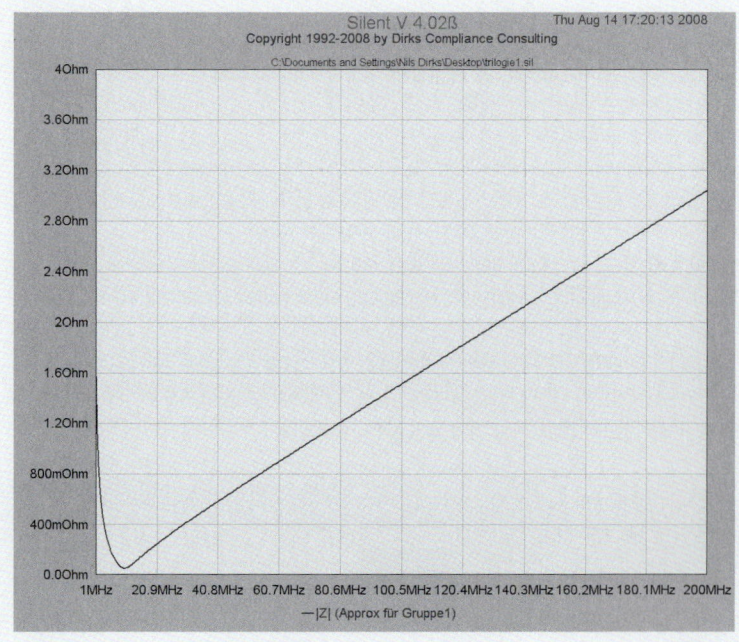

Abb. 1.65: Betrag der Impedanz eines 100 nF-Kondensators

Auf den ersten Blick ist erkennbar, dass der Kondensator vor allem im unteren Frequenzbereich eine niedrige Impedanz aufweist. Auch wenn sich die niederimpedant abgedeckte Bandbreite durch das Parallelschalten mehrerer gleicher oder mehrerer richtig gestaffelter Kondensatoren vergrößern lässt, ändert sich dieser Sachverhalt nicht grundsätzlich. Es könnte deshalb Sinn machen, die Drossel für den Längszweig so auszuwählen, dass sie insbesondere in dem höheren Frequenzbereich eine hohe Dämpfung hat. So lässt sich eine gut ausgewogene Dämpfung über einen breiten Frequenzbereich realisieren. Induktivitäten mit sehr hohen maximalen Dämpfungswerten sind in der Regel mehr oder weniger schmalbandig und daher tendenziell für den Einsatz in breitbandigen Filtern nur bedingt geeignet. Durch die gezielte Auswahl einer zum Querzweig möglichst optimal passenden Drossel kann diese Einschränkung mitunter aufgehoben werden.

Als Beispiel wird folgend ein Filter entwickelt, dessen Querzweig aus drei parallel geschalteten 100 nF Kondensatoren besteht. Da es etwas unkomfortabel ist, den Impedanzverlauf dieser Kondensatoren gegen die Impedanzkurven eines ganzen Drosselsortiments abzugleichen, ist in SILENT ein Feature zur Filter-Synthese enthalten. Aufbauend auf dem bereits fertig entwickelten Querzweig (in diesem Fall eine sehr einfachen Kondensatorgruppe) wählt SILENT automatisch aus der Drosseldatenbank diejenigen Drosseln aus, mit denen sich die gewünschte Filterspezifikation erfüllen lässt (Abbildung 1.66).

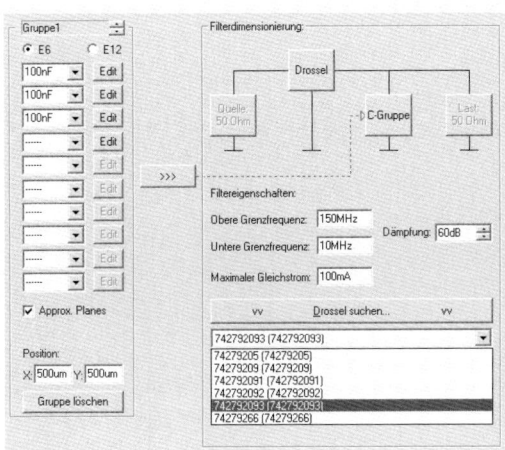

Abb. 1.66: Filterspezifikation und Auswahl der Drossel

In diesem Fall wurde eine Mindestdämpfung von –60 dB über einen Frequenzbereich von 10 MHz bis 150 MHz vorgeschrieben. Aus den sechs gefundenen Drosseln wurde die Artikelnummer 742 792 093 ausgewählt.

I Grundlagen

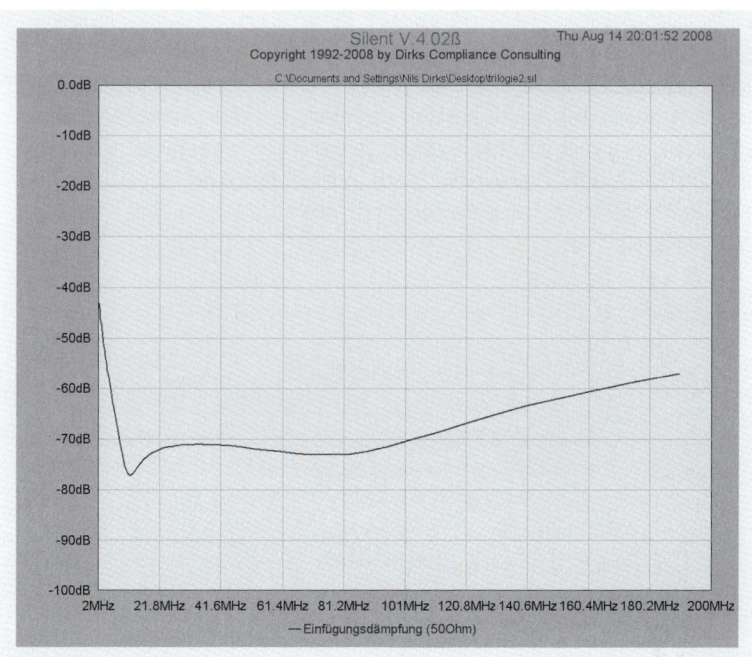

Abb. 1.67: Simulierte Einfügungsdämpfung des Filters

Wie in Abbildung 1.67 zu erkennen, erfüllt der Filter die Dämpfungsvorgabe. Um die Verlässlichkeit der Simulation zu überprüfen wurde der Filter aufgebaut und auf einem Netzwerkanalyzer (HP8753C) vermessen.

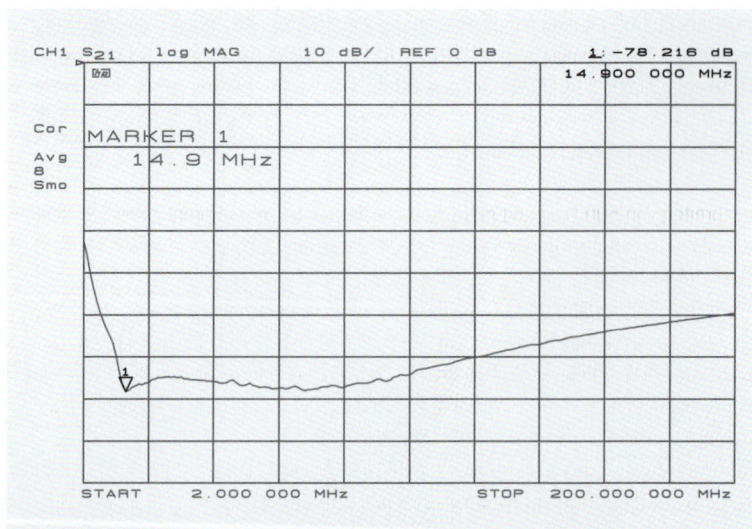

Abb. 1.68: Gemessene Einfügungsdämpfung des Filters (2–200 MHz)

Die Messung (Abbildung 1.68) zeigt eine gute Übereinstimmung mit der Simulation; vorhandene Abweichungen sind u.a. auf Fertigungs- und Bauelementtoleranzen sowie auf die nicht ausreichend spezifizierten Verluste in den Kondensatoren zurückzuführen

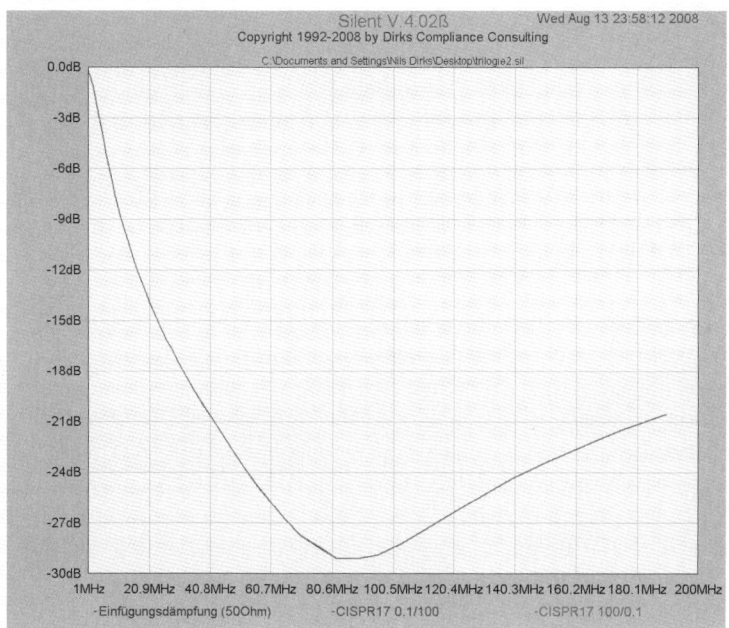

Abb. 1.69: Gemessene Dämpfung ohne Querzweig (Drossel-S-Parameter)

In Abbildung 1.69 ist die Einfügungsdämpfung der ausgewählten Drossel alleine dargestellt: Offensichtlich ist die Drossel gut ausgewählt, denn sie zeigt im höheren Frequenzbereich (> ~40 MHz) ausgeprägte Dämpfungswerte, im unteren Frequenzbereich – also dort, wo die Kondensatoren im Querzweig sehr niederohmig sind – lässt ihre Dämpfung relativ schnell nach.

Bandbreiten von 500 MHz und mehr sind mit diesem Verfahren problemlos zu erreichen. Bei sehr hohen Frequenzen werden die Kondensatoren im Querzweig früher oder später hochohmig und die Filterdämpfung lässt deutlich nach. Ausnahme ist hierbei die bereits oben erwähnte Filterung von Powersystemen. Ist der Querzweig des Filters ein optimal ausgelegtes Powersystem, kann er auch bis in den GHz-Bereich sehr niederohmig sein. Wird dieser Querzweig nun um eine geeignete Drossel im Längszweig ergänzt, können erhebliche Dämpfungen auch bis 2 GHz und darüber erzielt werden. Der Einsatz dieser Filter ist eine sehr wirksame Maßnahme zur Reduzierung der Differential-Mode- Abstrahlung aus Powersystemen. Diese weisen aufgrund der vielen aktiven Digitalbauelemente typischerweise einen recht ausgeprägten breitbandigen Störpegel auf.

Doch zurück zu unserem „klassischeren" Filter, der aus drei 100 nF-Kondensatoren im Querzweig und einer Drossel 742 792 093 im Längszweig besteht, und dessen

I Grundlagen

Einfügungsdämpfung in Abbildung 1.67 bzw. Abbildung 1.68 zu sehen ist. Vereinfacht gesagt gibt die Einfügungsdämpfung an, wie viel weniger Leistung in der Last aufgrund des eingefügten Filters umgesetzt wird.

Einfügedämpfung

$$A(dB) = 10 \log \left(\frac{P_{out}}{P_{in}} \right) \qquad (1.66)$$

Betrachtet man die Formel zur Berechnung der Einfügungsdämpfung (Gleichung 1.66) ist sofort ersichtlich, dass neben der Impedanz des Filters auch die Quell- und Lastimpedanz das Ergebnis beeinflussen.

Bei Messgeräten (z.B Netzwerkanalyzer) hat sich als Industriestandard die Konvention durchgesetzt, als Quell- und Lastimpedanz gleichermaßen $R = 50\,\Omega$ zu verwenden. Sinnvollerweise wird diese Vereinbarung auch bei der Simulation von Filtern zugrunde gelegt. Die Quell- und Lastimpedanz, die EMV-Filter in ihrer späteren Applikation vorfinden, sind in aller Regel verschieden und außerdem keineswegs $50\,\Omega$, sondern irgendeine (komplexe) Impedanz.

Das bedeutet aber, dass es nur dann möglich ist, die Einfügungsdämpfung eines Filters vorherzusagen, wenn die realen Abschlüsse $Z_{IN}(f)$ und $Z_{OUT}(f)$ bekannt sind. Für Hersteller von EMV-Filtern beispielsweise kann diese Bedingung praktisch nie erfüllt werden, da der Hersteller ja gar nicht wissen kann, in welcher Umgebung der Kunde seinen Filter später einsetzt.

Deshalb ist es durchaus üblich, Filterdämpfungskurven für $Z_{IN} = Z_{OUT} = 50\,\Omega$, anzugeben, um zumindest eine gewisse Vergleichbarkeit der Filter untereinander zu ermöglichen. Dabei bleibt leider unklar, was der Filter tatsächlich für einen Dämpfungsverlauf in der Endanwendung leisten wird. Um sich einen Eindruck davon machen zu können, was einen schlimmstenfalls erwarten könnte, wurde in CISPR 17 die „Approximate Worst Case Method" definiert. Diese sieht vor, den Filter in zwei verschiedenen Abschluss-Kombinationen zu betrachten:

1. $Z_{IN} = 0{,}1\,\Omega$, $Z_{OUT} = 100\,\Omega$
2. $Z_{IN} = 100\,\Omega$, $Z_{OUT} = 0{,}1\,\Omega$

Bei Filtern, die z.B. nur aus einer einzelnen Längsdrossel bestehen, ergibt sich für beide Fälle derselbe Dämpfungsverlauf; der Filter ist symmetrisch. Da sich durch den Einsatz eines Querzweiges (z.B. Kondensator) deutlich höhere Dämpfungswerte erzielen lassen, ist eine L-Struktur – wie bei den SILENT-Filtern – sehr gebräuchlich. Bei dieser Art von Filtern zeigt sich dann allerdings ein dramatischer Unterschied zwischen den beiden CISPR-17-Dämpfungsverläufen (Abbildung 1.70).

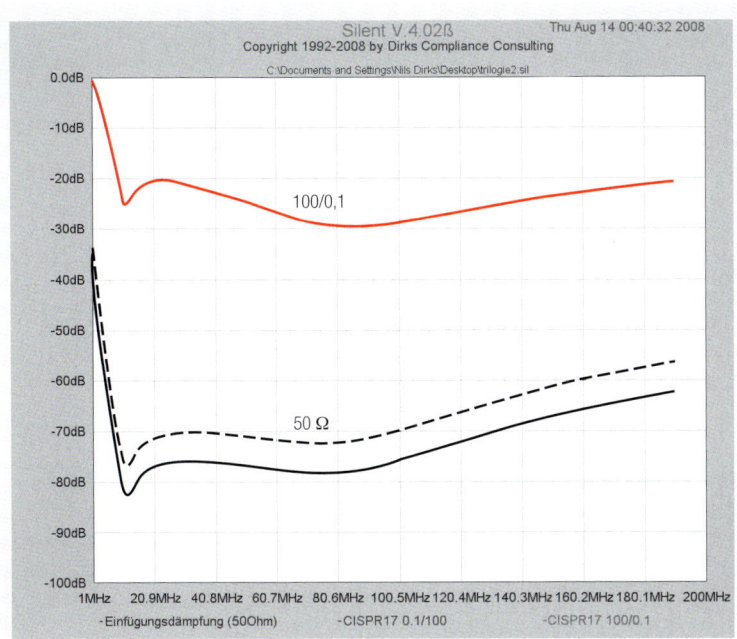

Abb. 1.70: Einfügungsdämpfung des Filters bei verschiedenen Abschlüssen

Während die 0,1/100-Kurve sogar noch etwas höhere Dämpfungswerte verspricht, ist die Dämpfung der 100/0,1-Kombination rund 50 dB (!) schlechter als der 50 Ω-Verlauf. Mit Blick auf die Filterschaltung in Abbildung 1.64 ist dies leicht nachzuvollziehen: Der Filterabschluss (Lastimpedanz) von 0,1 Ω ist zu den Kondensatoren parallelgeschaltet; ist nun bei einer betrachteten Frequenz die Impedanz der Kondensatoren größer als die 0,1 Ω der Last, fließt der größere Teil des Stromes durch die Last und setzt dort entsprechend eine P_{OUT} um (vgl. Gleichung 1.79). Im umgekehrten Fall, also mit einer Lastimpedanz von 100 Ω, sind die Kondensatoren vergleichsweise sehr niederohmig, so dass der Großteil des Störstromes durch diese, und nicht durch die Last fließt.

Dieser Zusammenhang lässt sich eindeutig zeigen: Die Drossel alleine (ohne Querzweig) bewirkt eine Dämpfung von −20 dB etwa bei 40 MHz und bei 190 MHz (Abbildung 1.69). Betrachtet man nun in Abbildung 1.70 die Dämpfungs-Differenz zwischen der 50Ω-Kurve (gestrichelt) und dem 100/0,1-Fall (rote Kurve), ist festzustellen, dass dieser „Fehlabschluss" bei 40 MHz zu einem Rückgang der Dämpfung um ca. 48 dB, bei 190 MHz jedoch nur um ca. 36 dB führt. Da die Drossel auf beiden Frequenzen den gleichen Dämpfungswert zeigt, ist die Differenz von ca. 12 dB auf den Querzweig zurückzuführen. Dieser ist bei niedrigeren Frequenzen (40 MHz) sehr viel niederohmiger als bei höheren Frequenzen (190 MHz) und leistet daher bei niedrigen Frequenzen einen größeren Beitrag zur Gesamtdämpfung. Wird der Querzweig nun durch den parallel geschalteten 0,1 Ω-Abschluss weitgehend unwirksam gemacht, ist der Schaden folglich bei niedrigeren Frequenzen besonders groß.

I Grundlagen

> **Aus dieser Erkenntnis lassen sich mehrere konkrete Handlungsempfehlungen ableiten:**
>
> - Der Dämpfungsverlauf aus dem Datenblatt ist mit Vorsicht zu genießen!
>
> - Wird die oben beschrieben L-Filterstruktur verwendet, ist darauf zu achten, dass der Kondensator-Querzweig auf der Seite des Filters liegt, wo die höhere Abschlussimpedanz erwartet wird!
>
> - Die „sichere Wette": Möchte man sich mit den Abschluss-impedanzen gar nicht befassen oder ist eine Messung/Abschätzung nicht möglich, wird der Filter zu einer T-Struktur mittels einer weiteren Drossel gleichen Typs erweitert. Dadurch erhöhen sich die Dämpfungswerte nochmals, vor allem aber ist der Filter tolerant gegenüber niederohmigen Abschlüssen. Dieser Ansatz spart Entwicklungsaufwand zu Lasten der dadurch höheren Stückkosten und wird sich somit für größere Serien nicht empfehlen
>
> - Ist mit hochohmigen Quell- und Lastimpedanzen zu rechnen, bietet sich die π-Schaltung als Filtertopologie an.

T-Filter

Der Vollständigkeit halber sei erwähnt, dass es insbesondere bei größeren Stückzahlen äußerst sinnvoll sein kann, die Abschlüsse in der realen Baugruppe messtechnisch oder simulativ zu ermitteln, um dann mithilfe geeigneter Simulationssoftware einen sowohl leistungs- als auch kostenoptimierten Filter zu entwickeln.

3 Grundlagen zu Filtern

3.1 Filterschaltungen

Die Filterung ist eine häufig angewandte Maßnahme, um die Kopplung von Störungen von A nach B zu reduzieren. Das Prinzip funktioniert bei der Reduzierung von Störemission genauso wie bei der Erhöhung der Störfestigkeit. Der Koppelpfad A ↔ B kann auf System-, Geräte-, Baugruppen- oder sogar auf Bauteilebene sein. Abhängig vom Anwendungsfall darf oftmals das Nutzsignal nicht beeinflusst werden, was bedeutet, dass die Filterung gegebenenfalls aufwendig wird, oder nur dort relativ unkompliziert einsetzbar ist, wo Stör- und Nutzsignal in ihrer Frequenz weit genug auseinanderliegen. Am Audioausgang (z.B.: Kopfhörer) eines Personal Computers, der mit Videosignalen im Bereich von 200 MHz beaufschlagt ist, stellt sich die Filterung einfach dar. Ein Videosignal mit einer Bandbreite von 200 MHz, dass 100 MHz Oberschwingungen des Taktsignals enthält, ist hingegen mit traditionellen Maßnahmen unter 200 MHz nicht zu filtern.

3.2 Das Prinzip der Filterung, Funktionsweise und Aufbau von Filtern

Energie kann nicht verloren gehen, sie kann nur in eine andere Energieform umgewandelt werden, das sagt uns der Energieerhaltungssatz.

Prinzip der Filterung

Elektrische Störenergie verschwindet nicht durch den Einsatz von Schirmung, Klappferriten oder Filtern. Die Störenergie sollte erst gar nicht entstehen, oder dort wo sie unvermeidlich entsteht, in Wärme umgewandelt werden müssen. Diese Umwandlung oder Absorption lässt sich am besten auf Bauteil- oder Leiterplattenebene erreichen, und in vielen Fällen kann die Gehäuse- oder Kabelabschirmung wesentlich einfacher zu realisieren und damit kostengünstiger sein.

Mit Filtern kann die Störenergie in Wärme umgewandelt werden. Voraussetzung: Es muss ein Strom fließen, der einen Spannungsabfall zur Folge hat. Auf dem Papier ist das ganz einfach, aber wo soll der Spannungsabfall stattfinden? Häufig finden sich Schaltungsbeispiele wie in Abbildung 1.71, und im Allgemeinen ruft die Tatsache, dass Leitung B und nicht Leitung A nach dem Einsetzen eines Kondensators Störungen emittiert, großes Erstaunen hervor.

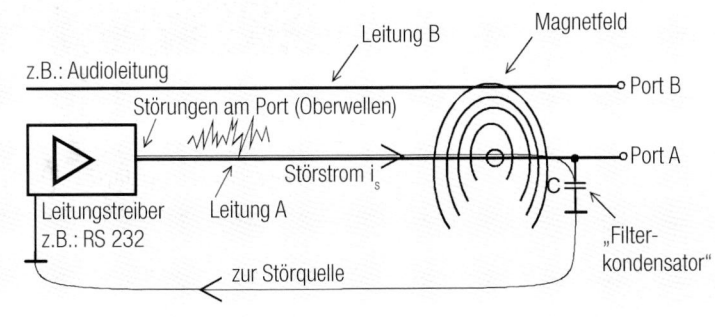

Abb. 1.71: Beispiel einer ungenügenden Filtermaßnahme mit einem Kondensator

Was ist passiert? Der Kondensator C leitet die auf Leitung A beaufschlagten Störungen gegen Masse, sodass über die Leitung A und über die Masse zur Störquelle (z.B.: Clockgenerator, Videocontroller) ein Stromkreis geschlossen wird, dessen magnetisches Feld die Störenergie in anliegende Stromkreise, im Beispiel Leitung B, induziert.

Störenergie

Das Pendant zur Schaltung nach Abbildung 1.71 ist in Abbildung 1.72 wiedergegeben.

I Grundlagen

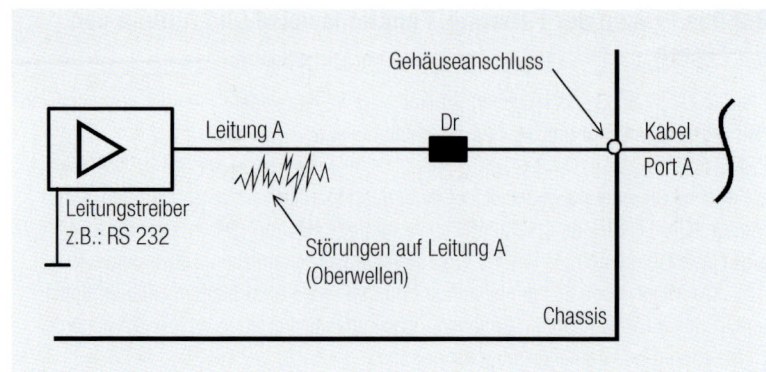

Abb. 1.72: Beispiel einer ungenügenden Filtermaßnahme mit einer Drossel

Kabel als Antenne

Auch hier ist die Verwunderung groß, wenn das Peripheriekabel des Port A weiterhin, trotz Drossel, Störungen emittiert. Was ist hier passiert? Ein einfaches Kabel ist elektrisch gesehen ein Monopol, ein elektrisches Feld abstrahlt und am Fußpunkt (z.B. Gehäuseanschluss) in Abhängigkeit der abgestrahlten Störfrequenz bzw. dessen Wellenlänge, eine hohe Impedanz von typisch einigen kΩ hat. Wird zu einer hohen Impedanz eine Drossel von einigen 100 Ω in Serie geschaltet, ändert sich der Störstrom nur geringfügig, er fällt weiterhin am Kabel ab, oder genauer, wird von diesem abgestrahlt. Deshalb besteht ein brauchbares, definiertes Filter aus mindestens zwei Bauteilen, wobei mindestens eines der beiden frequenzselektiv sein muss. Mögliche Kombinationen zeigt Abbildung 1.73.

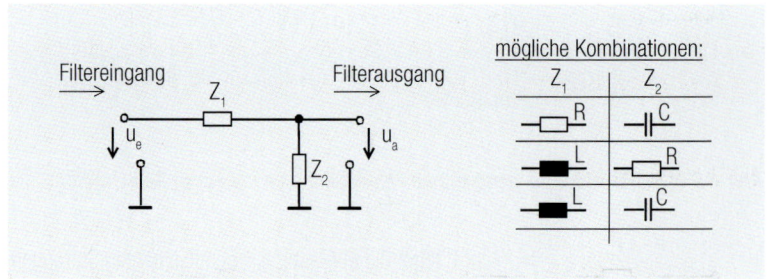

Abb. 1.73: Grundschaltung eines Filters (Tiefpass)

Quell- und Senkenimpedanz

Tiefpass

Welche Kombination eingesetzt werden soll, hängt von den Quell- und Senkenimpedanzen ab. Die beiderseitigen Impedanzen der Schaltung müssen aufeinander im Störfrequenzbereich fehlangepasst, im Nutzfrequenzbereich aber angepasst sein. Filter nach Abbildung 1.73 sind hinsichtlich Ein- und Ausgang nicht vertauschbar, ihre Wirksamkeit ist nur dann gewährleistet, wenn sie richtig eingebaut sind. Das Filter nach Abbildung 1.73 ist ein Tiefpass. Je nachdem welche Nutzfrequenzen gegenüber den Störfrequenzen durchgelassen werden sind noch Hochpass, Bandpass und Bandsperre mögliche Schaltungsvarianten (Abbildung 1.74).

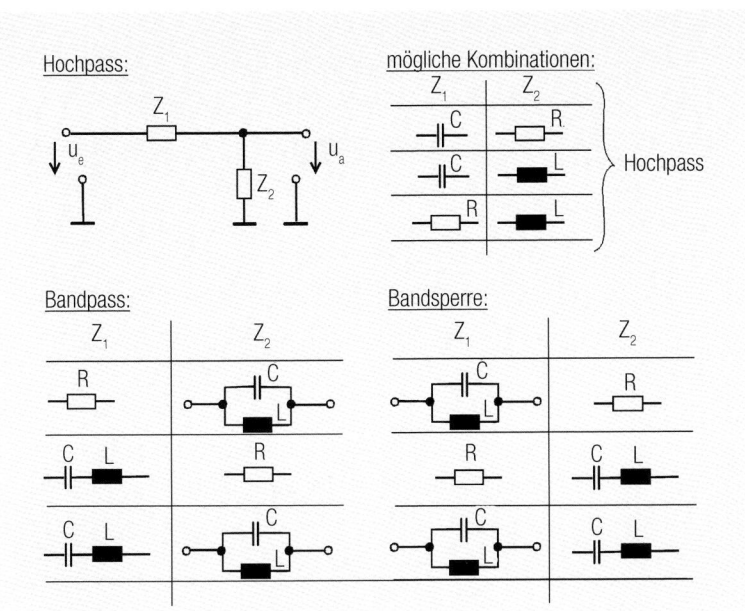

Abb. 1.74: Grundschaltungen verschiedener Filter

In der Filtertechnik gibt es zur Beurteilung bzw. Klassifizierung von Filtern Parameter wie Eckfrequenz, Bandbreite, Güte, Steilheit, Phasendrehung usw. Diese Parameter sind für die meisten EMV-Belange nur von untergeordneter Bedeutung, da diese Parameter eine definierte Eingangs- und Ausgangs-, d.h. Quell- und Senkenimpedanz voraussetzen. In den meisten Fällen fehlt diese entscheidende Information jedoch, sodass eine zuverlässige Berechnung der Filterparameter nicht möglich ist.

3.3 Tiefpassfilter

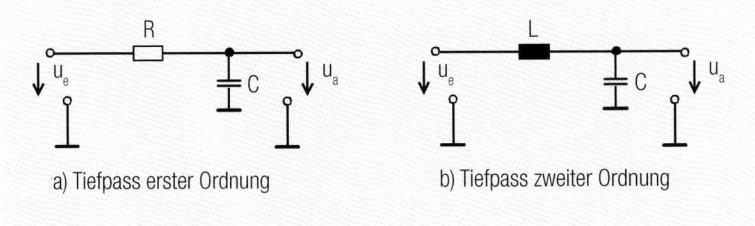

Abb. 1.75: Tiefpassfilter erster und zweiter Ordnung

Zur besseren mathematischen Darstellung der Filter bzw. Vierpole wird im Allgemeinen die mit Hilfe der Laplacetransformation gewandelte Form im Frequenzbereich benutzt.

I Grundlagen

Laplace-transformation

Man erhält durch die so genannte Laplacetransformation in den Bildbereich mit

$$F_p = \int_\sigma^\infty f(t) \cdot e^{-pt}\, dt \quad \text{mit} \quad p = \sigma + j \cdot \omega \quad (1.67)$$

Frequenzgang

die transformierte Funktion im Frequenzbereich, d.h. technisch gesehen den Frequenzgang der Schaltung. Funktionen im Bildbereich lassen sich mithilfe einiger mathematischer Regeln aus grundlegenden Zeitbereichsfunktionen ermitteln. Beispielsweise für

$$i_C = C \cdot \frac{du_C}{dt} \quad \rightarrow \quad u_C = \frac{1}{C_p} \cdot i_C \quad (1.68)$$

und für

$$u_L = -L \cdot \frac{di_L}{dt} \quad \rightarrow \quad i_L = -\frac{1}{L_p} \cdot u_L \quad (1.69)$$

$u_e = u_R + u_a$

Laplace Transformation

$u_a = \dfrac{1}{Cp} \cdot i_R \qquad \left(i_C = \dfrac{du_C}{dt}\right)$

$i_R = u_a \cdot Cp$

$u_e = i_R \cdot R + i_R \cdot \dfrac{1}{Cp}$

$u_e = u_a \cdot Cp \cdot \left(R + \dfrac{1}{Cp}\right)$

$u_e = u_a (RCp + 1)$

$$\boxed{\dfrac{u_a(p)}{u_e(p)} = \dfrac{1}{1 + RCp}}$$

mit $\tau_1 = R \cdot C = \dfrac{1}{2\pi f}$

bzw. $f_0 = \dfrac{1}{2\pi RC}$

$\Downarrow$

$$\boxed{F_1(p) = \dfrac{1}{\tau_1 p + 1}}$$

$u_e = u_L + u_a$

Laplace Transformation

$u_a = \dfrac{1}{Cp} \cdot i_L \qquad \left(u_L = -L \cdot \dfrac{di_L}{dt}\right)$

$i_L = \dfrac{u_L}{Lp}$

$u_e = u_L + u_a = L \cdot p \cdot i_L + i_L \cdot \dfrac{1}{Cp}$

$u_e = L \cdot p \cdot \dfrac{u_L}{Lp} + \dfrac{u_L}{CLp^2}$

$u_e = u_a (CLp^2) + u_a = u_a (CLp^2 + 1)$

$$\boxed{\dfrac{u_a(p)}{u_e(p)} = \dfrac{1}{CLp^2 + 1}}$$

bzw. $f_0 = \dfrac{1}{2\pi\sqrt{LC}}$

$\Downarrow$

$$\boxed{F_2(p) = \dfrac{1}{p^2 C^2 + 1}}$$

mit $\tau_2 = \dfrac{1}{2\pi f}$; $f = \dfrac{1}{2\pi\sqrt{LC}}$

$\tau = \dfrac{1}{2\pi \dfrac{1}{2\pi\sqrt{LC}}} = \sqrt{LC} \rightarrow \boxed{\tau_2^2 = LC}$

Abb. 1.76: Berechnungstabelle für Filterstrukturen erster und zweiter Ordnung mit Laplace

Die beiden Funktionen können im Diagramm dargestellt werden (Abbildung 1.77).

I Grundlagen

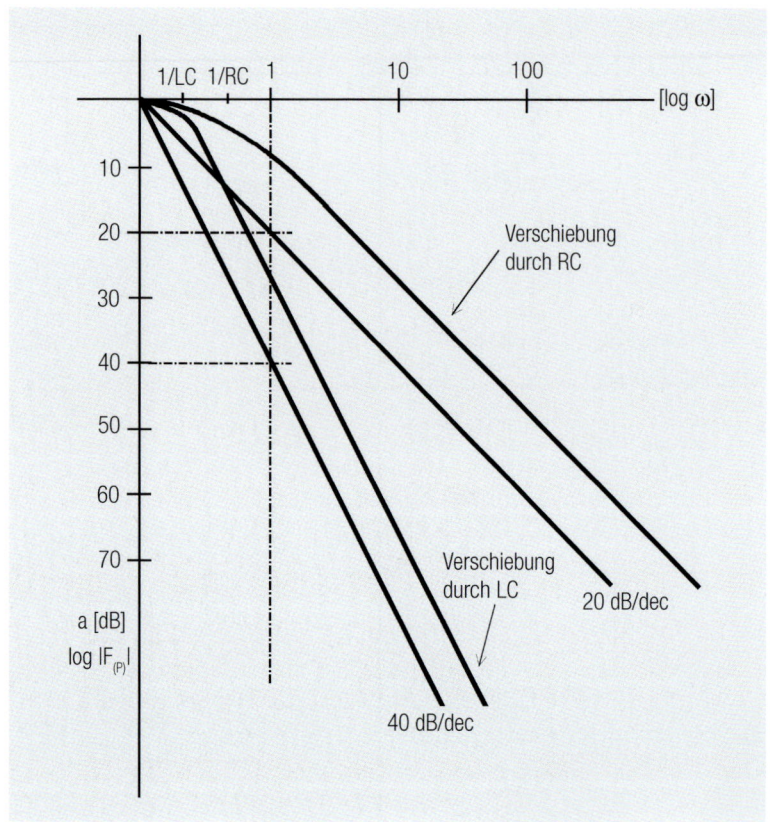

Abb. 1.77: Verlauf der Übertragungsfunktionen Fx(p) über der Kreisfrequenz nach Abb. 1.76

Da p in $F_1(p)$ in der ersten Potenz vorkommt, hat das Filter eine Dämpfungszunahme von 20 dB/dec (Filter 1. Ordnung n = 1), das Filter mit der Bildfunktion $F_2(P)$ hat mit dem p in zweiter Potenz einen Dämpfungsverlauf von 40 dB/dec (Filter 2. Ordnung n = 2). In Abhängigkeit der Zeitkonstanten ergeben sich Verschiebungen auf der Achse der Kreisfrequenz. Bei ω_0 (ω_1 : $F_1(p)$, ω_2 : $F_2(p)$) ergibt sich für $F_1(p)$ eine Dämpfung von 3 dB, für F2(p) eine Dämpfung von 6 dB.

Resonanzstelle

Im Gegensatz zum RC-Filter hat das LC-Filter eine Resonanzstelle. Zur Beschreibung der Serienresonanz müssen die resistiven Verluste der Induktivität mitberücksichtigt werden. Dadurch ergibt sich das Ersatzschaltbild nach Abbildung 1.78.

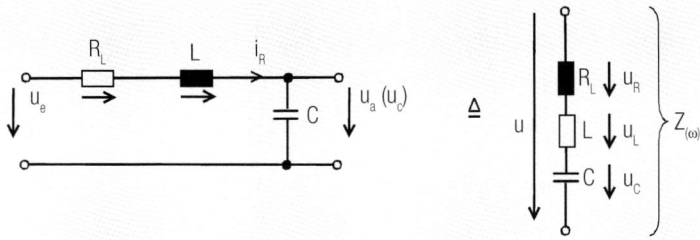

Abb. 1.78: Vereinfachtes Ersatzschaltbild des Tiefpasses unter Berücksichtigung der resistiven Spulenverluste

Der Scheinwiderstand $Z(\omega)$ beträgt

Scheinwiderstand

$$Z(\omega) = R + j\left(\omega \cdot L - \frac{1}{\omega \cdot C}\right) \qquad (1.70)$$

Resonanz liegt vor, wenn der Imaginärteil 0 wird, d.h.

$$\omega \cdot L - \frac{1}{\omega \cdot C} = 0 \qquad (1.71)$$

Daraus folgt

$$\omega^2 = \frac{1}{L \cdot C} \quad \rightarrow \quad f_r = \frac{1}{2 \cdot \pi \cdot \sqrt{L \cdot C}} \qquad (1.72)$$

Bei Resonanz gilt weiter

$$\begin{aligned} \underline{u}_R &= \underline{i}_R \cdot R_L = \underline{u} \\ \underline{u}_L &= j\omega_r \cdot L \cdot \underline{i}_R \\ \underline{u}_C &= \frac{1}{j\omega_r C} \cdot \underline{i}_R \end{aligned} \qquad (1.73)$$

Den Amplitudengang und den Phasengang des Filters nach Abbildung 1.78 ist in den Diagrammen in Abbildung 1.79 dargestellt.

Amplitudengang
Phasengang

I Grundlagen

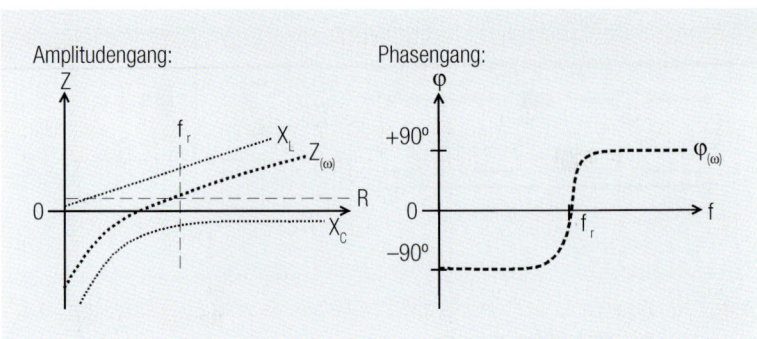

Abb. 1.79: Amplitudengang und Phasengang des Filters nach Abbildung 1.78

Für die Praxis bedeutet das, dass

- die Drossel über die nötige Filterbandbreite einen gleichbleibend hohen resistiven Impedanzanteil haben muss, um die Resonanz in ihrer Amplitude möglichst gering und in ihrer Bandbreite möglichst breit zu halten.
- möglichst immer sowohl Nutz- als auch Störsignalfrequenz unterhalb der Resonanzfrequenz des Tiefpasses liegen sollten.
- Güte und Verlustwerte des Kondensators im Allgemeinen eine untergeordnete Rolle spielen, wenn die resistiven Anteile der Drossel hoch sind.
- Breitbandige, kritische Nutzsignale im linearen Phasenverlauf des Filters (weit unterhalb der Resonanz) liegen müssen um Verzerrungen zu vermeiden.
- durch jedes weitere parasitäre Element weitere Resonanzerscheinungen auftreten.
- Quell- und Senkenimpedanzen bei den Filtereigenschaften mitberücksichtigt werden müssen.

Es ergibt sich z.B.: ein Netzwerk mit Quelle, Filter und Senke nach Abbildung 1.80.

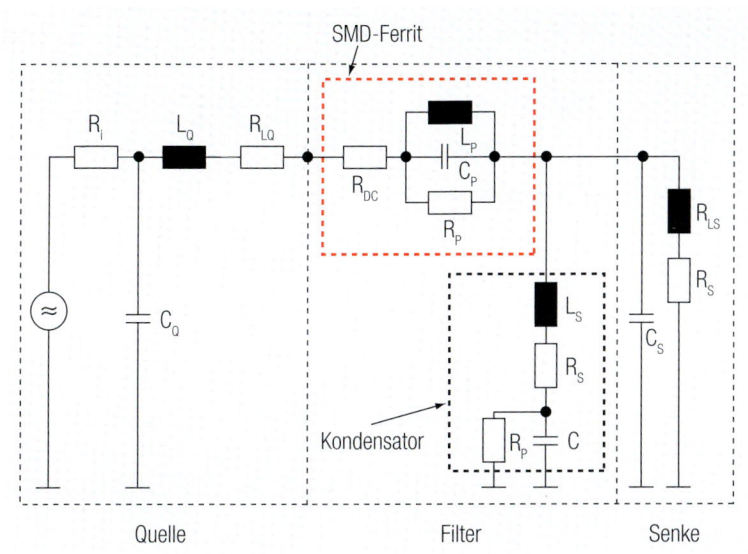

Abb. 1.80: Beispiel eines Netzwerkes, unter Berücksichtigung parasitärer Impedanzen der Bauelemente

Quell- und Senkimpedanz

3.4 Schaltungstechnik von Filtern

Passive Filter sind ein Netzwerk, bestehend aus passiven Bauelementen wie Widerständen, Spulen und Kondensatoren, die einen frequenzabhängigen Spannungsteiler bilden.

frequenzabhängiger Spannungsteiler

> **Frequenzabhängigkeit bedeutet ein Verändern der elektrischen Eigenschaften in Abhängigkeit der Frequenz.**

Das meist angewandte Filter, der LC-Tiefpass funktioniert aufgrund der Tatsache, dass die Impedanz der Induktivität mit steigender Frequenz zunimmt und die Impedanz des Kondensators mit steigender Frequenz abnimmt. Theoretisch wären damit die meisten EMV-Probleme zu lösen, wären da nicht einige Nebeneffekte, welche die Filterfunktion reduzieren oder sogar völlig außer Kraft setzen.

LC-Tiefpass

3.4.1 Massebezug des Filters, Schwachpunkte von Filterbezugsmassen

Eine der wichtigsten Voraussetzungen für eine brauchbare Funktion des LC-Filters ist der „Massebezug" des Kondensators (Abbildung 1.81).

Massebezug

I Grundlagen

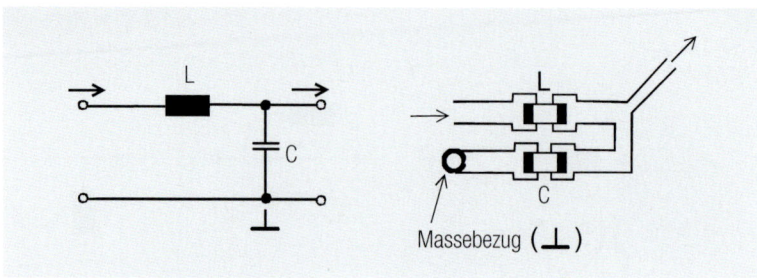

Abb. 1.81: Schaltbild und mangelhafter Aufbau eines LC-Tiefpasses

Parasitäre Induktivität

Jede zusätzliche Impedanz in Reihe zum Kondensator, sei sie parasitären Ursprungs „innerhalb" des Kondensators, layoutabhängig oder konstruktiv bedingt, setzt die Wirksamkeit des Filters herab. Lange Verbindungen zwischen Kondensator und Masse sind zusätzliche unerwünschte Serieninduktivitäten. Dies gilt unabhängig davon, ob die Induktivität von den Anschlussbeinen des Kondensators, den Leiterbahnen oder den Schrauben für die Leiterplattenmontage hervorgerufen wird. Konstrukteure und Layouter sind hinsichtlich dieser Thematik oft vor scheinbar nahezu unlösbare Probleme gestellt, da Restriktionen wie verfügbarer Platz auf der Baugruppe, Anzahl der Leiterplattenlagen, Positionierung der Massebolzen und Kontaktierung der Masselage zum Gehäuse oft schon im Vorfeld festgelegt sind. Werden jedoch die Voraussetzungen für ein funktionstüchtiges Filter von Anfang an mitberücksichtigt, lässt sich trotz des einen oder anderen Kompromisses eine brauchbare Schaltung konstruieren.

Was ist am Aufbau in Abbildung 1.81 bezüglich des Massebezuges falsch?

Layout

- Die Leiterbahn zwischen dem Kondensator und der Durchkontaktierung ((⊥)) ist zu lang. Überschlagsmäßig entspricht 1 cm Leiterbahn einer Induktivität von etwa 10 nH.
- In der näheren Umgebung des Filters ist keine Verbindung zum Gehäuse.

Stichleitung

- Der Anschluss zwischen Induktivität und Kondensator ist als Stichleitung ausgeführt, bzw. der Filterausgang ist falsch positioniert.
- Die Leiterbahn zwischen Kondensator und Masse ist induktiv.

Kapazitive Kopplung

- Der Filtereingang ist mit dem Masseanschluss des Kondensators gekoppelt, dadurch ist die Drossel hochfrequent kurzgeschlossen.
- Zwischen dem L und dem C-Pfad entsteht eine kapazitive Kopplung die mit zunehmender Frequenz steigt.

In Abbildung 1.82 sind zum Vergleich zwei Layouts dargestellt. Das linke Layout verdeutlicht die schon aufgelisteten Schwachpunkte aus Abbildung 1.81, das rechte Layout ist hinsichtlich dieser Punkte optimiert.

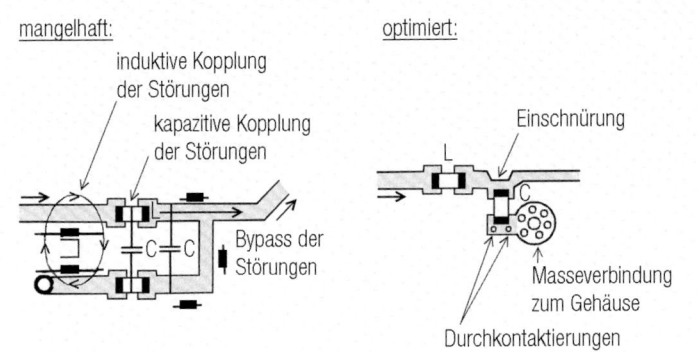

Abb. 1.82: Mangelhaftes und optimiertes Layout eines LC-Tiefpasses

Folgende Punkte begünstigen die Funktionalität:

- Die Einschnürung verhindert einen Störungsbypass.
- Die rechtwinklige Anordnung der Bauelemente verringert die kapazitive Kopplung zwischen der Induktivität und dem Kondensator.
- Sowohl Durchkontaktierungen als auch die Vorrichtung zur Direktverschraubung ermöglichen eine niederohmige Erdung des Kondensators.

In Abbildung 1.82 befindet sich eine Platinenmontageschraube direkt neben dem Kondensator, wodurch dieser eine ideale Bezugsmasse erhält. Realistisch gesehen kann nicht jedem Filterkondensator eine Schraube zum Gehäuse „verpasst" werden. Es bieten sich jedoch zahlreiche realisierbare Alternativen an, die eine hochfrequent brauchbare Masse ermöglichen.

Konstruktion

Durchkontaktierung

Alternativen zur Verbesserung der Filterbezugsmasse

Im Folgenden sind verschiedene Möglichkeiten zur Verbesserung der Bezugsmasse aufgezeigt.

Verbesserung der Bezugsmasse

- Zusammenfassen mehrerer Kondensatoren:
  Zusätzliche Durchkontaktierungen ermöglichen eine niederohmige Erdungsführung

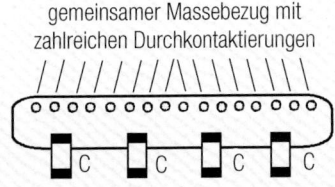

Abb. 1.83: Masseinsel für Filterkondensatoren

I Grundlagen

- Verstärken der Masse durch Nutzen mehrerer Lagen

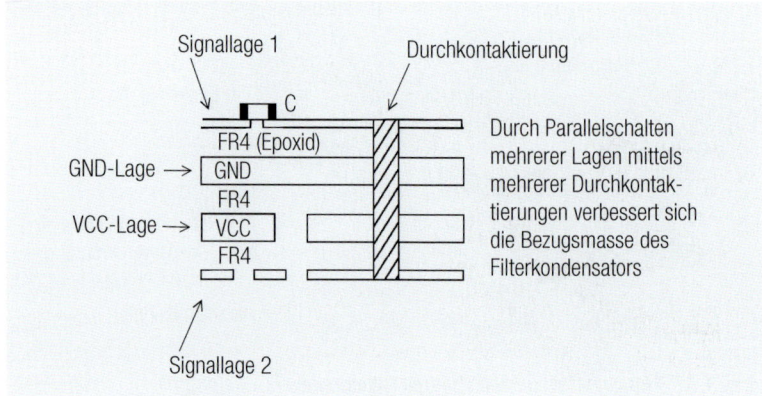

Abb. 1.84: Masseverstärkung über mehrere Lagen

Kontaktstreifen zum Gehäuse

- Kontaktierung der Masselage mittels Kontakt- bzw. Federstreifen am Chassis

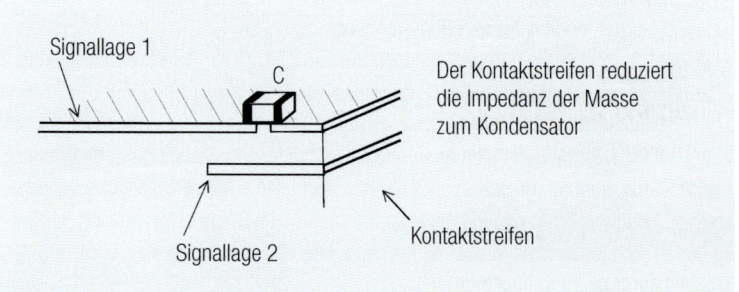

Abb. 1.85: Kontaktierung der Fitlermasse am Chassis

Beispiele für solche Kontaktstreifen sind

Leitende Textildichtung WE-LT

Leitende Textildichtung

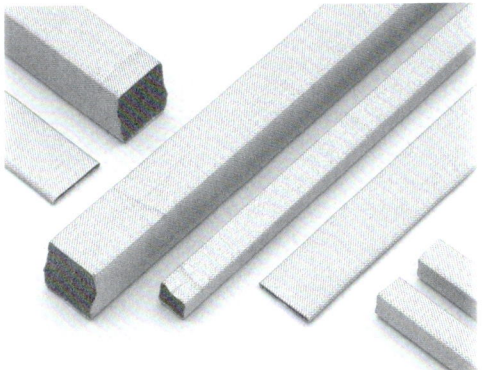

Artikelnummer	A (mm)	B (mm)	Type
302 030 1	3,0	1,0	A
302 100 2	10,0	2,0	A
302 350 3	35,0	3,0	A
303 643 61	6,4	3,6	B

Abb. 1.86: Kenndaten verschiedener leitender Textildichtungen

Trennung der Filterbezugsmasse von der Signalmasse

Filterbezugsmasse

Die Signalmasse ist in hochintegrierten schnellen Systemen häufig mit Störungen behaftet. Diese Störungen entstehen wegen dem Spannungsabfall auf der Masse zwischen der schaltenden Quelle, z.B. einem Clock-Baustein IC1 und der Senke IC2, z.B.: einem Speicherchip (Abbildung 1.87).

I Grundlagen

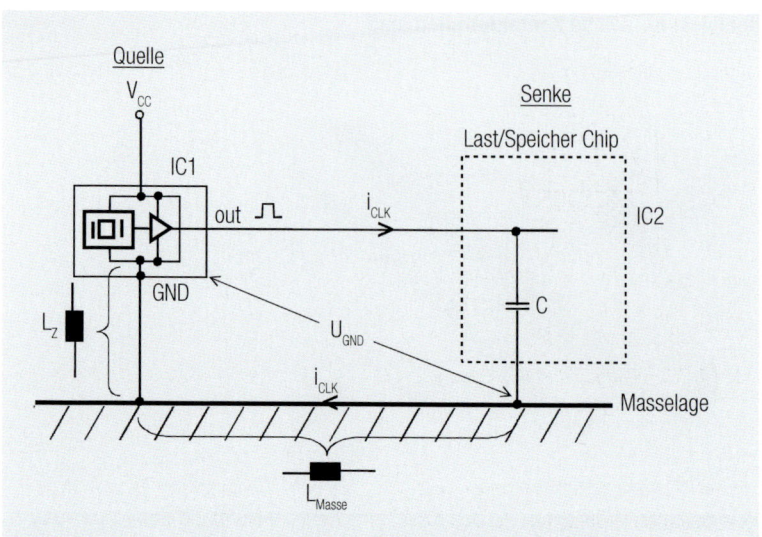

Abb. 1.87: Digitaler Stromkreis mit Zuleitungs- und Masseinduktivitäten

Die Masseanschlüsse auf dem Clockbaustein IC1 weisen eine nicht zu vernachlässigende Induktivität auf. Ebenso weist die Masselage der Leiterplatte eine Induktivität auf, die mit zunehmender Anzahl von Durchkontaktierungen eine beträchtliche Größe annehmen kann. Der Strom von IC1 zu IC2 über die Leiterbahn und zurück über die Masselage zu IC1 verursacht einen Spannungsabfall U_{GND}:

$$U_{GND} = \left(L_{ground} + L_Z\right) \cdot \frac{d}{dt}\left(i_{CLK}\right) \qquad (1.74)$$

Massestörungen

Vermeiden lassen sich die Massestörungen nicht, sie können zum Teil reduziert werden. Maßgeblich beteiligt sind, wie aus der Gleichung zu ersehen ist:

- die Signalanstiegszeit
- der Signalstrom
- die Zuleitungsinduktivitäten

**Leitungs-
induktivitäten**

EMV-gerechtes Schaltungsdesign besteht nicht nur aus der Begrenzung von Signalanstiegszeiten. Vielmehr sollte an dieser Stelle darauf geachtet werden, die Zuleitungsinduktivitäten so gering wie möglich zu halten. Gut entwickelte digitale Bausteine besitzen im Allgemeinen mehrere GND-Anschlüsse, die am Layout nicht einfach parallelgeschaltet werden dürfen. Jeder GND-Anschluss muss separat zur Massefläche kontaktiert werden (Abbildung 1.88).

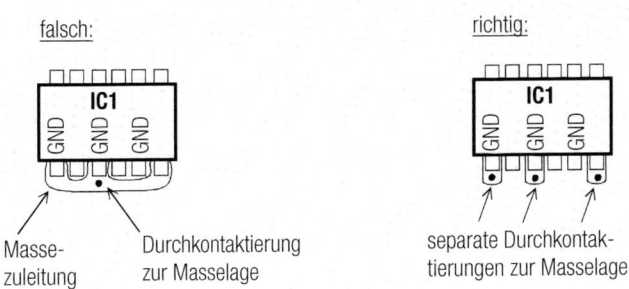

Abb. 1.88: Richtiges und falsches Layout der Massezuführungen zu einem digitalen Baustein

Um die Massestörungen an den Kondensatoren einer Filtergruppe zu reduzieren, genügen diese Maßnahmen jedoch nicht immer. Eine wirkungsvolle Methode ist die Trennung von Signalmasse und Filtermasse.

Massestörungen

Im Layout lässt sich das durch einen Trenngraben realisieren. Beide Bereiche müssen dann natürlich eine sichere Bezugsmasse zum Chassis über Befestigungsschrauben, ähnlicher HF-kompatibler Bondings, haben. Die gegebenenfalls schaltungstechnisch notwendige galvanische Verbindung zwischen Signal- und Filtermasse kann an geeigneter Stelle mittels 0 Ω-Widerstand oder Ferritdrossel erfolgen. Die Platzierung dieses Bauelementes sollte dort erfolgen, wo die signaltechnisch ruhigste Bezugsmasse zu erwarten ist. Ein Beispiel ist in Abbildung 1.89 gegeben.

Trenngraben

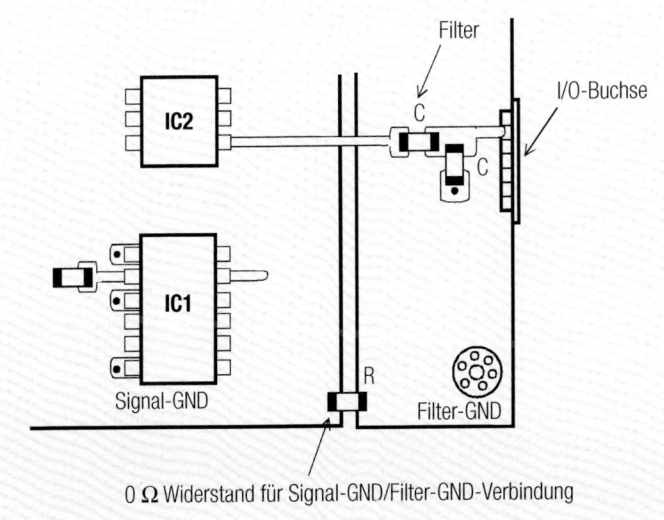

Abb. 1.89: Layoutbeispiel für die Massetrennung zwischen Signal- und Filterbezugsmasseflächen mit Anschluss für „Low-Speed"-Signale

Massetrennung

I Grundlagen

3.5 Symmetrische Filter/Gleichtakt Filter

Symmetrische Filter finden ihren Einsatz hauptsächlich in zwei Bereichen:

- bei der symmetrischen Signalübertragung
- im asymmetrischen Falle, wenn das Bezugspotenzial störbehaftet ist.

Die Symmetrische Signalübertragung

Die Übertragungstrecke

Symmetrische Signalübertragung

Die symmetrische Signalübertragung wird genutzt, um die Störfestigkeit von längeren Daten- und Signalübertragungstrecken zu erhöhen und gleichzeitig die Funkstöremission der Signal- und Datenoberwellen zu reduzieren. Das symmetrische Signal ist getrennt vom Bezugspotential, d.h. es ist „massefrei" zwischen Sensor und Empfänger (Abbildung 1.90).

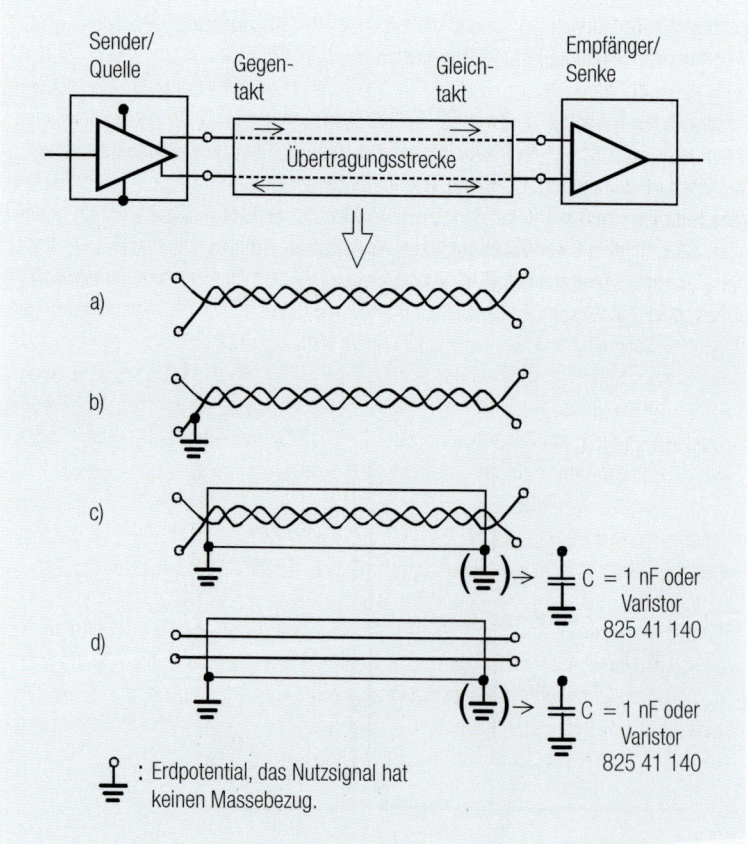

Abb. 1.90: Symmetrische Signalübertragung mit verschiedenen Leitungstypen

Schaltungstechnik der Filter

Es gibt verschiedene Schaltungstechniken, um Signale zu symmetrieren. Je stärker die Entkopplung des Signals von der Masse und je besser die Signalsymmetrie relativ zur Masse, desto besser funktioniert die Schaltung.

Ebenso wichtig ist die Wahl des Leitungstyps zwischen Sender und Empfänger. Verdrillten Leitungspärchen (a, b, c, d in Abbildung 1.90) ist generell der Vorzug zu geben, da diese eine höhere Störfestigkeit zeigen als unverdrillte. Ein unverdrilltes, aber geschirmtes Kabel (Abbildung 1.90d) ist nur für den Niederfrequenzbereich bis wenige kHz geeignet. Darüber ist in den meisten Fällen die Symmetrie der Adern zum Schirm nicht ausreichend. Übertragungsstrecken mit ungeschirmten verdrillten Leitungen dürfen an einer der beiden Seiten geerdet werden (Abbildung 1.90, b), oftmals ist das bei Sendeendstufen einfacher Ausführung (Eintakt) aus schaltungstechnischen Gründen notwendig. Die höchste Störfestigkeit und die niedrigste Störemission ist bei verdrillten Leitungen in geschirmter Ausführung zu erwarten. Ein einseitiger Schirmanschluss schirmt jedoch nur die elektrische Feldkomponente, unabhängig davon, ob die Signaloberschwingung durch das zu übertragende Signal entsteht oder die Störung von außen auftritt. Nur wenn der Kabelschirm beidseitig angeschlossen wird, tritt auch die zu erwartende Schirmdämpfung ein. Sollten wegen unterschiedlicher Bezugspotentiale der Geräte Potentialausgleichsströme (meist über den Schutzleiter) fließen, kann der Kabelschirm an einem Ende über einen Kondensator (z.B. 1 nF) angeschlossen werden. Die meist im 50–150 Hz Bereich liegenden Ströme werden so durch den hohen Blindwiderstand des Kondensators verringert. Da der Kondensator gute HF-Eigenschaften, wie z.B.: niedrige Induktivität, haben muss, um den Kabelschirm niederimpedant anzukoppeln, muss ein SMD-Typ verwendet werden. Der Kondensator muss entweder eine hohe Spannungsfestigkeit von 250 V_{eff} besitzen, oder ein Vielschichtvaristor zur Spannungsbegrenzung gegen sporadisch auftretende Bursts muss parallelgeschaltet werden (Abbildung 1.91). Die Ansprechspannung des Varistors muss kleiner als die zulässige Spannung am Kondensator sein, aber natürlich größer als die dauernd anliegende Potentialdifferenz zwischen den beiden Geräten.

Erfahrungsgemäß bewegt sich die Potentialdifferenz um 10 V_{eff} (50–150 Hz). Ist die Spannung höher, sollte das Potentialausgleichsnetz des Systems überprüft werden.

Als Varistor bietet sich der 825 411 40 aus der Reihe WE-VE von Würth Elektronik an. Mit einer Kapazität von 1,1 nF, einer Durchbruchspannung von 24 V und einer maximal zulässigen Wechselbetriebsspannung von 14 V_{eff} begrenzt er die ggf. auf den Kabelschirm eingekoppelten Bursts.

Verdrillte Leiterpaare

Geschirmte Kabel

Niedrige Störemissionen

Varistor

Potentialausgleichsnetz

I Grundlagen

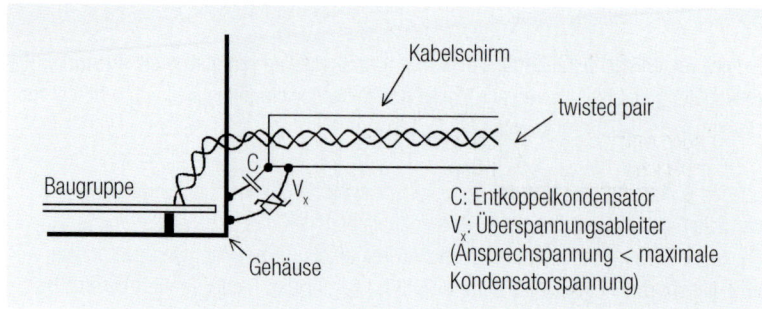

Abb. 1.91: Schaltungsprinzip zum Anschluss eines Kabelschirms bei einer Potentialdifferenz zwischen den Gerätemassen

Verdrillte Kabel

Am besten sind für die symmetrische Übertragung verdrillte geschirmte Kabel geeignet (Abbildung 1.90c). Der Schirm wird an beiden Enden der jeweiligen Gerätemassen (und zwar am Chassis, nicht(!) an der Leiterplatte) angeschlossen. Bei der Auswahl des Kabels gibt es noch einiges zu beachten: Es gibt bestimmte geschirmte Twisted-Pair-Kabel, deren beide Innenleiter elektrisch sehr lose miteinander gekoppelt sind. Das heißt, die Koppelkapazität zwischen den beiden Leitern ist gering, aber die Koppelkapazität jedes einzelnen Leiters zum Kabelschirm ist hoch. Die Übertragungsstrecke der symmetrischen 150 Ω-Twisted-Pair-Leitung wird mit solchen Kabeln eher zu zwei getrennten 75 Ω-Koaxialleitungen (Abbildung 1.92).

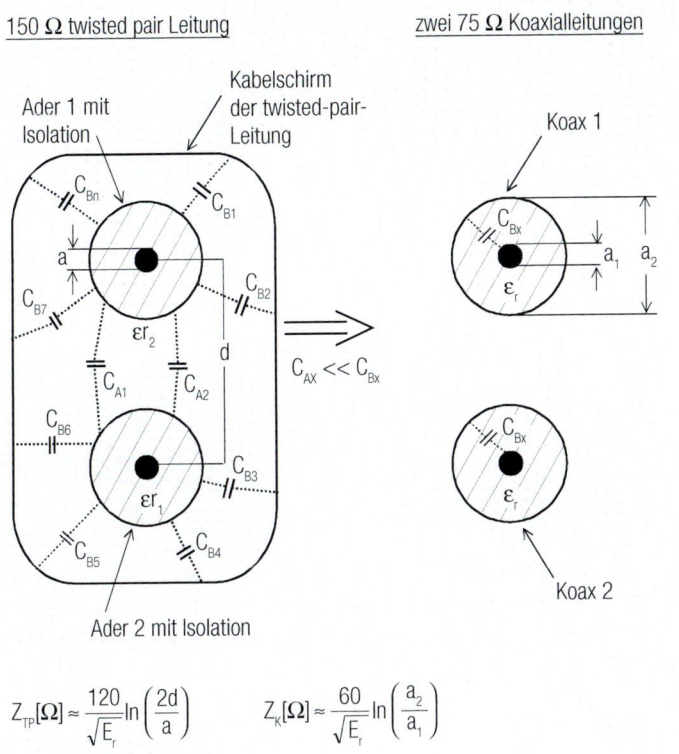

$$Z_{TP}[\Omega] \approx \frac{120}{\sqrt{E_r}} \ln\left(\frac{2d}{a}\right) \qquad Z_K[\Omega] \approx \frac{60}{\sqrt{E_r}} \ln\left(\frac{a_2}{a_1}\right)$$

Abb. 1.92: Übertragung von Twisted-Pair-Leitung in zwei getrennte Koaxialleitungen

ε_r: Effektive Dielektrizitätskonstante zwischen den Adern

Folge einer unzureichenden Kopplung der beiden Leiter zueinander ist nicht nur eine unzureichende vollständige Asymmetrie beider Verbindungen und damit eine unzureichende elektromagnetische Verträglichkeit, sondern auch eine erhebliche Verschlechterung der Signalqualität. Abbildung 1.93 zeigt ein Verfahren zur qualitativen Beurteilung eines Twisted-Pair-Kabels.

I Grundlagen

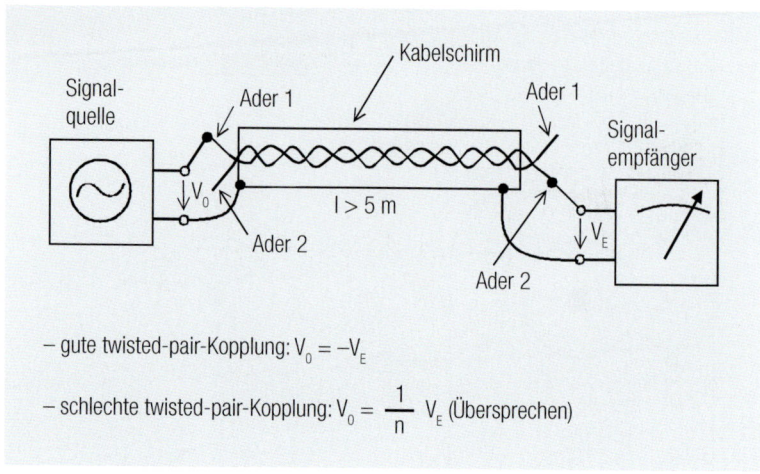

Abb. 1.93: Qualitative Beurteilung der Kopplungseigenschaften eines Twisted-Pair-Kabels

Schirmungsmaßnahmen

Trotz aller Schirmungsmaßnahmen und trotz eines hochwertigen geschirmten Twisted-Pair-Kabels treten in der Praxis manchmal elektromagnetische Unverträglichkeiten, oder einfach gesagt Probleme, sowohl in der Funkstörabstrahlung als auch in der Störfestigkeit, auf.

Die Ursachen sind häufig

- mangelhaftes Layout (unsymmetrisch, kapazitiv und induktiv mit anderen Schaltungsteilen gekoppelt)
- mangelhafte Schaltungstechnik am Sender/Empfänger (unsymmetrisch, fehlangepasst)
- schwaches, verkoppeltes Massesystem

Kann auf die obigen Punkte kein Einfluss mehr genommen werden, helfen oft nur noch Filter.

Schaltungstechnik der symmetrischen Filter (Common Mode Filter)

symmetrischen Filter

Außer in Stromversorgungen und an USB-Schnittstellen werden symmetrische Filter nur selten vorgesehen. Das mag zum einen daran liegen, dass vielleicht aus marketingtechnischen Gründen in manchen Applikationen der Chip-Hersteller die Notwendigkeit nicht genügend verdeutlicht wird, zum anderen daran, dass das Filterthema in der heutigen „vollintegrierten Chipwelt" oft nur als überflüssiger Kostenfaktor gesehen wird und symmetrische Filter im Verhältnis zum L-C-Tiefpass doch etwas komplexer sind.

Symmetrische Filter können nicht nur Störungen sowohl vom Gerät nach außen als auch vom Umfeld in das Gerät reduzieren. Mit symmetrischen Filtern können auch je nach Filtertyp potentialmäßige Trennungen, bessere Anpassungsverhältnisse und höhere Signalqualität erreicht werden. Abbildung 1.94 zeigt verschiedene Schaltungsvarianten symmetrischer Filter.

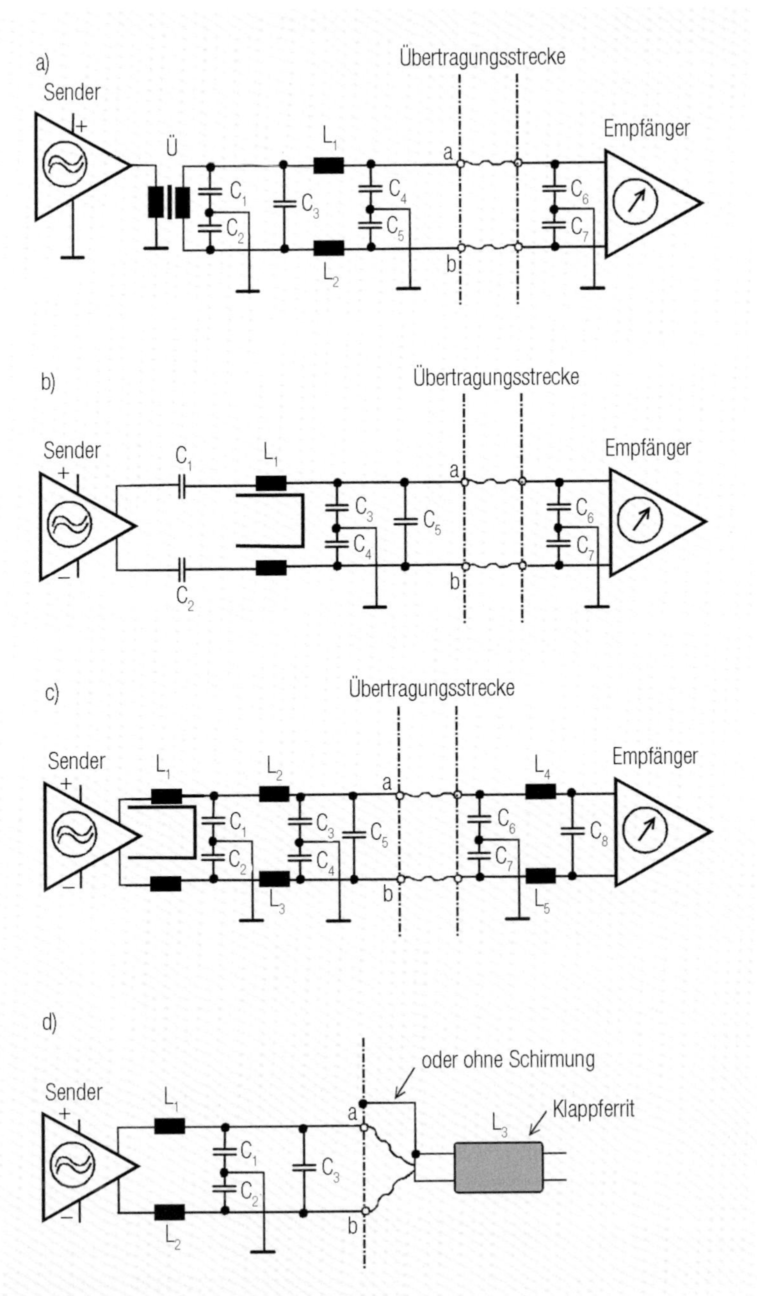

Abb. 1.94: Schaltungsvarianten symmetrischer Filter

Zu Abbildung 1.94a:

Das Filter trennt mit dem Übertrager Ü Sender und Empfänger galvanisch. Ein weiterer Vorteil des Übertragers ist die Symmetrierung des Signals. Der Sender muss keine

I Grundlagen

Gegentaktendstufe besitzen. Die dem Übertrager nachgeschalteten Kondensatoren C_1 und C_2 filtern die asymmetrischen Störanteile, C_3 die symmetrischen. Die Kondensatoren belasten natürlich auch das Nutzsignal. Ihre Wirksamkeit sowohl gegenüber dem Nutzsignal als auch dem Störsignal ist wesentlich von der vorgeschalteten Impedanz abhängig (Abbildung 1.95).

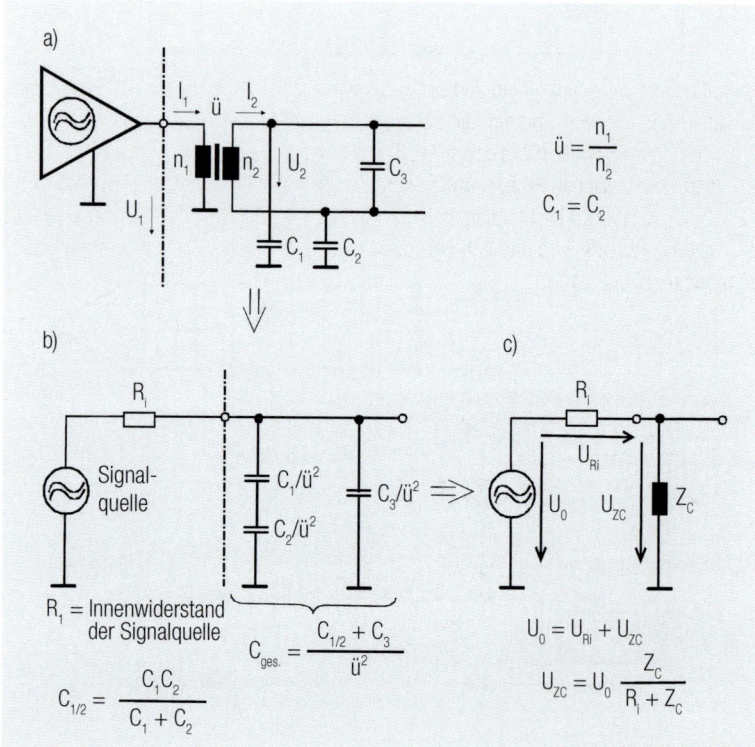

Signallast

Übersetzungsverhältnis

Abb. 1.95: Signallastverhältnisse am Filter unter Berücksichtigung des Übersetzungsverhältnisses

Bezüglich des Nutzsignals ist das Übersetzungsverhältnis des Übertragers zu berücksichtigen. Damit ergibt sich mit den Beziehungen aus Abbildung 1.95a und Abbildung 1.95b:

$$\text{a)} \quad T = \frac{n_1}{n_2} \quad C_1 = C_2 \quad (1.75)$$

$$\text{b)} \quad C_{tot} = \frac{C_{1,2} + C_3}{T^2} \quad Z_C = \frac{1}{j \cdot \omega \cdot C_{tot}} = \frac{T^2}{j \cdot \omega \cdot (C_{1,2} + C_3)} \quad (1.76)$$

Mit dem Spannungsteilerverhältnis aus Abbildung 1.95c:

Spannungsteiler-verhältnis

$$U_0 = U_{R_i} + U_{Z_C}$$
$$U_C = U_0 \cdot \frac{Z_C}{R_i + Z_C} \quad \text{mit} \quad Z_C = \frac{\ddot{u}^2}{j \cdot \omega \left(\frac{C_1}{2} + C_3\right)} \quad (1.77)$$

Ein geringerer Innenwiderstand und ein großes Übersetzungsverhältnis reduzieren die Signaleinflüsse, jedoch sind hier die parasitären Verhältnisse wie z.B.: Koppelkapazität des Übertragers nicht berücksichtigt. Die parasitäre Kapazität, die Koppelkapazität, die am Übertrager zwischen Primär- und Sekundärseite entsteht, koppelt vor allem hochfrequente asymmetrische Störsignale in den sekundären Filterbereich. Die Wirksamkeit der ersten Filterstufe wird dadurch besonders mit zunehmender Frequenz erheblich reduziert (Abbildung 1.96).

Parasitäre Eigenschaften

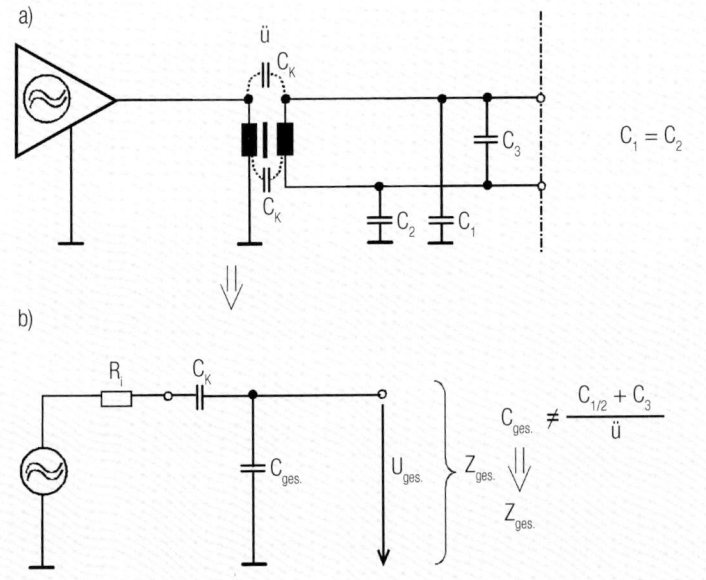

Abb. 1.96: Filterstufe unter Berücksichtigung der parasitären Koppelkapazität am Übertrager

Das Übersetzungsverhältnis ü des Übertragers nimmt mit zunehmender Frequenz ab, da der Einfluss der Koppelkapazität zunimmt. Ist der Innenwiderstand der Signal- bzw. Störquelle gering, d.h. klein gegen $Z_{ges.}$, wird der Störpegel an $Z_{ges.}$ groß sein. Um die hochfrequenten Störanteile zu reduzieren, muss das Filter erweitert werden. Dazu sind in Abbildung 1.94a die Drosseln L_1 und L_2 und die Kondensatoren C_4 und C_5 ergänzt worden. C_6 und C_7 auf der Empfängerseite reduzieren die eventuell über das Übertragungskabel eingekoppelten Störungen und die rückwärts über den Empfänger austretenden hochfrequenten Störer.

Übersetzungs-verhältnis

HF-Störanteile

I Grundlagen

Zu Abbildung 1.94b:

Im Folgenden werden die relevanten Unterschiede zum Filter aus Abbildung 1.94a erläutert.

galvanische Entkopplung

Die galvanische Entkopplung erfolgt hier mit C_1 und C_2. Für diese Schaltungsvariante ist eine Gegentaktansteuerung notwendig, deren Ausgänge die jeweils gleiche Impedanz zur Masse aufweisen. Um asymmetrische, hochfrequente Störungen auch innerhalb der Signalbandbreite zu reduzieren ist die Stromkompensierte Drossel L_1 implementiert. Zur Reduzierung der symmetrischen Störanteile dienen die Kondensatoren C_5 und C_3/C_4 bzw. C_6/C_7, welche jedoch in Verbindung mit der Quellimpedanz und der symmetrischen Impedanz der Drossel L_1 auch das Nutzsignal beeinflussen. Wenn das Nutzsignal stark oberwellenbehaftet ist, müssen zusätzliche Filterstufen integriert werden (siehe Abbildung 1.94c).

Stromkompensierte Drossel

Zu Abbildung 1.94c:

Auch hier werden wieder nur die wesentlichen Unterschiede zu den vorhergehenden Schaltungsvarianten erläutert. Drossel L_1 mit den zugehörigen Kondensatoren C_1 und C_2 filtert wie unter Abbildung 1.94b schon beschrieben, den niederfrequenteren Bereich. Der hochfrequente Bereich und hochfrequente Signalanteile werden mit L_2, L_3 und den zugehörigen Kondensatoren C_3, C_4 und C_5 gefiltert. Zu beachten ist hier jedoch, dass zwischen Sender und Empfänger keinerlei galvanische Trennung vorhanden ist.

galvanische Trennung

Das empfangsseitige Filter ermöglicht Richtung Empfänger eine wirksame Reduktion störender Signalanteile, die beispielsweise über die Kabelstrecke eingekoppelt wurden. Ausgangsseitig, vom Empfänger in Richtung Kabelstrecke, werden mit L_4, L_5 und den zugehörigen Kondensatoren C_6 und C_7 Funkstörungen reduziert.

Zu Abbildung 1.94d:

Die Drosseln L_1 und L_2 mit den zugehörigen Kondensatoren $C_1/C_2/C_3$ reduzieren hochfrequente Störungen. In der Praxis können die hochfrequenten Störungen jedoch oftmals nur unzureichend reduziert werden, da

Massebezug

- die Kondensatoren C_1 und C_2 keinen ausreichenden Massebezug haben
- die Kapazität des Kondensators C_3 nicht zu groß gewählt werden darf
- das Filter aus „marketingtechnischen Gründen" sehr einfach ausfallen muss
- konstruktive Voraussetzungen ein ausreichendes Filter nicht erlauben

Kabelschirm

Ein weiteres Problem ist der oft nur mangelhaft am Gehäuse kontaktierte Kabelschirm. Der Kabelschirm muss bei hochfrequenten Signalübertragungen „sehr" niederimpedant am Gehäuse angekoppelt sein. Wie viel ist „sehr"? Ist beispielsweise die Impedanz eines symmetrischen Kabels 75 Ω und der Kabelschirm über eine Impedanz von

0,5 Ω am Gehäuse angeschlossen, ergibt sich ein Spannungsabfall USC am Schirm-Gehäuseübergang von

$$U_{SC} = \frac{0,5\,\Omega}{75\,\Omega} \cdot U_{Signal} \quad (1.78)$$

Mit

$$a = 20 \log\left(\frac{0,5}{75}\right) \quad (1.79)$$

ergibt sich eine effektive Schirmdämpfung von 43,5 dB. Dieser Wert ist für die meisten Anwendungen nicht ausreichend. 50 dB sollten es mindestens sein, aber oftmals steigt wegen mangelhafter Blechkonstruktionen die Impedanz zwischen Kabelschirm und Gehäuse weit über 0,5 Ω. Die Folge ist die Abstrahlung von Funkstörungen, die durch Aufbringen eines Ferritringes, bzw. einer Ferrithülse reduziert werden können. Zur Beurteilung der Funktionsweise muss zwischen geschirmten und ungeschirmten Kabeln unterschieden werden.

Schirmdämpfung

Ferritring

Bei geschirmten Kabeln wird durch Aufbringen des Ferrites eine verlustreiche (resitive) Impedanz in den Störsignalpfad eingefügt, die dadurch im wirksamen Frequenzbereich des Ferrites den Störstrom verringert. Je schwächer die Kopplung zwischen Innenleiter und Kabelschirm, desto geringer ist die Wirkung des Ferrits auf den signalführenden Leiter. Belastbare Zahlenangaben sind hier jedoch nicht verfügbar.

Störsignalpfad

Bei ungeschirmten Kabeln wirkt der Ferrit wie eine stromkompensierte Drossel (Abbildung 1.97), deshalb wird das Nutzsignal nicht beeinflusst.

stromkompensierte Drossel
ungeschirmte Kabel

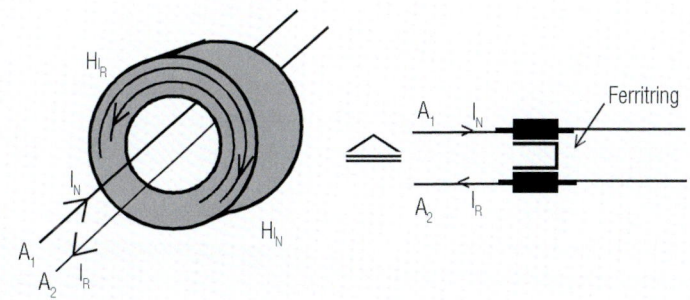

Abb. 1.97: Funktionsprinzip des Ringferrites beim Einsatz auf ungeschirmten Leitungen

Die Einfügungsdämpfung bzw. die Impedanz kann durch die Erhöhung der Windungszahl vergrößert werden, wobei nicht mehr als drei Windungen gewickelt werden sollten, da die kapazitive Kopplung zwischen den Windungen die Einfügungsdämpfung ab dem Resonanzpunkt reduziert (Abbildung 1.98).

Windungszahl

I Grundlagen

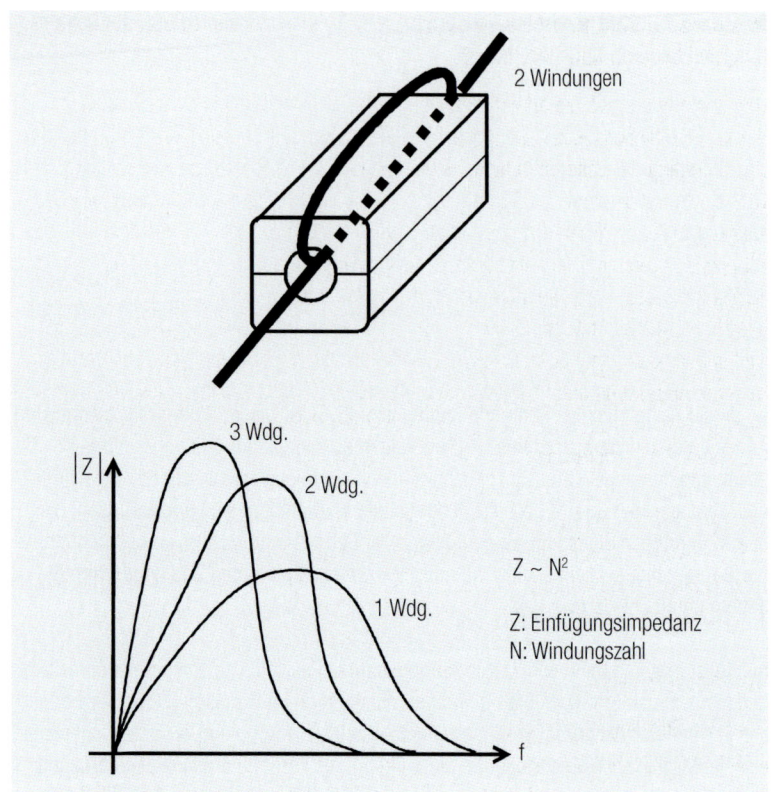

Abb. 1.98: Zusammenhang zwischen Windungszahl, Einfügungsimpedanz und Resonanzfrequenz eines Ringferrites

3.6 Filter für den Frequenzbereich über 500 MHz

Filter im Frequenzbereich über 500 MHz, ggf. für den Einsatz im HF-Schnittstellenbereich für Anntennenports oder für High-Speed-Video-Schnittstellen, bedürfen besonderer Beachtung. Die Bauelemente wie Kondensatoren und Induktivitäten müssen gesondert betrachtet werden, aber auch das Layout muss HF-gerecht für diesen Frequenzbereich entworfen werden.

Hochgeschwindigkeitssignale

Prinzipiell muss beim Entwurf von Filtern der Frequenzbereich betrachtet werden, der nicht beeinträchtigt werden darf und der, der gedämpft (gefiltert) werden soll. Somit ist die Signalbandbreite ein wichtiger Parameter. Eine generelle Unterscheidung ist:

- Ist das Signal ein High-Speed-Signal, das laufzeitkritisch ist, aber in seiner Bandbreite begrenzt werden soll (z.B: LVDS, HDMI),

oder

- Ist das Signal ein HF-Singal mit begrenzter Bandbreite, dessen Harmonische und ggf. Subharmonische gefiltert werden sollen (z.B. RF-Wifi).

Filterdesign

Was genau macht ein PCB-Design zu einem Design für die Anwendung im Frequenzbereich über 500 MHz?

Man denkt in erster Linie an ein High-Speed-Design, also Signale mit schnellen Flanken, die so schnell schalten, dass der Übergang abgeschlossen ist, bevor das Signal entlang der Leiterbahn gelaufen ist und das Ziel, den Verbraucher erreicht hat. In dieser Situation kann das Signal zur Quelle zurückreflektiert werden, wodurch das ursprüngliche Signal verzerrt oder zerstört werden kann. So ein breitbandiges Signal, mit hochfrequentem Oberwellenanteil, bzw. kurzen Anstiegsflanken kann auch von der Quelle ausstrahlen und in benachbarte Leiterbahnzüge einkoppeln und dort zu Beeinträchtigungen führen. Es ist also nicht nur das Thema EMV, sondern vor allem die Funktionalität die hier im Vordergrund steht. Leiterplattentechnisch sind hier die Faktoren Anpassung und Laufzeit, also Leiterbahnlänge, zu beachten. Im Falle von HF-Signalen mit begrenzter Bandbreite steht vor allem die Nutzsignaldämpfung, d.h. die Anpassung im Vordergrund.

Die Signallaufzeit, oder die Synchronität einzelner Signalkanäle zueinander (z.B. LVDS, HDMI) ist von der Länge der Leiterbahnen abhängig. Sind die Leiterbahnen zu lang oder zu unterschiedlich lang, entstehen zeitliche Verzögerungen zwischen den Signalen, die zu Funktionsstörungen führen.

Wie lang ist zu lang?

Wenn die Schaltgeschwindigkeit der Flanke zunimmt, verhält sich der elektrische Strom, der sich durch einen Leiter bewegt, anders. Er bewegt sich nicht mehr wie Wasser in einem Rohr, stattdessen konzentriert sich der meiste Strom auf die Oberfläche des Leiters (bekannt als Skineffekt), wobei sich ein Teil der Energie als elektromagnetische Welle bewegt. Diese elektromagnetische Welle wird nicht durch den eigentlichen Leiter geleitet, sondern bewegt sich durch das Material, welchen den Leiter umgibt. Abhängig vom Material wird das Signal in seiner Fortbewegung verlangsamt.

Laufzeitkritische Signale:

Wird durch Fehlanpassung am Verbraucher, d.h. am Ende der Leitung, ein Teil der Signalenergie reflektiert und ist aufgrund der langen Leitung und der damit verbundenen langen Laufzeit das Folgesignal von der Quelle schon unterwegs, kommt es zu Signalvermischungen zwischen dem „alten" reflektierten Signalanteil und dem schon neu gesendeten Signalanteil.

Zusammenfassend, wenn die Laufzeit entlang dieser Strecke gleich oder länger als die Anstiegszeit des Signals ist, ist die Integrität dieses Signals in Zweifel. Die Länge dieser Strecke wird als die kritische Länge bezeichnet – längere Strecken als diese sollten im Design nicht auftreten. Zur Analyse des Leiterplatten Entwurfs wird häufig eine Faustregel verwendet, die besagt, dass wenn die Leiterbahn länger als 1/3 der Anstiegszeit ist, Reflexionen auftreten können. Zum Beispiel, wenn das Signal an der Quelle eine Anstiegszeit von 1 ns hat, dann muss bei einer Leiterbahn, die länger als 0,33 ns ist – was bei bei einem FR4-Material ungefähr 5 cm entspricht – mit Problemen bei der Signalintegrität gerechnet werden.

I Grundlagen

Berechnung:

Die Geschwindigkeit, mit der elektrische Energie entlang eines Leiters fließen kann, wird als Ausbreitung bezeichnet und kann wie folgt definiert werden:

$$V_P = \frac{C}{\sqrt{\varepsilon_R}} \qquad (1.80)$$

wobei:

V_p = Ausbreitungsgeschwindigkeit
C = Lichtgeschwindigkeit (11.80285 in/ns oder 299.792458 mm/ns)
ε_R = Dielektrizitätskonstante (4,2 bei FR4)

Mit der Dielektrizitätskonstante ε_R von FR4 mit 4,2, ist die Geschwindigkeit eines Signals in FR4 gegeben als:

$$V_P(FR4) = \frac{299{,}792458 \, \frac{mm}{ns}}{\sqrt{4{,}2}} = 146{,}28 \, \frac{mm}{ns} \qquad (1.81)$$

Unter Verwendung der Faustregel „1/3 Anstiegszeit" gilt folgendes:

$$L_L \geq \frac{t_R}{3} \cdot \frac{C}{\sqrt{\varepsilon_R}} \qquad (1.82)$$

wobei:

L_L = Länge der Leiterbahn (in mm)
t_R = Signalanstiegszeit (in ns)
C = Lichtgeschwindigkeit (11.80285 in/ns oder 299.792458 mm/ns)
ε_R = Dielektrizitätskonstante (4,2 bei FR4)

Wenn die Signalanstiegszeit t_R = 1 ns beträgt, kann die Länge der Leiterbahn, ab der mit Signalintegritätsproblemen zu rechnen ist, für FR4 mit 48,75 mm berechnet werden. Wenn aber die Flankenanstiegszeit t_R = 100 ps beträgt, sinkt die kritische Länge L_L auf 5 mm!

Synchronkritische Signale:

Synchronität

Ist das Signal wegen der hohen Datenrate zeitkritisch und auf mehrere Kanäle verteilt, so wie das z.B. bei LVDS ist, müssen die Signale der einzelnen Kanäle zeitgleich beim Verbraucher ankommen. Die Signallaufzeiten der einzelnen Kanäle zueinander dürfen maximal einen spezifizierten Zeitversatz zueinander haben.

Ausgehend von den obigen Berechnungen kann der zeitliche Versatz von Signalen ermittelt werden. Der maximal zulässige Längenunterschied von zwei Leiterbahnen ergibt sich wie folgt:

Mit dem maximalen zeitlich zulässigen Versatz t_v (in ns) ergibt sich ein maximal zulässiger Längenunterschied der Leiterbahnen ΔL (in mm).

z.B. für ein $t_v = 0{,}1$ ns ergibt sich ein maximaler Längenunterschied ΔL von

$$\Delta L = \frac{V_P(FR4)}{t_v} = \frac{146{,}28 \frac{mm}{ns}}{0{,}1 \text{ ns}} = 14{,}6 \text{ mm} \qquad (1.83)$$

Ein Filter ist ein frequenzabhängiger Spannungsteiler und ändert dementsprechend seine Impedanz über der Frequenz. Die Verbindung zwischen Signalquelle, über das Filter, hin zum Verbraucher oder der Last geschieht über Leiterbahnen. Im Nutzfrequenzbereich muss das Übertragungssystem angepasst sein, um das Signal über seine komplette Bandbreite möglichst unbeeinflusst übertragen zu können.

Um Reflexionen zu vermeiden und bestmögliche Signalübertragung im gewünschten Frequenzbereich zu gewährleisten, muss das System, bestehend aus Signalquelle, Leiterbahn, Filter und Signalsenke impedanzmäßig angepasst werden. Im über den Signalfrequenzbereich angepassten Übertragungssystem entstehen keine Reflexionen, auch wenn die Leiterbahnlänge über die kritische Länge geht. Voraussetzung, wie erwähnt, ist Anpassung d.h. die Impedanzen von Quelle, Leitung und Senke müssen gleich sein und das Filter muss sich im Übertragungsfrequenzbereich „neutral" verhalten. Die Impedanz der Leiterbahn wird durch die Dimensionen des Routings (Breite und Höhe der Kupferbahn) und die Eigenschaften und Abmessungen der die Kupferbahn umgebenden Materialien bestimmt. Durch sorgfältiges Anordnen der Leiterbahnstrukturen und durch Berechnen der Dimensionen und Eigenschaften kann eine gewünschte spezifische Impedanz für die Leiterbahn erreicht werden. Für diese Aufgabe gibt es sehr performante Design-Software, auf die wir an dieser Stelle verweisen möchten.

4 Grundlagen Übertrager

4.1 Funktionsweise eines Übertragers

Ein Übertrager ist aus mindestens zwei Wicklungen mit den Windungszahlen N_P primärseitig und N_S sekundärseitig aufgebaut. Der Einfachheit halber beschränken wir uns auf einen idealen Übertrager mit einem Übersetzungsverhältnis 1 : 1.

Im ersten Schritt betrachten wir einen Übertrager mit offener Sekundärwicklung N_S (Abbildung 1.99).

I Grundlagen

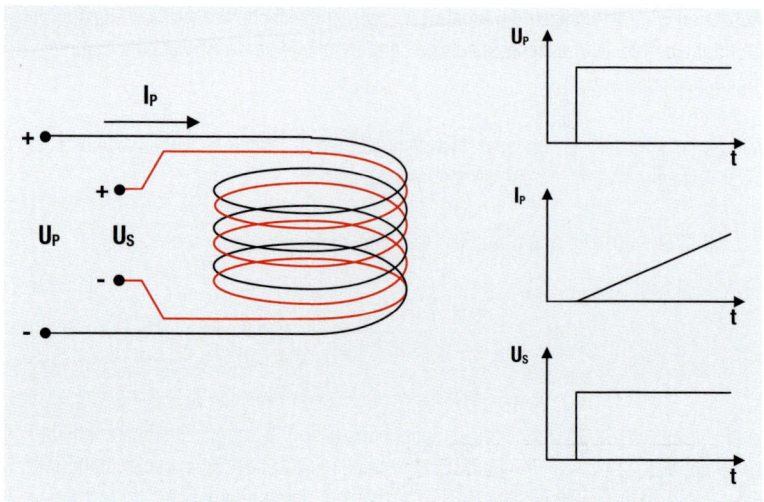

Abb. 1.99: Prinzip eines Übertragers ohne Last. Zur Vernachlässigung von parasitären Effekten ist dieser ideal bifilar gewickelt

An Wicklung N_p wird ein Spannungsstoß u_p angelegt. Dieser erzeugt aufgrund der Induktivität der Wicklung einen linear ansteigenden Strom i_p. Es gilt folgender Zusammenhang.

$$u_p = N_p \cdot \frac{d\varphi}{dt} = L \cdot \frac{di_p}{dt} \tag{1.84}$$

Die sekundärseitige Wicklung N_s umschließt ebenfalls diesen magnetischen Fluss. Durch die Änderung des magnetischen Flusses wird in dieser eine Spannung u_s erzeugt.

$$u_S = -N_S \cdot \frac{d\varphi}{dt} \tag{1.85}$$

Werden beide Gleichungen nach der Flussänderung aufgelöst und gleichgesetzt, erhält man für die Spannungstransformation:

$$u_S = \frac{N_S}{N_P} \cdot u_p \tag{1.86}$$

Ein Stromfluss in Wicklung N_s findet nicht statt, da die Wicklung offen ist.

Schließen wir nun Wicklung N_S an einen Lastwiderstand R_L an (Abbildung 1.100), erzeugt die in N_S induzierte Spannung einen Stromfluss durch den Lastwiderstand:

$$i_s = \frac{u_s}{R_L} = \frac{u_p}{R_L} \cdot \frac{N_s}{N_p} \qquad (1.87)$$

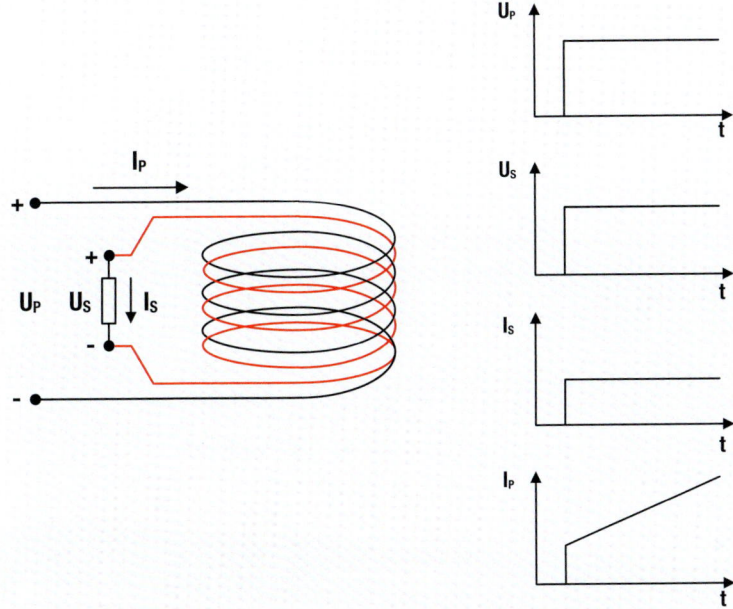

Abb. 1.100: *Gleicher Übertrager nach Abbildung 1.99, nun mit Last*

Bei Last setzt sich der Primärstrom aus dem übersetzten Sekundärstrom und dem linear ansteigenden Magnetisierungsstrom zusammen.

$$i_p = i_s^* + \frac{u_p \cdot dt}{L} \qquad (1.88)$$

I_s^* auf Primärseite übersetzter Sekundärstrom

Da keine Leistung erzeugt werden kann, ist die übersetzte Leistung gleich der in das System gespeisten Primärleistung. Vernachlässigt man den Magnetisierungsstrom, so gilt:

$$P_p = u_p \cdot i_p = u_s \cdot i_s = u_p \cdot \frac{N_s}{N_p} \cdot i_s \quad \rightarrow \quad i_s = \frac{N_p}{N_s} \cdot i_p \qquad (1.89)$$

I Grundlagen

Daher werden Ströme wie Spannungen umgekehrt übersetzt. Desweiteren gilt:

$$R_L = \frac{u_s}{i_s} = \frac{u_p}{i_s} \cdot \frac{N_s}{N_p} = \frac{u_p}{i_p} \cdot \frac{N_s^2}{N_p^2} = R_p \cdot \left(\frac{N_s}{N_p}\right)^2 \quad (1.90)$$

Widerstände transformieren sich also mit dem Übersetzungsverhältnis zum Quadrat. Dies gilt auch für die Parameter Induktivität, Kapazität und Impedanz.

Der Magnetisierungsstrom wird nicht auf die Sekundärseite übertragen. Er wird benötigt, um das Magnetfeld zu erzeugen. Ziel beim Übertrager-Design muss es daher sein, den Magnetisierungsstrom möglichst klein zu halten.

Hierzu bestehen zwei Möglichkeiten:

- Verwendung eines hochpermeablen Kerns zur Erhöhung der Primärinduktivität. Dies hat zur Folge, dass der Magnetisierungsstrom flacher ansteigt und somit kleiner ist (Abbildung 1.101).

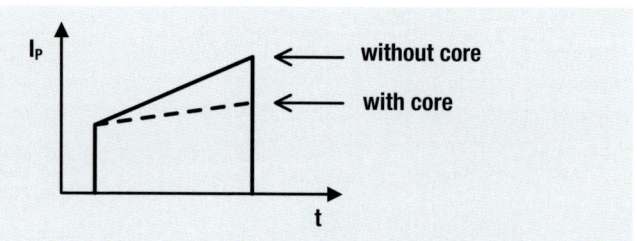

Abb. 1.101: Magnetisierungsstrom bei einem Übertrager mit bzw. ohne hochpermeablen Kern

- Erzeugung kürzerer Spannungsimpulse mit höherer Frequenz. Da der Stromanstieg mit dem Ende des Spannungsimpulses aufhört und beim nächsten Impuls wieder an der ursprünglichen Stelle beginnt, werden die Strommaxima in ihrer Amplitude kleiner (Abbildung 1.102).

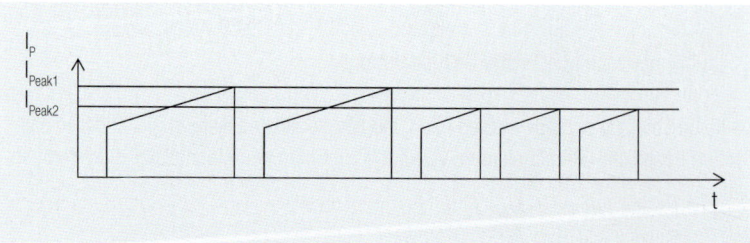

Abb. 1.102: Magnetisierungsstrom in einem Übertrager bei unterschiedlichen Taktfrequenzen

4.2 Parasitäre Größen

In der Realität ist ein Übertrager kein ideales Bauelement, es kommen noch Effekte hinzu, die das Verhalten beeinflussen. Die wichtigsten sind:

- die Streuinduktivität
- die Koppelkapazität (Kapazität zwischen den Wicklungen)
- die Wicklungskapazität (Kapazität innerhalb einer Wicklung)

Die Streuinduktivität

Betrachtet man zwei Wicklungen eines Übertragers, so wird von einer Wicklung nicht der gesamte Fluss zur anderen Wicklung gekoppelt. Ein Teil der Feldlinien schließt sich außerhalb der sekundären Wicklung. Dieser Teil des magnetischen Flusses begründet sich in parasitären Induktivitäten und wird als Streuinduktivität bezeichnet. Um zu verstehen, wie die Streuinduktivität minimiert werden kann, muss man die Parameter kennen, welche sie beeinflussen.

Die Induktivität einer langen Zylinderspule (Abbildung 1.103) berechnet sich mit:

$$L = \frac{\mu_0 \cdot N^2 \cdot A}{l_w} \qquad (1.91)$$

l_w = Länge der Spule
N = Windungszahl
A = Fläche der Spule

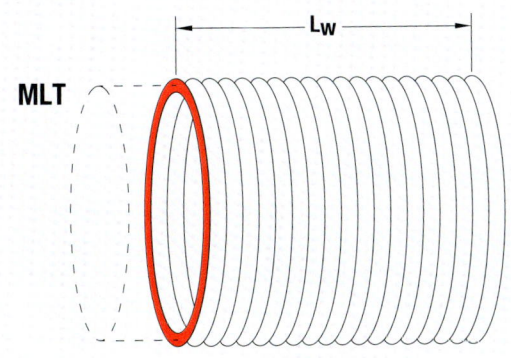

Abb. 1.103: Zylinderspule

Wenn nun eine zweite Wicklung über die erste gewickelt wird (Abbildung 1.104), ergibt sich die Streuinduktivität aus

$$L_\sigma = \frac{\mu_0 \cdot N^2 \cdot A_\sigma}{l_w} \qquad (1.92)$$

I Grundlagen

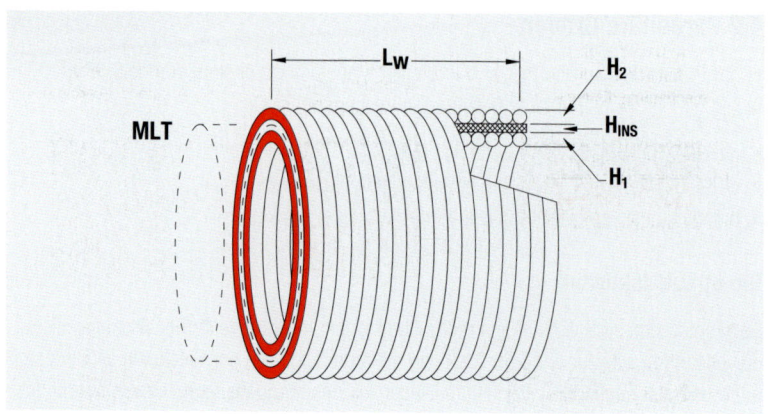

Abb. 1.104: Streuinduktivität

Wobei A_σ hier die Fläche zwischen den beiden Wicklungen ist. Sie kann berechnet werden mit:

$$A_\sigma = MLT \cdot (H_{ins} + \frac{1}{3}H_1 + \frac{1}{3}H_2) \quad (1.93)$$

MLT   = Mittlere Windungslänge
H_{ins} = Abstand zwischen den Wicklungen (Isolation)
H_1, H_2 = Wicklungshöhe der Wicklungen 1 und 2

Die Streuinduktivität ist also unabhängig vom Kernmaterial und vom Luftspalt.

Zur Minimierung der Streuinduktivität muss also entweder die Länge der Spule erhöht werden (breite Wicklungen) oder der Abstand zwischen den Wicklungen reduziert (z.B. bifilar wickeln) oder die Windungszahl verringert werden.

Abbildung 1.105 zeigt verschiedene mehr oder weniger optimale Wicklungsaufbauten. Bei bestehender Geometrie ist das meistgenutzte Mittel ein verschachtelter Aufbau (Abbildung 1.105d), bei dem die eine Wicklung zwischen die beiden Hälften der unterteilten Primärwicklung gewickelt wird. Dadurch wird die Wicklungslänge verdoppelt. Die Wicklung mit der höchsten Windungszahl wird geteilt. Ob dies die Primär- oder die Sekundärwicklung ist, spielt keine Rolle.

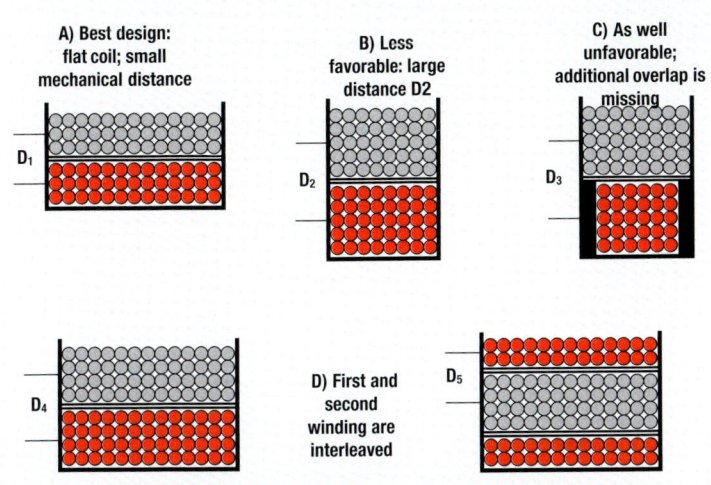

Abb. 1.105: Verschiedene Wicklungsaufbauten von Übertragern

Die Koppelkapazität

Die Koppelkapazität zwischen der Primär- und der Sekundärwicklung kann man sich als Plattenkondensator zwischen den beiden Wicklungen vorstellen. Daraus ergibt sich, dass die Koppelkapazität durch Vergrößerung des Abstands, Verkleinerung der Fläche oder Änderung der elektrischen Feldstärke des zwischen beiden liegenden Materials (kleinere Dielektrizitätskonstante) reduziert werden kann. Alle diese Veränderungen führen auch direkt zu einer Erhöhung der Streuinduktivität.

Koppelkapazität

Die Wicklungskapazität

Die Wicklungskapazität baut sich Windung für Windung auf, da die Windungen voneinander isoliert sind und auf unterschiedlichem Potenzial liegen. Sie wird umso höher je mehr Lagen innerhalb einer Wicklung benötigt werden. Als Beispiel sei der Z-Wickel genannt, bei dem der Draht nach jeder Lage zur Anfangsseite zurückgeführt wird, um den Potenzialunterschied zwischen den Lagen, bzw. Windungen geringer zu halten.

Wicklungskapazität

4.3 Transformator: Parasitäre Größen und Ersatzschaltbild

Welche parasitären Größen gibt es im Transformator, wie kann man sie messen und schließlich in ein Simulationsmodell bringen? Dies wollen wir anhand eines Übertragers untersuchen und mittels LTspice aufbereiten.

Transformator

Meist werden für eine Simulation „ideale" Trafomodelle verwendet, um es dem Entwickler so einfach wie möglich zu machen und die Rechenzeit in LTspice zu verkürzen.

I Grundlagen

LTspice

Dazu werden dann nur die Induktivitätswerte der Primär- und Sekundärwicklungen, sowie der Kopplungsfaktor K benötigt. Das Ersatzschaltbild eines Idealen Transformators ohne Kopplungsfaktor, für eine Simulation in LT-Spice, ist an Abbildung 1.106 gegeben.

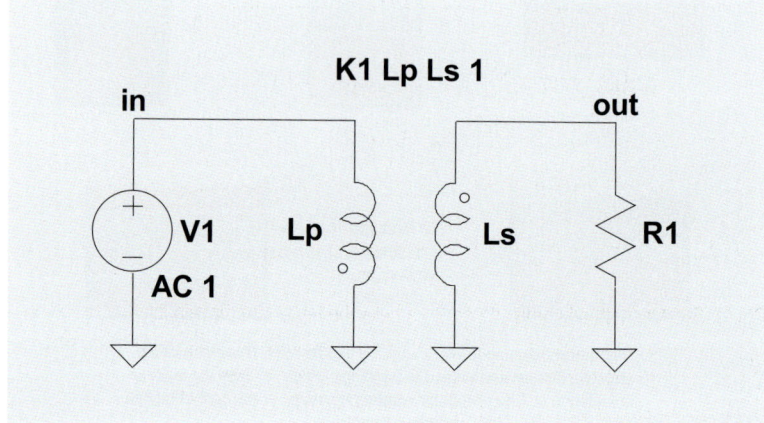

Abb. 1.106: Idealer Transformator, Darstellung in LTspice

Kopplungsfaktor

Praxisnaher sind die Simulationsergebnisse, wenn der Kopplungsfaktor mitberücksichtigt wird. Der Faktor kann, wie in Formel 1.94 dargestellt, gemessen oder berechnet werden.

$$k = \sqrt{1 - \frac{L_{short}}{L_{open}}} \qquad (1.94)$$

Transformatoren haben, je nach Aufbau, Streuinduktivitäten von 2 % ~ 8 %, was einem Kopplungsfaktor K von 0,9899 bis 0,9592 entspricht. Wird der Kopplungsfaktor bei der Simulation nicht berücksichtigt, stimmen die Simulationsergebnisse mit der Praxis kaum überein.

Zur weiteren Betrachtung und zur Bestimmung der parasitären Elemente des Transformators wird folgendes Ersatzschaltbild verwendet (Abbildung 1.107):

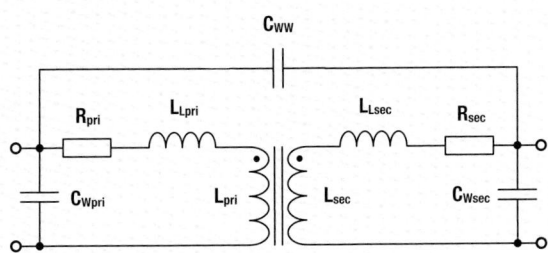

Abb. 1.107: Ersatzschaltbild eines Transformators mit parasitären Elementen

Die im Ersatzschaltbild verwendeten Parameter bedeuten im Einzelnen:

C_{ww}: Koppelkapazität Wicklung – Wicklung, d.h. zwischen den Wicklungen
C_{wpri}: Primärseitige Wickelkapazität (zwischen den Windungen)
C_{wsek}: Sekundärseitige Wickelkapazität (zwischen den Windungen)
L_{sprim}: Gesamte Streuinduktivität
(Primär + übersetzte sekundäre Streuinduktivität)
R_{Cupri}: Primärer Cu-Widerstand der Wicklung
R_{Cusek}: Sekundärer Cu-Widerstand der Wicklung
L_p: Primäre Induktivität
L_s: Sekundäre Induktivität

Als Beispiel zur Veranschaulichung der Parameter dient hier der Übertrager von Würth Elektronik, Nr. 750 310 136 (Abbildung 1.108). Gegeben sind das Übersetzungsverhältnis (turns ratio) mit 6,11 : 1, der Cu-Widerstand der Wicklungen (1–4) und (5–8) und die Primärinduktivität, L_p mit 900 µH.

I Grundlagen

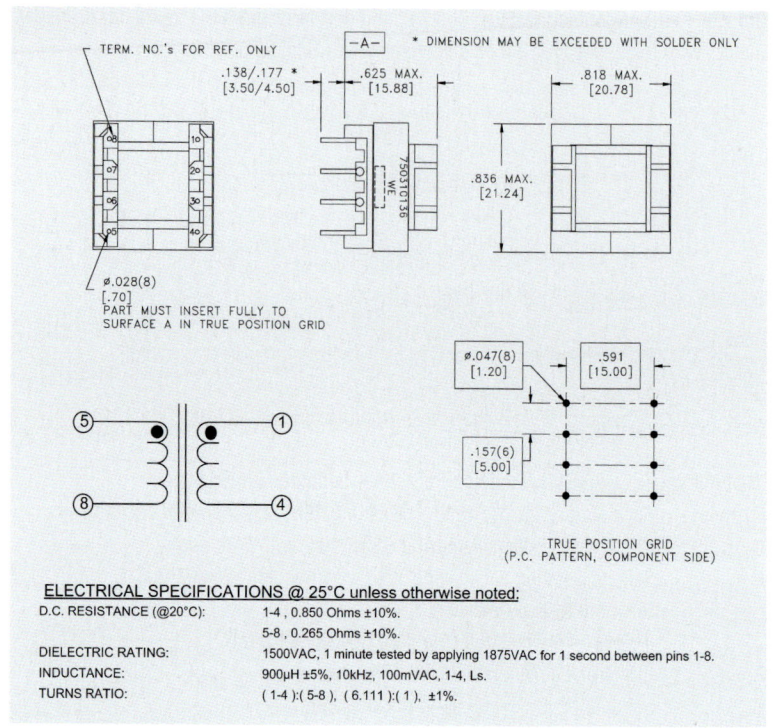

Abb. 1.108: Abmessung, elektrische Parameter und Schaltbild des Übertragers No 750 310 136

Messen der Primär- und der Sekundärinduktivität

Um die Primär- und die Sekundärinduktivität zu messen, muss die jeweils nicht gemessene Wicklung während der Messung offenbleiben (Abbildung 1.109). So ergeben sich für die Induktivitäten folgende Werte:

- 26,87 µH (100 kHz/100 mV) zwischen den Pins 5 und 8

und

- 939 µH (100 kHz/100 mV) zwischen den Pins 1 und 4.

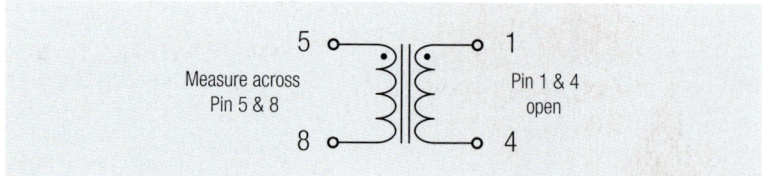

Abb. 1.109: Aufbau zum Messen der Primär- und der Sekundärinduktivität

Das Übersetzungsverhältnis n

Das Übersetzungsverhältnis n lässt sich wie folgt berechnen:

$$n = \sqrt{\frac{L_{PRI}}{L_{SEC}}} \qquad (1.95)$$

Übersetzungs-verhältnis

Mit den gemessenen Werten für die Primärinduktivität L_p = 939 µH und der Sekundärinduktivität L_s = 26,87 uH ist das berechnete Übersetzungsverhältnis 5,91 : 1.

Gesamtstreuinduktivität

Die Primärstreuinduktivität und die übersetzte Sekundärstreuinduktivität lassen sich ebenfalls messen. Während der Messung an der Primärseite zwischen Pin 1 und Pin 4 werden an der Sekundärwicklung Pin 5 und Pin 8 kurzgeschlossen (Abbildung 1.110).

Streuinduktivität

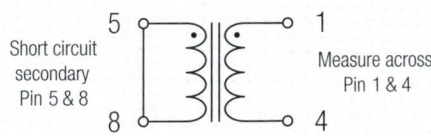

Abb. 1.110: Messung der Gesamtstreuinduktivität, ausgehend von der Primärwicklung

Mit der Messung nach Abbildung 1.110 ergibt sich für die gesamte Streuinduktivität L_{Lpri} ein Wert von 36,5 µH.

Merke:

Die Streuinduktivität liegt in Reihe mit dem Primärpfad. Sie beschreibt den Teil des Magnetfeldes, der von der jeweils anderen Wicklung nicht umschlossen ist und somit nicht zur Kopplung beiträgt.

Die Streuinduktivität ergibt sich allein aus der mechanischen Anordnung der Wicklungen zueinander. Techniken zur Verringerung der Streuinduktivität führen in der Regel zu einer Erhöhung der Koppelkapazität.

Gemessen wird die Gesamtstreuinduktivität (Primärstreuinduktivität + übersetzte Sekundärstreuinduktivität) bei kurzgeschlossener Sekundärwicklung (Achtung! Ein niederimpedanter Kurzschluss ist notwendig, um das Messergebnis nicht zu verfälschen!)

Viele Anwendungen verlangen eine möglichst kleine Streuinduktivität. Man kann sie durch verschiedene Wickeltechniken minimieren: Die Wicklungen sollten möglichst breit sein. Außerdem hilft, ähnlich wie beim Proximity-Effekt, ein verschachtelter

I Grundlagen

Aufbau. Durch diese Techniken erhöht man allerdings die Koppelkapazität zwischen Primär- und Sekundärseite.

Gleichstrom-Wicklungswiderstände

Mit einem Ohmmeter (z.B. Metra Hit 27I) lassen sich R_{Cupri} und R_{Cusek} primärseitig zwischen den Pins 5 und 8 und sekundärseitig zwischen 1 und 4 bestimmen. Die gemessenen Werte sind:

R_{Cupri}: 265 mΩ und R_{Cusek}: 858 mΩ

Koppelkapazität

Weitere parasitäre Größen sind die Koppelkapazität (Kapazität zwischen Primär- und Sekundärseite) und die Wicklungskapazität (Kapazität zwischen den Windungen einer Wicklung).

Der Einfluss der Koppelkapazität auf die Schaltung lässt sich durch Schirmwicklungen zwischen Primär- und Sekundärseite reduzieren. Die Minimierung der Koppelkapazität durch das Wickeln in mehreren Kammern bzw. durch das Einführen von stärkerer Isolation zwischen Primär- und Sekundärseite führt allerdings direkt zur Erhöhung der Streuinduktivität.

Die Koppelkapazität kann direkt gemessen werden. Die Wicklungskapazität misst man indirekt über die Resonanz zwischen Hauptinduktivität und Kapazität.

Die Koppelkapazität, d.h. die Kapazität von der Primärwicklung gegen die Sekundärwicklung kann mit einer LCR-Brücke gemessen werden. Zur Messung werden die Primärseite und die Sekundärseite kurzgeschlossen, die Kapazität wird dann mit der Messbrücke z.B. zwischen Pin 5(8) und Pin 1(4) gemessen (Abbildung 1.111).

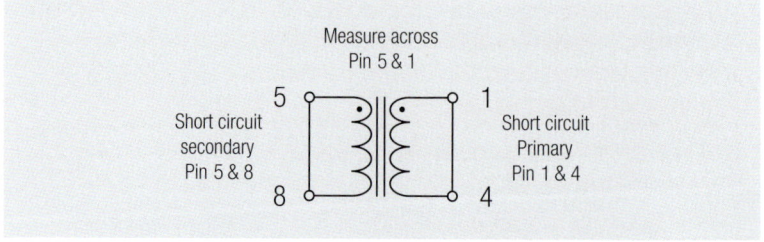

Abb. 1.111: Verschaltung des Übertragers zur Messung der Koppelkapazität

Die Messung der Koppelkapazität nach Abbildung 1.111 ergibt einen Wert von C_{ww} = 32 pF.

Wicklungskapazitäten

Die Wicklungskapazitäten können nur indirekt aus den Resonanzen mit der Hauptinduktivität (L_{pri} und L_{sek}) ermittelt werden. Mit einem Impedanz-Analyzer wird die Impedanz bei „offener" Sekundärseite gemessen. Aus der Resonanzfrequenz kann dann die Wicklungskapazität der Primärseite berechnet werden.

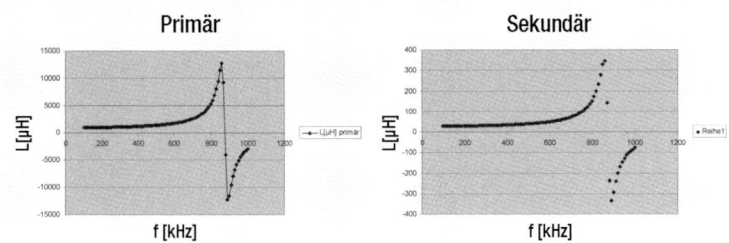

Abb. 1.112: Resonanzfrequenz-Messung am Übertrager No 750 310 136

Die Resonanzfrequenz liegt bei 875 kHz, aus der Messung ergab sich L_{prim} mit 939 µH. Mit den beiden Werten kann die primärseitige Wicklungskapazität berechnet werden.

$$f = \frac{1}{2 \cdot \pi \cdot \sqrt{L_{pri} \cdot C_{W_{pri}}}} \rightarrow C_{W_{pri}} = \frac{1}{(2 \cdot \pi \cdot f)^2 \cdot L_{pri}} \qquad (1.96)$$

L_{pri} = Hauptinduktivität
C_{wpri} = Wicklungskapazität
f = Resonanzfrequenz

Wird die obige Formel zur Berechnung der Resonanzfrequenz eines Schwingkreises nach C_{wpri} umgestellt, können die parasitären Kapazitäten berechnet werden. Man erhält für C_{wpri} = 35 pF und analog dazu für C_{wsek} = 1,2 nF.

Mit den gemessenen und berechneten Werten ergibt sich das folgende Simulations-Ersatzschaltbild (Abbildung 1.113):

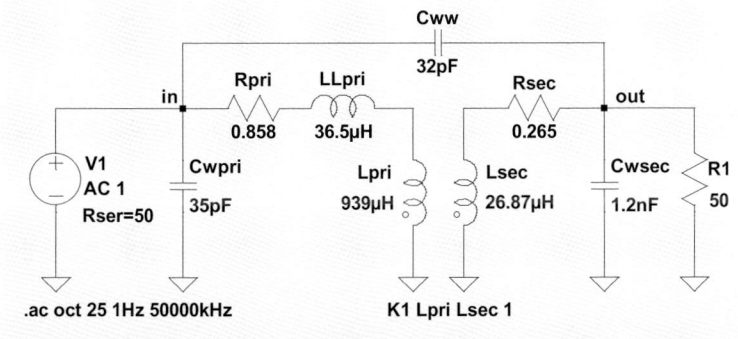

Abb. 1.113: Simulations-Ersatzschaltbild mit berechneten und gemessenen Werten des Übertragers No 750 310 136

I Grundlagen

Übertragungs-Frequenzgang

Die Simulation mit LT-Spice ergibt den folgenden Übertragungs-Frequenzgang für den Übertrager (Abbildung 1.114):

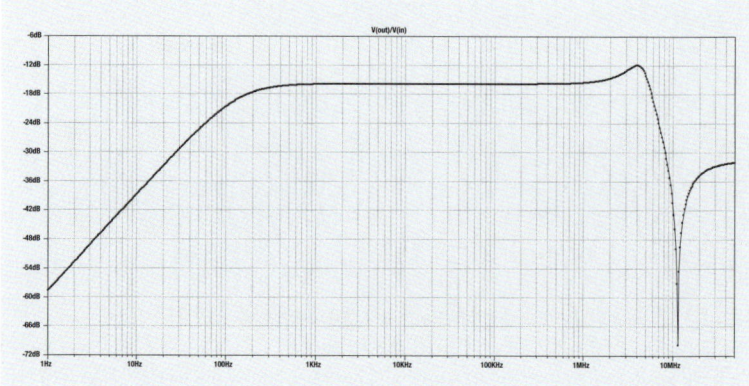

Abb. 1.114: Übertragungs-Frequenzgang des Übertragers No 750 310 136

Das diskrete Ersatzschaltbild nach Abbildung 1.113 lässt sich vereinfacht darstellen, denn unter LTspice besteht die Möglichkeit, Koppelfaktor, R_{Cupri}, R_{Cusek}, C_{wsec} und C_{wpri} in die Komponenten L_{pri} bzw. L_{sec} einzubinden und die Streuinduktivität über das K-Statement, d.h. den Koppelfaktor, zu definieren.

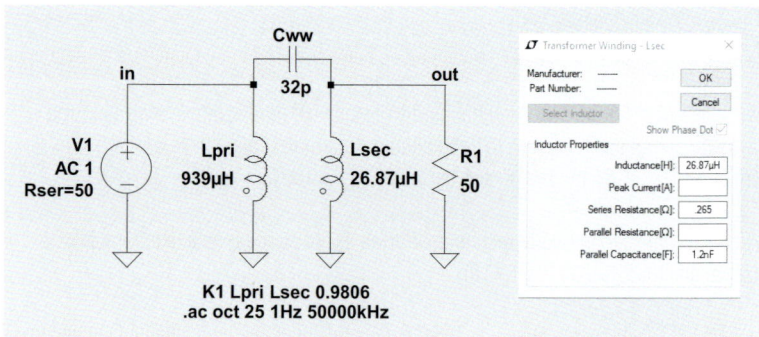

Abb. 1.115: Vereinfachte Darstellung des Ersatzschaltbildes nach Abbildung 1.113

Dabei gelten folgende Zusammenhänge und Definitionen:

„Parallel Capacitance" entspricht C_{wsek}.
„Series Resistance" entspricht R_{Cusek}.

Koppelfaktor

Der Koppelfaktor wird berechnet über

$$K = \sqrt{\frac{L_{PRI} - L_{SPRIM}}{L_{PRI}}} = 0{,}9806 \qquad (1.97)$$

(mit L_{pri}: 939 µH; L_{sprim}: 36,5 µH) und dann als SPICE DIRECTIVE im Texteditor von LTspice eingegeben (Abbildung 1.116).

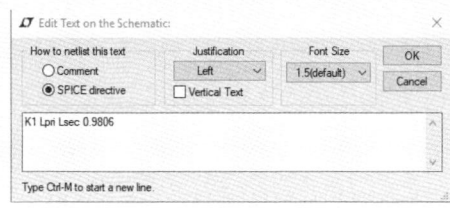

Abb. 1.116: Texteditor von LTspice

Simulierter Übertragerfrequenzgang in LTspice

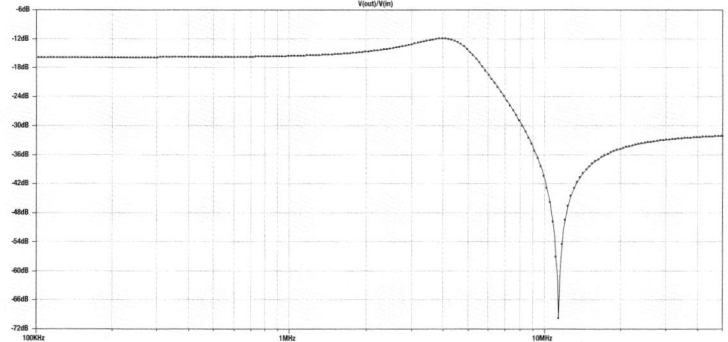

Abb. 1.117: Simulierter Trafo-Frequenzgang in LTspice

Weitere Berechnungsformeln zu den Ersatzparametern für das Modell mit Hauptinduktivität L_m:

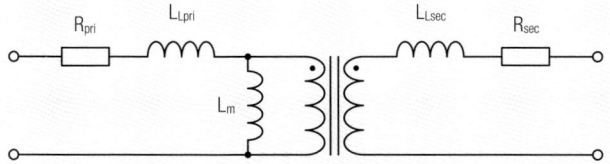

Abb. 1.118: Vereinfachtes Ersatzschaltbild des Übertragers zur Simulation in LTspice

$$k = \sqrt{1 - \frac{L_{short}}{L_{open}}} \tag{1.98}$$

I Grundlagen

Damit ergibt sich für die einzelnen Induktivitäten:

$$L_m = k \cdot L_{open} \quad (1.99)$$

$$L_{LKG(PRI)} = (1 - k) \cdot L_{open} \quad (1.100)$$

$$L_{LKG(SEC)} = (1 - k) \cdot L_{open} \cdot \left(\frac{N_{pri}}{N_{sec}}\right)^2 \quad (1.101)$$

$L_{LKG(PRI)}$: Primäre Streuinduktivität, $L_{LKG(SEC)}$: Sekundäre Streuinduktivität

Die Werte für die Widerstände werden durch Messen mit dem Ohmmeter bestimmt.

Nicht berücksichtigt werden bei diesem Modell die Kernverluste, sämtliche Streukapazitäten, sowie die Frequenzabhängigkeit der Widerstände aufgrund von Skin- und Proximity-Effekt.

4.4 Aufgaben und Einsatzgebiete von Übertragern

Aufgrund ihrer Funktionsweise kann man Übertrager für verschiedene Aufgaben einsetzen:

- Isolation, galvanische Trennung: Übertrager sind aus mehreren, voneinander galvanisch getrennten Wicklungen aufgebaut.
- Je nach Zusatzisolation kann man verschiedene, auch hohe Potentiale voneinander trennen bzw. isolieren.
- Spannungstransformation: Spannungen werden mit dem Übersetzungsverhältnis des Übertragers transformiert.
- Stromtransformation: Ströme werden umgekehrt zum Übersetzungsverhältnis transformiert (siehe Kapitel I/6.14).
- Impedanzanpassung: Impedanzen werden quadratisch zum Übersetzungsverhältnis übersetzt.

Daraus ergeben sich für Übertrager verschiedene Anwendungen:

- Spannungs- (Strom-)versorgungen: Hauptaufgaben für den Übertrager sind hier Spannungstransformation und Isolation.
- Stromwandler: Hier ist die Hauptaufgabe hohe Ströme in kleine messbare Ströme umzuwandeln.
- Impulsübertrager z.B. Ansteuerübertrager für Transistoren: Hauptaufgabe ist Isolation; manchmal wird auch eine höhere Spannung benötigt, um einen Transistor anzusteuern.
- Datenübertrager: Hier ist die Hauptaufgabe ebenfalls Isolation. Hinzu kommt, dass manchmal unterschiedliche Impedanzen angepasst bzw. Spannungen erhöht werden müssen.

4.5 Anforderungen an Daten- bzw. Signalübertrager

Übertrager werden auf Datenleitungen vor allem zur Isolation und Impedanzanpassung eingesetzt. Das Signal sollte hierbei weitestgehend nicht beeinflusst werden. Aus Kapitel I/4.1.2 wissen wir, dass der Magnetisierungsstrom nicht auf die Sekundärseite übertragen wird. Daher sollte der Übertrager eine möglichst große Hauptinduktivität haben.

Die Signalformen sind meistens Rechteckimpulse, d.h. sie haben eine große Anzahl an harmonischen Oberschwingungen. Für den Übertrager bedeutet dies, dass er bis zu hohen Frequenzen ein möglichst gleiches Übertragungsverhalten haben muss.

Aus dem Ersatzschaltbild des Übertragers ist zu erkennen (Kapitel I/4.3.), dass die Streuinduktivitäten zu einer zusätzlichen frequenzabhängigen Signaldämpfung beitragen. Deshalb sollten die Streuinduktivitäten möglichst gering sein.

Für Signalübertrager werden daher meist Ringkerne mit einer hohen Permeabilität verwendet. Die Wicklungen werden zumindest bifilar, oder sogar mit verdrillten Drähten gewickelt. Da die zu übertragende Leistung eher klein ist, spielt der Gleichstromwiderstand R_{DC} keine große Rolle.

Signalübertrager bifilar

In den Datenblättern von Signalübertragern werden meist nicht die direkten Parameter wie Streuinduktivität, Koppelkapazität usw., sondern damit verknüpfte Größen wie Einfügedämpfung (Insertion Loss), Rückflussdämpfung (Return Loss), usw. angegeben.

Nachfolgend werden die wichtigsten Größen definiert:

- Einfügedämpfung (Insertion Loss IL): Maß für die vom Übertrager verursachten Verluste

Einfügedämpfung

$$IL = 20 \cdot \log \frac{U_o}{U_i} \quad (1.102)$$

U_o = Ausgangsspannung
U_i = Eingangsspannung

- Rückflussdämpfung (Return Loss RL): Maß für die vom Übertrager aufgrund mangelnder Impedanzanpassung zurückgespiegelte Energie

Rückflussdämpfung

$$RL = 20 \cdot \log \frac{Z_S + Z_L}{Z_S - Z_L} \quad (1.103)$$

Z_S = Quellimpedanz
Z_L = Lastimpedanz

- Common Mode Rejection: Maß für die Unterdrückung von Gleichtaktstörungen
- Total Harmonic Distortion: Verhältnis der gesamten Energie der harmonischen Oberschwingungen zu der Energie der Grundschwingung
- Bandbreite: Frequenzbereich, in dem die Einfügedämpfung kleiner als 3 dB ist

I Grundlagen

4.6 Auswirkungen der Eigenschaften eines Übertragers auf die Reflexionsdämpfung

Reflexionsdämpfung

Reflexionsdämpfung

Die Reflexionsdämpfung ist ein in Dezibel (dB) ausgedrückter Quotient. In Bezug gesetzt werden die in einer Übertragungsleitung durch eine nicht angepasste Last reflektierten Leistung zur Leistung des ursprünglich zu übertragenden Signals. Das reflektierte Signal stört die Signalübertragung, so dass es ab einer bestimmten Größe zu Übertragungsfehlern in Datenleitungen führen oder die Tonqualität der Stimmübertragung beeinträchtigen kann.

Die Berechnung der Reflexionsdämpfung kann über die Leitungsimpedanzen erfolgen. Zur Berechnung der Reflexionsdämpfung aus der charakteristischen komplexen Leitungsimpedanz Z_0 und der tatsächlichen komplexen Last Z_L dient die folgende Gleichung:

$$RL = 20 \cdot \log_{10} \left| \frac{Z_0 + Z_L}{Z_0 - Z_L} \right| dB \qquad (1.104)$$

Wenn wir diese Formel um Realwiderstands- und Blindwiderstandswerte erweitern, erhalten wir:

$$RL = 20 \cdot \log_{10} \left| \frac{\sqrt{(R_0 + R_L)^2 + (X_0 + X_L)^2}}{\sqrt{(R_0 - R_L)^2 + (X_0 - X_L)^2}} \right| dB \qquad (1.105)$$

Da die Reflexionsdämpfung von der Leitungs- und Lastimpedanz abhängt, wird sie von der jeweiligen charakteristischen Impedanz eines Übertragers, einer Spule oder einer Drossel beeinflusst. Bei einer einfachen Impedanzprüfung eines magnetischen Bauteils wird deutlich, dass die Impedanz je nach Frequenz unterschiedlich hoch ausfällt. Die Reflexionsdämpfung hängt also auch von der genutzten Frequenz ab. Auf die Auswirkungen eines Transformators auf die Reflexionsdämpfung wird später eingegangen. Schauen wir uns zunächst die Beziehung zwischen der Reflexionsdämpfung und anderen häufig verwendeten Reflexionseigenschaften an.

Reflexionsfaktor

Reflexionsfaktor

Der Reflexionsfaktor wird mit dem römischen Buchstaben G, häufiger jedoch mit dem entsprechenden griechischen Γ symbolisiert. Der komplexe Reflexionsfaktor Γ setzt sich aus den Komponenten Amplitude ρ (Rho) und dem Phasenwinkel Φ (Phi) zusammen.

Der Reflexionsfaktor Gamma wird als Verhältnis des reflektierten zum ursprünglichen Spannungssignal definiert. Dabei gilt die folgende Gleichung:

$$\Gamma = \frac{U_{reflected}}{U_{incident}} = \frac{Z_L - Z_0}{Z_L + Z_0} \qquad (1.106)$$

Gamma ist genauso wie die Impedanz eine komplexe Zahl, muss also entweder in Polarform mit Rho und Phi oder in kartesischer Form ausgedrückt werden:

$$\Gamma = \frac{U_{reflected}}{U_{incident}} = \frac{Z_L - Z_0}{Z_L + Z_0} \qquad (1.107)$$

Die folgende Formel verdeutlicht die Reflexionsdämpfung in Abhängigkeit von Gamma:

$$\Gamma = \frac{U_{reflected}}{U_{incident}} = \frac{Z_L - Z_0}{Z_L + Z_0} \qquad (1.108)$$

Stehwellenverhältnis

Die von einer Fehlanpassung der Impedanz verursachten Reflexion in einer Übertragungsleitung treten als Hüllkurve der kombinierten vor- und rücklaufenden Wellen in Erscheinung. Das Stehwellenverhältnis (VSWR) ist das Verhältnis des Höchstwertes dieser entstehenden Hülle E_{MAX} zu ihrem kleinsten Wert E_{MIN} (Abbildung 1.119).

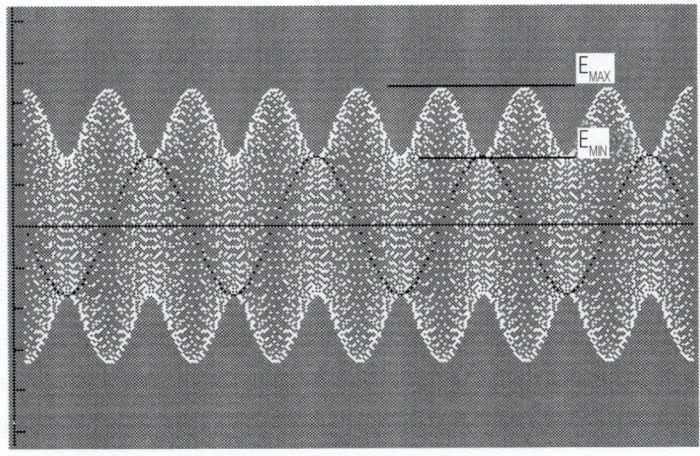

Abb. 1.119: Veranschaulichung der Amplitudenverhältnisse und des Stehwellenverhältnisses auf einer nicht angepassten Leitung

I Grundlagen

Die folgende Gleichung verdeutlicht das Stehwellenverhältnis als Funktion des Reflexionsfaktors:

$$\text{VSWR} = \frac{U_{MAX}}{U_{MIN}} = \frac{1 + |\Gamma|}{1 - |\Gamma|} \tag{1.109}$$

Übertragungsverlust

Übertragungsverlust

Der Übertragungsverlust TL entspricht dem Verhältnis der an die Last übertragenen Leistung zur Stärke des zugeführten Signals. In einem verlustfreien Netzwerk lässt sich der Übertragungsverlust in Abhängigkeit vom Reflexionsfaktor folgendermaßen darstellen:

$$\Gamma = \frac{U_{reflected}}{U_{incident}} = \frac{Z_L - Z_0}{Z_L + Z_0} \tag{1.110}$$

In Publikationen und Dokumenten zum Thema der Reflexion wird häufig auch die Amplitude von Gamma ($|\Gamma|$) Rho (ρ) verwendet.

Verwandte Begriffe

Aus der Formel des komplexen Reflexionsfaktors wird deutlich, dass dieser umso kleiner wird, je enger die Lastimpedanz Z_L mit der charakteristischen Leitungsimpedanz Z_0 abgestimmt ist. Nimmt die Fehlanpassung zwischen den beiden Impedanzen zu, steigt auch der Reflexionsfaktor, bis er schließlich seine maximale Amplitude von eins erreicht.

Die folgende Tabelle verdeutlicht die Beziehung zwischen den verschiedenen komplexen Reflexionsfaktoren und den entsprechenden Werten für das Stehwellenverhältnis, die Reflexionsdämpfung und den Übertragungsverlust. Eine perfekte Anpassung führt zu einem VSWR von eins und einer unendlich großen Reflexionsdämpfung. Eine offene oder kurzgeschlossene Verbindung erzeugt andererseits ein unendlich großes Stehwellenverhältnis und eine Reflexionsdämpfung von 0 dB.

VSWR	|Γ|	Reflexionsdämpfung (dB)	Übertragungsverlust (dB)
1,0	0,00	∞	0,00
1,05	0,02	32,3	0,00
1,1	0,05	26,4	0,01
1,2	0,09	20,8	0,04
1,5	0,20	14,0	0,18
2,0	0,33	9,50	0,50
3,0	0,50	6,00	1,25
9,0	0,80	1,94	4,44
50,0	0,96	0,35	11,14
∞	1,00	0,00	∞

Tab. 1.3: Beziehung zwischen dem Reflexionsfaktor und dem Stehwellenverhältnis

Wenn die konstanten Werte aller vier Parameter auf einem Smith-Diagramm als Kreise dargestellt werden, wird diese Beziehung noch deutlicher.

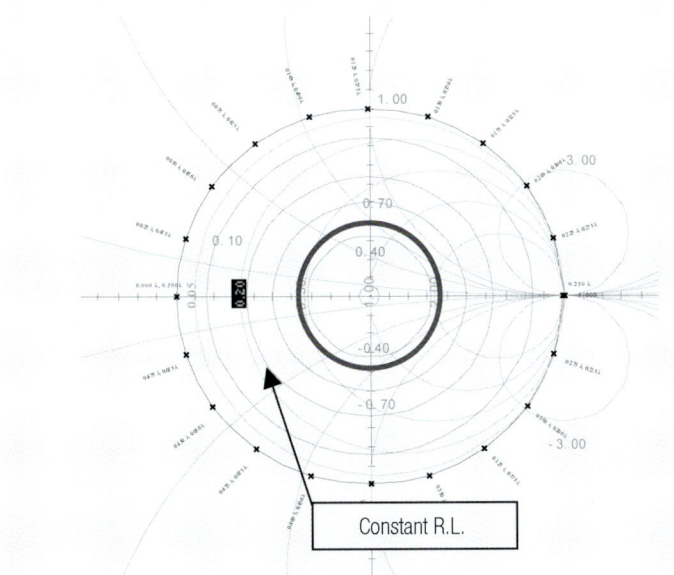

Abb. 1.120: Darstellung der Anpassungsverhältnisse, dargestellt im Smith-Diagramm

Smith-Diagramm

Maximale Leistungsübertragung

Die maximale Leistungsübertragung von der Quelle zur Last wird erreicht, wenn die Quellimpedanz dem konjungiert Komplexen der Lastimpedanz entspricht. Unter dieser Bedingung wird keine Energie an die Quelle reflektiert (Gleichung 1.111 und Abbildung 1.121).

Leistungsübertragung

I Grundlagen

$$R_S + jX_S = R_L - jX_L \tag{1.111}$$

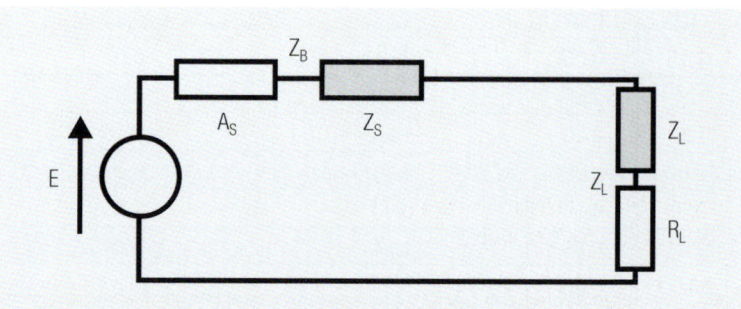

Abb. 1.121: Prinzipschaltbild einer komplexen Quelle mit Last

Reflexionsdämpfung bei angepasster Last

Anpassung

Schauen wir uns ein Beispiel für eine angepasste Leitung mit Last an. Nehmen wir an, dass eine ADSL-Anwendung mit $Z_0 = 100\ \Omega$, wie in Abbildung 1.122 gezeigt, durch eine rein ohmsche, d.h. resistive Last von $Z_L = 100\ \Omega$ abgeschlossen ist.

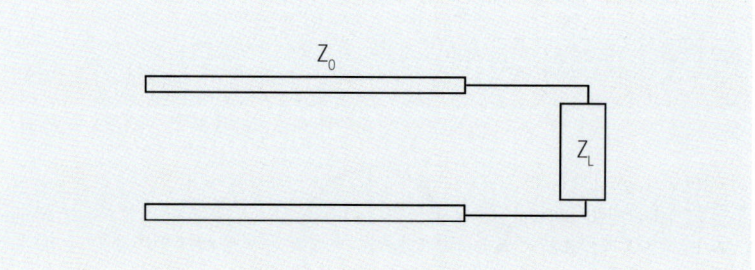

Abb. 1.122: Schematische Darstellung einer Leitung mit Last (Abschluss)

Die Reflexionsdämpfung berechnet sich in Analogie mit den in 1.122 dargestellten Parametern wie folgt:

$$RL = 20 \log_{10} \left| \frac{Z_0 + Z_L}{Z_0 - Z_L} \right| dB$$

oder

$$RL = 20 \log_{10} \left| \frac{\sqrt{(R_0 + R_L)^2 + (X_0 + X_L)^2}}{\sqrt{(R_0 - R_L)^2 + (X_0 - X_L)^2}} \right| dB \tag{1.112}$$

Wobei:

$Z_0 = 100 + 0j\ \Omega$
$Z_L = 100 + 0j\ \Omega$

Da Last und Quelle rein resistiv sind, bleibt die Reflexionsdämpfung über alle Frequenzen gleich. Nach Einsetzen der Werte und Berechnung ergibt sich RL = ∞.

Reflexionsdämpfung bei nicht angepasster Last

Betrachten wir jetzt das gleiche Beispiel eines idealen Übertragers, diesmal jedoch mit einer nicht vollständig angepassten Last. Die Leitungsimpedanz $Z_0 = 100 + 0j\ \Omega$ wie im vorigen Beispiel. Berechnet wird jetzt die Reflexionsdämpfung bei verschiedenen ohmschen Lasten, um zu zeigen, wie sie die Anpassung und damit die Reflexionsdämpfung beeinflussen. Da ohmsche Lasten keinen Blindwiderstandsanteil haben, sind sie von der Frequenz unabhängig, damit ist auch die Reflexionsdämpfung in diesem Beispiel von der Frequenz unabhängig.

Fehlanpassung

R_L (Ω)	Reflexionsdämpfung (dB)
80,0	19,1
95,0	31,8
99,0	46,0
99,9	66,0
100,1	66,0
101,0	46,0
105,3	31,8
125,0	19,1

Tab. 1.4: *Reflexionsdämpfung bei Fehlanpassung mit variabler ohmscher Last*

Die Ergebnisse zeigen, dass die Reflexionsdämpfung von dem Wert der Last abhängt, der somit die Fehlanpassung bestimmt. Bei der Übertragungskette mit resistiver Leitung und resistiver Last ist die Reflexionsdämpfung nicht von der Frequenz abhängig. Bei einer perfekten Anpassung wäre die Reflexionsdämpfung unendlich groß.

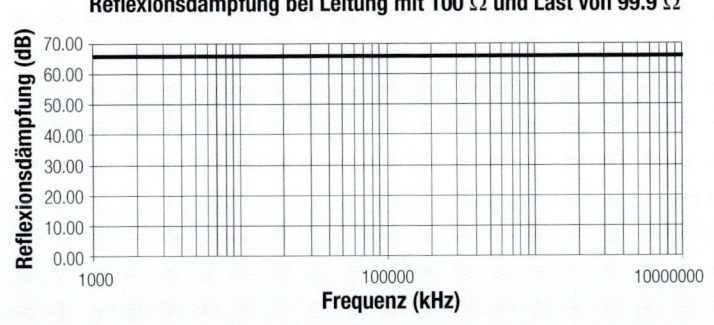

Abb. 1.123: *Reflexionsdämpfung mit $Z_0 = 100 + a0j\ \Omega$ und $Z_L = 99,9 + 0j\ \Omega$*

I Grundlagen

Reflexionsdämpfung bei einem nahezu idealen Übertrager

Fügen wir zu dem Beispiel einer angepassten Leitung und angepassten Last jetzt einen 1:1-Übertrager mit einer primären Induktivität $L_p = 600$ µH hinzu und nehmen wieder an, dass die Leitungs- sowie die Lastimpedanz, rein resistiv, $Z_L = 100$ Ω betragen (Abbildung 1.124).

Bei Verwendung eines idealen Übertragers mit rein resistiven Leitungs- und Lastimpedanzen blieb die Reflexionsdämpfung über alle Frequenzen hinweg konstant. Mit der Induktivität der Wicklungen des Übertragers ändert sich die Impedanz mit der Frequenz, so dass die effektive Last unterschiedliche Werte aufweist. Da die Lastimpedanz komplex wird, ist jetzt auch zur Berechnung der Reflexionsdämpfung eine umfangreichere Formel erforderlich.

Im Folgenden sollen hier nur die zur Berechnung der Reflexionsdämpfung erforderlichen Formeln dargestellt werden, die Ergebnisse der Berechnungen sind in Tabellen gegeben.

Schritt 1: Überführung der Impedanz mit Hilfe der entsprechenden Formeln auf die Seite des idealen Übertragers, auf der die primäre Induktivität dargestellt ist. In diesem Fall ist der ideale Übertrager ein 1:1-Übertrager und die Last verändert sich nicht.

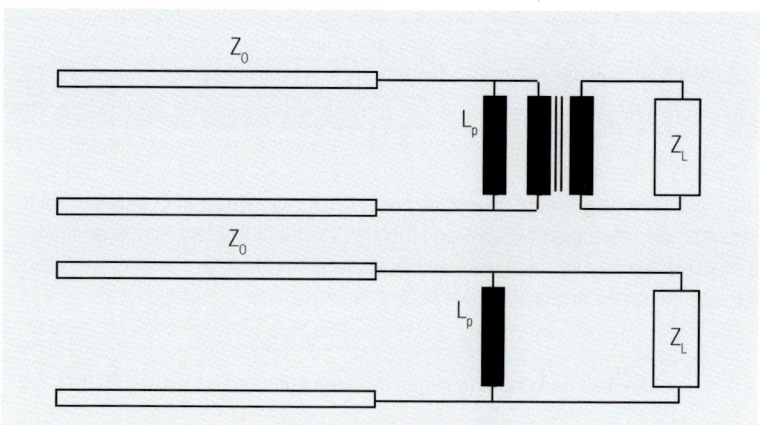

Abb. 1.124: Leitung Z_0 mit Übertrager und Last/Abschluss zur Berechnung der Reflexionsdämpfung

Schritt 2: Kombination von X_L mit $Z_L = R_L + 0j$ zur komplexen Formel Z_L'.

$$Z_L' = X_L j \parallel R_L$$

$$Z_L' = \frac{R_L \cdot X_L j}{R_L + X_L j} \tag{1.113}$$

$$Z_L' = R_L' + X_L' j$$

Somit ergibt sich das kombinierte Ersatzschaltbild nach Abbildung 1.125.

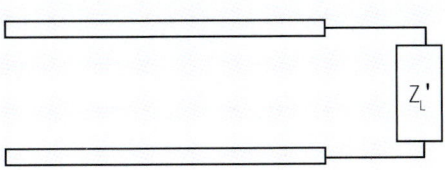

Abb. 1.125: Kombiniertes Ersatzschaltbild der Übertragungskette mit Impedanz Z_L'

Schritt 3: Berechnung der Reflexionsdämpfung mit Hilfe der ermittelten Ersatzlast Z_L' und der ursprünglichen Leitungsimpedanz.

$$RL = 20 \log_{10} \left| \frac{\sqrt{(R_0 + R_L')^2 + (X_0 + X_L')^2}}{\sqrt{(R_0 - R_L')^2 + (X_0 - X_L')^2}} \right| dB \quad (1.114)$$

Ergebniss: Tabelle. 1.5. zeigt die Ergebnisse der Berechnungen über der Frequenz in Tabellarischer Form, in Abbildung 1.126 ist die Reflexionsdämpfung mit einer primären Induktivität von L_{pri} = 600 µH in graphischer Form dargestellt. Die Reflexionsdämpfung ist im niedrigen Frequenzbereich klein, da die Impdenaz der Induktivität nur einen geringen Wert aufweist. Mit kleiner primärer Induktivität wird im niedrigen Frequenzbereich die Anpassung an die Last gering sein und mit wird auch die Reflexionsdämpfung nur geringe Werte haben. Aus den grafisch dargestellten Ergebnissen wird deutlich, dass die Reflexionsdämpfung aufgrund der primären Induktivität mit 20dB/dek steigt.

Frequenz (kHz)	Reflexionsdämpfung (dB)
0	0,00
1	0,02
10	1,95
100	17,62
1000	37,55
10000	57,55

Tab. 1.5: Reflexionsdämpfung über der Frequenz mit L_{pri} = 600 µH bei einem idealen Übertrager

I Grundlagen

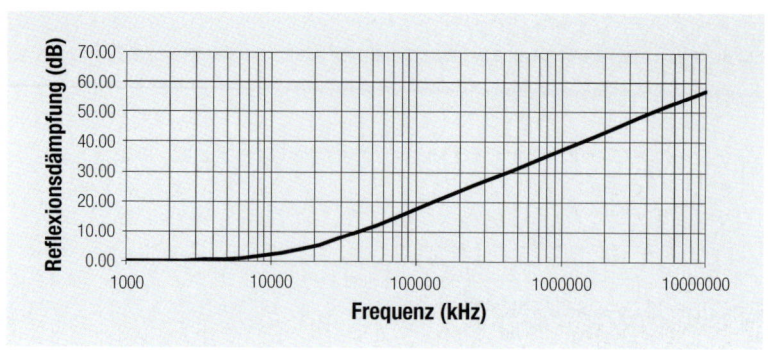

Abb. 1.126: Reflexionsdämpfung über der Frequenz mit $L_{pri} = 600\ \mu H$ bei einem idealen Übertragers

Reflexionsdämpfung bei Verwendung eines Übertragers mit zusätzlicher Streuinduktivität

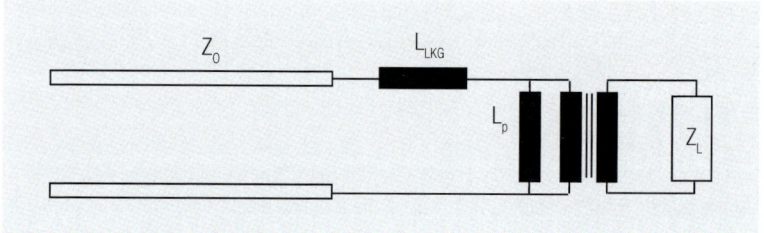

Abb. 1.127: Schaltbild der Übertragungskette bei Verwendung eines Übertragers mit Streuinduktivität

Fügen wir jetzt zum gleichen Übertrager unter den gleichen Lastbedingungen eine Streuinduktivität von 1 µH hinzu. Die effektive Last wird auf die gleiche Weise berechnet. Z_L' ist die Ersatzimpedanz bestehend aus der Primärinduktivität und parallel zur Lastimpedanz, nach der Umformung. Z_L'' entspricht dann Z_L' mit dem zusätzlichen Blindwiderstand der Streuinduktivität L_{LKG} (Abbildung 1.128).

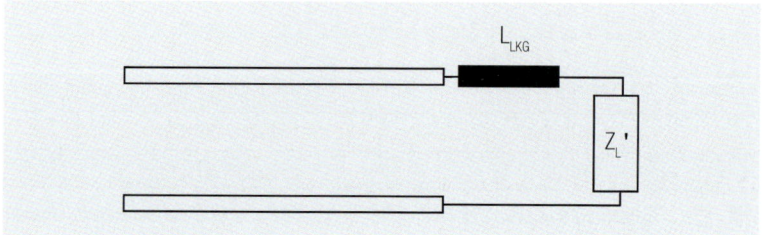

Abb. 1.128: Schaltbild der Übertragungskette mit Ersatzimpedanz Z_L' und Streuinduktivität L_{LKG}

Somit berechnet sich die neue Ersatzimpedanz Z_L'' wie folgt:

$$Z_L'' = X_{LKG} \cdot j + Z_L' \qquad (1.115)$$

Mit Hilfe der bekannten Formel können wir jetzt die Reflexionsdämpfung bei verschiedenen Frequenzen berechnen. Aus den grafisch dargestellten Ergebnissen in Tabelle 1.6 und Abbildung 1.129 geht hervor, dass die Reflexionsdämpfung bei hohen Frequenzen stark von der Streuinduktivität beeinflusst wird.

Frequenz (kHz)	Reflexionsdämpfung (dB)
0	0,00
1	0,02
10	1,95
100	17,42
1000	27,01
10000	10,43

Tab. 1.6: *Reflexionsdämpfung mit $L_{pri} = 600 \, \mu H$ und mit einer Streuinduktivität von $L_{LKG} = 1 \, \mu H$*

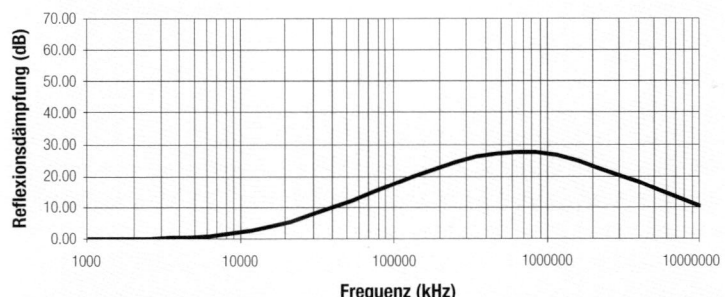

Abb. 1.129: *Reflexionsdämpfung mit $L_{pri} = 600 \, \mu H$ und mit einer Streuinduktivität von $L_{LKG} = 1 \, \mu H$*

Bei den meisten Übertragern haben die Primär- und Streuinduktivitäten die größte Auswirkung auf die Reflexionsdämpfung, vorausgesetzt der Lastwiderstand ist aufgrund des gewählten Wicklungsverhältnisses gut mit der Leitungsimpedanz abgestimmt. Bei fehlangepasster Last duch ungünstige Wicklungs- bzw. Übersetzungsverhältnisse ist die fehlangepasste Last der größte Einflussfaktor einer niedrigen Reflexionsdämpfung.

Reflexionsdämpfung bei einem nicht idealen Übertrager

Mit dem Modell eines linearen Übertragers, das typischerweise bei der Entwicklung von Anwendungen mit Niederfrequenzübertragern zum Einsatz kommt, können wir die theoretische Reflexionsdämpfung anhand einer Analyse der Gesamtparameter berech-

I Grundlagen

nen. Abgesehen von der Wicklungskapazität lässt sich das lineare Übertragermodell auf die Lastimpedanz reduzieren, indem entweder die parallel, oder in Serie geschalteten Elemente zusammengefasst werden. Der sekundäre Gleichstromwiderstand R_L und die Last Z_L müssen durch n^2 geteilt werden, um sie auf die Leitungsseite des Modells zu überführen.

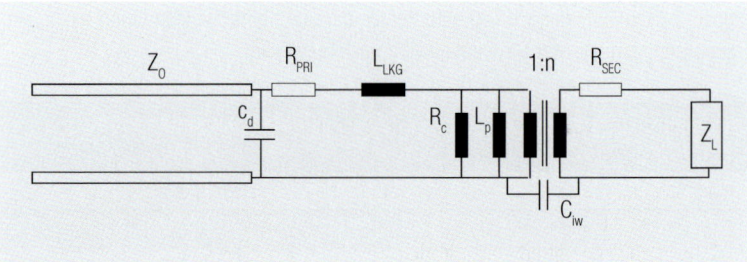

Abb. 1.130: Schaltbild der Übertragungskette zur Berechnung der Reflexionsdämpfung mit realem Übertrager

Abbildung 1.130 zeigt das Schaltbild der Übertragungskette. Die Wicklungskapazität lässt sich nicht so einfach modellieren, da sie weder allein der Leitungs- noch der Lastseite des Modells zugeordnet werden kann. Damit ist auch eine entsprechende Umformung in eine entsprechende Last nicht möglich. Bei niedrigen Frequenzen wirkt die Wicklungskapazität wie eine unendlich hohe Impedanz über dem Übertrager und kann normalerweise vernachlässigt werden. In den meisten Modellierungsprogrammen für Übertrager wird die Wicklungskapazität nicht berücksichtigt, da die Streu- und die primäre Induktivität hier die dominierenden Faktoren sind. In Anordnungen mit einer relativ großen Wicklungskapazität und hohen Betriebsfrequenzen kann sie jedoch eine entscheidende Rolle spielen. Sollte wegen der genannten Bedingungen die Wicklungskapazität mit in das Modell aufgenommen werden müssen, sollte ein etwas umfangreicheres Analyseprogramm wie LTSpice angewandt werden.

In Abbildung 1.131 ist das lineare Modell eines ADSL-Übertragers gezeigt, dessen Last etwas unterhalb der für eine perfekte Anpassung idealen 25 Ω liegt.

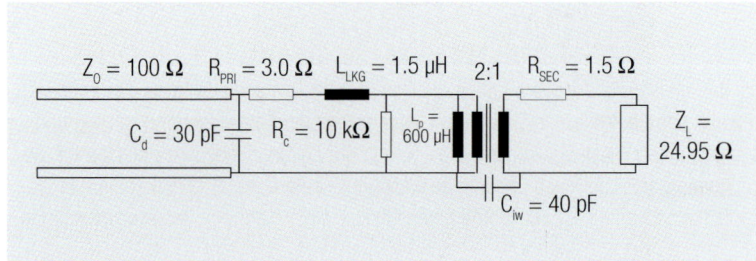

Abb. 1.131: Reflexionsdämpfung ADSL-Übertrager

Im Folgenden werden die Auswirkungen der einzelnen Parameter modelliert.

Wirkung von Gleichstromwiderständen auf die Reflexionsdämpfung

Der Gleichstromwiderstand im Übertrager ergibt sich durch den begrenzten Leitwert der Kupferdrahtwicklung. Am folgenden Beispiel werden zwei Effekte von Gleichstromwiderständen auf die Reflexionsdämpfung deutlich. Der sekundäre Widerstand mit 1,5 Ω ist zwar kleiner als der primäre Widerstand (3,0 Ω), hat aber eine deutlich größere Auswirkung auf die Reflexionsdämpfung. Dies liegt daran, dass der sekundäre Wert von 1,5 Ω bei einer Reflexion auf der Primärseite des Übertragers wegen dem Übersetzungsverhältnis über N^2 mit 6,0 Ω wirkt.

Außerdem können wir sehen, dass die Reflexionsdämpfung des Übertragers, der als Einzelkomponente eine beachtliche Dämpfung aufweist, durch Hinzufügen der ersten „Störkomponente" sehr stark, durch jede weitere jedoch nur noch in geringem Maße beeinflusst wird. Die vom sekundären Widerstand RSEC verursachte Reduktion der Reflexionsdämpfung beträgt etwa 30 dB, während der primäre Widerstand R_{PRI} etwa 37 dB hervorruft. Kombiniert ergibt sich daraus eine Reduktion der Reflexionsdämpfung auf 27 dB.

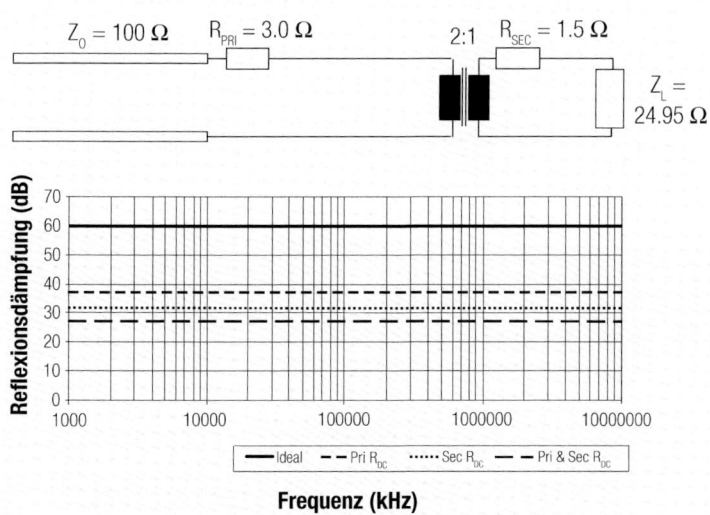

Abb. 1.132: Einfluss der Kupferwiderstände der Wicklungen auf die Reflexionsdämpfung

Wirkung der Streuinduktivität und der verteilten Kapazität auf die Reflexionsdämpfung

Streuinduktivität

Ein Vergleich der Auswirkungen der Streuinduktivität und der verteilten Kapazität eines Übertragers auf die Reflexionsdämpfung zeigt interessante Ergebnisse. Aus dem folgenden Beispiel in Abbildung 1.133 wird deutlich, dass die Streuinduktivität die Reflexionsdämpfung über der Frequenz um 20 dB pro Dekade abfallen lässt. Gleichzeitig verursacht die verteilte Kapazität einen Rückgang der Reflexionsdämpfung im höheren Frequenzbereich, wobei der Kurvenverlauf anfänglich leicht gekrümmt ist.

I Grundlagen

In der Praxis treten beide Effekte gleichzeitig auf. Dieser kombinierte Einfluss der Streuinduktivität und der verteilten Kapazität zeigt ein überraschendes Ergebnis. Beide Effekte zusammengenommen führen offensichtlich zu einer höheren, d.h. besseren Reflexionsdämpfung. Wie kann das sein? Wie zuvor erläutert, ist die Reflexionsdämpfung eine Funktion der Fehlanpassung, die jedoch von Betrag und Phase abhängt. In unserem Beispiel heben sich die Abweichungen somit gegenseitig auf, so dass die zusätzliche Wirkung der verteilten Kapazität die Reflexionsdämpfung insgesamt verbessert.

In der Schaltung nach Abbildung 1.133 kann der Effekt wie folgt erklärt werden: Die Impedanz der reflektierten Last wird um den von der Streuinduktivität verursachten Blindwiderstand erhöht, so dass eine Fehlanpassung auftritt. Der Blindwiderstand der verteilten Kapazität wirkt parallel dazu und reduziert die Fehlanpassung wieder in Richtung der optimalen reflektierten Last von 100 Ω.

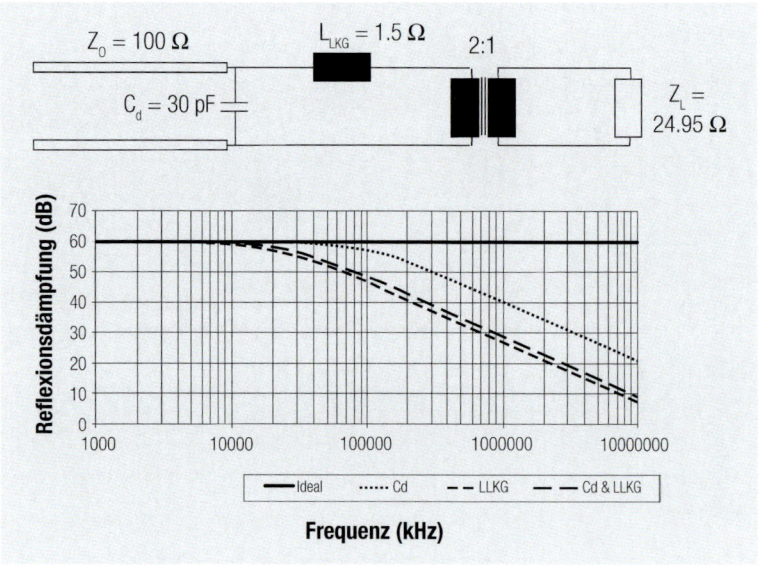

Abb. 1.133: Einfluss von Streuinduktivität und verteilter Kapazität auf die Reflexionsdämpfung eines Übertragers

Wicklungskapazität

Wirkung der Wicklungskapazität auf die Reflexionsdämpfung

Der Einfluss, bzw. die Wirkung der Wicklungskapazität auf die Reflexionsdämpfung lässt sich mit einfachen Impedanzformeln nur sehr schwierig berechnen. Dies liegt daran, dass die Wicklungskapazität in beiden Wicklungen auftritt und sich nicht eindeutig einer Seite des idealen Übertragers zuordnen lässt. Ihre Auswirkungen auf das Schaltkreismodell können deshalb nur mit komplexen Modellierungstechniken ermittelt werden. Das Beispiel in Abbildung 1.134 wurde nicht mit einfachen Gleichungen, sondern mit PSPICE modelliert.

Im Allgemeinen hat die Wicklungskapazität im Vergleich zu anderen Streuimpedanzen eine nur sehr geringe Wirkung auf die Reflexionsdämpfung und kann deshalb häufig vernachlässigt werden. In Anordnungen jedoch, mit einer sehr geringen Streuinduktivität und einer sehr hohen Wicklungskapazität, kann letztere eine wesentliche Rolle spielen und sollte in solchen Fällen berücksichtigt werden.

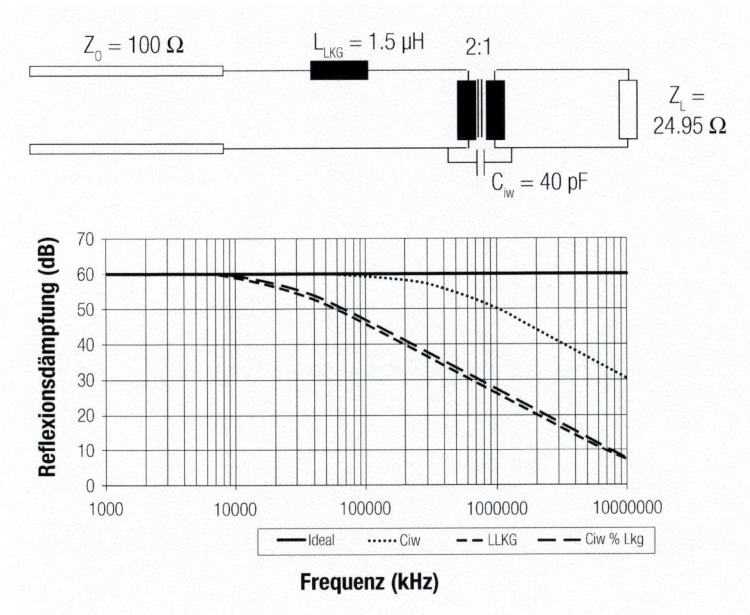

Abb. 1.134: Einfluss der Wicklungskapazität eines Übertragers auf die Reflexionsdämpfung

Wirkung des Kernverlustfaktors und der Induktivität auf die Reflexionsdämpfung

Im Folgenden vergleichen wir die Auswirkungen der primären Induktivität und des Kernverlusts auf die Reflexionsdämpfung und nehmen dabei einen Kernverlust Rc von 10 kΩ an (Abbildung 1.135). Aus der kombinierten Wirkung wird deutlich, dass der Kernverlust nur eine geringe Rolle spielt. Bei Anwendungen im niederfrequenten Bereich, wie z.B. Tonübertragungen kann der Kernverlustfaktor jedoch von Bedeutung sein.

Kernverluste

I Grundlagen

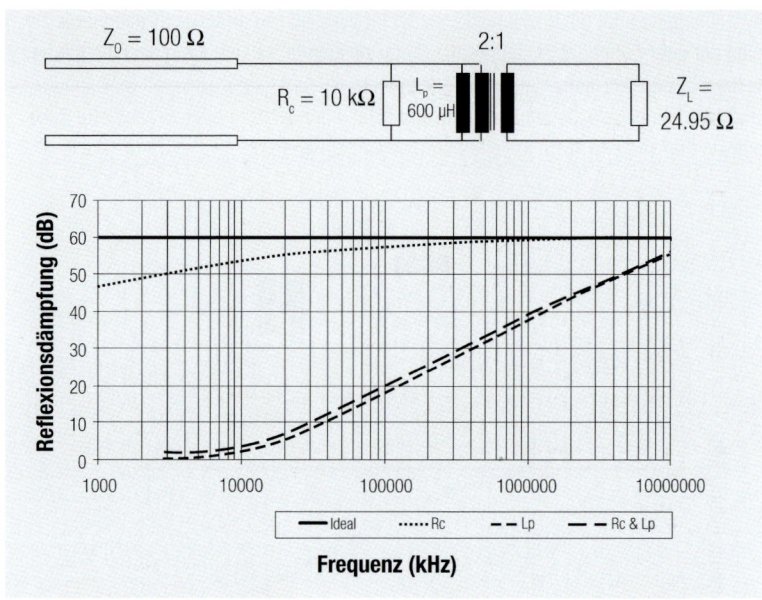

Abb. 1.135: Auswirkung von Kernverlusten und Induktivität eines Übertragers auf die Reflexionsdämpfung

Gesamteffekt aller parasitärer Parameter des Übertragers auf die Reflexionsdämpfung

Die Kombination und damit die Gesamtwirkung aller Parameter zeigt, welche Faktoren in einer typischen, realen Übertrageranwendung von Bedeutung sind. Aus den folgenden Ergebnissen in Abbildung 1.136 wird deutlich, dass Streu- und primäre Induktivität einen entscheidenden Einfluss ausüben. Die anderen Störparameter haben zwar auch eine geringe Auswirkung auf die Reflexionsdämpfung, spielen in einer typischen Übertrageranordnung aber nur eine untergeordnete Rolle.

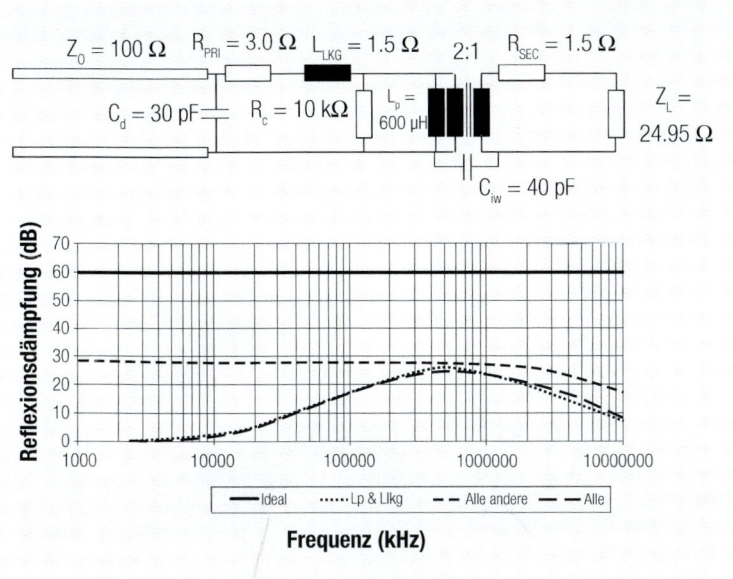

Abb. 1.136: Reflexionsdämpfung eines Übertragers mit allen parasitären Parametern

Eine genauere Betrachtung der dominierenden Parameter

Abschließend sollen die dominierenden Parameter eines Übertragers noch detaillierter graphisch dargestellt werden. Das Diagramm in Abbildung 1.137 zeigt die Reflexionsdämpfung verschiedener Modelle im Vergleich zu einem idealen Übertrager mit einer nicht vollständig angepassten Last. In der unteren Grafik wird der Bereich des nicht idealen Übertragers noch einmal vergrößert dargestellt.

Praxistipp:

Aus diesen Kurven wird erneut deutlich, dass die Reflexionsdämpfung vor allem von der Streu- und der primären Induktivität abhängt und dass die Wicklungskapazität in den meisten Anwendungen problemlos außer Acht gelassen werden kann.

I Grundlagen

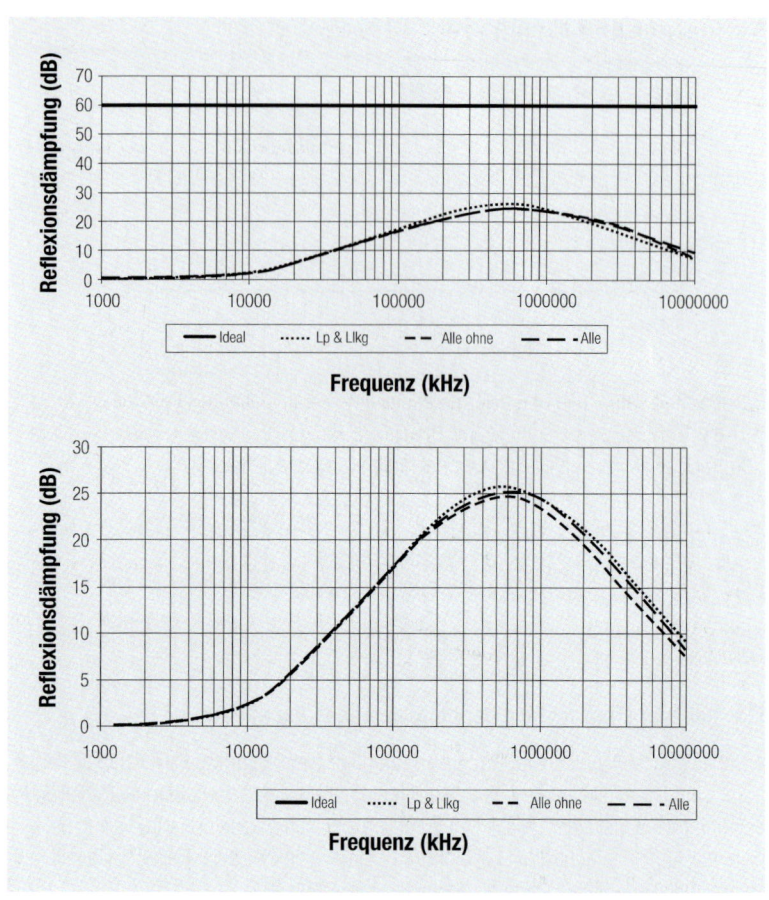

Abb. 1.137: Einfluss der dominierenden Parameter L_{prim}/L_{streu} auf die Reflexionsdämpfung eines Übertragers

5 Ethernet und Power-over-Ethernet (PoE)

5.1 Die Historie des Ethernets

Ethernet stammt von Äther ab, dem „Raum", in dem sich nach Ansicht der Wissenschaftler des 18. und 19. Jahrhunderts die elektromagnetischen Wellen ausbreiteten.

Das Ethernet-Protokoll wurde zum ersten Mal in den frühen 1970er Jahren an der Universität von Hawaii verwendet, um den Datenaustausch zwischen den verschiedenen Standorten auf der Insel zu vereinfachen. Es beruhte auf dem Aloha-Funkprotokoll (Hello).

Zu jener Zeit hatten alle Hersteller bereits eigene Kommunikationsprotokolle entwickelt. Es wurde sehr schnell deutlich, dass sich diese Systeme nur dann gemeinsam nutzen lassen, wenn dafür eine internationale Norm geschaffen wird.

1977 erarbeitete die Internationale Organisation für Normung (ISO) einen kompletten Satz an Empfehlungen zu den Kompatibilitätsanforderungen offener Systeme, die ihre Daten über gemeinsame Protokolle und Standards austauschen können. Die ersten Erfolge des Ethernets im Jahre 1980 veranlassten XEROX, Intel und Digital dazu, dieses Netzwerk gemeinsam weiterzuentwickeln und alle bisher existierenden privaten Netzwerke aufzugeben.

1983 schloss das IEEE die Entwicklung des Ethernet-Standards 802.3 ab.

1984 übernahm die ISO diese Empfehlungen und veröffentlichte eine aktualisierte Version unter der Bezeichnung OSI-Schichtenmodell (Open Systems Interconnection, systemunabhängige Kommunikation). Diese Version ist jetzt ein internationaler Standard und dient als allgemeine Richtlinie für die gesamte Branche.

Das Abenteuer konnte beginnen ...

5.2 Das OSI-Schichtenmodell

Dieses Modell beruht auf einem Motto von Julius Cäsar: Teile und herrsche.

Im Prinzip werden Netzwerke dabei als eine Gruppe von sieben aufeinander aufbauenden Schichten angesehen, die als Schnittstelle zwischen der lokalen Anwendung und den Datenübertragungsgeräten fungieren.

Wenn ein Hersteller von Ethernet-Systemen dieses Modell verwendet, kann er sicher sein, dass seine Systeme immer korrekt mit denen anderer Hersteller kommunizieren können.

I Grundlagen

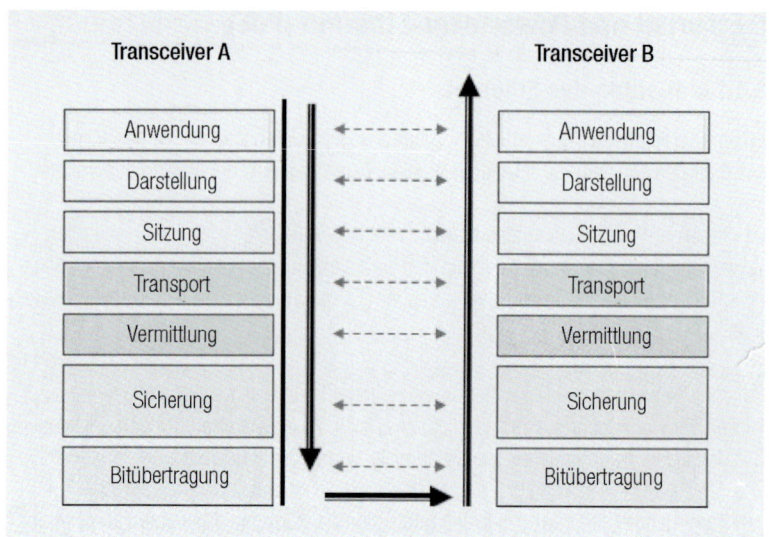

Abb. 1.138: OSI-Schichtenmodell

Zur Erklärung der Funktionsweise sei angenommen, dass eine Mitteilung von Sender A an Empfänger B gesendet wird. Diese Mitteilung wird von einer Anwendung von A erzeugt, durchläuft die aufeinander folgenden Schichten und arbeitet sich durch die dazwischenliegenden Schnittstellen nach und nach bis zur Bitübertragungsschicht durch. Sobald sie an ihrem Ziel ankommt, passiert sie alle Schichten des Empfängers B und erreicht schließlich die vorgesehene Anwendung, von der sie verarbeitet werden kann.

Funktionen der Schichten

Die Bitübertragungsschicht stellt die mechanischen, elektrischen und funktionellen Mittel bereit, um die für die Datenübertragung verwendeten physischen Verbindungen zu verwalten und zu deaktivieren. Das Design der Bitübertragungsschicht fällt im Grunde genommen vollständig unter die Verantwortung des Elektrotechnikers.

Zu den physischen Elementen gehören das Medium (Steckverbinder, z. B. RJ45, sowie das Kabel) Encoder, Modulatoren, Repeater und Transceiver, zu denen auch Hubs gehören, mit denen sich verschiedene Teile des Netzwerks miteinander verbinden lassen.

Die Sicherungsschicht verwaltet die Übertragung von Datenrahmen („Frames"), Bestätigungen, Flusssteuerung sowie Fehlererkennung und erforderlichenfalls Wiederherstellung, um fehlerfreie Daten bereitzustellen.

Zu den Komponenten der Sicherungsschicht gehören Bridges, die Netzwerke unterschiedlicher Protokolle verbinden, und Switches (intelligente Hubs). Ein Schicht-2-Switch nutzt auf dieser Ebene Weiterleitungsregeln, die auf der MAC-Adresse basieren.

Die Vermittlungsschicht (auch: Paketebene) sendet die Datenpakete weiter. Sie verwaltet die Zieladressen und Verbindungswege und steuert die Datenübertragung.

Komponenten der Vermittlungsschicht sind Router, die ausschließlich anhand der Absender- und der Zieladresse Übertragungen erlauben oder filtern, und Schicht-3-Switches, die die Weiterleitung auf Grundlage der IP-Adresse ermöglichen.

Diese Schicht erlaubt beispielsweise die Priorisierung von Internet-Telefoniesignalen (VoIP) im Netzwerk, um eine reibungslose Sprachkommunikation zu erlauben.

Die Transportschicht ergänzt die Aufgaben der vorhergehenden Schichten, beseitigt Fehler und optimiert den Datenverkehr.

Komponenten der Transportschicht sind Gateways. Hierbei handelt es sich um eine Art komplexem Router, der in der Lage ist, verschiedene Protokolle zu verwenden. In dieser Schicht können Daten aus dem Quellprotokoll ausgelesen und in ein (anderes) Zielprotokoll gepackt werden.

Die Sitzungsschicht kontrolliert die Sitzungen, indem sie die Regeln für die Verbindungen zwischen Sender und Empfänger festlegt.

Die Darstellungsschicht formatiert die Daten (Verschlüsselung, Komprimierung usw.), so dass sie vom Empfänger verstanden werden.

In der letzten Schicht – der Anwendungsschicht – schließlich, finden wir die Schnittstelle zwischen Anwendungen, die das Netzwerk nutzen (E-Mail, Chat usw.) und den Benutzern.

5.3 Was bedeutet Ethernet (Standard 802 .3)?

Grundprinzip

In einem Ethernet-Netzwerk sind alle Systeme untereinander mit einem einzigen Kabel verbunden, das als Übertragungsleitung dient.

Je nach verwendetem Kabel sind zwei verschiedene physikalische Anordnungen möglich. Dazu gehören Bus-, Stern-, Token-Ring-, Ring-, Mesh- und Baumtopologien.

Der Datenaustausch erfolgt mit Hilfe eines Protokolls, das sog. CSMA/CD-Protokoll.

CSMA/CD (Carrier Sense Multiple Access with Collision Detection) ist ein Zugriffsverfahren mit Trägerprüfung und Kollisionserkennung.

Jedes System darf seine Daten dabei jederzeit über die Leitung übertragen. Dies wird auf eine sehr einfache Weise erreicht:

- Das System überprüft vor dem Sendevorgang, ob die Leitung frei ist.
- Wenn 2 Systeme gleichzeitig senden, kommt es zu einer Kollision.

I Grundlagen

- Sobald eine Kollision auftritt, beenden beide Systeme den Sendevorgang und warten eine zufällig ausgewählte Zeitspanne, bevor sie erneut mit dem Senden beginnen.

Überblick über die verschiedenen Ethernet-Versionen

Wir haben gesehen, dass der Standard 802.3 die Art und Weise der Signalübertragung regelt. Er spezifiziert jedoch auch die Art des Kabels und der Steckverbinder. Alle Twisted-Pair-Systeme verwenden den 8P8C-Steckverbinder, der allgemein als RJ45 bezeichnet wird.

10BASE-T und 100BASE-TX verwenden jeweils nur zwei Kabelpaare: Eines zum Senden und eines zum Empfangen. 1000BASE-T und alle höheren Standards nutzen dagegen alle vier Kabelpaare im Vollduplexmodus (gleichzeitiges Senden und Empfangen). Switches (oder Router) steuern hierbei den Zugriff, sodass Kollisionen vermieden werden.

Hier sehen Sie eine Zusammenfassung der verschiedenen Varianten des Ethernet-Protokolls.

Name	Max. Länge	Kabel-anforderungen	Kabel Bandbreite	Spektrale Bandbreite
10BASE-T	100 m	UTP Cat. 3, 2 pairs	16 MHz	10 MHz
100BASE-T	100 m	UTP Cat. 5e, 2 pairs	100 MHz	31,25 MHz
1000BASE-T	100 m	UTP Cat. 5e, 4 pairs	100 MHz	62,5 MHz
2.5GBASE-T	100 m	UTP Cat. 5e, 4 pairs	100 MHz	100 MHz
5GBASE-T	100 m	UTP Cat. 6, 4 pairs	250 MHz	200 MHz
10GBASE-T	100 m	UTP Cat. 6A, 4 pairs	500 MHz	400 MHz
25GBASE-T	30 m	Cat. 8, 4 pairs	1600 MHz	1000 MHz
40GBASE-T	30 m	Cat. 8, 4 pairs	1600 MHz	1600 MHz

Tab. 1.7: Ethernet-Varianten mit Twisted-Pair-Verdrahtung

Das Akronym enthält alle Informationen, die erforderlich sind, um die Merkmale der Variante zu kennen. Die erste Zahl gibt die Geschwindigkeit in MHz oder GHz (G) an. „BASE" ist eine Bezeichnung für die Breitbandübertragung und „T" steht für „Twisted Pair".

Protokollstruktur

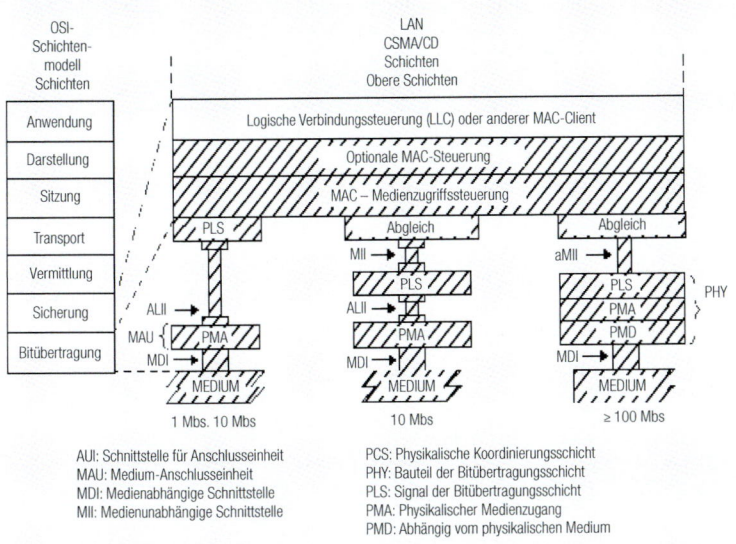

AUI: Schnittstelle für Anschlusseinheit
MAU: Medium-Anschlusseinheit
MDI: Medienabhängige Schnittstelle
MII: Medienunabhängige Schnittstelle

PCS: Physikalische Koordinierungsschicht
PHY: Bauteil der Bitübertragungsschicht
PLS: Signal der Bitübertragungsschicht
PMA: Physikalischer Medienzugang
PMD: Abhängig vom physikalischen Medium

Abb. 1.139: Struktur der Ethernet-„Varianten" in Bezug auf das OSI-Modell

Zur Vereinfachung der Schreibweise wird die Ethernet-Karte häufig als NIC (Network Interface Card, Netzwerkschnittstellenkarte) abgekürzt. Abbildung 1.139 verdeutlicht analog zum OSI-Schichtenmodell, wie die Signale die verschiedenen Schichten des Standards 802.3 durchlaufen. Je nach gewählter Geschwindigkeit (und damit Ethernet-Variante) müssen bei der verwendeten Hardware und Software verschiedene Bedingungen und technische Einschränkungen beachtet werden. Die MAC-Softwareschicht ist oft in einen Mikrocontroller integriert, sodass die Bitübertragungsschicht von einem aktiven Bauteil mit der Bezeichnung PHY gesteuert wird. Wenn die MAC-Schicht nicht im Mikrocontroller enthalten ist, wird das aktive Bauteil im Allgemeinen als COMBO (MAC/PHY) bezeichnet.

Viele Halbleiterhersteller wie Cirrus Logic, Intel, Marvell, SMSC usw. bieten entsprechende Lösungen an. Wir werden im nächsten Kapitel näher darauf eingehen.

I Grundlagen

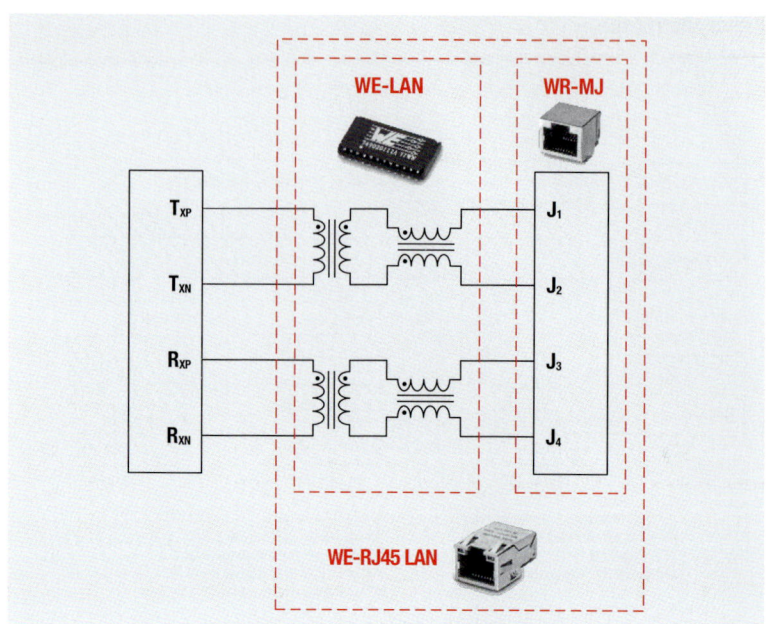

Abb. 1.140: Grundlegender Aufbau der Bitübertragungsschicht

Die im Tertiärsektor am häufigsten verwendeten Varianten sind 100BASE-TX sowie 1000BASE-T. Im Primär- und Sekundärsektor werden dagegen bevorzugt die Glasfasertechnologien 1000BASE-Lx und 1000BASE-Sx eingesetzt. In naher Zukunft wird man aber auch hier in Richtung 10Base-T o.Ä. umschwenken.

Im Folgenden werden die unterschiedlichen Versionen genauer beschrieben.

10 MBit/s Ethernet: 10 Base-T

Diese Variante erlaubt den seriellen Datenaustausch in einer Geschwindigkeit von 10 MBit/s. Sie verwendet die Manchester-Codierung (Abbildung 1.144) aus Gründen der Robustheit, verdoppelt aber die Signalfrequenz auf 20 MHz.

Auch wenn 10BASE-T mit einem normalen Telefonkabel funktioniert, werden meist zwei Paare eines UTP-Kabels (Unshielded Twisted Pair) der Kategorie 3 (CAT3) oder höher, mit 8-poligen RJ45-Anschlüssen verwendet.

Die Übertragungen sind sowohl im Halb- als auch im Vollduplexmodus möglich. Übertragung und Empfang können also entweder nacheinander oder gleichzeitig erfolgen. 10 Base-T ist das erste Protokoll mit einem Integritätstest zur Erkennung des Netzwerkstatus. Nach dem Einschalten sendet der PMA (Physikalischer Medienzugang) einen Verbindungsimpuls (NLP: Normal Link Pulse) an die Netzwerkkarte (NIC) am anderen Ende der Leitung. Wenn der PMA keine Antwort erhält, wird dieser Vorgang alle 16 ms wiederholt. Sobald die beiden NICs einen gültigen NLP ausgetauscht haben, wird die Verbindung hergestellt.

Die Verbindung zwischen dem Steckverbinder und dem aktiven Gerät wird oft als LAN-Übertrager bezeichnet, ist aber in Wirklichkeit eine aus mehreren Komponenten bestehende Baugruppe. Bei 10BASE-T besteht sie aus:

- Einem Transformator zur galvanischen Trennung (der ein von 1:1 abweichendes Übersetzungsverhältnis aufweisen kann) (T)
- Einer Gleichtaktdrossel zur Filterung
- Einem Tiefpassfilter (F_c etwa 17–18 MHz) (F)
- Widerständen zur Verzerrung (R)

Die Wahl des für die Übertragung zuständigen aktiven Bauteils (Controllers) bestimmt, aus welchen Elementen diese Übertragerbaugruppe zusammengesetzt sein muss.

Die Auswahl der geeigneten Gleichtaktdrossel sollte in Zusammenhang mit dem Übertrager erfolgen. Würth Elektronik bietet integrierte Kombinationen an, die in dieser Hinsicht die Auswahl erleichtern. Abbildung 1.141 zeigt ein Beispiel eines integrierten Moduls.

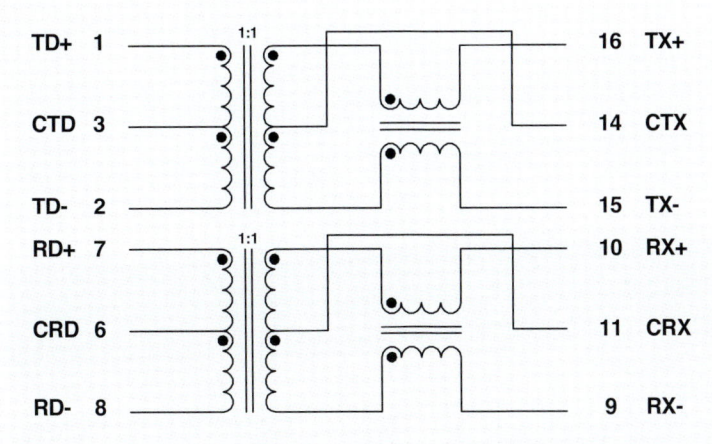

Abb. 1.141: Diagramm des WE-LAN-Übertrager 749020100A

Zur optimalen Integration sind Bauteile verfügbar, die RJ45-Stecker, LAN-Übertrager, Gleichtaktdrossel, Filter, Abschlüsse und LEDs bereits vereint haben. So sind verschiedene LAN-Module für 10 Base-T mit unterschiedlichen Strukturen für TX und RX (R, F, T, C), (F, T, C), (T, C), (T) usw. erhältlich.

Die beiden zentralen Aspekte bei der Auswahl der Kombination sind das Übersetzungsverhältnis des Übertragers und die Frage, welche Gleichtaktdrossel mit Anpassungsnetzwerk (Bob-Smith Termination) erforderlich ist. Dieser Aufbau mit Übertrager, Gleichtaktdrossel und Anpassungsnetzwerk dient auch als Grundlage für den Aufbau von LAN-Übertragern für Ethernet-Varianten mit höheren Datenraten.

I Grundlagen

100 MBit/s: Fast Ethernet

1995 wurden drei verschiedene Standards entwickelt, mit denen sich Datenraten von 100 Mbit/s erzielen lassen. 100 Base-X und 100 Base-T4 im Jahr 1995 und 100 Base-T2 im Jahr 1997. Jeder Standard legt spezielle Kodierprinzipien und MDI-Schnittstellenanschlüsse fest.

- 100 Base-X verwendet eine 4B/5B-Kodierung und kann Daten über 2 Paare eines Kat. 5 UTP-Kabels (STP Kat. 1) oder Glasfaserkabels übertragen.
- 100 Base-T4 verwendet einen 8B/6T-Code über UTP-Kabel Kat. 3 oder höher.
- 100 Base-T2 nutzt eine PAM5-Kodierung über 2 Paare eines UTP-Kabels Kat. 3 oder höher.

Wenn verschiedene Lösungen für denselben Zweck entwickelt werden, erfahren nicht alle von ihnen dieselbe Verbreitung, 100BASE-X ist das verbreitetste Verfahren.

100BASE-X, 100BASE-TX oder 100BASE-FX

Dieses Protokoll wurde entwickelt, um zwei Übertragungsmodi verarbeiten zu können.

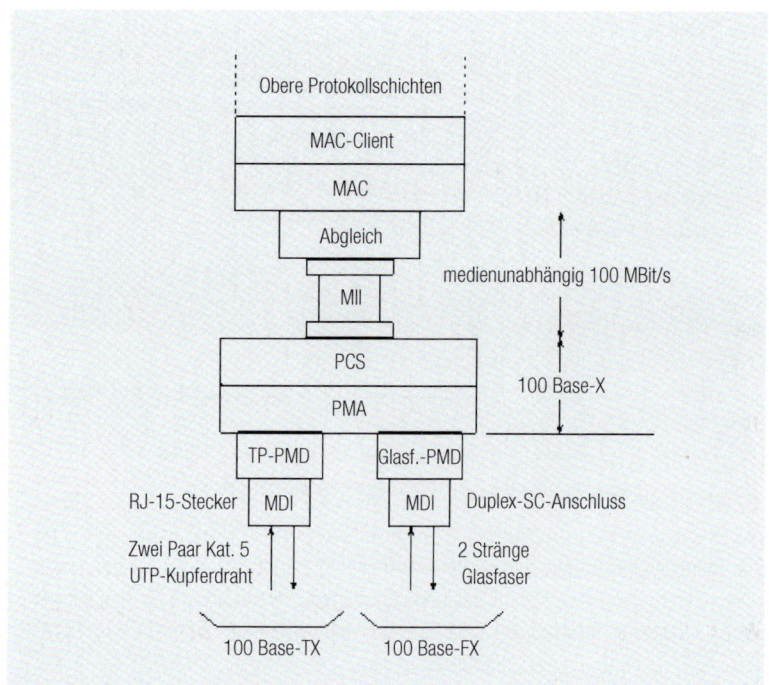

Abb. 1.142: Referenzmodell für das 100BASE-TX-Verfahren

Die Kodierung ist bei den verschiedenen 100BASE-X-Varianten identisch, die physikalischen Schnittstellen unterscheiden sich jedoch. Die meisten Hersteller nutzen beide Varianten, die 100BASE-TX- und die 100BASE-FX-Variante (Abbildung 1.142).

Auch beim FAST-Ethernet umfasst die interne Struktur eines LAN-Übertragers oft nicht nur den Übertrager selbst, sondern auch eine Gleichtaktdrossel und ggf. weitere Nebendrosseln zur Impedanzanpassung und „Verbesserung" der EMV. Somit ist der „LAN-Übertrager" in diesem Fall ein komplexes Modul, in dem die einzelnen Komponenten aufeinander abgestimmt wurden um sowohl die Signalübertragung, als auch die EMV-Anforderungen bestmöglich zu erfüllen. Die integrierten Module werden in verschiedenen Topologien angeboten.

Bei der Auswahl sollten die folgenden zentralen Punkte beachtet werden:

Die Verwendung von Nebendrosseln (S) hängt nicht vom PHY-Hersteller, sondern von den Besonderheiten des Netzwerks ab, das je nach Last in seiner Impedanz kapazitiv wirken kann. Durch die zusätzliche Induktivität kann so die kapazitive Netzwerk- bzw Kabelimpedanz kompensiert werden.

Wenn Ihr Übertrager ein Übersetzungsverhältnis von 1:1 und eine Gleichtaktdrossel umfasst, können Sie in beliebiger Reihenfolge installieren (auch wenn Ihnen mancher Techniker hier widersprechen mag). Es gibt zwar einige Unterschiede in den untergeordneten Komponenten (siehe Smith-Empfehlungen), funktioniert aber in beiden Fällen. Weitere Informationen über konkrete elektrische Daten können aus den entsprechenden Datenblättern entnommen werden. Beispiele sind hier 749 020 100A oder 749 010 0110A. Außerdem stehen zahlreiche Varianten zur Auswahl, mit und ohne Drosseln, oder Kontroll-LEDs (Verbindung, Kollision usw.) in Überkreuz- oder SMD-Version, oder auch mit Überspannungs- bzw. Transientenschutz. Die Übertragungseigenschaften sind identisch, allerdings wird dadurch auf der Leiterplatte möglichst wenig Platz in Anspruch genommen.

Anmerkung: Hersteller von PHY-Bauteilen (laut Ethernet-Standard) ermöglichen in der Regel die visuelle Prüfung der Übertragung (per LED) anhand der folgenden Informationen: Verbindung hergestellt, Senden, Empfangen, Kollision usw. Diese Option kann helfen, den Verbindungsstatus zu prüfen.

1000 MBit/s: Gigabit Ethernet

Nach dem Erfolg von 100 Base-T gründeten die Experten von etwa 120 Unternehmen der Netzwerk-, Computer- und Halbleiterindustrie die Gigabit-Ethernet-Allianz, um einen neuen Standard zu entwickeln (Standard 802.3ab im Juni 1999), mit dem die Bandbreite (Geschwindigkeit) auf 1000 MBit/s erhöht werden konnte.

Warum war die höhere Geschwindigkeit erforderlich?

Als sich 100 MBit/s immer mehr durchsetzte, hatten die Netzwerkadministratoren in verschiedenen Netzwerkbereichen zunehmend mit Datenstaus zu kämpfen.

Die Kosten einer 10/100 MBit/s Ethernet-Karte gingen im Laufe der Jahre deutlich zurück, so dass die Netzwerkanwendungen erheblich anstiegen. Daraufhin wurden natürlich auch die Übertragungsgeschwindigkeiten über die verdrillten Paarkabel erhöht. Dieser Markt gehörte ursprünglich vor allem in den Bereich der Unternehmens-

I Grundlagen

netzwerke, doch mittlerweile hatte er aufgrund fallender Preise auch darüber hinaus im privaten Bereich erheblich an Bedeutung gewonnen.

Verdrillte Paarkabel der Kategorie 5e sind für Frequenzen bis zu 100 MHz zugelassen. Der Schritt zu 1000 MHz war alles andere als einfach, da die Bitübertragungsschicht vollständig neugestaltet werden musste. Kurz gesagt musste der Standard eine Kodierung der Stufe 5 (PAM5) vorsehen, mit der sich zwei Bits je Symbol gleichzeitig mit 125 Mbit/s über die vier Paare eines CAT5e-UTP-Kabels übertragen lassen.

Bei der Auswahl eines LAN-Übertragers sollten Sie verschiedene Aspekte, wie EMV-Gesichtspunkte, Layout-Richtlinien, besonders für High Speed Anwendungen, beachten. Um den Anwender das Design zu vereinfachen, bietet Würth Elektronik Midcom eine große Auswahl an diskreten und integrierten RJ45 Übertragern in verschiedenen Konfigurationen an (Abbildung 1.143).

2,5- und 5-Gbit/s-Ethernet

2016 ratifizierte das IEEE den IEEE 802.3bz-Standard, der 2.5GBASE-T und 5GBASE-T definiert und die traditionelle Netzwerkgeschwindigkeit bis auf das Fünffache erhöht – und das bei Verwendung der vorhandenen Verkabelung. Diese Variante verwendet die gleiche Kodierung wie 10G, jedoch mit einem Viertel bzw. der halben Geschwindigkeit, sodass sie über CAT5e-Verkabelung betrieben werden kann.

10-Gbit/s-Ethernet

Da Gigabit-Ethernet immer mehr an Bedeutung gewonnen hat, mussten die Netzwerkanbieter ihre Geschwindigkeit steigern. 2002 wurde der erste 10-Gigabit-Ethernet-Standard veröffentlicht.

Nachfolgend kamen weitere Standards hinzu, damit verschiedene Medientypen (Glasfaser, Kupferdraht usw.) verwendet werden konnten, und im Jahr 2009 wurden alle diese Standards zum IEEE-Standard 802.3-2003an zusammengeführt.

Für 10-Gbit/s ist ein spezielles TP-Kabel erforderlich, das als CAT6a definiert ist.

25-Gbit/s- und 40-Gbit/s-Ethernet

Der fortlaufende Bedarf an immer höheren Geschwindigkeiten setzte sich mit 25 und 40 Gbit/s fort, die in IEEE 802.3bq-2016 definiert sind. Sie verwenden die spezielle CAT8-Verkabelung, sind auf Strecken von maximal 30 Metern begrenzt und stellen gegenwärtig das Limit für TP-Kabel dar. Höhere Geschwindigkeiten und größere Entfernungen erfordern Glasfaserkabel.

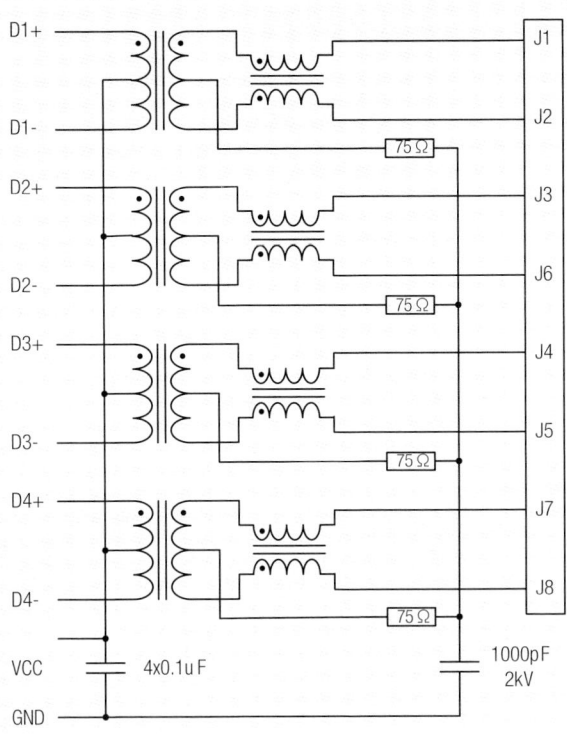

Abb. 1.143: Beispiel eines RJ45-LAN-Übertragers 7499111001A mit integriertem Filter

5.4 Die verschiedenen Kodierverfahren für Ethernet

Ein binäres Signal ist eine Abfolge von Nullen und/oder Einsen. Es wird in der elektronischen Kommunikation häufig verwendet, ist jedoch bei Übertragungen über eine Datenleitung relativ unzuverlässig und nicht sonderlich effizient. Es ist damit nicht einmal möglich, zu prüfen, ob eine Mitteilung tatsächlich korrekt empfangen wurde (aufgrund von Störsignalen in der Leitung, verloren gegangenen Bits, schwacher Leistung usw.). Um dieses Problem zu lösen, wird das Signal auf verschiedene Weise und in unterschiedlich großer Komplexität kodiert, um seine Integrität zu überprüfen, Start- und Stoppbefehle einzufügen usw. Hier soll lediglich das Grundprinzip der im Ethernet-Protokoll verwendeten Codes kurz erläutert werden.

Manchester- oder Zweiphasencode

Verwendung bei: Ethernet 10 Base-5, 10 Base-2, 10 Base-T. Das ist einer der einfachsten Codes. Ein binäres Signal der Dauer T, bei dem das 1- und 0-Bit nicht durch einen Zustand, sondern durch den Übergang zu T/2 repräsentiert wird (Abbildung 1.144).

I Grundlagen

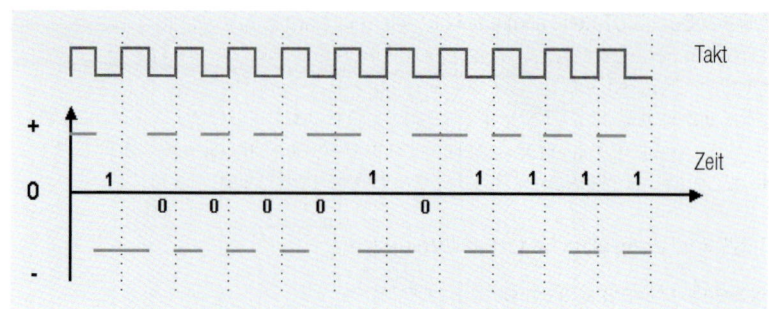

Abb. 1.144: Binäres Signal der Dauer T, Darstellung über Manchester-Code

Der wesentliche Vorteil liegt darin, dass kaum Übertragungsfehler auftreten. Andererseits kann das Signal jedoch von Störsignalen beeinträchtigt werden.

nB/mB-Kodierung

Verwendung: 4B/5B: Fast Ethernet (100BASE-TX); 8B/10B: Gigabit Ethernet.

Hierbei handelt es sich um eine blockweise Kodierung: 4 Bits des Signals werden mit 5 Bits aus einer Codeumwandlungstabelle kodiert (Tabelle 1.8).

Gruppe von 4 Bits	4B5B Symbol
0000	11110
0001	01001
0010	10100
0011	10101
0100	01010
0101	01011
0110	01110
0111	01111
1000	10010
1001	10011
1010	10110
1011	10111
1100	11010
1101	11011
1110	11100
1111	11101

Tab. 1.8: Blockweise Kodierung mit nB/mB

Wir haben es hier also nicht mit einem Übertragungs-, sondern einem Umwandlungscode zu tun, bei dem jeweils maximal zwei aufeinander folgende 0-Bits übermittelt

werden. Der 8B/6T-Code beruht auf dem gleichen Prinzip. Hier werden 8 Bits des Signals in 6 Dreifach-Bits verwandelt (d.h. Tristate-Bits, die jeweils einen von 3 Werten annehmen können: –V, 0, +V), so dass insgesamt 729 Symbole möglich sind. Zur Übertragung wird oft ein NRZI-(Non Return to Zero Inverted) oder MLT-3-Code angefügt. Der Vorteil liegt darin, dass viele unbenutzte Symbole übrigbleiben, die z.B. zur Kontrolle der korrekten Übermittlung verwendet werden können.

NRZI-Kodierung (Non Return to Zero Inverted)

Verwendung bei: Fast Ethernet (100 Base-Fx)

Das Signal schaltet bei jedem 1-Bit um und bleibt bei einem 0-Bit unverändert (Abbildung 1.145).

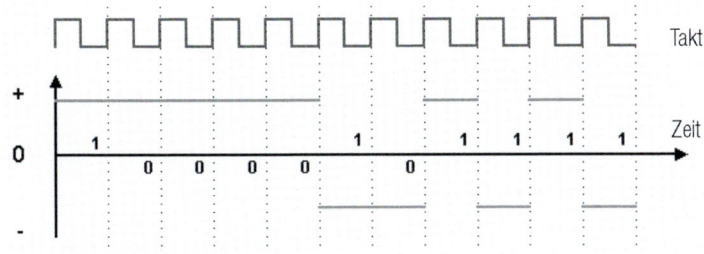

Abb. 1.145: Signalumschaltung in NRZI-Kodierung

Eine lange Reihe von 0-Bits verhindert allerdings die Signalumwandlung (für den 4B/5B-Code dürfen max. zwei 0-Bits aufeinander folgen) und können den Empfänger entsynchronisieren.

MLT-3-Kodierung (mehrstufige Umschaltung)

Verwendung bei: Fast Ethernet (100 Base-Tx, 100 Base-T4)

Die Einserbits werden nacheinander in drei Zuständen kodiert (+1 V, 0 V, –1 V), während das Signal bei einem Nullbit den vorherigen Zustand beibehält (Abbildung 1.146). Hierbei lässt sich für eine Symbolrate von 125 Mbit/s eine Maximalfrequenz von 31,25 MHz erzielen. Da der Wirkungsgrad jedoch nur 80 % beträgt, liegt der endgültige Durchsatz bei 100 Mbit/s.

I Grundlagen

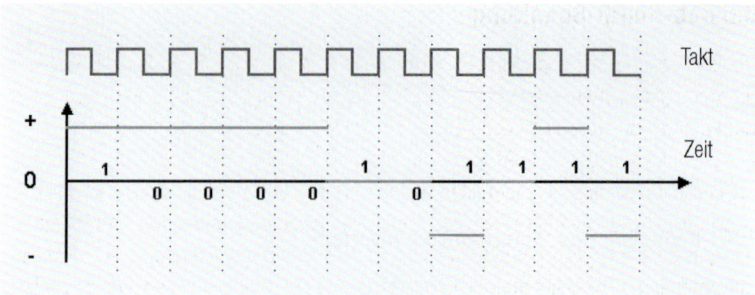

Abb. 1.146: Signalumschaltung in MLT-3-Kodierung

Auch hier kann eine lange Reihe von 0-Bits den Empfänger entsynchronisieren.

PAM5-Kodierung (Puls-Amplitudenmodulation)

Verwendung bei: 100 Base-T2, Gigabit Ethernet

Diese Methode funktioniert ähnlich wie MLT 3, die Signale werden jedoch auf fünf Stufen kodiert (–1 V, –0,5 V, 0 V, 0,5 V, 1 V) und unterscheiden sich in ihrer Phase (Abbildung 1.147). Auch hier beträgt die Frequenz maximal 31,25 MHz, doch werden zwei Bits je Symbol kodiert. Bei gleichzeitiger Übertragung über vier Paare ergibt sich ein Durchsatz von 1000 Mbit/s (2 Bit × 125 Mbps × 4 Paare).

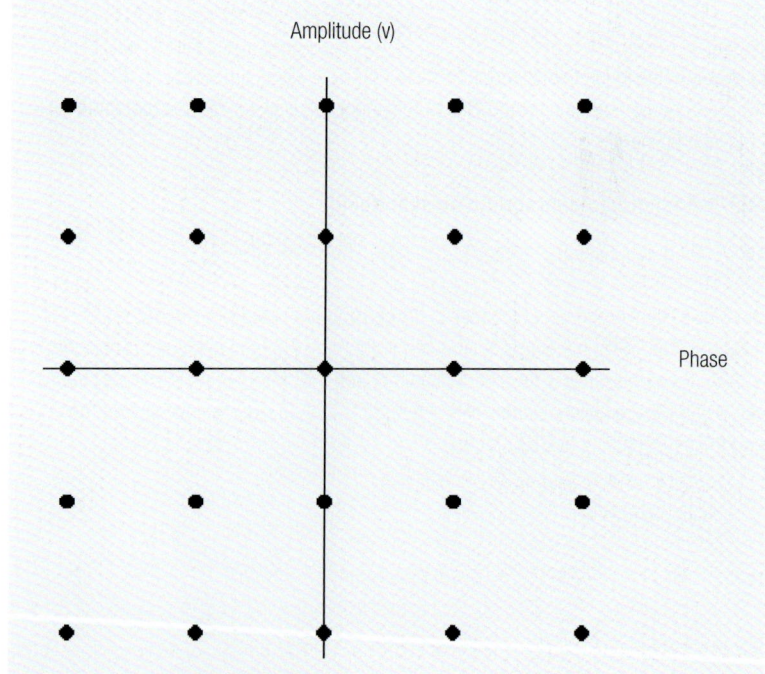

Abb. 1.147: Signalkodierung in PAM5

5.5 Bob-Smith-Schaltung

Die Bob-Smith-Schaltung wird häufig verwendet, um einen besseren Schutz gegen elektromagnetische Interferenzen zu bieten. Sie basiert auf den Paar/Paar-Impedanz-Beziehungen der verdrillten Leiterpaare innerhalb des Kabels, die selbst Übertragungsleitungen bilden. Da das Kabel im Wesentlichen symmetrisch ist, hat jedes Paar die gleiche Impedanz zu jedem anderen Paar. Durch Terminierung dieser Paar/Paar-Übertragungsleitungen mit einer Last, die an den Wellenwiderstand des Kabelpaars angepasst ist, wird die Anpassung des gesamten Übertragungssystems Schnittstelle mit Übertrager und Last zum Kabel verbessert und Emissionen ausgehend von Fehlanpassung und stehenden Wellen werden reduziert.

Die folgende Abbildung zeigt eine von verschiedenen möglichen Schaltungsversionen.

Die nicht verwendeten Adernpaare (4, 5, 7, 8) werden über ein Netzwerk, bestehend aus Widerständen (50 Ω) und einem Kondensator (0,001 µF/2 kV) verbunden, der an der Gehäusemasse angeschlossen ist. Die Impedanz des Netzwerkes beträgt 75 Ω. Dadurch ergibt sich eine Korrektur der Anpassung der Schnittstelle an die Kabelpaare und somit eine bessere Systemanpassung. Der Kondensator im Widerstandsnetzwerk soll einen möglichen Gleichspannungsoffset entkoppeln.

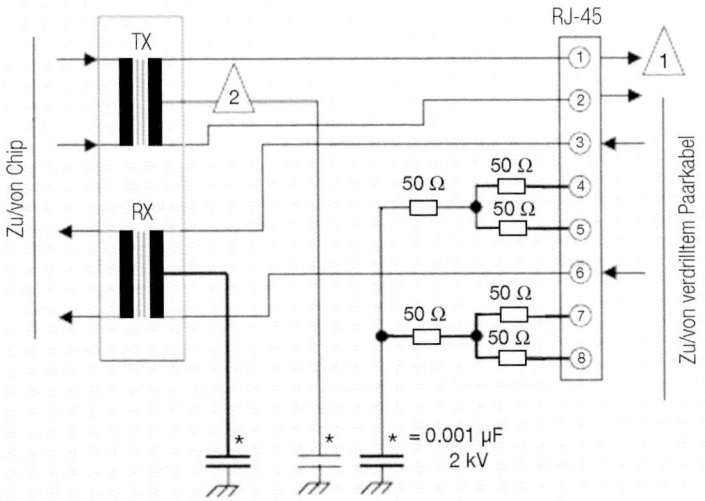

1. RJ45-Anschlüsse für Standard-NIC. Für Schaltanwendungen kann eine Überkreuzung von TX/RX erforderlich sein.
2. Übertrager ohne Mittelanzapfung im „Receive-Pair" benötigen keine 2 kV-Terminierung.

Abb. 1.148: Schema einer Bob-Smith-Schaltung

Die Mittelanzapfung der Übertrager wird ebenfalls mit einem hochspannungsfesten Kondensator mit der Bezugsmasse verbunden, um so das erforderliche Übersetzungsverhältnis bei symmetrischer Schaltung zu ermöglichen und Gleichströme seitens des

I Grundlagen

Ethernetkabel zu entkoppeln. In Fällen, in denen kabelseitig eine Gleichtaktdrossel verwendet wird, wird ein Auto-Übertrager als Mittelanzapfung verwendet (Abbildung 1.149). Dieser Ansatz sorgt für eine hohe Impedanz des Differenzsignals, jedoch eine niedrige für die Gleichtaktströme und damit eine Dämpfung von Gleichtaktstörungen.

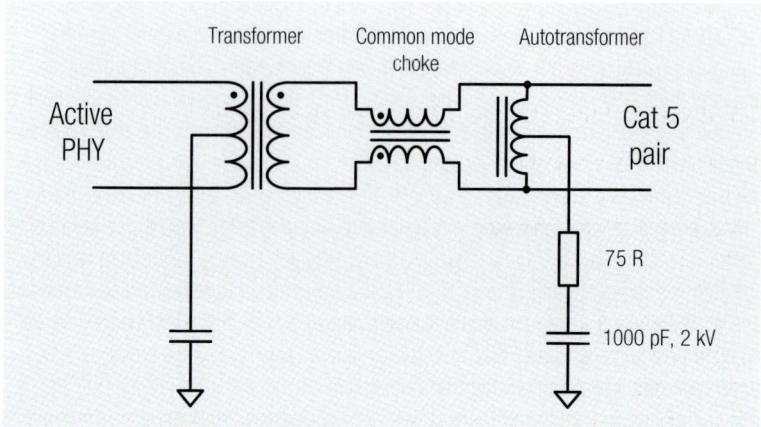

Abb. 1.149: Smith-Schaltung mit Auto-Übertrager

5.6 Power over Ethernet (PoE)

Power over Ethernet (auch bekannt als PoE) ist eine Technologie, die IP-Telefone, Wireless LAN Access Points, Sicherheitsnetzwerkkameras und andere IP-basierte Endgeräte, parallel zu den Daten, über die bestehende CAT-5-Ethernet-Infrastruktur mit Betriebsspannung versorgt. PoE integriert Daten und Strom in den gleichen Kabeladern und stört den gleichzeitigen Netzwerkbetrieb nicht. PoE liefert 48 V Gleichspannung über eine ungeschirmte Twisted-Pair-Verdrahtung.

Die Standardisierung der PoE-Technologie stellt die Interoperabilität zwischen den Geräten verschiedener Hersteller sicher. Der Fachverband für die Standardisierung von PoE ist das Institut für Elektro- und Elektronikingenieure (IEEE). Die zwei aktuellen Standards sind:

IEEE 802.3af-2003

Dieser Standard, auch als PoE bekannt, ermöglicht die Versorgung von Geräten bis zu 15,4 W Leistungsaufnahme. Nach Kabelverlusten kann das betriebene Gerät noch maximal 12,95 W verbrauchen.

IEEE 802.3at-2009

Dieser Standard, auch als PoE+ bekannt, ermöglicht die Versorgung von Geräten bis zu 34,2 W Leistungsaufnahme. Hier kann das betriebene Gerät nach Kabelverlusten noch maximal 25,5 W verbrauchen. Eine dritte Norm, die eine Leistungssteigerung ermöglicht, befindet sich (Stand August 2019) in der Genehmigungsphase.IEEE 802.3bt (Nicht veröffentlicht)

Dieser Standard, allgemein als 4PPoE bezeichnet, liefert von jedem Port bis zu 99,9 W Leistung. Nach Kabelverlusten kann das betriebene Gerät maximal 74,5 W verbrauchen.

5.7 Wichtige Sicherheitspunkte zu berücksichtigen

Die Implementierung einer PoE-Lösung ist mit zahlreichen Herausforderungen verbunden. In erster Linie muss die Lösung die Kommunikations- und Sicherheitsstandards einhalten. Die spannungsversorgende Seite (PSE-Port) ist verantwortlich dafür, dass technologische Aspekte, die sich auf die Sicherheit beziehen, berücksichtigt werden.

- Das PSE-Port darf die vorhandene Kabelinfrastruktur und mit ihr verbundene Geräte nicht beschädigen. Daher darf nur dann Strom bereitgestellt werden, wenn PoE-fähige Endgeräte erkannt werden.
- Das PoE-System muss vor Überlast und Kurzschluss geschützt sein.
- Überhitzung muss in allen Fällen vermieden werden, um Entflammbarkeit von benachbarten Materialien zu vermeiden.
- Schutz vor Parallelschaltung von PSE-Ports und vor gekreuzten Verbindungen muss implementiert sein.
- Gemäß dem Ethernet-Standard ist eine galvanische Trennung von 1500 Vac zwischen der geräteinternen Elektronik und der Schnittstelle, d.h. dem RJ-45 – Stecker erforderlich. Weiterhin muss die PoE-Einheit von der Basiselektronik des Switches isoliert sein, das erfordert eine galvanisch isolierte Stromversorgung und eine galvanisch getrennte Datenkommunikation zwischen dem Switch und dem PoE-Netzwerk.

5.8 Infrastruktur, Signalintegrität und Versorgungsspannung

Die Einspeisung von Gleichstrom in ein Ethernet-Netzwerk kann die Störanfälligkeit des Systems erhöhen und das Ethernet-Signal verschlechtern, sodass die Datenkommunikation beeinträchtigt wird. Deshalb muss die in das Leitungssystem eingespeiste Versorgungsspannung frei von Störsignalen und Rauschen sein.

Die Versorgungsspannung kann prinzipiell auf zwei verschiedenen Wegen eingespeist werden:

Alternative A

Die Energieversorgung wird über die Datenpaare (1/2 und 3/6) mittels Phantomspeisung eingekoppelt, wie in Abbildung 1.150 für ein Leitungspaar exemplarisch dargestellt. Die Stromversorgung über den Mittelabgriff eines RJ-45-Anschlusses gewährleistet, dass der bidirektionale Datenfluss unabhängig vom Status des Moduls aufrechterhalten wird. Diese Anschlusstechnik ist für die Installation von Endpoint-Ethernet-Switches und dem Anschluss entsprechend 802.3af-fähiger Endgeräte über die strukturierte Gebäudeverkabelung vorgesehen.

I Grundlagen

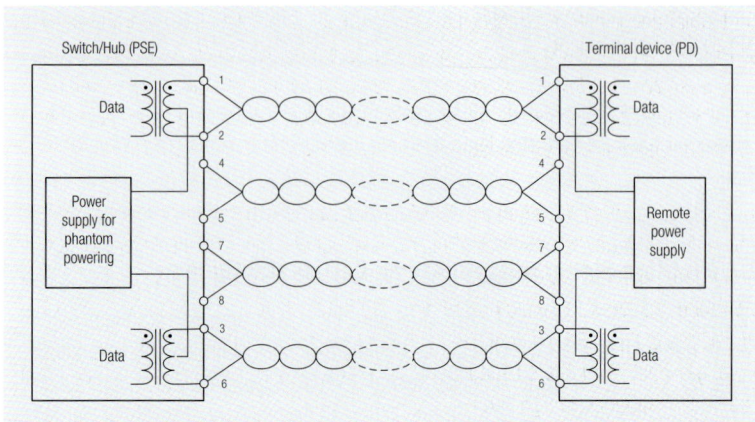

Abb. 1.150: PoE Stromversorgungsprinzip, Alternative mit Phantomspeisung über die Signaladern

Alternative B

Die Stromversorgung wird über die freien Anderpaare 4/5 und 7/8 übertragen. Die Drähte jedes Paares sind kurzgeschlossen, die schematische Darstellung zeigt Abbildung 1.151. Diese Alternative ist im Falle der Installation von Midspan-Geräten zur zusätzlichen Einspeisung von Spannung zwischen Ethernet-Switch und RJ45-Verteilerfeld in einer strukturierten Gebäudeverkabelung sinnvoll.

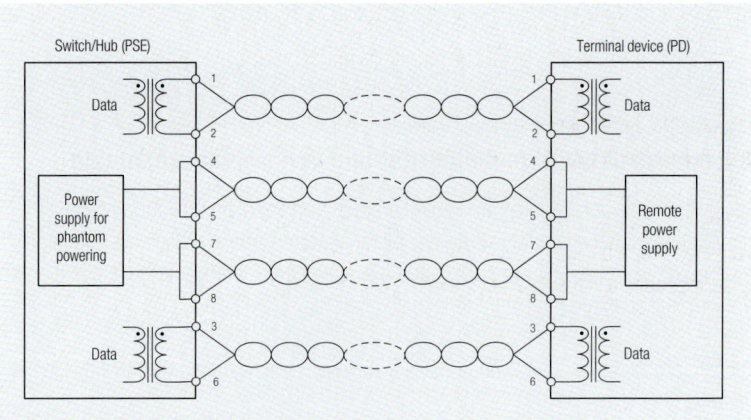

Abb. 1.151: PoE Stromversorgungsprinzip, Alternative mit Einspeisung über die freien Adern im Kabel

Variante A ist die professionellere und einfachere Möglichkeit, PoE zu realisieren, da neben 10Base-T auch 100Base-T und sogar Gigabit-Ethernet 1000Base-T(x) unterstützt werden. Zur Übertragung der zusätzlichen Spannungsversorgung werden die Aderpaare 1/2 und 3/6 benutzt. Wird die zusätzliche Spannungsversorgung nur punktuell innerhalb der strukturierten Gebäudeverkabelung gefordert, wie es z.B. bei

der Einbindung von Wireless Access Points der Fall ist, empfiehlt sich der Einsatz von Midspan-Geräten nach Variante B. Hier kann gezielt der Anschluss (RJ45-Anschlussdose) zusätzlich mit Spannung versorgt werden, an dem auch das entsprechende Endgerät angeschlossen wird. Die zusätzliche Spannungsversorgung wird über die freien Aderpaare 4/5 und 7/8 übertragen.

Um die einwandfreie Funktion und Effizienz des Datennetzes mit PoE zu gewährleisten, muss die Verdrahtungstopologie berücksichtigt werden. Der zusätzliche Gleichstrom durch den Kabelwiderstand erzeugt Wärme. Die Menge der gelieferten Leistung, die Größe des Kabels und die Anzahl der zu Bündeln zusammengefassten Kabel sind zu berücksichtigen. Für niedrige Leistungen ist bis zu 100 m Kat. 3 oder Kat. 5/5e Kabel geeignet. Für höhere Leistungen sind die größeren Leiterquerschnitte der Kat. 6 oder Kat. 7 Kabel besser geeignet.

Kategorie	Schiermung	Kabelgröße	Maximale Übertragungsgeschwindigkeit	Maximale Bandbreite
Cat. 3 UTP	ungeschirmt	24 AWG	10 Mbps	16 MHz
Cat. 5 UTP	ungeschirmt	24 AWG	10/100 Mbps	100 MHz
Cat. 5e UTP	ungeschirmt	24 AWG	1000 Mbps/1 Gbps	100 MHz
Cat. 6 F/UTP	geschirmt oder ungeschirmt	23 AWG	1000 Mbps/1 Gbps	>250 MHz
Cat. 6a FTP	geschirmt	23 AWG	10,000 Mbps/10 Gbps	500 MHz
Cat. 7 S/FTP	geschirmt	23 AWG	10,000 Mbps/10 Gbps	600 MHz

Tab. 1.9: Kabelkategorien und Kabeleigenschaften

Die Qualität der eingesetzten RJ45-Steckverbinder, die bei PoE auch elektrische Leistung übertragen müssen, entscheidet mit über die Betriebssicherheit des Netzwerkes während der gesamten Nutzungsdauer. Ein PoE-System wird in einer „Stern-Topologie" aufgebaut, sodass jedes Endgerät mit einem separaten Kanal mit dem zentralen Hub verbunden ist. Abbildung 1.152 zeigt die gemeinsamen Elemente des PoE-Systems, ihr grundlegendes elektrisches Design und die Verbindungen.

I Grundlagen

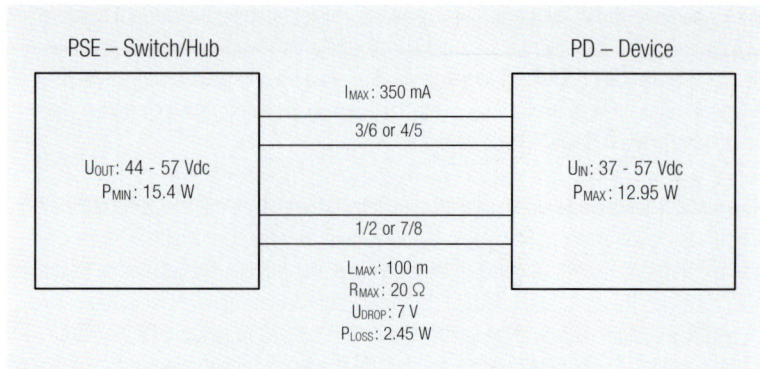

Abb. 1.152: Elektrische Paramter einer PoE-Verbindung zwischen Hub und Endgerät

Dier Norm definiert einige elektrische Parameter, die im PoE-Design eingehalten werden müssen. Die dargestellten Werte können selbstverständlich auf alle Klassen umgerechnet werden:

- Die Betriebsspannung beträgt normalerweise 48 V_{DC}, kann jedoch zwischen 44 V_{DC} und 57 V_{DC} variieren. In jedem Fall sollte es immer unter der maximalen SELV-Anforderung von 60 V_{DC} sein.
- Der vom Hub bereitgestellte maximale Strom soll sich im Bereich zwischen 350 mA und 400 mA bewegen um die Ethernet-Kabel aufgrund ihres parasitären Widerstands vor Überhitzung zu schützen.
- Die obigen Werte ergeben eine geforderte Leistung von mindestens 15,4 W am Hub-Ausgang. Nach einem Kabelverlust von 2,45 W, der durch einen parasitären Drahtwiderstand von etwa 20 Ω pro Paar verursacht wird, beträgt die maximale Leistung, die am Endgerät zur Verfügung steht 12,95 W.

5.9 Versorgungsspannung, Leistungsklassen

In Abbildung 1.153 ist ein vereinfachtes Blockdiagramm der Schnittstelle eines Endgerätes dargestellt. Die Stromversorgung kann entweder über die Datenpaare 1/2 und 3/6, oder über die freien Aderpaare 4/5 und 7/8 erfolgen. In der Datenschnittstelle ist ein Standardübertrager mit einer Mittelabzweigung auf der Primärseite eingesetzt. Die Daten fließen über den Übertrager zum Schnittstellenbaustein.

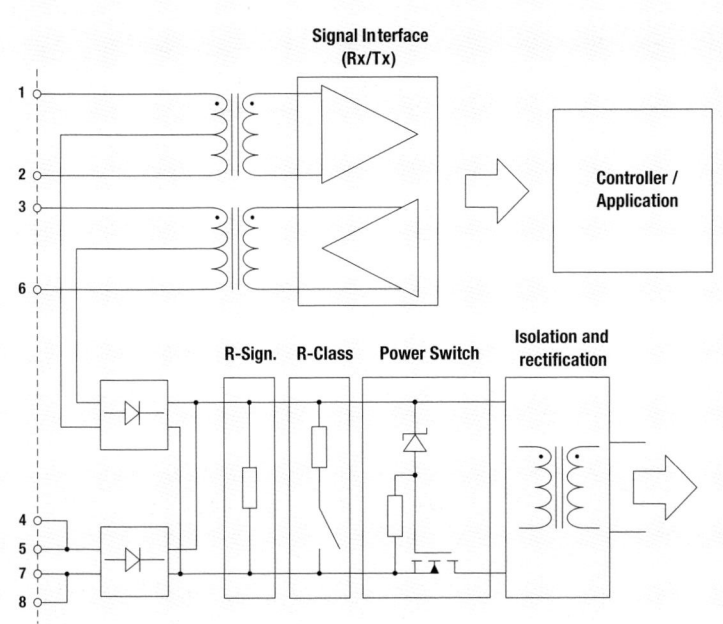

Abb. 1.153: Blockschaltbild der PoE-Komponenten eines Endgerätes

Die 48-V_{DC}-Versorgung wird über den Mittelabgriff abgenommen und durchläuft einen PoE-Schnittstellenblock, der als ein intelligenter DC-DC-Konverter wirkt. Über eine intelligente Stromquelle und einen vordefinierten Abschlusswiderstand wird die Leistung klassifiziert. Eine Übersicht der elektrischen Daten, die nach IEEE 802.3af definiert sind, zeigt Tabelle. 1.10.

Parameter	Min.	Max.	Einheit
Widerstand für die Signatur	23,75	26,25	kΩ
Startup-Zeit (bis I > 10 mA)	–	300	ms
Leistungsaufnahme	–	12,95	W
Betriebsspannungsbereich	36	57	V
Einschaltbereich (Up_min)	30	42	V
Eingangsstrom (bei Up = 36 VDC)	10	350	mA
Spitzeneingangsstrom	–	400	mA

Tab. 1.10: Elektrische Daten der PoE-Schnittstelle der Empfangseinheit nach IEEE 802.3af

Der IEEE 802.3af (PoE) – Standard unterstützt Geräte mit einer Leistung von bis zu 15,4 W pro Port, der IEEE 802.3at (PoE +) – Standard bis zu 25,5 W, Tabelle. 1.11 zeigt den Unterschied der Parameter.

I Grundlagen

Parameter	IEEE 802.3.af	IEEE 802.3at Type 2	Eigenschaft	IEEE 802.3.af
Verfügbare Leistung für das Endgerät	12,95 W	25,5 W	Verfügbare Leistung für das Endgerät	12,95 W
Maximale Leistung vom Hub	15,4 W	34,2 W	Maximale Leistung vom Hub	15,4 W
Spannungsbereich am Endgerät	37,0 – 57,0 V	42,5 – 57,0 V	Spannungsbereich am Endgerät	37,0 – 57,0 V
Spannungsbereich am Hub	44,0 – 57,0 V	50,0 – 57,0 V	Spannungsbereich am Hub	44,0 – 57,0 V
Maximaler Strom	350 mA	600 mA	Maximaler Strom	350 mA
Power Management	Drei Leistungsbereiche	Vier Leistungsbereiche	Power Management	Drei Leistungsbereiche
Unterstützte Kabeltypen	Cat. 3 und Cat. 5	Cat. 5 und darüber	Unterstützte Kabeltypen	Cat. 3 und Cat. 5
Unterstützte Modi	Altern. A und B	Altern. A und B	Unterstützte Modi	Altern. A und B

Tab. 1.11: Vergleich der Parameter zwischen IEEE 802.3af (PoE) und IEEE 802.3at (PoE +)

Sobald ein Endgerät erkannt wurde, kann der Hub optional eine Klassifizierung durchführen, um die maximale Leistung zu bestimmen, die zur Verfügung gestellt werden soll. Der Hub speist 15,5–20,5 V$_{DC}$ ein und begrenzt den Strom auf 100 mA, für einen Zeitraum von 10 ms bis 75 ms. Das Endgerät „reagiert" mit einem bestimmten Stromverbrauch, der die Leistungsklasse darstellt. Das Endgerät ist einer von 5 Klassen zugeordnet: 0 (Standardklasse) zeigt an, dass volle 15,4 Watt bereitgestellt werden sollten, 1–3 zeigen verschiedene erforderliche Leistungspegel an und 4 ist für zukünftige Verwendung reserviert. Endgeräte, die keine Klassifizierung unterstützen, werden der Klasse 0 zugeordnet. Bei der Definition der Klasse ist Vorsicht geboten, da Kabelverluste die Klassifizierung beeinträchtigen können. Geräte in stark verlustbehafteten Kabelsystemen „leiden" typischerweise unter einem Mangel an Energieressourcen und können ggf. zu sporadischen Ausfällfällen führen. Die Klassifizierungen sind in der Tabelle. 1.12 gelistet.

Class	Type	PSE Output Power (W)	PD Input Power (W)	PD Type
0	802.3af	15,4	0,44 – 12,95	1
1		4	0,44 – 3,84	1 or 3
2		7	3,84 – 6,49	1 or 3
3		15,4	6,49 – 12,95	1 or 3
4	802.3at	30	12,95 – 25,5	2 or 3
5	802.3bt	45	40	3
6	(Proposed)	60	53,5	3
7		75	62	4
8		99,9	74,9	4

Tab. 1.12: Leistungsklassifizierung in der aktuellen und den vorgeschlagenen Normen

PoE+ kann am Hub 34,2 W liefern, die maximale verfügbare Leistung auf der Endgeräteseite beträgt aufgrund der möglichen Leitungsverluste 25,5 W. Die Stromversorgung erfolgt durch Verwendung aller 4 Paare eines Ethernet-Kabels. PoE+ ist abwärtskompatibel mit IEEE 802.3af-Geräten, die zur Verfügung gestellte Leistung wird bei solchen Geräten begrenzt.

6 Schaltregler (Switch Mode Power Supplies, SMPS)

6.1 Grundschaltungen

Getaktete Stromversorgungen (Schaltregler, Switch Mode Power Supplies oder kurz SMPS) werden eingesetzt, um aus einer schwankenden Eingangsspannung eine oder mehrere Gleich- oder Wechselbetriebsspannungen zu generieren (Abbildung 1.154). Dabei sind die getakteten Stromversorgungen in der Regel wesentlich effizienter als lineare Netzteile.

Abb. 1.154: Anwendungsbeispiel für eine getaktete Stromversorgung

Die einfachsten Schaltregler sind Drosselwandler, Drosselabwärtswandler (Buck-Converter, Step-Down-Converter) und Drosselaufwärtswandler (Boost-Converter, Step-Up-Converter). Mit diesen Wandlern kann entweder eine niedrigere, oder eine höhere Ausgangsspannung erzeugt werden. Soll die Ausgangsspannung im Eingangsspan-

I Grundlagen

nungsbereich liegen, d.h. man muss die Spannung sowohl nach oben als auch nach unten wandeln können, kommt häufig der SEPIC (Single Ended Primary Inductance Converter) zum Einsatz.

Die oben genannten Schaltregler verfügen über keine galvanische Trennung zwischen Eingangs- und Ausgangsspannung. Wird eine galvanische Trennung benötigt, muss eine Schaltreglertopologie mit Übertrager gewählt werden. Der Sperrwandler (Flyback-Converter) stellt hier die einfachste Schaltungsvariante dar, als Topologie für höhere Leistungen (ab etwa 150 W) ist dieser sog. Sperrwandler jedoch nicht die erste Wahl. Für Wandler höherer Leistung werden die vom Drosselabwärtswandler abgewandelten Schaltungstopologien wie Eintakt-Durchflusswandler (Flusswandler, Forward-Converter), bzw. der Gegentakt-Durchflusswandler (Push-Pull-Converter) eingesetzt. Diese zeichnen sich durch einen höheren Wirkungsgrad aus, benötigen aber auch wesentlich mehr Bauelemente, z.B. eine zusätzliche Speicherdrossel und mehr aktive Schalter. Die Tabelle. 1.13 zeigt einen Überblick über die Schaltregler-Topologien und die in der jeweiligen Schaltung benötigten induktiven Bauelemente.

Schaltregler-Topologie	Induktive Bauelemente
Drosselabwärtswandler	Speicherdrossel
Drosselaufwärtswandler	Speicherdrossel
Step-Down/-Up (Buck-Boost)	Speicherdrossel
SEPIC (Single ended primary inductance converter)	Gekoppelte Speicherdrossel oder zwei Speicherdrosseln
Sperrwandler	(Speicher-)Übertrager
Durchflusswandler	Übertrager, Speicherdrossel
Gegentakt-Durchflusswandler	Übertrager, Speicherdrossel
Halbbrücke	Übertrager, Speicherdrossel
Vollbrücke	Übertrager, Speicherdrossel

Tab. 1.13: Die wichtigsten Schaltregler-Topologien und die in den Schaltungen verwendeten induktiven Bauelemente

6.2 Buck Converter/Abwärtswandler

Abwärtswandler

Abbildung 1.155 zeigt die Grundschaltung eines Abwärtswandlers. Die am Knoten S_1/D_1/L_1, dem Schaltknoten SW, anliegende Spannung wechselt zwischen der Eingangsspannung und der negativen Durchlassspannung der Diode.

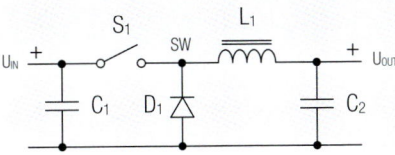

Abb. 1.155: Grundschaltung des Buck-, bzw. Abwärtsreglers

Die Ausgangsgleichspannung entspricht dem Mittelwert der Eingangsspannung U_{IN} und dem Tastverhältnis mit t_{ON} zu ($t_{OFF} + t_{ON}$) mit t_{ON}, der Zeit, wenn S_1 geschlossen ist, zu t_{OFF}, wenn S_1 offen ist. Die Ausgangsspannung U_{OUT} kann so mit folgender Formel berechnet werden.

$$U_{OUT} = U_{IN} \cdot \frac{t_{ON}}{t_{ON} + t_{OFF}} = U_{IN} \cdot D \qquad (1.116)$$

Hierbei ist D das Tastverhältnis und berechnet sich mit

$$D = \frac{t_{ON}}{t_{ON} + t_{OFF}} \qquad (1.117)$$

Tastverhältnis

Da das Tastverhältnis hier (unter Berücksichtigung interner Verlustleistungen) nur Werte zwischen 0 und annähernd 1 annehmen kann, ist die Ausgangsspannung stets kleiner als die Eingangsspannung und hängt somit im Wesentlichen nur vom Tastverhältnis ab.

Der Schalter S_1 kann wie abgebildet, ein komplexer Schaltkreis (IC) mit internem Schalter, oder ein externer Schalttransistor (bipolar oder FET) sein. Die Diode D_1 kann eine Schottky-Diode (höhere Verluste) oder ein zweiter Schalttransistor (FET-Synchrongleichrichter) sein.

Während der Schalttransistor S_1 geschlossen ist, befindet sich die Diode D_1 in Sperrichtung; der Strom fließt durch L_1 zum Ausgangskondensator C_1 und durch die angeschlossene Last. Die über der Induktivität anliegende elektrische Spannung u(t) wird über die Induktivität L und den sich zeitlich ändernden und durch die Induktivität fließenden Strom di/dt bestimmt. Damit kann eine sog. Indutktivitätsstromkurve definiert werden.

Die Induktivitätsstromkurve steigt gemäß folgender Funktion an:

$$S_{ON} = \frac{U_{OUT} - U_{IN}}{L} \qquad (1.118)$$

I Grundlagen

Wobei S_{ON} die ansteigende Stromkurve Ldi/dt ist.

Sobald die gewünschte Einschaltdauer t_{ON} verstrichen ist, öffnet der Regelkreis den Schalter S_1.

Die Spannung an der Induktivität L ändert durch die Selbstinduktion die Polarität und schaltet somit die Diode D_1 in Durchlassrichtung. Die im Magnetfeld der Induktivität gespeicherte Energie lädt nun über die Diode D_1 den Ausgangskondensator auf.

Die Induktivitätsstromkurve fällt während der -Zeit t_{OFF} gemäß folgender Funktion:

$$S_{OFF} = \frac{(U_{OUT} - U_D)}{L} \qquad (1.119)$$

Wobei S_{OFF} die abfallende Stromkurve, wiederum mit Ldi/dt ist.

Im nächsten Schaltzyklus schließt S_1 wieder und der Vorgang wiederholt sich.

Der durchschnittliche Strom durch die Induktivität entspricht dem Ausgangsstrom des Abwärtsreglers. Der maximale Strom durch die Induktivität ist durch folgende Funktion gegeben.

$$I_{L(PEAK)} = I_{OUT} + \frac{U_{OUT}(1 - \frac{U_{OUT}}{U_{IN}})}{2 \cdot f \cdot L} \qquad (1.120)$$

In obiger Formel wird der sog. „Continuous Mode", d.h. nicht lückender Betrieb des Schaltreglers vorausgesetzt. Im nicht lückenden Betrieb fließt der Strom durch die Spule während des gesamten Zyklus, d.h. der Schalter S_1 wird bereits erneut geschlossen, bevor die gespeicherte magnetische Energie in L_1 vollständig abgebaut ist. Im „Discontinuous Current Mode (DCM)", d.h. lückendem Betrieb, sinkt der Strom durch die Spule regelmäßig während jedes Zyklus auf Null. Ob ein kontinuierlicher, oder ein lückender Betrieb vorliegt, hängt von der Induktivität L bzw. L_1, der Schaltfrequenz f des Reglers, der Eingangsspannung UIN, der Ausgangsspannung U_{OUT} und vom Ausgangsstrom I_L bzw. I_{OUT} ab. Die beiden Betriebsarten unterscheiden sich hinsichtlich der Abhängigkeit der Ausgangsspannung, vom Tastgrad D, sowie vom der Störemission (EMV).

Die Induktivität L kann durch folgende Funktion bestimmt werden:

$$L = \frac{(U_{IN} - U_{OUT}) \cdot D}{\Delta I_L \cdot f} \qquad (1.121)$$

Wobei

ΔI_L den Ripplestrom angibt und $U_{OUT} = U_{OUT} + U_{DIODE}$ darstellt.

Abbildung 1.156 zeigt die zugehörigen Wellenformen für Strom und Spannung beim Betrieb im kontinuierlichen, d.h. nicht lückenden Modus.

Nicht Lückender Betrieb

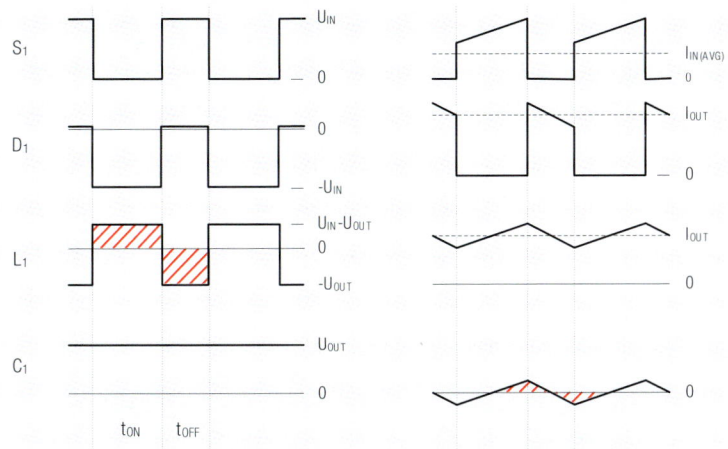

Abb. 1.156: Spannungen (links) und Ströme (rechts) im kontinuierlichen Modus. Die schraffierten Bereiche, links in der Induktivität und rechts im Kondensator zeigen die gleiche „Idealenergie" in der Induktivität L_1 und im Ausgangskondensator C_1.

Diskontinuierlicher Modus (Lückender Betrieb)

Lückender Betrieb

Im niedrigen Lastbetrieb ist die benötigte Energie der angeschlossenen Last so gering, dass sie in einer kürzeren Zeit als die eines normalen Schaltzyklus zur Verfügung gestellt werden kann. So kann der Strom in der Induktivität L_1 null werden und L_1 kann komplett entladen werden. Die Ausgangsspannung wird während dieser Zeit ausreichend vom Speicherkondensator C_1 gepuffert. Das heißt, während der Zeit t_{OFF}, in der S_1 offen ist, fällt der Induktivitätsstrom auf 0 ab, man spricht vom diskontinuierlichen Modus (Abbildung 1.157).

I Grundlagen

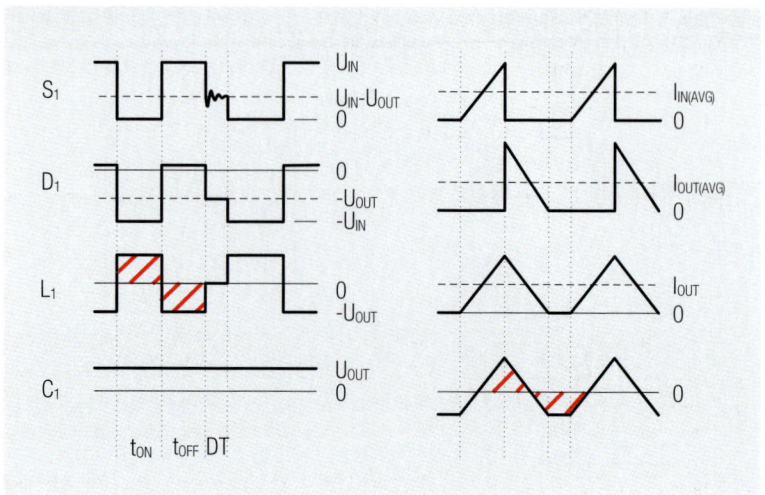

Abb. 1.157: Spannungen (links) und Ströme (rechts) im diskontinuierlichen Modus, die Wellenformen sind vereinfacht dargestellt. Die schraffierten Bereiche zeigen die gleiche „Idealenergie" in der Induktivität L_1 und im Ausgangskondensator C_1.

Der Strom I_{OUT}, bei dem der lückende Betrieb eintritt, ist gegeben durch:

$$I_{OUT} \leq \frac{U_{OUT}\left(1 - \frac{U_{OUT}}{U_{IN}}\right)}{2 \cdot f \cdot L} \qquad (1.122)$$

Die Induktivität L kann durch folgende Funktion bestimmt werden:

$$L = \frac{(U_{IN} - U_{OUT}) \cdot D}{\Delta I_L \cdot f} \qquad (1.123)$$

Bei kleinen Ausgangslasten muss der Regler das Tastverhältnis stark reduzieren, um eine konstante Ausgangsspannung zu erreichen. Das muss bei der Dimensionierung des Schaltreglers berücksichtigt werden. Bei kleiner Last können Regler plötzlich zu schwingen anfangen, oder die Ausgangsspannung wird „unruhig". In diesen Fällen muss der Regler auf den kritischen Fall der Minimallast ausgelegt werden, damit weiterhin von einem stabilen Tastverhältnis ausgegangen werden kann.

	Continuous Mode	**Discontinuous Mode**
Vorteile	Ausgangsspannung unabhängig von Lastwechsel, stabile Regeleigenschaften, kleine Spitzenströme, geringere EMV-Störungen	Verwendet kleine Werte für L
Nachteile	Benötigt recht große L-Werte	Hohe Spitzenströme, mehr EMV-Störungen, Ausgangsspannung abhängig vom Duty Cycle und der Last, Regelung schwieriger – besonders bei hohem Lastwechsel

Tab. 1.14: Vergleich der Betriebsarten lückender- und nichtlückender Betrieb

Ringing

Ein Problem im Zusammenhang mit Leistungsverlusten und EMV im diskontinuierlichen Modus sind die Überschwinger an den Leistungshalbleitern bei Abschaltvorgängen. Die Überschwinger entstehen durch eine Resonanzanregung der Sperrschichtkapazität der Body-Diode des Transistors, parallel zur Schaltkapazität des Transistors mit den parasitären Induktivitäten von Transistoranschlüssen und Leiterbahnen. Diese Schwingungen können Störungen verursachen und verbrauchen zusätzliche Energie. Die Klingelfrequenz kann berechnet und verwendet werden, um Werte für einen Snubber, eine RC-Kombination zur Dämpfung der Schwingungen zu bestimmen. Weitere Informationen finden Sie in Kapitel 4 im Abschnitt „Snubberdesign".

Die Frequenz f_{RING} der Überschwinger berechnet sich mit:

$$f_{RING} = \frac{1}{2 \cdot \pi \cdot \sqrt{L \cdot (C_{SWITCH} + C_{DIODE})}} \qquad (1.124)$$

Typische Werte sind: $C_{SWITCH} \approx 80\ pF$ und $C_{DIODE} = 200\ pF - 1000\ pF$

Weitere parasitäre Induktivitäten und Kapazitäten, die zu Überschwingen und Oszillationen im Schalterkreis führen können sind: Störungen im Bereich von 20 MHz–50 MHz sind das Resultat der parasitären Induktivitäten in Reihe zum Eingangskondensator, zum Schaltregler und der Diode, in Verbindung mit der Kapazität der Diode. Die parasitären Induktivitäten ergeben ca. 0,1 µH und gekoppelt mit der Diodenkapazität von 500 pF entsteht eine gedämpfte Schwingung auf der Anstiegsflanke bei einer Frequenz von ca. 25 MHz. Es sollte also strengstens darauf geachtet werden, dieses Schwingen zu dämpfen (Snubber) und durch geschickte Anordnung von Bauteilen und Layout diesen Effekt weitestgehend zu reduzieren.

6.2.1 Isolierter Ausgang am Buck-Converter

Ein Buck-Converter kann um einen isolierten Ausgang mit geringer Leistung ergänzt werden. Dazu wird eine zweite Wicklung zur primären Induktivität hinzugefügt. Im Se-

I Grundlagen

kundärkreis wird mit der Diode D_2 und dem Kondensator C_3 eine quasiregulierte Ausgangsspannung generiert (Abbildung 1.158). Wird der Schalter S_1 geöffnet, kehrt sich die Polarität des die Induktivität durchfließenden Stromes um. Auf diese Weise wird das punktfreie Ende der zweiten Wicklung N_2 positiv und macht die Diode D_2 leitend. Solange der Strom durch die sekundäre Induktivität fließt, wird die Ausgangsspannung am zweiten Ausgang konstant gehalten. Der Kondensator C_3 muss groß genug sein, um die Spannung während der ON-Phase des Schalters S_1 aufrechtzuerhalten, da während dieser Zeit kein Strom D_2 durchfließen kann.

Die zweite Ausgangsspannung ist um das Übersetzungsverhältnis proportional zur ersten (Formel 1.125); die durch die Dioden bedingten Spannungsabfälle müssen berücksichtigt werden.

$$U_{O2} = \left(\frac{N_2}{N_1}\right) \cdot U_O \tag{1.125}$$

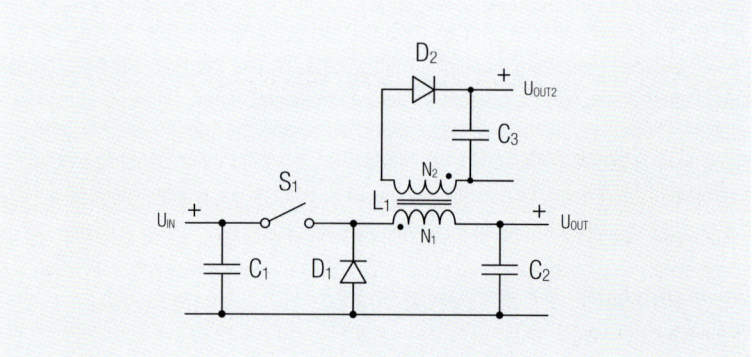

Abb. 1.158: Ein zweiter, isolierter Ausgang am Buck-Regler

PolyPhase™

6.2.2 PolyPhase™ für hohe Ausgangsströme

Die heutigen Prozessorgenerationen werden mit niedrigen Versorgungsspannungen von 1 V bis 3,3 V betrieben und haben Stromaufnahmen von bis zu 60 A! Damit sind die bisher vorgestellten, einphasig arbeitenden Abwärtsregler überfordert, die Verluste sind zu hoch und damit der Wirkungsgrad zu gering. Weiterhin erzeugen die geschalteten Ströme bei einphasigen Schaltreglern starke elektrische und magnetische Störfelder, die Gefahr von Einkopplungen in angrenzende elektronische Schaltungen und Komponenten ist sehr groß. Der konventionelle Schaltregler benötigt von daher zur Entstörung große Filterkondensatoren an seinen Ein- und Ausgängen, die zugleich einen sehr kleinen ESR besitzen müssen. Die Speicherdrosseln müssen die geforderte Energie zwischenspeichern können, was entsprechend verlustarme Kerne erfordert. So sind die Kosten eines einphasigen Abwärtsreglers für solch hohe Ströme relativ hoch und werden maßgeblich durch die Entstörkondensatoren und Speicherdrosseln beeinflusst.

Die genannten Nachteile können durch einen Mehrphasenregler erheblich reduziert werden. Beim Mehrphasenbetrieb (Abbildung 1.159) werden zwei oder mehr Wandlerstufen parallel angeordnet. Mit der Taktfrequenz des ersten Moduls wird auch das zweite Modul synchron getaktet – und zwar so, dass die beiden Module gegenphasig zueinander arbeiten.

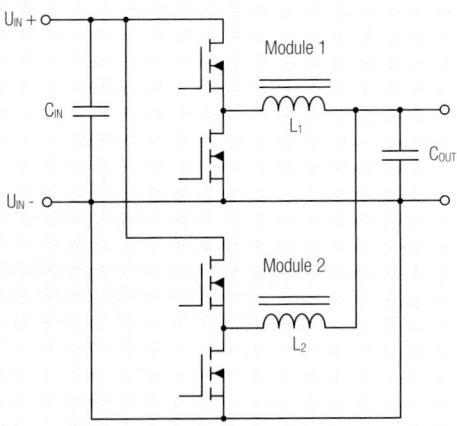

Abb. 1.159: Prinzipschaltbild eines Zweiphasen-Abwärtsreglers

Beide Module arbeiten auf denselben Ausgangskondensator (C_{OUT}). Die Welligkeiten von Eingangsstrom, Ausgangsspannung und des Ripplestromes im Ausgangskondensator sind durch diese Topologie nur noch halb so hoch, wie bei einem einzelnen Wandler mit gleicher Ausgangsleistung oder zwei gleichphasig parallel betriebenen Wandlern. Durch die gleichzeitig verdoppelte Frequenz der Welligkeit reduziert sich der Entstöraufwand am Ein- und Ausgang des Schaltreglers, die Entstörkondensatoren bekommen deutlich kleinere Kapazitätswerte.

In Abbildung 1.160 sind die Stromverläufe im Vergleich von Einphasen- zu Zweiphasenschaltreglern gezeigt,

I Grundlagen

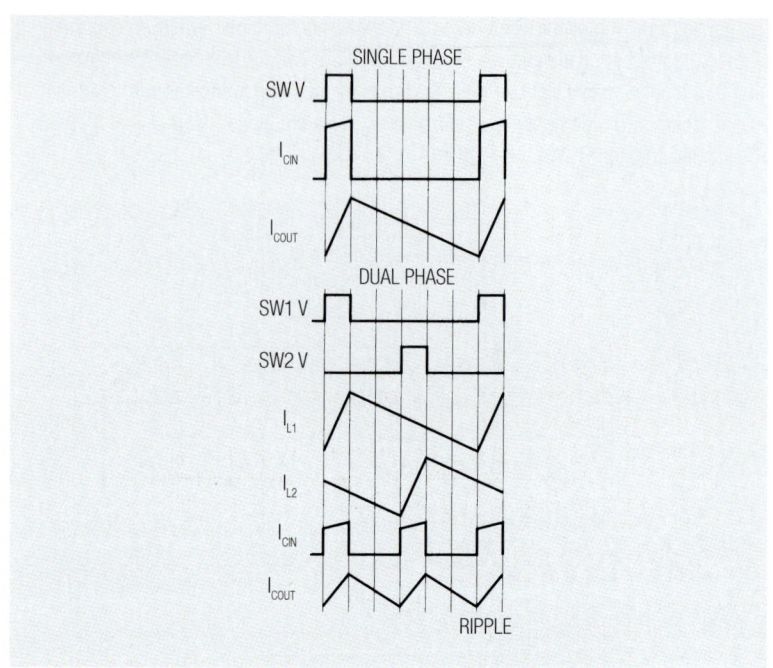

Abb. 1.160: Vergleich Stromverläufe bei Einphasen-und Zweiphasenwandler

Einerseits verringert sich der Eingangsripplestrom I_{CIN} umgekehrt proportional zur Anzahl der Phasen und anderseits erhöht sich die Ripplefrequenz mit der Anzahl der Phasen. Theoretisch könnte die Kapazität des Eingangskondensators somit vierfach kleiner ausfallen als bei einem Einphasenwandler.

Abbildung 1.161 verdeutlicht diesen Zusammenhang. Ein Duty-Cycle von 0,5 führt mit einem Zweiphasenkonverter zu einem minimalen Eingangsripplestrom!

Eingangsripplestrom

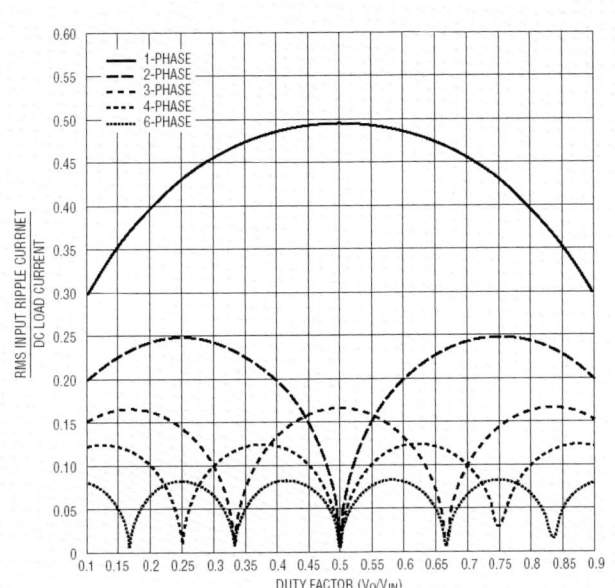

Abb. 1.161: Normierter Eingangsripplestrom über dem Duty-Cycle VO/VIN für 1 ... 6 Phasen

Figure 1.161 illustrates this relationship. A duty factor of 0.5 leads to a minimal input current ripple for a dual phase converter!

Duty Cycle

I Grundlagen

Output ripple current

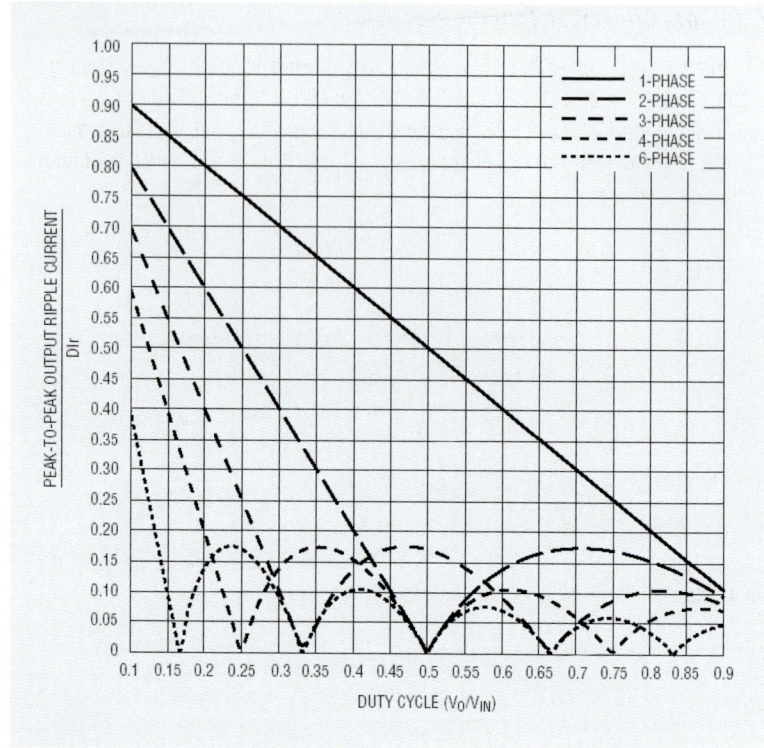

Abb. 1.162: Normierter Ausgangsripplestrom als Funktion des Duty-Cycles

Duty cycle

Duty cycle

Wie der Eingangsrippelstrom, geht auch der Ausgangsrippelstrom des Zweiphasenkonverters gegen null, wenn ein Duty-Cyle von 0,5 eingestellt wird (Abbildung 1.162). Daher versucht man die Mehrphasenwandler möglichst nahe an einem dieser „kritischen" Punkten zu betreiben, da dort der geringste Entstöraufwand notwendig ist.

Die „kritischen" Punkte des minimalen Ausgangsripplestromes und zugleich des minimalen Eingangsripplestromes von Mehrphasenkonvertern bestimmen sich allgemein mit:

$$\frac{U_{OUT}}{U_{IN}} = \frac{i}{N} \quad \text{mit} \quad i = 1,2,\ldots,N-1 \tag{1.126}$$

Hierbei ist N die Anzahl der Phasen.

Somit lässt sich über das Ein-/Ausgangsspannungsverhältnis schon die theoretisch optimale Konfiguration an Phasen bestimmen.

6.3 Boost Converter/Aufwärtswandler

Die Grundschaltung eines Boost Converters bzw. Aufwärtswandlers zeigt Abbildung 1.163. Die am Knoten $L_1/S_1/D_1$ (dem Schaltknoten SW) anliegende Spannung wechselt zwischen der Ausgangsspannung plus der Durchlassspannung der Diode einerseits und der zwischen Kollektor und Emitter über R_{DSON} abfallenden Spannung des Transistors S_1 andererseits.

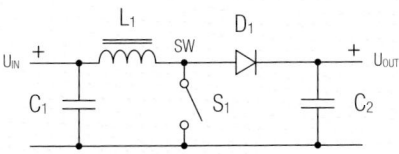

Abb. 1.163: Grundschaltung des Boost-, Aufwärtsreglers

Die DC-Ausgangsspannung entspricht dem Mittelwert der Eingangsspannung U_{IN} und mit t_{ON} der Zeit, in der S_1 geschlossen ist und mit t_{OFF} in der S_1 offen ist, ergibt sich für die Ausgangsspannung U_{OUT}:

$$U_{OUT} = \frac{U_{IN}}{1 - \left(\frac{t_{ON}}{t_{ON} + t_{OFF}}\right)} = \frac{U_{IN}}{1 - D} \qquad (1.127)$$

Der Duty Cycle D berechnet sich mit:

$$D = \frac{t_{ON}}{t_{ON} + t_{OFF}} \qquad (1.128)$$

Da der Duty Cycle nur Werte zwischen nahe Null bis nahe Eins annehmen kann, ist die Ausgangsspannung stets höher als die Eingangsspannung und hängt dann im Wesentlichen nur vom Duty Cycle ab.

Der Schalter S_1 repräsentiert in der Praxis einen integrierten Schaltkreis (IC) mit internem oder externem Schalttransistor (bipolar oder FET), die Diode D_1 kann eine Schottky-Diode mit kurzer Sperrverzugszeit und geringem Spannungsabfall sein.

Während der Schalttransistor S_1 geschlossen ist, befindet sich die Diode D_1 in Sperrrichtung; der Strom fließt in die Spule L_1 und baut das Magnetfeld auf. Der Ausgangskondensator C_1 speist die am Ausgang angeschlossene Last. Wenn der Schalter S_1 öffnet, kehrt sich die Ploarität der Spannung an der Speicherdrossel um und liegt in Reihe mit der Eingangsspannung.

Somit wird (vermindert um die Durchflussspannung der Diode D_1) der Kondensator C_1 nachgeladen. Die zugehörigen Kurvenverläufe für beide Betriebszustände zeigt die Abbildung 1.164.

Aufwärtswandler

Duty Cycle

I Grundlagen

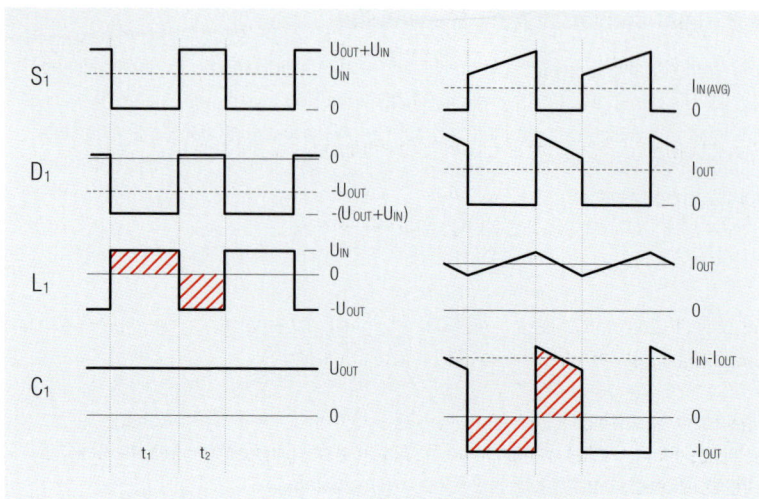

Abb. 1.164: Spannungen (links) und Ströme (rechts) des Boost-Konverters im Continuous Mode. Die schraffierten Bereiche zeigen die gleiche „Idealenergie" in der Induktivität L_1 und im Ausgangskondensator C_1.

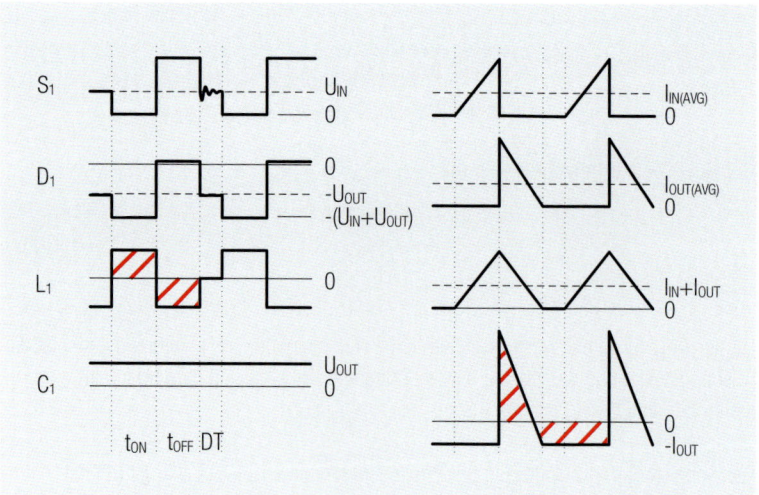

Abb. 1.165: Spannungen (links) und Ströme (rechts) des Boost-Konverters im diskontinuierlichen Modus (Wellenformen sind vereinfacht dargestellt). Die schraffierten Bereiche zeigen die gleiche „Idealenergie" in der Induktivität L_1 und im Ausgangskondensator C_1.

Zu beachten ist, dass der Induktivitätsstrom direkt proportional zum Eingangsspannungs-/Ausgangsspannungs-Verhältnis ist und schnell sehr große Spitzenwerte I_{PEAK} annehmen kann.

$$I_{PEAK} = I_{OUT} \frac{U_{OUT}}{U_{IN}} \qquad (1.129)$$

Der Mittelwert des Stromes durch den Schalttransistor ergibt sich mit:

$$I_{AVG} = I_{OUT} \frac{U_{OUT} - U_{IN}}{U_{IN}} \qquad (1.130)$$

Im diskontinuierlichen Betrieb entstehen noch höhere Verhältnisse zwischen Eingangs- und Ausgangsstrom, als beim kontinuierlichen Betrieb.

Wichtig ist auch zu beachten, dass der Aufwärtswandler nicht ohne weiteres kurzschlusssicher gestaltet werden kann, da Ein- und Ausgangsseite durch die Diode D_1 direkt gekoppelt sind.

I Grundlagen

Design-Daten von Abwärtswandler und Aufwärtswandler im Überblick:

			Buck	Boost
	Duty Cycle DC	[1]	$\dfrac{U_{aus} + U_D}{U_{ein} - U_S - U_D}$	$\dfrac{U_{aus} + U_{ein} + U_D}{U_{aus} - U_S - U_D}$
	Eingangsspannung bei $DC = 0{,}5\ U_{ein\_50}$	[V]	$\dfrac{(2 \cdot U_{aus}) + U_S + U_D}{2} \approx 2 \cdot U_{aus}$	$\dfrac{1}{2} \cdot [U_{aus} + U_S + U_D] \approx \dfrac{U_{aus}}{2}$
	Ausgangsspannung U_{aus}	[V]	$[(U_{ein} - U_S - U_D) \cdot DC] - U_D$	$\dfrac{U_{ein} - U_D - [(U_S + U_D) \cdot DC]}{1 - DC}$
	Gleichricht-Eingangsstrom $|I|_{ein}$	[A]	$I_{aus} \cdot DC$	$\dfrac{I_{aus}}{1 - DC}$
	Volt-Mikrosekunde-Produkt $V_{\mu sec}$	[Vµs]	$\dfrac{(U_{aus} + U_D) \cdot (1 - DC)}{f[MHz]}$	$\dfrac{(U_{aus} - U_S + U_D) \cdot DC \cdot (1 - DC)}{f[MHz]}$
L	Induktivität L	[H]	$\dfrac{(U_{aus} + U_D) \cdot (1 - DC)}{I_{aus} \cdot f \cdot r}$	$\dfrac{(U_{aus} - U_S + U_D) \cdot DC \cdot (1 - DC)^2}{I_{aus} \cdot f \cdot r}$
L	Induktivitäts-Ripplestrom-Verhältnis r	[1]	$\dfrac{(U_{aus} + U_D) \cdot (1 - DC)}{I_{aus} \cdot f \cdot L}$	$\dfrac{(U_{aus} - U_S + U_D) \cdot DC \cdot (1 - DC)^2}{I_{aus} \cdot f \cdot L}$
L	Induktivitäts-Ripplestrom ΔI_L	[A]	$\dfrac{(U_{aus} + U_D) \cdot (1 - DC)}{f \cdot L}$	$\dfrac{(U_{aus} - U_S + U_D) \cdot DC \cdot (1 - DC)}{f \cdot L}$
L	Effektivstrom in Induktivität $\bar{I}_L$	[A]	$I_{aus} \cdot \sqrt{1 + \dfrac{r^2}{12}}$	$\dfrac{I_{aus}}{1 - DC} \cdot \sqrt{1 + \dfrac{r^2}{12}}$
L	Gleichricht-Induktivitätsstrom $|I|_L$	[A]	I_{aus}	$\dfrac{I_{aus}}{1 - DC}$
C_{ein}	Effektivstrom in Eingangskapazität $\bar{I}_{C_{ein}}$	[A]	$I_{aus} \cdot \sqrt{DC \cdot \left(1 - DC + \dfrac{r^2}{12}\right)}$	$\dfrac{I_{aus}}{1 - DC} \cdot \dfrac{r}{\sqrt{12}}$
C_{ein}	Spitze-Spitze-Strom in Eingangskapazität $\hat{I}_{C_{ein}}$	[A]	$I_{aus} \cdot \left(1 + \dfrac{r}{2}\right)$	$\dfrac{I_{aus} \cdot r}{1 - DC}$
C_{aus}	Effektivstrom in Ausgangskapazität $\bar{I}_{C_{aus}}$	[A]	$I_{aus} \cdot \dfrac{r}{\sqrt{12}}$	$I_{aus} \cdot \sqrt{\dfrac{DC + \dfrac{r^2}{12}}{1 - DC}}$
C_{aus}	Spitze-Spitze-Strom in Ausgangskapazität $\hat{I}_{C_{aus}}$	[A]	$I_{aus} \cdot r$	$\dfrac{I_{aus}}{1 - DC} \cdot \left(1 + \dfrac{r}{12}\right)$
	Energie-Speicher-Fähigkeit E	[µ]	$\dfrac{I_{aus} \cdot V_{\mu s}}{8} \cdot \left[r \cdot \left(\dfrac{2}{r} + 1\right)^2\right]$	$\dfrac{I_{aus} \cdot V_{\mu s}}{8 \cdot (1 - DC)} \cdot \left[r \cdot \left(\dfrac{2}{r} + 1\right)^2\right]$
	Effektivstrom in Schaltelement I_S	[A]	$I_{aus} \cdot \sqrt{DC \cdot \left(1 + \dfrac{r^2}{12}\right)}$	$\dfrac{I_{aus}}{1 - DC} \cdot \sqrt{DC \cdot \left(1 + \dfrac{r^2}{12}\right)}$
	Spitzenstrom Schaltelement/Induktivität/Diode $\hat{I}$	[A]	$I_{aus} \cdot \left(1 + \dfrac{r}{2}\right)$	$\dfrac{I_{aus}}{1 - DC} \cdot \left(1 + \dfrac{r}{2}\right)$
	Gleichrichtstrom in Schaltelement $|I|_S$	[A]	$I_{aus} \cdot DC$	$I_{aus} \cdot \dfrac{DC}{1 - DC}$
	Gleichrichtstrom in Diode $|I|_D$	[A]	$I_{aus} \cdot (1 - DC)$	I_{aus}
	Ausgangsripplespannung[1]) U_{aus_r}	[V]	$\dfrac{I_{aus}}{2} \cdot r \cdot ESR_C [m\Omega]$	$\dfrac{I_{aus}}{2} \cdot \dfrac{1 + \dfrac{r}{2}}{1 - D} \cdot ESR_C [m\Omega]$

[1]) ohne Berücksichtigung des ESL der Kondensatoren

Tab. 1.15: Design-Daten von Aufwärtswandler und Abwärtswandler

6.4 SEPIC-Schaltregler mit geringem Eingangsripplestrom

Der SEPIC-Schaltregler (Single Ended Primary Inductance Converter) stellt eine konstante Ausgangsspannung über einen weiten Eingangsspannungsbereich zur Verfügung. Die Eingangsspannung kann kleiner, gleich oder größer der Ausgangsspannung sein. Die Ausgangsspannung ist aufgrund der Schaltungstopologie gegen Kurzschluss geschützt. Als nachteilig wurde bislang der erhöhte Schaltungsaufwand betrachtet, denn üblicherweise verwenden die Applikationsschaltungen zwei getrennte Speicherdrosseln (Abbildung 1.166).

SEPIC

Durch eine geschickte Ausführung der zwei Speicherdrosseln als nur eine gekoppelte Induktivität, lassen sich

a) der Bauteil- und Platzbedarf deutlich reduzieren
b) durch eine geschickte Auslegung der Speicherdrossel entweder der Eingangsripplestrom, oder der Ausgangsripplestrom zu Null reduzieren.

Dies ermöglicht einen sehr kompakten Aufbau der Schaltung und geringeren eingangs- oder ausgangsseitigen Filteraufwand (kleinere Kapazitätswerte der Kondensatoren) und macht diesen Reglertyp auch für EMV kritische Anwendungen besonders interessant.

Weitere Vorteile der SEPIC Schaltung:

- Kein Stromfluss vom Eingang zum Ausgang der Schaltung im ausgeschalteten Zustand, dies verhindert der Koppelkondensator C_C.
- Die Ausgangs-Schutzdiode für Batterie-Ladeanwendungen ist durch D_1 schon in die Schaltung mit integriert.
- Der Kondensator C_C nimmt die Energie der Streuinduktivität vollständig auf, daher ist kein Snubber-Netzwerk notwendig.

Prinzipschaltung des SEPIC-Konverters

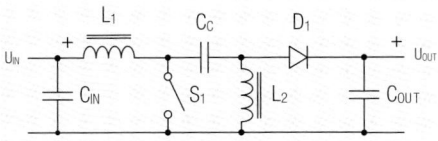

Abb. 1.166: Prinzipschaltung des SEPIC-Konverters

Am Anfang des Schaltzyklus wird vor dem Schließen des Schalters S_1 der Kondensator C_C am Potenzial der Eingangsspannung U_{IN} aufgeladen (Abbildung 1.167 unten). Die Ausgangsspannung ist 0 und es fließt kein weiterer Strom.

Nun schließt der Schalter S_1 (oberer Teil in Abbildung 1.167). Über die Spule L_1 wird die Eingangsspannung U_{IN} angelegt, sodass magnetische Energie in der Induktivität gespeichert wird. Der Koppelkondensator wurde zuvor auf die Eingangsspannung U_{IN} aufgeladen und speist nun die Spule L_2, die ebenfalls Energie in ihrem Magnetfeld

I Grundlagen

speichert. Die Diode D_1 wird in Sperrrichtung betrieben, sodass hier keine Energieübertragung zum Ausgang stattfindet. Die Last wird am Ausgangskondensator C_{OUT} angeschlossen.

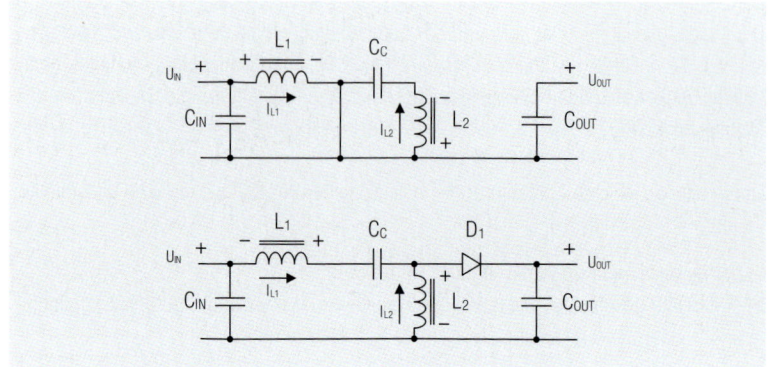

Abb. 1.167: Ersatzschaltbilder für die Schaltzustände im SEPIC-Wandler:
Oberer Teil: S_1 geschlossen und unterer Teil: S_1 offen

Öffnet nun der Schalter S_1 wieder, dann kehrt sich die Polarität der Spannung an den Spulen um.

Die Diode D_1 ist nun leitend, speist die Last am Ausgang und lädt den Kondensator C_{OUT} auf. Der Strom durch L_1 lädt den Koppelkondensator C_C auf.

Nach Ende des zweiten Zyklus beginnt ein neuer Schaltzyklus und der Schalter S_1 schließt wieder.

SEPIC DC-DC Konverter mit dem Schaltkreis LTC 1871, Berechnungsbeispiel:

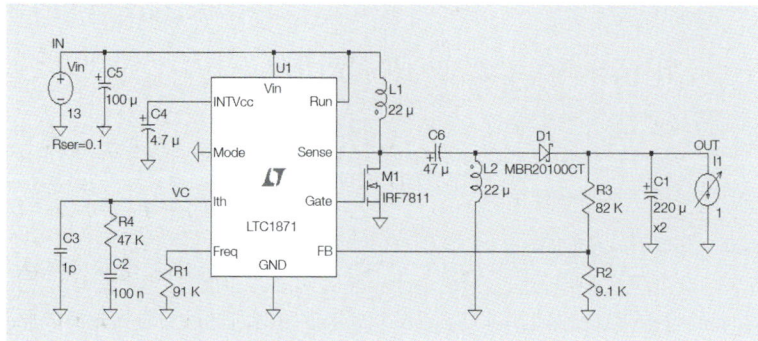

Abb. 1.168: Schaltbild des SEPIC Reglers mit CX LTC1871 (Linear Technology)

Duty Cycle:

Für den kontinuierlichen Betriebsmodus ist der Duty Cyle:

$$D = \frac{U_{OUT} + U_D}{U_{IN} + U_{OUT} + U_D} \qquad (1.131)$$

mit U_D = Diodendurchfluss-Spannung. Wenn die Eingangsspannung U_{IN} nahe der Ausgangsspannung U_{OUT} ist, ist der Duty Cycle ca. 50 %. Je nach maximal möglichem Duty Cycle des Reglerbausteins, kann die maximal mögliche Ausgangsspannung wie folgt bestimmt werden:

$$U_{OUT(MAX)} = (U_{IN} + U_D) \cdot \frac{D_{MAX}}{1 - D_{MAX}} \qquad (1.132)$$

Der maximale Duty Cycle beim LTC1871 ist typ. 92 %.

Induktivitätswert und Induktivitätsströme

Beispiel: Mit einem Ripplestromfaktor von r = 0,3, einem Ausgangsstrom von I_{OUT} = 1 A, der Ausgangsspannung U_{OUT} = 12 V und einer Eingangsspannung von U_{IN} = 6–20 Volt sowie der Schaltfrequenz von f = 280 kHz, ergibt sich der Induktivitätswert im ungekoppelten Zustand wie folgt:

Ripplestrom der Induktivität mit Ripplestromfaktor r:

$$\Delta I = r \cdot I_{OUT(MAX)} \frac{D_{MAX}}{1 - D_{MAX}} = 0{,}3 \cdot 1 \cdot \frac{0{,}68}{1 - 0{,}68} = 0{,}6375 \text{ A} \qquad (1.133)$$

Die für den Ripplestrom erforderliche Induktivität unter ungünstigsten Bedingungen für $U_{IN(MIN)}$ und D_{MAX} ist:

$$L_1 = L_2 = \frac{U_{IN(MIN)} \cdot D_{MAX}}{\Delta I \cdot f} = \frac{6 \text{ V} \cdot 0{,}68}{0{,}6375 \text{ A} \cdot 280 \text{ kHz}} = 22{,}8 \text{ µH} \qquad (1.134)$$

Der Ripplestrom liegt demnach bei z. B. 13 Volt Eingangsnennspannung bei:

$$\Delta I = \frac{U_{IN} \cdot D_{MAX}}{L \cdot f} = \frac{13 \text{ V} \cdot 0{,}53}{22{,}8 \text{ µH} \cdot 280 \text{ kHz}} = 1{,}08 \text{ A} \qquad (1.135)$$

I Grundlagen

Eingangsfilter

6.5 Eingangsfilter

Alle Schaltregler und -wandler benötigen für den ordnungsgemäßen Betrieb einen Eingangskondensator zur Stabilisierung der Spannung sowie für einen niederohmigen Energiespeicher.

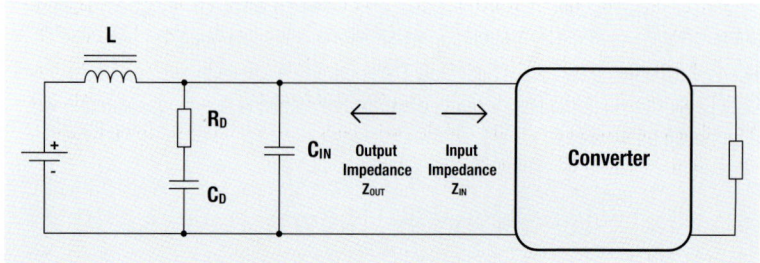

Abb. 1.169: Eingangsfilterschaltung für Abwärtswandler

Dennoch verbleibt ein nicht außer Acht zu lassender Anteil des Ripplestroms, der über die Versorgungsleitung zurückfließt. Dies führt zu zusätzlichen elektromagnetischen Störungen, weswegen eine zusätzliche Filterung mit einer Induktivität am Konvertereingang empfohlen wird.

Hierbei sind zwei Aspekte zu berücksichtigen:

Alle Regler – ob linear oder Schaltregler – haben einen negativen Eingangswiderstand. Dies ist einfach nachzuvollziehen: Der Zweck eines Reglers besteht normalerweise darin, seine Ausgangsspannung bei einer gegebenen Last konstant zu halten, damit auch die Ausgangsleistung konstant bleibt. Nimmt beispielsweise die Eingangsspannung zu, muss der Eingangsstrom entsprechend abnehmen – genau das ist die Definition eines negativen Eingangswiderstandes. Diese Anordnung kann schwingen, wenn es eine resonanzfähige Struktur im Eingangskreis gibt, bei der der positive Dämpfungswiderstand nicht ausreicht, um den negativen Eingangswiderstand zu kompensieren! Auch die Bemessungswerte der Induktivität L und des Kondensators C_{IN} sind wichtig. In der Praxis ist normalerweise für C_{IN} ein Elektrolytkondensator erforderlich, da dessen Ersatzserienwiderstand (ESR) Schwingungen verhindert. Da der ESR jedoch weitgehend undefiniert, unkontrollierbar sowie temperatur- und altersabhängig ist, wird ein Keramik- oder ein induktivitätsarmer Filmkondensator mit einem in Reihe geschalteten definierten Dämpfungswiderstand, parallel zum Elektrolytkondensator, geschaltet. Da der negative Eingangswiderstand des Konverters nichtlinear ist und unter anderem von der Eingangsspannung und der Last abhängt, muss die Schaltung in verschiedenen Betriebszuständen auf ihre Stabilität geprüft werden.

Aufgrund der starken und steilflankigen Stromimpulse, die der Wandler zieht, sollte im Allgemeinen ein LC-Filter vorgeschaltet werde, um die harmonischen Störungen an der Quelle, dem Wandler, zu dämpfen und nicht über die Stromzuführung im System zu

verbreiten. Der Filter sollte klein und effizient sein, aber er muss, wie erläutert, auch stabil arbeiten, er darf nicht zu Schwingungen angeregt werden.

Nach R.D. Middlebrook („Input Filter considerations in design and applications of Switching Regulators") bestehen die Entwurfskriterien darin, die Eckfrequenz des Eingangsfilters niedriger auszulegen als die Durchschnittseckfrequenz des Ausgangsfilters und außerdem dafür zu sorgen, dass die Ausgangsimpedanz des Eingangsfilters deutlich niedriger ist als die Eingangsimpedanz des Wandlers im offenen Regelkreis, damit der Wandler stabil bleibt. Zu beachten ist auch, dass der Eingangskondensator als Teil des Eingangsfilters und nicht des Wandlers zu betrachten ist. Somit ist die Forderung bezüglich der Impedanzen:

$$Z_{OUT(filter)} \ll Z_{IN(converter)} \quad (1.136)$$

Das Verfahren besteht darin, zunächst die Eingangskapazität basierend auf den Rippelnennströmen und/oder den Anforderungen an die Nachlaufzeit zu dimensionieren. Dann wird die Induktivität basierend auf den EMV-Anforderungen ausgewählt. Die Resonanz dieses Filters kann sehr hoch sein und muss gedämpft werden. Hierzu stehen mehrere verschiedene Methoden zur Verfügung: Ein Kondensator mit hohem ESR, ein in Reihe mit dem Kondensator geschalteter Widerstand, ein parallel zur Induktivität geschalteter Widerstand, ein parallel zum Kondensator geschalteter Widerstand oder ein mehrstufiger Filter. Ein Dämpfungswiderstand parallel zum Eingangskondensator geschaltet um den Resonanzwert zu senken, würde zu unerwünschten Leistungsverlusten führen. Deswegen wird ein zusätzlicher Gleichstrom-Abblockkondensator in Reihe mit dem Widerstand geschaltet (Abbildung 1.169).

Die Filterinduktivität lässt sich anhand des zulässigen Ripplestromes bestimmen:

$$L = \frac{ESR \cdot D \cdot (1-D)}{f \left(\frac{\Delta I_{IN}}{\Delta I_{CON}} \right)} \quad (1.137)$$

Wobei:

ESR = Serienwiderstand des Kondensators C_{in}
D = Schaltregler Duty Cycle. Wenn unbekannt, dann auf 0,5 setzen (worst case)
ΔI_{CON} = Spitze-Spitze-Strom am Eingang des Schaltreglers (ohne Filter) im Continiuous Mode. Für den Abwärtswandler gilt: $\Delta I_{CON} \sim \Delta I_{OUT}$.
ΔI_{IN} = Zulässiger Spitze-Spitze Ripplestrom in der Versorgungsspannungsleitung

Beispiel:

f = 200 kHz, U_{IN} = 12 V; U_{OUT} = 3 V; I_{OUT} = 6 A; ESR = 0,04 Ω; ΔI_{IN} = 0,06 A
Für Abwärtsregler ist $\Delta I_{CON} = I_{OUT}$ = 6 A.

I Grundlagen

Damit ergibt sich für die Induktivität L der Drossel:

$$L = \frac{0{,}04 \cdot 0{,}25 \cdot (1 - 0{,}25)}{20000 \left(\frac{0{,}06}{6}\right)} = 3{,}75 \, \mu H \tag{1.138}$$

Die minimale Dauerstrombelastbarkeit der Filterinduktivität kann dann mit folgender Formel bestimmt werden:

$$I_L = I_{OUT} \frac{U_{OUT}}{U_{IN} \cdot 0{,}8} = 6\,A \cdot \frac{3\,V}{12\,V \cdot 0{,}8} = 1{,}875\,A \tag{1.139}$$

Es empfiehlt sich, für die Dauerstrombelastbarkeit Reserven vorzusehen, um den DC-Widerstand der Wicklung möglichst klein zu halten. Weiter ist zu beachten, dass bei der Resonanzfrequenz des Filters, bestehend aus der Induktivität L_F und der Kapazität C_F (Formel 1.141), die Impedanz dieses Filters deutlich geringer sein muss als die Impedanz des Schaltreglereingangs, um den negativen Eingangswiderstand des Reglers auszugleichen. Dies erfordert oft zusätzliche Dämpfungskomponenten.

Für einen Filtergütefaktor von eins ($Q_F = 1$) kann der Dämpfungswiderstand berechnet werden aus:

$$R_D = \sqrt{\frac{L_F}{C_F}} \tag{1.140}$$

Der Dämpfungskondensator wird sehr groß gewählt – typischerweise zwischen 5 und 10 Mal größer als C_F, damit bei der Filterresonanzfrequenz die Impedanz von R_D dominiert. R.D. Middlebrook beschreibt Methoden zur Optimierung beider Werte, welche die Größe des Kondensators reduzieren können.

Resonanzfrequenz des Eingangsfilters:

$$f_{SRF} = \frac{1}{2 \cdot \pi \cdot \sqrt{L_F \cdot C_F}} \tag{1.141}$$

Um den höchsten auftretenden negativen Eingangswiderstand berechnen zu können, ist es notwendig, die Gleichung für den Eingangswiderstand des jeweils verwendeten Schaltreglers zu ermitteln. Die meisten Wandler weisen die niedrigste Eingangsimpedanz bei niedrigster Eingangsspannung und höchstem Eingangsstrom auf.

Die Eingangsimpedanz des Wandlers ist gegeben durch:

$$Z_{INPUT} = \frac{U_{IN(MIN)}^2}{P_{IN}} \qquad (1.142)$$

Die Ausgangsfilterimpedanz ist gegeben durch:

$$Z_{OUTPUT} = \sqrt{\frac{L_F}{C_F}} \qquad (1.143)$$

In Abbildung 1.170 sind die Ausgangsimpedanz des gedämpften und des ungedämpften Wandler-Eingangsfilters mit der Eingangsimpedanz des Wandlers dargestellt.

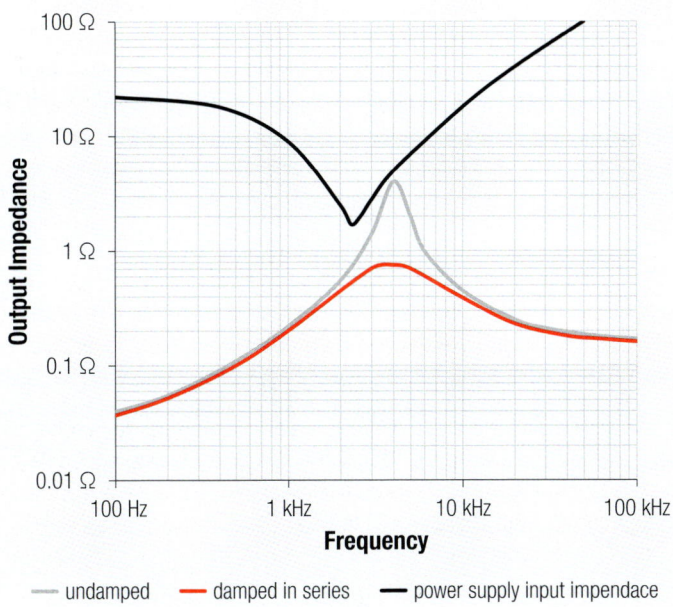

Abb. 1.170: Darstellung der Eingangsimpedanz, des ungedämpften Filters und des gedämpften Filters und der Eingangsimpedanz des Wandlers (Quelle: TI snva538)

Es ist wichtig, die Stabilität des Schaltreglers unter realen Bedingungen mit verschiedenen Lasten und Eingangsspannungen zu prüfen, um einschätzen zu können, ob die Dämpfung aufgrund der nichtlinearen Eigenschaften von Induktivitäten und Kondensatoren ausreichend ist.

I Grundlagen

6.6 Übertrager in getakteten Stromversorgungen

Dieser Abschnitt behandelt Übertrager in getakteten Stromversorgungen. Hierzu werden die Funktionsweisen der verschiedenen Schaltungstopologien, bei denen Übertrager eingesetzt werden, ausführlich beschrieben. Ausführungen zu Konstruktion und Auswahl geeigneter Übertrager und konkrete Schaltungsbeispiele finden Sie in Kapitel 3, „Anwendungen".

6.7 Der Sperrwandler

Sperrwandlerübertrager

Die gebräuchliche Verwendung des Begriffs „Sperrwandlerübertrager" ist insofern etwas irreführend, als dass er nicht als echter Übertrager fungiert, der Leistung sofort und ohne Energiespeicherung überträgt. In Wirklichkeit handelt es sich um zwei Induktivitäten auf dem gleichen Kern oder eine Induktivität mit zwei Wicklungen (gekoppelte Induktivität). Die eine Induktivität wird verwendet, um ein Magnetfeld zum Speichern von Energie zu erzeugen, die andere zu deren Ableitung, bzw. Übertragung. Die gekoppelte Induktivität verfügt über Übertragereigenschaften wie galvanische Trennung und ein Übersetzungsverhältnis, das das Windungsverhältnis zwischen den beiden Wicklungen definiert. Das Übersetzungsverhältnis regelt nicht streng die Spannungs-/Stromübertragung, ermöglicht aber vernünftige Tastverhältnisse bei großen Unterschieden zwischen Eingangs- und Ausgangsspannung (z. B. Universalladegeräte mit 85–375 V DC bis 5 V DC).

Abbildung 1.171 zeigt den prinzipiellen Aufbau eines Sperrwandlers. Der Schalter S_1 ist in der realen Schaltung ein Halbleiterschalter wie z.B. ein MOSFET, der durch ein Controller-IC definiert geschaltet wird. Um die prinzipielle Funktionsweise des Sperrwandlers zu verstehen, werden nachfolgend die Schaltprozesse einzeln besprochen.

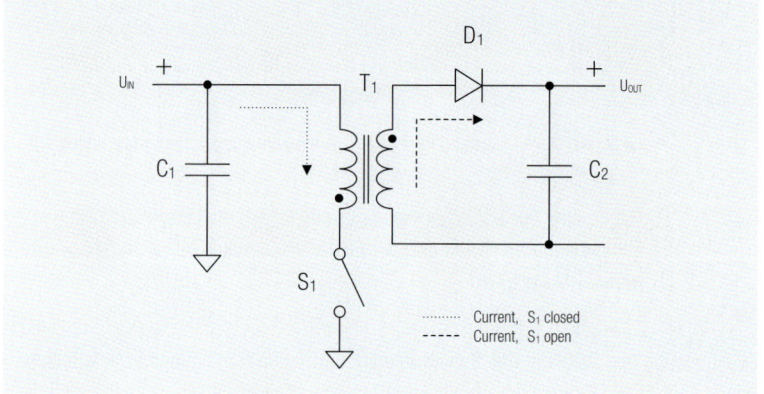

Abb. 1.171: Prinzipschaltbild eines Sperrwandlers

Schalter geschlossen

Bei geschlossenem Schalter liegt am Übertrager die Eingangsspannung an. Aufgrund der Induktivität des Übertragers ergibt sich ein linearer Stromanstieg auf der Primärseite. Aufgrund der gewählten Polarität des Übertragers und der Stellung der Diode fließt auf der Sekundärseite kein Strom.

Die Energie wird im Magnetfeld gespeichert und währenddessen versorgt der Ausgangskondensator die Last.

Schalter geöffnet

Bei geöffnetem Schalter ist der Stromfluss auf der Primärseite unterbrochen. Die Induktivität hält den Energiefluss aufgrund des präsenten Magnetfeldes aufrecht, so dass sich die Polarität am Übertrager umkehrt. Beim Zusammenbruch des Magnetfeldes kehrt sich die Polarität der Spannungen um. Auf der Sekundärseite beginnt die Diode zu leiten, und ein linear abfallender Strom fließt in den Ausgangskondensator und durch die Last.

Lückender und nichtlückender Betrieb

Sperrwandler arbeiten grundsätzlich in zwei verschiedenen Modi, die sich durch das Stromprofil unterscheiden: Den kontinuierlichen (nichtlückenden) und den diskontinuierlichen (lückenden) Modus. Der diskontinuierliche Modus kann wie nachfolgend beschrieben weiter in den Boundary- und den Quasiresonanzmodus unterteilt werden.

Nichtlückender Betrieb

Beim kontinuierlichen Modus (Continuous Conduction Mode, CCM bzw. nichtlückender Betrieb oder Trapezbetrieb genannt) ist am Ende der Schaltperiode noch Energie im Übertrager gespeichert. Die lineare Stromabnahme auf der Sekundärseite geht nicht auf Null zurück (Abbildung 1.172).

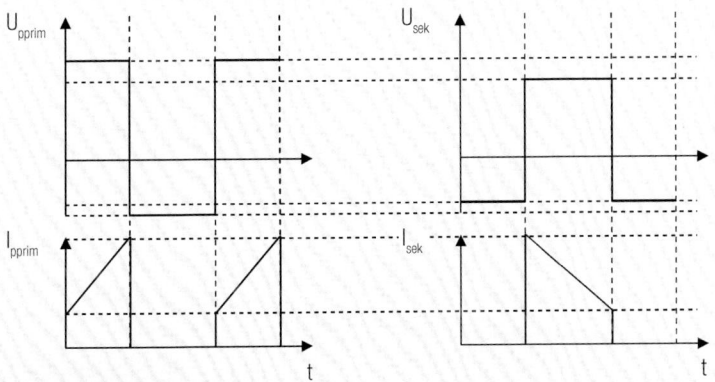

Abb. 1.172: Strom- und Spannungsverläufe am Übertrager eines Sperrwandlers im kontinuierlichen, nichtlückenden Modus

I Grundlagen

Lückender Betrieb

Beim diskontinuierlichen Modus (Discontinuous Conduction Mode, DCM bzw. lückender Betrieb oder Dreiecksbetrieb) geht der Strom innerhalb einer Schaltperiode auf 0 zurück. Es gibt Zeiträume, bei denen weder auf der Primärseite noch auf der Sekundärseite Strom fließt.

1. Boundary Mode:

Im Boundary Mode (BMO, auch kritischer Modus [CRM] oder Übergangsmodus [TM]) wird der Strom auf der Sekundärseite auf 0 zurückgesetzt, aber der nächste Zyklus beginnt unverzüglich. Hier gibt es keinen Zeitraum, in dem kein Strom fließt. In dieser Betriebsart ändert sich die Schaltfrequenz mit wechselnder Eingangsspannung und mit den Lastbedingungen.

2. Quasiresonanter Modus:

Im quasiresonanten Modus (QRM oder Valley-Switching) fällt der Strom auf der Sekundärseite für kurze Zeit auf 0. Das Einschalten wird durch Überwachung der Spannungswellenform gesteuert. Wenn der Strom an der Sekundärseite nicht mehr fließt, beginnt die Knotenkapazität mit der Streuinduktivität zu resonieren. Der Schalter schaltet sich am unteren Ende des Spannungsabfalls ein, wodurch die Schaltverluste minimiert werden. Auch hier ändert sich die Frequenz mit Änderungen der Eingangsspannung oder der Last. Weitere Details hierzu in Abschnitt 6.7.1.

Abbildung 1.173 zeigt die Stromwellenformen durch die Induktivität der verschiedenen Wandler-Modi. Von oben nach unten: Continuous Conduction Mode, Boundary (Critical Conduction) Mode und Discontinuous Conduction Mode.

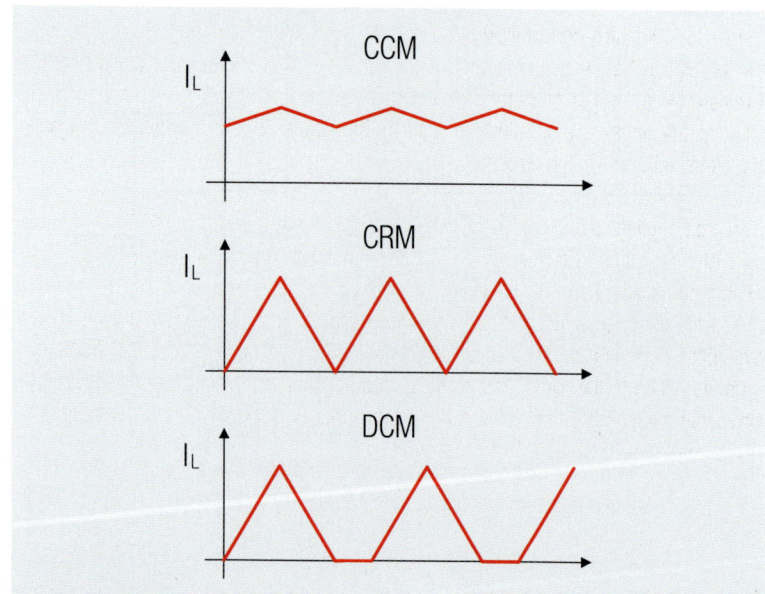

Abb. 1.173: Induktivitätsstromwellenformen bei unterschiedlichen Betriebsarten

Übertragerkonstruktion

Während ein normaler Übertrager die Energie sofort überträgt, besteht ein Sperrwandlerübertrager eigentlich aus zwei Energiespeicherinduktivitäten, die sich einen Kern teilen. Die Energie wird in der ersten Phase im Magnetfeld des Transformators mit Luftspalt zwischengespeichert und in der zweiten Phase (Rücklaufphase) zur zweiten Seite übertragen.

Der Transformator ist als gekoppelte Induktivität ausgeführt. Durch den implementierten Luftspalt und die beiden individuellen Wicklungen, ist das Übersetzungsverhältnis von der tatsächlichen Spannungsübertragung entkoppelt. Das Übersetzungsverhältnis und die galvanische Trennung der Wicklungen jedoch begrenzen und symmetrieren die reflektierten Spannungen, die zum Schalter und zur Gleichrichterdiode gelangen.

Die Übertragergröße wird bestimmt durch die Energiekapazität des mit Luftspalt versehenen Kerns, die Betriebsfrequenz, den verwendeten Modus (diskontinuierlich oder kontinuierlich) und ggf. bestehende Anforderungen von Sicherheitsbehörden (z. B. in Bezug auf Kriechstrom, Luftstrecke oder Isolationsstärke). Ein CCM-Übertrager wird wegen der notwendigen Speicherung des Magnetfeldes immer relativ groß ausfallen. In Kapitel 3, Abschnitt 6.2, wird ein ausführliches Beispiel beschrieben.

6.7.1 Quasiresonanter Sperrwandler

Die quasi-resonante Umwandlung ist eine etablierte Technologie, die in Stromversorgungen weit verbreitet ist. Das Prinzip der quasiresonanten Umwandlung besteht darin, die Einschaltverluste des Leistungsschalters (MOSFETs) in einer Topologie zu reduzieren. Eine Möglichkeit, den quasiresonanten Betrieb zu erklären, besteht darin, ihn als Erweiterung des lückenden (diskontinuierlichen) Betriebs bei Schaltreglern zu betrachten. Abbildung 1.174 zeigt die Drainspannungskurve $U_{D1(t)}$ in einem Current-Mode-Sperrwandler, der im diskontinuierlichen Modus betrieben wird. Es wurde nur ein Impuls am Gate von D_1 angelegt. Während des ersten Zeitintervalls steigt der Drainstrom an, bis der gewünschte Strompegel erreicht ist. Die Betriebsspannung wird dann abgeschaltet. Die Streuinduktivität des Sperrwandler-Übertragers erzeugt eine Resonanz mit der Knotenkapazität.

Dadurch entsteht die Spannungs-Spike U_{IND} aufgrund der Streuinduktivität, der durch eine Klemmschaltung begrenzt werden kann. Nachdem der induktive Spike U_{IND} abgenommen hat, kehrt die Drainspannung U_{DS} auf die Eingangsspannung plus die reflektierte Ausgangsspannung U_O zurück. Wenn der Strom in der Ausgangsdiode D_2 auf Null fällt, würde die Drainspannung sofort auf die Betriebsspannung U_{IN} fallen, wenn man die Wirkung der Primärinduktivität L_1 und der Knotenkapazität vernachlässigt. Die Drainspannung sinkt jedoch wegen der Resonanzerscheinungen (L_1/C_{KNOTEN}) auf das Niveau, wie in Abbildung 1.174 dargestellt.

I Grundlagen

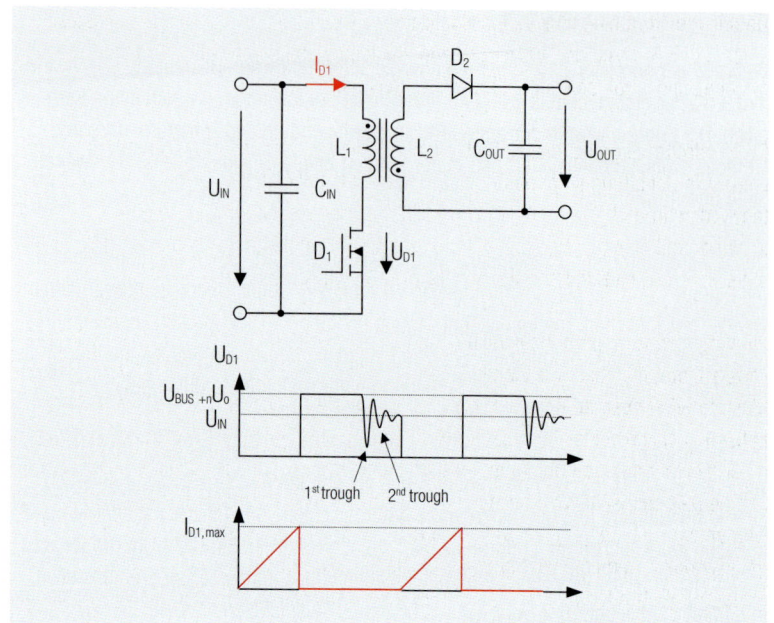

Abb. 1.174: Einfach gepulster Flyback-Konverter, UDS- und IDS-Verläufe

Die Primärinduktivität und die Knotenkapazität bilden einen Resonanzkreis. Bei einem Induktivitätswert von 1,8 mH für L_1 und 350 pF für die Knotenkapazität C_N ergibt sich eine Resonanzfrequenz f_{res} von 200 kHz mit folgender Gleichung:

$$f_{res} = \frac{1}{2 \cdot \pi \cdot \sqrt{L_1 \cdot C_N}} \qquad (1.144)$$

Der Schwingkreis wird durch die am Übertrager angeschlossene sekundärseitige Last und parasitäre Verluste leicht gedämpft. Zu beachten ist, dass die Resonanzfrequenz bei dieser Annäherung unabhängig von der Eingangsspannung und den Lastströmen ist. Beim quasiresonanten Regler hat die Schaltung keine feste Schaltfrequenz.

Stattdessen wartet die Steuerung auf eines der Minima in der Drainspannung und schaltet sich dann ein. Ältere quasi-resonante Controller schalteten immer beim ersten Minimum ein, was bei Lasten mit einem großen Lastsprüngen ein Problem darstellte. Die Zeit zwischen dem Ausschalten des Controllers und dem ersten Minimum wird durch die Resonanzfrequenz bestimmt.

Die Zeit zwischen dem Einschalten und dem Abschalten des Kreises wird in modernen Schaltkreisen vom Controller bestimmt. Bei kleineren Lasten ist die Zeit kürzer, da weniger Energie benötigt wird und die Lastsprünge kleiner sind.

Daraus resultiert eine kürzere Einschaltzeit des Leistungstransistors und ebenso eine kürzere Einschaltzeit der Ausgangsdiode. Bei kleineren Lasten steigt also die Schaltfrequenz und somit steigen auch die Schaltverluste.

Der Controller begrenzt dieses Problem durch die Verwendung eines oberen Frequenzlimits. Die Schaltung sorgt dafür, dass eine maximale Schaltfrequenz nicht überschritten wird, während gleichzeitig in einem der Minima geschaltet wird. Die Frequenz wird in einem relativ engen Bereich (z.B. 55 kHz–67 kHz) gehalten, was die Schaltverluste unter Kontrolle hält und das Transformatorendesign vereinfacht.

Im Vergleich zum diskontinuierlichen und kontinuierlichen Betrieb eines Flyback-Konverters bietet die quasi-resonante Schaltung geringere Einschaltverluste, was zu einem höheren Wirkungsgrad und einer niedrigeren Gerätetemperatur führt. Der Nachteil höherer Verluste bei leichten Lasten für eine einfache Quasi-Resonanzschaltung wird durch die in modernen Steuerungen oder integrierten Leistungshalbleitern verwendete Frequenz-Klemmschaltung beseitigt. Die EMV-Störungen bei höheren Schaltfrequenzen werden zugleich bei geringeren Spannungen und kleineren Strömen generiert, im Gegensatz dazu, wenn die Last groß ist, ist die Schaltfrequenz geringer. Dieses Prinzip reduziert die EMV-Störungen im Frequenzbereich zwischen 1 MHz und 50 MHz deutlich. Darüber hinaus gibt es im Quasi-Resonanzprozess einen intrinsischen Frequenz-Jitter, der breitbandiges „EMV-Rauschen" generiert, was die Filterkosten weiter reduziert, da sich in einem Rauschspektrum die Energiedichte über die komplette Bandbreite des Rauschsignals verteilt. Der Jitter wird durch die Spannungswelligkeit am Eingangskondensator verursacht. Sowohl die Einschaltzeit als auch die Durchlaufzeit der Ausgangsdiode sind bei der maximalen Ripple-Spannung geringer als bei der minimalen Ripple-Spannung bei konstanter Last. Dies führt zu einer linear wechselnden Schaltfrequenz mit einem Frequenzdurchlauf gleich der Welligkeit (z.B. 100 Hz für eine Vollbrückengleichrichtung bei 50 Hz Wechselstrom). Dadurch wird die Störemission im Frequenzbereich von 150 kHz bis 1 MHz reduziert.

Übertragerkonstruktion

Die Übersetzungsverhältnisse werden bei der Systementwicklung festgelegt. Des Weiteren entscheidend ist die Primärinduktivität, die die oben beschriebene Quasiresonanzfrequenz bestimmt. Ansonsten entspricht die Konstruktion der eines Discontinuous-Mode-Übertragers.

6.8 Der Durchflusswandler

Grundaufbau und Funktion

Abbildung 1.175 zeigt den prinzipiellen Aufbau eines Durchflusswandlers. Während die Energie beim Sperrwandler zwischengespeichert wird, bevor sie auf die zweite Seite übertragen wird, wird sie im Durchflusswandler direkt von der Primär- zur Sekundärseite übertragen.

I Grundlagen

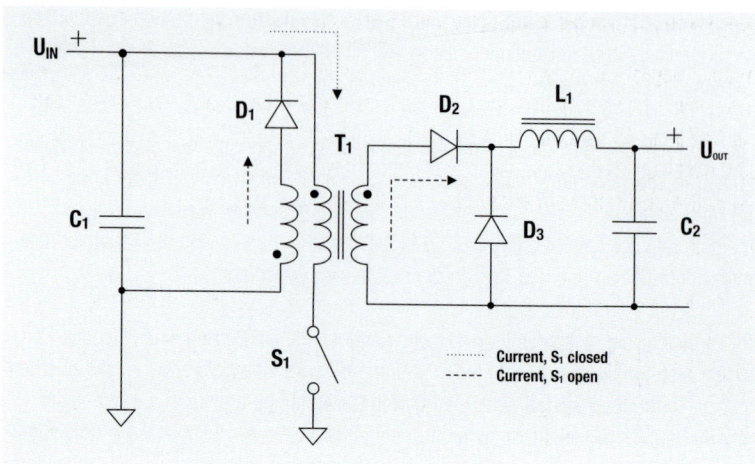

Abb. 1.175: Prinzipschaltbild eines Durchflusswandlers

Zum besseren Verständnis des Prinzips werden folgend die einzelnen Schaltzustände im stationären System untersucht. Bei geschlossenem Schalter S_1 liegt an beiden Seiten der Transformatorwicklungen mit Punkt die gleiche Polarität („+"), so dass die Diode D_2 leitend ist. Entsprechend der Funktion des Transformators fließt auf der Primärseite der von der Sekundärseite transformierte Strom zuzüglich des linear ansteigenden Magnetisierungsstroms. Die transformierte Eingangsspannung wird in die Sekundärwicklung übertragen. Durch die Ausgangsinduktivität L_1 und die Last fließt ein linear steigender Strom (Ladezustand von C_2 sei hier nicht berücksichtigt). Wird nun der Schalter S_1 geöffnet, kann der Strom auf der Primärseite nicht mehr fließen. Die Polarität der beiden Induktivitäten T_1 und L_1 kehrt sich um, sodass auf der Sekundärseite D_2 sperrt. Die Induktivität L_1 gibt nun über D_3 die gespeicherte Energie an die Last (bzw. den Ausgangskondensator) weiter. Wiederum steigt der Strom am Ausgang kontinuierlich an.

Entmagnetisierung

Der Kern des Übertragers wurde durch den Magnetisierungsstrom magnetisiert. Durch die Remanenz im Kern würde dieser innerhalb weniger Schaltzyklen gesättigt sein. Er muss also nach jeder Schaltperiode entmagnetisiert werden. Hierfür wurden verschiedene Techniken entwickelt.

Rückstellwicklung zur Entmagnetisierung

Die einfachste Schaltung wird in Abbildung 1.176 gezeigt. Während der Abschaltphase wird der Magnetisierungsstrom über die Diode D_1 durch die Rückstellwicklung L_2 zurückgespeist. Die Windungszahl der Rückstellwicklung ist in der Regel gleich der Primärwicklung. Das bedeutet, dass für die Entmagnetisierung die gleiche Zeit benötigt wird wie für die Magnetisierung. Der Umrichter kann somit mit einer maximalen Einschaltdauer von 50 % geschaltet werden.

Two-Switch-Forward – Schaltung zur Entmagenitisierung

Weitere Möglichkeiten zum Entmagnetisieren sind der Flusswandler mit zwei Schaltern (Two-switch-forward, Abbildung 1.176) und der Flusswandler mit aktiver Klemmung (Active-clamp-forward, Abbildung 1.177). Beim Two-Switch-Forward wird der Kern über die beiden Dioden entmagnetisiert, sodass keine Rückstellwicklung benötigt wird. Der Active-clamp-forward erfordert eine zusätzliche Schaltung.

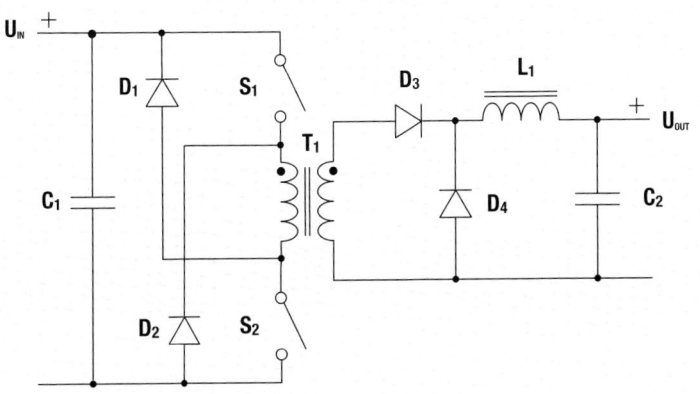

Abb. 1.176: Schaltbild eines Two-switch-forward-Konverters

6.8.1 Active-Clamp-Forward

Beim Active-Clamp-Forward wird durch den Kondensator in der Rückstellschaltung eine höhere negative Spannung erzeugt, sodass die Entmagnetisierung in kürzerer Zeit gelingt. Dadurch sind Tastverhältnisse größer als 50 % möglich. Es gibt zwei mögliche Implementierungen: Eine mit einem p-MOSFET (Abbildung 1.177) und eine mit einem n-MOSFET (Abbildung 1.178). In beiden Fällen kann der Strom negativ werden, was eine umfassendere Nutzung der B-H-Kurve ermöglicht.

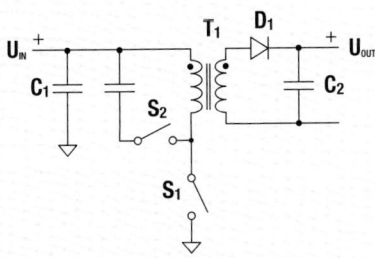

Abb. 1.177: Schaltung für einen Eintakt-Durchflusswandler mit Active-Clamp-Forward auf p-MOSFET-Basis

I Grundlagen

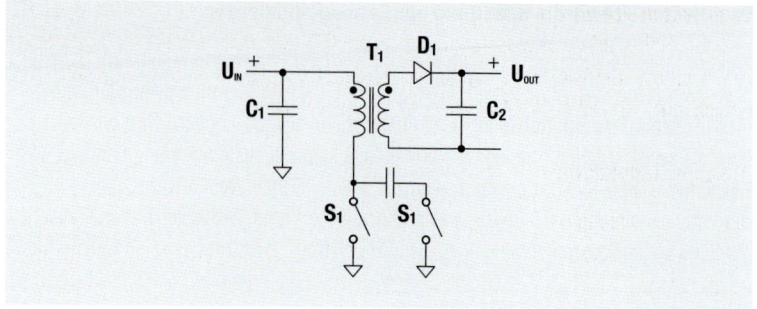

Abb. 1.178: Schaltung für einen Eintakt-Durchflusswandler mit Active-Clamp-Forward auf n-MOSFET-Basis

Weitere Möglichkeiten zur Entmagnetisierung zeigt Severns (2000).

Übertragerdesign und Festlegen der Induktivität

Der Eintakt-Durchflusswandler verhält sich wie ein Drosselabwärtswandler mit geschalteter Spannungstransformation. Daher ergibt sich für das Übersetzungsverhältnis und das Tastverhältnis folgender Zusammenhang:

$$D = \frac{N_1}{N_2} \cdot \frac{U_{OUT}}{U_{IN}} \qquad (1.145)$$

Über die Trafo-Hauptformel kann man für einen gewählten Kern die Primär-Windungszahl festlegen:

$$U_{\mu s} \text{ product:} \int U dt = n \cdot A_e \cdot B \qquad (1.146)$$

Wobei:

n = Windungszahl
A_e = effektive Kernfläche
B = Flussdichte

Für die durch den Übertrager fließenden Effektivströme ergibt sich:

$$I_{rms,SEC} = I_{OUT} \cdot \sqrt{D} \qquad (1.147)$$

$$I_{rms,PRI} = I_{OUT} \cdot \frac{N_2}{N_1} \cdot \sqrt{D} \qquad (1.148)$$

Damit lassen sich die Drahtstärken für die Wicklungen, die Gleichstromwiderstände R_{DC} und damit die Kupferverluste bestimmen. Je nach Entmagnetisierungsschaltkreis muss evtl. noch eine Hilfswicklung aufgebracht werden. Da in diesen nur der Magnetisierungsstrom fließt, ist ein relativ dünner Draht ausreichend.

Ausgangsinduktivität

Die Dimensionierung der Ausgangsdrossel erfolgt wie beim Drosselabwärtswandler. Es gilt der gleiche Zusammenhang zwischen Rippelstrom, Schaltfrequenz und Induktivität, bzw. Drossel:

$$L = \frac{U_{OUT} \cdot (1 - D_{MIN})}{I_{PP} \cdot f} \qquad (1.149)$$

Wobei:

I_{PP} = Ripplestrom, peak to peak
F = Schaltfrequenz

Der Effektivstrom durch die Induktivität ist gleich dem Ausgangsstrom.

Der Spitzenwert des Ausgangsstroms entspricht dem Ausgangsstrom plus dem halben Rippelstrom:

$$I_{rms,L} = I_{OUT} \qquad (1.150)$$

Wobei:

$I_{rms,L}$ = Effektivstrom durch die Drossel

$$I_{MAX} = I_{OUT} \cdot \frac{I_{PP}}{2} \qquad (1.151)$$

Wobei:

I_{PP} = Ripplestrom, peak to peak

Mit diesen Daten kann nun eine Standardinduktivität ausgewählt werden.

6.9 Der Gegentakt-Durchflusswandler (Push-Pull-Converter)

Prinzipieller Aufbau und Funktion

Bei größeren Leistungen, oder wenn ein sehr großer Wirkungsgrad erzielt werden soll, wird der Gegentakt-Durchflusswandler eingesetzt. Den prinzipiellen Aufbau zeigt Abbildung 1.179. Die beiden Schalter S_1 und S_2 schalten wechselseitig Strom durch den Übertrager T_1. Dadurch wird der Kern sowohl positiv als auch negativ ausgesteuert.

I Grundlagen

Deshalb benötigt man bei dieser Schaltungsvariante keine zusätzlichen Maßnahmen zur Entmagnetisierung, die Hysteresekurve des Kerns wird besser ausgenutzt.

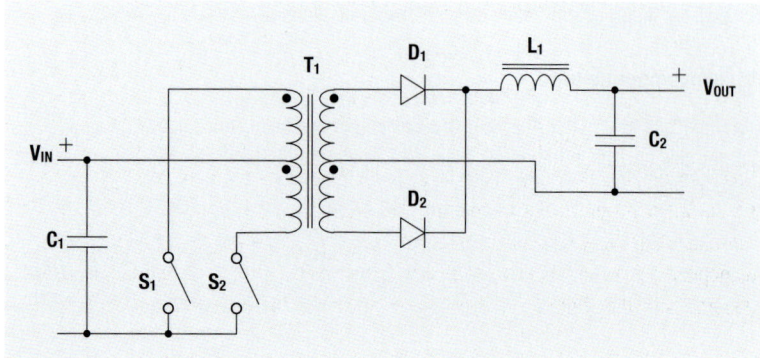

Abb. 1.179: Prinzipschaltbild eines Gegentakt-Durchflusswandlers

Wird zunächst Schalter S_1 geschlossen, so fließt der Strom über die Mittelanzapfung durch die „obere" Wicklung. Der Punkt weist eine negative Polarität auf. Auf der Sekundärseite ist die Diode D_2 leitend, so dass hier der Strom in der „unteren" Wicklung durch die Drossel L_1 und durch die Last fließt.

Wenn der Schalter S_1 öffnet, erhält die Induktivität wegen des Magnetfeldes den Stromfluss durch beide Dioden aufrecht. Wird der Schalter S_2 geschlossen, fließt der Strom durch den Mittelabriff durch die „untere" Primärwicklung. Auf der Sekundärseite ist Diode D_1 leitend. Nun fließen die Ströme in umgekehrter Richtung durch den Übertrager, aber wiederum mit gleicher Polarität durch die Drossel L_1. Wenn S_2 öffnet, erhält die Selbstinduktivität durch ihr aufgebautes Magnetfeld erneut den Stromfluss durch beide Dioden aufrecht. Damit ist der Zyklus abgeschlossen.

Wichtig für die Funktionsweise des Gegentakt-Durchflusswandlers ist, dass die jeweiligen Halbwicklungen symmetrisch und die Taktzeiten der Schalter S_1 und S_2 identisch sind, andernfalls wird der Kern nach und nach gesättigt.

Der Gegentakt-Durchflusswandler arbeitet prinzipiell wie ein Drosselabwärtswandler. Allerdings wird der Gegentakt-Durchflusswandler mit der doppelten Frequenz, bezogen auf die Grundfrequenz, betrieben.

Es gibt bezüglich der Schaltfrequenz zwei Betrachtungsweisen für den Gegentakt-Durchflusswandler:

- Betrachtung von der Primärseite; eine Periode besteht aus Schalter S_1 geschlossen, beide Schalter offen, Schalter S_2 geschlossen und wieder beide Schalter offen.
- Betrachtung von der Sekundärseite; eine Periode besteht aus dem Laden und Entladen der Drossel. Die Frequenz ist also doppelt so hoch als bei primärseitiger Betrachtung.

Übertragerdesign und Festlegen der Induktivität

Für die Berechnung wird hier die sekundärseitige Betrachtung zugrunde gelegt. Man erhält so für das Tastverhältnis die gleiche Formel wie für den Flusswandler:

$$\frac{N_{PRI}}{N_{SEC}} \cdot \frac{U_{OUT}}{U_{IN}} = D \qquad (1.152)$$

Das Tastverhältnis kann theoretisch bis zu 100 % betragen. Aus schaltungstechnischen Gründen werden die Wandler aber nicht darauf ausgelegt. Normalerweise wird zwischen dem Öffnen des einen Schalters und dem Schließen des anderen eine Totzeit eingeplant, um zu verhindern, dass beide Schalter gleichzeitig geschlossen sind, denn dadurch wäre die Primärseite über beide Schalter kurzgeschlossen.

Für das Berechnen der Effektivströme je Wicklung muss nun aber das halbe Tastverhältnis berücksichtigt werden:

$$I_{EFF,SEC} = I_{OUT} \cdot \sqrt{\frac{D}{2}} \qquad (1.153)$$

$$I_{EFF,PRI} = I_{OUT} \cdot \frac{N_{SEC}}{N_{PRI}} \cdot \sqrt{\frac{D}{2}} \qquad (1.154)$$

Die Berechnung der Induktivität erflogt wie beim Drosselabwärtswandler.

Weitere Schaltungsmöglichkeiten

Da die Ausnutzung der Wicklungen des Übertragers bei der Mittelpunktansteuerung bzw. der Mittelpunktgleichrichtung nicht optimal ist (die halbe Zeit führt die Wicklung keinen Strom), wurden für sehr große Leistungen bzw. zur besseren Auslastung der Wicklungen verschiedene Schaltungskonzepte entwickelt.

6.10 Der Halbbrückenwandler

Abbildung 1.180 zeigt den Halbbrückenwandler. Hier wird durch die beiden Kondensatoren C_1 und C_2, die auf den Übertrager wirkende Spannung halbiert. Ideal ist diese Schaltung bei hohen Eingangsspannungen, da hier Transistoren mit halber Spannungsfestigkeit verwendet werden können. Die Spannungs-Zeit-Fläche (Vµs), die auf den Übertrager wirkt, ist ebenfalls halb so groß. Dadurch reduziert sich die Windungszahl.

I Grundlagen

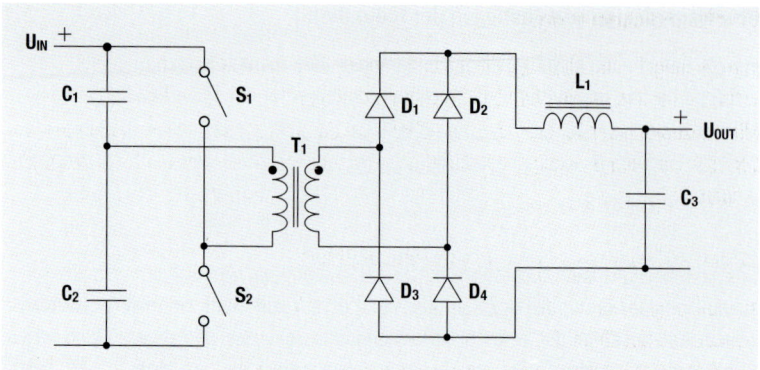

Abb. 1.180: Schaltbild eines Halbbrückenwandlers. Sekundärseitig erfolgt eine Brückengleichrichtung.

Vollbrückenwandler

6.11 Der Vollbrückenwandler

Abbildung 1.181 zeigt den Vollbrückenwandler. Die Transistoren werden über die Diagonale gleichzeitig geschaltet (jeweils S_1 mit S_4 bzw. S_2 mit S_3 zusammen). Die Transistoren können wie bei der Halbbrücke für die halbe Spannungsfestigkeit ausgelegt werden. Häufig wird die Vollbrücke im so genannten Phase-Shift-Verfahren angesteuert, d.h. die beiden in Reihe liegenden Transistoren, S_1/S_4 und S_2/S_3, werden nicht mehr gleichzeitig, sondern phasenverschoben geschaltet. Durch diese halbresonante Ansteuerung ist ein strom- bzw. spannungsloses Umschalten der Transistoren möglich.

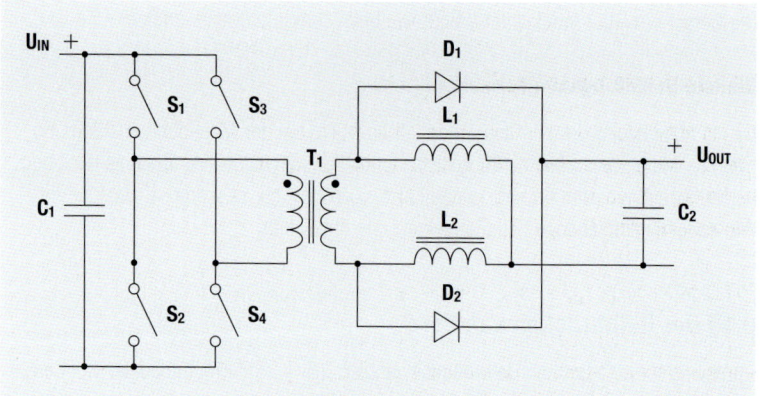

Abb. 1.181: Prinzipschaltbild eines Vollbrückenwandlers. Sekundärseitig erfolgt eine so genannte Current Doubler-Gleichrichtung.

Auf der Sekundärseite gibt es, zur Generierung der Gleichspannung, verschiedene mögliche Schaltungsvarianten.

Brückengleichrichtung

In Abbildung 1.180 ist die Brückengleichrichtung dargestellt. Ähnlich wie bei der Vollbrücke auf der Primärseite, kann man hierbei einen einfacheren Übertrager ohne Mittelanzapfung verwenden. Dafür erhöhen sich durch die zusätzlichen Dioden die Verluste, da beim Brückengleichrichter der Strom durch jeweils zwei in Reihe liegende Dioden fließen muss.

Stromverdopplungsschaltung (Current Doubler)

In Abbildung 1.181 wurde die Stromverdopplungsschaltung (Current Doubler) verwendet. Die Schaltung funktioniert weitgehend wie ein Buck-Schaltregler mit zwei verschachtelten Phasen. Die resultierende Leistung ist proportional zur Sekundärspannung des Übertragers, multipliziert mit dem Tastverhältnis. Durch den Phasenversatz addieren sich die Ströme beider „Kanäle", der Strommittelwert und somit auch der Effektivwert werden höher und die Welligkeit des Stroms wird deutlich reduziert. Die beiden identischen Induktivitäten L_1 und L_2 tragen nur der Hälfte des Laststroms und der durch die Induktivitäten fließende Strom hat nur die halbe Frequenz bezogen auf die Vollbrückengleichrichtung.

Mit dieser Schaltung wird also der Strom auf der Sekundärseite des Übertragers verdoppelt und die Spannung halbiert. Dies hat den Vorteil, dass bei Wandlern mit niedriger Ausgangsspannung und hohem Ausgangsstrom der Übertrager pro Sekundärzweig für niedrigeren Strom (halber Strom) ausgelegt werden kann. Dadurch reduziert sich der Kupferquerschnitt des sekundärseitig verwendeten Drahtes, zugleich reduzieren sich mögliche Wirbelstromverluste. Weiterhin kann ggf. ein günstigeres Übersetzungsverhältnis eingestellt werden.

6.12 Isolierte Softschalttopologien

Mit zunehmender Schaltfrequenz ist es möglich, kleinere Induktivitäten und Kondensatoren zu verwenden. Gleichzeitig nehmen jedoch die Schaltverluste in den Halbleitern zu. Softschalttopologien ermöglichen jedoch Zero-Voltage-Switching (ZVS) oder Zero-Current-Switching (ZCS), um so diese Verluste deutlich zu reduzieren.

Softschalttopologien gibt es in verschiedenen Schaltungsvarianten:

- Quasiresonanter Sperrwandler
- Resonanter LLC-Halbbrückenwandler
- Active-Clamp-Sperrwandler
- Active-Clamp-Forward Wandler

Diese Schaltungsvarianten, bzw. Topologien verwenden einen Resonanzkreis, der aus den Induktivitäten und Kapazitäten auf der Primärseite gebildet wird. Manchmal wird eine separate Induktivität in Reihe mit der Primärwicklung des Übertragers geschaltet, oft jedoch wird die Streuinduktivität bewusst erhöht, um so auf die zusätzliche Induktivität verzichten zu können. In der Regel ist die parasitäre Kapazität der schaltenden

I Grundlagen

Leistungshalbleiter zu niedrig, weshalb dem Resonanzkreis ein zusätzlicher Kondensator hinzugefügt wird.

Bei Active-Clamp-Topologien wird ein zusätzlicher Transistor zum Steuern und Ersetzen der Diode der Klemmschaltung hinzugefügt. Im Gegensatz zu einer Diode hat der Transistor, meist ein MOSFET, einen deutlich geringeren Spannungsabfall und dadurch geringere Verluste.

LLC-Wandler

6.13 LLC-Wandler

Der LLC-Wandler ist eine spezielle Wandlervariante, die zur Spannungsregelung anstelle des Dutycycles bzw. des Tastverhältnisses die Frequenzmodulation verwendet. Ziel dieser Schaltungsvariante ist es, den Wirkungsgrad durch Softschalten zu erhöhen, um Verluste bei höheren Schaltfrequenzen zu reduzieren. Das Schaltungsprinzip ist eine Kombination aus Serien- und Parallelschwingkreisen (Abbildung 1.182), bei der ein „Tank"-Schwingkreis zwischen der Quelle und der Last, als Teil eines Spannungsteilers, angeordnet ist. Die Quelle ist ein Rechtecksignal, also eine geschaltete Gleichspannung, mit einer definierten Frequenz. Bei Resonanz von L_R und C_R ist die Impedanz 0 und die volle Spannung der Quelle liegt an dem Übertrager (Primärwicklung L_M) und somit über die Senkundärwicklung an der Last. Durch Variieren der Frequenz des Quellsignals und somit der Impedanz des Resonanzkreises, bestehend aus L_R und C_R, ändert sich der Strom durch die primäre Übertragerwicklung L_M und damit die an die Last abgegebene Leistung.

Das Problem bei einem in Serie geschalteten Schwingkreis mit L_R und C_R besteht darin, dass die Frequenz unendlich hoch ansteigen müsste, wenn der Strom durch den Übertrager auf 0 fallen soll. Bei einem Parallelschwingkreis, bestehend aus L_M und C_R besteht das Problem hingegen darin, dass bei einer Änderung des Resonanzpunktes durch eine schwankende Last große Querströme durch den Resonanzkreis auftreten würden, die den Wirkungsgrad negativ beeinflussen.

Durch die Kombination der beiden Schwingkreise mit jeweils leicht unterschiedlichen Resonanzpunkten wird ein Spannungsteiler geformt, mit dem die Größe der an die Last abzugebenden Leistung effektiv geregelt werden kann. Ein weiterer Vorteil besteht darin, dass die beiden Induktivitäten L_R und L_M im Übertrager, also in einem Bauelement, kombiniert werden können. Die Kombination ermöglicht ein hohes Maß an präziser Regelung bei nur geringer Varianz der Schaltfrequenz.

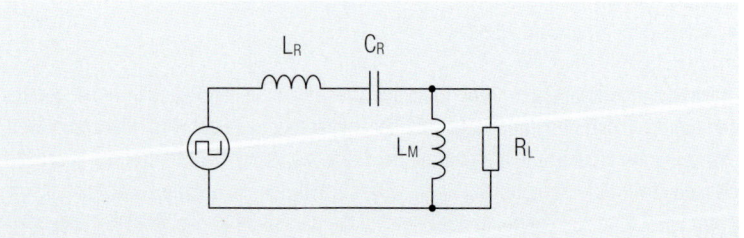

Abb. 1.182: Schaltungsprinzip der Schwingkreise des LLC-Wandlers

In Abbildung 1.183 ist das Prinzipschaltbild eines resonanten LLC-Halbbrückenwandlers dargestellt.

Die beiden Transistoren Q_1 und Q_2 werden konstant mit einem Tastverhältnis von knapp 50 % betrieben. Dies ermöglicht das Einstellen einer geringen Totzeit. Durch geschickte Wahl der Serieninduktivität und der Serienkapazität wird eine spannungsfreie Umschaltung der Transistoren möglich (ZVS), wodurch die Verluste in den Halbleitern erheblich reduziert werden.

Da es Grenzen für den Bereich der Frequenzänderung gibt, funktioniert diese Topologie gut, wenn ihr eine PFC-Stufe (Power Factor Correction) mit Vorregulierung der Eingangsspannung vorgeschaltet ist.

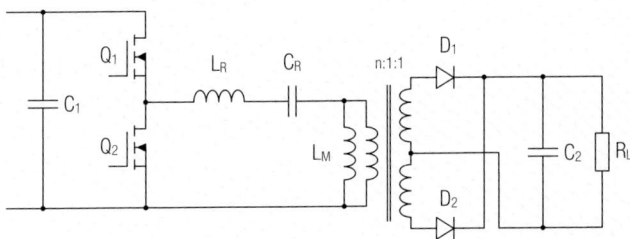

Abb. 1.183: Resonante LLC-Halbbrückenschaltung. Getrennte Darstellung der Primärwicklung und der Streuinduktivität LM zur Veranschaulichung des Konzeptes.

Übertrager, die in LLC-Wandler-Schaltungen verwendet werden, weisen eine große definierte Streuinduktivität auf. Sie werden oft auf zwei Teilspulen gewickelt, um die Streuinduktivität zu erhöhen, die durch ein Verhältnis zur magnetisierenden Induktivität der Primärwicklung definiert ist.

Da der Wandler mit einem Tastverhältnis von nahezu 50 % betrieben wird, liegt das Übersetzungsverhältnis nahe an der Ausgangsspannung dividiert durch die Eingangsspannung (unter Berücksichtigung von Spannungsabfällen durch Transistoren und Dioden). Die einzige Änderung, die vorgenommen werden muss, besteht in der Berücksichtigung der sekundären Streuinduktivität L_P, die eine Spannungserhöhung bewirkt und so das Übersetzungsverhältnis verfälscht. Die Zunahme MMIN am Resonanzpunkt beläuft sich auf:

$$M_{MIN} = \sqrt{\frac{L_P}{L_P - L_R}} = \sqrt{\frac{m}{m-1}} \qquad (1.155)$$

I Grundlagen

Wobei:

L_P = Primärmagnetisierungsinduktivität
L_R = Primärstreuinduktivität
m = Verhältnis der Streu- zur Primärinduktivität

Damit beläuft sich das Übersetzungsverhältnis auf:

$$n = \frac{N_P}{N_S} = \frac{U_{IN,MAX}}{2 \cdot (U_O + U_F)} \cdot M_{MIN} \qquad (1.156)$$

Ein ausführliches Beispiel finden Sie in Kapitel 3, Abschnitt 8.3.9.

6.14 Stromwandler

Netzteile mit Strommodusregelung benötigen eine Möglichkeit zur Messung des Stroms. Eine Methode ist die Verwendung eines Stromwandlers. Die Verluste sind minimal, denn typischerweise wird nur eine Windung für die Primärwicklung verwendet, der Ausgang ist skalierbar und der Wandler bietet zudem eine galvanische Trennung.

Zur Messung des Primärstroms wird die Primärwicklung mit dem Stromfluss in Reihe geschaltet. Der Strom wird dann durch Messen der Spannung an einem Bürdenwiderstand R_B bestimmt (Abbildung 1.184).

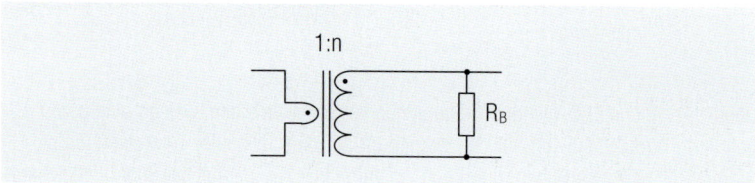

Abb. 1.184: Anwendungsbeispiel eines Stromwandlers

Die an R_B gemessene Spannung wird, wenn die Primärwicklung nur eine Windung hat, wie folgt angegeben:

$$U_{RB} = R_B \cdot \frac{I_{PRI}}{N_{SEC}} \qquad (1.157)$$

Wobei:

U_{RB} = Spannung am Bürdenwiderstand
R_B = Bürdenwiderstand

Wie bei der Funktionsweise eines Übertragers beschrieben, tritt auch hier ein Magnetisierungsstrom auf. Dieser wirkt sich auf das Ergebnis als Messfehler aus. Daher muss bei der Auswahl eines Stromwandlers der Magnetisierungsstrom berücksichtigt werden.

Er kann mit folgender Formel abgeschätzt werden:

$$I_{MAG,SEC} \cong \frac{1}{f} \cdot \frac{V_{RB}}{L_{SEC}} \qquad (1.158)$$

Klarer wird der Zusammenhang anhand eines Beispiels:

Es wird ein Stromwandler mit folgenden Eigenschaften gesucht:

Eingangsstrom: I = 1 bis 5 A
Frequenz: f = 100 kHz
Bürdenspannung: U_{RB} = 0,1 V bei 1 A
                       = 0,5 V bei 5 A
Genauigkeit: 10 %

Bei einem Übersetzungsverhältnis von 1:100 ergibt sich nach Gleichung 1.157 ein Bürdenwiderstand von 10 Ω. Die Genauigkeit soll beim Eingangsstrom von 1 A besser als 0,1 A sein, d. h., der auf die Sekundärseite übertragene Magnetisierungsstrom muss kleiner als 0,001 A sein. Aus Gleichung 1.159 berechnet sich die minimale Induktivität zu:

$$L_{SEC,MIN} = \frac{1}{100\ kHz} \cdot \frac{0.1\ V}{0.001\ A} = 1\ mH \qquad (1.159)$$

Beim Messen unipolarer Wellenformen empfiehlt es sich, eine Rückstellschaltung einzubeziehen, die eine Vormagnetisierung des Kerns verhindert. Dies lässt sich auf verschiedene Weise realisieren. Einer davon ist die Verwendung einer Zenerdiode als Gleichrichter. Wenn der Impulsstrom stoppt, erfolgt eine Polaritätsumkehrung der Sekundärspannung. Die Zenerspannung (ca. 10–15 V) bricht zusammen und stellt den Kern zurück. Eine weitere Methode ist die Verwendung einer Diode D_R und eines Widerstands R_R in Reihe über die Sekundärwicklung. Der Widerstandswert sollte so ausgewählt werden, dass der Maximalstrom I_{Fmax} der Gleichrichterdiode nicht überschritten wird.

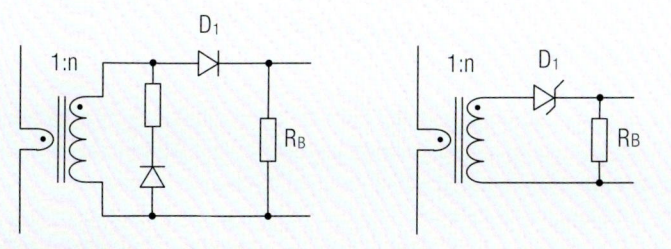

Abb. 1.185: Beispiele für eine Rückstellschaltungen beim Stromwandler

I Grundlagen

Gate-Drive-Transformer

6.15 Gate-Drive-Transformer, Gatetreiber Transformatoren

Viele Netzteiltopologien verwenden High-Side-Schalter, die ihrerseits entweder P-Kanal-MOSFETs oder High-Side-Treiber erfordern. Andere Anwendungen benötigen eine galvanische Trennung zwischen pegelschwachen Logiksignalen und Leistungsschaltern. Auch Synchrongleichrichter, die von der Primärseite angetrieben werden, benötigen isolierte Ansteuerungen.

Das Ansteuern mehrerer Leistungsschalter mit einem einzigen Steuersignal, oder die Erhöhung einer niedrigen Steuerspannung, sind weitere Anforderungen. Eine Variante des Impulsübertragers, die häufig für diese Zwecke verwendet wird, ist der Gate-Drive-Transformer bzw. -Übertrager. Dieses Bauteil bietet Impedanzanpassung, Umsetzung oder Transformation zwischen hohen und niedrigen Spannungen, mehrere Ausgänge und eine hohe Isolierung. Abbildung 1.186 zeigt ein Schaltungsbeispiel einer Gate-Treiber Schaltung mit Übertrager.

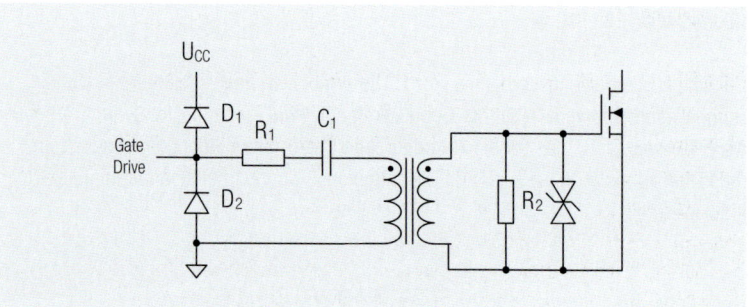

Abb. 1.186: Einfache Gate-Drive-Transformer-Schaltung

In der oben gezeigten Schaltung ermöglichen die Freilaufdioden D_1 und D_2 das ordnungsgemäße Rückstellen des Übertragers. Der Widerstand R_1 dient der Dämpfung der Schwingung, die aus der Resonanz zwischen C_1, dem Gleichstrom-Abblockkondensator und der Induktivität des Übertragers resultiert. Auf der Sekundärseite sorgt der Gate-Source-Widerstand R_2 dafür, dass der MOSFET nicht unerwartet eingeschaltet wird und die TVS-Diode wird für den Transientenschutz verwendet. Der Wert des Widerstands R_1 berechnet sich mit:

$$R_1 \geq 2 \cdot \sqrt{\frac{L_{MAG}}{C_1}} \qquad (1.160)$$

Wie bei allen Impulsübertragern sind auch hier Eigenschaften wie eine hohe Primärinduktivität, eine geringe Streuinduktivität und eine niedrige Wicklungseigenkapazität gewünscht. Die hohe Primärinduktivität reduziert den Magnetisierungsstrom, verringert so die primärseitigen Verluste und verhindert Verzerrungen der Ausgangswellenform. Die Streuinduktivität und die Wicklungskapazität beeinflussen die Anstiegs- und Abfallzeiten der Impulsflanken, deshalb sollte die Streuinduktivität des Übertragers möglichst gering sein.

Ein Qualitätsindikator (Q_i) für den Vergleich von Übertragern ist ein Parameter, der sich aus der Streuinduktivität und der Streukapazität zwischen den Windungen berechnet:

$$Q_i = \sqrt{L_{LEAKAGE} \cdot C_{WINDING}} \qquad (1.161)$$

Der Parameter hängt mit der Eigenresonanzfrequenz F_{SRF} des Übertragers zusammen, welche sich wie folgt berechnen lässt:

$$F_{SRF} = \frac{1}{2 \cdot \pi \cdot \sqrt{L_P \cdot C_D}} \qquad (1.162)$$

Wobei:

L_P: Primärinduktivität
C_D: Verteilte Streukapazität

Beim Einsatz von Gatetreiber-Transformatoren bzw. Übertragern sind verschiedene wichtige Aspekte zu beachten. Bei unipolaren Treiberimpulsen muss in jedem Fall ein Mechanismus zum „Zurücksetzen" des Kerns vorgesehen werden, um eine Vormagnetisierung des Kerns zu verhindern. Dies kann mit Freilaufdioden auf der Primärseite des Übertragers erreicht werden. Eine weitere Überlegung ist die Verwendung eines Gleichstrom-Abblockkondensators im Primärkreis, um die Gleichstromüberlagerung zu blockieren, die andernfalls zu einer Kernsättigung führen würde. Dies führt auch zu einer Pegelverschiebung, die sich mit dem Tastverhältnis ändert. Mit ansteigendem Tastverhältnis wird die für die Ansteuerung des Gates verfügbare Spannung verringert. Bei einem Tastverhältnis von 50 % liegt nur noch die Hälfte der ursprünglichen Speisespannung am Gate an. Es ist möglich, höhere Tastverhältnisse zu verwenden, indem eine Diode und ein Kondensator auf der Sekundärseite hinzugefügt werden, um den Gleichstromwert wiederherzustellen, das erfordert jedoch eine sorgfältige Signalanalyse und ein Abstimmen der Komponenten untereinander.

Eine wichtige Größe des Gatetreiber-Transformators ist das Produkt aus Zeit und Spannung, bis der Kern in die Sättigung gerät. Das Spannungs-Zeit-Produkt $U \cdot t$ (Einheit Voltsekunde) errechnet sich aus der Induktivität L und dem Sättigungsstrom I_{sat}. Bei der Auswahl des Transofrmator sollte dafür Sorge getragen werden, dass genügend Voltsekunden für die verwendete Frequenz und Impulsbreite vorhanden sind.

6.16 Eine Einführung in die Prinzipien der Frequenzgangkorrektur in Regelschleifen von DC-DC Konvertern

Frequenzgang-korrektur

Von allen bei der Entwicklung von Spannungsregler-Schaltungen zu berücksichtigenden Aspekten stellt die Frequenzgangkorrektur für die meisten unerfahrenen Ingenieure wahrscheinlich die größte Herausforderung dar. Selbst das eigentliche Layout der Leiterplatte, welches häufig erhebliche Kopfzerbrechen bereitet, scheint dagegen eine vergleichsweise harmlose Aufgabe zu sein. Die folgende Einführung in die Korrekturtechniken des Frequenzganges von Regelschleifen soll den Leser mit entsprechenden

I Grundlagen

Hintergrundwissen ausstatten. Angesichts der besonderen Natur des Themas kann hier leider nicht völlig auf mathematische Formeln verzichtet werden. Deren Zahl ist jedoch auf das für die Erklärung erforderliche Mindestmaß beschränkt und auf zusätzliche Einzelheiten, die den Lesefluss unterbrechen könnten, wurden weitestgehend verzichtet.

Die Notwendigkeit der Korrektur

Regelschleife

Der Spannungsregler muss die Ausgangsspannung in Abhängigkeit der Last ändern, um die Spannung am Ausgang in einem spezifizierten Bereich konstant zu halten. Dazu verwenden Spannungsregler eine Regelschleife mit sog. negativer Rückkopplung. So werden eventuell im Vorwärtszweig, der DC-Ausgangsspannung, aufgetretene Fehler, also Spannungsabweichungen, kompensiert (siehe Abbildung 1.187). In der Praxis hängen Amplitude und Phase, des im Vorwärts- und Rückkoppelzweig verlaufenden Signals, von der Reaktionszeit des Regelbausteins, von den Anstiegszeiten der Regelsignale und somit von einem Übertragungsfrequenzbereich der Regelschleife ab. So kann unter bestimmten Laständerungen am Ausgang des Konverters die Ausgangsspannung eventuell zu langsam oder zu schnell nachgeregelt werden, wodurch Spannungsüberhöhungen, Spannungseinbrüche, oder sogar Schwingvorgänge verursacht werden können.

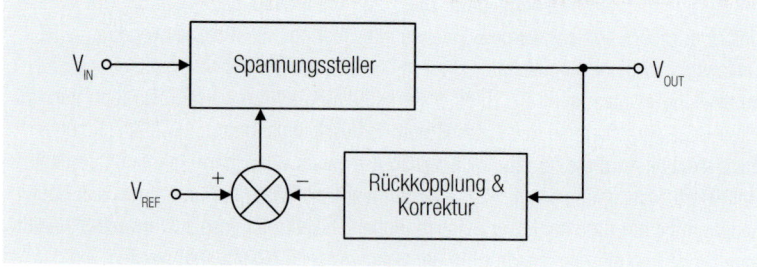

Abb. 1.187: Blockschaltbild eines Spannungsstellers mit negativer Rückkopplung

Frequenzgangkorrektur

Der Begriff Frequenzgangkorrektur beschreibt hier einen Rückkopplungskreislauf, bei dem der Frequenzgang des Vorwärtspfades, des Voltage controllers in Abbildung 1.187, berücksichtigt wird. Dieser muss durch den Frequenzgang des Rückkopplungssignals (Feedback & Compensation) so korrigiert werden, sodass das System in einem spezifizierten Rahmen stabil bleibt.

Stabilitätskriterium

Die wesentliche Voraussetzung für die Stabilität eines Systems mit negativer Rückkopplung ist folgende:

Bei einer Kreisphase von 360° muss die Kreisverstärkung unter 0 dB liegen[1]

Der Begriff Phasenreserve bezieht sich auf die gesamte Phase des Regelkreises bei der Frequenz, bei der die Kreisverstärkung 0 dB beträgt. Der Begriff Amplitudenreserve kennzeichnet die Kreisverstärkung bei der Frequenz, bei der die Kreisphase 360° hat (siehe Abbildung 1.188). Phasen- und Amplitudenreserve beschreiben die Stabilität eines negativen Rückkopplungssystems anhand quantitativer Parameter. Kurz gesagt weisen höhere Reserven auf ein stabileres System hin.

Eine typische Faustregel besagt, dass ein System mit einer Amplitudenreserve von über 10 dB und einer Phasenreserve von mehr als 45° in den meisten Anwendungen korrekt funktioniert.

---

[1] Eine Schleifenverstärkung von > 0 dB verursacht keine Instabilität, wenn die Phase der Schleife 0° beträgt, also keine Mitkopplung erfolgt. Dies ist vielleicht nicht auf den ersten Blick ersichtlich, lässt sich aber mathematisch nachweisen.

I Grundlagen

Amplitudenreserve

Phasenreserve

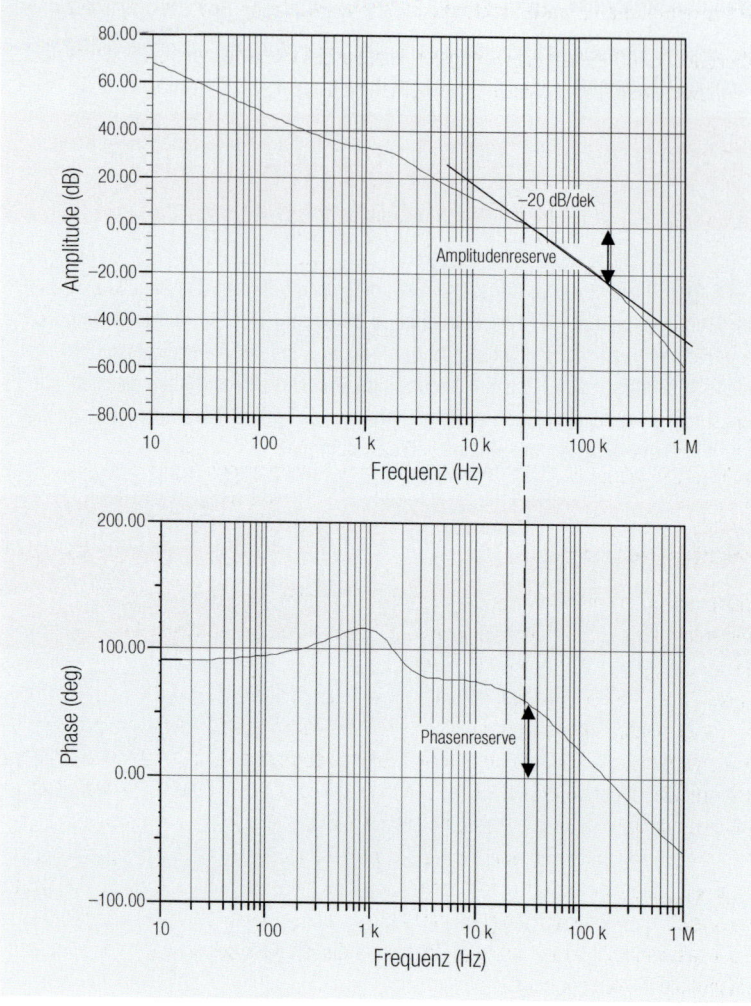

Abb. 1.188: Amplituden- und Phasenreserve eines geschlossenen Regelkreises mit negativer Rückkopplung

Aus diesem Stabilitätskriterium lässt sich eine weitere nützliche Faustregel ableiten:

> **Die Kurve der Kreisverstärkung am Schnittpunkt mit der 0 dB-Achse sollte einen Anstieg von −20 dB pro Dekade aufweisen. Wenn diese Bedingung erfüllt wird, weist die Schaltung sehr wahrscheinlich eine angemessene Leistungsregelung und Stabilität auf.**

Die wesentlichen Funktionsblöcke eines geschalteten Spannungsreglers

Abbildung 1.189 enthält die wichtigsten Funktionsblöcke eines idealen Schaltreglers, hier Abwärtswandlers (Schaltverluste werden nicht berücksichtigt).

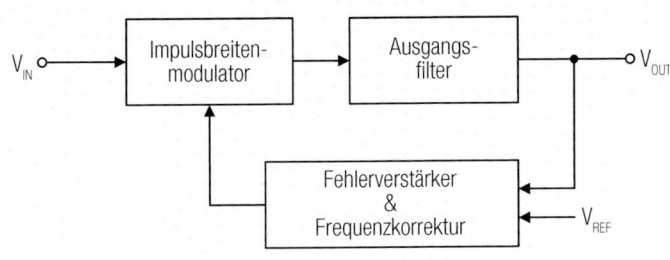

Abb. 1.189: Wesentliche Funktionsblöcke eines Abwärtswandlers

Impulsbreitenmodulator

Der Impulsbreitenmodulator erzeugt aus der Gleichspannung eine rechteckige Wellenform. Dieses Rechtecksignal wird in Abhängigkeit der erforderlichen Ausgangsspannung zyklisch ein- und ausgeschaltet. Der Impulsbreitenmodulator – in der Praxis eine MOSFET-Schaltstufe – wird durch das Ausgangssignal des Fehlerverstärkers angesteuert. In den meisten Fällen gilt, dass ein höheres Fehlersignal auch ein größeres Tastverhältnis am Modulatorausgang erzeugt. Abbildung 1.190 verdeutlicht den grundlegenden Aufbau eines typischen, in vielen DC-DC-Wandlern verwendeten Impulsbreitenmodulators. In dieser Schaltung wird das Ausgangssignal des Fehlerverstärkers (E_A) mit einer Sägezahnschwingung mit konstanter Amplitude verglichen. Bei $V_{EA} > V_{RAMP}$ gibt der Komparator einen hohen, bei $V_{EA} < V_{RAMP}$ einen niedrigen Wert aus. Wenn sich V_{EA} also in Abhängigkeit der Betriebsbedingungen verändert, ändert sich auch das vom Komparator erzeugte Tastverhältnis, so dass der Ausgang des Wandlers entsprechend korrigiert wird.

I Grundlagen

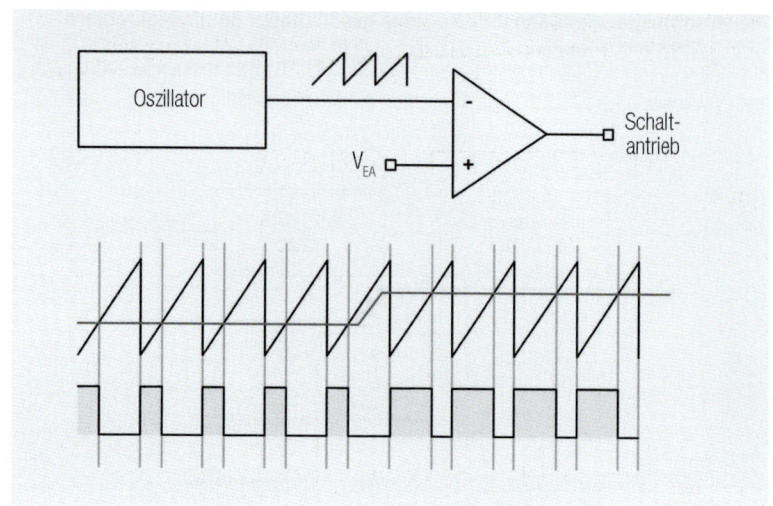

Abb. 1.190: Prinzip eines einfachen Impulsbreitenmodulators

Bei einem Abwärtswandler ergibt sich die durchschnittliche Ausgangsspannung des Impulsbreitenmodulators durch die Formel:

$$V_{OUT} = D \cdot V_{IN} \qquad (1.163)$$

wobei D das Tastverhältnis (Duty Cycle) des Modulatorausgangs ist. Da das Tastverhältnis vom Verhältnis zwischen V_{EA} und V_{RAMP} abhängt, lässt sich zeigen, dass die Schleifenverstärkung $G_{PWM(s)}$ des Modulators durch die folgenden Gleichungen wiedergegeben wird:

$$G_{PWM(s)} = \frac{V_{OUT(s)}}{V_{EA(s)}} \qquad (1.164)$$

$$G_{PWM(s)} = \frac{\frac{V_{EA(s)}}{V_{RAMP(s)}} \cdot V_{IN(s)}}{V_{EA(S)}} \qquad (1.165)$$

Damit vereinfacht sich $G_{PWM(S)}$ zu:

$$G_{PWM(s)} = \frac{V_{IN(s)}}{V_{RAMP(s)}} \qquad (1.166)$$

In der Praxis ist die Schleifenverstärkung $G_{PWM(S)}$ nicht von der Frequenz abhängig, sie variiert jedoch entsprechend der Höhe der Eingangsspannung. Diese Tatsache ist beim Entwurf der Korrekturschaltung zu berücksichtigen, da die Korrektur über den gesamten Bereich aller möglichen Eingangsspannungen hinweg wirksam sein muss.

Viele moderne DC/DC-Wandler sind bereits mit Modulatoren ausgestattet, die eine als „voltage-fed-forward" bezeichnete Funktion beinhalten (siehe Abbildung 1.191).

voltage-fed-forward

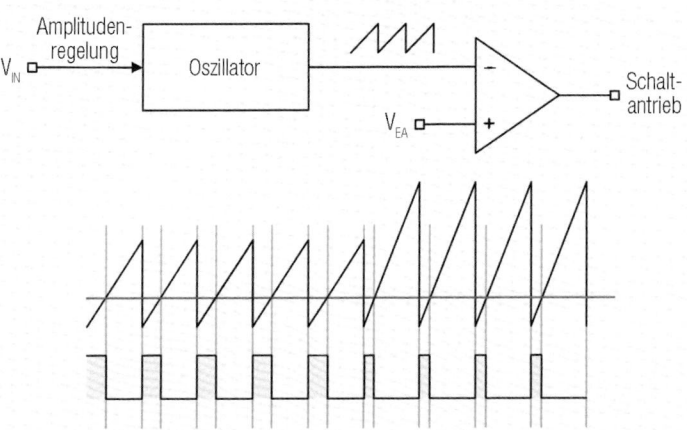

Abb. 1.191: Modulator mit "voltage-fed-forward"-Funktion

Diese Funktion korrigiert Veränderungen der Eingangsspannung automatisch und verbessert damit auch die Störfestigkeit des Wandlers gegen leitungsgebundene transiente Störgrößen erheblich. Sie macht die Schleifenverstärkung $G_{PWM(S)}$ auch unabhängig von der Eingangsspannung V_{IN}. Modulatorstufen, in denen eine „voltage-fed-forward"-Funktion zum Einsatz kommt, erzeugen ein Sägezahn-Signal, dessen Amplitude proportional zur Eingangsspannung ist:

$$V_{RAMP} = k \cdot V_{IN} \quad (1.167)$$

Die Amplitude des Impulsbreitenmodulators entspricht jetzt

$$G_{PWM(s)} = \frac{V_{IN}}{V_{RAMP}} \quad (1.168)$$

$$G_{PWM(s)} = \frac{V_{IN}}{k \cdot V_{IN}} \quad (1.169)$$

Somit vereinfacht sich die Funktion zu:

$$G_{PWM(s)} = \frac{1}{k} \quad (1.170)$$

I Grundlagen

Der DC/DC-Regler TPS40200 von TI ist zum Beispiel mit einem Impulsbreitenmodulator ausgestattet, dessen V_{RAMP} exakt einem Zehntel von V_{IN} entspricht, so dass seine Schleifenverstärkung $G_{PWM(S)}$ konstant bei 20 dB liegt.

Kontinuierlicher und diskontinuierlicher Modus

Kontinuierlicher und diskontinuierlicher Stromfluss

Die bisherigen Ausführungen unterlagen einer wesentlichen Voraussetzung: Wir hatten angenommen, dass der Wandler im kontinuierlichen (nicht lückenden) Betrieb arbeitet. Dabei fließt der Strom ununterbrochen in der Induktionsspule. Dagegen weist der Spulenstrom im diskontinuierlichen (lückenden) Betrieb über einen Teil des Tastverhältnisses hinweg einen Wert von Null auf.

Kontinuierlicher und diskontinuierlicher Stromfluss lassen sich am einfachsten anhand eines Abwärtswandlers erläutern (siehe Abbildung 1.192).

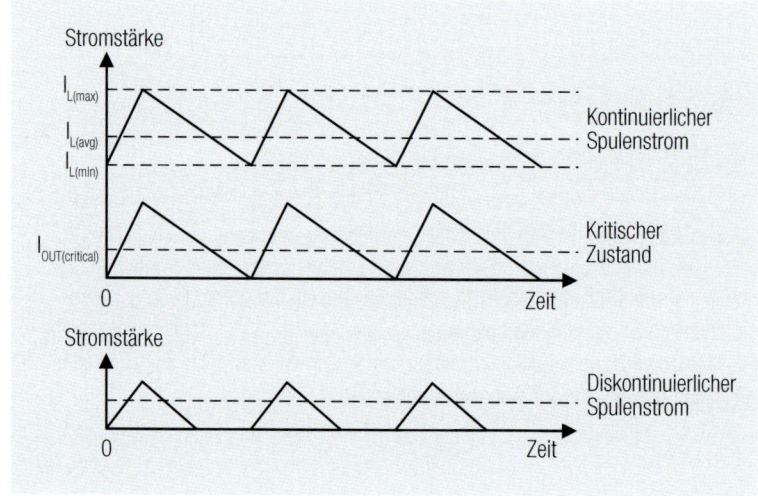

Abb. 1.192: Kontinuierlicher und diskontinuierlicher Stromfluss in einem Abwärtswandler

Ripplestrom I_r

In einem Abwärtswandler steigt und fällt der Spulenstrom linear, während der Durchschnittswert dem Ausgangsstrom des Wandlers entspricht. Die Größe des auf- und abfallenden Stromflusses wird als Ripplestrom i_r bezeichnet und beträgt typischerweise 20 % bis 30 % des Ausgangsstroms. Solange der Ausgangsstrom I_{OUT} über $I_{RIPPLE/2}$ liegt, fällt der Spulenstrom nie auf null ab und der Wandler arbeitet im kontinuierlichen Modus. Ein kritischer Zustand tritt auf, wenn der Ausgangsstrom exakt $I_{RIPPLE/2}$ entspricht. In diesem Fall erreicht der Spulenstrom für einen kurzen Moment Null, steigt jedoch sofort wieder an. Bei allen Werten unter $I_{RIPPLE/2}$ arbeitet ein nichtsynchroner Wandler im diskontinuierlichen Betrieb. Dies liegt daran, dass die Gleichrichterdiode des Wandlers den Strom nur in eine Richtung passieren lassen kann. Wenn der Spulenstrom auf null abgesunken ist, bleibt er so lange auf diesem Wert, bis der nächste Schaltzyklus beginnt.

Synchrone Wandler arbeiten dagegen immer im kontinuierlichen Betrieb. Als Gleichrichter kommt hier ein MOSFET zum Einsatz, der den Strom in beide Richtungen leitet. Wenn der Spulenstrom Null erreicht, kann er, soweit erforderlich, bei konstanter Änderungsrate auch einen negativen Wert annehmen (siehe Abbildung 1.193).

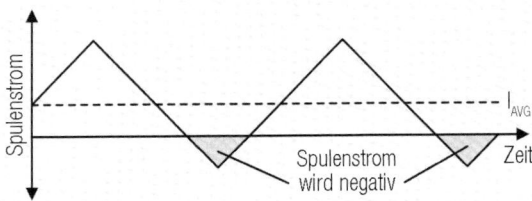

Abb. 1.193: Strom durch die Induktivität eines Synchronwandlers. Synchrone Wandler arbeiten immer im kontinuierlichen Betrieb

Die Betriebsart eines Wandlers spielt eine entscheidende Rolle, da der kontinuierliche und der diskontinuierliche Modus ein unterschiedliches Übertragungsverhalten aufweisen. Die Korrekturfunktion muss unabhängig vom jeweiligen Modus erfolgreich ausgeführt werden und bei stark schwankenden Belastungen des Wandlers auch beiden Betriebsarten gerecht werden.

Als Vergleich sollen die bekannten Übertragungsfunktionen eines einfachen Abwärtswandlers im kontinuierlichen und im diskontinuierlichen Betrieb betrachtet werden. Für den kontinuierlichen Modus gilt die Übertragungsfunktion:

$$V_{OUT} = V_{IN} \cdot D \qquad (1.171)$$

Im diskontinuierlichen Betrieb wird die Übertragungsfunktion folgendermaßen wiedergegeben:

$$V_{OUT} = V_{IN} \cdot \frac{1}{1 + \sqrt{\frac{8 \cdot L \cdot f}{R_L \cdot D^2}}} \qquad (1.172)$$

Im diskontinuierlichen Betrieb ändert sich die Amplitude des Modulators also mit der Last (R_L).

Ausgangsfilter

Bei der Regelung der Ausgangsspannung zeigen die Hoch- und Tiefsetzsteller-, Sperrwandler- und SEPIC-Topologien alle Eigenschaften eines doppelpoligen LC-Filters 2. Ordnung. Für die Tiefsetzsteller- bzw. Buck-Konverter Topologie wird die Knickfrequenz des Filters folgendermaßen beschrieben:

I Grundlagen

$$f_{LC} = \frac{1}{2 \cdot \pi \cdot \sqrt{L \cdot C}} \qquad (1.173)$$

Bei den Hochsetzsteller- und Sperrwandler-Topologien hängt die Knickfrequenz des Filters vom Tastverhältnis des Wandlers ab:

$$f_{LC} = \frac{1-D}{2 \cdot \pi \cdot \sqrt{L \cdot C}} \qquad (1.174)$$

ESR

Wenn der Ausgangskondensator im Wandler einen hohen ESR aufweist, ändert sich ab einer bestimmten Frequenz die Impedanz von vorwiegend kapazitiv auf resistiv. Der daraus resultierende Frequenzgang erreicht bei der folgenden Frequenz $f_{Z(ESR)}$ Null:

$$f_{Z(ESR)} = \frac{1}{2 \cdot \pi \cdot R_{ESR} \cdot C} \qquad (1.175)$$

Da dieser Nullwert den Frequenzgang des Vorwärtspfades beeinflusst, muss er beim Entwurf der Korrekturschaltung berücksichtigt werden. Abbildung 1.193 und Abbildung 1.194 verdeutlichen den Amplituden- und den Phasengang zweier 100 µF-Kondensatoren: Der erste ist ideal und rein kapazitiv, der zweite hat einen ESR von 0,3 Ω.

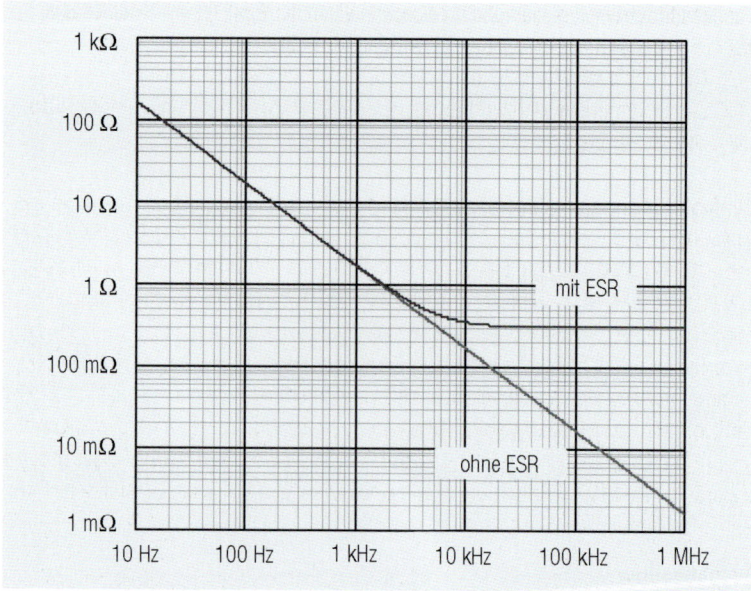

Abb. 1.194: Impedanzverlauf eines Kondensators über der Frequenz, mit und ohne ESR

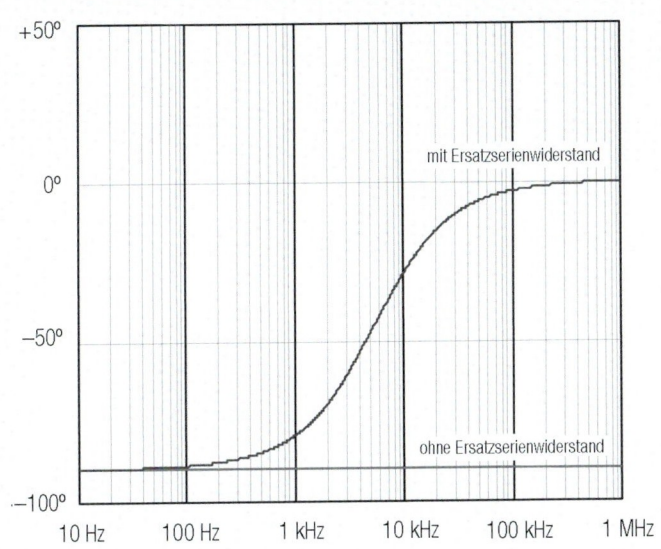

Abb. 1.195: Phasenverlauf eines Kondensators über der Frequenz, mit und ohne ESR

Im Allgemeinen sind Kondensatoren mit einem geringen Ersatzserienwiderstand wie z.B. Keramikausführungen zu bevorzugen, da sie die Welligkeit der Ausgangsspannung verringern, denn der Welligkeitsstrom erzeugt im Kondensator über dem geringen ESR einen nur kleinen Spannungsabfall. In der Praxis sind diese Bauteile oftmals jedoch teuer oder zu groß. Deshalb werden Kompromisse eingegangen und viele Spannungsregler-Schaltungen bewusst mit Kondensatoren entworfen, die einen gewissen Ersatzserienwiderstand aufweisen. Bei der Filterberechnung wird dann der ESR mitberücksichtigt.

Die Größe des Ersatzserienwiderstands des Ausgangskondensators spielt eine wesentliche Rolle, da der Anstieg der Änderungskurve des Filters oberhalb der Knickfrequenz von −40 dB auf −20 dB pro Dekade zurückgeht (siehe Abbildung 1.195). Wie bereits erwähnt, besteht ein wesentliches Ziel bei der Entwicklung einer Korrekturschaltung darin, beim Übergang einen Anstieg der Kreisverstärkung von −20 dB pro Dekade zu erreichen. Wenn der Übergang bei einer Frequenz erfolgt, die über dem Nullpunkt des Ersatzserienwiderstands liegt, braucht die Korrekturschaltung für einen stabilen Betrieb nur einen flachen Amplitudengang aufzuweisen (siehe Abschnitte zu den Korrekturtypen I, II und III). Die Phase eines idealen LC-Filters tendiert bei hohen Frequenzen außerdem zu −180°, während die Phase eines LC-Filters mit Ersatzserienwiderstand eher −90° annimmt (siehe Abbildung 1.196)

I Grundlagen

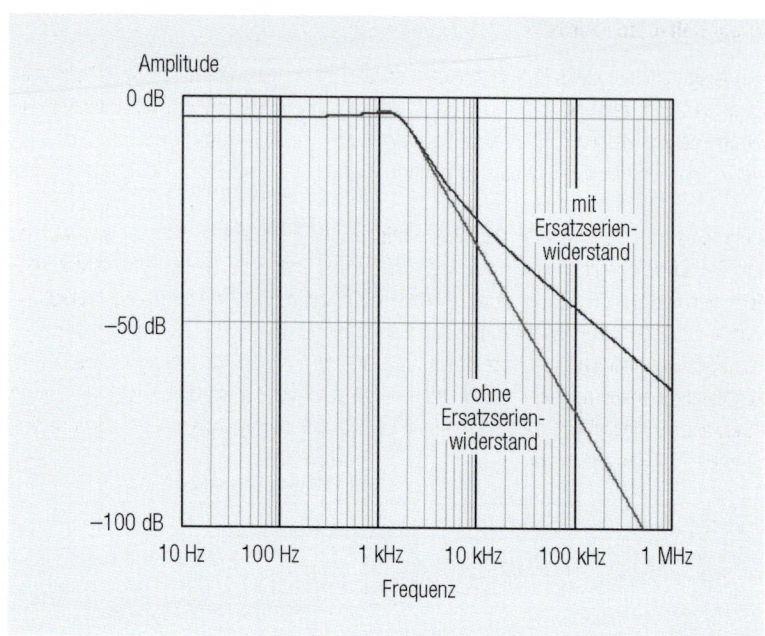

Abb. 1.196: Dämpfungsverlauf eines LC-Filters mit und ohne Ersatzserienwiderstand

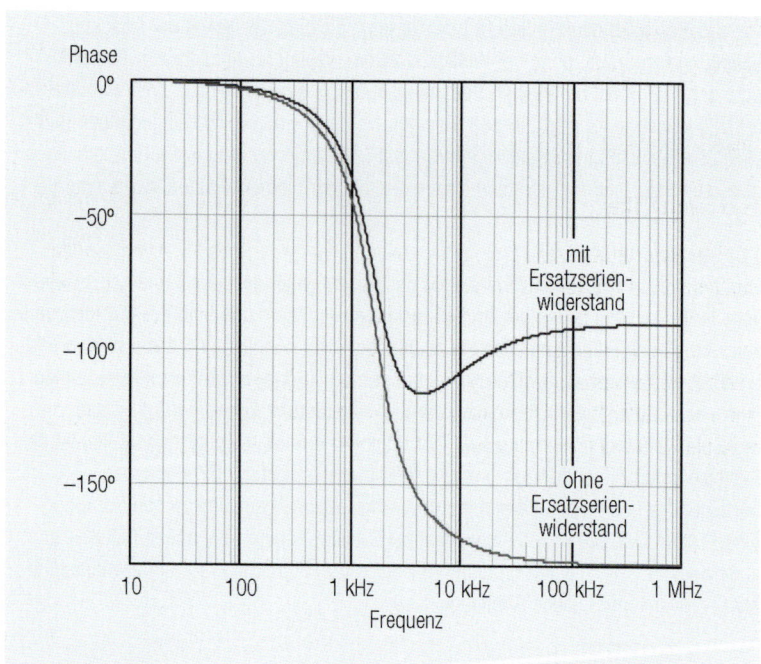

Abb. 1.197: Phasengang eines LC-Filters mit und ohne Ersatzserienwiderstand

Right half-plane zeros

Ein Ausgangsfilter eines im kontinuierlichen Betrieb arbeitenden Hochsetzstellers- oder Sperrwandlers zeigt ein merkwürdiges mathematisches Phänomen einer Nullstelle in der rechten Halbebene des Amplituden/Phasen-Frequenz Diagramms auf. Dieses Verhalten ist im Allgemeinen als „Right half-plane zero"- Phänomen bekannt.

Eine Nullstelle in der rechten Halbebene hat den gleichen Amplitudengang von +20 dB pro Dekade wie in der linken Halbebene, ihr Phasengang ist aber um -90° verschoben (d.h. verzögert). Eine Nullstelle auf der linken Halbebene hat einen um +90° verschobenen (voreilenden) Phasengang. Aufgrund dieser Kombination aus Phasenverzögerung und Abhängigkeit von Netzspannung und Lastbedingung können Nullstellen in der rechten Halbebene nur sehr schwer korrigiert werden. In der Praxis besteht die einzige zuverlässige Möglichkeit darin, die Kurve weit vor der geringstmöglichen Nullstellenfrequenz schneiden zu lassen.

Die Frequenz f_{RHP} der Nullstelle in einem Hochsetzsteller folgt der Formel:

$$f_{RHP} = \frac{R_0 \cdot (1 - D)^2}{2 \cdot \pi \cdot L} \qquad (1.176)$$

Die Frequenz f_{RHP} der Nullstelle in einem Sperrwandler folgt der Formel:

$$f_{RHP} = \frac{R_0 \cdot (1 - D)^2}{2 \cdot \pi \cdot L \cdot D} \qquad (1.177)$$

wobei R_0 dem äquivalenten Lastwiderstand entspricht.

Fehlerverstärker

Der Fehlerverstärker vergleicht die Ausgangsspannung U_{OUT} des Reglers mit einem Referenzwert und erzeugt ein Signal V_{EA}, mit dem Fehler, d.h. eine Differenz zwischen dem Soll- und dem Istwert des Ausgangssignals korrigiert werden. Da die Referenzspannung in den meisten Fällen unter der Ausgangsspannung des Reglers liegt, wird der Fehlerverstärker mit Hilfe eines Spannungsteilers an die von der jeweiligen Anwendung erforderliche Ausgangsspannung angepasst. Abbildung 1.198 zeigt die prinzipielle Konfiguration eines Fehlerverstärkers.

I Grundlagen

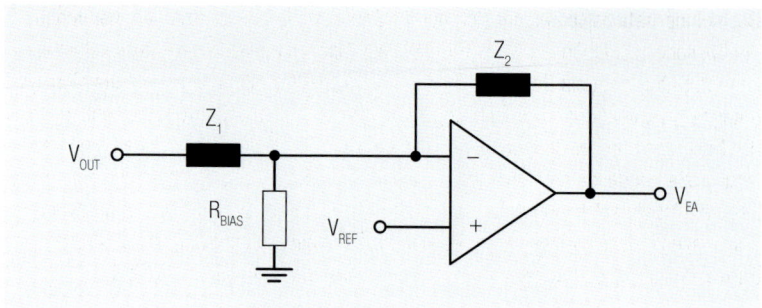

Abb. 1.198: Prinzipielle Konfiguration eines Fehlerverstärkers

In der Praxis ist Z_1 typischerweise ein zwischen V_{OUT} und den invertierenden Eingang des Fehlerverstärkers geschalteter Widerstand. Dieser legt gemeinsam mit R_{BIAS} und V_{REF} die DC-Ausgangsspannung des Reglers fest. Nicht sofort ersichtlich ist dabei, dass R_{BIAS} das Wechselstromverhalten der obigen Schaltung nicht beeinflusst und deshalb bei der Frequenzgangkorrektur ignoriert werden kann. R_{BIAS} ist deshalb in den folgenden Fehlerverstärkerschaltungen nicht mehr enthalten. Wenn nur die Ausgangsspannung einer schon korrekt kompensierten Schaltung geändert werden soll, ist es immer ratsam, nur den Widerstand R_{BIAS} zu ändern, da die schon angepasste Frequenzgangkorrektur der Schaltung davon unberührt bleibt.

Frequenzgang-korrektur

In Spannungsreglerschaltungen kommen im Allgemeinen drei verschiedene Kompensationstypen zum Einsatz: Typ I, Typ II und Typ III. Welcher davon für die konkrete Anwendung am besten geeignet ist, hängt von der Topologie des Wandlers und den im Vorwärtspfad verwendeten Komponenten ab.

Kompensationstyp I

Kompensationstyp I (Integrier)

Kompensationstyp I ist die einfachste Variante (siehe Abbildung 1.199). Der Frequenzgang weist am Anfang einen einzigen Maximalpunkt auf. Die Amplitude sinkt um 20 dB pro Dekade und schneidet die 0 dB-Achse bei dem Frequenzpunkt nach Formel 1.178.

$$f = \frac{1}{2 \cdot \pi \cdot R_1 \cdot C_1} \qquad (1.178)$$

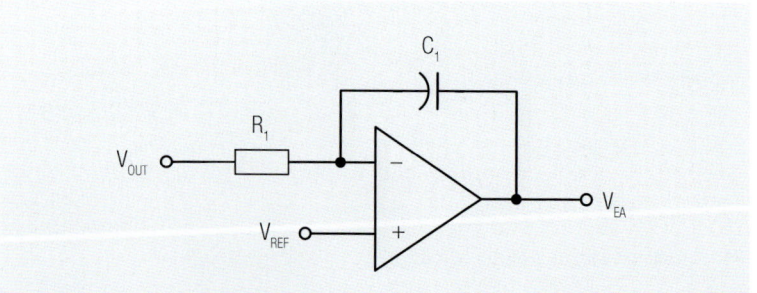

Abb. 1.199: Prinzipschaltbild, Kompensationstyp I

Der Kompensationstyp I eignet sich nur für Spannungsreglerschaltungen, bei denen die Phasenverschiebung im Vorwärtszweig sehr klein ist, was in der Praxis selten vorkommt. Daher zeigt ein Konverter oder Spannungsregler mit einem Kompensationstyp I (Integrierer) immer leichte Einschwingvorgänge bzw. verursacht große Auslenkungen in der Nachregelung der Spannung. Aus diesem Grund sind in solchen Schaltungen stets sehr große Kondensatoren zu finden, die den Steuerkreis verlangsamen. Für Batterieladegeräte ist ein solches Regelverhalten akzeptabel, in den meisten anderen Anwendungsfällen jedoch wird von einer Verwendung dringend abgeraten, da ein solches Regelverhalten in den meisten elektronischen Anwendungen inakzeptabel ist.

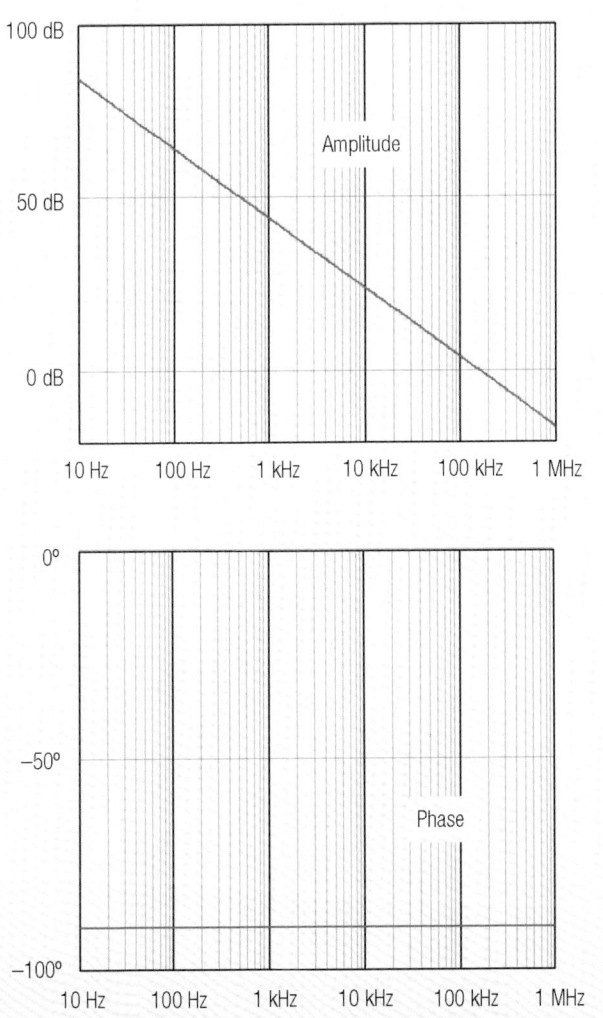

Abb. 1.200: Amplituden- und Phasengang bei Kompensationstyp I

I Grundlagen

Kompensationstyp II

Kompensationstyp II

Der Kompensationstyp II (Abbildung 1.200) ist die typische, am häufigsten verwendete Variante. Der Proportionalanteil, bestehend aus R_2 und C_1, ist für die Dämpfung zwingend erforderlich, um in der Praxis ein stabiles und schnelles Regelverhalten mit minimalem Unter-/Überschwingen bei Laständerungen zu erreichen. Der Kondensator C_2 wird in erster Linie zur Gegenkopplung des meist langsamen Steuerverstärkers für die hohe Schaltfrequenz des Schaltreglers verwendet. Je nach Anwendung können mehrere R_{2x}-C_{1x}-Glieder erforderlich sein, um die gewünschte Frequenzgangkorrektur zu erreichen. Dieser Steuerungstyp bietet auch für Gleichstrom die größte Verstärkung, was zu einer hohen statischen Genauigkeit der Ausgangsspannung führt. In der Mitte des interessanten Frequenzbereichs flacht der Frequenzgang ab (Abbildung 1.201), bevor er schließlich mit zunehmender Frequenz, primär aufgrund des Kondensators C_2, auf 0 fällt.

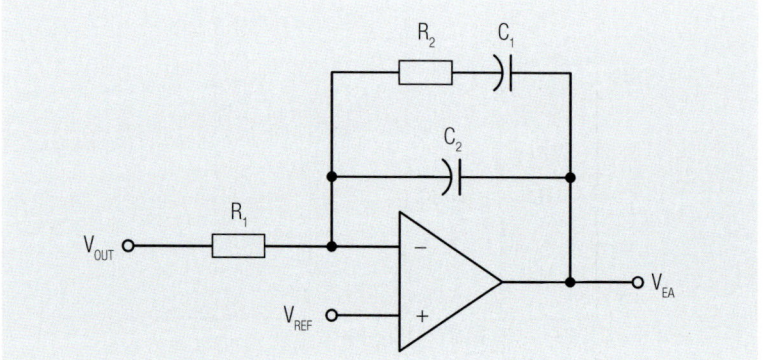

Abb. 1.201: Prinzipschaltbild, Kompensationstyp II

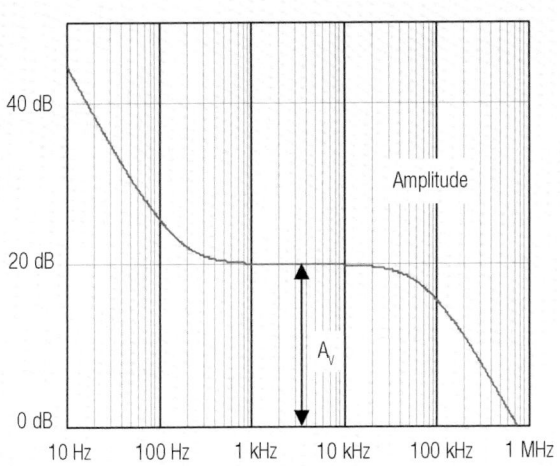

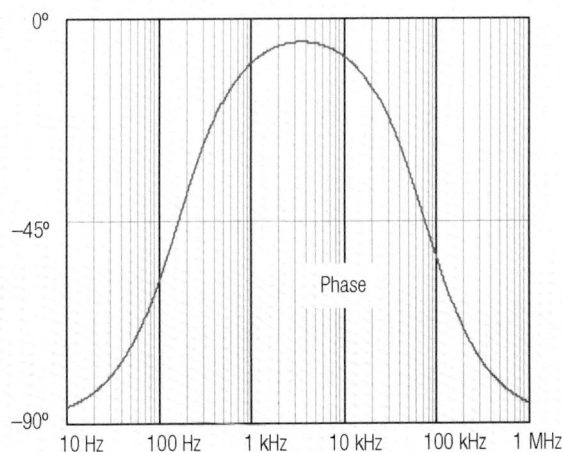

Abb. 1.202: Amplituden- und Phasengang bei Kompensationstyp II

Die wesentlichen Parameter dieser Schaltung sind:

$$A_V = \frac{R_2}{R_1} \qquad (1.179)$$

Dabei ist A_V die Verstärkung (vereinfacht) des Integrierers am Punkt A_V in Abbildung 1.202 oben.

Die Nullstelle f_Z der Gegenkopplung berechnet sich mit (C_2 vernachlässigt):

$$f_Z = \frac{1}{2 \cdot \pi \cdot R_2 \cdot C_1} \qquad (1.180)$$

I Grundlagen

Die Frequenz f_p am Pol (Punkt A_V) berechnet sich mit:

$$f_P = \frac{C_1 + C_2}{2 \cdot \pi \cdot R_2 \cdot C_1 \cdot C_2} \approx \frac{1}{2 \cdot \pi \cdot R_2 \cdot C_2} \qquad (1.181)$$

Kompensationstyp III

Kompensationstyp III

Der Kompensationstyp III ist die komplexeste Variante (siehe Abbildung 1.203). Im Amplitudengang folgen auf den Höchstwert am Anfang zwei Nullstellen und zwei Pole, wodurch zwei getrennte Bereiche mit konstanter Amplitude und Phase entstehen. In vielen Anwendungen treten die beiden Nullstellen und Pole jedoch bei der gleichen Frequenz auf, wodurch eine Sprungreaktion ohne flache Abschnitte hervorgerufen wird.

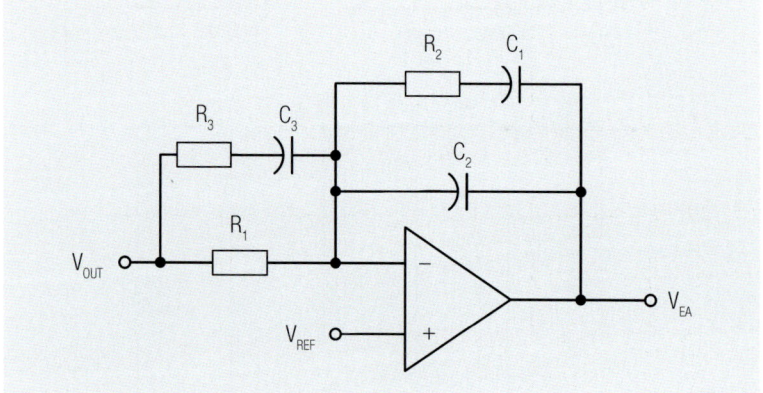

Abb. 1.203: Prinzipschaltbild, Kompensationstyp III

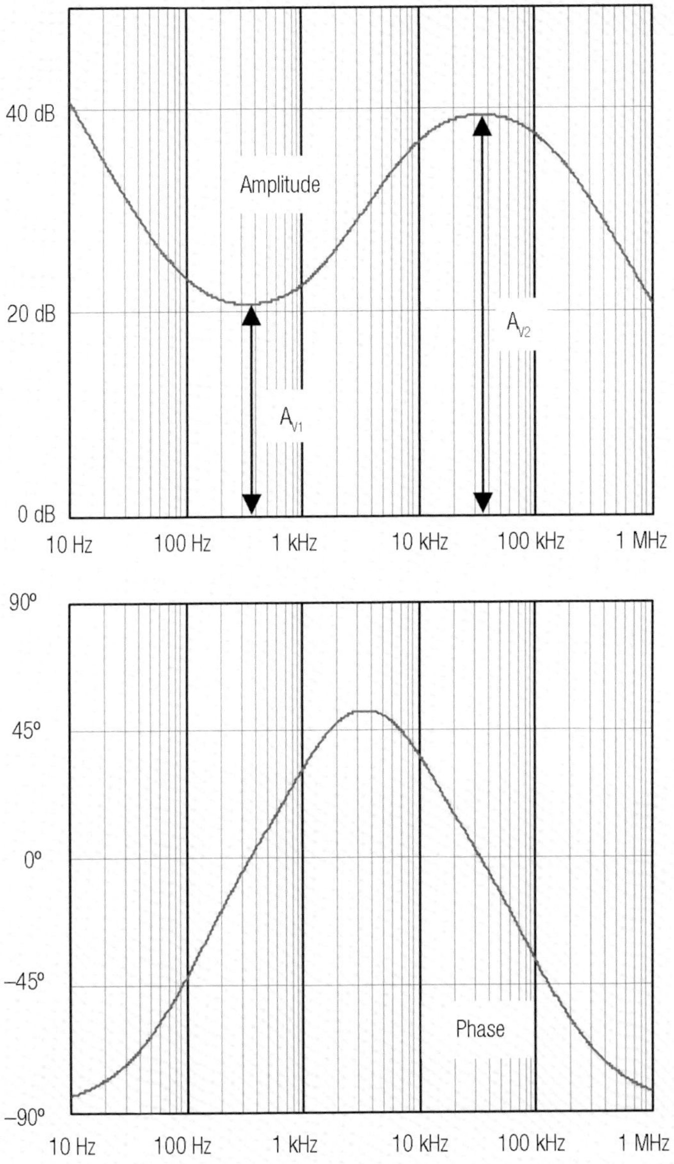

Abb. 1.204: Amplituden- und Phasengang beim Kompensationstyp III

I Grundlagen

Die wesentlichen Parameter dieser Schaltung sind:

Die Verstärkung am Punkt A_{V1} (Näherung):

$$A_{V1} = \frac{R_2}{R_1} \quad (1.182)$$

Die Verstärkung am Punkt A_{V2} (Näherung):

$$A_{V2} = \frac{R_2 \cdot (R_1 + R_3)}{R_1 \cdot R_3} \quad (1.183)$$

Nullstelle um A_{V1} unter Vernachlässigung von C_3 und R_3:

$$f_{Z1} = \frac{1}{2 \cdot \pi \cdot R_2 \cdot C_1} \quad (1.184)$$

Nullstelle um A_{V2} unter Vernachlässigung von C_2 und R_2:

$$f_{Z2} = \frac{1}{2 \cdot \pi \cdot (R_1 + R_3) \cdot C_3} \quad (1.185)$$

Die Pole, d.h. Minimum und Maximum, berechnen sich mit:

$$f_{P1} = \frac{C_1 + C_2}{2 \cdot \pi \cdot R_2 \cdot C_1 \cdot C_2} \quad (1.186)$$

$$f_{P2} = \frac{1}{2 \cdot \pi \cdot R_3 \cdot C_3} \quad (1.187)$$

Übergangsfrequenz

Die Übergangsfrequenz ist der Punkt, bei der die gesamte Kreisverstärkung 0 dB ist. Je höher diese Übergangsfrequenz ausfällt, desto schneller reagiert der Regelkreis auf Änderungen und desto besser ist der Kreis gegen transiente Störgrößen gesichert. Aus verschiedenen theoretischen und praktischen Gründen, wie z.B. Regelstabilität, Rauschfaktor, Störfestigkeit und Kosten von Bauelementen, werden allerdings keine sehr hohen Übergangsfrequenzen verwendet. In der Praxis kommen in der Regel Werte zwischen einem Zehntel und einem Sechstel der Schaltfrequenz zum Einsatz.

K-Faktor

Zur Berechnung von Kompensationsschaltungen wird oft ein sogenannter K-Faktor verwendet. Dieser enthält bereits vorberechnete Werte für einige der zentralen Beziehungen und vereinfacht so die Rechnungen erheblich. Der K-Faktor beschreibt so die

Positionen der Pole (f_p) und Nullstellen (f_z) im Kompensationsschaltkreis im Verhältnis zur Übergangsfrequenz wie folgt:

$$f_z = \frac{F_{co}}{K} \qquad (1.188)$$

$$f_P = K \cdot f_{co} \qquad (1.189)$$

Wenn die Frequenz logarithmisch dargestellt wird, liegt f_{co} exakt in der Mitte zwischen f_z und f_p. Es zeigt sich, dass der Phasenanstieg der Schaltung an diesem Punkt immer ein Maximum erreicht, was beim Design von Vorteil ist.

Als der K-Faktor zum ersten Mal bei der Entwicklung von Kompensationsschaltungen verwendet wurde, waren die typischen Schaltfrequenzen noch viel kleiner als heute. Deshalb sind die Pole und Nullstellen jetzt im Allgemeinen nicht mehr symmetrisch um die Übergangsfrequenz angeordnet. Die Tabelle. 1.16 und Tabelle. 1.17 enthalten die Werte für den Amplituden- und den Phasengang der Kompensationsschaltungen des Typs II und des Typs III unter der Annahme, dass die Pole und Nullstellen nicht symmetrisch um die Übergangsfrequenz angeordnet sind, sondern über zwei K-Faktoren damit verknüpft sind, wie in den Formeln 1.190 und 1.191 definiert:

$$f_z = \frac{f_{co}}{K_1} \qquad (1.190)$$

$$f_P = K_2 \cdot f_{co} \qquad (1.191)$$

Hinweis: Für Typ III wird angenommen, dass beide Pole und beide Nullstellen bei der gleichen Frequenz auftreten.

I Grundlagen

K_2 \ K_1	10	20	30	40	50	60	70	80	90	100
1,2	−225,5°	−222,7°	−221,7°	−221,2°	−221,0°	−220,8°	−220,6°	−220,5°	−220,4°	−220,4°
1,4	−221,2°	−218,4°	−217,4°	−217,0°	−216,7°	−216,5°	−216,4°	−216,3°	−216,2°	−216,1°
1,6	−217,7°	−214,9°	−213,9°	−213,4°	−213,2°	−213,0°	−212,8°	−212,7°	−212,6°	−212,6°
1,8	−214,8°	−211,9°	−211,0°	−210,5°	−210,2°	−210,0°	−209,9°	−209,8°	−209,7°	−209,6°
2	−212,3°	−209,4°	−208,5°	−208,0°	−207,7°	−207,5°	−207,4°	−207,3°	−207,2°	−207,1°
3	−204,1°	−201,3°	−200,3°	−199,9°	−199,6°	−199,4°	−199,3°	−199,2°	−199,1°	−199,0°
4	−199,7°	−196,9°	−195,9°	−195,5°	−195,2°	−195,0°	−194,9°	−194,8°	−194,7°	−194,6°
5	−197,0°	−194,2°	−193,2°	−192,7°	−192,5°	−192,3°	−192,1°	−192,0°	−191,9°	−191,9°
6	−195,2°	−192,3°	−191,4°	−190,9°	−190,6°	−190,4°	−190,3°	−190,2°	−190,1°	−190,0°
7	−193,8°	−191,0°	−190,0°	−189,6°	−189,3°	−189,1°	−188,9°	−188,8°	−188,8°	−188,7°
8	−192,8°	−190,0°	−189,0°	−188,6°	−188,3°	−188,1°	−187,9°	−187,8°	−187,8°	−187,7°
9	−192,1°	−189,2°	−188,2°	−187,8°	−187,5°	−187,3°	−187,2°	−187,1°	−187,0°	−186,9°
10	−191,4°	−188,6°	−187,6°	−187,1°	−186,9°	−186,7°	−186,5°	−186,4°	−186,3°	−186,3°

Tab. 1.16: Phasenwechsel in einer Kompensationsschaltung des Typs II

K_2 \ K_1	10	20	30	40	50	60	70	80	90	100
1,2	−181,0°	−175,3°	−173,4°	−172,5°	−171,9°	−171,5°	−171,2°	−171,0°	−170,9°	−170,8°
1,4	−172,5°	−166,8°	−164,9°	−163,9°	−163,4°	−163,0°	−162,7°	−162,5°	−162,3°	−162,2°
1,6	−165,4°	−159,7°	−157,8°	−156,9°	−156,3°	−155,9°	−155,6°	−155,4°	−155,3°	−155,2°
1,8	−159,5°	−153,8°	−151,9°	−151,0°	−150,4°	−150,0°	−149,7°	−149,5°	−149,4°	−149,3°
2	−154,6°	−148,9°	−146,9°	−146,0°	−145,4°	−145,0°	−144,8°	−144,6°	−144,4°	−144,3°
3	−138,3°	−132,6°	−130,7°	−129,7°	−129,2°	−128,8°	−128,5°	−128,3°	−128,1°	−128,0°
4	−129,5°	−123,8°	−121,9°	−120,9°	−120,4°	−120,0°	−119,7°	−119,5°	−119,3°	−119,2°
5	−124,0°	−118,3°	−116,4°	−115,5°	−114,9°	−114,5°	−114,3°	−114,1°	−113,9°	−113,8°
6	−120,3°	−114,6°	−112,7°	−111,8°	−111,2°	−110,8°	−110,6°	−110,4°	−110,2°	−110,1°
7	−117,7°	−112,0°	−110,1°	−109,1°	−108,6°	−108,2°	−107,9°	−107,7°	−107,5°	−107,4°
8	−115,7°	−110,0°	−108,1°	−107,1°	−106,5°	−106,2°	−105,9°	−105,7°	−105,5°	−105,4°
9	−114,1°	−108,4°	−106,5°	−105,5°	−105,0°	−104,6°	−104,3°	−104,1°	−104,0°	−103,8°
10	−112,8°	−107,1°	−105,2°	−104,3°	−103,7°	−103,3°	−103,1°	−102,9°	−102,7°	−102,6°

Tab. 1.17: Phasenwechsel in einer Kompensationsschaltung des Typs III

K_1	Typ II	Typ III
10	0 dB	20,0 dB
20	0 dB	26,0 dB
30	0 dB	29,5 dB
40	0 dB	32,0 dB
50	0 dB	34,0 dB
60	0 dB	35,6 dB
70	0 dB	36,9 dB
80	0 dB	38,1 dB
90	0 dB	39,1 dB
100	0 dB	40,0 dB

Tab. 1.18: *Verstärkung bei f_z und f_{co} in Kompenastionsschaltungen des Typs II und III*

Diese Tabellen erweisen sich als überaus nützlich, weil daraus hervorgeht, wie die relativen Positionen der Pole und Nullstellen den Phasengang der Korrekturschaltung an der Übergangsfrequenz beeinflussen. Im Allgemeinen wird eine Kompensationsschaltung folgendermaßen entwickelt:

- Erzeugung der Bode-Plots des Pulsweiten-Modulators.
- Auswahl einer geeigneten Übergangsfrequenz mit Hilfe der Faustregel, dass f_{co} zwischen $f_{co}/10$ und $f_{co}/6$ liegen sollte.
- Bestimmen anhand des Amplittudenverlaufs aus den Bode-Plots, ob Kompensationstyp II oder III verwendet werden soll.
- Ermittlung anhand der Bode-Plots, welchen Wert die Amplitude des Pulsweiten-Modulators an der Übergangsfrequenz aufweist.
- Positionierung der Nullstelle(n) der Kompensationsschaltung, etwa eine Oktave unter der Eckfrequenz des Ausgangsfilters und Berechnung von:

$$K_1 = \frac{f_{co}}{f_z} \qquad (1.192)$$

- Berechnung der maximalen Phasenverzögerung in der Kompensationsschaltung, sowie des dafür erforderlichen Mindestwertes von K_2 nach Tabelle. 1.16 oder Tabelle. 1.17. Berechnung der Frequenz an den Polen der Kompensationsschaltung gemäß

$$f_P = K_2 \cdot f_{co} \qquad (1.193)$$

- Berechnung der Werte der Einzelkomponenten der Kompensationsschaltung.

Bode-Plots

I Grundlagen

Das folgende Beispiel aus dem Datenblatt für den TPS40200 von TI verdeutlicht, wie dieser Ablauf in der Praxis durchgeführt wird:

Beispiel 1

Zunächst müssen die Bodediagramme der Modulator-Kennlinie erstellt werden (Abbildung 1.206). Dies kann auf verschiedene Weisen geschehen, am schnellsten und einfachsten ist es aber in der Regel, ein Schaltungssimulationsprogramm wie LTSPICE oder TINA zu verwenden. Abbildung 1.205 zeigt die Ersatzschaltung zur Erzeugung der Bodediagramme.

U_1 ist ein idealer Operationsverstärker mit der Grundverstärkung des Impulsbreitenmodulators von 20 dB (a = 20 log (R_2/R_1)). R_3 simuliert den Ersatzserienwiderstand (ESR) von C_1 und R_4 simuliert eine Last mit 1,32 Ω, entsprechend 2,5 A bei 3,3 V.

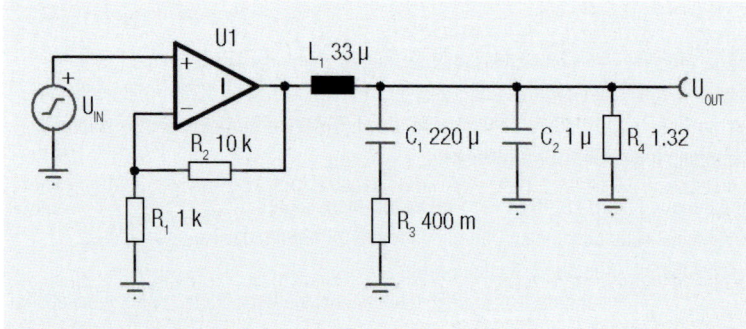

Abb. 1.205: Ersatzschaltung des Modulators

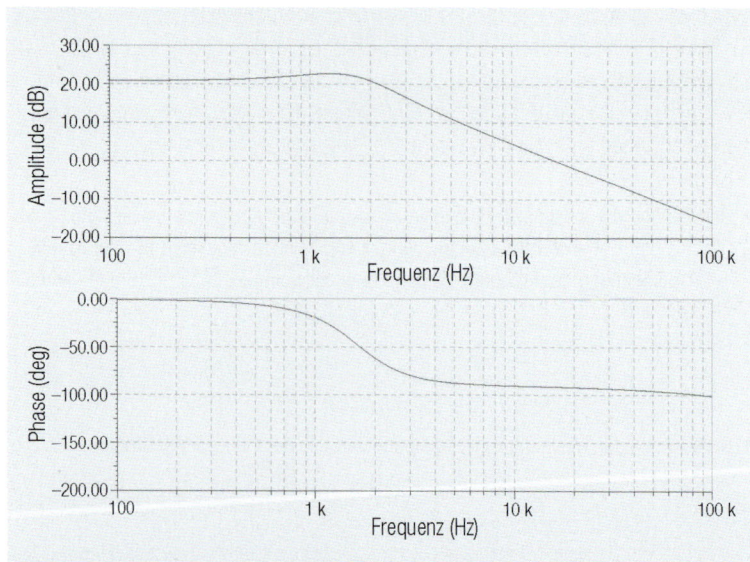

Abb. 1.206: Bodediagramme des Modulators aus Beispiel 1

Als nächstes werden die Eckfrequenzen des LC-Filters und die Nullstelle des Ersatzserienwiderstands berechnet:

$$f_{LC} = \frac{1}{2 \cdot \pi \cdot \sqrt{L \cdot C}} \quad (1.194)$$

$$f_{LC} = \frac{1}{2 \cdot \pi \cdot \sqrt{33\,\mu H \cdot 220\,\mu F}} = 1{,}87\,kHz \quad (1.195)$$

$$f_{ESR} = \frac{1}{2 \cdot \pi \cdot R_{ESR} \cdot C} \quad (1.196)$$

$$f_{ESR} = \frac{1}{2 \cdot \pi \cdot 0{,}4\,\Omega \cdot 220\,\mu F} = 1{,}81\,kHz \quad (1.197)$$

Aus den obigen Werten geht hervor, dass die Knickfrequenz des LC-Filters und die Nullstelle des Ersatzserienwiderstands nahezu übereinstimmen. Der Filter weist also eine einpolige Reaktion auf, so dass der einfachere Korrekturtyp II verwendet werden kann.

Die im vorigen Abschnitt erwähnte Faustregel empfiehlt eine Filter-Übergangsfrequenz zwischen 1/10 und 1/6 der Schaltfrequenz. Der TPS40200 kann mit einer Frequenz zwischen 35 kHz und 500 kHz getaktet werden. Bei ca. 300 kHz Schaltfrequenz ergibt sich hier also einen Wert zwischen 30 und 60 kHz. Aus den Bodediagrammen wird deutlich, dass die Amplitude des Modulators zwischen diesen beiden Frequenzen etwa von −5,3 dB bis −11,4 dB reicht. Der Fehlerverstärker muss in seinem flachen Reaktionsbereich deshalb eine Verstärkung zwischen 5,3 und 11,4 dB aufweisen, was ein durchaus angemessener Wert ist. Wenn mehr als 20 dB erforderlich wären, sollte eine niedrigere Übergangsfrequenz gewählt werden, für die eine geringere Verstärkung des Fehlerverstärkers ausreichen würde. Hier wird eine Übergangsfrequenz von 40 kHz gewählt.

Bei 40 kHz beträgt die Phasendrehung des Modulators laut Bodediagramm 94°. Um bei dieser Frequenz eine Mindest-Phasenreserve von 45° sicherzustellen, sollte die Phasendrehung in der Kompensationsschaltung die folgenden Werte nicht überschreiten:

$$\Theta_{COMP} = 360° - \Theta_{PM} - \Theta_{LC} \quad (1.198)$$

$$\Theta_{COMP} = 360° - 45° - 94° = 221° \quad (1.199)$$

I Grundlagen

wobei:

θ_{COMP}: Phasenverzögerung in der Kompensationsschaltung
θ_{PM}: Kleinste gewünschte Phasenreserve
θ_{LC}: Phasenverzögerung im Ausgangsfilter

Gemäß der bekannten Faustregel wird die Nullstelle des Korrekturtyps II auf 1 kHz gesetzt, etwa eine Oktave unter der ersten Eckfrequenz des Ausgangsfilters von 1,87 kHz. Dadurch verschiebt sich die Phase im Regelkreis um etwa +45°, bevor durch die Verzögerung des Ausgangsfilters wirksam werden kann. Jetzt kann der Parameter K_1 folgendermaßen berechnet werden.

$$K_1 = \frac{f_{co}}{f_z} = \frac{40\ kHz}{1\ kHz} = 40 \qquad (1.200)$$

Aus der Spalte $K_1 = 40$ der Tabelle. 1.17 lässt sich der Mindestwert von K_2 ermitteln, bei dem die gesamte Phasenverzögerung im Regelkreis unter $\Theta_{COMP} = 221°$ bleibt. In diesem Beispiel wird jeder Wert für K_2 ab 1,2 dieser Anforderung gerecht. Bei $K_2 = 2$ kann sicher davon ausgegangen werden, dass die Phasenreserve der Schaltung deutlich über 45° liegt. Der Pol des Korrekturtyps II liegt deshalb auf der Frequenz:

$$f_p = K_2 \cdot f_{co} = 2 \cdot 40\ kHz = 80\ kHz \qquad (1.201)$$

Aus den entsprechenden Bodediagrammen wird deutlich, dass die Amplitude des Modulators bei 40 kHz einem Wert von −7,82 dB entspricht. Um beim Übergang eine Kreisverstärkung von insgesamt 0 dB zu erreichen, muss die Amplitude im geschlossenen Regelkreis des Fehlerverstärkers bei dieser Frequenz also 7,82 dB betragen.

Jetzt liegen alle Informationen vor, die zur Berechnung der Werte der Filterkomponenten benötigt werden:

f_{CO} = 40 kHz
f_z = 1 kHz
f_p = 80 kHz
G = 7.82 dB (10exp(7,82/20) = 2.46)

$$R_2 = G \cdot R_1 \qquad (1.202)$$

$$R_2 = 2{,}46 \cdot 100\ k\Omega = 246\ k\Omega \qquad (1.203)$$

$$C_1 = \frac{1}{2 \cdot \pi \cdot R_2 \cdot f_z} \qquad (1.204)$$

$$C_1 = \frac{1}{2 \cdot \pi \cdot 246\,k\Omega \cdot 10\,kHz} = 647\,pF \qquad (1.205)$$

Gewählt: $C_1 = 680\,pF$

$$C_2 = \frac{1}{2 \cdot \pi \cdot R_2 \cdot f_p} \qquad (1.206)$$

$$C_2 = \frac{1}{2 \cdot \pi \cdot 246\,kHz \cdot 80\,kHz} = 8{,}09\,pF \qquad (1.207)$$

Gewählt: $C_2 = 10\,pF$

Abbildung 1.207 zeigt den Phasen- und Amplitudengang mit den oben berechneten Werten. Der Übergang erfolgt bei 35 kHz. Die Frequenz weicht vom ermittelten Wert von 40 kHz ab, da die Werte der verwendeten Standardkomponenten nicht exakt den berechneten Werten entsprechen. Die Amplituden- und Phasenreserve weisen angemessene Werte von 23,2 dB bzw. 56,7° auf.

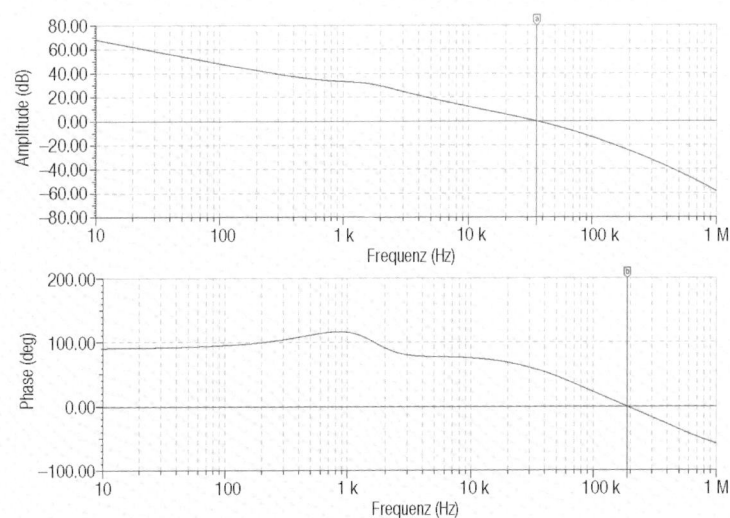

Abb. 1.207: Amplituden- und Phasenreserve der Schaltung mit berechneten Filterwerten

Das obige Beispiel unterliegt einer wesentlichen Annahme: Der Operationsverstärker des Fehlerverstärkers muss im Leerlauf eine ausreichend hohe Leerlaufverstärkung aufweisen, um im geschlossenen Regelkreis die gewünschten Eigenschaften zeigen zu können. Der im TPS40200 verwendete Fehlerverstärker hat eine Leerlaufverstärkung

I Grundlagen

von 123,5 dB und eine einzige Polstelle, so dass seine Amplitude pro Dekade um 20 dB abfällt. Die Amplitude im offenen Regelkreis entspricht bei 40 kHz also:

$$A_{40\,kHz} = 123{,}5\ dB - 20 \cdot \log(40\ kHz) = 31{,}5\ dB \qquad (1.208)$$

Mit dieser Leerlaufverstärkung ist eine sichere Funktion des Filters gewährleistet, Abbildung 1.208 zeigt den idealen Verlauf der Kompensationsschaltung und den tatsächlichen Kurvenverlauf mit dem Fehlerverstärker des TPS40200.

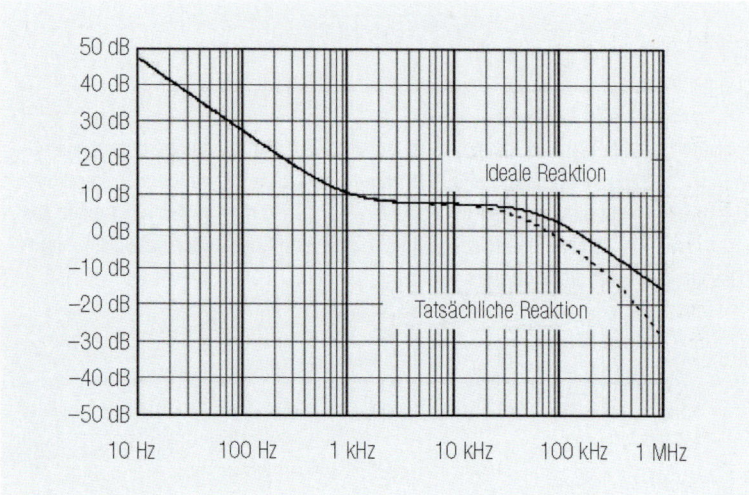

Abb. 1.208: Ideale und tatsächliche Reaktion der Kompensationsschaltung

Beispiel 2

In diesem Beispiel wird die Schaltung aus Abbildung 44 des TPS40200-Datenblatts (SLU659G-2014) verwendet. Die Anwendung generiert aus einer Eingangsspannung von 18 bis 50 V eine Ausgangsspannung von 16 V bei einem Strom von 1 A. Der Abwärtsregler arbeitet mit einer Schaltfrequenz von 200 kHz und verwendet Ausgangskondensatoren mit vernachlässigbarem ESR, sodass eine Typ-III-Korrektur erforderlich ist. Abbildung 1.209 verdeutlicht die Ersatzschaltung des Modulators. Abbildung 1.210 enthält die Bode-Plots.

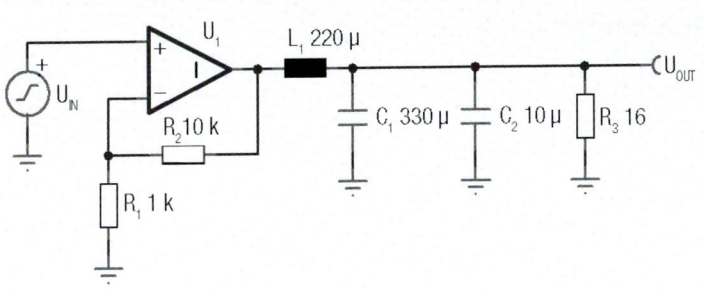

Abb. 1.209: Ersatzschaltung des Modulators für Beispiel 2

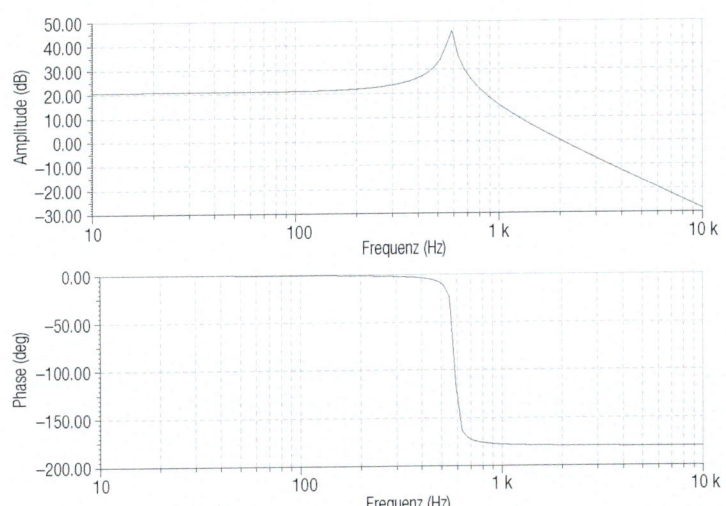

Abb. 1.210: Bodediagramme des Modulators für Beispiel 2

Die Knickfrequenz des Ausgangsfilters entspricht:

$$f_{LC} = \frac{1}{2 \cdot \pi \cdot \sqrt{L \cdot C}} \qquad (1.209)$$

$$f_{LC} = \frac{1}{2 \cdot \pi \cdot \sqrt{220\,\mu H \cdot 340\,\mu F}} = 582\,Hz \qquad (1.210)$$

I Grundlagen

Bei einer Schaltfrequenz von 200 kHz sollte die Übergangsfrequenz zwischen den folgenden Werten liegen:

$$f_{CO(MIN)} = \frac{f_{SW}}{10} = \frac{200 \text{ kHz}}{10} = 20 \text{ kHz} \qquad (1.211)$$

$$f_{CO(MAX)} = \frac{f_{SW}}{6} = \frac{200 \text{ kHz}}{6} = 33 \text{ kHz} \qquad (1.212)$$

Zunächst wird ein vorläufiger Wert von 25 kHz gewählt. Wenn der Doppelpol der Kompensatonsschaltung des Typs III etwa eine Oktave unter die Knickfrequenz des Ausgangsfilters angelegt wird, ergibt sich ein Wert für f_Z von 300 Hz und somit ist $K_1 = 83$.

Bei 25 kHz beträgt die Phasenverzögerung des Modulators 180°. Die maximale Phasenverzögerung in der Korrekturschaltung folgt deshalb der Formel:

$$\Theta_{COMP} = 360° - \Theta_{PM} - \Theta_{LC} \qquad (1.213)$$

$$\Theta_{COMP} = 360° - 45° - 180° = 135° \qquad (1.214)$$

Aus der Spalte $K_1 = 80$ der Tabelle. 1.17 wird ersichtlich, dass für K_2 ein Mindestwert von 3 erforderlich ist, um eine angemessene Phasenreserve aufrechtzuerhalten.

Bei 25 kHz beträgt die Amplitude des Modulators –44,5 dB. Die Amplitude der Kompensationsschaltung muss bei 25 kHz also 44,5 dB entsprechen. In einer Kompensationsschaltung des Typs III wird die Amplitude bei f_Z von R_2 bestimmt und steigt pro Dekade um 20 dB an, bis die Polstellen erreicht sind. In diesem Fall beträgt der Anstieg zwischen f_Z und f_{CO}:

$$G_{INCREASE} = 20 \cdot \log(K_1) = 20 \cdot \log(83) = 38,8 \text{ dB} \qquad (1.215)$$

Die bei f_Z erforderliche Amplitude ergibt sich deshalb durch:

$$G_Z = G_{COMP} - G_{INCREASE} \qquad (1.216)$$

$$G_Z = 44,5 \text{ dB} - 38,3 \text{ dB} = 6,2 \text{ dB} \qquad (1.217)$$

Die Werte der Einzelkomponenten der Kompensationsschaltung können jetzt anhand der folgenden Parameter berechnet werden:

f_Z = 300 Hz
f_{CO} = 25 kHz
f_P = 75 kHz
G_Z = 6,2 dB (Faktor 2.04)

$$R_2 = G_Z \cdot R_1 \qquad (1.218)$$

$$R_2 = 2{,}04 \cdot 100 \text{ k}\Omega = 205 \text{ k}\Omega \qquad (1.219)$$

$$C_1 = \frac{1}{2 \cdot \pi \cdot R_2 \cdot f_Z} \qquad (1.220)$$

$$C_1 = \frac{1}{2 \cdot \pi \cdot 205 \text{ k}\Omega \cdot 300 \text{ Hz}} = 2{,}7 \text{ nF} \qquad (1.221)$$

$$C_2 = \frac{1}{2 \cdot \pi \cdot R_2 \cdot f_P} \qquad (1.222)$$

$$C_2 = \frac{1}{2 \cdot \pi \cdot 205 \text{ k}\Omega \cdot 75 \text{ kHz}} = 10 \text{ pF} \qquad (1.223)$$

$$C_3 = \frac{1}{2 \cdot \pi \cdot R_1 \cdot f_Z} \qquad (1.224)$$

$$C_3 = \frac{1}{2 \cdot \pi \cdot 100 \text{ k}\Omega \cdot 300 \text{ Hz}} = 4{,}7 \text{ nF} \qquad (1.225)$$

$$R_3 = \frac{1}{2 \cdot \pi \cdot C_3 \cdot f_P} \qquad (1.226)$$

$$R_3 = \frac{1}{2 \cdot \pi \cdot 4{,}7 \text{ nF} \cdot 75 \text{ kHz}} = 453 \text{ }\Omega \qquad (1.227)$$

Abbildung 1.211 zeigt das endgültige Bodediagramm der Schaltung mit den oben berechneten Werten. Der Übergang erfolgt bei 21 kHz. Amplituden- und Phasenreserve liegen bei 58,4° bzw. 16,6 dB.

I Grundlagen

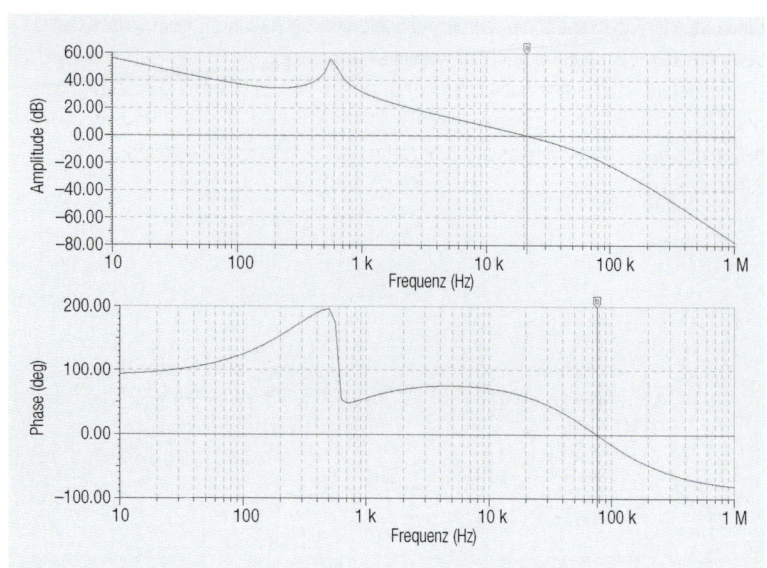

Abb. 1.211: Bodediagramm, Amplituden- und Phasegang der Schaltung aus Beispiel 2

Test der Kompensationsfunktion einer Schaltung

Selbst mit dem besten Design und den ausgefeiltesten Simulationsmethoden sollte die entwickelte Schaltung auch einmal unter extrem ungünstigen Bedingungen überprüft werden, um sicherzustellen, dass sie allen Anforderungen der Anwendung gerecht wird. Am besten eignet sich dafür ein Netzwerkanalysator, der Bodediagramme darstellen kann, so dass die Funktionsweise der Schaltung exakt nachverfolgt werden kann. Der Netzwerkanalysator speist ein Signal in den Regelkreis ein, ändert es über den gewünschten Frequenzbereich und misst Phase und Amplitude der Schaltung (siehe Abbildung 1.212).

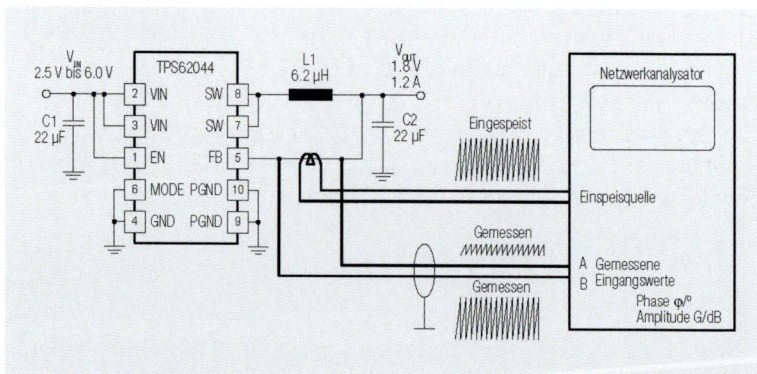

Abb. 1.212: Amplituden- und Phasenmessung der Kompensationsschaltung mit einem Netzwerkanalysator

Wenn kein Netzwerkanalysator zur Verfügung steht, oder sollte nur ein grober Funktionsüberblick durchgeführt werden, kann das auch mit einem Impulsgeber mit Last („Transiententester") nach Abbildung 1.213 erfolgen. Diese Schaltung erzeugt am zu testenden Spannungsregler einen Lastsprung. Die Reaktion, d.h. das Einschwingverhalten des geregelten Systems aus Modulator und Kompensationsverstärker, kann dann an einem Oszilloskop dargestellt und analysiert werden.

Störgrößentester Aufbau

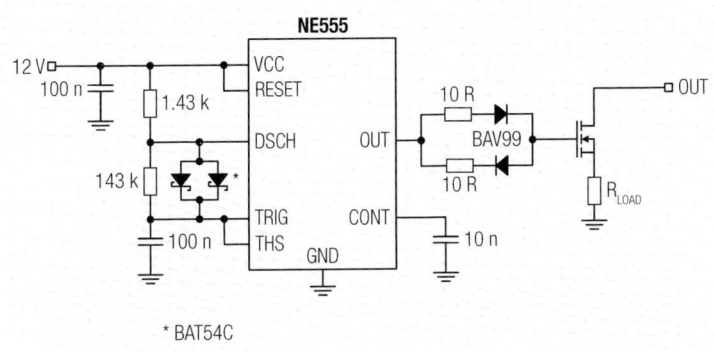

Abb. 1.213: Aufbau eines einfachen Störgrößentesters aus Impulsgeber und Last

Im Allgemeinen ist die Modulierbarkeit eines Regelverstärkers oder Regelkreises bei hohen Frequenzen sehr gering. Deswegen besteht ein hohes Risiko, dass der Operationsverstärker bei hohen Frequenzen übersteuert und verzerrt, was zu falschen Ergebnissen führt. Bei kleinen Signalen in diesem Frequenzbereich kommen jedoch Rauschen und Störungen hinzu. Daher muss während der Messung mit einem Oszilloskop sichergestellt werden, dass keine Übersteuerung auftritt.

Die entscheidende, zu beobachtende Größe sind die Über- und Unterschwinger am Ausgang, die unmittelbar nach dem Anlegen des Lastsprungs erfolgen. Die Frequenz der Über- und Unterschwinger, d.h. der Resonanz, gibt die Übergangsfrequenz des Regelkreises an. Die Anzahl der Perioden, die vor dem Erlöschen der Schwingung auftreten, zeigt die Phasenreserve an. Abbildung 1.214 zeigt das typische Verhalten einer Schaltung mit unterschiedlichen Phasenreserven mit dem gleichen transienten Schaltzustand. Wie man sieht, entsprechen etwa eineinhalb Perioden einer Phasenreserve in der Größenordnung von 45°, was akzeptabel ist.

I Grundlagen

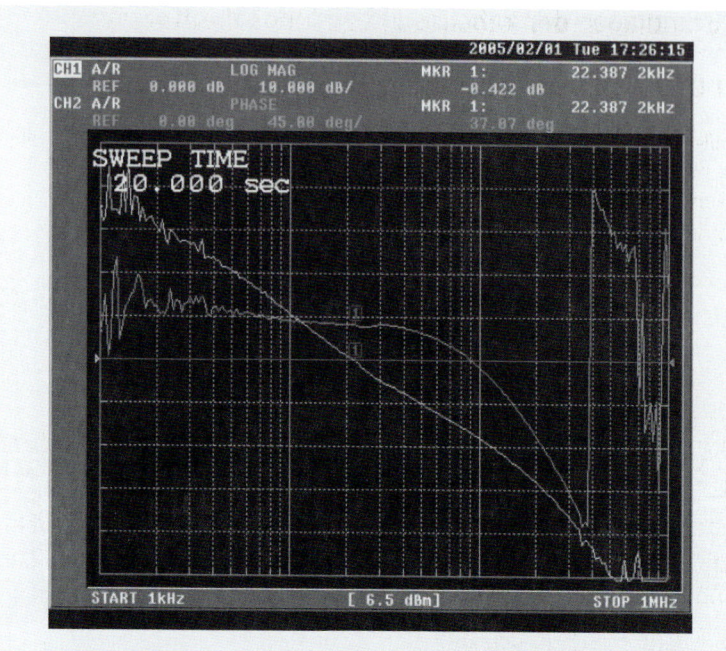

Abb. 1.214: Amplituden- und Phasenmessung mit einem Impulstester mit Last

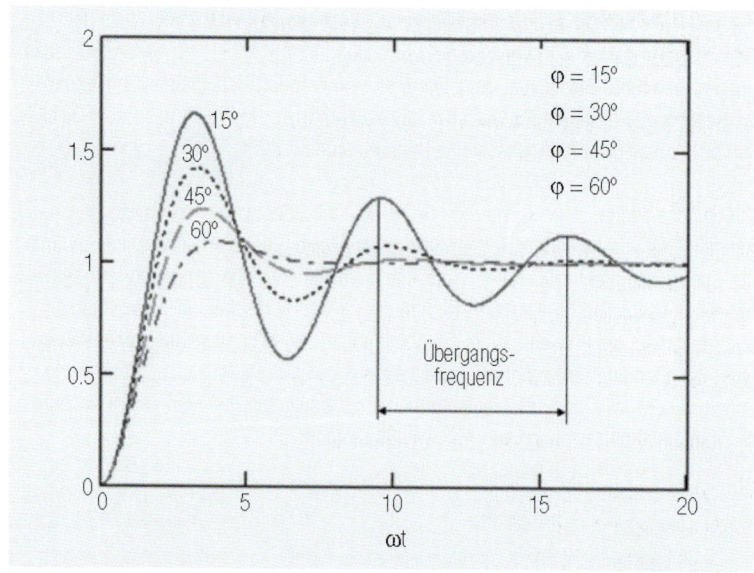

Abb. 1.215: Darstellung der Reaktion auf Störgrößen und Abschätzung der Phasenreserve

7 Grundlagen der kabellosen Leistungsübertragung

7.1 Übertragungswege für kabellose Leistungsübertragung

Es gibt verschiedene Verfahren, mit denen Energie kontaktlos übertragen werden kann. Der Bereich der kabellosen Leistungsübertragung kann abhängig von verschiedenen Faktoren wie dem Abstand zur von der Senderquelle und Veränderungen im elektromagnetischen Feld in verschiedene Technologien und Kategorien unterteilt werden.

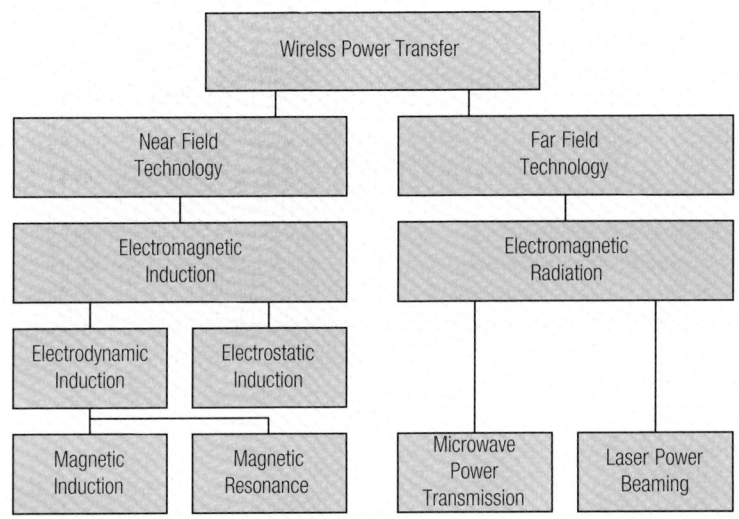

Abb. 1.216: Methoden der kabellosen Leistungsübertragung

Nahfeldtechnik

Bei der kabellosen Nahfeldübertragung kann Energie über eine Entfernung übertragen werden, die einem oder mehrere Außendurchmesser der Übertragungsspulengröße oder aber weniger als einer Wellenlänge (λ) entspricht. Nahfeldenergie ist eine nichtstrahlende Technik zur Leistungsübertragung, wobei allerdings Strahlungsverluste auftreten können. Im Normalfall treten nur ohmsche Verluste auf.

Die Nahfeldtechnik ist in weitere Klassen unterteilt:

- Elektromagnetische Induktion
- Elektromagnetische Resonanz
- Elektrostatische Induktion

Elektromagnetische Induktion

Die kabellose Energieübertragung mittels elektromagnetischer Induktion im Nahfeld erfolgt in einem Abstand von bis zu einem Sechstel der Wellenlänge der Sendefrequenz. Wenn Strom einen geraden Leiter durchfließt, werden die Magnetfeldstärke H und das statische Magnetfeld B um ihn herum erzeugt. Wird der Draht zu einer Spule gewickelt,

I Grundlagen

dann wird das Magnetfeld verstärkt und nimmt die Form eines Magnetstabes mit einem Nord- und einem Südpol um die Spule an.

Das Ampèresche Gesetz besagt, dass der Magnetfluss um eine Spule herum direkt proportional zum Strom ist, der die Spule durchfließt. Die Magnetfeldstärke einer Spule wird durch den Fluss definiert. Je mehr Windungen die Spule hat, desto größer ist das Magnetfeld um die Spule herum.

Es ist auch möglich, den elektrischen Strom abzutrennen und stattdessen einen Permanentmagneten in der Spule zu platzieren. Durch die mechanische Bewegung des Permanentmagneten und damit des Magnetfeldes wird in der Spule ein Strom induziert. Ferner wird ein Strom induziert, wenn die Spule über den Permanentmagneten bewegt wird. Insofern können Spannung und Strom durch ein sich änderndes Magnetfeld induziert werden – und zwar ganz unabhängig davon, ob sich der Permanentmagnet oder die Spule bewegt. Dieser Prozess wird als elektromagnetische Induktion bezeichnet. Er beschreibt das Grundprinzip eines Übertragers.

Ist der Abstand zwischen zwei Spulen zu groß, dann fließt nicht der gesamte primäre magnetische Fluss durch die Sekundärspule, was zu schlechter Kopplung und Streuinduktivität führt. Die Streuinduktivität ist in einem gekoppelten Spulensystem immer vorhanden, da die magnetische Kopplung zweier Spulen nie ideal ist.

Dies erfordert eine saubere Ausrichtung der Sende- und Empfängerspulen, wobei immer nur ein TX-RX-Paar vorhanden sein darf.

Elektromagnetische Resonanz

Elektromagnetische Resonanz

Bei schlechter Kopplung zwischen zwei galvanisch getrennten Spulen entsteht Streuinduktivität. Einer der Gründe für einen schlechten Wirkungsgrad zwischen zwei Spulen mit geringer Kopplung ist die sekundäre Streuinduktivität, die sehr viel größer ist, als die an der Sekundärspule angelegte Last. Diese Streuinduktivität erfordert eine hohe induzierte Spannung im Sekundärkreis. Ein größerer Strom in der Primärspule führt zu einer höheren induzierten Spannung auf der Sekundärseite und erzeugt somit höhere Verluste. Daher ist es üblich, die sekundäre Streuinduktivität mithilfe einer Kapazität in einem Schwingkreis zu reduzieren.

In diesem Fall dürfen Sende- und Empfangsspulen verstimmt sein. Ein Sender kann so mehrere Empfänger versorgen.

Elektrostatische Induktion

Elektrostatische Induktion

Die elektrostatische Induktion ist ein Verfahren zur kabellosen Leistungsübertragung zwischen den Elektroden eines Kondensators. Zwischen den dicht beieinanderliegenden Platten eines Kondensators wird eine hochfrequente Wechselspannung erzeugt. So entsteht ein elektrisches Feld, was zu einer Stromverdrängung führt, die wiederum das elektrische Feld zur Energiequelle macht. Die Leistungsübertragung ist proportional zum Abstand zwischen den Platten.

7.2 Grundlagen

Das Faraday'sche Induktionsgesetz beschreibt das Grundprinzip der Energieübertragung.

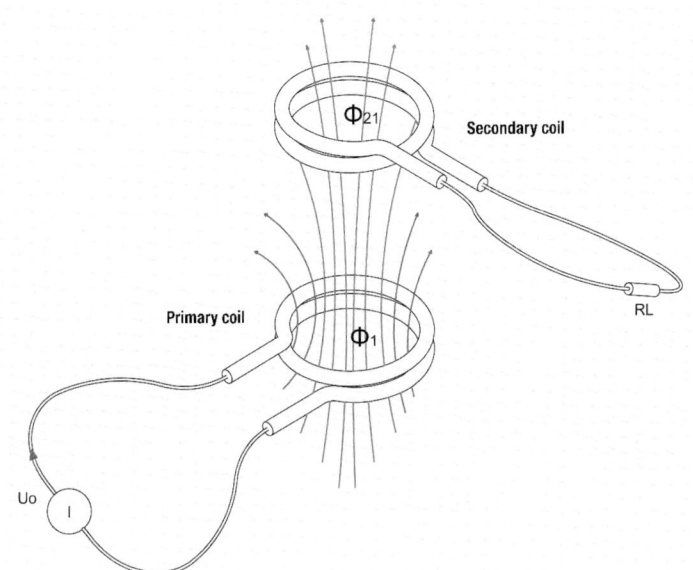

Abb. 1.217: Magnetischer Fluss zwischen zwei Spulen

Durchfließt ein Strom die Primärspule (Senderspule), wird ein magnetischer Fluss Φ erzeugt. Dieser magnetische Fluss Φ erzeugt in der Sekundärspule (Empfängerspule) eine induzierte Spannung nach dem Induktionsgesetz (siehe Abbildung 1.217). Da Sende- und Empfangsspule räumlich voneinander getrennt sind, dringt nur ein Teil des Magnetflusses Φ in die Empfangsspule ein und kann zur Lastversorgung verwendet werden. Diese magnetische Kopplung zwischen den beiden Spulen wird durch das Verhältnis der Magnetflüsse $\Phi 21/\Phi 1$ beschrieben.

Aus der Ersatzschaltung eines idealen Übertragers kann ein Ersatzschaltbild (Abbildung 1.218) für die induktiv gekoppelte Energieübertragung abgeleitet werden.

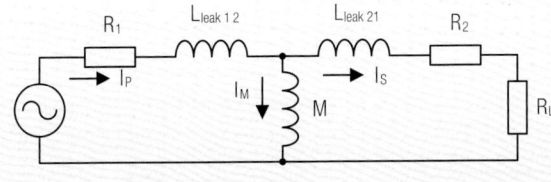

Abb. 1.218: Ersatzschaltung für induktiv gekoppelte Energieübertragung

I Grundlagen

Der Koppelfaktor k ist wie folgt definiert:

$$k = \frac{M}{\sqrt{L_1 \cdot L_2}} \quad (1.228)$$

M ist die wechselseitige Induktivität zwischen den beiden Spulen. L_1 und L_2 sind die Eigeninduktivitäten der Spulen. Der Koppelfaktor hängt stark vom Versatz der Spulen in x-, y- und z-Richtung ab. Die Kopplung kann verbessert werden, indem ferromagnetisches Material an der Spule angebracht wird, um den magnetischen Fluss zu konzentrieren. Das Ferritmaterial dient auch als Schirmung gegen Schaltungen in der Nähe der Sender- und Empfängerspulen, denn es reduziert induzierte Störspannungen. Der Koppelfaktor für einen idealen Übertrager ist 1, aber mit einem induktiv gekoppelten System lassen sich lediglich Koppelwerte von maximal 0,2 bis 0,7 erreichen.

Die Güte der Spulen hat einen direkten Einfluss auf die Kopplung und den Wirkungsgrad der kabellosen Energieübertragung. Sie ist wie folgt definiert:

$$Q = \frac{X_L}{R_L} = \frac{\omega_0 \cdot L}{R} \quad (1.229)$$

Der Wirkungsgrad einer induktiv gekoppelten Energieübertragung kann mit der folgenden Formel beschrieben werden:

$$\eta = \frac{P_{OUT}}{P_{IN}} \quad (1.230)$$

P_{IN} ist die Eingangsleistung und P_{OUT} die Ausgangsleistung an der Last R_L.

In lose gekoppelten induktiven Energieübertragungssystemen lässt sich eine höhere Energieeffizienz durch Verwendung des Resonanzmodus erzielen. Hierzu werden zusätzliche Kapazitäten auf der Sender- und Empfängerseite hinzugefügt.

7.3 Aufbau und Berechnung des Schwingkreises

Der Aufbau eines drahtlosen Energieversorgungssystems ist in Abbildung 1.219 bildlich dargestellt.

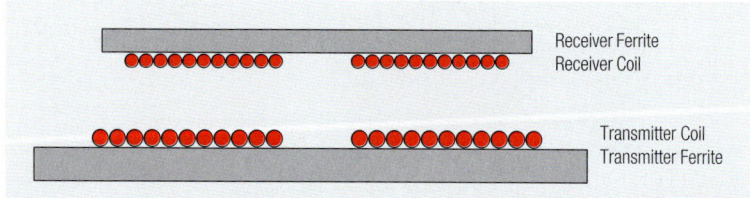

Abb. 1.219: Querschnitt der Sender- und Empfängerspulen mit Ferrit

Dementsprechend kann das vereinfachte Ersatzschaltbild (Abbildung 1.220) aus dem Ersatzschaltbild (Abbildung 1.218) abgeleitet werden.

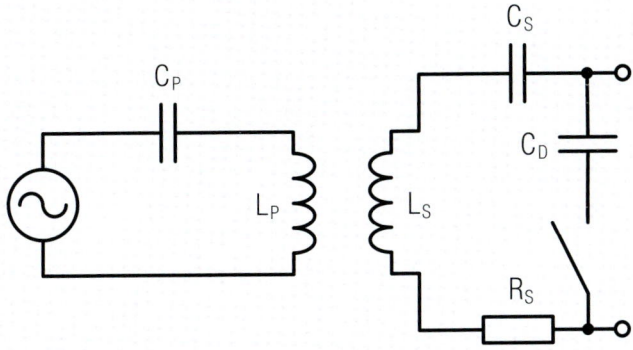

Abb. 1.220: *Ersatzschaltbild des drahtlosen Energieübertragungssystems mit Schwingkreisen*

Für eine bessere Kompatibilität ermöglicht der Qi-Standard eine Verwendung der Empfängerspule (Rx) mit vielen verschiedenen Senderspulen (Tx). Dadurch ändert sich die Eigeninduktivität der Sekundärspule L_s. Der Testaufbau zur Messung der Eigeninduktivität ist in der WPC-Spezifikation (Wireless Power Consortium) definiert. Ein 3,4 mm starkes nichtmetallisches Abstandsstück und eine Ferritschirmung (Tx-Ferrit) dienen zur Simulation von Bauelementen der Senderseite auf die Empfängerspule. Die Rx-Spule wird auf den Abstandhalter gelegt und die Induktivität L's wird bei 100 kHz bei 1 V gemessen. Die Induktivität L_s der Rx-Spule ohne Tx-Spule wird unter den gleichen Messbedingungen gemessen.

Im vereinfachten Ersatzschaltbild wird auf der Primärseite eine Parallelkapazität C_P = 100 nF definiert. Die WPC-Spezifikation definiert verschiedene Tx-Spulen mit unterschiedlichen Induktivitätswerten. Mit den folgenden Formeln aus der WPC-Spezifikation werden die seriellen und parallelen Resonanzkapazitäten C_S und C_D auf der Sekundärseite bei bestimmten Frequenzen berechnet:

$$C_S = \frac{1}{(100 \text{ kHz} \cdot 2 \cdot \pi)^2 \cdot L_S'} \tag{1.231}$$

$$C_D = \frac{1}{(1 \text{ MHz} \cdot 2 \cdot \pi)^2 \cdot \left(L_S - \frac{1}{C_S}\right)} \tag{1.232}$$

Hierbei ist L's die gemessene Induktivität an der Prüfvorrichtung und Ls die Induktivität ohne Tx-Spule. Der bei einer Frequenz von 100 kHz berechnete C_S-Wert wird zur Verbesserung des Wirkungsgrads der Leistungsübertragung verwendet. Der C_D-Wert

I Grundlagen

bei einer Frequenz von 1,0 MHz ermöglicht ein resonantes Detektionsverfahren. Der optionale Schalter ist zu schließen, bis das erste Paket gesendet wird.

Schließlich kann die Güte auf der Empfängerseite berechnet werden. Sie muss größer als 77 sein.

$$Q = \frac{2 \cdot \pi \cdot 1\,\text{MHz} \cdot L_S}{R_S} \qquad (1.233)$$

R_S ist dabei der Gleichstromwiderstand der Rx-Spule.

Einfluss des Widerstands

Durch den Einsatz von Litzendraht wird eine höhere Spulenqualität und damit ein höherer Wirkungsgrad des Gesamtsystems erzielt. Dies führt zu einem kleineren Wechselstromwiderstand, der weniger frequenzabhängig ist und somit Skin- und Proximity-Effekte reduziert. Zudem verringert der Einsatz von Litzenleiter den Gleichstromwiderstand.

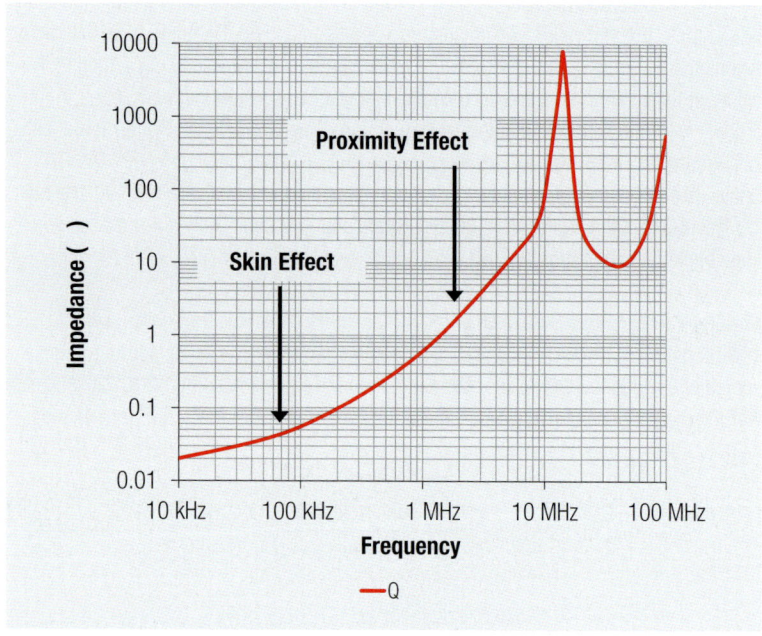

Abb. 1.221: Impedanzmessung der Spule über der Frequenz

Der Q-Faktor ist abhängig von der Eigeninduktivität der Spule und damit auch von ihren geometrischen und Kernmaterialeigenschaften, sowie ihrem Gleichstrom- und Wechselstromwiderstand über der Frequenz.

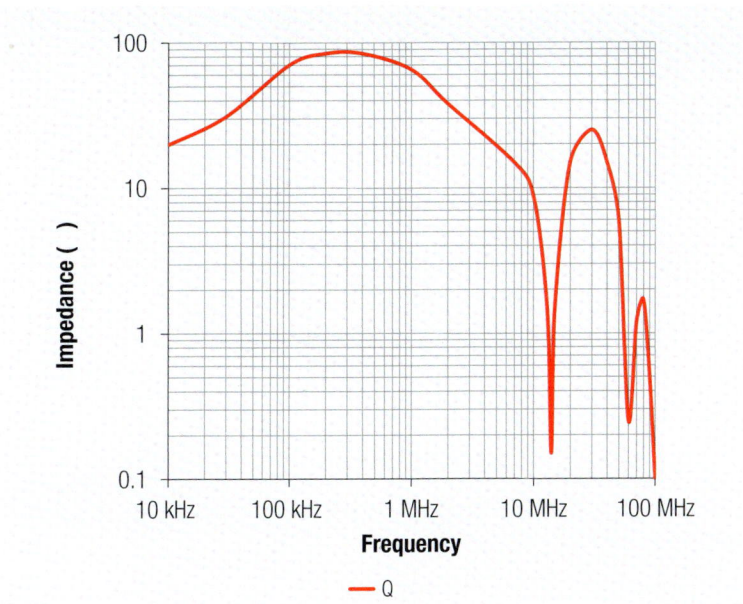

Abb. 1.222: Darstellung des Q-Faktors der Spule über der Frequenz

Der maximale Q-Faktor sollte für den WPC-Standard zwischen 100 und 205 kHz liegen. Die Spulengüte Q kann durch zusätzliches ferromagnetisches Schirmmaterial erhöht werden. Abhängig vom verwendeten Material und der gewählten Anwendung (Frequenz) kann die Spulengüte verbessert werden.

Die Verringerung des Kupferquerschnitts erhöht den Wechselstromwiderstand bei der Resonanzfrequenz und reduziert den Gütefaktor Q der Spule. Dies verringert den Wirkungsgrad der gesamten kontaktlosen Energieübertragungsstrecke.

7.4 Kopplung und Wirkungsgrad

Der Wirkungsgrad ist direkt proportional zur Spulengüte Q und zum Koppelfaktor k. Die Kopplung eines Systems wird stark durch die Position der Senderspule (Abbildung 1.223) relativ zur Empfängerspule beeinflusst.

I Grundlagen

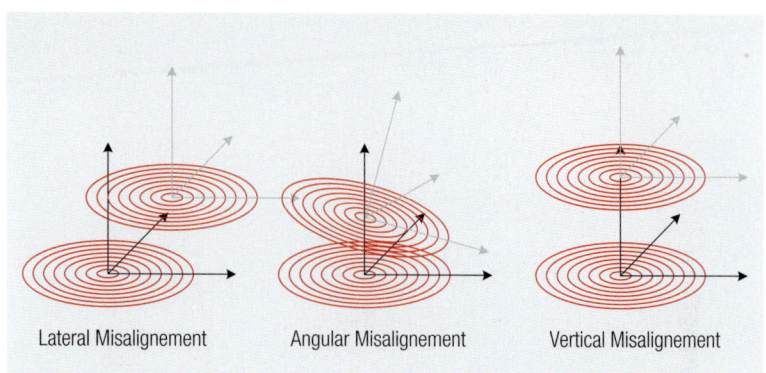

Abb. 1.223: Art der Spulenverstimmung, die Einfluss auf den Wirkungsgrad hat

In einer zweidimensionalen FEMM-Simulation mit abgewinkelter Empfängerspule (Abbildung 1.224) sinkt der Kopplungsfaktor mit zunehmendem Winkel und Abstand zum Sender deutlich.

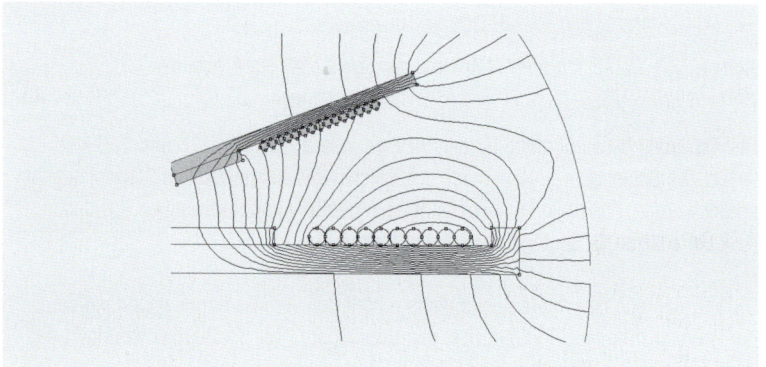

Abb. 1.224: 2D-FEMM-Simulation mit abgewinkelter Empfängerspule

In Abbildung 1.225 ist der Koppelfaktor k in Abhängigkeit des vertikalen Versatzes zwischen Sende- und Empfangsspule und dem Öffnungswinkel (Elevation) gegeben. Das Diagramm zeigt die exponentielle Abnahme des Kopplungsfaktors, bedingt durch die beiden Parameter.

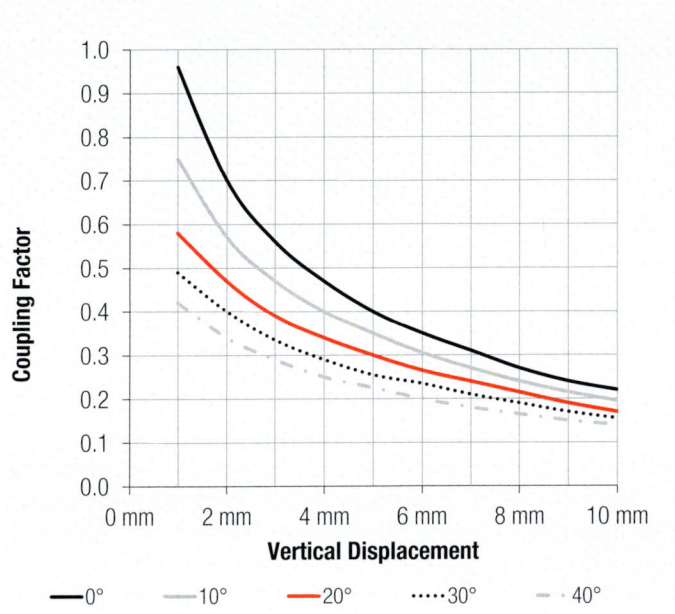

Abb. 1.225: Verringerung der Kopplung mit zunehmendem Winkel und Abstand zum Sender

7.5 Schirmung

Das ferromagnetische Schirmmaterial hat einen beträchtlichen Einfluss auf das Gesamtverhalten der kabellosen Energieübertragung. Es dient der Erhöhung der Eigeninduktivität, verbessert oder verschlechtert die Spulengüte Q, den Koppelfaktor k und den Wirkungsgrad und ermöglicht die Abschirmung gegenüber anderen Schaltungskomponenten durch induzierte Störspannungen. Darüber hinaus sind die Magnetfeldstärke und die magnetische Flussdichte zwischen Sender- und Empfängerspule konzentriert, wie in Abbildung 1.226 zu sehen ist.

I Grundlagen

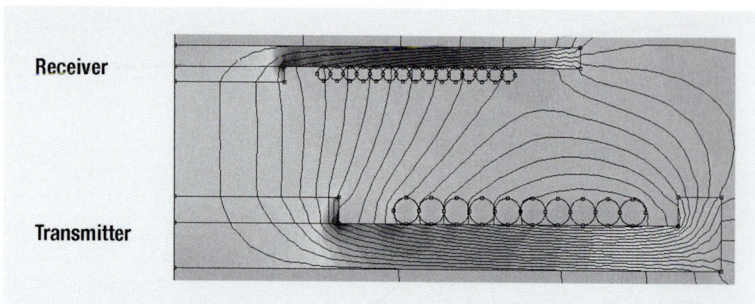

Abb. 1.226: 2D-FEM-Bild der Flusslinien zwischen Sender- (unten) und Empfängerspule (oben) mit Ferritschirmung für eine Hälfte des Querschnitts. Die Mittelachse befindet sich am linken Rand.

Bei vertikaler, horizontaler oder schräger Verschiebung der Sender- und Empfängerspulen sind der magnetische Fluss und die magnetische Flussdichte hauptsächlich auf das Übertragungssystem beschränkt. Es gibt keine Erweiterung in z-Richtung. Hieraus lässt sich ableiten, dass das Magnetfeld in der induktiven Kopplung durch geeignete Ferritabschirmung auf den Bereich zwischen den Spulen begrenzt wird (Abbildung 1.226). Weitere Schirmungsmaßnahmen sind nicht erforderlich.

7.6 EMV-Messungen

Da bei allen Anwendungen der kabellosen Leistungsübertragung Energie übertragen wird, ist die Einhaltung der EMV-Grenzwerte nicht trivial. Die Herausforderung besteht darin, dass die Sende- und Empfängerspulen sich wie ein Übertrager mit sehr schlechtem Koppelfaktor und sehr großem Luftspalt verhalten. Dadurch entsteht in der Umgebung der Spulen ein elektromagnetisches Streufeld. EMV-Messungen haben gezeigt, dass Störungen im Breitbandspektrum der Grundwelle bis hinauf in den Frequenzbereich von 80 MHz auftreten können. Die Störspannungspegel sollten mit gewissen Reserven innerhalb der Grenzwerte eingehalten werden.

Generell lässt sich sagen, dass die Grenzwerte (beispielsweise für EN55022 Klasse B) eine nicht zu unterschätzende Entwicklungshürde darstellen können. Folgend (Abbildung 1.227) ist ein Beispiel für ein Störspektrum zur Störspannungsmessung (9 kHz bis 30 MHz, Grenzwertklasse B) eines Systems gezeigt.

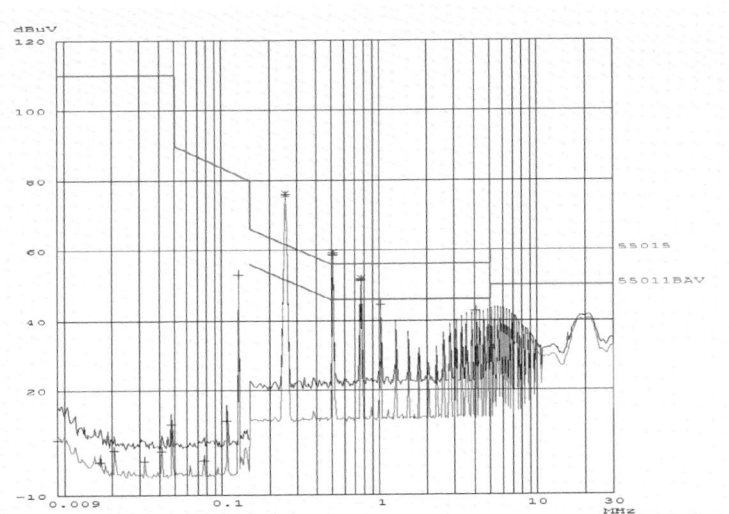

Abb. 1.227: Störspannungsspektrum eines typischen Systems zur drahtlosen Energie-übertragung

Das H-Feld (dI/dt) kann Störströme in benachbarte Leitungspfade induktiv einkoppeln. Dies lässt sich meist durch einen größeren Abstand oder eine Schirmung verhindern. Vor allem das E-Feld (dV/dt) koppelt sehr leicht kapazitiv gegen Erde. Dies lässt sich beim Messen der Störspannung wie auch der Störfeldstärke beobachten. Diesen Gleichtaktstörungen muss im niedrigen (kHz) und höheren (MHz) Frequenzbereich begegnet werden. Da bei Anwendungen mit kabelloser Leistungsübertragung das E-Feld Hauptursache für EMV-Probleme ist, müssen entsprechend folgende Maßnahmen getroffen werden:

- Eine geschlitzte Metalloberfläche (kleinerer Wirbelstrom) – z. B. eine Leiterplatte mit Kupfer – muss unter den Spulen (insbesondere der Senderspule) und der Schaltung angeordnet werden. Sie muss über einen Kondensator (z. B. 1–100 nF/2000 V WE-CSMH) mit der Schaltungsmasse oder dem Gehäuse verbunden werden. Dadurch werden große Teile des E-Feldes mit der Quelle kurzgeschlossen und nicht mehr über Masse verteilt.
- Die Sender- und Empfängerspulen sowie deren Steuerung müssen mit ausreichender Metallschirmung und/oder Absorbermaterial (WE-FAS/WE-FSFS) abgeschottet werden.
- Wenn es die Ableitströme zulassen, können Y-Kondensatoren (2 × 4,7 nF max.) den Störpegel über ein breites Spektrum senken (WE-CSSA).
- Zur Filterung von Gleichtaktstörungen im Niederfrequenzbereich (50 kHz bis 5 MHz) kann je nach Betriebsspannung und -strom eine stromkompensierte Drossel aus einer der folgenden Baureihen verwendet werden: WE-CMB/WE-CMBNC/WE-UCF/WE-SL/WE-FC
- Zur Filterung von Gleichtaktstörungen im höheren Frequenzbereich (5 MHz – 100 MHz) kann, je nach Betriebsspannung und –strom, eine stromkompensierte Drossel

I Grundlagen

aus der folgenden Serie verwendet werden: WE-CMBNiZn/WE-CMBNC/WE-SL5HC/WE-SCC/WE-SCC
- Kondensatoren zwischen ± L/N aus den folgenden Baureihen können, je nach Betriebsspannung, auch im Gegentakt angeschlossen werden: WE-FTXX/WE-CSGP.
- Da in der gesamten Schaltung je nach Applikation sehr hohe Wechselströme fließen, ist ein kompaktes und niederinduktives Platinenlayout entscheidend für den Erfolg in der EMV. Die Bauteile der Leistungsstufe und des Schwingkreises sollten örtlich sehr nah aneinander platziert und mit großen Kupferflächen(Polygonen) niederinduktiv verbunden werden.

Generell wird empfohlen, sich in einem frühen Entwicklungsstadium an das zuständige EMV-Labor zu wenden, um Messungen während der Entwicklung durchzuführen. In späten Entwicklungsphasen vorzunehmende Änderungen sind stets mit hohen Kosten und großem Aufwand verbunden.

7.7 Die dominierenden Standards

Der Erfolg dieser Lösungen hängt von der Einhaltung eines Standards für Sender und Empfänger ab. Nur wenn sichergestellt ist, dass das Gerät herstellerunabhängig an jeder normgerechten Versorgungsstation betrieben werden kann, wird sich das System auf dem Markt durchsetzen. Aber welche Ansätze und Technologien verbergen sich hinter den Standards?

Wireless Power Consortium (WPC)

Qi

Qi ist ein Open-Source-Standard und derzeit in der Mobilfunkgeräte-Branche vorherrschend. Entscheidende Parameter sind hier:

- Energieübertragung per induktive Kopplung über kurze Strecken (Millimeterbereich)
- Sender- und Empfängerspulen (Tx und Rx) sind induktiv gekoppelt
- Das Magnetfeld konzentriert sich auf den schmalen Bereich zwischen Sender- und Empfängerspule
- Ein Sender kann lediglich einen Empfänger versorgen
- Verschiedene Leistungsklassen (5 W, 15 W, höhere bis 2,4 kW in Planung)
- Frequenzbereich: 87 bis 205 kHz
- Spulenformen: Auf Ferrit gewickelt oder mäanderförmig auf der Leiterplatte
- Gegenwärtig weltweit meistetablierte Lösung

AirFuel

AirFuel ist ein Zusammenschluss der A4WP (Alliance for Wireless Power) und der PMA (Power Matter Alliance).

- Die erste Lademethode ist die Magnetresonanz aus dem vorherigen A4WP-Standard: Ein Senderschwingkreis liefert Energie bei einer Resonanzfrequenz. Auf die Resonanzfrequenz abgestimmte Empfänger können die Energie übernehmen
  - Größerer Abstand in z-Richtung (bis 50 mm), keine exakte Positionierung des Empfängers erforderlich
  - Ein Sender kann mehrere Empfänger gleichzeitig versorgen
  - Leistungsklasse für Smartphones und Tablets in Planung, derzeit bis 22 W
  - Frequenzbereiche: Energie: 6,78 MHz (ISM-Band), Daten: 2,4 GHz (BTLE)
- Die zweite Lademethode ist eine induktiv gekoppelte Lösung nach dem vorherigen PMA-Standard:
  - Die induktiv gekoppelte Lösung verwendet ein anderes Protokoll und ein anderes Übertragungsfrequenzband als die Qi-Lösung des WPC (Details nur für Mitglieder einsehbar)
  - Keine direkte Kompatibilität mit Qi; Hybridempfänger für beide Standards sind erhältlich

Proprietäre Systeme

Alle Standards haben ihre Vor- und Nachteile. Rund 30 % der Anwendungen in der Industrie- und Medizintechnik sind nicht auf Kompatibilität mit anderen Herstellern oder Endgeräten angewiesen. Aufgrund dieses umfassenden Wegfalls eines Kompatibilitätsbedarfs entwickeln Hersteller aus allen Branchen (mit Ausnahme der Verbraucher- und der Kfz-Industrie) eigene Systemlösungen. Diese proprietären Lösungen erfordern nicht immer kundenspezifische passive Bauteile für die drahtlose Energieübertragung, sodass standardkonforme WE-WPCC-Sender- und -Empfängerspulen eingesetzt werden können.

I Grundlagen

8 HF-Grundlagen

8.1 Eigenschaften von HF-Induktivitäten

Zum Beurteilen und Vergleichen von HF-Induktivitäten ist es notwendig, die wichtigsten Eigenschaften einer Induktivität für Hochfrequenzanwendungen im Detail zu verstehen. Diese sind: Der Induktivitätswert mit der entsprechenden Toleranz, der Gütefaktor, die Eigenresonanzfrequenz, der Gleichstromwiderstand, der Nennstrom und die Größe des Bauelements.

Induktivität

8.1.1 Induktivität L und Toleranz (%)

Bei den meisten Hochfrequenzanwendungen, Filtern höherer Ordnung, abgestimmten Schaltungen und Impedanzanpassungen ist es sehr wichtig, dass die Induktivitätskurve im Bereich des Arbeitsfrequenzpunkts so flach wie möglich ist (Abbildung 1.228)

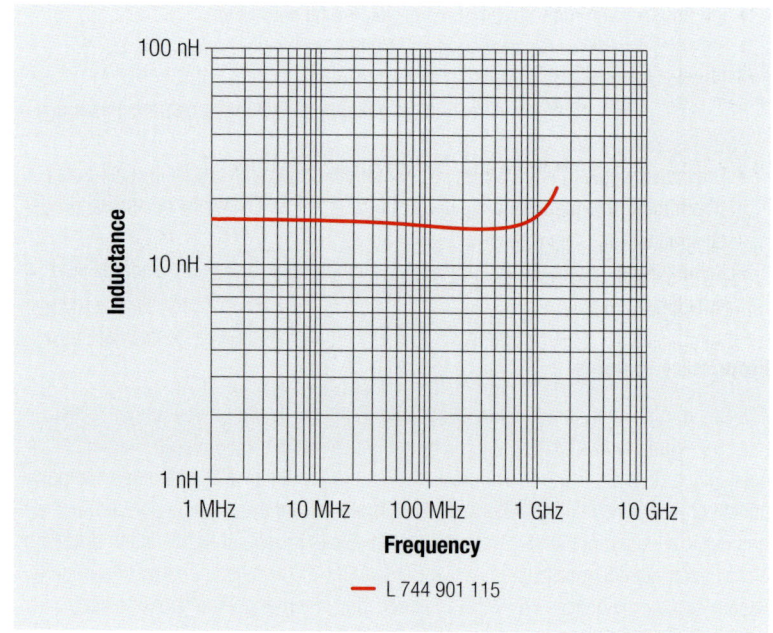

Abb. 1.228: Verlauf der Induktivität über der Frequenz der Festinduktivität WE-TCI 0402 (PN: 744 901 115)

Darüber hinaus sollte die Induktivität an der erforderlichen Frequenz unabhängig vom Strom und der Temperatur sein. Dies ist der Grund, warum die meisten HF-Induktivitäten über Keramik- oder Luftkerne verfügen, denn sie haben einen sehr niedrigen Wärmekoeffizienten, der eine hohe Induktivitätsstabilität ermöglicht. Weder Keramik noch Luft haben magnetische Eigenschaften und nach der Induktivitätsgleichung einer Spule (1) kann der Induktivitätswert bei $\mu_r \approx 1$ nur mit der Anzahl der Windungen steigen (Formel 1.234). Aus diesem Grund erreichen HF-Induktivitäten mit Keramik- oder Luftkernen nur Induktivitätswerte im nH-Bereich. Werden dagegen höhere Induktivitätswerte im µH-Bereich benötigt, werden Ferritkerne (deren Permeabilität $\mu_r \gg 1$ ist) wie in den Baureihen WE-RFI und WE-RFH benötigt.

$$L = \frac{\mu_r \cdot \mu_0 \cdot A_{eff} \cdot N^2}{l_{eff}} \quad (1.234)$$

L: Induktivität
μ_r: Relative Permeabilität
μ_0: Permeabilität des freien Raums ($4\pi \cdot 10^{-7}$ Vs/1 Am)
A_{eff}: Effektive Querschnittsfläche des Spulenkerns
l_{eff}: Effektive Weglänge im Spulenkern

Bei vielen HF-Anwendungen wie Filter-, Anpassungs- oder Oszillatorschaltungen sowie in der Induktivitätsstabilität sind ferner enge Induktivitätstoleranzen sehr wichtig, bei denen der Induktivitäts-Istwert möglichst nah am Nennwert liegt.

In den Spezifikationen werden sowohl der Induktivitätswert als auch seine Toleranz an einem bestimmten Frequenzpunkt angezeigt.

8.1.2 Eigenresonanzfrequenz (Self Resonant Frequency, SRF)

Unterhalb der SRF weist eine Induktivität das normale Induktivitätsverhalten auf. Exakt bei der SRF hat die Induktivität nur reale Verluste, verhält sich also wie ein reiner Widerstand. Nach Überschreiten der SRF schließlich weist die Induktivität das Verhalten eines Kondensators auf. Darüber hinaus hat, wie aus dem Diagramm (Abbildung 1.229) ersichtlich, die Impedanz ihren Höchstwert bei der Eigenresonanzfrequenz (SFR).

I Grundlagen

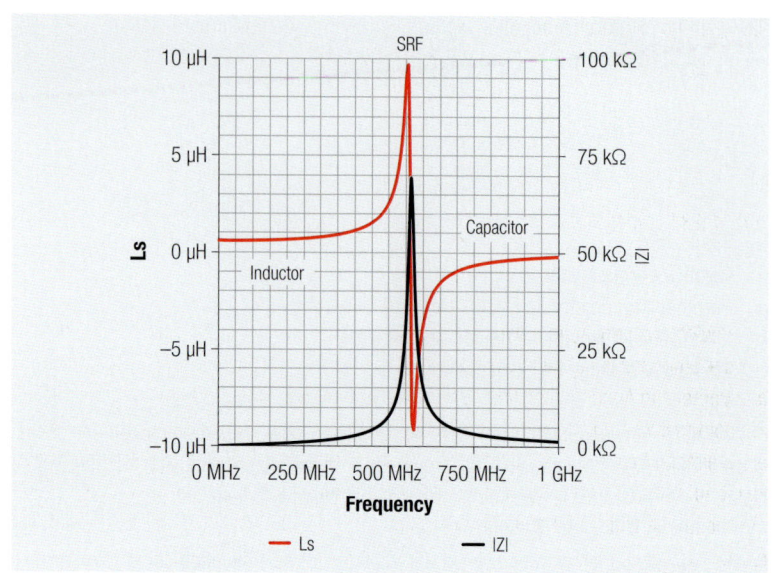

Abb. 1.229: Induktivität Ls (rot) und Impedanz |Z| (schwarz) der Induktivität WE-RFH 1008 (Art-Nr.: 744758256A)

Wie in Abbildung 1.230 dargestellt, befindet sich zwischen den Drähten oder Innenelektroden jeder Induktivität eine verteilte (parasitäre, d.h. nicht gewünschte) Kapazität. Unter Berücksichtigung dieser parasitären Kapazität ergibt sich das in Abbildung 1.231 gezeigte Ersatzschaltbild.

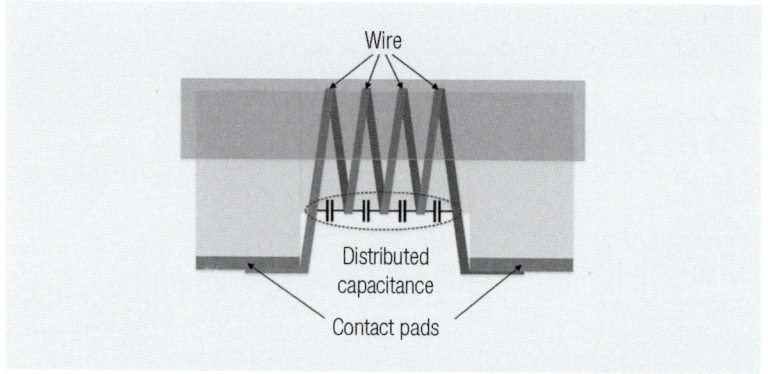

Abb. 1.230: Prinzipschaltbild einer HF-Induktivität. Parallele Drähte wirken wie Elektroden eines Kondensators, die eine verteilte Kapazität erzeugen

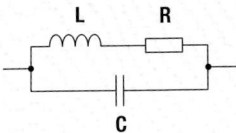

Abb. 1.231: Ersatzschaltbild einer HF-Induktivität: L stellt die Induktivität dar, R die Drahtverluste und C die verteilte Kapazität

Es ist wichtig zu erwähnen, dass es mehrere zusätzliche parasitäre Effekte gibt, die mit der Frequenz zunehmen. Die S-Parameter beschreiben präzise die Eigenschaften des Bauteils in Abhängigkeit von der Frequenz unter Berücksichtigung aller parasitären Phänomene. Würth Elektronik bietet daher die S-Parameter aller HF-Induktivitäten und der meisten Modelithics-Modelle an. Modelithics misst die S-Parameter einer Induktivität auf verschiedenen Substrattypen und -stärken und erstellt globale Modelle, die die substratsensitiven parasitären Effekte skalieren, was zu sehr genauen Simulationen führt.

Die Beziehung zwischen der Induktivität L, der verteilten Kapazität Cp und der Eigenresonanzfrequenz (SRF) ist in Gleichung 1.235 dargestellt:

$$\text{SRF} = \frac{1}{2 \cdot \pi \cdot \sqrt{L \cdot C_p}} \qquad (1.235)$$

Die SRF ist also der Frequenzpunkt, an dem die parasitäre Kapazität mit der Induktivität eine parallele Resonanz bildet, bzw. derjenige Frequenzpunkt, an dem die Kapazität die Induktivität aufhebt (d. h. beide Reaktanzen sind gleich: $X_L = X_C$).

Aus obiger Gleichung ist auch ersichtlich, dass eine Erhöhung der Induktivität und/oder der parasitären Kapazität die SRF senkt und umgekehrt. Aus diesem Grund gilt: Je größer der Induktivitätswert, desto niedriger die SRF.

In den meisten Fällen muss der Induktivitätswert stabil sein und möglichst nah am Sollwert liegen. Dem Diagramm in Abbildung 1.229 ist zu entnehmen, dass zu diesem Zweck der Arbeitsfrequenzpunkt möglichst weit von der SRF entfernt sein sollte. Eine konservative Faustregel besagt, dass die Arbeitsfrequenz mindestens eine Dekade unter der SRF liegen sollte.

Es gibt aber auch Ausnahmen: Wenn beispielsweise die HF-Induktivität als Drossel für einen bestimmten Frequenzbereich verwendet werden soll, ist es günstiger, wenn der erwähnte Bereich unweit der SRF der Induktivität liegt. Auf diese Weise erreicht die Impedanz ihren Maximalwert.

I Grundlagen

Gütefaktor Q

8.1.3 Gütefaktor (Q)

Der Q-Faktor ist einer der ersten Aspekte, die jeder HF-Techniker bei der Gütebeurteilung einer HF-Induktivität berücksichtigen wird. Es handelt sich hierbei um ein Verhältnis zwischen der magnetischen Energie (X_L: Reaktanz) und den Verlusten (R_S). Deswegen ist die Güte auch einheitenlos. Ein höherer Q-Faktor bedeutet weniger Verluste und damit eine geringere Dämpfung des Signals (Minimierung der Leistungsaufnahme).

Da die Induktivität annähernd konstant ist, kann aus Gleichung 1.236 abgeleitet werden, dass der Q-Faktor mit der Frequenz zunimmt.

$$Q = \frac{X_L}{R_S} = \frac{\omega \cdot L}{R_S} \tag{1.236}$$

In Abbildung 1.232 ist zu sehen, dass bei niedrigen Frequenzen die Verluste – und damit auch der Q-Faktor – nahezu linear ansteigen. Bei höheren Frequenzen hingegen treten parasitäre Effekte (wie der Skin-Effekt) auf, die die Verluste schneller erhöhen und somit dafür sorgen, dass der Q-Faktor seinen Maximalwert früher erreicht und dann wieder zu fallen beginnt.

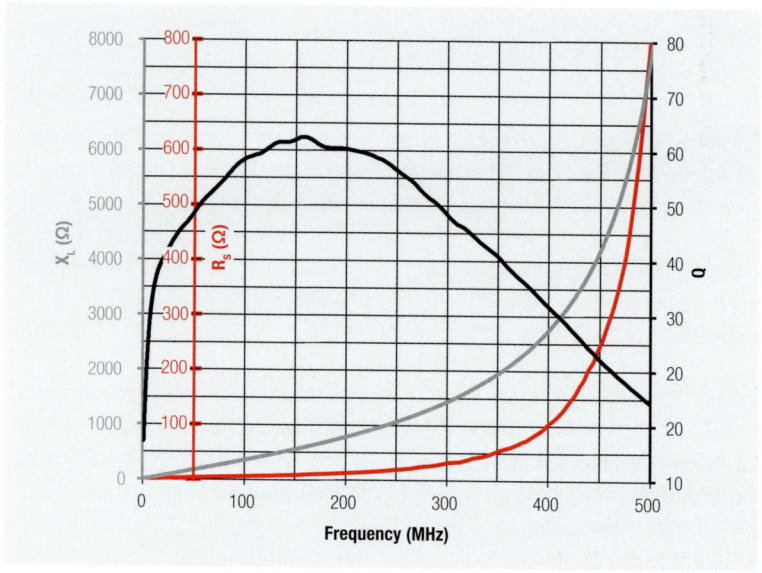

Abb. 1.232: Q (schwarz), XL (grau) und RS (rot) der Induktivität WE-RFH 1008 (Art.-Nr.: 744758256A)

Je nach Hersteller wird der Q-Faktor entweder als Minimum oder als typischer Wert für einen bestimmten Frequenzpunkt angegeben. Bei Würth Elektronik erfolgt die Angabe als Mindestwert, um den Kunden ein Minimum an Qualität zu garantieren.

8.1.4 Gleichstromwiderstand (R_{DC})

R_{DC} (oder DCR) ist der Widerstand der Induktivität bei Gleichstrom. Obwohl bei höheren Frequenzen die Verluste durch Effekte wie Skin- oder Proximity-Effekt größer sind, ist der RDC ein guter und einfacher Ausgangspunkt, um die Verluste der HF-Induktivität zu bewerten. Ein stärkerer Draht bedeutet einen geringeren R_{DC}, in der Regel aber auch ein größeres Bauteil. Der Q-Faktor und der R_{DC} sind Teil der Gesamtverluste (R_S) und umgekehrt proportional, d. h., ein kleinerer R_{DC} resultiert in einem größeren Q-Faktor.

8.1.5 Nennstrom (I_R)

I_R gibt den Strom an, bei dem die Induktivität ihre Temperatur um einen bestimmten Wert (ΔT) erhöht (Abbildung 1.233). Die Erhöhung ist abhängig von der Bauteilserie (in unserem Fall: ΔT = 15 K, ΔT = 20 K oder ΔT = 40 K). In Standardanwendungen der Hochfrequenz ist der Strom in der Regel klein, weshalb dieser Parameter eine untergeordnete Rolle spielt.

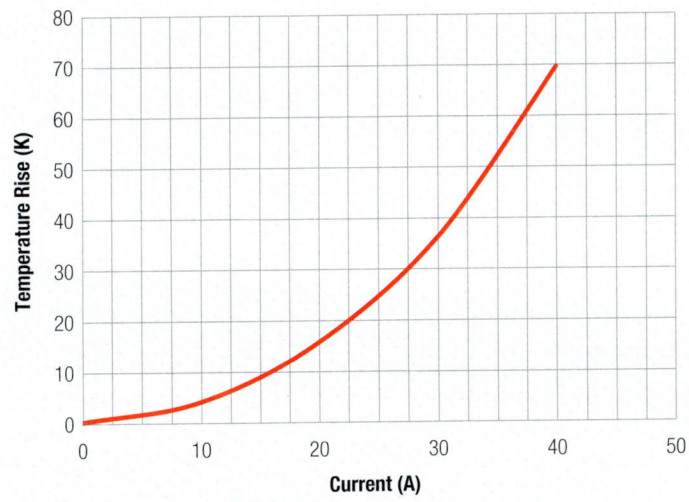

Abb. 1.233: I_R-Kurve der Induktivität WE-AC HC (Art.-Nr.: 7449152090)

Der Nennstrom wird als maximaler Gleichstrom (in A oder mA) angegeben, der durch die Induktivität fließen kann, ohne dass die maximale Bauteiltemperatur erreicht wird.

8.1.6 Größe des Bauteils

Bei HF-Schaltungen ist die Größe entscheidend! In einem Markt, in dem immer kleinere Schaltungen benötigt werden, legen Ingenieure zwangsläufig großen Wert auf diesen Parameter. Würth Elektronik bietet HF-Induktivitäten von 0201 bis 1208 (Zoll) an. In Tabelle. 1.19 ist eine Übersicht der Bauteilegrößen gezeigt.

I Grundlagen

Zoll (metrisch)	WE-KI	WE-KI HC	WE-RFI	WE-RFH	WE-MK	WE-TCI
0201 (0603)					1 nH–33 nH	1 nH–10 nH
0402 (1005)	1 nH–120 nH	1 nH–51 nH			1 nH–270 nH	1 nH–27 nH
0603 (1608)	1,6 nH–1 µH	1,8 nH–390 nH			1 nH–470 nH	
0805 (2012)	2,2 nH–1,8 µH		0,47 µH–10 µH			
1008 (2520)	3,3 nH–1 µH		1,2 µH–47 µH	0,47 µH–10 µH		
1210 (3225)	22 nH–1 µH					

Tab. 1.19: Größen und Induktivitätsbereiche der WE-RF-Induktivitätsreihe

Bei den Luftkerninduktivitäten wird die Größe in mm angegeben und ist abhängig vom Induktivitätswert (d.h. der Anzahl der Windungen).

Alle genannten Eigenschaften sind miteinander verknüpft. Eine Induktivität der Größe 0402 kann nicht so viele Windungen haben wie eine Induktivität der Größe 0805, weswegen der maximale Induktivitätswert niedriger ist. Kleinere Abmessungen bedeuten dünnere Drähte, und das führt zu einem größeren R_{DC} und einem niedrigeren Q-Faktor. Daher müssen die Ingenieure bestimmte Kompromisse zwischen Größe, Leistung und Struktur berücksichtigen, um die passende HF-Induktivität für ihre Anwendung auszuwählen. Eine Übersicht möglicher Induktivitäten ist in Tabelle 1.20 dargestellt.

Sobald die im Datenblatt einer HF-Induktivität angegebenen Parameter verstanden wurden, muss im nächsten Schritt jede Baureihe ausführlich analysiert werden. So werden Vorteile und Besonderheiten jeder HF-Induktivitätsstruktur und -baureihe aufgezeigt.

8.1.7 Structures

Würth Elektronik offers three different kind of RF inductor structures: wire wound (with and without core), multilayer and thin film inductors. Table 1.20. shows an overview of our RF inductor series.

Drahtgewickelte Induktivitäten		Multilayer-Induktivitäten	Dünnfilm-induktivitäten
Mit Kern	Luftkern		
WE-KI/WE-KI HC/WE-RFI/WE-RFH	WE-CAIR/WE-AC HC	WE-MK	WE-TCI

Tab. 1.20: RF Von WE angebotene HF-Induktivitätsstrukturen

Drahtgewickelt:

Wie der Name bereits sagt, entsteht diese Struktur durch das Wickeln eines Kupferdrahtes um einen Kern oder einfach „die Luft". Im Vergleich zu anderen Strukturen ist der Draht hier stärker, d. h. die Verluste sind geringer. Wie wir gesehen haben, bedeuten geringe Verluste einen niedrigen RDC, einen hohen Q-Faktor und einen hohen Nennstrom. Zudem ist die Anzahl der möglichen Windungen relativ hoch, sodass mit dieser Struktur ein breiter Induktivitätsbereich erreicht werden kann.

Allerdings hat diese Struktur auch Nachteile. Aufgrund der Drahtstärke und die Nähe der Drähte zueinander ist die kapazitive Wirkung zwischen ihnen bei hoher Windungszahl sehr hoch. Dieser relativ starke parasitäre Effekt führt zu einer niedrigeren Serienresonanzfrequenz SRF im Vergleich zu anderen Strukturen.

Multilayer:

Diese Struktur besteht aus vielen Keramikschichten mit aufeinander gestapelten gedruckten Leitern. Die Spule wird dann schichtweise aufgebaut und verbindet die Leiter mittels Durchkontaktierungen. Dieses Herstellungsverfahren ermöglicht sehr geringe Abmessungen und die preisgünstigsten Induktivitäten.

Andererseits sind die Verluste aufgrund der geringen Größe der Leiter höher als bei der drahtgewickelten Struktur. Dies führt zu einem großen R_{DC}, einem relativ geringen Q-Faktor und einem niedrigen Nennstrom.

Dünnfilm:

Bei der Dünnfilmtechnik wird der Leiter unter Verwendung eines fotolithografischen Prozesses auf eine Keramikschicht aufgedruckt. Dieser sehr präzise und reproduzierbare Prozess gewährleistet demzufolge eine sehr enge Induktivitätstoleranz. Darüber hinaus sind die Dünnfilminduktivitäten extrem dünn und es sind auch sehr kleine Baugrößen möglich.

Da die Chipoberfläche klein ist, ist die Anzahl der Wicklungen sehr begrenzt und daher ist der Induktivitätsbereich im Vergleich zu anderen Strukturen eingeschränkt.

8.2 S-Parameter: Grundlagen

8.2.1 Theoretische Grundlagen

Während bei niedrigen Frequenzen die Vorgehensweise der Strom- und Spannungsmessung sinnvoll ist, treten bei höheren Frequenzen Schwierigkeiten auf. Die Grenze, ab welcher die hochfrequenztechnische Betrachtungsweise erforderlich ist, hängt von der Dimension der zu untersuchenden Objekte im Vergleich zur Betriebswellenlänge ab. Dies ist der Fall, sobald die Abmessungen der Bauteile und Leitungen nicht mehr klein gegenüber der Wellenlänge sind.

I Grundlagen

Z-Parameter

Die Untersuchung eines HF-Netzwerkes durch eine Messung der Z-Parameter, d.h. durch Strom und Spannung, ist aufgrund folgender Aspekte nur bedingt geeignet:

- Es ist sehr schwer, eine offene Leitung für hohe Frequenzen zu realisieren.
- Aktive Bauteile werden instabil, wenn sie kurzgeschlossen oder offen betrieben werden.
- Die Spannungen und Ströme variieren in Abhängigkeit von der Leitungslänge.
- Verfälschung des Messwertes durch parasitäre Kapazitäten und Induktivitäten der Messspitze.

Es bietet sich an, die in nachfolgendem Abschnitt hergeleiteten S-Parameter zur Charakterisierung im HF-Bereich zu verwenden. Der Vorteil ist eine einfache Behandlung der Impedanz-Transformationswirkung von Leitungen mittels eines Smith-Diagramms.

Der Zusammenhang zwischen der Frequenz und der Wellenlänge ergibt sich wie folgt (Abbildung 1.234):

$$\lambda = \frac{c}{f * \sqrt{\varepsilon_r}}$$

WLAN IEEE 802.11b/g
bei 2.4 GHz
mit $\varepsilon_r = 1$

$$\lambda = \frac{300 * 10^6 \text{ m/s}}{2400 * 10^6 \text{ 1/s}} = 12.5 \text{ cm}$$

Abb. 1.234: Zusammenhang zwischen Frequenz und Wellenlänge

In der Hochfrequenztechnik wird ein Netzwerk mit Hilfe der Wellentheorie betrachtet. Zur Veranschaulichung dient das Zweitor in Abbildung 1.235.

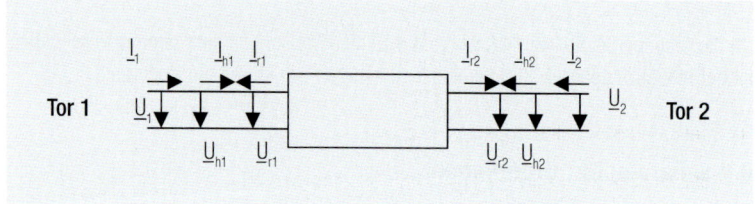

Abb. 1.235: Zweitor mit hin- und rücklaufenden Wellen

Angenommen wird, dass sich am Eingang und am Ausgang des Zweitors infinitesimal kurze Leitungsstücke mit dem Wellenwiderstand Z_L befinden. Auf der Eingangsleitung existieren eine hinlaufende (Generator-)Welle mit U_{h1} und I_{h1} und eine reflektierte Welle mit U_{r1} und I_{r1}.

Für Spannung und Strom am Eingang ergeben sich:

$$\underline{U}_1 = \underline{U}_{h1} + \underline{U}_{r1}$$
$$\underline{I}_1 = \underline{I}_{h1} - \underline{I}_{r1} = \frac{1}{Z_L}\left(\underline{U}_{h1} - \underline{U}_{r1}\right)$$
$$\underline{U}_{h1} = \frac{1}{2}\left(\underline{U}_1 + \underline{I}_1 Z_L\right) \quad (1.237)$$
$$\underline{U}_{r1} = \frac{1}{2}\left(\underline{U}_1 + \underline{I}_1 Z_L\right)$$

Ausgangsseitig erhält man:

$$\underline{U}_2 = \underline{U}_{h2} + \underline{U}_{r2}$$
$$\underline{I}_2 = \underline{I}_{h2} - \underline{I}_{r2} = \frac{1}{Z_L}\left(\underline{U}_{h2} - \underline{U}_{r2}\right)$$
$$\underline{U}_{h2} = \frac{1}{2}\left(\underline{U}_2 + \underline{I}_2 Z_L\right) \quad (1.238)$$
$$\underline{U}_{r2} = \frac{1}{2}\left(\underline{U}_2 + \underline{I}_2 Z_L\right)$$

Der Zusammenhang zwischen den einfallenden und reflektierten Wellen wird durch die Streuparameter (S-Parameter) wie folgt beschrieben:

$$\underline{U}_{r1} = \underline{S}_{11}\,\underline{U}_{h1} + \underline{S}_{12}\,\underline{U}_{h2}$$
$$\underline{U}_{r2} = \underline{S}_{21}\,\underline{U}_{h1} + \underline{S}_{22}\,\underline{U}_{h2} \quad (1.239)$$

In Matrixschreibweise ergibt sich die Beziehung:

$$\begin{pmatrix}\underline{U}_{r1}\\ \underline{U}_{r2}\end{pmatrix} = \begin{pmatrix}\underline{S}_{11} & \underline{S}_{12}\\ \underline{S}_{21} & \underline{S}_{22}\end{pmatrix}\begin{pmatrix}\underline{U}_{h1}\\ \underline{U}_{h2}\end{pmatrix} \quad (1.240)$$

Die Streuparameter können wie folgt bestimmt werden:

Der Reflexionsfaktor gibt das Verhältnis der Spannung von reflektierter Welle zur hinlaufenden Welle an. Die Ausgangsseite (an Tor 2) ist angepasst, d.h. der Lastwiderstand ist identisch mit dem Wellenwiderstand Z_L.

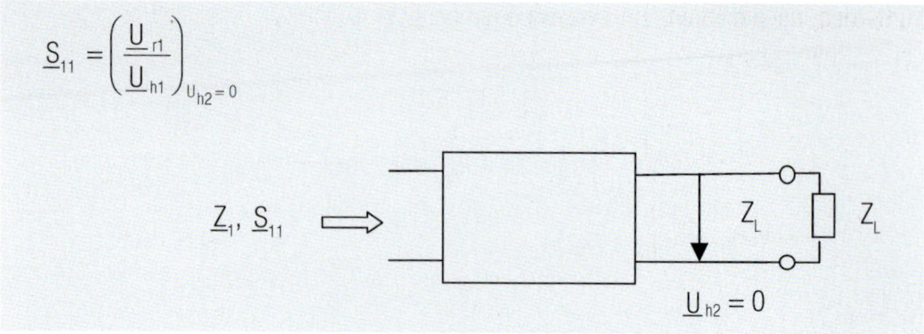

$\underline{S}_{11} = \left(\frac{\underline{U}_{r1}}{\underline{U}_{h1}}\right)_{U_{h2}=0}$
$\underline{Z}_1$, $\underline{S}_{11}$
Z_L
Z_L
$\underline{U}_{h2} = 0$

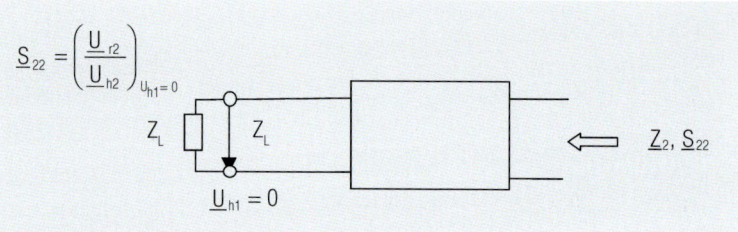

Abb. 1.236: Darstellung des Eingangsreflexionsfaktors (Tor 1) S_{11}

$\underline{S}_{22} = \left(\frac{\underline{U}_{r2}}{\underline{U}_{h2}}\right)_{U_{h1}=0}$
Z_L
Z_L
$\underline{U}_{h1} = 0$
$\underline{Z}_2$, $\underline{S}_{22}$

Abb. 1.237: Darstellung des Ausgangsreflexionsfaktors (Tor 2) S_{22}

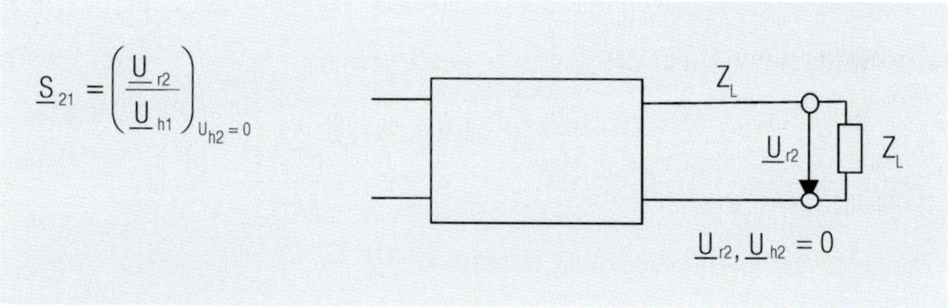

$\underline{S}_{21} = \left(\frac{\underline{U}_{r2}}{\underline{U}_{h1}}\right)_{U_{h2}=0}$
Z_L
$\underline{U}_{r2}$
Z_L
$\underline{U}_{r2}$, $\underline{U}_{h2} = 0$

Abb. 1.238: Darstellung des (Vorwärts-)Transmissionskoeffizienten S_{21}

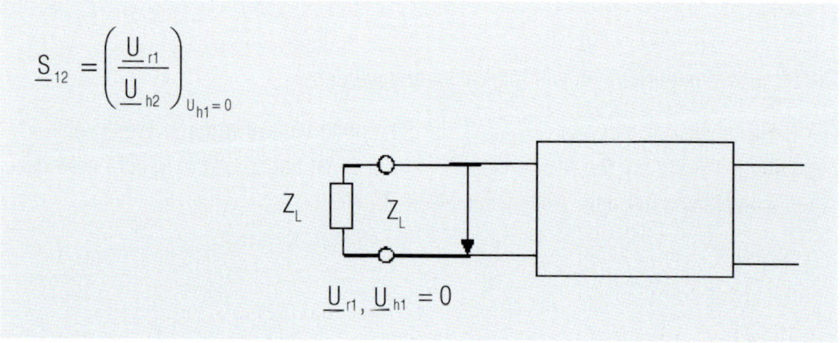

$\underline{S}_{12} = \left(\frac{\underline{U}_{r1}}{\underline{U}_{h2}}\right)_{U_{h1}=0}$
Z_L
Z_L
$\underline{U}_{r1}$, $\underline{U}_{h1} = 0$

Abb. 1.239: Darstellung des (Rückwärts-)Transmissionskoeffizienten S_{12}

Im Betrieb, bei einem von Z_L verschiedenen Lastwiderstands Z_1 lässt sich der Eingangs- reflexionsfaktor an Tor 1 berechnen mit:

Eingangsreflexion

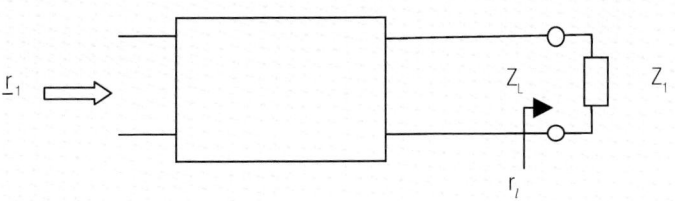

$$\underline{r}_1 = \frac{\frac{Z_1}{Z_L} - 1}{\frac{Z_1}{Z_L} + 1} = \frac{Z_1 - Z_L}{Z_1 + Z_L}$$

$$\underline{r}_1 = \underline{S}_{11} + \frac{\underline{S}_{12}\,\underline{S}_{21}\,\underline{r}_l}{1 - \underline{S}_{22}\,\underline{r}_l}$$

Abb. 1.240: Eingangsreflexionsfaktor in Abhängigkeit von Z_L

Wellenwiderstandsanpassung am Ein- und Ausgang

Durch Fehlanpassung, d.h. $Z \neq Z_L$, entstehen auf der Leitung Reflexionen. Gleichphasige Spannungen summieren sich auf einer Leitung zu Maxima, während gegenphasige Spannungskomponenten sich zu Minima addieren (Abbildung 1.241).

Anpassung

$$U_{max} = |\underline{U}_h| + |\underline{U}_r|$$
$$U_{min} = |\underline{U}_h| - |\underline{U}_r|$$

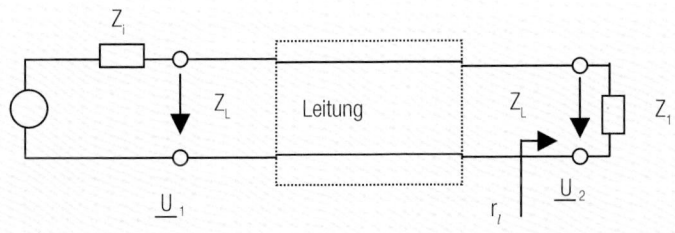

Abb. 1.241: Anpassung des Wellenwiderstands in einem Leitungssystem

I Grundlagen

Stehwellenverhältnis

Das Verhältnis zwischen U_{max} und U_{min} wird durch die Fehlanpassung bestimmt und als Stehwellenverhältnis VSWR (Voltage Standing Wave Ratio) bezeichnet.

$$VSWR = \frac{U_{max}}{U_{min}} = \frac{1 + |r_L|}{1 - |r_L|} \quad (1.241)$$

Rückflussdämpfung

Ohne Reflexionen ist der Reflexionsfaktor r_L Null, das VSWR ist 1.
Neben dem Stehwellenverhältnis ist die Rückflussdämpfung (Return Loss, Einheit dB) als Maß für den Fehlabschluss gebräuchlich. Die Rückflussdämpfung A_r ergibt sich aus dem Reflexionsfaktor und ist der in Dezibel ausgedrückte reziproke Betrag des Reflexionsfaktors:

$$A_r = 20 \log \frac{1}{|r_L|} \quad (1.242)$$

Fehlanpassung

Bei Anpassung der Verbraucherimpedanz Z_i an den Wellenwiderstand Z_L treten keine Reflexionen auf, der Reflexionsfaktor ist bei Anpassung Null. Der Fall der Fehlanpassung also das Auftreten einer stehenden Welle, wird im folgenden Bild (Abbildung 1.242) dargestellt.

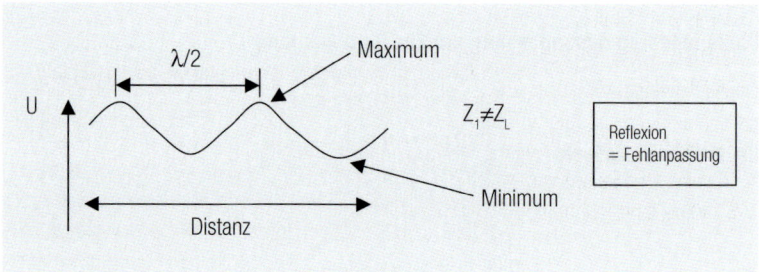

Abb. 1.242: Beispiel einer stehenden Welle

8.2.2 Entwurf einer Anpassungsschaltung mittels Smith-Diagramm

In diesem Abschnitt wird die Vorgehensweise bei der Anpassung einer Antenne an den Innenwiderstand des Generators beschrieben und die theoretischen Grundlagen des Smith-Diagramms erläutert. Zum Entwurf des Anpassungsnetzwerkes kann als Hilfsmittel ein Smith-Diagramm herangezogen werden.

Smith-Diagramm:

Im Folgenden werden die theoretischen Grundlagen sowie die Besonderheiten des Smith-Diagramms erläutert.

Der komplexe Reflexionsfaktor berechnet sich aus der normierten Impedanz mittels nachfolgender Gleichung, wobei mit Z_0 der Leitungswellenwiderstand bezeichnet wird.

$$\underline{r} = \text{Re}\{\underline{r}\} + j\text{Im}\{\underline{r}\} = \frac{\underline{Z} - Z_0}{\underline{Z} + Z_0} \quad (1.243)$$

Im Idealfall ist die Impedanz Z (beispielsweise die Eingangsimpedanz einer Antenne) identisch mit dem Leitungswellenwiderstand Z_0. Es treten keine Reflexionen auf, man spricht von Anpassung.

Die Impedanz ist eine komplexe Zahl, die in einer unendlich großen zweidimensionalen Halbebene dargestellt werden kann. Auf der x-Achse wird der Realteil, auf der y-Achse der Imaginärteil aufgetragen. Betrachtet wird nur die Halbebene mit positiven Wirkwiderständen (d.h. x > 0), da negative Realteile nur bei aktiven Schaltungen auftreten. Das Smith-Diagramm entsteht durch eine winkeltreue konforme Abbildung durch die Transformation der normierten Impedanzhalbebene in die Reflexionsfaktorebene, d.h. in das Innere des Einheitskreises. Entsprechend wäre die Halbebene mit den negativen Realteilen außerhalb des Einheitskreises im Smith-Diagramm. Bei positiven Realteilen der Impedanz ist der Betrag des Reflexionsfaktors stets kleiner als 1, bei negativen Realteilen der Impedanz ist der Betrag des Reflexionsfaktors größer als 1.

Dadurch wird die normierte Impedanz auf einen begrenzten Bereich, ein handliches Diagramm, abgebildet. Der äußere Kreis der Diagrammberandung entspricht dem Betrag 1 des Reflexionsfaktors.

Ein vollständiges Smith-Diagramm aus Abbildung 1.243 zu entnehmen. Es werden nun schrittweise die Bedeutung der darin abgebildeten Kreise sowie das Arbeiten mit dem Smith-Diagramm erläutert.

Reflexionsfaktor

Reflexions-faktorebene

I Grundlagen

Smith-Diagramm

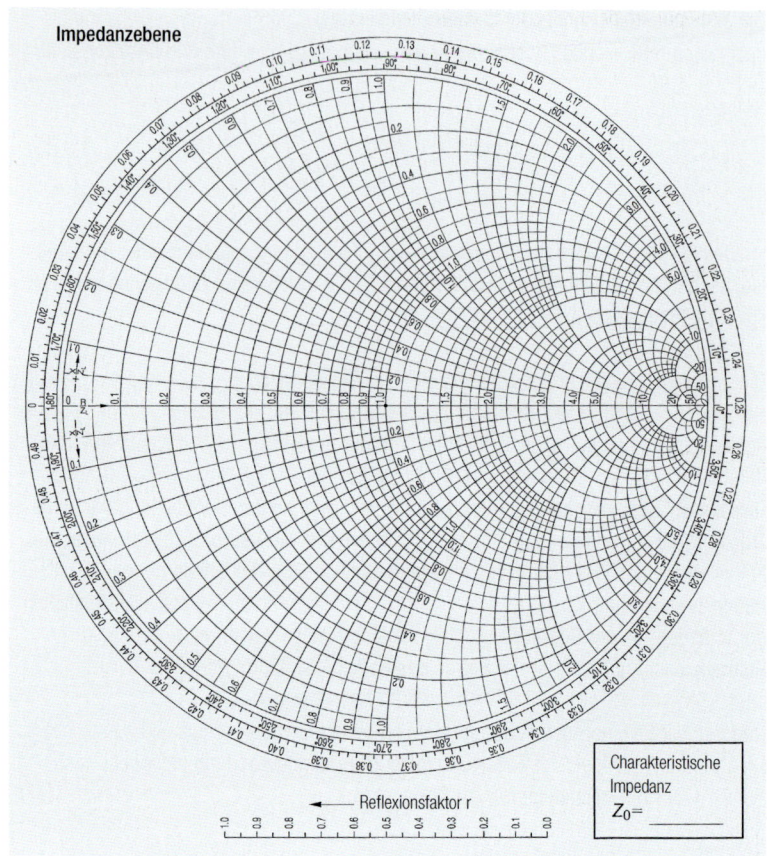

Abb. 1.243: Smith-Diagramm der Impedanzen

Die abgebildeten Kreise stellen das Koordinatengitter in der r-Ebene für die dazugehörende Impedanz dar. In Abbildung 1.243 sind aus Übersichtsgründen nur die Koordinatenlinien für den Realteil Re{$\underline{Z}/Z_0$} = $\Re$ = const eingetragen. Die Reflexionsfaktorebene wird als Re{r}, Im{r}-Ebene bezeichnet.

Ohne Herleitung werden die Gleichungen der Kreise angegeben, die entsprechenden Kurven sind in Abbildung 1.244 und Abbildung 1.245 gezeigt:

$$\left(\text{Re}\{r\} - \frac{R}{R+1}\right)^2 + \text{Im}\{r\}^2 = \left(\frac{1}{R+1}\right)^2 \qquad (1.244)$$

Die Normierung des Realteils ergibt

$$\Re = \frac{R}{Z_0} \qquad (1.245)$$

Die Mittelpunkte der Kreise konstanten Realteils sind

$$M\left(+\frac{R}{\Re+1};0\right) = M\left(+\frac{\operatorname{Re}\left\{\frac{Z}{Z_0}\right\}}{\operatorname{Re}\left\{\frac{Z}{Z_0}\right\}+1};0\right) \quad (1.246)$$

Die Mittelpunkte liegen bei

$$\left(\frac{R}{\Re+1}\bigg|0\right) \quad (1.247)$$

Die Radien der Kreise betragen

$$\frac{1}{1+\Re} \quad (1.248)$$

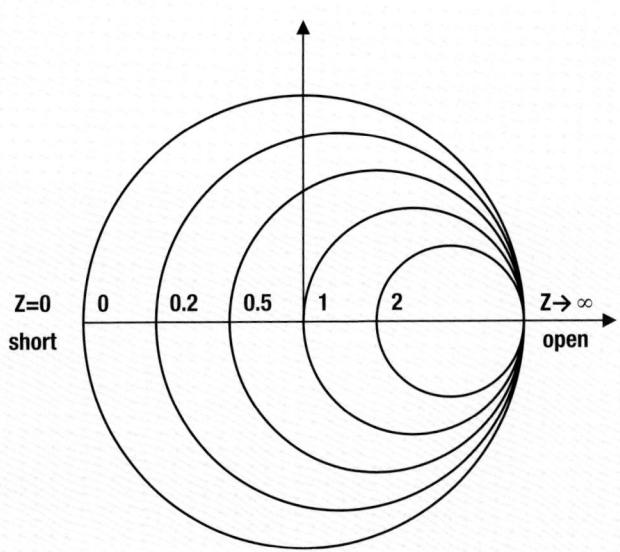

Abb. 1.244: Kreise mit $\operatorname{Re}\left\{\frac{Z}{Z_0}\right\} = const$

Die Kreise des konstanten Imaginärteils sind:

Imaginärteil

$$\operatorname{Im}\left\{\frac{Z}{Z_0}\right\} = \Im \quad (1.249)$$

I Grundlagen

Sie werden beschrieben durch die Gleichung:

$$(\text{Re}\{\underline{r}\} - 1)^2 + \left(\text{Im}(\underline{r}) - \frac{1}{\Im}\right)^2 = \frac{1}{\Im^2} \tag{1.250}$$

Die Kreismittelpunkte liegen bei:

$$M\left(1\,;\,\frac{1}{\Im}\right) = M\left(1\,;\,\frac{1}{\text{Im}\left\{\frac{\underline{Z}}{\underline{Z}_0}\right\}}\right) \tag{1.251}$$

Die Radien der Kreise sind:

$$\frac{1}{\text{Im}\left\{\frac{\underline{Z}}{\underline{Z}_0}\right\}} \tag{1.252}$$

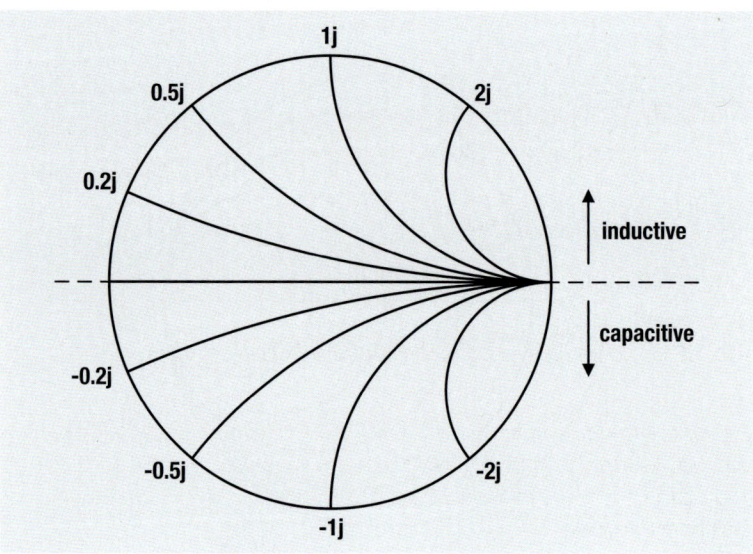

Abb. 1.245: Kreise mit $\text{Im}\left\{\frac{\underline{Z}}{\underline{Z}_0}\right\} = \text{const}$

Da ein Kurzschluss durch die Impedanz 0 gekennzeichnet ist, befindet sich der entsprechende Punkt wie in Abbildung 1.244 eingezeichnet an dem Punkt z = 0.

Der Leerlauf ist durch eine unendlich große Impedanz gekennzeichnet und ebenfalls eingezeichnet. Die obere Hälfte des Smith-Diagramms mit positivem Imaginärteil stellt induktive Impedanzen, die untere Hälfte kapazitive Impedanzen dar.

Abbildung 1.246 veranschaulicht, wie auf einfache Weise direkt durch Eintragen der normierten Impedanz, Betrag und Phase des Reflexionsfaktors abgelesen werden können. Der Betrag des Reflexionsfaktors entspricht dem Abstand zwischen dem eingetragenen Punkt und dem Ursprung. Dieser gemessene Abstand ist auf den Radius des Diagramms zu beziehen, der dem Betrag 1 entspricht. Die Winkelskala am Rand des Diagramms gibt den Wert für die Phase des Reflexionsfaktors an.

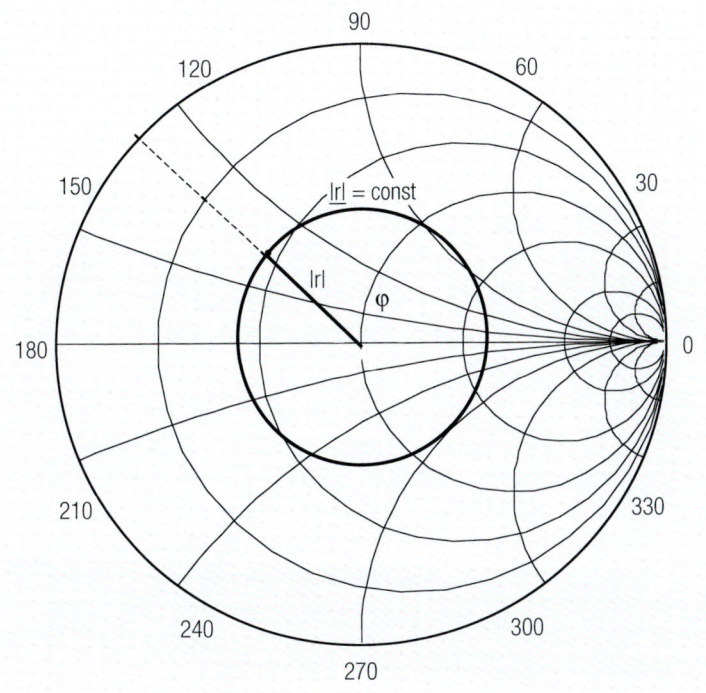

Abb. 1.246: Ablesen des Reflexionsfaktors aus dem Smith-Diagramm

Eine weitere Anwendungsmöglichkeit des Smith-Diagramms ist der einfache Übergang von der Impedanzebene auf die Admittanzebene und umgekehrt. Der Übergang zwischen Impedanz und Admittanz erfolgt durch Spiegeln am Ursprung, d.h. am Diagrammmittelpunkt.

Die Skalierungen im Smith-Diagramm zeigen, dass der Reflexionsfaktor mit einer guten Genauigkeit abgelesen werden kann. Für die meisten Anwendungen ist dieser Genauigkeitsgrad völlig ausreichend und größer als der Genauigkeitsgrad, mit welchem in der Praxis beispielsweise Kabellängen zurechtgeschnitten werden können.

Durch Parallel- und Serienschaltung von konzentrierten Bauelementen wird die Impedanz verändert. Das Smith-Diagramm bietet eine einfache Möglichkeit, diese Verschiebungen darzustellen. Bei Serienschaltungen wird bevorzugt die Impedanzebene

I Grundlagen

Admittanzebene

verwendet, während bei Parallelschaltungen die Admittanzebene empfehlenswert ist. Durch Punktspiegelung am Ursprung wird der Übergang durchgeführt. Umgekehrt kann auch ausgehend von der abgelesenen Verschiebung im Smith-Diagramm der Wert der Bauteile ermittelt werden. Die Formeln, die den Zusammenhang zwischen Bauteilwert und Verschiebung angeben, sind in nachfolgender Tabelle 1.21 aufgelistet.

	Serienschaltung	Parallelschaltung
R	$\Delta z = \dfrac{R}{Z_0}$	$\Delta y = \dfrac{Z_0}{R}$
L	$\Delta z = \dfrac{j\omega L}{Z_0}$	$\Delta y = \dfrac{-jZ_0}{\omega L}$
C	$\Delta z = \dfrac{-j}{\omega C Z_0}$	$\Delta y = j\omega C Z_0$

Tab. 1.20: Zusammenhang zwischen Impedanz und Admittanz für die Transformation im Smith-Diagramm

Das Hinzuschalten einer Induktivität in Serie beispielsweise vergrößert den Imaginärteil der Impedanz während der Realteil unverändert bleibt. Im Smith-Diagramm entspricht dies einer Verschiebung auf einem Kreis mit konstantem Realteil nach oben. Das Parallelschalten eines Widerstandes führt zu einer Vergrößerung des Realteils der Admittanz. Dementsprechend muss eine Verschiebung auf einem Kreis um einen konstanten Imaginärteil nach rechts vorgenommen werden.

Die Verschiebungsrichtungen werden zur Veranschaulichung in Abbildung 1.247 dargestellt.

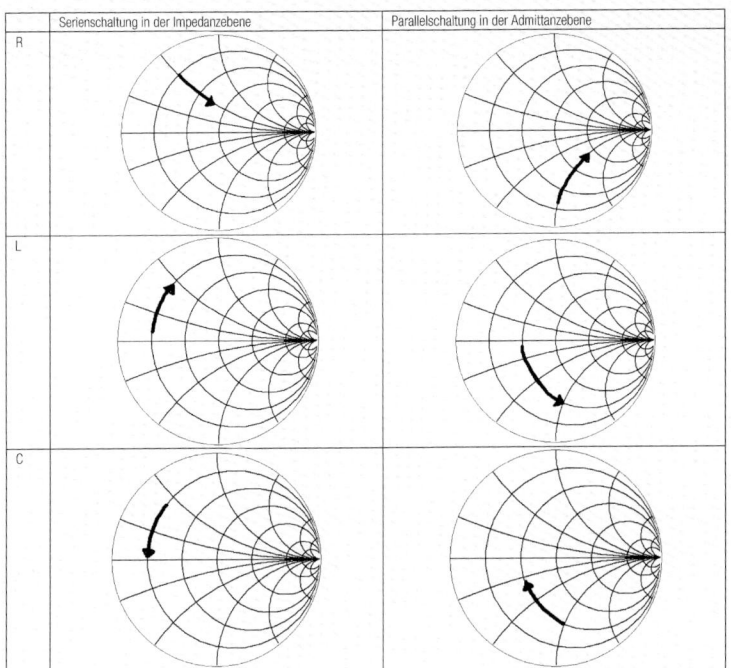

Abb. 1.247: Verschiebungsrichtungen im Smith-Diagramm

Auch die Impedanztransformation durch eine verlustlose Leitung kann durch eine Drehung um den Diagrammmittelpunkt dargestellt werden. Nachfolgende Gleichung beschreibt die Transformation durch eine verlustlose Leitung von den Abschlussklemmen zu den Eingangsklemmen. Dabei wird vorausgesetzt, dass das Smith- Diagramm auf den Wellenwiderstand der Transformationsleitung normiert ist.

Ausgehende Impedanz ist:

$$r_1 = r_2 \cdot e^{-2j \cdot \frac{360°}{\lambda} \cdot 1} \qquad (1.253)$$

Der Drehwinkel berechnet sich mit:

$$2 \cdot 360° \cdot \frac{1}{\lambda} \qquad (1.254)$$

Der Drehwinkel ist somit proportional zur normierten Leitungslänge

$$\frac{1}{\lambda} \qquad (1.255)$$

I Grundlagen

Die Drehung erfolgt ausgehend von der zu transformierenden Impedanz im Uhrzeigersinn. Die Drehrichtungen sind unabhängig davon, ob man sich in der Impedanz- oder der Admittanzebene befindet. Der Nullpunkt der Skala der normierten Leitungslänge ist willkürlich gesetzt worden, da lediglich das Ablesen der Differenz relevant ist.

Antennenanpassung

Vorgehensweise bei der Antennenanpassung

Nach sorgfältiger Kalibrierung wird der Eingangsreflexionsfaktor bzw. die Eingangsimpedanz bei der Betriebsfrequenz gemessen. Der erhaltene Wert wird in ein Smith-Diagramm eingetragen, um mit dessen Hilfe zeichnerisch ein Anpassungsnetzwerk zu entwerfen. Ziel der Anpassung ist es, mit geringer Anzahl von Bauelementen eine Verschiebung zur gewünschten Impedanz (z.B. 50 Ω) zu erzielen.

Abschließend sollte eine Testschaltung aufgebaut werden und die Anpassung messtechnisch verifiziert werden. Gegebenenfalls können die gefundenen Werte als Startwerte dienen und die Anpassung experimentell weiter optimiert werden.

Anhand eines Beispiels soll nun die Verwendung des Smith-Diagramms zum Entwurf des Anpassungsnetzwerkes beschrieben werden. Die Betriebsfrequenz betrage 2,45 GHz. Die auf 50 Ω normierte, gemessene Eingangsimpedanz der Antenne beträgt 0,5–0,3 j und ist im Smith-Diagramm eingetragen. Ein möglicher Pfad zum Mittelpunkt (Anpassung Ω) beginnt mit der Verschiebung auf dem Kreis mit konstantem Realteil 0,5 nach oben, was einer Serienschaltung einer Induktivität L_s entspricht.

Um zum Mittelpunkt zu gelangen, muss nun eine Parallelschaltung einer Kapazität im Smith-Diagramm vorgenommen werden. Dazu wird der gestrichelte Kreis durch den Mittelpunkt (den Zielpunkt), wie in Abbildung 1.249 dargestellt, als Hilfskonstruktion eingezeichnet. Durch den Schnittpunkt dieses gestrichelten Kreises mit dem Kreis des konstanten Realteils 0,5 wird die Länge der Verschiebung festgelegt. Diese beträgt $\Delta z = 0,5 j - (-0,3 j) = 0,8 j$. Da sich zum Parallelschalten eines Blindelementes die Admittanzebene empfiehlt, bietet sich der Übergang in die Admittanzebene durch Punktspiegelung am Diagrammmittelpunkt an. Der Spiegelpunkt liegt bei 1 – j. Durch Verschiebung auf dem Kreis mit dem konstanten Realteil 1 nach oben gelangt man zum Mittelpunkt. Die Länge der Verschiebung beträgt $0 - (-1 j) = j$. Mit Hilfe der Beziehungen aus Tabelle. 1.21 werden nun die Bauteilwerte bestimmt. Das Auflösen der folgenden Gleichungen nach den Bauteilwerten ergibt die Bauteilewerte.

$$\Delta z = \frac{j \cdot 2 \cdot \pi \cdot f \cdot L_S}{Z_0} = 0,8 j$$
$$\Delta y = j \cdot 2 \cdot \pi \cdot f \cdot C_p \cdot Z_0 = j \quad (1.256)$$

Die Bauteilewerte sind im Einzelnen: L_s = 2,6 nH und C_p = 1,3 pF.

Die Anpassungsschaltung wird in Abbildung 1.248 dargestellt. Zur Verifizierung des Ergebnisses wird nun die Eingangsimpedanz mit folgender Gleichung berechnet. Mit den ermittelten Bauteilewerten muss ein Ergebnis von Z = 50 Ω erhalten werden.

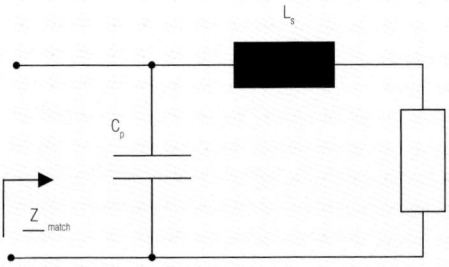

$$\underline{Z}_{match} = \frac{\left(\underline{Z}_1 + 2 \cdot \pi \cdot f \cdot L_S\right) \frac{1}{j \cdot 2 \cdot \pi \cdot f \cdot C_p}}{\underline{Z}_1 + j \cdot 2 \cdot \pi \cdot f \cdot L_S + \frac{1}{j \cdot 2 \cdot \pi \cdot f \cdot C_p}} = 50\,\Omega \qquad (1.257)$$

Abschließend sei darauf hingewiesen, dass es mehrere Transformationswege geben kann. Zu bevorzugen sind „natürliche" Schaltungen, d.h. Schaltungen wie in Abbildung 1.248, bei welcher der Kondensator nach Masse und die Induktivität in Serie geschaltet werden.

Anpassungsnetzwerk

Abb. 1.248: Über das Smith-Diagramm ermitteltes Anpassungsnetzwerk

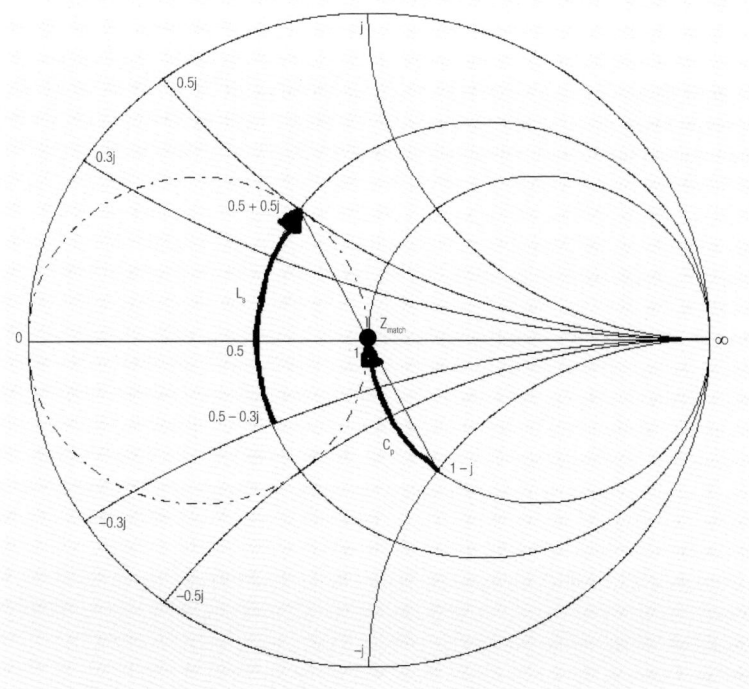

Abb. 1.249: Impedanztransformation im Smith-Diagramm

I Grundlagen

Trilogie der induktiven Bauelemente

Bauelemente

Applikationshandbuch für EMV-Filter, getaktete Stromversorgungen und HF-Schaltungen

II Bauelemente

Teil 2: Bauelemente

1	Übersicht der Komponenten	290
2	EMV Komponenten	300
2.1	Verschiedene Ferritformen	300
2.2	WE-CBF SMD Ferrite	301
2.3	WE-PBF, WE-SUKW Hochstrom-SMD-Entstörferrite	314
2.4	WE-MPSB SMD Multilayer Power Suppression Bead	317
2.5	Bauelemente für die Durchsteckmontage	318
2.6	Klappferrite	323
2.7	WE-MI Multilayer-Induktivität	337
2.8	WE-FI Funkentstördrossel	339
2.9	Stromkompensierte Drosseln	343
2.10	WE-CNSW Stromkompensierte Drosseln für Daten- und Signalleitungen	344
2.11	WE-SL, WE-SLM, WE-SL1, WE-SL2, WE-SL3, WE-SL5	345
2.12	WE-LF, WE-CMB, WE-FC Stromkompensierte Drosseln für Netzanwendungen	350
2.13	WE-ExB Gleichtaktdrossel für Netzspannungsanwendungen	357
2.14	WE-LPCC Gleichtaktdrossel für Netzspannungsanwendungen	358
3	**Induktivitäten**	**359**
3.1	WE-PMI, WE-GF, WE-GFH – Power Induktivitäten	359
3.2	WE-MAPI Geschirmte SMD-Speicherinduktivität mit Metall-Legierung	362
3.3	WE-SI Speicherdrosseln	363
3.4	WE-PD SMD-Speicherdrosseln	371
3.5	WE-TPC, WE-HCI, WE-HCC Power Inductors	382
3.6	WE-HCF SMD-Hochstrominduktivität	392
3.7	WE-PD HV, WE-PD2 HV, WE-TI HV – Hochspannungsinduktivitäten	393
3.8	WE-PFC PFC-Drossel	394
3.9	WE-EHPI Energy-Harvesting-Doppeldrossel	396
3.10	WE-DD Doppeldrossel	397
3.11	WE-DPC SMD-Doppeldrossel	401
3.12	WE-MCRI umpresste gekoppelte SMD-Induktivität	402
3.13	WE-MTCI gekoppelte SMD-Multi-Turn-Ratio-Induktivität	403
3.14	WE-DPC HV, WE-CPIB HV, WE-TDC HV gekoppelte SMD-Induktivitäten	404
4	**Power Magnetics: Übertrager**	**404**
4.1	WE-FLEX und WE-FLEX+ Übertrager	404
4.2	WE-FLEX HV Flexibler Übertrager für getaktete Stromversorgungen	412
4.3	WE-PoE Power over Ethernet-Übertrager	413
4.4	WE-PoEH Power-over-Ethernet Übertrager-High Power	415
4.5	WE-LLCR Resonanzwandler	416
4.6	WE-UNIT Offline-Übertrager	416
4.7	WE-GDT Gate-Drive-Übertrager	418
4.8	WE-CST Stromwandler	418

5	**Kabellose Leistungsübertragung**	**421**
5.1	WE-WPCC Wireless Power-Übertragungsspulen	421
6	**Signale und Kommunikation**	**422**
6.1	WE-LAN Übertrager	422
6.2	WE-LAN HPLE 1000BASE-T, High Performance, Low EMI	426
6.3	WE-RJ45 LAN/WE-RJ45 HPLE mit integriertem RJ45-Steckverbinder	427
6.4	WE-LAN 10G-LAN-Übertrager PoE/PoE	431
6.5	WE-DSL Telekom-Übertrager	432
7	**RF Inductors**	**436**
7.1	HF-Induktivitäten	436
7.2	WE-KI, WE-KI HC, WE-FRI, WE-RFH drahtgewickelte Keramikinduktivitäten	437
7.3	WE-MK Multilayer-Keramikinduktivität	439
7.4	WE-TCI Dünnfilm-Chipinduktivitäten	442
7.5	WE-CAIR Luftspule	443
7.6	WE-AC HC High Current Luftspule	444
8	**LTCC-Bauelemente**	**445**
8.1	LTCC (Low Temperature Co-fired Ceramic)	445
8.2	Multilayerchip-Tiefpassfilter WE-LPF	446
8.3	Multilayerchip-Bandpassfilter WE-BPF	448
8.4	Multilayerchip-Balun WE-BAL	450
8.5	Multilayerchip-Antenne WE-MCA	451
9	**ESD- und Überspannungsschutz**	**453**
9.1	Grundlagen	453
9.2	Varistoren	455
9.3	ESD Suppressor	477
9.4	TVS Dioden	484
9.5	Designhinweise zur Verwendung von überspannungsbegrenzenden Bauelementen	490

II Komponenten

1 Übersicht der Komponenten

EMC Components

Ferrites for PCB Assembly

WE-TMSB
Z @ 100 MHz: 10 ~ 2100 Ω
I_R: 150 ~ 7500 mA
R_{DC}: 0.09 ~ 2.1 Ω
Frequency Range: 6 ~ 3000 MHz

WE-CBF
Z @ 100 MHz: 5 ~ 2700 Ω
I_R: 50 ~ 6000 mA
R_{DC}: 0.008 ~ 1.5 Ω
Frequency Range: 6 ~ 2000 MHz

WE-CBF HF
Z @ 1 GHz: 244 ~ 2005 Ω
I_R: 50 ~ 600 mA
R_{DC}: 0.25 ~ 1.8 Ω
Frequency Range: 300 ~ 3000 MHz

WE-MPSB
Z @ 100 MHz: 8 ~ 600 Ω
I_R: 2100 ~ 10.500 mA
R_{DC}: 1.0 ~ 80.0 mΩ
Frequency Range: 1 ~ 3000 MHz

WE-PBF
Z @ 100 MHz: 42 ~ 98 Ω
I_R: 6 A
R_{DC}: 0.6 ~ 0.9 mΩ
Frequency Range: 6 ~ 2000 MHz

WE-PF
I_R: 4.5 ~ 10 A
R_{DC}: 9 ~ 30 mΩ
Frequency Range: 1 ~ 100 MHz

WE-CMS
Z @ 25 MHz: 20 – 34 Ω
Z @ 200 MHz: 30 ~ 52 Ω
I_R: 5 A
Frequency Range: 1 ~ 3000 MHz

WE-SUKW
Z @ 25 MHz: 272 ~ 425 Ω
Z @ 100 MHz: 416 ~ 580 Ω
Frequency Range: 0.1 ~ 800 MHz

WE-UKW
Z @ 25 MHz: 145 ~ 920 Ω
Z @ 100 MHz: 230 ~ 1240 Ω
Frequency Range: 0.1 ~ 500 MHz

WE-MLS
Z @ 25 MHz: 115 ~ 292 Ω
Z @ 100 MHz: 150 ~ 334 Ω
Frequency Range: 10 ~ 800 MHz

WE-WAFB
Z @ 10 MHz: 28 ~ 65 Ω
Z @ 100 MHz: 70 ~ 130 Ω
Frequency Range: 1 ~ 1000 MHz

Ferrites for Cable Assembly

WE-STAR-BUENO
Z @ 25 MHz 1 turn: 100 ~ 180 Ω
Z @ 100 MHz 1 turn: 150 ~ 250 Ω
Cable diameter: 2.5 ~ 8.5 mm
Frequency Range: 1 ~ 1000 MHz

WE-STAR-TEC LFS
Z @ 1 MHz 1 turn: 20 ~ 94 Ω
Z @ 10 MHz 1 turn: 32 ~ 65 Ω
Cable diameter: 3.5 ~ 21 mm
Frequency Range: 300kHz ~ 30 MHz

WE-STAR-TEC
Z @ 25 MHz 1 turn: 98 ~ 306 Ω
Z @ 100 MHz 1 turn: 182 ~ 525 Ω
Cable diameter: 3.5 ~ 25 mm
Frequency Range: 1 ~ 1000 MHz

WE-STAR-GAP
Z @ 25 MHz 1 turn: 28 ~ 35 Ω
Z @ 500 MHz 1 turn: 345 ~ 400 Ω
Cable diameter: 4.5 ~ 12.5 mm
Frequency Range: 100 ~ 2000 MHz

WE-STAR-RING
Z @ 25 MHz 1 turn: 64 ~ 142 Ω
Z @ 100 MHz 1 turn: 119 ~ 327 Ω
Cable diameter: 8 ~ 27 mm
Frequency Range: 1 ~ 1000 MHz

WE-TOF
Z @ 25 MHz 1 turn: 25 ~ 110 Ω
Z @ 100 MHz 1 turn: 37 ~ 200 Ω
Cable diameter: 3.0 ~ 33.4 mm
Frequency Range: 1 ~ 1000 MHz

WE-STAR-FLAT
Z @ 25 MHz 1 turn: 42 ~ 97 Ω
Z @ 100 MHz 1 turn: 101 ~ 194 Ω
No. of Pins: 26 ~ 50
Frequency Range: 1 ~ 1000 MHz

WE-AFB LFS
Z @ 25 MHz 1 turn: 46 ~ 300 Ω
Z @ 100 MHz 1 turn: 70 ~ 451 Ω
Cable diameter: 3.3 ~ 17.5 mm
Frequency Range: 0.15 ~ 30 MHz

WE-STAR-CLIP
Especially for the fixation of STAR-TEC and STAR-FIX Snap Ferrites

WE-AFB
Z @ 1 MHz 1 turn: 30 ~ 130 Ω
Z @ 10 MHz 1 turn: 40 ~ 100 Ω
Cable diameter: 4.55 ~ 12.5 mm
Frequency Range: 1 ~ 1000 MHz

WE-NCF
Z @ 25 MHz 1 turn: 48 ~ 100 Ω
Z @ 100 MHz 1 turn: 93 ~ 200 Ω
Cable diameter: ≤ 7.8 ≤ 26.5 mm
Frequency Range: 1 ~ 1000 MHz

WE-SAFB
Z @ 25 MHz 1 turn: 20 ~ 144 Ω
Z @ 100 MHz 1 turn: 40 ~ 278 Ω
Cable diameter: 0.55 ~ 4 mm
Frequency Range: 1 ~ 1000 MHz

WE-SPLITRING
Z @ 25 MHz 1 turn: 48 ~ 100 Ω
Z @ 100 MHz 1 turn: 93 ~ 200 Ω
Cable diameter: ≤ 7.8 ≤ 26.5 mm
Frequency Range: 1 ~ 1000 MHz

WE-RIB
Z @ 25 MHz 1 turn: 20 ~ 101 Ω
Z @ 100 MHz 1 turn: 45 ~ 176 Ω
Cable diameter: 0.8 ~ 3.5 mm
Frequency Range: 1 ~ 1000 MHz

WE-SFA
Z @ 25 MHz 1 turn: 27 ~ 148 Ω
Z @ 100 MHz 1 turn: 57 ~ 267 Ω
No. of Pins: 10 ~ 64
Frequency Range: 1 ~ 1000 MHz

EMC Filters

WE-CLFS
I_R 1.5 ~ 20 A
I_{Leak} 0.173 ~ 0.785 mA
R_{DC} 15 ~ 300 mΩ

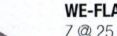

WE-FLAT
Z @ 25 MHz 1 turn: 1 ~ 90 Ω
Z @ 100 MHz 1 turn: 42 ~ 166 Ω
Typs: round, square, edged
Frequency Range: 1 ~ 1000 MHz

WE-FLAT Ferrite for Flexible Printed Circuit Boards
Z @ 25 MHz 1 turn: 7 ~ 71 Ω
Z @ 100 MHz 1 turn: 19 ~ 130 Ω
Typs: round, square
Frequency Range: 1 ~ 1000 MHz

WE-FCAC
Easy fixation for flat cores on ribbon cables
Max. No. of Poles: 16 ~ 40
Frequency Range: 1 ~ 1000 MHz

II Komponenten

Filter Chokes

WE-MI
L:　0.047 ~ 10 µH
I_R:　3 ~ 300 mA
R_{DC}:　0.15 ~ 2.1 Ω
Frequency Range:　1 ~ 100 MHz

WE-SD
L:　2 ~ 10 µH
I_R:　2.5 ~ 15 A
R_{DC}:　1.7 ~ 33 mΩ
Frequency Range:　0.01 ~ 90 MHz

WE-FI
L:　8.2 ~ 860 µH
I_R:　0.4 ~ 5 A
R_{DC}:　0.01 ~ 0.45 Ω
Frequency Range:　0.01 ~ 0.3 MHz

Common Mode Power Line Chokes

WE-CNSW
Z @ 100 MHz:　45 ~ 10000 Ω
I_R:　90 ~ 2000 mA
R_{DC}:　0.05 ~ 8.0 Ω
Frequency Range:　1 ~ 3000 MHz
Number of Windings:　2

WE-CNSW HF
Z @ 100 MHz:　60 ~ 120 Ω
I_R:　280 ~ 600 mA
R_{DC}:　0.22 ~ 0.30 Ω
Frequency Range:　10 ~ 10000 MHz
Number of Windings:　2

WE-CCMF
Z @ 100 MHz:　2 Ω
fc:　8 GHz
VR:　5 (V (DC))
Common mode Attenuation
@ 2450 MHz:　30 dB

WE-SLM
L:　11 ~ 470 µH
I_R:　300 ~ 400 mA
R_{DC}:　0.18 ~ 0.58 Ω
Frequency Range:　0.01 ~ 600 MHz
Number of Windings:　2

WE-SL1
L:　10 ~ 330 µH
I_R:　300 mA
R_{DC}:　0.16 ~ 0.3 Ω
Frequency Range:　0.01 ~ 600 MHz
Number of Windings:　2

WE-SL2
L:　10 ~ 20000 µH
I_R:　0.2 ~ 1.6 A
R_{DC}:　0.08 ~ 2.6 Ω
Frequency Range:　0.01 ~ 600 MHz
Number of Windings:　2

WE-SL3
L:　20 ~ 100 µH
I_R:　450 ~ 700 mA
R_{DC}:　0.14 ~ 0.45 Ω
Frequency Range:　9 ~ 600 MHz
Number of Windings:　2 ~ 3

WE-SL5
L:　120 ~ 4700 µH
I_R:　350 ~ 2500 mA
R_{DC}:　0.025 ~ 0.72 Ω
Frequency Range:　9 ~ 600 MHz
Number of Windings:　2

WE-SL5 HC
L:　5 ~ 30 µH
I_R:　1.2 ~ 5 A
R_{DC}:　0.0055 ~ 0.06 Ω
Frequency Range:　1.4 ~ 300 MHz
Number of Windings:　2

WE-SL
L:　35 ~ 4700 µH
I_R:　0.2 ~ 2.7 A
R_{DC}:　0.035 ~ 0.85 Ω
Frequency Range:　0.01 ~ 600 MHz
Number of Windings:　2 ~ 4

WE-SCC
L:　1 ~ 1000 µH
I_R:　150 ~ 4750 mA
R_{DC}:　0.01 ~ 4.30 Ω
Frequency Range:　0.1 ~ 300 MHz
Number of Windings:　2

WE-UCF
L:　0.013 ~ 100 mH
I_R:　0.15 ~ 10 A
R_{DC}:　0.0027 ~ 8.5 Ω
Frequency Range:　0.01 ~ 400 MHz
Number of Windings:　2 ~ 4

WE-CMB
L:　0.5 ~ 39 mH
I_R:　0.3 ~ 35 A
R_{DC}:　1.7 ~ 3000 mΩ
Frequency Range:　0.1 ~ 100 MHz
Number of Windings:　2

WE-CMBNC
L:　0.4 ~ 190 mH
I_R:　0.9 ~ 32 A
R_{DC}:　1.1 ~ 430 mΩ
Frequency Range:　0.001 ~ 300 MHz
Number of Windings:　2

WE-CMB HC
L: 0.175 ~ 0.7 mH
I_R: 5 ~ 10 mA
R_{DC}: 2.7 ~ 13 Ω
Frequency Range: 0.1 ~ 100 MHz

WE-CMB HV
L: 0.7 ~ 4.7 mH
I_R: 6.8 ~ 21.5 A
R_{DC}: 3.5 ~ 44 mΩ
Frequency Range: 0.005 ~ 5 MHz
Number of Windings: 2

WE-CMB NiZn
L: 14 ~ 110 µH
I_R: 1.5 ~ 10 A
R_{DC}: 2.7 ~ 80 mΩ
Frequency Range: 0.1 ~ 100 MHz
Number of Windings: 2

WE-ExB
L: 47 ~ 1000 µH
I_R: 4.5 ~ 15 A
R_{DC}: 4.6 ~ 42 mΩ
Frequency Range: 0.1 ~ 200 MHz
Number of Windings: 2

WE-CMBH
L: 1 ~ 7 mH
I_R: 3.5 ~ 10 A
R_{DC}: 12.5 ~ 80 mΩ
Frequency Range: 0.1 ~ 100 MHz
Number of Windings: 2

WE-LF
L: 0.4 ~ 50 mH
I_R: 0.3 ~ 6 A
R_{DC}: 0.02 ~ 2.6 Ω
Frequency Range: 0.1 ~ 100 MHz
Number of Windings: 2

WE-LF SMD
L: 0.7 ~ 47 mH
I_R: 0.3 ~ 5.25 A
R_{DC}: 0.03 ~ 2.6 Ω
Frequency Range: 0.1 ~ 100 MHz
Number of Windings: 2

WE-TFC
L: 1.8 ~ 25 mH
I_R: 0.25 ~ 1.0 A
R_{DC}: 0.31 ~ 3.60 Ω
Frequency Range: 0.001 ~ 100 MHz
Number of Windings: 2

WE-TFCH
L: 1.8 ~ 25 mH
I_R: 0.25 ~ 1.0 A
R_{DC}: 0.31 ~ 3.60 Ω
Frequency Range: 0.01 ~ 100 MHz

WE-FC
L: 0.82 ~ 33 mH
I_R: 1.25 ~ 2 A
R_{DC}: 0.065 ~ 2.5 mΩ
Frequency Range: 0.001 ~ 100 MHz
Number of Windings: 2

WE-FCL
L: 3.9 ~ 100 mH
I_R: 1.25 ~ 6.0 A
R_{DC}: 50 ~ 900 Ω
Frequency Range: 0.01 ~ 100 MHz
Number of Windings: 2

WE-LPCC
L: 120 – 450 µH
I_R: 10 ~ 23.5 A
R_{DC}: 1.4 ~ 9.6 mΩ
Frequency Range: 0.01 ~ 100 MHz
Number of Windings: 2

WE-TPB
L: 0.52 ~ 12 mH
I_R: 6 ~ 24 A
R_{DC}: 3 ~ 65 mΩ
Frequency Range: 0.01 ~ 30 MHz
Number of Windings: 3

WE-TPB HV
L: 0.2 ~ 208 mH
I_R: 7.2 ~ 46 A
R_{DC}: 1.6 ~ 85 mΩ
Frequency Range: 0.005 ~ 5 MHz
Number of Windings: 3

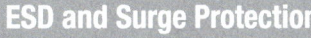
ESD and Surge Protection

WE-TVS
Operating Voltage: 1.2 ~ 20 V_{DC}
C_{typ}: 0.18 ~ 830 pF
Channels: 1 ~ 8 (+VDD)
Uni/Bidirectional, Rail-to-Rail

WE-VE/WE-VEA
Operating Voltage: 5 ~ 24 V_{DC}
C_{typ}: 0.2 ~ 120 pF
Size: 0201 ~ 0805/0508 ~ 0612

WE-TVSP
Operating Voltage: 5 ~ 100 V_{DC}
I_{max}: 2.5 ~ 326.1 A
V_{Clamp}: 9.2 ~ 162 V
Size: SMAJ, SMBJ, SMCJ, SMDJ

II Komponenten

ESD and Surge Protection

WE-VS
Operating Voltage: 5.5 ~ 56 V_{DC}
I_{max}: 10 ~ 200 A
W_{max}: 0.02 ~ 1.1 J
C_{typ}: 70 ~ 3600 pF
Size: 0402 ~ 1206

WE-VD
Operating Voltage: 18 ~ 1465 V_{DC}
I_{max}: 0.1 ~ 10 kA
W_{max}: 0.7 ~ 496 J
Diameters: 5 ~ 20 mm
Reference for cURus/CQC/VDE

Power Magnetics

Single Coil Power Inductors

WE-PMI
L: 0.11 ~ 10 µH
I_R: 450 ~ 4000 mA
R_{DC}: 7 ~ 500 mΩ
Frequency Range: 0.1 ~ 100 MHz

WE-PMMI
L: 0.025 ~ 1.5 µH
I_R: 1600 ~ 7000 mA
R_{DC}: 9 ~ 100 mΩ
Frequency Range: 0.1 ~ 100 MHz

WE-PMCI
L: 0.24 ~ 2.2 µH
I_R: 1200 ~ 3600 mA
R_{DC}: 23 ~ 195 mΩ
Frequency Range: 0.05 ~ 6 MHz

WE-GF
L: 0.1 ~ 1000 µH
I_R: 30 ~ 450 mA
R_{DC}: 0.32 ~ 50 Ω
Frequency Range: 0.1 ~ 100 MHz

WE-GFH
L: 1.0 ~ 220 µH
I_R: 75 ~ 1600 A
R_{DC}: 81 ~ 9126 mΩ
Frequency Range: 0.1 ~ 100 MHz

WE-LQ
L: 1 ~ 2200 µH
I_R: 0.04 ~ 1.8 A
R_{DC}: 0.08 ~ 63 Ω
Frequency Range: 10 ~ 1000 MHz

WE-LQS
L: 0.16 ~ 10000 µH
I_R: 0.13 ~ 6.85 A
R_{DC}: 6 ~ 22800 mΩ
Frequency Range: 0.01 ~ 10 MHz

WE-LQSH
L: 0.47 ~ 10 µH
I_R: 0.58 ~ 6.4 A
R_{DC}: 18 ~ 816 mΩ
Frequency Range: 0.05 ~ 6 MHz

WE-LQFS
L: 1.0 ~ 470 µH
I_R: 0.26 ~ 4.47 A
R_{DC}: 21 ~ 2803 mΩ
Frequency Range: 0.1 ~ 10 MHz

WE-MAPI
L: 0.33 ~ 47 µH
I_R: 0.39 ~ 9.6 A
R_{DC}: 7.2 ~ 2300 mΩ
Frequency Range: 0.05 ~ 6 MHz

WE-TPC
L: 0.056 ~ 1500 µH
I_R: 0.08 ~ 8.5 mA
R_{DC}: 0.0035 ~ 9 Ω
Frequency Range: 0.1 ~ 10 MHz

WE-SPC
L: 0.22 ~ 100 µH
I_R: 0.40 ~ 5.30 A
R_{DC}: 0.014 ~ 1.133 Ω
Frequency Range: 0.01 ~ 10 MHz

WE-PD
L: 0.47 ~ 1500 µH
I_R: 0.2 ~ 23.5 A
R_{DC}: 0.003 ~ 9.44 Ω
Frequency Range: 0.1 ~ 10 MHz

WE-PDF
L: 0.22 ~ 27 µH
I_R: 4.3 ~ 19 A
R_{DC}: 1.95 ~ 42.5 mΩ
Frequency Range: 0.1 ~ 10 MHz

WE-PD2SR
L: 1.2 ~ 220 µH
I_R: 0.67 ~ 4.85 A
R_{DC}: 8.5 ~ 876 mΩ
Frequency Range: 0.1 ~ 10 MHz

WE-XHMI
L: 0.18 ~ 33 µH
I_R: 4.7 ~ 20.0 A
R_{DC}: 1.32 ~ 31.0 mΩ
Frequency Range: 0.05 ~ 5 MHz

WE-PD2
L: 0.12 ~ 2200 µH
I_R: 0.18 ~ 10 A
R_{DC}: 0.004 ~ 5.3 Ω
Frequency Range: 0.1 ~ 10 MHz

WE-LHMI
L: 0.1 ~ 100 µH
I_R: 1 ~ 32.5 A
R_{DC}: 0.60 ~ 500 mΩ
Frequency Range: 0.05 ~ 5 MHz

WE-PD3
L: 1 ~ 1000 µH
I_R: 0.19 ~ 3.9 A
R_{DC}: 0.027 ~ 3.2 Ω
Frequency Range: 0.1 ~ 10 MHz

WE-FAMI
L: 3.0 ~ 22.0 µH
I_R: 3.7 ~ 14.5 A
R_{DC}: 3.8 ~ 36 mΩ
Frequency Range: 0.01 ~ 10 MHz

WE-PD4
L: 0.47 ~ 10000 µH
I_R: 0.07 ~ 18 A
R_{DC}: 0.002 ~ 39 Ω
Frequency Range: 0.1 ~ 10 MHz

WE-TI
L: 1 ~ 68000 µH
I_R: 0.05 ~ 9 A
R_{DC}: 0.006 ~ 125 Ω
Frequency Range: 0.1 ~ 10 MHz

WE-HCI
L: 0.13 ~ 82 µH
I_R: 3.5 ~ 41.5 A
R_{DC}: 0.35 ~ 34 mΩ
Frequency Range: 0.1 ~ 3 MHz

WE-TIF
L: 100 ~ 10000 µH
I_R: 0.21 ~ 2.6 A
R_{DC}: 90 ~ 10700 mΩ
Frequency Range: 0.1 ~ 10 MHz

WE-HCC
L: 0.22 ~ 10 µH
I_R: 4.4 ~ 27 A
R_{DC}: 1.5 ~ 41 mΩ
Frequency Range: 0.1 ~ 3 MHz

WE-TIS
L: 1.3 ~ 6800 µH
I_R: 0.05 ~ 8.5 A
R_{DC}: 0.007 ~ 40 Ω
Frequency Range: 0.1 ~ 10 MHz

WE-HCF
L: 0.7 ~ 680 µH
I_R: 12 ~ 36 A
R_{DC}: 0.83 ~ 118.3 mΩ
Frequency Range: 0.1 ~ 3 MHz

WE-SI
L: 12 ~ 1619 µH
I_R: 0.5 ~ 5 A
R_{DC}: 0.008 ~ 0.7 Ω
Frequency Range: 0.01 ~ 0.1 MHz

WE-HCFT
L: 01.5 ~ 65 µH
I_R: 17.2 ~ 75 A
R_{DC}: 0.4 ~ 13.13 mΩ
Frequency Range: 0.1 ~ 3 MHz

WE-PD HV
L: 220 ~ 3300 µH
I_R: 0.24 ~ 1.30 A
R_{DC}: 0.30 ~ 6.5 Ω
Frequency Range: 0.1 ~ 10 MHz

WE-HCM
L: 0.072 ~ 0.47 µH
I_R: 24 ~ 65 A
R_{DC}: 0.15 ~ 0.37 mΩ
Frequency Range: 0.1 ~ 3 MHz

II Komponenten

Single Coil Power Inductors

WE-PD2 HV
L: 330 ~ 2200 µH
I_R: 0.15 ~ 0.43 A
R_{DC}: 1.0 ~ 7.2 Ω
Frequency Range: 0.1 ~ 10 MHz

WE-TI HV
L: 220 ~ 5600 µH
I_R: 0.18 ~ 0.9 A
R_{DC}: 0.6 ~ 12 Ω
Frequency Range: 0.05 ~ 1 MHz

WE-HIDA
L: 8.2 ~ 22 µH
I_R: 5.7 ~ 19 A
R_{DC}: 2.5 ~ 14.8 mΩ
Frequency Range: 0.05 ~ 2 MHz

WE-LHMD
L: 8.2 ~ 22 µH
I_R: 2 ~ 7 A
R_{DC}: 16 ~ 104 mΩ
Frequency Range: 0.05 ~ 2 MHz

PFC Chokes

WE-PFC
L: 150 ~ 1800 µH
I_R: 0.3 ~ 3.0 A
R_{DC1}: 78 ~ 1550 mΩ
R_{DC2}: 140 ~ 1200 mΩ

Dual Coil Power Inductors

WE-EHPI
L: 7.5 ~ 75000 µH
I_R: 0.0035 ~ 2.29 A
R_{DC}: 1.5 ~ 1.9 mΩ
Frequency Range: 0.001 ~ 0.3 MHz

WE-TDC
L: 0.33 ~ 22 µH
I_R: 0.7 ~ 4.5 A
R_{DC}: 0.0145 ~ 0.48 Ω
Frequency Range: 0.01 ~ 10 MHz

WE-DD
L: 1.3 ~ 470 µH
I_R: 0.3 ~ 8.6 A
R_{DC}: 0.011 ~ 1.73 Ω
Frequency Range: 0.1 ~ 10 MHz

WE-DCT
L: 0.091 ~ 100 µH
I_R: 1.1 ~ 14.5 A
R_{DC}: 3.5 ~ 290 mΩ
Frequency Range: 0.05 ~ 3 MHz

WE-CFWI
L: 0.8 ~ 4.4 µH
I_R: 12.0 ~ 28 A
R_{DC}: 1.6 ~ 9.6 mΩ
Frequency Range: 0.1 ~ 3 MHz

WE-DPC
L: 1 ~ 47 µH
I_R: 0.9 ~ 4.5 A
R_{DC}: 25 ~ 350 mΩ
Frequency Range: 0.1 ~ 10 MHz

WE-MTCI
L: 10 ~ 297 µH
I_R: 0.45 ~ 0.95 A
R_{DC}: 349 ~ 5200 mΩ
Frequency Range: 0.1 ~ 3 MHz

WE-DPC HV
L: 1 ~ 47 µH
I_R: 0.6 ~ 2.9 A
R_{DC}: 32 ~ 1.200 mΩ
Frequency Range: 0.1 ~ 10 MHz

WE-CPIB HV
L: 4.7 ~ 47 µH
I_R: 0.55 ~ 1.45 A
R_{DC}: 105 ~ 1.000 mΩ
Frequency Range: 0.1 ~ 10 MHz

WE-TDC HV
L: 5.6 ~ 33 µH
I_R: 0.75 ~ 1.4 A
R_{DC}: 190 ~ 700 mΩ
Frequency Range: 0.1 ~ 10 MHz

WE-MCRI
L: 1 ~ 47 µH
I_R: 2.3 ~ 17 A
R_{DC}: 4.5 ~ 240 mΩ
Frequency Range: 0.1 ~ 3 MHz

Wireless Power Transmission

WE-WPCC Wireless Power Transmitter Coil
L: 2.8 ~ 24 µH
Q: 30 ~ 220
I_R: 2.0 ~ 18 A
R_{DC}: 10 ~ 255 mΩ

WE-WPCC Wireless Power Array
L: 6.4 ~ 12.5 µH
µHQ: 100 ~ 145
I_R: 8.0 ~ 10.0 A
R_{DC}: 38 ~ 56 mΩ

WE-WPCC Wireless Power Receiver Coil
L: 1.4 ~ 47.0 µH
Q: 10 ~ 50
I_R: 0.40 ~ 5.0 A
R_{DC}: 0.08 ~ 1200 Ω

Power Transformers

WE-FLEX
suitable for all switch mode power supply topologies like: Buck-Converter, Boost-Converter, SEPIC-Converter, Flyback-Converter, Forward-Converter and Push-Pull-Converter

WE-FLEX⁺
suitable for all switch mode power supply topologies like: Buck-Converter, Boost-Converter, SEPIC-Converter, Flyback-Converter, Forward-Converter and Push-Pull-Converter

WE-FLEX HV
suitable for all switch mode power supply topologies like: Buck-Converter, Boost-Converter, SEPIC-Converter, Flyback-Converter, Forward-Converter and Push-Pull-Converter

WE-PoE
suitable for Power over Ethernet ICs

WE-PoE⁺
Compliant with the 30W PoE⁺ objectives of IEEE802.3at

Suitable for PoE⁺ powered devices

WE-PoEH
- PoE and PoE+ powered devices
- Flyback or Forward Transformer
- designed for 12V, 24V or 48V input of Switching Mode Power Supply

WE-FB
for LT3573, LT3751, LT3574, LT3575, LT3748

WE-UOST
U_i: 85 ~ 265 V_{ac}
U_{O1}: 5 ~ 24 V
I_{O1}: 0.56 ~ 3.0 A

WE-LLCR
U_i: 360 ~ 400 Vdc
U_0: 12, 24 or 48 Vdc
P: 150, 200 or 250W

WE-UNIT
U_i: 85 ~ 265 V_{ac}
U_{O1}: 5 ~ 24 V
I_{O1}: 0.13 ~ 2.0 A

WE-GDT
L: 260 ~ 650 µH
R_{DC1}: 520 ~ 1200 mΩ
R_{DC2}: 150 ~ 600 mΩ
R_{DC3}: 170 ~ 600 mΩ

WE-GDTI
L: 735 ~ 1800 µH
R_{DC1}: 1000 ~ 1600 mΩ
R_{DC2}: 600 ~ 1300 mΩ
R_{DC3}: 650 ~ 1300 mΩ

WE-CST
for Switch Mode Power Supply and AC current detection

II Komponenten

Signal & Communications

AS-Interface Inductor

WE-ASI
L: 3.0 ~ 18.0 mH
I_R: 0.08 ~ 0.24 A
R_{DC}: 10.0 ~ 72.0 Ω

LAN Transformers

WE-LAN
Speed: 10/100/1000 MBit/s
Ports: 1~4
Temp. Range: -40 to +125°C
PoE: 350 ~1500 mA

WE-LAN 10G
Speed: 10.000 MBit/s
Ports: 1
Temp. Range: -40 to +85°C
PoE: 350 ~ 1500 mA

WE-LAN AQ
Speed: 1.000 MBit/s
Ports: 1~4
Temp. Range: -40 to +85°C

WE-RJ45 LAN
Speed: 10 ~ 10.000 MBit/s
Ports: 1~4
Temp. Range: -40 to +85°C
PoE: 350 mA ~ 600 mA

WE-STST
Speed: 10/100/1000 Mbit/s
Temp. Range: -40 to +105°C

WE-EPLE
USB-A connector with integrated circuit protection device and EMI noise reduction

RF Inductors

WE-KI
L (±2 % or ±5 %): 1 ~ 1500 nH
Q: 16 ~ 60
SRF: 200 ~ 12500 MHz
I_R: 100 ~ 1360 mA
Sizes: 0402, 0603, 0805, 1008

WE-KI HC
L (±2 %): 1 ~ 390 nH
Q: 18 ~ 46
SRF: 880 ~ 16000 MHz
I_R: 170 ~ 2300 mA
Sizes: 0402, 0603

WE-RFI
L (±5 %): 0.47 ~ 47 µH
Q: 15 ~ 45
SRF: 17 ~ 375 MHz
I_R: 45 ~ 500 mA
Sizes: 0805, 1008

WE-RFH
L (±5 %): 0.56 ~ 10 µH
Q: 15 ~ 45
SRF: 40 ~ 415 MHz
I_R: 300 ~ 760 mA
Sizes: 1008

WE-TCI
L (±0.1nH or 2 %): 1 ~ 22 nH
Q: 8 ~ 13
SRF: 2800 ~ 9000 MHz
I_R: 90 ~ 700 mA
Sizes: 0201, 0402

WE-MK
L (±5 %): 1 ~ 470 nH
Q: 8 ~ 20
SRF: 250 ~ 17000 MHz
I_R: 100 ~ 600 mA
Sizes: 0201, 0402, 0603

WE-CAIR
L (±5 %): 1.65 ~ 120 nH
Q: 100 ~ 140
SRF: 1.1 ~ 12.5 GHz
I_R: 1.5 ~ 4 A
Sizes: 1322, 1340, 3136, 3168, 4248

WE-AC HC
L (±20 %): 22 ~ 146 nH
Q_{typ}: 163 ~ 280
SRF_{typ}: 332 ~ 867 MHz
I_R: 19 ~ 40 A
Sizes: 1010, 1212

LTCC Components

WE-LPF
Low-Pass Filter
Frequency Range: 902 ~ 5875 MHz
Sizes: 0603, 0805
Wireless Communication Systems like Bluetooth, WiFi 2.4 & 5.0 GHz, ZigBee …
Low insertion loss in passband and high attenuation in stopband

WE-BPF
Band-Pass Filter
Frequency Range: 2400 ~ 5920 MHz
Sizes: 0805, 1008
Wireless Communication Systems like Bluetooth, WiFi 2.4 & 5.0 GHz, ZigBee …
Low insertion loss in passband and high attenuation in stopband

WE-BAL
Balun
Frequency Range: 2400 ~ 5875 MHz
Sizes: 0603, 0805
Wireless Communication Systems like Bluetooth, WiFi 2.4 & 5.0 GHz, ZigBee …
Low loss SMD Balun with balanced Impedanz of 50-200 ohms

WE-MCA
Multilayer Chip Antenna
Frequency Range: 423 ~ 5875 MHz
Wireless Communication Systems like GSM 900, ISM 868/2400, GPS, Bluetooth, WiFi 2.4 & 5.0 GHz, ZigBee …

Automotive Standard Products

WE-CBA
Z @ 100 MHz: 10 ~ 2200 Ω
I_R: 10 ~ 5000 mA
R_{DC}: 0.008 ~ 1 Ω
Frequency Range: 6 ~ 2000 MHz

WE-MPSA
Z @ 100 MHz: 80 ~ 600 Ω
I_R: 2.1 ~ 4 A
R_{DC}: 18 ~ 80 mΩ

WE-AEFA
Z @ 25 MHz 1 turn: 60 ~ 325 Ω
Z @ 100 MHz 1 turn: 84 ~ 460 Ω
Cable diameter: 3.3 ~ 15.0 mm
Frequency Range: 1 ~ 500 MHz

Automotive Standard Products

WE-TEFA
Z @ 25 MHz 1 turn: 22 ~ 83
Z @ 100 MHz 1 turn: 40 ~ 131
Cable diameter: 7.5 ~ 15,5
Frequency Range: 1 ~ 1000 MHz

WE-PDA
L: 1 ~ 1000 µH
I_R: 0.23 ~ 9.20 A
R_{DC}: 8.5 ~ 7200 mΩ
Frequency Range: 0.1 ~ 10 MHz

WE-PD2SA
L: 1.2 ~ 220 µH
I_R: 0.67 ~ 4.85 A
R_{DC}: 13 ~ 876 mΩ
Frequency Range: 0.1 ~ 10 MHz

WE-PD2A
L: 0.33 ~ 470 µH
I_R: 0.36 ~ 10.8 A
R_{DC}: 0.004 ~ 1960 Ω
Frequency Range: 0.1 ~ 10 MHz

WE-MAIA
L: 0.33 ~ 47.0 µH
I_R: 0.39 ~ 9.8 A
R_{DC}: 7.2 ~ 2300 mΩ
Frequency Range: 0.05 ~ 6 MHz

WE-CHSA
L: 0.33 ~ 12.0 µH
I_R: 5.0 ~ 26.0 A
R_{DC}: 1.34 ~ 28.9 mΩ
Frequency Range: 0.1 ~ 10 MHz

WE-LHCA
L: 10.22 ~ 100 µH
I_R: 1.8 ~ 21.2 A
R_{DC}: 1 ~ 450 mΩ
Frequency Range: 0.05 ~ 5 MHz

WE-RCIT
L: 2.0 ~ 10 µH
I_R: 2.5 ~ 15 A
R_{DC}: 1.7 ~ 33 mΩ
Frequency Range: 0.01 ~ 90 MHz

WE-RCIS
L: 1 µH
I_R: 22.5 A
R_{DC}: 2 mΩ
Frequency Range: 213 MHz

II Bauelemente

2 EMV Komponenten

2.1 Verschiedene Ferritformen

Abbildung 2.1 zeigt hauptsächlich für EMV-Anwendungen verwendete Ferritte. Erhältlich sind die Bauelemente in Form von Perlen, Kernen, Stäben, Hülsen oder Ringkernen.

EMV Ferrite

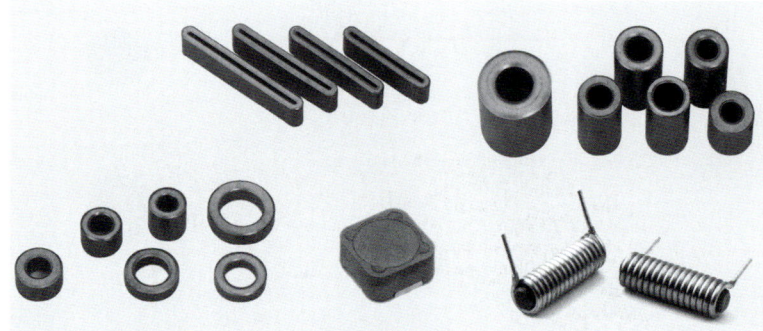

Abb. 2.1: Verschiedene Ferritformen

Alle anderen Formen sind funktionstechnisch gleich, unterscheiden sich nur hinsichtlich ihrer Anwendung. Ferritstäbe sind störempfindlicher gegen Fremdstörfelder und haben selbst ein größeres magnetisches Streufeld. Spulen mit Ringkernen hingegen haben ein geringeres Streufeld und sind auch unempfindlicher gegen Störbeeinflussung (Abbildung 2.2).

Die effektivste Schirmung und auch das geringste Streufeld besitzen Schalenkerne. Durch die definierte Führung des magnetischen Flusses im Inneren sind diese Spulen weitgehend frei von äußeren Streufeldern. Hinsichtlich der Störbeeinflussung gegen Magnetfelder ist die Spule mit Ferritkern sensibler als die Luftspule. Oft ist es nötig, Spulen zu schirmen, um die Streufelder räumlich zu begrenzen.

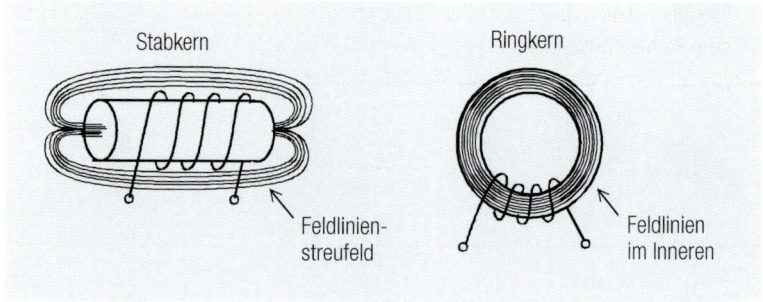

Abb. 2.2: Feldlinienverlauf einer Stab- und einer Ringspule

2.2 WE-CBF SMD Ferrite

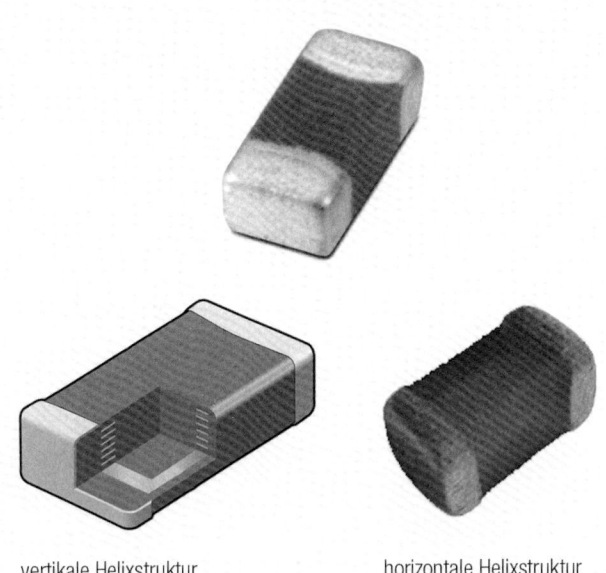

vertikale Helixstruktur   horizontale Helixstruktur

Abb. 2.3: SMD-Ferrit WE-CBF

SMD-Ferrite für EMV-Anwendungen sind in Multilayer-Technologie aufgebaut und benutzen als Ferritmaterial Nickel-Zink-Mischungen.

Das besondere an diesen Materialzusammensetzungen ist, dass ab ca. 50–100 MHz der reelle Anteil (Verluste) maßgeblich die Impedanz bestimmt. Damit liegt ein Filterelement vor, welches das Störspektrum breitbandig absorbiert d.h. in Wärme umsetzt.

Man unterscheidet zwischen High Speed und Wide Band SMD-Ferriten. Die Permeabilität der Wide Band Typn liegt im Bereich von $\mu_i = 200$. High Speed SMD-Ferrite haben kleinere Permeabilitäten. Daher beeinflussen die High Speed Typen höherfrequente Signale im Frequenzbereich bis ca. 10 MHz nur gering.

SMD Ferrite

II Bauelemente

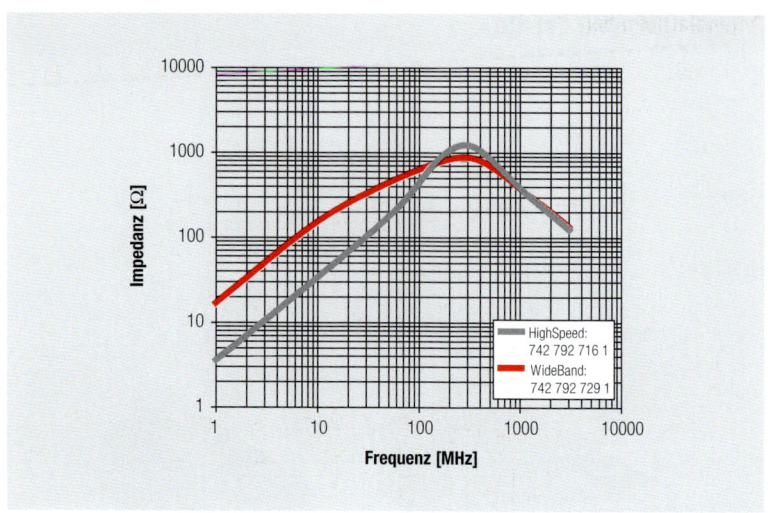

Abb. 2.4: Vergleich von HighSpeed gegen WideBand Ferrite

SMD-Ferrite sind in einem breiten Größenspektrum von 0402–1812 mit Stromtragfähigkeiten bis 6 A, sowie mit Impedanzen über 2000 Ω bei 100 MHz verfügbar.

Chip Bead

Vielfach werden SMD-Ferrite auch als Chip Bead, Chip Bead Inductor bzw. Impeder bezeichnet. Tatsächlich handelt es sich um sehr verlustbehaftete Induktivitäten im Frequenzbereich oberhalb von 10 MHz.

Um Verwechslungen auszuschließen, hat sich der Begriff SMD-Ferrit als vorteilhaft erwiesen und wird im Folgenden verwendet.

Datenblattangaben

Die Impedanz der SMD-Ferrite wird durch folgende Parameter eindeutig beschrieben (Abbildung 2.5):

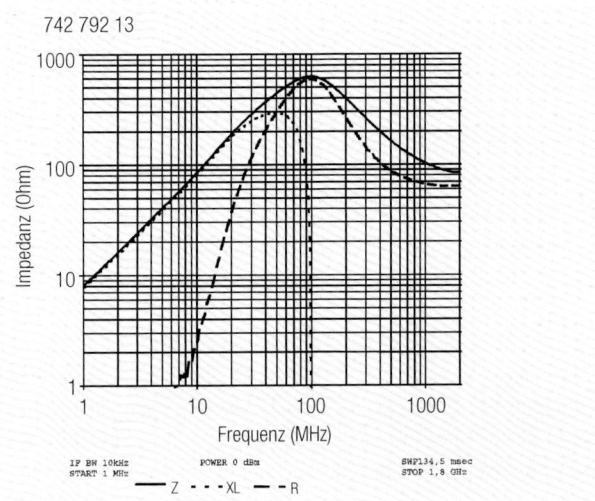

Abb. 2.5: Impedanzverlauf des SMD-Ferrites 742 792 13

Ferromagnetische Resonanzfrequenz

Unterhalb der ferromagnetischen Resonanzfrequenz bestimmt der induktive Anteil maßgeblich die Impedanz des Bauteils. Im Bereich zwischen 50 MHz–100 MHz kehren sich die Verhältnisse im angegebenen Beispiel des 742 792 13 um; mit steigender Frequenz dominiert der Verlustanteil „R" und die induktive Komponente strebt gegen Null. In diesem Beispiel liegt die induktive Komponente bei ca. 1,5 µH (f = 10 MHz) und die Impedanz Z erreicht einen Wert von 600 Ω bei f = 100 MHz.

Gleichstrom-Widerstand (R_{DC})

Gleichstrom-Widerstand (R_{DC})

Durch die innere Länge und Schichtdicke der Multilayer-Mäander im SMD-Ferrit ergibt sich der resultierende Gleichstromwiderstand. Dieser wird bei Raumtemperatur gemessen. Aus einem Fertigungslos wird der maximal zu erwartende Gleichstromwiderstand bestimmt und dieser in worst case Betrachtung als Datenblattangaben angegeben.

Es werden Werte im Bereich einiger Milliohm bis zu etwa 1 Ω (je nach Ausführung) erreicht. Aufgrund des sehr geringen Gleichstromwiderstandes sind SMD-Ferrite gegenüber Induktivitäten gleicher Bauform und Größe deutlich überlegen und vermeiden einen Großteil an Problemen durch Längsspannungsabfälle oder Potentialdifferenzen.

II Bauelemente

Nennstrom

Eigenerwärmung

Nennstrom

Ein weiterer Parameter ist der maximale zulässige Gleichstrom. Dieser ist bei den SMD-Ferriten so definiert, dass bei angegebenem Strom die Eigenerwärmung des Bauteils bei:

- Signalleitungsferriten mit kleinen Nennströmen < 20 °C bleibt
- Hochstrom SMD-Ferriten < 40 °C bleibt

Vorsichtsmaßnahmen

SMD-Ferrite sollten nicht mit einem höheren Strom (entweder Scheitelwert des Wechselstroms oder permanenter Gleichstrom) als mit den im Datenblatt angegebenen Nennstromwerten betrieben werden. Ein höherer Strom würde eine Überhitzung verursachen und die Lebensdauer des SMD-Ferrits unter Umständen verkürzen.

REDEXPERT

Für den Fall, dass SMD-Ferrite in Schaltungen betrieben werden, in denen Stromstöße auftreten können (z. B. Einschaltstromspitzen oder DC-Filterschaltungen mit hohen Kapazitätswerten), bietet die WE-MPSB (Multilayer Power Suppression Bead) Baureihe eine definierte Spitzenstrombelastbarkeit. Das Online-Tool **REDEXPERT** zeigt die Auswirkungen der Gleichstromüberlagerung auf Impedanz und Reaktanz.

Achten Sie bei einer Verwendung von SMD-Ferriten für hohe Nennströme > 1 A und Umgebungstemperaturen von über +85 °C darauf, dass der Nennstrom oberhalb +85 °C Umgebungstemperatur reduziert werden muss (Derating). Die Kennlinie aus Abbildung 2.6 (Deratingkurve WE-CBF) zeigt, dass z.B. bei +100 °C Umgebungstemperatur der maximale Nennstrom nur noch 60 % des Datenblattwertes betragen darf, ohne das Bauteil zu überlasten. Die untere Kurve ist dabei für sehr kritische Anwendungen gedacht, diese zeigt, dass der maximale Strom dann nur noch 50 % des Datenblattwertes betragen darf.

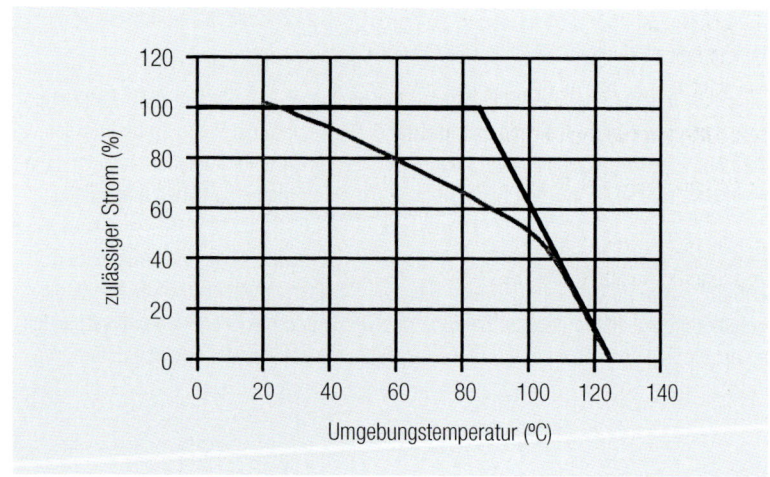

Abb. 2.6: Deratingkurve WE-CBF

Applikationen für SMD-Ferrite:

Die klassischen Anwendungen dieser Miniaturferrite liegen in

- Datenleitungsfiltern
- Versorgungsspannungsentkopplungen
- Masseentkopplungen

Für Hochfrequenzanwendungen wie HDD und schnelle Bussignale bietet Würth Elektronik die SMD WE-CBF HF-Serie an. Die High-Frequency-SMD-Ferrite haben einen modifizierten internen Aufbau und dadurch einen größeren effektiven Entstörfrequenzbereich. Infolgedessen ist die Impedanz bei 1 GHz bis zu 3-mal höher.

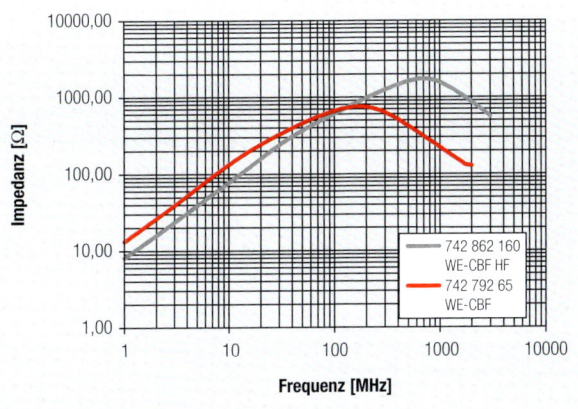

Abb. 2.7: SMD-Ferrite WE-CBF vs. WE-CBF HF

Der SMD-Ferrit selbst, benötigt für seine Filter- oder Absorberfunktion **keinen Massebezug**! Aufgrund der „Empfindlichkeit" des Ferritmateriales reichen schon kleine Signalströme im zu filternden Stromkreis, abhängig von der Senkenimpedanz im relevanten Frequenzbereich, um eine Filterwirkung zu erzielen.

Die Filterwirkung wird erhöht durch:

- den gezielten Einsatz von Bypasskondensatoren gegen Masse (Auswahl anhand des Störspektrums bzw. des zu dämpfenden Frequenzbereiches → siehe Kapitel „III/1 Filterschaltungen")
- niederimpedante Quell- und Senkenimpedanzen

Filterwirkung

Bypasskondensatoren

Quell- und Senkenimpedanzen

II Bauelemente

Typische Kenndaten:

Bauform 0402:

Artikel-Nr.	Impedanz (Ω) bei 100 MHz	RDC (Ω)	Nenn-strom max. (mA)	max. Impedanz	Typ
742 792 731 1	120	0,09	1200	200 Ω @ 450 MHz	High Current
742 792 729 1	600	0,60	300	900 Ω @ 250 MHz	Wide Band
742 792 796	1000	1,50	200	1200 Ω @ 200 MHz	Wide Band

Bauform 0603:

Artikel-Nr.	Impedanz (Ω) bei 100 MHz	RDC (Ω)	Nenn-strom max. (mA)	max. Impedanz	Typ
742 792 60	40	0,15	400	60 Ω @ 1000 MHz	High Speed
742 792 66	1000	0,60	200	1350 Ω @ 140 MHz	Wide Band
742 792 693	2200	0,80	50	2250 Ω @ 110 MHz	Wide Band

Bauform 0805:

Artikel-Nr.	Impedanz (Ω) bei 100 MHz	RDC (Ω)	Nenn-strom max. (mA)	max. Impedanz	Typ
742 792 063	60	0,02	3000	90 Ω @ 500 MHz	High Current
742 792 040	600	0,15	200	800 Ω @ 200 MHz	High Current
742 792 093	2200	0,60	200	3000 Ω @ 80 MHz	Wide Band

Bauform 1206:

Artikel-Nr.	Impedanz (Ω) bei 100 MHz	RDC (Ω)	Nenn-strom max. (mA)	max. Impedanz	Typ
742 792 15	80	0,03	3000	160 Ω @ 550 MHz	High Current

Bauform 0603 HF:

Artikel-Nr.	Impedanz (Ω)			RDC (Ω)	Nennstrom max. (mA)	Typ
	100 MHz	1 GHz	max.			
742 863 122	220	250	500 Ω @ 600 MHz	0,25	600	High Current
742 862 160	600	850	2200 Ω @ 550 MHz	1,50	100	High Speed
742 861 210	1000	1100	1000 Ω @ 450 MHz	1,80	50	Wide Band

Tab. 2.1: Typische Kenndaten verschiedener SMD-Ferrite

2.2.1 Designhinweise

Im ProtoTypnstadium sollte der Entwickler entsprechende Lötpads für SMD-Ferrite mit vorsehen. So kann schon unter Laborbedingungen eine Vorauswahl von verschiedenen Ferriten getroffen werden. Das folgende Nomogramm soll eine kleine Hilfestellung geben, um bei benötigter Dämpfung eine entsprechende Ferritimpedanz auswählen zu können. Würth Elektronik bietet dazu ein umfangreich bestücktes Musterset an, mit dem die schnelle Realisierung der gewünschten Filterschaltung ermöglicht wird. Die Werte links oben im Diagramm ist die jeweilige Systemimpedanz (Z_A und Z_B in Abbildung 2.9).

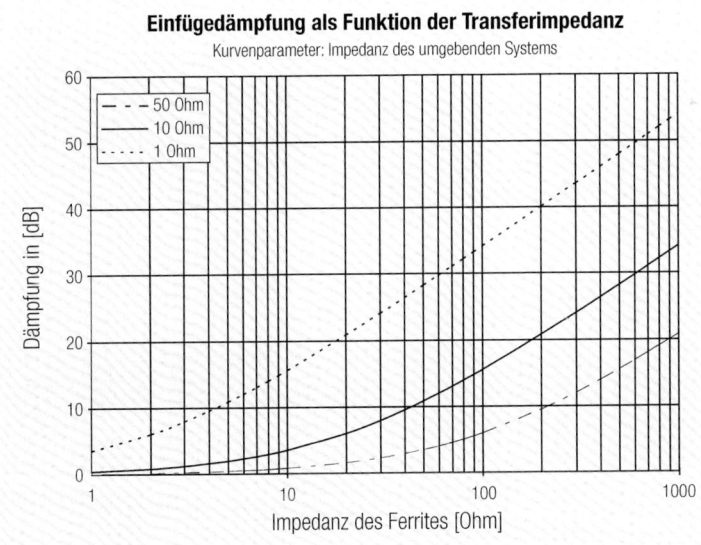

Abb. 2.8: Nomogramm zur Bestimmung des benötigten SMD-Ferrites

Die Einfügedämpfung ist definiert als das logarithmische Maß des Verhältnisses der Störamplitude des unbedämpften Systems zum mit der Impedanz Z_F bedämpften System. Durch entsprechende Betrachtung findet man für die Formel der Einfügedämpfung (Abbildung 2.9):

Einfügedämpfung

II Bauelemente

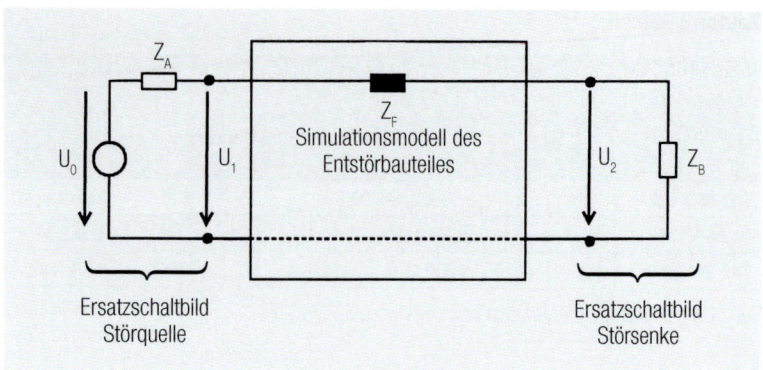

Abb. 2.9: Vierpolersatzschaltbild zur Berechnung der Einfügedämpfung

$$A_{[dB]} = \log\left(\frac{Z_A + Z_A + Z_B}{Z_A + Z_B}\right) \quad (2.1)$$

$Z_A = Z_B$ = Systemimpedanz; Z_F = Impedanz des Ferrites

Nomogramm

Unter Zuhilfenahme des Nomogrammes in Abbildung 2.8 und oben gezeigter Formel findet man in der Praxis schnell den gesuchten Ferrit, der dann durch die Messung im EMV-Labor ggf. noch optimiert werden kann, da im HF-Bereich die Bestimmung der Systemimpedanzen (Z_A und Z_B) nicht mit einfachen rechnerischen Mitteln möglich ist. Dennoch kann oftmals mit Erfahrungswerten im Leiterplatten Design gearbeitet werden:

- Masseflächen   1 Ω bis 2 Ω
- Versorgungsspannungsleitungen   10 Ω bis 20 Ω
- Video-/Clock-/Datenleitungen   50 Ω bis 90 Ω
- Lange Datenleitungen   90 Ω bis 150 Ω und höher

Beispielrechnungen

Beispiel 1:

SMD-Ferrit 742 792 664; Impedanz Z_F = 1000 Ω @ f = 100 MHz
Bauform 0603; R_{DC} ≤ 0,6 Ω; I ≤ 200 mA
eingesetzt als Datenleitungsfilter Systemimpedanz 300 Ω

$$A = 20 \log\left(\frac{300\,\Omega + 1000\,\Omega + 300\,\Omega}{300\,\Omega + 300\,\Omega}\right) \quad (2.2)$$

Nach obiger Formel beträgt die Einfügedämpfung bei 100 MHz: 8,5 dB.

Beispiel 2:

SMD-Ferrit 742 792 15; Impedanz $Z_F = 80\ \Omega$ @ f = 100 MHz
Bauform 1206; $R_{DC} \leq 30\ m\Omega$; $I \leq 3000\ mA$
eingesetzt als Versorgungsspannungsentkopplung; Systemimpedanz 10 Ω.

$$A = 20 \log \left(\frac{10\ \Omega + 80\ \Omega + 10\ \Omega}{10\ \Omega + 10\ \Omega} \right) \qquad (2.3)$$

Nach obiger Formel ist die Einfügedämpfung bei 100 MHz: 14 dB.

Beispiel 3:

Überschreitung der Grenzwertkurve bei 100 MHz um 3 dB;
Geforderter Sicherheitsabstand zur Grenzwertkurve = 5 dB;
→ gesuchte Einfügedämpfung = 8 dB
Systemimpedanz = 50 Ω

aus dem Nomogramm Abbildung 2.8 entnimmt man der Kurve der Systemimpedanz 50 Ω:

$Z_F \approx 180\ \Omega$ → gewählt: 220 Ω

z.B. in Bauform 0603 Würth Elektronik Nr. 742 792 63: 220 Ω, 0,3 $\Omega\ R_{DC}$; I_{max} = 500 mA

Wieviel Ferritimpedanz wird zur Entstörung benötigt?

Wie bestimmt man nun, welchen Ferrit man am besten einsetzt?

Schritt 1: EMV-Messdiagramm analysieren

Zur Bestimmung der benötigten Ferritimpedanz dient als Basis das Messdiagramm des EMV-Labores oder der Messung mit einem Spektrumanalysator.

Daraus lässt sich die Einfügedämpfung festlegen:

Diese bestimmt sich aus der Überschreitung des Grenzwertes im Messdiagramm des EMV-Labors zuzüglich einer Sicherheitsreserve (3…6 dB).

Sind bei mehreren Frequenzen Grenzwertüberschreitungen zu finden, so orientiert man sich zunächst am höchsten Störpegel.

Schritt 2: Störquellen-/Störsenkenimpedanz abschätzen

Die Analyse im EMV-Labor oder mit Spektrumanalysator/Schnüffelsonden sollte Klarheit verschaffen, auf welchen Leitungen sich Störungen ausbreiten. Kennt man die Verursacher, so legt man unter Berücksichtigung der unter „Erfahrungswerte" auf der vorherigen Seite gemachten Angaben die Impedanzen Z_A und Z_B fest.

II Bauelemente

Versorgungs-spannung (Entstörung)

Schritt 3: Ferrit-Impedanz auswählen

Beispiel:
Störungsmaximum bei 200 MHz
Störungsquelle → Versorgungsspannungssystem
→ Festlegung $Z_A = Z_B = 10\ \Omega$
Benötigter Störabstand = 20 dB → Auslesen der Ferritimpedanz bei 200 MHz aus dem Nomogramm:

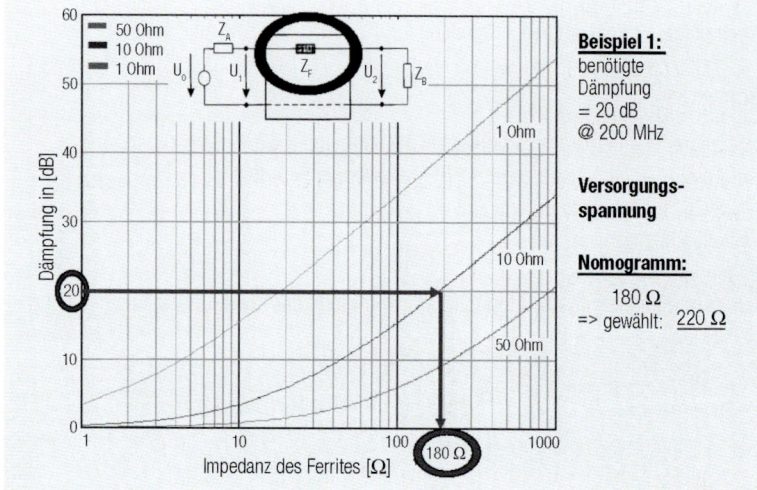

Abb. 2.10: Bestimmung Ferritimpedanz: Bsp. Versorgungsspannungssystem

Testergebnisse und Optimierungsmöglichkeiten

Häufig setzen Entwickler im Störungsfall „zuviel" Ferritimpedanz ein und erhalten dann z.T. widersprüchliche Messergebnisse beim erneuten EMV-Test.

Ergebnisse wie „Der Ferrit wirkt nicht!" oder „Da sind neue Störfrequenzen, der Ferrit war die falsche Wahl" sind häufig zu hörende Argumente gegen die Entstörung mit EMV-Ferriten.

Nicht der EMV-Ferrit alleine ist mit seinen parasitären Effekten (siehe Kapitel I/2 Ersatzschaltbilder und Simulationsmodelle) die Ursache für diese Phänomene, sondern das Zusammenspiel von:

- der gesamten Leiterplatte mit deren parasitären Elementen (1 mm Leiterbahn ~ 1 nH Induktivitätsbelag, 1 Durchkontaktierung ~ 0,5 nH!)
- den Filter- oder Abblockkondensatoren mit ihrem HF-technischen Verhalten durch deren parasitären Induktivität und ESR (Ersatzschaltbild!)
- und natürlich auch der Platzierung des Ferrites (störungsnah!)/Leiterbahnlayout

Weiterhin sollte immer versucht werden, so wenig wie möglich an Ferritimpedanz einzusetzen, um parasitäre Elemente so gering wie möglich zu halten. Die Optimierung kann erfolgen durch:

1) Simulation → Simulationsmodell mit LTspice
2) Auswertung der EMV-Messergebnisse und Verwendung des Nomogrammes zur Auswahl des EMV-Ferrites

Nachdem der aus dem Nomogramm bestimmte Ferrit eingesetzt wurde, muss in eine erneute Prüfung die Wirksamkeit der Maßnahme belegt werden.

Hier können nun 4 Fälle eintreten:

a) Einfügedämpfung erreicht
   → damit ist belegt, dass die Quell-/Senkenimpedanzen tatsächlich der vorher getroffenen Annahme entsprechen; der gewählte EMV-Ferrit kann eingesetzt werden.

b) Geringere Einfügedämpfung erreicht

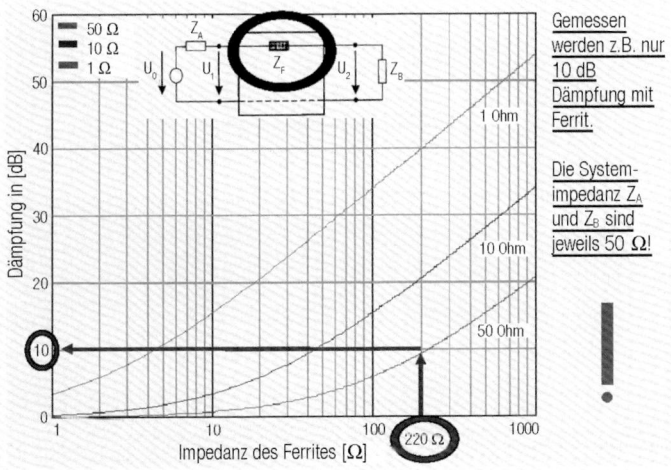

Abb. 2.11: Bewertung Messergebnis: Versorgungsspannungssystem ist höher impedant im Störfrequenzbereich!

c) Höhere Einfügedämpfung erreicht

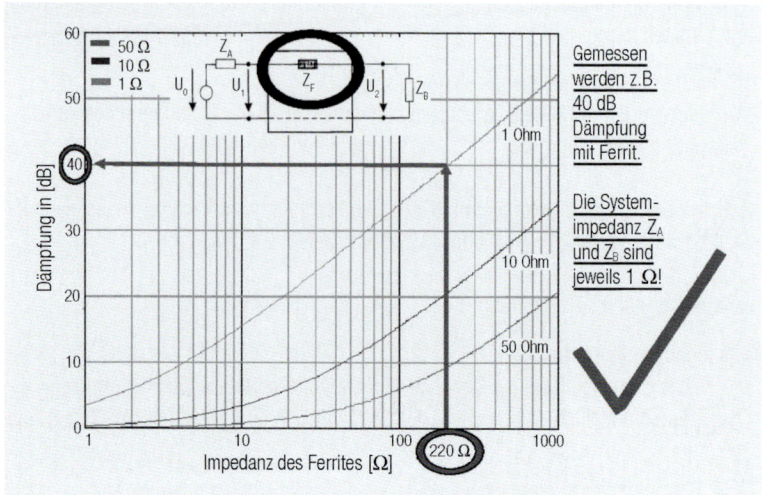

Abb. 2.12: Bewertung Messergebnis: Versorgungsspannungssystem ist niederimpedant im Störfrequenzbereich

d) Keine Wirkung

Die Impedanzen $Z_A = Z_B$ sind im Störfrequenzbereich weitaus hochimpedanter als angenommen – hier muss die Filterschaltung erweitert werden um den Störstrom entsprechend zu „betonen" und gegen Masse zu führen.

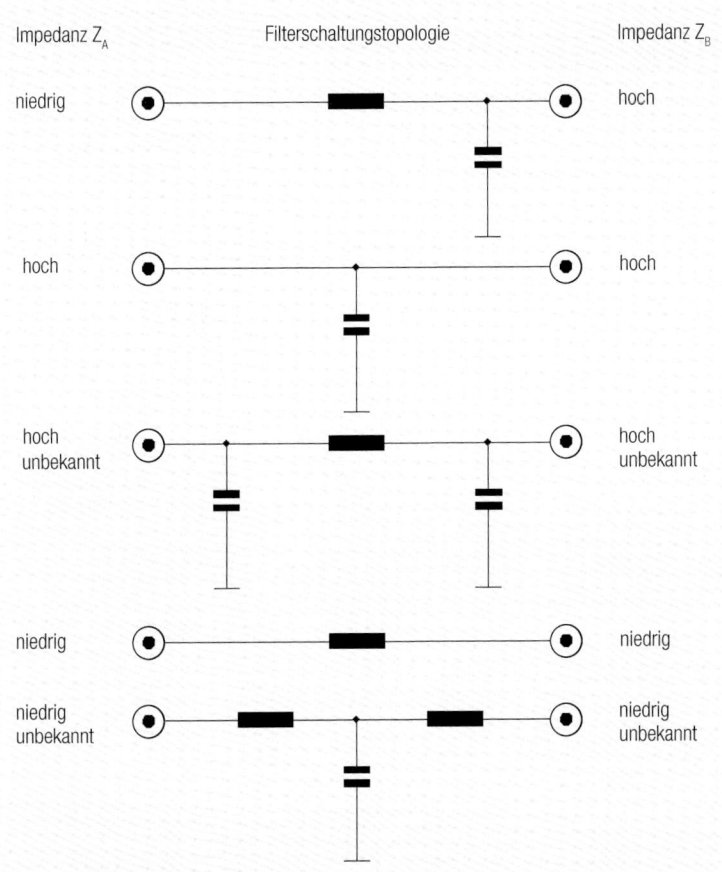

Abb. 2.13: Geeignete Filterschaltungen für verschiedene Impedanzen von Z_A und Z_B

Ein weiterer Grund des unveränderten Störverhaltens trotz eingesetzter Filtermaßnahmen, ist häufig in nicht erkannten Überkopplungen des Filters zu suchen.

Beispiel kapazitives Überkoppeln

- Das Phänomen kann sehr schnell durch Burst-Tests belegt werden! Fallen Geräte durch diesen Test aus, liegen die Ursachen häufig in unterschätzen kapazitiven Kopplungen. Hier heißt es dann, die sensitiven Stellen der Schaltung ausfindig zu machen (Leitungen einzeln mit Störung beaufschlagen) und dann gezielt EMV-technisch zu „härten". Eine Übersicht und eine kleine Beispielrechnung belegen, wie stark übergekoppelte Burststörungen im Gerät einwirken können, trotz vermeintlicher Entkopplung durch Trennelemente wie Optokoppler etc.:

Burst-Test

II Bauelemente

Optokoppler	1 ~ 5 pF
Festkörperrelais	5 ~ 10 pF
Elektromechanisches Relais	10 ~ 100 pF
Schaltnetzteil/DC-DC-Wandler	up to 1000 pF

Tab. 2.2: Typische Koppelkapazitäten von galvanischen Trennelementen

Welcher Störstrom wird übergekoppelt bei Burst-Test mit 2 kV und Anstiegszeit 2 ns, wenn die Koppelkapazität 1 pF ist?

$$i = C \cdot \frac{du}{dt} = 1 \cdot 10^{-12} \cdot \frac{2 \cdot 10^3}{2 \cdot 10^{-9}} = 1\,A \tag{2.4}$$

Dieser Störstrom wirkt nun direkt auf die Schaltungseingänge ein. Je nach deren Impedanz reicht solch ein Spitzenstrom, um die Elektronik außer Tritt zu bringen.

Nicht zu unterschätzen sind besonders fertig gekaufte DC/DC-Wandler Module. Diese besitzen trotz der transformatorischen Entkopplung dennoch häufig sehr hohe Koppelkapazitäten

Weitere Überkopplungen können verursacht sein durch:

- induktives Überkoppeln
- Impedanzkopplung
  (früher häufig auch galvanische Kopplung genannt)

Zu Abhilfemaßnahmen verweisen wir auf die weiteren Kapitel in diesem Buch.

2.3 WE-PBF, WE-SUKW Hochstrom-SMD-Entstörferrite

Aufgrund ihres Aufbaus haben Hochstrom-Entstörferrite einen sehr geringen Gleichstromwiderstand R_{DC}. Daher können sie im Vergleich zu SMD-Ferriten einen höheren Strom aufnehmen.

Wenn eine höhere Impedanz mit gleichzeitig hohem Strom benötigt wird, bietet Würth Elektronik ein Ferrit mit 2,5-Wicklungen, die 5-Lochferritperle WE-SUKW. Die untere Seite dieses Ferrits ist mit einer 100 %-Zinnschicht überzogen und verlötet.

WE-SUKW

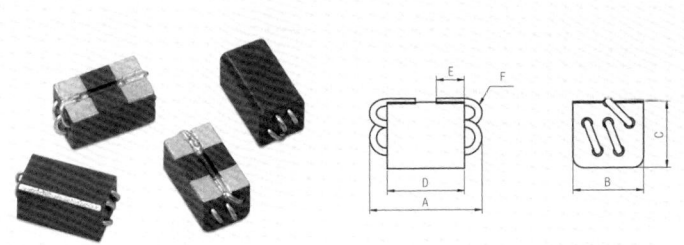

Abb. 2.14: WE-SUKW 5-Loch-Ferrit-Bead

Artikel-Nr.	A (mm)	B (mm)	C (mm)	D (mm)	E (mm)	F (mm)	Impedanz (Ω) 2,5 Windungen		Material
							25 MHz	100 MHz	
742 751 1	8,0 max.	5,0±0,25	4,6±0,5	5,5±0,3	2,0 max.	0,5 ref.	272	416	5 W 700
742 751 2	11,0 max.	4,65±0,5	5,0±0,5	8,5±0,5	2,0 max.	0,5 ref.	425	580	5 W 700

Tab. 2.3: Typische Kenndaten

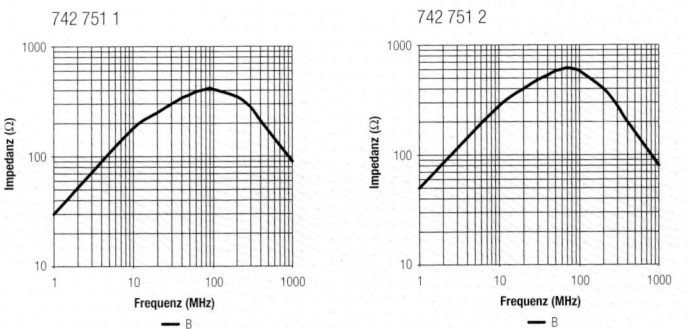

Abb. 2.15: Bild und Kenndaten einiger 5 Loch SMD-Ferritperlen WE-SUKW

Die WE-PBF Serie sind Induktivitäten, bei denen ein einzelner Flachdraht durch einen Ferrit gewickelt ist. Dieser „Entstörferrit" kann einen Strom von bis zu 6 A bewältigen. Zur Verbesserung der Lötfähigkeit ist der Kupferdraht mit einer 5 µm dicken Zinnschicht überzogen.

Netzanwendungen, d.h. stromversorgungsseitig, sind die Hauptanwendungsbereiche der WE-PBF. Diese Bauteile sind für einen Strom bis zu 5 A freigegeben. Mit einer Betriebstemperatur von −55 °C bis +125 °C können die WE-PBF nahezu in jeder Beleuchtungsapplikation eingesetzt werden. Würth Elektronik bietet neben der Standardvariante auch eine verklebte Variante für vibrationsbeanspruchte Anwendungen an.

II Bauelemente

WE-PBF

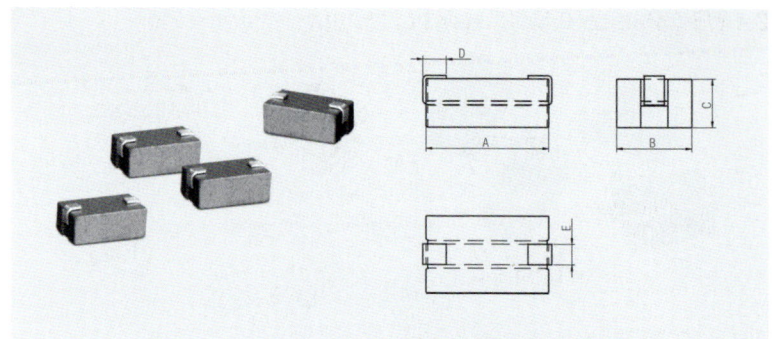

Abb. 2.16: WE-PBF Flachdraht-Hochstrom-SMT-Ferritperlen

Artikel-Nr.	Artikel-Nr. geklebte Version	A (mm)	B (mm)	C (mm)	D (mm)	E (mm)	Impedanz (Ω) 2,5 Windungen 25 MHz	100 MHz	DCR_{max} (mΩ)	I_N (A)
742 793 0	742 793 90	$4,0^{\pm 0,2}$	$3,0^{\pm 0,2}$	$2,55^{\pm 0,15}$	$1,27^{\pm 0,3}$	$1,45^{\pm 0,1}$	28	42	0,6	6
742 793 1	742 793 91	$8,5^{\pm 0,3}$	$3,0^{\pm 0,2}$	$2,55^{\pm 0,15}$	$1,27^{\pm 0,3}$	$1,45^{\pm 0,1}$	58	91	0,9	6
742 793 2	742 793 92	$7,8^{\pm 0,3}$	$4,75^{\pm 0,2}$	$3,0^{\pm 0,15}$	$1,27^{\pm 0,3}$	$1,45^{\pm 0,1}$	65	98	0,9	6

Tab. 2.4: Typische Kenndaten

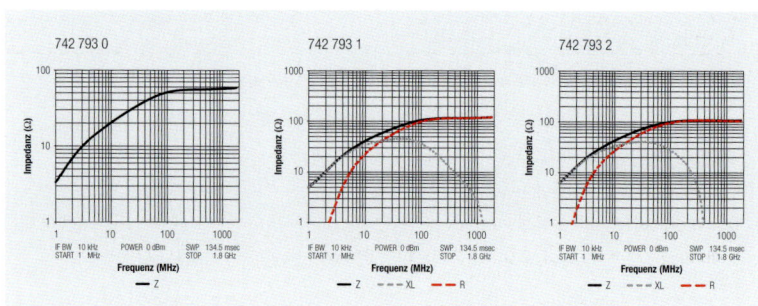

Abb. 2.17: Bild und Kenndaten einiger Flachdraht-Hochstrom SMD-Ferrite WE-PBF

Alle Hochstrom-Leiterplatten-Beads können mit dem Würth Elektronik-Standardlötprofil gelötet werden.

2.4 WE-MPSB SMD Multilayer Power Suppression Bead

WE-MPSB

Abb. 2.18: WE-MPSB SMD

Artikel-Nr.	Z @ 100 MHz (Ω)	Z_{max} (Ω)	TK Z_{max}	I_{R1} (mA)	$R_{DC1\,typ}$ (mΩ)	$R_{DC1\,max.}$ (mΩ)
742 792 280 8	8	25	1930 MHz	9500	2,5	5
742 792 282 60	26	39	515 MHz	6500	5	8
742 792 286 00	60	99	458 MHz	5100	8,5	15
742 792 281 11	110	135	226 MHz	4100	14,5	20

Z @ 100 MHz: Impedanz @ 100 MHz; Z_{max}: Maximale Impedanz; TK Z_{max}: Maximale Impedanz (Prüfbedingung); I_{R1}: Nennstrom; $R_{DC1\,typ}$: DC-Widerstand; $R_{DC1\,max}$: DC-Widerstand

Tab. 2.5: Typische Kenndaten verschiedener SMD-Line-Filter WE-MPSB

Die Multilayer Power Suppression Beads (WE-MPSB) wurden gemäß den Anforderungen an Schaltungen entwickelt, welche die Multilayer-Ferrite mit temporären Spitzenströmen belasten, die den Nennstrom überschreiten. Die maximale Impulsbelastbarkeit der Multilayer-Ferrite wurde durch Messung mit einer eigenen Prüfroutine ermittelt.

Impulse sind in diesem Zusammenhang als temporäre Stromspitzen mit einer zeitlichen Begrenzung von unter 8 ms zu verstehen. Der geeignete Ansatz bei der Suche nach einem gemeinsamen Standard für die Messung der Impulsbelastbarkeit von SMD-Ferriten wurde in der Definition des Grenzlastintegrals für Sicherungen gefunden: Ein Impuls mit der standardkonformen Dauer von 8 ms wird an die Sicherung angelegt, um die „Stromdauer" für die Erwärmung der Sicherung anzugeben und so den Wert I²t der Sicherungen zu bestimmen. Wenn die Sicherung dem standhält, wird der Strom erhöht, bis der Anstieg zur Zerstörung der Sicherung führt. Dabei ist eine Pause von 10 Sekunden zwischen den Impulsen erforderlich, damit das Bauelement die für die Regeneration (Abkühlung) erforderliche Zeit erhält. Würth Elektronik hat auf Basis dieses Standards für Sicherungen eine Prüfroutine für die Multilayer-Ferrite entwickelt. Mit der Impulsdauer von 8 ms wird Strom, beginnend bei 1 A und dann immer stärker werdend, an den Multilayer-Ferrit angelegt, bis dieser zerstört wird.

II Bauelemente

Für alle Tests wurde die rechteckige Impulsform gewählt, da diese das Bauteil für die Dauer des Impulses mit maximaler Energie belastet, auch wenn dies in der Praxis nur sehr selten der Fall sein wird.

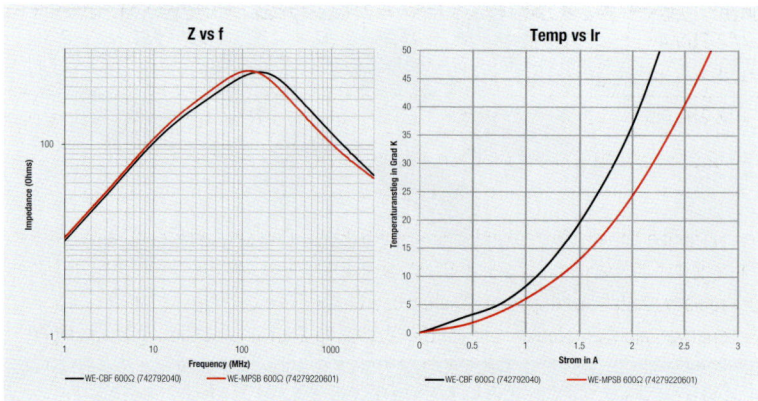

Abb. 2.19: Vergleich der Impedanz und Nennstrombelastbarkeit von WE-CBF und WE-MPSB

Im Vergleich zu bestehenden Multilayer-Strukturen wurde die Schichtstruktur im Hinblick auf eine höhere Strombelastbarkeit bei niedrigeren Widerständen optimiert. Damit ist die WE-MPSB-Baureihe optimal für den Einsatz in Stromkreisen mit Impulsströmen geeignet. Mit dem Online-Tool **REDEXPERT** können Sie die Auswirkungen der Gleichstromüberlagerung auf Impedanz und Reaktanz sichtbar machen.

2.5 Bauelemente für die Durchsteckmontage

2.5.1 WE-UKW 6-Loch-Ferritperle („UKW-Entstördrossel")

Eine Sonderbauform der Induktivität mit Ferritkern ist die 6-Loch-Ferritperle. Dieses Bauteil ist unter dem Namen „UKW Drossel" bekannt. Ihr Vorteil liegt in der hohen Strombelastbarkeit (3 A) bei sehr großer Impedanz (500–1000 Ω). Eine Übersicht der Kenndaten ist in Tabelle 2.6 gegeben.

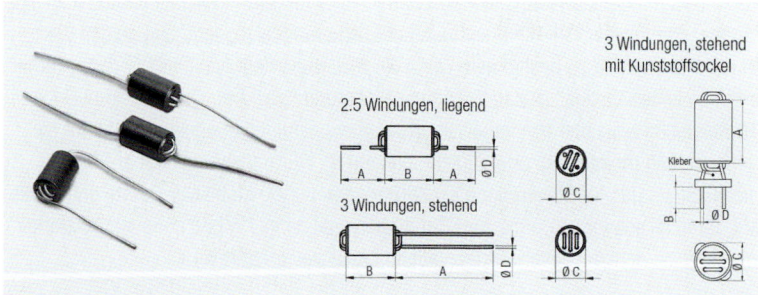

Abb. 2.20: 6-Loch-Ferritperle WE-UKW

Artikel-Nr.	A (mm)	B (mm)	⌀ C (mm)	⌀ D (mm)	Impedanz (Ω) 25 MHz	Impedanz (Ω) 100 MHz	Material	Windungen
742 750 4	40	10	6	0,48	702	773	3 W 1200	2,5
742 750 43	38	10	6	0,48	920	961	3 W 1200	3
742 752 43	10	3,5	6	0,50	920	961	3 W 1200	3

Tab. 2.6: Parameter einiger 6-Loch-Ferritperlen

Die Trennung der einzelnen Windungen innerhalb der Drossel durch den Ferrit verringert die kapazitive Kopplung. Durch geschickte Auswahl des Ferritmaterials ist der resistive Anteil der Impedanz hoch, wodurch die Güte geringgehalten wird und Resonanzen nicht entstehen können. Die Abbildung 2.21 und Abbildung 2.22 zeigen die Impedanz und die Phase des 6-Loch-Ferrites 742 750 4, in Abbildung 2.23 sind die elektrischen Parameter des Ferrites mit dem Ersatzschaltbild dargestellt.

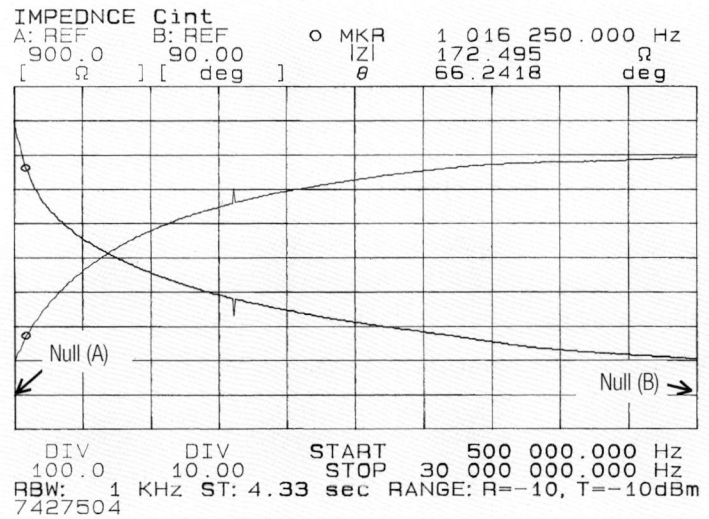

Abb. 2.21: Impedanz und Phase der 6-Loch-Ferritperle 742 750 4 im Frequenzbereich von 500 kHz bis 30 MHz

II Bauelemente

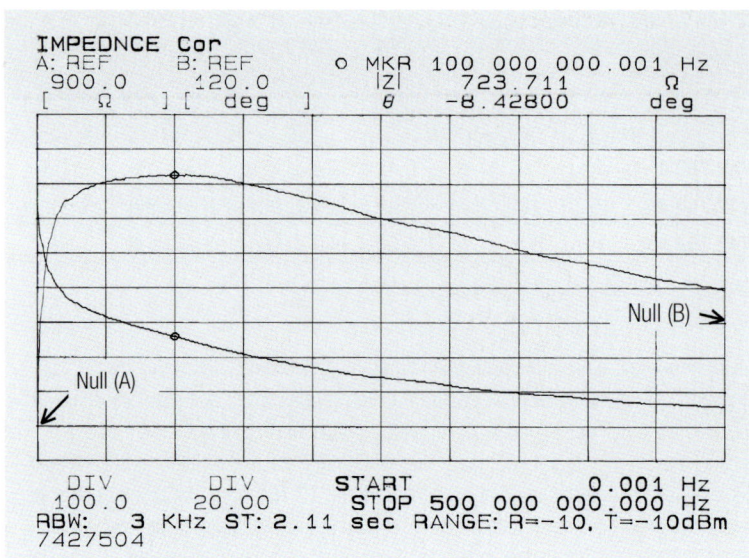

Abb. 2.22: Impedanz und Phase der 6-Loch-Ferritperle 742 750 4 im Frequenzbereich von 0 MHz bis 500 MHz

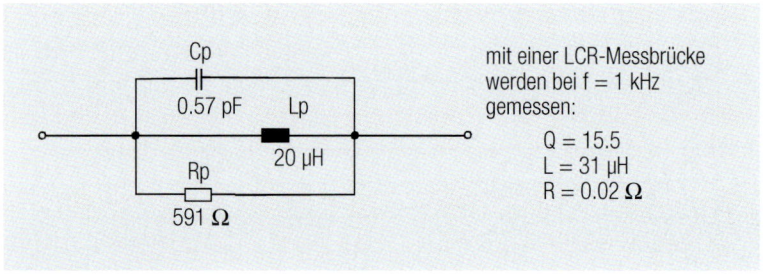

Abb. 2.23: Ersatzschaltbild und elektrische Parameter der 6-Loch-Ferritperle 742 750 4

Überraschend ist die doch nennenswerte Induktivität von 31 µH, die mit einer konventionellen LCR-Messbrücke gemessen wird. Die Induktivität ergibt sich aus den 2 ½ Windungen durch den Ferritkörper. Da jedoch das Ferritmaterial die schon erwähnte hohe Entkopplung der Windungen bewirkt und zudem einen überwiegend resistiven Charakter hat, wird eine über den Frequenzbereich bis 500 MHz hohe Impedanz erreicht, die keine Resonanzstellen hat. Einsetzbar ist dieses Bauelement vor allem im Stromversorgungsbereich.

2.5.2 WE-MLS Ferritbrücke

Eine Art des „Drossel Array" darf hier nicht unerwähnt bleiben:

Ferritbrücke

WE-MLS

Abb. 2.24: Ferritbrücke WE-MLS

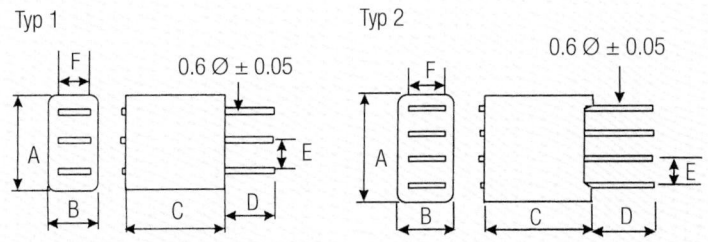

Artikel-Nr.	Beschreibung	A (mm)	B (mm)	C (mm)	D (mm)	E (mm)	F (mm)	Impedanz (Ω)		Typ
								25 MHz	100 MHz	
742 730 01	Ferrite bridge 3-lines	7,62	5,08	10	5,8	2,54	2,54	212	264	1
742 730 02	Ferrite bridge 4-lines	10,88	5,49	10	3,19	2,54	2,54	209	249	2
742 730 021	Ferrite bridge 4-lines	11,2 max	11,2 max	5	5,0	2,54	7,62	136	170	2
742 730 022	Ferrite bridge 4-lines	11,2 max	11,2 max	8	2,5	2,54	7,62	208	248	2
742 730 023	Ferrite bridge 4-lines	11,2 max	11,2 max	11	5,0	2,54	7,62	292	334	2

Tab. 2.7: Elektrische und Dimensionsparameter verschiedener Ferritbrücken

II Bauelemente

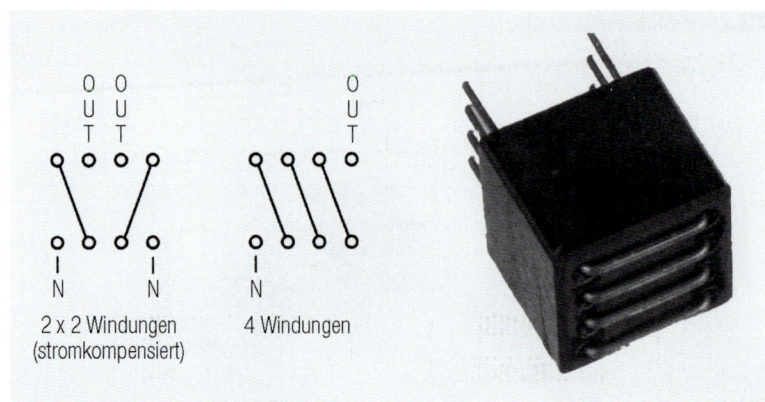

Abb. 2.25: Mögliche Schaltungsvarianten der Ferritbrücke (Layoutgestaltung)

Die Ferritbrücke hat je nach Typ drei oder vier Kammern. Durch jede Kammer ist ein Draht mit 0,6 mm (22 AWG) Querschnitt geführt. Die Kopplung bzw. die Gegeninduktivität Lµ der Kammern ist aufgrund der mechanischen Anordnung der Drahtwicklungen zueinander verschieden und die Gegeninduktivität Lµ nimmt auch von Kammer zu Kammer ab, d.h. zwischen Kammer 1 und Kammer 2 ist Lµ größer als zwischen Kammer 1 und Kammer 3 (Abbildung 2.26).

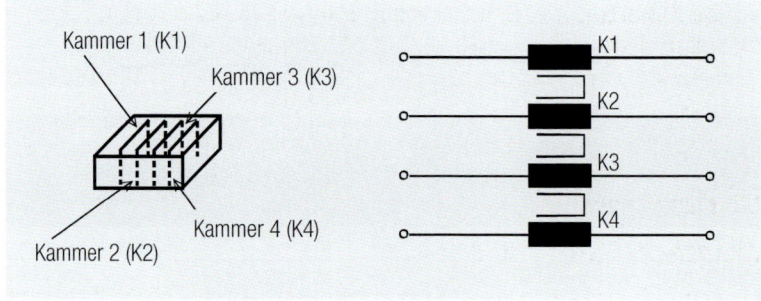

Abb. 2.26: Schematische Darstellung der Ferritbrücke

Common Mode Drossel

Vergleicht man nach Abbildung 2.27 den Dämpfungscharakter der Ferritbrücke mit denen von Stromkompensierten Drosseln, so zeigt sich, dass das Bauelement als Common Mode Drossel einsetzbar ist.

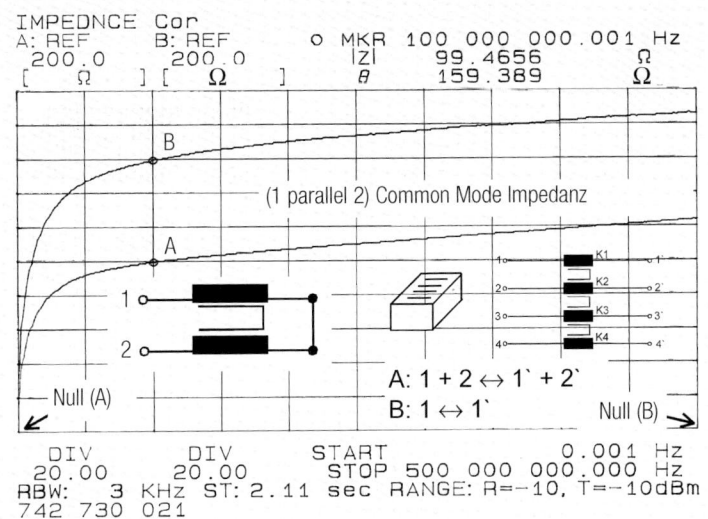

Abb. 2.27: Impedanzdiagramm der Ferritbrücke in verschiedenen Konfigurationen

Die Vorteile dieser Common Mode Drossel sind die hohe Strombelastbarkeit bis 4 A und ihre hohe Dämpfung bis über 1000 MHz ohne Resonanzbildung. Dadurch eignet sich die Drossel besonders für den Einsatz im Stromversorgungsbereich und im Signalübertragungsbereich mit einer Nutzsignalbandbreite < 5 MHz. In Abbildung 2.27 ist mit Kurve B die Impedanz einer Kammer dargestellt, Kurve A ist die Signaleinfügedämpfung, die Differential Mode Impedanz.

2.6 Klappferrite

2.6.1 STAR-TEC, STAR-RING, STAR-CLIP

Oft werden in der Funkentstörung geteilte Ferrithülsen oder Ferritringe (Ringkerne) verwendet (Abbildung 2.28). Die Sicherheitsschlüssel-Technologie ermöglicht die nachträgliche Montage der Klappferrite.

II Bauelemente

STAR-TEC

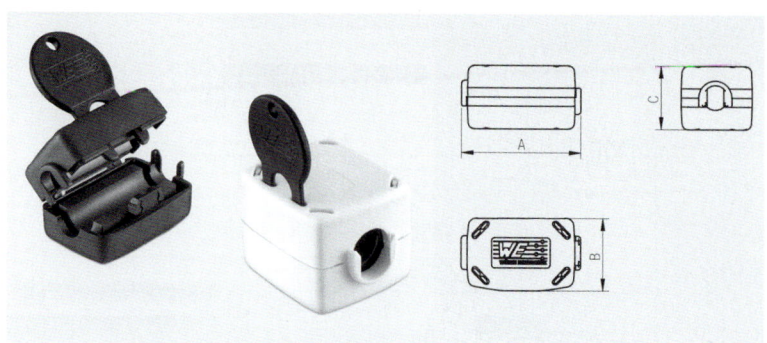

Abb. 2.28: STAR-TEC- Klappferrite

Artikel-Nr.	A (mm)	B (mm)	C (mm)	Impedanz (Ω) (1 Windung)		Impedanz (Ω) (2 Windungen)		Material	Kabel ⌀ mm
				25 MHz	100 MHz	25 MHz	100 MHz		
742 711 42	32,5	18,8	13,2	98	182	401	709	4 W 620	3,5–5,0
742 711 11	40,5	23,7	18,2	175	320	770	800		3,5–5,0
742 711 12	40,5	23,7	18,2	176	321	773	806		4,5–6,0
742 711 31	40,5	24,5	21,0	145	246	607	755		6,5–7,5
742 711 32	40,5	24,5	21,0	141	241	603	755		7,5–8,5
742 712 21	42,2	33,6	29,5	151	270	641	783		8,5–10,5
742 712 22	42,2	33,5	28,8	145	265	638	779		10,5–12,5

Tab. 2.8: Typische Kenndaten

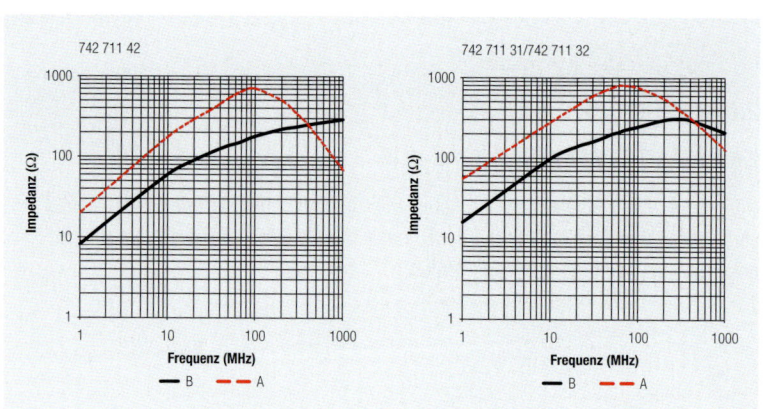

Abb. 2.29: Typische Impedanzkurven (schwarz: 1 Windung, rot: 2 Windungen)

STAR-RING

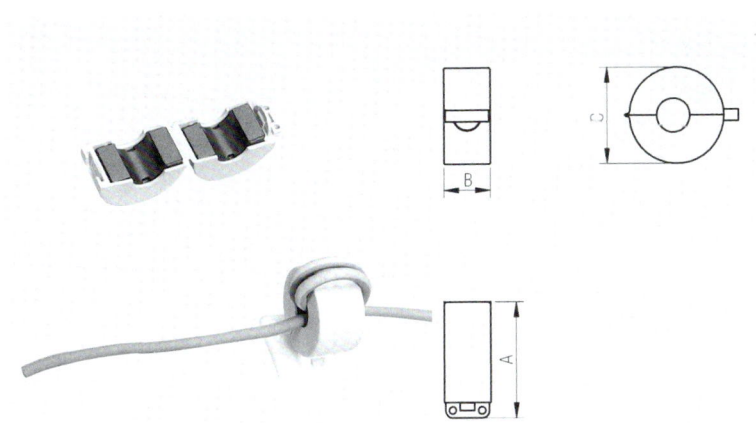

Abb. 2.30: STAR-RING

Artikel-Nr.	A (mm)	B (mm)	C (mm)	Impedanz (Ω) (1 Windung)		Impedanz (Ω) (2 Windungen)		Material	Kabel ⌀ mm
				25 MHz	100 MHz	25 MHz	100 MHz		
742 714 3	25.5	19.5	21.0	64	106	291	504	4 W 620	≦ 8.0
742 714 4	34.5	17.0	30.0	70	129	175	490	4 W 620	≦ 11.0

Tab. 2.9: Typische Kenndaten

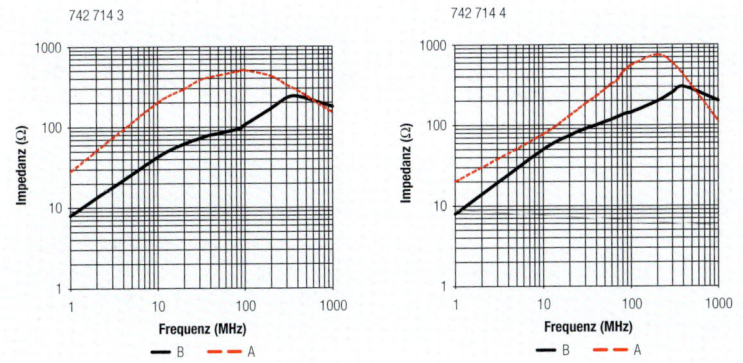

Abb. 2.31: Typische Impedanzkurven (schwarz: 1 Windung, rot: 2 Windungen)

II Bauelemente

STAR-CLIP

Abb. 2.32: STAR-CLIP-Montage

Artikel-Nr.	Passend für
742 771 1	742 711 11/742 711 12/742 716 33/ 742 717 33/742 727 33
742 771 3	742 711 31/742 711 32

Tab. 2.10: Verschiedene Klappferrite und neuartige Befestigung der STAR-TEC-Klappferrite

A_L-Wert

Im Datenspektrum von Ferriten wird häufig der A_L-Wert angegeben, der den Zusammenhang zwischen Induktivität und Windungszahl beschreibt.

Für den A_L-Wert in nH gilt:

$$A_L = \frac{L}{N^2} \quad \text{N: Anzahl der Windungen} \tag{2.5}$$

Dieser Induktivitätsfaktor ist jedoch nur ein Näherungswert und gilt

- nur im unteren Frequenzbereich der Spule (weit unterhalb der Resonanzfrequenz)
- nicht bei Spulenkörpern mit starken Streufeldern (Stabkerne)
- nur bei nahezu voll bewickelten Spulenkörpern

A_L-Werttabelle einiger ausgewählter Würth Elektronik Ringkerne/Ferrithülsen

Artikel-Nr.	Kernmaterial	Berechneter Wert [nH/N²]*)
742 701 13	4W620	930
742 701 0	4W620	1170
742 701 707	7W850	1178
742 701 2	4W620	1100
742 701 4	3W800	1800
742 701 04	4W620	510
742 701 15	3W800	1300
742 701 5	4W620	730
742 700 77	7W380	1743
742 700 752	7W850	1885
742 700 53	3W800	3160
742 700 5	4W620	2000
742 700 9	3W800	2790
742 700 790	7W380	1501
742 700 95	4W1500	3780

Tab. 2.11: *Typische Kenndaten verschiedener Ringkerne/Ferrithülsen*

Erklärung:

*) Basis der Berechnung ist die allgemein gültige Formel für A_L-Werte bei Ringkernen.

Anhand des Ferritringes 742 701 111 soll der A_L-Wert ermittelt werden. Um den Ferritkörper wurden 51 Wicklungen eng nebeneinander gewickelt, sodass der Spulenkörper voll bewickelt ist. Den Induktivitätsverlauf über der Frequenz ist in Abbildung 2.33 dargestellt.

II Bauelemente

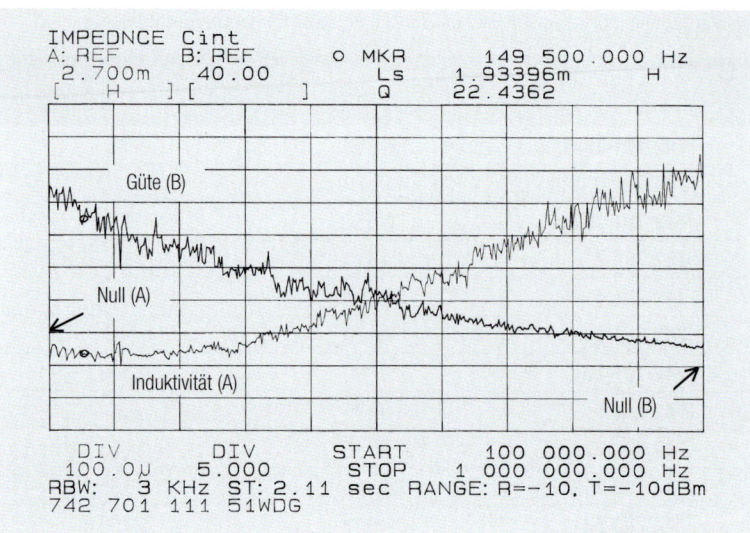

Abb. 2.33: Induktivität und Güte in Abhängigkeit der Frequenz vom Ferritring 742 701 111 (51 Windungen)

Bei 150 kHz hat der bewickelte Ferrit eine Induktivität von 1,9 mH. Der A_L-Wert berechnet sich folgendermaßen:

$$A_L \left[\frac{nH}{N^2}\right]_{150\,kHz} = \frac{1900000}{51^2} = 731_{150\,kHz} \qquad (2.6)$$

Bei 1 MHz steigt der A_L-Wert auf 961 an. Die geringe Güte von ca. 22 bei 150 kHz lässt auf ein breites Resonanzmaximum schließen. In Abbildung 2.34 ist der Impedanz-Phasenverlauf in Abhängigkeit der Frequenz dargestellt. Ab etwa 2 MHz überwiegt der kapazitive Charakter der Spule, die Resonanz ist aber, wie schon wegen der geringen Güte erwartet, entsprechend breitbandig.

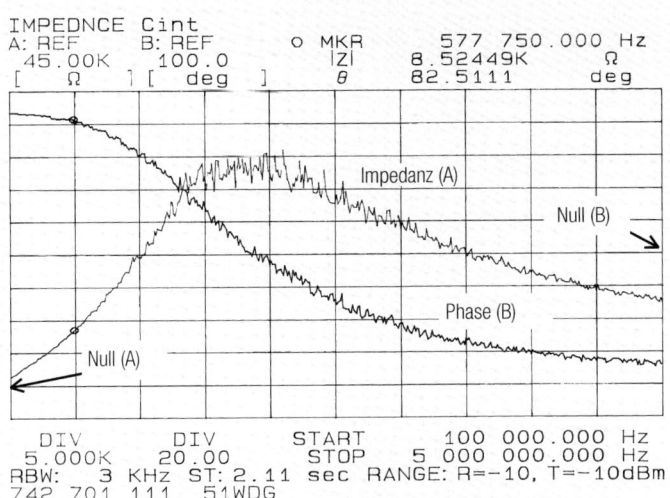

Abb. 2.34: Impedanz-Phasenverlauf in Abhängigkeit der Frequenz des mit 51 Windungen bewickelten Ferritringes 742 701 111

Zur Dämpfung von Kabelmantelströmen werden häufig Klappferrite eingesetzt, um elektromagnetische Abstrahlungen bei Kabeln zu reduzieren. Interessant sind hier Frequenzbereiche ab ca. 30 MHz bis 500 MHz. Durch gezielte Materialauswahl lassen sich Ferrite herstellen, deren induktiver Permeabiltitätsanteil sehr gering ist. So wird ein breitbandiger Einsatzbereich gewährleistet. In Abbildung 2.35 sind der Real- und der Imaginäranteil der Impedanz vom Klappferrit 742 711 1 über der Frequenz dargestellt.

Mantelströme

Klappferrit

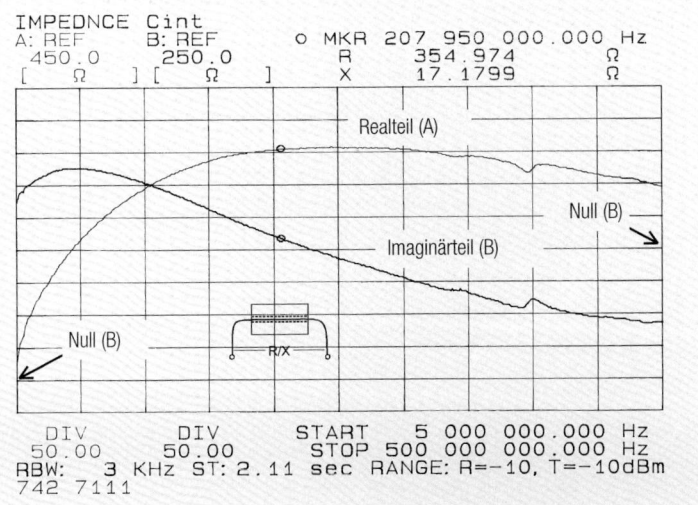

Abb. 2.35: Imaginär- und Realanteil über der Frequenz des Klappferrites 742 711 1

II Bauelemente

Im Plott ist der ab ca. 50 MHz rasch abnehmende Imaginäranteil deutlich zu erkennen. Der rasch ansteigende Realanteil der Impedanz verhindert Resonanzen und sorgt für eine hohe Einfügedämpfung (Verluste).

In Abbildung 2.36 und Abbildung 2.37 sind Impedanz, Phase, Induktivität und Güte in Abhängikeit der Frequenz geplottet. Die erwartungsgemäß geringe Güte und kleine Induktivität folgen aus dem hohen Verlustanteil beziehungsweise dem schon erwähnten hohen realen Permeabilitätsanteil des Ferritmaterials.

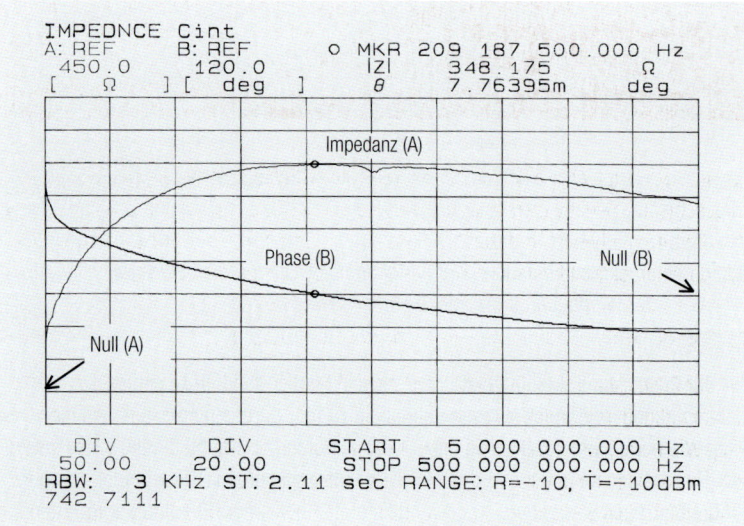

Abb. 2.36: Impedanz und Phase des Klappferrites 742 711 1

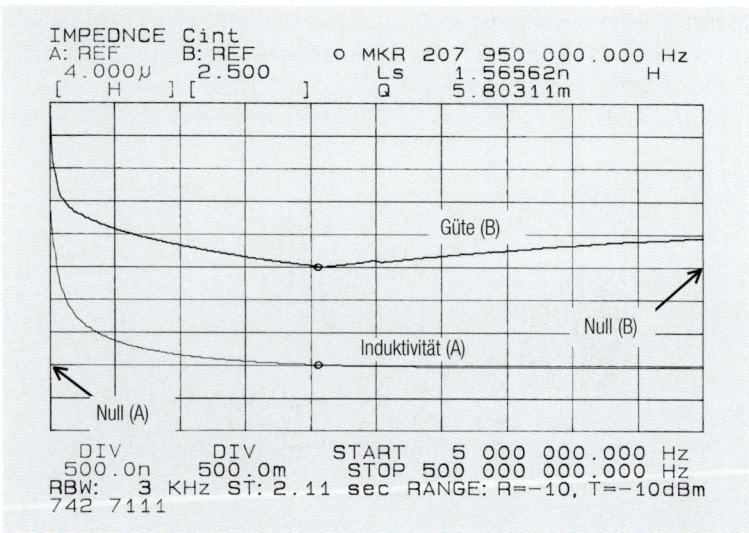

Abb. 2.37: Induktivität und Güte des Klappferrites 742 711 1

EMV-Ferritauswahl

> **Tipps aus der Praxis:**
>
> - Der Innendurchmesser des Ferrits sollte so gut wie möglich auf den Außendurchmesser des Kabels abgestimmt sein, d.h. der Luftspalt zwischen Kabel und Kern sollte so klein wie möglich sein.
> - Die Wahl einer langen Ferrithülse bedeutet eine proportionale Erhöhung der Impdeanz; eine größere Dämpfung ist auch zu erwarten.
> - Je größer das Volumen eines Ferrits ist, desto höher kann die Vormagnetesierung durch Gleich- oder Wechselstrom sein, ohne einen hohen Verlust der Impedanz zu erwarten.

Umfasst der Klappferrit eine Leitung, so wirkt der Parallelersatzwiderstand wie ein eingeschleifter Serienwiderstand, der groß gegen die Eingangsimpedanz ist und damit den Störstrom erheblich reduziert. Im EMV-Labor lässt sich diese Wirkung mit Klappferriten eindrucksvoll bestätigen und für die Entstöraufgabe optimal anpassen.

Klappferrite

2.6.2 STAR-GAP – Klappferrit mit definiertem Luftspalt

STAR-GAP

Ziel der Entwicklung neuer Klappferrite ist die Erhöhung der Impedanz bzw. der Entstörwirkung im Bereich hoher Frequenzen, sowie bei der Gleichstromüberlagerung. Wie bereits beim Design von Übertragern realisiert, sollen die Auswirkungen von Gleichstrom auf die Impedanz des Ferrits verringert werden. Beim Schließen wird im Klappferrit ein definierter Luftspalt erzeugt, der unveränderlich die gewünschten Eigenschaften in jeder Betriebsart garantiert. Des Weiteren wird der Einfluss von Krafteinwirkungen durch z.B. Kabelbiegungen nahezu ausgeschlossen. Anhand von diversen Messergebnissen wird die Impedanz für Frequenzen > 100 MHz veranschaulicht und erläutert, in welchem Frequenzbereich die Klappferrite mit definiertem Luftspalt empfehlenswert sind. Ebenso wird der Einfluss von DC-Bias auf die Impedanz beschrieben. Die speziell für Ferrite auf Kabel für den betrachteten Frequenzbereich entwickelte genaue Messmethode, wird im folgenden Abschnitt beschrieben.

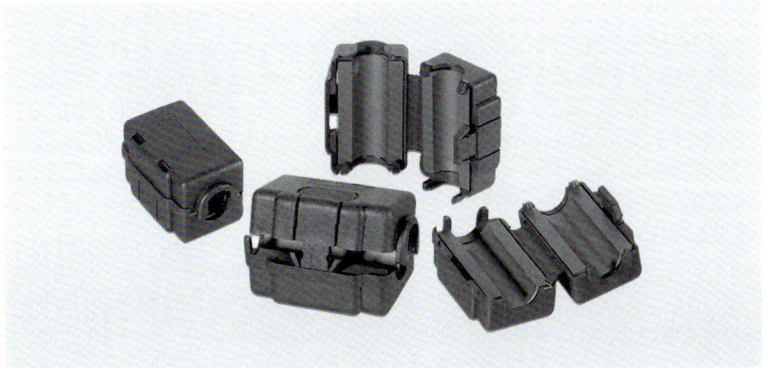

Abb. 2.38: STAR-GAP 742 716 33S mit definiertem Luftspalt

II Bauelemente

Methode zur Charakterisierung von Ferriten auf Kabel

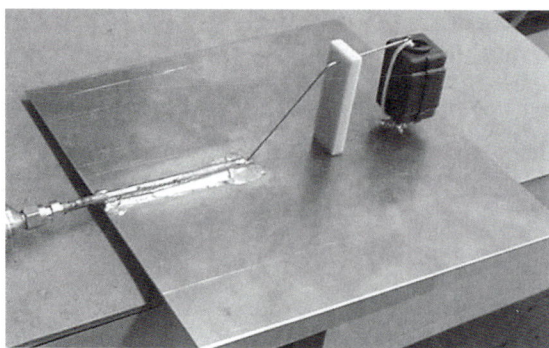

Abb. 2.39: Testleitung

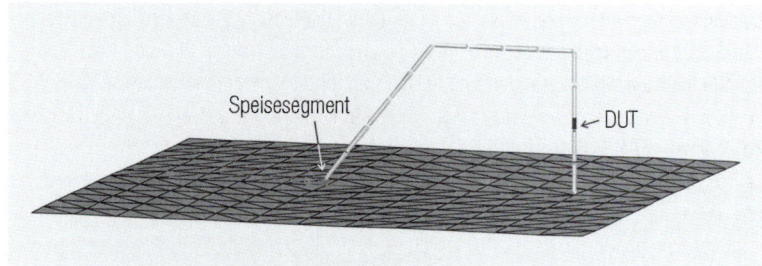

Abb. 2.40: FEKO-Simulationsmodell der Testleitung

Zur Entkopplung von leitungsgebundenen Störungen eignen sich Klappferrite für Rundkabel. Das Besondere an der Materialzusammensetzung der Ferrite ist der hohe Verlustanteil der Impedanz, durch welchen die strahlenden Ströme absorbiert, d.h. in Wärme umgewandelt werden. Eine marktübliche Methode zur Charakterisierung von Ferriten ist deshalb die Messung der Impedanz in Abhängigkeit von der Frequenz.

Bei dieser Messmethode ist vor allem bei höheren Frequenzen (> 100 MHz) eine Abhängigkeit der gemessenen Impedanz von der Beschaffenheit der Wicklung und der Länge der Anschlussdrähte festzustellen. Das auf diese Weise erhaltene Messergebnis für die Impedanz charakterisiert somit nicht nur den Ferrit, sondern beinhaltet auch die Impedanztransformation durch die Leitung. Ein weiterer Effekt ist, dass die Messanordnung bei hohen Frequenzen strahlt, da die Drahtschleife inklusive der Anschlussdrähte nicht mehr klein gegenüber der Wellenlänge ist.

Aus diesem Grund hat sich Würth Elektronik intensiv mit dieser Thematik beschäftigt und speziell dafür ein geeignetes Messverfahren zur Charakterisierung von Ferriten entwickelt – die Rücktransformationsmethode. Die in Abbildung 2.39 gezeigte Messleitung wurde exakt mit dem auf der Momentenmethode basierenden Feldberechnungsprogramm FEKO nachgebildet. Die Messung der Impedanz am 50 Ω-Anschlusspunkt kann damit simuliert werden. Das Simulationsmodell der Testleitung wird in Abbildung 2.40 dargestellt. Mit Hilfe des Optimierers OPTFEKO wird die in der FEKO-Berech-

nung angenommene (und zu bestimmende) Impedanz des Testobjekts nun so lange verändert, bis die am 50 Ω-Anschlusspunkt gemessene Impedanz mit der numerisch berechneten übereinstimmt. Auf diese Weise wird die Transformationswirkung der Leitung berücksichtigt. Die Leitung muss dabei keinen konstanten Wellenwiderstand aufweisen, da FEKO die Stromverteilung auf der Leitung nur aufgrund der geometrischen Abmessungen und der angelegten Spannungen, also ohne Kenntnis des Wellenwiderstands, bestimmen kann. Die Abstrahlung der Leitung bei hohen Frequenzen wird ebenfalls im Rahmen dieser numerischen Feldberechnung berücksichtigt.

In Abbildung 2.41 wird am Beispiel des Klappferrits STAR-GAP 742 716 33S mit definiertem Luftspalt 0,8 mm die nach der neuen Methode ermittelte Impedanz dem Ergebnis, das man mit der herkömmlichen Methode erhält, gegenübergestellt. Bei der herkömmlichen Methode wird für die Messung des Ferrits an einem Impedanzanalysator eine Leitungslänge von 165 mm verwendet. Der Einfluss dieser Leitung auf das Messergebnis kann nur dann vernachlässigt werden, wenn ihre Länge klein gegenüber der Wellenlänge ist. Die Grenze, bis zu welcher Länge eine Leitung als klein gelten kann, liegt je nachdem, welche Genauigkeit verlangt wird, bei 1/100 bis maximal 1/10 der Wellenlänge. Bei Verwendung eines 165 mm langen Drahtes darf die Wellenlänge somit maximal das Zehnfache betragen, was einer oberen Grenzfrequenz von 180 MHz entspricht. Aus Abbildung 2.41 geht demnach hervor, dass die Messergebnisse bei einer Frequenz von 100 MHz noch übereinstimmen, darüber jedoch deutlich voneinander abweichen. Die Ursache ist, dass die überschüssige Drahtlänge zwischen Ferrit und Impedanzanalysator bei der herkömmlichen Methode zusammen mit den umgebenden Masseflächen, eine Leitung undefinierten Wellenwiderstands bildet.

Diese bewirkt aufgrund der nicht zu vernachlässigenden Länge, eine Transformation der zu messenden Impedanz des Ferrits. Das heißt, die mit dem Impedanzanalysator gemessene Impedanz und die tatsächliche Impedanz des Ferrits können oberhalb von ca. 100 MHz erheblich voneinander abweichen. Somit ist die herkömmliche Methode zur Charakterisierung der Ferriteigenschaften bis zu einer Frequenz von ca. 100 MHz geeignet, oberhalb dieser Frequenz ist die Rücktransformationsmethode genauer.

II Bauelemente

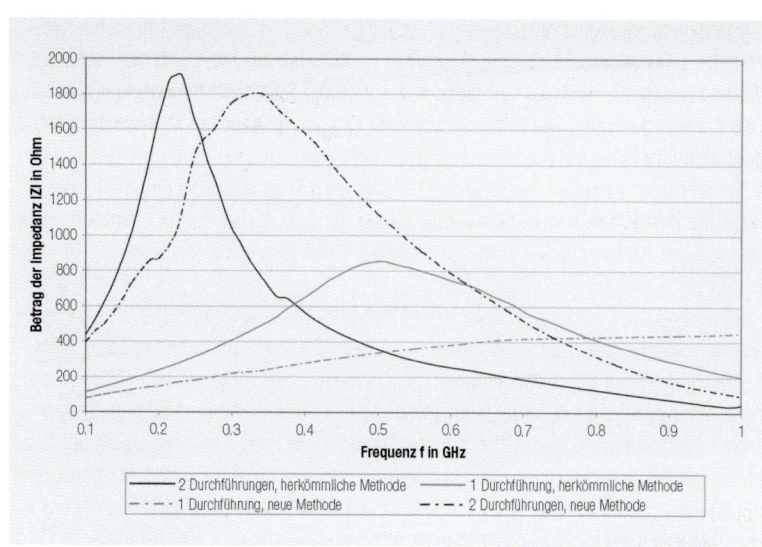

Abb. 2.41: Impedanz des Klappferrits STAR-GAP 742 716 33S mit 0,8 mm Luftspalt bei einfacher und 2facher Kabeldurchführung: neue und herkömmliche Messmethode im Vergleich

Vergleich der Impedanz eines Klappferrits mit und ohne Luftspalt

Impedanz Klappferrite

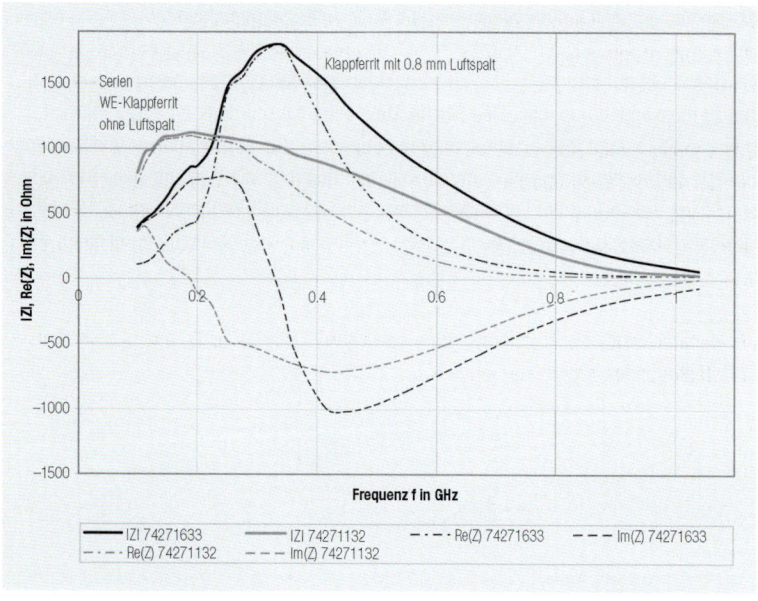

Abb. 2.42: Betrag, Real- und Imaginärteil der Impedanz bei 2facher Kabeldurchführung: Ferrit STAR-TEC 742 711 32 und Ferrit STAR-GAP 742 716 33S mit definiertem Luftspalt; die Ferritmaterialien und Kernabmessungen sind identisch

STAR-TEC

Die Impedanz des Klappferrits ohne Luftspalt STAR-TEC 742 711 32 wird nach der oben beschriebenen entwickelten Methode, für den Fall der zweifachen Kabeldurchführung bestimmt. Diesem Resultat wird die Impedanzkurve des STAR-GAP 742 716 33S mit identischer Kernabmessung und Materialzusammensetzung gegenübergestellt (Abbildung 2.42).

Folgende Zusammenhänge gelten für die Impedanz Z und die komplexe Permeabilität μr:

$$\underline{Z} = j\omega \left(\mu' - j\mu''\right) \cdot L_0 = R + jX \qquad (2.7)$$

$$|\underline{Z}| = \sqrt{R^2 + X^2} \qquad (2.8)$$

Abbildung 2.42 zeigt, dass für Frequenzen oberhalb von ca. 225 MHz der Betrag sowie der Realteil der Impedanz des Ferrits mit definiertem Luftspalt deutlich höher ist als die entsprechenden Werte des Ferrits ohne Luftspalt. Das Maximum des Impedanzbetrags und damit auch das Maximum des die strahlenden Ströme absorbierenden Realteils tritt bei der Resonanzfrequenz der Anordnung auf und beträgt beim Ferrit mit definiertem Luftspalt ca. 1,8 kΩ. Der Maximalwert der entsprechenden Kurven für den Ferrit ohne Luftspalt beträgt nur etwa 1,1 kΩ. Durch Einfügen eines definierten Luftspaltes konnte eine Erhöhung des Verlustanteils um den Faktor 1,6 erzielt werden. Des Weiteren wird deutlich, dass durch den Luftspalt eine Verschiebung des Dämpfungsmaximums zu höheren Frequenzen hin erfolgt. Dies lässt sich durch ein Ersatzschaltbild erklären.

Der Klappferrit mit Kabel stellt im Ersatzschaltbild eine verlustbehaftete Spule mit parallel geschalteter Kapazität dar (s. Abbildung 2.43). Durch den Luftspalt wird die Induktivität verringert und die Resonanzfrequenz des Parallelschwingkreises erhöht. Durch den Luftspalt im magnetischen Kreis des Kerns wird der gesamte magnetische Widerstand vergrößert.

Ein weiterer Vorteil des Luftspalts ist der geringere Einfluss der Temperatur und der Feldstärkenänderung auf die Permeabilität.

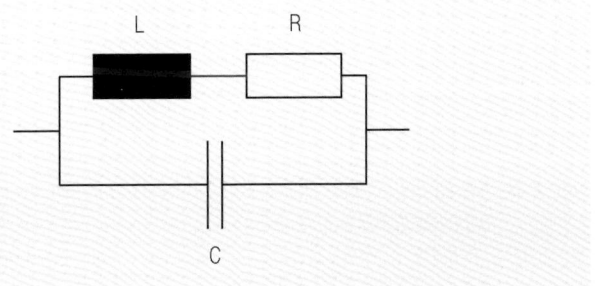

Abb. 2.43: Ersatzschaltbild für den Klappferrit mit 2 Kabeldurchführungen

II Bauelemente

In weiteren Untersuchungen wird die Auswirkung des Luftspalts bei Verwendung nur einer einzigen Kabeldurchführung, d.h. bei der Anbringung eines Klappferrits an einem gestreckten Leiter, untersucht.

Die Impedanzkurve des STAR-TEC 742 711 32 wird mit den Ergebnissen des STAR-GAP mit 0,8 mm Luftspaltbreite verglichen.

In Abbildung 2.44 wird veranschaulicht, dass zwar für Frequenzen bis ca. 340 MHz die Impedanz des Ferrits ohne Luftspalt größer ist als die Impedanz der Ferrite mit Luftspalt. Bei sehr hohen Frequenzen ist jedoch das Gegenteil der Fall. Auch bei nur einer Kabeldurchführung wird der Vorteil der Ferrite mit Luftspalt, nämlich eine Erhöhung der Impedanz im höheren Frequenzbereich, deutlich.

Selection of snap ferrites:

200–800 MHz: STAR-GAP with a double cable feed-through

> 800 MHz: STAR-GAP with a single cable feed-through

Der Vergleich von Abbildung 2.42 mit Abbildung 2.44 zeigt den Zusammenhang zwischen Windungszahl und Impedanz. Mit zunehmender Windungszahl nimmt die Impedanz zu, der Punkt maximaler Impedanz wird jedoch in Richtung niedrigerer Frequenzen verschoben.

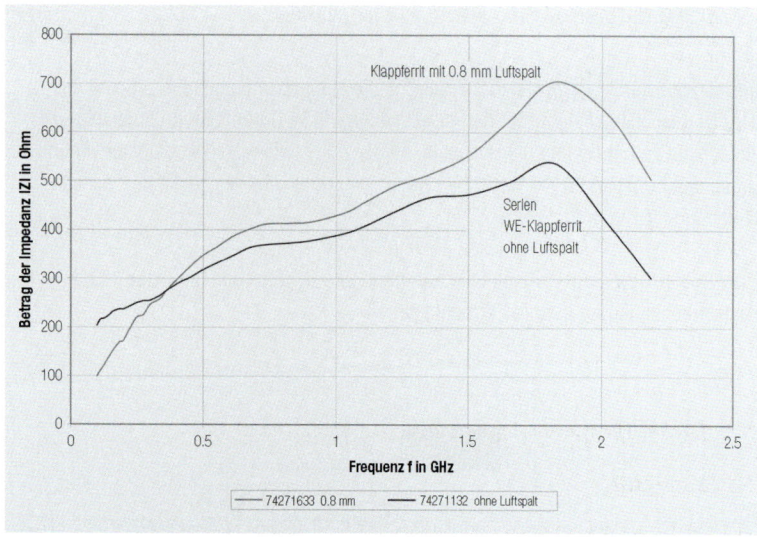

Abb. 2.44: Betrag der Impedanz des STAR-TEC ohne Luftspalt sowie des STAR-GAP bei einer Kabeldurchführung

Einfluss von Gleichstrom auf die Impedanz des Ferrits

Im Folgenden werden die Auswirkungen von Gleichstrom auf die Impedanzen der vorgestellten Ferrite untersucht. Dazu wird der DC-Bias in 1 A-Schritten von 0 A auf 5 A erhöht.

Bei allen Messungen können für vergleichsweise tiefe Frequenzen bis ca. 200 MHz Sättigungseffekte beobachtet werden, während für höhere Frequenzen der Gleichstrom eine vernachlässigbar kleine Auswirkung auf die Impedanz hat (vgl. Abbildung 2.45).

Im gemessenen Bereich von 100 MHz bis 200 MHz führt der definierte Luftspalt dazu, dass sich die Impedanz der Ferrite mit Luftspalt durch den DC-Bias prozentual wesentlich weniger ändert als die Impedanz des Ferrits ohne Luftspalt. Die Eigenschaften eines Ferrits mit definiertem Luftspalt werden durch den DC-Bias weniger verändert, so dass sich die Entstörwirkung bei einem überlagerten Gleichstrom von 5 A nicht wesentlich von der Wirkung, die ohne Gleichstromüberlagerung erzielt wird, unterscheidet. Das Design mit Luftspalt ist somit weniger anfällig gegen Sättigungseffekte.

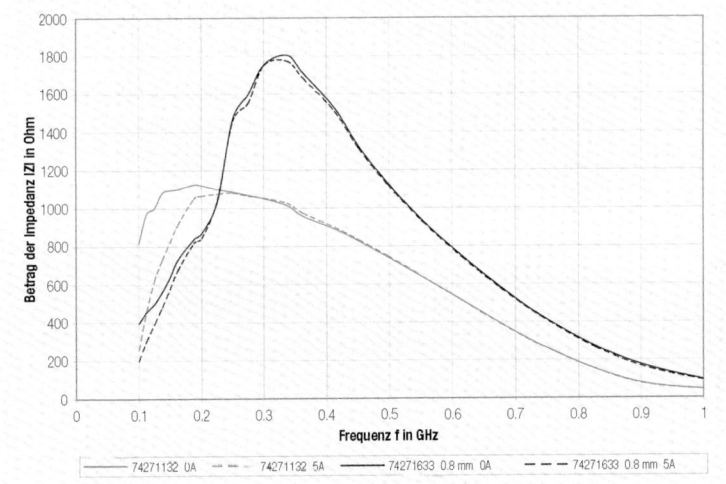

Abb. 2.45: Einfluss von Gleichstrom: STAR-TEC 742 711 32 und Klappferrit mit 0,8 mm Luftspalt STAR-GAP 742 716 33S bei 2facher Kabeldurchführung vermessen

2.7 WE-MI Multilayer-Induktivität

Spule im Ferrit

Werden die Drahtwicklungen, die sich bei herkömmlichen „Spulen" an der Außenseite befinden, innerhalb des Kernkörpers montiert, entsteht die SMD-Multilayer-Induktivität WE-MI (Abbildung 2.46).

II Bauelemente

SMD Multilayer Induktivität WE-MI

Abb. 2.46: Multilayer-SMD-Induktivität WE-MI

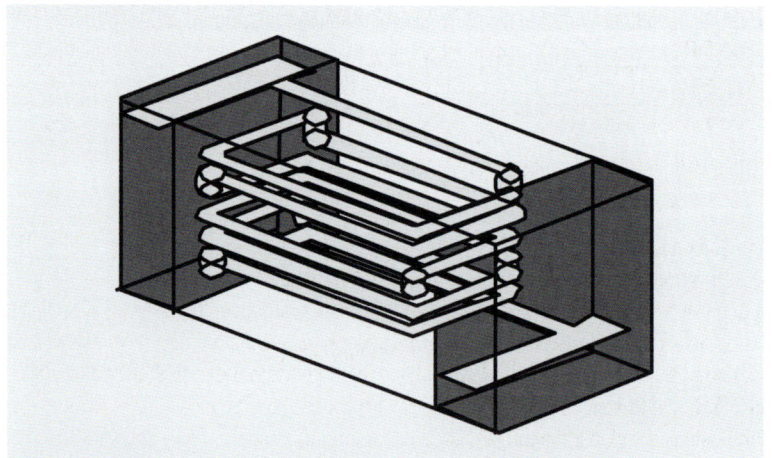

Abb. 2.47: Schematischer Aufbau einer Multilayer-SMD-Induktivität

Bauform 0603:

Artikel-Nr.	Induktivtät (µH)	Güte Q (min)	Testfrequenz (MHz)	Eigenresonanzfrequenz (MHz)	RDC (Ω)	Nennstrom (mA)
744 796 2	0,1	15	25	240	0,50	50
744 796 5	1,0	35	10	85	0,60	25

Bauform 0805:

Artikel-Nr.	Induk-titvät (µH)	Güte Q (min)	Test-frequenz (MHz)	Eigen-resonanz-frequenz (MHz)	RDC (Ω)	Nenn-strom (mA)
744 790 32	0,47	25	25	140	0,60	200
744 790 6	4,7	45	10	41	1,00	30

Bauform 1206:

Artikel-Nr.	Induk-titvät (µH)	Güte Q (min)	Test-frequenz (MHz)	Eigen-resonanz-frequenz (MHz)	RDC (Ω)	Nenn-strom (mA)
744 791 3	0,33	20	25	145	0,5	250
744 791 53	3,30	45	10	48	0,7	50
744 791 8	10,00	50	2	26	0,6	25

Tab. 2.12: Typische Parameter der Multilayer-SMD-Induktivität WE-MI

Die SMD-Induktivität WE-MI erreicht durch ihren kompakten Aufbau einen geringen Gleich- stromwiderstand. Durch den außenliegenden Ferritmantel ist das Bauelement magnetisch geschirmt. So werden Einkopplungen und Übersprechen erheblich reduziert. Die Multilayerinduktivität ist als „Kompromiss" zwischen der Keramikinduktivität und dem SMD-Ferrit zu sehen. Das Bauelement eignet sich besonders als Induktivität in Filtern und Resonanzkreisen mit Anforderungen an geringe Einkopplung durch Fremdsignale und in Schaltungen, bei denen hohe Packungsdichte gefordert wird.

Praxistipp:

- nicht im Bereich der Eigenresonanz betreiben
- auf max. Strombelastbarkeit achten
- geringer Gleichstromwiderstand, dadurch auch in Low-Voltage-Systemen noch verwendbar

2.8 WE-FI Funkentstördrossel

Die Ringkerne der Funkentstördrosseln sind aus gepresstem Eisenpulver und haben ein sehr kleines Streufeld. Wegen der hohen Sättigungsmagnetisierung ergibt sich eine hohe Strombelastbarkeit.

Funkentstördrosseln

Der anwendbare maximale obere Frequenzbereich dieser Bauelemente erstreckt sich typabhängig von einigen MHz bis zu ca. 30 MHz.

Frequenzbereich

II Bauelemente

Der Impedanz-Phasenverlauf über der Frequenz einer typischen Ringkerndrossel (744 707 0) ist in den Abbildung 2.48 und Abbildung 2.49 dargestellt.

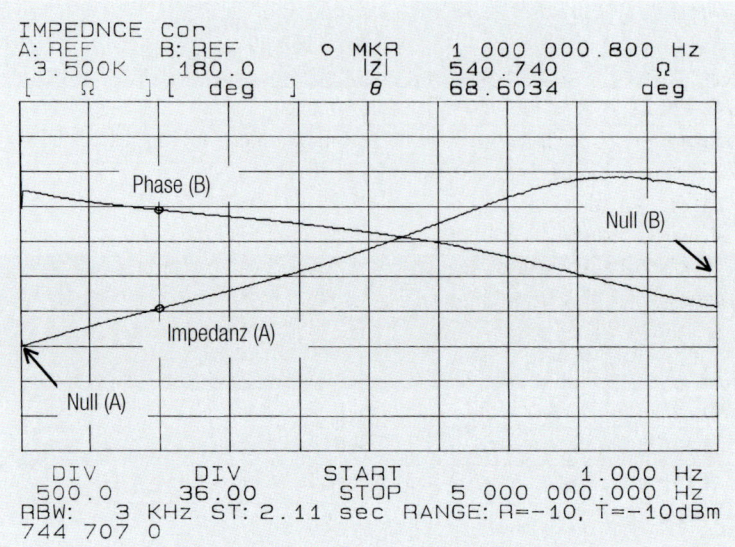

Abb. 2.48: Impedanz und Phase der Ringkerndrossel 744 707 0 (100 µH) über der Frequenz (0 MHz–5 MHz)

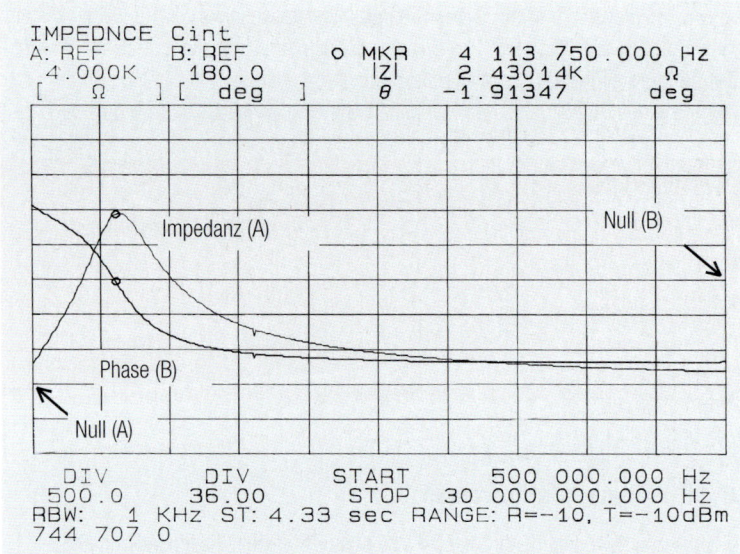

Abb. 2.49: Impedanz und Phase der Ringkerndrossel 744 707 0 (100 µH) über der Frequenz (0,5 MHz–30 MHz)

Resonanzfrequenz

In Abbildung 2.49 ist zu erkennen, dass die Resonanzfrequenz bei ca. 4,1 MHz liegt. Ab 4,1 MHz überwiegt der kapazitive Charakter der Drossel, bei 30 MHz ist die Impedanz bis auf ca. 200 Ω abgesunken. Bis zur Resonanzfrequenz von 4,1 MHz verläuft die Impedanz nahezu linear (Abbildung 2.48).

Wegen der Frequenzabhängigkeit der komplexen Permeabilität sind Berechnungen nur in eingeschränkten Frequenzbandbreiten und in genügender Entfernung (im linearen Bereich) unterhalb der Resonanzfrequenz brauchbar. Abbildung 2.50 zeigt das Ersatzschaltbild der Drossel im Bereich von 25 kHz bis 1 MHz, in Abbildung 2.51 ist das Ersatzschaltbild der Drossel im Bereich von 1 MHz bis 5 MHz dargestellt. Die Werte wurden mit Hilfe eines Impedanzanalysators ermittelt, der unter Vorgabe des Ersatzschaltbildes die Komponentenwerte berechnet. Wegen der hohen Nichtlinearität lässt sich mit drei Bauelementen das Ersatzschaltbild über einen breiten Frequenzbereich simulieren.

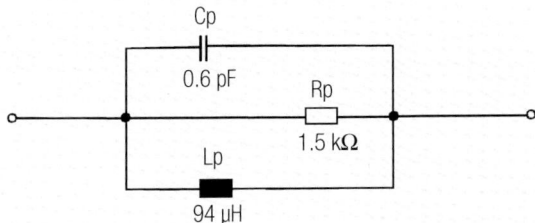

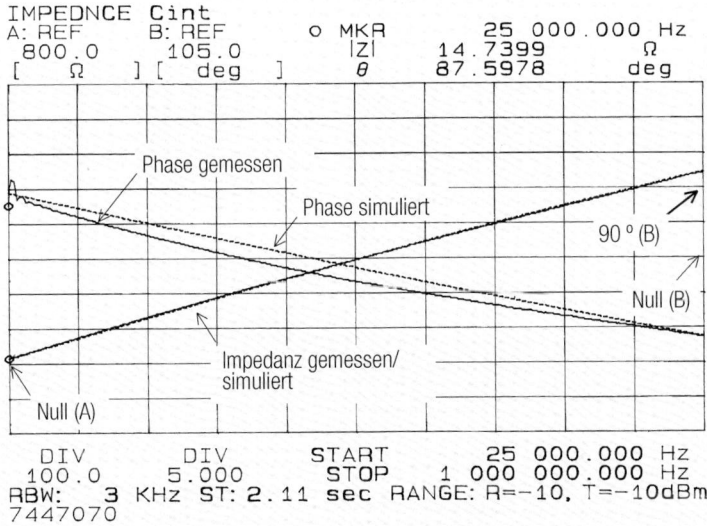

Abb. 2.50: Ersatzschaltbild mit dazugehörigen gemessenen und simuliertem Impedanz-Phasenverläufen

II Bauelemente

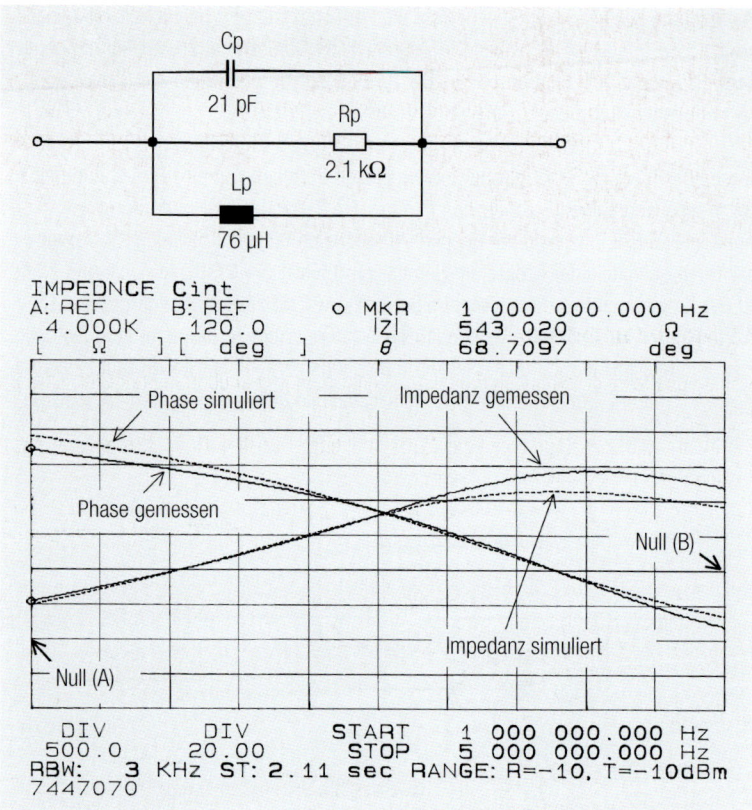

Abb. 2.51: Ersatzschaltbild mit den dazugehörigen gemessenen und simulierten Impedanz-Phasenverläufen

Aus den Impedanzanteilen ist die Zunahme der Wirbelstromverluste und die Abnahme des komplexen Permeabilitätsanteiles zu erkennen.

Mit

$$\underline{Z} = \frac{R_P}{1 + jR_P \left(\omega C_P - \frac{1}{\omega L_P} \right)} \qquad (2.9)$$

kann jeweils die Impedanz in Abhängigkeit der Frequenz berechnet werden. Die gestrichelten Kurven in den Abbildung 2.50 und Abbildung 2.51 sind die simulierten Verläufe mit den, in den Ersatzschaltbildern, angegebenen Werten. Es zeigt sich, dass ohne Berücksichtigung der komplexen Permeabilität und derer Frequenzabhängigkeit nur mit eingeschränkter Genauigkeit gerechnet werden kann.

Praxistipp:

Auch hier noch ein Wort zur Sättigung des Ferritringes: die effektive Kernquerschnittsfläche ist umgekehrt proportional zum Sättigungsstrom und proportional zur Impedanz. Das heißt, wo immer möglich sollte die Wahl auf die größere Kernquerschnittsfläche fallen.

Sättigung

2.9 Stromkompensierte Drosseln

Sättigungseffekte durch hohen Signalstrom oder dem Signal überlagerten Gleichstrom verringern die Wirksamkeit der Längsdrosseln. Außerdem wird bei Einsatz von Standardinduktivitäten im Signalpfad das Nutzsignal beeinträchtigt. Durch Stromkompensation werden diese Nachteile umgangen.

Stromkompensation

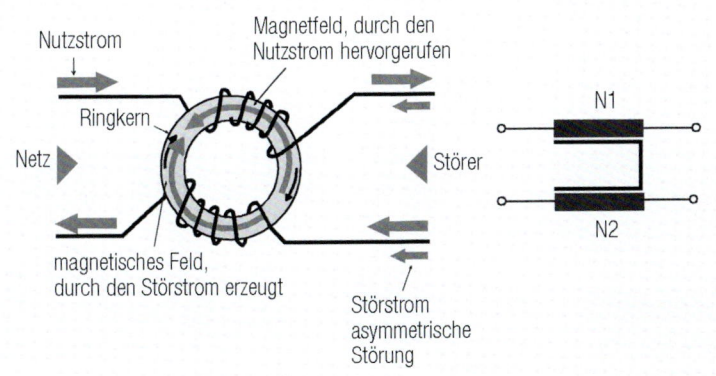

Abb. 2.52: Aufbau und Schaltbild einer stromkompensierten Drossel

Gegentaktsignale	Gleichtaktsignale
Differential Mode	Common Mode
Symmetrische Spannung	Asymmetrische Spannung

Tab. 2.13: Geläufige Ausdrücke

Stromkompensierte Drosseln können mit unterschiedlichen Ferritkernformen hergestellt werden. Die Bekanntesten sind der Ringkern und der Rippenkern. Unterschiedliche Kernmaterialien ermöglichen den Einsatz in verschiedenen Frequenzbereichen. Ein sehr bekanntes, aber nicht als Common Mode Drossel gesehenes Bauteil ist der Klappferrit bzw. die geteilte Ferrithülse.

Klappferrit

Die Wirkung stromkompensierter Drosseln gegen eingekoppelte Störgrößen wird vor allem im Daten- und Signalleitungsbereich verwendet. Hier ist die stromkompensierte

II Bauelemente

Drossel oftmals die einzige Möglichkeit, um eine Beeinflussung des Nutzsignals durch das Entstörbauteil zu umgehen.

2.10 WE-CNSW Stromkompensierte Drosseln für Daten- und Signalleitungen

WE-CNSW Stromkompensierter SMD-Datenleitungsfilter

Bauformen: 0805; 1206

Abb. 2.53: WE-CNSW Gleichtaktdrosseln

Artikel-Nr.	Toleranz (%)	RDC (Ω)	Nennstrom (mA)	Impedanz @ 100 MHz (Ω)	Bau- form
744 231 091	±25	0,3	370	90	0805
744 232 601	±25	0,8	260	600	1206
744 232 222	±25	1,2	200	2200	1206

Tab. 2.14: Kenndaten verschiedener stromkompensierter Datenleitungsfilter WE-CNSW

Die Baureihe WE-CNSW basiert als einziger Datenleitungsfilter im Produktspektrum der Würth Elektronik sowohl in der Baugröße 0805 als auch 1206 nicht auf einem Ringkern. Nur so ist es möglich, ein derart kompaktes stromkompensiertes Bauteil zu realisieren.

Da es sich allerdings um ein geschlossenes System aus Ferritmaterial handelt, bleibt das Streufeld vernachlässigbar klein.

Anwendungen sind für diese Drossel USB-, Firewire- und andere High-Speed-Daten- leitungen.

2.11 WE-SL, WE-SLM, WE-SL1, WE-SL2, WE-SL3, WE-SL5

WE-SL stromkompensierter SMD-Line Filter

WE-SL

Abb. 2.54: WE-SL Gleichtaktfilter

Artikel-Nr.	Induktivität (µH)	Toleranz (%)	DCR (Ω)	Nennstrom (mA)	Impedanz (Ω)
744 202	4 x 1000	±35	0,400	350	5000
744 205	4 x 100	±35	0,100	700	900
744 207	2 x 35	±35	0,035	2700	1100

Tab. 2.15: Bild und Kenndaten einiger SMD-Line Filter WE-SL

Die komplette Serie WE-SL, also auch die neu entwickelten Typen WE-SL1, WE-SL3 und WE-SL5 sind im Gegensatz zur WE-CNSW mittels Ringkernen aufgebaut. Deshalb können Streufelder nahezu ausgeschlossen werden. Unterschiedliche Formen und vor allem die sehr flachen Bauhöhen einzelner Typen bieten für jede Applikation einen Lösungsansatz.

Hohe Stromstärken, die in Niederspannungsbereichen Verwendung finden, sind ebenfalls verfügbar.

Die Serie WE-SL ist eine 4-fach stromkompensierte Variante.

II Bauelemente

WE-SLM

WE-SLM stromkompensierter SMD-Line Filter

Abb. 2.55: Gleichtakt-Line-Filter WE-SLM

Artikel-Nr.	Induktivität (µH)	DCR max. (Ω)	Nennstrom (mA)	max. Impedanz (Ω)
744 242 110	11	0,18	300	800
744 242 220	22	0,23	300	1500
744 242 330	33	0,27	300	2000
744 242 510	51	0,32	300	2500
744 242 101	100	0,58	300	4000

Tab. 2.16: Typische Kenndaten verschiedener SMD-Line-Filter WE-SLM

Der Datenleitungsfilter WE-SLM bringt bei kleinerer Grundfläche als der WE-SL1 eine Erhöhung der Gleichtaktimpedanz. Durch die Verwendung von NiZn-Ferrit wird ein weiter Arbeitstemperaturbereich erreicht.

Gleichzeitig ist die Streuinduktivität geringer, sodass das Nutzsignal weniger stark beeinflusst wird. Der Filter kann dadurch auch bei höheren Signalfrequenzen, bis in den unteren MHZ-Bereich, noch eingesetzt werden.

WE-SL1 SMD Common Mode Line Filter

WE-SL1

Abb. 2.56: Gleichtakt-Line-Filter WE-SL1

Artikel-Nr.	Indukti-vität (µH)	Toleranz (%)	DCR (Ω)	Nenn-strom (mA)	Impedanz (Ω)
744 212 100	2 x 10	±40	0,24	300	1200
744 212 510	2 x 51	±40	0,16	300	300
744 212 101	2 x 100	±40	0,22	300	500
744 212 331	2 x 330	±40	0,30	300	2000

Tab. 2.17: Typische Kenndaten verschiedener stromkompensierter SMD-Line-Filter WE-SL1

Der Datenleitungsfilter WE-SL1 überzeugt vor allem durch seinen geringen Platzbedarf, sowohl in der Bauhöhe als auch in der Grundfläche. Um dennoch ansprechende Dämpfungswerte zu erzielen, wurde als Basismaterial Mangan-Zink verwendet.

II Bauelemente

WE-SL2

WE-SL2 Stromkompensierter SMD-Line Filter

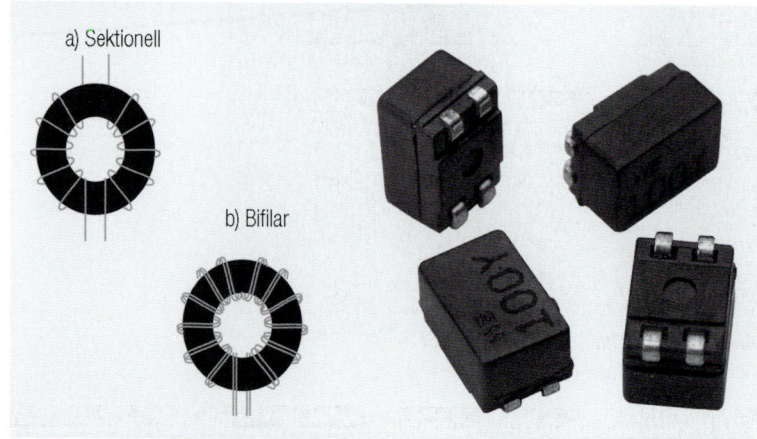

Abb. 2.57: Gleichtakt-Line-Filter WE-SL2

Artikel-Nr.	Induktivität (µH)	Toleranz (%)	DCR (Ω)	Nennstrom (mA)	Impedanz (Ω)
744 220	2 x 4700	±50	0,75	500	20000
744 222	2 x 1000	±50	0,31	800	6000
744 227*	2 x 51	±30	0,16	1000	5500
744 226*	2 x 10	±30	0,08	1600	920

* Ebenfalls als sektionell gewickelte Typen verfügbar

Tab. 2.18: Typische Kenndaten verschiedener stromkompensierter SMD-Line-Filter WE-SL2

Sektionelle Wicklung

Bifilare Wicklung

Das Line Filter WE-SL2 wird sowohl in a) sektioneller als auch b) bifilarer Wickeltechnik produziert. Der separate Aufbau der sektionellen Wicklung ermöglicht zusätzlich zur Unterdrückung asymmetrischer Störanteile auch eine Dämpfung hochfrequenter symmetrischer Frequenzanteile, da die parasitäre Kapazität zwischen den Wicklungen deutlich geringer ist. Wird allerdings die Qualität des Nutzsignals zu stark beeinflusst, sollte auf die ursprünglich bifilare Wickeltechnik zurückgegriffen werden.

WE-SL3 Stromkompensierter SMD-Line Filter

WE-SL3

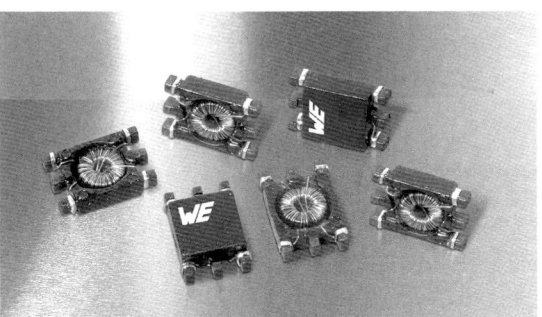

Abb. 2.58: Gleichtakt-Line-Filter WE-SL3

Artikel-Nr.	Induktivität (µH)	Toleranz (%)	DCR (Ω)	Nennstrom (mA)	Impedanz (Ω)
744 253 200	3 x 20	+50/−30	0,16	500	1250
744 252 220	2 x 22	+50/−30	0,14	700	1600
744 252 510	2 x 51	+50/−30	0,25	500	3300
744 253 101	3 x 100	+50/−30	0,45	450	5000

Tab. 2.19: Typische Kenndaten verschiedener stromkompensierter SMD-Line-Filter WE-SL3

Das Datenleitungsfilter WE-SL3 stellt eine Weiterentwicklung der Baureihe WE-SL2 dar. Trotz halbierter Bauhöhe kann zumindest im Bereich der kleinen Induktivitätswerte nahezu die gleiche Performance realisiert werden. Zusätzlich wurde eine 3-fach stromkompensierte Variante entwickelt, die hauptsächlich im Niederspannungsbereich ihren Einsatz findet.

II Bauelemente

WE-SL5

WE-SL5 Stromkompensierter SMD-Line Filter

Abb. 2.59: Gleichtakt-Line-Filter WE-SL5

Artikel-Nr.	Induktivität (µH)	Toleranz (%)	DCR (Ω)	Nennstrom (mA)	Impedanz (Ω)
744 272 121	2 x 120	±40	0,025	2500	460
744 272 471	2 x 470	±40	0,065	1600	1750
744 272 222	2 x 2200	±40	0,30	750	7500
744 272 472	2 x 4700	±40	0,72	350	13000

Tab. 2.20: Typische Kenndaten verschiedener stromkompensierter SMD-Line-Filter WE-SL5

Als Grundlage für das Line Filter WE-SL5 wird ausschließlich Mangan-Zink verwendet. Dadurch ist es möglich, das Frequenzband im ein- und zweistelligen Megaherzbereich abzudecken.

2.12 WE-LF, WE-CMB, WE-FC Stromkompensierte Drosseln für Netzanwendungen

Stromkompensierte Drossel WE-LF für Netzspannungsanwendungen

WE-LF

Abb. 2.60: Gleichtaktdrossel WE-LF

Artikel-Nr.	Induktivität (mH)	Nennstrom (A)	DCR (Ω)	Gehäuseform
744 612 1010	10	0,7	0,55	SV
744 672 1027	27	0,6	0,70	MH
744 632 1033	33	0,8	0,85	LV

Tab. 2.21: Typische Kenndaten verschiedener Gleichtaktdrosseln WE-LF

Stehende Ausführung
SV, MV, LV, XV

Liegende Ausführung
SH, MH, LH, XH

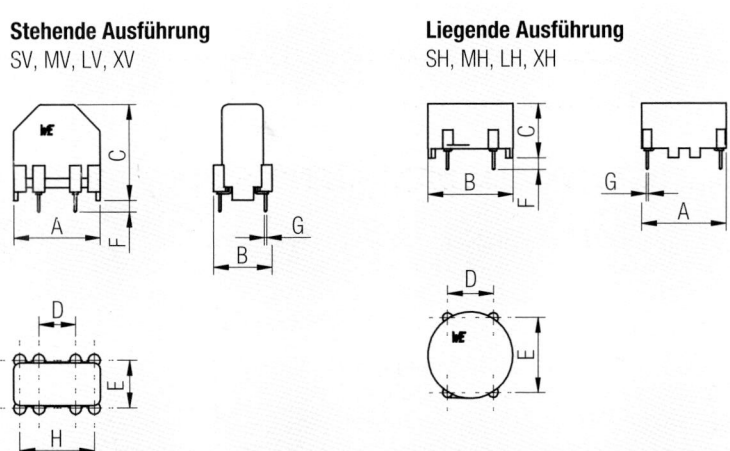

Gehäuseform	A (mm)	B (mm)	C (mm)	D (mm)	E (mm)	F (mm)	G (mm)	H (mm)
612/SV	18,5	13,5	20,5	15,0	10,0	3,0	0,6	15,0
622/MV	23,5	16,0	25,5	10,0	12,5	3,0	0,6	10,0
632/LV	26,5	18,5	30,5	12,5	15,0	3,0	0,6	12,5
642/XV	32,5	21,5	35,5	12,5	17,5	5,0	0,8	12,5
662/SH	18,0	18,0	13,0	10,0	15,0	3,0	0,6	–
672/MH	23,0	23,0	14,5	12,5	20,0	3,0	0,6	12,5
682/LH	28,5	28,5	17,0	15,0	25,0	3,0	0,6	15,1
692/XH	33,5	33,5	20,0	20,0	30,0	3,5	0,8	20,1

Tab. 2.22: Abmessungen der Gleichtaktdrossel WE-LF

Die maximal zulässige Bauteiltemperatur der Baureihe WE-LF beträgt +125 °C. Subtrahiert man die zulässige Übertemperatur von 55 K, so bleibt als erlaubte Umgebungstemperatur +70 °C.

Für noch höhere Temperaturen muss der Nennstrom mit folgender Formel reduziert werden:

$$I = I_N \cdot \sqrt{\frac{125\,°C - T_U}{55\,°C}} \qquad (2.10)$$

WE-LF SMD Common Mode Power Line Choke

Die SMD-bestückbare Form der WE-LF in der Größe S ist elektrisch identisch zur bedrahteten Variante der Größe SH und SV. Zu den bereits bekannten Vorteilen der WE-LF Serie kommt hier noch die Möglichkeit hinzu, die Produkte in Reflow-Technologie zu verarbeiten. Die hervorragende mechanische Stabilität der Bauserie bleibt auch bei der SMD-Variante gegeben.

Abb. 2.61: SMD-Gleichtaktdrossel WE-LF

Artikel-Nr.	L (mH)	I_N (A)	DCR (Ω)
744 663 400 07	0,7	4,0	0,03
744 663 200 1	1,0	2,0	0,06
744 663 200 2	2,2	2,0	0,10
744 663 200 3	3,3	1,5	0,15
744 663 100 7	6,8	1,0	0,30
744 663 101 0	10	0,7	0,55
744 663 002 7	27	0,4	1,20
744 663 003 9	39	0,4	1,70
744 663 004 7	47	0,3	2,60

Tab. 2.23: Bild und Kenndaten einiger Stromkompensierter Drosseln WE-LF SMD

Stromkompensierte Drossel WE-CMB für Netzanwendungen

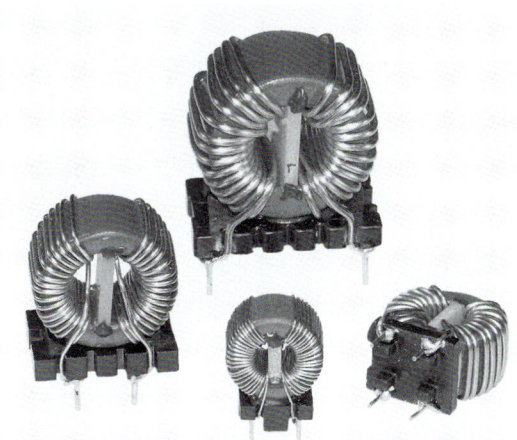

Abb. 2.62: Gleichtaktdrossel WE-CMB

Artikel-Nr.	Induktivität (mH)	Nennstrom (A)	DCR (Ω)	Typ
744 821 120	20	0,5	1,00	XS
744 822 110	10	1,0	0,36	S
744 823 333	3,3	2,5	0,06	M
744 824 622	2,2	6,0	0,02	L
744 825 1201	1,0	12,0	0,009	XL
744 826 1418	1,8	14,0	0,0079	XXL

Tab. 2.24: Typische Kenndaten verschiedener WE-CMB-Gleichtaktdrosseln

Bei der stromkompensierten Drossel WE-CMB für Netzanwendungen ermöglicht der spezielle Aufbau eine Reduktion unerwünschter parasitärer Effekte. Das nahezu ideal gewählte Kern/Wicklungsverhältnis gestattet bei vergleichbarer Grundfläche sehr hohe Stromstärken.

Sollen allerdings leitfähige Bauteile oder Gehäuseteile in der unmittelbaren Nähe zu einer WE-CMB platziert werden, muss auf den entsprechenden Sicherheitsabstand geachtet werden, da Lackdrähte nicht als isolierte Bauteile gelten. In den meisten Fällen ist das Verwenden einer WE-CMB aber unproblematisch, da isolierte Bauteile wie z.B. Kapazitäten notwendige Abstände bereitstellen.

Natürlich kann aber auch auf die entsprechende Gehäusevariante einer WE-LF zurückgegriffen werden.

II Bauelemente

WE-CMB NiZn

Common Mode Power Line Choke WE-CMB NiZn

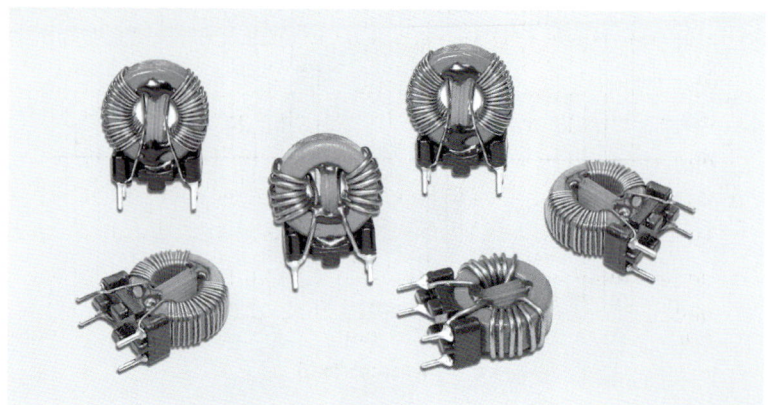

Abb. 2.63: Gleichtaktdrossel WE-CMB NiZn

Artikel-Nr.	Induktivität (µH)	DCR (mΩ)	Nennstrom (A)	Typ
744 841 414	14	15	4	XS
744 841 330	30	26	3	XS
744 841 247	47	40	2	XS
744 841 210	100	80	1,5	XS
744 842 1016	16	10,0	2,7	S
744 842 932	32	8,5	5,0	S
744 842 742	42	6,5	8,1	S
744 842 565	65	5,0	13,0	S
744 842 311	110	3,0	31,0	S

Tab. 2.25: Typische Kenndaten verschiedener WE-CMB-Gleichtaktdrosseln

Eine kleine Besonderheit innerhalb der WE-CMB Serie bilden die NiZn-Varianten, die in den Größe XS und S erhältlich sind. Im Gegensatz zu vergleichbaren Netzdrosseln kommt hier Nickel-Zink als Basismaterial zum Einsatz. Dadurch ist es möglich, Gleichtaktstörungen bis in den hohen Frequenzbereich wirksam zu unterdrücken.

Diese Produktvariante eignet sich auch zur Erhöhung der Störsicherheit gegen HF-Strahlung und Burstsignale. Die Hauptfrequenzkomponente der genannten Störphänomene liegt im Arbeitsbereich der Drossel und kann daher effektiv abgeschwächt werden.

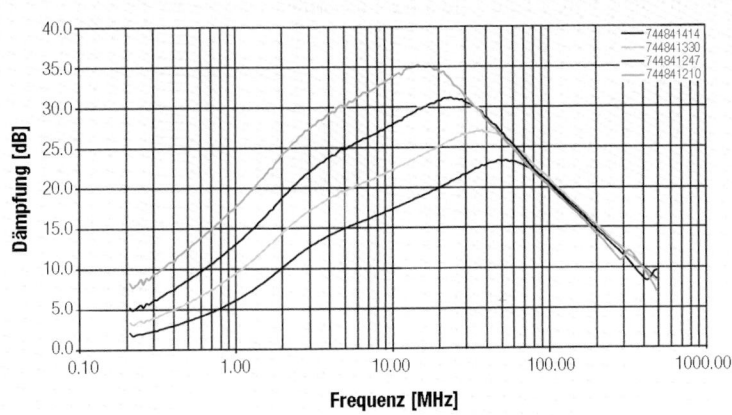

Abb. 2.64: Einfügedämpfung (common mode) „WE-CMB NiZn Bauform XS"

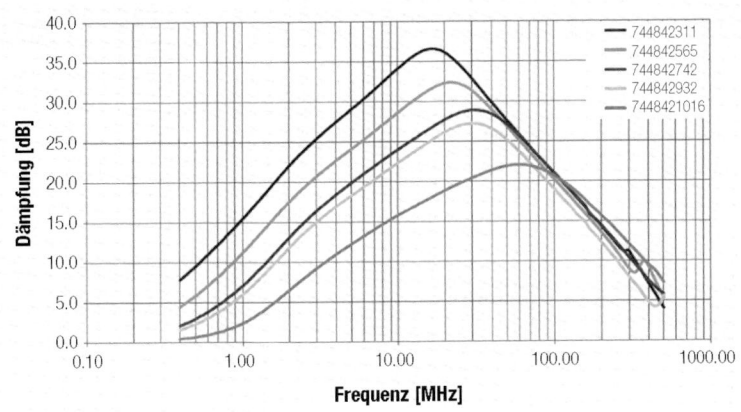

Abb. 2.65: Einfügedämpfung (Gleichtakt) "WE-CMB NiZn Größe S"

Gleichtaktdrossel WE-CMBNC für Netzspannungsanwendungen, nanokristallin

Die WE-CMBNC ist eine neue Ergänzung der WE-CMB-Serie. Es handelt sich um eine vom VDE zertifizierte Baureihe von Gleichtaktdrosseln mit hochpermeablem nanokristallinem Kernmaterial. Das innovative Design führt zu einer geringen Baugröße, die eine hervorragende breitbandige Dämpfungsleistung, hohe Nennströme und niedrige Gleichstromwiderstände bietet.

Die Induktivitätswerte sind bis 150 °C stabil, sie bewältigen auch hohe Ströme und arbeiten über einen großen Frequenzbereich von 1 kHz bis 300 MHz.

II Bauelemente

WE-FC Stromkompensierte Drossel für Netzanwendnugnen WE-FC

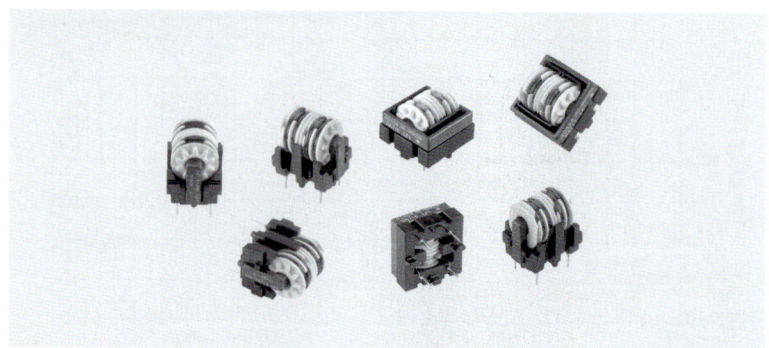

Abb. 2.66: Gleichtaktdrossel WE-FC

Artikel-Nr.	Induktivität min. (mH)	Nennstrom max. (A)	DCR (Ω)	Typ
744 864 0395	0,82	2,0	0,065	ET
744 864 0398	3,30	1,1	0,250	ET
744 864 0402	10,0	0,6	0,720	ET
744 864 0405	33,0	0,3	2,000	ET
744 864 0406	0,82	2,0	0,065	UT
744 864 0410	2,70	1,2	0,190	UT
744 864 0414	6,80	0,7	0,470	UT
744 864 0418	33,0	0,3	2,500	UT

Tab. 2.26: Typische Kenndaten verschiedener WE-FC-Gleichtaktdrosseln für Netzspannungsanwendungen

Im Vergleich zu ähnlichen Ringkerndrosseln hat die stromkompensierte WE-FC-Drossel etwa die doppelte Streuinduktivität. Somit kann, ohne dass zusätzliche serielle Induktivitäten benötigt werden, die Wirkung auf asymmetrische Störungen erhöht werden. Durch die Konstruktion mit einem Mehrkammerspulenkörper wird die parasitäre Parallelkapazität reduziert.

Die Impedanz wird so bei höheren Frequenzen angehoben. Gleichzeitig wird die Widerstandsfähigkeit gegen Burst- und Surge-Impulse verbessert.

2.13 WE-ExB Gleichtaktdrossel für Netzspannungsanwendungen

Abb. 2.67: Gleichtaktdrossel WE-ExB für Netzspannungsanwendungen

Artikel-Nr.	L_1 (µH)	I_{R1} (A)	$R_{DC1\ max.}$ (mΩ)	U_{R1} (V (AC))
744844470	2x47	15	2x4,6	250
744844101	2x100	14	2x6	
744844221	2x220	12	2x9	
744844471	2x470	9	2x16	
744844102	2x1000	4,5	2x42	

L_1: Induktivität; I_{R1}: Nennstrom; $R_{DC1\ max.}$: Gleichstromwiderstand; U_{R1}: Nennspannung

Tab. 2.27: Typische Kenndaten verschiedener Gleichtaktdrosseln WE-ExB

Die Verwendung von zwei Kernmaterialien (MnZn und NiZn) bietet Entstörung über einen sehr breiten Frequenzbereich von 100 kHz bis 100 MHz, was für kombinierte Stör- und Burstfilteranwendungen in Netzteilen und Motoren sehr nützlich ist.

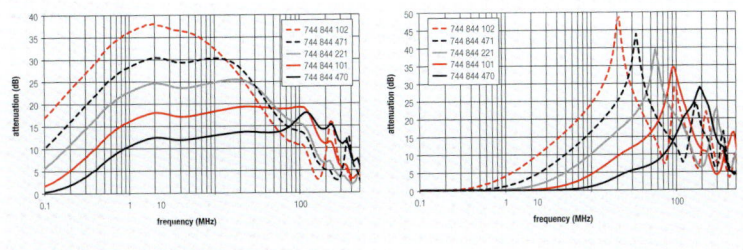

Abb. 2.68: Typische Leistung verschiedener Gleichtaktdrosseln WE-ExB

II Bauelemente

2.14 WE-LPCC Gleichtaktdrossel für Netzspannungsanwendungen

Abb. 2.69: Gleichtaktdrossel WE-LPCC für Netzspannungsanwendungen

Artikel-Nr.	L_1 (µH)	I_{R1} (A)	$R_{DC1\,max.}$ (mΩ)	U_{R1} (V (AC))	U_{T1} (V (AC))
7448680200	120	23,5	1,4	250	1500
7448680180	150	20	1,9		
7448680140	230	16	3,6		
7448680120	330	12	6		
7448680100	450	10	9,6		

L_1: Induktivität; I_{R1}: Nennstrom; $R_{DC1\,max.}$: Gleichstromwiderstand; U_{R1}: Nennspannung; U_{T1}: Isolationsprüfspannung

Tab. 2.28: Kenndaten verschiedener Gleichtaktdrosseln WE-LPCC

Die Gleichtaktdrosseln der WE-LPCC-Baureihe für Netzspannungsanwendungen bieten zusätzlich eine stabile Streuinduktivität für die Gegentaktfilterung mit Hochstromfähigkeit in einem flachen Gehäuse.

3 Induktivitäten

3.1 WE-PMI, WE-GF, WE-GFH – Power Induktivitäten

WE-PMI

Abb. 2.70: Power Multilayer Inductors WE-PMI

Die Miniaturisierung von SMD Bauteilen, vor allem bei Induktivitäten, ist in tragbaren Elektronikgeräten ein weit verbreiteter Trend, da gerade die Speicherdrosseln häufig den meisten Platz benötigt. Verdrahtete Komponenten kommen in diesen Größenordnungen nicht in Frage. Hier kommen die neu entwickelten WE-PMI-Typen (744 797 x) zum Einsatz.

Um eine volumenmäßige Minimierung der Spule zu ermöglichen, werden die Schaltregler IC mit immer höheren Schaltfrequenzen getaktet.

Schaltregler wie der Micrel MIC2285 arbeiten bereits mit 4 MHz. Die Abmessungen der benötigten Speicherdrosseln können so um bis zu 90 % reduziert werden. Die kompakten WE-PMIs im 1008-Gehäuse (2,5 mm x 2,0 mm x 1,0 mm) bieten nicht nur hohe Nennströme (bis 2,4 A), sondern auch eine geringere Gleichstromwiderstand DCR als vergleichbare WE-MI-Typen (Multilayer-Induktoren).

Artikel-Nr.	Induktivität ±20 % (µH)	DCR max. (mΩ)	I_R (A)	I_{sat} (A)	Typ
744 797 871 47	0,47	90	1,9	0,7	Low R_{DC}
744 797 872 10	1,0	120	2,5	0,5	Low R_{DC}
744 798 872 10	1,0	290	1,00	1,2	High Current
744 798 872 22	2,2	400	0,85	1,1	High Current
744 798 872 47	4,7	530	0,75	8,5	High Current
744 798 872 68	6,8	650	0,70	6,0	High Current
744 798 873 10	10	700	0,65	3,5	High Current

Tab. 2.29: Kenndaten einiger Power Multilayer Induktivitäten WE-PMI

II Bauelemente

Der Induktivitätsabfall von −30 % ist auf die Leerlaufinduktivität bezogen. Der Nennstrom wird auf die übliche Eigenerwärmung von $\Delta T = 40$ K gegenüber der Umgebungstemperatur definiert.

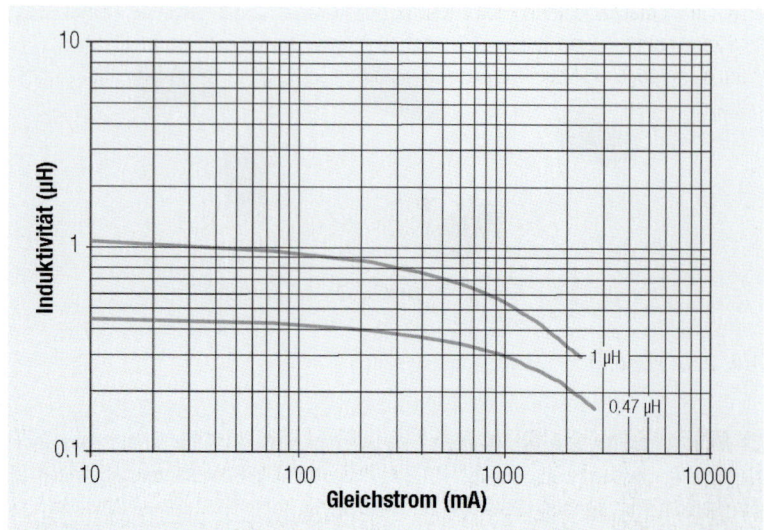

Abb. 2.71: Induktivität über Strom

Das verwendete NiZn Kernmaterial erlaubt einen Einsatzbereich der WE-PMI Serie bis über 10 MHz. Aufgrund der Multilayer Bauform eignet sich die WE-PMI besonders für die Anwendung in Stromversorgungen von portablen Geräten.

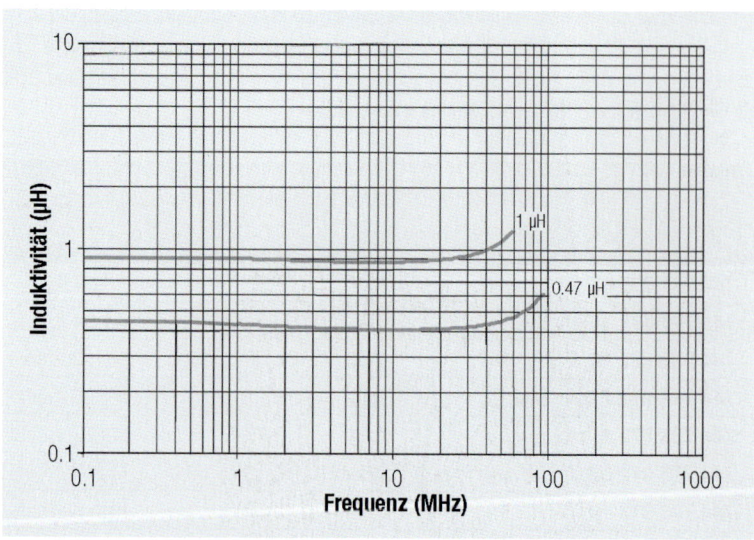

Abb. 2.72: Induktivität über der Frequenz

WE-GF/WE-GFH Drahtgewickelte SMD-Induktivität

Die gewickelten SMD-Induktivitäten WE-GF sind in SMD-Bauformen erhältlich (Abbildung 2.73). Sie unterscheiden sich im Wesentlichen von herkömmlichen Drosseln durch ihren mechanischen Aufbau. Die WE-GF ist vollständig in Kunststoff eingebettet und kann daher in Umgebung mit hoher Feuchtigkeit eingesetzt werden. Zusätzlich kann sie, bezogen auf das Bauvolumen, mit höheren Strömen bei gleicher Induktivität belastet werden.

Abb. 2.73: WE-GF

Artikel-Nr.	Induktivität (µH)	Toleranz %	Güte Q (min)	Testfrequenz (MHz)	Self-resonant frequency (MHz)	DCR (Ω)	Nennstrom max. (mA)
744 764 001	0,10	±20	28	100	700	0,44	450
744 764 01	1,00	±10	30	7,96	120	0,70	400
744 764 10	10,00	±10	30	2,52	36	2,10	150
744 764 20	100,00	±10	20	0,796	10	11,0	40

Tab. 2.30: Die Kenndaten spiegeln eine große Bandbreite für die Induktivität WE-GF wider

In Abbildung 2.74 wird der Aufbau der WE-GF grafisch dargestellt. Um einen Ferritkörper befindet sich ein Drahtwickel. Die spezielle Ferritmischung erlaubt trotz des Miniaturferritkernes ein breites Induktivitätsspektrum.

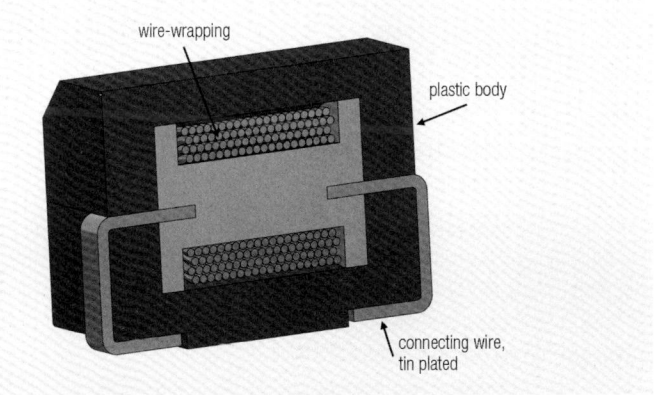

Abb. 2.74: Aufbau der Induktivität WE-GF

II Bauelemente

WE-MAPI

3.2 WE-MAPI Geschirmte SMD-Speicherinduktivität mit Metall-Legierung

Abb. 2.75: Metal-Alloy-Speicherinduktivität WE-MAPI

Die WE-MAPI ist eine außerordentlich kleine Speicherinduktivität aus Metalllegierungen mit sehr hohem Wirkungsgrad. Sie zeichnet sich durch ein innovatives Design aus. Die Wicklung wird ohne Löten, Schweißen oder Klemme direkt mit dem Anschlusspad des Bauteils kontaktiert. Durch die Einsparung des Clips kann der effektive Spulendurchmesser vergrößert werden. So werden weniger Windungen für gleiche Induktivitätswerte benötigt. Dies drückt sich direkt in einem reduzierten Gleichstromwiderstand (R_{DC}) der Wicklung aus.

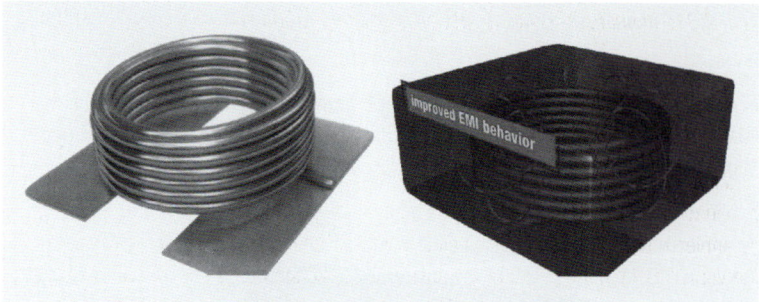

Abb. 2.76: Selbstschirmende Wicklung und Kernkonstruktion für verbessertes EMV-Verhalten der WE-MAPI

In der Schaltungsanwendung wird der Anfang der Spulenwicklung, gekennzeichnet durch eine Markierung, normalerweise mit dem Schaltknoten des Schaltreglers verbunden. Dadurch wird die räumliche Ausdehnung des „heißen" Schaltknotens minimiert und Kopplungseffekte werden durch den äußeren, auf „ruhigem" Potential bezogenen Teil der Wicklung, abgeschirmt.

Der Kern besteht aus einer innovativen Metalllegierung, die um die Wicklung herum gepresst wird. Dies ermöglicht hohe Induktivitätswerte bei kleiner Bauform. Die besondere Konstruktion des Kerns hat zugleich eine selbstschirmende Wirkung. Das Kernmaterial ist temperaturstabil mit nur geringem Drift und weichem Sättigungsverhalten. Zusätzlich wird um den Kern eine Schutzschicht aufgebracht, um die Oberfläche resistent gegen Umwelteinflüsse zu machen.

Kleine Baugröße, hohe Nennströme, geringe Wechselstromverluste und ausgezeichnete Temperaturstabilität bedingen die hervorragende Eignung von WE-MAPI-Induktivitäten für Mehrphasenwandler und kleine, hocheffiziente Netzteile, wie sie häufig in batteriebetriebenen Geräten verwendet werden.

Artikel-Nr.	L_1 (µH)	Tol. L	I_{R1} (A)	I_{SAT1} (A)	$R_{DC1\,typ}$ (mΩ)	$R_{DC1\,max.}$ (mΩ)
744 383 130 033	0,33		1,9	4,9	65	84
744 383 130 047	0,47		1,7	4,5	77	101
744 383 130 056	0,56		1,65	4	90	113
744 383 130 068	0,68		1,55	3,8	101	126
744 383 130 082	0,82	±30 %	1,45	3,6	115	144
744 383 130 10	1		1,4	3,4	127	159
744 383 130 12	1,2		1,3	3,2	140	174
744 383 130 15	1,5		0,95	2,7	189	237
744 383 130 22	2,2		0,85	2,5	337	388

L_1: Induktivität; Tol. L: Induktivität (Tol.); I_{R1}: Nennstrom; I_{SAT1}: Sättigungsstrom; $R_{DC1\,typ}$: Gleichstromwiderstand; $R_{DC1\,max.}$: Gleichstromwiderstand

Tab. 2.31: Kenndaten für WE-MAPI-Induktivitäten, Größe 1610

3.3 WE-SI Speicherdrosseln

Getaktete Netzteile finden eine immer größere Verbreitung. Mit dazu beigetragen haben die Halbleiterhersteller, die eine Vielfalt entsprechender integrierter Schaltkreise anbieten und somit das Design einer solchen Schaltung vereinfacht haben. Um die Vorteile getakteter Netzteile voll ausnutzen zu können, muss bei der Auswahl der Speicherdrossel entsprechend sorgfältig vorgegangen werden.

Die Speicherdrosseln der Serien WE-SI, WE-TPC und WE-PD sind zum Einsatz in Schaltreglern bzw. DC-DC-Wandlern in der Kernauswahl und in der Wicklungsauslegung optimiert.

Eine Standardserie von Speicherdrosseln wurde nach Empfehlungen verschiedener Hersteller von Schaltregler-ICs wie Analog Devices, STMicroelectronics, Texas Instruments, Exar, Diodes Inc., MPS, ON Semiconductor, Semtech und Maxim Integrated zusammengestellt (weitere Informationen entnehmen Sie dem Würth Elektronik-Katalog). Dieses Programm wird durch kundenspezifische Sonderlösungen ergänzt.

II Bauelemente

WE-SI

Toroidal core WE-SI

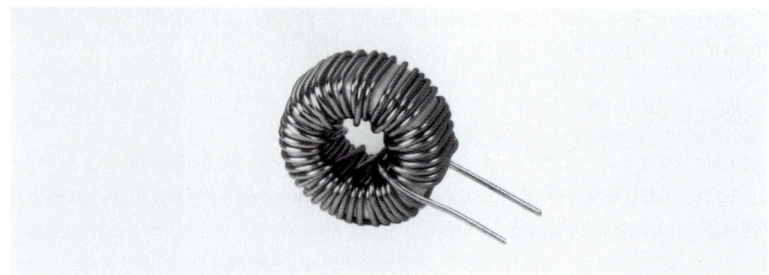

Abb. 2.77: Speicherdrossel WE-SI

Unter EMV-Gesichtspunkten sind Speicherdrosseln in Ringkernausführung optimal: Die magnetischen Feldlinien werden hauptsächlich im Kern geführt. Das Streufeld und damit verbundene Kopplungen in benachbarten Leiterbahnen oder Bauteile bleiben gering.

Im Bereich der Schaltregler dient die Speicherdrossel zur Zwischenspeicherung elektrischer Energie und gleichzeitig zur Glättung des Ausgangsstromes.

Die dabei im Kern zu speichernde Energie ist:

$$E = \frac{1}{2} \cdot L \cdot I^2 \tag{2.11}$$

Um hohe Energien speichern zu können und die entstehenden Kernverluste zu minimieren, unterteilt man das Ringkernvolumen in viele elektrisch voneinander isolierte Bereiche. Die in Speicherdrosseln von Würth Elektronik eingesetzten Eisenpulverkerne besitzen somit dreidimensional gleichmäßig verteilte Mikroluftspalte, die Wirbelstromverluste verhindern. Der Nachteil der verringerten Permeabilität wird dabei durch die größere maximale Speicherenergie und die geringeren Verluste aufgewogen. Weiterhin eignen sich diese Kerne hervorragend zum Einsatz in Applikationen mit hoher DC-Vormagnetisierung.

Begriffe für Kenndaten der Datenblätter

Leerlaufinduktivität

Leerlaufinduktivität L_0:

Betreibt man die Induktivität ohne Gleichstromvormagnetisierung oder mit nur kleinen Wechselströmen, stellt sich die Leerlaufinduktivität L_0 ein.

Induktivitätsmessung

Mit entsprechend genauen Messgeräten misst man den Induktivitätswert bei kleiner Wechselspannung von z.B. 0,1–0,5 V, oder kleinem Wechselstrom von z.B. 5 mA und einer festen Messfrequenz zwischen 1 kHz und 100 kHz, je nach Größenordnung des Induktivitätswertes.

Nenninduktivität L_N:

Zusätzlich zur kleinen Wechselspannungsamplitude wird der spezifizierte Gleichstrom überlagert und die sich dann einstellende Induktivität gemessen.

Nenninduktivität

Nennstrom I_N:

Als Nennstrom der Induktivität ist der Gleichstrom angegeben, bei dem die Eigenerwärmung (ΔT) eine gewisse Grenze nicht überschreitet. Dies ist nicht der Sättigungsstrom, der liegt im Beispiel in Abb. 2.7x niedriger.

Nennstrom

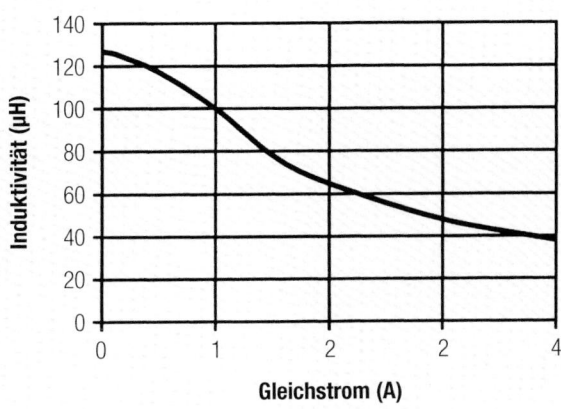

Abb. 2.78: Induktivität unter Gleichstromvormagnetisierung (Ringkern-Speicherdrossel, 744 114); $L = 127\ \mu H$, $L_N = 100\ \mu H$, $L_R = 80\ \mu H$, $I_R = 2{,}3\ A$; $I_{SAT} = 1\ A$

Gleichstromwiderstand DCR:

Der Widerstandswert der Wicklung, der sich bei einer Umgebungstemperatur von +25 °C durch Messung mit einem Ohmmeter ergibt.

Der Messstrom zur Widerstandsmessung ist ein kleiner Gleichstrom, der zu keiner signifikanten Temperaturerhöhung im Draht führt. Da hier Werte im Milliohmbereich gemessen werden, muss eine 4-Drahtmessung erfolgen, um Messfehler gering zu halten.

Gleichstromwiderstand

Magnetische Feldenergie E:

Die Energie, für die die Spule im Hinblick auf ihre Kerndaten und Wicklung hin optimiert wurde. Die Angabe erfolgt in Mikrojoule.

Magnetische Feldenergie

Zur Dimensionierung einer Speicherdrossel kann anhand der im Folgenden gezeigten, einfachen und unter Praxisbedingungen erprobten Formeln vorgegangen werden. Ein kleiner Auszug aus dem umfangreichen Kernmaterialprogramm und die im Folgenden gezeigten Tabellen, sollen hier einen Überblick über den Ablauf der Drosseldimensio-

Dimensionierung Ringkerndrossel

II Bauelemente

nierung geben. Je nach Anwendung können ggf. weitere Angaben aus dem Datenspektrum des Kernmaterials notwendig sein.

Materialdaten der Ringkerne:

Eine Übersicht der meist verwendeten Materialien und deren Applikationen zeigt folgende Tabelle.

Material	Farbkennung	Permeabilität (μ_r)	Temp. Koeff. (+ppm/°C)	Anwendung
3W5540	rot	55	+385	Power Factor Correction; Speicherdrosseln f > 50 kHz
3W7538	rot/weiß	75	+825	Funkentstördrosseln, 50-Hz-Drossel, Speicherdrosseln f < 70 kHz
3W7544	rot/blau	75	+650	Speicherdrosseln f > 70 kHz; 50-Hz-Drosseln, Power Factor Correction

Tab. 2.32: *Materialien und deren Applikationen*

Betriebstemperatur

Betriebstemperatur:

Die Betriebstemperatur der Eisenpulverkerne darf von −55 °C bis zu +125 °C betragen, ein dauerhafter Betrieb des Kernes über +75 °C hat aber erhöhte Verluste zur Folge.

Verluste

Isolationsspannung

Isolationsspannung:

Die Schutzlackierung (Coating) der Ringkerne ermöglicht eine eindeutige Farbkennzeichnung der Kernmaterialien, dient zum Schutz vor Umwelteinflüssen und zur elektrischen Isolation gegenüber der Wicklung. Hier wird mit Epoxydharzbeschichtungen gearbeitet und eine Isolationsspannungsfestigkeit von 500 VDC standardmäßig erreicht. Höhere Isolationsspannungen können ebenfalls angeboten werden.

A_L-Wert

A_L-Wert:

Zur leichteren Berechnung der Windungszahl der gesuchten Drossel gibt es zu jeder Kerngröße die Angabe des A_L-Wertes; die Toleranz beträgt ±10 %.

Der A_L-Wert wird standardmäßig bei B = 1 mT und f = 10 kHz gemessen

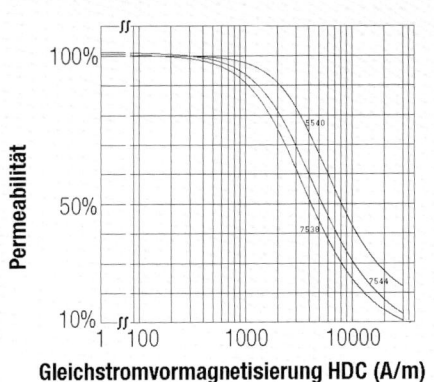

Abb. 2.79: Effektive Permeabilität unter Gleichstrom-Vormagnetisierung

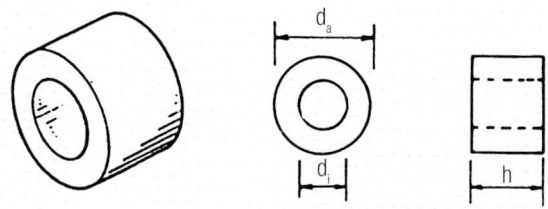

Material 3W5540 A_L-Wert (nH/N²)	Material 3W7538 A_L-Wert (nH/N²)	Material 3W7544 A_L-Wert (nH/N²)	Kern Nr.	d_a (mm)	d_i (mm)	h (mm)	l (cm)	A (cm²)	V (cm³)	l_w (cm)
25,0	37	35	11	11,2	5,82	4,04	2,68	0,099	0,266	1,84
24,0	33	33	13	12,7	7,70	4,83	3,19	0,112	0,358	2,01
39,5	58	54	18	17,5	9,40	6,35	4,23	0,242	1,030	2,77
31,0	46	42	20	20,2	12,60	6,35	5,14	0,231	1,190	2,80
46,5	71	63	20	20,2	12,60	9,53	5,14	0,347	1,780	3,44
47,0	70	64	23	22,9	14,00	9,53	5,78	0,395	2,280	3,64
70,0	93	95	27	26,9	14,50	11,10	6,49	0,659	4,280	4,49

Tab. 2.33: Kenndaten von ausgewählten Eisenpulverkernen

d_a = Außendurchmesser
d_i = Innendurchmesser
h = Höhe
l = effektive magnetische Länge
A = effektive magnetische Querschnittsfläche
V = effektives magnetisches Volumen
l_w = Wickeldrahtlänge für 1 Windung

II Bauelemente

Drahttabelle

Draht AWG	Draht Ø (mm)	typ. Widerstand/Länge DCR/l_w (mΩ/cm)	Zulässiger Strom für Übertemperatur (A)		
			10 °C	25 °C	40 °C
28	0,3	2,4200	0,64	1,07	1,38
26	0,4	1,3790	0,90	1,52	1,97
24	0,5	0,8790	1,29	2,17	2,81
22	0,6	0,5750	1,83	3,09	4,00
20	0,8	0,3390	2,62	4,41	5,70
19	0,9	0,2640	3,12	5,26	6,81
18	1,0	0,2160	3,72	6,27	8,11
17	1,1	0,1660	4,45	7,50	9,70
16	1,3	0,1320	5,33	8,97	11,60
15	1,4	0,1040	6,35	10,70	13,80
14	1,6	0,0843	7,60	12,80	16,60
13	1,8	0,0664	9,03	15,20	19,70

Tab. 2.34: Drahttabelle zur Berechnung einer Speicherdrossel

Speicherdrossel Berechnung

Speicherdrossel Berechnung:

Im Folgenden wird gezeigt, wie eine Speicherdrossel für eine Schaltreglerapplikation berechnet werden kann:

Beispiel: Schaltregler (Abwärtsregler-Speicherdrossel)

Anforderungen:

Nenninduktivität L_N = 100 µH
Nennstrom (DC) I_R = 1 A
Spitzenstrom durch die Induktivität I_{max} = 1,5 A
Ripplestrom = 20 % von I_{max} = 0,3 A (siehe Applikationen)
Schaltfrequenz f = 52 kHz

Es empfiehlt sich die Wechselstrom-Flussdichte BAC bei Eisenpulverkernen auf maximal B_{AC} = 0,05 T zu begrenzen (Sicherstellung geringer Kernverluste). Außerdem sollte die Induktivität so gewählt werden, dass der Ripplestrom 20 %–30 % des Maximalstromes nicht übersteigt.

Kernvolumen

Schritt 1: Bestimmung des Kernmateriales und des notwendigen Kernvolumens (V). Da die Schaltfrequenz lediglich 52 kHz beträgt, wählen wir zunächst das Material 3W7538 mit μ_r = 75 (siehe Tabelle 2.32).

$$V = \frac{\Delta I^2 \cdot L \cdot \mu \cdot 0.4 \cdot \pi}{B_{AC}^2} = \frac{0.3^2 \cdot 100 \cdot 10^{-6} \cdot 75 \cdot 0.4 \cdot \pi}{0.05^2} \quad (2.12)$$

$$V = 0.339 \text{ cm}^3$$

Gewählter Kern: 3W7538, da Schaltfrequenz < 70 kHz; Kern Nr. 13
$d_a = 12.7$ mm; $d_i = 7.7$ mm; h = 4,83 mm
Magnetische Daten: l = 3,19 cm; A = 0,112 cm^2; V = 0,358 cm^3
A_L-Wert: 33 nH/N^2

Schritt 2: Gesuchte Windungszahl: L in nH

L in nH
A_L-Wert in nH/N^2

$$N = \sqrt{\frac{L}{A_L}} = \sqrt{\frac{10000}{33}} = 55 \quad (2.13)$$

Die endgültige Windungszahl muss aufgrund der stromabhängigen Permeabilität erhöht werden. Dazu bestimmt man über das Diagramm „Effektive Permeabilität unter Gleichstrom-Vormagnetisierung" den Korrekturfaktor für den AL-Wert (siehe Abbildung 2.79).

$$H_{DC} = \frac{N \cdot I_{DC}}{l} = \frac{55 \cdot 1 \text{ A}}{0{,}0319 \text{ m}} = 1724 \; \frac{A}{m} \quad (2.14)$$

Dem Diagramm aus Abbildung 2.79 entnimmt bei H = 1724 A/m
→ Wirksame Permeabilität unter Gleichstromvormagnetisierung = 80 % der Anfangspermeabilität.

Um sicherzustellen, dass bei einem Gleichstrom von 1 A die volle Nenninduktivität von 100 µH ansteht, berechnet sich damit die endgültige Windungszahl zu

$$N_{0{,}8} = \sqrt{\frac{L_0}{A_L \cdot 0{,}8}} = \sqrt{\frac{100000}{33 \cdot 0{,}8}} = 62 \quad (2.15)$$

Schritt 3: Bestimmung Gleichstromwiderstand:

Aus entsprechenden Drahttabellen lässt sich für den gesuchten Strom 1 A als Drahtdurchmesser z.B. AWG 22 festlegen (d = 0,6 mm). Die Eigenerwärmung des Drahtes bleibt dabei unter +10 °C.

Drahtdurchmesser

II Bauelemente

Der DC-Widerstand der Wicklung ergibt sich zu

$$DCR = l_\omega \cdot \frac{DCR}{l_\omega} \cdot N = 2{,}01 \text{ cm} \cdot 0{,}575 \frac{m\Omega}{cm} \cdot 62 = 71{,}65 \text{ m}\Omega \quad (2.16)$$

Schritt 4: Kontrolle auf max. Wechselfeldflussdichte:

$$B_{pk} = \frac{L \cdot \Delta I \cdot 10^4}{A \cdot N} = \frac{U_S \cdot t \cdot 10^4}{A \cdot N} = \frac{100 \text{ V} \cdot 10^{-6} \cdot 0{,}3 \text{ s} \cdot 10^4}{0{,}112 \text{ cm}^2 \cdot 62} = 43{,}2 \text{ mT}$$

(2.17)

mit:

Nenninduktivität	L in H
Ripplestrom	ΔI in A
Querschnittfläche Kern	A in cm²
Wicklungszahl	N
Spitzenspannung der Drossel	U_s in V (während „t")
Zeitdauer der Spitzenspannung	t in s

Schritt 5: Bestimmung der Spulenverluste

Die Spulenverluste im Kernmaterial lassen sich durch folgende Formel bestimmen:

$$P_C = \frac{f}{0{,}001 \cdot \frac{a}{B^3} + 0{,}005 \cdot \frac{b}{B^{2,3}} + 0{,}02238 \cdot \frac{c}{B^{1,65}}} + 100 \cdot d \cdot f^2 \cdot B^2 \quad (2.18)$$

mit:

Frequenz	f in Hz
Wechselfeldflussdichte	B in mT
Kernverluste	P in mW/cm³

Die Konstanten für die verschiedenen Materialien sind

Material	a	b	c	d
3W5540	8,0*10⁸	1,7*10⁸	9,0*10⁵	3,1*10⁻¹⁴
3W7538	1,0*10⁹	1,1*10⁸	1,9*10⁶	1,9*10⁻¹³
3W7544	1,0*10⁹	1,1*10⁸	2,1*10⁶	6,9*10⁻¹⁴

Tab. 2.35: Materialkonstanten

Für unser Beispiel ergibt sich daraus:

$$P_C = \frac{52000\text{ Hz}}{0{,}001 \cdot \frac{1 \cdot 10^9}{50^3} + 0{,}005 \cdot \frac{1{,}1 \cdot 10^8}{50^{2{,}3}} + 0{,}02238 \cdot \frac{1{,}9 \cdot 10^6}{50^{1{,}65}}} + 100 \cdot 1{,}9 \cdot 10^{-13} \cdot 52000^2\text{ Hz} \cdot 50^2 = 580 \frac{\text{mW}}{\text{cm}^3} \qquad (2.19)$$

Die Gesamtkernverluste des eingesetzten Kernes sind:

$$P_{C,\text{Total}} = P_C \cdot V = 580 \frac{\text{mW}}{\text{cm}^3} \cdot 0{,}358\text{ cm}^3 = 208\text{ mW} \qquad (2.20)$$

Die Verluste in der Wicklung betragen:

$$P_{Wdg} = I^2 \cdot RDC = 1{,}5\text{ A}^2 \cdot 0{,}07165\text{ }\Omega = 161\text{ mW} \qquad (2.21)$$

Die Gesamtverluste der Speicherdrossel ($P_{ctotal} + P_{Wdg}$) sind mit rund 370 mW gering und für die Applikation ist die berechnete Drossel gut einsetzbar.

3.4 WE-PD SMD-Speicherdrosseln

Die Speicherdrosseln der Serie WE-PD verwenden als Kernmaterial hochaussteuerbare und verlustarme NiZn-Ferritkerne. Sie eignen sich für Drosseln in Schaltreglerapplikationen bis zu ca. 10 MHz Taktfrequenz und bieten auf kleinstem Raum hohe Strombelastbarkeiten und geringe Gleichstromwiderstände.

Für die verschiedenen Einsatzzwecke ist eine Vielzahl von Bauformen verfügbar:

- magnetisch geschirmte Serie WE-PD und WE-PD3
- ungeschirmte Varianten Serie WE-PD2 und WE-PD4

Abb. 2.80: SMD-Speicherdrosseln der Serie WE-PD

II Bauelemente

Induktivität

Datenblatt-Kenndaten

Induktivität L:

Für die verschiedenen Baureihen gelten unterschiedliche Messbedingungen. Angegeben ist die Induktivität, gemessen bei einer bestimmten Messfrequenz und Messspannung (siehe Datenblatt).

Nennstrom

Nennstrom I_N:

Als Nennstrom der Induktivität ist der Gleichstrom angegeben, bei dem die Eigenerwärmung (ΔT) eine gewisse Grenze nicht überschreitet. Je nach Bauform und Größe sind hier Eigenerwärmungen von +15 °C bis zu +50 °C spezifiziert. Die Datenblätter geben dazu in der Regel detaillierte Auskunft. Dies ist jedoch nicht der Sättigungsstrom, dieser liegt über dem Nennstrom, kann aber je nach Bauform auch kleiner als der Nennstrom sein!

Gleichstromwiderstand

Gleichstromwiderstand R_{DC}:

Der Widerstandswert der Wicklung, der sich bei einer Umgebungstemperatur von +20 °C durch Messung mit einem Ohmmeter ergibt.

Der Messstrom zur Widerstandsmessung ist ein kleiner Gleichstrom, der zu keiner signifikanten Temperaturerhöhung im Draht führt. Da hier Werte im Milliohmbereich gemessen werden, muss eine 4-Drahtmessung erfolgen, um Messfehler gering zu halten.

Betriebstemperatur

Betriebstemperatur °C:

Die Umgebungstemperatur beim Betrieb der Speicherdrosseln der Serie WE-PD bei voller Nennstrombelastung darf standardmäßig von −40 °C bis zu +85 °C betragen. Bei höheren Umgebungstemperaturen muss die Eigenerwärmung des Bauteils beachtet werden, um die zulässige Lötstellentemperatur nicht zu überschreiten, bzw. die Isolation des Drahtes zu beschädigen. Der verwendete Draht bzw. dessen Isolierung weist eine Temperaturbeständigkeit bis zu +155 °C auf. Der Ferritkern selbst ist über einen viel größeren Temperaturbereich (ca. −50 °C bis +250 °C (Curietemperatur)) einsetzbar. Allerdings können hier aufgrund der temperaturabhängigen Permeabilität die Toleranzgrenzen der Induktivität überschritten werden.

Es gilt:

> **Betriebstemperatur = Umgebungstemperatur + Eigenwärmung <125 °C**

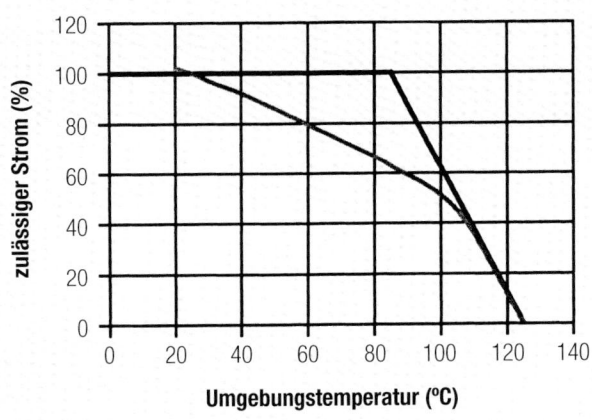

Abb. 2.81: Deratingkurve WE-PD

Die obere Kurve geht von dem Ansatz aus, dass die Eigenerwärmung bis zu einer maximalen Temperatursumme (Bauteil + Umgebungstemperatur) von +125 °C zulässig ist. Ab +85 °C Umgebungstemperatur muss eine Verringerung des Stromes erfolgen.

Die untere Kurve ist für kritische Anwendungen gedacht, in denen die Spule selbst nur eine geringe Eigenerwärmung erzeugen soll.

Isolationswiderstand:

Der Isolationswiderstand zwischen Wicklung und Spulenkern beträgt mehr als 100 MΩ bei einer Testspannung von 500 VDC.

Isolationswiderstand

Typische Kenndaten:

Bauform 7332 (WE-PD):

Artikel-Nr.	Induktivität (µH)	R_{DC} (Ω)	$R_{DC\,max.}$ (Ω)	Nennstrom (A)	Sättigungsstrom (A)
744 778 10	10	0,068	0,072	1,83	2,20
744 778 20	100	0,585	0,790	0,62	0,76

Bauform 1260 (WE-PD):

Artikel-Nr.	Induktivität (µH)	R_{DC} (Ω)	$R_{DC\,max.}$ (Ω)	Nennstrom (A)	Sättigungsstrom (A)
744 771 10	10	0,018	0,025	5,00	5,50
744 771 20	100	0,150	0,160	1,53	1,70

II Bauelemente

Bauform 1280 (WE-PD):

Artikel-Nr.	Induktivität (µH)	R_{DC} (Ω)	$R_{DC\,max.}$ (Ω)	Nennstrom (A)	Sättigungsstrom (A)
744 770 01	1,20	0,005	0,007	12,00	16,60
744 770 10	10	0,019	0,022	6,20	6,60

Bauform 4532 (WE-PD2):

Artikel-Nr.	Induktivität (µH)	R_{DC} (Ω)	$R_{DC\,max.}$ (Ω)	Nennstrom (A)	Sättigungsstrom (A)
744 773 0	1	0,014	0,049	4,00	5,72
744 773 10	10	0,118	0,182	1,45	1,74

Bauform 5848 (WE-PD2):

Artikel-Nr.	Induktivität (µH)	R_{DC} (Ω)	$R_{DC\,max.}$ (Ω)	Nennstrom (A)	Sättigungsstrom (A)
744 774 10	10	0,078	0,100	2,20	2,50

Bauform 7850 (WE-PD2):

Artikel-Nr.	Induktivität (µH)	R_{DC} (Ω)	$R_{DC\,max.}$ (Ω)	Nennstrom (A)	Sättigungsstrom (A)
744 775 10	10	0,044	0,070	2,30	2,95

Bauform 1054 (WE-PD2):

Artikel-Nr.	Induktivität (µH)	R_{DC} (Ω)	$R_{DC\,max.}$ (Ω)	Nennstrom (A)	Sättigungsstrom (A)
744 776 10	10	0,028	0,060	2,98	3,24

Tab. 2.36: Kenndaten einiger SMD-Speicherdrosseln der WE-PD-Serie

Sättigungsstrom I_{sat}:

Sättigungsstrom

Der Sättigungsstrom I_{sat} ist der Gleichstrom, bei dem die Leerlaufinduktivität um einen gewissen Prozentsatz gefallen ist. Der Prozentsatz des Induktivitätsabfalles ist allerdings nicht genormt und kann für jede Bauform anders festgelegt werden. In Datenblättern – und gerade beim Vergleich unterschiedlicher Hersteller – muss daher genauestens auf den Definitionspunkt geachtet werden. Noch besser ist ein Diagramm der Messkurve „Induktivität über DC-Vormagnetisierung". Hier kann der Anwender nachprüfen, wie sich die Induktivität z.B. im Überlastfall oder Einschaltaugenblick verhält. Ein Beispiel für eine normierte Kurve zeigt Abbildung 2.82.

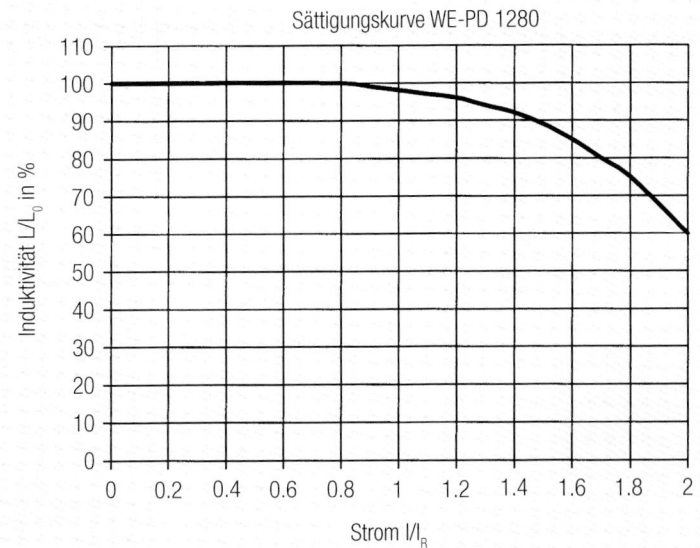

Abb. 2.82: Normierte Sättigungskurve WE-PD

Volt-µsec-Produkt:

Speicherdrosseln und Übertrager können aufgrund ihrer magnetisch wirksamen Fläche Aeff nur bis zu einem maximalen Wert – dem sogenannten Volt-µsec-Produkt – ausgesteuert werden.

Für den Abwärtsregler lässt sich folgende Rechenvorschrift zur Bestimmung des notwendigen Vµsec-Produktes der Speicherdrossel (E_t) finden:

$$E_t = \frac{(U_{in(max)} - U_{out}) \cdot U_{out}}{U_{in(max)} \cdot f} \qquad (2.22)$$

mit E_t = Vµsec-Produkt, $U_{in(max)}$ der maximalen Eingangsspannung in Volt, U_{out} der Ausgangsspannung des Reglers und f der Schaltfrequenz in Hz.

II Bauelemente

Mit zunehmender Schaltfrequenz wird das notwendige Vµsec Produkt der Speicherdrossel geringer; mit steigender Eingangsspannung jedoch größer. Diesen Zusammenhang verdeutlicht Abbildung 2.83 nochmals.

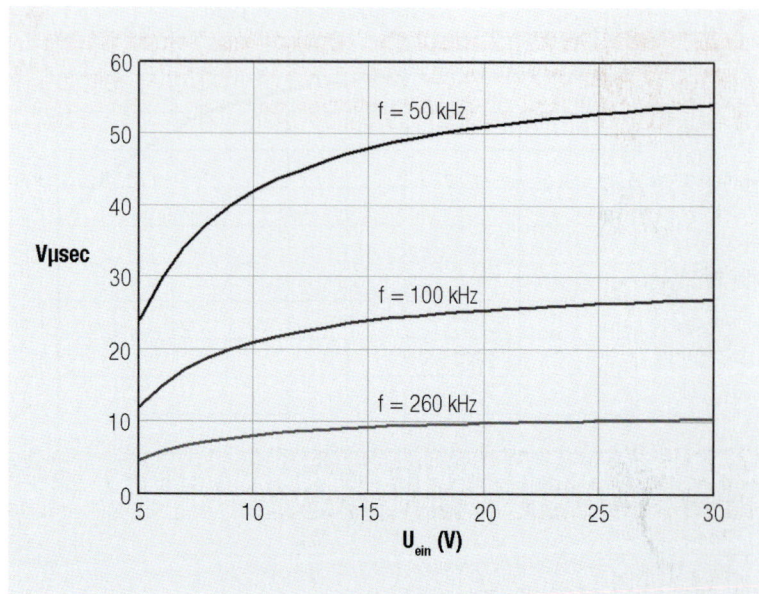

Abb. 2.83: Vµsec-Produkt bei variabler Eingangsspannung und verschiedenen Schaltfrequenzen beim Abwärtsregler

Praxistipp:

Für einige Werte der Baureihe WE-PD finden sich in der Tabelle 2.37 Angaben auch zum Vµsec-Produkt. Fehlt diese Angabe, kann sie aus der Messkurve „Induktivität über Gleichstromvormagnetisierung" ausgelesen werden. Hier sucht man nach dem Plateau der Induktivität und liest dort den zugehörigen Stromwert und Restinduktivitätswert und berechnet dann das Vµsec Produkt wie folgt:

$$E_t(Lx) = L_{res} \cdot I_{max} \quad (2.23)$$

Mit L_{res} in µH und I_{max} in A.

Bei Ferriten zeigt die Sättigungskurve einen sehr steilen Abfall ab einem bestimmten DC-Stromwert („harte Sättigung"). Aus diesem Grund empfiehlt sich das so berechnete Vµsec Produkt ($E_t(Lx)$) noch zu reduzieren und damit dann die Induktivitätsauswahl zu optimieren.

Ferrit-Speicherdrosseln (z.B . WE-PD/WE-TPC):

$$E_t(Lx) = 0{,}7 \cdot L_{res} \cdot I_{max} > E_{top} \qquad (2.24)$$

E_t (Lx) = Vµsec-Produkt der Speicherdrossel
E_{top} = von der Schaltung benötigtes µsec-Produkt

Speicherdrossel auf Eisenpulverbasis, Superflux, WE-PERM etc. haben einen stetigen Abfall der Induktivität über DC-Vormagnetisierung (weiche Sättigung).

Weiche Sättigung

Hier gilt:

$$V\mu sec\,(Lx) = L_{res} \cdot I_{max} > E_t \qquad (2.25)$$

Artikel-Nr.	Induktivität (µH)	I_{SAT} (A)	Vµsec
744 770 10	10	6,6	59
744 770 122	22	5	99
744 770 147	47	3	127
744 770 20	100	2,4	216
744 770 222	220	1,49	295
744 770 30	1000	0,7	630
744 771 10	10	5,6	50
744 771 122	22	3,77	75
744 771 147	47	2,6	110
744 771 20	100	1,7	153
744 771 220	220	1,2	238
744 771 30	1000	0,5	450
744 777 10	10	2,6	23
744 777 122	22	1,7	34
744 777 147	47	1,1	47
744 777 20	100	0,75	68
744 777 222	220	0,54	107
744 777 30	1000	0,25	225

II Bauelemente

Artikel-Nr.	Induktivität (µH)	I_{SAT} (A)	Vµsec
744 778 10	10	2,2	20
744 778 122	22	1,4	28
744 778 147	47	1	42
744 778 20	100	0,76	68
744 778 222	220	0,42	83
744 778 30	1000	0,18	162

Tab. 2.37: I_{SAT}-Messdaten und Vµsec-Daten der Serie WE-PD

Kernmaterialparameter WE-PD:

Steinmetz-Formel

Die Kernmaterialparameter der WE-PD Baureihe werden durch folgende Verlustleistungsformel beschrieben.

$$P_{core} = 1{,}264 \cdot 10^{-10} \cdot f^{1{,}274} \cdot B^{1{,}769} \qquad (2.26)$$

Die entsprechende Kurve zeigt Abbildung 2.84

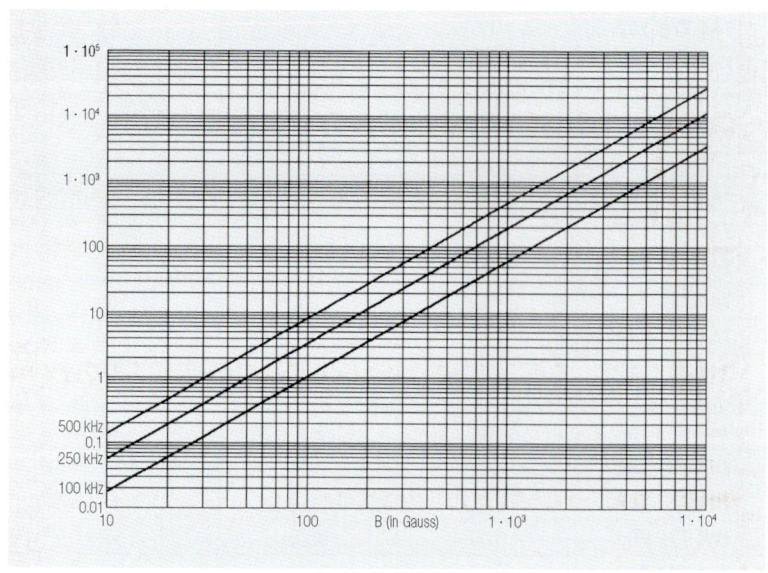

Abb. 2.84: WE-PD Kernmaterial-Verluste (NiZn-Powerferrit, 1 Gauss = 10^{-4} T)

Praxistipp:

In REDEXPERT basieren die gesamten Wechselstromverluste auf Messdaten unter Verwendung eines hart schaltenden DC-DC-Wandlers mit realen Schaltern und dreieckigen Stromwellenformen. Die Bauelemente werden über einen Frequenzbereich von 10 kHz bis 10 MHz und mit Tastverhältnissen von 0,1 bis 0,9 geprüft. Aus diesen Zahlen lassen sich die bekannten Steinmetz-Äquivalenzparameter berechnen, allerdings nur in engen Bereichen. Die nachfolgend gezeigten Parameter gelten für einen Bereich von 100 bis 500 kHz, bei einem Tastverhältnis von 0,5. Insbesondere bei höheren Frequenzen, bei denen die Wechselstromverluste der Wicklung dominieren, sollten Sie REDEXPERT verwenden, denn hier finden Sie Angaben zu Gleichstromverlust, Wechselstromkernverlust und Wechselstromverlust der Wicklung. Dabei ist in der folgenden Auflistung ΔI die Restwelligkeit (Spitzenstrom) in Ampere, in Abhängigkeit der Induktivität.

WE-PD 1210
$$P_{CORE} = 151446 \cdot f^{0,687} \cdot \left(1{,}311 \cdot 10^{-4} \cdot \Delta I\right)^{2,053} \ [W] \tag{2.27}$$

WE-PD 1280
$$P_{CORE} = 131881 \cdot f^{0,724} \cdot \left(1{,}647 \cdot 10^{-4} \cdot \Delta I\right)^{2,115} \ [W] \tag{2.28}$$

WE-PD 1260
$$P_{CORE} = 21143 \cdot f^{0,820} \cdot \left(2{,}415 \cdot 10^{-4} \cdot \Delta I\right)^{2,054} \ [W] \tag{2.29}$$

WE-PD 1245
$$P_{CORE} = 11522 \cdot f^{0,933} \cdot \left(2{,}218 \cdot 10^{-4} \cdot \Delta I\right)^{2,017} \ [W] \tag{2.30}$$

WE-PD 1050
$$P_{CORE} = 380 \cdot f^{1,088} \cdot \left(5{,}807 \cdot 10^{-4} \cdot \Delta I\right)^{2,057} \ [W] \tag{2.31}$$

WE-PD 1030
$$P_{CORE} = 90 \cdot f^{1,433} \cdot \left(6{,}192 \cdot 10^{-4} \cdot \Delta I\right)^{2,103} \ [W] \tag{2.32}$$

WE-PD 7345
$$P_{CORE} = 896 \cdot f^{1,133} \cdot \left(5{,}245 \cdot 10^{-4} \cdot \Delta I\right)^{2,038} \ [W] \tag{2.33}$$

WE-PD 7332
$$P_{CORE} = 550 \cdot f^{1,142} \cdot \left(6{,}086 \cdot 10^{-4} \cdot \Delta I\right)^{2,029} \ [W] \tag{2.34}$$

With ΔI = ripple current (peak-peak) in amperes due to the Induktivität.

II Bauelemente

Verlustleistung und Temperaturerhöhung am Bauteil

Verlustleistung

Nachdem nun die Verlustleistung in Näherung bestimmt werden kann, stellt sich noch die Frage nach dem Temperaturanstieg des Bauteils im Betrieb.

Für den Anstieg der Temperatur am Bauteil unter Gleichstrombelastung lassen sich Messkurven generieren. Hier ist zu hinterfragen:

- Wie wurde das Bauteil gemessen?
  – montiert auf einer Platine mit viel Kupfer (= Kühlkörper!)
  oder
  – nur das Bauteil über entsprechend dünne und nicht gut wärmeleitende Verbindungen
- nach welcher Zeit wurde die Temperatur am Bauteil ausgelesen (thermische Zeitkonstante!)

In der Designphase können folgende Näherungsformeln gute Dienste leisten; sie entbinden jedoch nicht von der Messung unter realen Betriebsbedingungen.

Bestimmung der Gesamtverlustleistung der Speicherdrossel:

Kupferverluste

a) Kupferverluste:

$$P_{cu} = \left[I_{DC}^2 + \left(\frac{\Delta I}{12}\right)^2\right] \cdot R_{DC} \qquad (2.35)$$

Kernmaterialverluste

b) Kernmaterialverluste aus Praxisformeln

Daraus ergibt sich die Gesamtverlustleistung (ohne weitere Verluste wie Skineffekt etc…) zu:

$$P_{tot} = \left[I_{DC} + \left(\frac{\Delta I}{12}\right)^2\right] \cdot R_{DC_{typ}} + P_{core} \qquad (2.36)$$

REDEXPERT

Das Online-Tool **REDEXPERT** von Würth Elektronik verfügt über ein hochpräzises Wechselstromverlustmodell, das auf Messdaten von rechteckigen Impulsen mit variabler Frequenz und variablem Tastverhältnis basiert. Es kann einfach und schnell Verluste und Temperaturerhöhungen mehrerer Induktivitäten vergleichen. Dies ist genauer als Kernverlustberechnungen und Gleichstromkupferverluste, da auch Wicklungs- und Wechselstromkernverluste einbezogen werden.

www.we-online.com/redexpert

Praxistipp:

Temperaturerhöhung am Bauteil (große Oberfläche)

$$\Delta T \approx 20194 \cdot \left(\frac{P_{tot}}{A}\right)^{0,826} \qquad (2.37)$$

it Ptot in (W) und der Fläche A in (mm²)

Praxistipp:

Für die Speicherdrosseln der Serie WE-PD und WE-DD lassen sich folgende Näherungsformeln zur Temperaturerhöhung angeben:

WE-PD Bauform 6033, WE-DD „XS":

$$\Delta T \approx \left(\frac{P_{tot}}{2{,}257 \text{ mm}^2}\right)^{0,826} \text{ mit } P_{tot} \text{ in mW und } \Delta T \text{ in } °C \qquad (2.38)$$

WE-PD Bauform 6050:

$$\Delta T \approx \left(\frac{P_{tot}}{3{,}104 \text{ mm}^2}\right)^{0,826} \text{ mit } P_{tot} \text{ in mW und } \Delta T \text{ in } °C \qquad (2.39)$$

WE-PD Bauform 7332, WE-DD „S":

$$\Delta T \approx \left(\frac{P_{tot}}{2{,}875 \text{ mm}^2}\right)^{0,826} \text{ mit } P_{tot} \text{ in mW und } \Delta T \text{ in } °C \qquad (2.40)$$

WE-PD Bauform 7345, WE-DD „M":

$$\Delta T \approx \left(\frac{P_{tot}}{3{,}218 \text{ mm}^2}\right)^{0,826} \text{ mit } P_{tot} \text{ in mW und } \Delta T \text{ in } °C \qquad (2.41)$$

WE-PD Bauform 1260, WE-DD „L":

$$\Delta T \approx \left(\frac{P_{tot}}{6{,}321 \text{ mm}^2}\right)^{0,826} \text{ mit } P_{tot} \text{ in mW und } \Delta T \text{ in } °C \qquad (2.42)$$

Temperaturerhöhung

II Bauelemente

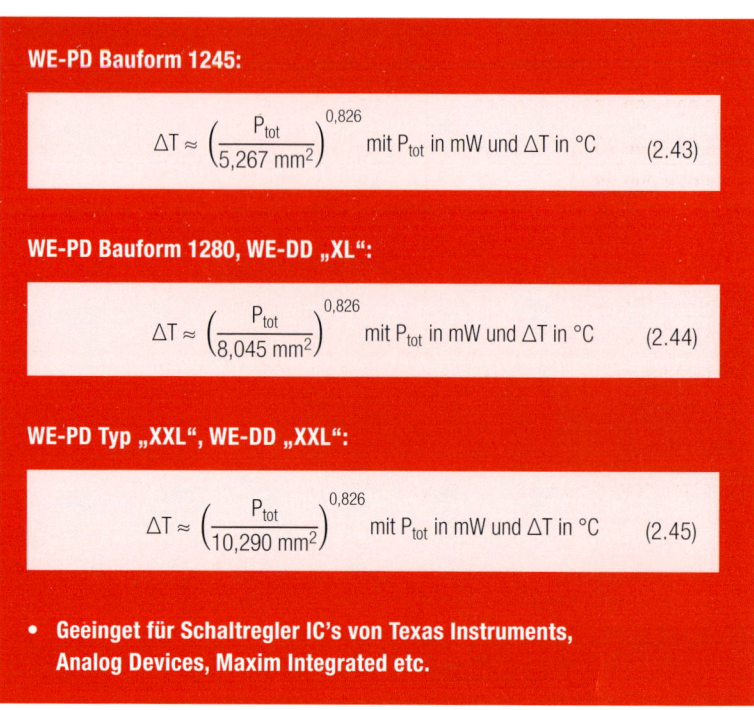

WE-PD Bauform 1245:

$$\Delta T \approx \left(\frac{P_{tot}}{5{,}267\ mm^2}\right)^{0{,}826} \text{mit } P_{tot} \text{ in mW und } \Delta T \text{ in } °C \quad (2.43)$$

WE-PD Bauform 1280, WE-DD „XL":

$$\Delta T \approx \left(\frac{P_{tot}}{8{,}045\ mm^2}\right)^{0{,}826} \text{mit } P_{tot} \text{ in mW und } \Delta T \text{ in } °C \quad (2.44)$$

WE-PD Typ „XXL", WE-DD „XXL":

$$\Delta T \approx \left(\frac{P_{tot}}{10{,}290\ mm^2}\right)^{0{,}826} \text{mit } P_{tot} \text{ in mW und } \Delta T \text{ in } °C \quad (2.45)$$

- Geeinget für Schaltregler IC's von Texas Instruments, Analog Devices, Maxim Integrated etc.

3.5 WE-TPC, WE-HCI, WE-HCC Power Inductors

WE-TPC SMD-Speicherdrossel-Serie

Abb. 2.85: SMD-Speicherdrossel-Serie WE-TPC

Die Speicherdrossel-Serie WE-TPC, „Tiny Power Choke", eignet sich besonders für Anwendungen (Applikationen), bei denen es auf die Packungsdichte sowie die Bauhöhe ankommt. Die neue WE-TPC 2811 [744 028 xxx] ist die kleinste drahtgewickelte Induktivität der Serie, mit den Abmaßen von 2,8 x 2,8 x 1,1 mm.

Artikel-Nr.	L_1 (µH)	I_{R1} (A)	I_{SAT1} (A)	$R_{DC1\,typ}$ (mΩ)	$R_{DC1\,max}$ (mΩ)
744 028 000 056	0,056	4,5	6	11,5	15
744 028 000 15	0,15	3	3,6	18	25
744 028 000 33	0,33	2,8	2,4	27	35
744 028 000 47	0,47	2,5	2	36	42
744 028 000 82	0,82	2	1,6	53	65
744 028 001	1	1,75	1,5	65	85
744 028 002	2,2	1,3	1	125	155
744 028 003	3,3	1	0,85	185	220
744 028 004	4,7	0,85	0,7	265	310
744 028 006	6,8	0,75	0,55	325	400

Tab. 2.38: SMD-Speicherdrossel-Serie WE-TPC

Diese Drosseln werden hauptsächlich für Schaltregler verwendet, die mehrere Ausgänge in einem IC integriert haben, z.B. LTC3544B (Abb. 2.85). Dieser IC verfügt über 4 Ausgänge, an denen verschiedene Spannungen, Ausgangsströme und Schaltfrequenzen einstellbar sind.

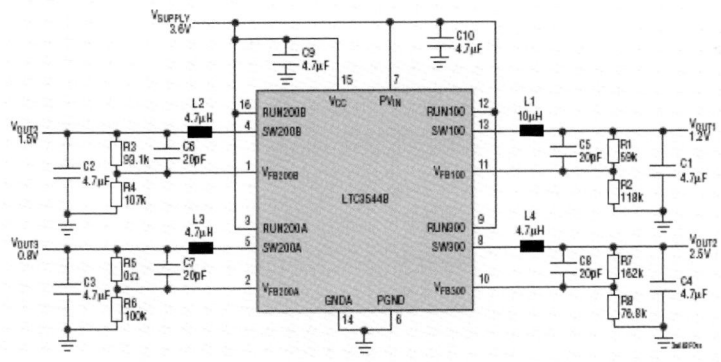

Abb. 2.86: Schaltplan des DC-DC Controllers LTC3544B

Das verwendete Kernmaterial der WE-TPC Serie ist NiZn und somit für Schaltfrequenzen bis zu 10 MHz geeignet. Der Sättigungsstrom wurde, bezogen auf die Leerlaufinduktivität, auf −35 % Induktivitätsabfall definiert, was typisch für Induktivitäten in dieser kleinen Bauform ist.

Die WE-TPC Serie ist magnetisch geschirmt und somit speziell für Schaltregler in mobilen Anwendungen geeignet.

II Bauelemente

WE-HCI

WE-HCI SMD-Hochstrominduktivität

Abb. 2.87: SMD High current inductor WE-HCI

Notebooks und Mainboards der modernen Computer sind mit Prozessoren bestückt, deren Taktfrequenzen 1 GHz und mehr betragen. Um die Verluste in den integrierten Schaltungen in einem verträglichen Maß zu halten und die geforderten Schaltgeschwindigkeiten zu erreichen, setzen die Prozessorhersteller auf niedrige Versorgungsspannungen.

Diese liegen je nach Prozessorgeneration zwischen 1 Volt und 3,3 Volt. Wegen der niedrigen Betriebsspannung benötigen die Bausteine damit große Ströme. Stromaufnahmen von bis zu 60 A pro Prozessor sind keine Seltenheit und für konventionelle Längsregler im Netzteil nicht zu bewältigen. Ein intelligentes Konzept für das Powermanagement ist gefragt und wird durch Mehrphasenschaltregler erfüllt. Diese Art von geschalteten Spannungswandlern benötigt zum Betrieb kleine Induktivitäten, die gleichzeitig hohe Ströme bei hohen Schaltfrequenzen (bis zu 3 MHz) liefern können. Mehr zu dieser Schaltungstechnik ist in den Applikationen zu finden.

SMD-Hochstrominduktivität WE-HCI

MPP-Kerne

CoolMµ® Kerne

Eine geeignete Induktivität für diese Anwendungen ist die Baureihe der SMD-Hochstrominduktivitäten WE-HCI. Die verwendeten Kernmaterialien WE-PERM, WE-PERM2 und WE-Superflux basieren auf einer speziellen hochreinen Legierung verschiedener Eisenpulverarten. Diese Eisenpulverarten weisen deutlich geringere Kernverluste auf, als herkömmliche Eisenpulverkerne. Die Kernverluste sind annähernd so gering wie bei MPP-Kernen, das WE-Superflux-Material kann jedoch bis zu Frequenzen von über 1 MHz betrieben werden. Gleichzeitig sind die Kosten dieser Kerne niedriger als die von MPP und CoolMµ®-Kernen.

Kernverluste WE-HCI

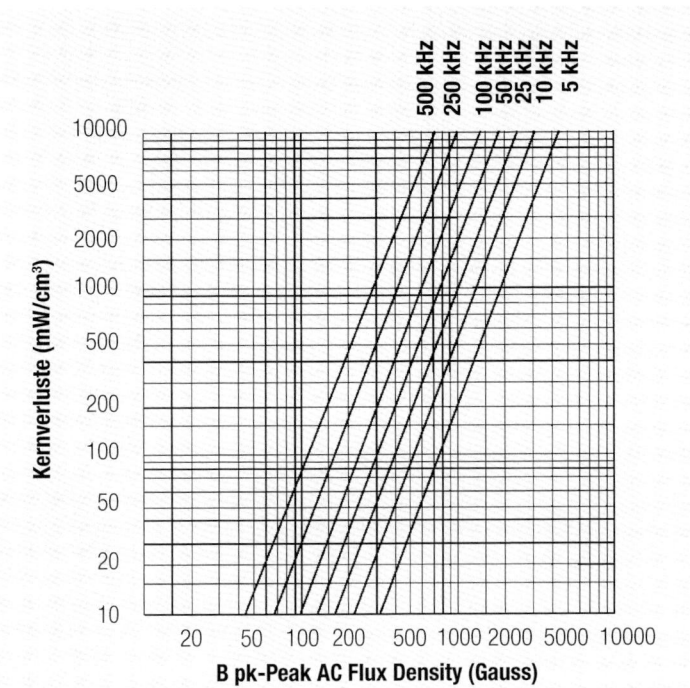

Abb. 2.88: Kernverlustleistung Superflux-Material WE-HCI „Thermisches Altern (Thermal Aging)"

„Thermisches Altern (Thermal Aging)"

Thermal Aging

Thermische Alterung kann insbesondere bei sehr hohen Betriebstemperaturen beim Standard Eisenpulvermaterial zur Zerstörung der verwendeten organischen Binder führen. In der Folge kann ein thermischer Lawineneffekt eintreten und das Kernmaterial schließlich defekt sein. Für Standardeisenpulvermaterialien und solche, die aufgrund ihres Produktionsprozesses nicht thermisch vorbehandelt werden können, gilt als Faustregel, dass die maximale Temperatur, gemessen am Bauteil, +125 °C nicht dauerhaft überschritten werden soll.

Superflux-200

Beim hier verwendeten und mittlerweile auch für Ringkerne verfügbaren Material Superflux-200 gibt es kein thermisches Altern. Abb. 2.87 zeigt die Kernverluste in Abhängigkeit der magnetischen Flussdichte für verschiedene Schaltfrequenzen.

Das Kernmaterial ist dank eines speziell hierfür entwickelten Polymer-Binders für Temperaturen bis +200 °C geeignet. Für spezielle Anwendungen kann die maximale Betriebstemperatur sogar bis zu +320 °C gesteigert werden, in Abb. 2.88 sind die Kernverluste über einen weiten Temperaturbereich dargestellt

II Bauelemente

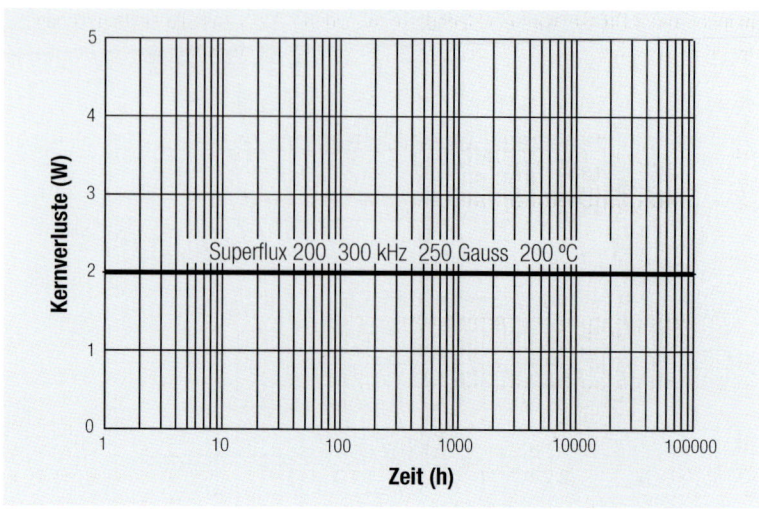

Abb. 2.89: Kernmaterialverluste über Betriebsstunden (keine thermische Alterung feststellbar)

Kernmaterial WE-HCI

Die neue Hochstrominduktivität-Serie von Würth Elektronik, WE-HCI, mit dem Kernmaterial WE-PERM wurde nochmals bezüglich Kernverlust gegenüber der WE-HCI mit dem Kernmaterial WE-Superflux optimiert. Das Kernmaterial WE-PERM ist für Schaltfrequenzen größer 1 MHz einsetzbar. Auch bei dieser Serie wurde nicht auf die Verwendung von Flachdraht verzichtet, was einen großen Vorteil gegenüber herkömmlichen Runddraht-Konstruktionen bezüglich Wechselstromwiderstandsverlust aufweist. Die Kernverlustleistung des Materials ist in Abb. 2.89 gezeigt.

WE-PERM

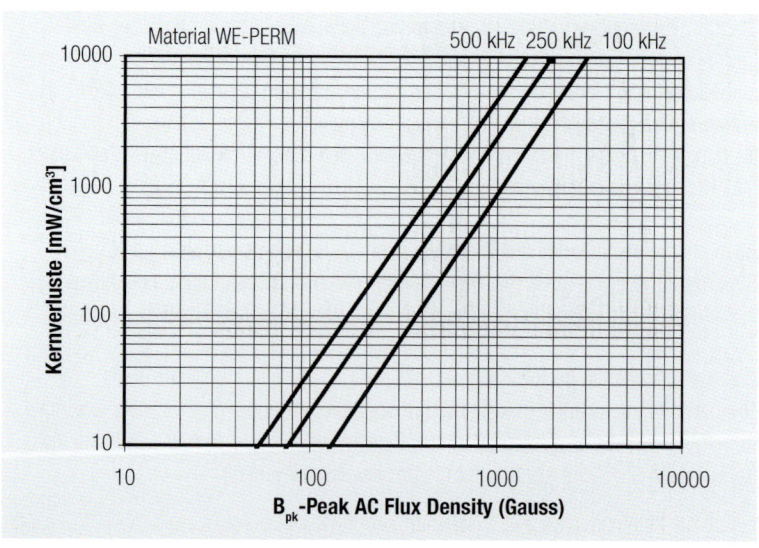

Abb. 2.90: Kernverlustleistung des Materials WE-PERM der WE-HCI

Flachdraht

Im Inneren der Drossel wird ein Flachdraht (Abbildung 2.91) anstelle eines üblichen Runddrahtes verwendet. Die Flachdrahtwicklung bietet folgende Vorteile:

Abb. 2.91: Flachdrahtwicklung der Induktivität WE-HCI

- große Drahtoberfläche – dadurch geringe Hochfrequenzverluste (Skineffekt)
- kleine Wicklungskapazität – somit höhere Eigenresonanzfrequenz
- kleiner Gleichstromwiderstand – dadurch geringe Eigenerwärmung bei hohen Dauerströmen
- hohe Packungsdichte und somit kleinere Baugröße als vergleichbare Drosseln mit Runddraht (Abbildung 2.92).
- hohe Betriebstemperatur bis max. +150 °C

 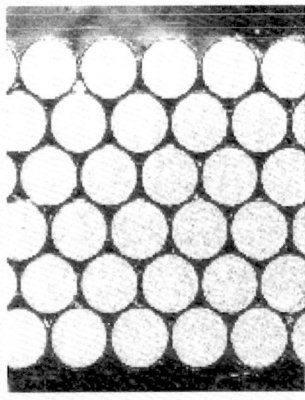

Abb. 2.92: Vergleich der Packungsdichte bei gleicher Induktivität zwischen Flachdraht- und Runddrahtwicklung

Durch die Kombination der verlustarmen Kernmaterialien wie WE-Superflux, WE-PERM WE-PERM2 und der Flachdrahtwicklung im Inneren der Spule, entsteht eine Serie von SMD-Hochstrominduktivitäten mit folgenden Kenndaten:

II Bauelemente

Artikel-Nr.	Bau-form	Größe	L_0 (µH)	L_N (µH)	D_{CR} ±10 % (mΩ)	I_R @ 50K (A)	I_{sat} −30 % (A)	V_e [cm³]	A_e [cm²]	L_e [cm]	Wicklungen (N)	Kernmaterial
744 310 115	7030	7 x 7 x 3	1,15	1,00	9,00	8,50	13,00	0,12	0,11	1,10	5,50	WE-Superflux
744 310 200	7030	7 x 7 x 3	2,00	1,55	14,00	6,50	9,00	0,12	0,11	1,10	6,50	WE-Superflux
744 311 220	7040	7 x 7 x 4	2,20	1,75	11,50	9,00	13,00	0,12	0,11	1,14	8,50	WE-Superflux
744 311 330	7040	7 x 7 x 4	3,30	2,75	18,00	6,50	11,00	0,12	0,11	1,14	10,50	WE-Superflux
744 314 850	7050	7 x 7 x 5	8,50	6,80	32,50	4,00	5,20	0,16	0,11	1,42	15,50	WE-Superflux
744 314 101	7050	7 x 7 x 5	10,00	7,50	41,60	3,50	4,00	0,16	0,11	1,42	16,50	WE-Superflux
744 323 150	1030	10 x 10 x 3	1,50	1,28	6,60	12,00	18,00	0,27	0,19	1,46	4,50	WE-Superflux
744 323 220	1030	10 x 10 x 3	2,20	1,90	11,38	9,00	10,50	0,27	0,19	1,46	5,50	WE-Superflux
744 355 210 0	1040	10 x 10 x 4	1,00	0,78	3,25	16,00	20,00	0,33	0,19	1,71	4,50	WE-PERM
744 355 215 0	1040	10 x 10 x 4	1,50	1,10	5,10	14,00	17,00	0,33	0,19	1,71	5,50	WE-PERM
744 325 420	1050	10 x 10 x 5	4,20	3,30	6,80	11,00	14,00	0,31	0,18	1,73	8,50	WE-Superflux
744 325 550	1050	10 x 10 x 5	5,50	4,00	11,20	10,00	12,00	0,31	0,18	1,73	9,50	WE-Superflux
744 313 025	1335	13 x 13 x 3,5	0,25	0,22	0,72	24,00	60,00	0,44	0,25	1,74	1,50	WE-Superflux
744 313 068	1335	13 x 13 x 3,5	0,68	0,47	1,80	22,00	40,00	0,44	0,25	1,74	2,50	WE-Superflux
744 355 032 0	1350	13 x 14 x 5	3,20	2,20	5,50	16,00	15,00	0,60	0,32	1,89	6,50	WE-PERM
744 355 048 0	1350	13 x 14 x 5	4,80	3,55	10,50	11,00	13,00	0,60	0,32	1,89	7,50	WE-PERM
744 355 147	1365	13 x 14 x 6,5	0,47	0,41	0,67	30,00	50,00	0,71	0,35	2,04	2,50	WE-PERM
744 355 182	1365	13 x 14 x 6,5	0,82	0,64	0,90	27,00	35,00	0,71	0,35	2,04	3,50	WE-PERM
744 355 668 0	1890	18 x 18 x 9	6,80	5,60	4,10	18,50	27,00	1,06	0,43	2,47	10,50	WE-PERM2
744 355 611 00	1890	18 x 18 x 9	10,00	8,20	6,90	15,00	21,00	1,06	0,43	2,47	13,50	WE-PERM2

Tab. 2.39: Kenndaten der SMD-Hochstrominduktivitäten WE-HCI

Zurzeit erhältliche Bauteilgrößen in der WE-HCI Produktfamilie sind:

Size		L_N (µH)	I_R (A)	I_{sat} (A)	DCR (mΩ)
7030	7,0 x 6,9 x 3,0	0,11 ~ 1,55	6,5 ~ 22,0	9,0 ~ 48,0	0,91 ~ 14,2
7040	7,0 x 6,9 x 3,8	0,18 ~ 3,50	6,0 ~ 21,0	7,0 ~ 32,0	1,10 ~ 19,5
7050	7,0 x 6,9 x 4,8	0,19 ~ 7,50	3,5 ~ 20,0	4,0 ~ 28,0	1,00 ~ 33,0
1030	10,6 x 10,6 x 2,8	0,18 ~ 1,90	9,0 ~ 22,0	15,0 ~ 50,0	0,82 ~ 11,4
1040	10,5 x 10,2 x 4,0	0,13 ~ 3,00	8,0 ~ 25,0	8,0 ~ 60,0	0,58 ~ 14,1
1050	10,5 x 10,2 x 4,7	0,14 ~ 4,10	10,0 ~ 25,0	12,0 ~ 58,0	0,51 ~ 10,3
1335	12,9 x 12,8 x 3,5	0,22 ~ 2,45	12,0 ~ 24,0	14,0 ~ 60,0	0,75 ~ 8,10
1350	13,0 x 12,8 x 4,7	0,17 ~ 7,80	8,5 ~ 29,0	10,0 ~ 60,0	0,5 ~ 14,1
1365	13,2 x 12,8 x 6,2	0,17 ~ 16,0	6,0 ~ 32,0	6,5 ~ 65,0	0,35 ~ 24,7
1890	18,3 x 18,2 x 8,9	0,72 ~ 40,0	6,8 ~ 41,5	7,0 ~ 65,0	0,54 ~ 33,5

Tab. 2.40: Bauformgrößen der WE-HCI Produktfamilie

Die im Datenblatt spezifizierten Werte sind:

- Leerlaufinduktivität L_0, getestet bei 100 kHz mit 0,25 VAC
- Nenninduktivität L_N bei Nennstrom IR und einer Eigenerwärmung von < +50 °C

- Min. Induktivität bei max. Strom I_{MAX} und einer Eigenerwärmung < +100 °C
- Gleichstromwiderstand R_{DCMAX} der Wicklung bei Tu = +25 °C

In Tabelle 2.39 findet sich das typische Verhalten dieser WE-HCI Hochstrom-Induktivitäten, gezeigt am Beispiel der 0,82 µH-Drossel 744 355 182 in der Baugröße 13,2 x 12,8 x 6,2 mm.

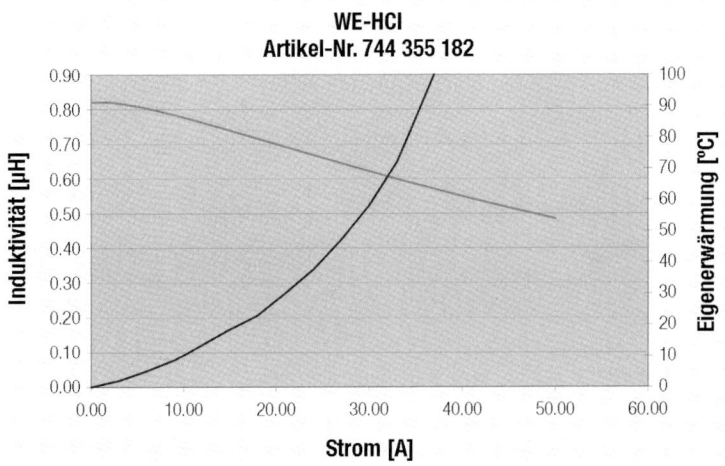

Abb. 2.93: Induktivitätsverlauf (grau) und Eigenerwärmung (schwarz) über dem Strom der Drossel 744 355 182

Beim spezifizierten Nennstrom von 27 A hat das Bauteil eine Induktivität von 0,65 µH und zeigt eine typische Eigenerwärmung von +50 °C. Die Induktivität ist sehr stabil unter Strombelastung, der limitierende Faktor ist die Eigenerwärmung des Bauteiles. Selbst bei einer Bestromung von 50 A fällt die Induktivität gegenüber der Leerlaufinduktivität um nicht mehr als 30 %, jedoch steigt dann die Eigenerwärmung auf weit über +100 °C.

Fazit:

Mit der WE-HCI-Serie liegt eine hoch aussteuerbare und robuste Serie an Speicherdrosseln vor, die besonders für den Einsatz in Hochstromschaltreglern und Multiphase- bzw. Polyphase-Konvertern geeignet ist. Weitere Einsatzgebiete sind die Verwendung als Hochstrom-Funkentstördrossel und als Ersatz von Stabkerndrosseln.

WE-HCC SMD-Hochstrominduktivität

Die Baureihe WE-HCC ist mit zwei unterschiedlichen Kernmaterialien erhältlich: Eisenpulver und Ferrit. Diese Serie ist speziell für Stromversorgungen optimiert worden, die mit hohen Frequenzen (bis zu 5 MHz) und hohen Rippelströmen arbeiten.

Aufgrund des Ferritmaterials sind die Kernverluste gegenüber dem im Hochstromdesign hauptsächlich verwendetem Eisenpulvermaterialen bedeutend geringer. Hinge-

II Bauelemente

gen eignet sich wegen des exzellenten Sättigungsverhaltens über der Temperatur die Eisenpulverversion hervorragend in Filterschaltungen und Netzteilen.

Mit einer maximalen Betriebstemperatur von +125 °C kann die WE-HCC mit einem Gleichstrom von bis zu 27 A ohne zusätzliche Kühlung betrieben werden.

WE-HCC

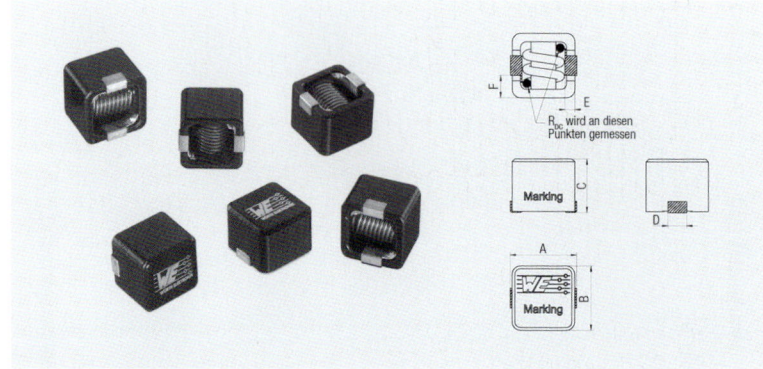

Abb. 2.94: Hochstrominduktivität WE-HCC

Artikel-Nr.	A (mm)	B (mm)	C (mm)	D (mm)	E (mm)	F (mm)	L_0 ±20 % (µH)	L_N typ. (µH)	R_{DC} ±10 % (mΩ)	I_R (A)	I_{sat} (A)	Bau-form
744 334 003 0	8,4	7,9	7,2	2,3	1,50	2,75	0,30	0,30	1,40	20,5	36,0	8070
744 334 033 0	8,4	7,9	7,2	2,3	1,50	2,75	3,30	0,40	6,50	14,0	8,5	8070
744 333 002 2	10,9	10,0	9,3	3,0	1,60	3,50	0,22	0,22	0,60	21,5	60,0	1090
744 333 100 0	10,9	10,0	9,3	3,0	1,60	3,50	10,0	5,50	20,7	9,0	8,0	1090
744 332 002 2	12,1	11,4	9,5	3,5	2,00	3,50	0,22	0,22	0,53	27,0	60	1210
744 332 100 0	12,1	11,4	9,5	3,5	2,00	3,50	10,0	7,50	14,40	9,0	10	1210
744 331 002 2	12,1	11,4	9,5	3,5	2,15	3,90	0,22	0,21	0,51	27	85	1210
744 331 047 0	12,1	11,4	9,5	3,5	2,15	3,90	4,7	4,50	8,9	11,5	33	1210

Tab. 2.41: Eigenschaften der Hochstrominduktivität WE-HCC

Aufgrund des Designs und der verwendeten Materialien erreichen die Induktivitäten der WE-HCC-Serie einen Sättigungsstrom von bis zu 60 A, was für die meisten DC-DC Stromversorgungen mehr als ausreichend ist.

Speziell für Multiphase-Schaltregler ist ein niedriger und eng tolerierter RDC für die „Current-Sense" Anwendung von großer Bedeutung.

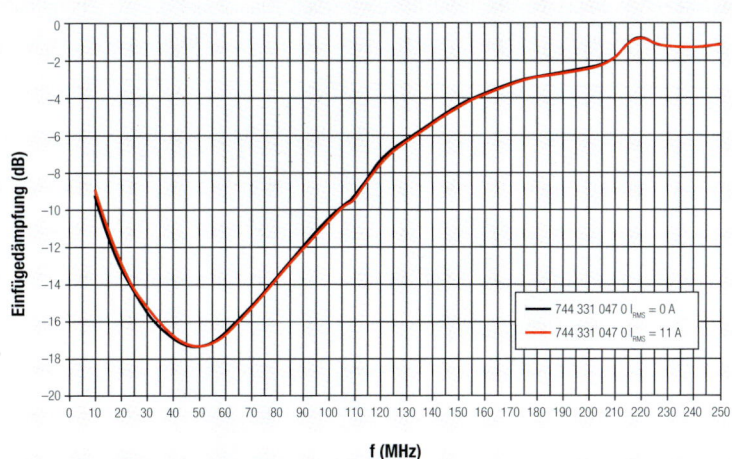

Abb. 2.95: Einfügedämpfung der (WE-HCC 744 331 047 0, Eisenpulver) mit und ohne DC-Bestromung

Wegen dem exzellenten stabilen Sättigungsverhalten über der Temperatur ist die Eisenpulverversion speziell für Hochstromfilteranwendungen, wie z.B. für Motorsteuerungen, Frequenzumwandler (Converters und Inverters) oder Class-D Verstärker geeignet.

Wie man in Diagramm in Abb. 2.94 sehen kann, weist die WE-HCC mit Eisenpulverkern auch unter DC-Bestromung ein stabiles Frequenzverhalten ohne Performanceverluste auf. Die schwarze Kurve beschreibt die Dämpfung über die Frequenz ohne Gleichstrom; die rote Kurve zeigt die Dämpfung mit 11 A Gleichstromlast. Besonders im Frequenzbereich zwischen 5 MHz–100 MHz besitzt die dargestellte 4,7 µH-Drossel auch mit DC-Strom eine hohe Dämpfung.

II Bauelemente

WE-HCF

3.6 WE-HCF SMD-Hochstrominduktivität

Abb. 2.96: SMD-Hochstrominduktivitäten WE-HCF mit Rund-, Litzen- und Flachdrahtwicklungen

Artikel-Nr.	L_1 (µH)	L_R (µH)	I_{R1} (A)	I_{SAT1} (A)	R_{DC1} (mΩ)
7443630070	0,7	0,7	32	75	0,83
7443630140	1,4	1,39	31,5	60	1,08
7443630220	2,2	2,19	28	52	1,5
7443630310	3,1	3,07	26	45	2,09
7443630420	4,2	4,14	24	38	3,04
7443630550	5,5	5,4	22	33	4
7443630700	7 6,	83	21	30	5,61
7443630860	8,6	8,46	17	25	7,19
7443631000	10	9,8	16	23	7,96
7443631500	15	14,7	14	21	8,7
7443632200	22	21,1	12,5	15	10,65
7443633300	33	19,4	12	11	11,4
7443634700	47	12,45	12	8,5	12,2

L_1: Induktivität; L_R: Rated Induktivität; I_{R1}: Nennstrom; I_{SAT1}: Sättigungsstrom; R_{DC1}: Gleichstromwiderstand

Tab. 2.42: Kenndaten einiger SMD-Hochstrominduktivitäten WE-HCF

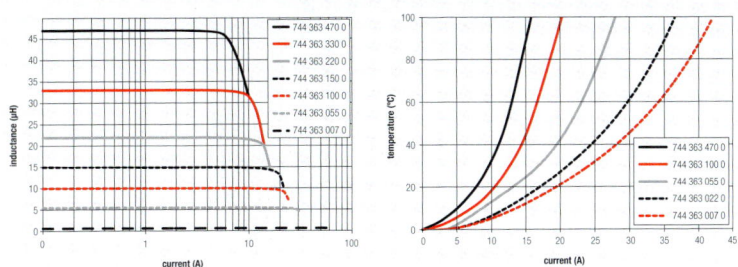

Abb. 2.97: Typische Kenndaten von WE-HCF-Hochstrominduktivitäten

Die WE-HCF besitzt neben sehr geringen Kernverlusten (verwendetes Kernmaterial: MnZn) über einen sehr weiten Bereich ein stabiles Sättigungsverhalten. Zur Optimierung der Gleichstrom- und Wechselstromverluste ist die Induktivität mit Flach-, Rund- oder Litzendraht erhältlich. Darüber hinaus sind die Kernverluste im Vergleich zum Eisenpulvermaterial deutlich geringer. Die WE-HCF eignet sich perfekt für hohe Schaltfrequenzen bis 5 MHz. Dabei kann die WE-HCF auch ohne externe Kühlung mit bis zu 32 A betrieben werden, ohne die max. Betriebstemperatur von +125 °C zu überschreiten.

Die WE-HCF eignet sich besonders für Filter in Klasse-D-Verstärkern, da durch die oben genannten Eigenschaften der Induktivität die daraus resultierende Klangqualität positiv beeinflusst wird.

3.7 WE-PD HV, WE-PD2 HV, WE-TI HV – Hochspannungsinduktivitäten

	WE-PD HV	**WE-PD2 HV**	**WE-TI HV**
Größe:	7,3 x 4,5 mm	7,8 x 5 mm	8,0 x 9,5 mm
	10 x 6 mm	10 x 5,4 mm	
	12 x 10 mm		
L:	0,22 ~ 3,3 mH	0,56 ~ 2,2 mH	0,22 ~ 2,2 mH
I_R:	0,26 ~ 1,3 A	0,15 ~ 0,41 A	0,32 ~ 0,9 A
I_{SAT}:	0,25 ~ 2,0 A	0,2 ~ 0,38 A	0,32 ~ 1,3 A
R_{DC}:	0,3 ~ 5,5 Ω	1,7 ~ 6,0 Ω	0,5 ~ 3,9 Ω

Tab. 2.43: Darstellung und Kenndaten verschiedener Induktivitäten WE-PD HV, WE-PD2 HV, WE-TI HV, WE-TI HV

Würth Elektronik bietet drei Familien mit insgesamt sechs Speicherdrosselbaureihen in geschirmter und ungeschirmter Oberflächenmontagetechnik sowie in ungeschirmter Durchstecktechnik an, die speziell für den sicheren Betrieb bei Differenzspannungen, d.h. Spannung an der Induktivität bis 400 V_{DC}, entwickelt wurden.

II Bauelemente

Im Gegensatz zu den als Filter verwendeten Induktivitäten können diese energiespeichernden Induktivitäten in Offline-Buck- oder Buck-Boost-Reglerschaltungen eingesetzt werden, wo sie Differenzspannungen standhalten, die die Größe der Eingangsspitzenspannung erreichen oder diese sogar übertreffen. Effektive Eingangswechselspannungen von 85V bis 265 V_{AC} erreichen nach der Gleichrichtung einen Wert von 400 V_{DC}. Für einen sicheren Betrieb und zur Erfüllung der Sicherheitsvorschirften, erfordert dies einen Mindestabstand von 1,6 mm zwischen den Klemmen der Induktivitäten sowie eine besondere Berücksichtigung der Drahtüberkreuzungen.

Die folgenden Induktivitätsfamilien können nach Würth Elektronik-Standard 1516 bei bis zu 400 V_{DC} betrieben werden: WE-PD HV, WE-PD2 HV und WE-TI HV. Die elektrischen und sicherheitstechnischen Eigenschaften bleiben auch nach drei Reflowprozessen erhalten, Würth Elektronik ist weltweit der erste Hersteller, der eine derartige Garantie bietet.

3.8 WE-PFC PFC-Drossel

WE-PFC

Abb. 2.98: Die vielen verschiedenen Bauformen der WE-PFC-Induktivitäten

WE-PFC-Induktivitäten sind in vielen Varianten bis 250 W erhältlich. Sie wurden für den Betrieb in einem Temperaturbereich von −40 °C bis +125 °C wahlweise für universelle oder europäische Eingangsspannungen entwickelt. Die große Bauformauswahl umfasst EER28, EE20/10/6, RM10, RM12, RM14, EFD25, EFD30 und PQ38/11. So dürfte für die meisten Anwendungen eine geeignete Variante zu finden sein.

Artikel-Nr.	L_1 (µH)	n	$I_{SAT\,1}$ (A)	$R_{DC1\,max}$ (mΩ)	$R_{DC2\,max}$ (mΩ)
760804110	250	44:5	5,6	150	200
760802112	375	12:1	5,4	360	180
760801020	500	12:1	4	360	180
760801030	650	10,71:1	3,9	480	260
760801130	750	90:8	3,9	720	320

L_1: Induktivität; n: Übersetzungsverhältnis; $I_{SAT\,1}$: Sättigungsstrom; $R_{DC1\,max}$: Gleichstromwiderstand 1; $R_{DC2\,max}$: Gleichstromwiderstand 2

Tab. 2.44: Typische Parameter der WE-PFC-Induktivitäten der Baureihe RM10

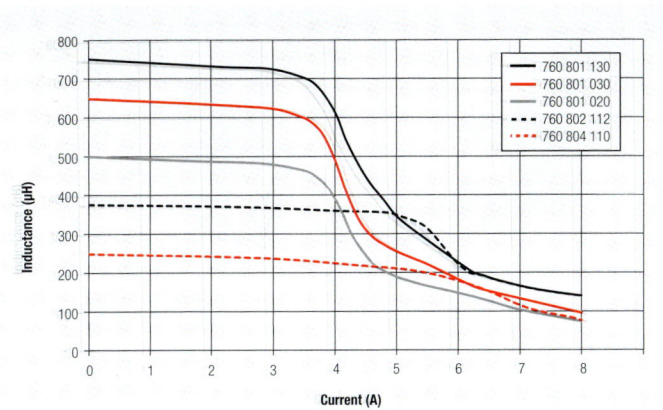

Abb. 2.99: Typische Leistungsdaten (Induktivität über dem Strom) der WE-PFC-Induktivitäten der Baureihe RM-10

Eingangsspannung: 85–265 VAC					
Leistung (W)	Artikel-Nr.	Größe	L (µH)	I_R (A)	I_{sat} (A)
25	**760 800 080**	EE20/10/6	1800	0,3	1,0
75	**760 801 130**	RM10	750	0,9	3,9
75	**760 801 131**	EFD30	750	0,9	3,3
100	**760 802 122**	RM12	450	1,2	5,6
125	**760 803 200**	EER28	150	1,5	12,0
150	**760 804 310**	RM12	300	2,4	7,4
150	**760 806 302**	PQ38/11	300	3,0	5,1
200	**760 805 410**	RM14	225	2,4	12,4
250	**760 806 400**	RM14	180	3,0	13,2

Eingangsspannung: 195–265 VAC					
Leistung (W)	Artikel-Nr.	Größe	L (µH)	I_R (A)	I_{sat} (A)
75	**760 801 030**	RM10	650	0,4	3,9
75	**760 801 031**	EFD25	650	0,4	2,6
75–100	**760 801 020**	RM10	500	0,6	4,0
75–100	**760 801 021**	EFD30	500	0,6	4,2
100–150	**760 802 112**	RM10	375	0,8	5,4
100–150	**760 802 113**	EFD30	375	0,8	4,0
150–200	**760 804 110**	RM10	250	1,1	5,6
150–200	**760 804 111**	EFD30	250	1,1	4,8
200–250	**760 805 210**	RM12	200	1,4	8,4
200–250	**760 805 211**	EFD30	200	1,4	6,0
250	**760 806 200**	RM12	150	1,4	11,0
250	**760 806 201**	EFD30	150	1,4	6,8

Tab. 2.45: Übersicht zur Auswahl der geeigneten Drossel aus dem Spektrum

II Bauelemente

WE-EHPI

3.9 WE-EHPI Energy-Harvesting-Doppeldrossel

Abb. 2.100: Energy-Harvesting-Doppeldrossel WE-EHPI

Die WE-EHPI-Baureihe gekoppelter Induktivitäten ist speziell für den Einsatz mit „Energy Harvesting" – ICs wie dem LT3108 in Anwendungen konzipiert worden, in denen Fernsensoren mit Energien aus der eigenen Umgebung versorgt werden. Geringer Platzbedarf, geringer DCR, verschiedene Übersetzungsverhältnisse und geschweißte Kontakte sind die Kennzeichen dieser zuverlässigen und optimierten Induktivitäten.

Artikel-Nr.	L_1 (µH)	Tol. L	L_2 (µH)	n	I_{R1} (A)	I_{SAT1} (A)	$R_{DC1\ typ}$ (Ω)	$R_{DC2\ typ}$ (Ω)
74488540070	7	±20 %	70000	1 : 100	1,9	1,3	0,085	205
74488540120	13		33000	1 : 50	1,7	1	0,09	135
74488540250	25		10000	1 : 20	1,5	0,7	0,2	42

L_1: Induktivität 1; Tol. L: Induktivität (Tol.); L_2: Induktivität 2; n: Übersetzungsverhältnis; I_{R1}: Nennstrom; I_{SAT1}: Sättigungsstrom; $R_{DC1\ typ}$: Gleichstromwiderstand 1; $R_{DC2\ typ}$: Gleichstromwiderstand 2

Tab. 2.46: Typische Kenndaten der WE-EPHI-Induktivitäten

ICs neueste Technologien arbeiten häufig im Milliwattbereich. Durch den Einsatz dieser neuen Technologien lassen sich die zugehörigen Stromversorgungen gezielt so entwickeln, dass die Akkus fortlaufend geladen oder sogar ausgetauscht werden können. So kann Energie aus der Temperaturdifferenz der Umgebung mithilfe eines Peltierelements und eines Boost-Wandlers auf Basis des LTC3108 gewonnen werden (siehe nachfolgende Darstellung).

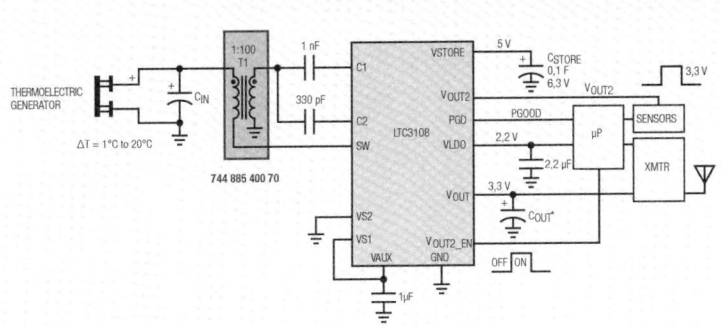

Abb. 2.101: Typische Anwendungsschaltung

3.10 WE-DD Doppeldrossel

In Erweiterung des Standardspektrums der Speicherdrossel Baureihe WE-PD, sind die mit zwei getrennt ausgeführten Wicklungen erhältlichen Doppeldrosseln der Serie WE-DD verfügbar.

WE-DD

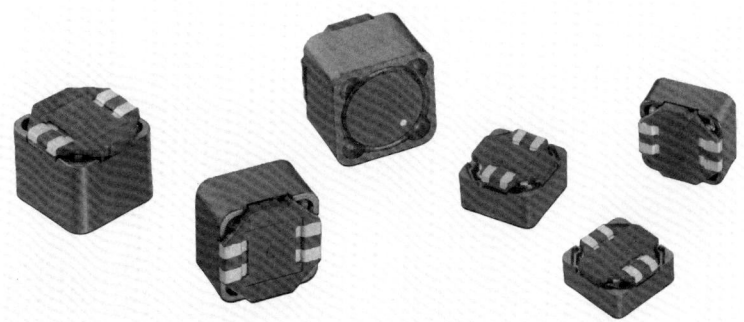

Abb. 2.102: WE-DD-Doppeldrosseln in verschiedenen Größen

Größe S, M   Größe L, XL
                              (744 874 xxx/744 873 xxx)

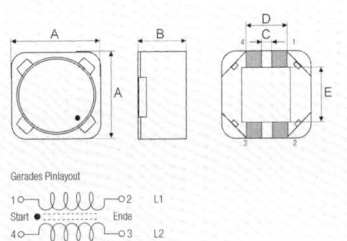

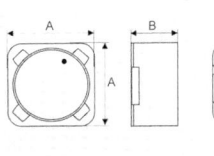

II Bauelemente

Größe L, XL
(744 871 xxx/744 870 xxx)

Größe XXL

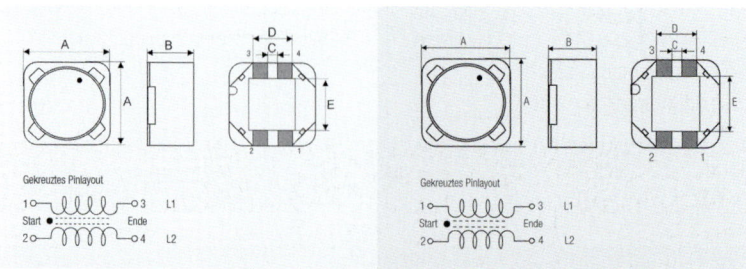

Größe	A (mm)	B (mm)	C (mm)	D (mm)	E (mm)
S	7,3	4	1,0	2,7	4,0
M	7,3	4,8	1,0	2,7	4,0
L	12,5	6,5	1,5	4,9	7,3
XL	12,5	8,5	1,5	4,9	7,3
XXL	12,5	10,5	1,5	4,9	7,3

Tab. 2.47: Abmessungen von WE-DD-Drosseln

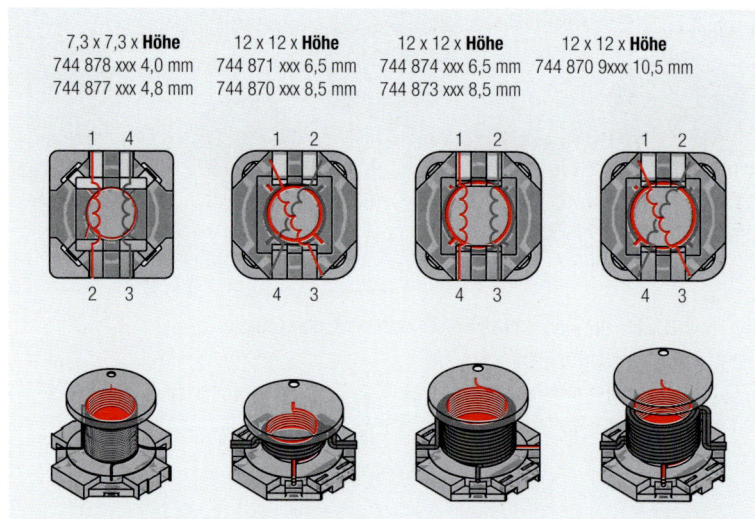

Abb. 2.103: Pinlayout der Doppeldrosseln WE-DD

Merkmale:

- Zwei getrennte Wicklungen auf gemeinsamen Ferritkern
- Erhältlich in 1:1 Wicklung (Standard) aber auch in anderen Wicklungsverhältnissen (kundenspezifisch)

- Bifilare Wicklung für kleinste Streuinduktivitäten/hoher Koppelfaktor (k ~ 0,985 ... 0,990) oder getrennte Lagenwicklung mit erhöhter Streuinduktivität
  - 744 874 xxx/744 873 xxx: Geringe Streuinduktivität, bifilare Wicklung
  - 744 871 xxx/744 870 xxx: Höhere Streuinduktivität, getrennte Lagenwicklung
- Betriebsspannung bis 80 V_{DC}
- Isolationsspannung 100 $V_{DC\,max}$

Größe	7x7		12x12 low leakage		12x12 high leakage		
Artikel-Nr.	744 878	744 877	744 874	744 873	744 871	744 870	744 870 9
Size	S	M	L	XL	L	XL	XXL
Pin Layout	straight	straight	straight	straight	crossed	crossed	crossed
Coilcraft (MSD Serie)	–	(MSD7342)	–	–	MSD1260	MSD1278	–
Pin Layout	–	crossed	–	–	crossed	crossed	–
Coiltronics (DRQ Serie)	(DRQ73)	(DRQ74)	–	–	DRQ125	DRQ127	–
Pin Layout	crossed	crossed	–	–	crossed	crossed	–

Tab. 2.48: Übersicht der verschiedenen Drosseltypen der Baureihe WE-DD

Anwendungen:

- SEPIC Schaltregler (Funktionsprinzip siehe Kapitel III/7.4)
- CUK Schaltregler (Schaltregler mit negativer Ausgangsspannung)
- Schaltregler mit zweiter, ungeregelter Ausgangsspannung (Hilfsspannung)

Betriebstemperatur:

Die Umgebungstemperatur der Doppeldrosseln WE-DD darf bei voller Nennstrombelastung standardmäßig von –40 °C bis zu +85 °C betragen. Bei höheren Umgebungstemperaturen muss die Eigenerwärmung des Bauteils beachtet werden, um die zulässige Betriebstemperatur im inneren des Bauelementes nicht zu überschreiten, bzw. die Isolation des Drahtes nicht zu beschädigen.

Der Draht weist eine Temperaturbeständigkeit bis zu +150 °C auf. Der Ferritkern selbst ist über einen Temperaturbereich von ca. –50 °C bis +125 °C (also weit unterhalb der Curietemperatur) einsetzbar. Allerdings können hier aufgrund der temperaturabhängigen Permeabilität die Toleranzgrenzen der Induktivität überschritten werden.

II Bauelemente

Datenblattangaben:

Elektrische Eigenschaften (744 870 220)

Eigenschaften	Testbedingungen		Wert	Einheit	tol.
Induktivität (je Wicklung)	1 kHz/0,25 V	L_1, L_2	22,0	µH	±20 %
DC-Widerstand (je Wicklung)		$RDC_{1,2\,typ}$	0,062	Ω	typ.
DC-Widerstand (je Wicklung)		$RDC_{1,2\,typ}$	0,080	Ω	max.
Nennstrom (je Wicklung)	$\Delta T = 40\ K$	I_{N1}, I_{N2}	2,45	A	max.
Sättigungsstrom (je Wicklung)	$\Delta L/Lo = -10\ \%$	I_{sat}	5,20	A	typ.
Eigenresonanz-Frequenz		SRF	10,0	MHz	typ.
Nennspannung		U_{DC}	80,0	V	max.

Tab. 2.49: Elektrische Eigenschaften der Doppeldrossel WE-DD

Nennstrom

Nennstrom:

Im Gegensatz zu anderen am Markt verfügbaren Doppeldrosseln, mit zum Teil nicht praxisgerechten Datenblattangaben, verwendet Würth Elektronik eine sehr konservative Methode zur Bestimmung des Nennstromes:

→ Die Eigenerwärmung bei beiden voll bestromten Wicklungen darf in Summe nicht höher als +40 °C sein.

Es wird also für jede Wicklung getrennt der Nennstrom bestimmt, der bei Stromdurchfluss zu einer Temperaturerhöhung von +20 °C führt und als IR1 bzw. IR2 angegeben wird. Stehen also beide Nennströme an beiden Wicklungen zeitgleich an, dann führt dies in Summe zu der Eigenerwärmung von +40 °C.

DC-Widerstand

DC-Widerstand:

Angegeben sind die Wicklungswiderstände der beiden Einzelwicklungen, erfasst in Einzelmessungen. Achtung! Bitte vergleichen Sie sorgfältig die Datenblattangaben – vielfach finden sich zur Nennstrom/DC-Widerstandsbestimmung in anderen Literaturstellen die Parallelschaltung der beiden Wicklungen, was höhere Nennströme und niedrigere DC-Widerstände suggeriert. In der Praxis ist das natürlich nicht der Anwendungsfall für diese Drosselbaureihe, da die Wicklungen individuell und nicht parallel betrieben werden!

Sättigungsstrom:

Bei Doppeldrosseln mit gleicher Induktivität genügt es, wenn nur eine der Wicklungen den Sättigungsstrom trägt. Durch den Sättigungsstrom in der ersten Wicklung sinkt die Induktivität der zweiten Wicklung unweigerlich. Bei gleicher Induktivität ist es für beide Wicklungen ein identischer Wert; bei ungleichen Induktivitätswerten gibt man den Sättigungsstrom für jede Wicklung getrennt an.

Für alle weiteren Berechnungen, wie Kernverluste, Abschätzung der Eigenerwärmung usw. können Sie auf die Formeln und Informationen im Abschnitt zur WE-PD zurückgreifen

Sättigungsstrom

3.11 WE-DPC SMD-Doppeldrossel

WE-DPC

Abb. 2.104: SMD-Doppeldrossel WE-DPC

Artikel-Nr.	L_1 (µH)	Tol. L_1	I_{R1} (A)	I_{SAT1} (A)	$R_{DC1\,typ}$ (mΩ)	$R_{DC1\,max}$ (mΩ)
7448841010	1	±30 %	2,9	5	32	45
7448841015	1,5	±30 %	2,7	3,7	48	68
7448841022	2,2	±30 %	2,5	3,2	50	72
7448841033	3,3	±30 %	1,9	2,6	84	120
7448841047	4,7	±30 %	1,6	1,9	102	145
7448841068	6,8	±30 %	1,4	1,7	168	240
7448841082	8,2	±30 %	1,3	1,6	180	265
7448841100	10	±20 %	1,2	1,5	210	300
7448841150	15	±20 %	0,9	1,4	325	465

L_1: Induktivität 1; Tol. L_1: Induktivität 1 (Tol.); I_{R1}: Nennstrom 1; I_{SAT1}: Sättigungsstrom; $R_{DC1\,typ}$: Gleichstromwiderstand 1; $R_{DC1\,max}$: Gleichstromwiderstand 1

Tab. 2.50: Kenndaten verschiedener Doppeldrosseln WE-DPC

II Bauelemente

Die SMD-Doppeldrosseln der WE-DPC-Baureihe sind Kleinstinduktivitäten mit zwei identischen Wicklungen in einem magnetisch geschirmten Gehäuse. Sie eignen sich optimal für Sperrwandler, SEPIC oder als zweiter Ausgang bei Buck-Wandlern. Ferner können sie in Reihen- oder Parallelschaltung in Buck- oder Boost-Anwendungen eingesetzt werden.

WE-MCRI

3.12 WE-MCRI umpresste gekoppelte SMD-Induktivität

Abb. 2.105: Umpresste gekoppelte SMD-Induktivität WE-MCRI

Artikel-Nr.	L_1 (µH)	n	I_{R1} (A)	I_{SAT1} (A)	$R_{DC1\ typ}$ (mΩ)	$f_{res\ 1}$ (MHz)
7448990010	1			43,5	4,5	35
7448990015	1,5		12,5	34	8,8	29
7448990022	2,2			29,5	10,5	20
7448990033	3,3		7,5	28,2	23,5	19
7448990047	4,7			24,2	36	17,5
7448990068	6,8	1:1	5	21,2	46	13
7448990082	8,2			18,5	56	9,5
7448990100	10		4,5	17	62	9
7448990150	15			9,5	78	8,5
7448990220	22		3,4	8,1	95	6,5
7448990330	33			6,8	130	5,5
7448990470	47		2,3	6	216	4,5

L_1: Induktivität 1; n: Übersetzungsverhältnis; I_{R1}: Nennstrom 1; I_{SAT1}: Sättigungsstrom 1; $R_{DC1\ typ}$: Gleichstromwiderstand 1; $f_{res\ 1}$: Eigenresonanzfrequenz

Tab. 2.51: Bild und Kenndaten verschiedener gekoppelter WE-MCRI-Induktivitäten

Die WE-MCRI-Induktivitäten bestehen aus einer Drossel mit umpressten Verbundkernmaterial, das einen hohen Sättigungsstrom mit kompakter Bauweise verbindet. Der automatisierte Wickelprozess erlaubt eine extrem genaue Drahtpositionierung und damit maximale Konsistenz. Im Ergebnis erhalten wir eine geringere Streuinduktivität und höhere Nennströme als bei vergleichbaren Bauelementen. Magnetisch geschirmt und mit einem Übersetzungsverhältnis von 1:1, können diese Induktivitäten in einem Bereich zwischen –40 °C bis +125 °C betrieben werden.

3.13 WE-MTCI gekoppelte SMD-Multi-Turn-Ratio-Induktivität

WE-MTCI

Abb. 2.106: Gekoppelte SMD-Multi-Turn-Ratio-Induktivität

Artikel-Nr.	L_1 (µH)	L_2 (µH)	n	I_{R1} (A)	I_{SAT1} (A)	$R_{DC1\ typ}$ (mΩ)
744889015100	10	22,5	1:1,5	0,95	1,5	349
744889020100	10	40	1:2	0,95	1,5	358
744889030100	10	90	1:3	0,95	1,5	363
744889015220	22	49,5	1:1,5	0,6	1	662
744889020220	22	88	1:2	0,6	1	712
744889030220	22	198	1:3	0,6	1	732
744889015330	33	74,25	1:1,5	0,45	0,75	1338
744889020330	33	132	1:2	0,45	0,75	1383
744889030330	33	297	1:3	0,45	0,75	1466

L_1: Induktivität 1; L_2: Induktivität 2; n: Übersetzungsverhältnis; I_{R1}: Nennstrom ; I_{SAT1}: Sättigungsstrom; $R_{DC1\ typ}$: Gleichstromwiderstand 1

Tab. 2.52: Typische Kenndaten verschiedener gekoppelter WE-MCTI-Induktivitäten

Die WE-MCTI ist die kleinste gekoppelte Induktivität, die mit mehreren Übersetzungsverhältnissen erhältlich ist. Es handelt sich hierbei um eine ideale Lösung für Buck- oder Boost-Wandler, die einen zweiten ungeregelten Ausgang bei einer anderen Span-

II Bauelemente

nung benötigen. Die Induktivität kann aber auch in einer Autoübertrager-Konfiguration oder sogar für Sperrwandler verwendet werden.

3.14 WE-DPC HV, WE-CPIB HV, WE-TDC HV gekoppelte SMD-Induktivitäten

WE-DPC
WE-CPIB
WE-TDC

Abb. 2.107: Gekoppelte SMD-Induktivitäten WE-DPC HV, WE-CPIB HV, WE-TDC HV

Artikel-Nr.	L_1 (µH)	L_2 (µH)	n	I_{R1} (A)	I_{R2} (A)	I_{SAT1} (A)	I_{SAT2} (A)	$R_{DC1\,typ}$ (mΩ)
7448845047	4,7	4,7		1,45	1,45	2,2	2,2	105
7448845100	10	10		1,2	1,2	1,55	1,55	200
7448845220	22	22	1:1	0,8	0,8	1	1	430
7448845330	33	33		0,65	0,65	0,9	0,9	660
7448845470	47	47		0,55	0,55	0,73	0,73	800

L_1: Induktivität 1; L_2: Induktivität 2; n: Übersetzungsverhältnis; I_{R1}: Nennstrom 1; I_{R2}: Nennstrom 2; I_{SAT1}: Sättigungsstrom 1; I_{SAT2}: Sättigungsstrom 2; $R_{DC1\,typ}$: Gleichstromwiderstand 1

Tab. 2.53: Bild und Kenndaten verschiedener gekoppelter Induktivitäten WE-CPIB HV

Diese Baureihe mit Hochspannungsinduktivitäten (HV) wurde speziell entwickelt, um eine Isolierung von bis zu 2 kVAC und eine Funktionsisolierung für eine Betriebsspannung von 250 V_{eff} zu bieten. Alle Varianten sind zwecks EMV-Optimierung magnetisch geschirmt.

Sie eignen sich für eine Vielzahl von Anwendungen von nicht isolierten Buck-, Boost- und SEPIC-Anwendungen bis hin zu isoliertem Sperrwandler oder sogar als isolierter zweiter Ausgang.

4 Power Magnetics: Übertrager

4.1 WE-FLEX und WE-FLEX+ Übertrager

Die Übertrager der Reihe WE-FLEX und WE-FLEX+ (Abbildung 2.108) eignen sich besonders für DC-DC-Wandler im unteren Leistungsbereich. Durch ihren Wicklungsaufbau, bestehend aus sechs Einzelwicklungen mit identischer Windungszahl, sowie die verschiedenen erhältlichen Luftspaltlängen sind die Flex-Übertrager sehr variabel einsetzbar. Tabelle 2.54 zeigt die verschiedenen Größen, Tabelle 2.55 die wichtigsten elektrischen Parameter.

WE-FLEX

Abb. 2.108: Übertrager WE-FLEX für getaktete Stromversorgungen

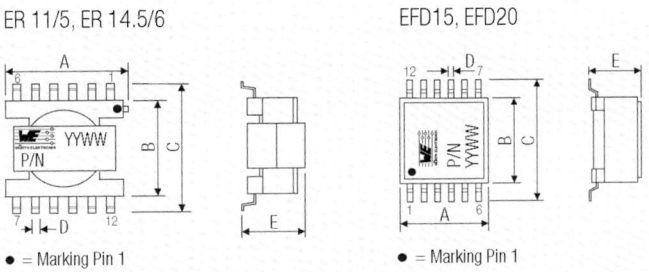

● = Marking Pin 1

Bauform	A (mm)	B (mm)	C (mm)	D (mm)	E (mm)
ER11/5	12,9	9,2	13,0	0,7	6,2
ER14.5/6	16,3	12,0	16,8	0,7	7,4
EFD15	17,5	16,0	22,1	0,7	8,3
EFD20	21,0	21,0	29,5	0,7	10,8

Tab. 2.54: Mechanische Abmessungen der Flex-Übertrager der Reihe WE-FLEX

II Bauelemente

ER 11/5
Bauteil ohne Luftspalt besonders geeignet für Eintakt- und Gegentaktdurchflusswandler

Artikel-Nr.	L_{base} (µH)	$I_{R\,base}$ (A)	Volt-µsec$_{base}$ (µVs)	R_{DCbase} (mΩ)	$L_{S\,base}$ (µH)
749 196 101	198,6	0,55	32,9	344	0,21

Bauteile mit Luftspalt für Speicheranwendungen wie Sperrwandler und Speicherdrosseln

Artikel-Nr.	L_{base} (µH)	$I_{R\,base}$ (A)	$I_{satbase}$ (A)	R_{DCbase} (mΩ)	$L_{S\,base}$ (µH)
749 196 111	27,4	0,55	0,22	344	0,21
749 196 121	14,7	0,55	0,54	344	0,21
749 196 131	10,9	0,55	0,73	344	0,21
749 196 141	8,5	0,55	0,96	344	0,21

ER 14.5/6
Bauteil ohne Luftspalt besonders geeignet für Eintakt- und Gegentaktdurchflusswandler

Artikel-Nr.	L_{base} (µH)	$I_{R\,base}$ (A)	Volt-µsec$_{base}$ (µVs)	R_{DCbase} (mΩ)	$L_{S\,base}$ (µH)
749 196 201	140	0,95	48,3	159	0,17

Bauteile mit Luftspalt für Speicheranwendungen wie Sperrwandler und Speicherdrosseln

Artikel-Nr.	L_{base} (µH)	$I_{R\,base}$ (A)	$I_{satbase}$ (A)	R_{DCbase} (mΩ)	$L_{S\,base}$ (µH)
749 196 211	21,6	0,95	0,36	159	0,17
749 196 221	11,6	0,95	0,84	159	0,17
749 196 231	8,3	0,95	1,2	159	0,17
749 196 241	6,6	0,95	1,55	159	0,17

EFD 15
Bauteil ohne Luftspalt besonders geeignet für Eintakt- und Gegentaktdurchflusswandler

Artikel-Nr.	L_{base} (µH)	$I_{R\,base}$ (A)	Volt-µsec$_{base}$ (µVs)	R_{DCbase} (mΩ)	$L_{S\,base}$ (µH)
749 196 301	153,8	0,97	39,8	140	0,13

Bauteile mit Luftspalt für Speicheranwendungen wie Sperrwandler und Speicherdrosseln

Artikel-Nr.	L_{base} (µH)	$I_{R\ base}$ (A)	$I_{satbase}$ (A)	R_{DCbase} (mΩ)	$L_{S\ base}$ (µH)
749 196 311	23,3	0,97	0,33	140	0,13
749 196 321	14,2	0,97	0,63	140	0,13
749 196 331	9,3	0,97	1,09	140	0,13
749 196 341	7,9	0,97	1,33	140	0,13

EFD 20
Bauteile ohne Luftspalt besonders geeignet für Eintakt- und Gegentaktdurchflusswandler

Artikel-Nr.	L_{base} (µH)	$I_{R\ base}$ (A)	Volt-μsec_{base} (µVs)	R_{DCbase} (mΩ)	$L_{S\ base}$ (µH)
749 196 500	87,1	1,91	65,6	30	0,18
749 196 501	196	1,7	98,4	71,1	0,24

Bauteile mit Luftspalt für Speicheranwendungen wie Sperrwandler und Speicherdrosseln

Artikel-Nr.	L_{base} (µH)	$I_{R\ base}$ (A)	$I_{satbase}$ (A)	R_{DCbase} (mΩ)	$L_{S\ base}$ (µH)
749 196 510	9,9	1,91	1,17	30	0,18
749 196 520	5,3	1,91	2,53	30	0,18
749 196 530	4,3	1,91	2,91	30	0,18
749 196 540	3,4	1,91	4,18	30	0,18
749 196 511	22,3	1,7	0,49	71,1	0,24
749 196 521	12,0	1,7	1,73	71,1	0,24
749 196 531	9,7	1,7	2,2	71,1	0,24
749 196 541	7,6	1,7	2,46	71,1	0,24

Tab. 2.55: Elektrische Daten der Flex-Übertrager der Reihe WE-FLEX

II Bauelemente

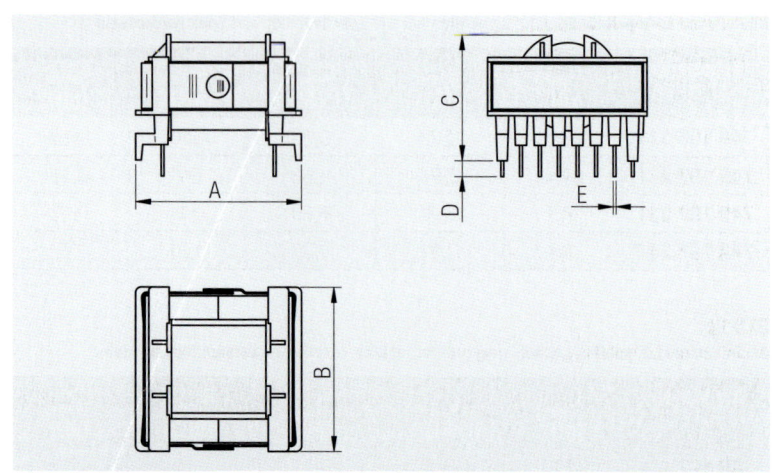

Bauform	A (mm)	B (mm)	C (mm)	D (mm)	E (mm)
ETD29	37,21	35,56	31,75	4,2	0,8
ETD34	40,39	39,62	31,49	4,2	0,8
ETD39	45,72	44,45	33,78	4,2	0,8

Tab. 2.56: Mechanische Abmessungen der Flex-Übertrager der Reihe WE-FLEX

ETD29
Bauteil ohne Luftspalt besonders geeignet für Eintakt- und Gegentaktdurchflusswandler

Artikel-Nr.	L_{base} (µH)	$I_{R\,base}$ (A)	$I_{satbase}$ (A)	R_{DCbase} (mΩ)	$L_{S\,base}$ (µH)
749 197 101	284	2,2	0,04	45	0,45

Bauteile mit Luftspalt für Speicheranwendungen wie Sperrwandler und Speicherdrosseln

Artikel-Nr.	L_{base} (µH)	$I_{R\,base}$ (A)	$I_{satbase}$ (A)	R_{DCbase} (mΩ)	$L_{S\,base}$ (µH)
749 197 111	75,1	2,2	0,40	45	0,45
749 197 121	46,3	2,2	0,83	45	0,45
749 197 131	24,3	2,2	1,83	45	0,45
749 197 141	15,0	2,2	3,10	45	0,45

ETD34
Bauteil ohne Luftspalt besonders geeignet für Eintakt- und Gegentaktdurchflusswandler

Artikel-Nr.	L_{base} (µH)	$I_{R\,base}$ (A)	$I_{satbase}$ (A)	R_{DCbase} (mΩ)	$L_{S\,base}$ (µH)
749 197 201	374,4	2,5	0,04	51	0,32

Bauteile mit Luftspalt für Speicheranwendungen wie Sperrwandler und Speicherdrosseln

Artikel-Nr.	L_{base} (µH)	$I_{R\,base}$ (A)	$I_{sat\,base}$ (A)	R_{DCbase} (mΩ)	$L_{S\,base}$ (µH)
749 197 211	113,8	2,5	0,33	51	0,32
749 197 221	69,4	0,67	0,33	51	0,32
749 197 231	36,1	1,58	0,33	51	0,32
749 197 241	22,0	2,91	0,33	51	0,32

ETD39
Bauteil ohne Luftspalt besonders geeignet für Eintakt- und Gegentaktdurchflusswandler

Artikel-Nr.	L_{base} (µH)	$I_{R\,base}$ (A)	$I_{sat\,base}$ (A)	R_{DCbase} (mΩ)	$L_{S\,base}$ (µH)
749 197 301	326,7	3,2	0,04	34	0,35

Bauteile mit Luftspalt für Speicheranwendungen wie Sperrwandler und Speicherdrosseln

Artikel-Nr.	L_{base} (µH)	$I_{R\,base}$ (A)	$I_{sat\,base}$ (A)	R_{DCbase} (mΩ)	$L_{S\,base}$ (µH)
749 197 311	128,5	3,2	0,32	34	0,35
749 197 321	77,3	3,2	0,68	34	0,35
749 197 331	39,4	3,2	1,65	34	0,35
749 197 341	23,7	3,2	3,25	34	0,35

Tab. 2.57: Elektrische Daten der Flex-Übertrager der Reihe WE-FLEX

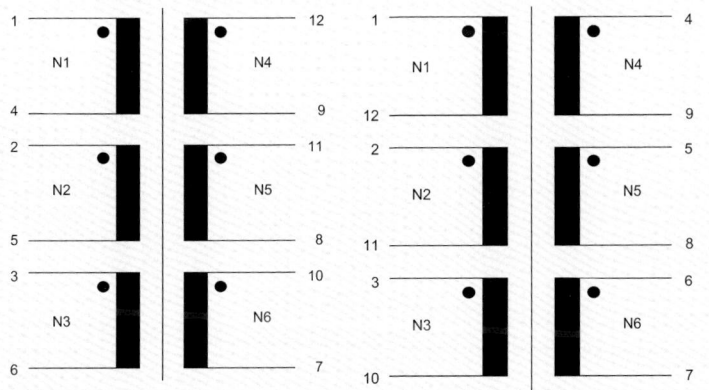

Abb. 2.109: Schematische Zeichnung der Flex-Übertrager WE-FLEX

Durch geeignetes Verschalten der Wicklungen auf der Leiterplatte lassen sich verschiedene Induktivitäten sowie Übertrager mit verschiedenen Übersetzungsverhältnissen generieren (Abbildung 2.109).

II Bauelemente

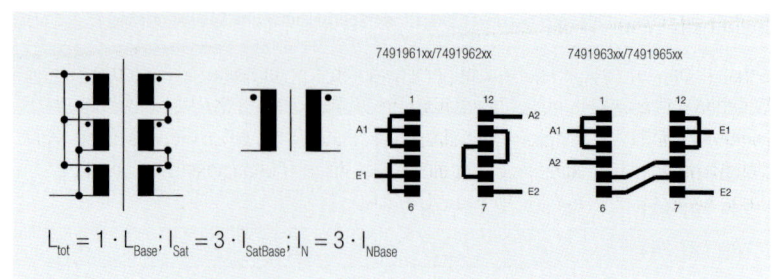

$L_{tot} = 1 \cdot L_{Base}; I_{Sat} = 3 \cdot I_{SatBase}; I_N = 3 \cdot I_{NBase}$

Abb. 2.110: Einsatz eines Flex-Übertragers mit Übersetzungsverhältnis 1:3 mit Layoutvorschlägen

Beim Berechnen der resultierenden Ströme und Induktivitäten muss beachtet werden, dass die Wicklungen auf einem Kern gewickelt sind. Schaltet man zwei diskrete Induktivitäten in Reihe, so addieren sich die Induktivitäten normalerweise (Gleichung 2.46). Bei Parallelschaltung addieren sich die reziproken Werte der Induktivitäten (Gleichung 2.62), d.h. bei Parallelschaltung zweier gleicher Induktivitäten erhält man die halbe Induktivität.

$$L_{Series} = L_1 + L_2 + L_3 + \ldots + L_N = \sum_{i=1}^{n} L_i \qquad (2.46)$$

$$L_{Paralell} = \frac{1}{\frac{1}{L_1} + \frac{1}{L_2} + \frac{1}{L_3} + \ldots + \frac{1}{L_N}} = \frac{1}{\sum_{i=1}^{n} \frac{1}{L_1}} \qquad (2.47)$$

Da sich allerdings die Wicklungen denselben Kern teilen, sind die Ergebnisse unterschiedlich. Parallelwicklungen erhalten die gleiche Induktivität aufrecht, während sie sich bei in Reihe geschalteten Wicklungen um das Quadrat der Anzahl der Wicklungen erhöht.

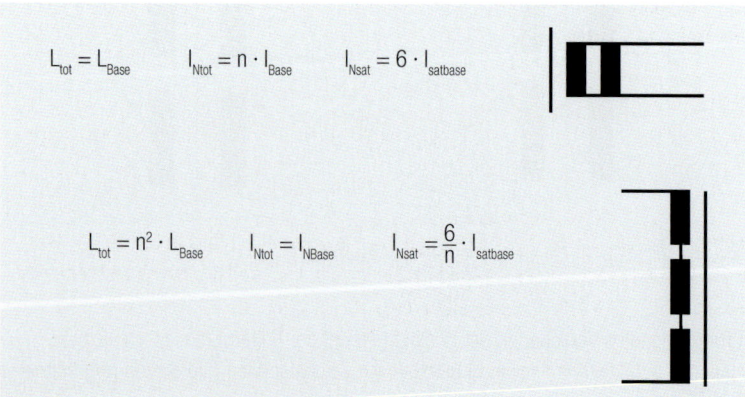

Abb. 2.111: Parallel- und Reihenschaltung WE-FLEX

Induktivität einer Wicklung:

Schaltet man Wicklungen auf einem gemeinsamen Kern in Reihe, so addieren sich die Windungszahlen. Diese gehen quadratisch in die Berechnung der resultierenden Induktivität ein. Da die Windungszahl der Einzelwicklungen der WE-FLEX identisch ist, ergibt sich für die resultierende Induktivität eine quadratische Abhängigkeit von der Anzahl der in Reihe geschalteten Wicklungen (Gleichung 2.48).

$$L_{Series} = L_{base} \cdot n^2 \tag{2.48}$$

L_{base}

Bei Parallelschaltung bleibt die Windungszahl gleich, es ändert sich nur der Leiterquerschnitt. Somit ergibt sich bei Parallelschaltung keine Änderung der Induktivität (Gleichung 2.64).

$$L_{Parallel} = L_{base} \tag{2.49}$$

Definition von $L_{satbase}$

Zur Bestimmung von $I_{sat,base}$ wurden alle sechs Wicklungen parallelgeschaltet und die Induktivität in Abhängigkeit vom Strom aufgenommen. Der dadurch ermittelte Sättigungsstrom ist der gesamte Sättigungsstrom des Bauteils. $I_{sat,base}$ ist dann der gemessene Sättigungsstrom dividiert durch sechs.

$I_{sat,base}$

$$I_{satbase} = \frac{I_{satmaes}}{6} \tag{2.50}$$

Der gesamte Sättigungsstrom des Übertragers ist folglich sechs Mal $I_{satbase}$. Dieser gesamte Sättigungsstrom kann nun auf die bestromten Wicklungen verteilt werden. Werden beispielsweise drei Wicklungen in Reihe geschaltet, so können die sechs Mal $I_{satbase}$ auf diese drei Wicklungen verteilt werden. Jede dieser Wicklungen darf somit zwei Mal mit $I_{satbase}$ bestromt werden.

$$I_{sat\ series} = I_{satbase} \cdot \frac{6}{n_1} \tag{2.51}$$

Bei Parallelschaltung von drei Wicklungen können diese ebenfalls mit 2 x $I_{satbase}$ bestromt werden. Bei Parallelschaltung addieren sich die Einzelströme zum Gesamtstrom, sechs Mal $I_{satbase}$, auf. Allgemein gelten folgende Regeln:

$$I_{sat\ parallel} = I_{satbase} \cdot 6 \tag{2.52}$$

II Bauelemente

n_1 = Anzahl stromführender Wicklungen

Im Gegensatz dazu kann der Nennstrom als Eigenschaft des Drahtdurchmessers nicht auf andere Wicklungen verteilt werden. Für den resultierenden Nennstrom für Reihen bzw. Parallelschaltung ergeben sich folgende Formeln:

$$L_{N,series} = I_{N,base} \qquad (2.53)$$

$$L_{N,parallel} = n \cdot I_{N,base} \qquad (2.54)$$

Für die Dimensionierung von Übertragern für Eintaktdurchflusswandler bzw. Gegentaktdurchflusswandler ist nicht der Sättigungsstrom maßgebend, sondern das Vµsec- Produkt. In der Tabelle 2.44 ist die Spannngs-Zeit-Fläche für eine Wicklung angegeben. Die Spannungszeitfläche oder das V-µs Produkt ist proportional zur Windungszahl, so dass man das Volt-µ-Sekunden-Produkt aus der Tabelle 2.44 mit der Anzahl in Reihe geschalteter Wicklungen multiplizieren muss. Vergessen Sie nicht, dass Udt = Ldi gilt.

Die Wicklungen der Flex-Übertrager werden mit 500 V_{DC} gegeneinander geprüft. Zwischen den einzelnen Wicklungen ist keine zusätzliche Isolationsschicht, so dass sie nur im Kleinspannungsbereich (SELV: < 60 V_{DC}) eingesetzt werden können.

4.2 WE-FLEX HV Flexibler Übertrager für getaktete Stromversorgungen

WE-FLEX HV

Abb. 2.112: Flexibler Übertrager WE-FLEX HV für getaktete Stromversorgungen

Artikel-Nr.	L_{BASE} (µH)	$I_{R\,BASE}$ (A)	$\int Udt_{Base}$ (V-µs)	$R_{DC\,BASE}$ (mΩ)	$L_{S\,Base}$ (µH)	$I_{SAT\,BASE}$ (A)
749196348	7,9					1,41
749196338	9,3					1,13
749196328	14,2	0,83	61,3	145	0,13	0,72
749196318	23,3					0,43
749196308	153,8					0,06

L_{BASE}: Induktivität Basis; $I_{R\,BASE}$: Nennstrom Basis; $\int Udt_{Base}$: Spannungs-Zeit-Fläche Basis; $R_{DC\,BASE}$: Gleichstromwiderstand Basis; $L_{S\,Base}$: Streuinduktivität Basis; $I_{SAT\,BASE}$: Sättigungsstrom Basis

Tab. 2.58: Kenndaten verschiedener WE-FLEX HV-Übertrager der Baugröße EFD15

Flexible Übertrager WE-FLEX HV für getaktete Stromversorgungen werden speziell entwickelt, um eine Isolationsspannung von bis zu 1,5 kVAC zwischen den einzelnen Wicklungen zu erzeugen. Bauteile der Größe EFD bieten bei sachgemäßem Anschluss eine Basisisolierung für eine Arbeitsspannung von 250 V_{eff}.

Die Wicklungen flexibler Übertrager können in mehr als 375 möglichen Übertragerkonfigurationen und 125 Drosselkonfigurationen angeschlossen werden. Dies ermöglicht zahllose Varianten beim schnellen Prototyping.

4.3 WE-PoE Power over Ethernet-Übertrager

Für die Stromversorgung im Power over Ethernet wird ein DC-DC-Wandler benötigt. Dieser muss folgende Aufgaben erfüllen:

- PoE-Protokoll zur Dedektierung und Leistungsklassifizierung
- Spannungsregelung auf die erforderliche Ausgangsspannung
- Isolation von 1,5 kVAC gemäß IEC 60950 und IEC 62368-1

Aufgrund der Isolationsanforderung kommt nur ein DC-DC-Wandler mit Übertrager in Frage. Die führenden Halbleiterhersteller haben ICs entwickelt, die sowohl das PoE-Protokoll als auch die Spannungsregelung implementieren. Beispiele dafür sind LTC4267 (Analog Devices) oder LM5071 und TPS23750 (Texas Instruments). Diese ICs sind für Sperrwandler mit Schaltfrequenzen zwischen 200 und 400 kHz entwickelt worden.

Die Übertrager der Reihe WE-PoE sind für diese ICs geeignet. Tabelle 2.47 zeigt die wichtigsten elektrischen Parameter wie Ausgangsleistung, Ausgangsspannung, etc. Übertrager für Ausgangsspannungen von 1,8 V, 3,3 V und 5 V haben zwei bzw. drei getrennte Wicklungen. Man kann damit also bis zu drei Verbraucher im PD mit verschiedenen Spannungen versorgen. Die 12 V-Variante hat zwei Abgriffe bei 3,3 V und 5 V, um auch hier flexibel zu sein. Alle Übertrager dieser Reihe haben eine Hilfswicklung mit 10–12 V zur Versorgung des PoE-Controllers.

II Bauelemente

Artikel-Nr.	Primär-induktivität (µH)	Streu-induktivität (µH)	Ausgangs-spannung (V)	Ausgangs-strom (A)	Leistung (W)	Bauform
749 119 133	400	4	3,3	3 x 0,4	4	ER 11/5
749 119 150	400	4	5	3 x 0,27	4	ER 11/5
749 119 218	210	4,5	1,8	3 x 1,3	7	ER 14,5/6
749 119 233	210	2,5	3,3	0,7/1,4	7	ER 14,5/6
749 119 250	210	2,5	5	3 x 0,47	7	ER 14,5/6
749 119 291 2	210	2,5	12/5/3,3	0,58	7	ER 14,5/6
749 119 318	120	2,5	1,8	3 x 2,4	13	EFD 15
749 119 333	120	3,5	3,3	3 x 1,35	13	EFD 15
749 119 350	120	2,5	5	3 x 0,9	13	EFD 15
749 119 391 2	120	1,5	12/5/3,3	1,2	13	EFD 15
749 119 933	127	1,3	3,3	2 x 2	13	EP 13
749 119 933 1	127	2,8	3,3	2 x 2	13	EP 13
749 119 950	127	1,3	5,0	2 x 1,3	13	EP 13
749 119 950 1	127	2,5	5,0	2 x 1,3	13	EP 13
749 119 911 2	127	1,3	12	2 x 0,55	13	EP 13
749 119 921 2	127	2,3	12	2 x 0,55	13	EP 13

Tab. 2.59: Elektrische Parameter einiger PoE Übertrager

Die Übertrager werden mit 1,5 kV$_{AC}$ zwischen Primär- und Sekundärseite geprüft und entsprechen daher den internationalen Normen IEC 60950 bzw. IEC 62368-1.

Im September 2009 wurde der Standard IEEE802.3at verabschiedet. Dieser erweitert den PoE Standard IEEE 802.3af für Leistungen bis 30 W (25,5 W nach Abzug von Kabelverlusten). Für diese neuen PoE+-Anforderungen wurde auch die Reihe WE-PoE erweitert.

Artikel-Nr.	Induktivität (µH)	Übersetzungs-verhältnis	Ausgangs-spannung (V)	Ausgangs-strom (A)	Hilfs-spannung (V)	RDC N1 (mΩ)	RDC N2 (mΩ)	RDC N3 (mΩ)	Bauform
750 310 925	57	8 : 1 : 2 : 2	3,3	9	7	60	8	350	EFD 20
749 119 433	42	11 : 1 : 3,3	3,3	9	11	99	3,2	220	EFD 20
749 119 450	65	7 : 1 : 3	5	6	15	116	4	230	EFD 20
749 119 450 1	42	7 : 1 : 2,25	5	6	12	84	5	225	EFD 20
750 310 926	40	5 : 1 : 1,25	5	6	7	50	10	300	EFD 20
749 119 491 2	42	3 : 1 : 1	12	2,5	12	61	18	180	EFD 20
750 310 927	112	3 : 1 : 0,5	12	2,5	6	150	50	70	EFD 20
750 310 743	38	6,67 : 1 : 4	3,3	7,5	12	82	2	160	EP13
750 310 744	5 : 1 : 2,5	5	5	82	3	220	–	–	EP13
750 310 742	1 : 2 : 1,1	12	2,1	85	25	155	–	–	EP13

Tab. 2.60: Elektrische Parameter der WE-PoE+-Übertrager

4.4 WE-PoEH Power-over-Ethernet Übertrager-High Power

WE-PoEH

Abb. 2.113: Übertrager WE-PoEH für Power-over-Ethernet-High Power

Artikel-Nr.	Version	U_i	U_{01} (V)	I_{01} (A)	I_{02} (A)	L_1 (µH)	n	$L_s$min. (µH)	$I_{SAT\,1}$ (A)	∫Udt (µVs)
7491195331	Sperr-wandler	9 V (DC)–57 V(DC)	3,3	3,2	3,2	21	4:1:1:3	0,3	6,2	–
749119550	Sperr-wandler	33 V (DC)–57 V(DC)	5	3	3	48	5,33:1:1:2	0,7	3,6	–
7491195112	Sperr-wandler	33 V (DC)–57 V(DC)	12	1,5	1,5	41	2,67:1:1:1	0,5	4,2	–
749119633	Durch-fluss-wandler	33 V (DC)–57 V(DC)	3,3	8	8	100	6:1:1:3	0,5	1	106,5
749119650	Durch-fluss-wandler	33 V (DC)–57 V(DC)	5	7	7	100	4:1:1:2	0,5	1	106,5
7491196112	Durch-fluss-wandler	33 V (DC)–57 V(DC)	12	2,5	2,5	100	1,71:1:1:0,86	0,5	1	106,5

U_i: Eingangsspannung; U_{01}: Ausgangsspannung 1; I_{01}: Ausgangsstrom 1; I_{02}: Ausgangsstrom 2; L_1: Induktivität; n: Übersetzungsverhältnis; $L_s$min.: Streuinduktivität; $I_{SAT\,1}$: Sättigungsstrom; ∫Udt: Spannungs-Zeit-Fläche

Tab. 2.61: Typische Kenndaten verschiedener WE-PoEH-Übertrager

Übertrager WE-PoEH für Power-over-Ethernet-High Power in EPQ13-Bauform ermöglichen eine Ausgangsleistung von bis zu 60 W. Sie sind sowohl für Sperrwandler-, als auch für Durchflusswandlertopologien mit mehreren Sekundärkreisen, für die gängigsten Spannungen, erhältlich.

II Bauelemente

WE-LLCR

4.5 WE-LLCR Resonanzwandler

Abb. 2.114: Resonanzwandler WE-LLCR

Artikel-Nr.	U_0 (V)	f	L_1 (µH)	Tol. L	$L_s$min. (µH)	Tol. L_s	n	$I_{SAT\,1}$ (A)
760895431	12						35 : 2 : 2 : 3	
760895441	24	70–120	600	±10 %	100	±10 %	35 : 4 : 4 : 3	2
760895451	48						35 : 8 : 8 : 3	

U_0: Ausgangsspannung; f_{switch}: Schaltfrequenz; L_1: Induktivität; Tol. L: Induktivität (Tol.); $L_s$min.: Streuinduktivität; Tol. L_s: Streuinduktivität (Tol.); n: Übersetzungsverhältnis; $I_{SAT\,1}$: Sättigungsstrom

Tab. 2.62: Typische Kenndaten verschiedener WE-LLCR-Übertrager

WE-LLCR-Übertrager sind mit einer definierten Streuinduktivität für den Einsatz ohne zusätzliche Resonanzinduktivität ausgelegt. Diese Übertrager sind für den Betrieb nach einer PFC-Schaltung mit einer Eingangsspannung von 360–400 VDC, einer Ausgangsleistung von 150–250 W und einer Schaltfrequenz von 70–120 kHz vorgesehen und sorgen für eine hocheffiziente Stromversorgung.

4.6 WE-UNIT Offline-Übertrager

Die Übertrager der Reihe WE-UNIT (Abbildung 2.115) sind für Sperrwandler- Netzteile vorgesehen. Die Eingangsspannung darf einen Bereich von 85 V_{AC} (z.B. USA) bis 265 VAC (z.B. Deutschland) annehmen. Am Übertrager liegt eine getaktete Gleichspannung von 120 V bis 385 V an. Im Gegensatz zu 50 Hz Trafos, die von 110 V auf 230 V umgestellt werden müssen, können die modernen Schaltnetzteile den großen Eingangsspannungsbereich ausregeln. Gleichzeitig stehen optimierte Schaltregler-ICs zur Verfügung und ermöglichen die Forderungen nach niedrigen Standby-Verlusten.

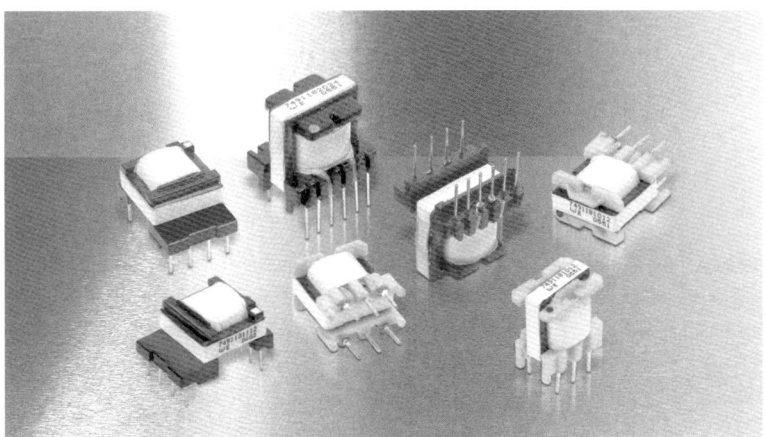

Abb. 2.115: Netzteil-Übertrager WE-UNIT

Im Kleinleistungsbereich haben viele IC-Hersteller ICs auf den Markt gebracht, bei denen die MOSFETS bereits integriert sind und somit den Schaltungsaufwand und die Anzahl externer Bauteile minimieren.

Artikel-Nr.	Induktivität (mH)	Übersetzungsverhältnis	$R_{DC}1$ (Ω)	$R_{DC}2$ (mΩ)	$R_{DC}3$ (mΩ)	Ausgangsleistung (W)
749 118 105	2,8	18,9 : 1	11	50	–	3
749 118 101 2	2,8	8,1 : 1	11	290	–	3
749 118 102 4	2,8	4 : 1	11	1200	–	3
749 118 115	2,8	18,9 : 1	8	50	–	3
749 118 111 2	2,8	8,1 : 1	8	290	–	3
749 118 112 4	2,8	4 : 1	8	1200	–	3
749 118 205	0,9	19 : 1 : 1	4,3	26	26	9
749 118 201 2	0,9	9,5 : 1 : 1	4,3	75	85	9
749 118 202 4	0,9	4,4 : 1	4,3	210	–	9
749 118 215	0,9	19 : 1 : 1	4,3	28	28	9
749 118 211 2	0,9	9,5 : 1 : 1	4,3	94	102	9
749 118 212 4	0,9	4,4 : 1	4,3	155	–	9

Tab. 2.63: Elektrische Parameter einiger Übertrager der Reihe WE-UNIT

Die Übertrager der Reihe WE-UNIT sind für Leistungen von 3 W bzw. 9 W und verschiedene Ausgangsspannungen (Tabelle 2.63) vorgesehen. Die Isolation ist für Netzeingangsspannung ausgelegt. Insbesondere sind die benötigten Luft- und Kriechstrecken erfüllt. Die 9 W-Übertrager haben zusätzlich einen Schirm zwischen Primär- und Sekundärseite.

II Bauelemente

WE-GDT

4.7 WE-GDT Gate-Drive-Übertrager

Abb. 2.116: WE-GDT Gate-Drive-Übertrager

Artikel-Nr.	L_1 (µH)	L_S-min. (µH)	$R_{DC\,1}$ (mΩ)	$R_{DC\,2}$ (mΩ)	R	n	∫Udt (µVs)	$C_{WW\,1}$ (pF)
760301105	260	1.7	600	600	600 mΩ	1:1:1	25.2	9
760301104	330	1.9	620	270	270 mΩ	2:1:1	28.6	7
760301103	350	2.3	700	170	170 mΩ	2.5:1:1	29.4	7
760301106	370	1.8	520	640	–	1:1	30.2	10
760301108	460	2.3	730	150	–	2.5:1	33.6	9
760301107	650	2.9	1200	600	–	1.5:1	40.8	9

L_1: Induktivität; $L_S$min.: Streuinduktivität; $R_{DC\,1}$: Gleichstromwiderstand 1; $R_{DC\,2}$: Gleichstromwiderstand 2; $R_{DC\,3}$: Gleichstromwiderstand 3; n: Übersetzungsverhältnis; ∫Udt: Spannungs-Zeit-Fläche; $C_{WW\,1}$: Wicklungskapazität

Tab. 2.64: Typische Kenndaten verschiedener WE-GDT-Übertrager

Die WE-GDT-Gate-Drive-Übertrager werden in zwei Baugrößen (EP5 und EP7) angeboten und bieten bis zu 2500 VAC Isolation, mehrere Übersetzungsverhältnisse und geringe Streuinduktivität in einem kleinen kompakten Gehäuse. Sie sind geeignet für Stromversorgungs- und Signalanwendungen, die eine galvanische Trennung erfordern.

4.8 WE-CST Stromwandler

Es gibt zwei Möglichkeiten, die Ausgangsspannung einer getakteten Stromversorgung zu regeln. Bei der Spannungsregelung (Voltage Mode, VM) wird die Ausgangsspannung direkt gemessen und mit einer „Referenzspannung" verglichen. Bei der Stromregelung (Current Mode, CM) wird der Primärstrom gemessen. Als Referenz dient hier die Ausgangsspannung.

WE-CST

Abb. 2.117: Stromwandler WE-CST

Um den Primärstrom zu messen, kann man z.B. die Spannung an einem sogenannten Sense-Widerstand abgreifen. Für höhere Primärströme wird häufig ein Stromwandler verwendet, um Verluste durch hohen Spannungsabfall zu reduzieren und Isolation zu gewährleisten. Der Strom wird dann durch einen sekundärseitigen Bürden-Widerstand RT durch Spannungsmessung bestimmt (Abbildung 2.118).

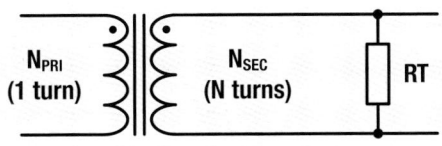

Abb. 2.118: Anwendungsbeispiel für einen Stromwandler

Die gemessene Spannung an RT ergibt sich zu:

$$U_{RT} = RT \cdot \frac{I_{prim}}{N_{sec}} \qquad (2.55)$$

U_{RT} = Spannung am Bürden-Widerstand
RT = Bürden-Widerstand

Die Stromwandler der Reihe WE-CST wurden für Primärströme bis 10 A entwickelt. Die mechanischen Abmessungen und die elektrischen Werte sind der Tabelle 2.65 und Tabelle 2.66 zu entnehmen.

II Bauelemente

Artikel-Nr.	Induktivität min. (µH)	Strom (A)	RDC N1 max. (mΩ)	RDC N2 max. (Ω)	Übersetzungsverhältnis	Hochspannungsprüfung (VAC)
749 251 020	80	10	6	0,20	1 : 20	500
749 251 030	180	10	6	0,48	1 : 30	500
749 251 040	320	10	6	0,90	1 : 40	500
749 251 050	500	10	6	1,40	1 : 50	500
749 251 060	720	10	6	1,75	1 : 60	500
749 251 070	980	10	6	2,20	1 : 70	500
749 251 100	2000	10	6	5,50	1 : 100	500
749 251 125	3000	10	6	6,50	1 : 125	500

Tab. 2.65: Elektrische Parameter der Stromwandler WE-CST

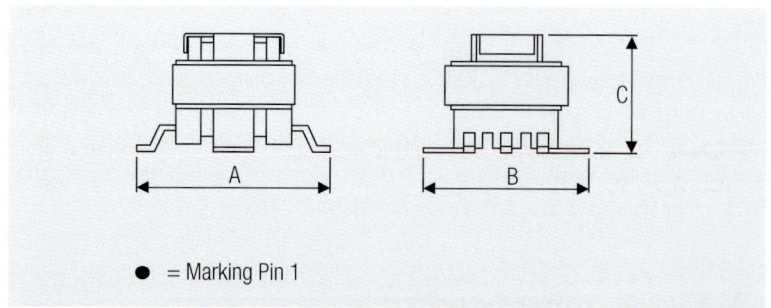

● = Marking Pin 1

A (mm)	B (mm)	C (mm)
7,7	6,9	5,33

Tab. 2.66: Mechanische Abmessungen der Stromwandler WE-CST

Wie bei der Beschreibung der Funktionsweise eines konventionellen Übertragers beschrieben, tritt auch beim Stromwandler ein Magnetisierungsstrom auf. Dieser wirkt sich auf das Ergebnis als Messfehler aus. Daher muss bei der Auswahl eines Stromwandlers der Magnetisierungsstrom berücksichtigt werden.

Er kann mit folgender Formel abgeschätzt werden:

$$I_{magsec} \cong \frac{1}{f} \cdot \frac{U_{RT}}{L_{sec}} \qquad (2.56)$$

Dies wird durch ein Beispiel verdeutlicht:

Es wird ein Stromwandler mit folgenden Eigenschaften gesucht:

Eingangsströme:	I_i	=	1 A–5 A
Frequenz:	f	=	100 kHz
Bürdenspannung:	U_{RT}	=	0,1 V at 1 A
		=	0,5 V at 5 A
Genauigkeit:	10 %		

Bei einem Übersetzungsverhältnis von 1:100 ergibt sich nach Gleichung 2.70 ein Bürdenwiderstand von 10 Ω. Die Genauigkeit soll beim Eingangsstrom von 1 A besser als 0,1 A sein, d.h. der auf die Sekundärseite übertragene Magnetisierungsstrom muss kleiner als 0,001 A sein. Aus Gleichung 2.72 berechnet sich die minimale Induktivität zu:

$$L_{sec,\,min} = \frac{1}{100\text{ kHz}} \cdot \frac{0.1\text{ V}}{0.001\text{ A}} = 1\text{ mH} \qquad (2.57)$$

Aus Tabelle 2.65 ist ersichtlich, dass der Stromwandler WE-CST 749 251 100 sehr gut für diese Anwendung geeignet ist

5 Kabellose Leistungsübertragung

5.1 WE-WPCC Wireless Power-Übertragungsspulen

WE-WPCC Wireless Power-Übertragungsspulen

Abb. 2.119: Wireless Power-Übertragungsspulen WE-WPCC

II Bauelemente

Wireless Power-Übertragungsspulen sind in unterschiedlichsten Größen für Anwendungen bis zu 300 W erhältlich. Alle QI-konformen Spulen verwenden Litzendraht für höchste Q-Werte und eine hohe Permeabilitätsabschirmung, um den Fluss zu konzentrieren und empfindliche Komponenten zu schirmen. Leistungs-Arrays mit Mehrfachsendespulen sind ebenfalls erhältlich.

Hybridempfangsspulen, die zwei Standards (QI und Airfuel Alliance) unterstützen, ermöglichen das Aufladen von Geräten mit einem dieser beiden Standards. Mit dem Online-Tool **REDEXPERT** können Sie Sende- und Empfangsspulen kombinieren und anpassen.

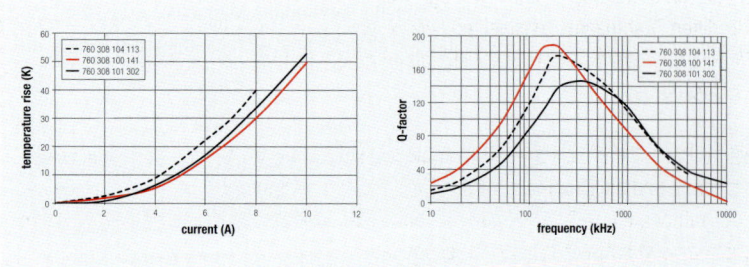

Abb. 2.120: Technische Daten verschiedener WE-WPCC-Sendespulen

6 Signale und Kommunikation

6.1 WE-LAN Übertrager

Ethernetübertrager der Reihe WE-LAN

Die Ethernetübertrager der Reihe WE-LAN (Abbildung 2.121) sind keine einfachen Übertrager, sondern Module, in denen je nach Anzahl der Ports, für die sie geeignet sind, mindestens zwei Übertrager und eine bestimmte Anzahl an stromkompensierten Drosseln zusammengefasst sind.

WE-LAN

Abb. 2.121: LAN-Übertragerbaureihe WE-LAN

Wie der Name sagt, sind die Übertrager für Ethernet-Netzwerke konzipiert. Beim Ethernet handelt es sich um die am weitesten verbreitete Form eines lokalen Netzwerks (Local Area Network – LAN). Ethernet wird mit verschiedenen Übertragungsgeschwindigkeiten betrieben. In den Standards IEEE802.3 sind die Anforderungen an das Ethernet beschrieben:

- 10 Base-T: Übertragungsrate 10 MBit/s > Standard IEEE802.3
- 100 Base-T: Übertragungsrate 100 MBit/s > Standard IEEE802.3u
- 1000 Base-T: Übertragungsrate 1000 MBit/s > Standard IEEE802.3ab
- Power over Ethernet: Unabhängig von der Übertragungsrate > IEEE802.3af

10 Base-T
100 Base-T
1000 Base-T
Power over Ethernet

Bei diesen Standards ist das Übertragungsmedium ein Kupferkabel mit ungeschirmten, verdrillten Drahtpaaren (unshielded twisted pair – UTP) vom Typ Cat. 5 oder besser. Weitere Standards der IEEE802.3-Reihe befassen sich mit der Übertragung mittels Glasfaserkabel.

Bei 10 Base-T und 100 Base-T wird jeweils ein Drahtpaar für den Übertragungs-Kanal (Transmit) und ein Drahtpaar für den Empfangs-Kanal (Receive) verwendet. Zwei der vier Drahtpaare des Cat. 5-Kabels bleiben unbenutzt. Bei 1000 Base-T werden alle 4 Drahtpaare in beiden Richtungen verwendet.

Gemäß der Norm EN60950 (Einrichtungen der Informationstechnik – Sicherheit) ist Ethernet als TNV 1-Stromkreis (telecommunication network voltage) klassifiziert und muss gegen einen SELV-Stromkreis (safe extra low voltage) isoliert werden. Die von der Norm geforderte Prüfspannung muss mindestens 1,5 kV bei einer Prüfdauer von 1 min. betragen. Ähnliche Anforderungen sind in IEC 62368-1 für ES1-Schaltungen spezifiziert.

Aufgrund dieser Isolationsspannung ist die Verwendung eines Übertragers zwischen Netzwerk und Ethernet-Endgerät zwingend notwendig. Für 10/100BASE-T-Netzwerke werden zwei, für 1000BASE-T-Netzwerke vier Übertrager benötigt. Die notwendige Anzahl an Übertragern ist in die Module der Reihe WE-LAN integriert. Um weitere externe Bauelemente z.B. Stromkompensierte Drosseln (Datenleitungsfilter) zu vermeiden, sind auch diese in den Übertragermodulen integriert (siehe Abbildung 2.122).

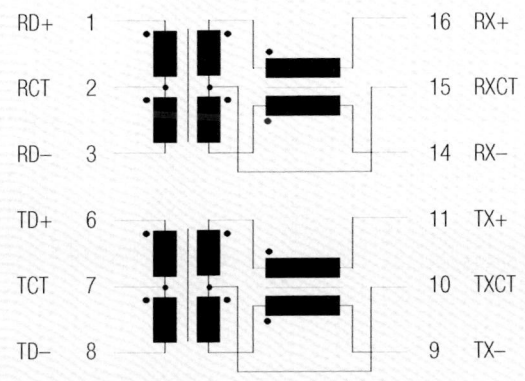

Abb. 2.122: Typisches Schaltbild eines LAN-Übertrager-Moduls

II Bauelemente

Für die Übertrager wird in den jeweiligen Ethernetstandards ab 100 Base-T eine minimale Induktivität von 350 µH bei einer Gleichstromvormagnetisierung von 8 mA gefordert. Dadurch soll die Funktion auch bei kleinen Unsymmetrien der Drahtpaare gewährleistet werden.

Das Übersetzungsverhältnis wird vom verwendeten Ethernet-Controller festgelegt. Während bei 10 Base-T häufig Übersetzungsverhältnisse von 1 : 1,414 oder 1 : 2,5 auf zumindest einer der Leitungen verwendet werden, wird bei 100 und 1000 Base-T fast nur noch mit Übersetzungsverhältnissen von 1 : 1 gearbeitet. Dies liegt unter anderem daran, dass aufgrund der hohen Primärinduktivität und der damit hohen Windungszahl die Sekundärwindungszahl so groß ist, dass man sie nicht mehr auf dem kleinen Ringkern unterbringt. Außerdem ist so auch das Wickeln mit verdrillten Drähten nicht mehr möglich. Bei 10 Base-T kann das noch toleriert werden, bei 100 Base-T führt das aber zu einem schlechteren Übertragungsverhalten.

Spezifikationsgemäß werden über den gesamten Frequenzbereich die minimale Einfügedämpfung (Insertion loss), die maximalen Werte für die Reflexionsverluste (Return loss), das Übersprechen (Crosstalk) sowie die Unterdrückung der Gleichtaktstörungen (Common mode rejection) festgelegt. Tabelle 2.67 zeigt einen Überblick über die Übertragermodule der Reihe WE-LAN mit den wichtigsten elektrischen Parametern.

10 Base-T

Artikel-Nr.	Induktivität (µH)		Übersetzungsverhältnis		RDC (Ω)				Streuinduktivität (nH)		Koppelkapazität zwischen Primär und Sekundär (pF)		Ports
	Rx	Tx	Rx	Tx	1–3	14–16	6–8	9–11	Rx	Tx	Rx	Tx	
749 090 010	120	20	1 : 1	1 : 2	0,9	0,9	0,9	0,9	400	200	6	9	1

100 Base-T

Artikel-Nr.	Induktivität (µH)	Einfügungsdämpfung (dB)	Rückflussdämpfung				Differenz- zu Gleichtaktunterdrückung			Übersprechen		Ports
			1–30 MHz @ 100 Ω (dB)	40 MHz @ 100 Ω (dB)	50 MHz @ 100 Ω (dB)	60–80 MHz @ 100 Ω (dB)	30 MHz (dB)	60 MHz (dB)	60–100 MHz (dB)	60 MHz (dB)	100 MHz (dB)	
749 010 011	350	−1.1	−16	−14	−13	−10	−38	−38	−30	−40	−33	1
749 010 012	350	−1.1	−16	−14	−13	−10	−38	−38	−30	−40	−33	1
749 010 013*	350	−1.1	−18	−16	−14	−12	–	–	−30	–	−35	1
749 010 014	350	−1.0	−18	−16	−14	−12	–	–	−30	−45	−35	1
749 010 040	350	−1.0	−18	−14	−13	−12	−37	−37	−25	−40	−33	4

* unterschiedliches Pinout als 749 010 014

100 Base-T Power over Ethernet

| Artikel-Nr. | Induktivität (µH) | Einfügungsdämpfung (dB) | Rückflussdämpfung | | | | Differenz- zu Gleichtaktunterdrückung | | | Übersprechen | | Ports |
			1–30 MHz @ 100 Ω (dB)	40 MHz @ 100 Ω (dB)	50 MHz @ 100 Ω (dB)	60–80 MHz @ 100 Ω (dB)	30 MHz (dB)	60 MHz (dB)	60–100 MHz (dB)	60 MHz (dB)	100 MHz (dB)	
749 013 011	350	–1.2	–16	–14	–13	–12	–	–	–35	–	–35	1
749 013 010	350	–1.2	–16	–14	–13	–10	–43	–37	–33	–40	–35	1
749 013 020	350	–1.2	–16	–14	–13	–10	–50	–43	–35	–37	–33	2
749 013 021	350	–1.2	–16	–14	–13	–12	–43	–37	–33	–37	–31	2
749 013 022	350	–1.1	–16	–14	–13	–12	–43	–37	–33	–37	–33	2
749 013 040	350	–1.1	–16	–14	–13	–12	–43	–37	–33	–40	–35	4

1000 Base-T

| Artikel-Nr. | Induktivität (µH) | Einfügungsdämpfung (dB) | Rückflussdämpfung | | | | Differenz- zu Gleichtaktunterdrückung | | | Übersprechen | | Ports |
			1–30 MHz @ 100 Ω (dB)	40 MHz @ 100 Ω (dB)	50 MHz @ 100 Ω (dB)	60–80 MHz @ 100 Ω (dB)	30 MHz (dB)	60 MHz (dB)	60–100 MHz (dB)	60 MHz (dB)	100 MHz (dB)	
749 020 010	350	–1.0	–18	–16	–12	–10	–43	–37	–33	–40	–35	1
749 020 011	350	–1.0	–18	–16	–12	–10	–43	–37	–33	–40	–35	1
749 020 013	350	–1.0	–18	–15	–12	–10	–42	–	–33	–	–35	1
749 020 100	350	–1.0	–18	–15	–12	–10	–42	–	–33	–	–35	0.5

1000 Base-T Power over Ethernet

| Artikel-Nr. | Induktivität (µH) | Einfügungsdämpfung (dB) | Rückflussdämpfung | | | | Differenz- zu Gleichtaktunterdrückung | | | Übersprechen | | Ports |
			1–30 MHz @ 100 Ω (dB)	40 MHz @ 100 Ω (dB)	50 MHz @ 100 Ω (dB)	60–80 MHz @ 100 Ω (dB)	30 MHz (dB)	60 MHz (dB)	60–100 MHz (dB)	60 MHz (dB)	100 MHz (dB)	
749 023 010	350	–1.1	–1.0	–2.0	–18	–12	–12	–10	–43	–37	–33	1
749 023 020	350	–1.1	–1.0	–2.0	–18	–12	–12	–10	–41	–37	–33	2

Tab. 2.67: Elektrische Daten der LAN-Übertrager der Reihe WE-LAN

II Bauelemente

6.2 WE-LAN HPLE 1000BASE-T, High Performance, Low EMI

Die HPLE-RJ45-Module (High Performance, Low EMI) verfügen über integrierte magnetische Filter für eine bessere Entstörung im Bereich zwischen 100 und 500 MHz. Eine bessere Entstörung hat auch zur Folge, dass die Anforderungen der Prüfungen nach FCC15 oder CISPR22 auf Klasse-B-Konformität leichter erfüllt werden. Die diskrete HPLE-Serie kann für Datenraten bis in den Gigabitbereich und für PoE-Anwendungen eingesetzt werden.

Die Gleichtaktunterdrückung zwischen 1 und 100 MHz muss mindestens –30 dB betragen, um den IEEE 802.3xx-Standards zu entsprechen. Wie hoch die Dämpfung (Gleichtaktunterdrückung) oberhalb von 100 MHz sein soll, ist derzeit in keinem Standard definiert.

Eines der Hauptprobleme bei der Konformitätsprüfung sind Störungen, die durch den internen Clock des PHY-Chips generiert werden. Der Clockgenerator des Microcontrollers läuft in der Regel mit 125 MHz; die resultierenden Oberwellen können bis zu einem Bereich von 875 MHz auftreten (siehe Abbildung 2.128).

Die ersten drei Harmonischen der 125-MHz-Grundfrequenz sind die Hauptursache für die Störungen. Um dieses Problem zu lösen, hat Würth Elektronik das HPLE-RJ45-Modul speziell für eine sehr hohe Gleichtaktunterdrückung im Frequenzbereich von 100 bis 400 MHz entwickelt (siehe Abbildung 2.129).

Die HPLE-Serie umfasst mehrere verschiedene Konfigurationen, die mit bestimmten PHYs optimal funktionieren können, aber nicht müssen. Bitte erkundigen Sie sich bei Ihrem Controller-IC-Lieferanten nach dem am besten geeigneten HPLE-Modul. Der Austausch von Standard-RJ45-Modulen durch HPLE-Module führt zu einer erheblichen Leistungsverbesserung. Vergleichstests zwischen Standard- und HPLE-Modulen zeigen beispielsweise, dass die erste Störharmonische von 45- auf 20 dBuV, die zweite von 50- auf 37 dBuV und die dritte von 47- auf 39 dBuV fällt.

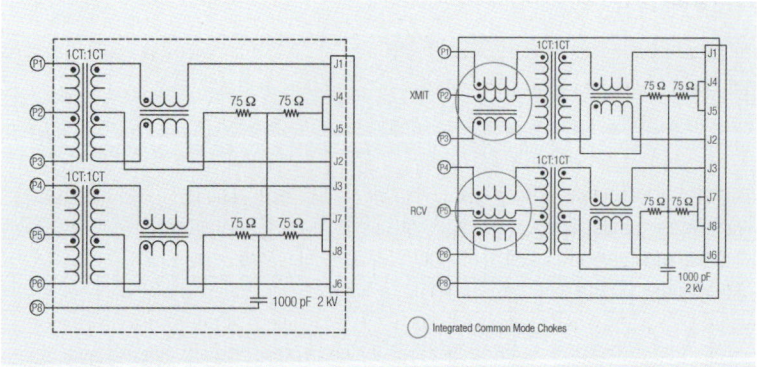

Abb. 2.123: Schaltpläne von Standard- und HPLE-LAN-Übertragern (Modulen)

6.3 WE-RJ45 LAN/WE-RJ45 HPLE mit integriertem RJ45-Steckverbinder

WE-RJ45 LAN und WE-RJ45 HPLE sind in einem RJ45-Steckergehäuse integrierte LAN-Übertrager. Diese integrierten RJ45-Stecker erfüllen die gleiche Aufgabe wie die Ethernetübertrager der Reihe WE-LAN.

WE-RJ45 LAN

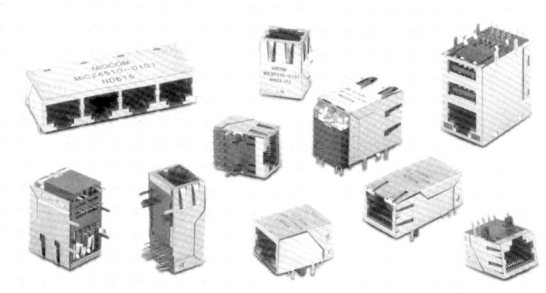

Abb. 2.124: LAN-Übertrager WE-RJ45 mit integriertem RJ45-Steckverbinder

Induktivität	350 µH min	100 kHz, 100 mV, 8 mADC
Prüfspannung	1500 V$_{rms}$	1 Minute
Übersetzungsverhältnis	1:1	±2 %
Insertion Loss	−1.0 dB max	1 MHz − 100 MHz
Return Loss	−18 dB min.	1 MHz − 30 MHz
	−16 dB min.	30 MHz − 45 MHz
	−14 dB min.	45 MHz − 60 MHz
	−12 dB min.	60 MHz − 80 MHz
Crosstalk	−35 dB min.	1 MHz − 100 MHz
Common Mode Rejection	−35 dB min.	1 MHz − 100 MHz
	−25 dB min.	100 MHz − 500 MHz (for HPLE)

Tab. 2.68: Typische elektrische Eigenschaften, WE-RJ45 LAN und WE-RJ45 HPLE-Serie

Zusätzlich ist ebenfalls eine so genannte „Bob Smith Termination", bestehend aus einem Widerstandsnetzwerk von 4x 75 Ω und einem Kondensator von 1000 pF zur HF-Entstörung des Störsignals, integriert. Diese Terminierung mit den oben genannten Widerstands- und Kondensatorwerten hat sich aus einer Studie, durchgeführt von Robert W. Smith, als optimale Entstörkombination etabliert. Aufgrund der Terminierung erreicht man zwischen Übertrager und Kabel eine bessere Anpassung und damit eine höhere Gleichtaktdämpfung der Adernpaare und niedrigere Störemission vom Kabel.

II Bauelemente

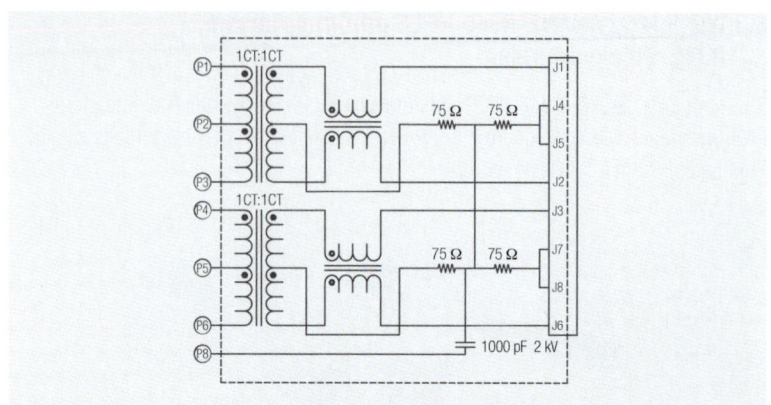

Abb. 2.125: Einzelne Common Mode Chokes (CMC) an der Kabelseite mit „Bob Smith Termination" der WE-RJ45 LAN und WE-RJ45 HPLE-Serie

WE-RJ45 HPLE

Die High Performance & Low EMI Serie der RJ45-Steckverbinder Reihe bietet eine weitere stromkompensierte Drossel an der IC Seite vor dem Ethernet Übertrager.

WE-RJ45 HPLE

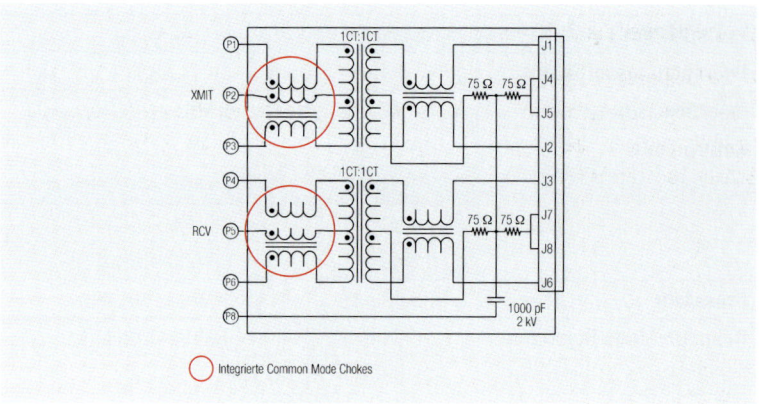

Abb. 2.126: Schaltbild des LAN-Moduls mit zusätzlichen Common-Mode Drosseln auf der Sekundärseite

Die High Performance & Low EMI Serie der RJ45-Steckverbinder mit integrierten breitbandigen Filterkomponenten für 10/100/1000 Base-T-Ethernet und Power-over-Ethernet (PoE)-Anwendungen von Würth Elektronik sind speziell für eine Störunterdrückung im Frequenzbereich zwischen 100 MHz und 500 MHz entwickelt worden, die Einhaltung der Grenzwerte wird dadurch kompakt in einem Bauteil realisiert.

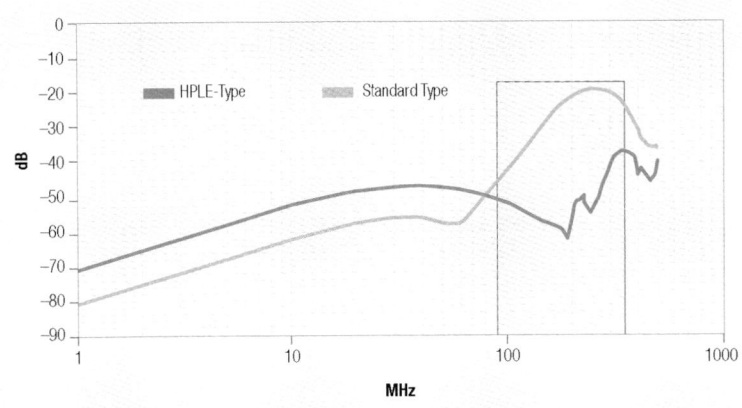

Abb. 2.127: Gleichtakt-Unterdrückung des LAN-Übertragers

Bei der Entwicklung von Ethernet-Schnittstellen beruft man sich auf die Standards IEEE802.3xx. Danach muss die Gleichtaktunterdrückung (Common Mode Rejection), um den Anforderungen gerecht zu werden, eine Dämpfung von −35 dB im Bereich von 1 MHz–100 MHz aufweisen.

Was sind aber die Anforderungen an die Dämpfung über 100 MHz?

Die Schnittstelle muss den übergeordneten EMV-Richtlinien entsprechen. Abbildung 2.128 zeigt das Störspektrum einer standardmäßig befilterten Ethernet-Schnittstelle. Deutlich zu sehen sind die Peaks, die durch die Taktfrequenz (Clock) des PHY-Chips im Bereich von 125 MHz bis zu 875 MHz erzeugt werden.

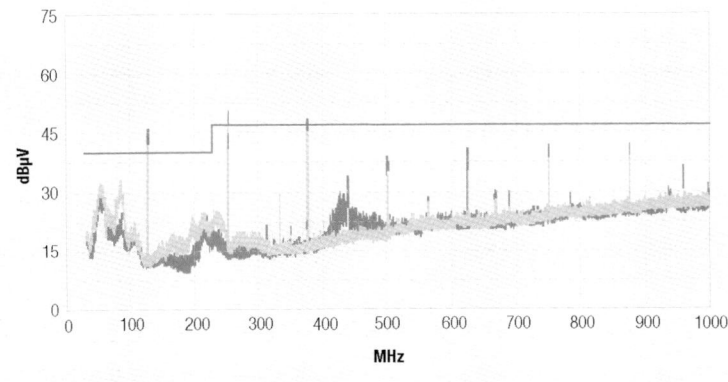

Abb. 2.128: Typisches Störspektrum einer Ethernet-Schnittstelle mit Stadard-LAN-Schnittstelle (horizontale und vertikale Polarisation)

II Bauelemente

Eine Referenzmessung (Abbildung 2.129) zeigte folgende Ergebnisse: Mit den High Performance & Low EMI RJ45 Steckverbindern reduzierten sich die Störpegel wie folgt:

- Grundfrequenz von 45 dBµV auf 20 dBµV
- Oberschwingung von 50 dBµV auf 37 dBµV
- 2. Oberschwingung von 47 dBµV auf 39 dBµV

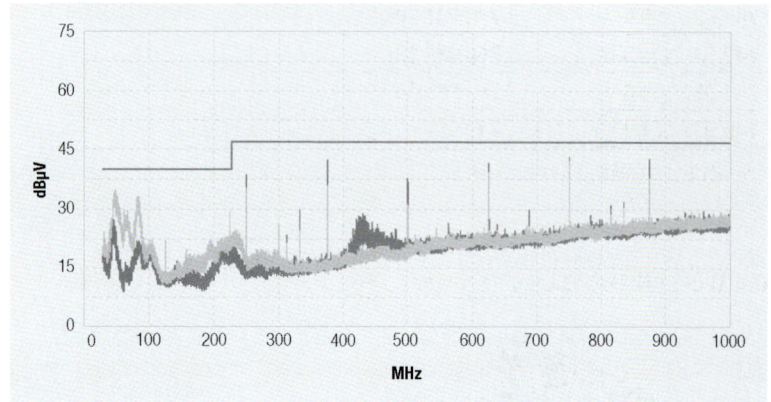

Abb. 2.129: Reduzierung der Störungen durch WE High Performance & Low EMI RJ45 Modul (horizontale und vertikale Polarisation)

Die WE-RJ45 LAN und WE-RJ45 HPLE Serien bieten den Vorteil, dass der RJ45-Stecker, der Ethernetübertrager, die Common-Mode Drossel und die Bob Smith Termination in einem Modul integriert sind: das spart Platz und Bauteile auf der Platine und durch den kompakten und optimierten Aufbau der Komponenten verfügt die Baureihe zusätzlich über bessere EMV- Eigenschaften.

10/100 Base-T

Standard-Typ/HPLE-Typ		Übertragungsrate
Standard-Typ	HPLE-Typ	
749 901 100 2	749 901 100 13	10/100 Mbs
749 901 112 1	749 901 112 15	
749 921 100 2	749 921 100 3	
749 921 112 2	749 921 112 3	
749 941 100 0	749 941 100 1	
749 941 112 1	749 941 112 2	

1000 Base-T

Standard-Typ/HPLE-Typ		
Standard-Typ	HPLE-Typ	Übertragungsrate
749 911 100 7	749 911 100 5	1000 Mbs
749 911 161 3	749 911 161 4	
749 931 100 0	749 931 100 1	
749 931 161 0	749 931 161 1	
749 951 100 0	749 951 100 1	
749 951 161 0	749 951 161 1	

Tab. 2.69: Vergleich, Standard-Typ/HPLE-Typ der RJ45 LAN-Übertrager-Serien

6.4 WE-LAN 10G-LAN-Übertrager PoE/PoE

WE-LAN 10G
LAN mit PoE+

Abb. 2.130: WE-LAN 10G Übertrager 10Gbit Base-T

II Bauelemente

Artikel-Nr.	L (mm)	P_w (mm)	H (mm)	W (mm)	PoE	Anzahl der Ports	Betriebs-temperatur	Auto MDIX
749050010U	13,97	15,11	6,6	13,5	non-PoE		0 °C bis +70 °C	
749053013	13,97	15,11	6,6	13,5	PoE (bis 350 mA)		−40 °C bis +85 °C	
749053011	13,97	15,11	6,6	13,5	PoE (bis 350 mA)	1	0 °C bis +70 °C	Ja
749052012	13,97	15,11	6,6	13,5	PoE+ (bis 600 mA)		0 °C bis +70 °C	
749052051	18,29	16	8,8	14,7	PoE+ (bis 1 A)		−40 °C bis +85 °C	

L: Länge; P_w: Pin zu (Mittel-)Pin; H: Höhe; W: Breite

Tab. 2.70: Typische Kenndaten verschiedener WE-LAN 10G Übertrager 10Gbit Base-T

Die WE-LAN 10G Übertrager 10Gbit Base-T sind Übertrager mit einem Kanal mit integrierten Gleichtaktdrosseln für eine Übertragungsrate bis 10 Gbit/s. Sie sind konform mit den Standards IEEE 802.3an, 802.3af und 802.3at sowie dem künftigen Standard 802.3bt, nach dem ein Strom von bis zu 1 A in PoE-Anwendungen bereitgestellt werden kann.

6.5 WE-DSL Telekom-Übertrager

DSL transformer

WE-DSL Digital Subscriber Line transformers

Die DSL-Wandler der Serie WE-DSL (Abbildung 2.131) sind spezielle Leistungsübertrager, mit denen sich die Leistung von Chipsätzen für digitale Teilnehmerleitungen wesentlich verbessern lässt. Da jeder Chipsatz eine bestimmte Stromversorgung benötigt, konkrete Impedanzeigenschaften und ein besonderes Signalspektrum aufweist, hängt die Gestaltung der einzelnen Wandler erheblich von ihrer jeweiligen Nutzung ab.

WE-DSL

Abb. 2.131: DSL-Wandler der WE-DSL-Serie

DSL (Digital Subscriber Line)

Die DSL-Technologie entstand aus dem Wettbewerb der Telekommunikations- und Kabelfernsehanbieter, ihren Kunden jeweils auch die Dienstleistungen der Konkurrenz – also sowohl Video- als auch Datenübertragungen – anzubieten. Während das hybride Glasfaser-/Koaxialkabelnetz bereits hohe Bandbreiten transportieren konnte, musste

sich die Telekommunikationsbranche nach einer anderen Technologie umschauen, mit der sie ihr schnell veraltendes analoges Netzwerk für große Datenmengen fit machen konnte.

ADSL (Asymmetrical Digital Subscriber Line)

Der erste Auftritt der Branche auf dem Markt für schnelle Daten- und Videoservices beruhte wesentlich auf der ADSL-Technologie. Die Übertragung erfolgt hier asymmetrisch, indem ein Großteil der verfügbaren Bandbreite für das Herunterladen der Daten reserviert ist, während das Hochladen deutlich länger dauert. Diese Besonderheit entspricht sowohl den allgemeinen Anforderungen der Videodienste, als auch dem üblichen Verhalten der durchschnittlichen Internet-Nutzer. Die ADSL-Datenübertragungsrate beträgt beim Downstream 1 bis 16 MBit/s, beim Upstream dagegen nur etwa 1 bis 2 MBit/s, während gleichzeitig auch über die Leitung telefoniert werden kann. Seither wurden verschiedene Typen und Generationen von ADSL auf den Markt gebracht, unter anderem ADSL2, ADSL2+, ADSL+, RADSL usw.

HDSL (High-Speed Digital Subscriber Line)

Im Anschluss an ADSL wurde die HDSL-Technologie entwickelt, mit der vor allem Nutzer angesprochen werden, die eine symmetrische Übertragung benötigen, bei der für den Upstream-Datenverkehr also genauso viel Bandbreite wie für den Downstream zur Verfügung gestellt wird. Die HDSL-Dienste richten sich vorwiegend an Dienstanbieter, Unternehmen und Heimbüros. Kurz gesagt stellt HDSL einen Ersatz für die ältere T1/E1-Technologie dar. Genauso wie ADSL wird auch HDSL in verschiedenen Varianten wie SHDSL, SDSL, HDSL-2, HDSL-4, MDSL, IDSL, g.SHDSL usw. vermarktet.

VDSL (Very High Speed Digital Subscriber Line)

VDSL und VDSL2 bilden die neueste DSL-Generation. Hier liegt die maximale Übertragungsgeschwindigkeit beim Download über kurze Entfernungen bei mehr als 100 MBit/s. Die VDSL-Technologien lassen sich sowohl symmetrisch als auch asymmetrisch nutzen und unterstützen neben den üblichen Telefon- und Datendiensten auch bandbreitenintensive Anwendungen wie hochauflösendes Fernsehen (HDTV).

Übertrager-Kenndaten

Induktivität:

Die verschiedenen DSL-Technologien und Chipsätze stellen ganz unterschiedliche Anforderungen an die Induktivität der Übertrager. Für ADSL und VDSL werden oftmals weniger als 100 µH benötigt, während HDSL eine Induktivität von mehr als 3 mH erfordert. Je nach den konkreten Anforderungen des Chipsatzes kann die Induktivitätsvorgabe dann jeden dazwischenliegenden Wert einnehmen, der fast immer mit einem Toleranzbereich von ± 5 bis 10 % angegeben wird. Die Induktivität wird in der Regel vom Hersteller des Schaltkreises spezifiziert und hängt von zahlreichen, miteinander im Konflikt stehenden Anforderungen ab. Dazu zählen unter anderem:

- Muss der Übertrager Gleichstrom verarbeiten können?
- Muss der Übertrager als Filter für gleichzeitige Telefonate dienen?

II Bauelemente

- Bandbreite des Signals
- Einfügedämpfung
- Besonderheiten der Rückflussdämpfung
- Impedanzwerte des Chipsatzes

Nennstrom:

Typischerweise müssen Übertrager nur bei Verwendung der HDSL-Technologie auch für Gleichstrom ausgelegt sein. Diese zusätzliche Anforderung beruht auf der Tatsache, dass HDSL-Anlagen oftmals auch zur Stromübertragung an externe Geräte verwendet werden. Der von HDSL-Produkten zu verarbeitende Gleichstrom liegt in der Regel zwischen 60 und 100 mA.

Wicklungsverhältnis:

Genauso wie die Induktivität weisen auch die benötigten Wicklungsverhältnisse je nach genutztem Chipsatz eine erhebliche Spannweite auf. Während die meisten Übertrager über eine einzige primäre und sekundäre Wicklung verfügen, sind bei verschiedenen Chipsätzen aber für die Sende- und Empfangsfunktion getrennte Sekundärwicklungen oder sogar eine separate Hilfswicklung erforderlich.

Folgende Faktoren beeinflussen das Wicklungsverhältnis:

- Architektur des Chipsatzes
- Erforderliche Eigenschaften der Rückflussdämpfung
- Impedanzwerte des Chipsatzes
- Soll die Signalspannung aufwärts oder abwärts gewandelt werden?

Streuinduktivität

Streuinduktivität:

Bei der Streuinduktivität muss nahezu immer ein Höchstwert eingehalten werden. In den seltenen Fällen, in denen der Chipsatz besonders empfindlich auf Impedanzschwankungen reagiert, wird für die Streuinduktivität ein Toleranzwert vorgegeben.

Obwohl sich dieser durchaus erreichen lässt, ist das dafür erforderliche Design sehr stark gegen Schwankungen im Fertigungsprozess anfällig. Wenn möglich, sollte eine derartige Schaltung deshalb vermieden werden. Die Vorgaben für die Streuinduktivität werden unter anderem von den folgenden Faktoren beeinflusst:

- Anforderungen an die Einfügedämpfung
- Bandbreite des Signals
- Erforderliche Eigenschaften der Rückflussdämpfung
- Impedanzwerte des Chipsatzes

Wicklungskapazität:

Die Wicklungskapazität wird eventuell vom Schaltkreishersteller spezifiziert, wenn der Übertrager auf eine bestimmte Weise auf die Kapazitätsempfindlichkeit des Sender-/Empfängers reagieren soll. Unabhängig davon, ob diese Vorgabe erfolgt oder nicht, hat die Wicklungskapazität jedoch immer Auswirkungen auf die Gesamtleistung und hängt typischerweise von den folgenden Faktoren ab:

- Einfügedämpfung
- Bandbreite des Signals
- Besonderheiten der Rückflussdämpfung
- Impedanzwerte des Chipsatzes
- Längsabgleich

Gleichstromwiderstand:

Neben der Effizienz der Leistungsübertragung beeinflusst der Gleichstromwiderstand zu einem geringeren Grad auch die folgenden Eigenschaften eines DSL-Übertragers:

- Anforderungen an die Einfügedämpfung
- Besonderheiten der Rückflussdämpfung
- Impedanzwerte des Chipsatzes
- Längsabgleich

Klirrfaktor (Total Hormonic Distortion):

Total Harmonic Distortion

Allgemein: Der Klirrfaktor K gibt das Verhältnis des Effektivwertes aller Oberwellen eines Signals zum Effektivwert des ganzen Signals an

$$K = \sqrt{\frac{U_2^2 + U_3^2 + \ldots + U_n^2}{U_1^2 + U_2^2 + U_3^2 + \ldots + U_n^2}} \qquad (2.58)$$

Bei sinusförmigen Signalen wird der Klirrfaktor als Maß für die nichtlinearen Verzerrungen verwendet! Je kleiner K, desto mehr entspricht das Signal dem Original!

Der Klirrfaktor ist ein Maß für die Verzerrung des zu übertragenden Signals durch den DSL-Übertrager. Je härter ein Übertrager betrieben wird, desto stärker erreicht sein Kern den Sättigungszustand. Mit zunehmender Annäherung an diesen Grenzwert wird das Signal immer mehr verzerrt. Obwohl der Klirrfaktor bei allen DSL-Übertragern eine Rolle spielt, ist er bei VDSL-Übertragern weniger bedeutsam, da der Kern hier mit einer sehr hohen Frequenz betrieben wird. Er weist also eine geringere magnetische Induktion auf, so dass er seinen Sättigungszustand erst deutlich später erreicht. HDSL-Übertrager arbeiten dagegen viel häufiger mit geringeren Frequenzen und werden oftmals auch über längere Zeit sehr stark belastet. Deshalb ist hier ein angemessener Klirrfaktor bei hohen magnetischen Induktionswerten erforderlich.

Crosstalk/Nebensprechen:

Crosstalk

Nebensignaleffekte müssen von allen Schaltkreisherstellern beachtet werden, spielen bei Leitungsübertragern jedoch keine zentrale Rolle. Der Kern fast aller DSL-Übertrager ist so konstruiert, dass er aufgrund seiner Form, eine sich selbst abschirmende Wirkung ausübt.

II Bauelemente

Spannungs-/Schutzisolierung:

Die Spannungs-/Schutzisolierung muss immer beachtet werden, da sie der eigentliche Grund für die Verwendung von DSL-Übertragern ist. Je nach den Vorschriften der jeweiligen Sicherheitsbehörde und der vorgesehenen Verwendung können die Anforderungen an die Höhe des Kriechstroms und den Abstand des Übertragers deutlich voneinander abweichen. Typischerweise müssen Übertrager eine einfache oder zusätzliche Isolierung für eine Betriebsspannung von 250 V aufweisen. In ihrem Zusammenspiel beeinflusst jeder einzelne dieser Parameter alle anderen mehr oder weniger stark. Die zentrale Aufgabe beim Entwurf einer DSL- Schnittstelle liegt also darin, einen Kompromiss zwischen all diesen Voraussetzungen zu finden und eine Lösung zu entwickeln, die den Kundenanforderungen auf möglichst kostengünstige Weise gerecht wird.

7 HF-Induktivitäten

7.1 Grundlagen

HF-Induktivitäten sind Induktivitäten, die im Hochfrequenzbereich eingesetzt werden. Diese Induktivitäten verwenden eisenfreie Keramikkerne, die nicht gesättigt sind. So sind sie unabhängig von Frequenz und Strom.

Weitere sehr wichtige Vorteile sind die über der Frequenz, im weiten Bereich linear, verlaufende Impedanz, d.h.

$$X_L = 2 \cdot \pi \cdot f \cdot L \qquad (2.59)$$

und eine recht hohe Güte Q (typ. 50–100). Für die Induktivität L und die Windungszahl n gilt der Zusammenhang.

$$L \sim n^2 \qquad (2.60)$$

In Abhängigkeit von Windungsdurchmesser, Drahtdicke und Lagen- bzw. Wicklungsaufbau besitzt die Luftspule eine parasitäre Kapazität, die sich hauptsächlich zwischen den benachbarten Windungen (Abbildung 2.132), bei SMD-Bauelementen aber auch zwischen den beiden Anschlusspads aufbaut.

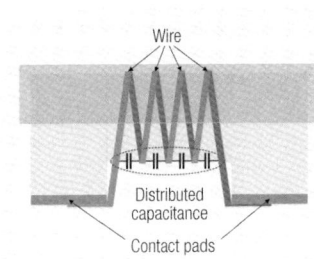

Abb. 2.132: Prinzipschaltbild einer HF-Induktivität. Parallele Drähte wirken wie Elektroden eines Kondensators, die eine verteilte Kapazität erzeugen.

Aus der Induktivität und der parasitären Kapazität resultiert die Eigenresonanzfrequenz, die Frequenz, ab der das Bauelement kapazitiven Charakter zeigt.

7.2 WE-KI, WE-KI HC, WE-FRI, WE-RFH drahtgewickelte Keramikinduktivitäten

WE-KI, WE-KI HC
WE-FRI
WE-RFH

Abb. 2.133: Beispiel für SMD-Keramikinduktivitäten WE-KI

Bauform 0402A:

Artikel-Nr.	Induktivität	Güte Q	Testfrequenz		Eigenresonanzfrequenz f_{res}	DC Widerstand R_{DC}	Nennstrom I_R
			L	Q			
	(µH)	(min)	(MHz)	(MHz)	(MHz)	(Ω)	(mA)
744 765 210A	0,10	20	150	150	1300	2,52	100

II Bauelemente

Bauform 0603A:

Artikel-Nr.	Induktivität (µH)	Güte Q (min)	Testfrequenz L (MHz)	Q	Eigenresonanzfrequenz f_{res} (MHz)	DC Widerstand R_{DC} (Ω)	Nennstrom I_R (mA)
744 761 210A	0,10	35	150	150	1400	0,63	400

Bauform 0805A:

Artikel-Nr.	Induktivität (µH)	Güte Q (min)	Testfrequenz L (MHz)	Q	Eigenresonanzfrequenz f_{res} (MHz)	DC Widerstand R_{DC} (Ω)	Nennstrom I_R (mA)
744 760 210A	0,10	60	150	500	1200	0,43	500

Bauform 1008A:

Artikel-Nr.	Induktivität (µH)	Güte Q (min)	Testfrequenz L (MHz)	Q	Eigenresonanzfrequenz f_{res} (MHz)	DC Widerstand R_{DC} (Ω)	Nennstrom I_R (mA)
744 762 210A	0,10	60	100	350	1100	0,18	1000
744 762 310A	1,00	35	25,0	500	310	3,30	120

Tab. 2.71: Elektrische Parameter einiger Keramik-SMD-Induktivitäten

Damit die Induktivitäten eine hohe Eigenresonanzfrequenz erreichen, sind die Lötpads der Spulenkörper sehr klein ausgeführt (Abbildung 2.134), so bleibt die parasitäre Kapazität zwischen den Anschlüssen sehr klein.

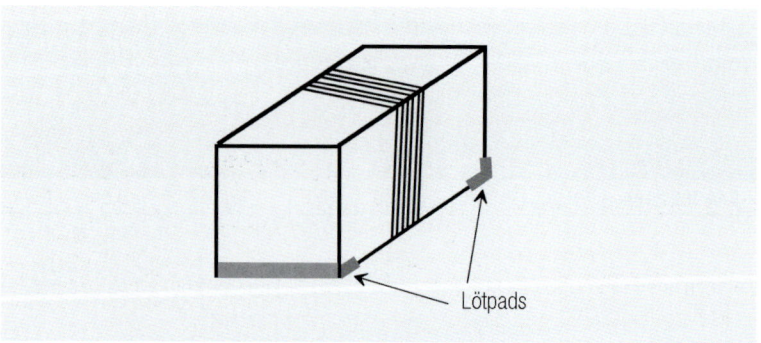

Abb. 2.134: Schematischer Aufbau der Keramikinduktivität

So lassen sich Eigenresonanzfrequenzen von weit über 10 GHz erreichen.

Sollten höhere Stromtragfähigkeiten nötig sein, kann auf die Serie WE-RFH zurückgegriffen werden. Die Bauteile sind hier je nach Induktivitätswert auf Keramik- oder Ferritkern gewickelt.

WE-RFH

Abb. 2.135: Ferrit-SMD Induktivität WE-RFH

Abgerundet wird der Bereich der bewickelten HF-Induktivitäten durch die Serie WE-RFI. Die auf Ferrit gewickelten Bauteile glänzen durch ihre, bezogen auf die Baugröße, sehr hohen Induktivitätswerte.

7.3 WE-MK Multilayer-Keramikinduktivität

Die SMD Induktivität (Abbildung 2.136) WE-MK unterscheidet sich im Aufbau von einer herkömmlichen Luftspule dadurch, dass die „Spule" auf einen Keramikträger aufgedruckt ist. Dadurch ergeben sich folgende Vorteile:

- sehr kleine Induktivitäten realisierbar
- sehr kleine parasitäre Kapazität und dadurch hohe Resonanzfrequenz
- relativ hohe Stromtragfähigkeit von typ 300 mA

WE-MK

Abb. 2.136: Multilayer-Keramik SMD-Induktivität WE-MK

Die Kenndaten verschiedener Multilayer-Keramik-SMD-Induktivitäten sind in Abbildung 2.137 dargestellt

II Bauelemente

Bauform 0201:

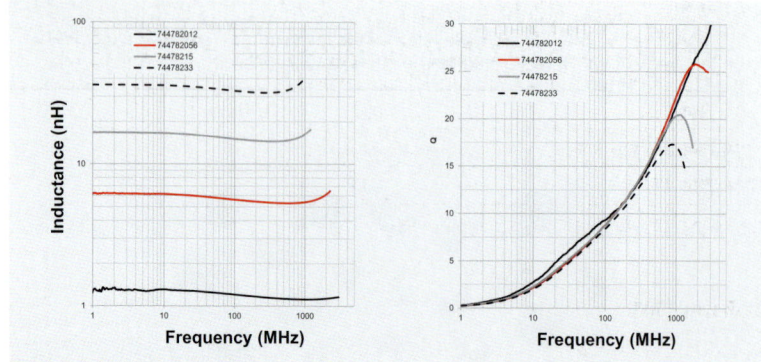

Abb. 2.137: Größe 0201, typische Leistung

Artikel-Nr.	Induktivität (nH)	Güte Q (min)	L/Q-Frequenz (MHz)	Eigenresonanzfrequenz (MHz)	R_{DC} (Ω)	I_R (mA)
744 782 015	1,5	17	100/800	>13000	0,18	300
744 782 10	10,0	20	100/800	4000	1,20	250
744 782 33	33,0	17	100/800	1500	2,30	200

Tab. 2.72: Größe 0201, typische Kenndaten

Bauform 0402:

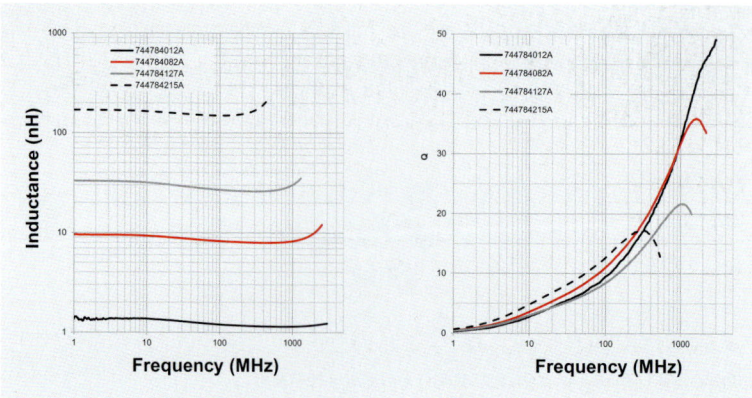

Abb. 2.138: Größe 0402, typische Leistung

Artikel-Nr.	Induktivität (nH)	Güte Q (min)	L/Q-Frequenz (MHz)	Eigenresonanzfrequenz (MHz)	R_{DC} (Ω)	I_R (mA)
744 784 13A	1,5	8	100	>15000	0,13	300
744 784 010A	10,0	8	100	3700	0,45	250
744 784 47A	47,0	8	100	1200	1,30	150

Tab. 2.73: Größe 0402, typische Kenndaten

Bauform 0603:

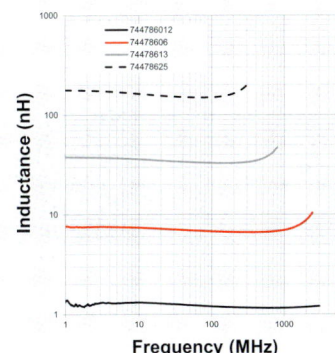
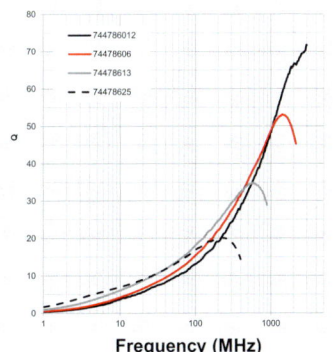

Abb. 2.139: Größe 0603, typische Leistung

Artikel-Nr.	Induktivität (nH)	Güte Q (min)	L/Q-Frequenz (MHz)	Eigenresonanzfrequenz (MHz)	R_{DC} (Ω)	I_R (mA)
744 786 02	2,2	8	100	12000	0,15	600
744 786 112	12,0	8	100	3200	0,5	600
744 786 110	100,0	12	100	750	2	600

Tab. 2.74: Größe 0603, typische Kenndaten

Der bevorzugte Einsatzbereich der Bauelemente liegt im Hochfrequenzbereich, in Filterschaltungen und in Schwingkreisen.

II Bauelemente

WE-TCI

7.4 WE-TCI Dünnfilm-Chipinduktivitäten

Abb. 2.140: Dünnfilm-Chipinduktivitäten WE-TCI

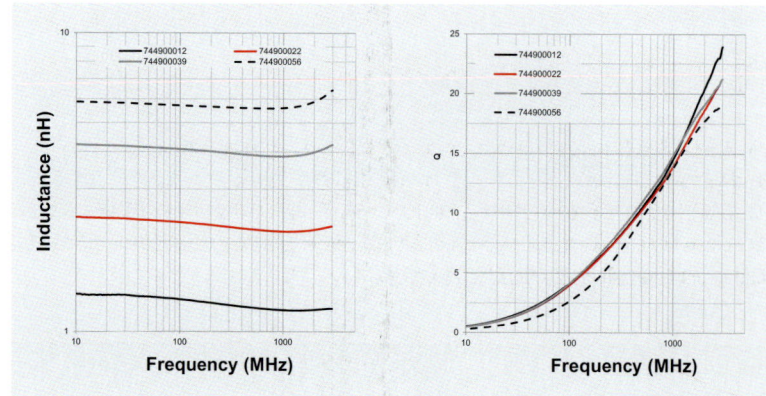

Abb. 2.141: Typische Eigenschaften von WE-TCI-Induktivitäten in Größe 0201

Die Induktivität WE-TCI kann mit sehr hoher Genauigkeit charakterisiert werden. Auf diese Weise ist die Produkttoleranz sehr eng gefasst. Toleranzen von 2 % und 1 % (auf Anfrage) sind möglich. So lässt sich ein hochpräzises Anwendungsverhalten für den Einsatz in kritischen HF-Schaltungen realisieren.

7.5 WE-CAIR Luftspule

WE-CAIR

Abb. 2.142: Luftspuleninduktivität WE-CAIR

Die WE-CAIR-Luftspuleninduktivitäten zeichnen sich durch sehr hohe Güte, auch im Niederfrequenzbereich (Q > 100), aus. Die Eigenresonanzfrequenz ist sehr hoch. Die WE-CAIR-Luftspuleninduktivitäten garantieren, im Vergleich zu anderen HF-Induktivitäten, einen höheren Nennstrom. Darüber hinaus weisen die WE-CAIR-Luftspuleninduktivitäten eine hohe Temperaturstabilität auf.

II Bauelemente

7.6 WE-AC HC High Current Air Coil

Der WE-AC HC zeichnet sich durch einen sehr hohen Strom- und einen noch besseren Qualitätsfaktor aus.

WE-AC HC

Abb. 2.143: WE-AC HC High Current Air Coil

Artikel-Nr.	L_1 (nH)	Tol. L	TC L	$Q_{min.}$	TC Q	I_{R1} (A)	$R_{DC1\,max.}$ (mΩ)	$f_{res\,1}$ (MHz)
7449150023	23	±20 %	1 MHz	191	100 MHz	30	1,2	867
7449150046	46,5			223		28	1,62	581
7449150079	79			184		23	2,11	422
7449150111	111			186		22	2,11	374
7449150146	146			163		19	3,33	332

L_1: Induktivität; Tol. L: Induktivität (Tol.); TC L: Induktivität (Prüfbedingung); Q_{min}: Q-Faktor; TC Q: Q-Faktor (Prüfbedingung); I_{R1}: Nennstrom; $R_{DC1\,max}$: Gleichstromwiderstand; $f_{res\,1}$: Eigenresonanzfrequenz

Tab. 2.75: Typische Kenndaten verschiedener WE-AC HC-Induktivitäten

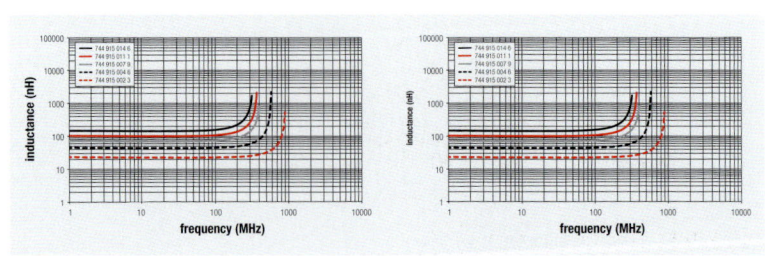

Abb. 2.144: Leistung verschiedener WE-AC HC-Induktivitäten

8 LTCC-Bauelemente

8.1 LTCC (Low Temperature Co-fired Ceramic)

Die Verwendung von LTCC-Material gewinnt in Applikationen im Bereich der Telekommunikation immer mehr an Bedeutung. Es handelt sich hierbei um einen Multilayer-Prozess, der zur Herstellung anspruchsvoller HF-Komponenten mit guter Performance eingesetzt wird. Bei der auf Keramik basierenden LTCC-Technologie handelt es sich um eine preiswerte Substrattechnologie, bei welcher bis zu 50 Lagen übereinandergestapelt werden. Die aus Silber oder Gold bestehenden Leiterbahnen werden, nachdem die Löcher für die Durchkontaktierungen mittels Laser, oder durch einen mechanischen Prozess, erzeugt worden sind, auf die „grüne" Keramikfolie gedruckt. Anschließend werden die verschiedenen Lagen gesammelt und in einer Druckkammer gepresst. Nach dem Laminieren wird der Stapel im Ofen gesintert, d.h. bei ca. +850 °C im Prozessofen gebrannt; so entsteht der gesinterte Keramikträger.

Mit LTCC können Mehrlagenmodule, in die Widerstände, Induktivitäten und Kondensatoren integriert sind, realisiert werden. Eine sehr gute thermische Leitfähigkeit und ein geringes TCE (Temperature Coefficient of Expansion) werden erzielt. Die Komponenten sind hermetisch dicht, d.h. robust gegen mechanischen und thermischen Stress. Die dielektrischen Eigenschaften (ε_r, tan δ, Substratstärke) können während des Herstellprozesses sehr gut kontrolliert werden.

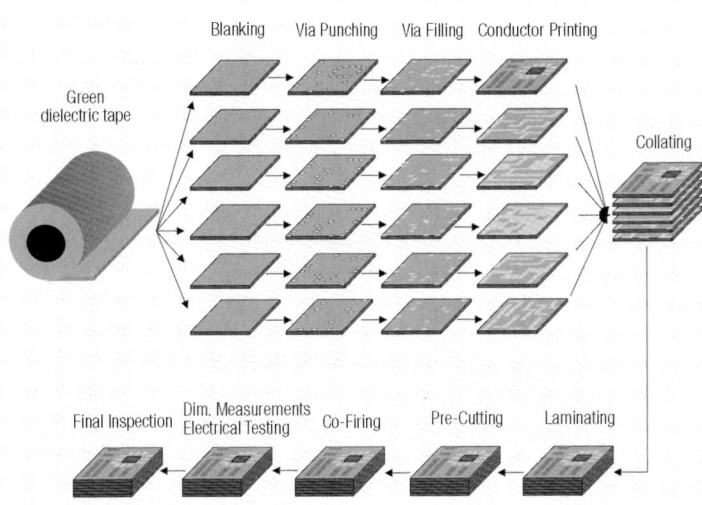

Abb. 2.145: Herstellungsprozess LTCC

Hauptvorteil dieser Technologie ist der hohe Miniaturisierungsgrad und der damit verbundene immer geringer werdende Platzbedarf. Dies kann auch durch nachfolgendes einfaches Beispiel verdeutlicht werden. Anstatt ein Tiefpassfilter diskret aufzubauen, gibt es die Möglichkeit, die Induktivitäten und Kapazitäten in einem Bauteil, z.B. in

II Bauelemente

Bauform 0603, zu integrieren. Die Integration ist ein wichtiger Aspekt im Bereich von HF-Anwendungen.

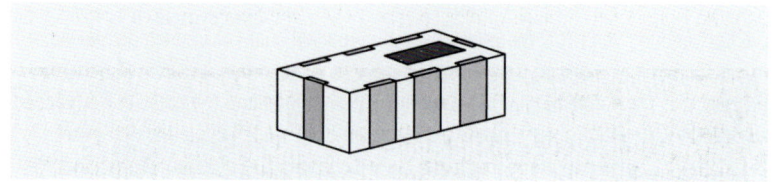

Abb. 2.146: LTCC-Tiefpassfilter, Bauform 0603

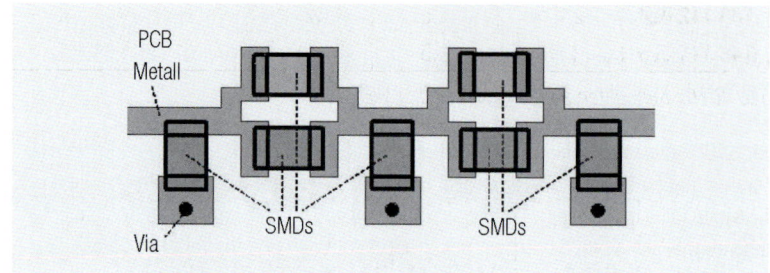

Abb. 2.147: Diskret aufgebautes Tiefpassfilter

8.2 Multilayerchip-Tiefpassfilter WE-LPF

WE-LPF
Low pass filter

Abb. 2.148: Multilayerchip-Tiefpassfilter WE-LPF

Die auf der LTCC-Technologie basierenden HF-Komponenten sind für verschiedene Frequenzbänder von ca. 900 MHz bis 6 GHz ausgelegt. Anwendungsbereiche dieser Komponenten sind beispielsweise Wireless LAN, Bluetooth®, HomeRF, GPS, PCS, GSM, DECT, PHS.

Durch die präzise LTCC-Technologie entstehen verlustarme HF-Komponenten mit reproduzierbaren, garantierten Eigenschaften und geringem Platzbedarf.

Tiefpassfilter WE-LPF für diverse Applikationen sind in den Bauformen 0603 und 0805 realisiert. Die Grenzfrequenzen dieser kompakten Tiefpassfilter reichen von 900 MHz bis 5,5 GHz. Die Einfügedämpfung der Tiefpassfilter im Durchlassbereich ist sehr gering. Die Tiefpassfilter weisen vergleichsweise hohe Dämpfungen im Sperrbereich auf.

Artikel-Nr.	Mittenfrequenz f_0 (MHz)	Einfügedämpfung IL @BW (dB)	Mindestdämpfung bei $2 \times f_0$ (dB)	Mindestdämpfung bei $3 \times f_0$ (dB)	Stehwellenverhältnis VSWR @BW
748 112 024	2450	0,5	35	25	1,5
748 111 009	915	0,5	30	30	1,5

Tab. 2.76: Kenndaten einiger Tiefpassfilter WE-LPF

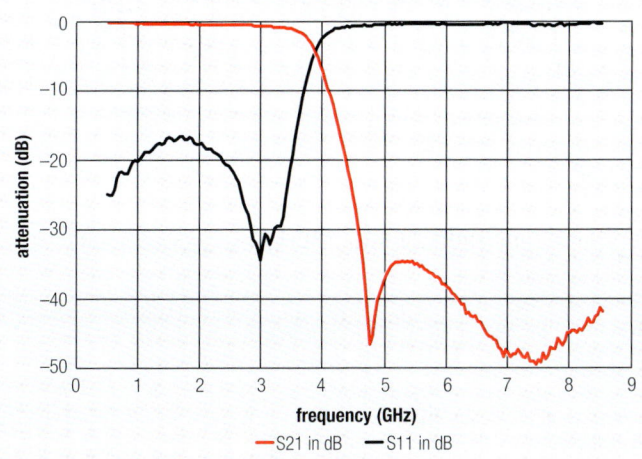

Abb. 2.149: Typische Dämpfungskurve eines WE-LPF-Tiefpassfilters 2. Ordnung

II Bauelemente

WE-BPF Bandpassfilter

8.3 Multilayerchip-Bandpassfilter WE-BPF

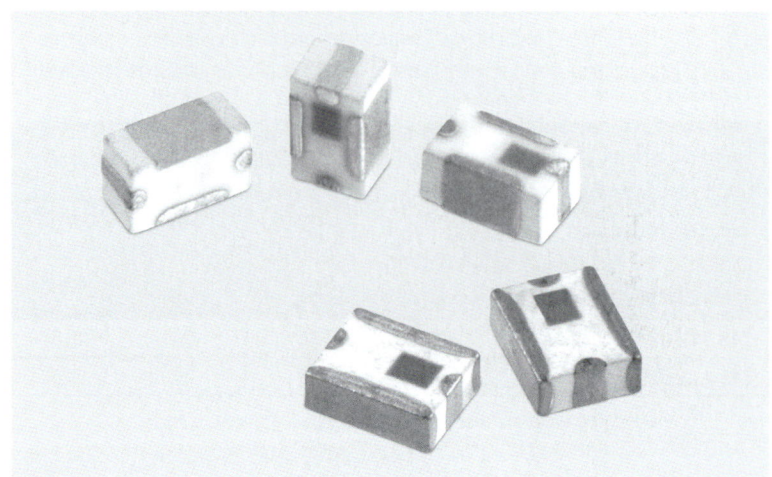

Abb. 2.150: Multilayerchip-Bandpassfilter WE-BPF

Die kleinste Bauform der Bandpassfilter ist 0805. Über einen sehr weiten Sperrbereich wird eine hohe Dämpfung erzielt. Die Einfügedämpfung im Durchlassbereich ist mit 1,5 dB bis 2 dB relativ gering, allerdings etwas größer als die Einfügedämpfung von Tiefpassfiltern.

Eine Übersicht einiger Bandpassfilter WE-BPF gibt nachfolgende Tabelle.

Artikel-Nr.	Frequenz-bereich BW (MHz)	Max. Einfüge-dämpfung @ BW (dB)	Min. Dämpfung (dB)				Stehwellen-verhältnis VSWR
748 351 124	2400–2500	2.3	42@ 1710–1990 MHz	30@ 2100 MHz	30@ 4800–5000 MHz	35@ 7200–7500 MHz	2
748 351 024	2400–2500	1.8	30@ 1710–1785 MHz	25@ 1850–1910 MHz	25@ 4800–5000 MHz	20@ 7200–7500 MHz	2

Tab. 2.77: Elektrische Daten, Bandpassfilter WE-BPF Bauform 1008 (Auswahl)

Am Beispiel eines Bandpassfilters für Bluetooth® soll veranschaulicht werden, worauf bei der Bauteilauswahl Wert gelegt werden sollte (Abbildung 2.151).

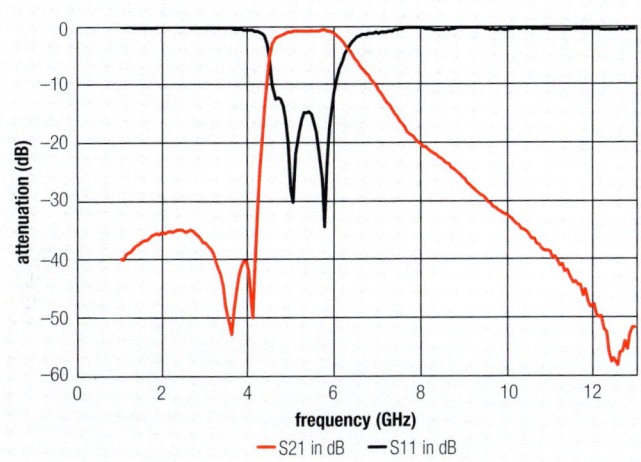

Abb. 2.151: Frequenzgang Bandpassfilter

Um die Frequenzen aus dem Mobilfunkbereich gut zu unterdrücken, sollte die Dämpfung im Bereich von 900 MHz (GSM 900) bis 2,1 GHz möglichst hoch sein. Ebenfalls hoch sollte die Dämpfung im Bereich von WLAN/HyperLAN sein. Bei obigem Filter in Abbildung 2.151 sind aus diesem Grund bei diesen Frequenzen gezielt Polstellen platziert worden (S21 in rot).

II Bauelemente

WE-BAL

8.4 Multilayerchip-Balun WE-BAL

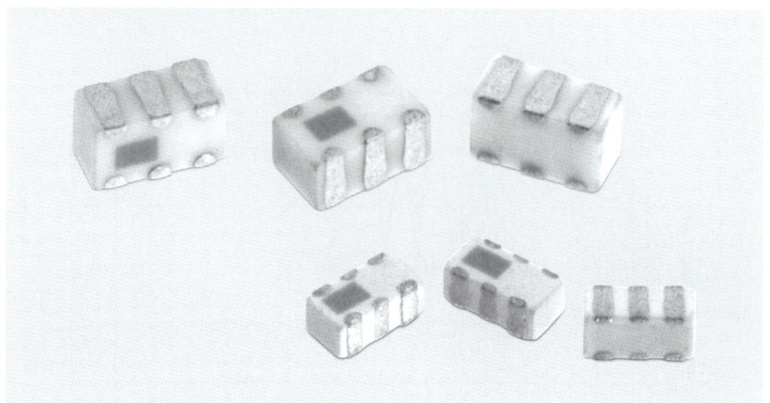

Abb. 2.152: Multilayerchip-Balun WE-BAL

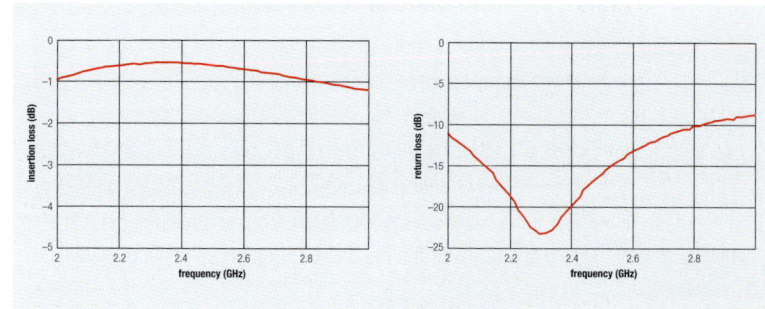

Abb. 2.153: Typische Dämpfungskurven für den Balun WE-BAL

Symmetrieübertrager (Baluns) können in LTCC-Technologie mit niedriger Einfügedämpfung sowie geringer Amplituden- und Phasendifferenz realisiert werden. Die unsymmetrische Impedanz (unbalanced impedance) beträgt 50 Ω, die symmetrische Impedanz (balanced impedance) kann 50 Ω, 100 Ω oder 200 Ω betragen. Man unterscheidet zwei Typen von Baluns: LC-Typ und Marchand-Typ. Bei zuletzt genanntem darf eine Gleichspannung angelegt werden. Es wird empfohlen, an dem Anschluss, an welchem die Gleichspannung eingespeist wird, einen Kondensator gegen Masse zu schalten. Angaben zur externen Beschaltung sowie Layoutempfehlungen sind in den Datenblättern zu finden.

8.5 Multilayerchip-Antenne WE-MCA

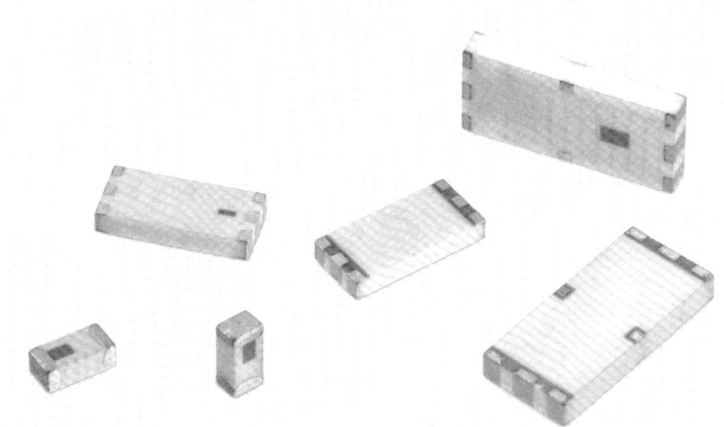

Abb. 2.154: Multilayerchip-Antenne WE-MCA

Die auf LTCC-Technologie basierenden Chip-Antennen WE-MCA zeichnen sich durch sehr kleine Bauformen und ein geringes Gewicht aus. Sie sind geeignet für Anwendungen in den Bereichen GPS, Bluetooth, 802.11b+g, UNII, 802.11a sowie für 868–960 MHz und auch als Dual & Triple Band erhältlich. Die Antennen sind, bezogen auf die Größe, sehr breitbandig und leicht anzupassen. Die Eingangsimpedanz beträgt 50 Ω. Der typische Gewinn beträgt je nach Antennentyp ca. 1 dBi. Das Abstrahlverhalten der Antennen kann als omnidirektional in der Ebene bezeichnet werden. Richtdiagramme werden in den Datenblättern dargestellt.

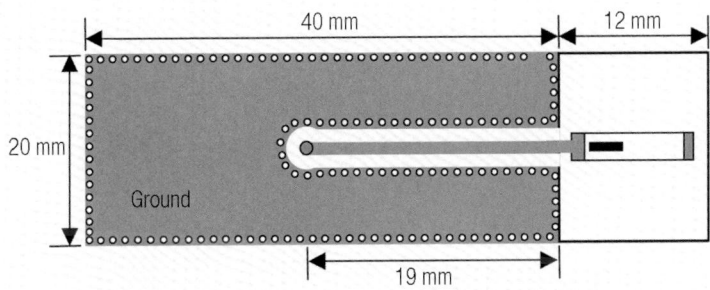

Abb. 2.155: Evaluationsboard für die Antenne 748 891 0245

Die elektrischen Parameter der Chip-Antennen wurden mit Testboards, wie in Abbildung 2.155 gezeigt, gemessen. Viele Faktoren, wie z.B. der Platinentyp (Dielektrizitätszahl, Dicke) und das Layout, beeinflussen die elektrischen Eigenschaften einer Chip-Antenne. Aus diesem Grund können die im Datenblatt gezeigten Bauteilwerte für das Anpassungsnetzwerk nicht direkt übernommen werden. Diese Werte sind nur für

II Bauelemente

die verwendeten Testboards gültig, können jedoch als Startwerte zur Bestimmung des Anpassungsnetzwerks in der Applikation verwendet werden.

Durch Anpassung der Antenne kann die Rückflussdämpfung erheblich verbessert werden.

Um die im Datenblatt gezeigte Performance zu erreichen ist es wichtig, einen ausreichend großen Abstand zwischen der Antenne und der Ground Plane sicherzustellen. Vorzugsweise ist die Antenne an einem Eckpunkt der Platine zu platzieren, um zu vermeiden, dass die Antenne völlig von einer Ground Plane umgeben wird. Abweichungen von den vorgeschlagenen Layouthinweisen können zu einer veränderten Richtcharakteristik und Eingangsimpedanz der Antenne führen. Im Allgemeinen ist darauf zu achten, dass der Abstand zwischen der Längsseite der Antenne und der Ground Plane mindestens 5 mm beträgt. Der Abstand zwischen der Antennenoberfläche und dem Kunststoffgehäuse sollte mindestens 1 mm betragen.

Die Microstrip-Einspeiseleitung kann als Teil des Antennensystems betrachtet werden. Es empfiehlt sich, die Einspeiseleitung umgebende Ground Plane an den Rändern mit Durchkontaktierungen zur darunterliegenden Masselage zu verbinden. Dadurch wird das elektrische Feld an den Rändern und somit dessen Einfluss auf die Antenne minimiert.

Der Wirkungsgrad η ist das Verhältnis der Strahlungsleistung zur Eingangsleistung. Die mittels numerischer Berechnungen gewonnen Wirkungsgrade der Chipantennen sind in der nachfolgenden Tabelle dargestellt. Die Tabelle enthält Antennen, die im Frequenzbereich von 2400 MHz bis 2500 MHz arbeiten. Wesentliche Unterschiede sind die Abmessungen der Antennen sowie der Gewinn. Das Stehwellenverhältnis ist bei allen Antennen innerhalb der Bandbreite höchstens 2.

Artikel-Nr.	Frequenzbereich (MHz)	Max. Antennengewinn (dBi)	Typ. Antennengewinn (dBi)	Wirkungsgrad (%)	Länge x Breite (mm)
748 891 0245	2400–2500	3	1	78	9,5 x 2,0
748 892 0245	2400–2500	1,3	0	76	7,6 x 3,5
748 893 0245	2400–2500	0,5	–0,5	60	3,2 x 1,6
748 894 0245	2400–2500	2	0,5	75	7,0 x 2,0

Tab. 2.78: Kenndaten von WE-MCA Multilayer-Antennen

9 ESD- und Überspannungsschutz

9.1 Grundlagen

Um das richtige Überspannungsschutz-Element einsetzen zu können, muss man wissen, welche Art von Überspannung vorliegt und welche Eigenschaften erwartet werden. Es gibt drei gängige Arten von Überspannungen.

Natürliche Überspannungen:

Blitzeinschläge sind die Ursache der meisten natürlichen Überspannungen. Unterschieden wird zwischen direkten und indirekten Auswirkungen. Indirekte Auswirkungen sind z. B. die Restspannung, die durch einen entfernten Blitzeinschlag in dem Stromnetz entsteht, oder die Induktion in einem Gebäude, wenn der Blitz über dessen Blitzableiter in die Erde abgeleitet wird. Gemeinsam ist diesen Formen der Überspannung, dass es unmöglich ist, ihre Häufigkeit und Intensität vorauszusagen.

Industriebedingte Überspannungen:

Diese Art der Überspannung tritt hauptsächlich bei Schaltvorgängen, z.B. dem Abschalten induktiver Lasten wie Motoren oder Frequenzumrichter, auf. Im Gegensatz zu einem Blitzeinschlag sind die Überspannung und der damit verbundene Stromstoß meist sehr viel geringer, doch treten sie häufig periodisch auf. Ein solcher Überspannungsimpuls wirkt meist nicht zerstörerisch, jedoch kann das wiederholte Auftreten zerstörerische Folgen hervorrufen. Gegenstand der Norm IEC 61000-4-5 ist die Immunität gegenüber solchen Überspannungen sicherzustellen und standardisierte Prüfungen der Störfestigkeit gegen Stoßspannungen zu definieren. Induziert wird ein genormter Hybridimpuls, bestehend aus einem 1,2/50 µs-Spannungsimpuls im Leerlauf und einem 8/20-µs-Stromimpuls im Kurzschlussfall.

Die Angabe 1,2/50 µs bezieht sich auf eine Anstiegszeit T_r von 1,2 µs und einer spezifizierten Impulsdauer T_d von 50 µs für den Spannungs- bzw. Stromimpuls (vgl. Abbildung 2.156). Die zu prüfende Baugruppe muss jeweils 5 positive und 5 negative Impulse aushalten.

II Bauelemente

Surge-Impuls

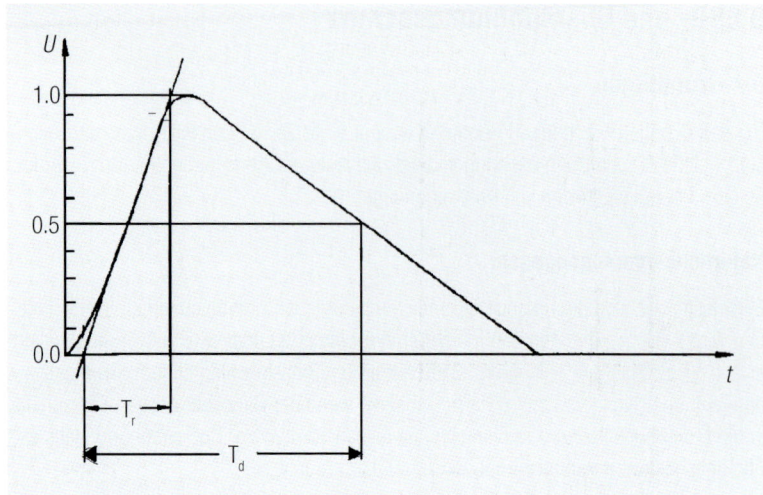

Abb. 2.156: Kurvenform des Surge-Impulses, definiert in IEC 60060-1 bzw. IEC 60469-1

Elektrostatische Entladungen

Elektrostatische Entladungen:

Elektrostatische Ladungen sind jedem bekannt, sie entstehen durch Reibung zwischen zwei Materialien mit unterschiedlichen Dielektrizitätskonstanten. Trifft ein aufgeladenes Material auf einen Leiter, so entlädt sich das geladene Material – die elektrostatische Entladung. Wir beschränken uns hier auf die Entladung zwischen Mensch und Material.

Charakteristisch für die elektrostatische Entladung (ESD) ist die sehr kurze Anstiegszeit des Stroms. In der Norm IEC 61000-4-2 (vgl. Abbildung 2.157) ist ein typischer ESD-Impuls beschrieben. Die Anstiegszeit des Stroms beträgt zwischen 0,7 und 1 ns und ist somit etwa 8000-mal schneller als der Stromanstieg während des Surge-Impulses.

ESD-Impuls

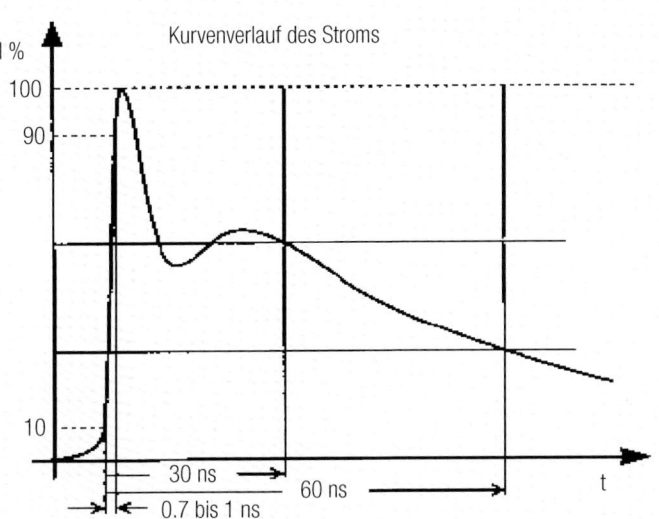

Abb. 2.157: Stromverlauf eines ESD-Impulses, definiert in der Norm IEC 61000-4-2

9.2 Varistoren

Funktionsweise von Scheiben- und SMD-Varistoren:

Varistoren sind Bauteile, deren Widerstand von der Spannung abhängig ist, die an den beiden Anschlüssen anliegt. Diese Abhängigkeit ist symmetrisch, d.h. nicht polarisationsabhängig und nichtlinear. Wenn man einen rampenförmigen Spannungsverlauf an einen Varistor anlegt, so ändert sich sein Widerstand innerhalb eines kleinen Spannungsbereichs sehr steil und geht vom hochohmigen (mehrere Megaohm) in den niederohmigen Zustand (Ohmbereich) über.

Die Haupteigenschaften von Varistoren werden durch die Strom-Spannungskurve beschrieben. Unter der Varistorspannung (auch Nominalspannung genannt) versteht man den Punkt der Kennlinie, ab dem der Stromverlauf exponentiell wird.

II Bauelemente

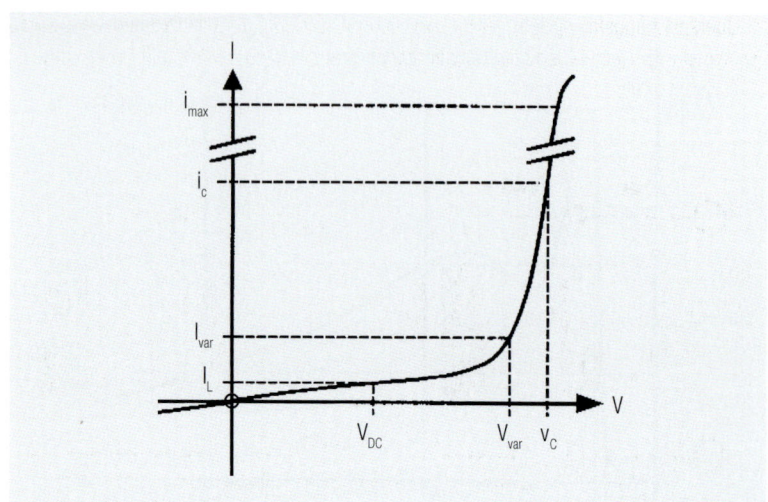

Abb. 2.158: Typische Strom-Spannungs-Kurve eines Varistors

Das Grundmaterial zur Herstellung moderner Metalloxidvaristoren (MOVs) ist Zinkoxid (ZnO), das in Form sehr kleiner ZnO-Körner (10–100 μm) auftritt. In der Vergangenheit war Siliziumkarbid (SiC) ein weiterer gängiger Grundwerkstoff. Zwei Zinkoxidkörner bilden einen Mikro-Varistor mit einer Durchbruchspannung von etwa 3 V (siehe Abbildung 2.159). Je mehr solcher Mikro-Varistoren in Reihe geschaltet sind, desto höher ist die Varistor-Spannung des kompletten Varistors und je mehr dieser Mikrovaristoren parallel geschaltet werden, desto höher ist die Strombelastbarkeit des Varistors. Durch das Beimischen weiterer metallischer Verbindungen kann das Verhalten des Varistors weiter beeinflusst werden.

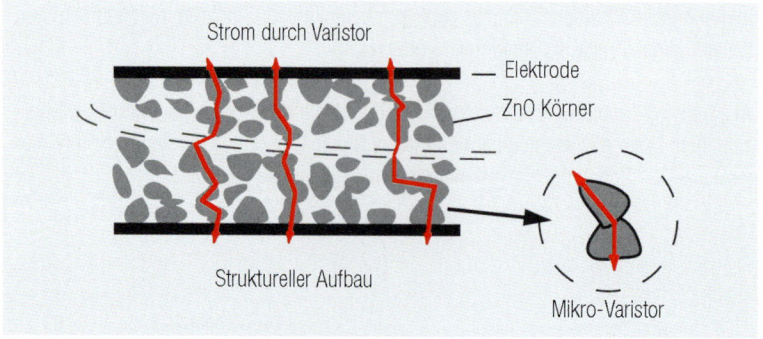

Abb. 2.159: Intergranularer Aufbau eines Varistors

Im Stromkreis agiert der Varistor als „Überdruckventil". Im normalen Betrieb fließt durch den Varistor ein sehr geringer Leckstrom I_L, der Varistor ist im „Ruhezustand" und hat einen Widerstand von einigen Megaohm.

Im Überspannungsfall spricht der Varistor an und schließt den Stromkreis nahezu kurz. Der Varistor hat jetzt einen sehr kleinen Widerstand. Nahezu der komplette Strom wird durch den Varistor abgeleitet.

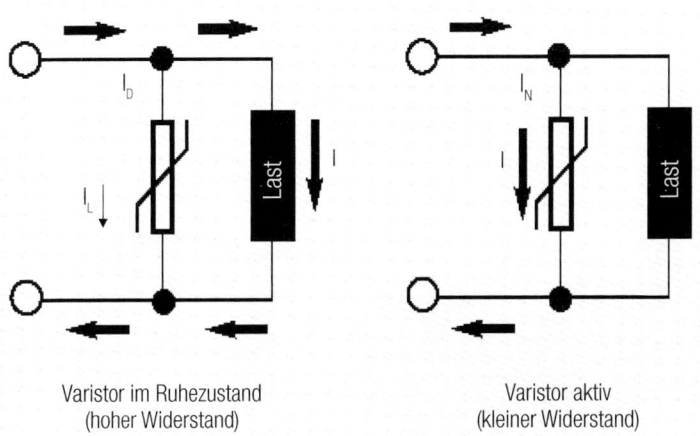

Abb. 2.160: Unterschiedliche Betriebszustände eines Varistors

Das Ersatzschaltbild eines Varistors kann wie folgt beschrieben werden:

Ersatzschaltbild eines Varistors

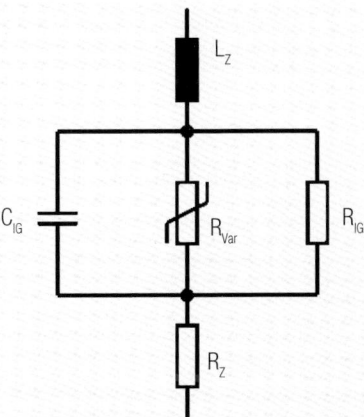

Abb. 2.161: Ersatzschaltbild eines Varistors

L_Z: Leitungsinduktivität (1 nH/mm)
C_{IG}: Intergranulare Kapazität
R_{IG}: Intergranularer Widerstand (einige MΩ)
R_{Var}: Idealer Varistor (0 bis ∞ Ω)
R_Z: Leitungswiderstand (wenige mΩ)

II Bauelemente

Disk Varistoren WE-VD (Scheibenvaristoren)

Für Disk-, oder Scheibenvaristoren wird der Rohkörper wie oben beschrieben aus Zinkoxid hergestellt. Anschließend werden die Bauteile zur Kontaktierung der elektrischen Anschlüsse auf beiden Seiten mit einer Silberschicht versehen, in manchen Fällen wird alternativ eine Kupferschicht verwendet. Zuletzt werden die Isolation und die Schutzummantelung aufgebracht.

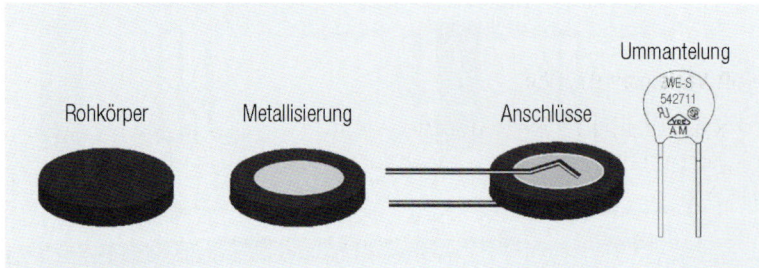

Abb. 2.162: Fertigungsstufen von Scheibenvaristoren

Auf der Ummantelung befindet sich beispielsweise folgender Aufdruck:

Abb. 2.163: Disk-Varistoren WE-VD

Die Scheibenvaristoren sind in den Größen von 5 mm, 7 mm, 10 mm, 14 mm und 20 mm und im Spannungsbereeich von 18 V_{DC} (14 V_{eff}) bis 1465 V_{DC} (1000 V_{eff}) erhältlich. Der maximale Spitzenstrom reicht von 100 A bis hin zu 10.000 A, die maximale Energieverträglichkeit erstreckt sich von 0,07 J bis zu über 496 J.

Neben der Standardserie gibt es die HighSurge-Serie. Beide sind mechanisch gleich, aber die HighSurge-Serie unterscheidet sich durch ihre höhere Strombelastbarkeit und eine höhere Energieaufnahmekapazität.

Für Entwickler ist ein spezielles Musterkit (Bestell-Nr. 820999) erhältlich, welches für Versorgungsleitungen von 24 V_{DC} bis 400 V_{eff} abgestimmt ist. Es umfasst Varistoren von 26 V_{DC} (20 V_{eff}) bis 895 V_{DC} (680 V_{eff}).

Die WESURGE Disk Varistoren haben Zulassungen (bauteilabhängig) für VDE, UL und CSA. Die Ummantelung ist schwer entflammbar und selbstlöschend gemäß UL 94-V0.

Serie	Artikel-Nr.	VDE File No.	UL File No.
Standard	820x5	40016986	E244196
HighSurge	820x4	40016998	

Tab. 2.79: Übersicht der verschiedenen Zulassungen für Disk-Varistoren WE-VD

SMD-Varistoren (WE-VS)

Der konstruktive Aufbau von SMD Varistoren ähnelt dem Aufbau von SMD Kondensatoren, jedoch mit dem Unterschied, dass Zinkoxid anstelle des Dielektrikums verwendet wird.

WE-VS

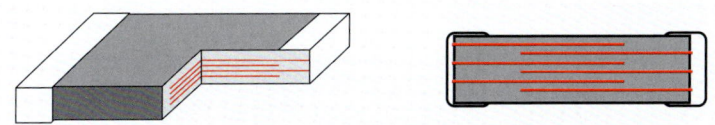

Abb. 2.164: Konstruktiver Aufbau von SMD Varistoren

Um eine hohe Lötbarkeit zu garantieren, haben alle WESURGE SMD Varistoren eine Nickelsperrschicht im Anschluss-Pad-Bereich. Das Pad ist wie folgt aufgebaut:

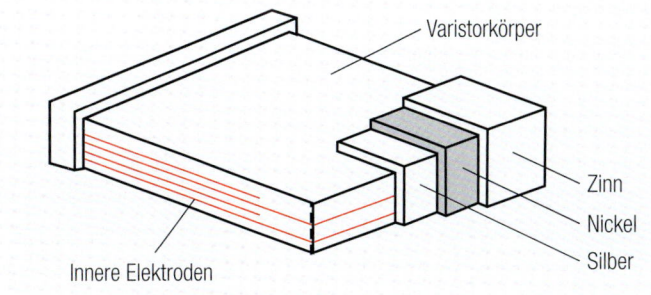

Abb. 2.165: Metallisierung des Anschlusses von WESURGE SMD Varistoren

Auch von den SMD-Varistoren ist eine Standard- und eine HighSurge-Serie erhältlich. Verfügbare Bauformen sind 0402, 0603, 0805 und 1206. Die maximale Strombelastbarkeit reicht von 10 A bis zu 200 A, das maximale Energieaufnahmevermögen von 0,02 J bis 1,1 J.

Die WE-VS SMD Varistoren unterscheiden sich zu Disk Varistoren durch eine deutlich schnellere Ansprechzeit. Durch die fehlende Zuleitungsinduktivität und durch die Par-

II Bauelemente

allelschaltung vieler einzelner Platten (Abbildung 2.165), wodurch sich die parasitären Induktivitäten der Varistorplatten durch deren Anzahl teilt, haben WE-VS SMD-Varistoren eine Ansprechzeit von < 1 ns, während Disk-Varistoren eine Ansprechzeit von < 10 ns aufweisen.

Durch diese kurze Ansprechzeit ist es möglich, SMD-Varisatoren für den Schutz gegen Burst-Impulse (IEC 61000-4-4) einzusetzen. Auch die SMD-Varistoren WE-VS sind im Design-Kit (Bestell-Nr. 825998) erhältlich, welches alle Baugrößen von 0402 bis 1206 und Spannungen von 5,5 V_{DC} bis 85 V_{DC} abdeckt.

Die Kapazitätswerte erstrecken sich von 70 pF bis zu 3600 pF.

Datenblatt-Kenndaten von Scheiben- und SMD-Varistoren:

Folgend eine Tabelle mit beispielhaften Datenblattangaben (vgl. hierzu auch Abbildung 2.158). Um die einzelnen Angaben besser erklären zu können, werden sie an verschiedenen Beispielen von Scheibenvaristoren aus der Tabelle erläutert.

Artikel-Nr.	V_{RMS}	V_{DC}	V_{Var} (1 mA)	ΔV_{Var}	$i_{max.}$ (8/20 µs) 1x	$i_{max.}$ (8/20 µs) 2x	$W_{max.}$ (10/1000 µs)	v_c (i_c)	i_c (8/20 ms)	$P_{max.}$	$C_{typ.}$ (1 kHz)	Zulassungen UL	Zulassungen CSA	Zulassungen VDE
	(V)	(V)	(V)	(%)	(A)	(A)	(J)	(V)	(A)	(W)	(pF)			
820 54 140 6	14	18	22	±15 %	1000	500	5,4	43*	5	0,1	11960	x		x
820 54 250 1	25	31	39	±10 %	1000	500	9,4	77*	5	0,1	7620	x		x
820 54 300 1	30	38	47	±10 %	1000	500	12,0	93*	5	0,1	6420	x		x
820 54 131 1	130	170	200	±10 %	4500	2500	57,0	340	50	0,6	840	x	x	x

Tab. 2.80: Einige Datenblattangaben von Varistoren

Varistor Eigenschaften

V_{RMS}/V_{DC} maximale Dauerspannung im Betrieb für Artikel-Nr. 820 44 271 1E (275 V_{RMS}/350 V_{DC}):

Die maximal zulässige Spannung, die kontinuierlich an die Anschlüsse angelegt werden darf, wird als maximale Betriebsspannung bezeichnet. Die Spezifikation ist für Gleich- und Wechselspannung angegeben. Bei dieser Spannung ist die Leistungsaufnahme des Varistors nahezu 0. Die Funktionen der zu schützenden Schaltung werden somit in keiner Weise beeinflusst. Bis zur maximalen Dauerspannung im Betrieb ist der Leckstrom (IL) vernachlässigbar klein.

V_{Var} Druchbruchspannung:
z. B. für Artikel 820 54 271 1 (430 V)

Unter der Druchbruchspannung versteht man die Spannung, bei der der Varistor in einen leitenden Zustand übergeht.

Die Durchbruchspannung (auch „Varistornennspannung" genannt) wird bei einem Gleichstrom von typischerweise 0,1 mA (I_{Var}) bei kleinen Varistoren mit 5 mm Scheibendurchmesser und mit 1 mA bei größeren Varistoren gemessen. Die Durchbruchspannung befindet sich meist in einem Toleranzfenster von ±10 %.

V_c Klemmspannung

z. B. für Artikel 820 54 271 1 (110 V bei 50 A)

Varistoren werden mit normierten Stromimpulsen (8/20 µs) geprüft. Die unter Berücksichtigung des Toleranzbandes maximal zulässige Spannung, welche dabei am Varistor abfallen darf, wird als Klemmspannung bezeichnet. Dieser Parameter ist von hoher Bedeutung, da mit diesem die maximale Schutzfähigkeit des Varistors beschrieben wird.

Die Klemmspannung wird stets bei einem Stromimpuls definierter Höhe (i_c) gemessen. Mit Hilfe der U/I-Kennlinie kann man zu jedem beliebigen Stromimpuls die dazugehörige maximale Klemmspannung ermitteln.

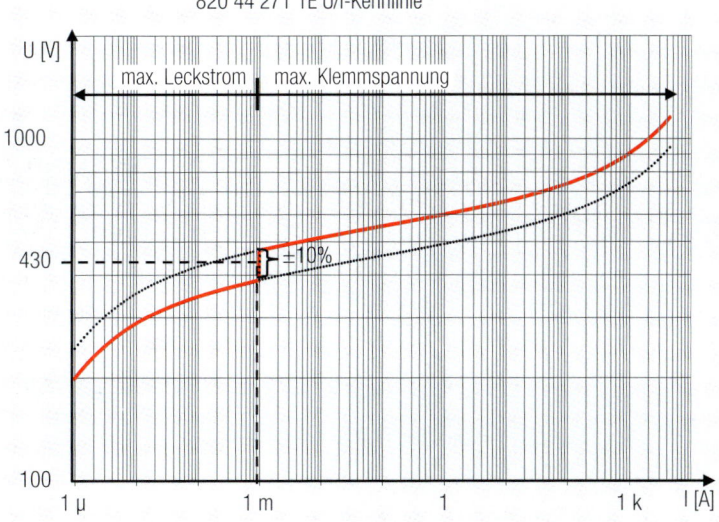

Abb. 2.166: U/I-Kennlinie des Disk Varistors Art.-Nr. 820 44 271 1E

Im Bereich unter I_{Var} wird der maximale Leckstrom angegeben, im Bereich über 1 mA die maximale Klemmspannung. Zur Ermittlung des „Worst-Case-Szenarios" zeigt die rote Linie bis 1 mA den höchstmöglichen Leckstrom für den entsprechenden Spannungspegel an. Über 1 mA zeigt die rote Linie die höchstmögliche Spannung an, die bei einem Stromimpuls mit dem entsprechenden Strompegel auftreten kann. Deshalb „springt" die Kurve bei dem Varistorstrom von der unteren Toleranzgrenze zur oberen Toleranzgrenze. Im gezeigten Beispiel von 430 V −10 % auf 430 V +10 %.

i_{max} Zulässiger Spitzenstrom

Der zulässige Spitzenstrom ist abhängig von der gegebenen Kurvenform (8/20 µs, 10/1000 µs, Rechteckfunktion usw.), welcher einmalig oder mehrmalig in das Bauelement gepulst wird.

Als Daumenregel kann man sagen, je größer der Varistor ist, desto größer ist auch der zulässige Spitzenstrom, da dieser stark von der Elektrodenfläche abhängt, durch die der Strom fließen kann. Bei Disk Varistoren entspricht das dem Durchmesser, bei SMD Varistoren der Baugröße.

Der zulässige Spitzenstrom verringert sich, je mehr Pulse in den Varistor appliziert werden. In den Derating-Kurvenscharen erkennt man, wie oft ein Impuls bestimmter Höhe und Dauer in den Varistor gepulst werden darf, ohne dass der Varistor Schaden nimmt.

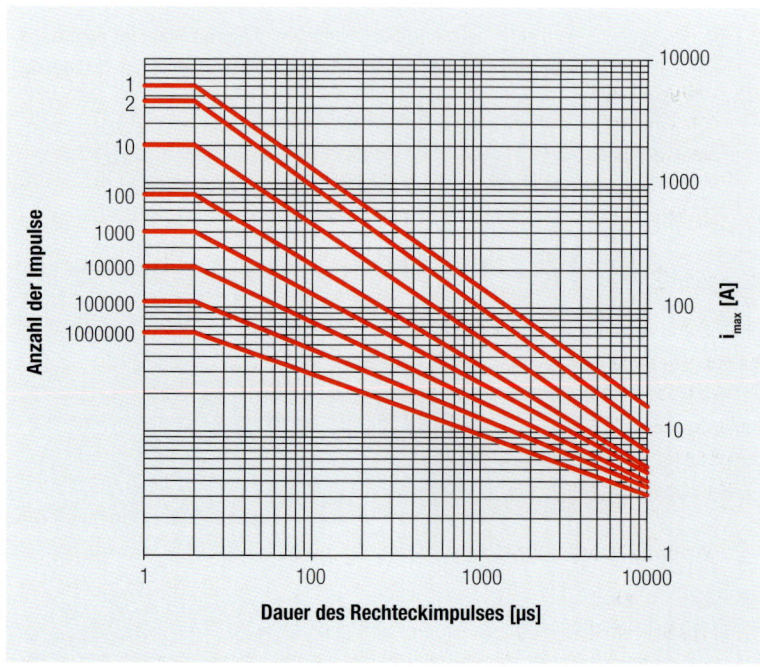

Abb. 2.167: Strom Derating-Kurvenschar des Disk Varistors Art.-Nr. 820 44 271 1E

Das oben gezeigte Schaubild zeigt die Kurvenschar des rechteckäquivalenten Maximalstromes bezogen auf die Zeitdauer.

W_{max} Energieabsorptionsvermögen

Das Energieabsorptionsvermögen eines Varistors gibt an, welche maximale Energie mit einem Impuls in den Varistor gepulst werden darf. Die Berechnung erfolgt über das Integral der am Varistor anliegenden Spannung mit dem durch den Varistor fließenden Strom:

$$W = \int u(t) \cdot i(t) \cdot dt \qquad (2.61)$$

In der Praxis wird das Energieabsorptionsvermögen bei der Kurvenform 10/1000 μs ermittelt. Das maximale Energieabsorptionsvermögen lässt sich durch folgende Näherung bestimmen:

$$W = K \cdot V_C \cdot i_C \cdot T_R \qquad (2.62)$$

Mit den Werten:

W: Energie in Joule
K: Konstante von 1,4 bei der Kurvenform 10/1000 μs
V_C: Klemmspannung bei i_C
i_C: Stromamplitude eines 10/1000 μs Impulses
T_R: Rückenhalbwertszeit der Überspannung (1000 μs)

C_{CH} Kapazität eines Varistors

Unter der intergranularen Kapazität versteht man die resultierende Kapazität, die sich aus dem Aufbau des Varistors (Serien- und Parallelschaltung vieler RC-Glieder) ergibt. Der Wert dieser Kapazität ist abhängig von der Geometrie des Varistors und der Korngröße des Granulats. Die intergranulare Kapazität wird bei einer definierten Frequenz gemessen und in der Regel in pF angegeben. Je höher die Varistorspannung ist, oder je kleiner die Bauform ist, desto kleiner ist diese Kapazität.

P_{PEAK} Maximale Verlustleistung

Die maximal zulässige Verlustleistung eines Varistors darf weder im Ruhezustand noch durch zusätzliche Störimpulsleistung überschritten werden. Legt man eine Spannung an den Varistor an, so fließt ein kleiner Leckstrom (bis einige 10 μA) durch den Varistor. Dabei entsteht im Varistor eine sehr kleine Verlustleistung, die in der Regel sehr viel kleiner ist als die maximal zulässige Verlustleistung des Varistors. Bei auftretenden Störimpulsen hängt die Verlustleistung von deren Energie bezogen auf die Wiederholrate der Impulse ab.

Temperatur-Derating

Der Einsatz von Varistoren oberhalb der spezifizierten Betriebstemperatur wird nicht empfohlen. Ist ein Einsatz notwendig, so müssen

- Betriebsspannung
- Spitzenstrom
- Energieabsorption
- Dauerverlustleistung

entsprechend Abbildung 2.168 verringert werden.

II Bauelemente

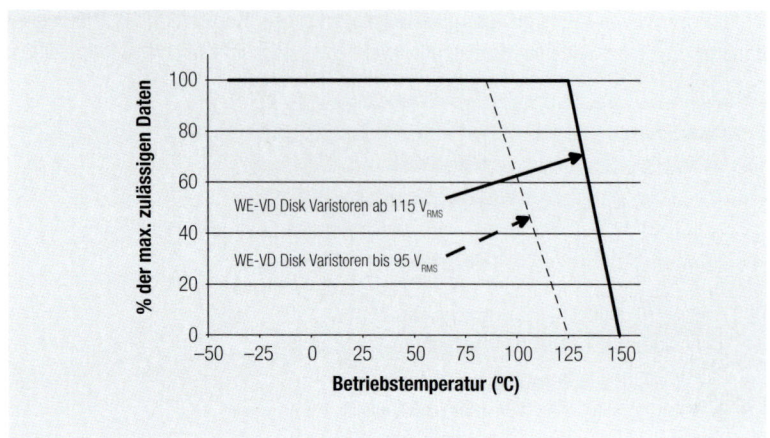

Abb. 2.168: Typische Derating-Kurve eines Scheibenvaristors

Typische Anwendungen

Varistoren werden immer parallel zu der zu beschützenden Baugruppe geschaltet. Je nach Schaltung erreicht man einen Gleichtakt- und/oder einen Gegentaktschutz. Somit werden Überspannungen, die beim Netzbetrieb von der Phase L1 kommen zuverlässig über den Neutralleiter N abgeleitet. Möchte man zusätzlich noch Überspannungen abfangen, die im Gleichtaktmodus über L1 und N kommen, so müssen diese beiden Leiter über zusätzliche Varistoren noch gegen PE geschaltet werden. Nach DIN EN 62368-1 sollten wir Varistoren mit 285 V_{eff} oder höher Betriebsspannung verwenden (25 % Sicherheitsreserve). Bei hochwertigen Baugruppen empfiehlt sich dieser L-N-PE-Schutz, da er zusätzliche Sicherheit gibt. In Steckdosenleisten mit Überspannungsschutz ist diese Schaltung der Mindeststandard.

Im Fall einer dreiphasigen Versorgungsspannung müssen die einzelnen Leiter für den Gegentaktschutz gegeneinander geschaltet werden. Für einen zusätzlichen Gleichtaktschutz ist die Absicherung gegen Erde notwendig. Dafür bietet der WE-SURGE Disk Varistor mit 20 mm und 460 V_{RMS} (Art.-Nr. 820 52 461 1) einen guten Schutz.

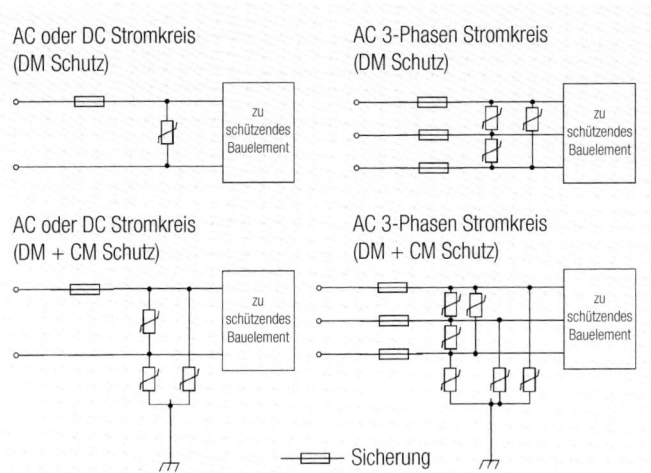

Abb. 2.169: Surge-Schutz von einphasigen bzw. dreiphasigen Spannungsversorgungen durch Varistoren

Der Einsatz einer Sicherung wird in jedem Fall empfohlen, um das Auftreten eines hohen Sekundärstroms bei Ausfall des Varistors zu vermeiden. Diese Sicherung kann vor zu hohen Strömen schützen, die andernfalls zu Schäden führen können. Besonders in kritischen und sensiblen Anwendungen ist eine Sicherung vorzusehen, selbst wenn die zugrundeliegende Norm keine Sicherung vorsieht.

Befindet man sich in einem TN-C- oder TN-C-S-System, so ist der Neutralleiter ebenfalls abzusichern. Nicht nur Spannungsversorgungen können mit Varistoren abgesichert werden, sondern auch Signalleitungen wie z.B. die einer Alarmanlage, die wegen ihrer Länge gegen induzierte Bursts geschützt werden müssen (Abbildung 2.170). Links von der Steuerung befinden sich drei Varistoren für den Gleich- und Gegentaktschutz der Spannungsversorgung wie oben beschrieben. Die Ein- und Ausgänge der Steuerung bzw. Sensoren werden mit SMD Varistoren abgesichert.

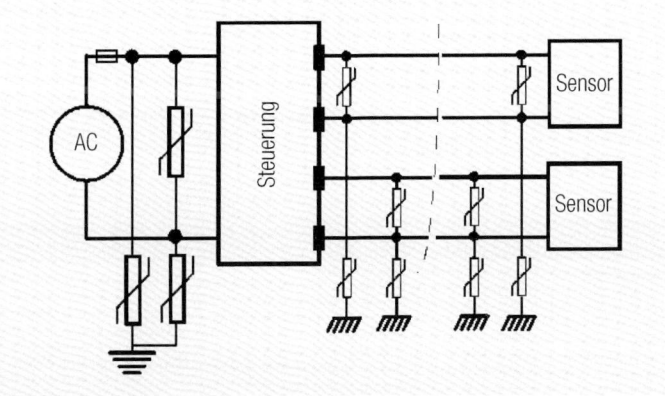

Abb. 2.170: Absicherung einer Alarmanlage gegen Überspannungen

II Bauelemente

> **Praxistipp:**
>
> SMD Varistoren kann man optimal einsetzen, indem man die vorhandene Kapazität des Varistors benutzt, um eine Filterwirkung zu erzielen. So können vorhandene Kondensatoren durch einen Varistor ersetzt werden. Zur Filterwirkung erhält man mit nur einem Bauteil zusätzlich einen Überspannungsschutz. In Kapitel III wird detailliert auf dieses Prinzip eingegangen.

Varistor Auswahl

Die Auswahl eines geeigneten Varistors erfolgt in fünf wesentlichen Schritten.

1. Schritt: Auswahl der Betriebsspannung

Die maximal zulässige Betriebsspannung des Varistors muss immer über der maximal vorkommenden Versorgungsspannung der Applikation liegen.

Beispiel: Versorgungsleitung mit 24 V_{DC} ±15 % → 27,6 $V_{DC\,max}$
→ Zuerst den nächsthöheren V_{DC}-Wert des Varistors auswählen → 30 V_{DC}

Dieser Schritt funktioniert für Gleich- und Wechselspannung gleichermaßen.

2. Schritt: Auswahl des zulässigen Spitzenstroms

Dazu müssen die Größe und Häufigkeit des maximalen Stoßstromes bekannt sein. Je höher er ist, desto größer muss auch die Bauform des Varistors sein, um die erforderliche Stromdichte tragen zu können. Leider ist der maximale Stoßstrom in der Praxis meist nicht bekannt. Es gibt jedoch drei Möglichkeiten, den maximalen Stoßstrom zu bestimmen. Als Grundlage kann die Prüfanforderung des Surge-Tests genommen werden, ebenso können die spezifischen Gegebenheiten des elektrischen Umfeldes als Basis genommen werden. Näheres hierzu ist weiter unten zu finden.

Ist weder das eine noch das andere verwendbar, so kann als Daumenregel die Größe des Varistors über den Nennstrom der Applikation bestimmt werden:

Scheiben-Varistoren WE-VD						
Nennstrom ≤:	1 A	3 A	5 A	10 A	15 A	
Durchmesser:	5 mm	7 mm	10 mm	14 mm	20 mm	
SMD-Varistoren WE-VS						
Nennstrom ≤:	0,05 A	0,1 A	0,25 A	0,5 A	0,75 A	1,5 A	2,5 A
Durchmesser:	0402	0603	0805	1206	1210	1812	2220

Tab. 2.81: Bestimmung der Varistorgröße durch den Nennstrom der Applikation

Es gilt zu beachten, dass hier Erfahrungswerte verwendet werden, der gewählte Varistorwert sollte durch zusätzliche Laborversuche bestätigt werden.

3. Schritt: Auswahl des Energieabsorptionsvermögens

Im Varistor wird immer dann Energie absorbiert, wenn Strom durch ihn fließt. Die Energieabsorption kann entweder berechnet, oder mit einem Speicheroszilloskop bestimmt werden. Die maximale Energieaufnahmefähigkeit des Varistors muss immer größer sein als die zu absorbierende Energie. Bei dieser Kalkulation werden keine verschärfte Prüfanforderungen berücksichtigt. Sollten diese notwendig sein, müssen sie zusätzlich berücksichtigt werden.

4. Schritt: Ermittlung der Dauerverlustleistung

Wurde die Betriebsspannung des Varistors richtig ausgewählt, so ist die Dauerverlustleistung durch die Grundbelastung des Varistors nahezu Null, da nur der Leckstrom fließt. Eine kontinuierliche Verlustleistung, respektive Dauerverlustleistung, kommt nur bei periodisch auftretenden Impulsen in den Fokus. Berechnet wird sie mit der in den Varistor implizierten Energie bezogen auf die Wiederholrate der Impulse.

$$P = \frac{W}{T} = \frac{dW}{dT} \tag{2.63}$$

II Bauelemente

Praxistipp:

Für den Dauerbetrieb eines Varistors, der in einer Umgebungstemperatur betrieben wird, die größer als die maximale Betriebstemperatur ist, müssen die Datenblattwerte anhand der Derating-Kurve relativiert werden; daraus folgt, dass für die Applikation, bezogen auf Normalbedingungen, auf überdimensionierte Bauteile zurückgegriffen werden muss, um so eine lange Standzeit der Bauteile in der Applikation zu erreichen.

Varistoren gehen im Fehlerfalle in den Kurzschluss über. Bei Betrieb unter Dauerspannung ist der Varistor dann sehr schnell in thermischer Überlast und kann eine Brandgefahr darstellen. Daher müssen Varistoren vor Dauerkurzschlossstrom (Netzfolgestrom) mit Sicherungen geschützt werden.

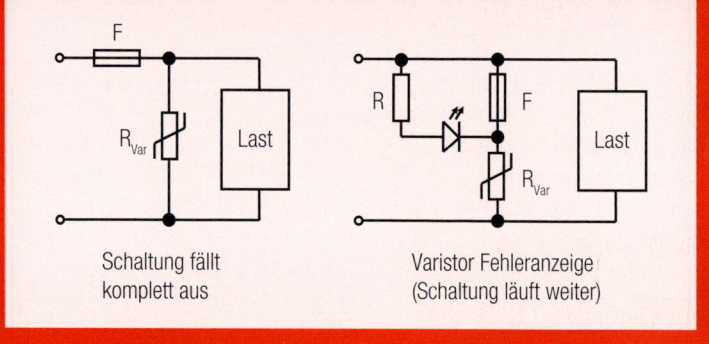

Schaltung fällt komplett aus

Varistor Fehleranzeige (Schaltung läuft weiter)

5. Schritt: Überprüfung der maximalen Klemmspannung

Die maximale Klemmspannung, auf die der Varistor den Stromimpuls begrenzt, muss kleiner sein als die Spannungsfestigkeit des zu schützenden Stromkreises. Ermittelt wird die Klemmspannung über die U/I-Kennlinie des ausgewählten Varistors. Zwischen der maximal zulässigen Betriebsspannung und der Klemmspannung eines Varistors besteht eine physikalische Korrelation – je höher die Betriebsspannung ist, desto höher ist die Klemmspannung. Ist die Klemmspannung des ausgewählten Varistors zu hoch, so muss ein Varistor mit größerer Bauform oder größerer Scheibe gewählt werden.

Beispielrechnungen:

Surge-Test gemäß IEC 61000-4-5

An dieser Stelle wird ermittelt, welcher Varistor für den Surge Test geeignet ist. Zu prüfen ist ein Industrie-PC am 230 V-Netz. Die Prüfung erfolgt gemäß Installationsklasse 4 (höchste Anforderung).

1.) Test L gegen N

- Prüfspannung: 2 kV bei 2 Ω Impedanz.
- 10 Impulse (je 5 positive und 5 negative); Wiederholrate 1/Min.
- Annahme: 1 kV Spannungsfestigkeit des zu schützenden Schaltkreises

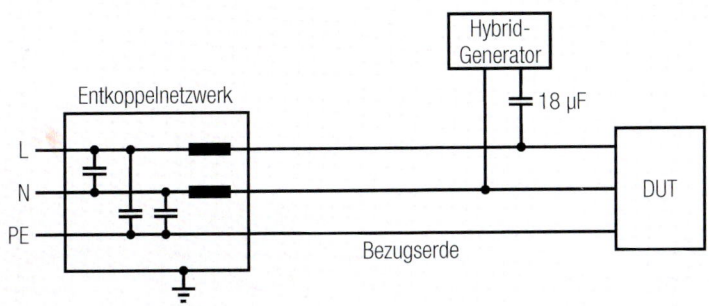

Abb. 2.171: Versuchsaufbau eines Surge-Tests von L gegen N

Aufgrund der Betriebsspannung von 230 V ±10 % = 253 V_{max} entscheiden wir uns für einen Varistor mit einer Varistor-Betriebsspannung von 275 V_{eff} (DIN EN 62368-1 empfiehlt eine Sicherheitsreserve von 25 %). Für Anwendungen, die mit einer Netzspannung von 230 V versorgt werden, besteht die beste Wahl in der Verwendung eines 14-mm- oder 20-mm-MOV. Bei Verwendung eines 14-mm-MOV führt uns dies zur Teilenummer 820 54 2711.

Artikel-Nr.	V_{RMS}	V_{DC}	V_{Var} (0.1 mA)	$i_{max.}$ (8/20 μs)	$W_{max.}$ (10/1000 μs)	V_C	i_C (8/20 μs)	$P_{max.}$	$C_{typ.}$ (1 kHz)	Zulassungen		
	(V)	(V)	(V)	(A)	(J)	(V)	(A)	(W)	(pF)	UL	CSA	VDE
820 54 271 1E	275	350	430	6000	155	710	50	0,6	450	3	x	x

Tab. 2.82: Elektrische Daten des verwendeten Varistors 820 44 271 1E

A) Überprüfung des Stoßstromes

Der Surgegenerator liefert bei 2 kV Ladespannung und einer Impedanz von 2 Ω einen maximalen Kurzschlussstrom von:

$$i_{Gen,\,max} = \frac{2\text{ kV}}{2\,\Omega} = 1\text{ kA} \qquad (2.64)$$

Für diesen Strom lesen wir in den U/I-Kurven des zugehörigen Datenblattes eine Klemmspannung von 900 V ab. Da wir den ungünstigsten Fall suchen, müssen wir die Klemmspannung um die Toleranz des Varistors verringern:

In der U/I-Kennlinie wird die maximale Klemmspannung des Varistors angegeben, wir benötigen jedoch die minimale Klemmspannung.

II Bauelemente

Wir müssen folglich die 900 V um die bereits aufgeschlagenen 10 % reduzieren (Division durch 1,1) und diesen „mittigen" Wert um weitere 10 % reduzieren (Multiplikation mit 0,9) um am unteren Ende des Toleranzbandes anzukommen.

$$u_{C,min} = 900\,V\frac{0,9}{1,1} = 737\,V \qquad (2.65)$$

Den tatsächlich auftretenden Strom ermitteln wir nun mit der um die Klemmspannung verringerten Ladespannung:

$$i_{C,max} = \frac{2000\,V - 737\,V}{2\,\Omega} = 631,5\,A \qquad (2.66)$$

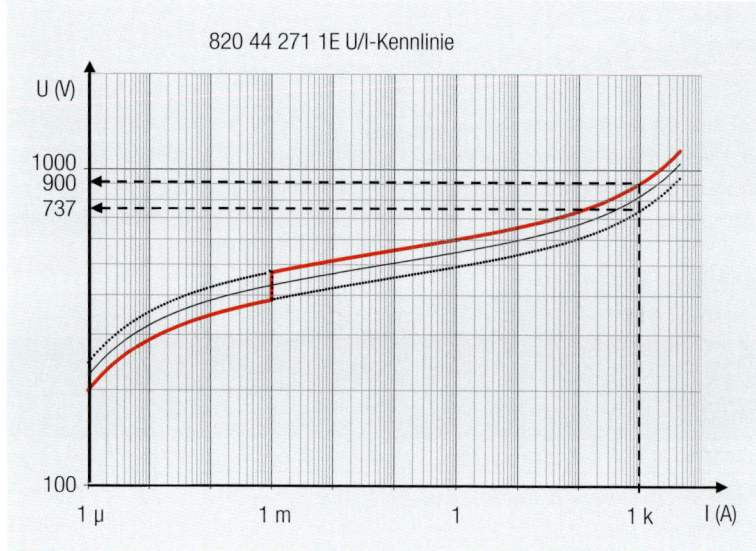

Abb. 2.172: U/I Kennlinienfeld des verwendeten Varistors 820 44 271 1E

Entsprechend der Testbedingung muss der Varistor 5 positive und 5 negative Pulse ableiten. Den Strom-Derating-Feldern können wir entnehmen, dass dieser Varistor zehn 1-kA-Impulsen mit einer Länge von je 20 µs standhält. Somit ist er in der Lage, die Anforderung, zehn Impulsen mit jeweils 631,5 A, zu erfüllen.

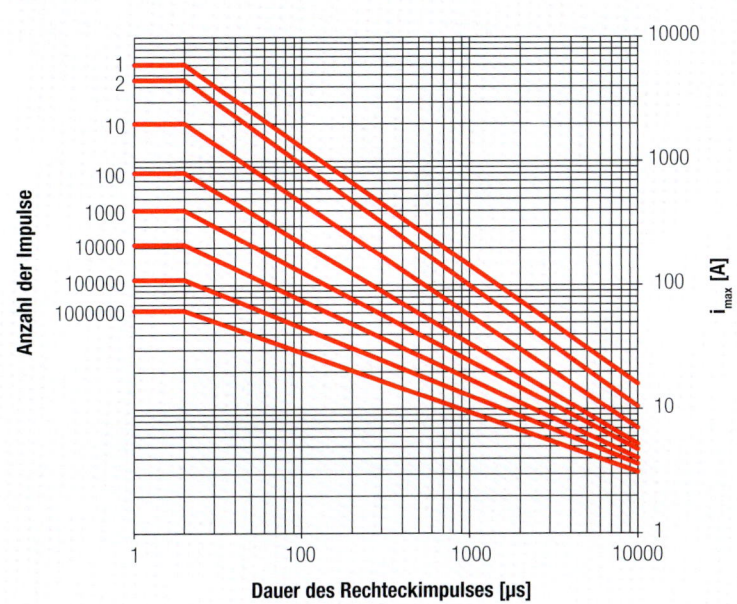

Abb. 2.173: Pulslebensdauer Derating für den Varistor 820 44 271 1E

B) Überprüfung des Energieabsorbtionsvermögens

Mit den oben berechneten Spitzenwerten kann die Energieaufnahme des Varistors mit hoher Genauigkeit beschrieben werden. Das Energieabsorbtionsvermögen W berechnet sich, wie unter „Datenblatt-Kenndaten von Scheiben- und SMD-Varistoren" beschrieben mit $W = K \cdot V_C \cdot i_C \cdot T_R$. Wobei der Faktor K im Allgemeinen bei der Kurvenform 10/1000 µs mit 1,4 angeben wird.

Bei der 8/20-µs-Kurvenform muss die Konstante mit dem Wert K=1 festgelegt werden. Die V/I-Kurven des Datenblattes zeigen, dass ein Stoßstrom von 631,5 A einer Klemmspannung von 860 V entspricht. Das Energieabsorbtionsvermögen des Varistors ist nun mit der folgenden Formel zu berechnen:

$$W = K \cdot V_C \cdot i_C \cdot T_R \qquad (2.67)$$

II Bauelemente

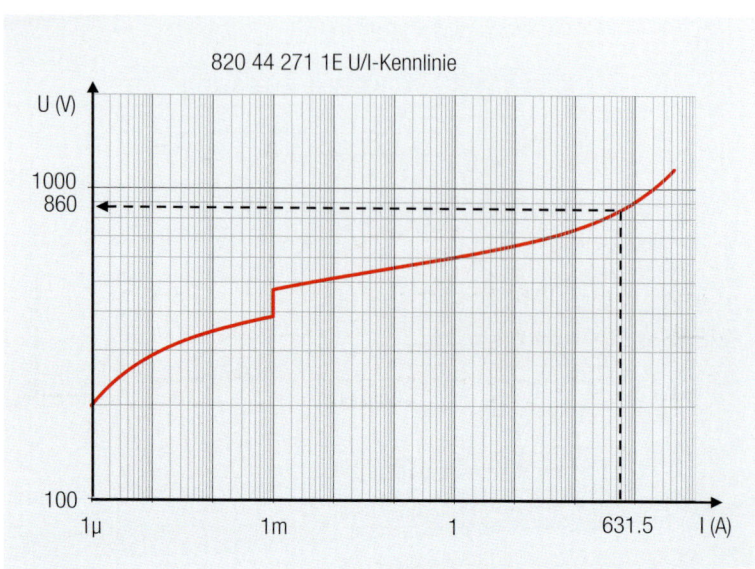

Abb. 2.174: Ermittlung der Klemmspannung bei ic = 631,5 A

Die maximale Energieaufnahmefähigkeit des Varistors beträgt 132 J. Die oben berechnete Anforderung von 10,9 J ist erfüllt.

C) Überprüfung der Verlustleistung

Standardkonform beträgt die Impulsfrequenz 1/Min. Die Verlustleistung kann daher bestimmt werden, wenn die Impulsfrequenz und die Energie eines einzelnen Impulses bekannt sind. Die folgende Formel zeigt die Berechnung der Verlustleistung: Zulässig sind 0,6 Watt für den ausgewählten Varistor. Somit wird auch diese Anforderung erfüllt.

$$P = \frac{10,9 \text{ J}}{60 \text{ s}} = 0,2 \text{ W} \qquad (2.68)$$

D) Überprüfung der Klemmspannung

Wie unter B) ermittelt, beträgt die max. Klemmspannung 860 V bei einem Strom von 631,5 A. Somit wird die Spannungsfestigkeit des zu schützenden Stromkreises (1 kV) nicht überschritten.

2.) Test L gegen PE bzw. N gegen PE

- Prüfspannung: 4 kV an eine Impedanz von 12 Ω
- 10 Impulse (je 5 positive und 5 negative); Wiederholrate 1/Min.
- 1 kV Spannungsfestigkeit des zu schützenden Schaltkreises

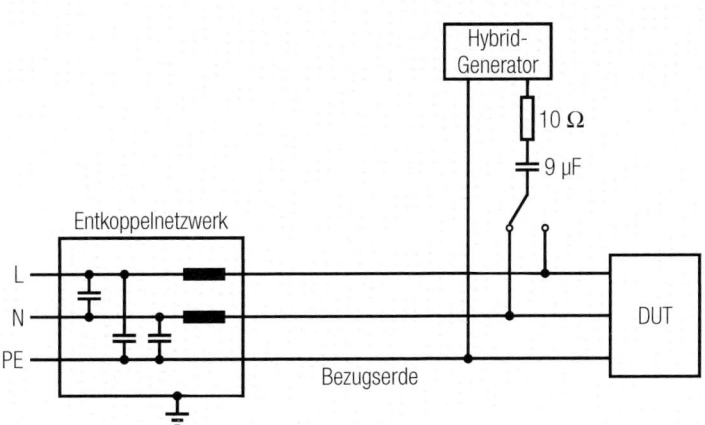

Abb. 2.175: Versuchsaufbau eines Surge-Tests von L bzw. N gegen PE

Die Berechnung erfolgt wie unter „1.) Test L gegen N", mit dem Unterschied, dass die Ladespannung verdoppelt wird und die Impedanz anstatt 2 Ω nun 12 Ω also den sechsfachen Wert hat.

$$i_{Gen,max} = \frac{4\ kV}{12\ \Omega} = 334\ A \tag{2.69}$$

Da der maximale Strom, verglichen zur vorherigen Situation, dreimal kleiner ist, wählen wir den gleichen 14-mm-MOV mit 275 V_{eff} (Artikelnummer 820 54 2711) als Anfangskomponente. Durch Vergleich der berechneten Werte mit den Angaben im Datenblatt des Varistors, bekommen wir die Bestätigung, dass dieser Varistor auch in diesem Fall alle Anforderungen erfüllt.

Ein geeigneter Varistor wurde ausgewählt. Um festzustellen, ob der ausgewählte Varistor überdimensioniert ist, kann zur Sicherheit eine Berechnung mit einem Varistor mit der gleichen Spannungsklasse, aber kleinerer Baugröße durchgeführt werden.

Abschalten induktiver Bauelemente

Bei jedem Schaltvorgang induktiver Bauelemente treten Spannungsspitzen auf. Bei einem Abschaltvorgang wird der Stromfluss unterbrochen. Gemäß dem Induktionsgesetz

$$u = L \cdot \frac{di}{dt} \tag{2.70}$$

entsteht beim Abschaltvorgang eine Spannungsspitze. Diese kann zur Zerstörung der Induktivität selbst, oder benachbarter Bauelemente führen. Zur Begrenzung der Spannungsspitze kann ein sog. Freilaufkreis parallel zur Induktivität geschaltet werden

II Bauelemente

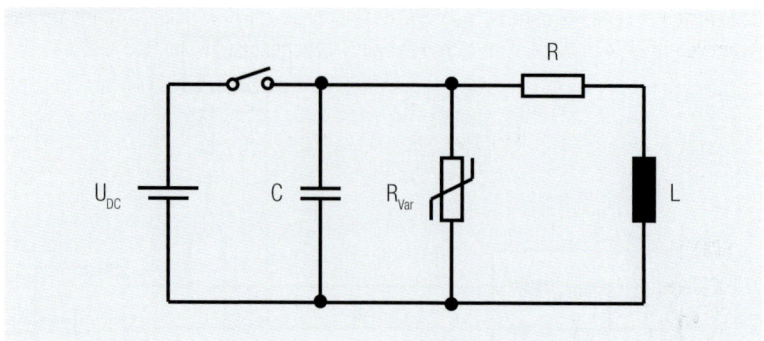

Abb. 2.176: Prinzipschaltung einer induktiven Last mit Freilaufkreis

L = 2 mH   I = 1 A
C = 500 pF   V = 24 V_{DC}
R = 0,8 Ω

Als Basis für unsere Berechnungen wählen wir einen Varistor mit einer max. zulässigen Betriebsspannung von 26 V_{DC} in der Bauform 0603, mit der Art.-Nr.: 825 56 200.

Artikel-Nr.	V_{RMS}	V_{DC}	V_{Var}	$i_{max.}$ (8/20 µs)	$W_{max.}$ (10/1000 µs)	V_C	i_C (8/20 µs)	$C_{typ.}$ (1 kHz)
	(V)	(V)	(V)	(A)	(J)	(V)	(A)	(pF)
825 56 200	20	26	33	30	0,1	54	1	200

Tab. 2.83: Elektrische Daten des verwendeten Varistors 825 56 200

Die in der induktiven Last gespeicherte Energie beträgt

$$W = \frac{1}{2} \cdot C \cdot U^2 = \frac{1}{2} \cdot L \cdot I^2 = \frac{1}{2} \cdot 0{,}002\,H \cdot 1^2\,A = 1\,mJ \qquad (2.71)$$

wobei L und C auch die parasitären Effekte der Induktivität bzw. des Stromkreises darstellen können. Somit kann der Varistor die komplette Energie absorbieren.

Die maximal auftretende Spannung berechnet sich zu

$$V = \sqrt{\frac{2 \cdot W}{C}} = \sqrt{\frac{2 \cdot 1\,mJ}{500\,pF}} = 2000\,V \qquad (2.72)$$

Dieser Spannungsimpuls muss auf ein niedrigeres Niveau gebracht werden.

Beim Abschalten der induktiven Last wird sich der Strom nicht schlagartig ändern. Der Strom verringert sich und nähert sich 0 mit einer Exponentialfunktion wie folgt:

$$i(t) = I_0 \cdot e^{-\frac{1}{\tau}} \qquad \text{mit } \tau = \frac{L}{R} \qquad (2.73)$$

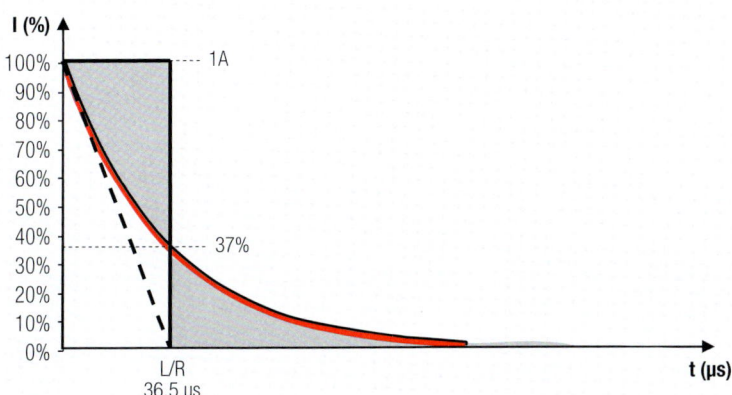

Abb. 2.177: Stromverlauf nach dem Abschalten einer Induktivität

Zur Berechnung benötigen wir den Widerstand des Freilaufkreises. Dieser besteht aus der Reihenschaltung des Leitungswiderstandes mit dem Widerstand des Varistors bei dem oben im Datenblatt angegebenen Strom i_c von 1 A. Bei diesem Strom i_c beträgt die Klemmspannung u_c des ausgewählten Varistors maximal 54 V (siehe auch Abbildung 2.177).

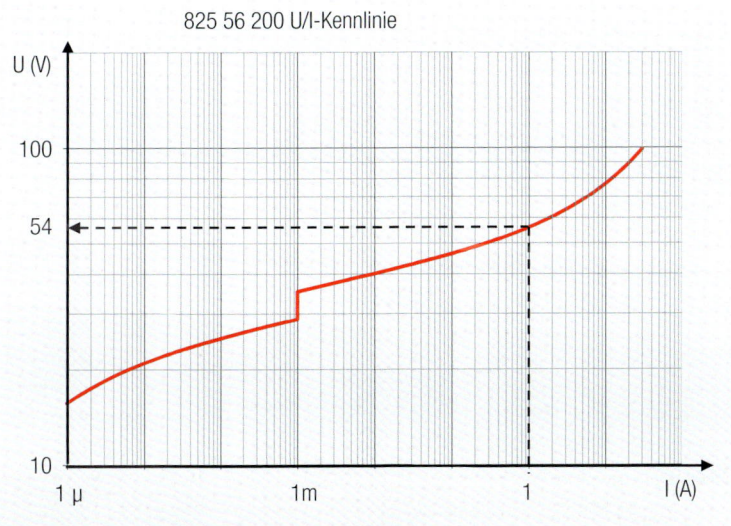

Abb. 2.178: Klemmspannung bei i_c = 1 A des SMD Varistors 825 56 200

II Bauelemente

Daraus errechnen wir den max. Widerstand des Varistors mit

$$R_{var@1A} = \frac{v_c}{i_c} = \frac{54\,V}{1\,A} = 54\,\Omega \qquad (2.74)$$

Zusammen mit dem Widerstand der Zuleitung über die Leiterplatte zum Varistor ergibt sich ein Widerstand von ca. 54,8 Ω. Hiermit können wir die rechteckäquivalente Zeitdauer des Impulses berechnen. Diese entspricht bei einer e-Funktion der Zeitkonstanten.

$$\tau = \frac{L}{R} = \frac{2\,mH}{54,8\,\Omega} = 36,5\,\mu s \qquad (2.75)$$

Über die Frequenz der Schaltvorgänge kann zusammen mit den Derating-Feldern aus dem Datenblatt die Lebensdauer des Varistors ermittelt werden. Dabei ist zu beachten, dass die maximale Verlustleistung des Varistors – insbesondere bei sich schnell wiederholenden Schaltvorgängen – nicht überschritten wird.

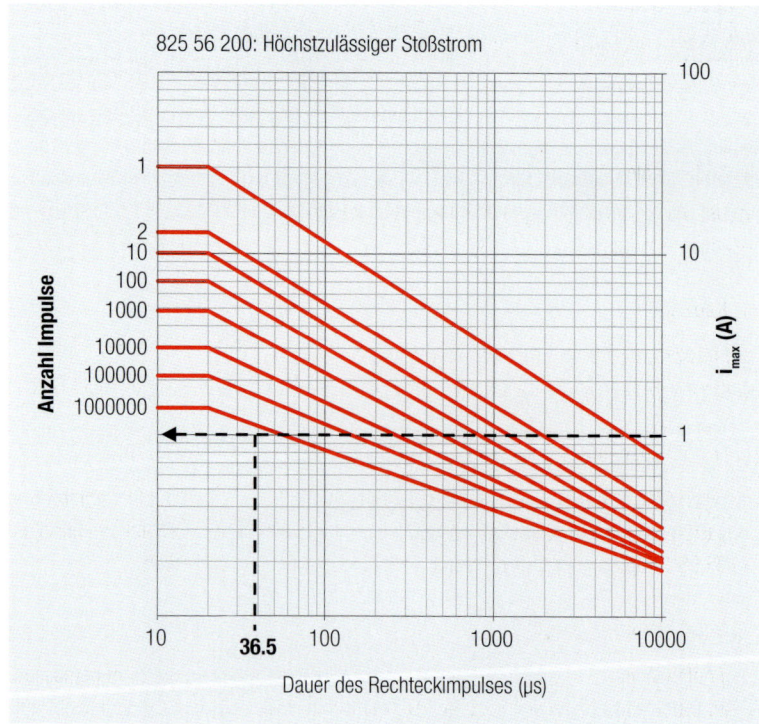

Abb. 2.179: Derating-Kurve eines Varistors in Abhängigkeit der Impulsdauer und des Impulsstroms.

Wie im oben dargestellten Diagramm (Abb. 2.178) zu sehen ist, widersteht dieser Varistor einen 1-A-Stromstoß mit einer Impulsdauer von 36,5 µs von ca. 3 Millionen Schaltvorgängen.

Tritt alle 10 Sekunden ein Abschaltvorgang auf, so beträgt die Lebensdauer dieses Varistors etwa 100 Jahre, sofern die Anlage täglich 24 Stunden in Betrieb ist.

9.3 ESD Suppressor

Von den mechanischen Abmessungen völlig identisch, unterscheiden sich WE VE ESD Suppressoren zu SMD Varistoren durch eine niedrigere und spezifizierte Kapazität. Vor allem für den Schutz von Datenleitungen ist dies extrem wichtig, da nur so die Signalintegrität gewahrt wird.

Datenblatt-Kenndaten

Artikel-Nr.	V_{DC} (V)	C (1 kHz) (pF)	V_c (V)	I_{LEAK} (µA)	R (MΩ)
823 57 050 560	5	56	55	1	10
823 56 120 100	12	10	60	1	

Tab. 2.84: Elektrische Eigenschaften von ESD Suppressoren

V_{DC} – Maximale Dauerspannung im Betrieb

Dies ist die maximal zulässige Spannung der Datenleitung, d.h. der nominale Spannungspegel sollte nicht größer sein als die angegebene maximale V_{DC}.

C – Kapazität

Im Unterschied zu SMD Varistoren ist die Kapazität der WESURGE ESD Suppressoren spezifiziert. Meist beträgt die Toleranz ±30 %. Gemessen wird die Toleranz bei 1 MHz.

V_c – Klemmspannung

Analog zu SMD Varistoren. Die Klemmspannung ist die Spannung, die beim Implizieren eines 8/20 µs Stromimpulses in den ESD Suppressor, am Bauelement anliegt. Für die WE-VE ESD Suppressoren wird diese im Allgemeinen bei 1 A gemessen.

I_{LEAK} – Leckstrom

Beim Anlegen von VDC wird der durch den ESD Suppressor fließende Strom gemessen. Da auf Datenleitungen in der Regel mit Differenzspannungen gearbeitet wird, fließt auf einer Datenleitung ein sehr geringer Strom. Deshalb ist es umso wichtiger, dass der Leckstrom durch das Schutzelement möglichst klein ist.

II Bauelemente

Zusätzlich zu diesen Kenndaten enthält der Katalog für die Bauelemente stets mindestens eine typische Anwendung, um die korrekte Auswahl eines Bauteils zu gewährleisten.

Die Baureihen WE-VE und WE-VEA

Historisch betrachtet, entstand der ESD Suppressor durch die Weiterentwicklung eines SMD Varistors. Der prinzipielle Aufbau ist daher nahezu identisch. Je nach Größe, Spannung und Kapazität sind unterschiedlich viele Lagen in definiertem Abstand verschaltet.

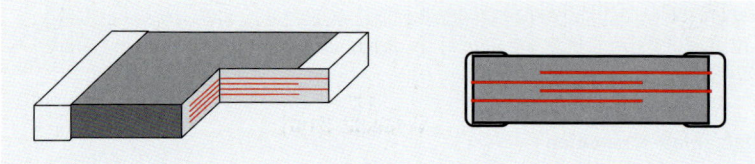

Abb. 2.180: Konstruktiver Aufbau des ESD Suppressors

Besonders bei Datenleitungen sind Signalpaare oder doppelte Signalpaare häufig anzutreffen. Dafür sind die Arrays der Serie WE-VEA konzipiert (Abb. 2.180).

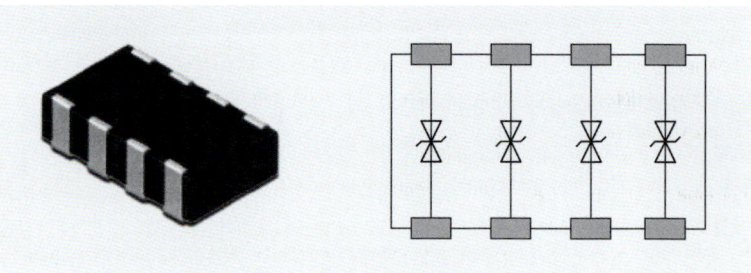

Abb. 2.181: Foto und Pin-Belegung eines ESD Suppressor Arrays

In einem Array befinden sich vier herkömmliche Bauelemente, die alle einzeln kontaktiert werden können. Die Vorteile sind Platzersparnis und weniger Aufwand beim Bestücken der Platine.

Besonderheiten der „ULC" (Ultra Low Capacitance) und femtoF Typen

Der Hauptunterschied ist – wie es der Name schon vermuten lässt – die Kapazität. Die Typen der WE-VE(A)-Baureihe „ULC" haben eine typische Kapazität von 0,2 pF. Für sehr schnelle Datenleitungen wie DVI und HDMI, Firewire oder SATA, USB oder LAN sind Bauelemente mit sehr niedrigen parasitären Kapazitäten unverzichtbar. Durch ihre niedrige intrinsische Kapazität haben sie eine Einfügedämpfung von weniger als 1 dB bei einer Frequenz von 3 GHz. Dies sind ideale Voraussetzungen, um die Augendiagramm-Tests zu bestehen, so dass die Spezifikationen der Datenschnittstellen eingehalten werden können.

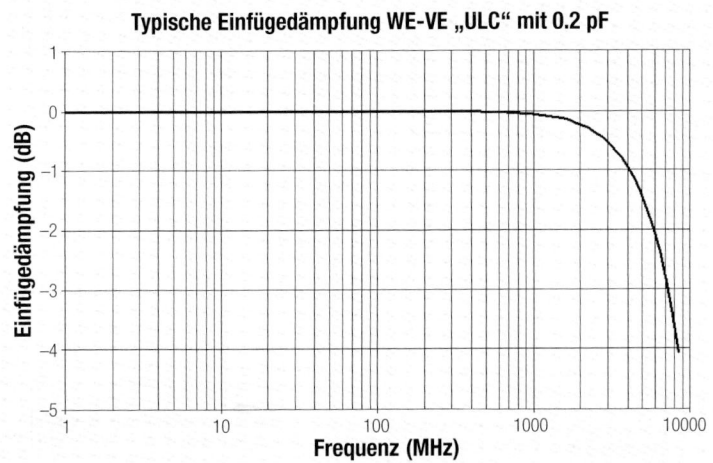

Abb. 2.182: Typische Einfügedämpfung eines WE-VE ESD Suppressors mit 0,2 pF

Der Aufbau des Bauelementes unterscheidet sich etwas von der Standardserie. Für die ULC Serie wurde zu dem Zinkoxid noch ein Polymer-Material beigemengt, wodurch die Vorteile beider Materialien kombiniert werden.

Zinkoxid für eine gute Stabilität des Bauteils und Polymer für die extrem niedrige Kapazität. Durch diese Kombination geht die varistortypische Eigenschaft einer stetigen U/I-Kurve verloren, doch man erhält dafür ein hervorragendes Bauteil für den ESD Schutz von schnellen Datenleitungen.

Für einen ESD Impuls weisen die WESURGE WE-VE „ULC" stattdessen eine U/I-Charakteristik ähnlich der eines Thyristors auf. Über einer definierten Spannung „zünden" die Bauteile und begrenzen die anliegende Spannung auf eine niedrigere Klemmspannung.

Der ESD Impuls hat im Vergleich zu einem Surge-Impuls eine sehr viel kleinere Energie, die im Überlastfall absorbiert werden muss. Gleichzeitig ist die Anstiegszeit des ESD-Impulses jedoch um den Faktor 1000 kürzer! Die Datenblattangaben der ULC-Serie basieren auf den speziellen U/I-Eigenschaften des Bauelementes.

Artikel-Nr.	V_{DC} (V)	C (1 MHz) (pF)	V_{Cl} (V)	V_{Tr} (V)	I_{Leak} (µA)
823 07 050 029	5	0,2	17	100	0,1
823 06 120 029	12	0,2	30	150	0,1

Tab. 2.85: Elektrische Kenndaten der ESD Suppressor WE-VE „ULC"-Serie

II Bauelemente

V_{Tr} – Trigger Spannung

V_{Tr} ist die Spannung, welche nach Initiierung eines ESD Impulses (IEC 61000-4-2, 8 kV Kontaktentladung) direkt am Bauteil gemessen wird. Gemäß IEC 61000-4-2 ist die erste Entlade-Stromspitze des ESD Impulses nach 0,7–1 ns am höchsten. Die damit implizierte Spannung wird durch die extrem kurze Reaktionszeit des ESD Suppressors auf die Trigger Spannung begrenzt.

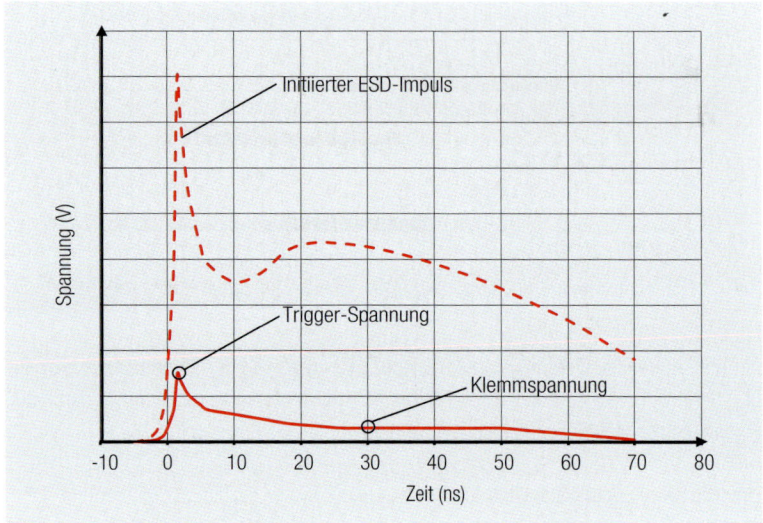

Abb. 2.183: Darstellung der Spannungsbegrenzung eines ESD Impulses mit WE-VE ESD-Suppressor

V_{Cl} – Klemmspannung

Nach IEC 61000-4-2 ist der Strom des ESD-Impulses als I_{max} und nach weiteren 30 ns Impulsdauer definiert. Deshalb wird die Klemmspannung bei 30 ns nach Initiierung des ESD Impulses gemessen. Die Klemmspannung gibt somit an, welche Spannung am ESD Suppressor nach einer Zeit von 30 ns nach Initiierung des ESD Impulses anliegt. Die Messung erfolgt auch hier mit einer Ladespannung von 8 kV und nach dem Aufbau der Kontaktentladung.

Typische Anwendungen USB 2.0

Für die USB 2.0 Schnittstelle eignen sich wie unten beschrieben ESD Suppressoren mit 0,2 pF bis 3 pF.

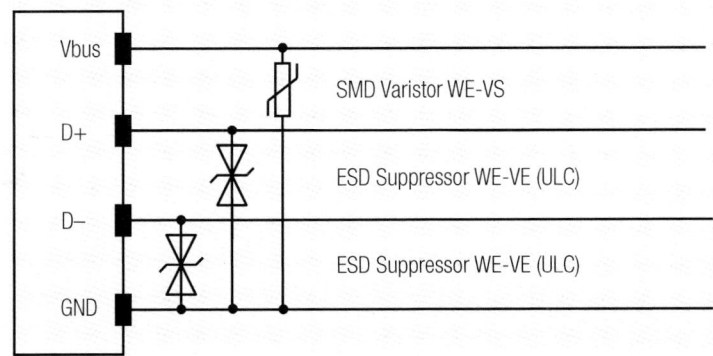

Abb. 2.184: Schutzbeschaltung einer USB Schnittstelle gegen ESD

Es ist zu beachten, dass nur die D+ und D– gegen Erde mit einem ESD Suppressor abgesichert werden müssen. Der Stromversorgungsanschluss Vbus kann mit einem herkömmlichen SMD-Varistor (WE-VS) geschützt werden, da er keine Daten überträgt und die Kapazität somit eher höher sein sollte.

In der Praxis findet man oft zwei USB Anschlüsse vor. Für diesen Fall ist das WE-VEA „ULC" Array 823 81 120 029 bestens geeignet. Es bietet Schutz für vier Datenleitungen. Für Vbus kann auch in diesem Fall wieder ein konventioneller SMD Varistor eingesetzt werden, z.B. 825 360 40 in der Bauform 0603 und mit 5,5 VDC.

Der Unterschied des Einflusses der Einfügedämpfung zwischen den 0,2 pF und den 3 pF Typen ist erst, bezogen auf die USB-Systemimpedanz von 90 Ω, ab einer Frequenz von ca. 500 MHz relevant, welche deutlich oberhalb der Bandbreite von USB 2.0 liegt, wie in Abbildung 2.145 zu sehen ist.

II Bauelemente

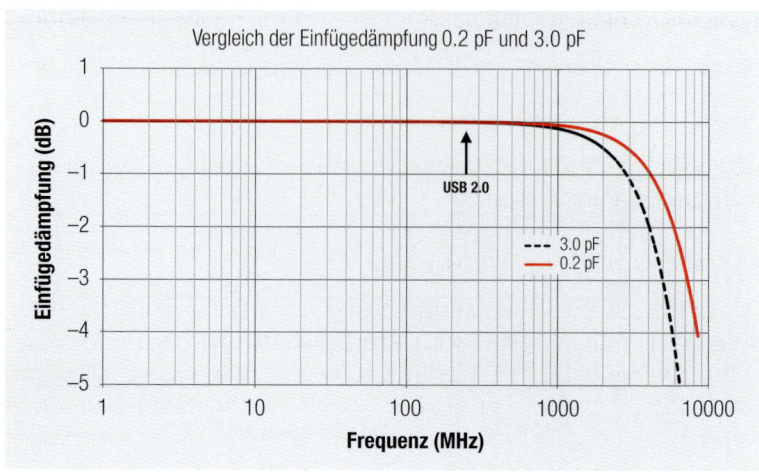

Abb. 2.185: Vergleich der Einfügedämpfung von 0,2 pF und 3,0 pF

Bus-Systeme

Bus-Systeme bestehen in der Regel aus einer zentralen Recheneinheit, mehreren Aktoren und vielen Sensoren. In Abbildung 2.186 ist ein prinzipieller Aufbau dargestellt.

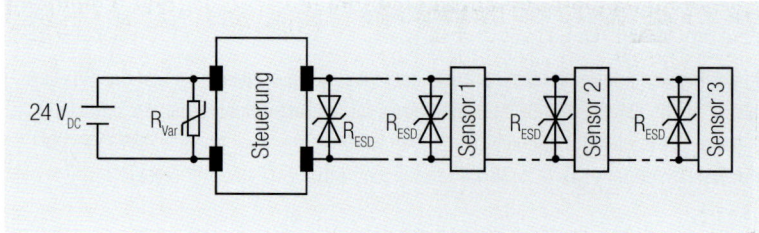

Abb. 2.186: Prinzipschaltbild eines Bus-Systems

Je nach Bus-Typ kommen, abhängig von der entsprechenden Datenrate, unterschiedliche ESD Suppressoren zum Einsatz. Für den CAN Bus mit einem Datenpegel von 10 V und einer Datenrate bis 1 Mbit/s sollte ein ESD Suppressor mit einer Klemmspannung von 12 V und einer Kapazität von maximal 22 pF gewählt werden, z.B. die Artikelnummer 823 57 120 220 mit der Bauform 0402.

Wie in Abb. 2.185 zu sehen ist, sollte nicht nur die zentrale Steuerung, sondern auch die Sensoren und Aktoren abgesichert werden. Besonders bei sich bewegenden Sensoren kann durch das Aneinanderreiben der Leiter eine hohe Potentialdifferenz zwischen den einzelnen Leitern und somit eine elektrostatische Ladung entstehen. Ein anderes häufig auftretendes Phänomen ist eine durch einen Stromimpuls in einem benachbarten Kabel induzierte Überspannung, die in die Sensorleitung induziert wird.

In Abbildung 2.186 ist ebenfalls zu sehen, dass die Spannungsversorgung nicht mit einem ESD Suppressor geschützt wird, sondern mit einem herkömmlichen Varistor R_{var}.

Auswahl des richtigen ESD Suppressors:

Die Auswahl des richtigen Bauelementes für die Datenleitung erfolgt im Wesentlichen in drei grundlegenden Schritten:

1.) Schritt: Auswahl der Betriebsspannung

Für eine USB Schnittstelle mit 5 V Datenpegel sollte entsprechend ein ESD Suppressor mit einer Betriebsspannung von 5 VDC ausgewählt werden – auf keinen Fall geringer, es ist natürlich möglich ein Bauteil mit einer höheren zulässigen Betriebsspannung zu verwenden, z.B. 12 V_{DC} für eine Leitung mit 5 V Spannung. Dadurch verkleinert sich der Leckstrom durch den ESD Suppressor, jedoch auf Kosten einer höheren Klemmspannung.

2.) Schritt: Auswahl der passenden Kapazität

Für die Signalintegrität ist es wichtig, eine der Datenrate entsprechende maximale Kapazität des Varistors zu wählen. Folgende Datenrate-Kapazitätskombinationen erweisen sich im praktischen Einsatz, bezogen auf die Systemimpedanz der Datenübertragungsart, als geeignet:

Datenleitung	Datenrate	Bandbreite	empf. Kapazität (pF)
RS-232/RS-485	115,2 kBit	57,6 kHz	33 resp. 56
CAN	1 MBit	500 kHz	10 resp. 22
USB 1.0	1,5 MBit	750 kHz	10 resp. 22
USB 1.1	12 MBit	6 MHz	5 resp. 10
Profibus	12 MBit	6 MHz	5 resp. 10
USB 2.0	480 MBit	240 MHz	0,2 resp. 0,05
LAN 100MBit	125 MBit	62,5 MHz	0,2 resp. 0,05
LAN 1GBit	1,25 GBit	625 MHz	0,2 resp. 0,05
SerialATA I	1,5 GBit	750 MHz	0,2 resp. 0,05
DVI/HDMI 1.2	1,65 GBit	825 MHz	0,2 resp. 0,05
Firewire IEEE 1394b	1,5729 GBit	786,45 MHz	0,2 resp. 0,05
Serial ATA II	3,0 GBit	1,5 GHz	0,05
HDMI 1.3	3,4 GBit	1,7 GHz	0,05
Antenna	–	–	0,2 resp. 0,05

Tab. 2.86: *Empfohlene Kapazitäten von ESD Suppressoren bezogen auf die Bandbreite verschiedener Datenübertragungsarten*

Der Grund, nicht immer einen niederkapazitiven Typen mit 0,2 bzw. 0,05 pF einzusetzen ist, dass die Trigger-Spannung auch von der Kapazität eines ESD Suppressors bestimmt wird. Entscheidend ist also, einen Mittelweg aus kleinstmöglicher Einfüge-

II Bauelemente

dämpfung und kleinstmöglicher Trigger-Spannung zu finden. Genau dies wird mit den oben angegebenen Kombinationen erreicht.

Durch die spezifizierte Toleranz ist es möglich, im Schnittstellensystem eine gezielt höhere Kapazität einzusetzen, um damit hochfrequente harmonische Störungen zu reduzieren. Somit wird durch den Einsatz eines Bauelementes der ESD-Schutz und im Sinne der EMV, eine HF-Filterwirkung erreicht.

3.) Überprüfen der max. Klemmspannung

Die Klemmspannung ist das Maß für den Überspannungsschutz des ESD Suppressors an dem zu schützenden Stromkreis. Je niedriger die Klemmspannung ist, desto besser ist der Schutz. Die Klemmspannung muss immer kleiner sein, als die Spannungsfestigkeit des zu schützenden Stromkreises.

9.4 TVS Dioden

Datenblatt-Kenndaten

Im Gegensatz zu ESD-Suppressoren enthalten die WE-TVS-Dioden kein Zinkoxid, sondern werden aus Silizium hergestellt. Nachfolgend eine Gegenüberstellung der üblich verwendeten Nomenklatur der beiden Bauelemente. Auf der linken Seite ist eine unidirektionale TVS Diode dargestellt, auf der rechten Seite ein bidirektionaler SMD Varistor. Bei einer bidirektionalen TVS Diode wäre die Nomenklatur im oberen rechten Quadrant analog zu der im unteren linken Quadrant.

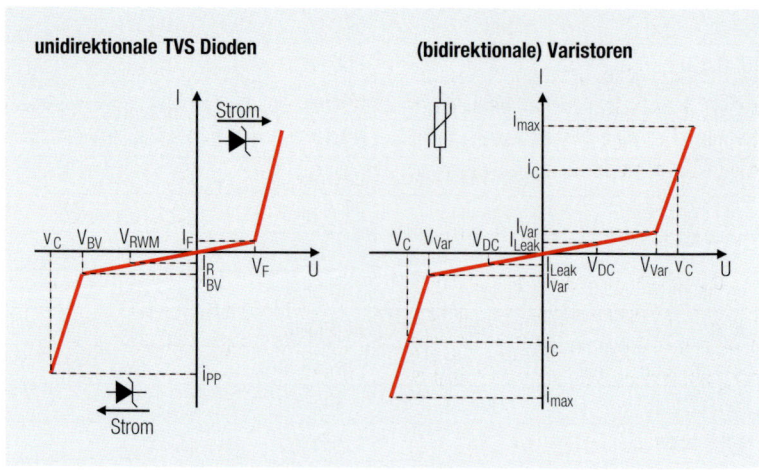

Abb. 2.187: Gegenüberstellung der unterschiedlichen Bezeichnungen von TVS Dioden und von Varistoren

Zulässiger Spitzenstrom

I_{PEAK} – Zulässiger Spitzenstrom

iPP ist der maximal zulässige Spitzenstrom, der in die TVS Diode gepulst werden darf. Die Angabe erfolgt für einen 8/20 µs Stromimpuls. Je höher dieser Wert ist, desto stabiler und robuster ist die TVS Diode.

Im Vergleich zur Serie WE-VE beginnt das Temperatur-Derating bei TVS Dioden bereits bei +25 °C. Über dieser Temperatur kann die TVS Diode nur noch anteilig mit den spezifizierten Maximalwerten belastet werden

V_{CLAMP} – Maximale Klemmspannung

Im Überlastfall begrenzt die Schutzfunktion der TVS Diode die Spannung. Die Klemmspannung V_{CLAMP} spezifiziert genau diese Schutzfunktion. Entweder wird der Spannungswert bei einem definierten Strom ipp, oder über einen bestimmten Strombereich, analog zur Vorgehensweise bei einem Varistor, angegeben. Die Angabe kann für alle Pins erfolgen, oder aufgeteilt nach der maximalen Klemmspannung zwischen V_{DD} zu GND (V_{C_VDD}) und I/O zu GND (V_{C_IO}), angegeben werden.

P_{PEAK} – Maximale Verlustleistung

Dieser Paramerter wird bei TVS-Dioden von Würth Elektronik nicht angegeben. Entgegen einer weit verbreiteten Meinung ist ein hoher Wert nicht immer besser. P_{PEAK} wird berechnet aus

$$P_{PEAK} = I_{PEAK} \cdot V_C \qquad (2.76)$$

Das heißt, je höher der maximale Spitzenstrom oder die Klemmspannung sind, desto höher ist auch die maximale Verlustleistung. Für zwei Bauteile mit identisch zulässigem Spitzenstrom wäre folglich das Bauteil mit der niedrigeren maximalen Verlustleistung das Bessere, da die Klemmspannung niedriger ist!!

V_{SUPPLY} – maximale Rückwärtsspannung

Für die Schutzfunktion werden unidirektionale TVS Dioden in Sperrrichtung betrieben. V_{SUPPLY} ist die Spannung, die maximal zwischen V_{DD} und GND anliegen darf. In der Regel benutzt man Dioden mit $V_{SUPPLY} = V_{DD}$, um die Datenleitung gegen die Versorgungsspannung abzusichern. Bei Varistoren sagt man hierzu V_{DC}.

I_{LEAK} – Maximaler Leckstrom

Legt man an die TVS-Diode die maximale Rückwärtsspannung an, so fließt ein Leckstrom durch das Bauteil. Dieser sollte so klein wie möglich sein. Die Angabe kann generell oder aufgeteilt nach Leckstrom zwischen V_{DD} und GND (I_{R_VDD}) und I/O und GND ($I_{R\_I/O}$) erfolgen.

II Bauelemente

V_{CH} – Maximaler Datenpegel

Dieser Parameter gibt an, in welchem Spannungsbereich sich der Datenpegel – bezogen auf V_{DD} und GND – bewegen darf. Typische Angaben sind GND −0,5 V bis V_{DD} +0,5 V. Diese Angabe wird bei Varistoren nicht gemacht. TVS Dioden werden oft als Arrays hergestellt. Bedingt durch den internen Aufbau wird der Datenpegel deshalb in Bezug zur Versorgungsspannung gesetzt.

V_{ESD} – Zulässige ESD Spannung

Diese Angabe gibt die maximale Ladespannung eines ESD Impulses an, der in die TVS Diode gepulst werden darf. Der ESD Impuls bezieht sich auf die Norm IEC 61000-4-2 und wird entweder mit Luft- und/oder mit Kontaktentladung impliziert. Die Angabe kann generell oder aufgeteilt nach V_{DD} (V_{ESD_VDD}) und IO ($V_{ESD\_I/O}$) erfolgen, jeweils bezogen auf GND.

V_{CLAMP_ESD} – Klemmspannung bei ESD Impuls

Analog zur Klemmspannung VC gibt die Klemmspannung bei ESD Impulsen die maximal anliegende Spannung wieder. Diese ist abhängig von dem mit dem ESD Impuls einprägten Strom. Gemäß IEC 61000-4-2 kann pro kV Ladespannung ein Strom in Höhe von 3,75 A fließen, d.h. bei einer Ladespannung von 6 kV werden gleichzeitig 22,5 A gepulst. Die Spannung bezieht sich auf den Leerlauf, der Strom auf die Entladung bei Kurzschluss.

Im realen Leben trifft der ESD Impuls immer auf eine Impedanz, die dazu führt, dass weniger Strom fließt. Wenn die Schaltung mit einer TVS Diode geschützt wird, kann man als Erfahrungswert den Faktor 3 annehmen, d.h. bei 6 kV Ladespannung wird ein Entladestrom von etwa 18 A fließen.

V_{BR} – Rückwärtsdurchbruchspannung

Die Rückwärtsdurchschlagspannung liegt an der TVS-Diode an, wenn ein Strom von 1 mA in Sperrrichtung durch die TVS-Diode fließt. Oberhalb dieser Spannung befindet sich die TVS-Diode in einem leitenden Zustand. Unterhalb dieser Spannung sperrt die Diode. Der Parameter ist vergleichbar mit der Zenerspannung einer Zenerdiode oder mit der Varistorspannung des Varistors.

V_F – Vorwärtsspannung

Wie bei allen Dioden ist dies die Spannung die in Vorwärtsrichtung an der TVS Diode abfällt. Sie ist abhängig von dem durchfließenden Strom. Für die WE-VE-TVS Dioden wird sie bei einem Vorwärtsstrom IF von 15 mA bestimmt. Außerdem erfolgt die Darstellung über einen weiten Bereich von gepulsten 8/20 µs Strom-Impulsen.

C_{CH} – Eingangskapazität

Ist die Kapazität zwischen jedem beliebigem I/O und GND. Besonders bei schnellen Datenleitungen ist eine niedrige Kapazität sehr wichtig, um das Datensignal nicht zu dämpfen. Die Kapazität wird bei 1 MHz und 2,5 V_{RMS} gemessen. Des Weiteren wird sie in Abhängigkeit von der Eingangsspannung dargestellt.

C_{CROSS} – Kapazität zwischen den Kanälen

Für eine Datenleitung ist im Allgemeinen nicht die absolute Kapazität wichtig, vielmehr ist die Differenzkapazität zwischen einem Signalleitungspaar. C_{CROSS} gibt genau diese Kapazität an, d.h. es ist die Kapazität zwischen zwei einzelnen I/O Pins.

WE-TVS Dioden sind der optimierte Schutz für Kommunikationsschnittstellen. Sie halten ESD-Impulsen bis 30 kV ebenso stand, wie 8/20-µs-Surgeimpulsen bis zu 20 A.

Abb. 2.188: TVS Dioden der Serie WE-TVS

TVS-Dioden bieten einen wichtigen Vorteil gegenüber einem diskret aufgebauten Überspannungsschutz. Ein WE TVS Dioden-Array kann bis zu fünf einzelne Bauteile ersetzen. Neben unidirektionalen TVS Dioden sind auch bidirektionale TVS Dioden verfügbar.

Aufbau:

Das pn-dotierte Halbleiterelement wird mit Anschlüssen versehen und in das Gehäuse eingegossen. Dies gilt sowohl für Single-Dioden, als auch für Arrays.

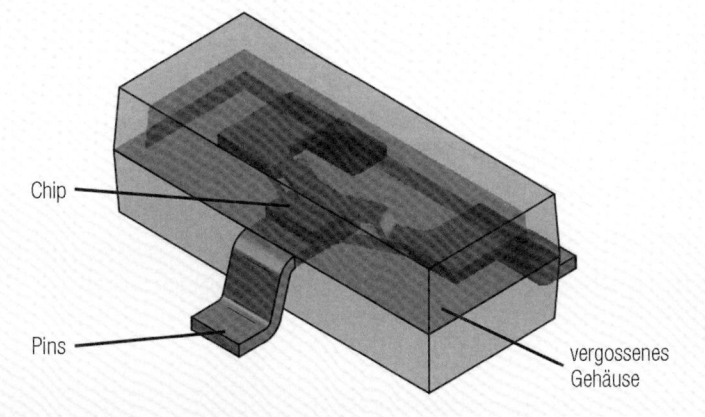

Abb. 2.189: Aufbau einer TVS Diode

II Bauelemente

Beispiel WESURGE TVS Dioden Array, Art-Nr. 824 015

Das TVS Dioden Array, Art.-Nr. 824 015 ist für den Einsatz von schnellen und sensiblen Datenleitungen optimiert. Solche Datenleitungen sind USB 2.0, 100 Mbit-Ethernet, VGA-Grafik, aber auch Audio-Kanäle oder SIM-Ports lassen sich mit dem Array absichern.

Das Array besitzt vier Diodenpärchen für die I/O-Anschlüsse und einen Anschluss zwischen V_{DD} und GND (Masse). So lassen sich beispielsweise mit nur einem Bauelement zwei USB Ports absichern. Die I/O Pins weisen gegenüber GND eine Kapazität von 2 pF auf, zwei I/O Pins gegeneinander nur 0,1 pF. An V_{DD} darf eine maximale Spannung von 5 V angelegt werden. Sie leitet einen ESD Impuls von bis zu 20 kV in Kontaktentladung zuverlässig ab. Dabei ist bei einem ESD Impuls mit 6 kV Ladespannung lediglich eine Klemmspannung-Abfall von 13 V zu erwarten.

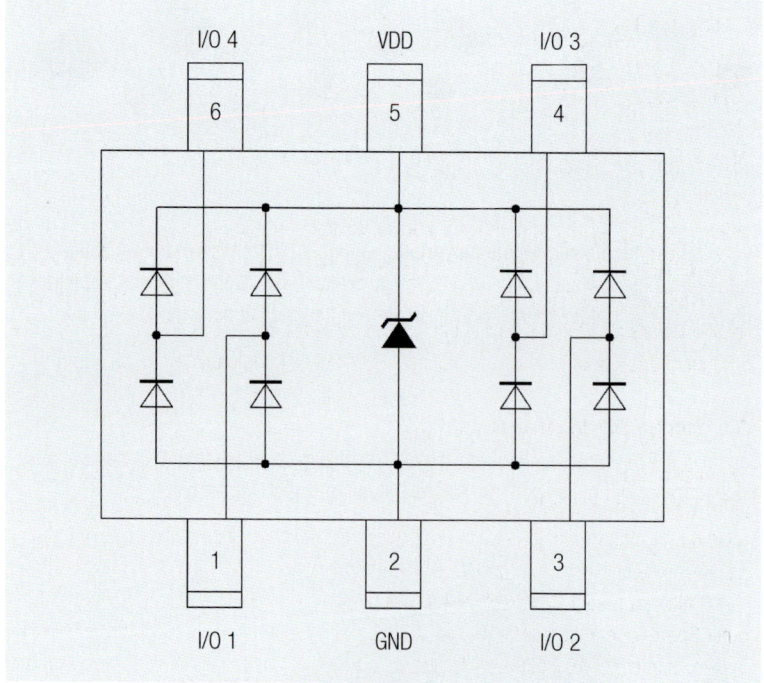

Abb. 2.190: Verschaltung der WE TVS Diode WE-TVS, Art-Nr. 824 015

USB 2.0

Typische Anwendung: USB 2.0

Wie oben beschrieben, lassen sich mit nur einer TVS Diode gleich zwei USB Ports absichern. Die Beschaltung sollte wie in Abbildung 2.191 durchgeführt werden.

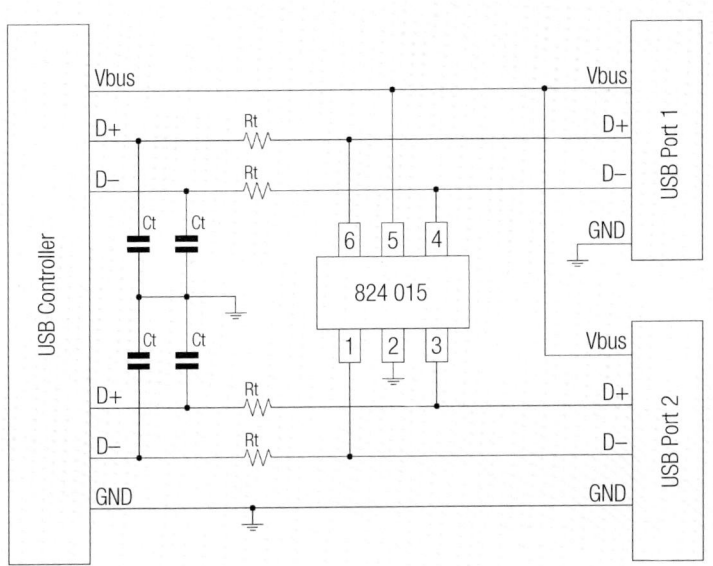

Abb. 2.191: ESD-Schutzschaltung mit TVS-Dioden-Array WE-TVS 824 015

Der V_{DD} Pin (Pin 5) wird mit Vbus, d.h. der USB-Versorgungsspannung, der beiden USB Ports verbunden. Die vier I/O Pins (Pin 1, 3, 4 und 6) werden mit D+ bzw. D– verbunden. Pin 2 wird direkt auf GND gelegt. Hier ist auf einen unmittelbaren, niederimpedanten Anschluss zur Gehäuse und/oder Leiterplattenmasse zu achten. Hierzu sei auf die in diesem Buch detailliert beschriebenen Applikationen verwiesen.

Die richtige TVS Diode ermitteln

Die Auswahl einer TVS Diode erfolgt analog zur Auswahl eines ESD Suppressors, jedoch mit dem Unterschied, dass die TVS Diode uni- oder bidirektional sein kann, und dass der V_{DD}-Pin in einigen Fällen angeschlossen werden muss. Wenn das TVS-Dioden-Array keine Sperrdiode am V_{DD}-Pin enthält, ist es möglich, den Pin „potentialfrei" zu schalten, d.h. nicht anzuschließen. Wenn der V_{DD}-Pin des Arrays jedoch nicht mit einer Sperrdiode ausgestattet ist, wird dringend empfohlen, ihn nicht potenzialfrei zu lassen, sondern anzuschließen, da andernfalls, abhängig von der Schaltungsumgebung eine Spannung in das TVS-Dioden-Array einkoppeln kann, die die Funktion des Arrays beeinträchtigen oder es sogar beschädigen könnte.

Schwierig wird es, aus der Vielzahl der erhältlichen Arrays das passende Array auszuwählen. Bei Würth Elektronik wird zu jeder TVS Diode die passende Applikation mit angegeben. So sieht man stets auf den ersten Blick, ob sich das gewählte Bauelement für das geplante Vorhaben eignet.

II Bauelemente

9.5 Designhinweise zur Verwendung von überspannungsbegrenzenden Bauelementen

Auf Leiterplattenebene

Beim Anschließen von Überspannungsschutzelementen muss stets darauf geachtet werden, dass diese mit so wenig zusätzlicher Induktivität wie möglich angeschlossen werden. Das heißt, dass die Leiterbahn direkt zum Bauteil verlaufen muss und nicht am Bauteil vorbei. Auf diese Weise lässt sich die parasitäre Induktivität deutlich reduzieren (Abbildung 2.191).

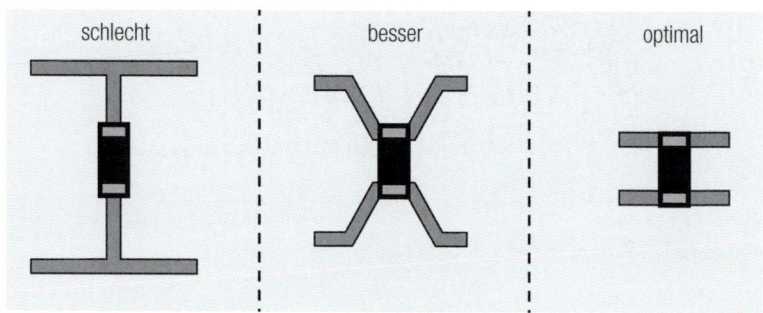

Abb. 2.192: Leiterplatten-Design für einen SMD Varistor

Weiter ist wichtig, dass die Überspannungsschutzelemente stets möglichst nah an der Überspannungsquelle platziert werden. Für Überspannungen, die durch ein Kabel auf die Baugruppe impliziert werden heißt das, dass z.B. der Varistor direkt nach dem Steckverbinder und der Sicherung eingesetzt werden muss. Nur so ist die komplette Platine vor Überspannung geschützt.

In Abbildung 2.193 ist ein perfektes Layout zum Schutz vor ESD dargestellt. Die Leiterbahnen vom Steckverbinder zum ESD Suppressor sind kurz und breit, damit sie induktivitätsarm sind.

Die Signalleitung verläuft nach dem ESD-Suppressor dünn weiter. Der ESD-Suppressor ist auf der anderen Seite direkt mit der Masse der gegenüberliegenden Platinenseite durchkontaktiert. Die Verbindung des ESD-Suppressors zur Masse muss dabei stets kürzer sein als der Weg bis zum Kreuzungspunkt von Signalleitung und Masse.

Zwischen dem Steckverbinder und dem ESD Suppressor darf keine weitere Leiterbahn kreuzen, da ein eingeprägter ESD-Impuls sonst einkoppelt und sich unerwünscht auf der Leiterplatte ausbreitet!

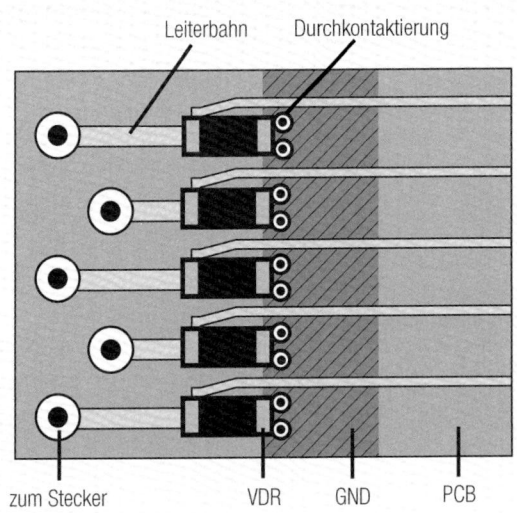

Abb. 2.193: ESD-gerechtes Layout einer Leiterplatte

Der Varistor muss parallel zu einer Induktivität geschaltet werden, wenn beim Abschalten dieser Induktivität große Überspannungen auftreten. Es kann auch sinnvoll sein, besonders wichtige oder wertvolle Bausteine vor einer Überspannung zu schützen. Ist dies der Fall, sollte aber nicht nur direkt an diesem Baustein das Schutzelement angebracht werden, sondern zusätzlich immer noch an den Steckverbindern, so dass auch hier die komplette Platine überspannungsfrei ist.

Für den Primärschutz von Spannungsversorgungen empfiehlt es sich, vor den Varistor eine Schmelzsicherung einzubauen, so dass im Fall einer Zerstörung des Varistors dieser vom Netz getrennt wird. Auch die thermische Kopplung des Varistors mit einem PTC (d. h. einem Widerstand mit positivem Temperaturkoeffizienten) bietet sich hier an. Der Varistor wird dadurch zerstört, dass durch zu hohe Ableitströme die Zinkoxidkörner im Innern des Varistors zusammenschmelzen und somit die Varistorspannung absinkt. Dadurch erhöht sich der Leckstrom durch den Varistor mit der Folge, dass der Varistor wärmer wird. Im Fall einer thermischen Kopplung des Varistors mit einem PTC steigt der Widerstand des PTC an und der Stromfluss wird begrenzt.

Moderne CAD-Systeme zeigen oft nur eine Leiterplatte gleichzeitig an. Allzu oft geht hierdurch der Überblick über das komplette Produkt verloren. Dieser Aspekt muss jedoch vor allem im Zusammenhang mit dem Überspannungsschutz beachtet werden. Betrachten wir dazu die Konstruktion in Abbildung 2.194. Das Produkt besteht aus mehreren Platinen, u.a. aus einer Hauptplatine und einer Steckerplatine. Durch die Platzierung des Varistors, bzw. des ESD Suppressors auf der Hauptplatine koppelt ein Überspannungsimpuls wie z.B. ESD durch das Verbindungskabel auf die restliche Platine ein. Sensible Bauteile werden dadurch zwar nicht zerstört, doch müssen ICs oft neu gestartet werden, was die Kunden mit Sicherheit verärgern wird. Wird der ESD-Schutzschalter jedoch unmittelbar nach dem Stecker auf der Platine platziert, wird die Störstrahlung deutlich reduziert.

II Bauelemente

Für sehr sensitive Baugruppen kann diese Platine zusätzlich abgeschirmt werden, z.B. mit einem leitenden Textilgewebe WE-LT. Dadurch verbleibt die restliche Störstrahlung am Stecker. Dies ist insbesondere dann zu bevorzugen, wenn die Steckerplatine kopfüber und/oder nahe der Hauptplatine montiert wird.

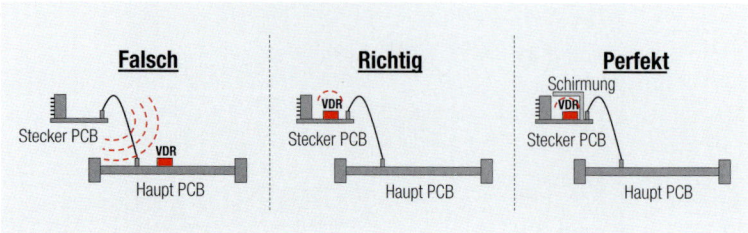

Abb. 2.194: Platzierung eines Varistors für den ESD-Schutz in einem System

Trilogie der induktiven Bauelemente

Anwendungen

Applikationshandbuch für EMV-Filter, getaktete Stromversorgungen und HF-Schaltungen

III Anwendungen

Teil 3: Anwendungen

1	**Filterkreise (einschließlich ESD)**	**496**
1.1	Einsatz von Filtern im Schnittstellenbereich	496
1.2	Layout von Filterschaltungen	500
1.3	Platzierung der Bauelemente	500
1.4	Leiterbahnführung und Lagenaufbau	504
1.5	Auswahl von Filterbauelementen für Frequenzen über 500 MHz	506
1.6	Kombinieren von Filterung und ESD-Schutz	511
2	**Audioschaltungen**	**526**
2.1	Symmetrische Audio-Übertragung	526
2.2	Stereo Power Amplifier in Multimediaanwendung	529
2.3	HiFi-Audio-Prozessor in Multimediaanwendung	532
2.4	Class-D Audioverstärker	535
2.5	350-W-Niederfrequenzverstärker	548
3	**Videoschaltungen**	**551**
3.1	3-fach Video Verstärker/Multiplexer	551
3.2	Videomultiplexer mit Koax-Übertragungsstrecke	553
3.3	Die LVDS-Schnittstelle	556
3.4	Die HDMI-Schnittstelle	562
4	**Schnittstellen**	**571**
4.1	Industrie-Kleinrechnerboard	571
4.2	CAN-Interface	573
4.3	GPIO Interface	578
4.4	USB 2.0 Schnittstelle	587
4.5	USB 3.0 Schnittstelle	594
4.6	AS-Interface Schnittstelle	599
4.7	Interface eines Alphanumerischen Displays	601
4.8	Hall-Sensor-Schalter	605
5	**Motorsteuerung**	**609**
5.1	Funkentstörung von DC-Motoren	609
5.2	Schrittmotor-Treiber	612
6	**Übertrager für Schaltnetzteile**	**615**
6.1	Speicherdrosselauswahl bei Schaltreglern	615
6.2	Konstruktion eines DCM-Sperrwandlerübertragers	620
6.3	Konstruktion eines CCM-Sperrwandlerübertragers	641
6.4	Überlegungen zur Fertigung	649
7	**Filter**	**652**
7.1	Netzfilter	652
7.2	Stromversorgungsfilter im DC-Bereich	655
7.3	Netzteil allgemein	660
7.4	Filtern einer externen AC/DC-Schnittstelle	662
7.5	Breitbandfilter für Spannungsversorgung	666
8	**Spannungsversorgung**	**668**
8.1	Speicherdrosseln	668
8.2	Schaltungsbeispiele mit Flex-Übertragern WE-FLEX	711
8.3	Getaktete Schaltnetzteile (SMPS)	715

9	**SiC-MOSFET und GAN Technologien**	**754**
9.1	SiC-Dioden	756
9.2	SiC-MOSFET Transistoren	757
9.3	GaN-Halbleiter	760
9.4	Schaltungsbeispiel	761
10	**Kabellose Leistungsübertragung**	**767**
10.1	Datenübertragung zwischen Sender und Empfänger	771
10.2	Kabelloses Ladegerät mit LTC1420	773
10.3	Klassischer 100-W-Eigenresonanzwandler	781
11	**HF-Schaltungen**	**792**
11.1	Auswahlkriterium von HF-Komponenten für ein 20 dBm Bluetooth® Frontend Modul	792
11.2	Bluetooth® Transceiver mit integriertem GFSK Modem ...	797
11.3	Funktionsweise eines WLAN-Moduls	800
11.4	VHF/UHF-Breitbandverstärker	807
11.5	Antennensysteme	809
11.6	Einsatz von Antennen	816

III Anwendungen

1 Filterkreise (einschließlich ESD)

1.1 Einsatz von Filtern im Schnittstellenbereich

Filter können auf verschiedene Weise aufgebaut sein. Nicht nur die am Labormessplatz oder die mit dem Simulationsprogramm ermittelten Parameter wie Steilheit, Impedanz, Dämpfung usw. bestimmen die Wirksamkeit, sondern auch bzw. gerade systemspezifische Parameter wie Quellimpedanz, Senkimpedanz, Layout, Positionierung des Filters im System, Positionierung der Filterelemente spielen eine wesentliche Rolle.

elektromagnetische Welle

Peripheriekabel (Kabel von einem Gerät zum anderen, z.B. vom PC zur Tastatur) sind Leiteranordnungen, die die Fähigkeit haben, elektromagnetische Wellen abzustrahlen. Es gibt im Prinzip zwei Möglichkeiten Wellen anzuregen. Abbildung 3.1 verdeutlicht die Prinzipien: In einem Fall wird durch eine Drahtwindung eine magnetische Welle angeregt, im anderen Fall durch eine aufgebogene Paralleldrahtleitung, dem Dipol, eine elektrische Welle.

elektrische Welle

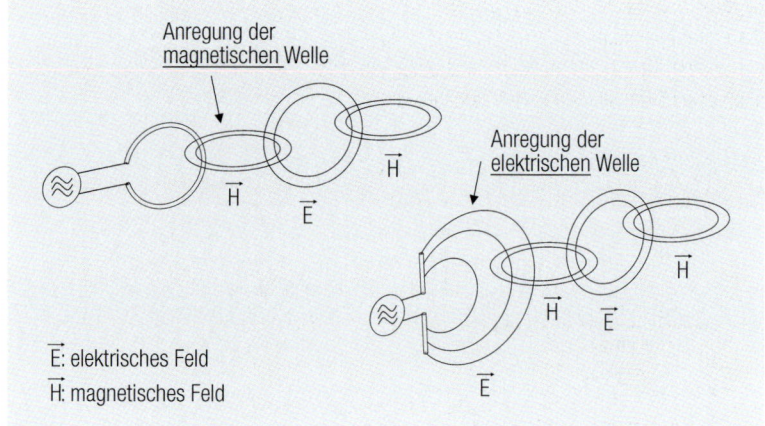

Wellenanregung

Abb. 3.1: Zwei Möglichkeiten der Wellenanregung (vereinfachte Nahfelddarstellung)

elektrisches Feld des Dipols

Das elektrische Feld des Dipols ist symmetrisch zur Fläche, die rechtwinklig zur Dipolachse liegt. Da diese Ebene symmetrisch zu den beiden Dipolhälften ist, hat sie die Eigenschaft Null-Potentialfläche bzw. Massefläche zu sein, sie kann durch eine metallene Fläche ersetzt werden, ohne das Dipolfeld zu verändern (Abbildung 3.2).

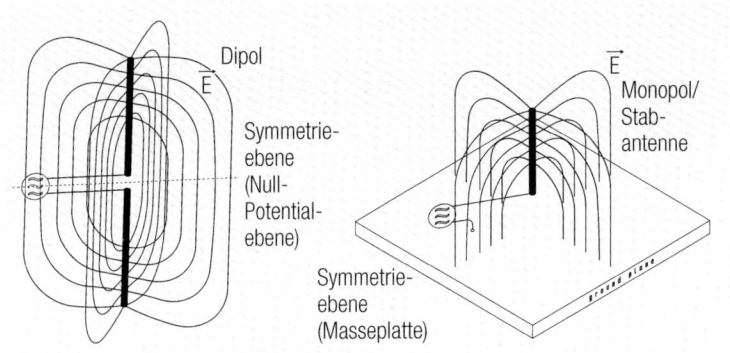

Abb. 3.2: Übergang des symmetrischen Dipols zur Stabantenne

Wird die eine Dipolhälfte weggelassen und stattdessen in die metallene Symmetrieebene eingespeist, erhält man eine Anordnung, bestehend aus einem senkrechten Stock über einer leitenden Ebene, eine Stabantenne. Das elektrische Feld der Stabantenne entspricht dem des Dipols, aber eben nur noch in einem halben Raum, der andere wird durch die Masseplatte abgeschattet. Der Weg zum Peripheriekabel ist nicht mehr weit. Abbildung 3.3 verdeutlicht den Zusammenhang.

Stabantenne

Peripheriekabel

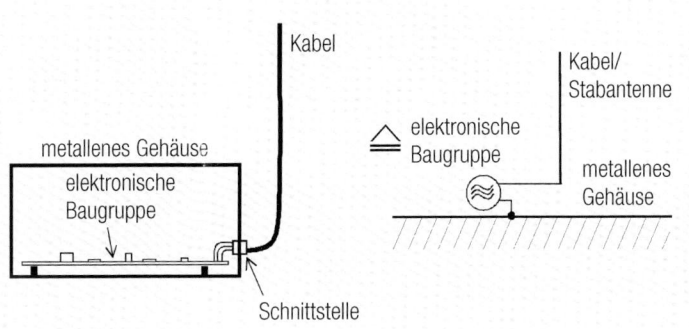

Abb. 3.3: Zusammenhang zwischen Peripheriekabel und Stabantenne

Die Impedanz der Stabantenne ist doppelt so hoch wie die des Dipols, die Ersatzschaltbilder der Stabantenne entsprechen denen der Dipole. Abbildung 3.4 zeigt, dass das Ersatzschaltbild der Stabantenne sich in Abhängigkeit der Länge ändert.

Impedanz

Ersatzschaltbild

III Anwendungen

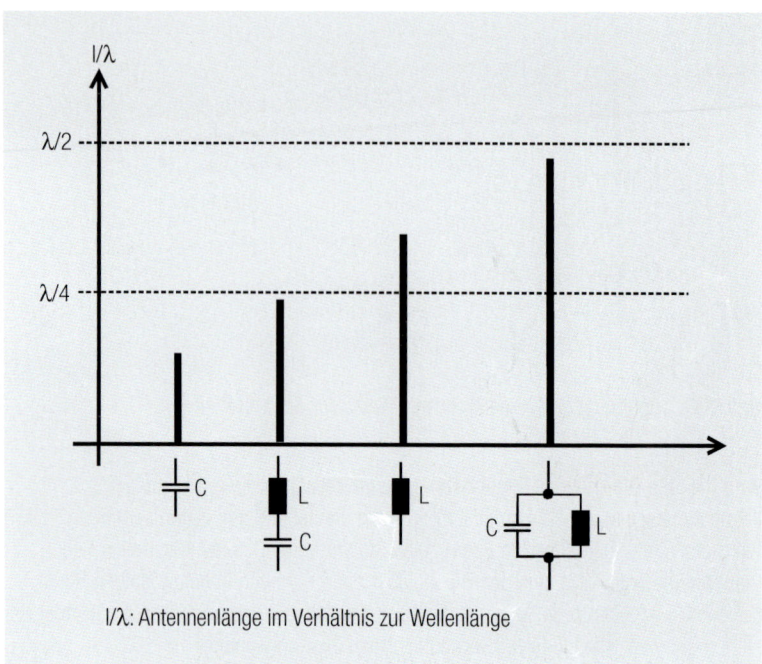

Abb. 3.4: Ersatzschaltbild der Stabantenne in Abhängigkeit der Antennenlänge

Eingangsimpedanz

Impedanzbandbreite

Die Eingangsimpedanz der Stabantenne – des Peripheriekabels – verändert sich mit der Länge. In der Praxis bleibt die Antennen- bzw. Kabellänge natürlich konstant, dafür wird der Antenne nicht eine definierte Nutzfrequenz, sondern ein ganzes Störfrequenzspektrum zur Abstrahlung angeboten. Die Impedanzbandbreite einer solchen Kabelanordnung bewegt sich zwischen ca. 40 Ω und mehreren 1000 Ω und hängt unter anderem noch von Parametern wie Kabeldicke und Ausführung und Flächenbedeckungsgrad des eventuell vorhandenen Kabelschirmes ab. In der Praxis kann mit Kabelschirmimpedanzen über 100 Ω gerechnet werden.

Antennenimpedanz

Die Schnittstellenfilter müssen die dem Kabel bzw. der Stabantenne normalerweise zugeführte Störenergie durch frequenzabhängige Spannungsteilung (siehe Kapitel I/3.2 Prinzip der Filterung) reduzieren. Es wird deutlich, dass unter Berücksichtigung der Antennenimpedanz nur bestimmte Filterschaltungen zum Einsatz kommen können. Um hohe Dämpfung zu erreichen, muss die Ausgangsimpedanz des Filters niedrig sein, da die Eingangsimpedanz der Stabantenne hoch ist. Abbildung 3.5 verdeutlicht die Zusammenhänge.

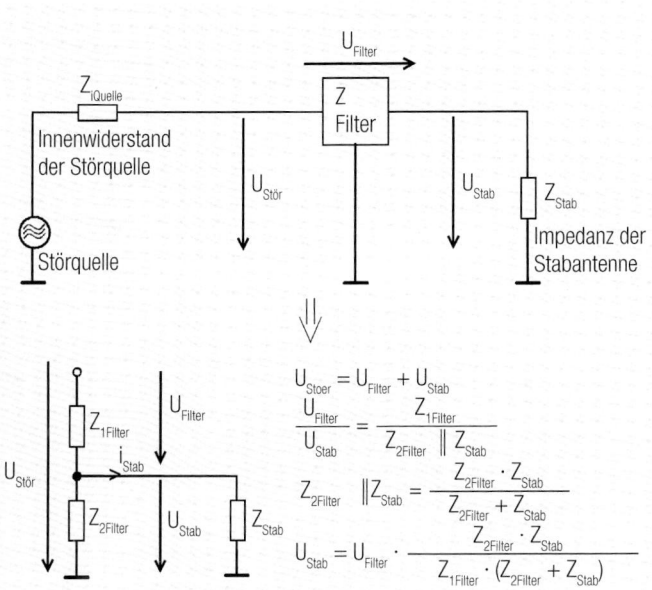

Abb. 3.5: Impedanzverhältnisse an der Peripheriekabelschnittstelle

Impedanzverhältnisse

Nach den dargestellten Zusammenhängen in Abbildung 3.5 bedeutet das, dass

- $Z_{2filter}$ möglichst klein
- $Z_{3filter}$ möglichst groß

sein müssen, um U_{Stab} möglichst klein zu halten und damit eine hohe Dämpfung der Störspannung $U_{Stör}$ zu erreichen. Deshalb kommen nur Filterschaltungen nach Abbildung 3.6 in Betracht.

Filterdämpfung

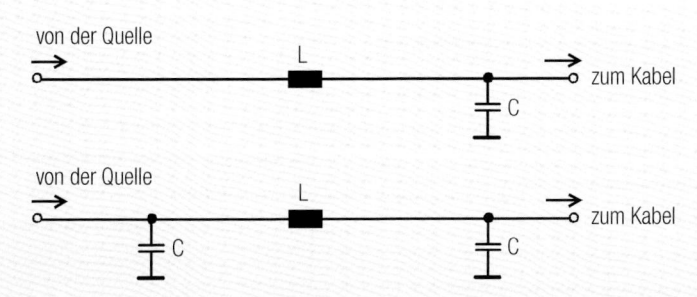

Abb. 3.6: Schaltungsvarianten von Schnittstellenfiltern (symmetrische Varianten nicht berücksichtigt)

Wird auf den kabelseitigen Kondensator verzichtet, muss die Impedanz der Induktivität im notwendigen Frequenzbereich sehr groß sein. Um eine Dämpfung von 10 dB

Kondensator

499

III Anwendungen

Serieninduktivität

zu erzielen müsste bei einer Kabelimpedanz von 1 kΩ die Impedanz der Induktivität 4 kΩ betragen! Wird auf die Serieninduktivität verzichtet, fehlt die frequenzabhängige Spannungsteilung. Der Kondensator schließt die Störfrequenz zum Kabel hin kurz, aber wo fällt die Spannung ab?

Layout

1.2 Layout von Filterschaltungen

Mit Ausnahme von einigen Stromversorgungsfiltern werden Filter auf Leiterplatten aufgebaut. Im Falle von Filterschaltungen für den Einsatz im Hochfrequenzbereich über 500 MHz trägt das Filterlayout wesentlich zur Wirksamkeit des Filters bei. Für die Funktion eines Filters ist eine niederimpedante und saubere, d.h. störsignalfreie Bezugsmasse unerlässlich. Außerdem müssen Kopplungen zwischen dem Eingang und dem Ausgang des Filters vermieden werden. Mit zunehmender Frequenz ist auch die induktive Kopplung zwischen den Bauelementen zu berücksichtigen. Anhand zweier π-Tiefpässe soll der Aufbau eines Filters im Folgenden erarbeitet werden. In Abbildung 3.7 ist das Schaltbild des Filters dargestellt.

Effizienz

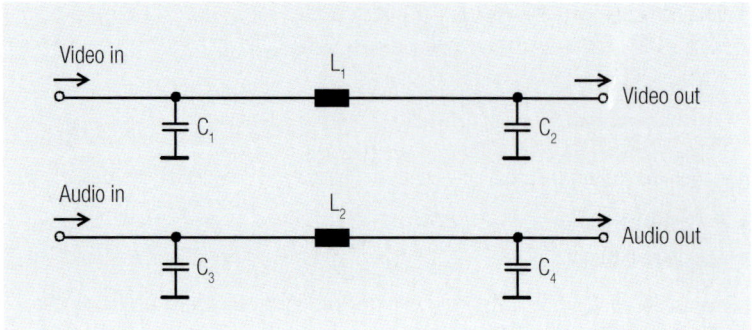

Abb. 3.7: Schaltbild der Tiefpässe

1.3 Platzierung der Bauelemente

Zwei benachbarte Stromkreise beeinflussen sich gegenseitig. Energie von einem Stromkreis gelangt in den anderen und umgekehrt. Diese gegenseitige Beeinflussung geschieht sowohl auf kapazitivem als auch auf induktivem Wege. Den Koeffizienten der elektrischen oder magnetischen gegenseitigen Beeinflussung nennt man den Gegenkopplungskoeffizienten C_m (für engl. mutual). Da wir uns im Nahfeldbereich der Strahlungsquelle befinden, nimmt der Kopplungseinfluss rasch ab. Ein Verdoppeln der Entfernung reduziert den Einfluss auf ca. 1/8, d.h. die Abnahme erfolgt mit r^3 wobei r der Abstand zwischen Strahlungsquelle und Strahlungssenke ist.

Gegenkopplungs-kapazität

Gegenkopplungskapazität entsteht durch die parasitäre Kapazität zwischen den beiden Objekten. Eine kapazitive Gegenkopplung C_m verursacht einen Strom I_m in der Senke, der proportional zur Spannungsänderung in der Quelle ist. Dadurch ergibt sich der vereinfachte Zusammenhang:

$$I_m = C_m \cdot \frac{dU_{source}}{dt} \tag{3.1}$$

Die im Sekundärstromkreis induzierte Spannung Um errechnet sich aus $U_m = I_m \cdot Z_{sink}$. Daraus folgt:

$$U_m = Z_{sink} \cdot C_m \cdot \frac{dU_{source}}{dt} \tag{3.2}$$

Aus obiger Formel ist der Zusammenhang deutlich zu erkennen. Realistisch betrachtet sind die Signalspannung (dU_{source}), die Signalanstiegszeit (t) und die Impedanz des Sekundärstromkreises (Z_{sink}) in den eingekoppelt wird, fixe Parameter. Die eingekoppelte Spannung U_m hängt somit wesentlich vom Koppelfaktor C_m und der wiederum von der Entfernung der beiden Stromkreise ab. Werden beispielsweise zwei SMD-Ferrite der Baugröße 1206 im Abstand von 0,5 mm nebeneinander platziert, ergibt sich folgendes Bild (Abbildung 3.8):

Koppelfaktor

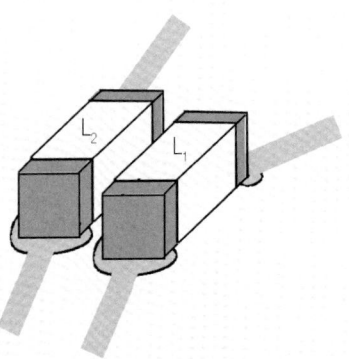

Abb. 3.8: Kapazitive Kopplung zwischen zwei Bauelementen

Gegenkopplungskapazität zwischen den Bauelementen:

$C_m \approx 0,1$ pF (Erfahrungswert)
Abstand zwischen den Ferriten: d ≈ 0,5 mm
Impedanz des Sekundärstromkreises: $Z_{sink} \approx 90\ \Omega$
Primärsignal: $U_{source} = 3,3$ V; dt ≈ 0,8 ns (~125 MHz)

III Anwendungen

Mit den Parametern aus Abbildung 3.8 ist

$$U_m = Z_{sink} \cdot C_m \cdot \frac{dU_{source}}{dt}$$

$$U_m = 90\,\Omega \cdot 0{,}1\,\text{pF} \cdot \frac{3{,}3\,\text{V}}{0{,}8\,\text{ns}} = 0{,}037\,\text{V}\ [91\,\text{dµBV}]$$

(3.3)

Es werden 37 mV vom Primärstromkreis in den Sekundärstromkreis gekoppelt. Für die Funktionalität der Schaltung ist das sicherlich ein unbedeutender Wert, für EMV-Belange ist die eingekoppelte Spannung jedoch zu hoch. In vielen Fällen reduziert der dem Ferrit nachgeschaltete Kondensator die Spannung, deshalb macht sich die Kopplung nicht so drastisch bemerkbar wie in obigem Beispiel (siehe Kapitel I/3.4.1 Massebezug des Filters/Schwachpunkte von Filterbezugsmassen).

Gegenkopplungsinduktivität

Gegenkopplungsinduktivität entsteht überall dort, wo zwei stromführende Kreise in einem gewissen Abstand zueinander angeordnet sind. Der Strom des einen Kreises erzeugt ein Magnetfeld und dieses Magnetfeld beeinflusst den anderen Stromkreis. So beeinflussen sich beide Stromkreise, woher auch in diesem Falle, wie bei der Gegenkopplungskapazität der Einfluss mit zunehmenden Abstand der beiden Stromkreise zueinander stark abnimmt. Die Gegenkopplungsinduktivität L_m koppelt eine Spannung vom Primärstromkreis in den Sekundärstromkreis. Die Größe der Spannung ist abhängig vom Strom des Primärstromkreises, dessen Anstiegszeit und der Gegenkopplungsinduktivität. Damit gilt:

$$U_m = L_m \cdot \frac{dI_{primary}}{dt}$$

(3.4)

Stromschleife

Platzieren wir zwei ungeschirmte Induktivitäten in 0,5 mm Abstand parallel zueinander (die SMD-Bauelemente haben 0603er-Baugröße). Damit ergibt sich die Stromschleife nach Abbildung 3.9.

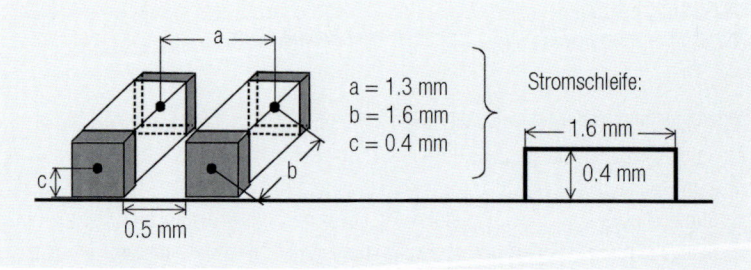

Abb. 3.9:   Induktive Kopplung zwischen zwei Bauelementen

Die Gegenkopplungsinduktivität L_m berechnet sich mit

$$L_m = \frac{2{,}0 \cdot A^2}{a^3} = \frac{2{,}0 \cdot (0{,}4 \text{ mm} \cdot 1{,}6 \text{ mm})^2}{(1{,}3 \text{ mm})^3} = 0{,}37 \text{ nH} \qquad (3.5)$$

Die induzierte Spannung berechnet sich dann mit

induzierte Spannung

$$U_m = 0{,}37 \text{ nH} \cdot \frac{di_{primary}}{dt} \qquad (3.6)$$

Der zu berücksichtigende Frequenzbereich ist nicht der, der im Sperrbereich des Filters liegt, vielmehr ist die Signalanstiegszeit des Nutzfrequenzbereiches zu berücksichtigen, da hier der höchste Strom fließt (Abbildung 3.10).

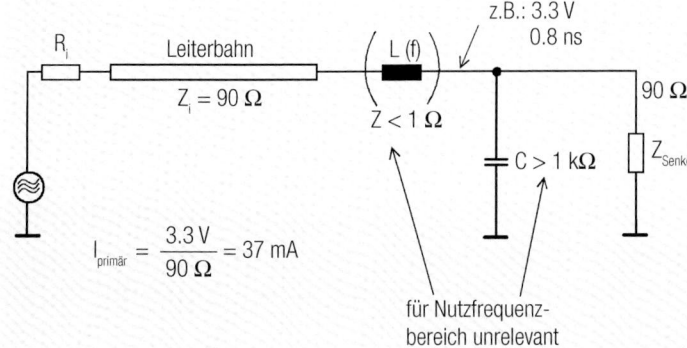

Abb. 3.10: Nutzsignalkreis zur Berechnung von di/dt

$$U_m = 0{,}37 \text{ nH} \cdot \frac{37 \text{ mA}}{0{,}8 \text{ ns}} = 17 \text{ mV (85 dBµV)} \qquad (3.7)$$

Es werden 17 mV vom Primärstromkreis in den Sekundärstromkreis gekoppelt. Die Spannung wird nicht wie im Falle der kapazitiven Gegenkopplung vom Kondensator reduziert, sondern tritt als Störspannung im Sekundärstromkreis auf und wird je nach Ausführung des Stromkreises Störemission erzeugen. Die Gegenkopplungsinduktivität nimmt jedoch mit der dritten Potenz der Entfernung der beiden Stromkreise ab, was zur Folge hat, dass ein Verdoppeln des Abstandes die Induktionsspannung um den Faktor 8 reduziert.

Störspannung im Sekundärstromkreis

Die Distanz der Bauelemente und die Position zueinander hat einen wesentlichen Einfluss auf die Dämpfungseigenschaften des Filters.

III Anwendungen

Das Platzierungsbeispiel in Abbildung 3.11 berücksichtigt die Kopplungseinflüsse, der Aufbau bezieht sich auf das Schaltbild in Abbildung 3.7.

Platzierung der Bauelemente

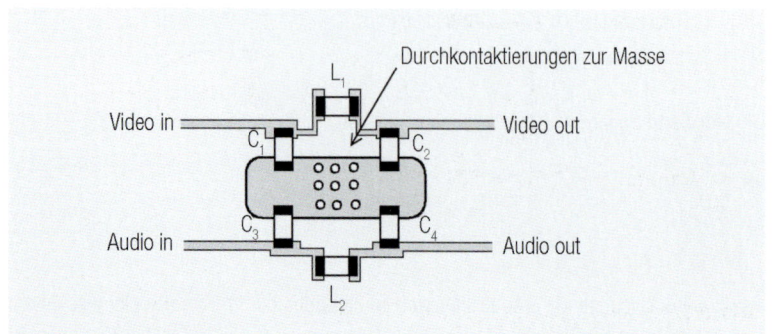

Abb. 3.11: Platzierung der Bauelemente des Filters nach Abbildung 3.35 unter Berücksichtigung der kapazitiven und induktiven Gegenkopplung

Der Aufbau nach Abbildung 3.11 erlaubt eine minimale kapazitive und induktive Gegenkopplung.

Der Kopplungseffekt gilt für magnetisch ungeschirmte Bauelemente wie z.B. die gewickelte SMD-Induktivität WE-GF oder die Keramik Induktivität WE-KI.

> **Die Induktivitäten WE-MI und die SMD-Ferrite WE-CBF sind magnetisch geschirmte Bauelemente, deshalb ist die magnetische Kopplung bei Einsatz dieser Bauelemente nicht zu befürchten**

Leiterbahnführung Lagenaufbau

1.4 Leiterbahnführung und Lagenaufbau

In Abbildung 3.11 ist das Layout zweier Filter dargestellt. Die Platzierung der Bauelemente erlaubt hohe kapazitive und induktive Entkopplung. Die Leiterbahnführung und der Lagenaufbau sind wesentliche Eigenschaften für die Funktion des Filters im hochfrequenten Bereich. Sollen zwei verschiedene Signalpfade wie z.B. Audio und Video am gleichen Massepotential wie in Abbildung 3.11 gefiltert werden, muss sichergestellt sein, dass der Massebezugspunkt besonders niederimpedant ist, damit sich über die Filterkondensatoren die Signale im Nutzfrequenzbereich nicht beeinflussen (Abbildung 3.12).

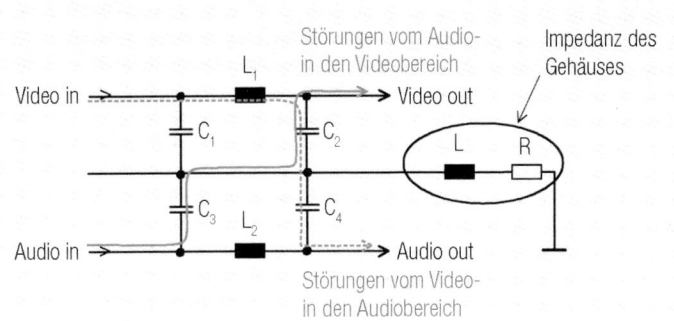

Abb. 3.12: Störeinkopplung wegen ungenügend niederimpedanten Massebezug

An solchen besonders kritischen Punkten sollte eine verschraubte Verbindung direkt zum Gehäuse hergestellt werden, wie in Abbildung 3.13 verdeutlicht ist. Die Leiterbahnführung im Signalpfadbereich sollte so gestaltet sein, dass der Primärpfad (Filtereingang) in einer Lage der Baugruppe und der Sekundärpfad (Filterausgang) in der anderen Lage der Baugruppe geführt ist. Um die Kondensatoren in dem Signalpfad möglichst niederinduktiv anzuschließen, muss die Leiterbahn zuerst zum Kondensator geführt werden und von dort zur Ferritdrossel. Zusätzliche Leiterbahninduktivitäten im seriellen Pfad wirken sich – wenn es nur einige mm sind – auf die Filtereigenschaften nicht nachteilig aus (Abbildung 3.13).

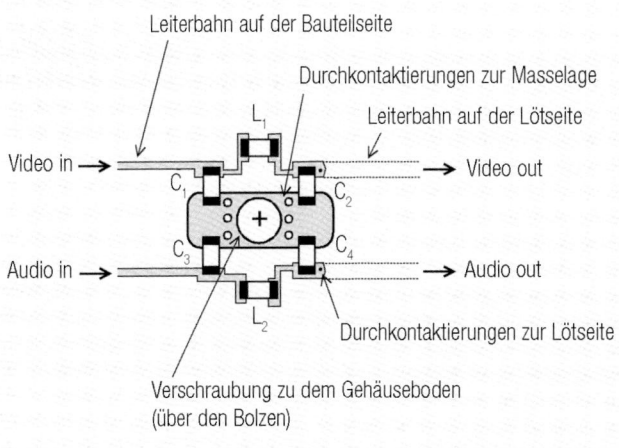

Abb. 3.13: Layout des Filters unter Berücksichtigung der Platzierung nach Abbildung 3.11

Im näheren Bereich des Filters sollten sich keine Kabel befinden, die kapazitive oder induktive Kopplungen bilden könnten. Sind aus technischen Gründen Kabel im Bereich der Leiter unumgänglich, müssen Abstandshalter oder besser noch metallische Schir-

III Anwendungen

Gehäuseaustritt

mungen vorgesehen werden. Schnittstellenfilter müssen immer so nah wie möglich am Gehäuseaustritt, d.h. an der Schnittstelle positioniert werden; Signalfilter zwischen Funktionsblöcken (z.B.: Clockfilter) sind so nah wie möglich an der Störungsquelle zu platzieren.

1.5 Auswahl von Filterbauelementen für Frequenzen über 500 MHz

Bekanntermaßen sind Bauelemente wie Kondensatoren, Induktivitäten und sogar Widerstände komplexe Komponenten, die verschiedene Impedanzen kombinieren. Beim Kauf eines Kondensators erhalten Sie eine Kombination aus Widerständen, Induktivitäten und Kondensatoren, die sich – je nach Frequenz – nicht unbedingt wie geplant verhalten. Dieses Phänomen nimmt mit steigender Frequenz zu. So ist es bei Filtern, die für einen Einsatz bei Frequenzen ab 500 MHz vorgesehen sind, notwendig, die wichtigsten Parameter derjenigen Bauelemente zu untersuchen, die für die jeweilige Anwendung unverzichtbar sind.

1.5.1 Kondensatoren für den Einsatz in Filtern für Frequenzen über 500 MHz

Nur wenige Kondensatortypen sind für den Hochfrequenzeinsatz geeignet. Diese sind in Tabelle 3.1 zusammengefasst:

Anwendung	Kondensator-typ	Feststellungen
HF-Kopplung (Gleichstromblock, Bypass)	Keramik, COG, NP0	Klein, hochwertig, preisgünstig
	Keramik, X7R	Klein, geringes Volumen, relativ hohe Qualität
	Polystyrol	Sehr hohe Qualität, jedoch groß und teuer (nicht für Bypass-Anwendungen geeignet)
HF-Filter	Keramik, COG, NP0	Klein, hochwertig, aber nur bis ca. 10 nF verfügbar
	Keramik, X7R	Klein, relativ hochwertig, bis in den hohen nF-Bereich verfügbar

Tab. 3.1: Bevorzugte Keramiken für Kondensatoren für den Einsatz im HF-Bereich

Zieht man eine der Keramiken aus Tabelle 3.1 in Betracht, so gibt es weitere Parameter, die bei der Auswahl eines Kondensators berücksichtigt werden müssen. Auf Grundlage der Datenblätter sind diese Parameter in Tabelle 3.2 und Tabelle 3.3 dargestellt:

General Purpose MLCC
Ceramic Type: NP0 Class I [1]
Temperature Coeffecient: ± 30 ppm max.
Storage Conditions: 35°C, <45% RH
Operating Temperature: -55 °C to +125 °C
Dielectric Strength: 5 sec. @250% U_R; Charge & Discharge Current < 50mA
General Test conditions: 25°C, 30-70% RH; if not specified differently

Properties	Test conditions		Value	Unit	Tol.
Capacitance	1±0.2 Vrms, 1 MHz ±10%	C	100	pF	± 5% [2]
Rated voltage		U_R	50	V (dc)	max.
Dissipation factor	1±0.2 Vrms, 1 MHz ±10%	DF	Q ≥ 1000 [3]		typ.
Isolation Resistance	Apply U_R for 120 s max.	R_{Iso}	≥ 10	GΩ	

[1] Low Loss, temperature stable, cermaic, low aging; [2] relative low tolerance; [3] High Quality

Tab. 3.2: Daten für Keramikkondensator WCAP-CSGP, Größe 0603, Nr. 885012006057

General Purpose MLCC
Ceramic Type: X7R Class II [1]
Temperature Coeffecient: ± 15% max.
Storage Conditions: 35°C, <45% RH
Operating Temperature: −55 °C to +125 °C
Dielectric Strength: 5 sec. @250% U_R; Charge & Discharge Current < 50mA
General Test conditions: 25°C, 30-70% RH; if not specified differently

Properties	Test conditions		Value	Unit	Tol.
Capacitance	1±0.2 Vrms, 1 kHz ±10%	C	100	pF	± 10% [2]
Rated voltage		U_R	50	V (dc)	max.
Dissipation factor	1±0.2 Vrms, 1 kHz ±10%	DF	≤ 2.5% [3]		typ.
Isolation Resistance	Apply U_R for 120 s max.	R_{Iso}	≥ 10	GΩ	

[1] Ceramic, restricted for permissible HF Applications [2] Tolerance too large for critical filter design; [3] Low quality Q=1/DF*100

Tab. 3.3: Daten für Keramikkondensator WCAP-CSGP, Größe 0603, Nr. 885012206077

Der X7R-Kondensator eignet sich für den Einsatz in einem Filter, bei dem frequenzbeeinflussende Parameter unkritisch sind. Sein niedriger Gütefaktor (Q-Faktor) von unter 40 hat den Vorteil, dass bei Filterumschaltung nicht so viele unerwünschte Resonanzen erzeugt werden; der Nachteil besteht darin, dass die Verluste im HF-Bereich über 500 MHz stark zunehmen. Für Antennenanpassungsfilter, bei denen geringere Verluste wichtig sind, sollte diese Keramik nicht verwendet werden.

Der NP0-Kondensator ist für den Frequenzbereich über 500 MHz geeignet. Der höhere Q-Faktor sollte niedrigere Verluste zur Folge haben.

III Anwendungen

Ein wichtiger Parameter ist die Eigenresonanzfrequenz (SRF), die nicht im Datenblatt angegeben ist. Dieser Parameter muss entweder vom Benutzer gemessen, oder beim Hersteller erfragt werden.

1.5.2 Induktivitäten für den Einsatz in Filtern für Frequenzen über 500 MHz

Die Wahl der geeigneten Induktivität richtet sich vor allem nach der Anwendung des Filters. Die Parameter für die Induktivitäten müssen entsprechend gewählt werden. Tabelle 3.4 zeigt eine Übersicht.

Parameter	Verlustarme Filter, z.B. Antennenanpassungs-filter	Filter mit Verlusten im Sperrbereich, typischerweise EMV-Filter
Güte, Q	Hoch	Niedrig, insbesondere im Sperrbereich
Induktiver Anteil der Permeabilität, u'	Hochgradig definiert über den gesamten Frequenzbereich	Hoch im Durchlassbereich
Widerstandsanteil der Permeabilität, u''	Sehr niedrig im Durchlassbereich; abhängig von der Reflexionsabsorption im Sperrbereich	Niedrig im Durchlassbereich, hoch im Sperrbereich

Tab. 3.4: Induktivitätsparameter in Abhängigkeit von der Filteranwendung

Gemäß den in Tabelle 3.5 aufgeführten Anforderungen werden zur Antennenanpassung häufig Induktivitäten ohne Ferritmaterial, für EMV-Filter hingegen Induktivitäten mit Ferritkern verwendet. Werden Induktivitäten mit Ferritkern verwendet, dann muss das Ferritmaterial anhand der Impedanzkurve sorgfältig ausgewählt werden. Die wesentlichen Parameter werden anhand der folgenden Daten aus den Datenblättern beschrieben.

Bauelement: SMD-EMV-Entstörferritperle WE-CBF HF, Art.-Nr. 742843122

Eigenschaften	Prüf-bedingungen		Wert	Ein-heit	Tol.
Impedanz @ 100 MHz	100 MHz	Z	220	Ω	±25%
Impedanz @ 1 GHz	1 GHz	Z	300[1]	Ω	min.
Maximalimpedanz	700 MHz	Z	550	Ω	typ.
Nennstrom	$\Delta T = 40$ K	I_R	500[2]	mA	max.
DC-Widerstand		R_{DC}	0,38	Ω	max.
Typ	Hochstrom				

[1] Hohe Impedanz bei 1 GHz; [2] Strom nicht höher als $I_R/2$

Tab. 3.5: Elektrische Parameter des Chip Bead Ferrites WE-CBF HF 742843122

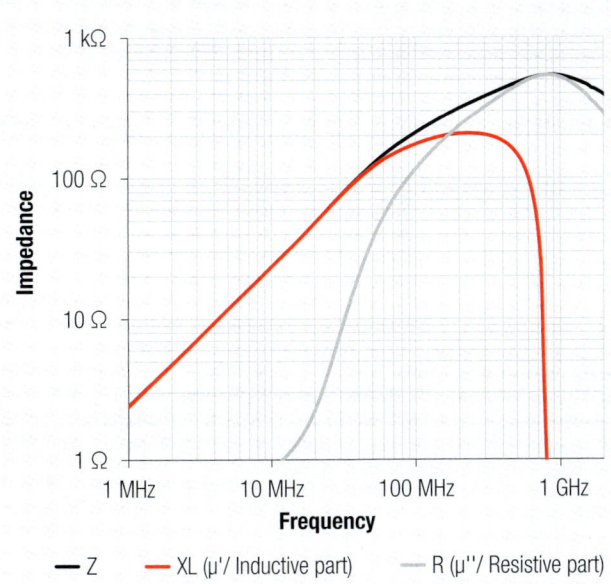

Abb. 3.14: Daten für SMD-EMV-Entstörferritperle WE-CBF HF, Art.-Nr. 742843122

Im Frequenzbereich oberhalb von 500 MHz weist der Ferrit einen hohen Anteil an magnetischer Permeabilität im Widerstandsbereich auf (graue Kurve in Abbildung 3.14). Oberhalb von ca. 500 MHz fällt der induktive Anteil dagegen unvermittelt ab (rote Kurve). Das bedeutet, dass bei Signalen mit einer Frequenz über 500 MHz das Bauelement als ohmscher Widerstand wirkt. Der resistive Anteil der Impedanz Z hat einen Wert von 10 Ω bei 20 MHz und steigt auf ca. 150 Ω bei 100 MHz an. Dieser Verlustanteil muss bei der Berechnung des Filters berücksichtigt werden. Wenn Signale in diesem Frequenzbereich liegen, beeinflussen sie die Dämpfung des Ferrits. Der bevorzugte Einsatzbereich dieses Bauelements liegt daher in der EMV.

Normalerweise ist die Strombelastbarkeit kein kritischer Faktor für HF-Filter. Dennoch sollte noch einmal erwähnt werden, dass Ferrite bei ihrer maximalen Strombelastbarkeit (in diesem Fall 500 mA) aufgrund der Gleichstromüberlagerung einen erheblichen Teil ihrer Impedanz – typischerweise 50% bis 60% – verlieren. Daher sollten maximal 50% des Nennstroms angelegt werden.

Für den Einsatz des Filters als verlustarmes Antennenanpassungsnetzwerk oder in anderen HF-Anwendungen sollten Induktivitäten der WE-KI-Baureihe verwendet werden, ein Beispiel der elektrischen Daten ist in Tabelle 3.6 gezeigt. Die Wicklungen dieser Bauelemente werden um Keramikmaterial gewickelt, um einen hohen Q-Faktor und hohe Resonanzfrequenzen zu erzielen (Abbildung 3.15).

III Anwendungen

Eigenschaften	Prüf-bedingungen		Wert	Ein-heit	Tol.
Induktivität	250 MHz	L	10	nH	±5%
Q-Faktor	250 MHz	Q	30		min.
Q-Faktor	900 MHz	Q	66		typ.
DC-Widerstand	@ 20 °C	R_{DC}	0,13	Ω	max.
Nennstrom	$\Delta T = 15\ K$	I_R	700	mA	max.
Eigenresonanzfrequenz		f_{res}	4800	MHz	min.

Abb. 3.6: SMD-Induktivität 744761110A, Informationen aus dem Datenblatt

1.5.3 Schaltungsbeispiel und Aufbau eines HF-Filters

Der Ausschnitt eines Schaltplans in Abbildung 3.15 zeigt eine Wi-Fi®- und Bluetooth®-Schnittstelle, bestehend aus Empfangs- und Sendebereichen, T-Filtern und Antennenanschlüssen.

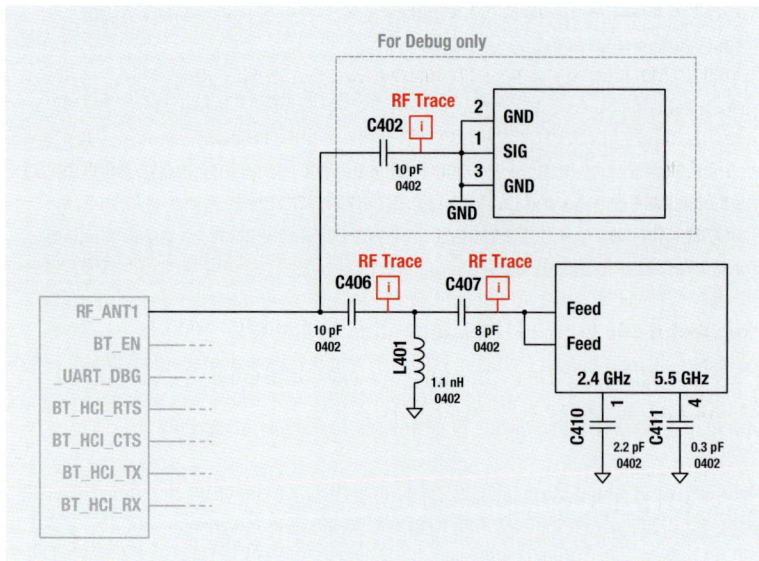

Abb. 3.15: Wi-Fi®- und Bluetooth®-Schnittstelle mit Filtern und Hybridantenne

Die Kondensatoren C406, C407, C410 und C411 müssen Keramikkondensatoren (NP0 oder COG) sein. Diese Keramik hat praktisch keine Temperaturabhängigkeit (±0,3 ppm/ °C) und ermöglicht die Fertigung von Kondensatoren mit höherem Q-Faktor. Die Toleranz des Kondensators darf nicht größer als ±0,1 pF sein.

Die Induktivität L401 mit 1,1 nH ist eine Keramikdrossel mit einer Toleranz von ±0,05% und einem Q-Faktor von ca. 12 bis 15. Die Eigenresonanzfrequenz beträgt ca. 6 GHz.

In dieser Anwendung wird ein Dual-Band-Hybridmodul als Antenne eingesetzt. Für Messungen in der Entwicklungsphase ist ein zusätzlicher Anschluss (ANT400) vorgesehen, der über C402 gekoppelt ist und in der Serienproduktion entfällt.

Bei einem HF-gerechten Layout gibt es eine Reihe von Aspekten zu beachten:

- Die Leiterbahnen in der in Abbildung 3.15, mit der Aufschrift „RF Trace" gekennzeichneten Schaltung, müssen eine Impedanz von 50 Ω haben.
- Die nächste Kupferebene unterhalb der oberen Signallage muss eine durchgehende Masselage sein. Dies ist nicht nur wegen der HF-Eigenschaften erforderlich, sondern wird auch zur Ableitung der Verlustleistung aus der normalerweise hochintegrierten Transceiversteuerung benötigt.
- Die Leiterbahnen müssen kurz gehalten werden, d. h., die Bauelemente sollten sich in der Nähe des Transceivers befinden.
- Wenn die Leiterbahnen länger sind und die Richtung ändern müssen, dürfen keine scharfen Ecken (z.B. rechte Winkel) auftreten, da es sonst zu Impedanzdiskontinuitäten kommt.
- HF-Leiterbahnen müssen beidseitig mit Masselagen geschirmt sein.
- Durchkontaktierungen für die Bauteile zur Masse müssen so nah wie möglich an den Bauteileanschlüssen (Pads) platziert werden.
- Weitere Module und Bauelemente müssen so weit von der Hybridantenne entfernt sein, dass die Sende- und Empfangseigenschaften nicht beeinträchtigt werden. Dazu sind die jeweiligen Angaben im Datenblatt zu beachten.
- $\lambda/4$-Antennen benötigen eine genügend große Massefläche, damit ihre Antennenparameter, wie Gewinn und Impedanz, realisiert werden können. Auch hierzu sind die Angaben im Datenblatt zu beachten.

1.6 Kombinieren von Filterung und ESD-Schutz

Filter als Kombination zur Dämpfung der Störaussendung (E-Feld) und als Schutz vor transienten Störungen (Burst, ESD)

Im Allgemeinen muss die Störemission bei der Filterung von Schnittstellen berücksichtigt werden. Die Störfestigkeit gegen transiente Störungen wie Burst und ESD, die einen Überspannungsschutz an den Schnittstellen erfordern, wird separat betrachtet. Aus Kosten- und Konstruktionsgründen ist es jedoch am besten, diese Anforderungen mit einem kombinierten Design zu erfüllen. Dazu ist es notwendig, das Prinzip der kombinierten Filter- und Überspannungsbegrenzung an der Schnittstelle genauer zu betrachten. Abbildung 3.16 zeigt das Prinzip eines Schnittstellenfilters. Dabei ist der obere Filter für eine asymmetrische, der untere Filter für eine symmetrische Schnittstelle vorgesehen. Bei Bedarf kann an der symmetrischen Schnittstelle Z_1/Z_3 eine stromkompensierende Drossel verwendet werden.

III Anwendungen

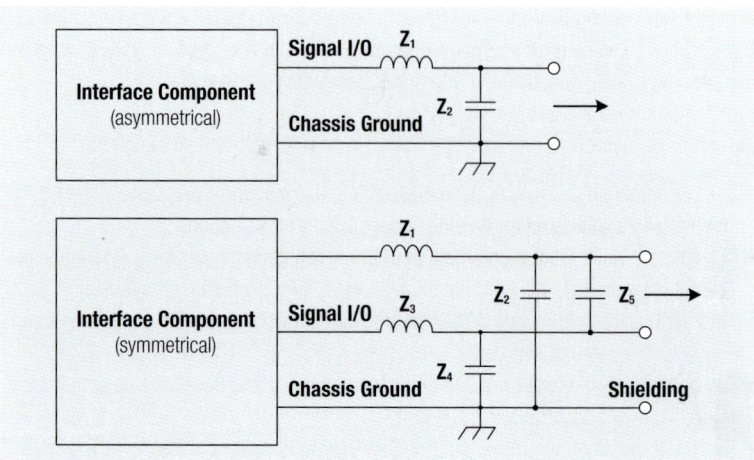

Abb. 3.16: Prinzipien der Schnittstellenfilterung. Ganz oben: asymmetrisch. Darunter: symmetrisch

Im Schaltbild in Abbildung 3.16 sind die Filterkomponenten auf traditionelle Weise als Impedanzen dargestellt. Z_1 und Z_3 sind induktive Impedanzen, während Z_2, Z_4 und Z_5 kapazitive Impedanzen sind, die zusammen jeweils ein Tiefpassfilter zweiter Ordnung ergeben. Wird eine Überspannungsbegrenzung gegen hohe transiente Spannungen hinzugefügt, müssen die kapazitiven Impedanzen zum Einen spannungsbegrenzende Eigenschaften aufweisen und zum Anderen die kapazitiven Parameter der normalerweise verwendeten Kondensatoren beibehalten. Die spannungsbegrenzenden Bauelemente haben jedoch nicht die gleichen elektrischen Eigenschaften wie ein Kondensator; daher ist es notwendig, die richtigen Komponenten für die Anforderungen der Schnittstelle auszuwählen. Tabelle 3.7 bietet einen Überblick über die verfügbaren spannungsbegrenzenden Bauelemente und deren relevante elektrische Parameter.

	Klemm-Spannung (typ.) [V]	Energieabsorption	Ansprechgeschwindigkeit	Parasitäre Kapazität	Bemerkung
Disk-Varistor	100–500	hoch	moderat	hoch	Beträchtlicher Alterungsvorgang
Vielschichtvaristor	20–100	mittel	Sehr schnell	klein bis mittel	Sehr effektiv, aber hoher Alterungsprozess
Z-Diode	3–100	niedrig	schnell	klein	Unidirektional
TVS-Diode	3–50	mittel	Sehr schnell	Sehr klein	Uni-/bidirektional
Gasableiter	100–1000	Sehr hoch	langsam	klein	Für den Primärschutz

Tab. 3.7: Übersicht über verschiedene spannungsbegrenzende Bauelemente und Vergleich der elektrischen Parameter

Um den Filter mit einem wirksamen Überspannungsschutz zu versehen, müssen die realistischen Mindestanforderungen für den Schutz bekannt sein. Hilfe bieten hier die Standardspezifikationen für die Störfestigkeit im Rahmen der CE-Konformitätsprüfung für die elektromagnetische Verträglichkeit (EMV).

Dort finden wir drei transiente Interferenzerscheinungen:

- Elektrostatische Entladung (ESD, definiert in IEC 61000-4-2)
- Schnelle transiente Störungen auf Leitern (Burst, definiert in IEC 61000-4-4)
- Energiereiche transiente Störungen auf Leitern (Surge, definiert in IEC 61000-4-5)

Eine Übersicht über die wichtigsten Impulsdaten ist in Tabelle 3.8 enthalten. Es ist leicht zu erkennen, dass die Anforderungen sehr unterschiedlich sind. Sie reichen von Impulsen mit hohen Spannungen und sehr kurzen Anstiegszeiten (ESD) bis hin zu Impulsen mit sehr hoher Energie und relativ langen Anstiegszeiten (Surge). Der Surge-Impuls soll hier nicht angesprochen werden, da die Anforderungen an die Störfestigkeit gegenüber diesem Phänomen nur bei Netzspannungs- und Telekommunikationsleitungen, die das Gebäude verlassen, umgesetzt werden müssen. Es verbleiben mithin die Anforderungen an ESD und Burst.

Name	Spannung	Strom	Anstiegszeit	Impulsbreite	Impulsenergie
Surge	0,5–2 kV	100–1 kA	1,25 µs	50 µs	10–80 J
EFT (einzeln)	0,5–2 kV	10–100 A	5 ns	50 ns	4 mJ
EFT (Burst, Impulspaket)	0,5–2 kV	10–100 A	5 ns	15 ms	100–1000 mJ
ESD	4–8 kV	1–50 A	1 ns	60 ns	1–10 mJ

Tab. 3.8: Vergleich der elektrischen Parameter von transienten ESD-, Burst- und Surgeimpulsen

Ein weiterer wichtiger Aspekt sind die Schnittstellenparameter. Beim Entwurf eines Filters mit entsprechender Spannungsbegrenzung müssen die erforderliche Topologie und die Parameter der sie definierenden Schnittstelle berücksichtigt werden, um die Schnittstellenspezifikation zu erfüllen. Eine Übersicht über die verschiedenen Schnittstellen und die zugehörigen Parameter ist in Tabelle 3.9 enthalten.

III Anwendungen

Schnittstelle	Signal (Datenübertragungsrate/ -pegel)	Topologie (symmetrisch, asymmetrisch)	Kabel (geschirmt, ungeschirmt)	Auswirkungen auf die Schnittstellenkonstruktion
Spannungsversorgung DC	DC-Eingang 09 V … 32 V	Asymmetrisch	Ungeschirmt	Umfangreiches Filter an der Schnittstelle
Spannungsversorgung an den Schnittstellen	DC-Ausgang: ≤24 V (E/A-Verbindung) Strom (max.): 5 A (USB)	Asymmetrisch	Ungeschirmt, geschirmt	LC-Filter an den Schnittstellen
USB 2.0 (Hub)	480 Mbit/s 3,6 Vss, Vcc, GND	90 Ω Gegentakt	Geschirmt	Gleichtaktfilter
USB 3.0	5 Gbit/s < 1 Vss, Vcc, GND	90 Ω Gegentakt	Geschirmt	Gleichtaktfilter
GB-LAN/LAN	4 × 250 MB/s (je Paar) 5 Vss	100 Ω Gegentakt	Cat. 5/7 UTP	Gleichtaktfilter im Gehäuse integriert
HDMI-Ausgang	600 MHz (max.), 700 mVss	100 Ω Gegentakt	Geschirmt	Gleichtaktfilter
E/A (I2C, SPI, I2S, GPIO)	< 1 MHz, 5 V	Asymmetrisch	Geschirmt	LC-Filter
RS232	1 MBd (max.), ±12 Vss	Asymmetrisch	Geschirmt	C-Filter
RS485, 422	1 MBd (max.), ±2 Vss	120 Ω Gegentakt	Geschirmt	C-Filter
E/A-Verbindung	230 (max.), 4 kBd, 24 V (seriell)	Asymmetrisch	Ungeschirmt	C-Filter
CAN	1 MB/s, 2 Vss	120 Ω Gegentakt	Ungeschirmt	Gleichtaktfilter
SD-Karte	–	Stecksystem im Steckplatz	–	ESD-Kontaktschutz
Display-, SATA-, PCIe-Schnittstellen	–	Interner Stecker oder Verkabelung	–	Einhaltung des internen Erdungssystems

Tab. 3.9: Vergleich verschiedener Schnittstellenparameter

Aufgrund der unterschiedlichen Topologien und Datenübertragungsraten ist es nicht möglich, für alle Schnittstellentypen die gleiche Filterkonstruktion zu verwenden. Je nach Schnittstellentyp ergeben sich unterschiedliche Konstruktionsanforderungen an den Filter.

Die Stromkompensation bei symmetrischen Schnittstellen ist sinnvoll, wenn entweder das Risiko einer hohen magnetischen Vormagnetisierung der Ferrite bzw. Drosseln durch Wechselstrom oder Gleichstrom besteht, wenn das Nutzsignal durch die Serienimpedanz (z.B. die Drossel oder den Ferrit) beeinflusst werden kann. Abbildung 3.17 zeigt das Schaltbild einer USB 2.0-Schnittstelle mit einer stromkompensierenden Drossel. Die entsprechenden Bauelemente sind in Tabelle 3.10 aufgeführt.

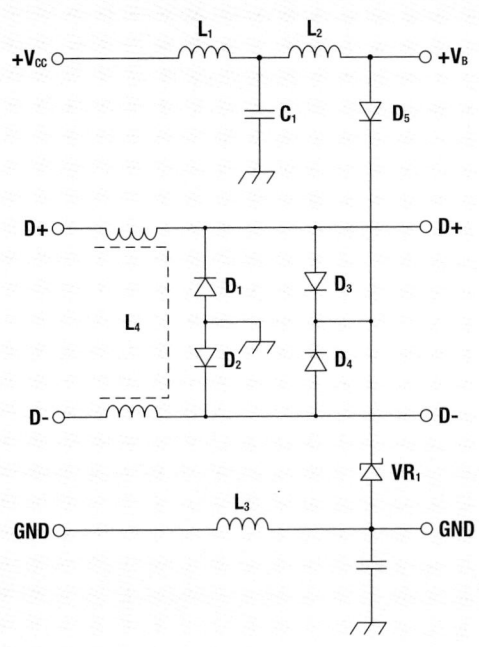

Abb. 3.17: Schaltbild eines Filters für eine USB 2.0-Schnittstelle

Bauelemente	Beschreibung	Elektrische Parameter	WE-Artikel-Nr.
C_1, C_2	Kondensator	47 nF, 100 V, X7R	885012206118
L_1, L_2, L_3	SMD-Ferrit	600 Ω/100 MHz, 1 A	742792651
L_4	Stromkompensierende Drossel	90 Ω, 6 Ω, 370 mA	744232090
D_1–D_5, VR_1	Diodenanordnung	2,5 pF	82400102

Tab. 3.10: Liste der Bauelemente für das USB-Schnittstellenfilter wie in Abbildung 3.17 dargestellt

Für die Spannungsversorgung ist ein T-Filter vorgesehen. Sowohl für den Kondensator C_1 als auch für den Kondensator C_2 wurde ein 100-V-Typ gewählt, um Störfestigkeit gegen kapazitiv gekoppelte Burst-Signale zu gewährleisten. Tabelle 3.11 zeigt die elektrischen Parameter des Kondensators.

III Anwendungen

Eigenschaft	Prüfbedingungen		Wert	Einheit	Tol.
Kapazität	1 ±0,2 V_{RMS}, 1 kHz ±10% @25 °C	C	47	nF	±10%
Nennspannung		U_R	100	V (dc)	max.
Verlustfaktor	1 ±0,2 V_{RMS}, 1 kHz ±10% @25 °C	D_F	2.5	%	max.
Isolationswiderstand	U_R für max. 120 s anlegen	R_{ISO}	2,1	GΩ	min.

Tab. 3.11: Elektrische Daten des Keramikkondensators 0603, X7R

Der Nennstrom des SMD-Ferrits beträgt 1 A; die maximale Strombelastbarkeit des SMD-Ferrits sollte 500 mA nicht überschreiten, um die Impedanz des SMD-Ferrits beizubehalten. Die Impedanzkurve und die elektrischen Daten des gewählten SMD-Ferrits sind in Abbildung 3.18 und Tabelle 3.12 dargestellt.

Eigenschaft	Prüfbedingungen		Wert	Einheit	Tol.
Impedanz @ 100 MHz	100 MHz	Z	600	Ω	±25%
Maximalimpedanz	200 MHz	Z	800	Ω	typ.
Nennstrom	ΔT = 40 K	I_R	1000	mA	max.
DC-Widerstand		R_{DC}	0,20	Ω	max.
Typ			Hochstrom		

Tab. 3.12: Elektrische Daten des SMD-Ferrits, Baugröße 0603

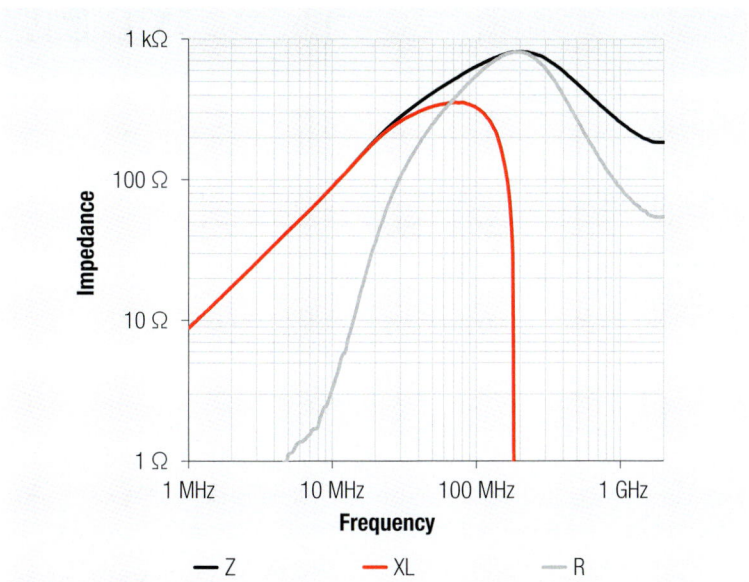

Abb. 3.18: Impedanzkurve des SMD-Ferrits nach Tabelle 3.12

Der SMD-Ferrit hat eine hohe Impedanz bis über 1 GHz. Der resistive, bzw. ohmsche Anteil der Impedanz beträgt 30 Ω bei 20 MHz, sodass Resonanzen im höheren Frequenzbereich zuverlässig gedämpft werden. Wird ein Versorgungsstrom von mehr als 500 mA benötigt, dann steht eine geeignete Alternative eines SMD-Ferrits mit einem Nennstroms von 2000 mA (Artikel-Nr. 742 792 040) zur Verfügung, der eine vergleichbare Impedanzkurve, aber eine größere Bauform (0805) aufweist.

In die USB-Datenleitungen ist ein Tiefpassfilter integriert, das sich aus einer stromkompensierenden Drossel und den parasitären Kapazitäten der TVS-Diodenanordnung zusammensetzt. Aufgrund ihrer Wicklungstechnologie weist die Drossel ein hohes Maß an Symmetrie und eine geringe parasitäre Kapazität auf. Abbildung 3.19 zeigt die Struktur und Tabelle 3.13 die wichtigsten Parameter.

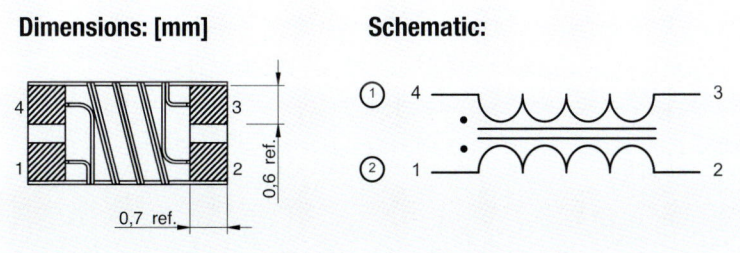

Abb. 3.19: Schematischer Aufbau der stromkompensierenden Drossel für das USB-Filter

III Anwendungen

Eigenschaft	Prüf-bedingungen		Wert	Einheit	Tol.
Impedanz @ 100 MHz	100 MHz		90	Ω	±25%
Nennstrom	ΔT = 40 K	I_R	370	mA	max.
DC-Widerstand		R_{DC}	0,3	Ω	max.
Isolationsprüfspannung		U_T	125	V (dc)	max.
Nennspannung		U_R	50	V	

Tab. 3.13: Elektrische Daten der stromkompensierenden Drossel für das USB-Filter

Abbildung 3.20 zeigt die Impedanzkurve der Drossel. Die schwarze Kurve ist die Impedanzkurve für Gleichtaktsignale, d.h. Signale, die an D+ und D− mit gleicher Amplitude und gleicher Phase auftreten und als Störung zu betrachten sind. Die rote Kurve stellt die Gegentaktimpedanz dar und trägt zur Dämpfung von Signal und Signalharmonischen bei. Die Gegentaktimpedanz entsteht durch die Asymmetrie der Wicklung und durch Verluste in den Windungen und im Ferritmaterial (Wirbelstrom, Skin-Effekt). Die Impedanz der beiden Wicklungen beträgt zusammen ca. 6 Ω bei 100 MHz.

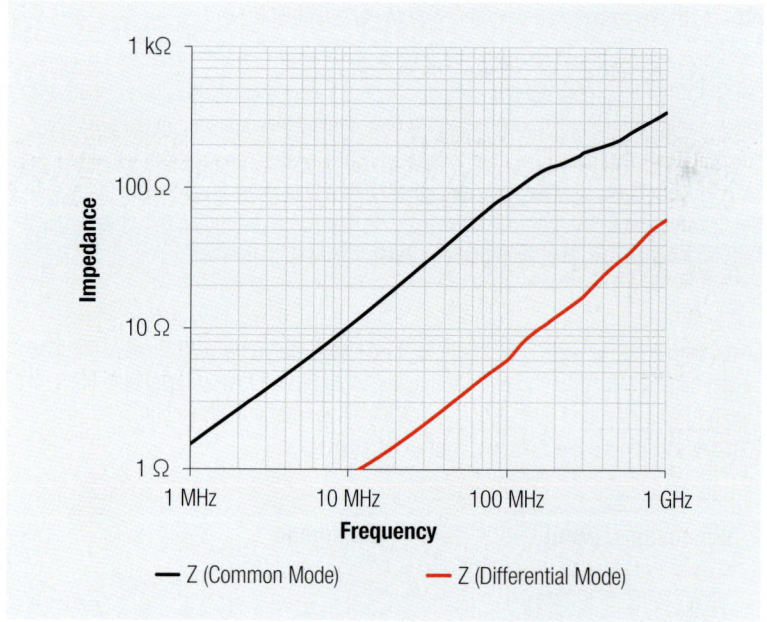

Abb. 3.20: Impedanzverlauf der stromkompensierenden Drossel für das USB-Signalfilter

Zur Begrenzung von Überspannungen auf den USB-Datenleitungen werden TVS-Dioden-Arrays eingesetzt. Dies geschieht nicht nur um Platz zu sparen, sondern vor allem, da es im Hinblick auf die kurzen Anstiegszeiten des ESD-Impulses notwendig ist, Bauelemente mit kleinen parasitären Induktivitäten zu verwenden. Bei diskreten Dioden erhöht die parasitäre Induktivität der Anschlüsse die Klemmspannung, verzögert die

Reaktionszeit und reduziert die Einfügungsdämpfung im hochfrequenten Bereich. Da die parasitäre Induktivität einer TVS-Diode in etwa proportional zur Größe des ICs ist, hat eine kleinere Bauform typischerweise bessere Hochfrequenzeigenschaften. Abbildung 3.21 zeigt einen Schaltplan der TVS-Dioden-Anordnung, Tabelle 3.14 listet die elektrischen Parameter auf.

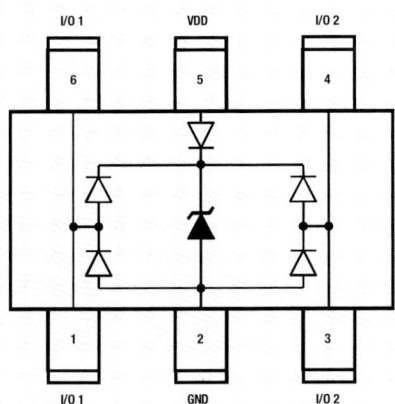

Abb. 3.21: Schaltplan der TVS-Diodenanordnung zur Überspannungsbegrenzung

Eigenschaften	Prüfbedingungen	Wert min	Wert typ	Wert max	Einheit
VRWM	Pin 5 zu Pin 2			5	V
V_{BV}	I_{BV} = 1 mA, Pin 5 zu Pin 2	6,0			V
I_R	V_{Pin5} = 5 V, Pin 5 zu Pin 2			5	µA
$I_{R,IO}$	V_{Pin5} = 5 V, V_{Pin2} = 0 V, I/O zu GND			1	µA
V_F	I_F = 15 mA, Pin 2 zu Pin 5		0,8	1,0	V
V_C	I_{PP} = 5 A, tp = 8/20 µs, I/O zu GND		7,7		V
$V_{Cl,IO}$	I_{TLP} = 17 A, I/O zu GND		10,0		V
$V_{Cl,VDD}$	I_{TLP} = 17 A, VDD zu GND		9,2		V
C_{IO}	V_{Pin5} = 5 V, V_{Pin2} = 0 V, V_{IO} = 2,5 V, f = 1 MHz, I/O zu GND		2,0	2,5	pF
C_X	V_{Pin5} = 5 V, V_{Pin2} = 0 V, V_{IO} = 2,5 V, f = 1 MHz, zwischen I/O pins		0,4	0,6	pF

Tab. 3.14: Elektrische Daten für das TVS-Dioden-Array zur Überspannungsbegrenzung

III Anwendungen

Die kapazitive Last durch das Dioden-Array beträgt im Gegentakt (D+ zu D−) für die Signalspannung maximal 0,6 pF. Mit der Serienimpedanz von 6 Ω durch die Streuinduktivität der Drossel bleibt die Dämpfung des USB-Signals durch die TVS-Anordnung sehr gering. Die kapazitive Last von den Signalleitungen gegen Masse beträgt max. 2,5 pF, mit der Gleichtaktimpedanz von ca. 800 Ω bei 100 MHz ergibt sich ein wirkungsvolles Filter gegen Gleichtaktstörungen.

Im Massezweig der Schnittstelle wurde die System- oder Leiterplattenmasse von der Kabelmasse über L_3 hochfequenzmäßig getrennt (Abbildung 3.22).

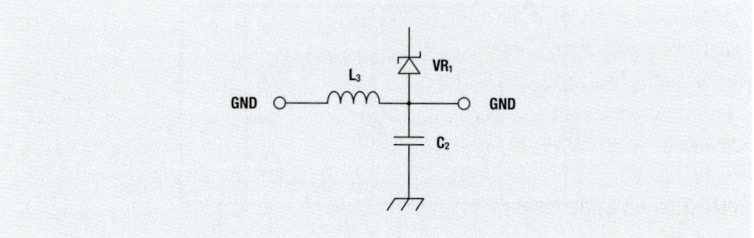

Abb. 3.22: Teil der in Abbildung 3.17 gezeigten Schaltung

C_2 ist direkt mit der Gehäusemasse (Chassis) verbunden und dient somit als Bezugspunkt für das Tiefpassfilter (L_3, C_2) und den Schirm des USB-Kabels. Hierdurch werden sowohl Störeinkopplungen vom „Massedraht" (− Pol der Stromversorgung im Kabel) in das System gedämpft, als auch hochfrequente Störungen, die als Offset auf der GND-Lage sind, in das Kabel reduziert.

Sowohl für die Störfestigkeit gegen ESD, als auch gegen transiente Burst-Störungen, hängt die Effektivität bei der Begrenzung transienter Störungen auf die USB-Schnittstellen wesentlich vom Layout im Bereich des TVS-Arrays ab. Aufbau und Masseanschluss, bzw. Massebezug zum Gehäuse müssen kompromisslos niederimpedant entworfen werden.

1. Wie viel Störunterdrückung ist notwendig?

Es stimmt, dass umfangreiche EMV-Maßnahmen Aufwand erfordern und Geld kosten. Allerdings lässt sich durch eine angemessene Dimensionierung und Entwicklung der EMV-Maßnahmen von Anfang an viel Geld sparen. Es gibt keine Schutzmaßnahme, die auf genau eine konkrete ESD- oder Burst-Spannung ausgelegt ist. Ebenso wenig wird man auch keine konkrete Antwort finden, wenn man nach der maximal zulässigen Klemmspannung einer bestimmten Steuerung für eine Datenschnittstelle fragt. Es müssen also viele Punkte mit einbezogen werden um zu verstehen, wie der Schutzmechanismus der Schnittstelle gestaltet sein muss, um seinen wesentlichen Zweck überhaupt zu erfüllen.

Natürlich muss das Datensignal der geforderten Spezifikation entsprechen. Darüber hinaus ist mit geeigneten technischen Messmitteln zu prüfen, ob die geforderten elektrischen Parameter bei implementierter Schnittstellenfilterung eingehalten werden.

Ist das Schnittstellenkabel ungeschirmt, dann muss der Schutz der Schnittstelle wesentlich höheren Anforderungen genügen, als dies bei Verwendung geschirmter Schnittstellenkabel der Fall wäre. Je nach Qualität des Kabels kann der Unterschied bis zu 50 dB betragen!

Die häufigsten Störfestigkeitsprobleme im Zusammenhang mit transienten elektrischen Störungen an der Datenschnittstelle oder an Kabeln treten infolge elektrostatischer Entladung (ESD) auf. Bei Einhaltung der Schutzanforderungen gegen ESD werden auch die Anforderungen an Datenleitungen gegen schnelle Transiente (Burst) gemäß Norm IEC 61000-4-4 grundsätzlich erfüllt. In Tabelle 3.15 sind die gängigen Halbleitertechnologien und einige Bauelemente mit ihrer maximal „zulässigen" ESD-Entladungsspannung aufgeführt. Dieser grobe typische Spannungswert, bestimmt anhand des HBM (Human Body Model), ist in der Regel die einzige zur Verfügung stehende Information. Es gibt drei verschiedene Modelle, die als Referenz für die Angabe der Entladungsspannung verwendet werden können:

HBM (Human Body Model)

Diese Norm simuliert einen Menschen, der statisch aufgeladen ist und den Schaltkreis mit bloßem Finger berührt. Die Entladung erfolgt über den Schaltkreis gegen Masse.

MM (Machine Model)

Diese Norm sieht die Simulation einer aufgeladenen Fertigungsmaschine vor. Die Entladung erfolgt über die Maschine (den IC) gegen Masse.

CDM (Charge Device Model).

Das Modell simuliert ein Szenario, in dem eine Schaltung aufgeladen wird und sich dann über eine geerdete Metalloberfläche entlädt (EMV-Standardtest).

Die HBM-, MM-Tests sollen sicherstellen, dass integrierte Schaltungen bei Fertigung bzw. Verarbeitung nicht durch ESD beschädigt werden. Grundsätzlich entwickeln IC-Hersteller nur so viele Schutzmaßnahmen für ihren IC, dass die Schaltung sicher in ein System integriert werden kann. Der HBM- und der MM-Test ist nicht für Geräte- oder Systemprüfungen nach IEC 61000-4-2 geeignet und erlaubt ausschließlich einen groben Vergleich, ob überhaupt ein Grundschutz in den IC integriert wurde.

III Anwendungen

Technologie, Bauelemente	ESD-Entladungsspannung nach HBM (V)
HF-FETs	10–100
Leistungs-MOSFETs	
PIN-Dioden, Laserdioden	100–300
VLSI (vor 1990)	400–1000
Modernes VSLI	1000–3000
HCMOS	1500–3000
CMOS B-Serie	2000–5000
Lineare MOS-Bauelemente	800–4000
Kleinteilige bipolare Bauelemente, alte Technologie (vor 1990)	600–6000
Kleinteilige bipolare Bauelemente, neue Technologie	2000–8000
Bipolare Leistungskomponenten	7000–25000
VMOS	30–1200
MOSFET, GaAsFET, EPROM	100–300
JFET	1500–7000
OpAmps	190–2500
Schottky-Dioden	300–2500
Schottky-TTL	1000–2500
Schichtwiderstand	500–4000

Tab. 3.15: Maximal zulässige ESD-Entladespannungen verschiedener elektronischer Bauelemente und Technologien entsprechend dem Human Body Model (HBM)

Da der menschliche Körper ursprünglich die häufigste Ursache für elektrostatische Entladungen bei der Fertigung elektronischer Bauelemente war, hat sich im Bereich der Elektronik-Produktion das Human Body Model (HBM) etabliert. Bei diesem Test wird ein geladener 100 pF Kondensator über einen 1500 Ω Widerstand an der Klemme des elektronischen Bauteils entladen. Der 100 pF Kondensator simuliert die in einem durchschnittlichen menschlichen Körper gespeicherte Ladung, der Widerstand den elektrischen Widerstand des menschlichen Körpers und der Haut. Weitere Informationen zu diesem Thema finden Sie in der Norm EN 61340-5-1, „Schutz von elektronischen Bauelementen gegen elektrostatische Phänomene – Allgemeine Anforderungen".

Eine klare Beurteilung der elektrotechnischen Bedingungen in Hinblick auf eine Entladung statischer Elektrizität in ein elektronisches Bauteil ist in Abbildung 3.23 und in Abbildung 3.24 dargestellt.

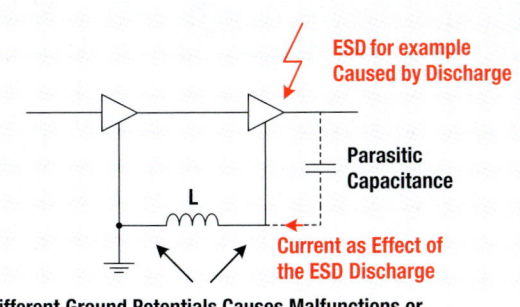

Abb. 3.23: Parasitäre Impedanzen an der Schnittstellenelektronik in Bezug auf elektrostatische Entladungen

Abbildung 3.23 zeigt den Prozess einer elektrostatischen Entladung in eine Schnittstelle. Die parasitäre Kapazität im Chip des Controllerausgangs – hier nur 5 pF – bewirkt, dass bei der Entladung ein hoher Strom fließt. Dieser Strom fließt über den IC-Pin und über die parasitäre Induktivität der Masse zum Gerätegehäuse, der Bezugsmasse. Die parasitäre Induktivität der Masse besteht aus einzelnen Induktivitäten, die durch die IC-Anschlüsse, die Masselage der Leiterplatte und ggf. den Leiterplattenverschraubungen gebildet werden. Der Stromfluss ist höher, als auf den ersten Blick zu erwarten wäre (Abbildung 3.24).

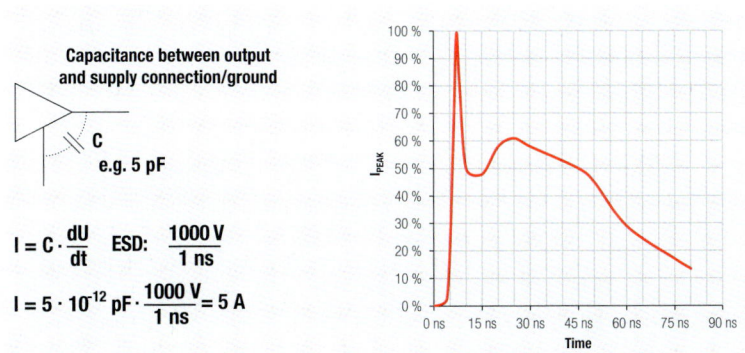

Abb. 3.24: Entladestrom durch die Schaltung, verursacht durch eine elektrostatische Entladung an der IC-Verbindung

Der den IC durchfließende Spitzenstrom von 5 A entsteht durch die Entladespannung am IC von „nur" 1000 V und einer parasitären Kapazität von 5 pF. Das bedeutet: Sollte nicht bereits die 1000-V-Entladespannung die Schaltung zerstören, dann wird der Schaltkreis sicherlich durch den Strom von 5 A zerstört werden.

III Anwendungen

Parasitäre Induktivitäten im Massepfad verschlimmern die Situation noch. Eine Zuleitung von 10 mm zwischen dem spannungsbegrenzendem Element und dem Massepotential würde sich wie folgt auswirken:

1 cm lead: L = 10 nH (Rule of thumb: 10 nH/cm)
Current of ESD impulse: I = 30 A/nS (Current at test level: 4.8 kV voltage)
U = L (di/dt) → U = 10.

$$U = L \cdot \frac{di}{dt} \implies U = 10 \cdot 10^{-9} \, H \cdot \frac{30 \, A}{1 \, ns} = 300 \, V$$

Die 300 V, verursacht durch die parasitäre Induktivität addieren sich zur Klemmspannung des begrenzenden Bauelements. Der Spannungsabfall durch die parasitäre Induktivität ist entscheidend für die Funktion des spannungsbegrenzenden Bauelements. Daher wird in jedem Fall ein optimales, durchdachtes – und trotzdem machbares – Erdungskonzept benötigt.

2. Aufbau und Masseverbindung

Unabhängig davon, welches Bauelement zur Begrenzung der Überspannung ausgewählt wird, führt diese Begrenzung an sich zu einem „Leckstrom", der seinerseits einen Spannungsabfall verursacht. Der Spannungsabfall muss begrenzt werden; die „aufgefangene" Energie muss direkt ans Gehäuse geleitet werden und darf nicht auf die Leiterplatte oder deren GND-System gelangen. Der erste Schritt besteht darin, das Massesystem der Leiterplatte vom Massepotenzial der Überspannungsbegrenzung zu trennen (Abbildung 3.25). Die Masse (GND) der Leiterplatte ist letztlich auch die Gehäusemasse, jedoch nicht am gleichen Bezugspunkt (Abbildung 3.27).

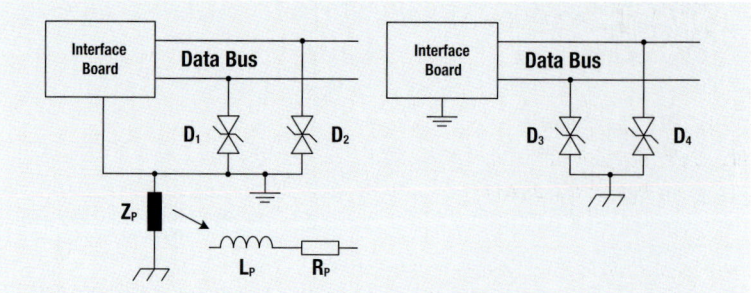

Abb. 3.25: Zwei verschiedene Erdungskonzepte, die eine schlechte Implementierung der Überspannungsbegrenzung (links) und eine gute (rechts) zeigen

Das Erdungskonzept auf der linken Seite von Abbildung 3.25 kombiniert den Bezugspunkt für die überspannungsbegrenzenden Bauelemente mit der Platinenmasse. Jeder Spannungsabfall, der durch Kontaktwiderstände oder Impedanzen verursacht wird, wird als Spannungsanstieg an der Leiterplattenmasse erkennbar. Dies kann zu kapazitiven und induktiven Kopplungen und somit zu Störungen in der Elektronik führen und im schlimmsten Fall Bauelemente zerstören. Die Amplitude dieses Spannungsabfalls durch das überspannungsbegrenzende Bauelement und die parasitären Impedanzen hängt natürlich von der Größe der Impedanzen, aber auch von der Anstiegszeit der Störimpulse ab. Abbildung 3.26 zeigt den Begrenzungsvorgang schematisch und Abbildung 3.27 ein Konstruktionsbeispiel für das Layout.

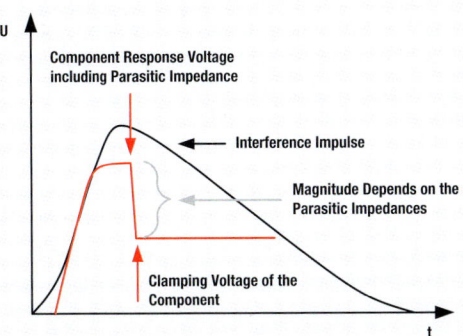

Abb. 3.26: Spannungsverlauf über der Zeit an einem Spannungsbegrenzenden elektronischen Baulement

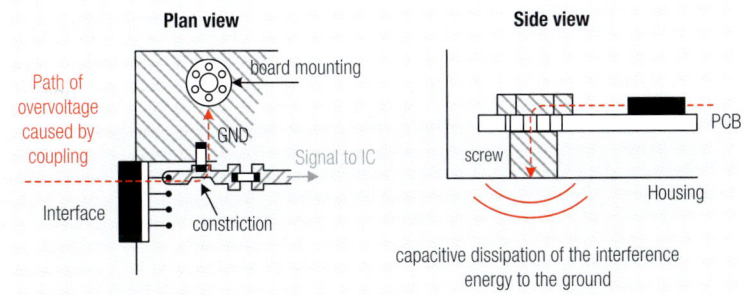

Abb. 3.27: Beispielhaftes Konstruktionsschaltbild und Anordnung zur Überspannungsbegrenzung an einer Schnittstelle

Die wesentlichen Aspekte für die Konstruktion und den Aufbau einer Überspannungsbegrenzung sind in Abbildung 3.27 dargestellt. Das spannungsbegrenzende Element – z.B. eine TVS-Diode oder ein Vielschichtvaristor – muss direkt an der Schnittstelle platziert werden. Der Masseanschluss befindet sich direkt an der Platinenbefestigung, um parasitäre Induktivitäten und Übergangswiderstände möglichst klein zu halten. Die Anordnung ist kompromisslos: Die Überspannungsbegrenzung ist rechtwinklig zur Induktivität angeordnet, um eine gegenseitige Kopplung zu vermeiden, die benachbarten Leiterbahnen müssen mindestens 4 mm von der Filteranordnung entfernt sein. Zur besseren Schirmung des Filterbereichs kann das Layout auf der Oberseite mit Masse aufgefüllt und somit – wie bei Hochfrequenzbaugruppen – mehrfach zur Masselage durchkontaktiert werden.

III Anwendungen

2 Audioschaltungen

2.1 Symmetrische Audio-Übertragung

Im Bereich der professionellen Audiotechnik kann bei der Übertragung analoger Signale über weite Entfernungen auf symmetrische Signalstrecken nicht verzichtet werden. Wo vor einigen Jahren noch aufwendige diskrete Schaltungstechnik notwendig war, bieten heute integrierte Differenzverstärker die Möglichkeit, Symmetriewandler mit bis zu 100 dB Gleichtaktunterdrückung aufzubauen.

Symmetriewandler

Brummschleifen

Durch die symmetrische Schaltungstechnik werden Brummschleifen und Störeinstreuungen im Nutzfrequenzbereich (NF) reduziert. Hochfrequente Einflüsse auf die Übertragungsstrecke, wie Einkopplung von Bursts und elektromagnetischen Feldern müssen jedoch schaltungstechnisch zusätzlich berücksichtigt werden. Ebenso finden wir häufig sensible analoge Schaltungstechnik neben schnell schaltender digitaler Steuerelektronik, die sich mit einem „digitalen Nebel" umgibt und die analogen Signale ratternd und zwitschernd moduliert. Auch diesem Phänomen kann schaltungstechnisch abgeholfen werden. In Abbildung 3.28 ist der Stromlaufplan eines Symmetriewandlers dargestellt.

Sender SSM2142

Empfänger SSM2141

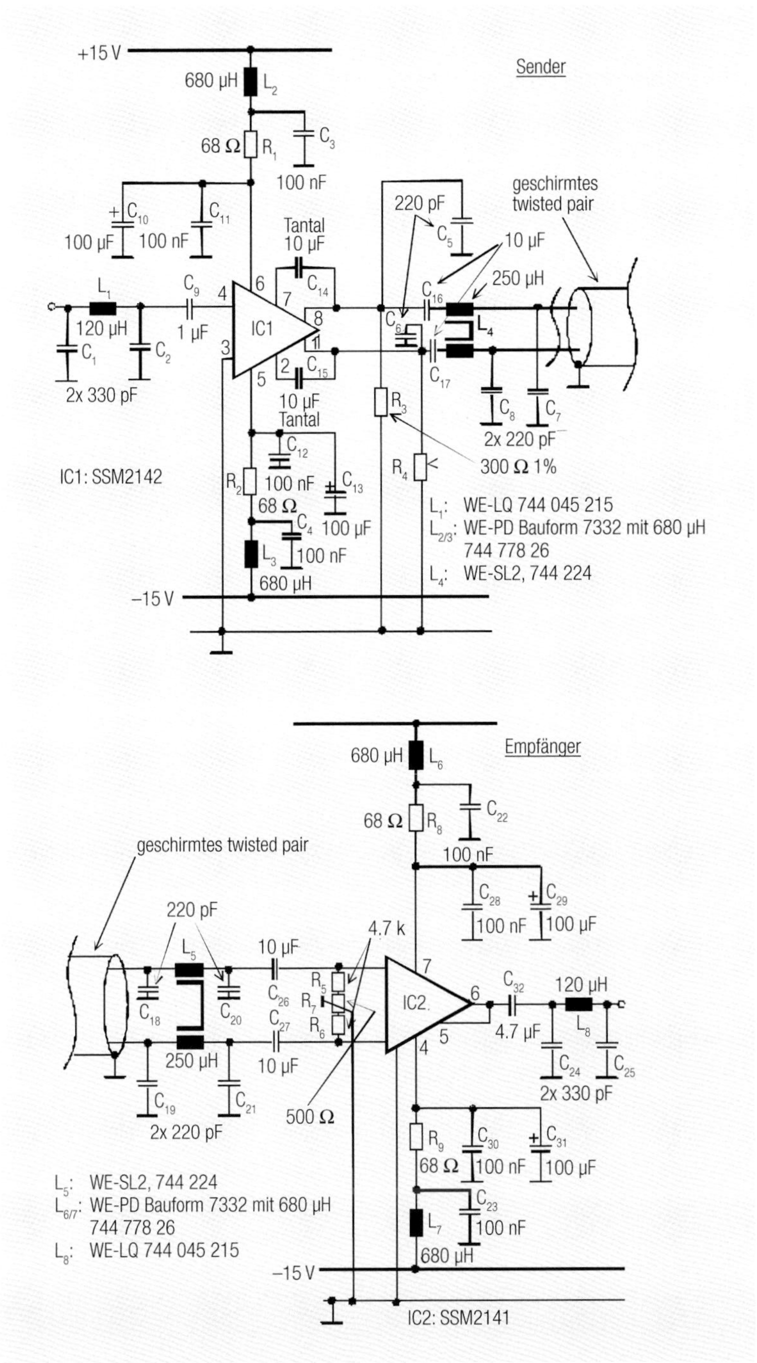

Abb. 3.28: Symmetriewandler für Audiosignale

Der Sender mit IC1 (SSM2142 von Analog Devices) wandelt das asymmetrische Signal in ein symmetrisches Signal um. Die Ausgangsspannung beträgt maximal 10 V_{eff} an

III Anwendungen

600 Ω. Das Eingangsfilter mit L_1, C_1 und C_2 dient zur Dämpfung von hochfrequenten Einstreuungen über das Kabel. Sollten dem Symmetriewandler IC1 innerhalb des Gerätes andere Schaltungsteile wie Vorverstärker, Summierer etc. vorgeschaltet sein, kann das Filter entfallen, gleiches gilt für das Filter mit L_8, C_{24} und C_{25} am Empfänger. Die Tiefpässe L_2/C_3, L_3/C_4, L_6/C_{22} und L_7/C_{23} blocken die Versorgungsspannung gegen hochfrequente Einflüsse, die Widerstände R_1, R_2, R_8 und R_9 dämpfen Resonanzen, die auf dem Stromversorgungsnetz innerhalb des Gerätes entstehen können. Die Induktivität der Stromversorgungszuführung und die Abblockkondensatoren inklusiv parasitärer Kapazitäten können bei schnellen Operationsverstärkern mit mangelhaftem Schaltungsdesign zu Resonanzerscheinungen führen. Deshalb wurden für die Drosseln L_2, L_3, L_6 und L_7 Typen gewählt, die bei hoher Impedanz einen geringen Blindanteil und einen großen resistiven Anteil haben.

Einfluss Parasitäre Effekte

Die symmetrischen π-Filter L_4 mit C_5–C_8 und L_5 mit C_{18}–C_{21} sorgen für eine hohe hochfrequente Entkopplung von Störungen, die über das Kabel eingekoppelt werden könnten. Sind Bursts mit höheren Spannungen als die Versorgungsspannung zu erwarten, z.B. durch parallel verlaufende Netzkabel sollten C_7, C_8, C_{18} und C_{19} durch Vielschichtvaristoren ersetzt werden.

Gehen Sie nicht davon aus, dass die Berechnungen der Filtereinsatzfrequenzen, der Dämpfung, der Eigenimpedanz und ähnlicher Filterparameter präzise sind. Wie in Kapitel II Bauelemente beschrieben, verhalten sich die Parameter der induktiven Bauelemente wie Impedanz, Güte usw. nicht linear. Die Quell- und Lastimpedanzen, der den Filtern vor- bzw. nachgeschalteten Stufen (in ihrem hochfrequenten Dämpfungsbereich!) sind nicht bekannt, weshalb die Werte der Bauelemente immer empirisch so bestimmt werden sollten, dass noch keine Nutzsignalbeeinflussung zu erwarten ist. Die Kondensatoren C_{14} und C_{15} trennen die sense-Eingänge (Pins 2 und 7 von IC1) vor Gleichspannung. Hier sollten Kondensatoren mit niedrigem ESR bevorzugt werden. Um Asymmetrie der Strecke zu vermeiden dürfen die Komponenten R_3, R_4, C_5–C_8, C_{18}–C_{20} in ihrer Toleranz nur geringfügig streuen, deshalb sollten für R_3 und R_4 eng-tolerierte Metallfilmwiderstände und für die Kondensatoren Keramik-SMD-Kondensatoren mit 2 % bzw. 5 % Toleranz gewählt werden. Die stromkompensierten Drosseln L_4 und L_5 haben eine Induktivitätstoleranz von ±50 %, durch ihre hohe Symmetrie jedoch, wirkt sich das nicht auf die Signalgüte aus, da die Induktivitätsabweichung vom Sollwert auf beiden Zweigen der Drossel gleich zu sehen ist.

Layout

Das Layout im symmetrischen Teil der Schaltung, sowohl beim Sender als auch beim Empfänger, sollte hochfrequenztauglich und symmetrisch geroutet sein. Das bedeutet, dass eine zweilagige Leiterplatte obligatorisch ist, besser ist ein 4-lagiges Board, die Leitungen müssen so kurz wie möglich geroutet werden, symmetrische Signalpfade gehören nebeneinander und sollten gleiche Länge haben. Sind Ausgleichsströme aufgrund von Potentialunterschieden am Kabelschirm zu erwarten, muss der Kabelschirm auf einer Seite (sinnvollerweise auf der Senderseite, da hier der Signalpegel größer ist und die Impedanz niedriger) durch einen Kondensator getrennt werden. Das Kabel muss eine Impedanz von 600 Ω haben, Kabelkapazitäten bis 150 nF können problemlos betrieben werden. Die Stromversorgung sollte gut gefiltert und bis auf 2 % symmetrisch sein, ebenso sollten Spannungsspitzen vor allem im negativen (–15 V)

Ausgleichsströme

Zweig vermieden werden, da sonst latch-up möglich ist. Die Kondensatoren C_3, C_4, C_{22} und C_{23} müssen ggf. durch Vielschichtvaristoren ersetzt werden. Die Kondensatoren C_{28}, C_{30}, C_{11} und C_{12} müssen unmittelbar neben den IC-Pins platziert werden (über kurze 2 mm Verbindungen).

2.2 Stereo Power Amplifier in Multimediaanwendung

In Abbildung 3.29 ist ein integrierter NF-Klasse B-Verstärker dargestellt. Der TDA1517-Chip von NXP Semiconductors beinhaltet zwei dieser Verstärker, die jeweils eine Leistung von 6 W an 10 Ω abgeben. Integrierte Verstärker werden hauptsächlich für Multimediaanwendungen in PCs sowie in PC-Aktivlautsprechern eingesetzt. Im Multimediabereich sind besondere Anforderungen an die Schaltungstechnik des Verstärkers gestellt, da innerhalb eines PCs, einer Set Top Box oder ähnlichen Geräten schnelle digitale Elektronik und sensible Audioelektronik auf engstem Raum untergebracht sind. Des weiteren sind die an die Geräte angeschlossenen Peripheriekabel oftmals nur mangelhaft, gelegentlich gar nicht geschirmt, sodass nicht nur mit geräteinternen, sondern auch mit geräteexternen, z.B. über die Lautsprecherkabel gekoppelten, Störfestigkeitsmängeln und Störemissionserscheinungen gerechnet werden muss.

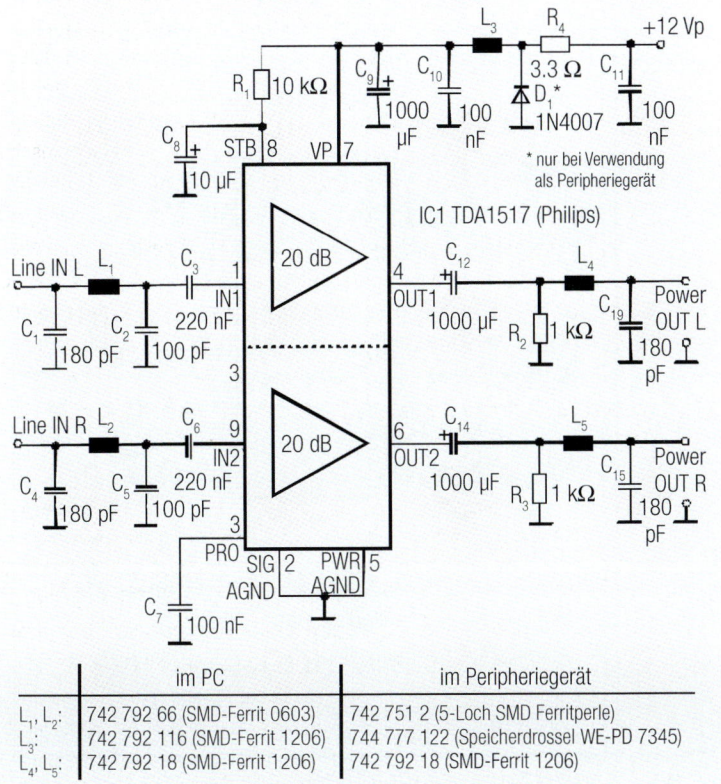

Abb. 3.29: Audioverstärker 2 x 6 W für Multimediaanwendungen

III Anwendungen

Je nach Einsatzbereich werden für die EMV-Filter unterschiedliche Induktivitäten bzw. Ferrite benötigt.

Einsatz im PC

Der Audioverstärker ist im PC von einem hochfrequenten elektromagnetischen Umfeld umgeben, das aus hochintegrierten schnelltaktenden Controllern und dicht bepackten Leiterplatten mit vielen störintensiven Leiterbahnen besteht. Anders als beim Einsatz in Peripheriegeräten ist die Elektronik in einem geschlossenen, metallenen Gehäuse. Deshalb ist die äußere hochfrequente Einkopplung über die Anschlusskabel nicht gegeben. Die Auswahl der Bauelemente L_1–L_5 gewährleistet

- hochfrequente Entkopplung, besonders im Frequenzbereich von 100 MHz bis 1000 MHz
- die notwendige Strombelastbarkeit
- die Möglichkeit einer durchgehenden automatischen SMD-Bestückung.

Abbildung 3.30 zeigt das Layout der Schaltung.

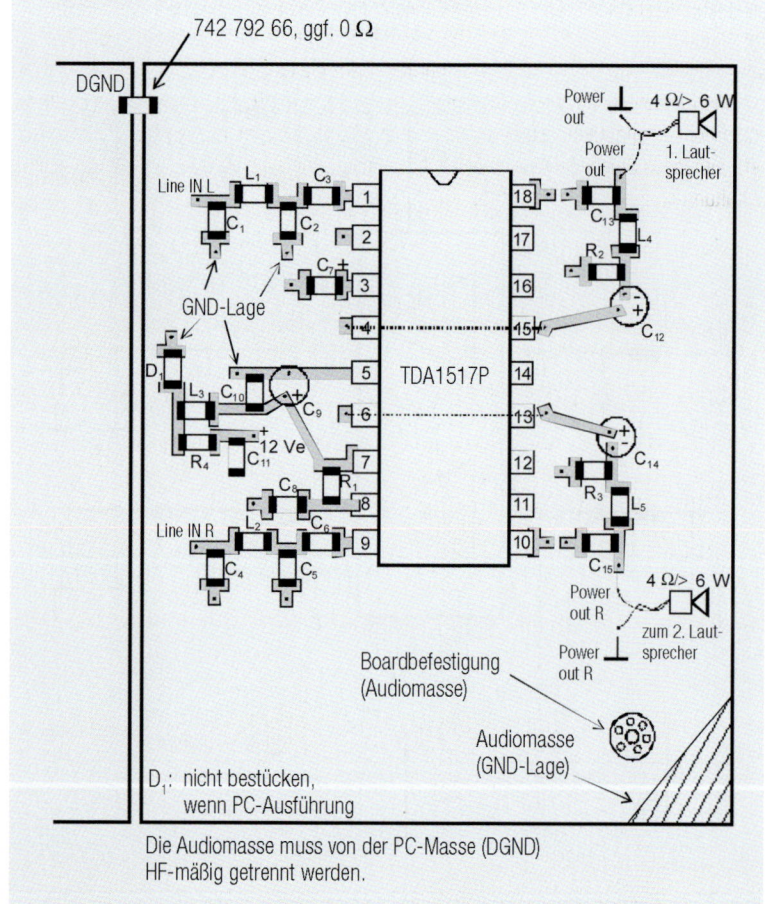

Abb. 3.30: Layout des Audioverstärkers nach Abbildung 3.29 (PC-Ausführung)

Einsatz im Peripheriegerät, beispielsweise einem Aktivlautsprecher:

Die Aktivlautsprecher haben in der Multimediawelt Gehäuse aus Kunststoff. An die Lautsprecherbox werden außerdem Kabel wie Stromversorgung, Line-In und Power-Out (meist zweiter Kanal zum Lautsprecher ohne weitere Elektronik) angeschlossen.

So muss Line-In-seitig mit hochfrequenter Abstrahlung seitens des PC gerechnet werden, denn selbst wenn ein geschirmtes Line-In-Kabel Verwendung findet, kann der Schirm nur einseitig auf der PC-Seite an Masse gelegt werden, die Lautsprecherbox hat ja kein elektrisch leitendes Gehäuse. Es muss außerdem davon ausgegangen werden, dass aus der PC-Schnittstelle hochfrequente Störungen austreten, die über die Verstärkerelektronik und dessen Verkabelung abgestrahlt werden kann. Der Stromversorgungsanschluss ist so ausgelegt, dass vor allem im Frequenzbereich bis 30 MHz die Verstärkerschaltung nicht durch schnelle Transienten oder HF-Einkopplung beeinträchtigt werden kann. Das Filter mit der Speicherdrossel 744 541 22 entkoppelt wirksam Spannungsspitzen und Spannungseinbrüche, denn die handelsüblichen Steckernetzteile erfüllen ihre „EMV-Aufgabe" oftmals nur unzulänglich. Lautsprecherseitig ist eine hochfrequente Entkopplung ausreichend, wenn auf kurze Verbindungsleitungen geachtet wird. Die Leitung zur zweiten Lautsprecherbox kann ggf. mit einem Ringferrit 742 701 707 mit 2–3 Windungen versehen werden. Abbildung 3.30 zeigt das Layout für die PC Ausführung. Prinzipiell gilt das Layout auch für die Peripheriegeräteausführung. Die Abmaße der veränderten Bauelemente müssen dann entsprechend angepasst werden. Aus Kostengründen kann es notwendig sein, ein sehr einfaches Steckernetzteil ohne Stabilisierung zuzulassen. Dann sollte folgende Schaltung ergänzt werden (Abbildung 3.31).

Layout

Steckernetzteil

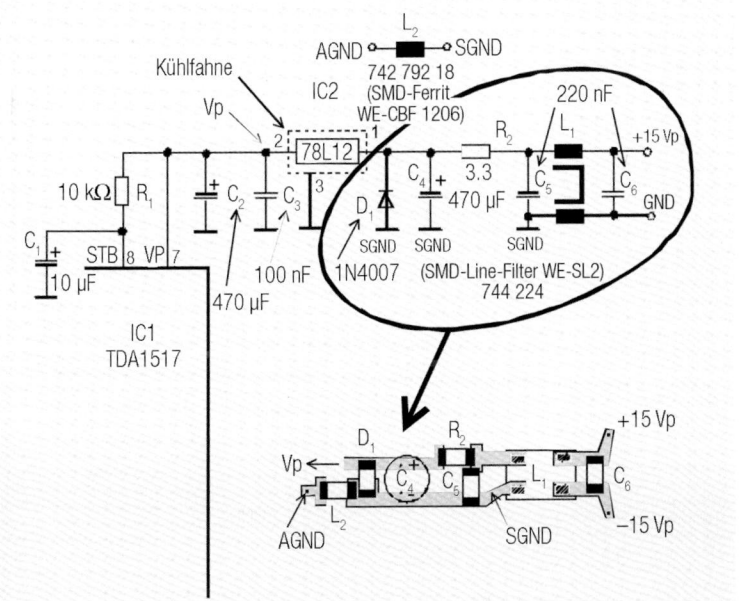

Abb. 3.31: Stromversorgungsfilter und Stabilisierung des Audioverstärkers nach Abbildung 3.29

III Anwendungen

2.3 HiFi-Audio-Prozessor in Multimediaanwendung

Kopplungen

Digitale Signale und Audiosignale vertragen sich nicht gut. Oftmals koppeln die höherfrequenten digitalen Signale in Audiosignalpfade ein. Die Einhüllenden der hochfrequenten Signale (Abbildung 3.32a) sind dann oft als Geräusch im Audiosignal wahrnehmbar. Mit der Entwicklung hin zu hochintegrierten Prozessoren ist die Komplexität der Schaltungstechnik drastisch reduziert worden. Die noch verbleibenden externen Bauelemente des Prozessors und das Layout müssen jedoch optimal ausgelegt werden, um die erforderliche Störemission, Störfestigkeit und auch die gewünschte Signalqualität zu erreichen. Kopplungen, beispielsweise zwischen den I²C-Bus-Signalen und den höherimpedanten Audioeingängen, führen zu Audiostörungen (Abbildung 3.32b). Fehlende Filterung der Peripherie Aus- und Eingänge führt zu ungenügender Störfestigkeit, da geschirmte Audiokabel eine wesentlich geringere Schirmdämpfung aufweisen als Computerkabel. In Extremfällen sind sogar völlig ungeschirmte Kabel zu finden.

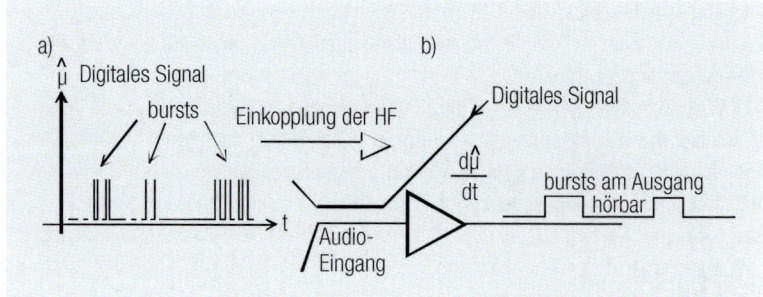

Abb. 3.32: Einkopplung eines hochfrequenten digitalen Signals in den Audiopfad

Abbildung 3.33 zeigt das Schaltbild eines HiFi-Audio-Prozessors. (NXP).

TDA9859

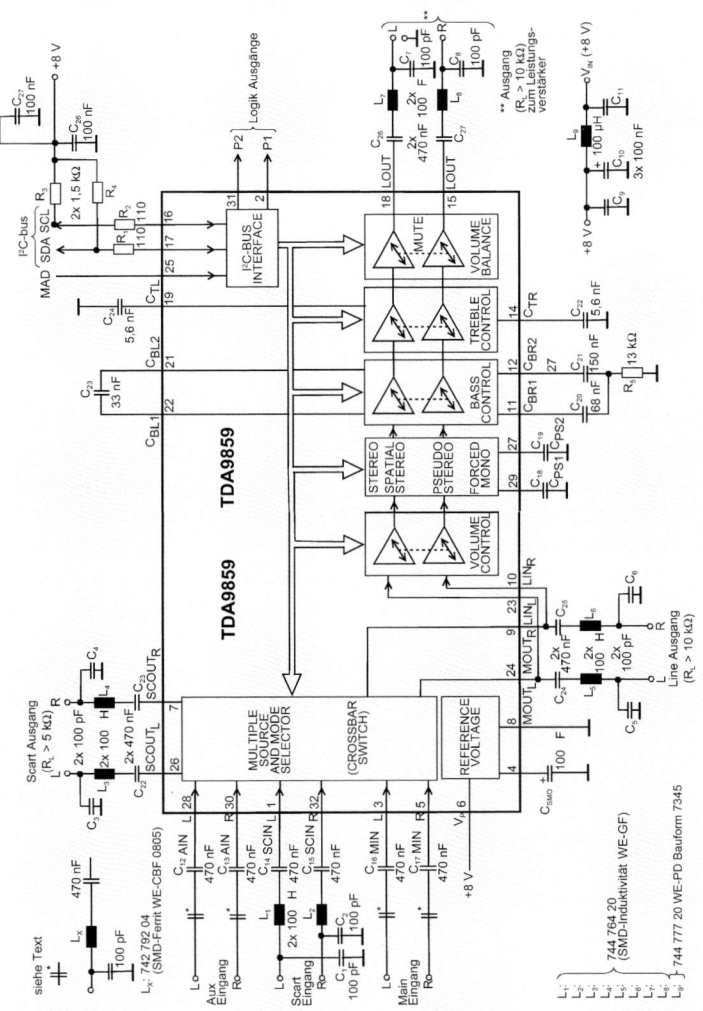

Abb. 3.33: HiFi- Audio Prozessor (NXP)

Der HiFi-Audio Prozessor TDA9859 von NXP Semiconductors hat drei Audio Eingänge von denen im Allgemeinen einer zur SCART-Buchse und die anderen beiden zur Geräteelektronik führen, z.B. einer zum DSP (Digitalen Signal Prozessor) und der andere zum Line-In oder einer Zusatzbaugruppe. Führen die Eingänge Aux und Main zu störintensiver Elektronik oder ist damit zu rechnen, dass wegen langer Leiterbahnen hochfrequente Einkopplungen erfolgen können, sollten vor $C_{12}/C_{13}/C_{16}$ und C_{17} die mit dem SMD-Ferrit 742 792 04 bestückten Tiefpässe vorgesehen werden, um die hochfrequenten Störsignale zu reduzieren. Es geht hier weniger darum, dass der Audioprozessor oder dessen Signalqualität beeinflusst werden kann, sondern vielmehr darum,

SCART-Anschluss

III Anwendungen

dass der Prozessor drei Audioausgänge besitzt, an die im allgemeinen Kabel mit nur mäßiger Schirmungsqualität angeschlossen werden und deshalb mit hochfrequenter Störabstrahlung über diese Kabel gerechnet werden muss.

Eine hochfrequente Entkopplung vor dem Audioprozessor schafft hier Abhilfe:

ESD und Burst

Audio-Peripherieanschlüsse bei Multimediageräten müssen relativ störfest gegen ESD und Burst sein, da die Elektronik meist in Kunststoffgehäusen untergebracht ist und mit einer Störsignalableitung über die Kabelschirme zum Gehäuse hier nicht gerechnet werden kann. Eine weitere Störfestigkeitsanforderung entsteht durch die größeren Potentialunterschiede der Geräte untereinander (SAT-Anlage, LAN, HiFi-Anlage), da über lange Kabelnetze, welche unterschiedliche Bezugspotentiale benutzen, Potentialunterschiede von bis zu 10 V_{eff} entstehen. Durch Parallelverlegung dieser Kabelnetze mit 230 V-Spannungsnetzen werden zusätzlich Bursts eingekoppelt, die zur Zerstörung der Elektronik führen können, da hier kurzzeitig Spannungen um 50 V_{eff} und mehr eingekoppelt werden. Deshalb sind vor allem an SCART-Schnittstellen, bei denen beim Stecken nicht immer der Masseanschluss zuerst Kontakt bekommt, Filter mit gewickelten Ferrit-Induktivitäten (100 µH) vorgesehen. Die Kondensatoren können ggf. auf 180 pF erhöht werden ohne Signalqualitätseinbußen befürchten zu müssen. Das Filter am Ausgang des Prozessors ist auch mit der SMD-Induktivität 744 764 20 bestückt. Die Notwendigkeit besteht nur dann, wenn das Signal zu einer externen Schnittstelle geht, oder die Kabellänge zum Endverstärker 50 cm überschreitet. Ist der Leitungsverstärker unmittelbar neben dem Audioprozessor platziert, kann das Filterelement entfallen. Die Stromversorgung zum Audioprozessor ist über $L_9/C_9/C_{10}/C_{11}$ entkoppelt. Die Drossel 744 777 20 wurde gewählt, da mit ihr eine breitbandige Entkopplung, sowohl im hochfrequenten Bereich bis 500 MHz als auch im Arbeitsfrequenzbereich der Audioprozessoren bis 10 MHz gewährleistet werden kann.

SCART-Schnittstellen

Wie schon Eingangs erwähnt, müssen vor allem die digitalen Signale, die Stromversorgung und die Audiosignale layouttechnisch voneinander getrennt werden, da sonst mit Qualitätseinbußen des Audiosignals zu rechnen ist. In Abbildung 3.34 sind wesentliche Ausschnitte des Layouts dargestellt.

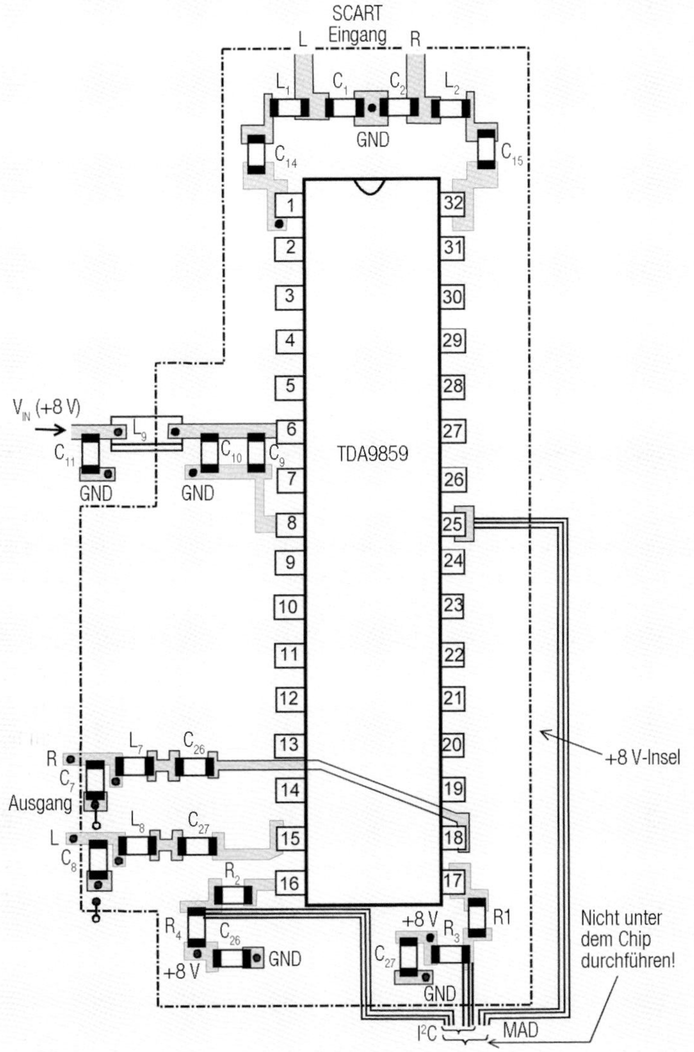

Layout

Abb. 3.34: Layout-Ausschnitt vom HiFi-Audioprozessor nach Abbildung 3.47

2.4 Class-D Audioverstärker

Geräte der modernen Unterhaltungselektronik, gerade im Audiobereich werden stark durch Digitaltechnik geprägt, man denke nur an den Siegeszug der CD-Player oder das MP3 Format. Die in digitalen Speichermedien abgelegten Musikdateien werden unmittelbar oder nach einer ersten Aufbereitung mittels digitalem Signalprozessor (DSP) einem Digital-Analog-Wandler (DAC) zugeführt und die vom DAC erzeugten Analogsignale auf einen Audioverstärker mit angeschlossenen Lautsprechern gegeben.

III Anwendungen

Der Einsatz der Digitaltechnik ist immer noch weitestgehend auf diese Datenspeicherung und digitale Signalverarbeitung beschränkt. Die Verstärkung der Audiosignale erfolgt bis heute in der Regel weiterhin rein analog. Zwar gibt es Class-D-Verstärker schon seit 1958, doch deren Verwendung in der Audiotechnik ist erst seit kurzem interessant, seit nämlich MOSFETs mit den erforderlichen Eigenschaften auf den Markt gekommen sind.

Mittlerweile erlebt Class-D einen regelrechten Boom, nahezu alle bedeutenden Halbleiterhersteller haben inzwischen Produkte für Class-D-Verstärker im Programm. Während viele Hersteller passiver Bauelemente den Trend noch nicht erkannt haben oder ihm hinterherlaufen, bietet Würth Elektronik bereits heute eine große Auswahl von speziell für Class-D entwickelten Induktivitäten.

Marktbeherrschende Audiotechnik bis dato: Der AB-Verstärker

Man unterscheidet bei Analogverstärkern zwischen den Klassen A, B, AB, C und D.

Die Klasse (A, B, AB, C und D) bezeichnet dabei jeweils die Leerlaufpunkteinstellung der aktiven Bauelemente der Verstärkerendstufe. „Class-A" bedeutet, dass sich der Ruhearbeitspunkt in der Mitte des linearen Teils der Arbeitskennlinie befindet. Bei „Class-B" liegt der Leerlaufbetriebspunkt bei Nullstrom. „Class-AB" ist ein Mix: Hier liegt der Betriebspunkt zwischen A und B. Bei „Class-C" befindet sich der Betriebspunkt weit innerhalb des beschränkten Bereichs des aktiven Bauelements. Diese Einstellung ist nur in der Hochfrequenztechnik sinnvoll einsetzbar. D ist einfach der nächste Buchstabe im Alphabet und hat überhaupt nichts mit „digital" zu tun. Leider wird dies oft fehlinterpretiert. Bei diesem Schaltungsdesign wird ein PWM-Signal erzeugt und das dann so umgesetzte Audiosignal digital verstärkt. Am Ausgang wird das digitale PWM-Signal über einen passiven Tiefpass „geglättet".

Class-A

Asymmetrische Stufen sind per Definition immer Class-A, da sie andernfalls stark verzerren würden. Abbildung 3.35 zeigt die Grundschaltung:

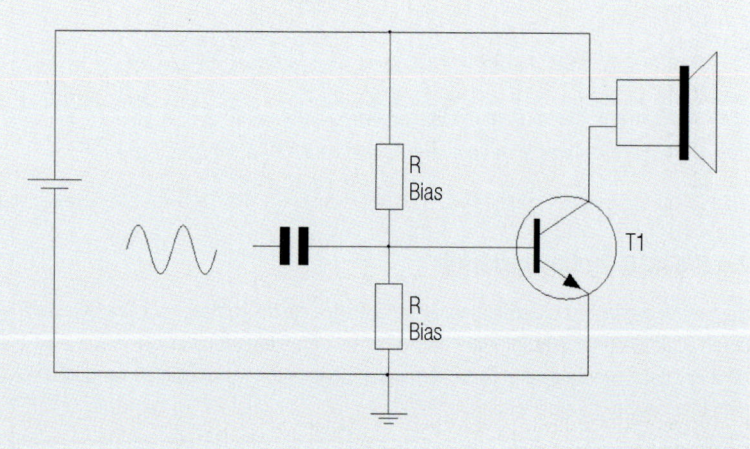

Abb. 3.35: Grundschaltung Class-A Verstärker

Gegentaktendstufen können je nach Einstellung als Class-A, Class-AB oder Class-B betrieben werden. Die A-Einstellung erzeugt hierbei die höchste Qualität, hat aber den Nachteil, dass die maximale Verlustleistung bereits im Leerlauf erzeugt wird. Class-A-Verstärker finden sich hauptsächlich in teuren High-Fidelity-Verstärkern.

Zwar ist die Linearität hervorragend, aber der Wirkungsgrad ist sehr schlecht und liegt oft nur im einstelligen Prozentbereich. Es muss immer ein gewisser Ruhestrom (DC) fließen, die Leistungsaufnahme der Schaltung ist somit nahezu unabhängig von der im Lautsprecher umgesetzten Leistung. Aufgrund dieser Eigenschaften sind diese Verstärker am Markt praktisch bedeutungslos, nur besondere Fans können sich dafür begeistern.

Class-B

Class-B-Verstärker sind immer Gegentaktverstärker. Theoretisch wird die positive Halbwelle durch den einen Transistor und die negative Halbwelle durch den anderen Transistor verstärkt. Daher gibt es im engeren Sinne überhaupt keinen Gegentaktverstärker, der normalerweise dadurch charakterisiert wird, dass der Strom in einem Transistor ansteigt und im anderen im gleichen Maße sinkt. Der wesentliche Vorteil der minimalen Ruheverlustleistung wird durch die relativ hohen Verzerrungen ausgeglichen. Deswegen eignet sich dieser Verstärkertyp nur für Anwendungen, bei denen die Klangqualität keine Rolle spielt, wie beispielsweise bei der Beschallung von Bahnhöfen.

Class-AB

Class-AB-Verstärker sind eine Kombination aus Class-A und Class-B. Die Schaltung besteht wie Class-B aus zwei Transistoren, ist aber derart erweitert, dass ein DC-Ruhestrom fließt (wie bei Class-A, aber deutlich weniger). Dieser sorgt dafür, dass die beim Crossover auftretenden Verzerrungen minimiert werden. In der Praxis beträgt der Wirkungsgrad rund 60–70%.

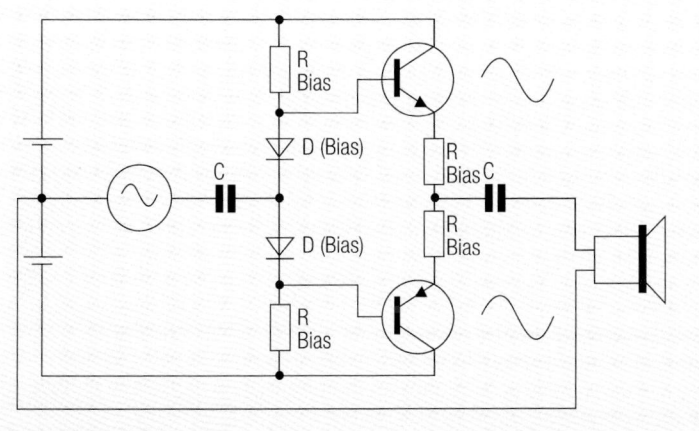

Abb. 3.36: Class-A-B-Verstärker

Die AB-Verstärkertechnologie kann man als ausgereift bezeichnen. Neben speziellen bipolaren Transistoren mit Grenzfrequenzen nahe 100 MHz werden zunehmend auch MOSFETs eingesetzt. Seit langem sind Komplettverstärker in Form von Hybriden und

III Anwendungen

ICs erhältlich, die preiswert und benutzerfreundlich sind und für die meisten Anwendungen eine ausreichende Qualität bieten.

Aus diesem Grund sind diese Varianten vorherrschend. Wegen seines Leistungsverlustes, der nicht beliebig in Richtung Class-B reduziert werden kann, war er ein Hemmnis für die fortschreitende Miniaturisierung, die aufgrund des ständig steigenden Kostendrucks immer stärker gefordert war. Bereits die Kühlkörper sind teuer und platzraubend.

Class-D

Wie erwähnt, hat das „D" in „Class-D" nichts mit dem Begriff „digital" zu tun. Class-D-„Verstärker" sind keine Verstärker im eigentlichen Sinne des Wortes, sondern spezielle Schaltnetzteile, die rein analog betrieben werden, auch wenn sie – wie alle Schaltnetzteile – mit Impulsen arbeiten. Damit lassen sich alle bekannten Vorteile der Schaltnetzteile nutzen: ein sehr hoher Wirkungsgrad von über 90%, der Wegfall von Kühlkörpern, die Kombination von Steuer- und Leistungsschalter in einem Modul bei moderaten Leistungen und die Verwendung kleiner passiver Bauelemente aufgrund der hohen Betriebsfrequenzen (> 250 kHz). Allerdings müssen auch ihre Nachteile in Kauf genommen werden: starke HF-Störungen, teure und platzraubende EMV-Filter, die teilweise geschirmt werden müssen und eine kompliziertere Schaltungstechnik.

Wie funktioniert Class-D?

Der Begriff „Schaltnetzteil" hat sich auch für Netzteile durchgesetzt, die ihre Eingangsspannung aus anderen Quellen als dem gleichgerichteten Netz beziehen. Als Grundlage dient hier das Induktionsgesetz, laut dem der Kernquerschnitt eines Transformators umso kleiner werden kann, je höher die Betriebsfrequenz ist. Bei den üblichen Taktfrequenzen von über 100 kHz schrumpft der Kernquerschnitt auf unter 1/2000. In der Praxis ist der Vorteil jedoch geringer, da die Herstellung von Eisenkernen für den Einsatz bei 50 Hz präzise kontrolliert werden kann, während die Herstellung von Ferritinduktivitäten deutlich toleranzbehafteter ausfällt. Der Übertrager ist in der Regel das teuerste, größte und schwerste Bauelement in einem Netzteil. Der Betrieb von Schaltungen bei höherer Frequenz reduziert aber Abmessungen und Kosten der passiven Bauelemente. Die Gleichstrom-Eingangsspannung wird mit der Taktfrequenz zerhackt, durch den Übertrager in Wechselstrom umgesetzt, dann gleichgerichtet und gefiltert.

Schaltnetzteile sind gewöhnlich reguliert. Eine Steuerung vergleicht die Ausgangsspannung mit einer Gleichstrom-Referenzspannung und passt das Tastverhältnis bei Abweichungen an. Hieraus ergibt sich ein weiterer wichtiger Vorteil eines Schaltnetzteils: Es liefert eine sehr gut geregelte Spannung mit sehr geringem Restripple, jedoch ohne die hohe Verlustleistung eines Linearreglers. Daher ist im Allgemeinen auch der Wirkungsgrad sehr hoch – über 90%. Darüber hinaus ist ein Schaltnetzteil nahezu unabhängig von der Eingangsspannung.

Die Steuerung des Schaltnetzteils erfolgt durch eine Modulation des Tastverhältnisses im vorherrschenden Festfrequenzbetrieb. Der häufig verwendete Begriff der „Pulsbreitenmodulation" ist nicht ganz korrekt. Das Tastverhältnis ist der Quotient aus Einschalt- und Gesamtdauer eines Taktzyklus.

Worin nun bestehen die Unterschiede vom Schaltnetzteil zum Class-D-Verstärker? Das normale Schaltnetzteil liefert eine unipolare Gleichspannung, die von einer DC-Referenzspannung abgeleitet wird. Stellen Sie sich nun vor, dass diese DC-Referenzspannung entfernt und durch einen Eingang für die Musik ersetzt wird: Die Schaltnetzteile folgen nun dem Momentanwert der Musik. Allerdings muss ein Lautsprecher ein bipolares Signal empfangen, weswegen das Schaltnetzteil entsprechend ausgelegt sein muss.

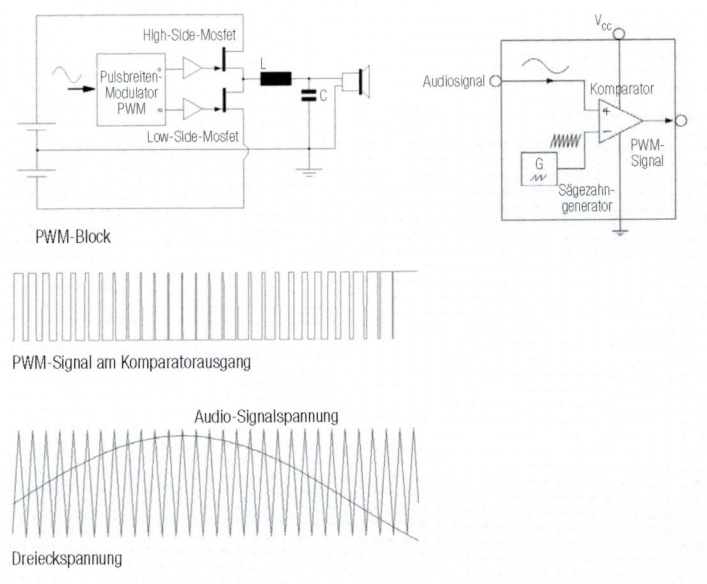

Abb. 3.37: Schaltbild eines Klasse-D-Verstärkers in Halbbrückentopologie

Die Abbildung 3.37 zeigt ein vereinfachtes Blockschaltbild eines solchen bipolaren Schaltnetzteils. Als Schaltstufe dient eine Halbbrücke über eine positive und eine negative Versorgungsspannung. Es ist immer nur einer der Schalter gleichzeitig leitend: Wenn der obere Schalter schaltet, fließt positiver Strom, beim unteren Schalter ein negativer zum Ausgang. Das Prinzip eines Tastverhältnismodulators ist oben rechts dargestellt. Am Eingang eines Komparators liegen eine Sägezahnspannung und die zu verstärkende Eingangsspannung an. Zu Beginn einer Taktperiode wird der richtige Schalter eingeschaltet, sodass Strom in den Ausgang fließt; der Sägezahn steigt nun an, bis er den Momentanwert des Eingangssignals erreicht, dann schaltet der Vergleicher den Schalter aus. Das Tastverhältnis wird folglich mit dem Eingangssignal moduliert. Zur Rückgewinnung des Modulationssignals ist nur ein Tiefpassfilter erforderlich, das den Mittelwert bildet. Dies würde bereits durch den Lautsprecher bewirkt, der nicht auf die hohe Taktfrequenz reagieren kann. Allerdings verbietet sich dies aus zwei Gründen: Erstens würde der Lautsprecher die Taktfrequenz und ihre Harmonischen selbst abstrahlen und so EMV-Probleme generieren und zweitens würde die hohe Frequenz zu starken Verlusten im Lautsprecher führen.

III Anwendungen

Daher wird vor dem Verstärkerausgang ein Tiefpassfilter eingesetzt. Dabei beschränkt sich die Auswahl aufgrund der andernfalls auftretenden hohen Verluste auf ein- oder mehrstufige LC-Filter.

In der Praxis ist die Entwicklung eines solchen Class-D-Verstärkers recht anspruchsvoll. Da es sich bei einem Schaltnetzteil um ein Abtastsystem handelt, sind Taktfrequenzen von über 250 kHz erforderlich, um eine akzeptable Qualität zu gewährleisten. Insbesondere die Dimensionierung der Steuerung ist schwierig. Die Schalter und ihre Steuerung müssen wesentlich strengere Anforderungen erfüllen als bei einem normalen Schaltnetzteil. Es sind eine riesige Menge Literatur und Patentanmeldungen, aber auch Steuer-ICs und zudem immer mehr ICs mit integrierten Leistungsendstufen erhältlich.

Mit hohem Aufwand lässt sich eine sehr gute Qualität erzielen, allerdings konnten sich solche Class-D-Verstärker gegenüber herkömmlichen Transistor- und Röhrenverstärkern nicht durchsetzen und sind deswegen relativ selten zu finden. Ganz anders sieht es bei den wirtschaftlich wichtigen Anwendungen aus, bei denen keine Spitzenqualität gefordert ist. Class-D-Verstärker sind längst zum Standard bei Mobiltelefonen, bei allen Computern, allen neueren Fernsehern und Audiogeräten der Consumerklasse geworden. Der hohe Wirkungsgrad verlängert die Akkulaufzeit, und da digitalisierte Musik mittlerweile größtenteils komprimiert wird, spielen die verbleibenden Verzerrungen eines normalen Class-D-Verstärkers keine Rolle mehr.

Class-D Topologien

Es gibt prinzipiell zwei Topologien bei Class-D, auf die einfachere Halbbrückenschaltung wurde bereits eingegangen. Eine andere weit verbreitete Schaltung ist die Vollbrücke:

Diese besteht aus zwei Halbbrücken, die dem LC-Tiefpassfilter Impulse entgegengesetzter Polarität zuführen. Damit ergibt sich der doppelte Spannungshub gegenüber der Halbbrücke, d.h. die vierfache Leistung steht am Lautsprecher zur Verfügung. Die beiden mit Masse verbundenen Kondensatoren lassen sich auch zusammenfassen und parallel zum Lautsprecher schalten.

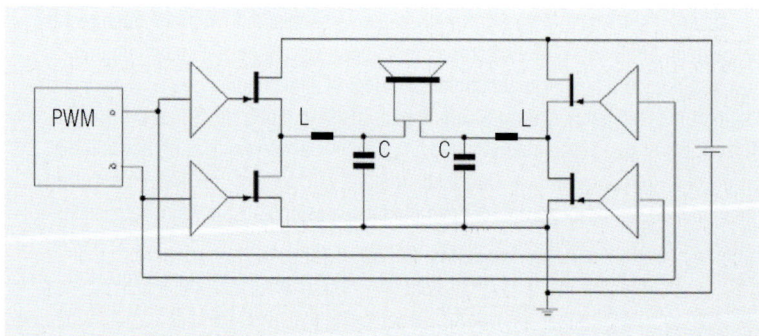

Abb. 3.38: Prinzipielller Aufbeu eines Class-D-Verstärkers in Vollbrückenschaltung

Die Vollbrücke benötigt die doppelte Anzahl der Bauelemente einer Halbbrückenschaltung, bietet aber den Vorteil, dass man für den doppelten Spannungshub an der Last nur eine Versorgungsspannung benötigt. Mit seinem zweipoligen Schalter und einer Betriebsspannung von z.B. 100 V wird ein 200-V_{pp}-Hub erzielt. Durch Verdoppelung der Betriebsspannung lässt sich die vierfache Leistung an einer ohmschen Last erzielt. Bei einer Halbbrücke werden sowohl +100 V als auch –100 V benötigt.

Class-D Designtipps

Die geringe Verlustleistung bei Class-D ist die Motivation schlechthin, diesen Verstärkertyp für Audioanwendungen einzusetzen. Die Anforderungen sind jedoch deutlich höher als bei analogen Verstärkern und stellen für so manchen Entwickler eine große Herausforderung dar.

Viele klassische Stolperfallen wurden zwar seitens der Halbleiterhersteller durch weitgehend integrierte Class-D-ICs beseitigt, dennoch bedarf ein erfolgreiches Class-D Design aufgrund der hohen Ströme und hohen Taktfrequenzen (typischerweise 400 kHz und mehr) grundlegende Kenntnisse und eine gewisse Erfahrung in folgenden Bereichen:

- Auswahl der MOSFETs (und Treiber, sofern nicht im Class-D IC enthalten)
- Auswahl der passiven Komponenten für die Beschaltung des Class-D ICs, insbesondere die Auswahl geeigneter Kondensatoren und Induktivitäten
- sauberes, HF-fähiges Layout, d.h. Masseflächen wo benötigt, ausreichend kurze und niederohmige oder impedanzkontrollierte Leiterbahnen
- Design des LC-Filters und Wahl geeigneter Kondensatoren und Induktivitäten

Wenn obigen Punkten nicht genügend Beachtung geschenkt wird, ist das Ergebnis des Designs häufig, neben schlechter Klangqualität, die Erzeugung erheblicher EMV-Probleme. Bei den MOSFETs und Treibern sind neben der korrekten Typauswahl (selbstsperrend/selbstleitend, PMOS/NMOS) die Parameter $R_{DS(on)}$ und Q_G von entscheidender Bedeutung. Der Durchlasswiderstand $R_{DS(on)}$ muss klein sein, da große Ströme fließen und die Gateladung Q_G muss klein sein, damit die Schaltzeiten kurz und die Schaltverluste überschaubar bleiben. Beide Parameter $R_{DS(on)}$ und Q_G spielen gegeneinander, ein kleiner $R_{DS(on)}$ führt automatisch zu einem großen Q_G-Wert und umgekehrt. Aus diesem Grund ist das Produkt $R_{DS(on)} * Q_G$ = FOM (Figure of Merit) das entscheidende Qualitätsmerkmal eines MOSFETs. Erst in den letzten Jahren kamen MOSFETs mit ausreichend kleinem FOM auf den Markt, sodass sich Class-D Verstärker jetzt erst auf dem Markt etablieren.

Folgende Abschätzung zeigt die Problematik auf: Typische Gateladungswerte leistungsfähiger MOSFETs liegen heutzutage im Bereich von 20 nC und es werden Schaltzeiten von rund 5 ns erreicht. Der Strom, der während eines einzigen Schaltvorgangs in das Gate des MOSFETs fließt beträgt somit I = Q/t = 20nC/5nS = 4 Ampere! Um dieser „real existierenden Anforderung" gerecht zu werden, bieten die Halbleiterhersteller spezielle MOSFET-Treiber an. Der Anwender muss nun zum einen in den betroffenen Layoutbereichen ausreichend breite Leiterbahnen verwenden und zum anderen extrem hohe Qualitätsanforderungen an die Kondensatoren der Class-D-IC-Beschaltung

III Anwendungen

stellen. Da hier für Abblock-Kondensatoren und den sog. Bootstrap-Kondensator kleine ESL- und ESR-Werte gefragt sind, kommen vor allem hochkapazitive Keramikkondensatoren sowie Tantal- oder Polymerelkos in Betracht. Nur mit den richtigen Kondensatoren steht ausreichend schnell genügend Ladung für die hohen Ströme zur Verfügung!

Die hohen Ströme sind das eine Problem, kurze Schaltzeiten und Schaltfrequenzen von 400 kHz und höher das andere. Jeder erfahrende Layouter weiß, dass dies besondere Anforderungen an das Leiterplattendesign stellt.

Ausgangsfilter

Class-D-Ausgangsfilter

Das Ausgangsfilter ist einer der wichtigsten Teile der Schaltung, da es den Wirkungsgrad, die Zuverlässigkeit der Gesamtschaltung und die resultierende Klangqualität maßgeblich beeinflusst.

Bei Class-D Verstärkern kommen LC-Tiefpassfilter zum Einsatz, die im Fall idealer Bauelemente völlig verlustfrei und ohne Phasenverschiebung arbeiten (Abbildung 3.39).

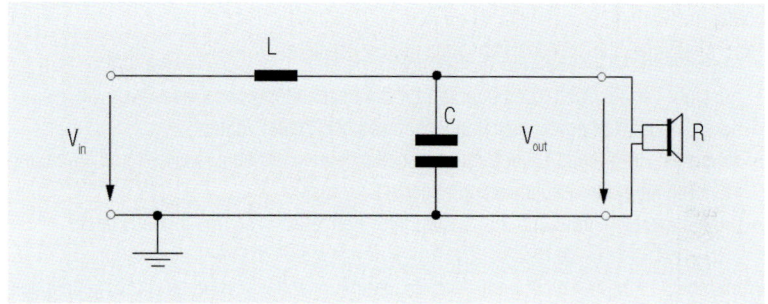

Abb. 3.39: Class-D-Ausgangsfilter

Ein LC-Tiefpassfilter ist per Definition ein Filter zweiter Ordnung und fällt somit gemäß Gleichung 3.8 ab seiner Eckfrequenz mit 40 dB pro Dekade ab. Die Eckfrequenz wird mit ca. 20–60 kHz so gewählt, dass sie leicht oberhalb des hörbaren Bereichs liegt.

$$f_{res} = \frac{1}{2 \cdot \pi \cdot \sqrt{LC}} \qquad (3.8)$$

Im Gegensatz zu reinen RC oder RL Filterelementen weisen LC-Glieder bei der Eckfrequenz eine leichte Resonanzüberhöhung auf, die sich im Bodediagramm wie folgt darstellt (Abbildung 3.40):

Resonanzerhöhung

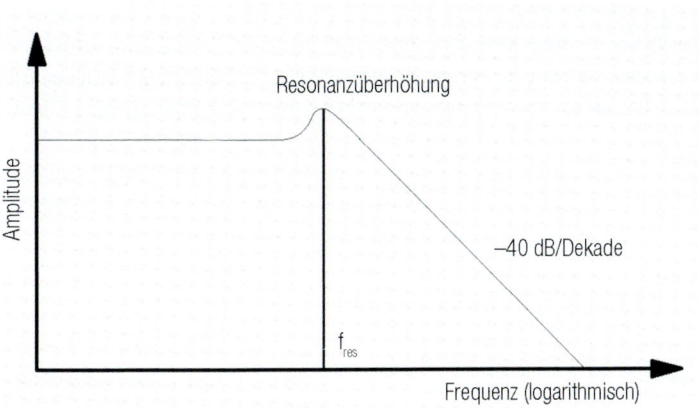

Abb. 3.40: Bodediagramm des LC-Ausgangsfilters für den Class-D Verstärker

Ein wichtiger Designparameter, der leider sehr oft außer Acht gelassen wird, ist die Lautsprecherimpedanz. Im folgenden Bodediagramm ist für ein typisches Class-D Filter der Einfluss der Lautsprecherimpedanz mit berücksichtigt:

Lautsprecherimpedanz

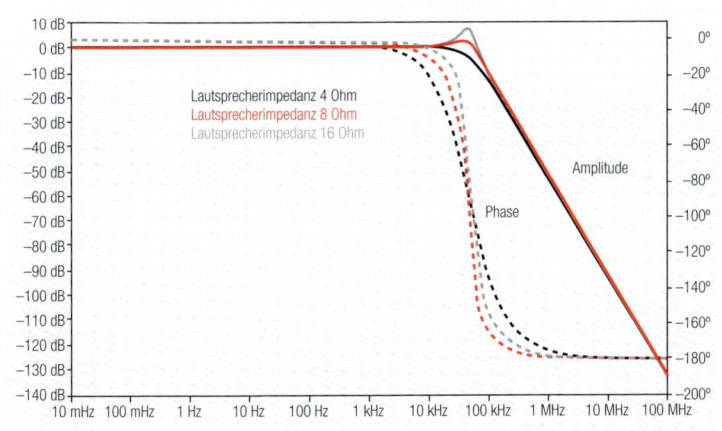

Abb. 3.41: Einfluss der Lautsprecherimpedanz auf den Ausgangsfilter

Wie man sieht, wird sowohl die Resonanzüberhöhung als auch die Phase beeinflusst. Da die Lautsprecherimpedanz integraler Bestandteil des Filters ist, muss sie bei der Auswahl der Filterkomponenten unbedingt berücksichtigt werden. Eigentlich wäre aufgrund der Frequenzabhängigkeit der Lautsprecherimpedanz gerade bei höheren Audiofrequenzen sogar eine Kompensation mittels Rückkopplung des LC-Ausgangs auf den Eingang nötig. Leider ist hierzu ein großer schaltungstechnischer Aufwand erforderlich, weshalb dieser in den meisten Designs auf Kosten der Klangqualität einfach weggelassen wird.

III Anwendungen

Layout

Ein weiteres Problem bei Class-D Designs sind EMV-Probleme. Wie bereits zuvor dargestellt, führt insbesondere ein schlechtes Layout ziemlich sicher zu derartigen Problemen. Aber auch das Design des LC-Filters ist kritisch: Wie man am Bodediagramm erkennt, werden oberhalb der Eckfrequenz die Signalamplituden zwar bedämpft, nicht aber vollständig unterdrückt. Insbesondere bei hohen Leistungen läuft man dadurch Gefahr, dass der hochfrequente Restripple über die Lautsprecherzuleitungen, EMV-technisch gesehen, zu groß wird. Gute Class-D Designs verwenden daher oft passive Filter höherer Ordnung.

Filterdesign – Mathematischer Hintergrund

Die zum Filterdesign notwendigen Formeln können durch die folgenden einfachen Überlegungen besser verstanden werden. Bei Betrachtung der Filterschaltung erkennt man einen einfachen Spannungsteiler, an dem sich die Eingangsspannung und die Ausgangsspannung entsprechend den dynamischen Widerständen verhalten und es gilt:

$$H(s) = \frac{U_{out}}{U_{in}} = \frac{R \cdot \frac{1}{sC}}{\left[R + \frac{1}{sC}\right] \cdot \left[sL + \left(\frac{R \cdot \frac{1}{sC}}{\left(R + \frac{1}{sC}\right)}\right)\right]} \quad (3.9)$$

Diese unübersichtliche Formel kann umgeformt werden in

$$H(s) = \frac{U_{out}}{U_{in}} = \frac{\frac{1}{LC}}{s^2 + s \cdot \frac{1}{RC} + \frac{1}{LC}} \quad (3.10)$$

Für das Filter nimmt man nun eine sogenannte Butterworth-Charakteristik an mit

$$H(s) = \frac{1}{s^2 + s \cdot \sqrt{2} + 1} \quad (3.11)$$

und führt einen Koeffizientenvergleich

$$H(s) = \frac{U_{out}}{U_{in}} = \frac{\frac{1}{LC}}{s^2 + s \cdot \frac{1}{RC} + \frac{1}{LC}} = \frac{1}{s^2 + s \cdot \sqrt{2} + 1} \quad (3.12)$$

und eine sog. Entnormierung durch (d.h. man ersetzt s durch S/ω)

Als Ergebnis erhält man die gesuchten Formeln zur Dimensionierung von C und L in einer Halbbrückenschaltung:

$$C_{SE} = \frac{1}{2 \cdot \pi \cdot f_{-3dB} \cdot \sqrt{2} \cdot R_{Speaker}} \quad \text{und} \quad L_{SE} = \frac{\sqrt{2} \cdot R_{Speaker}}{2 \cdot \pi \cdot f_{-3dB}} \quad (3.13)$$

$$\text{wobei: } f_{SE} = \frac{1}{2 \cdot \pi \cdot \sqrt{LC}}$$

In diesen Formeln stehen L und C für die Filterelemente, R für die Last (Lautsprecherimpedanz) und f_{res} für die Eckfrequenz des Filters. Wie zu erwarten war, kann den Gleichungen entnommen werden, dass die Impedanz des Lautsprechers maßgeblich in das Filterdesign eingeht!

Um die Formeln für die komplette Vollbrückenschaltung (Bridge Tied Load, BTL) zu erhalten, werden beide Halbbrücken zu einer Vollbrücke ergänzt und die resultierenden Kapazitäten und Induktivitäten werden zusammengefasst.

Somit lauten die Dimensionierungsvorschriften für die Vollbrückenschaltung (BTL):

$$C_{BTL} = \frac{1}{2\pi \cdot f_{-3db} \cdot \sqrt{2} \cdot R_{Speaker}} \quad \text{und} \quad L_{BTL} = \frac{\sqrt{2} \cdot R_{Speaker}}{4\pi \cdot f_{-3dB}} \quad (3.14)$$

Da beide Induktivitäten addiert werden müssen, liegt die Eckfrequenz hier natürlich nicht bei

$$f_{BTL} = \frac{1}{2\pi \cdot \sqrt{LC}}, \text{ sondern bei } f_{BTL} = \frac{1}{2\pi \cdot \sqrt{2LC}} \quad (3.15)$$

Standardwerte für L und C

Class D Standardfilter

Grundsätzlich ist man in der Wahl der Grenzfrequenz des Filters frei, wodurch beliebige LC-Kombinationen denkbar sind. Es entwickeln sich jedoch zunehmend Standardkonfigurationen und im Sinne der Verfügbarkeit entsprechender passiver Bauelemente sollte der Schaltungsentwickler sich nach Möglichkeit an folgende Standardwerte (Beispiele für $f_{-3dB} = 40$ kHz) halten.

III Anwendungen

Class-D Konfiguration	Impedanz des Lautsprechers (Ω)	Standardwert für L (μH)	Standardwert für C (μF)
Halbbrücke (Single Ended SE)	4	22	0,68
	8	47	0,33
Vollbrücke (Bridge Tied Load BTL)	4	10	0,68
		22	0,33

Tab. 3.16: Standardwerte für das Ausgangsfilter für f_{-3dB} = 40 kHz

Filterdesign – Auswahl der passiven Bauelemente

Leider sind passive Bauelemente nicht ideal, ein Kondensator ist eben nicht nur ein Kondensator, sondern er besitzt aufgrund seiner Leiterzuführungen auch einen induktiven und ohmschen Anteil. Analoges gilt für die Induktivitäten.

Kondensatoren

Bei Class-D Filtern ist unbedingt auf hochwertige Kondensatoren zu achten. Hochwertig bedeutet in diesem Fall besonders geringe ESL- und ESR-Werte. Keramikkondensatoren mit X7R Dielektrikum oder hochwertiger, erfüllen in den meisten Fällen die Anforderungen, auf ausreichende Spannungsfestigkeit ist dabei unbedingt zu achten.

Induktivitäten

Bei den Induktivitäten sind zunächst einige Grundanforderungen wie etwa magnetische Abschirmung und ein möglichst geringer R_{DC} zu erfüllen. Kernmaterialien mit geringen Kernverlusten im Bereich der Schaltfrequenz von ca. 400 kHz sind essentiell für einen hohen Wirkungsgrad. Drosseln auf Basis von Eisenpulverkernen (hierunter fallen auch sog. Molded-Inductors) haben sehr hohe Kernverluste in diesem Frequenzbereich und sind somit meist ungeeignet. Einen guten Kompromiss zwischen kleiner Baugröße, gutem Sättigungsverhalten und moderaten Kernverlusten insbesondere bei größeren Strömen bieten Alloy-Pulverkerne WE-PERM und WE-Superflux, die in der Würth Elektronik Baureihe WE-HCI eingesetzt werden. Spulen auf Ferritkernbasis haben sehr geringe Kernverluste, aber eine gewisse Baugröße. Bei kleineren Leistungen werden diese Drosseln wegen des guten Preis-Leistungsverhältnisses oft bevorzugt.

Besonders für leistungsstarke Class-D-Verstärker ist die WE-HCF aus Mangan-Zink-Kernmaterial eine sehr gute Alternative zur WE-HCI. Die Induktivität WE-HCF zeichnet sich durch exzellentes Sättigungsverhalten und niedrige Kernverluste aus. Deshalb ist sie für den Einsatz in Verstärkern mit einer Ausgangsleistung von 50 W und mehr besonders geeignet.

Class D – Audiomessungen mit Induktivitäten von Würth Elektronik

Klirrfaktor

Einer der wichtigsten Parameter zur Beurteilung von Verstärkern ist der sog. Klirrfaktor, auch Total Harmonic Distortion (THD) genannt. Dieser Wert ist ein Maß für die Verzerrung eines Signals und somit für die Audioqualität. Bei THD+N wird zusätzlich noch der „Noise", d.h. die Rausch- und Störleistung, mit in die Bewertung einbezogen. Da hier

im Gegensatz zur reinen Klirrfaktormessung alle klangqualitätsmindernden Faktoren einfließen, ist THD+N als vergleichende Messung zwischen Audiogeräten besonders geeignet.

Die Messung des THD+N Wertes erfolgt durch spezielle Audioanalyser, einer Kombination aus einem hochwertigen Frequenzgenerator und einem Spektrumanalyser mit vorschaltbaren Filtern in einem Gerät. Zur Messung wird ein Sinussignal auf den Verstärkereingang gegeben und dessen Ausgangsleistung in Relation zum Gesamtleistungsspektrum am Verstärkerausgang betrachtet:

$$\text{THD+N} = \frac{\sum \text{Leistung der Harmonischen} + \text{Geräuschleistung} + \text{Störleistung}}{\text{Gesamtleistung am Ausgang}} \quad (3.16)$$

Da sich die Messung der Ausgangsleistung nur theoretisch über das gesamte Frequenzspektrum durchführen lässt, muss ein Filter am Verstärkerausgang zwischengeschaltet werden. Ohne Angaben der Filterdaten (Eckfrequenzen, Bandbreite) ist eine THD+N Angabe nicht sinnvoll. Da die Klangqualität von Verstärkern stark von der gewählten Verstärkung (Ausgangsleistung) und der zu verstärkenden Frequenz abhängt, müssen für aussagekräftige Resultate die Tests bei verschiedenen Leistungen (z.B. bei 100 mW, 1 W, 5 W, 10 W) und bei verschiedenen Frequenzen (z.B. 100 Hz, 1 kHz, 5 kHz, 15 kHz) durchgeführt werden. Würth Elektronik hat eine Reihe von Drosseln auf Class-D-Tauglichkeit von dem auf Audiotechnik spezialisierten und unabhängigen Ingenieurbüro Dr. Ruge testen lassen. Um eine direkte Vergleichbarkeit zu gewährleisten, wurde im Class-D Referenzdesign eines führenden Class-D Halbleiterherstellers der Ausgangsfilter mit geeigneten Induktivitäten von Würth Elektronik bestückt. Abbildung 3.42 zeigt beispielhaft eine THD-N Messung an einer Drossel der Baureihe WE-PD (744 771 133, 1 kHz, 10 W).

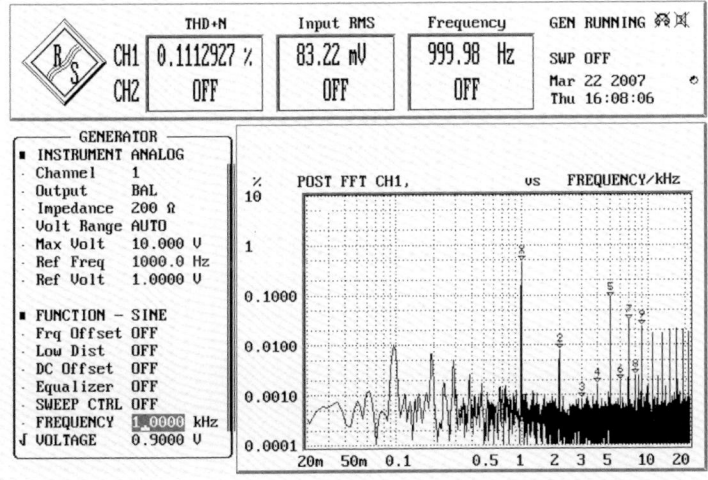

Abb. 3.42: THD-N Messung WE-PD 744 771 133

III Anwendungen

Der gemessene Klirrfaktor von 0,11% bei der hohen Ausgangsleistung von 10 Watt ist hervorragend, das menschliche Ohr kann diese Verzerrungen nicht wahrnehmen.

Induktivitäten für Ausgangsfilter in Class-D-Verstärkern von Würth Elektronik

Die folgende Übersicht zeigt eine Auswahl für Class-D Verstärker geeignete Induktivitäten aus dem Würth-Elektronik-Portfolio.

Sinus-leistung (RMS)	Anwendungen	Geeignete Baureihen			
		47 µH	33 µH	22 µH	10 µH
~ 1 W	Mobiltelefon		WE-GF 1210	WE-TPC 3816	WE-TPC 4818
~ 3 W	Portable MP3/MP4		WE-TPC 4818	WE-TPC 5818	WE-TPC 5828
~ 10 W	Kleinere TVs/Monitore, Stereo-Kleingeräte			WE-PD 7345	WE-TPC 1038/ WE-PDF 1064
~ 30 W	Größere TVs/Monitore, HiFi-Geräte, CAR-HiFi		WE-PD 1260	WE-PD 1280/ WE-PDF 1064	WE-PD 1210/ WE-PDF 1064
~ 50–70 W	DVD 5.1 Home Theater, Car-HiFi, Subwoofer-Ansteuerung, Verstärker für mittelgroße Leistungen	WE-HCI 1890	WE-HCI 1890	WE-HCI 1890	WE-HCI 1890
~ 70–100 W	Audio Dolby Surround, Musikverstärker, Subwoofer-Ansteuerung	WE-HCF 2013	WE-HCF 2013	WE-HCF 2013	WE-HCF 2013

Tab. 3.17: Auswahl geeigneter Induktivitäten für Class-D Verstärker

2.5 350-W-Niederfrequenzverstärker

Herz des in Abbildung 3.43 gezeigten Niederfrequenzverstärkers ist der Schaltkreis LT1166 von Analog Devices. Der LT1166® beinhaltet einen Bias-Regler zur Steuerung des Ausgangsstroms in AB-Hochleistungsendstufen. Er kann problemlos Power-MOSFETs ansteuern, ohne dass lästige Ruhestromeinstellungen oder kritische Transitor Pärchenauswahl nötig sind. Mit externen Sensewiderständen wird der Arbeitspunkt über einen weiten Temperaturbereich stabil gehalten.

Um die erwünschte hohe Ausgangsleistung von 350 W an 8 Ω zu erhalten, werden zwei der Leistungsendstufen parallelgeschaltet. Durch Parallelschalten von zwei weiteren Leistungsendstufen lässt sich die Ausgangsleistung theoretisch auf über 1 KW an 4 Ω erhöhen. Die Verlustleistung der MOSFETS und der Sensewiderstände begrenzen

die maximale Ausgangsleistung bei zwei Leistungsmodulen auf 350 W an 8 Ω und bei vier Modulen auf 600 W an 4 Ω.

Der schaltungstechnische Trick liegt in der Endkopplung der Leistungsmodule untereinander. Das geschieht ausgangsseitig im niederfrequenten Bereich durch den Widerstand R_{17} (Stromteilung der Leistungsmodule) und im höherfrequenteren Bereich durch die Drossel L_1. Auf der Primärseite der Leistungsmodule erfolgt die Entkopplung im hochfrequenten Bereich durch die Ferrite an der Basis der Transistoren T_1 (2N3906) und T_2 (2N3904), um hochfrequente Schwingneigungen zu unterdrücken. Die 180 µH Drossel bildet mit dem 2 kΩ Widerstand und der Eingangsimpedanz des LT1166® eine Frequenzkompensation.

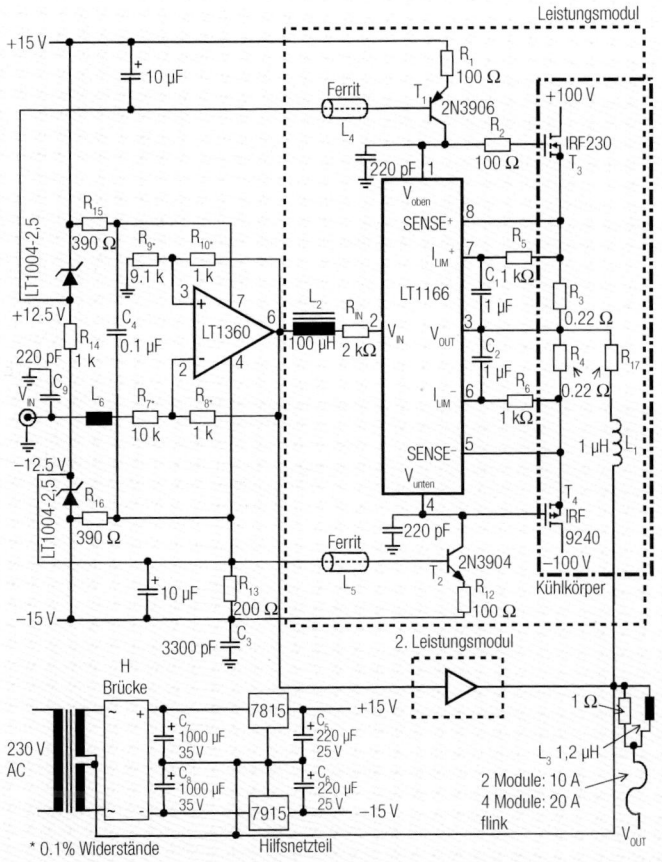

Ferrite, Drosseln: L_1: Stabkerndrossel WE-SD 744 713 0 (2 parallel)
L_2: Induktivität WE-LQ 744 045 210
L_3: Stabkerndrossel WE-SD 744 712 0 (2 parallel)
L_4: Ferrithülse 742 700 20 (2 in Reihe)
L_5: Ferrithülse 742 700 20 (2 in Reihe)
L_6: Ferrithülse 742 700 20 (2 in Reihe)

Abb. 3.43: 350-W-Leistungsendstufe (Anwendung nach Analog Devices)

III Anwendungen

Die Drosseln L_1 und L_2 sind bezüglich ihres Gleichstromwiderstandes reichlich dimensioniert, sodass der Spannungsabfall auch bei hohem Strom über 10 A noch gering bleibt. Das Layout ist unkritisch. L_4 und L_5 sollten sich in unmittelbarer Nähe zu den Transistoren befinden und die Ferritperlen können ggf. auf den Basisanschlüssen der Transistoren platziert werden. im Bereich der SMD-Bauformen kann z.B. der SMD-Ferrit 742 792 04 verwendet werden. C_9 und L_6 bilden einen Tiefpass am NF-Eingang, um hochfrequente Einstreuungen zu unterdrücken. Alle Verbindungen zu den MOSFET-Leistungstransistoren müssen kurz (<10 cm) ausgeführt werden, um HF-Einkopplungen und Schwingneigung zu vermeiden. Der sensible Eingangskreis um den Operationsverstärker LT1360 sollte vom Leistungsteil gut entkoppelt sein. Leiterbahnen und Bauelemente sollten getrennt positioniert werden (Abbildung 3.44).

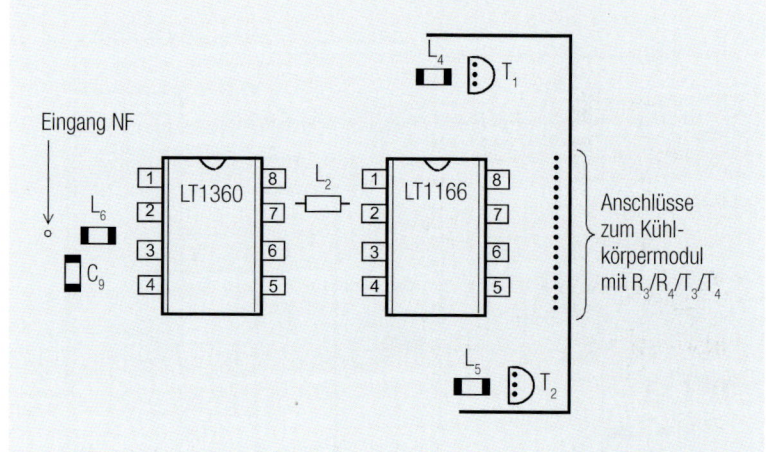

Fig. 3.44: Aufbauschema der Leistungsendstufe

3 Videoschaltungen

3.1 3-fach Video Verstärker/Multiplexer

Seit Aufkommen von DVD, PC-Kameras, Satellitenempfängern usw. steigt die Zahl der Videosignalquellen. So steigt auch das Interesse an Videoverarbeitung ständig; Videosignale werden geschaltet, gemischt und über lange Kabel geleitet und verlieren schnell an Qualität.

Videosignale

LT1399

Teil 1:

L_1: 744 786 011 (Multilayer Keramik Induktivität WE-MK 0603)
$L_{2/3}$: 742 792 116 (SMD-Ferrit WE-CBF 1206)

Teil 2:

IC2: 78M05
IC3: 79M05
D_1–D_4: 1N4148

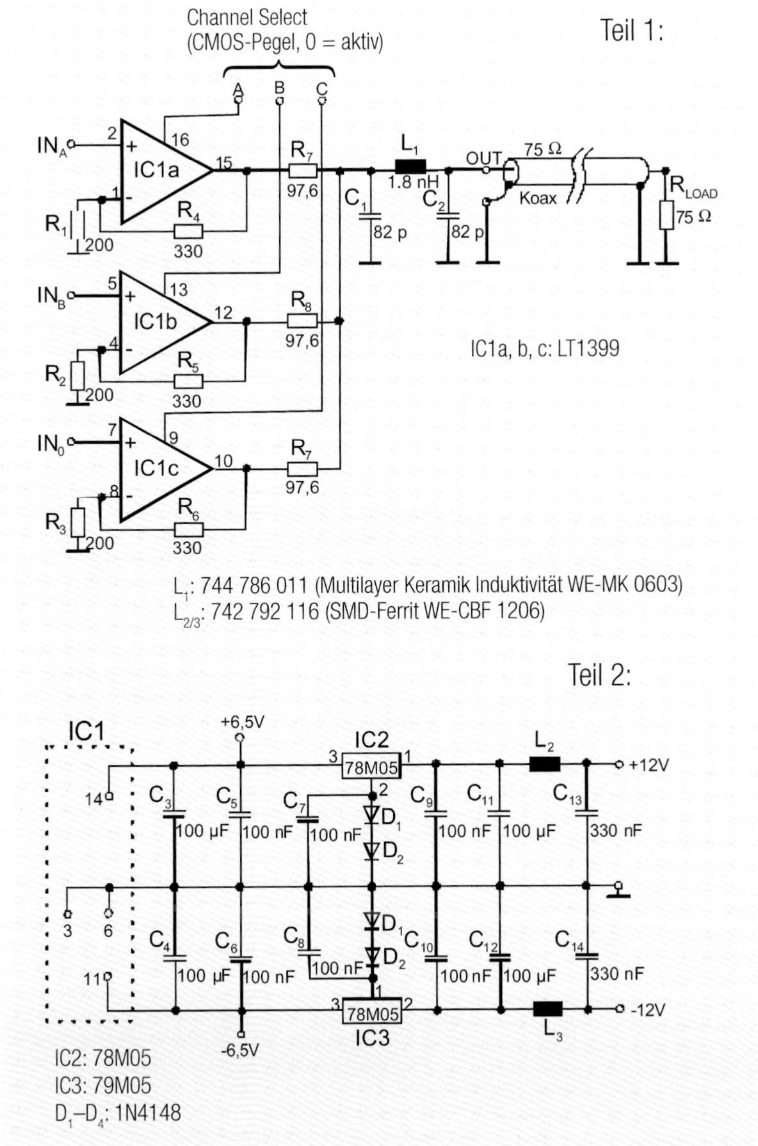

Abb. 3.45: 3-fach-Videoverstärker (Multiplexer in Anlehnung an eine Anwendung von Analog Devices)

III Anwendungen

Entkopplung

Bildqualität

Jeder der Videoverstärker des Multiplexers in Abbildung 3.45 entkoppelt das von einer Quelle generierte Signal. Verstärkt kann es dann mit 75 Ω Quellimpedanz über längere Wege geleitet werden, ohne dass die Bildqualität beeinträchtigt wird. Der Operationsverstärker LT1399 (Analog Devices) arbeitet mit Stromrückkopplung (R_4, R_5, R_6) zwischen seinem Ausgang und dem invertierten Eingang. Koppelkapazitäten zwischen diesen beiden Anschlüssen des Operationsverstärkers begrenzen die Bandbreite.

Übersprechdämpfung

Konturenschärfe

Layout

Koppelkapazitäten zwischen dem invertierenden Eingang und Masse führen zu Über- und Unterschwingern im Videosignal. Werden die GND-Anschlüsse 3 und 6 mit Masse verbunden, steigt die Übersprechdämpfung zwischen den 3 Kanälen. Ist einer der drei Kanäle über Channel Select = 0 aktiv, ergibt sich am Ausgang eine Impedanz von 75 Ω. Das Signal wird über einen π-Tiefpass mit 9 dB/dec geleitet, dessen 3 dB-Frequenzpunkt bei 18,5 MHz liegt. So wird im Videobild die Konturenschärfe erhöht und die, für die Signalqualität unrelevanten, aber für die EMV sehr störenden Oberwellen werden wirksam bedämpft. Das Layout des Multiplexers ist kritisch (Ausschnitt in Abbildung 3.46). Wie schon beschrieben, muss vor allem die kapazitive Kopplung zwischen den Eingängen, dem Ausgang und der Masse sehr gering gehalten werden. Deshalb ist in diesem Bereich in allen Lagen der Leiterplatte das Kupfer ausgespart.

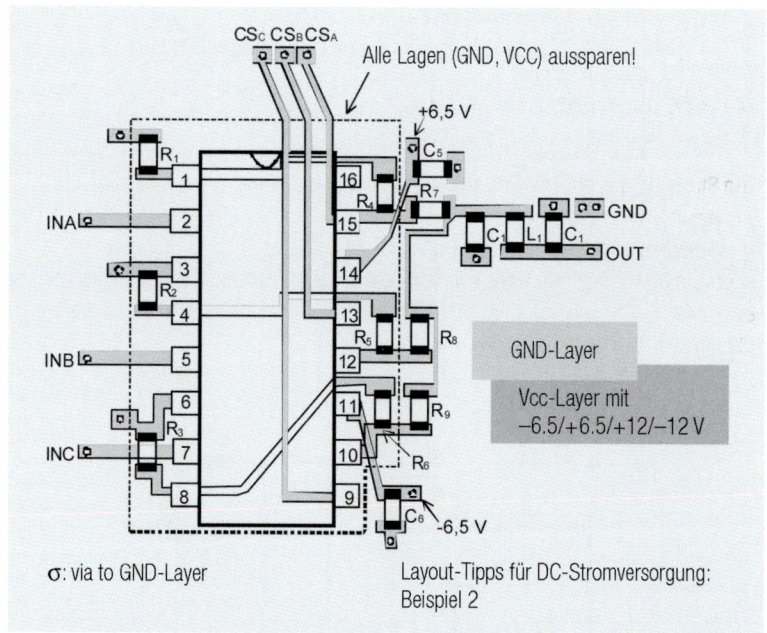

Abb. 3.46: Detaillierte Layouttipps für die Gleichstromversorgung des 3-fach-Videoverstärkers aus Abbildung 3.45

3.2 Videomultiplexer mit Koax-Übertragungsstrecke

Das Videoübertragungssystem nach Abbildung 3.47 ermöglicht die Übertragung aller zum Betrieb notwendigen Signale – Kanalauswahl, Spannungsversorgung und Videosignal – über ein Koaxkabel.

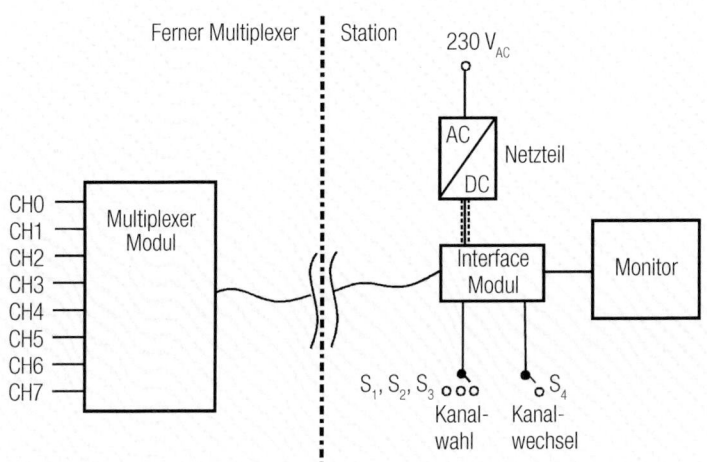

Abb. 3.47: Blockschaltbild des Videomultiplex-Systems

Den Stromlauf des Multiplexers zeigt Abbildung 3.48, in Abbildung 3.49 ist der Stromlauf des Interfacemodules dargestellt. Der Multiplexer (IC1) schaltet einen der am Interfacemodul möglichen 8 anliegenden Kanäle auf seinen nachgeschalteten Videoverstärker. Über den Transistor Q_1 und die NAND-Gatter IC3 wird das zwischen 8,8 V und 10 V schwankende Kanalwechselsignal auf 5 V konvertiert, der 4-bit-Zähler IC2 schaltet dann am IC1 den entsprechenden Kanal durch.

III Anwendungen

MAX455

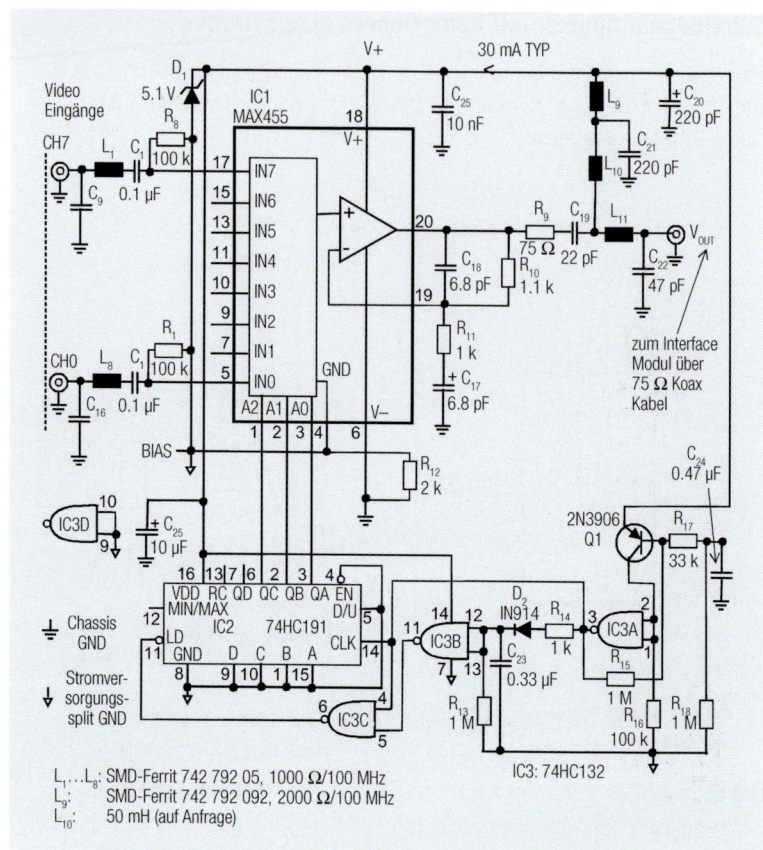

Abb. 3.48: Multiplexermodul (nach einer Applikation von Maxim)

Die Interface Box (Abbildung 3.49) empfängt das vom Multiplexer ankommende Signal und korrigiert mit dem Peakdetektor IC3A und Q_3 durch den Kanalwahlpuls und durch andere Störungen verursachte Gleichspannungspegel im Videosignal. Der nachgeschaltete Puffer IC3B entkoppelt das Videosignal vom Peakdetektor und bietet eine normgerechte 75 Ω Ausgangsimpedanz. Der Kanalwahl-Burst wird mit IC1 und IC2 erzeugt und über die Transistoren Q_1 und Q_2 in das Koaxkabel gespeist. Die Stromquelle Q_1 versorgt auch den Multiplexer mit der nötigen Betriebsspannung.

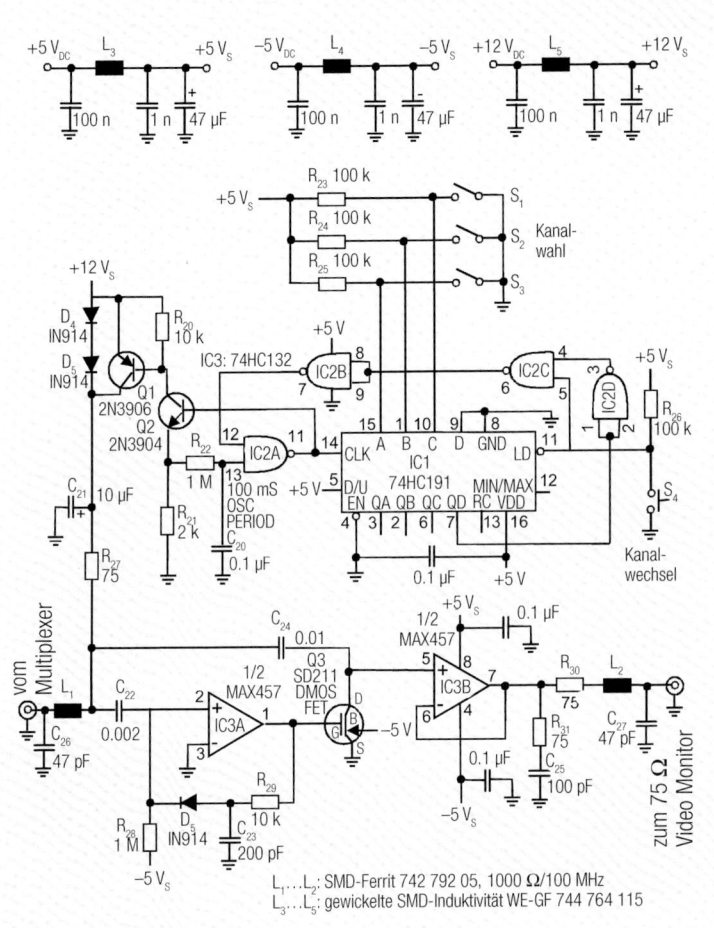

Abb. 3.49: Interfacemodul (nach einer Applikation von Maxim)

Sowohl in Multiplexermodul als auch im Interfacemodul werden Signaleingangs- und ausgangsseitig hochfrequente Störungseinkopplungen mit den Tiefpässen L_1/C_9, … L_8/C_{16}, L_{11}/C_{22}, L_1/C_{26} und L_2/C_{27} gedämpft. Beim Multiplexer wird über $L_{10}/L_9/C_{21}$ die Gleichspannung zur Versorgung des Multiplexers ausgekoppelt. Die Drossel L_{10} muss wegen der nötigen unteren Videogrenzfrequenz von ca. 5 Hz eine große Induktivität und damit im unteren Frequenzbereich einen noch brauchbaren Blindwiderstand haben, damit das Videosyncsignal nicht zu stark gedämpft wird. Auf der Seite des Interfacemoduls sind die drei Stromversorgungspfade über π-Tiefpässe gegen HF-Störungen entkoppelt.

Für die Schaltung sollte 4-lagiges Leiterplattenmaterial verwendet werden, wobei die beiden inneren Lagen je eine für die Versorgungsspannungen und die andere für die Masse verwendet werden. Die Masse ist seitens Multiplexer in eine Gehäusemasse und eine „BIAS"-Masse getrennt um einen höheren Signal-Stör-Abstand zu erreichen.

III Anwendungen

Die Videosignalpfade sollten durchgängig kurz in genügend großem Abstand (>3 mm) von den Burst- bzw. Kanalwahlsignalen gehalten werden. Bei Verwendung von 4-Lagen liegt es nahe die Videosignale auf der Lötseite (über GND) und die anderen Signale auf der Bestückungsseite zu verlegen. Abbildung 3.69 zeigt einen Ausschnitt des Layouts im Filterbereich des Multiplexers.

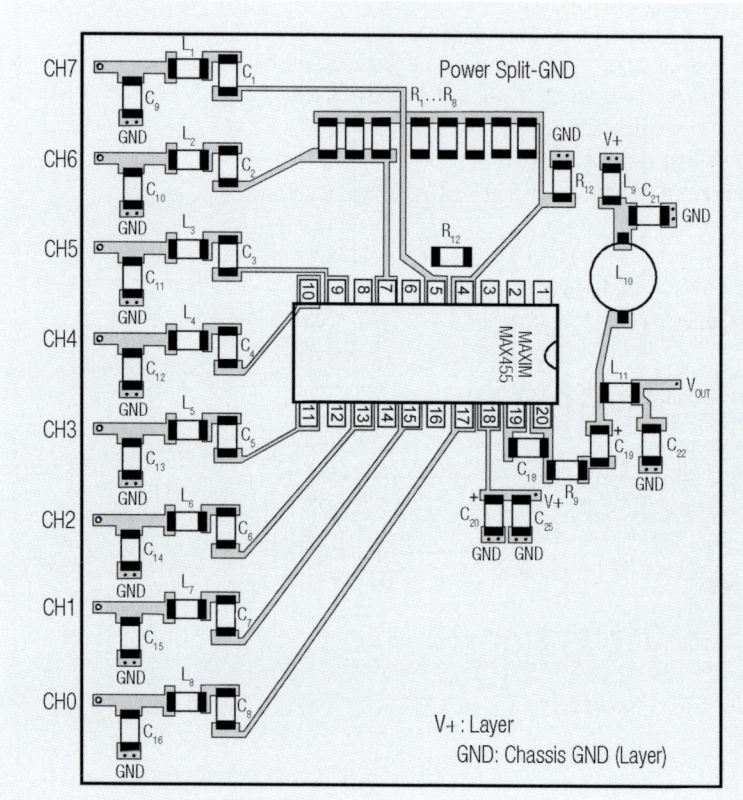

Abb. 3.50: Ausschnitt des Multiplexer-Layouts

3.3 Die LVDS-Schnittstelle

Low Voltage Differential Signalling (LVDS) ist ein technischer Standard, der elektrische Eigenschaften eines differentiellen, seriellen Kommunikationsprotokolls spezifiziert. LVDS arbeitet mit niedriger Leistung und kann mit sehr hohen Geschwindigkeiten (> 155.5 Mbps) über kostengünstige Twisted-Pair-Kupferkabel betrieben werden. LVDS wurde 1994 eingeführt und hat sich in Produkten wie LCD-TVs, Automobil-Infotainment-Systemen, Industriekameras, Notebooks und vielen anderen Produkten durchgesetzt.

3.3.1 Das LVDS-Signal

Die LVDS-Technologie verwendet differenzielle Datenübertragung. Das Differential-Konzept hat einen großen Vorteil gegenüber Single-Ended-Systemen, da es wesentlich robuster gegen Störungen ist. Von außen eingekoppelte Störsignale treten im Gleichtakt Modus auf und beeinflussen so das Signal an der Empfängerseite nicht, da der Empfänger die Signale im Differential Mode auswertet.

Um eine hohe Datenrate, eine geringe Leistung und eine Reduzierung der EMV-Effekte zu erreichen, müssen die Signalpegel reduziert werden. Die LVDS-Technologie ist nicht von einer bestimmten Spannungsversorgung wie z.B. +5 V abhängig. Die Versorgungsspannungen können auf +3,3 V, +2,5 V oder noch niedriger auf 1,8 V gesenkt werden, Datenraten im Bereich von 500 bis 1000 Mbps sind möglich.

LVDS-Signale haben einen geringen Spannungshub, im Vergleich zu anderen industriellen Datenübertragungsstandards. Die Signalisierungspegel sind in Abbildung 3.51 dargestellt und ein Vergleich mit PECL-Pegeln ist ebenfalls als Vergleich gezeigt.

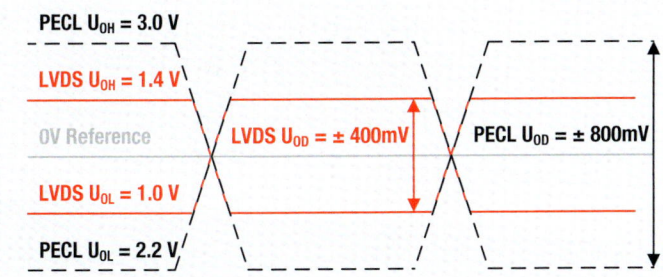

Abb. 3.51: LVDS und PECL Signalpegel

Wegen des niedrigen Pegelhubs erreicht LVDS bei Punkt zu Punkt Übertragung eine hohe Übertragungsbandbreite. Ein LVDS-Bus hat ähnliche Spannungshübe, benötigt jedoch einen erhöhten Treiberstrom, um die mehrfachen Abschlüsse versorgen zu können, die bei Mehrpunktanwendungen erforderlich sind.

Die zu übertragende Leistung steigt mit höher werdender Datenrate. Beim LVDS-Signal sind die Pegel nur halb so groß wie beim PECL-Signal. Die zu übertragende Leistung wird somit um den Faktor 4 reduziert. Es ist klar, dass somit die Störemission der Signale ebenfalls reduziert wird. Zusätzlich wird die Reduzierung der Störemission durch die bei Polaritätswechsel „runden" Flanken und durch die symmetrische Datenübertragung (Differential Mode) begünstigt.

LVDS Treiber arbeiten als Konstantstromquellen mit 3–5 mA. Die Last muss die geforderte charakteristische Impedanz, bestehend aus Übertragungsstrecke und Abschluss haben, um Reflexionen zu vermeiden. Typischerweise liegt die geforderte Impedanz bei LVDS Treibern zwischen 100 Ω und 120 Ω, abgestimmt auf die Impedanz von verdrillten Adern (Twisted Pair Kabel). Am Abschlusswiderstand, am Ende der Übertragungs-

III Anwendungen

strecke, fällt die Spannung als differentielles (symmetrisches) Signal ab (Abbildung 3.52). Um die differenzielle Spannung am Empfänger zu erzeugen, ist ein Abschlusswiderstand unmittelbar am Ende der Übertragungsstrecke erforderlich. Im Design müssen parasitäre Effekte möglichst gering gehalten werden, um Reflexionsprobleme und unerwünschte elektromagnetische Emission zu vermeiden.

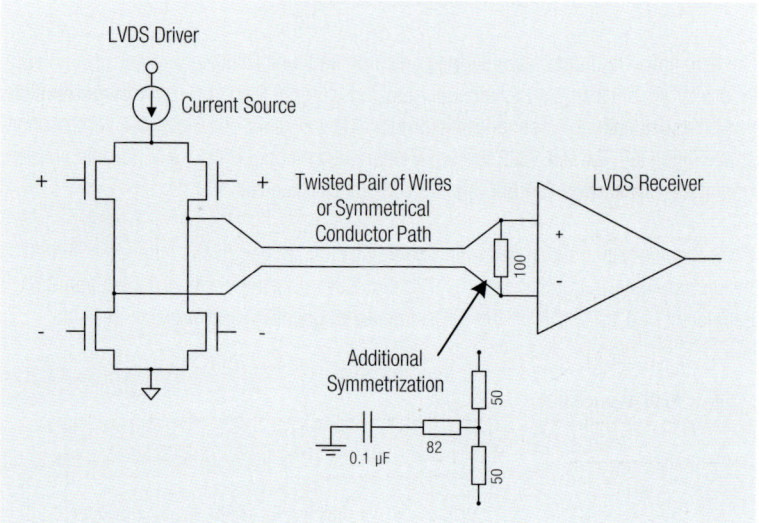

Abb. 3.52: LVDS Übertragungsstrecke

Läuft die LVDS-Übertragung über längere Kabel, empfiehlt sich auf der Empfangsseite eine zusätzliche Common Mode-Terminierung einzubringen. Hierzu wird der 100 Ω Widerstand aufgeteilt und über die Mittelabzapfung mit 82 Ω und 100 nF gegen Masse geschaltet.

Übersicht der LVDS-Signalpegelbilanz:

- Der minimale Signalpegel beträgt ±1 V
- Ein LVDS-Empfänger kann eine Pegelverschiebung von ±1 V zwischen dem Treiber- und dem Empfänger-Bezugspunkt (Ground) tollerieren
- LVDS hat eine typische Treiberoffsetspannung von +1,2 V. Die Summe der Masse-Pegelverschiebung, der Treiber-Offset-Spannung und jedem zusätzlichen eingekoppelten Common Mode-Störsignal stellt die Gesamtspannung an den Empfängereingangsanschlüssen in Bezug zur Empfängermasse dar
- Der Bereich des tollerierbaren Common Mode-Pegels am Empfänger ist +0,2 V bis +2,2 V und die empfohlene Signalspannung am Empfänger ist, bezogen auf Masse, +2,4 V

In Abbildung 3.53 (sendeseitig) und Abbildung 3.54 (empfängerseitig) ist jeweils ein Stromlauf einer LVDS-Übertragungsstrecke dargestellt. Die Schaltung ist nicht komplex, erfordert aber, dass alles korrekt designt wird. Sendeseitig sind die LVDS-Treiber in komplexe Chips integriert und verlangen im Allgemeinen eine symmetrische

Anschlussimpedanz von 100 Ω. Nachfolgend ist es sinnvoll stromkompensierte Drosseln mit einem, unmittelbar an der Geräteschnittstelle plazierten, Transientenschutz zu integrieren. Die TVS-Dioden bilden zusammen mit den Drosseln ein Tiefpassfilter. Die Drosseln und die Dioden haben die Aufgabe das LVDS-Signal zu symmetrieren, harmonische Störungen zu reduzieren und transiente Störungen von außen zu begrenzen und damit den LVDS-Controller zu schützen.

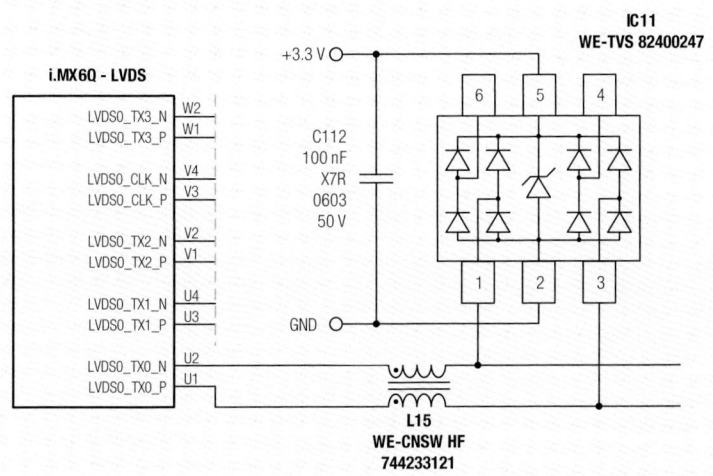

Abb. 3.53: LVDS Sendeteil, ein Kanal dargestellt

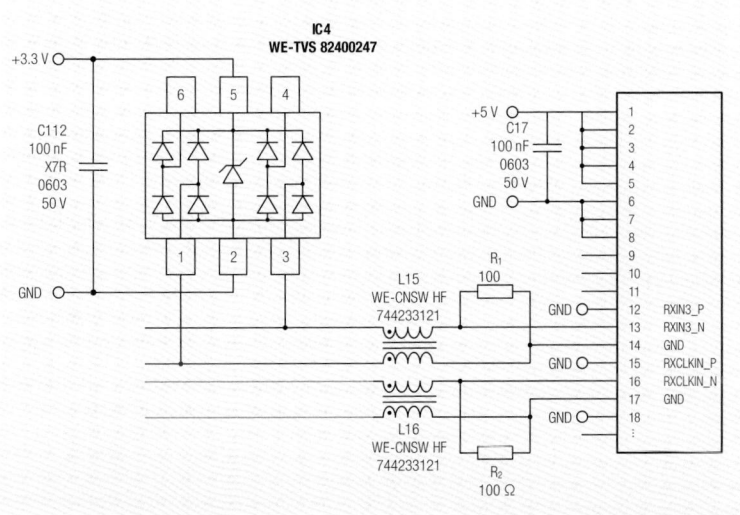

Abb. 3.54: LVDS-Empfangsteil

III Anwendungen

Die Stromkompensierte Drossel No. 744233121 ist für symmetrische „High-Speed" Signalübertragung ausgelegt. Die Common-Mode Impedanz, dargestellt im Diagramm in Abbildung 3.55, beträgt bei 100 MHz ca. 120 Ω, die Differential-Mode Impedanz, die zur Beeinflussung des Signals beiträgt, beträgt bei 100 MHz für beide Leitungen, nur 5 Ω.

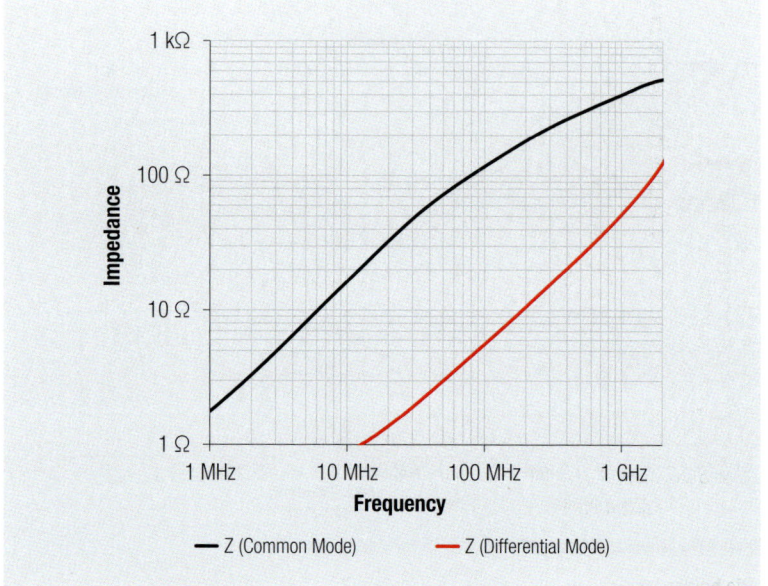

Abb. 3.55: WE-CNSW-HF SMD Common Mode Line Filter (High Frequency), 744233121

Im Datenblatt sind noch zwei weitere Kurven angegeben:

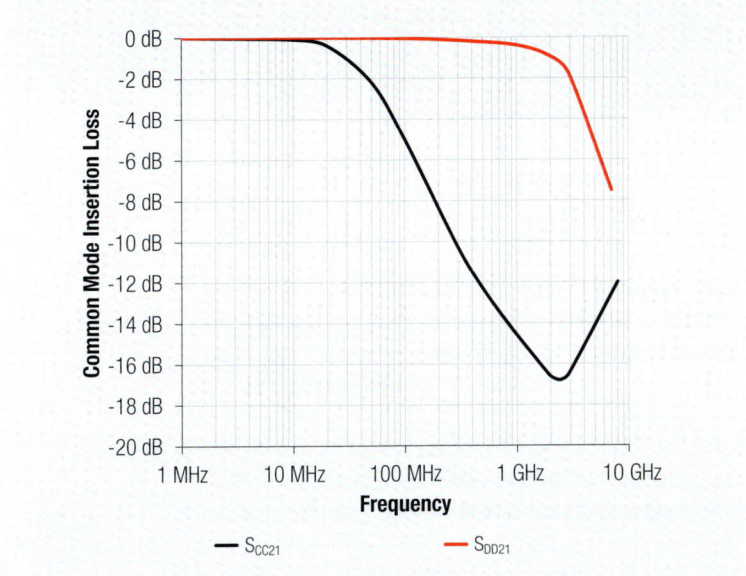

Abb. 3.56: Common Mode Line Filter, Nr: 744233121, S_{21} Differential- und Common Mode

Die beiden Kurven zeigen die Einfügungsdämpfung in einem 50 Ω System, gemessen mit einem Netzwerkanalysator. Die Werte der Einfügungsdämpfung können zum Vergleich verschiedener Filter genutzt werden. Die Dämpfung in der elektronischen Schaltung entspricht aber nicht den Werten aus Abbildung 3.56, da in der Praxis die Schaltung kein 50 Ω System sein wird. Das in der Schaltung verwendete TVS-Dioden Array zeigt Abbildung 3.57, die technischen Daten sind in Abbildung 3.58 dargestellt. Der entscheidende Parameter für die einwandfreie Funktion der Datenübertragung ist die Kapazität zwischen den Signalleitungen, Cx mit max. 0,2 pF. Das ist die Kapazität, mit der das Videosignal belastet wird. Es ist zu beachten, dass parasitäre Kapazitäten zwischen den Leiterbahnen, zu den Masse- und Versorgungslagen, zwischen Bauelementen und ggf. zum Gehäuse, entsprechend dem Design, addiert werden müssen!

III Anwendungen

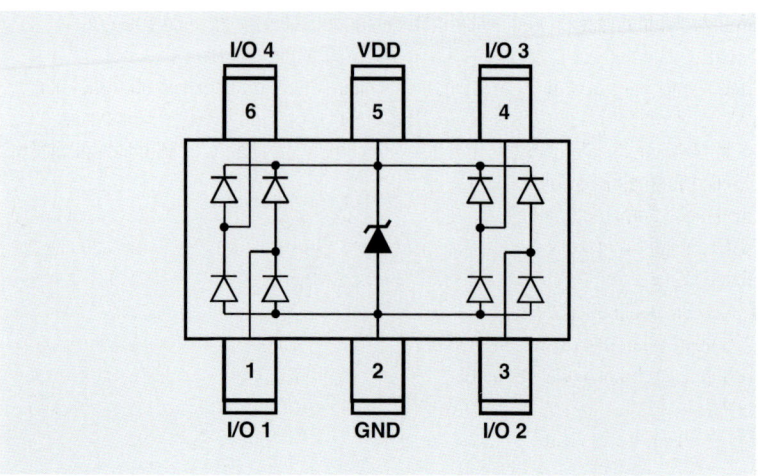

Abb. 3.57: Anschluss-Schema des TVS-Dioden Arrays WE-TVS, 82400274

Eigenschaft	Prüfbedingungen	Wert min	Wert typ	Wert max	Einheit
VRWM	Pin 5 zu Pin 2			5	V
V_{BV}	I_{BV} = 1 mA, Pin 5 zu Pin 2	6,0			V
I_R	V_{Pin5} = 5 V, Pin 5 zu Pin 2			5	µA
$I_{R,IO}$	V_{Pin5} = 5 V, V_{Pin2} = 0 V, I/O zu GND		0,8	1,0	V
V_F	I_F = 15 mA, Pin 2 zu Pin 5		8	9	V
v_C	I_{PP} = 5 A, tp = 8/20 µs, I/O zu GND		12,5		V
$v_{Cl,IO}$	I_{TLP} = 17 A, I/O zu GND		9,0		V
$V_{Cl,VDD}$	I_{TLP} = 17 A, VDD zu GND	D	1,2	1,6	pF
C_{IO}	V_{Pin5} = 5 V, V_{Pin2} = 0 V, V_{IO} = 2,5 V		0,1	0,2	pF
C_X	V_{Pin5} = 5 V, V_{Pin2} = 0 V, V_{IO} = 2,5 V, f = 1 MHz, zwischen I/O pins		0,4	0,6	pF

Abb. 3.58: Elektrische Kenndaten des TVS diode array WE-TVS, 82400274

3.4 Die HDMI-Schnittstelle

Die Display-Industrie hat sich in den letzten Jahren rasant entwickelt und der analoge Bildschirm ist durch den digitalen Flachbildschirm ersetzt worden. Damit haben sich Standrards für die Übertragung der Videodaten etabliert, die deutlich höhere Auflösungen erlauben. Beispiele sind hier DVI und HDMI als dominierende Standards, für den Anschluss digitaler PC-Monitore und HDTV. HDMI steht für High-Definition-

Multimedia-Interface und ist eine von der Industrie unterstützte volldigitale Audio/ Video-Schnittstelle für die Übertragung von unkomprimiertem digitalen Video und Mehrkanal-Audio über einen einzelnen Anschluss bzw. ein Kabel. DVI überträgt nur unkomprimierte Videodaten, während HDMI sowohl unkomprimiertes Digitalvideo als auch Mehrkanalaudio über ein einziges Kabel übertragen kann. HDMI bietet zusätzlich für die Unterhaltungselektronik die Unterstützung des YCbCr-Farbformats und die universelle Fernsteuerbarkeit über das Consumer Electronics Control (CEC) Protokoll. HDMI-fähige Geräte sind abwärtskompatibel mit DVI-basierten PCs, um PC Inhalte auf einem HDTV anzeigen zu können. HDMI kann acht Kanäle mit 192 kHz, unkomprimiertes 24-Bit-Audio oder jedes andere Format komprimierter Audioformate wie Dolby oder DTS übertragen und unterstützt vorhandene HD-Videoformate wie 720p, 1080i und 1080p. Das HDMI-Signal ist mit dem DVI-Signal elektrisch kompatibel, somit ist weder eine Signalkonvertierung erforderlich, noch wird die Videoqualität beeinträchtigt, wenn ein DVI-nach-HDMI-Adapter verwendet wird.

Die Signalübertragung bei HDMI:

TMDS, oder Transition Minimized Differential Signaling, ist eine Technologie zur Übertragung von seriellen Hochgeschwindigkeitsdaten und dient als das zugrundeliegende Protokoll für die HDMI- und DVI-Standards. Differentielle Signalisierung bietet signifikante Vorteile gegenüber Single-Ended-Signalisierung. Eine TMDS-Verbindung besteht aus einem einzelnen Clock- bzw. Taktkanal und drei Datenkanälen. Auf jedem der drei Datenkanäle ist ein Algorithmus zur Datenkodierung implementiert, der 8 Bit Video oder 4 Bit Audiodaten in eine 10-Bit-übergangs-minimierte, DC-ausgeglichene Sequenz umwandelt. Dies reduziert die elektromagnetische Emission (EMV) über die Verbindungskabel und ermöglicht eine robuste Clockregenerierung mit einer größeren Schrägtoleranz im Empfänger. Die elektrische TMDS-Schnittstelle ist stromgetrieben, DC-gekoppelt und mit 3,3 V gespeist. Abbildung 3.59 zeigt das schematische Prinzip eines TMDS-Differential-Kanals.

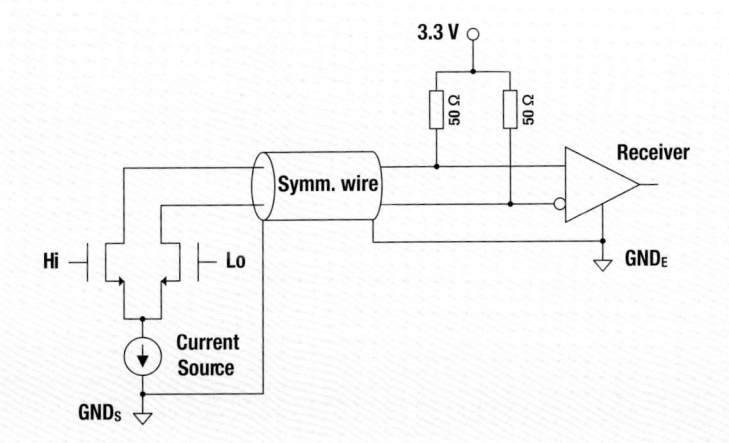

Abb. 3.59: TMDS-Übertragungskanal, schematisches Prinzip

III Anwendungen

Die beiden MOSFETs werden durch die Stromquelle mit Konstantstrom versorgt. Differentiell angesteuert, erzeugen sie so das HDMI-Signal, das über das symmetrische Kabel zum Empfänger gelangt. Am Empfänger ist jede Leitung des Andernpaars mit 50 Ω abgeschlossen. Das HDMI-Signal gelangt zum Differenzverstärker, der Gleichtaktsignale unterdrückt und Differenzsignale zu einem asymmetrischen Signal konvertiert.

Wegen der symmetrischen Signalübertragung muss das Layout sowohl Sender- als auch Empfängerseitig den Anforderungen angepasst werden. Die Ausführung von Datenübertragungsstrecken in symmtrischer Form bietet schon auf der Leiterplatte viele Vorteile. In Single-Ended-Systemen fließt der Strom von der Quelle zur Last durch eine Leiterbahn und kehrt über eine Masseebene zurück. Die transversale elektromagnetische Welle (TEM), die durch den Stromfluss erzeugt wird, kann in eine Richtung, nach oben von der Leiterbahn weg, frei in die Umgebung abstrahlen und elektromagnetische Störungen verursachen. Auch Störungen von externen Quellen, in den Leiter induziert, werden unvermeidbar durch den Empfänger verstärkt, wodurch die Signalintegrität beeinträchtigt wird. Die differentielle Signalübertragung verwendet stattdessen zwei Leiter für den Stromkreis. Wenn sie eng gekoppelt sind, haben die Ströme in den zwei Leitern die gleiche Amplitude, aber die entgegengesetzte Polarität und ihre Magnetfelder heben sich auf. Die TEM-Wellen der beiden Leiter, können nicht in die Umgebung strahlen. Nur die weit kleineren Streufelder außerhalb der Leiterschleife können abstrahlen, was zu einer wesentlich geringeren elektromagnetischen Emission führt. Die schematische Darstellung der Feldverteilung beider Leitungssysteme ist in Abbildung 3.60 dargestellt.

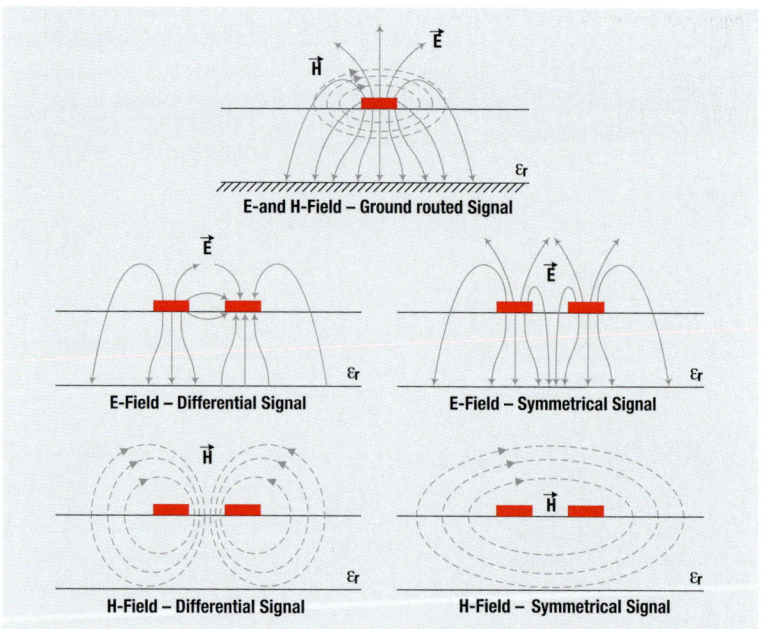

Abb. 3.60: Feldverteilung, oben bei einer unsymmetrischen (Microstrip) und unterhalb bei einer symmetrischen Leitung

Ein weiterer Vorteil der engen elektrischen Kopplung besteht darin, dass die von Außen einwirkenden Störungen in gleichem Maße in beide Leiter induziert werden und somit am Empfängereingang die Störung im Gleichtakt-, oder Common Mode erscheint. Empfänger mit differentiellen Eingängen reagieren nur auf Signalunterschiede zwischen den beiden Eingängen, aber sind immun gegen Gleichtaktsignale (siehe Abbildung 3.59).

Für eine störungsfreie Signalübertragung über ein differentielles Leitungspaar sind hinsichtlich des Layouts gewisse Punkte zu erfüllen:

- Der Abstand zwischen den Leitungen des Pärchens muss konstant gehalten werden um die differentielle Impedanz konstant und Reflexionen wegen Fehlanpassung gering zu halten.
- Die elektrische und somit physikalische Länge der beiden Leitungen muss gleich sein um die Laufzeit der Signale gleich zu halten und sicherzustellen, dass die Signale am Empfänger gleichzeitig ankommen.

Abschlussnetzwerk für HDMI

Das symmetrische Leitungspaar muss „impedanzgerecht" abgeschlossen werden. In den meisten Fällen eines Leiterplattendesigns ist es normalerweise ratsam, die Kopplung zwischen den Leiterbahnen zu minimieren. Bei manchen Designs ist es jedoch vorteilhaft einen hohen Kopplungsgrad zwischen den Leiterbahnen zu erreichen. Ein Anwendungsfall, wo das vorteilhaft ist, sind symmetrische, bzw. differentielle Clocksignale, ein anderer Fall ist die hier besprochene HDMI-Datenübertragung. Die Eingangsstufe des Empfängers ist ein Differenzverstärker. Eine Möglichkeit, die differentielle Leitung abzuschließen und Reflexionen sowohl im Differential- als auch im Gleichtaktmode zu verhindern, ist der Anschluss mit einem Pi-Widerstands-Netzwerk (Abbildung 3.61).

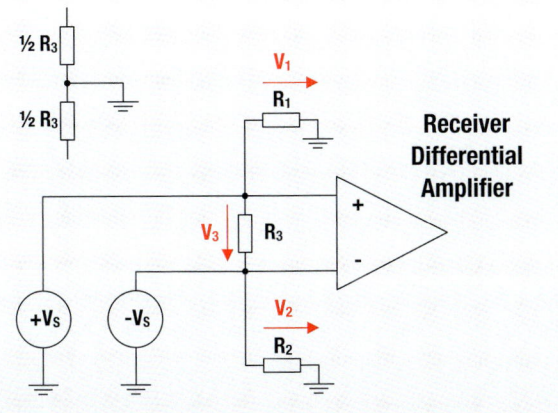

Abb. 3.61: Pi-Netzwerk für den impedanzgerechten Abschluss am HDMI-Empfänger

Die Widerstände R_1, R_2 und R_3 müssen so gewählt werden, dass sowohl die Common-, als auch die Differential-Mode Signale abgeschlossen, bzw. angepasst werden.

III Anwendungen

Für die Common-Mode Signale gilt $V_1 = V_2 = V_{common}$

Somit liegt über R_3 keine Spannung an, die Eingangsspannung am Differenzverstärker ist 0, vorausgesetzt R_1 und R_2 haben die gleiche Impedanz.

Zur Bestimmung von R_3 muss das Differential-Mode Signal betrachtet werden: Da V_1 und V_2 gleiche Amplitude aber entgegengesetzte Phase haben,

gilt für Differential-Mode Signale $V_1 = -V_2 = V_{diff}$

R3 kann in zwei Serienwiderstände mit jeweils gleichen Werten aufgeteilt werden, der zentrale Punkt der beiden aufgeteilten Widerstände bildet einen virtuellen Massepunkt, bezogen auf das Differential-Mode Signal, d.h. das Nutzsignal (Abbildung 3.61).

Die erforderlichen Werte von R_1 und R_3, die für beide Moden verwendet werden können, berechnen sich mit

$$R1 = R2 = Z_{common}$$
$$R3 = \frac{2(Z_{common})(Z_{diff})}{Z_{common} - Z_{diff}} \quad (3.17)$$

Somit wäre für $R_1 = R_2 = 50\ \Omega$, $Z_{diff} = 100\ \Omega$ und für $R_3 = 200\ \Omega$

Für Differential-Mode Signale ist R_3 nicht notwendig, da in der Praxis jedoch in den seltensten Fällen das Signal „wirklich" symmetrisch ist, hilft R_3 zur Symmetrierung der Signale. Weiterhin kann parallel zu ½ R_3 jeweils ein Kondensator mit einem kleinen Kapazitätswert (typ. 2 pF) geschaltet werden, der zur Reduzierung von parasitären Harmonischen beiträgt.

Abbildung 3.62 zeigt den Stromlauf einer HDMI-Schnittstelle, Abbildung 3.63 das dazugehörige Layout. Der Stromlauf gliedert sich in drei Bereiche, den Filterbereich zum HDMI-Controller, den HDMI-Stecker und den sog. HDMI Companion Chip.

Der Companion Chip TPD12S016 von Texas Instruments ist ein Single-Chip-High-Definition-Multimedia-Interface (HDMI) mit I²C-Spannungspegel-Shift-Puffern und integrierten TVS-Schutzdioden mit niedriger Kapazität (0,05 pF). Zum HDMI-Controller werden Common-Mode Drosseln eingesetzt, um Gleichtaktstörungen von der HDMI-Controller-Seite zu reduzieren und ggf. vom HDMI-Port (Kabelanschluss) kommende transiente Störsignale zu begrenzen. Die Drosseln bilden in Verbindung mit den TVS-Dioden des Companion Chips einen Tiefpass.

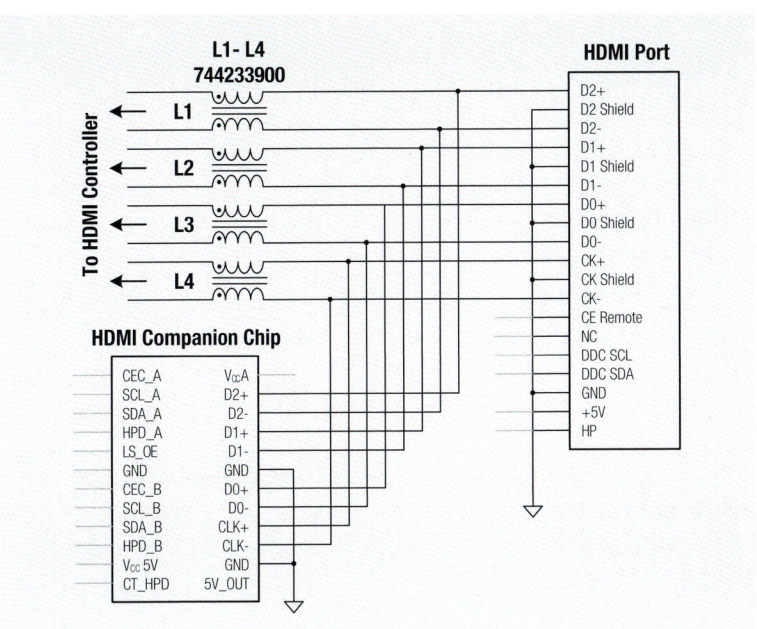

Abb. 3.62: Stromlauf-Auszug, HDMI-Schnittstelle

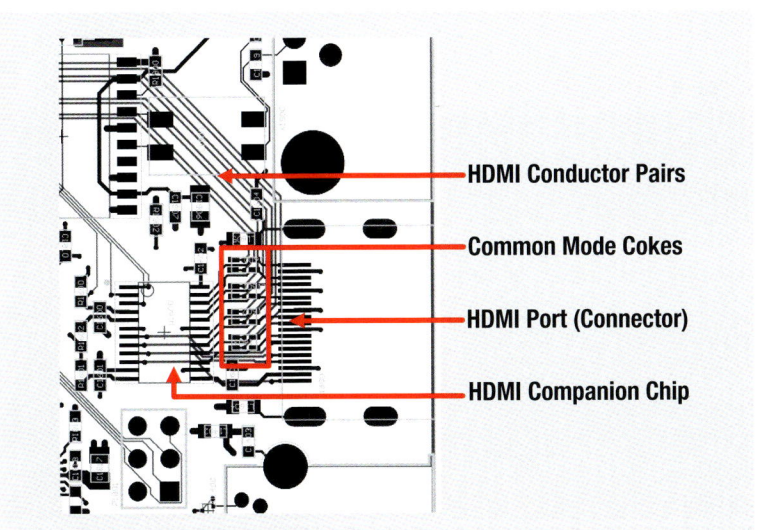

Abb. 3.63: Layout-Auszug, HDMI-Schnittstelle

Als Common Mode Drossel wird hier die 744233900 „WE-CNSW-HF SMD Common Mode Line Filter (High Frequency)" eingesetzt, Tabelle 3.18 zeigt eine Übersicht der elektrischen Parameter.

III Anwendungen

Eigenschaft	Prüf-bedingungen		Wert	Einheit	Tol.
Impedanz @ 100 MHz	100 MHz		90	Ω	±25%
Nennstrom	ΔT = 40 K	I_R	280	mA	max.
DC-Widerstand		R_{DC}	300	mΩ	max.
Cut-Off Frequency	ISdd21I = 3 dB	f_c	4,5	GHz	typ.
Isolationsprüfspannung		U_T	125	Vac	max.
Nennspannung		U_R	50	V	

Tab. 3.18: Elektrische Parameter der Common-Mode Drossel WE-CNSW-HF, 744233900 für die HDMI Schnittstelle

Wesentliche Parameter sind hier die Common-Mode Impedanz von 90 Ω als Richtwert für die Dämpfung der Störanteile und die möglichst hohe Resonanzfrequenz, ab der die parasitären Kapazitäten die Induktivität wirkungslos werden lassen; hier als „Cutt-Off Frequency" angegeben. In Abbildung 3.64 ist der Impedanzverlauf der Drossel graphisch dargestellt.

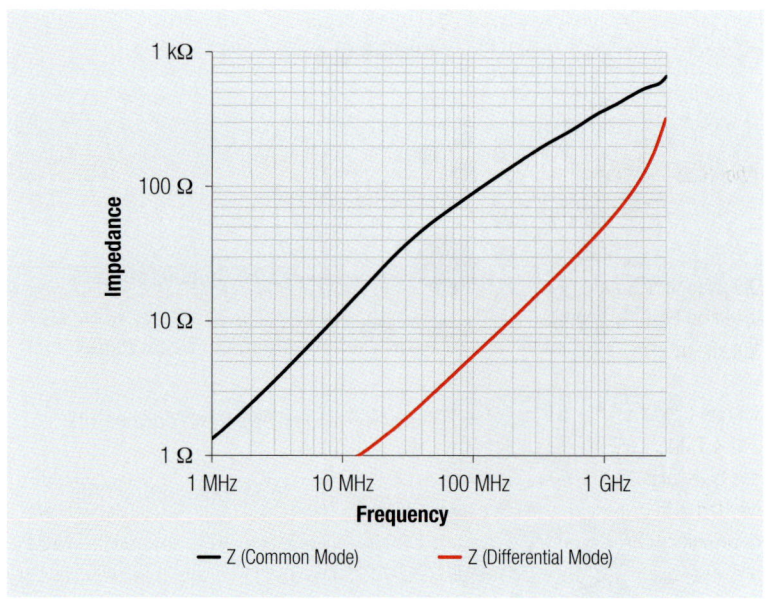

Abb. 3.64: Verlauf der Differential- und Common-Mode Impedanz der Drossel WE CNSW-HF, 744233900

Die Common-Mode Impedanz der Drossel trägt zur Dämpfung der symmetrischen Störungen bei, die durch Fehlanpassung der Übertragungsleitung, parasitäre Impedanzen des HDMI-ICs und durch kapazitive und induktive Kopplung der elektronischen Baugruppe bzw. der benachbarten Komponenten entstehen. Diese Störanteile sind entweder direkt als Common-Mode Störungen in den entsprechenden HDMI-Signalquellen oder durch Differential-Mode zu Common-Mode Wandlung entstanden. Die Impedanz der Drossel bei 100 MHz beträgt 90 Ω und steigt kontinuierlich bis über 3 GHz an, ohne kapazitive Streueffekte zu zeigen. In Abbildung 3.65 ist die Einfügungsdämpfung der Drossel angegeben, das ist der Betrag, um den das Störsignal in einem 50 Ω-System gedämpft wird.

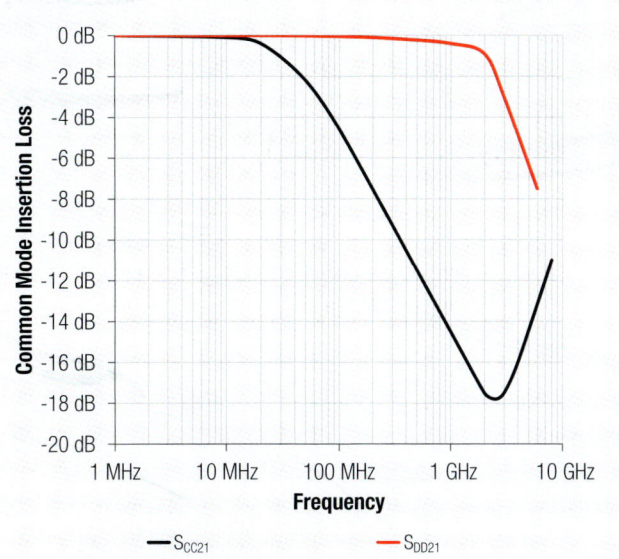

Abb. 3.65: Verlauf der Einfügungsdämpfung S21 (S_{CC21}, Common Mode Insertion Loss) der Drossel WE-CNSW-HF, 744233900

Die Dämpfung in einem 50 Ω-System für das Nutzsignal (S_{DD21}, Differential Mode Insertion Loss) ist in Abbildung 3.65 dargestellt. Der Einfluss der Impedanz auf das Nutzsignal beträgt bei 2 GHz weniger als 1 dB.

An das Layout werden hohe Anforderungen gestellt. Jeder HDMI-Kanal, bestehend aus 4 TMDS-Leitungspaaren, sollte primär auf der obersten oder untersten Lage der Leiterplatte als Gruppe, oder alternativ als Gruppe auf internen Ebenen geroutet werden. Die Leiterbahnen innerhalb eines TMDS-Paares sollten in ihrer Länge einen maximalen Unterschied von ±3 mm haben, 90-Grad-Ecken sollten vermieden werden, d.h. die Ecken müssen angefast werden, besser abgerundet. Biegungen und Mäander strahlen Signalanteile als Magnetfeld ab. Deshalb sollten andere Leiterbahnen in einem Abstand des 8- bis 10-fachen der Leiterbahnbreite verlegt werden. Die Bezugsmasse muss gleichbleiben, d.h. die Leiterbahnen dürfen nicht über gesplittete Lagen geführt werden. Sollte das unvermeidbar sein, kann der Impedanzbezug durch eine Platzierung von Kondensatoren (typ. 100 pF/NP0), nahe der HDMI-Leiterbahnen erhalten werden. Ein Beispiel ist in Abbildung 3.66 gegeben.

III Anwendungen

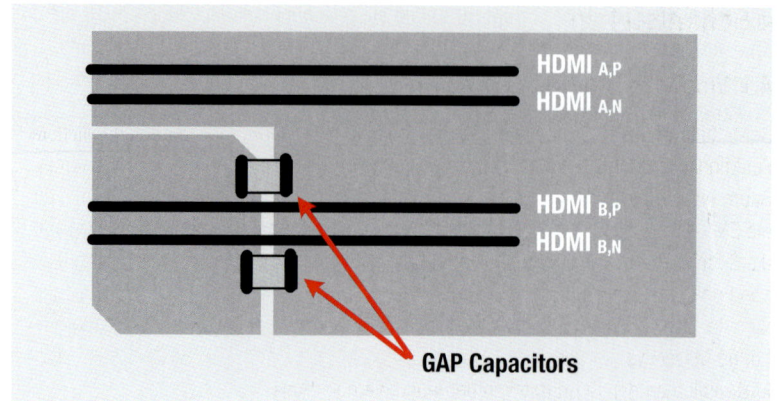

Abb. 3.66: Platzierung von Kondensatoren nahe der HDMI-Leiter zum Erhalt des Impedanzbezugs

Das TMDS-Signal muss eine Impedanz von 50 Ω ±10% haben, die differentielle Impedanz ist 100 Ω ±5%. Die TDMS-Paare sollten einen Abstand von mindestens 1,4 mm zueinander haben. Der Abstand zu anderen Leiterbahnen sollte mindestens 6 mm betragen. Sollte ein Lagenwechsel für die Signalpaare unvermeidbar sein, müssen die Durchkontaktierungen symmetrisch platziert werden (Abbildung 3.67). Zusätzlich werden parallellaufende Durchkontaktierungen von Bezugsmasse zu Bezugsmasse im Abstand von ca. 1 mm zu den Durchkontaktierungen der Signalleitungen platziert, um auch diesen einen Massebezug zu geben und damit den Impedanzsprung so gering wie möglich zu halten.

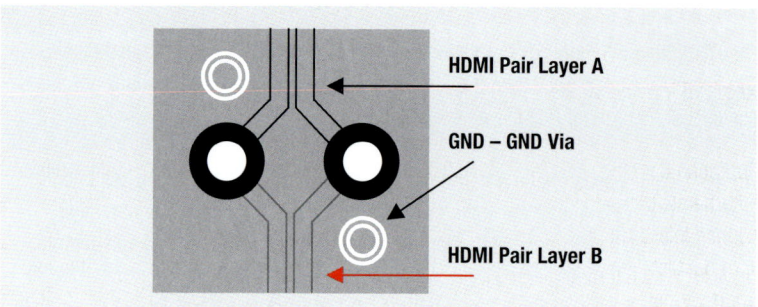

Abb. 3.67: Layout für einen Lagenwechsel eines HDMI-Leitungspaares (schematische Darstellung)

4 Schnittstellen

4.1 Industrie-Kleinrechnerboard

Beim Kleinrechnerboard besteht die Problematik meist darin, dass unterschiedlichste Funktionseinheiten wie Video-, Kleinsignal/Sensor- und Digitaltechnik auf engstem Raum einer Baugruppe vereint werden müssen. Dementsprechend beschränken sich die EMV-Maßnahmen bei weitem nicht nur auf die Schnittstellen. Ebenso wichtig wie die Schnittstellenfilterung ist das Vermeiden von Kopplungen zwischen den einzelnen Funktionseinheiten und eine saubere Signalintegrität aller digitaler und analoger Signale. Das „Zusammenspiel" zwischen den Signalfunktionsblöcken, das dazugehörige Massesystem und der „saubere" Aufbau, entscheiden über den Aufwand, der letztendlich an den Schnittstellen betrieben werden muss.

Abbildung 3.68 zeigt die wesentlichen Bausteine eines typischen Kleinrechnerboards.

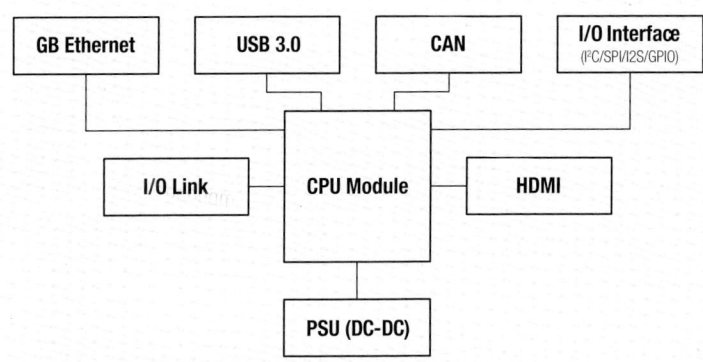

Abb. 3.68: Blockschaltbild eines typischen Industrie-Kleinrechnerboards

Für jeden der einzelnen Blöcke nach Abbildung 3.68 sind von entsprechenden Halbleiterherstellern Applikationen und Evaluierungsboards verfügbar. Die Schaltungen können leicht auf dem Laborarbeitsplatz in Betrieb genommen werden. Das Design wird deutlich komplexer, wenn die einzelnen Funktionsblöcke auf engstem Raum integriert werden müssen und über die Basisfunktionen hinaus entsprechende Ansprüche an Signalintegrität und EMV gestellt werden. Systemtechnisch betrachtet müssen folgende Schritte beachtet werden:

1. Anordnung der Funktionsblöcke unter Berücksichtigung der Signal- und Masseverhältnisse
2. Stromversorgungsnetzwerk und dessen Entkopplung zwischen den Funktionsblöcken
3. Mindestanforderungen an die Schnittstellenfilter

In Tabelle 3.19 sind für typische Funktionsblöcke die zu berücksichtigen Parameter gelistet. Die Anordnung der Blöcke auf der Baugruppe muss eine gute Masseanbindung der Filterbauelemente ermöglichen, besonders wenn ungeschirmte Kabel angeschlossen werden. Ist der Funktionsblock galvanisch getrennt, wird auf der Leiterplatte eine

III Anwendungen

eigene schnittstellenbezogene Massefläche entstehen, die von den benachbarten Bezugsflächen entkoppelt sein muss. Entsprechend sind die in der Spalte „Massesystem" angegebenen Bezugsmassen zu berücksichtigen.

Funktionsblock	Schnittstelle	Interne Signale	Stromversorgung	Massesystem
GB Ethernet	4 Paare, symmetrische Signale, galvanisch getrennt, 48 V PoE (Power over Ethernet), geschirmtes Kabel	4 x 2 GB-Ethernet-Signale, I²C, 48 V PoE, 3,3 V	3,3V onboard und PoE 48 V mit geigenem DC-DC Konverter	SGND für primärseitige Anpassung der Ethernet-Leitungen, GND für digitale Elektronik, PGND für PoE-Konverter
GPIO Interface	Unsymmetrische analoge und digitale Ein- und Ausgänge, Kabel ungeschirmt	I2C und CS (Steuersignale)	3,3 V, 5 V, 24 V onboard	GND für digitale Elektronik, SGND für Schnittstelle
CAN	Symmetrische Signale, Versorgungsspannung, galvanisch getrennt über CAN-Transceiver, geschirmtes Kabel	Digital Rx/Tx bis 1 MB/s hinter CAN-Transveiver	3,3 V, 5 V onboard, CAN-Primärseite über galvanische Trennung	GND für sekundärseitige Elektronik, GND_CB für primärseitige Elektronik, SGND für Schnittstelle
USB 3.0	Symmetrische Signale, Versorgungsspannung, galvanisch nicht getrennt, geschirmtes Kabel	USB-Signale zum Controller	5V onboard	GND für Elektronik, SGND für Schnittstelle
I/O-Link	Unsymmetrische Signale, Versorgungsspannung, galvanisch nicht getrennt, ungeschirmtes Kabel	Digital nach I/O-Link Transceiver	3,3 V, 24 V onboard	GND für Elektronik, SGND für Schnittstelle

Tab. 3.19: Typische Funktionsblöcke mit den für den Aufbau des Systems zu berücksichtigen Parameter

In den folgenden Kapiteln werden zwei Beispiele dargestellt, um das Konzept zu verdeutlichen.

4.2 CAN-Interface

CAN ermöglicht mehreren Geräten (die als „Knoten" bezeichnet werden), sich auf einem einzelnen Bus zu verbinden (Abbildung 3.69)

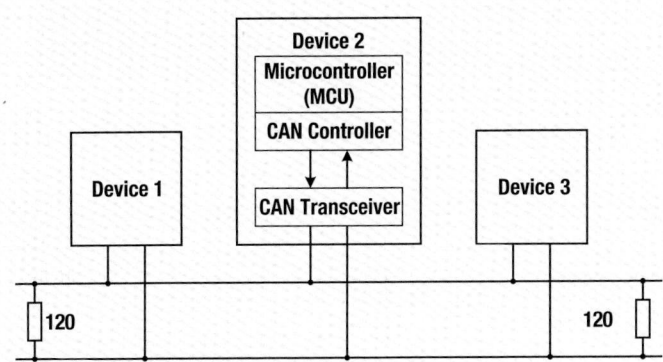

Abb. 3.69: Topologie des CAN-Netzwerkes

Im Gegensatz zu anderen Protokollen wie I²C und SPI haben CAN-Geräte (Knoten) keine strengen Master/Slave-Rollen, stattdessen kann jeder CAN-Knoten zu jeder Zeit als Sender oder Empfänger arbeiten. Anstatt Daten an bestimmte Empfänger zu senden, werden Datennachrichten an alle Knoten im Bus gesendet. Jeder Empfängerknoten entscheidet selbst, ob die Daten relevant sind, indem er auf den „Identifizierer" des Nachrichtenrahmens schaut, der den Inhalt der Nachricht beschreibt.

Neben EMV-technischen Anforderungen gibt es Anforderungen z.B. seitens der KFZ-Norm, die verlangt, dass der Transceiver eine Reihe von elektrischen Anforderungen erfüllen muss. Die ISO11898-2 stellt Anforderungen an die Zugriffssicherheit für schnellen Datenaustausch über die CAN-Schnittstelle im Steuergerätenetz von Straßenfahrzeugen. Einige dieser Anforderungen sollen sicherstellen, dass der Transceiver „rauhe" elektrische Bedingungen überstehen kann. Die Schnittstelle muss Fremdspannungen an den CAN-Bus-Eingängen von −3 V bis +32 V und transiente Spannungen von −150 V bis +100 V überstehen können. Tabelle 3.20 zeigt die wichtigsten Anforderungen der ISO11898-2.

III Anwendungen

Parameter	ISO 11898-4 Min.	ISO 11898-4 Max.	Einheit
DC Voltage on CANH and CANL	−3	+32	V
Transient voltage on CANH and CANL	−150	+100	V
Common Mode Bus Voltage	−2,0	+7,0	V
Recessive Output Bus Voltage	+2,0	+3,0	V
Recessive Differential Output Voltage	−500	+50	mV
Differential Internal Resistance	10	100	kΩ
Common Mode Input Resistance	5,0	50	kΩ
Differential Dominant Output Voltage	+1,5	+3,0	V
Dominant Output Voltage (CANH)	+2,75	+4,5	V
Dominant Output Voltage (CANL)	+0,5	+2,25	V
Permanent Dominant Detection (Driver)	Nicht gefordert		ms
Power-On Reset and Brown-Out Detection	Nicht gefordert		−

Tab. 3.20: Anforderungen an die CAN Transceiver-Schnittstelle nach ISO-11898-4 (Ausschnitt)

Abbildung 3.70 zeigt den Stromlaufausschnitt des CAN-Interfaces ohne 120 Ω-Abschluss. Als CAN-Schnittstellen Controller wird hier der ADM3053 eingesetzt. Der CAN-Transceiver wird von einer einzigen 5-V-Versorgung versorgt und beinhaltet eine vollständige galvanische Trennung, d.h. auch mit integriertem, isolierten DC/DC-Wandler. So ist die Schnittstelle zwischen dem CAN-Protokoll-Controller und dem Physical-Layer-Bus komplett isoliert. Die mögliche Datenrate reicht bis zu 1 Mbit/s.

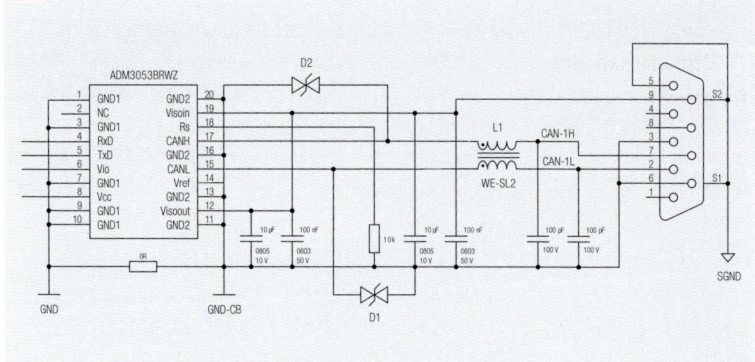

Abb. 3.70: CAN-Interface (Auschnitt), ohne 120 Ω Abschluss

Mit Pin 18 (Rs) können zwei verschiedene Betriebsmodi ausgewählt werden: Hochgeschwindigkeits- und Flankenkontrolle. Im Hochgeschwindigkeitsbetrieb werden die Sender-Ausgangstransistoren zum CAN-Bus einfach so schnell wie möglich ein- und ausgeschaltet (Pin 18 an Masse). In diesem Modus werden keine Maßnahmen ergrif-

fen, um die Flankenanstiegs- und Abfallzeiten zu begrenzen. In diesem Betriebsmodus wird vom Hersteller des Controllers ein geschirmtes CAN-Kabel empfohlen, um die Abstrahlung von Harmonischen über das Kabel zu begrenzen. Im flankenkontrollierten Modus werden die Flankenanstiegs- und Abfallzeiten kontrolliert und die Verwendung eines nicht abgeschirmten Twisted-Pair Kabels wird so ermöglicht. Dazu muss ein Widerstand, abhängig von der gewünschten „Slew Rate", zwischen 10 kΩ – 70 kΩ von Pin 18 gegen Masse angeschlossen werden, d.h. die Signalanstiegszeit bzw. Abfallzeit ist proportional zum Stromausgang an Pin 18.

Durch Steckvorgänge, Induktionsspannungen und Kurzschlüsse am am CAN-Bus können hohe transiente Störspannungen entstehen, die den CAN-Baustein zerstören können. Deshalb ist es notwendig, zwischen die stromkompensierte Drossel und den Transceiver, Überspannungsableitende Bauelemente vorzusehen. Eine Positionierung direkt am Eingang, also zwischen stromkompensierter Drossel und Stecker ist nur dann zu empfehlen, wenn sichergestellt werden kann, dass zwischen der Steckermasse und der Transceivermasse kein nennenswerter Spannungsabfall stattfinden kann. Die Verbindung muss also über eine durchgezogene, niederimpedante Masselage realisiert werden. Sowohl die Stromkompensierte Drossel, als auch das Überspannungsbegrenzende Bauelement, muss sorgfältig ausgewählt werden.

Als stromkompensierte Drossel L1 wird die WE-SL2 SMD Common Mode Line Filter 744222 eingesetzt, in Tabelle 3.21 sind die elektrischen Daten gegeben.

Eigenschaft	Prüf-bedingungen		Wert	Einheit	Tol.
Induktivität	100 kHz/5 mV	L	2x1000	µH	±50%
Maximalimpedanz		Z_{max}	6000	Ω	typ.
Nennstrom	ΔT = 40 K	I_R	800	mA	max.
DC-Widerstand		R_{DC}	0,31	Ω	max.
Streuinduktivität	1 MHz/1 mA	L_S	90	nH	typ.
Isolationsprüfspannung		U_T	500	Vac	max.
Nennspannung		U_R	80	V	

Tab. 3.21: Elektrische Daten der stromkompensierten Drossel WE-SL2, 744222

Durch die, im Vergleich zu LVDS, HDMI oder USB geringen Datenrate von 1 Mbit/s kann eine Drossel mit relativ hoher Induktivität, mit 2 x 1000 µH gewählt werden. Selbst wenn die Symmetrie der zwei Drosselwicklungen hoch ist, für einen Einsatz in einer USB-Schnittstelle (USB 2.0 und höher) würde sich die Drossel nicht eignen. Hier jedoch, bietet die Drossel eine hohe Dämpfung der im CAN-Schnittstellenbereich üblichen niederfrequenten Burst-Impulse. Die Drossel hat im Bereich von 100 kHz bis 100 MHz eine hohe Impedanz (Abbildung 3.71), im Maximum zwischen 4 MHz und 5 MHz steigt die Impedanz auf über 6 kΩ, wobei die Impedanz für das Nutzsignal bei 10 MHz nur ca. 8 Ω beträgt! Die in Abbildung 3.70 zusätzlich implementierten 2 x 100 pF Kondensatoren wirken mit der Drossel zusammen als Tiefpass und reduzieren Störemission im Frequenzbereich über 100 MHz. Hochintegrierte galvanisch isolierte

III Anwendungen

Transceiver mit integrierten DC-DC Konvertern, wie der ADM3053, arbeiten intern mit hohen Schaltfrequenzen. Im Falle von ungeschirmten CAN-Peripheriekabeln kann es notwendig werden eine zusätliche Filterung für den Frequenzbereich über 100 MHz zu integrieren. Dazu kann zwischen L1 und den 100 pF-Kondensatoren, d.h. in jede der Signalleitungen, jeweils ein SMD-Ferrit, z.B. 742792651, eingeschleift werden.

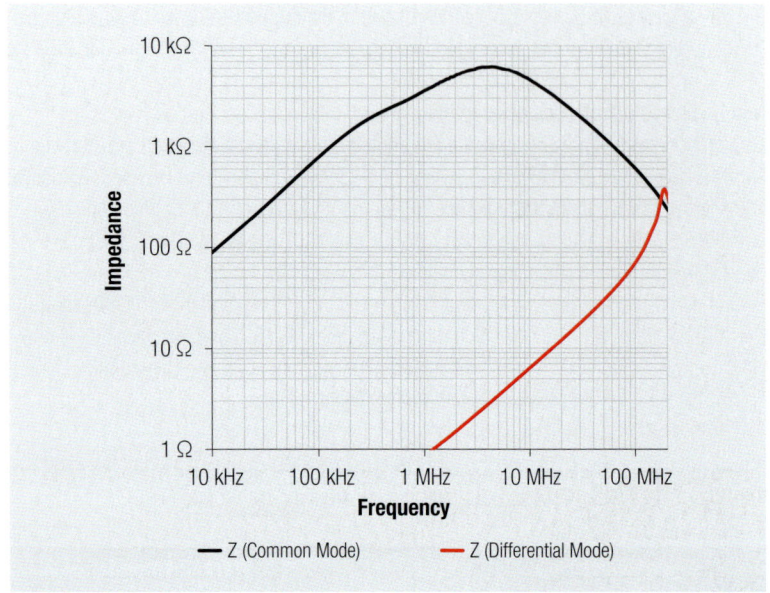

Abb. 3.71: Differential- und Commom Mode Impedanzverlauf der Drossel WE-SL2, 744222

Der Eingang der CAN-Schnittstelle muss gegen Überspannung so geschützt werden, dass für den Signaleingang/-Ausgang das Störpotenzial auf ein sicheres Niveau begrenzt wird. TVS-Dioden haben unterhalb ihrer Durchbruchspannung eine hohe Impedanz und oberhalb ihrer Durchbruchspannung eine niedrige. Bei einer TVS-Zener-Diode ist der Übergang so optimiert, dass die hohe Spitzenenergie eines transienten Störimpulses absorbiert werden kann, während eine Standard-Zener-Diode so ausgelegt und spezifiziert ist, dass sie eine definierte Spannung auf konstantem Niveau festhalten kann. Eine bidirektionale TVS-Diode kann durch die Kombination von zwei unidirektionalen Dioden gebildet werden (Abbildung 3.72) und eignet sich gut für die Beschaltung einer Spannungsbegrenzung in Datenleitungen für Signale, die eine Offset-Spannung haben können. Die bidirektionale Diode kann eine gemeinsame Kathoden- oder eine gemeinsame Anodenanordnungen haben, beide Konfigurationen sind äquivalent in ihren Klemmeigenschaften. Das bidirektionale Array besteht aus vier identischen TVS-Dioden. Die Klemmspannung der zusammengesetzten Vorrichtung ist gleich der Durchbruchspannung der Diode, die in Sperrichtung vorgespannt ist, zuzüglich des Diodenabfalls der zweiten Diode.

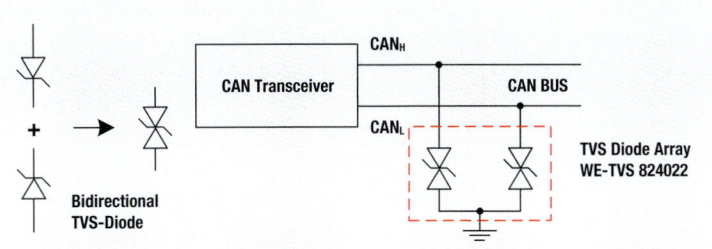

Abb. 3.72: Zusammenschaltung zweier Zenerdioden zu einer TVS-Zener Diode und deren Einsatz als überspannungsbegrenzendes Bauelement im CAN-Netzwerk

In Tabelle 3.22 sind die elektrischen Daten des Arrays aufgelistet. Die Dioden klemmen bei 5 V, knapp unter der max. Signalspannung; die kapazitive Last mit 15 pF ist unbedenklich klein. Wesentlich für die einwandfreie Funktion des Bauelementes ist der direkte Anschluss der Masse zum GND des CAN-Transceivers, damit zwischen den Signalleitungen und der Bezugsmasse der Spannungsabfall bei auftretendem Störsignal so gering wie möglich bleibt.

Eigenschaften	Prüfbedingungen	Min. Wert	Typ. Wert	Max. Wert	Einheit
V_{RWM}	I/O bis GND			5	V
V_{BV}	I_{BV} = 1 mA, I/O bis GND	6,1			V
I_R	V_{RWM} = 5 V, I/O bis GND			2,5	µA
V_C	I_{PP} = 5 A, tp = 8/20 µs, I/O bis GND		7	8	V
$V_{Cl,IO}$	I_{TLP} = 17 A, I/O bis GND		9		V
$V_{Cl,VDD}$	I_{TLP} = 17 A, I/O bis I/O		11		V
C_{IO}	V_{IO} = 0 V, f = 1 MHz, I/O bis GND		12	15	pF

Tab. 3.22: Elektrische Daten vom TVS-Diodenarray WE-TVS, 824022

Eine Alternative zu den TVS-Dioden sind Varistoren, Abbildung 3.73 zeigt das Prinzipschaltbild. Ein Varistor ist ein nichtlinearer Widerstand, der elektrische Eigenschaften ähnlich einer bidirektionalen Zenerdiode aufweist. Unterhalb seiner Durchbruchspannung hat ein Varistor einen großen Widerstand, parallel zu einer parasitären Kapazität. Wenn die Spannung am Varistor die Durchbruchspannung übersteigt, nimmt der Widerstand sehr schnell auf einen niedrigen Wert ab. So wird, über das Prinzip des Widerstandsteilers, der niedrigen Impedanz des Varistors in Reihe mit dem Widerstand der Störquelle, die Spannung auf den Pegel der Klemmspannung des Vielschichtvaristors begrenzt. Wegen seines Aufbaus hat der Vielschichvaristor eine sehr kurze Ansprechzeit und eine rel. hohe Absorptionsenergie. Ein Nachteil des Bauelementes ist die begrenzte Anzahl der Klemmereignisse („Entladungen"). Ein für die CAN-Schnitt-

III Anwendungen

stelle einsetzbarer Varistor ist der 0603 ESD Suppressor WE-Nr. 823 56 050 560. Die elektrischen Daten sind in Abbildung 3.73 gelistet.

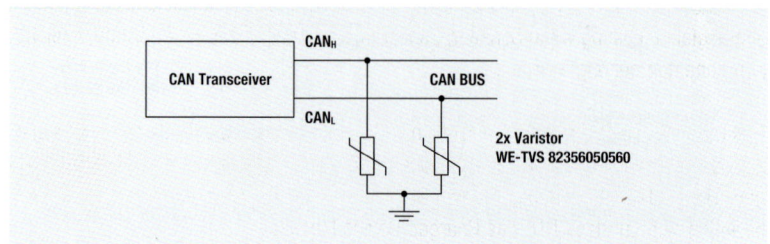

Abb. 3.73: Überspannungsbegrenzung an der CAN-Schnittstelle mit Vielschichtvaristoren WE-VE, 823 56 050 560

4.3 GPIO Interface

Eine in der Industrie weit verbreitete Schnittstelle ist das GPIO-Interface zur Steuerung von Peripheriekomponenten wie z.B. Motoren, Relais und Anzeigeelementen und zum Empfang von digitalen und analogen Messwerten und Signalen, um diese auszuwerten. In Abbildung 3.74 ist das Schaltbild eines Interfaces mit drei Eingangsbereichen gezeigt. Im oberen Bereich des Schaltbildes befindet sich eine Schnittstelle mit 4 digitalen I/O-Kanälen, mit dem I/O-Controller TCA9539. Im mittleren Abschnitt ist ein MAX14900E Controller mit 8 Push-Pull Ausgängen integriert und im unteren Bereich ein Analog-Input Interface mit dem Controller ADS1015-Q1, ein A/D-Konverter mit 12-Bit Auflösung.

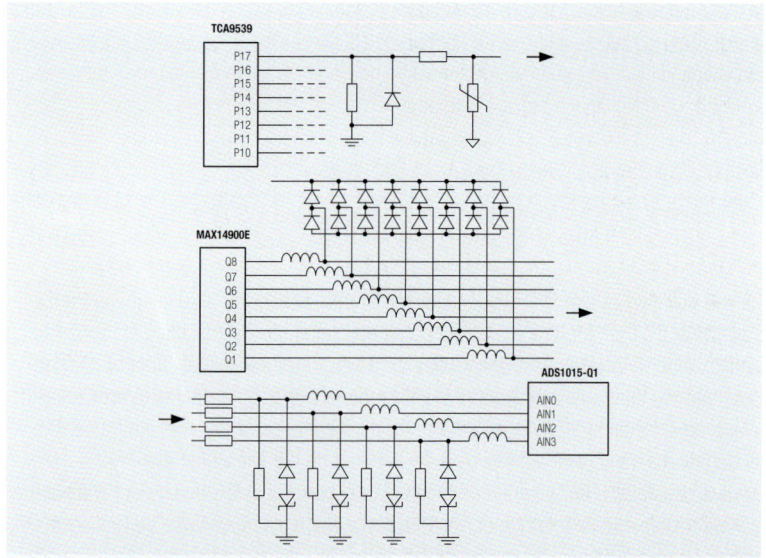

Abb. 3.74: GPIO-Interface mit drei Bereichen, 4 Digital-I/O, 8 Push-Pull-Ausgänge und 4 Analog-Eingänge

4.3.1 16-Kanal Digital-I/O Bereich

Der TCA9539 ist ein 16 Bit universeller I/O Controller mit I²C-Bus, entweder im 100 kHz – Standard Mode, oder im 400 kHz – I²C-Fast-Mode. Dieser Controller bietet eine einfache Lösung wenn Schalter, Sensoren, Drucktaster, LEDs, Lüfter und ähnliche Komponenten benötigt werden.

Das Datenblatt gibt Hinweise hinsichtlich „ESD-Ratings" (Tabelle 3.23). Die Angaben in der oberen Zeile der Tabelle beziehen sich auf Spannungsfestigkeiten an den IC-Pins nach dem HBM, d.h. dem sog. Human Body Modell; die Angaben in der unteren Zeile beziehen sich auf das CDM, das Charged Device Modell.

ESD Ratings

		Wert	Einheit
V(ESD) Electrostatic discharge	Human-body model (HBM), per ANSI/ESDA/JEDEC JS-001¹⁾	±2000	V
	Charged-device model (CDM), per JEDEC specification JESD22-C101²⁾	±1000	

[1] JEDEC document JEP155 states that 500-V HBM allows safe manufacturing with a standard ESD control process. Manufacturing with less than 500-V HBM is possible with the necessary precautions.
[2] JEDEC document JEP157 states that 250-V CDM allows safe manufacturing with a standard ESD control process. Manufacturing with less than 250-V CDM is possible with the necessary precautions.

Tab. 3.23: Angaben über „ESD-Ratings" aus dem Datenblatt des TCA9539

Beide Modelle beschreiben den ESD-sicheren Umgang von Bauelementen in der Produktion und haben nichts mit der Störfestigkeit im Sinne der EMV nach der EN61000-4-2 zu tun! Digitale Eingänge und Ausgänge sind für den universellen Gebrauch, d.h. es ist im Allgemeinen nicht vorhersehbar, was für eine Komponente mit welcher Art von Anschlusskabel angeschlossen wird. Deshalb müssen die Peripherieanschlüsse eine hohe Störfestigkeit gegen Überspannung, nicht nur gegen ESD, sondern auch gegen energiereichere Störimpulse haben. Die I/O-Anschlüsse des Bausteins bewegen sich im Pegelbereich von 0 V bis 5 V und einem maximalen Eingangs- bzw. Ausgangsstrom von 20 mA max. Die Filter- und Überspannungs-Schutzschaltung ist in Abbildung 3.75 noch einmal dargestellt. Sowohl im Input-Modus als auch im Output-Modus ist nur ein geringer Strom von einigen mA (typ. < 5 mA) nötig, sodass die Anschlüsse mit einem Schutzwiderstand von 1 kΩ beschaltet werden können. Ein SMD-Ferrit wäre hier ungünstig, da dieser im niedrigen Frequenzbereich zwischen einigen 100 kHz und 2 MHz eine zu niedrige Impedanz hat. An den I/O-Anschlüssen des TCA9539 ist jeweils eine TVS-Diode mit einem 100 kΩ Widerstand geschaltet. Die TVS-Diode (WE-TVS, 824021) begrenzt schnelle Störimpulse gegen die Masse des ICs auf maximal 6,5 V. Im Gehäuse des TVS-Bauelementes sind zwei Dioden enthalten, welche hier parallelgeschaltet werden können, da hier keine Wechselspannung in den negativen Pegelbereich begrenzt werden muss sondern lediglich ein gegenüber Masse liegendes positives Signal. Der Widerstand baut Restspannung ab, die im Eingangs-Modus für ein definiertes Schalten sorgt. Der Varistor ist unmittelbar am Stecker des Gerätes bzw. der Schnittstelle zu platzieren. Die im Überspannungsfall auftretende Energie muss vom Anschluss direkt gegen Gehäuse abgeleitet werden. Die beim Varistor relativ

III Anwendungen

hohe parasitäre Kapazität von 680 pF ist in unserem Anwendungsfall unkritisch, da die Datenrate an den I/O-Kanälen den unteren kHz-Bereich nicht überschreiten dürfte. Sollte die Anwendung eine höhere Datenrate erfordern kann der Widerstand von 1 kΩ auf 560 Ω verringert werden und ggf. kann auch ein Varistor mit kleinerer Kapazität eingesetzt werden, damit verringert sich im Allgemeinen jedoch auch die maximal zulässige Verlustleistung des Varistors. Der Varistor klemmt die energiereiche, transiente Störspannung am Eingang auf 12 V, bei einer Ansprechspannung von 20 V, sodass der hochfrequente, energieärmere Rest der Störenergie, zum Teil über dem 1 kΩ Widerstand abfällt und letztendlich auf 6,5 Vmax über der TVS-Diode geklemmt wird.

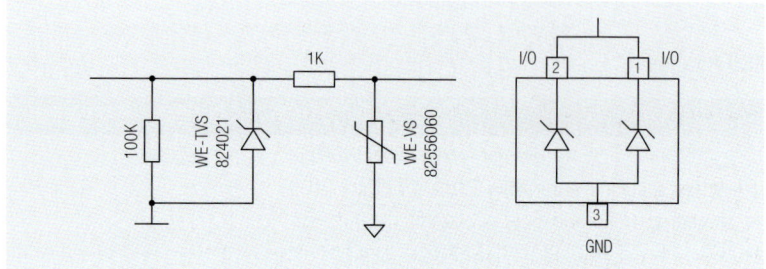

Abb. 3.75: Filter- und Überspannungs-Schutzschaltung des I/O-Kanals

Der mit GND bezeichnete Anschluss ist die Board Masse, bzw. Masse der Baugruppe, die mit SGND bezeichnete Masse ist die Gehäusemasse. Beide sind über das Gehäuse wiederum miteinander verbunden, d.h. der GND-Anschluss wird über die Board Befestigung galvanisch mit dem Blechgehäuse verbunden.

4.3.2 8-Kanal Push-Pull-Ausgänge Bereich

Der MAX14900E ist ein achtfacher Schalter, der entweder im High-side Mode oder als Push-Pull Schalter konfiguriert werden kann. Jeder High-Side-Schalter liefert 850 mA Dauerstrom mit einem Einschaltwiderstand von maximal 165 mΩ. Lange Leitungen können mit Schaltraten von bis zu 100 kHz für die PWM/PPO-Steuerung im Gegentakt betrieben werden. Der MAX14900E wird von einer SPI- und/oder parallelen Schnittstelle konfiguriert, überwacht und betrieben. Im Parallelbetrieb steuern acht Logikeingänge direkt die Ausgänge und die serielle Schnittstelle kann zur Konfiguration/Überwachung verwendet werden. Im seriellen Modus wird die serielle Schnittstelle sowohl für die Einstellung als auch für die Konfiguration des Bausteins benutzt. In Abbildung 3.76 ist der Filterbereich eines Kanals gezeigt.

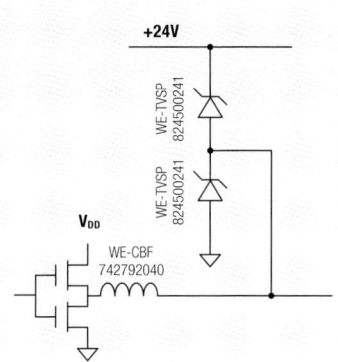

Abb. 3.76: Filter und Überspannungsschutz eines Push-Pull Kanals

Zur Überspannungsbegrenzung wird die TVS-Diode WE-TVSP Power TVS 824500241 verwendet, zur Dämpfung der hochfrequenten Störkomponenten der SMD-Ferrit WE-CBF 742792040. Wegen des möglichen Maximalstroms am Ausgang von 850 mA benötigt der hier eingesetzte SMD-Ferrit eine Stromtragfähigkeit von mindestens 2 A. Die elektrischen Daten des SMD-Ferrits sind aus Tabelle 3.24 ersichtlich, die Impedanzkurve ist in Abbildung 3.77 dargestellt.

Eigenschaften	Prüf-bedingungen		Wert	Einheit	Tol.
Impedanz @ 100 MHz	100 MHz	Z	600	Ω	±25%
Maximale Impedanz	150 MHz	Z	700	Ω	typ.
Nennstrom	$\Delta T = 40K$	I_R	2000	mA	max.
DC-Widerstand		R_{DC}	0,15	Ω	max.
Typ			Hoch-strom		

Tab. 3.24: Elektrische Daten des SMD-Ferrits WE-CBF 742792040

III Anwendungen

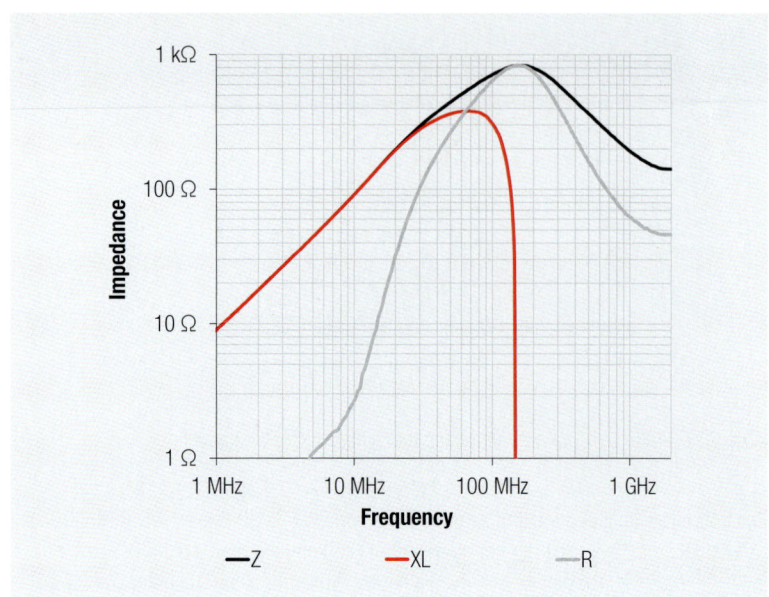

Abb. 3.77: Impedanz Kurve des SMD-Ferrits WE-CBF 742792040

Die Impedanz des SMD-Ferrits beginnt mit dem resistiven Bereich (rote Kurve) bei ca. 10 MHz und hat wegen des steilen Anstiegs ab ca. 30 MHz eine Impedanz von 100 Ω, die Gesamtimpedanz beträgt bei 30 MHz ca. 300 Ω und sinkt bei 1 GHz auf 200 Ω. Die zur Begrenzung von hohen Spannungsspitzen durch Transiente und induktive Lasten eingesetzten TVS-Dioden hat bei einer DC-Vorspannung von 24 V eine Kapazität von 2 x 200 pF, also 400 pF (rote Kurve in Abbildung 3.78).

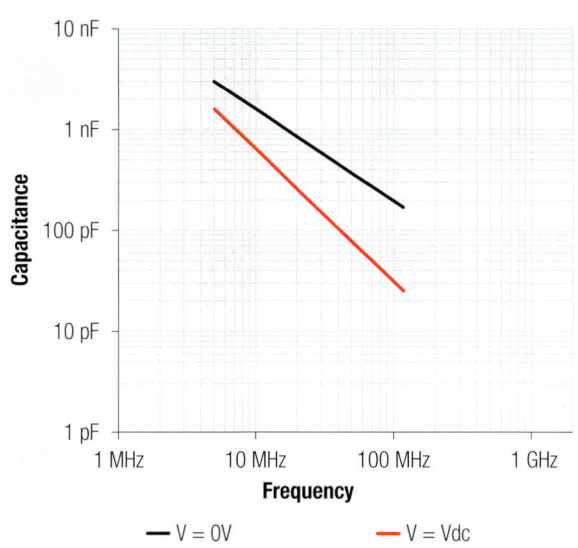

Abb. 3.78: Kapazität in Abhängigkeit der Spannung, TVS-Diode WE-TVSP Power TVS 824500241

Die Kapazität von 400 pF mit dem SMD-Ferrit ermöglicht so einen Tiefpass, der wirksam hochfrequente Einflüsse von der Schaltung nach außen, aber auch von außen in die Peripheriekabel eingekoppelte Störungen filtern kann. Die elektrischen Daten der TVS-Diode WE-TVSP Power TVS 824500241 zeigt Tabelle 3.25. Die Diode klemmt bei einer Spannung von 38,9 V und kann Impulsströme bis 10,3 A absorbieren.

Eigenschaften	Prüf-bedingungen		Wert	Einheit	Tol.
DC Operating Voltage		V_{DC}	24	V	max.
(Reverse) Breakdown Voltage	1 mA	V_{BR}	28,1	V	±5%
Clamping Voltage	I_{PEAK}	V_{Clamp}	38,9	V	max.
(Reverse) Peak Pulse Current	10/1000 µs	I_{Peak}	10,3	A	max.
(Forward) Peak Pulse Current		I_{Peak}	40	A	max.
Leakage Current	V_{DC}	I_{LEAK}	1	µA	max.
Steady State Power Dissipation	$T_A = 50\ °C$	P_{DISS}	3,3	W	max.
Power Dissipation	10/1000 µs	P_{DISS}	400	W	max.
Polarity	Unidirectional				

Tab. 3.25: Elektrischen Daten der TVS-Diode WE-TVSP 824500241

III Anwendungen

Wie bei allen anderen Schnittstellen, die mit überspannungsbegrenzenden Bauelementen beschaltet sind, müssen auch hier die Dioden für einen wirksamen Schutz niederimpedant an die Bezugsebenen V_{cc} und Masse angeschlossen werden. Da hier auch eine Klemmung gegen +24 V erfolgt, muss die +24 V Versorgungsspannung mit zusätzlichen Kondensatoren unmittelbar am Schnittstelleneingang gegen GND abgeblockt werden, damit die von der TVS-Diode begrenzten Transienten wirksam gegen GND und dann über SGND, d.h. die Gehäusemasse abgeleitet werden können. Beim Layout muss weiterhin darauf geachtet werden, dass zwischen den PGND-Anschlüssen des MAX14900E (Pins 16, 21, 40, 45) und dem TVS-Dioden-GND „SGND" kein hoher Potentialunterschied entstehen kann, d.h. dass die Verbindung niederinduktiv ist, da sonst die Schutzwirkung der Dioden wegen dem hohen Spannungsabfall wirkungslos ist.

Der MAX14900E hat einen Basis-Schutz, der im Datenblatt angegeben ist. Dort bezieht man sich auf das Human Body Modell, das für die Produktion von elektronischen Baugruppen relevant ist. Der Basisschutz laut Datenblatt ist an den Pins bis zu ±2 kV ESD (HMB) und bis ±15 kV (HBM) an den Leistungsausgängen (Push-Pull Ausgänge), trotzdem werden auch hier vom Hersteller zusätzliche Maßnahmen mit TVS-Dioden empfohlen.

4.3.3 4-Kanal Analog-Eingänge Bereich

Der vierkanälige Analogteil ist mit dem ADC ADS1015-Q1 aufgebaut. Dieser ADC ist ein Präzisions-Analog-Digital-Wandler (ADC) mit 12-Bit Auflösung, der intern über eine integrierte Referenz und einen Oszillator verfügt. Die Daten werden über eine I²C-kompatible serielle Schnittstelle übertragen. Der ADC arbeitet mit einer einzigen Stromversorgung im Bereich von 2 V bis 5,5 V. In Abbildung 3.79 ist der Filtereingangsbereich der Schaltung von Abbildung 3.74 vergrößert dargestellt. Da Störpegel am ADC sich als falsche Ergebnisse bemerkbar machen und wirkungsvoll gefiltert werden sollten, ist die Schaltung relativ aufwändig.

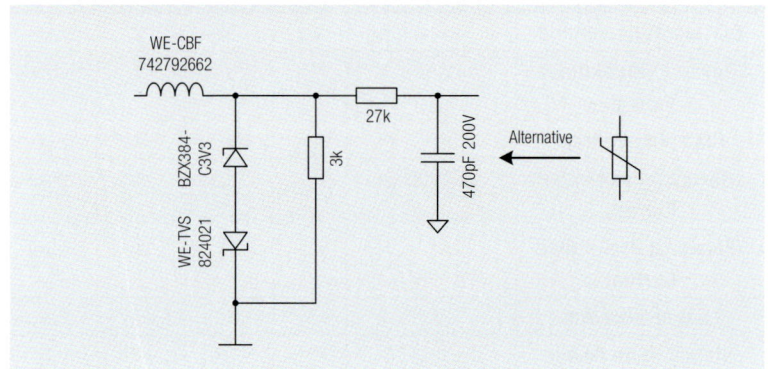

Abb. 3.79: Filter und Überspannungsschutz eines Analog-Eingangs

Der SMD-Ferrit WE-CBF 742792662 reduziert zusammen mit den parasitären Kapazitäten der Dioden als Tiefpass hochfrequente Störanteile bis in den Bereich über

2 GHz, die von der Elektronik auf das Peripheriekabel gekoppelt werden könnten. Diese Bauelemente sollten unmittelbar am ADC platziert werden. Der 27 kΩ Widerstand ist als Schutzwiderstand für die Dioden bei Überspannung wirksam und verhindert einen zu hohen Diodenstrom. Wegen der hohen Eingangsimpedanz der ADC-Eingänge von ca. 15 MΩ (Full-Scale), reduziert der Widerstand die Genauigkeit nur unwesentlich, teilt jedoch die Eingangsspannung mit dem 3 KΩ-Widerstand im Verhältnis von 10 : 1, sodass der maximale Eingangsspannungsbereich auf bis U_{DC_in} < 40V erweitert wird. Der Kondensator C501 blockt transiente Störsignale vom Kabel kommend wirksam gegen die Gehäusemasse ab. Sollte die Spannungsfestigkeit des Kondensators nicht genügen, kann alternativ ein Varistor eingesetzt werden. Die zugehörigen Bauelemente sind in den folgenden Abbildungen und Tabellen dargestellt. Die Impedanzkurve des SMD-Ferrits WE-CBF 742792662 ist in Abbildung 3.80 gezeigt, die elektrischen Daten sind in Tabelle 3.26 gelistet. Die Impedanz des Ferrits erreicht bei 500 MHz noch 400 Ω und dämpft somit effektiv die Common Mode Störanteile des Peripheriekabels. Die Strombelastbarkeit und der Gleichstromwiderstand sind in diesem Einsatzfall unbedeutend.

Eigenschaften	Prüf-bedingungen		Wert	Einheit	Tol.
Impedanz @ 100 MHz	100 MHz	Z	1000	Ω	±25%
Maximalimpedanz	120 MHz	Z_{max}	1050	Ω	typ.
Rated current 1	$\Delta T = 20$ K	I_{R1}	600	mA	max.
Rated current 2	$\Delta T = 40$ K	I_{R2}	830	mA	max.
DC-Widerstand		R_{DC}	0,3	Ω	max.
Typ	Wide Band				

Tab. 3.26: Elektrische Kenndaten WE-CBF SMD EMI Suppression Ferrite Bead 742792662

III Anwendungen

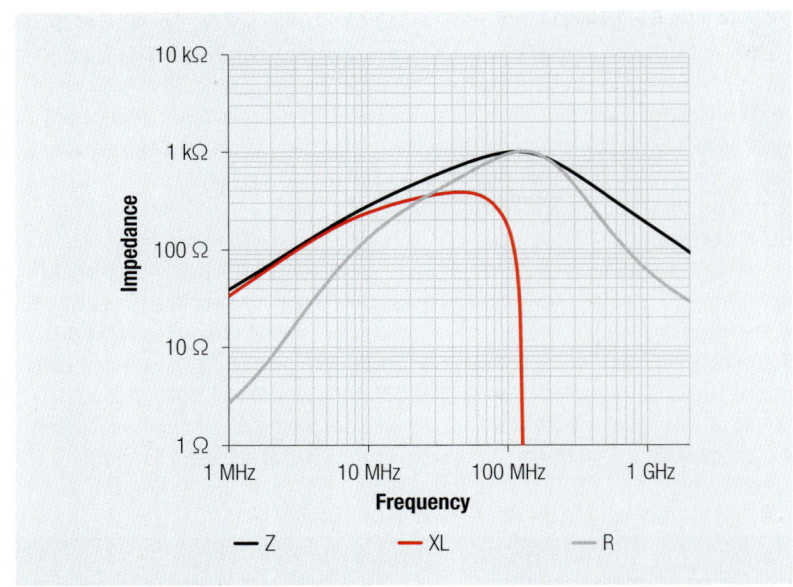

Abb. 3.80: Impedanzkurve des WE-CBF SMD EMI Suppression Ferrite Bead 742792662

Ein für diese Applikation passender Varistor ist der SMD-Varistor 82557060. Das Bauelement hat eine Ansprechspannung (Clamping Voltage) von 20 V und klemmt dann auf 12 V herunter. Die parasitäre Kapazität mit 190 pF bildet zusammen mit dem 27 kΩ Widerstand einen wirksamen Tiefpass. Tabelle 3.27 zeigt die elektrischen Daten des Varistors.

Working Voltage		Clamping Voltage	Peak Current	Energy	Breakdown Voltage	Capacitance
AC	DC	V (*2)	A (*3)	J (*4)	V (*1)	pF (*4)
6	9	20	20	0.05	12 (9.6~14.4)	190
*1 The varistor voltage was measured at 1 mA current, tolerance at 12~18 V (±15%, exceed 22 V (±10%) Or tolerance to specify at:						–
*2 The Clamping voltage tolerance at 12~18 V (±15%, exceed 22 V (±10%). Clamping voltage measured at standard current (A): *3 The Peak Current was tested at 8/20 us wavefor *4 The capacitance value and Energy only for customer reference, it's not formal specification Capacitance value measured at standard frequency:						1 kHz

Tab. 3.27: Elektrische Kenndaten des 0402 SMD Varistor 82557060

Die Überspannungsbegrenzung für den ADC setzt sich aus einer 3,3 V-Zenerdiode und dem TVS-Dioden Array 824021 zusammen (Elektrische Kenndaten in Tabelle 3.27). Die beiden Dioden des Arrays können parallelgeschaltet werden. Für positive Signale klemmt die Schaltung bei ca. 4,0 V, für negative bei 5 V. Damit ist ein sicherer Schutz des Analog-Eingangs gewährleistet. Ein Anschluss der beiden TVS-Dioden zwischen PIN 1 und PIN 2 ist an dieser Stelle nicht möglich, da so die Eigangsspannung am

ADC auf max. 6 V geklemmt wird, was zu hoch ist und den Eingang des ADC zerstören würde.

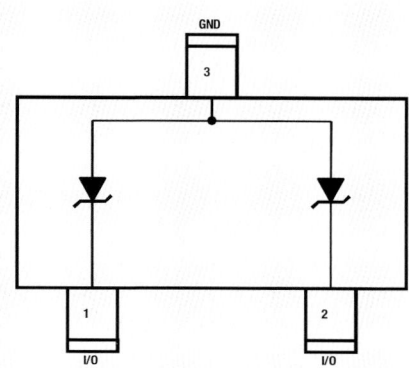

Abb. 3.81: Anschlussschema des TVS-Dioden Arrays 824021

Eigen-schaften	Prüfbedingungen	Min. Wert	Typ. Wert	Max. Wert	Einheit
V_{RWM}	I/O bis GND			5	V
V_{BV}	I_{BV} = 1 mA, I/O bis GND	6,1			V
I_R	V_{RWM} = 5 V, I/O bis GND			2,5	µA
V_F	I_F = 15 mA	0,6	0,8	1	V
v_C	I_{PP} = 5 A, tp = 8/20 µs, I/O bis GND		6,5	7	V
$v_{C,IO}$	I_{PP} = 5 A, tp = 8/20 µs, I/O bis I/O		7	8	V
$V_{Cl,IO}$	I_{TLP} = 17 A, I/O bis GND		10		V
$V_{Cl,VDD}$	I_{TLP} = 17 A, I/O bis I/O		12		V
C_{IO}	V_{IO} = 0 V, f = 1 MHz, I/O bis GND		55	70	pF
C_X	V_{IO} = 0 V, f = 1 MHz, I/O bis I/O		27,5	35	pF

Tab. 3.28: Elektrische Kenndaten des TVS-Dioden Arrays 824021

4.4 USB 2.0 Schnittstelle

Die USB-Schnittstelle hat sich in den letzten Jahren stark etabliert. Ursprünglich 1996 mit einer Datenrate von 12 Mbit/s als USB 1.0 eingeführt und vor allem in der Computertechnik als Maus- und Tastaturschnittstelle bekannt, wird sie heute in nahezu allen Bereichen der Elektronik eingesetzt, die denkbar sind. Im Jahr 2000 wurde USB 2.0

III Anwendungen

mit 480 Mbit/s spezifiziert, seit 2017 ist USB 3.2 mit einer maximalen Übertragungsrate von 20 Gbit/s auf dem Markt.

Die Schnittstelle verwendet ein differentielles Übertragungsverfahren und ist eine Punkt-zu-Punkt-Verbindung, also eigentlich kein echtes Bus-System. Die USB-Schnittstelle beinhaltet auf der Host-Seite zwei Adern zur Stromversorgung der Peripheriegeräte. Ursprünglich bei USB 1.0 nur zur Versorgung von Geräten kleiner Leistung bis 0,5 W ausgelegt, können bei USB 3.0/3.1 Verbraucher bis zu 4,5 W angeschlossen werden, beim Anschluss Typ C bis zu 15 W, bei 5 V und 3 A.

Ensprechend den erweiterten Eigenschaften der Schnittstelle sind auch die Anforderungen an die Schaltungstechnik gewachsen. Im Folgenden Beispiel, in Abbildung 3.82, ist ein Ausschnitt aus einer USB 2.0 Schnittelle gezeigt. Der USB 2.0 High-Speed Hub Controller USB2517 hat 7 Downstream-Ports und ist dabei voll kompatibel mit der USB 2.0 Spezifikation. Angeschlossen an einen Upstream (im Schaltbild nicht dargestellt), kann er als Full-Speed Hub oder als Full-/Hi-Speed Hub konfiguriert werden. Der 7-Port-Hub unterstützt Low-Speed, Full-Speed und Hi-Speed (bei Betrieb als Hi-Speed Hub) Geräte an allen aktivierten Downstream-Ports. Der Hub ermöglicht den Anschluss mehrerer peripherer Geräte, nimmt Daten von den Geräten entgegen und liefert sie an den Host, den Upstream-Kanal am Controller. Vom Host gesendete Daten leitet der Hub an alle seine aktiven Downstream-Ports weiter. Daten vom peripheren Gerät sendet der Hub nur in Richtung Host. Der Hub isoliert angeschlossene Full/Low-Speed-Geräte vom High-Speed-Mode und leitet an diese Geräte gerichtete Daten in der passenden Geschwindigkeit weiter. Außerdem übernimmt der Hub das Power-Managment für die angeschlossenen Geräte. Vor der Initialisierung darf die Stromaufnahme aus dem USB-Kabel maximal 100 mA und nach der Initialisierung maximal 500 mA betragen.

Zur Stromversorgung der USB-Schnittstellen wird ein Leistungsschalter AP2152 eingesetzt. Dieser High-Side-Leistungsschalter ist für USB-Anwendungen und andere Hot-Swap-Anwendungen optimiert und entspricht der USB 2.0 Spezifikation. Der AP2152 bietet einen Strom- und einen thermischen Begrenzungschutz, sowie einen Kurzschlussschutz. Ebenso integriert ist eine kontrollierte Anstiegszeit- und Unterspannungssperrfunktion der Ausgangsspannung. Pro Port sollen laut Spezifikation bei 5 V Spannung 500 mA Strom zur Verfügung stellen, der AP2152 begrenzt bei 800 mA.

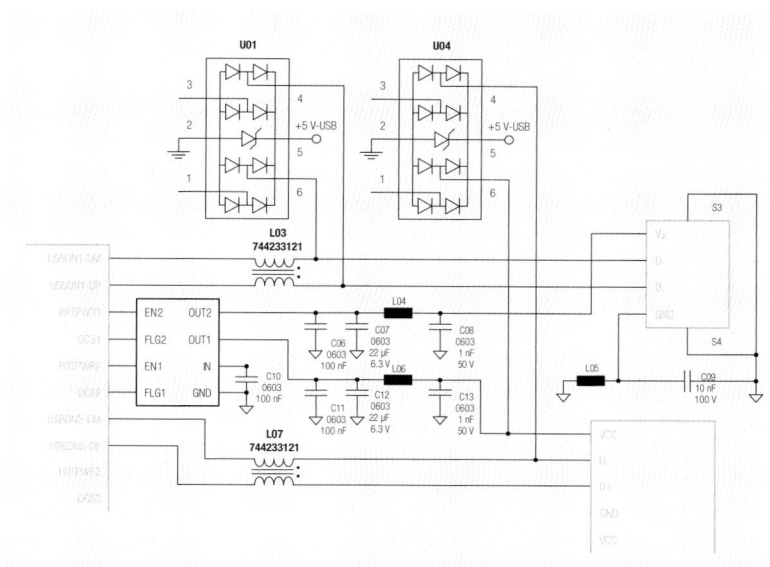

Abb. 3.82: Ausschnitt aus einer USB 2.0 Schnittelle mit USB 2.0 High-Speed Hub

Die Signale auf den beiden Datenleitungen, D+ und D-, sind Differenzsignale, bei USB 2.0 mit Spannungspegeln von 400 mV$_{pp}$. Bei einer Lowspeed-Verbindung beträgt die Datenübertragungsrate 1,5 MBit/s, bei einer Fullspeed-Verbindung 12 MBit/s und bei High-Speed 480 Mbit/s bzw. 60 Mbyte/s. Die Leitungsimpedanz bei USB beträgt 90 Ω, entsprechend den differentiellen Treiberausgängen D+ und D− der USB-Kanäle von $2 \cdot 45\ \Omega$.

Alle USB-Schnittstellen werden an den Signalen mit „klassischen" Common Mode Drosseln zur Dämpfung von Common Mode Störungen beschaltet. Die Drosseln müssen entsprechend einer möglichen Datenrate von bis zu 480 MBit/s im sog. „Hi-Speed" Mode Betrieb ausgelegt sein. Anderseits muss wegen der Komplexität des HUB-Controllers mit einem relativ hohen Anteil an Common Mode Störungen auf den Ports gerechnet werden. Das hängt nicht allein mit dem Controller zusammen, sondern auch mit der Komplexität des Layouts. Der Baustein hat ein 64-Pin-Gehäuselayout und sowohl der Upstream, als auch die 7 Downstreams mit ihren peripheren Bauelementen müssen um den Baustein herum platziert und verdrahtet werden.

Wenn Common-Mode-Filter zur Verbesserung der EMV verwendet werden, wird der Beginn des SYNC Field-Signals, d.h. der erste Teil des Datenpaketes, wegen der induktiven Verkopplung der beiden Datenleitungen kurz in den negativen Bereich verschoben. Dies ist einer der wichtigsten Punkte, der bei der Auswahl des richtigen Filters zu beachten ist. Der minimale Spannungshub muss 150 mV$_{pp}$, bezogen auf 0 V betragen, beginnend mit dem ersten Bit des SYNC Feldsignals.

Als Common Mode Drossel wird die WE-CNSW-HF SMD Common Mode Line Filter (High Frequency) 744233121 verwendet. Die Impedanzkurve der Drossel ist in Ab-

III Anwendungen

bildung 3.83 gezeigt. Im Common Mode, also für den Fall der Dämpfung der gleichphasigen Störsignale auf den Signalleitungen, beträgt die Impedanz bei 100 MHz 100 Ω und steigt bis 1 GHz auf 400 Ω an. Für den frequenzabhängigen Spannungsteiler wird die Kapazität der TVS-Dioden gegen Masse genutzt. Der so aufgebaute Tiefpass reduziert die Störanteile im hochfrequenten Bereich.

Die für die Signalbeeinflussung wichtige Differential Mode Impedanz ist als rote Kurve in Abbildung 3.83 eingezeichnet. In dem hier für die Signalanteile wichtigen Bereich bis 240 MHz steigt der Wert (für beide Leitungen zusammen) auf ca 15 Ω. Zusammen mit einem entsprechend ausgelegten Layout und der nur geringen Belastung von 2 pF Kapazität durch die TVS-Dioden, sollte es hinsichtlich Signalintegrität bzw. USB-Augendiagramm keine Probleme geben.

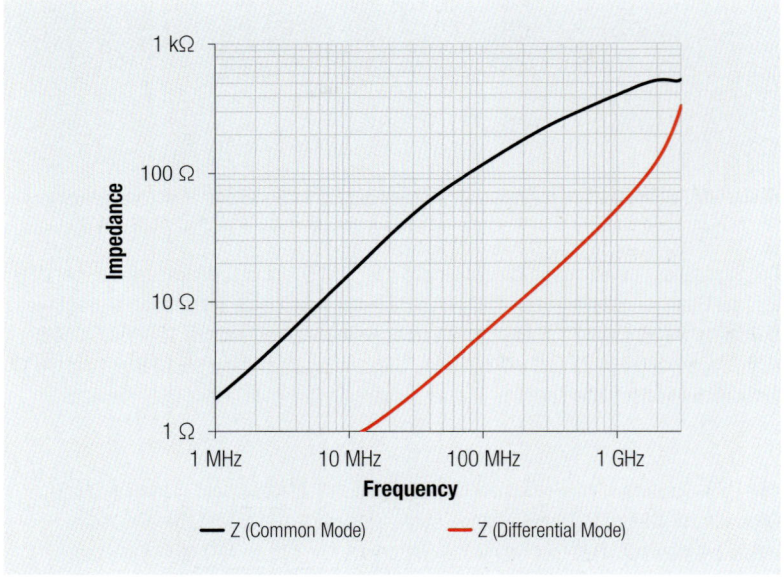

Abb. 3.83: Common Mode und Differential Mode Impedanz der Stromkompensierten Drossel WE-CNSW-HF SMD Common Mode Line Filter 744233121

Die weiteren im Datenblatt angegebenen elektrischen Werte wie z.B. Strombelastbarkeit und maximaler Gleichstromwiderstand sind für den Einsatz als USB 2.0 Schnittstellenfilter nicht kritisch. Die Kurven für die Einfügungsdämpfung S_{21} sind mit einem Netzwerkanalysator in einem 50 Ω System gemessen und können nicht direkt in das 90 Ω USB-System bezogen werden. Die Kurven können als Vergleich zu anderen Bauteilen gesehen werden (Abbildung 3.84). Die rechte Kurve in Abbildung 3.84 ist die Einfügungsdämpfung im Differential Mode, der Betrieb, der die Signalanteile dämpft. In einem 50 Ω System ist die Dämpfung bei 300 MHz noch unbedeutend gering und steigt bei ca. 2,5 GHz auf 2 dB an. Die linke Kurve zeigt die Common Mode Dämpfung. Hier beträgt die Dämpfung bei 100 MHz bereits 5 dB, bei ca. 2 GHz beginnt die Impedanz, bedingt durch parasitäre Kapazitäten, ihre Impedanz zu verringern.

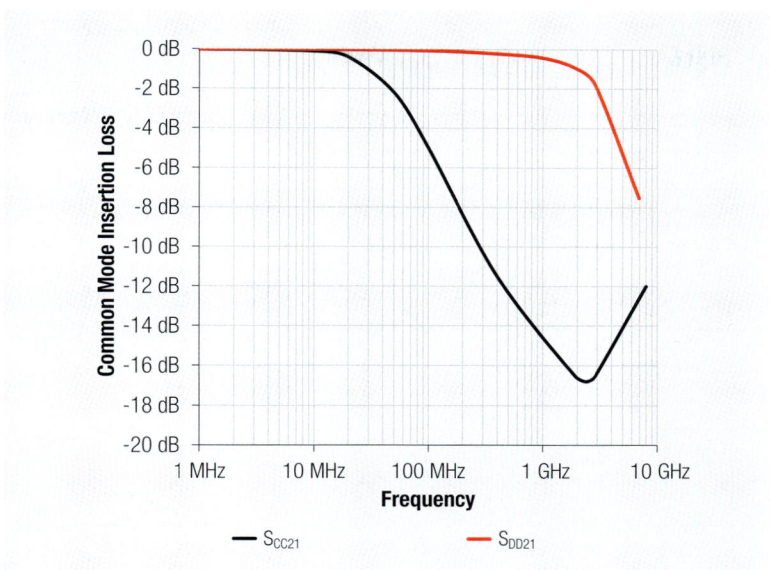

Abb. 3.84: Einfügungsdämpfung S21 der Stromkompensierten Drossel WE-CNSW 744233121, links im Differential Mode und rechts im Common Mode, gemessen in einem 50 Ω System

Als TVS-Dioden-Array wird das Bauteil WE-TVS 824015 eingesetzt. Das zugehörige Anschlussschema des Arrays zeigt Abbildung 3.85. Das Array kann jeweils zwei USB-Leitungspaare versorgen.

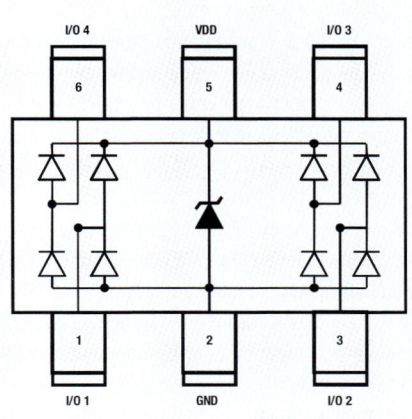

Abb. 3.85: TVS-Dioden Array WE-TVS 824015, Anschlussschema

Die elektrischen Daten des Arrays sind in Tabelle 3.29 gelistet.

III Anwendungen

Eigen-schaften	Prüfbedingungen	Wert min	Wert typ	Wert max	Einheit
V_{RWM}	Pin 5 bis Pin 2			5	V
V_{BV}	$I_{BV} = 1$ mA, Pin 5 bis Pin 2	6,1			V
I_R	$V_{Pin5} = 5$ V, Pin 5 bis Pin 2			5	µA
V_F	$I_F = 15$ mA, Pin 2 bis Pin 5		0,7	1	V
V_C	$I_{PP} = 5$ A, tp = 8/20 µs, I/O bis GND		7,8	8,5	V
$V_{CI,IO}$	$I_{TLP} = 17$ A, I/O bis GND		13		V
C_{IO}	$V_{Pin5} = 5$ V, $V_{Pin2} = 0$ V, $V_{IO} = 2,5$ V, f = 1 MHz, I/O bis GND		2	3	pF
C_X	$V_{Pin5} = 5$ V, $V_{Pin2} = 0$ V, $V_{IO} = 2,5$ V, f = 1 MHz, zwischen I/O pins		0,1	0,2	pF

Tab. 3.29: Elektrische Kenndaten des TVS-Dioden Arrays WE-TVS 824015

Weshalb wird als überspannungsbegrenzendes Bauelement ein TVS-Dioden Array eingesetzt? Avalanche-TVS-Dioden können effektiv Überspannung, verursacht durch elektrostatische Entladung, begrenzen. Die Wirkungsweise funktioniert als variable Impedanz gegenüber der transienten Energie; letztendlich wird die Spannung auf den Klemmwert der Diode begrenzt und die restliche Energie in der Diode absorbiert.

Zenerdiode und TVS Diode sind sich ähnlich, eine TVS-Diode ist optimiert, um die hohe Spitzenenergie eines transienten Ereignisses zu absorbieren, während die Aufgabe einer Standard Zener Diode ist, eine konstante Spannung zu klemmen. Diodenarrays haben typischerweise eine mittlere Nennleistung und eine geringe Kapazität. Diese Eigenschaften machen es zu einem beliebten Schutzelement für Datenleitungen. Darüber hinaus ist die niedrige Klemmspannung von den Dioden ein Vorteil für den Schutz von Datenleitungen, die mit kleinen Pegeln arbeiten. Der effektive Minimalwert der Klemmspannung eines Diodenarrays ist nur durch den Spannungsabfall der Diode in Durchlassrichtung begrenzt. Eine übliche Schaltungsweise für den Schutz von Leitungen gegen Überspannung ist die „Rail-to-Rail"-Konfiguration (Abbildung 3.86). Eine Diode auf der zu schützenden Leitung wird gegen Vcc („Vcc-Rail") und eine gegen GND („GND-Rail") geschaltet. Wenn die transiente Spannung auf der Leitung den Abfall der Vorwärtsspannung (V_F) der Diode plus der Versorgungsspannung Vcc übersteigt, leitet die entsprechende Steuerdiode den Spannungsstoß zum Versorgungsspannungs-anschluss oder der Masse, wie in Abbildung 3.86 gezeigt. Ein positiver Stoßimpuls wird gegen die Versorgungsspannung geklemmt, ein negativer gegen Masse. Die Vorteile dieser Konfiguration sind niedrige Ladekapazitäten der Dioden, schnelle Reaktionszeiten und die Bidirektionalität.

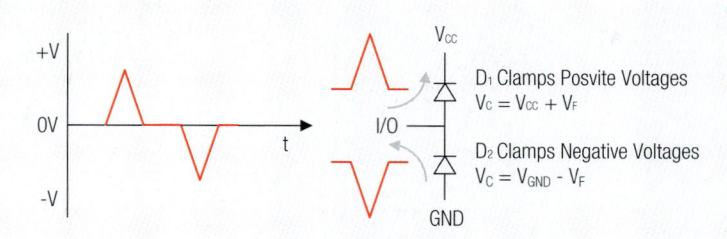

Abb. 3.86: Diodenarrays in einer Rail-to-Rail Schaltung zur Klemmung von transienten Überspannungen auf Leitungen

Ein Nachteil dieser Konfiguration ist ein möglicher Schaden an den nachgelagerten Komponenten. Beim Umlenken des Spannungsstoßes auf den Stromversorgungsteil können transiente Überspannungen entstehen. Um diesen Nachteil zu überwinden, wird der Stromversorgung eine TVS-Diode zwischen der Vcc und Masse hinzugefügt (Abbildung 3.87).

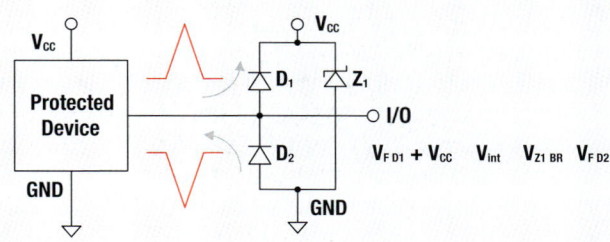

Abb. 3.87: Diodenarrays in Rail-to-Rail Schaltung mit zusätzlicher TVS-Diode zur Begrenzung von transienten Überspannungen im Stromversorgungsbereich

Essentiell für die Funktion einer Rail-to-Rail Schaltung mit TVS-Diode sind die Anschlussimpdanzen von dem TVS-Dioden Array zur Vcc und gegen die Masse. Damit wird das Layout und dessen Massesystem zur wichtigsten Komponente des Konzepts. Jegliche parasitäre Induktivität in den Dioden-Zuleitungen kann zu einem dramatischen Anstieg der Klemmspannung führen.

Ein zusätzlicher Aspekt beim Einsatz von TVS-Dioden Arrays auf Datenleitungen sind die parasitären Kapazitäten der Dioden. Abbildung 3.88 zeigt ein Detail mit der stromkompensierten Drossel und dem TVS-Dioden Array. Verdeutlicht sind hier die resultierenden Kapazitäten hinsichtlich der Datenleitungen D+ und D−.

III Anwendungen

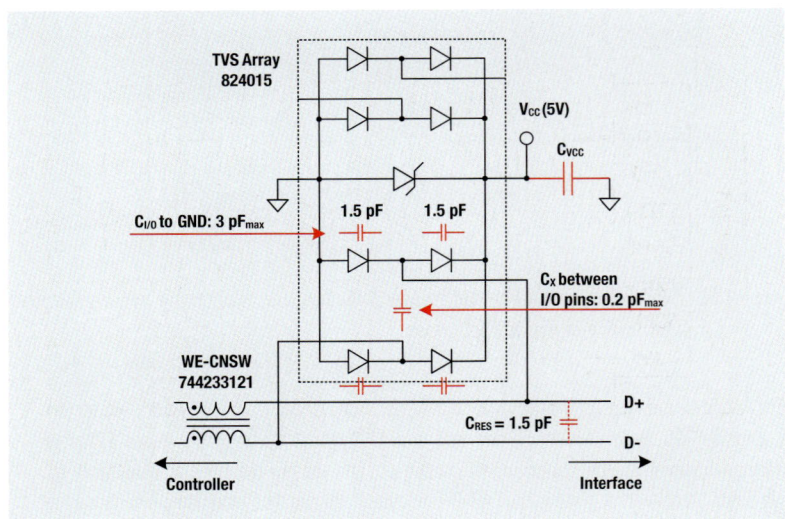

Abb. 3.88: Auszug von der USB-Schnittstelle mit Darstellung von resultierenden Kapazitäten an den Datenleitungen

Die für die Datenleitungen resultierende Kapazität beträgt ca. 1,5 pF und belastet so die Schnittstelle bzw. das USB-Signal nur unwesentlich. Wesentlich ist jedoch der in Abbildung 3.88 rot eingezeichnete Kondensator. Die über die Spannungsversorgung (+Vcc) geklemmte Energie muss gegen Masse (GND) abgeleitet werden und dazu muss zwischen +Vcc und Masse eine niederimpedante Verbindung hergestellt werden. Diese Verbindungen sind in der Praxis die Abblockkondensatoren zwischen Vcc und GND. Deshalb muss in Nähe des TVS-Dioden Arrays ein Kondensator mit niedrigem ESR und niedrigem ESL zwischen dem +Vcc Anschluss und dem GND-Anschluss des Arrays platziert werden.

4.5 USB 3.0-Schnittstelle

USB 3.0 erlaubt theoretisch eine Datenrate von bis 5 GBit/s (640 MByte/s). Super-Speed-USB verwendet eine dem „SerialATA" ähnliche Technik mit Full-Duplex-Übertragung über zusätzliche Adernpaare im Kabel. Es werden somit zwei abgeschirmte, verdrillte Adernpaare für Senden und Empfangen der SuperSpeed-Daten, zwei Adern für +5 V und Masse sowie zwei zusätzliche Adern für den herkömmlichen Datentransfer in einem Kabel verwendet (Abbildung 3.89). Wegen der vielen Andernpaare sind USB 3.0-Kabel etwas stärker. USB 3.0-Kabel dürfen nur maximal drei Meter lang sein.

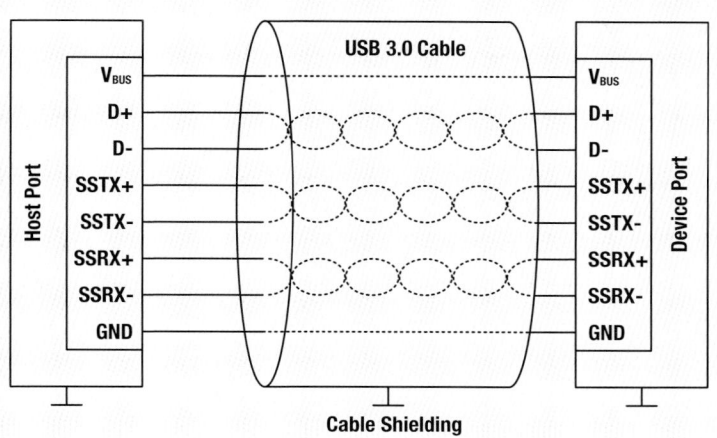

Abb. 3.89: Anschlussbelegung eines USB3.0-Kabels

Die Stromversorgung von Peripheriegeräten wird mit USB 3.0 deutlich verbessert, angeschlossene Geräte können bis zu 80% mehr Energie beziehen als über eine USB 2.0-Schnittstelle. Damit stehen nun 150 mA Stromstärke pro Gerät zur Verfügung. Zudem können auf Aufforderung bis zu 900 mA (4,5W) bereitgestellt werden.

In Abbildung 3.90 ist der Schaltplanauszug einer USB 3.0 Schnittstelle gezeigt. Prinzipiell unterscheidet sich die Schaltung nicht von der USB 2.0-Schnittstelle. Die Datenleitungen sind mit stromkompensierten Drosseln gegen Funkstörungen und mit TVS-Diodenarrays gegen transiente Überspannungen beschaltet. Der Schaltungs-GND wird über eine zusätzliche Drossel (L1402) und einen Kondensator (C1403) gegen Gehäusemasse gefiltert. Für die Stromversorgung ist ein Spannungsregler mit Strombegrenzung implementiert. Der MIC2009 ist thermisch geschützt und wird abgeschaltet, wenn die Chiptemperatur einen zu hohen Wert erreicht. Dies schützt sowohl das Gerät als auch die Last. Die Strombegrenzung kann mit R1401 zwischen dem I_{LIMIT}-Pin und Masse eingestellt werden und beträgt hier ca. 1 A.

III Anwendungen

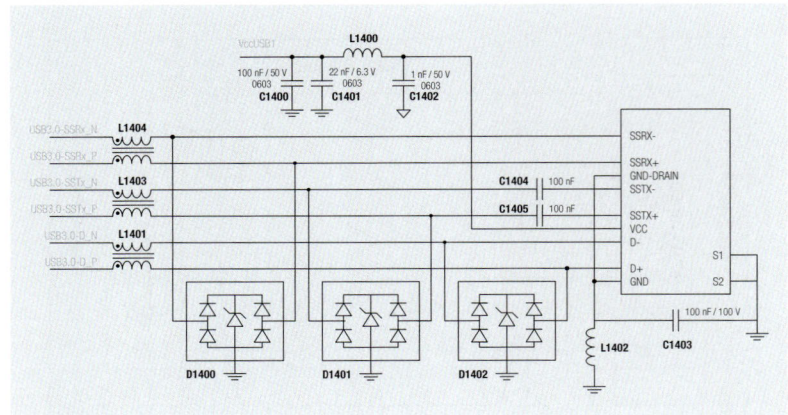

Abb. 3.90: USB3.0-Schnittstelle, Auszug

Die Auswahl der Filterbauteile für USB 3.0 ist kritisch, folgende Bauelemente wurden für die Schaltung nach Abbildung 3.90 ausgewählt:

- L1400, L1402: WE-CBF SMD EMI Suppression Ferrite Bead, 742792040
- L1401, L1403: WE-CNSW-HF SMD Common Mode Line Filter (High Frequency), 744233670
- L1404: WE-CNSW SMD Common Mode Line Filter, 744232090
- D1400, D1401, D1402: WE-TVS TVS Diode – Super Speed, 824012823
- C1404, C1405: WCAP-CSGP Ceramic Capacitor 100V, 885012207128

Die stomkompensierte Drossel in den USB 3.0-Datenleitungen darf das Nutzsignal möglichst nicht beeinflussen. Die hier eingesetzte Drossel hat eine Differential Mode Impedanz von ca. 20 Ω bei 500 MHz (Abbildung 3.91), sodass die Beeinflussung bei der SuperSpeed-Datenrate noch nicht zu hoch ist. Die für die Störsignaldämpfung wirkende Common Mode Impedanz beträgt bei 100 MHz 65 Ω und steigt bis 1000 MHz auf 220 Ω an. Auch hier wird die Dämpfung nur über einen frequenzselektiven Spannungsteiler erreicht, der mit der Drossel und den parasitären Kapazitäten der Dioden des TVS-Dioden Arrays gebildet wird.

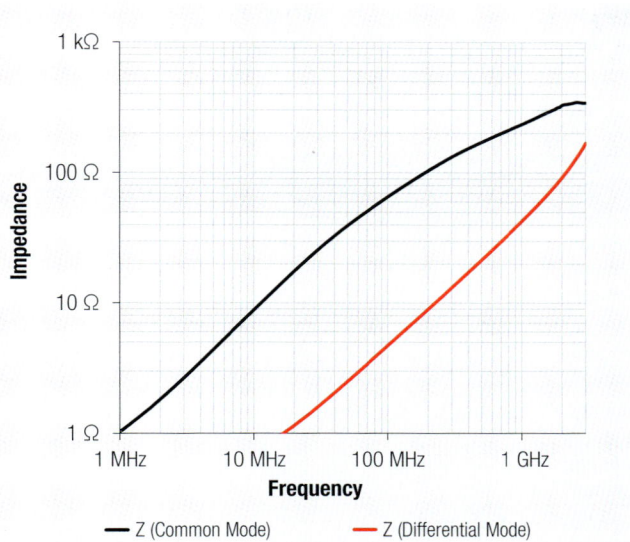

Abb. 3.91: Common Mode und Differential Mode Impedanz der stromkompensierten Drossel 744233670

Als TVS-Dioden Array wird das WE-TVS TVS Diode – Super Speed Array mit der Artikelnummer 824012823 eingesetzt, das Anschlussschema und die Gehäusemaße sind in Abbildung 3.92 dargestellt, die sehr kleine Bauform erlaubt kleine parasitäre Kapazitäten. Die TVS-Diode wird hier nicht an Vcc angeschlossen (siehe Erklärung unter USB 2.0), so bleibt die kapazitive Belastung der Datenleitungen geringer.

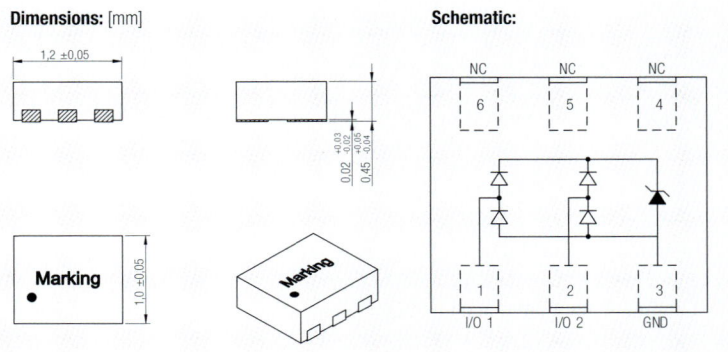

Abb. 3.92: Anschlussschema des TVS-Dioden Arrays 824012823

Die elektrischen Daten für das Array zeigt Tabelle 3.30. Es ist zu erkennen, dass die parasitäre Kapazität der Dioden sehr klein ist, um das hochfrequente Nutzsignal möglichst wenig zu beeinflussen: von Datenleitung zu Datenleitung (C_{Cross}) beträgt die

III Anwendungen

Kapazität maximal 0,08 pF, von Datenleitung gegen Masse (C_{Ch}) beträgt die Kapazität maximal 0,27 pF. C_{Ch} ist die Kapazität, die letztendlich zusammen mit der Common Mode Impedanz der stromkompensierten Drossel den Tiefpass für die Störsignalanteile bildet.

Eigenschaften	Prüfbedingungen		Wert			Ein-heit
			min.	typ.	max.	
Channel Operating Voltage	I/O bis GND	V_{Ch}			3,3	V
(Reverse) Breakdown Voltage	I_{BR} = 1 mA; I/O bis GND	VBR	4,5			V
Channel (Reverse) Leackage Current	$V_{I/O} = V_{DC}$; V_{GND} = 0 V	$I_{Ch\,Leak}$			0,5	µA
Forward Voltage	I_F = 15 mA; GND bis I/O	V_F		0,9	1,1	V
(Channel) Input Capacitance	V_{GND} = 0 V $V_{I/O}$ = 1,65 V, f = 1 MHz, I/O bis GND	C_{Ch}		0,18	0,27	pF
Channel to Channel Input Capacitance	V_{GND} = 0 V $V_{I/O}$ = 1,65 V, f = 1 MHz, zwischen I/O pins	C_{Cross}		0,04	0,08	pF
Channel ESD Clamping Voltage	IEC 61000-4-2 + 8 kV (TLP=16 A) Contact Mode, I/O bis GND	$V_{Ch\,Clamp\,ESD}$		13		V

Tab. 3.30: Elektrische Daten des TVS-Dioden Arrays 824012823

In Anlehnung an die Spezifkitation für USB 3.0 Schnittstellen, müssen alle Transmitter welchselstrommäßig, also mit einem Kondensator, zur Schnittstelle gekoppelt werden. Der Koppelkondensator (C1404, C1405 in Abbildung 3.90) soll demnach eine Kapazität zwischen 75 nF und 200 nF haben. Es sollte weiterhin darauf geachtet werden, dass diese Koppelkondensatoren eine ausreichende Spannungsfestigkeit haben, um ggf. transiente Überspannungen, von der Schnittstelle kommend, unbeschadet an das nachfolgende TVS-Dioden Array übertragen zu können.

Das Leiterplatten Stack-Up-Design muss so gewählt werden, das die geforderte 90 Ω (±15%) Impedanz von symmetrischen Leiterbahnen realisiert werden kann. Typisch sollte eine Leiterbahnbreite von 0,11 mm und ein Abstand zwischen den Leiterpaaren von 0,13 mm verwendet werden. Alle USB 3.0-Leiterbahnen müssen auf einer Ebene der Platine geführt werden und müssen eine durchgehende Masseebene als Bezug haben. Durchkontaktierungen und scharfe Winkel sollten, wo immer möglich, vermieden werden. Der Anschluss des Steckers ist besonders kritisch. Wenn möglich, sollte eine SMD-Variante gewählt werden, um auf Durchkontatkierungen verzichten zu können, ein Beispiel zeigt Abbildung 3.93.

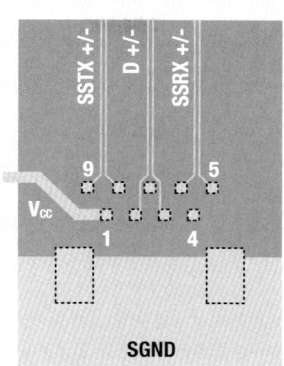

Abb. 3.93: Layout und schematische Darstellung des USB 3.0-Steckverbinders

4.6 AS-Interface Schnittstelle

Die AS-Schnittstelle (Actuator Sensor Interface, AS-i) ist wesentlicher Bestandteil der modernen Automationstechnologie. Besonders in rauer Industrieumgebung hat sich der Einsatz der günstigen und robusten AS-Interface Komponenten als sinnvoll erwiesen. Als Feldbus in der untersten Ebene der Automatisierungstechnik hat sich AS-Interface in zahlreichen Applikationen hervorragend bewährt. Es ist einer von nur wenigen Feldbussen, bei dem Daten und Energie auf denselben zwei nicht abgeschirmten Adern übertragen werden. Dies vereinfacht nicht nur die Installation und verkürzt die Inbetriebnahmezeiten enorm, sondern erleichtert auch Planung und Dokumentation, was maßgeblich zur Kostenreduktion beiträgt.

Bei AS-Interface gibt es keine Abschluss-Widerstände und eine Abschirmung ist ebenfalls nicht notwendig. Zur Vermeidung von unzulässiger Abstrahlung von elektromagnetischen Störungen verwendet AS-Interface keine Rechteckpulse zur Informationsübertragung, sondern die schmalbandige und gleichstromfreie alternierende Puls Modulation (APM) mit sin2-förmigen Pulsen.

Um die hohen Anforderungen an Störfestigkeit und Übertragungssicherheit zu erfüllen, die in der industriellen Automatisierungstechnik gestellt werden, wird das AS-Interface Kabel symmetrisch gegen Erde betrieben. Es gibt nur einen Punkt im Netzwerk, der mit Anlagen-Erde fest verbunden werden darf. Dieser befindet sich am AS-Interface Netzteil. Um die Symmetrie zu erhalten, schreibt die AS-Interface Spezifikation Grenzwerte für Impedanz und Symmetrie vor, die von jedem Teilnehmer an der Kommunikation, also von Master, Slave, Sicherheitsmonitor, Repeater usw. eingehalten werden müssen.

AS-Interface überträgt die Informationen und die Energie für die angeschlossenen Geräte (24 VDC, Gesamtstrom bis ca. 8 A) über das gleiche Adernpaar. Bei jedem Teilnehmer an der AS-Interface Kommunikation muss also die Aufgabe gelöst werden, den Daten- und den Energiepfad voneinander zu trennen. Da diese Trennung technisch nicht ohne

III Anwendungen

Spannungsverluste vorgenommen werden kann, wird eine höhere Versorgungsspannung von 29,5 bis 31,6 VDC über das zentrale Netzteil eingespeist. Wird nun noch ein Spannungsfall von insgesamt 3 V über das bis zu 100 m lange Netzwerk angenommen, dann stehen an dem Ort des Netzwerkes, an dem der Slave angeschlossen ist, minimal 26,5 V zur Verfügung.

Die Trennung von Daten- und Energiepfad kann auf zweierlei Arten vorgenommen werden:

Die eine Lösung verwendet eine elektronische Nachbildung einer Induktivität. Dieser Ansatz hat den Vorteil, dass er als Bestandteil einer integrierten Schaltung ausgeführt werden kann. Er kann somit sehr klein und kompakt gestaltet werden und ist beispielsweise in dem AS-Interface IC, der in Abbildung 3.94 dargestellt ist, verwirklicht. Diese Lösung hat auf der anderen Seite den Nachteil, dass sie einen Spannungsabfall von ca. 6 V verursacht, weil sonst eine unzulässige Verzerrung der AS-Interface Signale stattfinden würde. Damit steht dem angeschlossenen Verbraucher mit ca. 20 V_{DC} u.U. zu wenig Spannung zur Verfügung. Durch den hohen Spannungsabfall ist bei höheren Strömen möglicherweise auch die Verlustleistung unzulässig hoch. Weiter kann es schwierig sein, die von der Spezifikation geforderten Symmetriewerte zu erreichen.

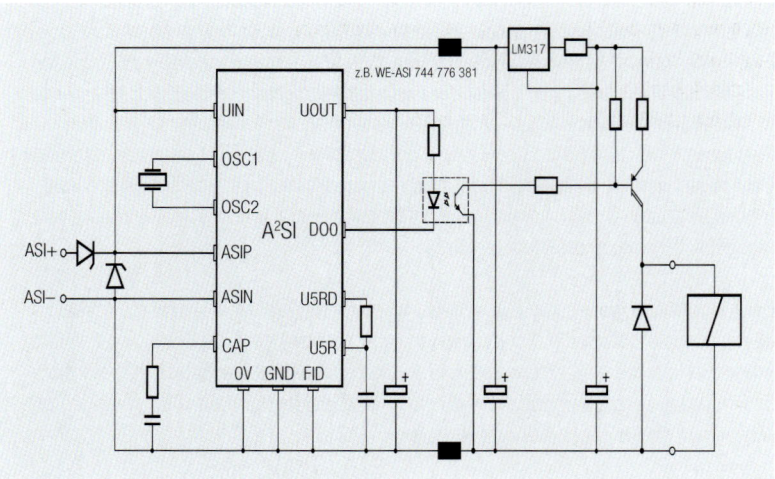

Abb. 3.94: (vereinfachte) Schaltung eines AS-Interface Actuator-Slaves für bis zu 200 mA Laststrom

Die andere Lösung greift auf klassische Induktivitäten zurück. Hier sind für einen Standard-Slave zwei Induktivitäten von je 4,7 mH (z.B. WE-ASI 744 776 347) erforderlich, bei einem Slave im erweiterten Adressiermodus müssen zwei Induktivitäten von je 8 mH (z.B. WE-ASI 744 776 381) eingesetzt werden, um eine hohe Symmetrie gegen Erde sicher zu stellen. Die Induktivitäten weisen bei Nennströmen Spannungsabfälle von < 1,5 V auf, verursachen daher deutlich geringere Verluste und erlauben es, für den Actuator eine Nennspannung von 24 V_{DC} bereit zu stellen. Je nach Wahl der Induktivitäten können dem Netzwerk Ströme bis ca. 500 mA entnommen werden.

Achtung:

Sollen die beiden Induktivitäten räumlich nahe auf einer Leiterplatte positioniert sein, beeinflussen sich die unvermeidlichen Streufelder gegenseitig. Wenn beide Streufelder gegensinnig wirken, dann erscheint die Gesamtimpedanz der Schaltung deutlich reduziert, was zur Folge haben kann, dass die AS-Interface Spezifikation nicht erfüllt wird. Es muss also in solchen Fällen bei der Bestückung der Leiterplatte unbedingt auf die korrekte Orientierung der Induktivitäten geachtet werden, die zu diesem Zweck gekennzeichnet sein müssen!

4.7 Interface eines Alphanumerischen Displays

Numerische Displays müssen deutlich abzulesen sein, deshalb werden sie ungern innerhalb des Gerätes positioniert. Vielmehr möchte jeder Designer und jeder Konstrukteur das Display außerhalb des Blechgehäuses in die Kunststoffblende einarbeiten. Das jedoch erfordert viele elektrische Verbindungsleitungen, die vom Innenraum mit der Rechner-Elektronik in den Außenraum geführt werden müssen. Ein häufiges Resultat ist starke HF-Emission oder deutlich gesagt „saubere EMV-Störungen" von der Displayelektronik. Dabei ist es häufig nicht die Displayelektronik selbst, die die hochfrequenten Störungen erzeugt. Meist werden die Störungen im Innenraum des Rechners bzw. der Steuerung rund um den Mikroprozessor oder dem Controller erzeugt und koppeln dann, teils leitungsgebunden und teils über das magnetische Feld, auf das Anschlusskabel zum Display. Von dort werden sie vom Display abgestrahlt. In Abbildung 3.95 ist der Koppelmechanismus skizziert.

HF-Emissionen

Koppelmechanismus

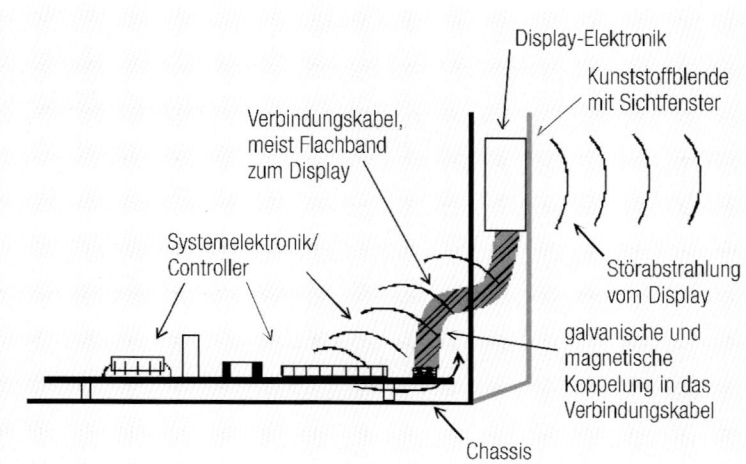

Abb. 3.95: *Koppelmechanismus der Störungen vom Controller auf das Verbindungskabel*

Der Koppelmechanismus auf das Verbindungskabel kann nur mit großem Aufwand reduziert werden. Es bietet sich hier aber eine Lösung an, die es gestattet mit wenigen Verbindungsleitungen zwischen Display und Systembaugruppe auszukommen und

III Anwendungen

trotzdem keinen µ-Controller auf der Displayseite einzusetzen. Dieser würde zwar durch eine serielle Schnittstelle die Anzahl der Leitungen reduzieren, selbst aber ein hohes Störspektrum erzeugen. Abbildung 3.96 zeigt den Stromlauf des Display-Interfaces.

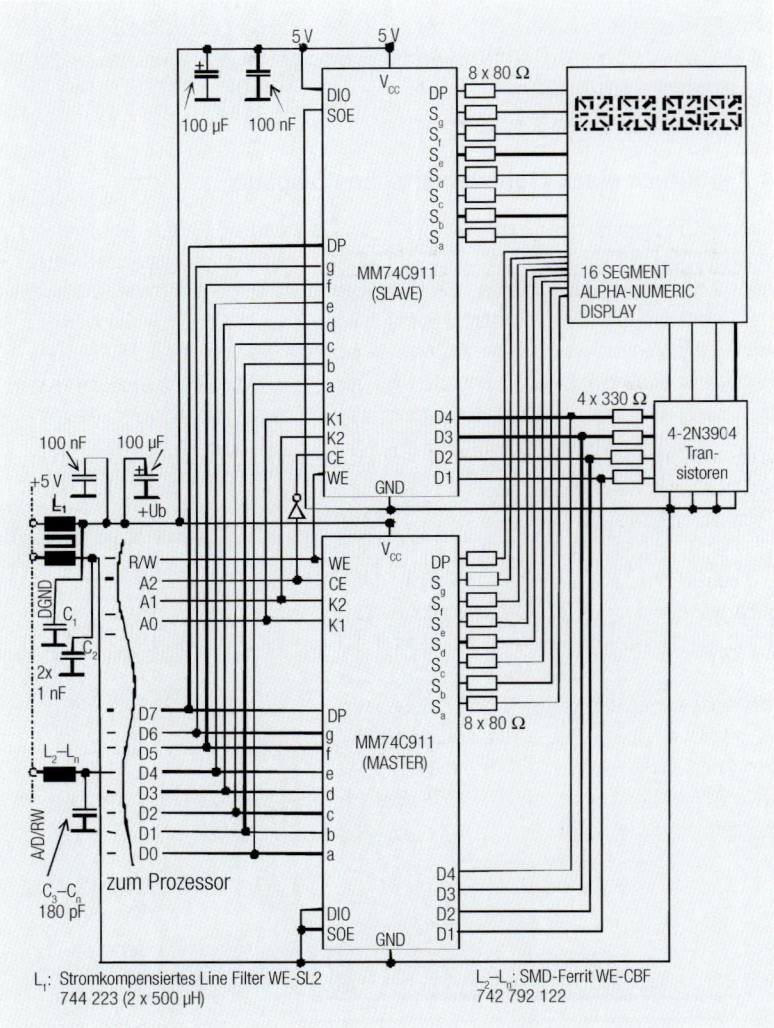

Abb. 3.96: Interface des alphanumerischen Displays (nach Fairchild Electronics)

Stromversorgungsfilter

Die Anzahl der Leitungen wird durch die beiden Display Controller MM74C911 auf 12 Daten- und 2 Versorgungsleitungen reduziert. Die gesamte Elektronik befindet sich auf einer vierlagigen Leiterplatte. Das Stromversorgungsfilter $L_1/C_1–C_2$ ist mit einer stromkompensierten Drossel 744 223 aufgebaut. Für die Datenleitungen werden SMD-Ferrite verwendet. Für die Kondensatoren $C_3–C_n$ können Kondensator-Arrays eingesetzt werden. Den mechanischen Aufbau zeigt Abbildung 3.97.

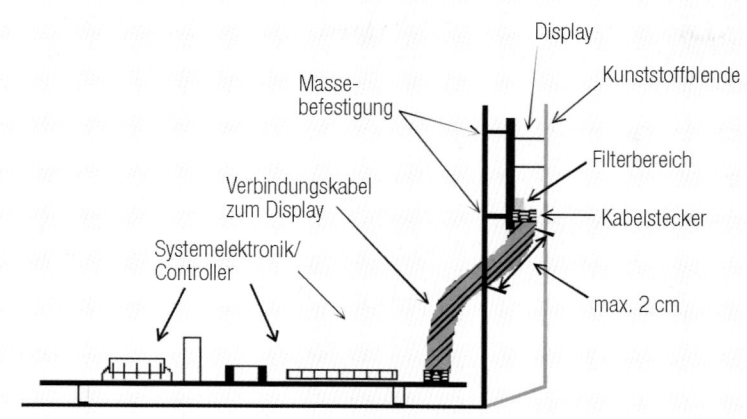

Abb. 3.97: Mechanischer Aufbau des Display-Interfaces mit Filtern nach Abbildung 3.96

Die Kabelverbindung zwischen Displaybaugruppe und der Systemelektronik sollte außerhalb des Gehäuses maximal 2 cm lang sein. Muss das Kabel aus konstruktiven Gründen mehr als 2 cm außerhalb des geschirmten Raumes geführt werden, muss ein Flachkern (z.B. 742 721 8) oder ein Blockkern (z.B. 742 725 2) zur Reduzierung der Funkstöremission aufgebracht werden. Das stellt jedoch dann die Verwendung der Displayfilterung in Frage und ist deshalb nur als Notlösung zu sehen. Die Filter L_1–L_n mit C_1–C_n müssen unmittelbar am Stecker der Displaybaugruppe platziert werden.

Flachkern/Blockkern

Der Massebezug der Kondensatoren erfolgt über die Befestigungsbolzen zwischen der Displaybaugruppe und dem Chassis. Sollte die Baugruppe in die Kunststoffblende eingeschnappt werden, muss die Filtermasse über eine leitende Textildichtungen WE-LT (z.B. 302 1001) oder gestrickte Schnüre (z.B. 306 48) an die Baugruppe herangeführt werden (Abbildung 3.98).

Massebezug

III Anwendungen

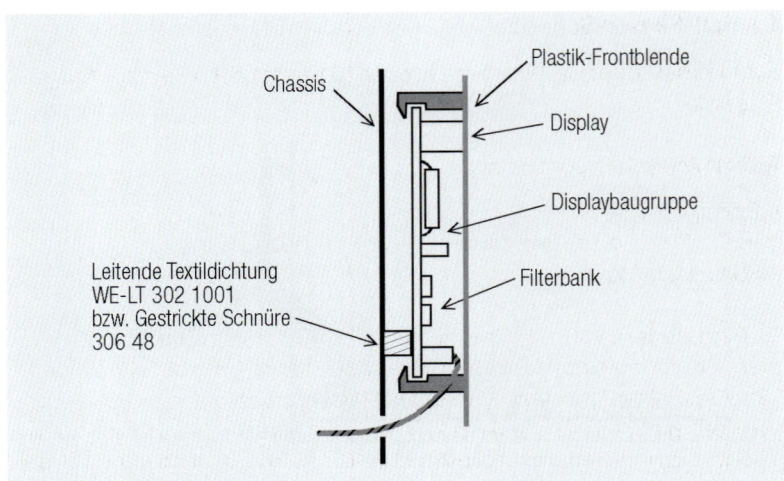

Abb. 3.98: Alternative Bezugsmasse über leitende Schnüre/Dichtungen

Layout

Das Layout muss dann natürlich entsprechend angepasst werden, da die Dichtung sonst Kurzschlüsse verursachen kann. Einen Layoutauszug im Bereich der Filterbank mit Einsatz der Textildichtung ist in Abbildung 3.99 gegeben.

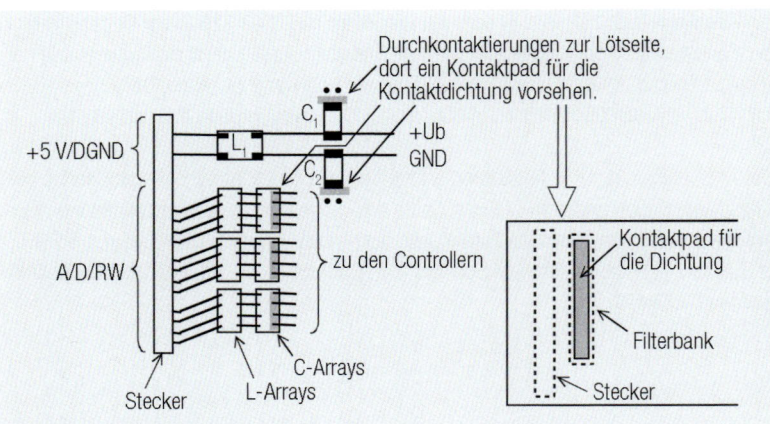

Abb. 3.99: Layoutauszug im Bereich der Filterbank nach Abbildung 3.96

4.8 Hall-Sensor-Schalter

In der Industrie findet man Maschinen zu deren Steuerung oft Hall Sensoren Anwendung finden.

Typische Anwendungsbeispiele sind

- Erfassung von Drehzahl
- Positionierung von mechanisch beweglichen Schlitten und Hebeln
- Kontaktloses Schalten

Die Magnetfeldsensoren haben in der Regel einen digitalen Ausgang mit einem Open-Kollektor, der um 100 mA Strom tragen kann. Das magnetische Feld, das den Sensor beim Aktivieren umgibt, wird vom Hall-Element erfasst und in eine Spannung gewandelt. Die Spannung wird verstärkt und einem Schmitt-Trigger zugeführt. Die sind meist an exponierten Positionen der Maschinen und so ist es nicht überraschend, dass ohne durchdachtes EMV-Schaltungsdesign Fehlfunktionen der Sensorik zu erwarten sind. Abbildung 3.100 zeigt das Schaltbild einer Hall-Sensoren-Schaltung mit dem Sensorelement TLE4905/35 von Infineon Technologies. Diese Schaltung wurde speziell auf Störfestigkeit gegen Burst, Surge und Elektromagnetische Felder ausgelegt, aber auch die Emission, ausgehend von der Steuerelektronik, wird wirkungsvoll reduziert.

Magnetfeldsensoren

III Anwendungen

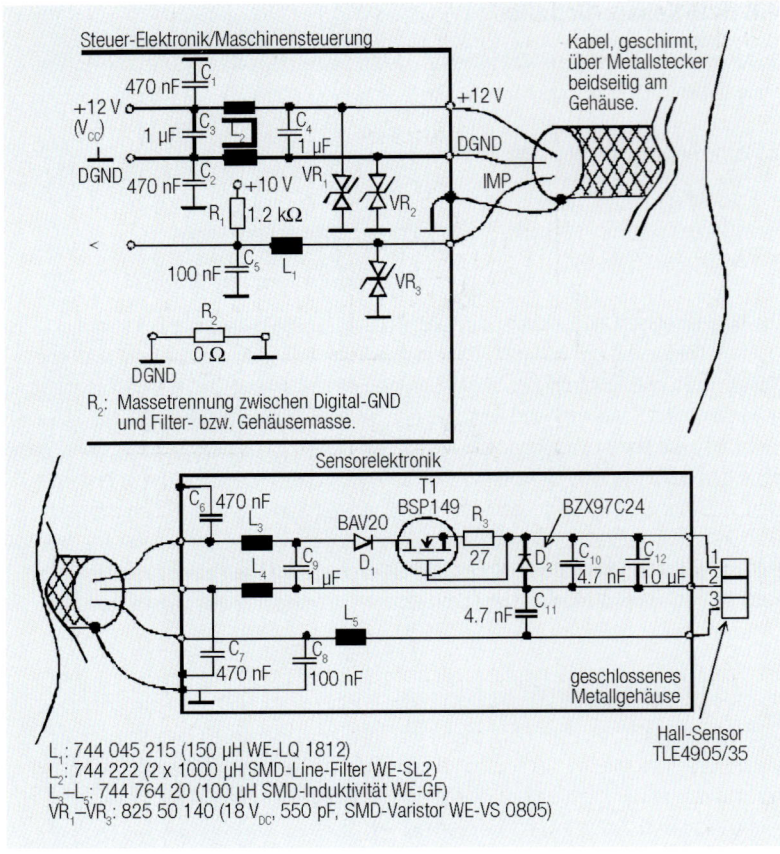

Abb. 3.100: Hall-Sensor-Schalter (in Anlehnung an eine Applikation von Infineon Technologies)

Kabelschirm Stecker

Die gesamte Schaltung besteht aus einem Filterbereich in der Steuerelektronik bzw. der Maschinensteuerung, einem geschirmten Sensorkabel, das mehrere Meter lang sein kann und der Sensorelektronik mit dem Hall-Sensor. Für einen mechanischen Schutz, aber auch zum Erhöhen der EMV sollten alle drei Komponenten metallisch geschirmt sein. Das bedeutet für die Maschinensteuerung und die Sensorelektronik jeweils ein allseitig leitendes Blechgehäuse und für das Kabel einen Kabelschirm. Der Kabelschirm muss beidseitig und niederimpedant über Stecker mit leitendem Metallgehäuse an das Elektronikchassis kontaktiert werden. Das wird hier deshalb so betont, weil man auf dem Stecker- und Gehäusemarkt heutzutage die kuriosesten Produkte findet: Gehäuse deren einzelne Blechteile eloxiert oder lackiert sind, sodass damit niemals eine vernünftige Schirmdämpfung erreicht werden kann; Stecker und Buchsen für den industriellen Einsatz, deren Gehäuse volleloxiert und mit Gummidichtungen versehen sind, sodass sie für die nächsten 50 Jahre zwar seewasserfest sind, aber jegliche Elektromagnetische Verträglichkeit vereiteln, da der Kabelschirm über den Stecker niemals HF-gerecht an das Gehäuse gelegt werden kann. Es gibt aber

natürlich auch sehr gute Produkte auf dem Markt. Eine Skizze für einen elektromagnetisch einwandfreien Kabelschirmanschluss ist in Abbildung 3.101 dargestellt.

Kabelschirm

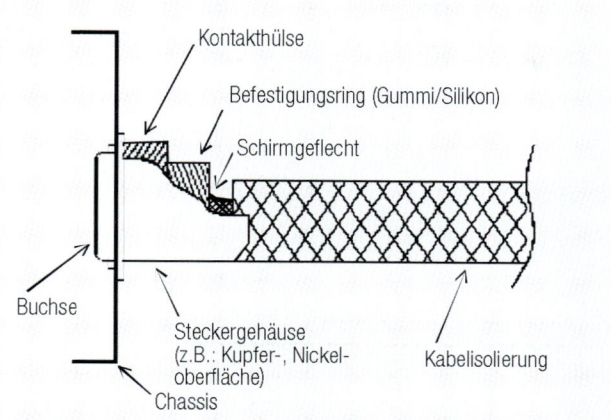

Abb. 3.101: HF-gerechte Verbindung des Schirmgeflechts eines Kabels über Stecker zum Chassis

Die Funktionsweise der Schirmkontaktierung ist ähnlich der eines N-Steckers aus der HF-Technik. Der Kabelschirm wird über seinen gesamten Umfang mit einem Befestigungsring aus Gummi oder Silikon auf eine Kontakthülse gepresst, die direkten Kontakt zur Buchse hat. Natürlich ist dieses Prinzip aus verschiedenen mechanischen Gründen nicht immer anwendbar, elektrisch jedoch funktioniert eine Kabelschirmverbindung immer gleich: Der Kabelschirm wird über seinen gesamten Umfang so zur Steckerbuchse geführt, dass sich alle Kabeladern weiterhin innerhalb eines elektrisch geschirmten Raumes befinden. Dieses Prinzip sei noch einmal in Abbildung 3.102 verdeutlicht.

Schirmkontaktierung

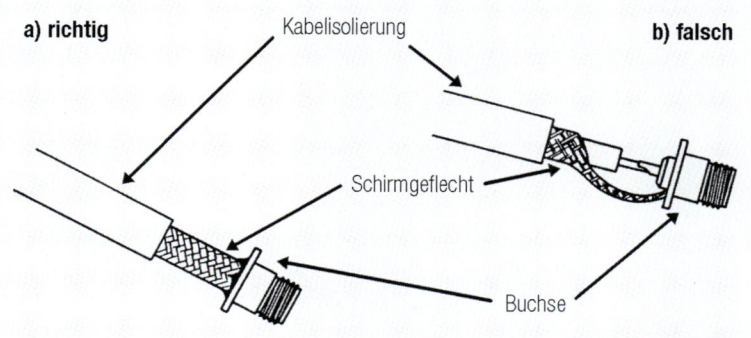

Abb. 3.102: Verbindung des Kabelschirms zur Buchse

III Anwendungen

π-Filter

Nun zur Elektronik: Innerhalb der Maschinensteuerung befinden sich die mit den Induktivitäten L_1 und L_2 aufgebauten Filter. Das besondere an dieser Schaltung ist, dass die Spannungsversorgung +12 V/DGND zum Sensor hochfrequent entkoppelt und so symmetriert wird. Deshalb wird für L_2 eine stromkompensierte Drossel verwendet, die mit den Kondensatoren C_1–C_4 und den Vielschichtvaristoren VR_1 und VR_2 einen symmetrischen Tiefpass bildet. Die Drossel hat mit 2x 1000 µH eine hohe Induktivität und entkoppelt so durch die hohe Impedanz breitbandig den Bereich zwischen der Maschinensteuerung und dem Sensorkabel. Die Kabeladern +12 V und DGND sollten innerhalb des Kabels verdrillt sein, da so eine wesentlich höhere Störfestigkeit erreicht wird. Das π-Filter mit L_1, C_5 und VR_3 entkoppelt den IMP-Eingang, d.h. das Schaltsignal des Hall-Sensors. Die Vielschichtvaristoren VR_1–VR_2 (825 50 140) begrenzen die Spannung an den Eingängen auf 30 V_{max} und bieten eine Kapazität von 550 pF bei < 1 nH, sodass Spannungsspitzen, die durch den Kabelschirm in die Signaladern gekoppelt werden, keinen Schaden anrichten können. Außerdem werden durch die beiden Filter hochfrequente Störungen, die in der Regel jede mikroprozessorgesteuerte Maschinensteuerung erzeugt, wirksam bedämpft, sodass keine Emissionsprobleme über die Sensorschnittstelle zu erwarten sind. Die Sensorelektronik ist mit den Filtern L_3–L_5 zum Kabel entkoppelt. Ggf. können auch anstelle der Kondensatoren C_6, C_7 und C_8 die Vielschichtvaristoren WE-VS 825 50 140 eingesetzt werden.

Surge- und Burst-Impulse

Hall-Versorgung

Die Bauelemente 744 764 20 sind auf Ferrit gewickelte SMD-Induktivitäten mit L = 100 µH. T_1 und R_3 bilden eine Stromquelle, deren dynamischer Widerstand sehr hoch ist. So wirken sich Spannungsschwankungen durch Surge- und Burst-Impulse auf der Versorgungsleitung nicht so stark auf den Hall-Sensor aus. Mit D_1 werden negative Impulse gesperrt, D_2 begrenzt Störimpulse auf der Versorgungsspannung auf 14 V_{max}. Die Kondensatoren C_{10}, C_{11} und C_{12} stützen die Hall-Versorgung bzw. den OC-Ausgang des Sensors, außerdem werden so die Hall-Anschlüsse wechselspannungsmäßig niederimpedant abgeschlossen.

Layout

Einige Tipps zum Layout: Auf der Seite der Maschinensteuerung wird der Digital_GND von der Filter- bzw. Gehäusemasse getrennt. Die Signalverbindung erfolgt über den 0 Ω-Widerstand R_2, der dort am Layout positioniert wird, wo die geringsten hochfrequenten Störungen zu erwarten sind. Erfahrungsgemäß ist das in der Nähe der Befestigungsschraube vom Gehäuse zum Elektronikboard. Das ganze Filter muss unmittelbar am Schnittstellenstecker positioniert werden, jeder Zentimeter mehr reduziert die Wirksamkeit erheblich. Die Vielschichtvaristoren VR_1, VR_2 und VR_3 werden direkt an den Anschlüssen der Schnittstellenbuchse positioniert, Abbildung 3.103 zeigt einen Layoutausschnitt.

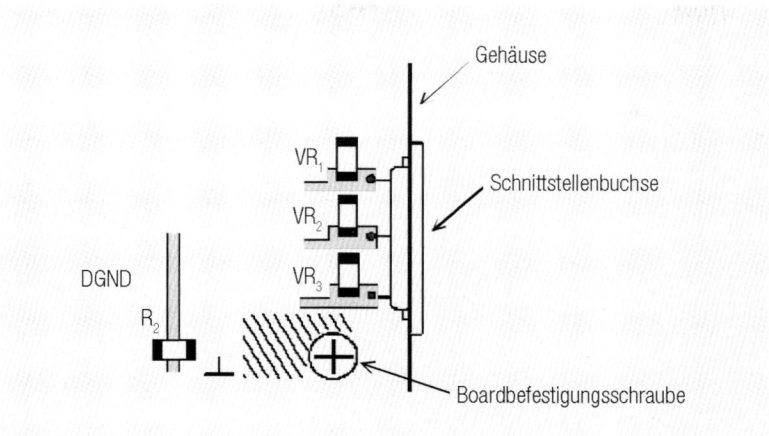

Abb. 3.103: Layoutausschnitt, Positionierung der Vielschichtvaristoren und des 0 Ω Widerstandes nach Abbildung 3.100

Die gleichen Aufbauhinweise gelten für den Teil der Sensorelektronik: Verbindungsdrähte zwischen den Peripheriebuchsen und der Elektronik innerhalb des Gehäuses sind tabu. Die Filterkondensatoren C_6, C_7 und C_8 werden unmittelbar an der Buchse platziert, danach folgen die Drosseln L_3, L_4 und L_5. Gegenüber, räumlich gesehen, nicht daneben, wird der Hall-Sensor platziert. So ist eine gute kapazitive und induktive Entkopplung gewährleistet.

5 Motorsteuerung

5.1 Funkentstörung von DC-Motoren

Die Anzahl der verschiedenen Elektromotoren im Automobil für Fensterheber, Sitzversteller, ABS-Systeme usw. sind im Laufe der Jahre stark angestiegen. In voll ausgestatteten PKWs der Oberklasse sind 70 bis 80 verschiedene Elektromotoren keine Seltenheit.

Weitere By-Wire-Anwendungen wie z.B. Brake-by-Wire und Steer-by-Wire ersetzen zukünftig die Mechanik und Hydraulik im Auto.

All diese Gleichstrommotoren erzeugen auf Grund Ihrer Funktionsweise ein breitbandiges Störspektrum bis in den hohen Megahertzbereich.

Bei Kollektormotoren entstehen die Störungen beim Kommutieren der Bürsten. Wird die Drehzahlregelung bei diesem Motortyp mit Hilfe einer Pulsweitenmodulation (PWM) erzeugt, so entstehen durch das aktive Schalten zusätzliche Störungen.

III Anwendungen

Auch kollektorlose Gleichstrommotoren (EC-Motoren) besitzen bezüglich ihres EMV-Verhaltens kaum Vorteile. Die überwiegenden Störanteile lassen sich dort lediglich im niederen Frequenzbereich finden.

Um die in VDE 0879 bzw. CISPR 25 geforderten Entstörgrade (1 bis 5) zu erfüllen, ist es notwendig die DC-Motoren mit einer, wie in Abbildung 3.104 gezeigten, Filterschaltung zu entstören.

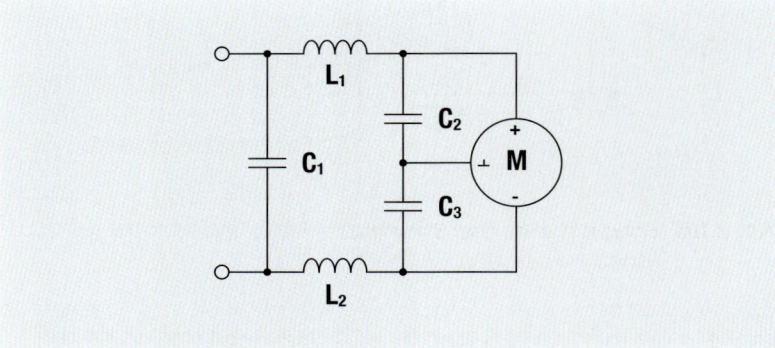

Abb. 3.104: Typische Entstörbeschaltung von DC-Motoren

Die Entstörung der symmetrischen Störanteile bis ca. 20 MHz ist mit dem Kondensator C_1 (Folienkondensatoren 0,22 bis 2,2 µF) relativ einfach möglich. Für die symmetrischen Störanteile bis 108 MHz (UKW) und darüber hinaus ist es aber unbedingt notwendig die Drosseln L_1 und L_2 in die Versorgungsleitung einzubauen. Aufgrund ihrer geringen parasitären Wicklungseffekte eignen sich hierzu Stabkerndrosseln vom Typ WE-SD.

Stabkerndrosseln

Die Stabkerndrosseln sind meist mit NiZn-Ferriten aufgebaut. Die große magnetische Scherung des Zylinderkerns garantiert eine hohe Strombelastbarkeit, die je nach Ferritkerndurchmesser und Kupferlackdraht bis weit über 50 A liegen kann.

Durch die einlagige Kupferlackdrahtwicklung wird die Eigenkapazität gering gehalten. Die Induktivtät liegt im µH-Bereich und kann nicht beliebig erhöht werden, da durch höhere Induktivitätswerte und höhere Eigenkapazität die Resonanzfrequenz nach unten verschoben wird.

Die erzielbare Einfügedämpfung unter Verwendung von Stabkerndrosseln zeigt Abbildung 3.105.

Wenn möglich sollte die Einfügedämpfung unter Nennstrombelastung gemessen werden, da sich der Induktivitätswert mit der Gleichstromvormagnetisierung deutlich verringert.

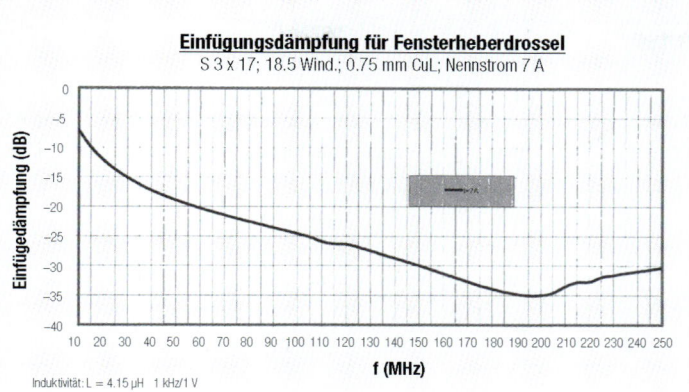

Abb. 3.105: Einfügedämpfung einer Stabkerndrossel WE-SD

Für die asymmetrischen Störanteile können, zur Erhöhung der Entstörwirkung, noch die Keramikkondensatoren C_2 und C_3 von den Anschlusspolen des Motors auf möglichst kurzem Weg mit dem Gehäuse verbunden werden.

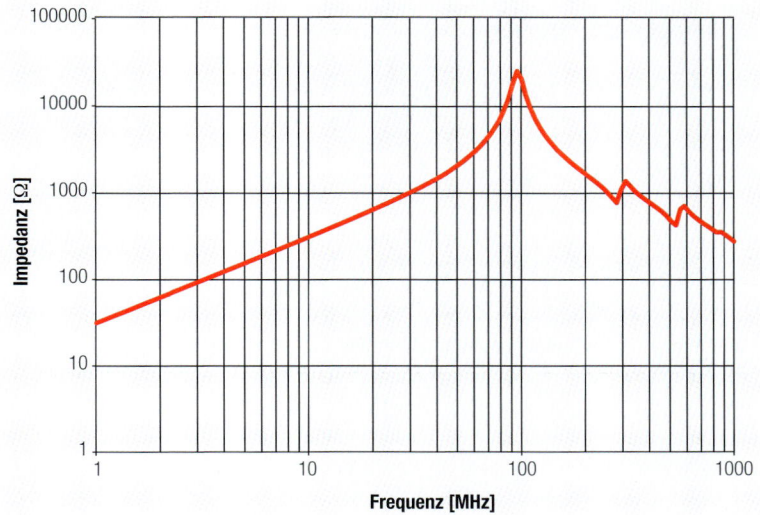

Abb. 3.106: Typische Impedanz der Stabkerndrossel 744 710 605 (L = 6 µH)
(Simulationsdaten: Cp = 576,64 fF/Rp = 25,509 kΩ)

III Anwendungen

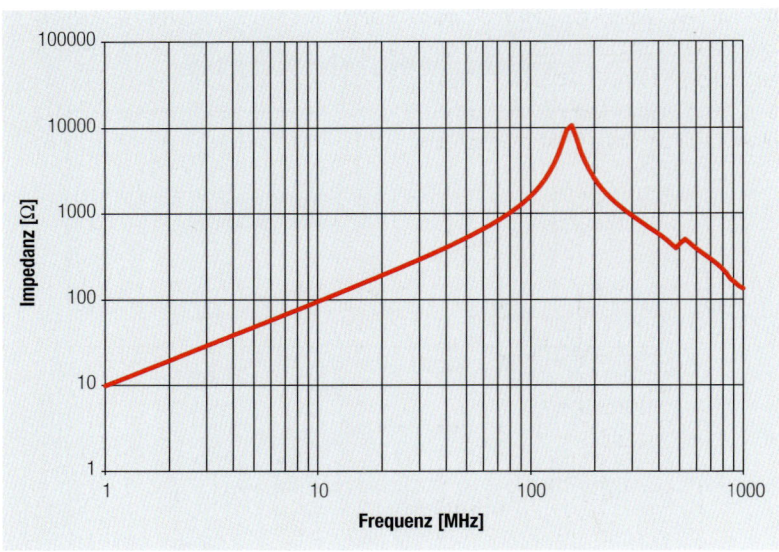

Abb. 3.107: Typische Impedanz der Stabkerndrossel 744 710 210 (L = 2 µH) (Simulationsdaten: Cp = 740,27 fF/Rp = 10,574 kΩ)

5.2 Schrittmotor-Treiber

In den letzten Jahren machten die ICs, welche analoge, digitale und Leistungselektronik auf einem Chip vereinen, eine rasante Entwicklung. Interessant ist das, besonders im Bereich der Antriebstechnik, wo Platzersparnis und Betriebssicherheit besonders wichtige Punkte sind.

Schrittmotor

Schrittmotoren sind häufig an exponierten Stellen zu finden, dadurch ergeben sich zwei Möglichkeiten die Ansteuerelektronik zu platzieren:

1. Unmittelbar am Schrittmotor. Das hat zur Folge, dass die Motoransteuerkabel kurz sind aber die Steuerkabel zum Microcontroller sehr lang werden.
2. Beim Microcontroller, wobei hier die Motoransteuerkabel lang ausfallen.

Motoransteuerkabel

Den Idealfall gibt es nicht, aber wenn die Möglichkeit besteht, die Motoransteuerkabel (wegen des Spannungsabfalls über die Kabel) lang zu halten, sollte der zweiten Möglichkeit den Vorrang gegeben werden. Warum wird überhaupt unterschieden?

Vollbrückentreiber LM18245 Signalanstiegszeit

Schrittmotortreiber, wie beispielsweise der Vollbrückentreiber LM18245 von Texas Instruments, arbeiten mit DMOS-Leistungsschaltern, die Spitzenströme bis 6 A fließen lassen. Signalanstiegszeiten von wenigen 100 ns lassen ein Oberwellenspektrum entstehen, das bis in den Frequenzbereich von 30 MHz–50 MHz hineinreicht, wenn nicht schaltungstechnische Maßnahmen getroffen werden. In der Regel befindet sich auch in unmittelbarer Nähe des Schrittmotortreibers der Microcontroller, der naturgemäß ein hohes Oberwellenspektrum erzeugt, das leicht in die Schrittmotorelektronik einkoppelt. Nun muss aber gleich zu Beginn erwähnt werden, dass EMV-technische Filtermaßnah-

men im Leistungsteil der Elektronik immer Einfluss auf das Signalverhalten und deshalb Einfluss auf die Verlustleistung der Endstufe und damit auf das Schrittverhalten des Motors haben. Deshalb muss jedes Filter zwischen Endstufe und Motor individuell angepasst werden. Das folgende Schaltungsbeispiel in Abbildung 3.108 ist deshalb hinsichtlich der Motorfilterdimensionierung als Funktionsprinzip zu sehen.

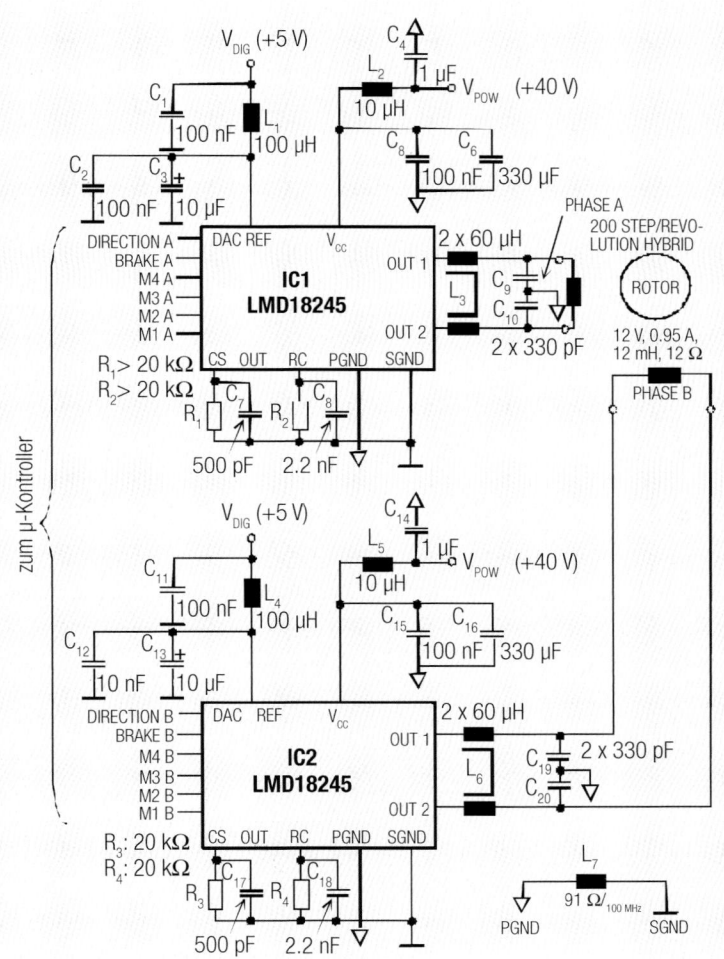

L_1: 744 764 20 (SMD-Induktivität WE-GF)
L_2: 744 777 910 (SMD-Speicherdrossel WE-PD 7345)
L_3: 744 206 (SMD-Line Filter WE-SL2)
L_4: 744 764 20 (SMD-Induktivität WE-GF)
L_5: 744 777 910 (SMD-Speicherdrossel WE-PD 7345)
L_6: 744 206 (SMD-Line Filter WE-SL)
L_7: 742 793 2 (SMD-Ferrit WE-PBF)

Abb. 3.108: Schrittmotor – Treiber

III Anwendungen

Schaltspikes

Motorsteuerimpulse

Motoranschluss-leitung
Layout

IC1 und IC2 in Abbildung 3.108 steuern den Schrittmotor. R_2 und C_8 bestimmen die OFF-Zeit von 48 ms. An CS OUT, dem Anschluss des Stromfühlerverstärkers, wird mit R_1 die Chopperschwelle von 200 mA/V gelegt. Die ICs benötigen 2 Versorgungsspannungen, die voneinander hochfrequent entkoppelt sein müssen. Das ist notwendig, damit Störungen der Leistungselektronik nicht den D/A-Wandler beeinflussen. Für das Filtern der DAC-Referenzspannung sind die Tiefpässe L_1/C_1–C_3 und L_4/C_{11}–C_{13} vorgesehen. Die Eigenresonanzfrequenz der beiden Drosseln L_1 und L_4 mit einer Induktivität von 10 µH liegt bei 10 MHz. Das erscheint auf den ersten Blick zu niedrig, für den DAC ist aber wichtig, dass die Störungen im Niederfrequenzbereich bis 10 MHz gefiltert werden, die durch die Schaltspikes entstehen. Die Filter für die Leistungselektronik L_2/C_4–C_6 und L_5/C_{14}–C_{16} sind mit jeweils einer Speicherdrossel aufgebaut. So wird bis 30 MHz eine wirksame Dämpfung der Grund- und Oberwellen der Motorsteuerimpulse erreicht. Die symmetrischen Filter L_3/C_9, C_{10} und L_6/C_{19}, C_{20} beinhalten stromkompensierte Drosseln. Dadurch kann bei kleiner Baugröße der Drossel eine relativ große Induktivität von 60 µH erreicht werden. Das Filter ist nur bei langer (> 50 cm) ungeschirmter Motoranschlussleitung nötig. L_7 verbindet die beiden Massepotentiale, die Verbindung sollte in der Nähe des Gehäusemasseanschlusses stattfinden. Abbildung 3.109 zeigt den wesentlichen Ausschnitt vom Layout.

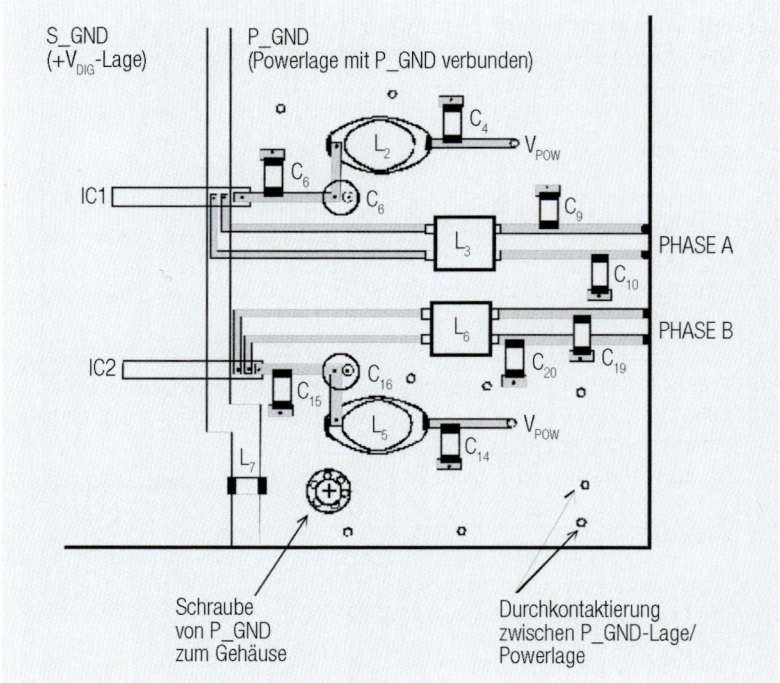

Abb. 3.109: Layoutausschnitt vom Schaltbild nach Abbildung 3.141

Die Schaltung ist auf einer 4-lagigen Leiterplatte aufgebaut. Im Leistungsbereich sind beide Potentiallagen verbunden bzw. parallel geschaltet. Der Kleinsignalbereich ist mit S_{GND} und V_{DIG}, d.h. mit Masse- und Potentiallage versehen.

6 Übertrager für Schaltnetzteile

6.1 Speicherdrosselauswahl bei Schaltreglern

Das Design der Schaltregler wird durch entsprechende Softwareunterstützung beispielsweise von Texas Instruments (SwitcherPro™, WEBENCH®, Power Stage Designer™), Analog Devices (ADISimPower™, LTpowerCAD®, LTspice®) oder STMicroelectronics (eDesignSuite) bis hin zu individuell bestückten Demoboards unterstützt. Passende SMD-Speicherdrossel-Musterkits von Würth Elektronik bieten einen schnellen Zugriff auf verschiedene Bauteile für eigene Musteraufbauten oder Optimierungen.

Würth Elektronik bietet auch ein hervorragendes Online-Tool an. Mit **REDEXPERT®** ermitteln Sie innerhalb von 30 Sekunden die passende Speicherdrossel für Ihren DC/DC Converter – ganz gleich ob Sie einen Step-Down-Wandler (Buck), einen Step-Up-Wandler (Boost) oder einen Step-Up/Down-Wandler (SEPIC) verwenden. Sie geben nur den Eingangsspannungsbereich, Ausgangsspannung und -strom ein und erhalten nach nur einem Klick eine Liste mit passenden Speicherdrosseln für Ihre Applikation. Diese Bauteilliste können Sie beliebig nach elektrischen Parametern und mechanischen Eigenschaften sortieren oder einschränken. Nach der Auswahl einer Speicherdrossel sehen Sie die zu erwartenden Kupferverluste sowie die damit verbundene Eigenerwärmung der Speicherdrossel in Ihrer Applikation. Kostenlose Muster können direkt aus dem Programm heraus bestellt werden.

REDEXPERT®

Dimensionierungsformen

Die Schaltfrequenzen marktüblicher Wandler-IC liegen heute im Bereich von 100 kHz bis 2 MHz. Regler der ersten Generation arbeiten im Bereich von 30 kHz bis 55 kHz.

Schaltfrequenz

Daraus resultieren folgende Empfehlungen:

Designtipp 1:

Schaltfrequenz < 100 kHz geeignete Kernmaterialien: Eisenpulver, Ferrit, Superflux, WE-PERM
Schaltfrequenz > 100 kHz geeignete Kernmaterialien: Ferrit, Superflux, WE-PERM
Schaltfrequenz 100–1000 MHz: Ferrit, WE-PERM

Der Induktivitätswert

Steht keine Software zur Berechnung zur Verfügung, so kann die Induktivität anhand folgender Praxis-Formeln berechnet werden:

$$L = \frac{(U_{in} - U_{out}) \cdot U_{out}}{U_{in} \cdot 0{,}3 \cdot I_{out} \cdot f} \qquad (3.18)$$

III Anwendungen

$$L = \frac{(U_{out} - U_{in}) \cdot U_{in}^2}{2 \cdot 0{,}2 \cdot I_{out} \cdot U_{out}^2 \cdot f} \tag{3.19}$$

mit den Ripplestrom-Faktoren 0,2 bis 0,4 (hier zu 0,2 bzw. 0,3 gewählt). I_{out} ist der Betriebsstrom der zu versorgenden Schaltung, U_{out} die Ausgangsspannung und U_{in} die Eingangsspannung, f ist die Schaltfrequenz des Regler-IC. Anhand des errechneten Wertes werden entsprechende Normwerte ausgesucht, daraus ergibt sich zum Beispiel die folgende Berechnung:

Das Ergebnis einer Berechnung sei 37,36 µH.

So wählt man für Tests in der Schaltung die Normwerte 33 µH, 39 µH und ggf. noch 47 µH.

Designtipp 2:

Induktivitätswert

→ größere Induktivität – kleinerer Ripplestrom
→ kleinere Induktivität – größerer Ripplestrom

Ripplestrom

Der Ripplestrom bestimmt maßgeblich die Kernverluste. Daher ist er neben der Schaltfrequenz ein wichtiger Parameter zur Minimierung der Verlustleistung der Speicherdrossel.

Die Spulenströme

Die Strombelastung der Speicherdrosseln kann über die Simulationssoftware der Hersteller sehr genau nach DC-Strombelastung und Ripplestrombelastung (Kernverluste) berechnet werden. Als überschlägige Rechnung kann folgender Ansatz gewählt werden:

Abwärtswandler

Nennstrom

Nennstrom der Induktivität: $\quad I_N = I_{out}$
Maximaler Spulenstrom: $\quad I_{max} = 1{,}5 \times I_N$

Aufwärtswandler

Nennstrom der Induktivität: $\quad I_N = (U_{out}/U_{in})I_{out}$
Maximaler Spulenstrom: $\quad I_{max} = 2 \times I_N$

Designtipp 3:

Bitte beachten Sie die Definitionen zu den Datenblattangaben.

Der Nennstrom von Speicherdrosseln ist in der Regel mit der Angabe der Eigenerwärmung bei Gleichstrom – hier sind Eigenerwärmungen von 40 °C bei Nennstrom üblich. Leider wird der Begriff „Sättigungsstrom" unterschiedlich definiert und verwendet.

Physikalisch gesehen ist es der Strom, der die magnetische Komponente in die Sättigung fährt. Sobald die Sättigung erreicht ist, bewirkt eine weitere Zunahme des Stroms keine Erhöhung der Induktion mehr, denn in der Sättigung verliert jedes magnetische Material seine Permeabilität. Vor Erreichen der Sättigung steigen die Verluste drastisch an, sodass die in der Anwendung auftretende maximale Modulation begrenzt werden muss.

Deswegen haben die Halbleiterhersteller beispielsweise eine eigene Definition für „Sättigungsstrom" formuliert: Es handelt sich um den Strom, bei dem die Permeabilität oder Drosselinduktivität um 10% gesunken ist. Deshalb hat sich auch Würth Elektronik dieser Aufgabe zugewandt. Es ist jedoch anzumerken, dass die verschiedenen Magnetmaterialien sehr unterschiedliche physikalische Sättigungsgrade aufweisen, d. h., die Angabe des Stroms für einen Induktivitätsabfall von 10% erlaubt keine Aussage darüber, bei welchem Strom die Sättigung tatsächlich auftritt!

Zudem ist die Sättigung in hohem Maße temperaturabhängig, sodass immer die höchste Betriebstemperatur des Bauelements zugrunde gelegt wird. Es ist daher ratsam, den angegebenen Strom für den ungünstigsten Fall in der Anwendung zu beachten.

Der DC-Widerstand

Sind die geforderten Werte für Induktivität L und die Spulenströme berechnet, wählt man möglichst eine Speicherdrossel mit minimalem DC-Widerstand. Hier treffen dann häufig gegenläufige Forderungen aufeinander:

Kleine Bauform, hohe Energiespeicherdichte und kleiner DC-Widerstand.

Durch geeignete Wicklungsmethoden und neue Baureihen wie zum Beispiel Flachdraht-Induktivitäten WE-HCI und WE-PDF von Würth Elektronik kommt man diesem Ideal schon sehr nahe. Zu beachten ist auch hier die Datenblattdefinition:

Ist der DC-Widerstand als typischer Wert angegeben oder als maximaler Wert, der für die Berechnung der Schaltung unter worst-case-Bedingungen benötigt wird?

Designtipp 4:

DC-Widerstand bei gleicher Baugröße

→ größere Induktivität – größerer DC-Widerstand
→ kleinere Induktivität – kleinerer DC-Widerstand
→ gleiche Induktivität bei geschirmter Drossel – kleinerer DC-Widerstand

Der DC-Widerstand bestimmt massgeblich die Drahtwärmeverluste, dies ist auch ein Parameter zur Minimierung der Verlustleistung der Speicherdrossel.

III Anwendungen

Bauform und EMV

Für EMV-kritische Applikationen empfehlen sich magnetisch geschirmte Speicherdrosseln. Der außen aufgebrachte Schirmring verhindert die unkontrollierte magnetische Kopplung der Wicklung mit benachbarten Leiterbahnen oder Bauteilen.

Designtipp 5:

Wenn möglich setzen Sie magnetisch geschirmte Speicherdrosseln ein. Führen Sie keine Leiterbahnen unter dem Bauteil und platzieren Sie keine Platinen direkt über dem Bauteil, dadurch sind Kopplungen über den Rest-Luftspalt möglich

Für unkritische Anwendungen oder kleinere Schaltleistungen können auch ungeschirmte Speicherdrosseln verwendet werden. Viele Baureihen können sogar Lötpad kompatibel von geschirmter zu ungeschirmter Variante geändert werden.

Designtipp 6:

Vorteil magnetisch geschirmter Drosseln in gleicher Baugröße:

→ höherer A_L-Wert, dadurch bei gleicher Induktivität kleinere DC-Widerstände = kleinere Drahtverluste

Nachteil magnetisch geschirmter Drosseln:

→ etwas erhöhte Kernverluste durch größeres Kernvolumen bei richtiger Dimensionierung bleiben die Kernverluste gering.

Der Ausgangs-L-C-Filter

Wird eine sehr saubere Ausgangsspannung benötigt, so empfiehlt sich ein L-C-Filter am Ausgang des DC-Wandlers (Abbildung 3.110). Die Bauteile können folgendermaßen gewählt werden:

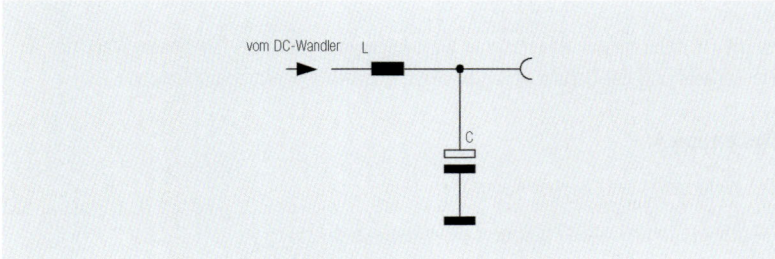

Abb. 3.110: Schaltbild eines Ausgangs-LC-Filters

Designtipp 7:

→ Eckfrequenz des L-C-Filters zu 1/10 der Schaltreglerfrequenz wählen
→ Ausgangskondensator wählen (z.B. 22 µF)
→ Induktivität berechnen

Die Auswahl des Ausgangskondensators ist kritisch und wird in einem weiteren Kapitel behandelt. Seine Größe wird unter anderem durch die Ripplestrombelastung bestimmt. Der ESR darf dabei nicht zu gut sein, da sonst Schwingungen in der Regelschleife auftreten können.

$$L = \frac{1}{(2\pi f)^2 \cdot C} \qquad (3.20)$$

Designtipp 8:

Welligkeitsmessungen

Um die Welligkeit am Ein- oder Ausgang eines Schaltreglers korrekt messen zu können, ist eine optimale Anbringung des Tastkopfes erforderlich. Serienmäßige Oszilloskop-Tastköpfe sind mit einer Erdungsklemme oder einem langen Draht mit Krokodilklemme ausgestattet. Leider können diese Klemmen hochfrequente Störungen aufnehmen, die fälschlicherweise in die gemessene Ausgangswelligkeit einbezogen werden.

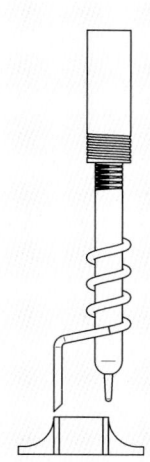

Abb. 3.111: Tastkopf-Anbindung zur korrekten Messung Ausgangs-/Eingangswelligkeit

Verwenden Sie einen (verzinnten) Kupferdraht mit einem Durchmesser von ca. 0,8 bis 1 mm und wickeln Sie diesen um den Massering an der Spitze des Sondenkopfes. Dann biegen Sie ihn an der Spitze der Sonde so eng wie möglich nach unten, sodass man eine Masse direkt neben dem spannungsführenden Punkt berühren kann. Hinweis: Verwenden Sie keine Anschlussdrähte von Bauelementen, da diese in der Regel aus Eisen sind!

III Anwendungen

6.2 Konstruktion eines DCM-Sperrwandlerübertragers

Bedeutung

Der DCM-Sperrwandler (Discontinuous Conduction Mode) ist eine der meistverwendeten Wandlertopologien in Adaptern und Ladegeräten. Nachfolgend sind einige der Vorteile aufgeführt, die ihn so beliebt machen.

Vorteile

1. Technisch und wirtschaftlich gesehen am häufigsten die optimale Lösung unter 150 W
2. Der „Sperrwandlerübertrager" vereint drei Funktionen in einem Bauelement: Energiespeicherung, Netztrennung sowie Spannungs- und Stromwandlung.
3. Geringe Belastung in Halbleitern
4. Kompakte Größe
5. Betrieb mit großem Eingangsbereich
6. Schnellansprechender Wandler bei Strommodusregelung und im Discontinuous Mode
7. Einfache Steuerung mit erdverbundenem Schalter
8. Kann mit einem breiten Spektrum von Übersetzungsverhältnissen verwendet werden und hat mehrere Ausgänge.

Nachteile

1. Hohe Ripplestrombelastung von Wicklungen, Gleichrichtern und Kondensatoren
2. Nicht geeignet für Niederspannung und hohe Ströme
3. Hohe Spitzenspannung am Schalttransistor
4. Potenziell anspruchsvolle EMV
5. Potenziell komplexer Übertrager
6. Funktioniert in der Regel auch mit erheblich unsachgemäß konstruierten Übertragern.

Funktion

Die Betriebsfunktion ist in Kapitel I Abschnitt 6.7 beschrieben. In diesem Kapitel liegt der Schwerpunkt dagegen auf der Übertragerkonstruktion.

Übertragerkonstruktion

Der Sperrwandlerübertrager hat die Funktion einer Speicherdrossel. Die Energie der Primärseite wird in der ersten Phase im Magnetfeld des Übertragers zwischengespeichert und in der zweiten Phase (Rücklaufphase) zur Sekundärseite übertragen.

Vor Konstruktionsbeginn müssen folgende Rahmenbedingungen bekannt sein:

- Eingangsspannungsbereich
- Ausgangsspannung
- Ausgangsstrom oder Ausgangsleistung
- Schaltfrequenz
- Betriebsmodus

- Maximales Tastverhältnis des IC
- Sicherheitsanforderungen
- Umgebungstemperatur

Sicherheitsanforderungen wie Prüfspannung, Luft- und Kriechstrecken müssen bereits in der Entwurfsphase berücksichtigt werden, da der Übertrager bei Beachtung dieser Anforderungen eine größere Bauform benötigt. Besondere Sorgfalt ist bei Offline-Anwendungen anzuwenden.

Es ist zu beachten, dass die Konstruktion eines Übertragers ein iterativer Prozess ist – egal ob manuell oder maschinell ausgeführt. Es gibt für jedes Problem viele mögliche Lösungen (d.h. Entwürfe), wobei das Endergebnis die im Hinblick auf die konkrete Situation ausgewogenste Lösung sein sollte.

Je nach Betriebsart gibt es unterschiedliche Ansätze zur Auslegung des Übertragers. Das Grundprinzip des mathematischen Entwurfs und das schrittweise Vorgehen bei einem DCM-Sperrwandlerübertrager werden nachfolgend beschrieben:

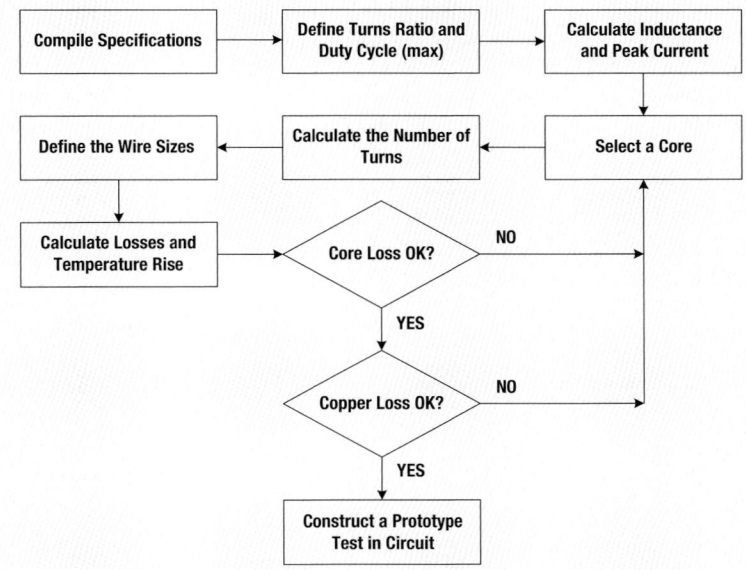

Abb. 3.112: Ablaufdiagramm zum Entwurf eines Sperrwandlerübertragers

Das folgende Beispiel soll Ihnen helfen, die Konstruktionsschritte nachzuvollziehen:

Eingangsspannungsbereich U_{IN}: 85–265 Vac [95–375 Vdc verwenden]
Ausgangsspannung U_{OUT}: 5 V
Ausgangsstrom I_{OUT}: 2 A
MOSFET U_{VDSS}: 650 V – Derating 90%
Diode U_{BR}: 40 V – Derating 80%
Diode U_F: 0.7 V

III Anwendungen

Max. Tastverhältnis DC_{max}: 50%
Schaltfrequenz f: 100 kHz
Sicherheitsanforderungen: 2500 Vac

Bei diesem universellen Eingangsspannungsübertrager ist $V_{IN(MAX)}$ der Scheitelpunkt der Sinuswelle bei hoher Eingangsspannung ($265 \cdot \sqrt{2}$) und $V_{IN(MIN)}$ das Minimum des Ripples nach Gleichrichtung und Filterung. Die typische Eingangskapazität würde zu etwa 95 V_{DC} führen.

1. Schritt: Definition des Übersetzungsverhältnisses und des Tastverhältnisses

Das Übersetzungsverhältnis ist kein exakter Wert, sondern liegt vielmehr in einem Bereich möglicher Werte. Im Gegensatz zu einem echten Übertrager wird die Leistung nicht strikt durch das Übersetzungsverhältnis definiert. Der Grund dafür ist, dass es sich beim DCM-Sperrwandler eigentlich um zwei Induktivitäten handelt, die gekoppelt sind, aber trotzdem in bestimmten Grenzen unabhängig agieren. Die Eingangs-/Ausgangsspannungen und die Durchbruchspannungen des Halbleiters definieren den möglichen Bereich.

Das Verhältnis wird primärseitig durch die Durchbruchspannung U_{VDSS} des gewählten Schaltgerätes (d. h. MOSFET) begrenzt. Diese muss größer sein als die Summe aus maximaler Eingangsspannung, sekundärer Reflexionsspannung und möglicher streuinduktivitätsbedingter Spannungsspitzen.

Typischerweise wird U_{VDSS} um mindestens 10% gemindert, um einen zuverlässigen Betrieb zu gewährleisten. Dieser Wert kann auf die Spannung oder das Übersetzungsverhältnis angewendet werden.

$$U_{VDSS} > U_{IN(MAX)} + U_{REFL(S)} + U_{SPIKE} \qquad (3.21)$$

Wobei

$$U_{REFL(S)} = U_S \cdot n \qquad (3.22)$$

$U_{IN(MAX)}$ = maximale Eingangsspannung
$U_{REFL(S)}$ = reflektierte sekundäre Ausgangsspannung (einschließlich des Durchlassspannungsabfalls der Diode)
U_{SPIKE} = Spannungsspitze beim Ausschalten
n = Übersetzungsverhältnis

U_{SPIKE} wird in erster Linie durch die Streuinduktivität des fertigen Übertragers bestimmt und ist daher an dieser Stelle nur eine Schätzung. Abhängig von den geltenden Entwurfsregeln wären dies mindestens 5 bis 10% der U_{VDSS}. Wenn sich die Spannung bei einem späteren Test als zu hoch erweist, muss entweder der Übertrager neu entworfen oder eine Spannungsklemmschaltung verwendet werden.

Designtipp 9:
Verwenden Sie einen MOSFET mit einer ausreichenden Sicherheitsmarge in der Durchbruchspannung, da Spannungsspitzen durch Schaltvorgänge an der Streuinduktivität den MOSFET zerstören können.

Deshalb gilt

$$n_{MAX} < \frac{U_{VDSS} - U_{IN(MAX)} - U_{SPIKE}}{U_S + U_F} \qquad (3.23)$$

Anwendung auf das Beispiel

$$n_{MAX} < \frac{(650\,V \cdot 0{,}9) - 375\,V - (650\,V \cdot 0{,}05)}{5{,}0\,V + 0{,}7\,V} = 31 \qquad (3.24)$$

Wobei:

U_{VDSS} = MOSFET, Drain-Source-Durchbruchspannung ist um den Faktor 0,9 gemindert
U_{SPIKE} = Schaltspannungsspitze, angenommen wird 5% von U_{VDSS}
U_F = 0,7 V Diodenspannungsabfall

Das minimale Verhältnis n_{min} wird auf der Sekundärseite durch die Durchbruchspannung der Gleichrichterdiode in Kombination mit der reflektierten Primärspannung begrenzt.

$$U_{BR(DIODE)} > U_S + U_{REFL(P)} \quad \text{wobei} \quad U_{REFL(P)} = \frac{U_{IN(MAX)}}{n}$$
$$n_{min} > \frac{U_{IN(MAX)}}{U_{BR(DIODE)} - U_S} \qquad (3.25)$$

Wobei

$U_{BR(DIODE)}$ = Durchschlagspannung der Sekundärdiode (auch Derating erforderlich)
U_S = sekundäre Ausgangsspannung (einschließlich des Durchlassspannungsabfalls der Diode)
$U_{REFL(P)}$ = reflektierte maximale Eingangsprimärspannung

III Anwendungen

$$n_{MIN} > \frac{375\,V}{(40\,V \cdot 0{,}8) - 5{,}7\,V} = 14 \tag{3.26}$$

Ein guter Ausgangspunkt ist der Mittelwert:

$$n_{MEAN} = \frac{n_{min} + n_{max}}{2} = \frac{31 + 14}{2} = 23 \tag{3.27}$$

Das maximale Tastverhältnis ist in den Spezifikationen des Steuer-IC und durch das zu verwendende Steuerverfahren definiert. Mit der kleinstmöglichen Eingangsspannung wird die maximale Einschaltdauer erzielt. Eine vorsichtige Reserve von 3 bis 8% sollte, bezogen auf den Grenzwert, eingehalten werden. Dies hilft bei der Berücksichtigung von Toleranzen in allen Bauelementen.

Das Übersetzungsverhältnis kann auch unter Einbeziehung des verfügbaren Tastverhältnisses bestimmt werden.

$$\frac{1}{n} = \frac{U_{OUT} \cdot D'}{U_{IN(MIN)} \cdot D} = \frac{5{,}7\,V \cdot 0{,}5}{95\,V \cdot 0{,}45} = 0{,}067 \text{ daher } n = 15 \tag{3.28}$$

Wobei

$D' = (1 - D)$ und wir verwenden 0,5 statt 0,45, um eine gewisse Totzeit zu gewährleisten.

Dies fällt in den zuvor berechneten Bereich.

Designtipp 10:

Halten Sie einen kleinen Sicherheitsabstand zum maximal zulässigen Duty-Cycle des IC ein.

2. Schritt: Berechnung von Induktivität und Spitzenstrom

Die magnetische Energie in einer Induktivität beträgt:

$$E = \frac{1}{2} L \cdot I^2 \tag{3.29}$$

Bei einer gegebenen Frequenz beträgt, auf den Übertrager bezogen, die Leistungsübertragung

$$P = \frac{1}{2} L \cdot I^2 \cdot f \qquad (3.30)$$

Wobei für einen Sperrwandler gilt:

L = Primärinduktivität
I = Primärspitzenstrom
f = Schaltfrequenz

Wir wissen ferner, dass der Strom nach folgendem Zusammenhang durch die Induktivität begrenzt wird:

$$di = \frac{U \cdot dt}{L} \qquad (3.31)$$

Wobei für einen Sperrwandler gilt:

U_{IN} = primäre Eingangsspannung
dt = durch die Frequenz und das Tastverhältnis definierte Impulsbreite
L = Primärinduktivität

Durch Kombination der Gleichungen 3.30 und 3.31, eine Änderung von dt auf das Tastverhältnis (D), die Einführung des Wirkungsgrades (η) und die Verwendung der Worst-Case-Bedingungen erreichen wir folgende Ergebnisse.

$$L_{pri} = \frac{U_{IN(MIN)}^2 \cdot D_{MAX}^2 \cdot \eta}{2 \cdot f \cdot P_{OUT}} \qquad (3.32)$$

Eine weitere nützliche Variante, die mit der Current-Mode-Regelung verwendet werden kann, bei der der Spitzenstrom bekannt und fix ist.

$$L_{PRI} = \frac{2 \cdot P_{OUT}}{I_{PEAK}^2 \cdot f \cdot \eta} \qquad (3.33)$$

Für unser Beispiel

$$L_{PRI} = \frac{95^2 \text{ V} \cdot 0{,}45^2 \cdot 0{,}85}{2 \cdot 100000 \text{ Hz} \cdot 11{,}4 \text{ W}} = 681 \text{ µH} \qquad (3.34)$$

III Anwendungen

Wobei:

$P_{OUT} = (V_{OUT} + V_F) * I_{OUT}$
$\eta = 0{,}85$

Hiermit wird die maximale Induktivität definiert. Wenn die Induktivität über die vorgesehenen Reserven hinaus erhöht wird, wechselt der Wandler in den Continuous Conduction Mode, wo sich das Regelverhalten ändert. Einige moderne Steuer-ICs können dies tatsächlich bei niedrigen Leistungsbedingungen bewältigen, was zur Effizienzsteigerung beiträgt. Je höher die Induktivität, desto geringer der Spitzenstrom. Umgekehrt erhöht eine Absenkung der Induktivität den Spitzenstrom, was sich auf Wicklungsverluste und die Kernsättigung auswirkt.

Der Wirkungsgrad des Übertragers ist in der Regel sehr hoch, aber es müssen Energieverluste auf der Sekundärseite berücksichtigt werden. Dies ist zum Teil darauf zurückzuführen, dass der Spannungsabfall des Gleichrichters in die Ausgangsleistung einbezogen wird.

Ähnlich wie bei Speicherdrosseln müssen die auftretenden Ströme bestimmt werden. Der Effektivstrom, der Mittelwert des Stromes und der Spitzenstrom lassen sich durch die Darstellung und Messung der aktuellen Stromkurvenformen ermitteln. Der Effektivstrom ist der über eine Periode gemittelte Strom, mit dem später auch die Kupferverluste berechnet werden.

Als Durchschnittsstrom wird der Mittelwert des Stroms bezeichnet, der während einer Periode anliegt. Auf der Sekundärseite ist dies der Ausgangsstrom. Allerdings handelt es sich immer um einen Ripplestrom, der den Spitzenstrom bestimmt.

Der Spitzenstrom ist der maximale Stromwert, der während einer Periode erreicht wird. Dieser Wert ist kritisch, da er zur Bestimmung des Spitzenflusses verwendet wird, der unter dem Sättigungsgrad des Kerns gehalten werden muss. Für Powerferrite liegt dieser Wert typischerweise bei 0,3 Tesla (T).

Bei einem Sperrwandler im lückenden, bzw. Discontinuous-Mode (DCM) sind die Stromwellenformen dreieckig, sodass der Spitzenstrom zur Berechnung herangezogen wird.

$$I_{PEAK} = \frac{U_{IN(MIN)} \cdot D}{L_{PRI} \cdot f} \quad (3.35)$$

Wobei die Einschaltzeit dt = D/f ist

$$I_{PEAK} = \frac{95\,V \cdot 0{,}45}{681 \cdot 10^{-6}\,H \cdot 100000\,Hz} = 0{,}63\,A \quad (3.36)$$

3. Schritt: Auswahl des Kerns

Bei Frequenzen zwischen 100 und 500 kHz werden als Kernmaterial in der Regel Powerferrite verwendet. Deren Vorteile sind der hohe Widerstand, der die Kernverluste bei hohen Frequenzen reduziert, und die leichte und flexible Formbarkeit in verschiedene Kernformen. Ihre moderate Permeabilität (2000–2500) ist ausreichend für Leistungsübertrager, allerdings ist auf den niedrigen Sättigungsfluss B_{SAT} zu achten.

Anmerkung zum Sättigungsfluss, B_{SAT}

Es scheint unterschiedliche Ansichten darüber zu geben, wie der Sättigungsfluss definiert wird. Leider verwenden viele Netzteilkonstrukteure den Begriff synonym zum maximalen Betriebsfluss B_{MAX}. Um die Angelegenheit noch komplizierter zu machen, verwenden auch Hersteller von magnetischen Materialien den Begriff zur Definition von Induktivitätsstromgrenzen, achten sie jedoch darauf, was damit gemeint ist: einen prozentualen Abfall der Induktivität bei einem gegebenen Strom.

Der Sättigungsfluss B_{SAT} (oder auch BS), wie er in den Katalogen der Kernhersteller erscheint, ist in der IEC-Norm 60401-3 eindeutig definiert als Flussdichte bei einer definierten Magnetfeldstärke von 1200 A/m für Kerne mit einer Anfangspermeabilität von über 1000. Die Norm sieht ein einheitliches Format für die Veröffentlichung von Materialdaten der vielen Kernhersteller vor, um den Vergleich zu erleichtern. Die hohe magnetische Feldstärke führt oft zu langen Geraden im Sättigungsbereich in den BH-Kurven, da die meisten Ferrite praktisch erst bei 400 A/m gesättigt sind. Aus diesem Grund stellen viele Kernhersteller die Kurven entweder gar nicht oder nur in verkürzter Form zur Verfügung (z.B. Ferroxcube bei 250 A/m).

Der Quotient aus magnetischer Induktion B zur magnetischen Feldstärke H der BH-Kurve ist die Permeabilität des Kerns. Bei einer Induktivität bleibt der Induktivitätswert in dem nahezu linearen Kurvenabschnitt der Kurve konstant. Mit zunehmendem Stromanstieg beginnt sich die BH-Kurve zu verbiegen, dies wird als „Knie" bezeichnet. Die Induktivität sinkt mit zunehmendem Gefälle, d.h. mit abnehmenden Verhältnis zwischen B und H, somit nimmt auch die Permeabilität ab. Das Einbringen eines Luftspalts in einen Kern verändert den Anstieg des linearen Abschnitts in der Hysteresekurve, reduziert die effektive Permeabilität und ermöglicht so eine höhere magnetische Feldstärke H vor Erreichen der (unverändert bleibenden) Sättigungsflussdichte B_{SAT}. Bei Kernen aus Ferrit ist der Knick zum Sättigungsbereich im Vergleich zu Materialien mit verteiltem Spalt (wie Eisenpulver) groß. Dies erfordert aus mehreren Gründen Vorsicht.

Der Sättigungsbereich der Flussdichte B_{SAT} ändert sich mit der Temperatur: Je höher die Temperatur steigt, desto stärker sinkt er. Verwenden Sie immer den Wert bei 80 bis 100 °C, um den Temperaturanstieg des Übertragers zuzüglich der erhöhten Umgebungstemperatur am Einsatzort des Geräts zu berücksichtigen. Beachten Sie, dass sich auch die Form des Knickes (Knies) mit der Temperatur ändert. Die Kurven sind typisch und so unterliegt der genaue Wert den Fertigungstoleranzen. Schließlich führt der Betrieb im Bereich des Knies zu einem höheren Kernverlust, der seinerseits den Temperaturanstieg erhöht und den Sättigungsbereich verringert – ein Rezept für thermisches Durchgehen.

Sättigungsfluss, B_{SAT}

III Anwendungen

Neue Ferrite haben den Sättigungsbereich geringfügig in die Höhe getrieben, was dazu beiträgt, die Anzahl der benötigten Windungen zu verringern.

Ein sinnvoller B_{MAX}-Wert für Berechnungen liegt bei 80% des angegebenen B_{SAT}-Werts bei einer Temperatur von 100 °C. Trotzdem sollten Sie immer die Kurven des jeweiligen Materials überprüfen.

Zu berücksichtigen ist, dass die Kerne in diskreten Größen erhältlich sind – mit großen Sprüngen bei der Belastungskapazität. Bei einer Leistung, die zwischen diese Größen fällt, muss jeweils die nächstgrößere Größe oder aber eine andere Form verwendet werden.

Für die Kernauswahl gibt es mehrere Ansätze. Am einfachsten ist es, die von den Kernherstellern selbst herausgegebenen Tabellen zu verwenden. Diese sind in der Regel ideal und berücksichtigen keine Größenzunahme aufgrund von Sicherheitsanforderungen, Verschachtelungen oder sonstigen Variationen.

Kerngeometrie	Übertragbare Leistung (W)		
	Flyback-Wandler	Vorwärts-Wandler	Gegentakt-Wandler
ER11/5	8,5	10	14
ER14.5/6	20	23	32
EFD15	26	30	42
EFD20	50	57	80
EE12.6	17	20	28
EE16	41	48	67
EE20	73	85	118
EE25	135	155	218

Tab. 3.31: Kerngeometrien und typische übertragbare Leistung bei 100 kHz

Zwei weitere beliebte Methoden zur Bestimmung der Kerngröße, die ursprünglich für sinusförmige Ströme entwickelt wurden, sind das A_P-Produkt und die K_G-Methode.

Die A_P-Produktmethode basiert auf der Querschnittsfläche A_C des Kerns und der Wicklungsfensterfläche A_W. Auf Grundlage der zulässigen Flussdichte, der Betriebsspannung, der Frequenz und des Tastverhältnisses definiert die Kernfläche die Anzahl der Windungen. Die Windungen, die Stromdichte und der Auslastungsfaktor definieren dann die Fensterfläche A_W. Folgend eine Anpassung für Sperrwandler von Marian K. Kazimierczuk.

$$A_P = A_C \cdot A_W = \frac{4 \cdot W}{K_U \cdot J \cdot B_{MAX}} \; [\text{cm}^4] \qquad (3.37)$$

Wobei:

W = Energiebedarf pro Zyklus (J)
K_U = Kupferauslastungsfaktor, typischerweise 0,4 für Lackmanteldraht
J = Stromdichte für den Leiter (A/m^2)

$$W = \frac{1}{2} L_{PRI} \cdot I_{PRI(PEAK)}^2 \qquad (3.38)$$

Der Kupferauslastungsfaktor K_U gibt das Verhältnis der verwendeten Kupferleiterfläche zur verwendeten Kernfensterfläche an. Er ist klein, weil die verschiedenen Isolierungsformen (Spulenform, Drahtlack, Klebebänder usw.) den größten Teil der Fläche ausmachen.

Die K_G-Methode ist eine Erweiterung des von Adams vorgeschlagenen und von McLyman verfeinerten A_P-Produkts, das die Kerngröße anhand einer gewünschten Regelung oder eines Kupferverlustes als Grundlage bestimmt. Folgend eine Anpassung für DCM-Sperrwandler von Kazimierczuk.

$$K_g = \frac{D_{MAX} \cdot W^2}{\alpha \, (0{,}108 \cdot B_{MAX}^2 \cdot P_{OUT} \cdot 10^{-2})} \; [cm^5] \qquad (3.39)$$

Wobei

α = Regelung oder Verlustquote = (P_{CU}/P_{OUT}), geschätzt
W = Energiebedarf pro Zyklus (J)

Leider verwenden beide Methoden CGS-Einheiten und tauchen oft unter Verwendung des Konzepts der „Scheinleistung" auf, was ihre Nutzung erschwert. Die „Scheinleistung" basiert auf der Idee, dass Primär- und Sekundärseite jeweils mit ihrer vollen Nennleistung betrieben werden, sodass der Übertrager „anscheinend" mit der Summe der beiden arbeitet. Im einfachsten Fall ist die Scheinleistung doppelt so hoch wie die Ausgangsleistung, aber es gibt zusätzliche Anpassungsfaktoren für Topologien und Gleichrichterschaltungen. Die A_P- und K_G-Werte sind für Kerne eher selten angegeben, lassen sich aber leicht aus den Kerndaten berechnen.

$$A_P = A_C \cdot A_W$$
$$K_G = \frac{A_C^2 \cdot A_W \cdot K_U}{L_E} \qquad (3.40)$$

Wobei

A_C = Kernquerschnittsfläche (cm^2)
A_W = Fensterfläche (cm^2)

III Anwendungen

K_U = Fensterauslastungsfaktor, typischerweise 0,4 für Lackdraht
L_E = effektive Magnetweglänge des Kerns (cm)

Für unser Beispiel

$$W = \frac{1}{2} \cdot 681 \cdot 10^{-6} \text{ H} \cdot 0{,}63^2 \text{ A} = 135 \text{ µJ}$$

$$A_P = \frac{4 \cdot (135 \cdot 10^{-6} \text{ J})}{0{,}4 \cdot 0{,}3 \frac{\text{As}}{\text{m}^2} \cdot (5 \cdot 10^6 \text{ T})} = 0{,}09 \text{ cm}^4 \qquad (3.41)$$

$$K_G = \frac{0{,}45 \cdot (135 \cdot 10^{-6} \text{ J})^2}{0{,}002 \cdot 0{,}108 \cdot 0{,}3^2 \text{ T} \cdot 10 \cdot 10^{-2}} = 0{,}004 \text{ cm}^5$$

Die Bedingungen werden durch einen EE20/10/6-Kern (A_P = 0,18, K_G = 0,006) erfüllt.

Die Kernform wird oft durch die Endanwendung bestimmt und ist nicht immer ideal. Die Idealform wäre ein langes, bzw. tiefes Wicklungsfenster, um die geringe Anzahl von Wickellagen zu nutzen.

Unabhängig davon, welches Verfahren zur Auswahl des Kerns verwendet wird, ist die Energiespeicherung eine kritische Funktion des Sperrwandlerübertragers. Die Energiekapazität (in Joule) einer Kern- und Luftspalt-Kombination kann wie folgt bestimmt werden:

$$W = \frac{B_{MAX}^2 \cdot A_{MIN}^2}{2 \cdot A_L} \qquad (3.42)$$

Wobei:

W   = Energiebedarf für einen Zyklus (J)
A_{MIN} = minimale Kernquerschnittsfläche (m²)
A_L = Induktivitätsfaktor basierend auf dem in Katalogen angegebenen Spalt (nH/N²)

Die Umformung der Gleichung ergibt den erforderlichen A_L-Wert für den ausgewählten Kern:

$$A_L = \frac{B_{MAX}^2 \cdot A_{MIN}^2}{2 \cdot W} = \frac{0{,}3^2 \cdot (32 \cdot 10^{-6})^2}{2 \cdot (135 \cdot 10^6)} = 320 \text{ nH} \qquad (3.43)$$

Vergessen Sie nicht, dass A_L die Induktivität einer Windung ist und üblicherweise in nH angegeben wird. Der Wert kann auch die Spaltgröße definieren. Ferner kommen das Kernmaterial und die spezifischen Verluste bei der Betriebsfrequenz und der Flussdichte zum Tragen.

4. Schritt: Berechnung der Primärwindungen

Die minimale Windungszahl wird durch die maximale Betriebsflussdichte B_{MAX} und die Kernfläche des ausgewählten Kerns definiert.

$$N_{PRI} = \frac{L_{PRI} \cdot I_{PRI(PEAK)}}{B_{MAX} \cdot A_{MIN}} \qquad (3.44)$$

Beachten Sie, dass $L_{PRI} \cdot I_{PRI(PEAK)} = U_{IN} \cdot t_{ON}$ ist, wobei $t_{ON} = D/f$ und in der obigen Gleichung austauschbar ist.

$$N_{PRI} = \frac{681 \cdot 10^{-6} \cdot 0{,}63}{0{,}3 \cdot 32 \cdot 10^{-6}} = 44{,}7 \text{ aufgerundet, 45 Windungen} \qquad (3.45)$$

Hinweis: Die Einheiten von µH für die Induktivität und mm² für den Kernbereich heben sich auf.

Aus den zuvor berechneten Übersetzungsverhältnissen werden die Sekundärwindungen bestimmt. Die Tendenz zum niedrigeren Verhältnis verringert den Sekundärstrom.

$$N_{SEC} = \frac{N_{PRI}}{n} = \frac{45}{15} = 3{,}0 \qquad (3.46)$$

Teilwindungen sind nicht möglich. Sie müssen je nachdem, was vorteilhafter ist, auf ganze Zahlen, wahlweise auf- oder abgerundet werden.

Hinweis: Es gibt keine Konvention für das Übersetzungsverhältnis. In der Literatur werden sowohl N_P/N_S als auch N_S/N_P angegeben – und zwar meist in einer Form, welche die Anzahl erforderlicher Brüche reduziert. Prüfen Sie das immer nach.

Übersetzungsverhältnis

Die Sekundärinduktivität wird aus dem Quadrat des Übersetzungsverhältnisses berechnet.

$$L_{SEC} = A_L \cdot N_S^2 = 320 \text{ nH} \cdot 3^2 = 2{,}9 \text{ µH} \qquad (3.47)$$

5. Schritt: Drahtstärken definieren

Nach Bestimmung der erforderlichen Anzahl der Windungen werden nun Drahttyp und -stärke ermittelt. Zur Verfügung stehen Volldraht, Hochfrequenzlitzen und dreifach isolierte Drähte. Für viele Anwendungen – beispielsweise auch im vorliegenden Fall, bei dem die Zahl der Sekundärwindungen gering ist – ist es vorteilhaft, dreifach isolierte Drähte zu verwenden. Hierbei muss zur Erfüllung der sicherheitstechnischen Anforderungen kein Platz für Reserven vorgehalten werden. Die Verwendung von Litzen zur

III Anwendungen

Verringerung von Verlusten infolge des Proximity-Effekts kann im Bereich von 100 kHz bis 1,5 MHz von Vorteil sein. Im höheren Frequenzbereich würde die hohe Zahl von Strängen die effektive Lagenanzahl erhöhen – bis hin zu dem Punkt, an dem kein Nutzen mehr gegeben ist.

Bei hohen Frequenzen muss man Skin-Effekt, Proximity-Effekt und Lagenbildung berücksichtigen, um Wechselstromverluste zu begrenzen. Hierbei wird häufig die Eindringtiefe als Richtwert für die Bestimmung des maximalen Drahtdurchmessers herangezogen.

Die Eindringtiefe ist definiert als:

$$\delta = \sqrt{\frac{\rho}{\pi \cdot \mu_0 \cdot \mu_r \cdot f}} \qquad (3.48)$$

Für Kupfer bei 100 °C, in Millimetern

$$\delta = \frac{76}{\sqrt{f}} \qquad (3.49)$$

Bei 100 kHz

$$\delta = \frac{76}{\sqrt{100000\ Hz}} = 0{,}24\ mm \qquad (3.50)$$

Wählen Sie den Leitungsquerschnitt so, dass die Gesamtleistungsverluste und der daraus resultierende Temperaturanstieg in einem angemessenen Rahmen bleiben.

Designtipp 11:

Ein guter Startpunkt für die Drahtauswahl ist eine Stromdichte von 5 A/mm².

Die Kupferverluste berechnen sich aus dem Ohm'schen Gesetz. In der einfachsten Form, bei Gleichstromwiderständen, werden die Effektivströme verwendet. Eine fortgeschrittenere Analyse würde die Wechselstrom- und Gleichstromkomponenten von Strom und Widerstand voneinander trennen. Dies führt in der Regel, bei der Angabe höherer Verluste (Temperaturanstieg), zu einer größeren Genauigkeit.

Sobald der Kern ausgewählt ist, wird der verfügbare Platz für die Wicklungen bestimmt. Grundsätzlich sollten nur 80 bis 85% der verfügbaren Fläche genutzt werden. Das liegt daran, dass es unmöglich ist, die nicht ideale Verlegung der Drähte, überlappende

Isolierungen, Frequenzweichen, Schläuche, Durchführungen usw. zu berücksichtigen, welche Teil der Herstellung eines realen Transformators sind. Die Isolation der Lagen voneinander und mögliche Kriech- und Luftstrecken müssen vom verfügbaren Bereich abgezogen werden. Die Wicklungsverluste sollten zwischen Primär- und Sekundärwicklungen möglichst ausgewogen sein, um eine annähernd gleiche Wicklungsfläche zu erzielen, auch wenn dies nicht unbedingt erforderlich ist.

Da der Kern auf Grundlage einer geschätzten Stromdichte ausgewählt wurde, ist es einfach, die Fläche durch die Anzahl der Windungen zu teilen und die Quadratwurzel zu ziehen, um so den passenden maximalen Drahtdurchmesser (einschließlich Isolierung, ob lackiert oder dreifach isoliert) zu finden. Die Drahtstärke ist so zu wählen, dass die Stromdichte anfangs zwischen 4 und 6 A/mm² liegt. Wicklungsverluste und Temperaturerhöhung sind dabei maßgebliche Faktoren. Als nächstes bestimmen Sie die Anzahl der Lagen. Muss die Drahtstärke so angepasst werden, dass sie besser in gleichmäßige, oder aber ganze Lagen passt? Je mehr Lagen vorhanden sind, desto größer sind die Verluste durch den Proximity-Effekt. Teillagen erhöhen die Streuinduktivität. Manchmal sind zwei oder drei Litzen aus weniger starkem Draht zu bevorzugen. Die Gesamthöhe der Wicklung wird durch die Stärke des Spulenkörpers, die Anzahl der Leiterlagen und die Isolierung bestimmt. Sie muss kleiner sein als die Höhe des Kernwicklungsfensters.

Für unser Beispiel auf der Primärseite verläuft die Umwandlung einer periodischen dreieckigen Wellenform in Effektivströmen, wie folgt:

$$I_{RMS} = I_{PEAK}\sqrt{\frac{D}{3}}$$

$$I_{RMS} = 0{,}63\ A\sqrt{\frac{0{,}45}{3}} = 0{,}24\ A \tag{3.51}$$

Bei einer Stromdichte von 6 A/mm² ergibt sich eine Drahtfläche von 0.040 mm², was einem Draht mit einem Durchmesser von Ø 0.224 mm (31 AWG) entspricht. Dieser Drahtdurchmesser ist kleiner als die Eindringtiefe. Das Ziel besteht darin, als Ausgangspunkt einen Durchmesser zu finden, der kleiner als das Doppelte der Eindringtiefe ist.

Die verfügbare Wicklungslänge beträgt 13,2 mm. Sie reduziert sich um insgesamt 6 mm (je 3 mm pro Seite) für Kriech- und Luftstrecken zur Sekundärseite und zu den Klemmen. Die verbleibenden 7,2 mm können 26 Windungen pro Lage aufnehmen. Die Unterteilung der Wicklung in zwei Abschnitte reduziert die Streuinduktivität.

III Anwendungen

> **Designtipp 12:**
>
> Unterteilen Sie die Wicklung mit der höchsten Windungszahl in zwei Abschnitte, um die Streuinduktivität zu reduzieren. Dabei spielt es keine Rolle, ob es sich um die Primär- oder die Sekundärwicklung handelt. Eine Teilung ermöglicht die maximale Reduzierung der Streuinduktivität bei geringstem Aufwand.

> **Designtipp 13:**
>
> Verwenden Sie bei der Berechnung von Windungen pro Lage immer einen Verdichtungsfaktor, um die verfügbare Wickellänge zu reduzieren. Die Drähte liegen nicht perfekt nebeneinander und der Drahtdurchmesser kann sich in Richtung der größeren Toleranz bewegen, und/oder die Spulenform in Richtung der kleineren. Der Verdichtungsfaktor steigt mit abnehmendem Drahtdurchmesser. Normalerweise reichen die Werte von 0,95 für größere Drahtdurchmesser bis 0,85 für einen Feindraht.

In dem Moment, in dem der MOSFET abschaltet, ist der Fluss in beiden Wicklungen gleich. Der Sekundärstrom beginnt bei einem Spitzenwert, welcher dem Produkt aus primärem Spitzenstrom und Übersetzungsverhältnis entspricht.

$$I_{S(PEAK)} = I_{P(PEAK)} \cdot n = 0{,}63 \text{ A} \cdot 15{,}3 = 9{,}64 \text{ A} \qquad (3.52)$$

Die OFF-Zeit entspricht dem Gefälle der Stromabnahme über der Spannung.

$$dt = \frac{L \cdot di}{U} = \frac{L_{SEC} \cdot I_{S(PEAK)}}{U_{SEC}} = \frac{2{,}9 \text{ µH} \cdot 9{,}64 \text{ A}}{5{,}7 \text{ V}} = 4{,}9 \text{ µs} \qquad (3.53)$$

Der Effektivwert des Stroms wird dann berechnet mit:

$$I_{RMS} = I_{PEAK} \sqrt{\frac{D}{3}} = 9{,}64 \text{ A} \sqrt{\frac{0{,}49}{3}} = 3{,}88 \text{ A} \qquad (3.54)$$

Bei 6 A/mm² wären das 0,630 mm², was einem Draht mit Durchmesser von 0,900 mm (19 AWG) entspricht; dieser wäre aber zu stark, um auf einen so kleinen Spulenkörper gewickelt werden zu können.

Da die Anzahl der Windungen gering ist und wir keinen dreifach isolierten Draht verwenden, wären Mehrfachlitzen eine Option. Mehrstrangwicklungen von zwei bis vier Strängen sind sinnvoll. Entscheiden wir uns für drei Litzen, dann wären solche mit einem Durchmesser von 0,500 mm (24 AWG) eine naheliegende Option.

Offline-Übertrager verfügen normalerweise über Hilfswicklungen, um die Steuerung nach der Inbetriebnahme mit Strom zu versorgen. Die notwendige Leistung ist in der Regel klein genug, um sie bei der Berechnung der Gesamtleistung nicht berücksichtigen zu müssen. Die Anzahl der Windungen für diese Hilfs-Wicklung sind einfach das Verhältnis aus der Hilfsspannung und der Sekundärspannung, multipliziert mit der Anzahl der Sekundärwindungen. Für eine 10-V-Hilfsspannung gilt:

$$N_{AUX} = \frac{U_{AUX} \cdot N_{SEC}}{U_{SEC}} = \frac{10,7 \cdot 3}{5,7} = 5,6 \quad \text{hier 6 Windungen} \quad (3.55)$$

Denken Sie daran, Diodenspannungsabfälle mit einzubeziehen. Der Hilfsstrom ist niedrig – typischerweise 20 mA – sodass die Primärdrahtstärke verwendet werden kann.

Vor der Abschätzung von Verlusten muss die Gesamtbauhöhe des Übertragers geprüft werden. Dies ist die Höhe aller Wicklungen und Isolierungen als prozentualer Anteil der vorhandenen Höhe. Bisher wurden die Drahtstärken so gewählt, dass sie genau passten und komplette Lagen gefüllt werden konnten.

Merkmal	Beschreibung	Höhe (mm)
½ Primärwicklung	1 Lage, Ø 0,224 mm (31 AWG)	0,265
Isolierung	3-lagig, Polyesterband	0,19
Sekundärwicklung	1 Lage, 3 × Ø 0,500 mm (24 AWG)	0,565
Isolierung	3-lagig, Polyesterband	0,19
½ Primärwicklung	1 Lage, Ø 0,224 mm (31 AWG)	0,265
Isolierung	3-lagig, Polyesterband	0,19
Hilfswicklung	1 Lage, Ø 0,224 mm (31 AWG)	0,265
Isolierung	3-lagig, Polyesterband	0,19
Gesamt		2,12
Höhe der Spulenkörperwicklung		3,15
Höhe		67%

Tab. 3.32: Aufbau von Wicklungs- und Isolationslagen

Ein Zielwert von 80 bis 85% für die Bauart erlaubt die optimale Nutzung der verfügbaren Fläche. Höhere Bauarten erfordern mehr Sorgfalt und verursachen höhere Kosten. Der Nachteil einer niedrigen Bauart besteht darin, dass der Übertrager möglicherweise etwas größer wird, als er sein müsste. So ergeben sich in diesem Beispiel

III Anwendungen

einlagige Wicklungen, die optimal für eine geringe Streuinduktivität sind, aber in der Regel zu einem größeren Übertrager mit niedriger Bauart führen.

6. Schritt: Berechnung von Verlusten und Temperaturerhöhung

Mit den Effektivströmen kann nach Bestimmung der Wicklungswiderstände auf einfache Weise abgeschätzt werden, ob Kupferverluste auftreten. Die in den Drahttabellen aufgeführten Widerstandswerte werden üblicherweise für 20 °C angegeben. Die meisten magnetischen Komponenten werden jedoch bei höheren Umgebungstemperaturen betrieben.

Der Widerstand steigt mit der Temperatur um 0,393% je Grad Celsius.

$$R_T = R_{REF} \left(1 + \alpha \left(T - T_{REF}\right)\right) \tag{3.56}$$

Wobei:

R = Widerstand bei neuer Temperatur
R_{REF} = Widerstand bei Referenztemperatur, normalerweise 20 °C
α = Temperaturkoeffizient, bei Kupfer 0,00393
T = neue Temperatur
T_{REF} = Referenztemperatur, normalerweise 20 °C

Eine Betriebsumgebung mit 50 °C und einem Temperaturanstieg des Übertragers um 40 °C führt zu folgendem Widerstandsfaktor:

$$R_{90°C} = 1\,\Omega \cdot \left(1 + 0{,}00393\,(90°C - 20°C)\right) = 1{,}275\,\Omega \tag{3.57}$$

Nun nehmen wir die Windungen, die Windung mittlerer Länge der Spulenform (aus dem Datenblatt), den Drahtwiderstand pro Meter gemäß Tabelle und den obigen Widerstandstemperaturfaktor hinzu und erhalten die Widerstandserhöhungen pro Wicklung:

$$\begin{aligned}
R_{PRI} &= N_{PRI} \cdot MLT \cdot R_{WIRE} \cdot R_{90°C} \\
R_{PRI} &= 45 \cdot 0{,}039 \cdot 0{,}4256 \cdot 1{,}275\,\Omega = 0{,}95\,\Omega \\
R_{SEC} &= N_{SEC} \cdot MLT \cdot R_{WIRE} \cdot R_{90°C} \\
R_{SEC} &= 3 \cdot \frac{0{,}08422}{3} \cdot 1{,}275\,\Omega = 0{,}0042\,\Omega
\end{aligned} \tag{3.58}$$

Hierbei wird der Drahtwiderstand durch die Anzahl der Litzen bei Wicklungen mit mehreren Wicklungen geteilt.

Die Kupferleistungsverluste betragen:

$$P_{PRI} = R_{PRI} \cdot I_{PRI(RMS)}^2 = 0{,}95\ \Omega \cdot 0{,}24^2\ A = 0{,}055\ W$$
$$P_{SEC} = R_{SEC} \cdot I_{SEC(RMS)}^2 = 0{,}0042\ \Omega \cdot 3{,}88^2\ A = 0{,}063\ W \quad (3.59)$$

Es gibt aufwändigere Methoden, die den Strom in seine Wechselstrom- und Gleichstromkomponenten trennen, die dann ihrerseits bei geschätzten Wechselstrom- und Gleichstromwiderständen verwendet werden, um Wicklungsverluste und Temperaturanstieg genauer abzuschätzen. Die Trennung der Ströme ist genauer, was in der Regel zu 15 bis 20% höheren Verlusten führt. Der hohe Anteil an Harmonischen der Ströme in Schaltnetzteilen macht die Berechnung von Wechselstromverlusten schwieriger. P.L. Dowell hat ein vereinfachtes eindimensionales Modell vorgestellt, das relativ einfach anzuwenden ist.

Die Kernverluste können den Kernverlustdiagrammen entnommen werden, die die Verlustleistung pro Volumen für Ferrit angeben. Hierbei werden häufig zwei Maßeinheiten verwendet, kW/m³ und mW/cm³. Beachten Sie, dass Kerndatenblätter oft mm³ für das Volumen angeben.

Abbildung 3.113 stellt den Kernverlust bei verschiedenen Frequenzen über der Flussdichte dar, gemessen mit einer bipoloaren, sinusförmigen Wechselspannung. Bei der Verwendung einer unipolaren Wellenform, z.B. in einem Sperrwandler, muss B_{MAX} um die Hälfte reduziert werden, um die Diagramme verwenden zu können. Die Argumentation hierfür ist die gleiche wie bei Wechselspannungen, bei denen der Spitzenwert von 0 bis zum Spitzenwert und nicht der Peak-to-Peak-Wert ist. Im Sperrwandlerübertrager verläuft der Fluss von 0 hin zu einem Spitzenwert, der als B_{MAX} bezeichnet wird. Da es jedoch keinen negativen Fluss, ist dies auch der Peak-to-Peak-Wert. Daher muss der Wert halbiert werden. Bei jeder unipolaren Wellenform entspricht B_{PEAK} für die Diagramme $B_{MAX}/2$.

III Anwendungen

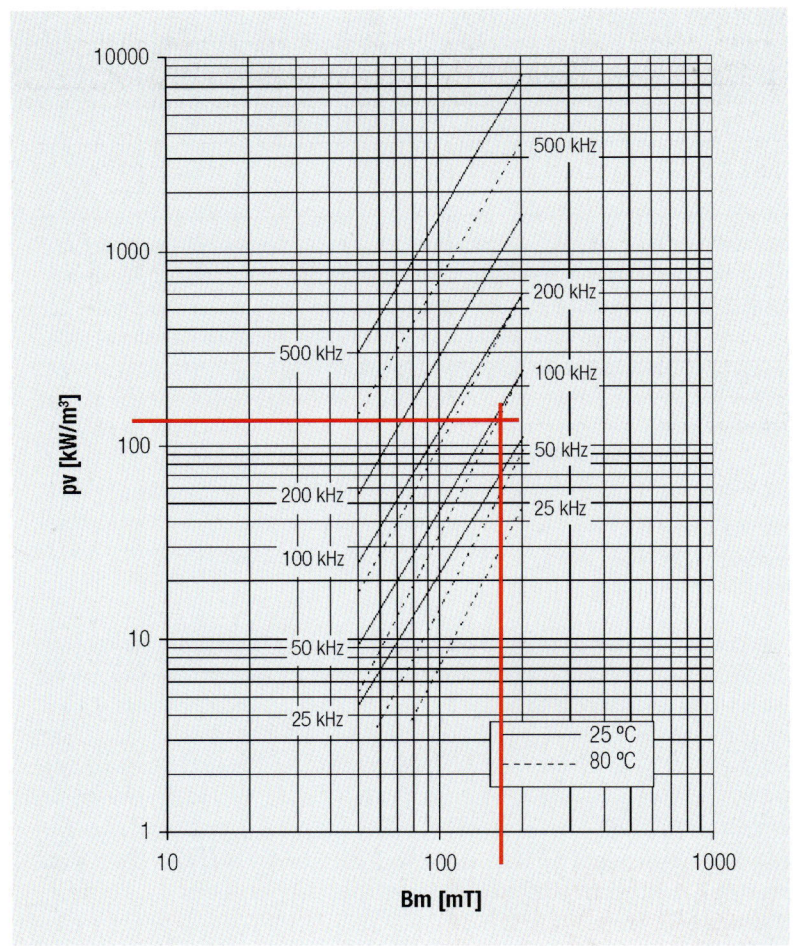

Abb. 3.113: Spezifische Verluste von Ferrit 1P2400 über der Änderung der Flussdichte

Durch Anlegen einer vertikalen Linie auf der horizontalen Achse des Diagramms, bei B_{max} = 150 mT und einer Frequenz von 100 kHz bei 80 °C beträgt der Kernverlust, abgelesen auf der vertikalen Achse ca. 120 kW/m³ bzw. 120 mW/cm³. Da das Kernvolumen für EE20/10/6 1.490 cm³ beträgt, ergibt sich somit:

$$P_{FE} = V_{CORE} \cdot P_V = 1{,}49 \cdot 120 = 179 \text{ mW} \tag{3.60}$$

Die Gesamtverluste P_{TOTAL} sind die Summe aus Kupfer- und Kernverlusten und berechnen sich wie folgt:

$$P_{TOTAL} = P_{FE} + P_{PRI} + P_{SEC} = 179 \text{ mW} + 55 \text{ mW} + 63 \text{ mW} = 297 \text{ mW} \tag{3.61}$$

Kernbau-geometrie	A_e (mm²)	L_3 (mm)	V_e (mm³)	R_{TH} (K/W)	Höhe des Wicklungsfensters (mm)
ER11/5	11,9	14,7	174	134	1,60
ER14.5/6	17,6	19,0	333	99	2,75
EFD15	15,0	34,0	510	75	1,80
EFD20	31,0	47,0	1460	45	1,80
EE12.6	12,4	29,7	369	94	2,10
EE16	20,1	37,6	750	76	2,50
EE20	32,0	46,0	1490	46	3,15
EE25	52,5	57,5	3020	40	3,95

Tab. 3.33: Parameter von verschiedenen Kernbauformen, hier zur Berechnung des Temperaturanstiegs

Mit den Angaben aus der Tabelle 3.32 kann der Temperaturanstieg über die Verlustleistung einfach berechnet werden:

$$T_{RISE} = P_{TOTAL} \cdot R_{TH} = 0{,}297\,W \cdot 46\,\Omega = 14°C \qquad (3.62)$$

Der geringe Temperaturanstieg ist ein Hinweis darauf, dass der gewählte Kern zu groß ist. Er ist größer als aufgrund der sicherheitstechnischen Anforderungen an Kriech- und Luftstrecken. Die Verwendung von dreifach isoliertem Draht ist eine weitere Möglichkeit, die Gesamtgröße zu reduzieren.

Designtipp 14:

Bei Übertragern mit kleiner Bauform sollte die Temperaturerhöhung weniger als 40 K betragen.

Der Grundentwurf des Übertragers ist damit abgeschlossen, es ergeben sich folgende Parameter zum Aufbau:

1. Kern und Spulenkörper: EE20/6
2. Primärseitig 46 Drahtwindungen je 0,224 mm Durchmesser, aufgeteilt in zwei Wicklungen um die Sekundärseite.
3. Sekundärseite: 3 Windungen mit Dreifachdraht mit 0,500 mm Durchmesser
4. Hilfswicklung: 6 Windungen mit Draht mit 0,500 mm Durchmesser
5. Isolierband zwischen den Wicklungen und 3 mm Rand pro Seite

III Anwendungen

Konstruktion des Übertragers

Bei der elektrischen Auslegung des Übertragers sind besondere Anforderungen wie ggf. sicherheitstechnische Normen und Herstellerangaben zu berücksichtigen. Hierzu können gehören:

1. Die Auswahl von Spulenmaterialien mit unterschiedlichen Materialgruppen-/CTI-Einstufungen, welche die Kriech- und Luftstrecken beeinflussen kann
2. Die Notwendigkeit eines zugelassenen Isolationssystems, dieses schränkt die Auswahl an Drahtisolierungen, Bändern und Spulenmaterialien ein
3. Die Betriebsumgebung, sie kann zusätzliche oder spezielle Oberflächenmaterialien erforderlich machen
4. Der zulässige Raum für das Bauteil, wie Fläche und Höhe
5. Die Drahtstärken und die Isolationsarten
6. ROHS-Anforderungen, d.h. z.B. sind die verwendeten Materialien für bleifreie Lötprozesse geeignet?

Die Bilder in Abbildung 3.114 zeigen die Einzelschritte beim Aufbau eines oberflächenmontierten EFD25-Übertragers.

Abb. 3.114: Schritt für Schritt – bildhafte Anleitung zur Übertrager-Konstruktion

6.3 Konstruktion eines CCM-Sperrwandlerübertragers

Das folgende Beispiel vermittelt Ihnen einen Eindruck von der Konstruktion eines Übertragers für einen CCM-Sperrwandler (Continuous Current Mode).

Die Vorgehensweise orientiert sich an den in Abbildung 3.112 dargestellten Schritten. Wie aus dem Flussdiagramm entnommen werden kann, ist das Design des Transformators ein hochiterativer Prozess. Anhand eines Beispiels sollen die einzelnen Designschritte aufgezeigt werden:

Eingangsspannungsbereich U: 36–57 V
Ausgangsspannung U_o: 5 V
Ausgangsstrom I_o: 1.5 A
Max. Tastverhältnis D_{max}:   50%

III Anwendungen

Schaltfrequenz f: 300 kHz
Sicherheitsanforderungen: Funktionsisolierung*

* Isolierung, die nur für den einwandfreien Betrieb des Produktes nötig ist.

Anmerkung: Die Funktionsisolierung schützt definitionsgemäß nicht gegen elektrischen Schlag (gefährliche Körperströme). Sie kann aber die Gefahr von Entzündungen und Bränden verringern

1. Schritt: Festlegen des Übersetzungsverhältnisses bzw. des Tastverhältnisses

Übersetzungsverhältnis und Tastverhältnis bestimmen sich gegenseitig, d.h. ist einer der beiden Parameter festgelegt, ergibt sich der andere.

Das maximale Tastverhältnis und auch die höchsten auftretenden Verluste ergeben sich bei minimaler Eingangsspannung. Das ist der Worst Case. Bei kurzzeitigen Stromspitzen, kann dieses Tastverhältnis kurzfristig überschritten werden.

Wir wählen ein niedrigeres Tastverhältnis von 40% (0,4) anstelle von 50% (0,5). Das Verhältnis zwischen maximalem Tastverhältnis und Übersetzungsverhältnis ergibt sich aus der folgenden Gleichung.

$$\frac{N_1}{N_2} = \frac{D_{MAX}}{1 - D_{MAX}} \cdot \frac{U_{i,min}}{U_0^*} \leftrightarrow D_{MAX} = \frac{\frac{N_1}{N_2}}{\frac{N_1}{N_2} + \frac{U_{i,min}}{U_0^*}} \qquad (3.63)$$

D_{max} = maximales Tastverhältnis: $D_{max} = T_{on}/(T_{on}+T_{off})$
U_i = Eingangsspannung
$T_{on,off}$ = Einschaltzeit, Ausschaltzeit des MOSFETs
N_1, N_2 = Anzahl der primären und sekundären Windungen
U_0^* = Ausgangsspannung, die die Diodenspannung mit in Betracht zieht ($U_0 + U_D$)

In unserem Beispiel erhalten wir ein Übersetzungsverhältnis von:

$$\frac{N_1}{N_2} = \frac{0,4}{1 - 0,4} \cdot \frac{36\,V}{5\,V + 0,7\,V} = 4,2 \qquad (3.64)$$

Zur Vereinfachung des Designs wählen wir ein Übersetzungsverhältnis von 4:1. Damit erhalten wir ein Tastverhältnis von:

$$D_{MAX} = \frac{4}{4 + \frac{36\,V}{5\,V + 0,7\,V}} = 0,39 \qquad (3.65)$$

2. Schritt: Festlegen der Induktivität

Ähnlich wie bei Speicherdrosseln sollten jetzt zunächst die auftretenden Ströme bestimmt werden. Der Effektivstrom, der Strom-Mittelwert und der Maximalstrom können durch Betrachtung der Signalströme ermittelt werden.

Der Effektivstrom ist der Strom, mit dem später die Kupferverluste berechnet werden. Es ist der über die Periode gemittelte Strom. Für die Sekundärseite ergibt sich

$$I_{RMS,SEC} = \frac{I_{OUT}}{\sqrt{1-D}} = \frac{1,5\,A}{\sqrt{1-0,39}} = 19,2\,A \quad (3.66)$$

$I_{rms,sec}$ = Effektivstrom auf der Sekundärseite

Auf der Primärseite fließt folgender Effektivstrom:

$$I_{RMS,PRI} = \frac{P_O}{U_i \cdot \eta \cdot \sqrt{D}} = \frac{7,5\,W}{36\,V \cdot 0,8 \cdot \sqrt{0,39}} = 0,42\,A \quad (3.67)$$

$I_{rms,prim}$ = Effektivstrom auf der Primärseite
P_o = Ausgangsleistung
η = Wirkungsgrad (i.d.R. um 80%)

Als Durchschnittsstrom wird der Mittelwert des Stroms bezeichnet, der anliegt, während der MOSFET bzw. die Diode leitet. Er berechnet sich zu:

$$I_{avg,sec} = \frac{I_O}{1-D} = \frac{1,5\,A}{1-0,39} = 2,46\,A \quad (3.68)$$

$$I_{avg,prim} = \frac{P_O}{U_i \cdot \eta \cdot D} = \frac{7,5\,W}{36\,V \cdot 0,8 \cdot 0,39} = 0,67\,A \quad (3.69)$$

Zur Bestimmung der Induktivität können wieder verschiedene Kriterien angewendet werden.

Die Sekundärinduktivität wird mit einem Ripplestrom von 40% berechnet:

$$L_{sec} = \frac{U_0^* \cdot (1-D)}{0.4 \cdot I_{avg,sec} \cdot f} = \frac{5,7\,V \cdot 0,61}{0,4 \cdot 2,46\,A \cdot 300\,kHz} = 11,8\,\mu H \quad (3.70)$$

III Anwendungen

Die Primärinduktivität ergibt sich folglich aus:

$$L_{prim} = L_{sec} \cdot \left(\frac{N_1}{N_2}\right)^2 = 11{,}8\,\mu H \cdot 4^2 = 188{,}5\,\mu H \quad (3.71)$$

Für die Spitzenströme gilt dann:

$$I_{primpeak} = I_{avg,prim} + \frac{I_{ripple,prim}}{2} = I_{avg,prim} + \frac{0{,}4}{2} \cdot I_{avg,prim} \quad (3.72)$$
$$I_{primpeak} = 0{,}67\,A + 0{,}2 \cdot 0{,}67\,A = 0{,}8\,A$$

$$I_{secpeak} = I_{avg,sec} + 0{,}5 \cdot I_{ripple,sec} = I_{avg,prim} + \frac{0{,}4}{2} \cdot I_{avg,sec} \quad (3.73)$$
$$I_{secpeak} = 2{,}46\,A + 0{,}2 \cdot 2{,}46\,A = 2{,}95\,A$$

3. Schritt: Auswahl des Kerns

Verwenden Sie dieselbe Vorgehensweise wie beim DCM. Für die Berechnung des Flächenproduktes ist die A_p-Gleichung identisch. In der K_g-Gleichung ändert sich nur die Konstante von 0,108 für CCM hier auf 0,03625.

	Übertragbare Leistung (W)		
Kerngeometrie	**Sperrwandler**	**Kerngeometrie**	**Sperrwandler**
ER11/5	8,5	10	14
ER14.5/6	20	23	32
EFD15	26	30	42
EFD20	50	57	80
EE12.6	17	20	28
EE16	41	48	67
EE20	73	85	118
EE25	135	155	218

Tab. 3.34: Kerngeometrien und maximale übertragbare Leistung

Für das Beispiel hier wählen wir aus obiger Tabelle einen EFD15-Kern.

4. Schritt: Festlegen der Primärwindungszahl

Die minimale Windungszahl wird durch die maximale magnetische Flussdichte im Kern festgelegt. Das Ferritmaterial 1P2400 hat eine Sättigungsflussdichte von etwa 360 mT. Für die minimale Windungszahl ergibt sich somit:

$$N_{prim} > \frac{L_{prim} \cdot I_{primpeak}}{B_{sat} \cdot A_e} = \frac{139{,}6\ \mu H \cdot 0{,}8\ A}{0{,}36\ T \cdot 15\ mm^2} = 28 \quad (3.74)$$

B_{sat} = Sättigungsflussdichte
A_e = effektiver Querschnitt des Ferritkerns

Wir können auch Abbildung 3.115 zum Festlegen der Windungszahl benutzen. Um etwas Sicherheitsabstand und eine durch vier teilbare Windungszahl zu erhalten, wählen wir 32 Windungen auf der Primärseite.

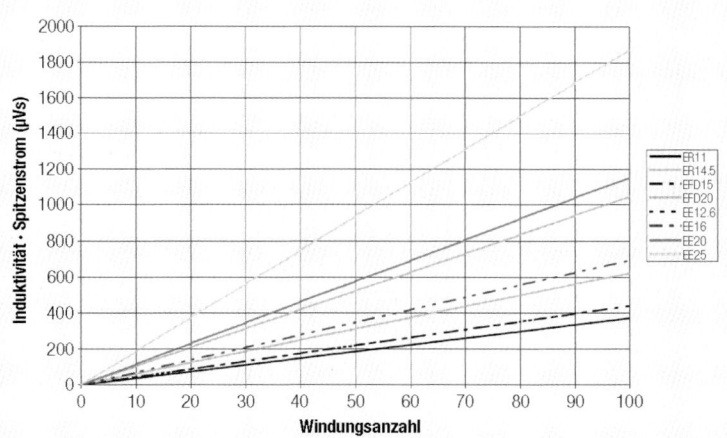

Abb. 3.115: Maximaler magnetischer Fluss über der Windungszahl für verschiedene Bauformen. Anmerkung: Für Sperrwandler wird der magnetische Fluss berechnet aus $L \cdot I_{peak}$

Nun müssen die mit der gewählten Primärwindungszahl zu erwartenden Kernverluste berechnet werden. Dazu muss die Änderung der Flussdichte ΔB bekannt sein:

$$\Delta B = \frac{L_{prim} \cdot I_{ripple,prim}}{n_{prim} \cdot A_e} = \frac{188\ \mu H \cdot 0{,}27\ A}{32 \cdot 15\ mm^2} = 106\ mT \quad (3.75)$$

ΔB = Änderung der Flussdichte
$I_{rippel,prim}$ = primärer Rippelstrom

III Anwendungen

Aus Abbildung 3.113 können wir den spezifischen Verlust bestimmen und zusammen mit dem effektiven Volumen des Kerns, aus der Tabelle 3.35, die Kernverluste berechnen. Für die Bestimmung der Kernverluste muss $\Delta B/2$ verwendet werden.

Für unser Beispiel erhalten wir einen Kernverlust von 51 mW.

Kernbau-geometrie	A_e (mm²)	L_3 (mm)	V_e (mm³)	R_{TH} (K/W)	Höhe des Wicklungsfensters (mm)
ER11/5	11,9	14,7	174	134	1,60
ER14.5/6	17,6	19,0	333	99	2,75
EFD15	15,0	34,0	510	75	1,80
EFD20	31,0	47,0	1460	45	1,80
EE12.6	12,4	29,7	369	94	2,10
EE16	20,1	37,6	750	76	2,50
EE20	32,0	46,0	1490	46	3,15
EE25	52,5	57,5	3020	40	3,95

Tab. 3.35: Kernbauformen und Parameter

5. Schritt: Drahtstärken definieren

Die Drahtquerschnitte sollten so ausgelegt sein, dass durch die Gesamtverlustleistung, die Erwärmung des Bauteils im erforderlichen Rahmen bleibt.

Die Kupferverluste berechnen sich im ersten Schritt aus dem Ohm'schen Gesetz. Da in dem Übertrager nur dünne Drähte benutzt werden, können wir die Wirbelstromverluste für den Anfang vernachlässigen.

Im nächsten Schritt muss geprüft werden, ob die Drähte ins Wickelfenster des Spulenkörpers passen. Unter Verwendung von Abbildung 3.116 kann die Anzahl der benötigten Lagen ermittelt werden. Beachten Sie, dass diese Abbildung nur gültig ist, wenn keine Luft und keine Kriechstrecken benötigt werden. Durch Multiplikation der Lagenzahl mit dem äußeren Drahtdurchmesser (Tabelle 3.36) erhält man die Höhe der Wicklung.

Berechnen Sie die gesamte Wicklungshöhe durch Addition der Höhen aller Wicklungen. Prüfen Sie, ob die Wicklungshöhe kleiner ist als die Höhe des Wickelfensters.

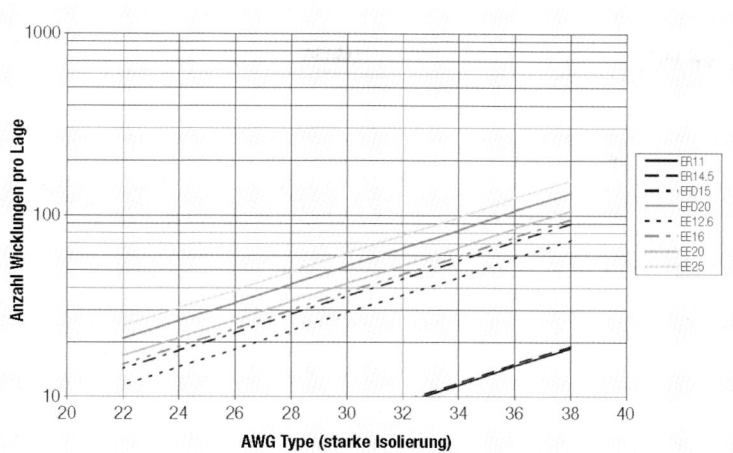

Abb. 3.116: Anzahl der Windungen pro Lage für verschiedene Kernpakete und Drähte

Draht-durch-messer (mm)	AWG	Äußerer Durch-messer (mm)	DCR/Windung (mΩ/Windung)							
			ER11	ER14.5	EFD15	EFD20	EE12.6	EE16	EE20	EE25
0,10	38	0,125	57,18	71,47	69,62	90,26	63,53	92,65	103,23	139,76
0,15	34	0,177	24,00	30,00	29,22	37,89	26,66	38,89	43,33	58,66
0,20	32	0,239	13,10	16,38	15,96	20,69	14,56	21,23	23,66	32,03
0,28	29	0,329	6,55	8,19	7,98	10,34	7,28	10,62	11,83	16,01
0,30	28	0,337	5,68	7,10	6,91	8,96	6,31	9,20	10,25	13,88
0,35	27	0,387	4,13	5,16	5,03	6,52	4,59	6,69	7,46	10,10
0,40	26	0,459	3,14	3,92	3,82	4,95	3,49	5,09	5,67	7,67
0,50	24	0,566	1,97	2,47	2,40	3,12	2,19	3,20	3,57	4,83

Tab. 3.36: Drahtwicklungen und Parameter; der Widerstand pro Umdrehung ergibt sich aus den Drahtparametern und der durchschnittlichen Windungslänge der Spulen

In unserem Beispiel haben wir Effektivströme von 0,42 A primär und 1,92 A sekundär. Bei 4 A/mm² benötigen wir Drahtquerschnitte von 0,1 mm² und 0,48 mm².

Somit ergeben sich Drahtdurchmesser von

$$\varnothing \text{ prim} = \sqrt{4 \cdot \frac{A_{prim}}{\pi}} = \sqrt{4 \cdot \frac{0{,}1 \text{ mm}^2}{\pi}} = 0{,}36 \text{ mm} \qquad (3.76)$$

III Anwendungen

und

$$\varnothing\,\text{sec} = \sqrt{4 \cdot \frac{A_{sec}}{\pi}} = 0{,}78\,\text{mm} \quad (3.77)$$

Bei einer sekundären Wicklung mit 2 parallelen Drähten, erhält man einen Durchmesser pro Draht von

$$\varnothing\,\text{sec, par} = \sqrt{\frac{4 \cdot A_{sec}}{2}\Big/\pi} = \sqrt{2 \cdot \frac{A_{sec}}{\pi}} = 0{,}55\,\text{mm} \quad (3.78)$$

Aufgrund des begrenzten Platzes verwenden wir einen Drahtdurchmesser von 0,3 mm primär und zwei Drähte mit Durchmesser von 0,5 mm sekundär.

Daraus ergeben sich die folgenden Widerstände (Tabelle 3.36):

$$DCR_{prim} = N_1 \cdot \frac{DCR}{T} = 32 \cdot 6{,}91\,\text{m}\Omega = 221\,\text{m}\Omega \quad (3.79)$$

$\dfrac{DCR}{T}$ = DC Widerstand pro Windung

$$DCR_{sec} = \frac{1}{2}N_2 \cdot \frac{DCR}{T} = \frac{1}{2} \cdot 8 \cdot 24 = 9{,}6\,\text{m}\Omega \quad (3.80)$$

Nach dem Ohm'schen Gesetz erhalten wir Kupferdrahtverluste (P_{CU}) von

$$P_{CU,prim} = DCR_{prim} \cdot I_{RMS,prim} = 221\,\text{m}\Omega \cdot 0{,}42\,A^2 = 39\,\text{mW} \quad (3.81)$$

$$P_{CU,sec} = DCR_{sec} \cdot I_{RMS,sec} = 9{,}6\,\text{m}\Omega \cdot 1{,}92\,A^2 = 35\,\text{mW} \quad (3.82)$$

Die Gesamtverluste aus Kern- und Kupferverluste ergeben sich mit:

$$P_{tot} = P_{Fe} + P_{CU,prim} + P_{CU,sec} = 51\,\text{mW} + 39\,\text{mW} + 35\,\text{mw} = 125\,\text{mW} \quad (3.83)$$

Mit R_{TH} (aus Tabelle 3.35) erhalten wir eine Temperaturerhöhung von:

$$\Delta T = P_V \cdot R_{TH} = 0{,}125 \text{ W} \cdot \frac{K}{W} = 9{,}4 \text{ K} \qquad (3.84)$$

Nun ist das Design abgeschlossen und wir können mit dem Wickeln beginnen.

1. Kern und Spulenkörper EFD15
2. Primär: 32 Windungen mit Draht Ø 0,3 mm
3. Isolationsklebeband zwischen primär und sekundär
4. Sekundär: 8 Windungen mit 2 Drähten Ø 0,5 mm

6.4 Überlegungen zur Fertigung

Folgend einige grundlegende Richtlinien, die bei der Auslegung eines Transformators zu beachten sind. Durch die Einhaltung dieser Richtlinien können die Herstellungskosten minimiert und gleichzeitig die elektrische Leistung optimiert werden. Beachten Sie, dass diese Richtlinien nicht alle möglichen Konstruktionsmethoden darstellen können.

Einrückung – Stellen Sie fest, wo Luft- und Kriechstrecken benötigt werden und wo man die Wicklungen einrücken muss. Hier wird ein Klebeband zur mechanischen Fixierung der Einrückung benötigt. Im Beispiel wurde auf einer Seite des Spulenkörpers eingerückt. Eingerückte Wicklungen und ihre Lage beeinflussen die magnetische Kopplung und die Streuinduktivität. Eine Alternative dazu sind dreifach isolierte Drähte. Diese Lösung ist bei hohen Windungszahlen sehr teuer.

Anzahl der Einzeldrähte/Drahtdurchmesser – Wählen Sie die Drahtart, Anzahl der Einzeldrähte und Drahtdurchmesser gemäß der Schaltfrequenz und der Stromstärke. Vorsicht: Zu dicke Drähte oder zu viele Einzeldrähte können bei benachbarten Pins zu ungewünschten Lötbrücken (Kurzschlüssen) führen.

Anzahl Windungen pro Lage (TPL) – Wählen Sie die Anzahl so, dass Sie die gesamte Wickelbreite nutzen. Verteilen Sie die Wicklung auch bei kleiner Windungszahl gleichmäßig über die gesamte Breite. Versuchen Sie, die Anzahl der Lagen zu minimieren, um Streuinduktivität und Wirbelstromverluste zu verringern.

Anschluss-Schema – Das Anschluss-Schema wird durch verschiedene Faktoren bestimmt z.B. Sicherheitsanforderungen und Leiterplattenlayout. Normalerweise werden die Primärwicklungen auf einer Spulenkörperseite angeschlossen und die Sekundärwicklungen auf der anderen. Das günstigste Schema ergibt sich aus der Anzahl der Lagen (gerade Anzahl oder ungerade). Wenn die Wicklung auf der gegenüberliegenden Seite des Spulenkörpers des gedachten Anschlusspins endet, legen Sie den Draht im 90°-Winkel über die Wicklung. Bei hohen Spannungen sollte ein Isolationstape zwischen die Wicklungskreuzung gelegt werden. Platzieren Sie die Drahtrückführung dort, wo sie die nachfolgenden Wicklungen und die Kernmontage am wenigsten stören.

III Anwendungen

Wenn der Winkel der Drahtrückführung stark von 90° abweicht, sind die nachfolgenden Wicklungen nicht mehr sauber wickelbar.

Lagenisolation – Lagenisolation ist nötig, wenn hohe Spannungen zwischen den Lagen abfallen.

Isolationsfolie/Klebeband – Die Breite des Isolationsklebebands sollte etwas größer sein als die Breite des Spulenkörpers, damit das Klebeband am Rand etwas hochsteht. Dadurch können Randwindungen nicht von einer Lage zur nächsten durchrutschen, was unter Umständen zum Durchschlag führen kann. Die beim bleifreien Lötprozess erreichten höheren Temperaturen, können zum Schrumpfen des Klebebands führen. Auch das Schrumpfen des Klebebands kann zum Hochspannungsausfall führen. Es gibt auch Hochtemperatur-Polyamid-Klebebänder. Diese haben aber einen niedrigeren CTI-Wert und es sind größere Kriechstrecken erforderlich. Außerdem sind diese Klebebänder sehr teuer.

Kernmontage/Kern-Klebeband/Kernisolation – Wählen Sie einen geeigneten Kern mit dem richtigen A_L-Wert. Die Kerne werden zur Fixierung mit zwei Lagen Klebeband umwickelt. Das Klebeband sollte bei diesem Arbeitsschritt nicht zu stark gezogen werden. Manchmal muss der Kern gegen die Anschlüsse isoliert werden. Damit der Kern auf dem Spulenkörper nicht wackelt, sollte er mit Kleber oder Tränklack fixiert werden.

Tabelle verschiedener Parameter des Übertragers, Ursache und Wirkung

Parameter	Welche Parameter sind mitbetroffen?
Übersetzungsverhältnis erhöhen	• Tastverhältnis erhöht sich • Primärpeakstrom wird kleiner, Sekundärpeakstrom größer • Drain-Source-Spannung wird größer (evtl. Transistor mit höherer Durchbruchspannung notwendig)
Übersetzungsverhältnis verringern	• Tastverhältnis verringert sich • Primärpeakstrom wird größer, Sekundärpeakstrom wird kleiner • Drain-Source-Spannung wird kleiner
Induktivität erhöhen	• Strom steigt an, Peakströme und Rippel verringern sich • Höhere Windungszahlen oder größerer Kern wegen Sättigung nötig • Evtl. kommt man vom Lückenden Betrieb in den Nicht-lückenden-Betrieb
Induktivität verringern	• Strom steigt an, Peakströme und Rippel werden größer • Evtl. kommt man vom Nicht-lückenden Betrieb in den Lückenden Betrieb
Windungszahlen erhöhen	• Kernaussteuerung nimmt ab • Kupferverluste nehmen zu
Windungszahlen verringern	• Kernaussteuerung nimmt zu; evtl. Sättigung • Kernverluste nehmen zu • Kupferverluste nehmen ab

Tab. 3.37: Gegenüberstellung, was verändert sich, wenn man verschiedene Parameter des Übertragers verändert

III Anwendungen

7 Filter

7.1 Netzfilter

Zusätzliche Anforderungen für den hochfrequenten Bereich über 30 MHz.

Netzfilter

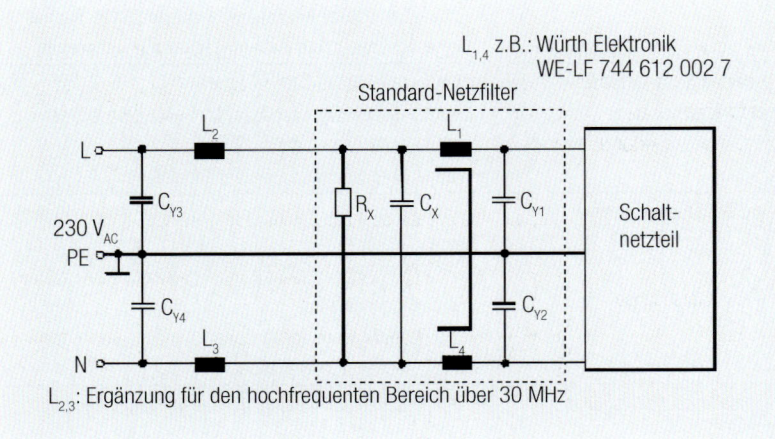

Abb. 3.117: Stromlauf des Netzfilters für den erweiterten Frequenzbereich

Netzkabel

In der Praxis zeigt sich, dass herkömmliche Netzfilter im Frequenzbereich über 30 MHz nur noch eine geringe Dämpfung haben. Heutige elektronische Schaltungen erzeugen, besonders im Frequenzbereich über 30 MHz, ein energiereiches Störspektrum; sei es durch hoch taktende Schaltnetzteile, oder die nachgeschaltete Elektronik. Netzkabel strahlen wegen ihrer typischen elektrischen Länge und der fehlenden Schirmung bevorzugt Störungen im Frequenzbereich von 100 MHz – 400 MHz ab. Standardnetzfilter dämpfen in diesem Frequenzbereich, wenn überhaupt, dann zufällig. Deshalb muss zur Dämpfung von Störungen im Frequenzbereich über 30 MHz eine zusätzliche Filterstufe ergänzt werden (Abbildung 3.117). Für L_2 und L_3 müssen Bauelemente gewählt werden, die den nötigen Dauerstrom standhalten und nicht in Sättigung gehen bzw. durch die Strombelastung nicht zu viel an ihrer Impedanz verlieren. Außerdem müssen die Drosseln die erforderliche Spannungsfestigkeit haben. Geeignete Bauelemente für L_2 und L_3 sind

- 6-Loch-Ferritperlen 742 750 1 – 742 750 46, mit denen eine sehr hohe Dämpfung bis 1 GHz erreicht wird. Strombelastbarkeit 3 A/5 A.
- Hülsendrosseln 742 760 3 – 742 760 6, wenn eine geringere Dämpfung erforderlich ist und der max. Strom von 1 A nicht überschritten wird, da sonst Sättigungseffekte eintreten.
- Stabkerndrosseln 744 710 1 – 744 716 0, für den Frequenzbereich < 400 MHz und Ströme je nach Typ über 30 A.

Bei 6-Loch-Ferritperlen und Hülsendrosseln ist dem Typ mit der höchsten Impedanz den Vorzug zu geben, bei Stabkerndrosseln nimmt mit steigender Induktivität die parasitäre Kapazität zu. Das hat zur Folge, dass über der Resonanzfrequenz der Drossel die Impedanz der Drossel und somit die Dämpfung des Filters geringer werden.

Für die Kondensatoren C_{Y3} und C_{Y4} sind keramische, induktivitätsarme aber spannungsfeste (VDE-Vorschriften!) Typen zu wählen, der Kapazitätswert sollte sich im Bereich von 220 pF bis 1 nF bewegen.

Das Filter sollte unmittelbar am Gehäuseeingang (Netzeingang) platziert werden. Die Kondensatoren müssen mit möglichst kurzen Anschlussdrähten in den Signalpfad geschaltet werden. Das gelingt mit keramischen Scheibenkondensatoren gut, mit SMD-Kondensatoren aber wesentlich besser (Abbildung 3.118).

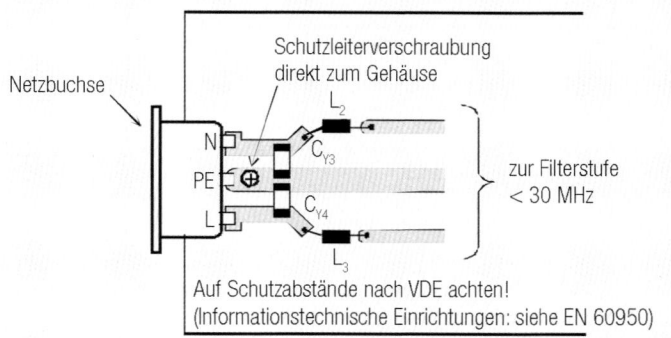

Abb. 3.118: Aufbau und Layout der Netzfilterstufe für Frequenzen über 30 MHz

Problematisch wird der Aufbau des Netzfilters, wenn Einbau- und Kompaktfilter verwendet werden, deren Netzbuchse, Sicherungselement und Filterbauelemente zu einem Modul komprimiert wurden, da hier primärseitig keine zusätzliche Filterstufe ergänzt werden kann. Hier muss man gezwungenermaßen die Filterstufe hinter das ursprüngliche Netzfilter setzen. Wegen einem zu langen Schutzleiteranschluss am Kombifilter (oftmals 10–15 cm und mehr) kann eine zusätzliche Schutzleiterdrossel nötig sein. Auch hier müssen wieder die VDE-Forderungen bezüglich Spannungsfestigkeit, max. R_{DC} und Strombelastbarkeit beachtet werden (Abbildung 3.119).

Einbau- und Kompaktfilter

Schutzleiteranschluss

III Anwendungen

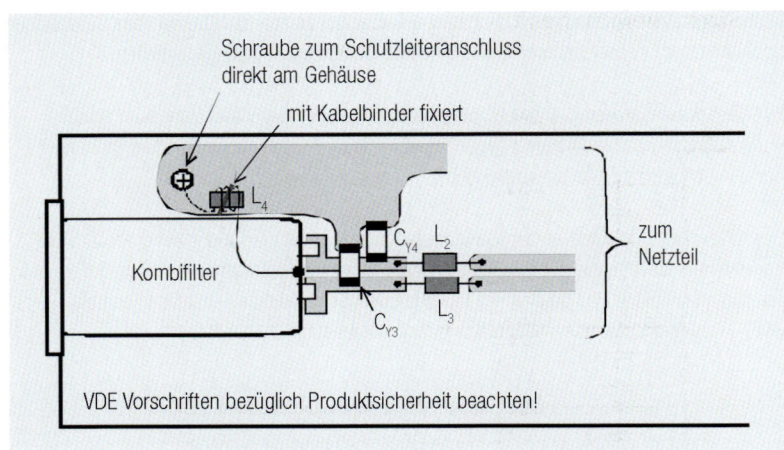

Abb. 3.119: Filterstufe für den Frequenzubereich > 30 MHz bei Verwendung eines Kombifilters für den Frequenzbereich < 30 MHz

Schutzleiterdrossel

Die Schutzleiterdrossel L_4 kann aus einer Ferrithülse oder bei nachträglicher Montage aus einem Klappferrit bestehen (z.B. 742 700 35 oder 742 711 12) durch die der lange gn/ge-Schutzleiterdraht des Kombifilters mehrfach durchgewickelt wird. Das Ganze wird mit einem Kabelbinder auf der Baugruppe fixiert. Sollte der gn/ge-Draht am Filter nicht vorhanden sein kann hier an Stelle der Ferrithülse eine Stabkerndrossel (744 710 1–744 716 0) Verwendung finden. Beim Einsatz der Drossel müssen jedoch die, bezüglich Produktsicherheit (z.B. EN 60950) geforderten, Sicherheitsbestimmungen berücksichtigt werden.

**Sicherheits-
bestimmungen**

7.2 Stromversorgungsfilter im DC-Bereich

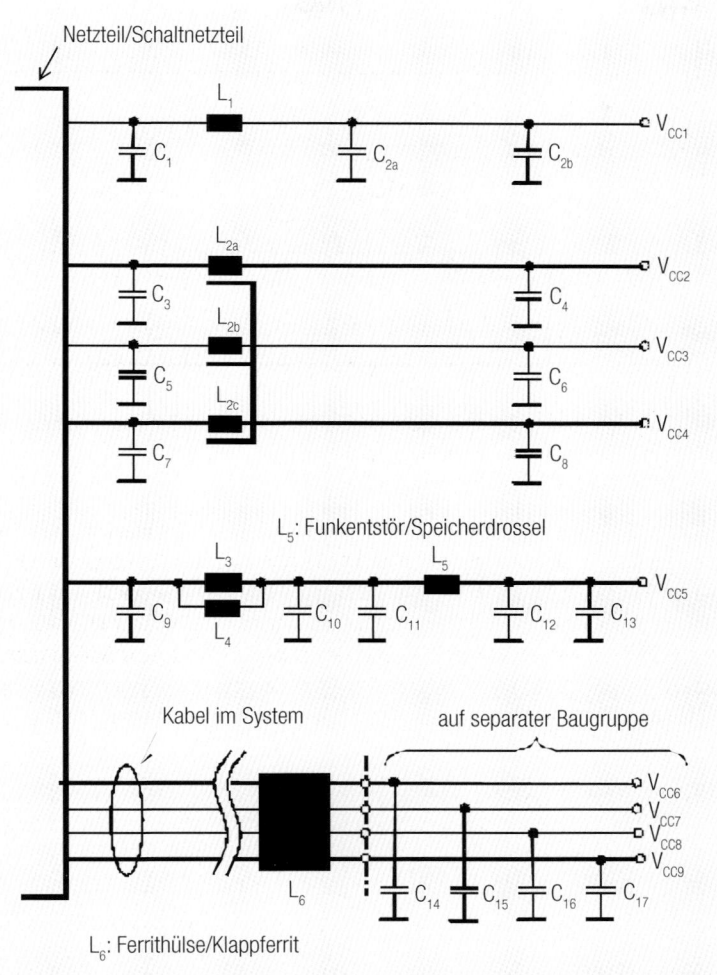

Abb. 3.120: Verschiedene Stromversorgungsfilter im DC-Bereich

Die klassische Filterschaltung in Abbildung 3.120, bestehend aus L_1, C_1 und C_{2a}, entkoppelt Elektronik mit erhöhtem Störpegel von der Netzteilelektronik im Frequenzbereich über 50 MHz. Dadurch wird ein Ausbreiten von hochfrequenten Störungen über die Stromversorgungslage bzw. Anschlüsse vermieden. Voraussetzung jedoch für eine wirkungsvolle Störungsentkopplung, besonders bei störintensiven ICs ist ein korrekter, HF-gerechter Filteraufbau. In Abbildung 3.121 ist das Layout des Filters gegeben

Stromversorgungsanschlüsse

III Anwendungen

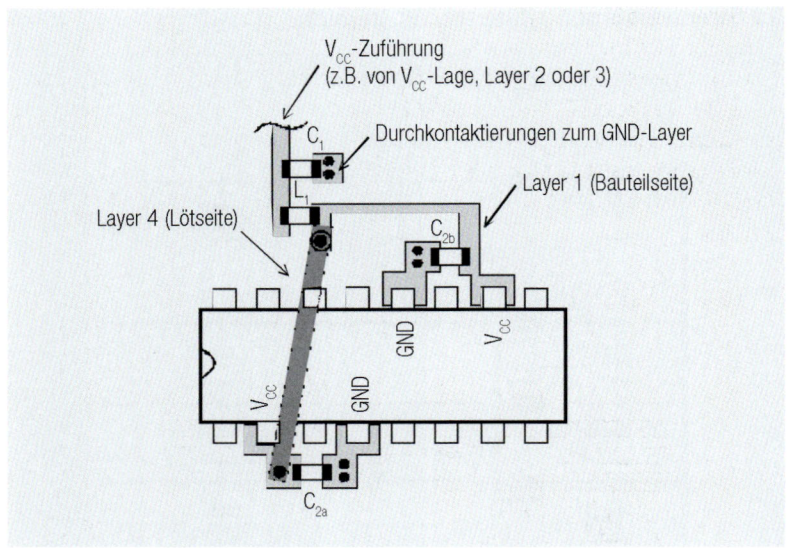

Abb. 3.121: Layout des Filterteils L_1/C_1/C_{2a}/C_{2b} aus Abbildung 3.120

Durch-kontaktierungen

Wichtig ist, dass die separaten V_{CC}/GND-Anschlüsse des ICs mit jeweils einem gesonderten Kondensator entkoppelt werden und nicht einfach parallel geschaltet oder zur V_{CC}-Lage durchkontaktiert werden. Die GND-Durchkontaktierungen der Kondensatoren C_{2a} und C_{2b} muss an den Kondensatoren erfolgen und nicht am IC-Anschluss (Abbildung 3.122).

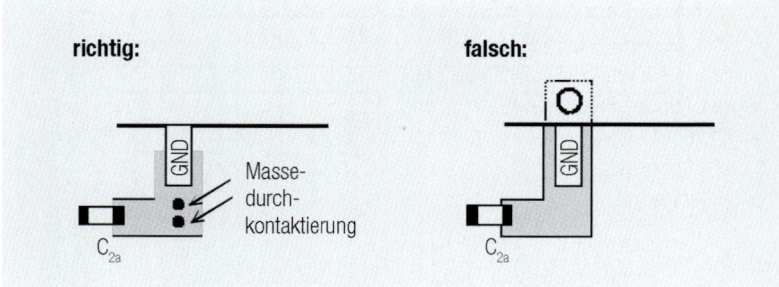

Abb. 3.122: Richtige und falsche GND-Zuführung am Filterkondensator

Die Leiterbahnlänge zur Drossel ist relativ unkritisch, da die Leiterbahn lediglich eine zusätzliche Serieninduktivität zur Drossel bildet, länger als 2 cm sollte sie aber nicht sein. Als Bauelementewerte gelten:

C_1, C_{2a}, C_{2b}:   100 nF, X7R (niedriger ESR) 885 012 206 095
L_1:   SMD-Ferrit   742 792 11 (< 300 mA)
                742 792 41 (< 400 mA)
                742 792 18 (< 2000 mA)

Das Filter in Abbildung 3.120, bestehend aus L_2 und C_3–C_8, bietet durch die Drossel L_2 einen wesentlichen Unterschied zum vorherigen Filter. Für L_2 wird die Ferritbrücke 742 730 01 eingesetzt. Bei einer Impedanz von 264 Ω bei 100 MHz kann ein Strom von 4 A durch die Drossel fließen. Durch die geringe gemeinsame Kopplung zwischen den einzelnen Brücken ($L_{2a}/L_{2b}/L_{2c}$) ist eine weitgehende Entkopplung der Zweige untereinander gewährleistet. Der Kapazitätswert für die Kondensatoren C_3–C_8 sollte sich im Bereich von 100 nF bis 200 nF bewegen. Ein Layoutbeispiel ist in Abbildung 3.123 gegeben.

Ferritbrücke

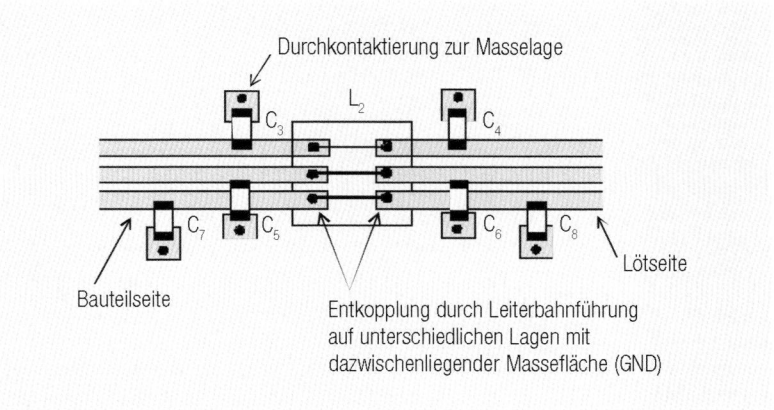

Abb. 3.123: Layout des Filters L_2/C_3–C_8 aus Abbildung 3.120

Das Filter in Abbildung 3.120, bestehend aus L_3–L_5 und C_9–C_{13} ist ein Breitbandfilter, das immer dann eingesetzt werden kann, wenn schon im kHz-Bereich z.B.: durch Schalter, Schaltregler, Schrittmotoren oder ähnliche Störer große Störpegel erzeugt werden, die durch das bestehende Filter im Netzteil nicht genügend gedämpft werden können. Für den Frequenzbereich über 10 MHz sorgen L_3 und L_4 mit den Kondensatoren C_9 und C_{10} für eine hohe Einfügungsdämpfung, L_5 glättet mit den Kondensatoren C_{11}–C_{13} Stromspitzen und dämpft Störungen bis etwa 15 MHz. Für die Werte der Bauelemente gilt:

Breitbandfilter

L_3/L_4 = SMD-Ferrite 742 792 515
      (wegen erhöhter Strombelastbarkeit parallel geschaltet)
L_5 = Funkentstördrossel WE-FI 744 707 6
C_{10} = 100 nF
C_{11} = 100 µF
C_{12} = 470 nF
C_{13} = 100 µF

Die maximale Strombelastbarkeit beträgt 5 A, wodurch auch größere Verbraucher versorgt werden können. Das Layout des Filters ist in Abbildung 3.124 gegeben.

III Anwendungen

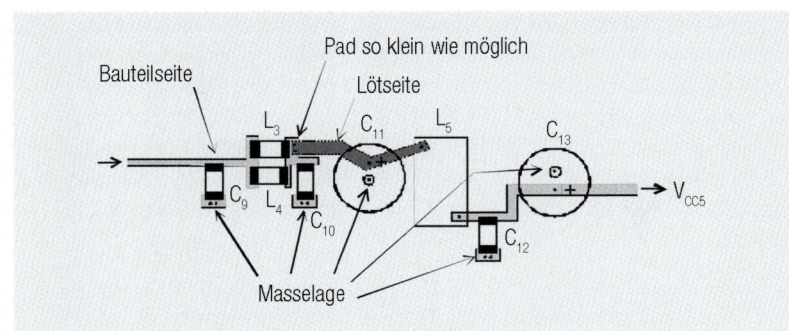

Abb. 3.124: Layout des Filters L_3–L_5 und C_9–C_{13} aus Abbildung 3.120

Das Layout um L_5 ist nicht besonders kritisch, es sollte lediglich darauf geachtet werden, dass die Verbindung von L_5 zu L_3/L_4 in einer anderen Lage erfolgt um Kopplungen zu vermeiden. Das Lötpad um L_3/L_4 und C_{10} muss so klein wie möglich ausgeführt werden. Zwei Durchkontaktierungen verbessern die Stromtragfähigkeit. Den SMD-Kondensatoren sollten masseseitig jeweils zwei Durchkontaktierungen spendiert werden, um eine niederimpedante Massezuführung zu erreichen.

Als ergänzende Lösung zur Reduzierung von hochfrequenten Störungen ist die Schaltung nach Abbildung 3.120 mit L_6 und C_{14}–C_{17} zu sehen. Zur Verdeutlichung des Aufbaus dient Abbildung 3.125.

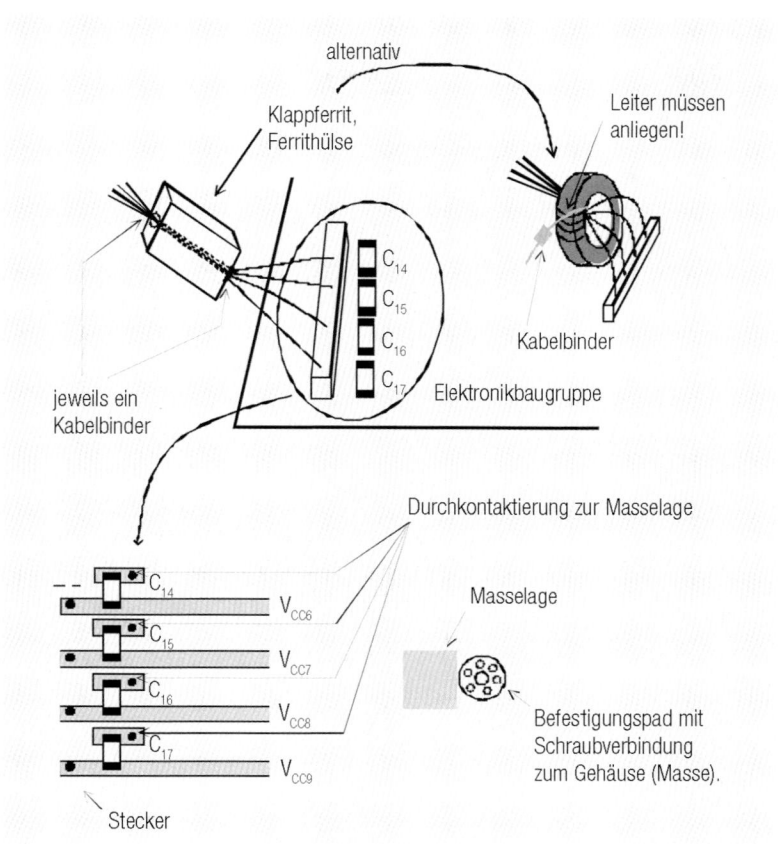

Abb. 3.125: Aufbau und Layout der Filtermaßnahme L_6 und C_{14}–C_{17} nach Abbildung 3.120

Die Kondensatoren C_{14}–C_{17} müssen sich auf der Baugruppe befinden, die auch die störemittierende Elektronik beinhaltet. Im Allgemeinen ist ein Leiter des Stromzuführungskabels V_{CC6}–V_{CC9} die Masseführung. Diese ist wie eine Versorgungsspannung zu behandeln, d.h. ebenfalls mit einem Kondensator gegen die Gehäusemasse abzublocken. Die Verbindungsinsel, das Massepad welches die Masselage zum Gehäuse verbindet, muss so nah wie möglich an den Filterkondensatoren C_{14}–C_{17} platziert werden. Der Richtwert für die Kapazität der Kondensatoren C_{14}–C_{17} liegt bei 100 nF.

Der Ferrittyp L_6 richtet sich nach Frequenz und Amplitude des Störsignals. Die größte Dämpfung ist etwa im Frequenzbereich zwischen 80 MHz und 800 MHz zu erwarten.

Darunter ist im Allgemeinen die Impedanz des Ferrites zu gering, darüber sind die kapazitiven Kopplungen, die den Ferrit „überbrücken" zu groß. Um die Impedanz von L_6 zu erhöhen, können die Leiter doppelt durch den Ferrit geführt werden, (Abbildung 3.125). Die Strombelastbarkeit ist abhängig von den ferritdurchführenden Leitern. Da

**kapazitiven
Kopplungen
Impedanz**

III Anwendungen

Sättigung

der Stromrückleiter ebenfalls durch den Ferritring geführt wird, ist eine Stromkompensation gegeben und eine Sättigung der Drossel wird so vermieden.

7.3 Netzteil allgemein

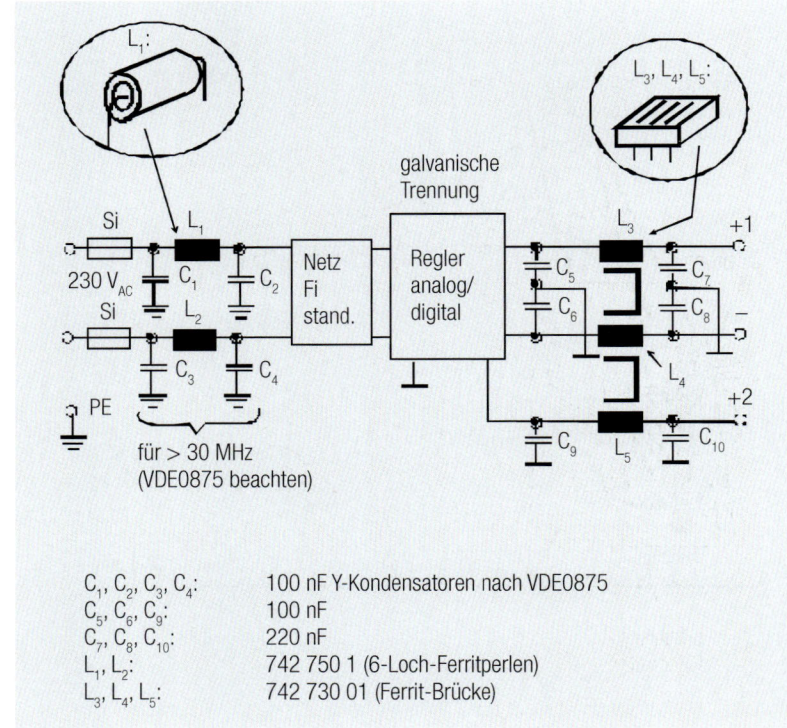

C_1, C_2, C_3, C_4: 100 nF Y-Kondensatoren nach VDE0875
C_5, C_6, C_9: 100 nF
C_7, C_8, C_{10}: 220 nF
L_1, L_2: 742 750 1 (6-Loch-Ferritperlen)
L_3, L_4, L_5: 742 730 01 (Ferrit-Brücke)

Abb. 3.126: Zusätzliche Entstörbeschaltung für HF-Störungen über 30 MHz am Standard-Netzteil

In vielen Fällen wird ein Netzteil in Modulbauform fertig erworben und in das entsprechende Gerät eingebaut. Das hochfrequente Verhalten des Netzteiles über 30 MHz ist in den wenigsten Fällen bekannt; beim Einsatz in digital arbeitenden Geräten reicht oft die Durchgangsdämpfung von DC- nach AC bzw. von sekundär nach primär nicht aus. Durch einige Bauelemente, wie in Abbildung 3.126 dargestellt, kann das hochfrequente Verhalten wesentlich verbessert werden.

Durchgangsdämpfung

Folgende Punkte müssen für eine einwandfreie HF-Abblockung beim Filteraufbau beachtet werden (Abbildung 3.126):

- Primär- und Sekundärbereich müssen hochfrequent voneinander getrennt sein. Das kann entweder durch räumliche Trennung (> 15...10 cm) oder durch Abschirmung der zwei Bereiche geschehen
- Alle Filterkondensatoren müssen niederimpedant an Chassisground angeschlossen sein

Filterkondensatoren

- Eventuelle Zuleitungen müssen in ausreichender Distanz zum Filter gehalten werden bzw. dürfen das Filter nicht hochfrequent kurzschließen
- Im AC Kreis sind die einschlägigen VDE0875 Sicherheitsbestimmungen zu beachten
- Die Kondensatoren dürfen nicht in Bypass geschaltet werden, d.h. durch günstiges Layout wird für die Hochfrequenz eine Einschnürung geschaffen, die zur besseren Wirksamkeit der Kondensatoren beiträgt

Distanz zum Filter

**Sicherheits-
bestimmungen
Layout**

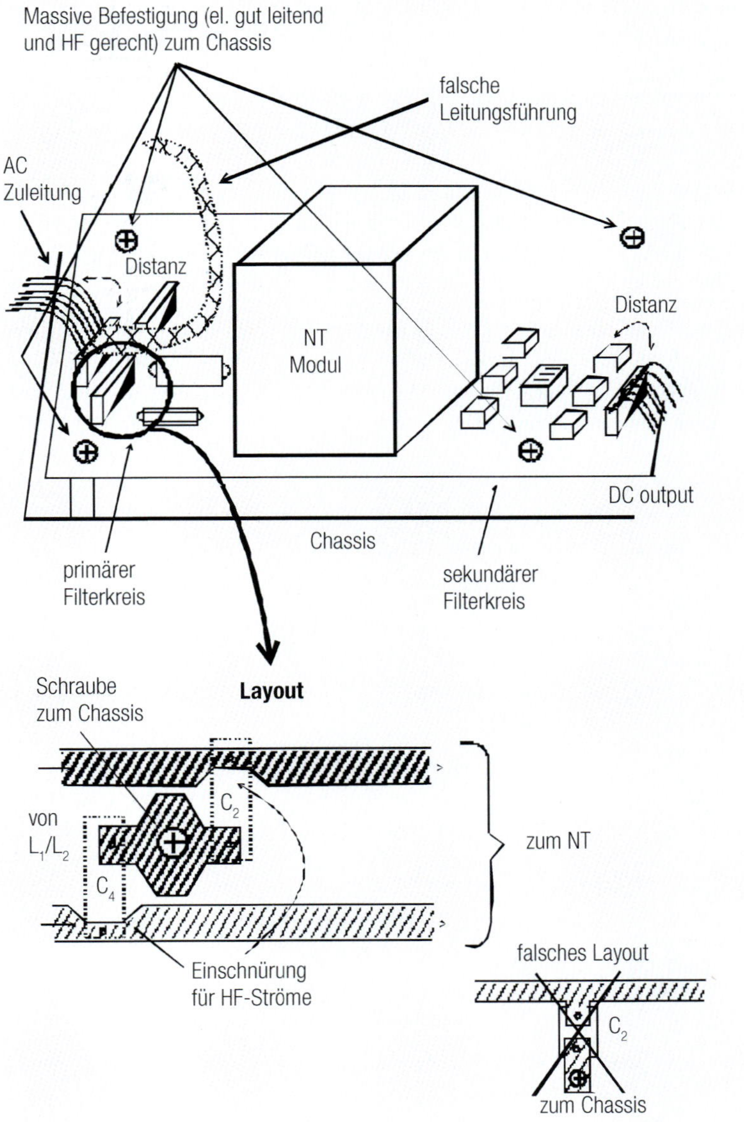

Abb. 3.127: Anordnung der HF-Filter-Zusatzbeschaltung für Störfrequenzen > 30 MHz

III Anwendungen

7.4 Filtern einer externen AC/DC-Schnittstelle

Versorgungsspannungen

Oft müssen Versorgungsspannungen, sei es Wechsel- oder Gleichstrom über Schnittstellen aus Geräten herausgeführt werden, um externe Peripheriegeräte oder Sensorik zu versorgen. Wir wollen uns hier auf Kleinspannungsversorgung $< 60\ V_{DC}$ bzw. $< 25\ V_{effAC}$ beschränken. Der Grund liegt darin, dass dadurch der nach VDE 0100 Teil 410 vorgeschriebene direkte Berührungsschutz nicht beachtet werden muss und deshalb die Konstruktion einfacher wird. Die produktspezifischen Vorschriften nach der Niederspannungsrichtlinie, dem Medizinproduktegesetz oder anderen gesetzlichen oder normativen Restriktionen muss selbstverständlich Rechnung getragen werden.

Berührungsschutz

Darauf soll hier jedoch nicht eingegangen werden, da die physikalischen bzw. elektrotechnischen Grundsätze, die hier in den Beispielen erläutert werden, genauso gelten.

symmetrische und asymmetrische Filter

Die Abbildung 3.128 zeigt die Schaltbilder eines symmetrischen und eines asymmetrischen Filters, das für den Anschluss geräteexterner Schnittstellen geeignet ist. Geräteexterne Schnittstellen sind aus den folgenden EMV-technischen Gründen besonders zu behandeln:

Externe Schnittstellenkabel

- Externe Schnittstellenkabel können hochfrequente Störungen aus dem Geräteinneren abstrahlen
- In externe Schnittstellenkabel werden leicht Störungen eingekoppelt, die dann in das Geräteinnere dringen können

Aus den genannten Gründen werden z.B. externe Schnittstellen von Multimediageräten hinsichtlich Störfestigkeit für den Nachweis der CE-Konformität nach der Produktnorm EN 55035 zahlreichen Prüfungen unterworfen.

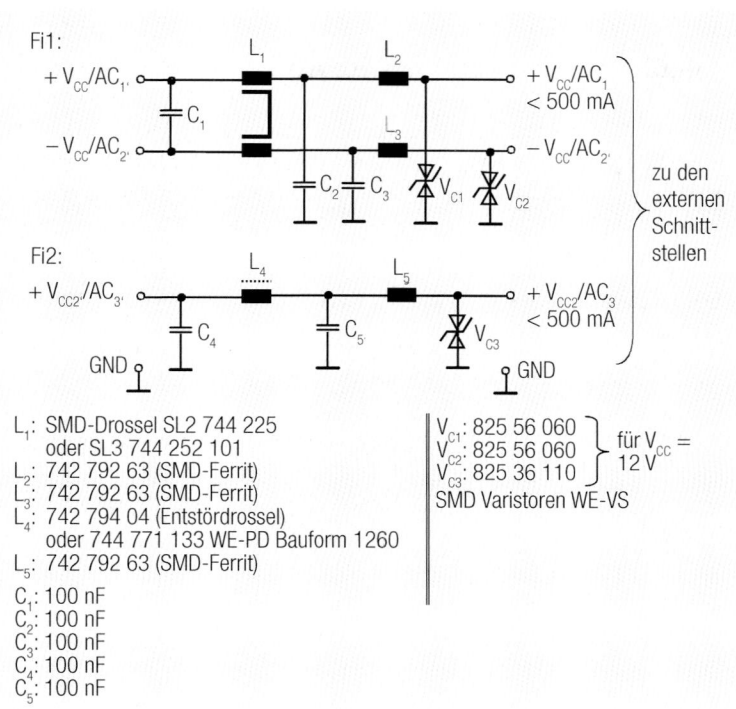

L_1: SMD-Drossel SL2 744 225
   oder SL3 744 252 101
L_2: 742 792 63 (SMD-Ferrit)
L_3: 742 792 63 (SMD-Ferrit)
L_4: 742 794 04 (Entstördrossel)
   oder 744 771 133 WE-PD Bauform 1260
L_5: 742 792 63 (SMD-Ferrit)

C_1: 100 nF
C_2: 100 nF
C_3: 100 nF
C_4: 100 nF
C_5: 100 nF

V_{C1}: 825 56 060
V_{C2}: 825 56 060   } für V_{CC} = 12 V
V_{C3}: 825 36 110
SMD Varistoren WE-VS

Abb. 3.128: Schaltbilder von einem symmetrischen und einem unsymmetrischen AC/DC-Stromversorgungsfilter für den Einsatz an externen Schnittstellen ($AC_{eff} < 25$ V, DC < 60 V)

Die Filter bieten durch die Vielschichtvaristoren V_{C1}, V_{C2} und V_{C3} Schutz gegen transiente Spannung (Bursts), die über Kabel kapazitiv eingekoppelt werden können. Der Mehrlagen- oder Vielschichtvaristor besteht aus zahlreichen Zinkoxydschichten, die durch Metallelektroden verbunden sind. Durch den bei der Herstellung entstehenden Sinterprozess setzt eine Diffusion ein, die jedes Zinkoxydkorn in eine Schottky-Diode (PN-Übergang) umwandelt. Durch die Parallelbeschaltung vieler Schottky-Übergänge entsteht eine beachtliche Kapazität (typ. 500 pF–1000 pF), die als HF-Kondensator genutzt werden kann, da die parasitäre Induktivität wegen der kleinen Bauform (z.B.: 0603) in der Größenordnung unter 1 nH liegt. Dadurch ergibt sich auch eine extrem schnelle Ansprechzeit von typ. 0,2 ns bis 0,4 ns. Erreicht oder überschreitet die am Varistor anliegende Spannung den Zenerpunkt der PN-Übergänge, so steigt der Strom schlagartig an, um dann von den Elektroden zu den Gegenelektroden und von dort in die Systemmasse abzufließen. Da sich das Bauelement im Begrenzungszustand befindet, tragen die vielen Millionen PN-Übergänge zur Energieabsorbtion bei, wodurch sich Nennableitströme von 30 A über 120 A bis hin zu 1200 A für die Baugröße 2220 ergeben (Normimpuls 8/20 µs). Bei der symmetrischen Schnittstelle addieren sich, signalspannungsmäßig gesehen, die beiden Werte der Begrenzungsspannungen der Varistoren. Deshalb können Varistoren mit kleineren Begrenzungsspannungen gewählt werden. Mit den SMD-Drosseln L_2, L_3 und L_5 entsteht durch die sehr niederinduktiven

Bursts

HF-Kondensator

symmetrische Schnittstelle

III Anwendungen

Vielschichtvaristoren ein Tiefpass der im Bereich von 50 MHz – 1000 MHz arbeitet. Für 100 MHz ergibt sich die Dämpfung nach Abbildung 3.129.

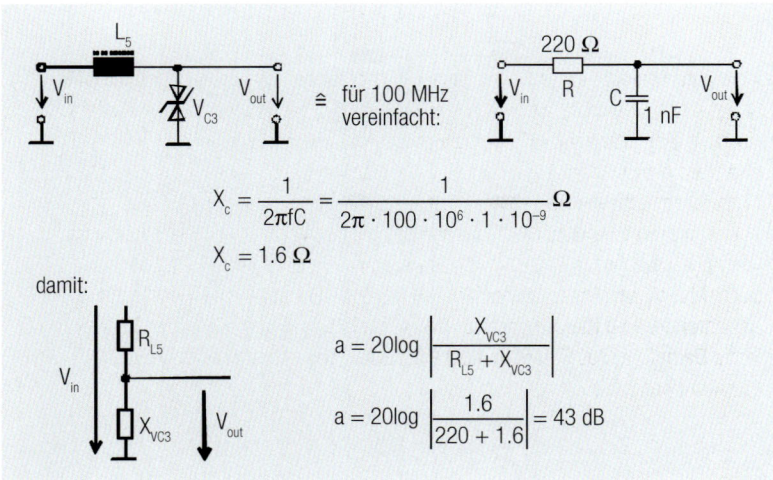

Abb. 3.129: Wirkungsanalyse der ersten Filterstufe nach Abbildung 3.128 (unsymmetrisch)

Die zweite Filterstufe gewährleistet eine hohe Dämpfung im Frequenzbereich unter 50 MHz. Für 50 MHz ergibt sich die Dämpfung nach Abbildung 3.130:

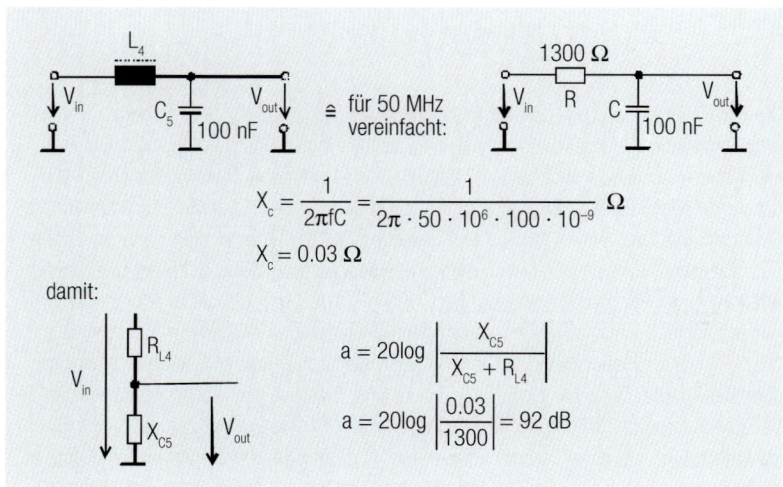

Abb. 3.130: Wirkungsanalyse der zweiten Filterstufe nach Abbildung 3.128 (unsymmetrisch)

Die tatsächliche Dämpfung wird durch die parasitären Induktivitäten und Kapazitäten geringer ausfallen. Der Eingangskondensator C_4 wurde bei der Wirkungsanalyse nicht

berücksichtigt, da er in Verbindung mit der Störquelle gesehen werden muss, deren Innenwiderstand in den meisten Fällen unbekannt ist. Im Falle des symmetrischen Filters wirkt C_1 nicht gegen Common Mode Störungen. C_1 sorgt vielmehr dafür, dass die unsymmetrischen Störkomponenten reduziert werden.

unsymmetrische Störkomponente

Für die gute Funktion eines Filters ist ein HF-gerechter Aufbau unerlässlich. In Abbildung 3.131 ist ein Layout mit dem dazugehörigen mechanischen Kabelanschluss dargestellt. Bei Filtern mit erforderlichem Dämpfungsbereich über 500 MHz ist besonders auf die Entkopplung zwischen Filtereingang und Filterausgang zu achten. Die Schnittstellenbuchsen müssen ggf. geschirmt, oder auf der anderen Seite des Filters (Lötseite) platziert werden. Sollten Anschlussdrähte zwischen der Filterbaugruppe und der Peripheriebuchse notwendig sein, müssen diese geschirmt werden und der Schirm muss beidseitig an Masse angeschlossen werden. Je nach Länge des Schirmanschlussdrahtes vom Kabelschirm zur Masse (bei Längen von 10 mm und mehr) wird sich die Dämpfung des Filters im hochfrequenten Bereich um mindestens 20 dB bis 30 dB verringern. Die Konstruktion will deshalb vorher gut überlegt sein.

Entkopplung

Schirmanschlussdraht

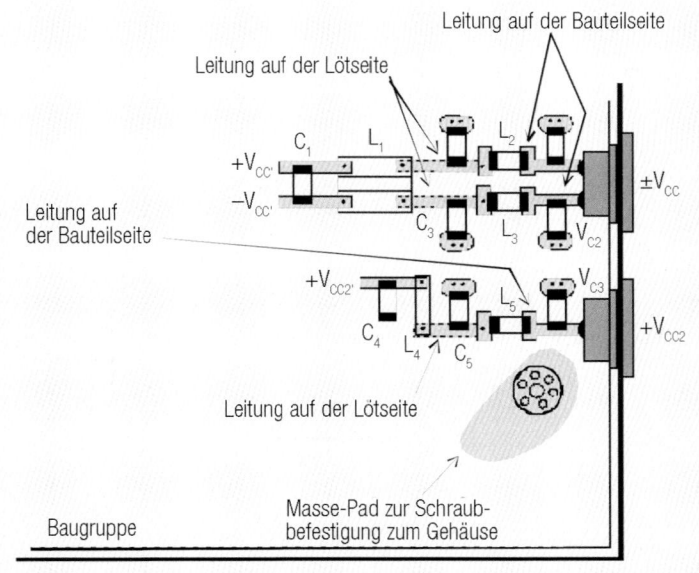

Abb. 3.131: Layout des Filters von Abbildung 3.127

Die Vielschichtvaristoren müssen masseseitig mit jeweils zwei Durchkontaktierungen zur Masselage versehen werden. Die Leitungen zwischen L_1 und L_2 und zwischen L_4 und L_5 sind auf der Lötseite geführt, zwischen den beiden Signallagen liegt die Versorgungs- und die GND-Lage. Sollten nur zwei Lagen zur Verfügung stehen, muss der Bereich der Leitung zwischen den Spulen in der Masselage ausgespart werden. Problematisch wird das Layout, wenn nur eine Lage zur Verfügung steht. Die einzig sinnvolle Möglichkeit besteht dann darin, um alle Leitungen herum die Masse als

Durchkontaktierungen

Masselage

Masse als Füllfläche

III Anwendungen

Füllfläche auszuführen, HF-Eigenschaften wie beim Mehrlagenaufbau sind jedoch nicht zu erwarten.

7.5 Breitbandfilter für Spannungsversorgung

Gleichspannungs-ripple
Störspannung

Die meisten elektronischen Geräte sind mit Schaltnetzteilen ausgerüstet. Schaltnetzteile haben ein geringes Volumen bei niedriger Verlustleistung und sind zudem noch kostengünstiger als linear geregelte Stromversorgungen. Die Gleichspannung von Schaltnetzteilen ist jedoch in der Regel mit hoher Welligkeit (Ripple) bzw. mit hohen Störspannungen überlagert, die sich besonders in sensiblen Audio- und Videoschaltungen störend auswirken. Darüber hinaus weisen Schaltnetzteile aufgrund ihrer sehr kompakten und „kostenreduzierenden" Bauweise oft eine geringe Dämpfung von netzseitigen, hochfrequenten Störungen auf. Die Spannungsversorgung sensibler Schaltungen wie HF-Vorstufen, Audiovorverstärker, Videovorverstärker, A/D-Wandler usw. muss deshalb „nachbehandelt" werden. Sollen Störungen im Frequenzbereich von einigen kHz passiv gefiltert werden, sind besonders für höhere Ströme, große Drosseln notwendig. Hochfrequente Störanteile hingegen lassen sich mit passiven Filtern sehr effektiv dämpfen. Deshalb bietet sich zur breitbandigen Filterung eine aktiv/passiv-Kombination an, die die Vorteile beider Varianten nutzt. Abbildung 3.132 zeigt eine Schaltung in Anlehnung an eine Applikation von der Firma Maxim. Das Filter ermöglicht bei einem Strom von 1 A im Bereich von 20 Hz bis 300 MHz eine Dämpfung von 20 dB–40 dB.

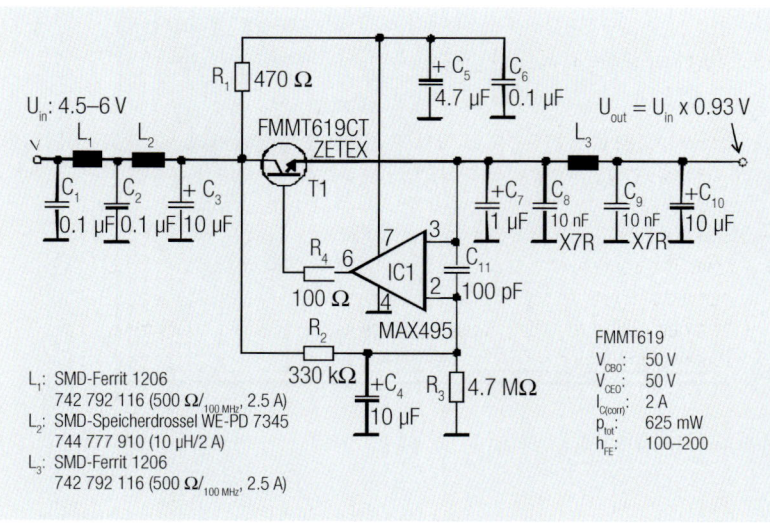

Abb. 3.132: Breitbandfilter zum Filtern der Spannungsversorgung

π-Filter

Das passive Filter (L_1, L_2) am Eingang dämpft den hochfrequenten Anteil der Störungen im Bereich von ca. 20 kHz bis 300 MHz, wobei das π-Filter um L_1 den Bereich ab 30 MHz übernimmt. Die Schaltung um T1 und IC1 filtert im Bereich von 2 Hz bis 20 kHz, ab 20 Hz mit ca. 20 dB. Das nachgeschaltete Filter mit L_3 dämpft im Bereich von 30

MHz bis 1 GHz. Die Filterstufe nutzt die räumliche Trennung von der ersten HF Filterstufe (L_1, L_2), um aufbaubedingte Kopplungen zu vermeiden. Außerdem werden ggf. hochfrequente Rückwirkungen der nachgeschalteten Elektronik in das NF-Filter (T1, IC1) reduziert. In Abbildung 3.133 ist das Layout dargestellt.

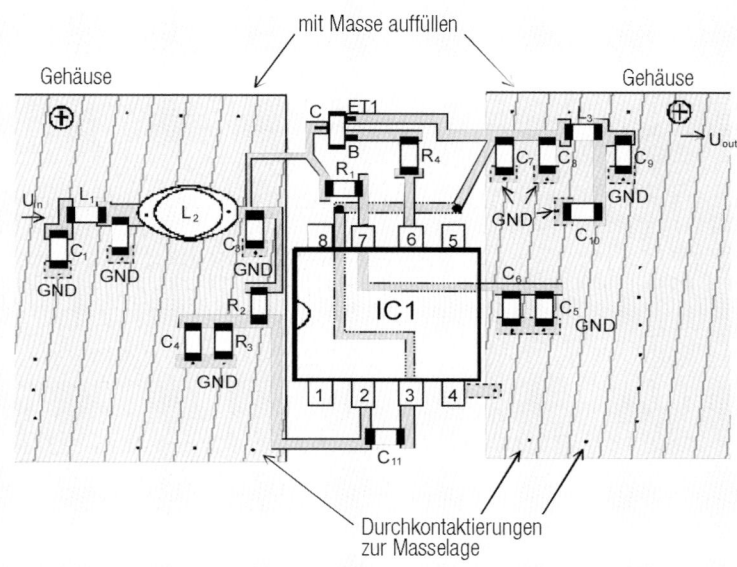

Abb. 3.133: Layout des Filters nach Abbildung 3.132

Die Filter sind, wie in Abbildung 3.133 ersichtlich, räumlich voneinander getrennt, so bleibt die Kopplung zwischen den Filterstufen geringer. Im Bereich der HF-Filter sollte auf der Bauteilseite der Bereich um die Bauelemente und Leiterbahnen mit Masse gefüllt werden, die Durchkontaktierung zur Masselage erfolgt, wie angedeutet, alle 5–10 mm. Die Kondensatoren C_8 und C_9 sollten X7R, besser noch NP0 Keramiktypen sein, damit das Filter bis 1 GHz eine genügend hohe Dämpfung aufweist. Um Gleichtaktstörungen gering zu halten, muss die Masselage des Filters eine breitflächige, niederimpedante Verbindung (z.B.: zwei Schraubbolzen) zum Metallchassis haben.

HF-Filter

Gleichtaktstörungen

III Anwendungen

8 Spannungsversorgung

8.1 Speicherdrosseln

8.1.1 Energy Harvesting mit LTC3108

Die Entwicklung von Funksystemen mit geringer Leistungsaufnahme ermöglicht den Aufbau von Sensornetzwerken, die für viele Zwecke genutzt werden können (z.B. Gebäudeautomation, HLK-Systeme, Predictive Maintenance usw.). Alle diese Knoten erfordern jedoch Stromquellen und Stromübertragung. Drahtlose Verbindungen machen Datenkabel unnötig, nicht jedoch Netzkabel. Werden Batterien verwendet, müssen diese ständig ausgetauscht werden. Das Energy Harvesting stellt hier eine Lösung zur lokalen Stromversorgung dar und kann in bestimmten Fällen sogar Energie aus der direkten Umgebung ansammeln. Spezielle IC-Controller mit geringer Leistungsaufnahme, kombiniert mit effizienter Magnetik, wurden entwickelt, um winzige Energiemengen in einem Speicher (Kondensator oder Akku) zu sammeln, zu verstärken und zu akkumulieren. Dieser Speicher kann dann zur kurzfristigen Versorgung von Mikroprozessoren, Sendern und Sensoren verwendet werden.

Der LTC3108 ist ein solcher hochintegrierter DC/DC-Wandler zur Gewinnung und Verwaltung von Energie aus extrem niedrigen Eingangsspannungsquellen wie thermoelektrischen Generatoren (TEGs), Thermoelementen und kleinen Solarzellen. Die Step-Up-Topologie wird mit Spannungen bis hinab zu 20 mV unter Verwendung von Resonanztechniken betrieben.

Mithilfe eines kleinen Step-Up-Übertragers stellt der LTC3108 eine komplette Power-Management-Lösung für die drahtlose Sensornutzung und Datenerfassung dar. Das 2,2-V-LDO versorgt einen externen Mikroprozessor, während der Hauptausgang auf eine feste Spannung programmiert ist, um einen drahtlosen Sender oder Sensoren zu betreiben. Ein Speicherkondensator liefert Strom, wenn die Eingangsspannungsquelle nicht verfügbar ist. Extrem niedriger Ruhestrom und eine hocheffiziente Konstruktion sorgen für kürzeste Ladezeiten des Speicherkondensators.

Typ und Ausgangsspannung der Harvesting-Applikation bestimmen das erforderliche Übersetzungsverhältnis. Je kleiner die Spannung, desto größer ist das benötigte Verhältnis. Um zu hohe Eingangsspannungen am internen Schaltregler und damit zu hohe Verlustleistungen zu vermeiden, wird empfohlen darauf zu achten, dass das errechnete Produkt aus Eingangsspannung und Übersetzungsverhältnis kleiner als 50 ist.

Ein thermoelektrischer Generator (Peltierzelle) generiert abhängig von der Temperaturdifferenz 30 bis 600 mV (Leerlauf) und benötigt ein großes Übersetzungsverhältnis. Ein Thermosäulengenerator kann bis zu 750 mV erzeugen und verwendet daher ein kleineres Übersetzungsverhältnis. Ähnlich erzeugt eine Solarzelle relativ hohe Spannungen und verwendet ein noch niedrigeres Übersetzungsverhältnis.

Die Induktivität der Sekundärwicklung bestimmt die Resonanzfrequenz des Oszillators nach folgender Gleichung:

$$f_{res} = \frac{1}{2 \cdot \pi \cdot \sqrt{L_{SEC} \cdot C}} \quad (3.85)$$

Wobei:

L_{SEC} = Induktivität der Sekundärwicklung
C = Lastkapazität an der Sekundärwicklung

Die Lastkapazität umfasst die Eingangskapazität an Pin C_2 (typischerweise 30 pF) zuzüglich der Eigenkapazität der Sekundärwicklung des Übertragers. Die empfohlene Resonanzfrequenz liegt im Bereich zwischen 10 kHz und 100 kHz.

Die Eigenkapazität der Wicklung kann nicht direkt gemessen werden, sondern muss aus Messungen bestimmt werden.

Es gibt mehrere Verfahren, von denen die Messung der Eigenresonanzfrequenz und die anschließende Berechnung über das Ersatzschaltbild das einfachste ist. Damit kann die Kapazität wie folgt berechnet werden:

$$C_S = \frac{1}{(2 \cdot \pi \cdot f)^2 \cdot L_S} \quad (3.86)$$

Wobei:

C_S = Eigenkapazität der Wicklung
L_S = von der gemessenen Wicklung bestimmte Streuinduktivität

Die gekoppelten WE-EHPI-Induktivitäten sind speziell für den Einsatz in Energy-Harvesting-Anwendungen mit einem hohen Übersetzungsverhältnis und geringem Widerstand konzipiert. Tabelle 3.37 zeigt die elektrischen Paramter der WE-EHPI-Induktivitäten, in den Abbildungen 3.133 bis 3.135 sind Schaltungsvorschläge für das Energy-Harvesting dargestellt.

Artikel-Nr.	L_1 (µH)	Tol. L_1	L_2 (µH)	Tol. L_2	n	I_{R1} (A)	I_{SAT1} (A)	$R_{DC1\,typ}$ (Ω)	$R_{DC1\,max}$ (Ω)	$R_{DC2\,typ}$ (Ω)	$R_{DC2\,max}$ (Ω)
74488540070	7	±20%	70000	±20%	1 : 100	1,9	1,3	0,085	0,095	205	240
74488540120	13		33000		1 : 50	1,7	1	0,09	0,1	135	155
74488540250	25		10000		1 : 20	1,5	0,7	0,2	0,24	42	48

L_1: Induktivität 1; Tol. L_1: Induktivität 1 (Tol.); L_2: Induktivität 2; Tol. L_2: Induktivität 2 (Tol.); n: Übersetzungsverhältnis; I_{R1}: Nennstrom; I_{SAT1}: Sättigungsstrom; $R_{DC1\,typ}$: DC-Widerstand 1; $R_{DC1\,max}$: DC-Widerstand 1; $R_{DC2\,typ}$: DC-Widerstand 2; $R_{DC2\,max}$: DC-Widerstand 2

Tab. 3.38: Elektrische Parameter gekoppelter WE-EHPI-Induktivitäten

III Anwendungen

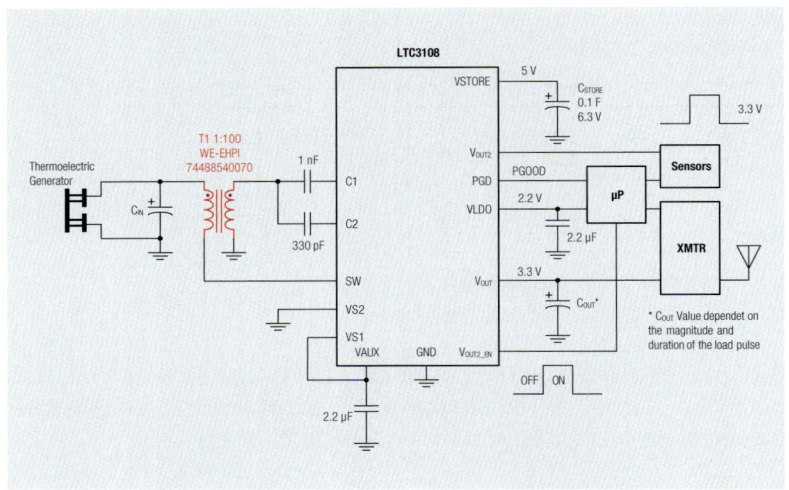

Abb. 3.134: LTC3108-Referenzdesign unter Verwendung eines thermoelektrischen Generators und einer gekoppelten Induktivität 744 885 400 70

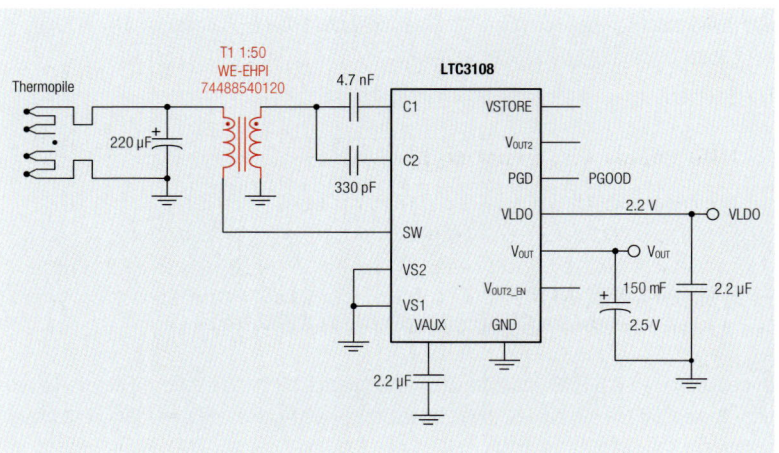

Abb. 3.135: LTC3108-Referenzdesign unter Verwendung eines Thermokopplers und einer gekoppelten Induktivität 744 885 401 20

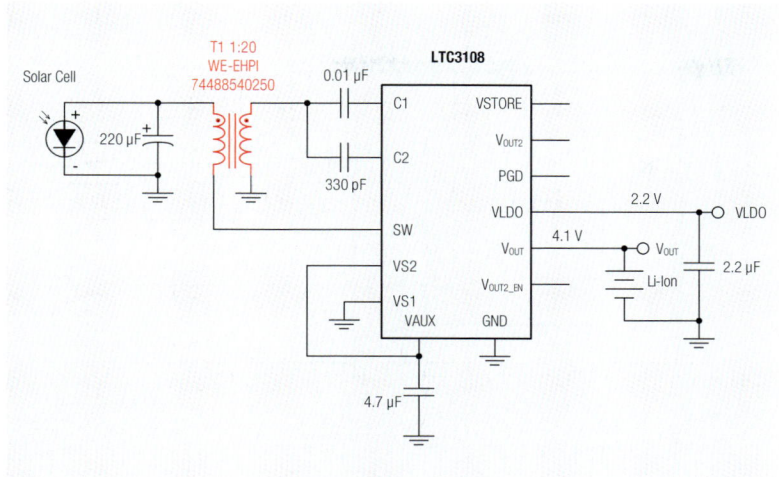

Abb. 3.136: LTC3108-Referenzdesign unter Verwendung einer Solarzelle und einer gekoppelten Induktivität 744 885 402 50

Referenz:

Datenblatt zu Analog Devices LTC3108 Ultralow Voltage Step-U Converter & Power Management.

8.1.2 Micropower Aufwärtsregler-IC LT1615

Der Micropower Schaltreglerbaustein LT1615 von Linear Technology wird im SOT23-Gehäuse angeboten. Durch seine geringe Standby Stromaufnahme von 0,5 µA im Shutdown-Modus und einem Eigenstrombedarf von 20 µA eignet sich dieser Regler für batteriebetriebene Anwendungen mit langer Betriebszeit. Dabei können Ausgangsspannungen bis zu 34 V generiert werden, die minimale Eingangsspannung ist mit 1 V spezifiziert.

Stromaufnahme
Eigenstrombedarf

III Anwendungen

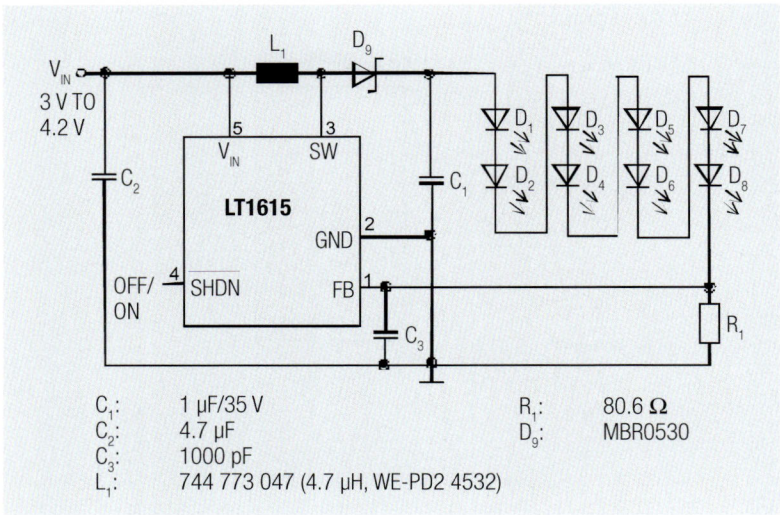

Abb. 3.137: Backlight Converter für weiße LEDs mit hohem Wirkungsgrad

Applikations-schaltung

Abbildung 3.137 zeigt eine Applikationsschaltung als LCD-Backlight-Konverter. Die Schaltung liefert einen Konstantstrom für bis zu 8 LEDs (Ausgangsspannung 29 V). Durch den Konstantstrombetrieb wird eine gleichmäßige Helligkeit aller LEDs gewährleistet. Über die Ansteuerung des Pin 4 (SHDN) kann die Helligkeit variiert werden. Um Flimmereffekte zu vermeiden und eine lineare Helligkeitssteuerung zu ermöglichen, sollte das PWM-Steuersignal eine Frequenz von ca. 200 Hz haben. Ein Parallelwiderstand von ca. 27 kΩ–33 kΩ parallel zu C1 sorgt für definiertes Entladeverhalten bei der Ansteuerung von Pin 4

Flimmereffekt

Induktivitäten für LT1615

Die Empfehlung von Linear Technology ist, Induktivitäten mit einem Nennstrom von mindestens 0,5 A und einem DC-Widerstand RDC von kleiner als 0,5 Ω einzusetzen.

Entsprechend geeignete Miniatur-Speicherdrosseln sind:

- 744 773 047A SMD-Speicherdrossel WE-PD2 4532,
  offene Bauform, 4,7 µH, 1,7 A, 0,10 Ω
- 744 773 10 SMD-Speicherdrossel WE-PD2 4532,
  offene Bauform, 10 µH, 1,45 A, 0,18 Ω
- 744 773 122 SMD-Speicherdrossel WE-PD2 4532,
  offene Bauform, 22 µH, 1,0 A, 0,37 Ω
- 744 778 10 Magnetisch geschirmte SMD-Speicherdrossel WE-PD 7332,
  10 µH, 1,83 A, 72 mΩ
- 744 778 122 Magnetisch geschirmte SMD-Speicherdrossel WE-PD 7332,
  22 µH, 1,38 A, 190 mΩ

Induktivitätsberechnung

Bei der Ermittlung des gesuchten Induktivitätswertes für eigene Designs können die folgenden Formeln verwendet werden. Mit den berechneten Werten wählt man entsprechend aus dem umfangreichen Standardprogramm die gewünschte Induktivität unter Platz-, EMV- und Kostenaspekten aus.

Höhere Induktivitätswerte (bis max. 2-facher Rechenwert) bedeuten kleinere Stromwelligkeiten und einen höheren Ausgangsstrom.

Stromwelligkeit
Ausgangsstrom

Kleinere Induktivitätswerte als berechnet empfehlen sich nur bei Ausgangsspannungen > 12 V, um Platz zu sparen. Daraus resultiert aber eine größere Restwelligkeit.

$$L = \frac{(V_{out} - V_{in(min)}) + V_D}{I_{max}} \cdot t_{off} \qquad (3.87)$$

mit:

V_D = Schottky-Dioden Durchlassspannung 0,4 V
I_{max} = Strombegrenzung LT1615; 0,35 A
t_{off} = 400 ns
L = gesuchter Induktivitätswert, $L \geq 4{,}7\ \mu H$

Spitzenstrom durch die Induktivität:

$$I_{Peak} = I_{max} + \frac{V_{in(max)} - V_{sat}}{L} \cdot t_{off} \qquad (3.88)$$

V_{sat} = Sättigungsspannung Transistorschalter LT1615; 0,25 V
I_{peak} = maximaler Spulenstrom, $I_{peak} \leq 700$ mA
t_{off} = 100 ns

8.1.3 5 V/1 A DC/DC-Konverter

Viele digitale tragbare Geräte werden aus Akkumulatoren versorgt, deren Spannung je nach Ladezustand stark schwankt. Um die Spannungsversorgung zu stabilisieren sind DC/DC-Konverter notwendig, die

- Unterspannung auf die erforderliche Betriebsspannung hochkonvertieren
- Überspannung auf die erforderliche Betriebsspannung herunterkonvertieren
- Eine geringere Verlustleistung aufweisen

Unterspannung
Überspannung

In Abbildung 3.138 findet der DC/DC-Konverter LT1406 von Linear Technology Anwendung, der den oben genannten Ansprüchen gerecht wird. Der Eingangsspannungsbereich liegt zwischen 3,6 und 6,5 V, die Ausgangsspannung wird auf 5 V konstant gehalten. Der Wirkungsgrad bewegt sich bei 500 mA Ausgangsstrom zwischen 72% bei V_{IN} = 6 V und 87% bei V_{IN} = 4,8 V, die Schaltfrequenz ist fix bei 300 kHz.

III Anwendungen

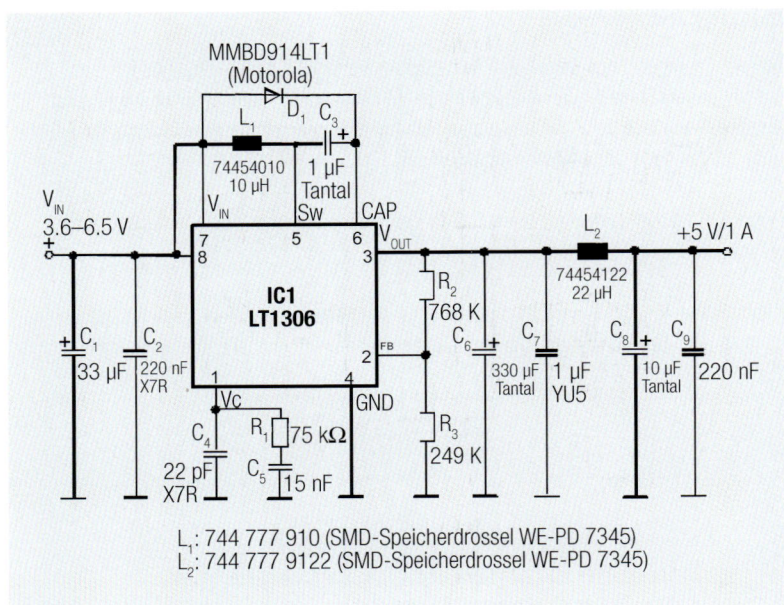

Abb. 3.138: 5 V/1 A DC/DC-Konverter (in Anlehnung an eine Applikation von Linear Technology)

Sättigungseffekte

Eigenerwärmung

Ripple

Oberwellen

Die Speicherdrossel wird so gewählt, dass die max. Stromspitzen $I_{cs} = 2$ A ohne Sättigungserscheinungen verarbeitet werden können. Eisenpulverkerne haben bei der Schaltfrequenz von 300 kHz zu hohe Verluste und sind hier ungeeignet. Der Gleichstromwiderstand sollte den Wert von 0,1 Ω nicht überschreiten, um die Verluste und Eigenerwärmung gering zu halten. Für L_1 und L_2 sind die magnetisch geschirmten sehr flachen SMD-Speicherdrosseln L_1 = 744 777 910 und L_2 = 744 777 9122 geeignet. Die Filterstufe $L_2/C_8/C_9$ reduziert die an jedem Schaltreglerausgang auftretende Welligkeit auf ein Minimum, sodass auch analoge Schaltungen mit der Spannung versorgt werden können. Die Filterkondensatoren C_6 und C_8 sollten Tantalkondensatoren mit sehr niedrigem ESR (Equivalent Series Resistance) sein, um die 300 kHz Schaltfrequenz und deren Oberwellen ausreichend zu dämpfen.

Um die Störungen durch die Oberwellen des Schaltreglers so gering wie möglich zu halten, muss der Tantalkondensator C_3 unmittelbar an den IC-Pins platziert werden (Abbildung 3.139). Für eine ausreichende EMV ist eine mindestens 2-lagige Baugruppe mit einer Signal- und einer Masselage unerlässlich.

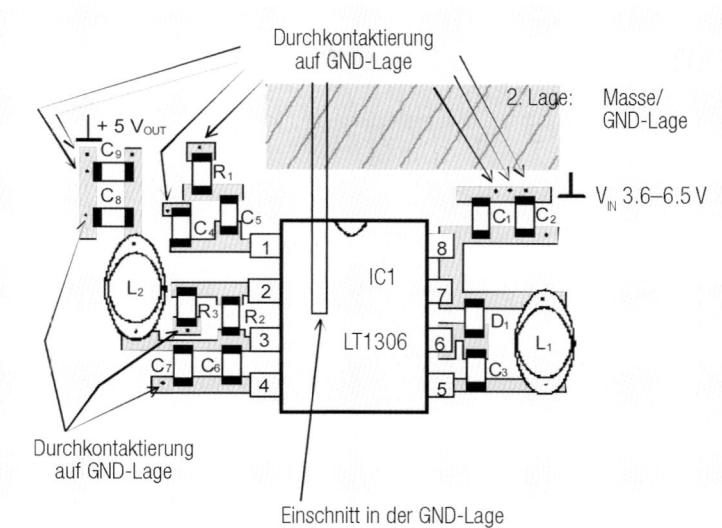

Abb. 3.139: Layout des DC/DC-Konverters LT1306 (Analog Devices)

Um Primär- und Sekundärkreis masseseitig voneinander zu trennen, ist die Masse- bzw. GND-Lage mit einem Einschnitt versehen, sodass Störungen nicht von Primär nach Sekundär und umgekehrt gelangen können.

Masselage

8.1.4 Step-Up- und SEPIC-DC/DC-Wandler mit LT1613

Der Schaltreglerbaustein LT1613 von Analog Devices ist für den Einsatz in Low-Power Applikationen gedacht und arbeitet bereits ab einer Eingangsspannung von nur 1,1 V. Durch die hohe Schaltfrequenz von 1,4 MHz fallen die externen Komponenten sehr klein aus. Der gesamte Platzbedarf der Schaltung ist auch dank des SOT-23 Gehäuses des IC sehr gering.

Schaltfrequenz

Typische Applikationen sind z.B. Digitalkameras, Pager, schnurlose Telefone, LCD-Ansteuerungen, Modems oder PC-Einsteckkarten.

Applikationen

Der Aufwärtsregler liefert dabei

- 3 V/30 mA bei Betrieb mit einer Batteriezelle von 1,5 V
- 5 V/200 mA bei einer Eingangsspannung von 3,3 V
- 15 V/60 mA aus 4 Alkaline-Batterien
- 5 V/175 mA beim Design als SEPIC-Wandler und Betrieb mit 4 Alkaline-Zellen

Je nach Eingangsspannung erreicht man einen Wirkungsgrad von 75% bis 90%.

Wirkungsgrad

III Anwendungen

Layout

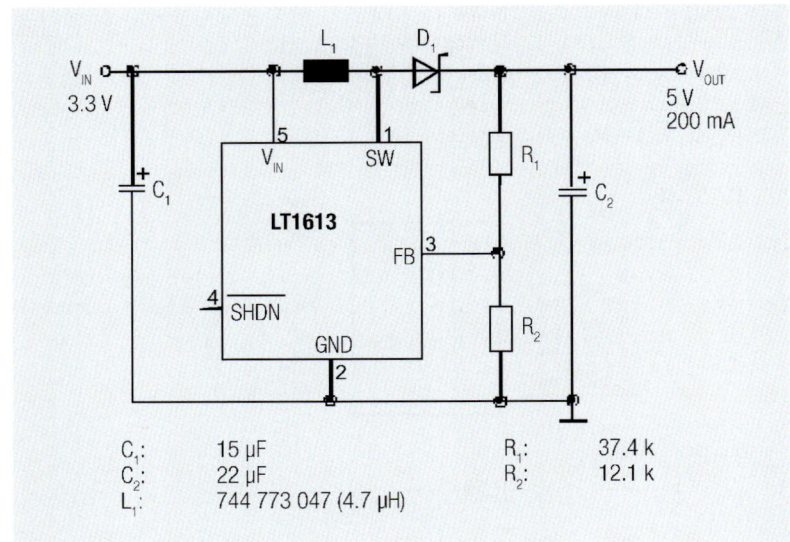

Abb. 3.140: Schaltbild eines 3,3 V → 5 V/200 mA Aufwärtsreglers

Platinenlayout

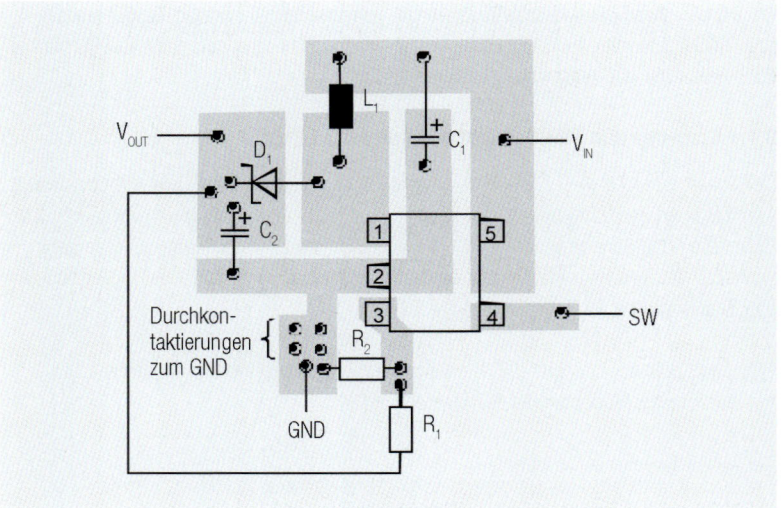

Abb. 3.141: Empfohlenes Platinenlayout der Schaltung nach Abbildung 3.140

Aufwärtsregler

Eine Applikationsschaltung und das empfohlene Layout zeigen Abbildung 3.140 und Abbildung 3.141.

Um eine einwandfreie Funktion des Reglers sicherzustellen und Störungen zu vermeiden, sollte das Layout sich an der o.g. Variante orientieren. Auf jeden Fall ist der Hochfrequenz-Schalterkreis in der Wegstrecke zu minimieren und der Stützkondensator C_1 sollte nicht mehr als 5 mm vom IC-Eingang entfernt sitzen. Der Masseanschluss von C_2 sollte ebenfalls so nah wie möglich an Pin 2 des LT1613 geführt werden. Dies vermeidet induktive Kopplungen. Der GND-Anschluss des DC/DC Konverters sollte nur an einer Stelle an die Masse der Systemplatine angebunden werden, um induktive Kopplungen auf die Massefläche zu verhindern.

induktive Kopplung
GND-Anschluss

SEPIC-Wandler

Der SEPIC-Wandler (Single-Ended Primary Inductance Converter, Abbildung 3.142) erzeugt die gewünschte Ausgangsspannung bei einem Eingangsspannungsbereich, der kleiner oder größer als die Ausgangsspannung sein kann. Damit ist die vorhandene Batteriespannung in einem größeren Umfang nutzbar. Das zugehörige Layout ist in Abbildung 3.143 abgebildet.

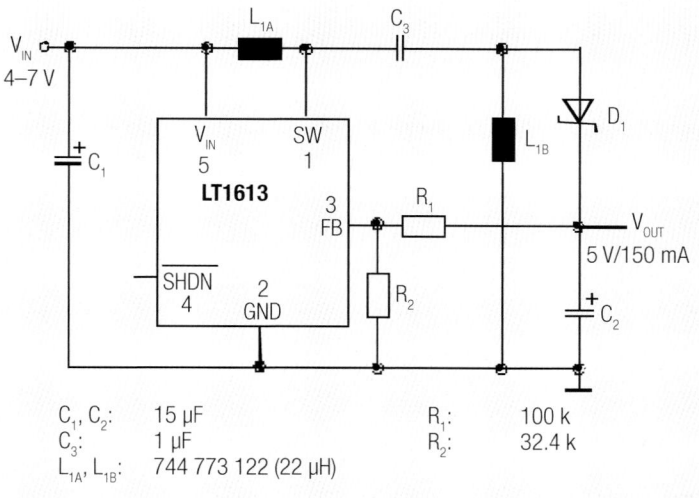

C_1, C_2: 15 µF
C_3: 1 µF
L_{1A}, L_{1B}: 744 773 122 (22 µH)
R_1: 100 k
R_2: 32.4 k

Abb. 3.142: SEPIC Wandler für 5 V Eingangsspannungsbereich 4–7 V

III Anwendungen

Platinenlayout

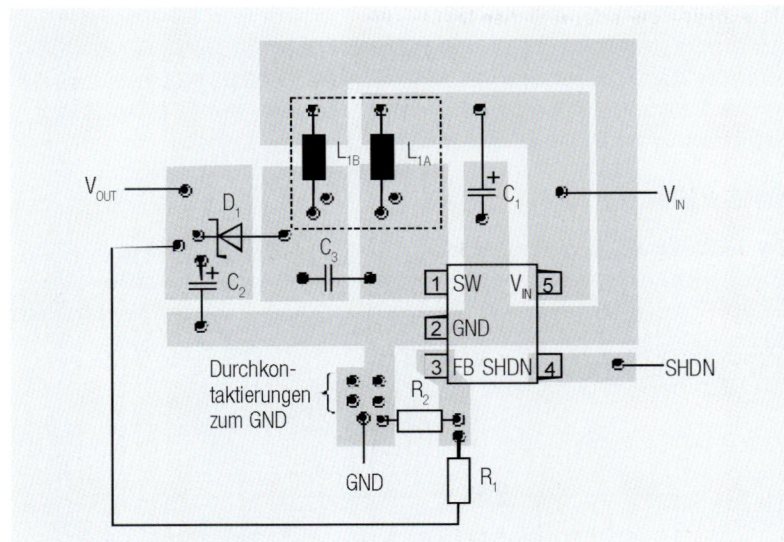

Fig. 3.143: Empfohlenes Platinenlayout SEPIC-Wandler

Induktivitäten für LT1613 für verschiedene Applikationen:
Die Empfehlung von Linear Technology empfiehlt Induktivitäten mit einem Nennstrom von mindestens 0,5 A und einem DC-Widerstand von kleiner 0,5 Ω einzusetzen.

Induktivitätswert

Für den Induktivitätswert gelten in Abhängigkeit von der Applikation folgende Werte:

- Aufwärtsregler: $V_{in} < 3,3$ V → 4,7 µH
- Aufwärtsregler: $V_{in} > 3,3$ V → 10 µH
- SEPIC-Wandler: 22 µH

Entsprechend geeignete Miniatur-Speicherdrosseln sind:

- 744 773 047: SMD-Speicherdrossel, offene Bauform, WE-PD2 4532, 4,7 µH, 1,82 A, 110 mΩ
- 744 773 10: SMD-Speicherdrossel, offene Bauform, WE-PD2 4532, 10 µH, 1,45 A, 180 mΩ
- 744 773 122: SMD-Speicherdrossel, offene Bauform, WE-PD2 4532, 22 µH, 1,0 A, 370 mΩ
- 744 778 10: Magnetisch geschirmte SMD-Speicherdrossel, WE-PD 7332, 10 µH, 1,83 A, 72 mΩ
- 744 778 122: Magnetisch geschirmte SMD-Speicherdrossel, WE-PD 7332, 22 µH, 1,38 A, 190 mΩ

Berechnung der erforderlichen Induktivität

$$L = \frac{(V_{out} - V_{in}) \cdot V_{in}}{V_{out} \cdot 2 \cdot I_{out} \cdot f} \quad (3.89)$$

mit f = 1,4 MHz

8.1.5 Abwärtswandler mit LM2655

Der LM2655 ist ein Current-Mode PWM-Abwärtswandler mit einer festen Schaltfrequenz von 300 kHz und einem Ausgangsstrom bis zu 2,5 A. Der Eingangsspannungsbereich umfasst 4–14 V und der Wirkungsgrad kann 96% erreichen. Eine typische Anwendungsschaltung ist in Abbildung 3.144 dargestellt.

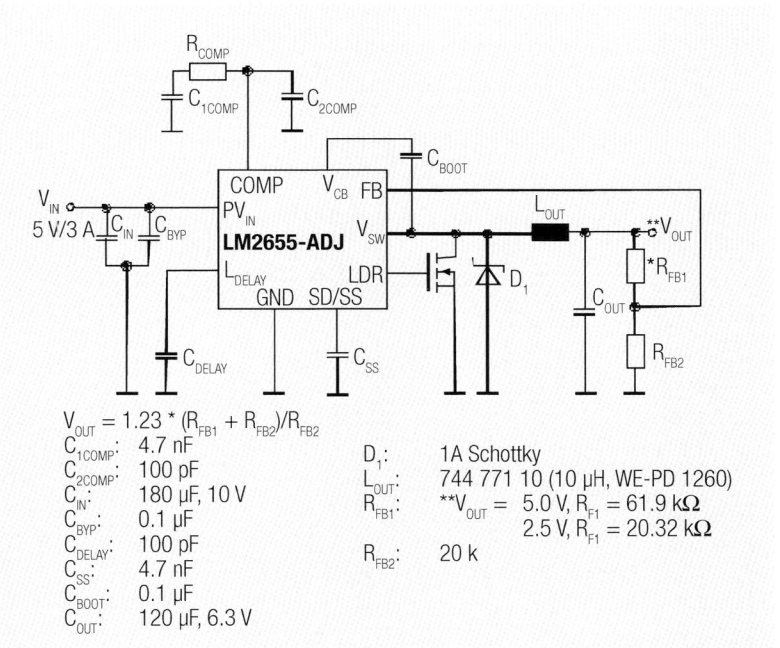

Abb. 3.144: Backlight Konverter für weiße LEDs mit hohem Wirkungsgrad

Induktivitätsberechnung

Mit der folgenden Gleichung kann die gesuchte Induktivität bestimmt werden:

$$L = \frac{(V_{in} - V_{out}) \cdot V_{out}}{V_{in} \cdot 0{,}15 \cdot I_{out} \cdot f} \quad (3.90)$$

mit: f = 300 kHz.

III Anwendungen

Spulenstrom

Ausgehend vom berechneten Wert wird der nächstliegende Standardwert ausgewählt. Der maximale Spulenstrom berechnet sich mit:

$$I_{peak} = I_{out} + \frac{V_{out} \cdot (V_{in} - V_{out})}{2 \cdot L \cdot f \cdot V_{in}} \tag{3.91}$$

Entsprechend geeignete Speicherdrosseln in magnetisch geschirmter Ausführung sind:

- 744 771 10: SMD-Speicherdrossel WE-PD 1260, 10 µH, 5,0 A, 25 mΩ
- 744 771 115: SMD-Speicherdrossel WE-PD 1260, 15 µH, 3,75 A, 30 mΩ
- 744 771 118: SMD-Speicherdrossel WE-PD 1260, 18 µH, 3,48 A, 34 mΩ
- 744 771 122: SMD-Speicherdrossel WE-PD 1260, 22 µH, 3,37 A, 36 mΩ

8.1.6 Abwärtswandler mit LM2678 (5 A)

feste Schaltfrequenz

Wirkungsgrad

Der LM2678 ist ein Abwärtsregler mit einer festen Schaltfrequenz von 260 kHz und einem Ausgangsstrom bis zu 5 A. Der Eingangsspannungsbereich umfasst 8 V – 40 V und der Wirkungsgrad kann bis zu 92% betragen. Den Schaltregler gibt es mit fixen Ausgangsspannungen von 3,3 V, 5 V und 12 V sowie in einer frei programmierbaren Version mit 1,2 V – 37 V. Die Applikationsschaltung findet sich in Abbildung 3.145.

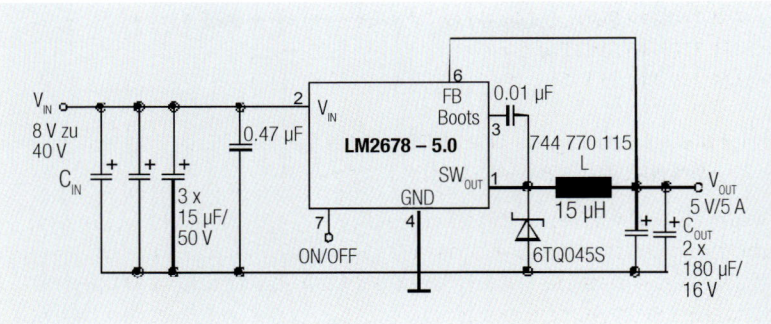

Abb. 3.145: Schaltbild des Abwärtsreglers mit IC LM2678

Induktivitätsberechnung

Mit der folgenden Gleichung kann die gesuchte Induktivität bestimmt werden:

$$L = \frac{(V_{in} - V_{out} \cdot V_{out})}{V_{in} \cdot 0{,}15 \cdot I_{out} \cdot f} \tag{3.92}$$

mit f = 260 kHz

Die an der Induktivität anstehende Spannung über der Schaltzeit des Transistors kennzeichnet das sogenannte „Volt-Mikrosekundenprodukt" (Gleichung 3.93). Damit kann geprüft werden, ob die Induktivität diese Spannungszeitfläche verarbeiten kann.

Volt-Mikrosekundenprodukt Spannungszeitfläche

$$E_t = \frac{(V_{in(max)} - V_{out}) \cdot V_{out}}{V_{in(max)} \cdot f} \qquad (3.93)$$

Entsprechende Datenblattangaben der Induktivitäten erlauben die Überprüfung bzw. Sicherstellung der korrekten Wahl der Speicherdrossel. Ausgehend vom berechneten Wert wird der nächstliegende Standardwert ausgewählt. Ein weiterer, zur Auswahl der Induktivität wesentlicher Parameter ist der maximale Strom durch die Induktivität. Der maximale Strom berechnet sich mit:

$$I_{peak} = I_{out} + \frac{V_{out} \cdot (V_{in} - V_{out})}{2 \cdot L \cdot f \cdot V_{in}} \qquad (3.94)$$

Entsprechend geeignete Speicherdrosseln in magnetisch geschirmter Ausführung sind:
- 744 770 10 SMD-Speicherdrossel WE-PD 1280, 10 µH, 6,20 A, 22 mΩ
- 744 770 112 SMD-Speicherdrossel WE-PD 1280, 12 µH, 5,90 A, 24 mΩ
- 744 770 115 SMD-Speicherdrossel WE-PD 1280, 15 µH, 5,00 A, 27 mΩ
- 744 770 118 SMD-Speicherdrossel WE-PD 1280, 18 µH, 4,20 A, 39 mΩ

8.1.7 Gleichspannungswandler NCP5007 (ON Semiconductor) mit hohem Wirkungsgrad für weiße Leuchtdioden

Wegen der relativ hohen Durchlassspannung weißer Leuchtdioden von 3,5 V ist ein direkter Anschluss an die Versorgungsspannung einer Standardbatterie nicht möglich. Zudem müssen diese Leuchtdioden laut Spezifikationen der Hersteller mit einem konstanten Strom versorgt werden.

ON Semiconductor hat speziell für Anwendungen mit weißen Leuchtdioden eine Reihe von Produkten entwickelt, die diesen Anforderungen gerecht werden.

Zu dieser Produktgruppe gehört auch der NCP5007. Dieses enthält einen, auf einer Boost-Architektur beruhenden Gleichspannungswandler, womit der Laststrom über den in Abbildung 3.146 dargestellten Regelkreis überwacht und geregelt wird.

III Anwendungen

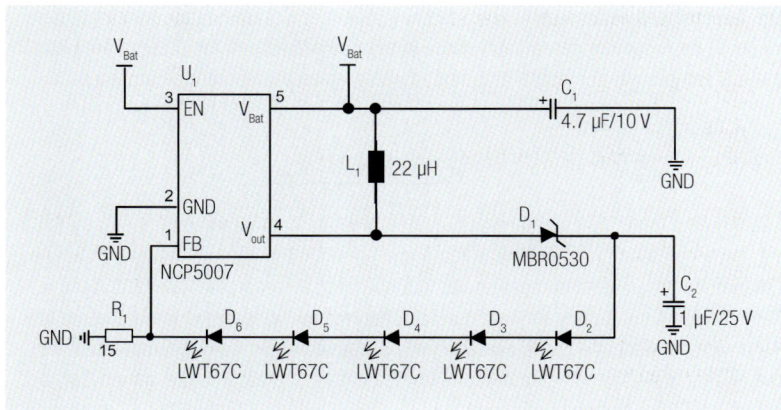

Abb. 3.146: Schaltbild einer typischen Anwendung mit dem Boost-Schaltregler NCP5007

Die maximale Ausgangsspannung von 22 V ermöglicht es, fünf Leuchtdioden in Serie zu schalten. Somit kann fast jedes tragbare System mit Hintergrundbeleuchtung über diesen Chip gespeist werden.

Der mittlere, durch die Dioden fließende Strom, wird durch den Widerstand R_1 gesteuert:

$$I_{out} = \frac{V_{ref}}{R_1} \tag{3.95}$$

Die Spannung V_{ref} ist intern auf einen Wert von 200 mV eingestellt, wodurch die Verluste am Messwiderstand sehr gering sind und somit die Batterie geschont wird. Die Helligkeit lässt sich entweder durch eine digitale Steuerung an Pin 3 (EN-Signal) oder ein externes PWM-Signal an Pin 1 des FB-Netzes regulieren. Im letzteren Fall sind zusätzliche regeltechnische Maßnahmen zum Einrichten des Rückführkreises und der Modulation des PWM-Signals erforderlich. Detaillierte Informationen zu dieser Betriebsart finden sich dazu im Datenblatt des NCP5007.

Berechnung der Induktivität

Der Wirkungsgrad des Gleichspannungswandlers hängt neben dem Siliziumchip von der Drosselspule ab, die für einen gegebenen Batteriespannungsbereich zur Leistungssteuerung ausgewählt wird. Der DC Widerstand der Wicklung (R_{DC}) hat neben den Kernmaterialverlusten den grössten Einfluss auf den Betrieb und den Wirkungsgrad des Wandlers, besonders bei einer niedrigen Versorgungsspannung.

Der Gleichspannungswandler arbeitet in zwei Zyklen (siehe Abbildung 3.147)

- Zyklus 1:
  Zeit t_1 = Einschaltzeit, Speicherung von Energie in der Drosselspule
- Zyklus 2:
  Zeit t_2 = Ausschaltzeit, Abgabe der Energie an die Last

Der Nennwert der Induktivität wird auf der Grundlage der Betriebszyklen, der Parameter des integrierten Schaltkreises, der Last und der Bedingungen der Stromversorgung berechnet.

Der in die Drosselspule fließende Spitzenstrom ist gemäß dem NCP5007-Datenblatt wie folgt begrenzt:

- I_{peak}: maximaler Spitzenstrom, intern auf 350 mA begrenzt
- I_v: der durch die Zeit t_2 festgelegte Talstrom, ist intern auf 320 ns eingestellt

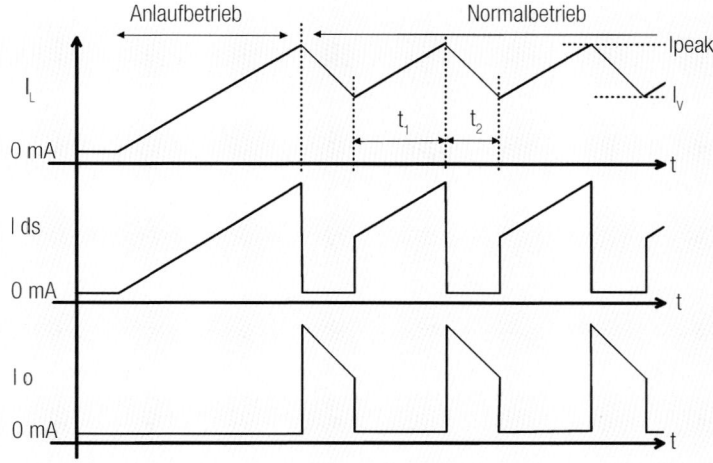

Abb. 3.147: Zyklen und Wellenformen des Gleichspannungswandlers, schematische Darstellung

Wie in Abbildung 3.147 dargestellt, arbeitet der Chip im Normalbetrieb stetig. Mit der Grundlage von Gleichung 3.96 und unter der Annahme, dass auch unter Grenzbedingungen ein stetiger Betrieb vorliegt, kann die Induktivität nach Gleichung 3.97 berechnet werden.

$$V = L \cdot \frac{di}{dt} \qquad (3.96)$$

III Anwendungen

$$L = \frac{(V_o - V_{bat}) + V_f}{di} \cdot t_2 \qquad (3.97)$$

wobei:

V_o: maximale Ausgangsspannung
V_{bat}: Versorgungsspannung am Eingang
V_f: Durchlassspannung der externen Diode
t_2: Ausschaltzeit
di: Stromänderung der Drosselspule

Beispiel:

Für eine typische 3,6-V-Batterie mit einer Minimalspannung von 2,90 V und fünf in Serie geschaltete Leuchtdioden, mit einem mittleren Vorspannungsstrom von 10 mA, soll die Induktivität berechnet werden:

$$L = \frac{(5 \cdot 3,6\,V - 2,90\,V) + 0,5\,V}{0,35\,mA} \cdot 320\,ns = 14,2\,\mu H \qquad (3.98)$$

Unter Berücksichtigung von Schalttoleranzen des Bausteins, insbesondere der OFF-Zeit und der Höhe des Spitzenstroms, ergibt sich folgender Induktivitätswert:

$$L = \frac{(5 \cdot 3,6\,V - 2,90\,V) + 0,5\,V}{0,26\,mA} \cdot 360\,ns = 21,6\,\mu H \qquad (3.99)$$

Um einen einwandfreien Betrieb über den gesamten Toleranzbereich der elektrischen Parameter zu gewährleisten, wird der nächste Normwert von 22 µH verwendet.

Darüber hinaus muss der Sättigungsstrom I_{SAT} der Speicherdrossel größer sein, als der maximale Spitzenstrom.

Weiterhin muss der Gleichstromwiderstand R_{DC} der Drosselspule berücksichtigt werden, damit auch bei einer fast entladenen Batterie ein einwandfreier Betrieb gewährleistet werden kann. Der R_{DC} der Drossel trägt maßgebend zum Gesamtwirkungsgrad des Wandlers bei. Der durch den R_{DC} verursachte Spannungsabfall reduziert die dem Wandler zur Verfügung stehende Gesamtenergie, da dieser Spannungsabfall von der Versorgungsspannung der Batterie subtrahiert werden muss. In der Praxis sollten Speicherdrosseln mit einem Gleichstromwiderstand von weniger als 1 Ω verwendet werden. Auf dem oben beschriebenen Beispiel beruhend, werden die Beschränkungen von der WE-TPC „4818" 744 042 220 erfüllt. Zwar kommt auch WE-TPC „3816" 744 031 220 in Betracht, der Sättigungsstrom ist hier jedoch u.U. nicht ausreichend.

Layout der Leiterplatte

Die hohen Spitzenströme, die bei diesem Typ vom Wandler kurzzeitig auftreten, müssen bereits in der Entwurfsphase berücksichtigt werden, so auch beim Entwurf des Leiterplatten-Layouts, um das abgestrahlte elektromagnetische Feld und eine Beeinflussung der umliegenden Signale möglichst zu begrenzen.

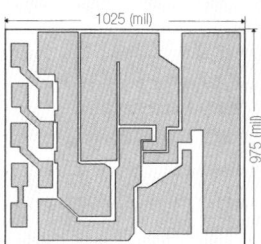
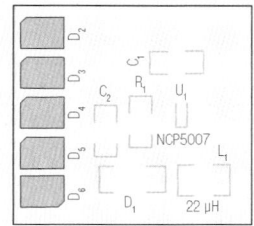

Abb. 3.148: Typisches Layout der Leiterplatte für den Schaltregler

Pin 1 (FB) des Reglers darf nicht durch Störungen, ausgehend von der Rückführung (Pin 2) beeinträchtigt werden, da Pin 1 direkt mit dem internen Operationsverstärker verbunden ist, der in der Regelschleife zum Einsatz kommt. An diesem Pin vorliegende Störungen können einen Fehler oder eine Instabilität des Laststroms verursachen.

C1 und C2 sollten nach Möglichkeit MLCC-Kondensatoren mit einem geringen ESR sein, um während der Schaltvorgänge des Reglers das Auftreten großer Spannungsspitzen zu vermeiden. Insbesondere „kostengünstige" Elektrolytkondensatoren können in dieser Anwendung nicht eingesetzt werden. Eine Alternative ist das Parallelschalten von Elko und Keramikkondensator, was jedoch die Anzahl der Baulemente erhöht.

8.1.8 Abwärtsregler mit L5973D (STMicroelectronics)

Der L5973D ist ein 2,5-A-Abwärtsregler mit einem Ausgangsspannungs-Regelbereich von 1,235 V bis zu 35 V. Der Eingangsspannungsbereich reicht von 4,4 V bis 36 V. Er ist in BCDV-Technologie (Bipolar-CMOS-DMOS) ausgeführt, und der integrierte Leistungsschalter ist ein P-Kanal-D-MOS Transistor. In dieser Schaltung wird kein Bootstrap-Kondensator benötigt und das Tastverhältnis kann bis zu 100% erreichen.

Ein interner Oszillator setzt die Schaltfrequenz bei 250 KHz fest, die relativ hohe Schaltfrequenz erlaubt es, den LC Ausgangsfilter klein zu halten. Ein Synchronisierungspin ist verfügbar, womit auch höhere Schaltfrequenzen bis zu 500 kHz von einer zusätlichen Oszillatorschaltung eingeprägt werden können. Pulse-by-Pulse und Frequenz-Foldback-Überstrom-Schutzvorkehrungen bieten einen effektiven Kurzschluss-Schutz.

Der IC ist in einem HSOP8 Gehäuse mit zusätzlicher Kühlfläche untergebracht. Dadurch wird der Wärmewiderstand ($RTh_{j\text{-}a}$) auf etwa 40 °C/W reduziert.

III Anwendungen

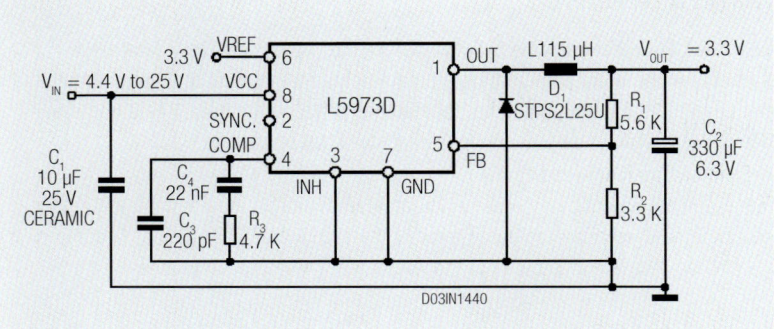

Abb. 3.149: Anwendung Schaltung L5973D des Abwärtsregler

Eingangskondensator

Der Eingangskondensator muss in der Lage sein, die maximale Eingangsbetriebsspannung und den maximalen RMS Eingangsstrom zu unterstützen.

Aus diesem Grund muss die Qualität des Kondensators sehr hoch sein, um seine Verlustleistung, verursacht durch den internen parasitären Verlustwiderstand ESR, zu minimieren. So wird die Funktionssicherheit und die Leistungsfähigkeit des Systems verbessert.

Der kritische Parameter ist im Allgemeinen der effektive Nennstrom des Kondensators, der höher als der effektive Eingangsstrom sein muss. Der maximale effektive Eingangsstrom, der durch den Eingangskondensator fließt, berechnet sich mit:

$$I_{RMS} = I_0 \cdot \sqrt{D - \frac{2 \cdot D^2}{\eta} + \frac{D^2}{\eta}} \tag{3.100}$$

Wobei η die erwartete System-Effektivität, D der Duty Cycle und I_0 der DC-Ausgangsstrom ist. Diese Funktion erreicht ihren Maximalwert bei D = 0,5. Der äquivalente RMS-Strom ist gleich dem Ausgangsstrom dividiert durch 2 (berücksichtigend η = 1). Die Maximum- und Minimum-Duty Cycles sind:

$$D_{MAX} = \frac{V_{OUT} + V_F}{V_{INMIN} - V_{SW}} \quad \text{und} \quad D_{MIN} = \frac{V_{OUT} + V_F}{V_{INMAX} - V_{SW}} \tag{3.101}$$

Mit V_F, der Dioden-Durchlassspannung und V_{SW}, der Spannung über dem internen PDMOS-Transistor.

Wird der Bereich D_{MIN} bis D_{MAX} betrachtet, ist es möglich den maximalen I_{RMS} zu ermitteln, der durch den Eingangskondensator fließt.

Für den Einsatz in der Schaltung können verschiedene Kondensator-Technologien betrachtet werden:

- Elektrolyt-Kondensatoren

Diese sind die am meisten verwendeten und die billigsten Komponenten mit einem großen Bereich von Effektiv-Nennströmen. Der einzige Nachteil ist, dass sie bei einem gegebenem Ripplestrom, physisch größer als andere Kondensatoren sind.

- Keramik-Kondensatoren

Diese Kondensatoren haben üblicherweise einen höheren effektiven Nennstrom, bezogen auf eine gegebene physikalische Abmessung, die Ursache ist der sehr niedrige ESR. Nachteile sind die recht hohen Kosten und die nur eingeschränkte Verfügbarkeit im Spannungsbereich.

- Tantal-Kondensatoren

Inzwischen sind Tantal-Kondensatoren mit sehr niedrigem ESR und kleinen Baugröße in einem breiten Kapazitätsspektrum verfügbar. Die Problematik bei Tantal-Kondensatoren ist jedoch, dass sie gelegentlich zerstört werden können, wenn sie in der Schaltung durch hohe Wechselströme, oder hohen Schaltströmen (dI/dt) beansprucht werden. Tantal-Kondensatoren sollten deshalb nicht zur Eingangsfilterung des Schaltreglers verwendet werden. Der hohe Einschaltstoßstrom beim Anlegen der Versorgungsspannung kann zur Zerstörung des Bauteils führen.

Ausgangskondensator

Der Ausgangskondensator „glättet" die Ausgangsspannung zur Erfüllung der Anforderungen an die maximale Welligkeit (Ripple) der Ausgangsspannung. Die Verwendung von Speicherdrosseln mit kleinen Induktivitätswerten begünstigt die Baugröße, erhöht aber den Ripple-Strom und erfordert so den Einsatz eines größeren Ausgangskondensators. Die „Wirksamkeit" des Kondensators hängt neben der Kapazität maßgeblich von dem seriellen Verlustwiderstand ESR ab.

Um also den Ausgangsspannungs-Ripple zu reduzieren wird ein Kondensator mit kleinem ESR benötigt. Als Nebeneffekt führt aber der ESR des Ausgangskondensators eine Nullstelle in der Verstärkung des offenen Regelkreises des Wandlersystems ein. Diese hilft die Phasenreserve des Systems zu erhöhen und erhöht so die Stabilität des Reglers während der Regelphase. Wenn die Nullstelle bei sehr hohen Frequenzen liegt, ist deren Auswirkung unerheblich. Aus diesem Grund sollten Keramik-Kondensatoren und Kondensatoren mit sehr niedrigen ESR im Allgemeinen vermieden werden.

Tantal- und Elektrolyt-Kondensatoren sind im Allgemeinen die beste Wahl für die Applikation.

III Anwendungen

Induktivität

Der Induktivitätswert setzt den Ripplestrom fest, der durch den Ausgangskondensator.

Der Ripplestrom wird meist bei 20 bis 40% des I_{Omax} festgelegt, das sind 0,4 bis 0,8 A bei I_{Omax} = 2 A. Der Induktivitätswert wird durch folgende Gleichung bestimmt:

$$L = \frac{(V_{in} - V_{out})}{\Delta I} \cdot T_{ON} \qquad (3.102)$$

T_{ON} ist die ON Zeit des internen Schalters, welcher sich aus D · T ergibt.

Zum Beispiel: Bei V_{OUT} = 3,3 V, V_{IN} = 12 V und ΔI_O = 0,6 A ist der Induktivitätswert etwa 17 µH.

Der Spitzenstrom durch die Induktivität bestimmt sich aus:

$$I_{peak} = I_O + \frac{\Delta I}{2} \qquad (3.103)$$

Daraus folgt: Wenn der Induktivitätswert abnimmt, nimmt gleichzeitig der Spitzenstrom, der niedriger als der Grenzstrom des Gerätes sein muss, zu. Umgekehrt ermöglicht ein höherer Induktivitätswert einen höheren Ausgangsstrom, wenn der Spitzenstrom festgelegt ist.

Die passende Power Induktivität ist:

Würth Elektronik 744 777 115, 15 µH, oder 744 541 15, 15 µH. Beide Induktivitäten sind magnetisch geschirmt.

Die folgende Messung vergleicht den Einfluss des Induktivitätstyps auf die Effektivität.

Die Messung wurde mit einem Demoboard durchgeführt, auf welchem ein ungeschirmtes Bauteil eines Mitbewerbers eingesetzt war. Danach wurden zuerst das geschirmte Bauteil 744 541 15 (WE-PD3), anschließend das physisch kleinere Bauteil 744 777 115 (WE-PD) bestückt. Aus den Messergebnissen in Abbildung 3.150 wird ersichtlich, dass das magnetisch geschirmte Bauteil 744 541 15 eine etwa 1–3% höhere Leistungsfähigkeit als das ursprünglich bestückte, ungeschirmte Bauteil erreicht.

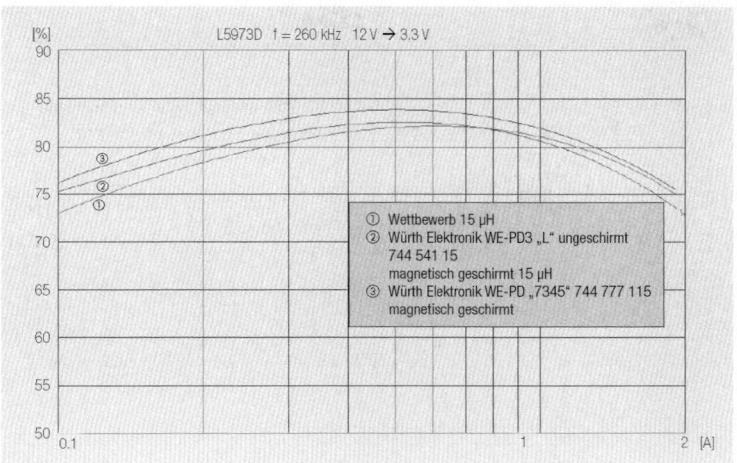

Abb. 3.150: Messung der Effektivität des L5973D mit verschiedenen Speicherdrosseln

Sogar die physisch kleinere Speicherdrossel 744 777 115 weist bis zum Ausgangsstrom von 1 A einen höheren Wirkungsgrad auf. Nur bei höheren Strömen nimmt die Effektivität um ca. 0,5 bis 1% ab.

Layout Empfehlungen

Um Störungen zu minimieren, ist auf das Layout der DC/DC Schaltung ein Hauptaugenmerk zu legen.

Der Leistungsschalterbereich des Layouts ist dabei die Hauptursache von Störungen. Deshalb sollte dieser Bereich so klein wie möglich und die Anschlusslänge der Bauteile so kurz wie möglich gehalten werden.

Hohe Impedanzen, besonders Rückkopplungsverbindungen zu hochimpedanten Eingängen wie Operationsverstärker, sind anfällig für Störungen und sollten deshalb so weit wie möglich vom Leistungsteil entfernt sein. Ein Beispiel des Layouts ist in Abbildung 3.151 gezeigt.

III Anwendungen

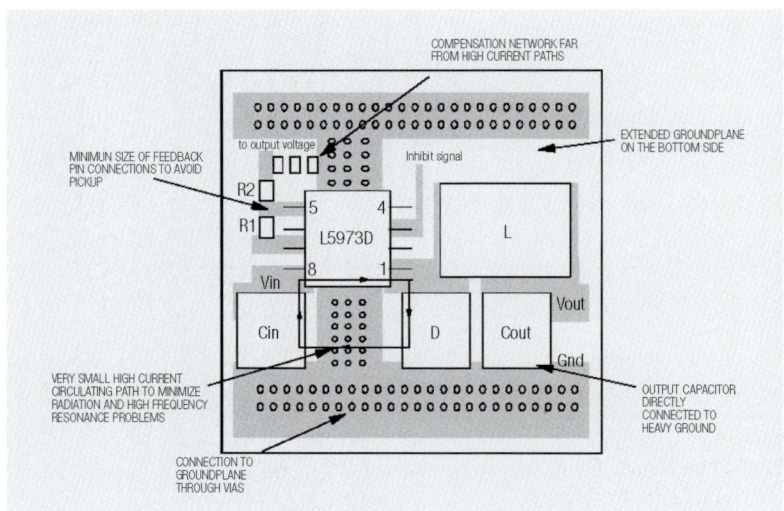

Abb. 3.151: Besipiel des Layouts für den Abwärtsregler L5973D

Die Eingangs- und Ausgangsstromkreisflächen werden minimiert, um Abstrahlungs- und Resonanzprobleme zu verringern.

Die Rückkopplungspin-Verbindungen zum Spannungsteiler sind nahe dem IC angeordnet, um nicht zusätzlich Störungen in den Regelkreis einzukoppeln.

Ein weiterer wichtiger Punkt ist die Massefläche der Baugruppe. Da der IC eine metallische Kühlfläche besitzt, ist es sehr wichtig, diese mit einer großflächigen Massefläche zu verbinden, um den Wärmewiderstand gering zu halten.

Duale Ausgangsspannung mit Hilfswicklung

Wenn zwei Ausgangsspannungen benötigt werden, ist es möglich, einen dualen Ausgangsspannungskonverter zu verwirklichen, indem eine gekoppelte Induktivität benutzt wird. Während der ON Phase wird der Strom zu V_{out} übertragen, während D_2 in Sperrrichtung betrieben wird.

Während der OFF Phase wird der Strom durch die Hilfswicklung zur Ausgangsspannung Vout1 übertragen. Das ist nur möglich, wenn der magnetische Kern eine ausreichende Energie gespeichert hat. Um sicher zu sein, dass die Anwendung richtig funktioniert, sollte die Belastung am zweiten Ausgang V_{out1} viel niedriger sein als der Ausgangsspannung V_{out}. Der große Vorteil der Hilfsspannung ist, dass sie von der Hauptspannung galvanisch isoliert werden kann, wenn eine separate Masse verwendet wird.

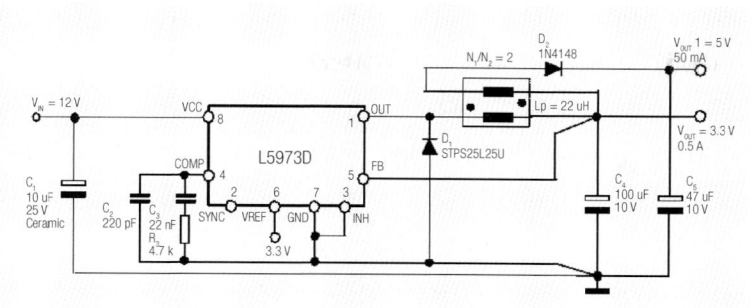

Abb. 3.152: Abwärtsregler mit Doppeldrossel WE-DD 744 887 220 101 zur Erzeugung einer Hilfsspannung

8.1.9 Schaltregler für batteriebetriebene Geräte mit TPS6420x (Texas Instruments)

Die Familie der Abwärts-Schaltregler IC TPS6420x sind für Eingangsspannungen von z.B. 3,3 V oder 5 V ausgelegt. Doch auch Eingangsspannungen bei Speisung durch 1-Zellen Li-Ion Batterien oder durch eine 2- bis 4-Zellen – NiCd, NiMH, oder Alkaline Batterie sind optimal für diesen Regler.

Der Regelbaustein selbst steuert einen externen P-Kanal MOSFET. Um einen hohen Wirkungsgrad über einen weiten Laststrombereich zu erzielen, arbeitet der Regler mit „minimum on time", „minimum off time control" und verbraucht selbst nur 20 µA Ruhestrom. Die minimale „on time" von typischen 600 ns (TPS64203) erlaubt den Einsatz von kleinen Induktivitätswerten und kleinen Kapazitäten. Ist der Baustein im „disabled"-Modus, verbraucht er sogar nur weniger als 1 µA.

Die Familie der TPS6420x-Schaltregler ist im 6-pin SOT23 (DBV) Gehäuse lieferbar und arbeitet im Umgebungstemperaturbereich von –40 °C bis + 85 °C.

Die Grundschaltung des Reglers ist in Abbildung 3.153 dargestellt.

Betriebsarten

Discontinuous Modus

Wenn nur sehr kleine Ausgangsströme benötigt werden, arbeitet der Schaltregler im Discontinuous Modus. Bei jedem Schaltzyklus startet der Spulenstrom bei Null, steigt bis zum Maximalwert an und fällt dann wieder gegen Null ab.

Im Nulldurchgang ist ein Überschwingen feststellbar, dessen Resonanzfrequenz durch die Induktivität und parasitäre kapazitive Effekte bestimmt ist.

Dieses Überschwingen besitzt keinen großen Energieinhalt und kann durch ein RC-Snubber einfach bedämpft werden (siehe Anhang).

Discontinuous Modus

III Anwendungen

Continuous Modus

Continuous Mode

Bei hohen Ausgangsströmen arbeitet der Schaltkreis im Continuous Modus. Hier fällt der Spulenstrom innerhalb eines Schaltzyklus nicht auf Null ab.

Die Ausgangsspannung in dieser Betriebsart ist direkt proportional zum Duty Cycle des Schalters.

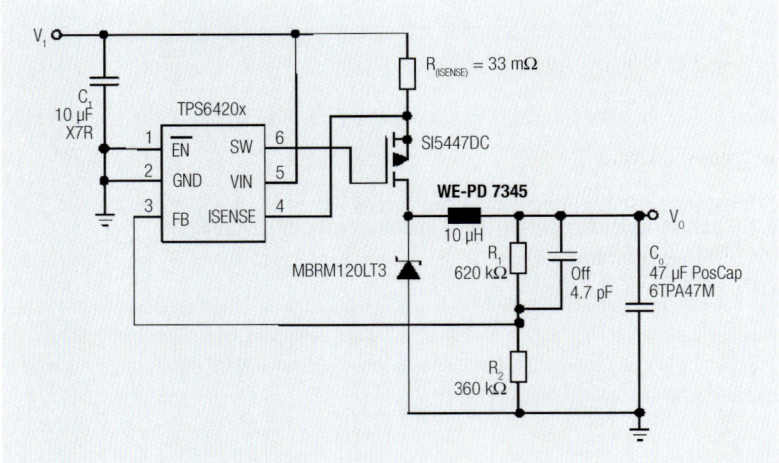

Abb. 3.153: Grundschaltung der TPS6420x-Regler

Die Auswahl der externen Bauelemente wird durch den gewünschten Ausgangsstrom bestimmt.

Zunächst wird der Strom-Messwiderstand R(ISENSE) berechnet, gefolgt von der Auswahl der Diode, der Induktivität und der Eingangs- und Ausgangskondensatoren.

Die Induktivität wird unter Beachtung des Ripplestromes und der Schaltfrequenz bestimmt.

Die Wahl des Ausgangskondensators muss auch unter Beachtung des Ripplestromes und der Schaltfrequenz erfolgen. Dabei muss dieser vom Kapazitätswert so groß gewählt werden, dass der gewünschte Restripple der Ausgangsspannung erreicht wird. Ein gewisser Anteil des ESR (Equivalent Series Resistance) des Filterkondensators ist hier sogar gewünscht und benötigt, um die Stabilität des Reglers zu gewährleisten.

Der Eingangskondensator muss den Eingangsripplestrom bewältigen können. Dies beeinflusst die Auswahl des richtigen Kondensators maßgeblich.

Strombegrenzung (Maximaler Spulenstrom)

Der ISENSE-Pin ist intern mit einem Komparator mit einem eingestellten Threshold von 120 mV/$R_{(ISENSE)}$ verbunden. Der Komparator bestimmt zusammen mit dem Strom-

messwiderstand den maximalen Spulenstrom. Dieser wird zu dem rund 1,3-fachen des maximalen DC-Ausgangsstromes angesetzt (oder höher falls gewünscht). Damit wird gleichzeitig der Ripplestrom der Spule mit eingerechnet und die Start-Up-Zeit des Reglers nicht zu sehr verlangsamt.

$$R_{(ISENSE)} \leq \frac{V_{(ISENSE),min}}{1{,}3 \cdot I_0} \qquad (3.104)$$

mit I_0 = Maximaler DC-Ausgangsstrom im Continuous-Modus; $V_{(ISENSE)}$ minimal 90 mV Ausgangsspannung

Ausgangsspannung

Die Ausgangsspannung wird durch einen externen Widerstandsteiler eingestellt:

Die Summe der beiden Widerstände sollte kleiner als 1 MΩ bleiben, um Fehler durch Leckströme zu minimieren.

$$V_0 = V_{FB} \cdot \frac{R_1 + R_2}{R_2} \qquad R_1 = R_2 \cdot \left(\frac{V_0}{V_{FB}}\right) - R_2 \qquad (3.105)$$

mit V_{FB} = 1,2 V.

In manchen Applikationsboards – abhängig vom Layout – kann die Kapazität zwischen Pin FB und GND zu hoch sein. In diesen Fällen wird parallel zum R_1 ein Kondensator (Cff) im Bereich zwischen 4,7 pF–47 pF (typisch) geschaltet, um den Komparator zu beschleunigen.

Der Kondensator sollte so gewählt sein, dass bei einem Ausgangsstrom von 0 A, der Regler den PMOS entsprechend der Minimum-on-time einschalten kann.

Eingangskondensator

Der Eingangskondensator soll die Wechselstrombelastung aus der Spannungsquelle begrenzen und somit das Störspektrum minimieren. Geeignete Kapazitäten sind hier Tantalkondensatoren mit geringem ESR oder X5R bzw. X7R Keramikkondensatoren mit einer Spannungsfestigkeit die deutlich höher als die maximale Eingangsspannung sein sollte (typ. x 1,5).

Die Ripplestrombelastung des Eingangskondensators ist:

$$I_{Cin(rms)} \approx I_0 \cdot \sqrt{\frac{V_0}{V_i \cdot min}} \qquad (3.106)$$

III Anwendungen

Anhand des Kondensator-Ripplestromes und des maximalen Eingangsspannungs-Ripple kann der Kondensatorwert bestimmt werden:

$$C_{I,min} = \frac{\frac{1}{2} L \cdot (\Delta I_L)^2}{V_{ripple} \cdot V_i} \approx \frac{\frac{1}{2} L \cdot (0{,}3 \cdot I_0)^2}{V_{ripple} \cdot V_i} \tag{3.107}$$

mit: $V_{(ripple)}$ Eingangsspannungs-Ripple (V) (erster Ansatz 0,15 V – in der Schaltung nachmessen)
ΔI_L = Ripplestrom der Speicherdrossel (A)
Als Startwert hat sich C_{in} = 10 µF als praktisch erwiesen.

Speicherdrossel

Der Induktivitätswert bestimmt maßgeblich den Ripplestrom. Der Schaltkreis selber kann mit Induktivitäten zwischen 4,7 µH und 47 µH in den meisten Applikationen betrieben werden.

Sättigung

Die Induktivität sollte bezüglich Spitzenstrom so gewählt sein, dass sie das durch den Sensewiderstand eingestellte Strommaximum ohne größeren Induktivitätsabfall verarbeiten kann. Zu beachten ist hierbei, dass es keine Norm gibt, die einen Sättigungsstrom von Induktivitäten definiert.

Als beste Praxisregel gilt: Die Restinduktivität sollte bei dem maximal auftretenden Spulenstrom mindestens noch 60%…70% der Induktivität, ohne Gleichstromvorbelastung, betragen.

Dies lässt sich am besten durch die Messkurve der Sättigungsinduktivität, d.h. der Induktivität über dem DC-Gleichstrom überprüfen. Ein Beispiel dazu zeigt Abbildung 3.154.

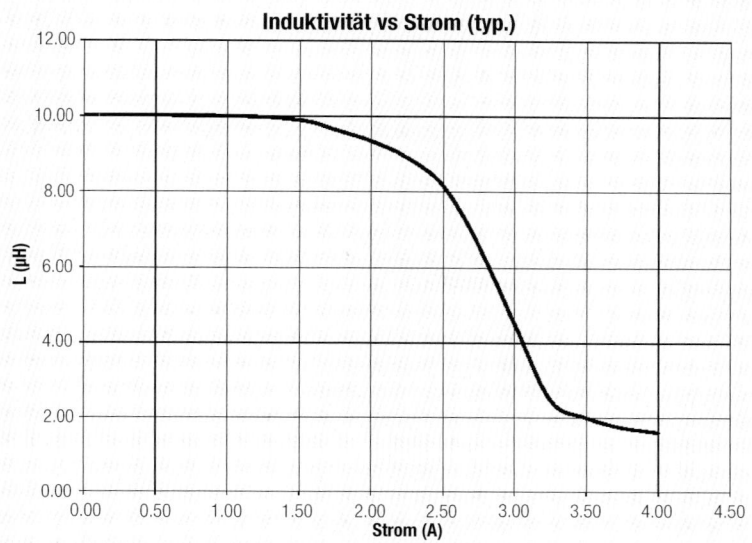

Abb. 3.154: Sättigungskurve einer typischen Speicherdrossel

Zunächst muss festgestellt werden, welche Betriebsart vorliegt: Der Regler arbeitet mit Minimum-on-time, wenn:

$$V_i - V_O - (I_O \cdot r_{DS(on)}) - (R_{RL} \cdot I_O) \geq \frac{t_{off,min} \cdot (V_O + V_{SCHOTTKY}) + (R_{RL} \cdot I_O)}{t_{on,min}} \quad (3.108)$$

mit R_{RL}, als Kupferwiderstand der Induktivität und mit

$$L = \frac{V \cdot \Delta t}{\Delta I} \quad (3.109)$$

Somit ergeben sich folgende Berechnungen:

Für Minimum-on-time:

$$L = \frac{\left(V_i - V_O - (I_O \cdot r_{DS(on)}) - (R_{RL} \cdot I_O)\right) \cdot t_{on,min}}{\Delta I} \quad (3.110)$$

mit $\Delta I \leq 0{,}3 \cdot I_O$

III Anwendungen

Für Minimum-off-time:

$$L = \frac{(V_O + V_{SCHOTTKY} + (R_{RL} \cdot I_O)) \cdot t_{off,min}}{\Delta I} \qquad (3.111)$$

Geeignete Induktivitäten sind z.B. die Würth Elektronik Typen WE-TPC „5818" 744 052 006 mit 6,2 µH oder die WE-PD3 S 744 511 15 mit 15 µH.

Ausgangskondensator

Auch hier wird der Kapazitätswert vom Restripple der Ausgangsspannung und von der maximalen Spannungsänderung bei Lastwechsel bestimmt. Ein gewisser Anteil von ESR im Kondensator ist für die Stabilität des Reglers erforderlich. Low ESR-Tantalkondensatoren oder PosCap arbeiten sehr gut in der Applikationsschaltung. Gegebenenfalls kann noch ein Keramikkondensator von 1 µF, parallel geschaltet zum Ausgangskondensator, zur Unterdrückung von Spannungsspitzen hilfreich sein (austesten!).

Der Ausgangsspannungs-Ripple ist abhängig vom Kapazitätswert und dem ESR und bestimmt sich zu:

$$\Delta V_{pp} = \Delta I \cdot \left(ESR + \left(\frac{1}{8 \cdot C_0 \cdot f} \right) \right) \approx 1{,}1 \, \Delta I \cdot ESR \qquad (3.112)$$

$$ESR_{max} \approx \frac{\Delta V_{PP}}{1{,}1 \cdot \Delta I} \qquad (3.113)$$

Die Kapazität wird umso größer, je höher die Ausgangsstrombelastung des Reglers ist. Abhängig vom Lastsprung (Strom Null → Max. Strom ΔI_o) und erlaubtem Spannungseinbruch (ΔU) kann die erforderliche Kapazität wie folgt berechnet werden:

$$C_0 = \frac{L \cdot \Delta I_0^2}{(V_i - V_O) \cdot \Delta V} \qquad (3.114)$$

Schaltregler-Auswahl

Der beste Schaltregler für die jeweilige Applikation lässt sich anhand der unten gezeigten Tabelle schnell ermitteln.

Verhältnis von Eingangs- zu Ausgangsspannung	Schaltfrequenz bestimmt durch	Vorgeschlagener Regler für hohe Schaltfrequenzen	Vorgeschlagener Regler für niedrige Schaltfrequenzen
$V_I \approx V_O$ (z.B. VI = 5 V VO = 1,5 V)	Minimum on-time	TPS64203	TPS64200, TPS64201
$V_I \approx V_O$ (z.B. V_I = 3,8 V V_O = 3,3 V)	Minimum off-time	TPS64202	TPS64200, TPS64201

Tab. 3.39: Kenndaten zur Schaltregler-Auswahl

Designbeispiel:

Eingangsspannung: Li-Ion Zelle, 3,3 V…4,2 V
Ausgangsspannung: 3,3 V/500 mA

1. Messwiderstand:

$$R_{(ISENSE)} \leq \frac{U_{ISENSE,min}}{1,3 \cdot I_0} = \frac{90 \text{ mW}}{1,3 \cdot 0,5 \text{ A}} = 138 \text{ m}\Omega \qquad (3.115)$$

Gewählter Normwert: $R_{(ISENSE)} = 120$ mΩ.

- Überprüfen des Ripplestromes der Induktivität nach Wahl des Induktivitätswertes in Pkt. 5!
- Ist der $R_{DS(on)}$ des PMOS gleichzeitig der Messwiderstand, dann muss ein PMOS ausgewählt werden, dessen $R_{DS(on)}$ kleiner ist als die hier berechneten 138 mΩ!

2. Widerstandsteiler berechnen:

V_0 = 3,3 V und V_{FB} = 1,21 V

$$R_1 = R_2 \cdot \left(\frac{U_0}{U_{FB}}\right) - R_2 = 1,72 \cdot R_2 \qquad (3.116)$$

- R_1 = 360 kΩ
- Es ergibt sich für R_2 = 619 kΩ → gewählt: 620 kΩ

III Anwendungen

3. PMOS-Transistor auswählen

Wegen der Li-Ion-Zelle mit minimaler Eingangsspannung von 3,3 V, wird der Regler bis zu 100% mode (Duty Cycle = 1) arbeiten und damit ist der Strom durch den PMOS maximal so groß wie der Ausgangsstrom.

$$I_{PMOS} = I_0 = 0{,}5 \text{ A} \qquad (3.117)$$

Hier wurde der Si2301ADS ausgewählt, da er die Strombedingung erfüllt und ein externer Messwiderstand verwendet wird.

Die maximale Verlustleistung des Transistors ist:

$$P_{cond} = I_0 \cdot R_{DS(on)} = 0{,}5^2 \text{A} \cdot 0{,}19 \, \Omega = 48 \text{ mW} \qquad (3.118)$$

4. Diode

Für die Schottkydiode ist der maximale Strom dann gegeben, wenn die Li-Ion-Zelle die maximale Spannung besitzt (4,2 V).

$$I_{(diode)(Avg)} \approx I_0 \left(1 - \frac{U_0}{U_I}\right) = 0{,}5 \text{ A} \left(1 - \frac{3{,}3 \text{ V}}{4{,}2 \text{ V}}\right) = 0{,}11 \text{ A} \qquad (3.119)$$

Gewählt wurde hier die Schottkydiode MBR0530T1 mit einem Spannungsabfall von 0,3 V. Es sollte keine zu groß dimensionierte Diode verwendet werden, da dann normalerweise unnötig höhere Ruheströme und parasitäre Kapazitäten die Effektivität reduzieren können.

5. Induktivität

Wenn die Ausgangsspannung nahe der Eingangsspannung ist, wird die Schaltfrequenz von der minimalen off-time bestimmt.

Deswegen wurde hier der Schaltkreis TPS64202 gewählt.

Der Ripplestrom durch die Induktivität wird zu 30% des Ausgangsstromes gewählt.

Der Gleichstromwiderstand der Spule sollte nicht höher als unbedingt notwendig sein und im Bereich des Wertes des Messwiderstandes liegen. Je nach Baugröße und Strombelastung sind hier aber Kompromisse notwendig. Generell sollte versucht werden, geschirmte Speicherdrosseln einzusetzen, da aufgrund des höheren A_L-Wertes hier mit geringerer Windungszahl und damit auch mit geringerem Gleichstromwiderstand gerechnet werden kann.

Nimmt man als Startwert hier den RDC der Spule als 100 mΩ an, dann gilt für die Minimum-off-time:

$$L = \frac{(V_0 + V_{SCHOTTKY} + (R_{RL} \cdot I_0)) \cdot t_{off,min}}{\Delta I} = \frac{(3{,}3\ V + 0{,}3\ V + 0{,}05\ V) \cdot 0{,}3\ \mu s}{0{,}3 \cdot 0{,}5\ A} = 7{,}3\ \mu H \quad (3.120)$$

Um den Ripplestrom zu minimieren wählen wir den nächsten Normwert von z.B. L = 10 µH.

Dies bedeutet für den Ripplestrom (peak-to-peak):

$$\Delta I = \frac{(V_0 + V_{SCHOTTKY} + (R_{RL} \cdot I_0)) \cdot t_{off,min}}{L} = 110\ mA \quad (3.121)$$

Als maximale Strombelastung der Induktivität ergibt sich:

$$I_{inductor} > I_0 + \frac{\Delta I}{2} = 555\ mA \quad (3.122)$$

Wie bereits erwähnt, sollten bei diesem Spitzenstrom noch 65%...70% der Grundinduktivität ohne Gleichstromvormagnetisierung anstehen, um den Regler stabil arbeiten zu lassen.

6. Eingangs- und Ausgangskondensator

Setzt man den Ripple der Ausgangsspannung mit 20 mV$_{pp}$ an, ergibt sich für den zulässigen ESR:

$$ESR_{max} \approx \frac{\Delta U_{PP}}{1{,}1 \cdot \Delta I} = \frac{0{,}02\ V}{1{,}1 \cdot 0{,}11\ A} = 165\ m\Omega \quad (3.123)$$

Ein 47 µF PosCap mit ESR von 100 mΩ wurde hier gewählt.

Der Eingangskondensator wurde mit einer Kapazität von 10 µF gewählt. Die folgenden Abbildung 3.155 und Abbildung 3.156 zeigen die Schaltbilder der Regler mit den ausgewählten Bauelementen.

III Anwendungen

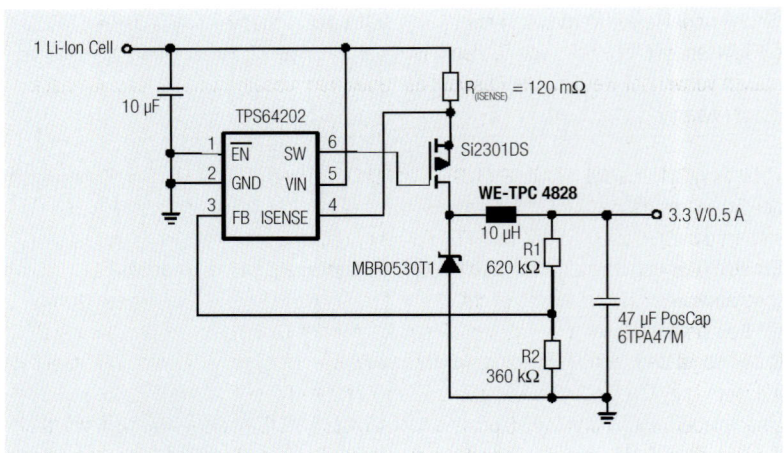

Abb. 3.155: Applikationsschaltung mit Speicherdrossel WE-TPC 744 043 100 (4,8 x 4,8 x 2,8 mm)

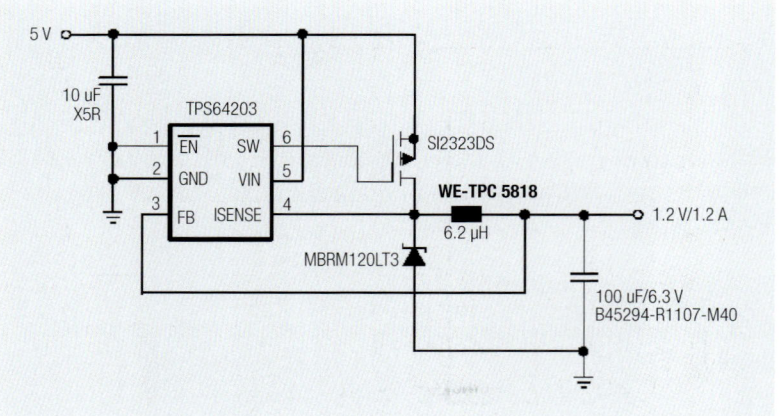

Abb. 3.156: Applikationsschaltung mit Speicherdrossel WE-TPC 744 052 006 (5,8 x 5,8 x 1,8 mm)

8.1.10 SEPIC-LED-Treiber mit HV9911

Aufwärtswandler werden häufig für den Betrieb von LED-Hintergrundbeleuchtungen in LCD-Anzeigen von Fernsehgeräten und Computerbildschirmen verwendet. Die von Supertex entwickelte IC-Produktfamilie ist für diese Anforderungen konzipiert. Der erste integrierte Schaltkreis (IC) dieser Produktfamilie, HV9911, hat sich zum Industriestandard etabliert und bietet eine präzise Steuerung von LED-Strom und Pulsweitenmodulation-Dimmverhältnis.

In einigen Fällen, wenn die Durchlassspannung im LED-Strang in den Bereich der Eingangsspannung fällt, kann die Aufwärtswandlertopologie nicht eingesetzt werden. Stattdessen sollte die SEPIC (Single Ended Primary Inductance Converter) DC/ DC-

Wandlertopologie in Verbindung mit dem HV9911 verwendet werden. In dieser Topologie können zwei unabhängige Spulen oder zwei zu einem einzelnen Kern kombinierte Spulen verwendet werden. Die Auswahl der Speicherdrosseln wird hier exemplarisch beschrieben:

Abbildung 3.157 zeigt die HV9911-SEPIC-LED-Treiberschaltung. Der IC wird direkt von der DC-Eingangsspannung mit bis zu 250 V betrieben. Der Konstantstrom-Regelkreis steuert den Spitzenstrom des MOSFET Q1, überwacht über den CS-Pin. Die Current Sense-Spannung über R_S wird in der Schleife so geregelt, dass sie der bei IREF programmierten Referenz entspricht. Die Widerstände R_{CS} und R_{SLOPE} programmieren die Kompensation des Anstiegs gemäß des Abfalls des Gesamtstroms an L1 und L2. In der Regel beträgt die Kompensation die Hälfte der abfallenden Rampe, um Stabilität in jedem Duty Cycle D sicherzustellen. Weitreichendes Dimmen kann durch Anwenden eines niederfrequenten PWM-Signals am Anschluss PWMD realisiert werden, wodurch die Ausgänge GATE und FAULT deaktiviert werden. Der Kondensator CC dient der Kompensation des Regelkreises. Er hält auch die Fehlerspannung, die aus dem Regelkreis abgeleitet wird, wenn PWMD logisch 0 ist.

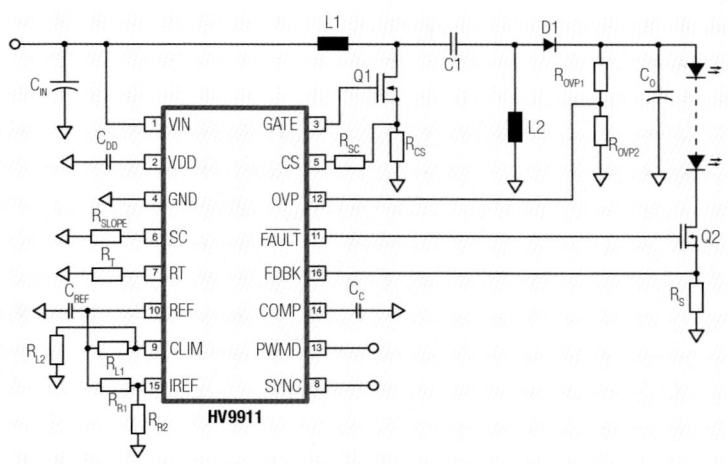

Abb. 3.157: Typische Applikationsschaltung des HV9911-SEPIC-LED-Treibers

Die Auswahl der Spulen L1 und L2 beginnt bei der Festlegung des Duty Cycle. Bei einem angenommenen Wirkungsgrad von 100% folgt der Duty Cycle D für einen SEPIC-Wandler im kontinuierlichen Modus der Formel:

$$D = \frac{V_{OUT} + V_D}{V_{IN} + V_{OUT} + V_D} \quad (3.124)$$

wobei V_D der Abfall der Durchlassspannung der Gleichrichterdiode ist.

III Anwendungen

Die typischen Wellenformen in einem SEPIC-Wandler im kontinuierlichen Modus werden in Abbildung 3.158 dargestellt. Der Duty Cycle D kann als Verhältnis zwischen ON-Zeit, T_{ON}, des MOSFET Q1 und der Schaltzeitspanne, $T_{ON} + T_{OFF}$ definiert werden. Zu beachten ist, dass der durchschnittliche Strom im Kopplungskondensator C1 gleich Null ist. Der durchschnittliche Strom an der Spule L1 entspricht I_{IN}, und der durchschnittliche Strom an der Spule L2 entspricht I_{OUT}.

Der maximale Duty Cycle tritt bei $V_{IN(min)}$ und $V_{OUT(max)}$ auf:

$$D_{max} = \frac{V_{OUT(max)} + V_D}{V_{IN(min)} + V_{OUT(max)} + V_D} \tag{3.125}$$

Dies kann folgendermaßen ausgedrückt werden

$$\frac{D_{max}}{1-D_{max}} = \frac{V_{OUT(max)} + V_D}{V_{IN(min)}} = \frac{V_{IN(max)}}{I_{OUT}} \tag{3.126}$$

Typische Kurvenformen des Duty Cycle und der wichtigsten Ströme sind in Abbildung 3.158 dargestellt.

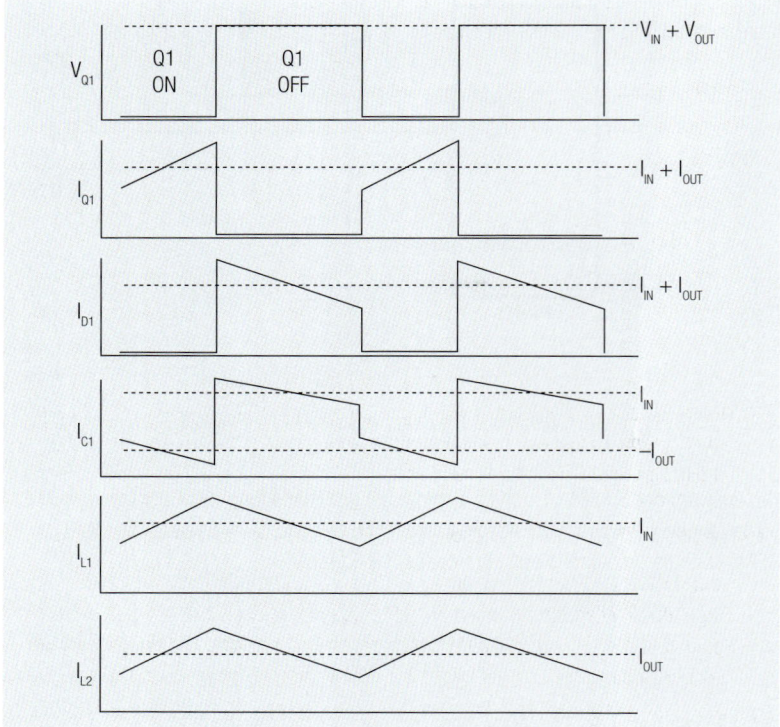

Abb. 3.158: Typische Kurvenformen des Duty Cycles und der wichtigsten Ströme im HV9911-SEPIC-DC/DC-Wandler

Berechnungsschritte der einzelnen Induktivitäten

In diesem Abschnitt wird die Auswahl der Induktivitäten beschrieben. Der erste Schritt beim Planen der Induktivität ist immer das Festlegen des maximal zugelassenen Ripplestroms ΔI_L. Bei einem zu hohen Ripplestrom nehmen die elektromagnetischen Störungen zu, ein zu niedriger Ripplestrom führt zu einem instabilen PWM-Betrieb. Als Faustregel gilt: Festlegen des Ripplestroms (peak-to-peak) auf ca. 30% des maximalen Eingangsstroms bei minimaler Eingangsspannung.

$$\Delta I_L = I_{IN(max)} \cdot 30\% = I_{OUT} \cdot \frac{V_{OUT(max)}}{V_{IN(min)}} \cdot 30\% \qquad (3.127)$$

Wenn zwei separate Spulen für L_1 und L_2 verwendet werden, kann der Wert der Induktivität mit dem gewünschten Wert für ΔI_L mittels nachfolgender Gleichung berechnet werden:

$$L_1 = L_2 = L = \frac{V_{IN(min)}}{\Delta I_L \cdot f_S} \cdot D_{max} \qquad (3.128)$$

Wobei f_S die Schaltfrequenz ist. Beachten Sie, dass die Nennstromstärke der Induktivitäten den Rippelstrom berücksichtigen sollte und dass der Spitzenstrom durch die Induktivitäten berücksichtigt werden sollte, um seine Sättigung zu vermeiden.

Der Spitzenstrom durch L_1 und L_2 folgt der Formel:

$$I_{L1(pk)} = I_{IN(max)} + \frac{1}{2}\Delta I_L = \frac{V_{OUT(max)} \cdot I_{OUT}}{\eta \cdot V_{IN(min)}} + \frac{1}{2}\Delta I_L \qquad (3.129)$$

$$I_{L2(pk)} = I_{OUT} + \frac{1}{2}\Delta I_L \qquad (3.130)$$

Der Wirkungsgrad des Wandlers η wurde in Gleichung 3.129 eingesetzt, z.B. mit 85% als Startwert. Erfahrungsgemäß sollte, um die leitungsgebundenen Spannungsstörgrößen mit einzubeziehen, der Strom nach Formel 3.129 um weitere 20% erhöht werden.

Gekoppelte Speicherdrosseln (Coupled Inductors) – Berechnungsschritte

In diesem Abschnitt wird der Fall von zwei Spulen L_1 und L_2, die sich einen gemeinsamen Magnetkern teilen, beschrieben. In einer idealen, eng gekoppelten Spule, bei der jede Spule über dieselbe Anzahl an Wicklungen verfügt, erzwingt die wechselseitige Induktivität eine gleichmäßige Aufteilung des Ripplestroms zwischen den gekoppelten Spulen. In einer realen gekoppelten Spule verfügen die Spulen nicht über dieselbe Induktivität und der Ripplestrom wird nicht gleichmäßig aufgeteilt. Trotzdem wird für einen gewünschten Ripplestromwert die erforderliche Induktivität in einer gekoppelten

III Anwendungen

Spule als die Hälfte der für zwei separate Spulen benötigten Stromstärke angenommen. Der Wert für L soll durch L/2 ersetzt werden, demnach gilt für die Induktivität bei gekoppelten Spulen:

$$L_1 = L_2 = \frac{L}{2} = \frac{V_{IN(min)}}{2 \cdot \Delta I_L \cdot f_S} \cdot D_{max} \qquad (3.131)$$

Beispiel:
Entwurf einer gekoppelten Spule für einen SEPIC-LED-Treiber bei 300 kHz, die einen Strang von 5 weißen LEDs mit 350 mA über eine Gleichstromversorgung mit einer minimalen Eingangsspannung von 9 V betreibt. Die maximale Durchlassspannung einer weißen LED kann mit 4 V angenommen werden. Der maximale Duty Cycle kann wie folgt berechnet werden:

$$D_{max} = \frac{(5 \cdot 4\,V) + 0{,}7\,V}{9\,V + (5 \cdot 4\,V) + 0{,}7\,V} = 0{,}7 \qquad (3.132)$$

Der Ripplestrom der Spule kann mittels folgender Gleichung berechnet werden:

$$\Delta I_L = 350\,mA \cdot \frac{5 \cdot 4\,V}{9\,V} \cdot 30\,\% = 230\,mA \qquad (3.133)$$

Es wird angenommen, dass dieser Ripplestrom gleichmäßig zwischen den Wicklungen verteilt wird. Die Induktivität der Spulen wird somit wie folgt berechnet:

$$L_1 = L_2 = \frac{9\,V}{2 \cdot 0{,}23\,A \cdot 300\,kHz} \cdot 0{,}7 = 46\,\mu H \qquad (3.134)$$

Die Nennströme werden mittels der Gleichungen 3.135 und 3.136 bei einem angenommenen Wirkungsgrad von 0,85 berechnet.

$$I_{L1(pk)} = \frac{(5 \cdot 4\,V) \cdot 350\,mA}{0{,}85 \cdot 9\,V} + \frac{1}{2} \cdot 230\,mA = 1{,}03\,A \qquad (3.135)$$

$$I_{L2(pk)} = 350\,mA + \frac{1}{2} \cdot 230\,mA = 465\,mA \qquad (3.136)$$

Als passende Induktivität wird die Doppeldrossel WE-DD 744 871 470 mit einer Induktivität von 47 µH und einem Nennstrom von 1,1 A ausgewählt.

Weitere geeignete magnetisch geschirmte Speicherdrosseln:

- 744 871 470 SMD-Speicherdrossel WE-DD „L", 47 µH, 1,1 A, 0,145 Ω
- 744 870 470 SMD-Speicherdrossel WE-DD „XL", 47 µH, 1,35 A, 0,146 Ω
- 744 771 20 SMD-Speicherdrossel WE-PD „1260", 100 µH, 1,53 A, 0,15 Ω
- 744 777 20 SMD-Speicherdrossel WE-PD „7345", 100 µH, 0,79 A, 0,61 Ω

> **Achtung!**
>
> **Beim Einsatz von Induktivitäten oberhalb von Kleinspannungen müssen – insbesondere für die Drossel L1 (Einzeldrossel-Wandler) und bei Doppeldrosseln weitere Aspekte wie VDE und Gerätesicherheit beachtet werden!**

8.1.11 Power Factor Correction (PFC) mit UC 3854

Schaltnetzteile finden sich heute in praktisch jedem Gerät wieder. Ein großer Nachteil dieser Netzteile ist, dass die Stromaufnahme nicht sinusförmig verläuft, sondern vielmehr pulsartig geschieht. Je nach ausgangsseitiger Last, die stark variieren kann, ergibt sich eine starke Störbandbreite des Netzwechselstromes. Daraus resultiert eine Verzerrung der Wechselspannung, die man mit einem handelsüblichen Oszilloskop deutlich erkennen kann (Abbildung 3.159).

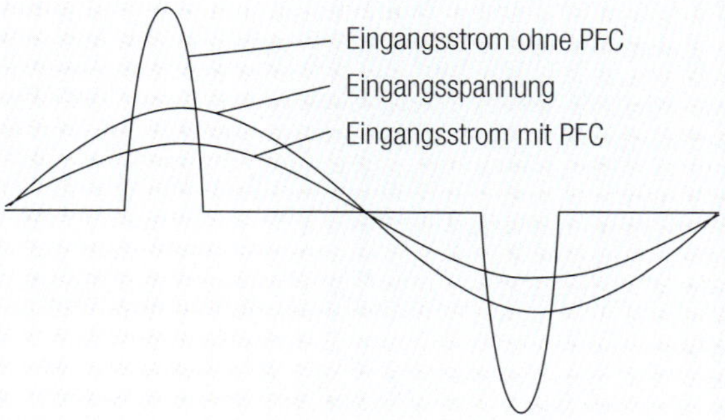

pulsierender Eingangsstrom

Verzerrung

Abb. 3.159: Stromverläufe im Eingangskreis eines Schaltnetzteils ohne und mit PFC

Die PFC-Stufe wird dem konventionellen Schaltnetzteil vorgeschaltet und sorgt dafür, dass die Netzstromaufnahme annähernd sinusförmig bleibt. Bei einem aktiven PFC-Schaltkreis geschieht das durch einen, von der Eingangsspannung gesteuerten Eingangsstrom. Bleibt dabei das Verhältnis von Eingangsspannungsänderung zu Eingangsstromänderung konstant, entspricht das am speisenden Netz einem Wirkwiderstand. Der Leistungsfaktor (Power Factor) ist demnach 1.

PFC-Stufe

Wirkwiderstand

III Anwendungen

Leistungsfaktor

Der Power Factor bzw. Leistungsfaktor (PF) lässt sich definieren als das Verhältnis von der dem Netz entnommenen Wirkleistung (P) zu der vom Netz gespeisten Scheinleistung (VA).

$$PF = \frac{P}{V_{eff} \cdot I_{eff}} \qquad (3.137)$$

Phasenverschiebung

Weicht der Leistungsfaktor von 1 ab, so besteht eine Phasenverschiebung zwischen Spannung und Strom. Die klassische Definition des Leistungsfaktors ist die Angabe der Phasenverschiebung

$$PF = \cos \phi \qquad (3.138)$$

Je größer der Phasenwinkel ϕ, desto größer der Blindleistungsanteil (Q), der vom Netz aufgenommen wird und desto kleiner der Leistungsfaktor.

Phasenmessung

Über eine Phasenmessung zwischen Spannung und Strom und eine aktive Regelschaltung lässt sich der Leistungsfaktor an das gewünschte Verhältins 1 annähern. Eine solche Schaltungsstufe ist eine aktive Power Factor Correction. Je höher der Blindleistungsanteil, d.h. $\cos \phi < 1$, desto mehr Leistung wird aus dem Netz entnommen, welche jedoch keinen Nutzen bringt.

Aktiver Power Factor Correction-Regler

Aufwärtswandler

Der Aufwärtswandler ist die beste Wahl für solch eine Schaltung, da sein Eingangsstrom kontinuierlich fließt und somit wenig Oberwellen erzeugt. Der Eingangsstrom wird von einer Regelschaltung so gesteuert, dass er immer proportional zur Kurvenform der Eingangsspannung ist. Ein Nachteil ist, dass die Ausgangsspannung immer größer sein muss als die Eingangsspannung.

Das Blockschaltbild einer PFC-Stufe mit dem IC UC3854 von Texas Instruments zeigt Abbildung 3.160.

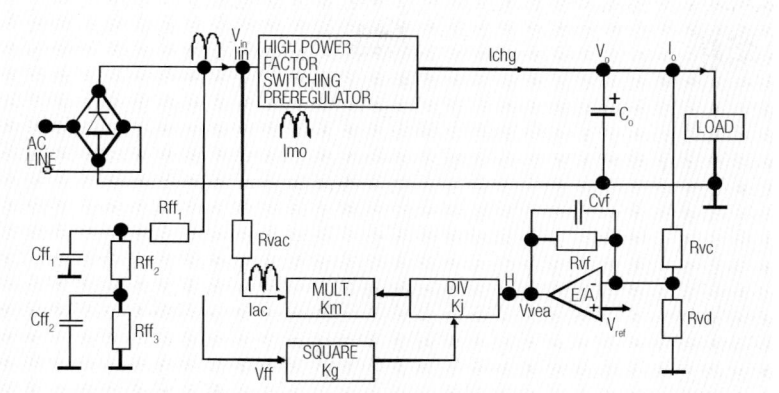

Abb. 3.160: Blockschaltbild einer PFC-Schaltung mit dem IC UC3854 (TI)

Die PFC-Schaltung unterscheidet sich in einigen Punkten vom bekannten Aufwärtsregler:

- Der Glättungskondensator nach dem Brückengleichrichter befindet sich auf der Ausgangsseite der PFC-Stufe
- Die Ausgangsspannung der PFC-Schaltung ist konstant, der Eingangsstrom jedoch wird von der Eingangsspannung so gesteuert, dass er einem Halbwellensinus entspricht
- Die Frequenz von Ausgangsstrom und Spannung der PFC-Sufe sind doppelt so groß wie die Netzfrequenz

Der Multiplizierer in Abbildung 3.160 wird eingangsseitig von der gleichgerichteten Eingangsspannungsform und ausgangsseitig von der Ausgangsgleichspannung gesteuert. Als Ausgangssignal des Multiplizieres liegt ein Stromsteuersignal vor, welches die Kurvenform der Eingangsspannung besitzt und in der Größe von der Ausgangsspannung gesteuert ist. Einige Zusatzschaltkreise dienen der Stabilität der Schaltung im Bereich des Nulldurchgangs der Wechselspannung und um die bestmögliche Ausregelung sicherzustellen.

Multiplizierer

Stromsteuersignal

III Anwendungen

Ein Schaltbild eines 250 W-PFC-Schaltkreises zeigt Abbildung 3.161.

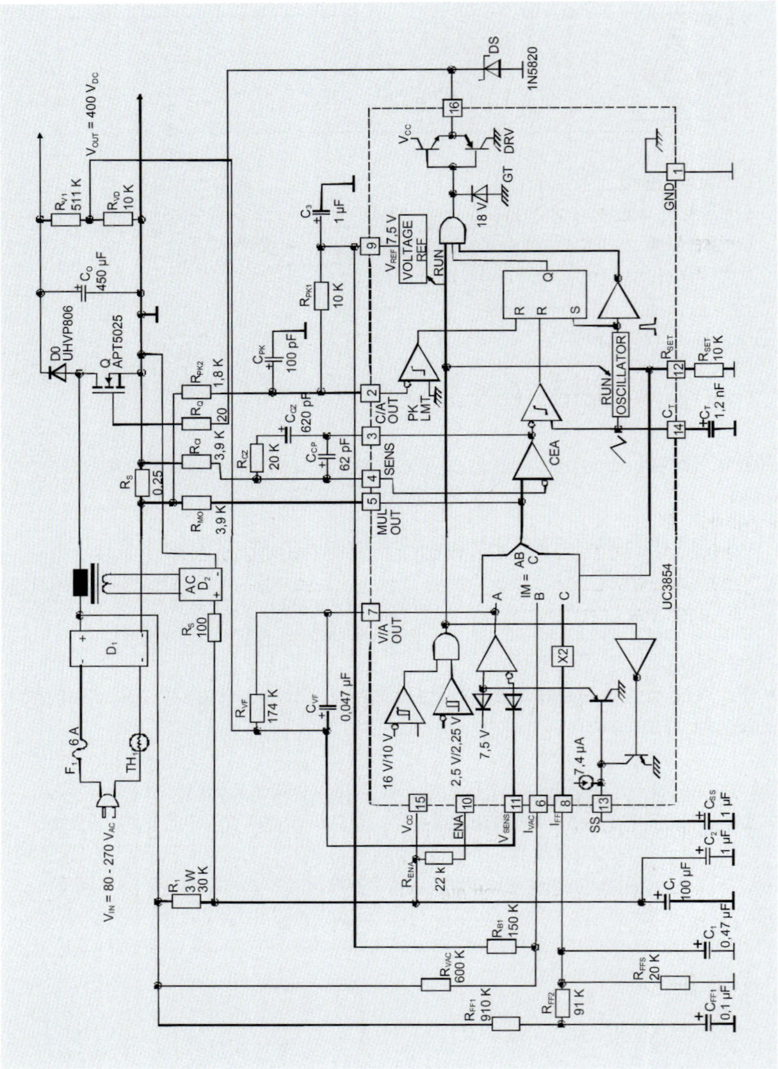

Abb. 3.161: Schaltbild eines 250W PFC-Schaltkreises mit mit dem IC UC3854 (TI)

Speicherdrossel

Im Folgenden die Berechnung der Speicherdrossel.

Gewählte Eingangsgrößen:

- Netzspannung: 80 ... 270 V ~
- Maximale Ausgangsleistung: 250 W
- Netzfrequenz: 47 ... 65 Hz

a) Ausgangsspannung der PFC Stufe:
Die Ausgangsspannung sollte ~10% höher als die maximale Eingangs-Spitzenspannung sein.

$$V_{OUT} = 1{,}05 \cdot V_{AC} \cdot \sqrt{2} = 1{,}05 \cdot 270\,V \cdot 1{,}414 = 400\,V \quad (3.139)$$

Eingangs-Spitzenspannung

b) Schaltfrequenz
Die Schaltfrequenz sollte so groß wie möglich sein, um das Volumen der Speicherdrossel klein zu halten, aber nicht zu hoch, um die Verluste in den Schalterelementen (Transistor, Diode) und im Kondensator gering zu halten.

Verluste

Die zurzeit verfügbaren Schaltregler arbeiten mit Schaltfrequenzen im Bereich von 20 kHz bis 300 kHz, für diese Applikation wurde 100 kHz als Kompromiss zwischen diesen gegenläufigen Forderungen gewählt.

fs = 100 kHz

c) Induktivität
Die Bestimmung der Induktivität beginnt mit der Berechnung des maximalen Eingangswechselstromes. Dieser Fall ist gegeben, wenn die Eingangswechselspannung bei gegebener Last minimal ist:

Eingangswechselspannung

$$I_{max} = \frac{\sqrt{2} \cdot P}{V_{in,min}} = \frac{1{,}414 \cdot 250\,W}{80\,V} = 4{,}42\,A \quad (3.140)$$

Der maximale Ripplestrom der Induktivität im Aufwärtsregler tritt dann auf, wenn das Tastverhältnis (Duty Cycle D) 50 % ist. Der maximale Spulenstrom jedoch liegt nicht deckungsgleich dazu, sondern ist bei der minimalen Eingangsspannung zu finden. Den zulässigen Ripplestrom durch die Induktivität wählt man zu 20 % des maximalen Spulenstromes, um die Ummagnetisierungsverluste klein zu halten.

Ripplestrom

Ripplestrom ΔI:

$$\Delta I = 0{,}2\, I_{max} = 0{,}2 \cdot 4{,}42\,A = 0{,}884\,A \quad (3.141)$$

Tastverhältnis D:

$$D = \frac{V_{OUT} - (V_{IN,min} \cdot \sqrt{2})}{V_{OUT}} = \frac{400\,V - (80\,V \cdot 1{,}414)}{400} = 0{,}7175 \quad (3.142)$$

III Anwendungen

Induktivität L:

$$L = \frac{V_{IN,min} \cdot \sqrt{2} \cdot D}{\Delta I \cdot f_S} = \frac{80\,V \cdot 1{,}414 \cdot 0{,}7175}{0{,}884\,A \cdot 100000\,Hz} = 920\,\mu H \quad (3.143)$$

hochfrequenter Ripplestrom
Sicherheitsaufschlag

d) Maximaler Spulenstrom I_{Lmax}:
Der hochfrequente Ripplestrom addiert sich zum Spitzenwert des netzseitigen Stromes, so dass mit einem Sicherheitsaufschlag von 10% für den maximalen Spulenstrom gilt:

$$I_{L,max} = 1{,}1 \left(I_{max} + \frac{1}{2}\Delta I \right) = 1.1 \cdot (4{,}42\,A + 0{,}5 \cdot 0{,}884\,A) = 5{,}35\,A \quad (3.144)$$

Diese Zusammenhänge verdeutlicht auch Abbildung 3.162

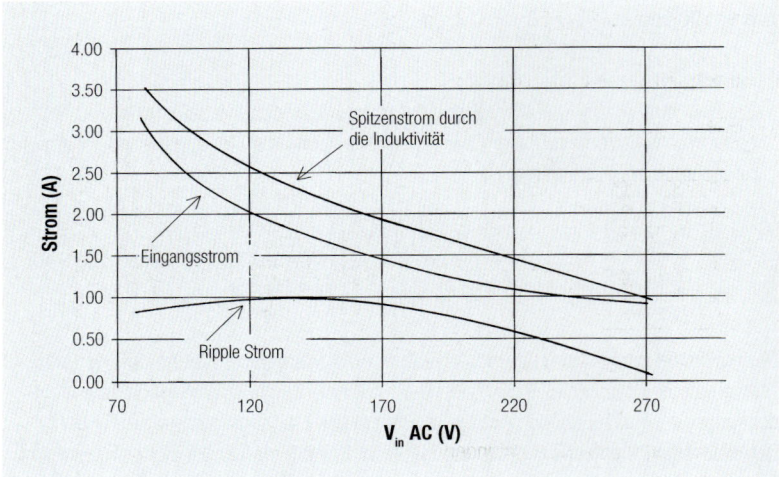

Abb. 3.162: PFC-Ströme über den Eingangsspannungsbereich

Nur L und I_{LMAX} sind bisher bekannt. Letzterer ist der Spitzenstrom, dessen Kenntnis für die Kernmodulation notwendig ist. Für die Erwärmung der Wicklung wird der Effektivwert des Drosselstroms benötigt, der sich geometrisch aus den Effektivwerten des 100-Hz-Stroms und des Wechselstroms zusammensetzt. Nun muss eine geeignete Kerngröße und ein Material gefunden werden, mit dem die Drossel realisiert werden kann.

e) Hilfswicklung:
Die Hilfswicklung muss isoliert von der Hauptwicklung und im gleichen Wicklungssinn wie die Hauptwicklung aufgebracht werden. Als Windungsverhätnis wird hier 1:10 gewählt, mit der folgenden Gleichrichterstufe wird die notwendige Betriebsspannung für den PFC-Controller erzeugt.

Die Anzahl der Windungen der Hilfswicklung ergibt sich aus der gewünschten Ausgangsspannung und der gewählten PFC-Ausgangsspannung, hier 400 V. Wird der IC z.B. mit 15 V versorgt, dann muss die Wicklung 15,6 V liefern. Das Wickelverhältnis zur Drosselwicklung beträgt somit 15,6:400 = 0,04.

Hierbei gehen wir davon aus, dass die in der Abbildung nicht gezeigte Gleichrichterschaltung die übliche ist, d.h. zwei Dioden und zwei Keramikkondensatoren.

8.2 Schaltungsbeispiele mit Flex-Übertragern WE-FLEX

Jeder Flex-Übertrager kann in einer großen Anzahl an Varianten verschaltet werden. FLEX-Übertrager mit Luftspalt können auch als Induktivitäten oder gekoppelte Induktivitäten eingesetzt werden. Dazu muss nur das Leiterplattenlayout der jeweiligen Anwendung angepasst werden. Parallelschalten erhöht die Strombelastbarkeit, eine Reihenschaltung vervielfacht die Induktivität. Mit jedem der 25 Flex-Übertrager können 6 verschiedene Induktivitäten und 15 verschiedene Übersetzungsverhältnisse realisiert werden. Das ersetzt über 500 verschiedene Bauelemente.

Schaltungsbeispiele für Drosseln

1) Reihenschaltung von 6 Wicklungen

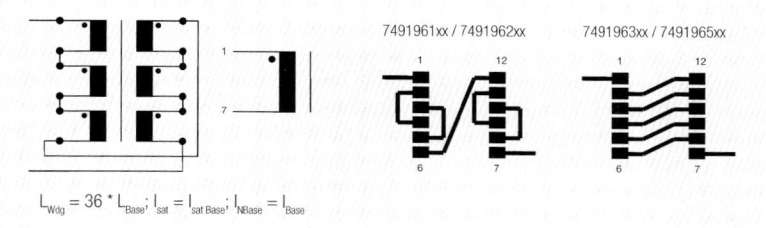

$L_{Wdg} = 36 * L_{Base}$; $I_{sat} = I_{sat\,Base}$; $I_{NBase} = I_{Base}$

2) Reihenschaltung von 5 Wicklungen

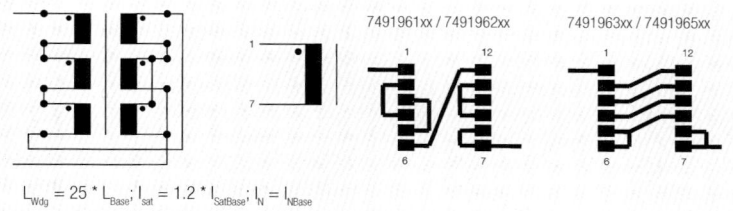

$L_{Wdg} = 25 * L_{Base}$; $I_{sat} = 1.2 * I_{SatBase}$; $I_N = I_{NBase}$

III Anwendungen

3) Reihenschaltung von 4 Wicklungen

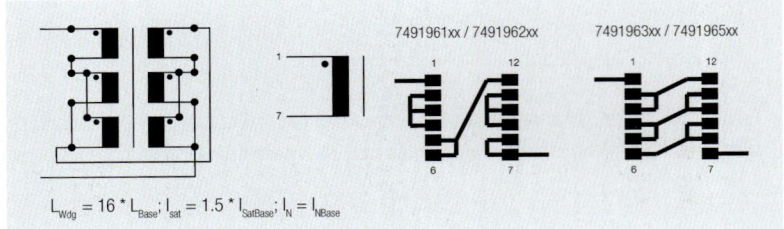

$L_{Wdg} = 16 * L_{Base}$; $I_{sat} = 1.5 * I_{SatBase}$; $I_N = I_{NBase}$

4) Reihenschaltung von 3 Wicklungen

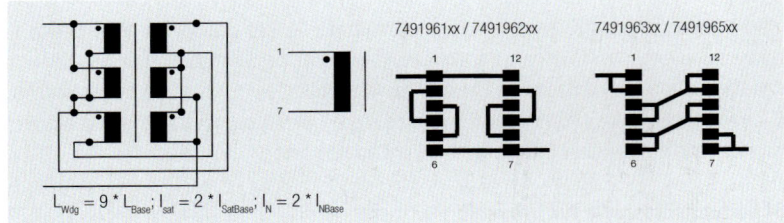

$L_{Wdg} = 9 * L_{Base}$; $I_{sat} = 2 * I_{SatBase}$; $I_N = 2 * I_{NBase}$

5) Reihenschaltung von 2 Wicklungen

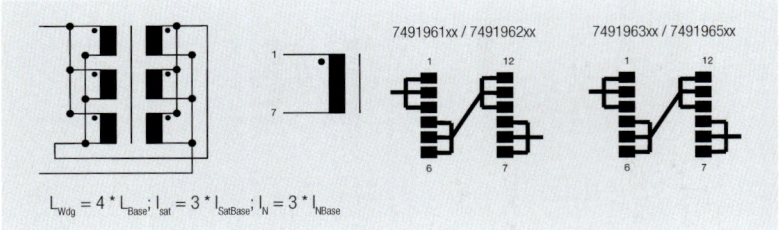

$L_{Wdg} = 4 * L_{Base}$; $I_{sat} = 3 * I_{SatBase}$; $I_N = 3 * I_{NBase}$

6) 1 Wicklung

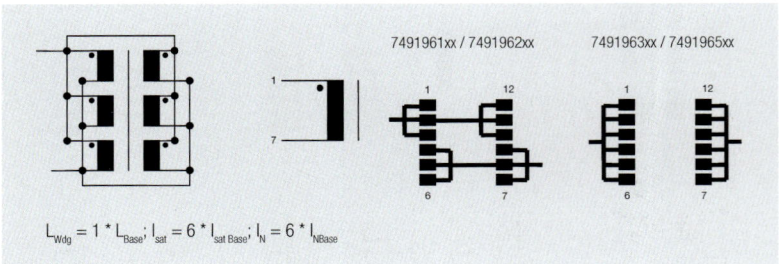

$L_{Wdg} = 1 * L_{Base}$; $I_{sat} = 6 * I_{SatBase}$; $I_N = 6 * I_{NBase}$

Schaltungsbeispiele für Transformatoren

1) Übersetzungsverhältnis 1 : 1

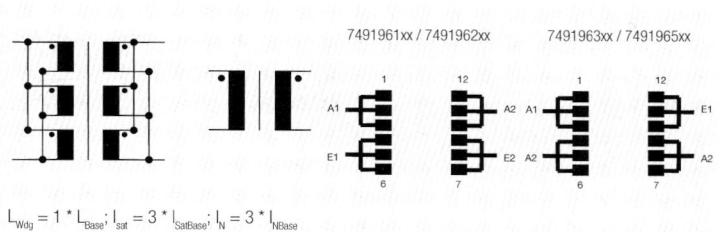

$L_{Wdg} = 1 * L_{Base};\ I_{sat} = 3 * I_{SatBase};\ I_N = 3 * I_{NBase}$

2) Übersetzungsverhältnis 1 : 2

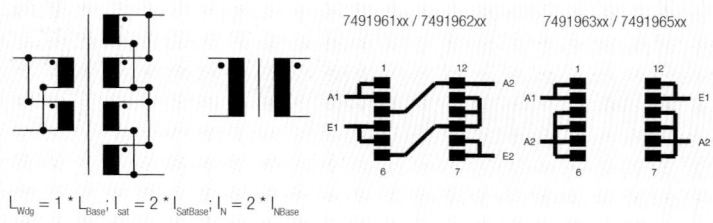

$L_{Wdg} = 1 * L_{Base};\ I_{sat} = 2 * I_{SatBase};\ I_N = 2 * I_{NBase}$

3) Übersetzungsverhältnis 1 : 3

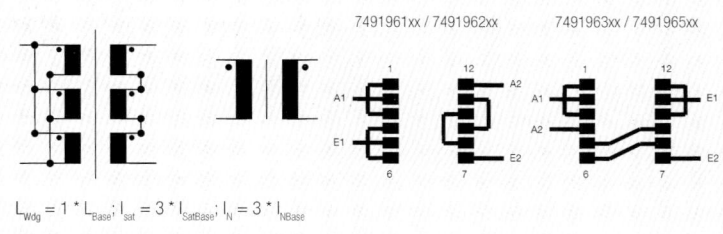

$L_{Wdg} = 1 * L_{Base};\ I_{sat} = 3 * I_{SatBase};\ I_N = 3 * I_{NBase}$

4) Übersetzungsverhältnis 1 : 4

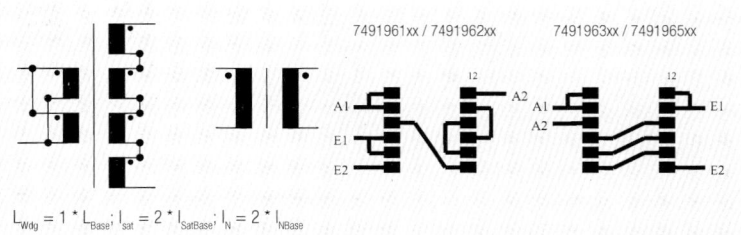

$L_{Wdg} = 1 * L_{Base};\ I_{sat} = 2 * I_{SatBase};\ I_N = 2 * I_{NBase}$

III Anwendungen

5) Übersetzungsverhältnis 1 : 5

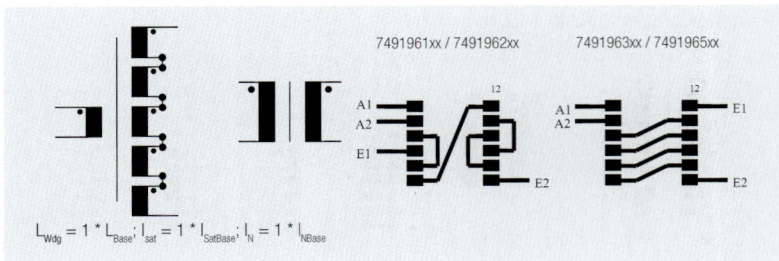

6) Übersetzungsverhältnis 2 : 2

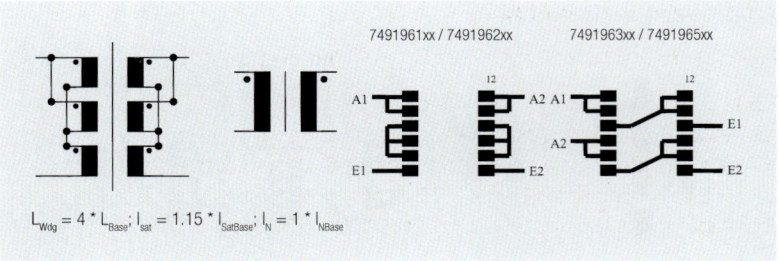

7) Übersetzungsverhältnis 2 : 3

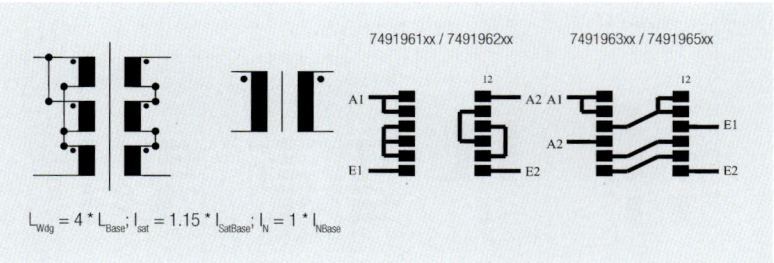

8) Übersetzungsverhältnis 2 : 4

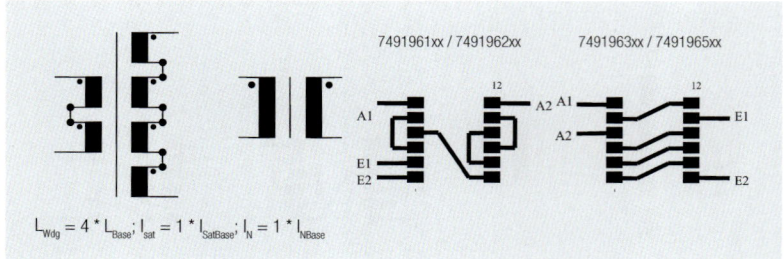

9) Übersetzungsverhältnis 3 : 3

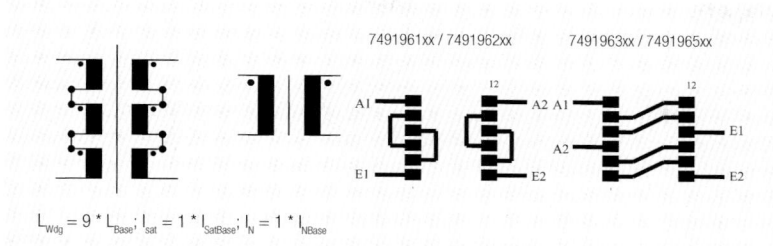

$L_{Wdg} = 9 * L_{Base}; I_{sat} = 1 * I_{SatBase}; I_N = 1 * I_{NBase}$

8.3 Getaktete Schaltnetzteile (SMPS)

8.3.1 Sperrwandler für Power over Ethernet mit dem LM5070

Power over Ethernet bietet die Möglichkeit, Geräte mit kleinem Leistungsbedarf über die Netzwerkleitung mit Strom zu versorgen. Wie bereits in Kapitel II/3.6 erwähnt, muss sich das Gerät, welches mit Strom versorgt werden soll (PD), über einen Code bei der Stromversorgenden Einheit (PSE) anmelden. Andernfalls darf das PSE keine Spannung auf das Netz geben.

Power over Ethernet

Einer der ICs, der sowohl diesen Dialog durchführt, als auch die Phasenmodulierung für die Spannungsregelung bewerkstelligt, ist der LM5070 von National Semiconductor. Abbildung 3.163 zeigt eine Schaltung, bei der aus den ankommenden 36V bis 57 V eine Ausgangsspannung von 3,3 V bei 4 A erzeugt wird.

LM5070

III Anwendungen

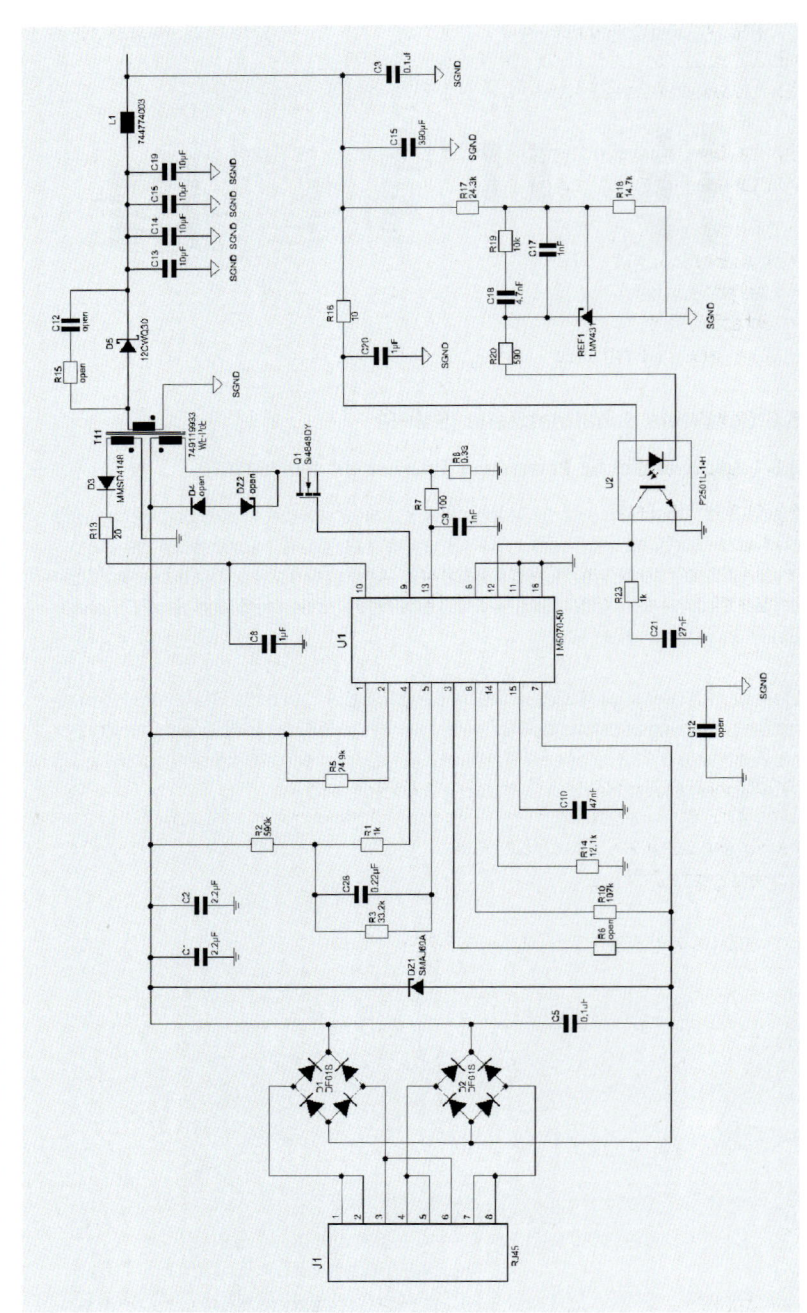

Abb. 3.163: Sperrwandler für Power over Ethernet mit dem LM5070 von Texas Instruments

Die PoE-Spannung wird über zwei Brückengleichrichter eingekoppelt. Dadurch ist die Baugruppe gegen Verpolen der Eingangsspannung geschützt. R_5 und R_6 sind der Anmeldewiderstand (25 kΩ) bzw. Klassifizierungswiderstand.

Für die Dimensionierung des Sperrwandler-Übertragers müssen zunächst die Randbedingungen festgelegt werden:

- Eingangsspannung U_i = 36–57 V
- Ausgangsspannung U_o = 3,3 V
- Ausgangsstrom I_o = 4 A
- Schaltfrequenz f = 250 kHz
- Maximales Tastverhältnis D_{MAX} = 40 % (IC lässt maximal 50 % zu)
- Hilfspannung U_{aux} = ca. 10 V (muss größer als 8,1 V sein)
- Betriebsmodus CCM
- Isolationsspannung 1,5 kV

Nach der oben erwähnten Vorgehensweise, muss folgend das Übersetzungsverhältnis festgelegt werden. Werden die Werte in Gleichung 3.145 eingesetzt, erhält man:

$$\frac{N_1}{N_{2,max}} = \frac{0{,}4}{1 - 0{,}4} \cdot \frac{36\,V}{3{,}3\,V + 0{,}37\,V} = 6{,}5 \qquad (3.145)$$

Bei der Wahl eines größeren Übersetzungsverhältnis, erhält man ein Tastverhältnis über 40%. Bei kleinerem Übersetzungsverhältnis steigt der primärseitige Spitzenstrom, der sekundärseitige Strom ist aber kleiner. In diesem Fall runden wir auf die nächst kleinere ganze Zahl 6 ab.

Zurückgerechnet ergibt sich folgendes Tastverhältnis:

$$D_{max} = \frac{6}{6 + \frac{36\,V}{3{,}67\,V}} = 0{,}38 \qquad (3.146)$$

Mit Gleichung 3.147 wird die Drain-Source Spannung berechnet:

$$U_{DS} = 57\,V + 6 \cdot 3{,}67\,V = 79\,V \qquad (3.147)$$

Der MOSFET muss demnach eine Drain-Source-Durchbruchspannung von 100 V haben.

Das Übersetzungsverhältnis zwischen Sekundärwicklung und Hilfswicklung kann einfach durch das Übersetzen der Spannungen berechnet werden, da Hilfswicklung und Sekundärwicklung das gleiche Tastverhältnis haben.

III Anwendungen

$$\frac{N_{AUX}}{N_2} = \frac{10{,}5}{3{,}67} = 2{,}84 \qquad (3.148)$$

Aufgerundet auf die nächste ganze Zahl wählen wir ein Übersetzungsverhältnis von 3.

Der Rippelstrom soll ca. 35% des durchschnittlichen Sekundärstroms betragen. Dieser beträgt bei oben berechnetem Tastverhältnis:

$$I_{avg,sec} = \frac{4\,A}{1 - 0{,}38} = 6{,}45\,A \qquad (3.149)$$

Für die Sekundärinduktivität erhält man:

$$L_{sec} = \frac{3{,}3\,V \cdot (1 - 0{,}38)}{0{,}35 \cdot 6{,}45\,A \cdot 250\,kHz} = 3{,}63\,\mu H \qquad (3.150)$$

Übersetzt auf die Primärseite ergibt sich die Induktivität mit:

$$L_{prim} = 6^2 \cdot 3{,}63\,\mu H = 130{,}5\,\mu H \qquad (3.151)$$

Benötigt wird also ein Sperrwandler-Übertrager mit Übersetzungsverhältnis 6 : 3 : 1 und einer Induktivität von 130 µH. Der Übertrager muss für eine Ausgangsleistung von 13 W geeignet sein. Dies trifft auf den Übertrager 749 119 933 der Reihe WE-PoE zu.

Als weiteres induktives Bauteil wird eine Induktivität mit 0,33 µH und 4 A Nennstrom zur Ausgangsfilterung benötigt. Geeignet dafür ist die WE-PD2 744 774 003.

LTC1871

8.3.2 Sperrwandler mit dem LTC1871

Abbildung 3.164 zeigt die Schaltung eines Sperrwandlers mit folgenden Eigenschaften:

- Eingangsspannung: U_i = 7–12 V
- Ausgangsspannung 1: U_{o1} = −24 V
- Ausgangsspannung 2: U_{o2} = −72 V
- Ausgangsstrom 1: I_{o1} = 200 mA
- Ausgangsstrom 2: I_{o2} = 200 mA
- Schaltfrequenz: f = 200 kHz
- Maximales Tastverhältnis: D_{max} = 92 %
- Betriebsmodus: CCM
- Isolationsspannung: 500 V_{DC}

Der LTC1871 ist ein Current Mode Regler mit integrierter Slope Compensation. Regel-Instabilitäten durch so genannte subharmonische Oszillationen bei Tastverhältnissen über 50 % treten nicht auf.

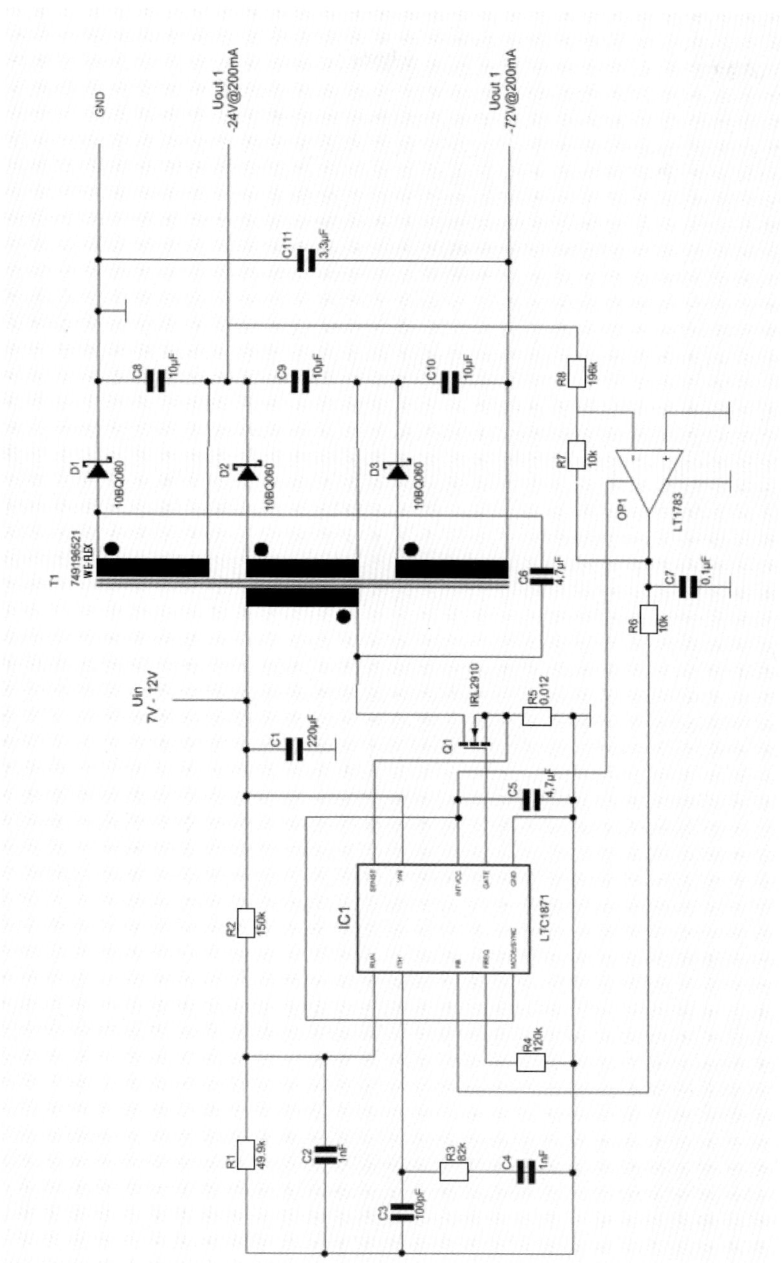

Abb. 3.164: Sperrwandler mit dem LTC1871 von Analog Devices

Für den Übertrager soll ein Standardbauteil der Reihe WE-FLEX verwendet werden. Aufgrund der Ausgangsspannungen von 24 V und 72 V muss für die Sekundärseite ein

WE-FLEX

III Anwendungen

Tastverhältnis von 3 : 1 hergestellt werden. Ein Schaltbeispiel für den Übertrager ist in Abb. 3.164 gezeigt.

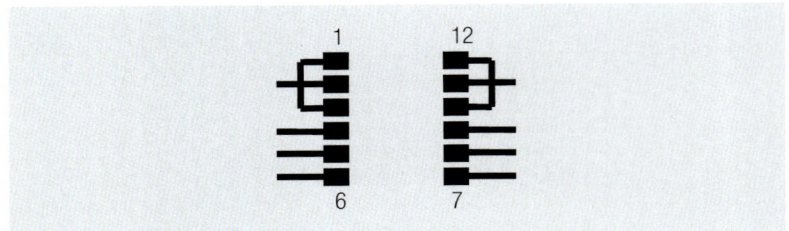

Abb. 3.165: Layoutvorschlag für den Übertrager 749 196 521 in Abbildung 3.258

Für die 24 V wird eine der sechs Wicklungen eines Flex-Übertragers verwendet. Die 72 V kann durch Addition von zwei weiteren Wicklungen erreicht werden. Somit bleiben für die Primärseite drei Wicklungen übrig. Aufgrund der Eingangs- und Ausgangsspannungen ist das Übersetzungsverhältnis 1 : 1 : 3 am günstigsten. Somit kann man auf der Primärseite drei Wicklungen parallel schalten. Für das Tastverhältnis ergibt sich dann:

$$D_{max} = \frac{1}{1 + \frac{7\,V}{24\,V}} = 0{,}77 \tag{3.152}$$

Auf der Sekundärseite muss die von beiden Ausgangsspannungen benutzte Wicklung 400 mA liefern. Die beiden anderen Wicklungen müssen je 200 mA bei je 24 V liefern. Daraus folgt, dass die gemeinsam genutzte Sekundärwicklung den höchsten Strom tragen muss.

Die Ausgangsleistung berechnet sich zu:

$$P_O = V_{O1} \cdot I_{O1} + V_{O2} \cdot I_{O2} = 24\,V \cdot 0{,}2\,A + 72\,V \cdot 0{,}2\,A = 19{,}2\,W \tag{3.153}$$

Für die Ströme ergibt sich:

$$I_{eff,sec,1} = \frac{0{,}4\,A}{\sqrt{1 - 0{,}77}} = 0{,}83\,A \tag{3.154}$$

$$I_{avg,sec,2} = \frac{0{,}4\,A}{1 - 0{,}77} = 1{,}74\,A \tag{3.155}$$

Die beiden anderen Sekundärwicklungen müssen den halben Strom tragen. Für die Primärseite ergibt sich:

$$I_{eff,prim} = \frac{19{,}2\,W}{7\,V \cdot 0{,}8 \cdot \sqrt{0{,}77}} = 3{,}91\,A \quad (3.156)$$

$$I_{avg,prim,1} = \frac{19{,}2\,W}{7\,V \cdot 0{,}8 \cdot 0{,}77} = 4{,}45\,A \quad (3.157)$$

Der Rippel soll nicht mehr als 50% des durchschnittlichen Primärstroms betragen. Daraus ergibt sich für die Induktivität:

$$L_{prim} = \frac{V_i \cdot D}{0{,}5 \cdot I_{avg,prim,1} \cdot f} = \frac{7\,V \cdot 0{,}77}{0{,}6 \cdot 4{,}45\,A \cdot 200\,kHz} = 12{,}1\,\mu H \quad (3.158)$$

Aus den errechneten Werten können nun die Anforderungen an die Parameter des Flex-Übertragers berechnet werden. Da primärseitig keine Wicklungen in Reihe geschalten sind, erhält man $L_{base} = 12{,}1\,\mu H$.

Primär werden drei Wicklungen parallel geschaltet. Für den Nennstrom pro Wicklung ($I_{N,base}$) ergibt sich somit:

$$I_{N,base} = \frac{I_{eff,prim}}{3} = 1{,}3\,A \quad (3.159)$$

Sekundär hat die gemeinsam genutzte Wicklung mit 0,83 A den größten Effektivstrom, so dass die Primärwicklungen den meisten Strom tragen müssen.

Der Spitzenstrom auf der Primärseite beträgt:

$$I_{peak,prim} = I_{avg,prim} + \frac{I_{rippel}}{2} = 5{,}56\,A \quad (3.160)$$

Da nur drei Wicklungen bestromt sind und diese parallel geschaltet sind, benötigt man für die Primärseite einen Sättigungsstrom ($I_{sat,base,1}$) von

$$I_{sat,base,1} = \frac{5{,}56\,A}{6} = 0{,}93\,A \quad (3.161)$$

III Anwendungen

Da auf der Sekundärseite alle Wicklungen 24 V haben, kann für die Berechnung des Sekundärstroms ebenfalls von einer Parallelschaltung ausgegangen werden. Der gesamte Spitzenstrom ergibt sich aus:

$$I_{peak,sec} = 1{,}25 \left(I_{avg,sec,1} + I_{avg,sec,2} + I_{avg,sec,3}\right)$$
$$I_{peak,sec} = 1{,}25\,A \cdot 3{,}48\,A = 4{,}35\,A \tag{3.162}$$

Da wir hier ebenfalls von einer Parallelschaltung ausgegangen sind, errechnet sich das minimale $I_{sat,base,2}$ der Sekundärseite zu:

$$I_{sat,base,2} = \frac{4{,}35\,A}{6} = 0{,}73\,A \tag{3.163}$$

Auch hier ist der Wert, der für die Primärseite benötigt wird, maßgebend.

NCP1014

8.3.3 AC/DC-Wandler für weltweite Netzeingangsspannung mit dem NCP1014

Für verschiedene Netzeingangsspannungen im unteren Leistungsbereich wurden aus Preisgründen bis in die späten 90er Jahre lineare Netzgeräte mit 50 Hz-Technik verwendet. Diese hatten einige wesentliche Nachteile:

- relativ großer Transformator aufgrund der niedrigen Frequenz
- verschiedene Netzgeräte bzw. Umschaltung bei Eingangsspannung 110 V bzw. 230 V
- hohe Leerlaufverluste

Durch die Entwicklung hochintegrierter Schaltregler, bei denen oft auch der MOSFET integriert ist, wurden Schaltnetzteile immer konkurrenzfähiger.

Abbildung 3.166 zeigt den schematischen Aufbau eines Netzteils für einen Eingangsspannungsbereich von 85 V_{AC} bis 265 V_{AC}. Die Netzeingangsdrossel L_1 soll vor allem niederfrequente Störrückwirkungen auf das Netz unterdrücken. Sie benötigt daher mit 15 mH eine relativ hohe Induktivität. Geeignet ist 744 864 0416 aus der Reihe WE-FC.

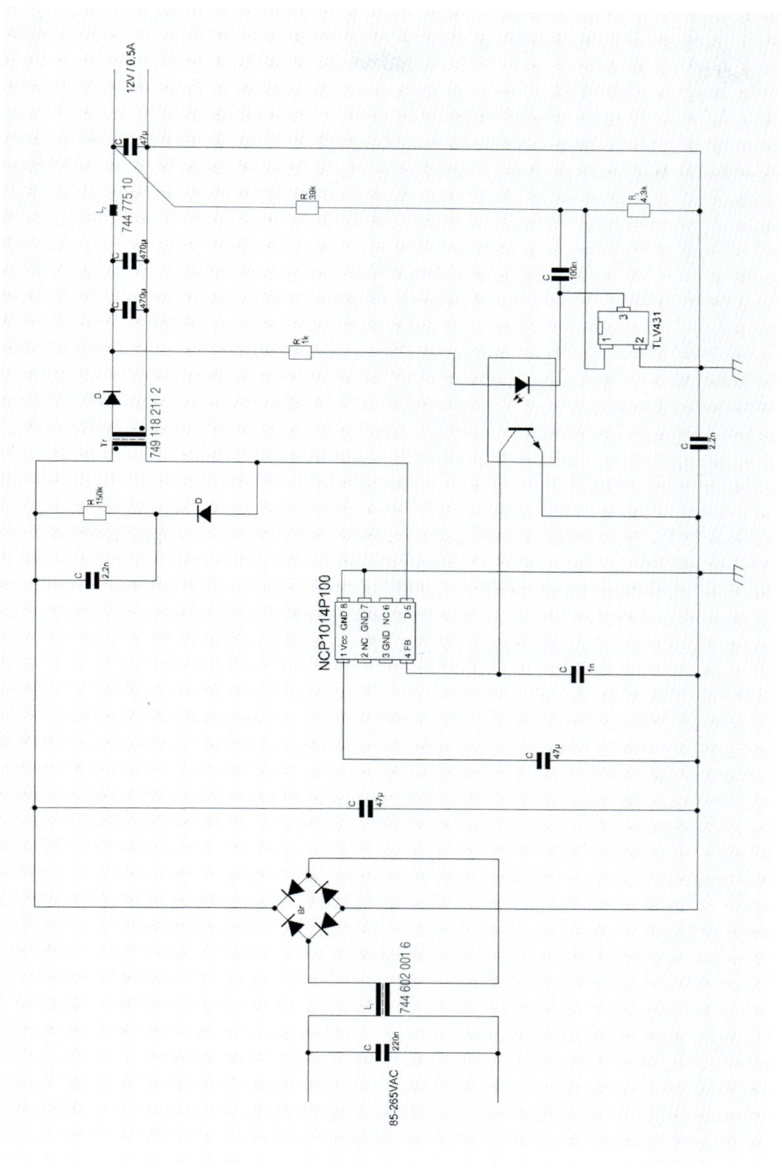

Abb. 3.166: Schaltnetzteil mit dem NCP1014 von ON Semiconductor

Nach der Netzeingangsdrossel folgen die Gleichrichtung und der Netzeingangskondensator C_2. Auf der Primärseite des Übertragers befindet sich ein Snubber, der die Drain-Source-Spannung reduzieren soll (siehe Anhang). Unter allen denkbaren Betriebsbedingungen, einschließlich Einschalt- oder Ausschaltzustand oder Überlastung, ist zu prüfen, ob für die maximal zulässige Spitzenspannung des integrierten, nicht Avalanche-Effekt sicheren MOSFET eine angemessene Sicherheitsreserve eingehalten wird. Normalerweise benötigen diese ICs harte Klemmschaltungen, die aus

III Anwendungen

einer ultraschnellen (UF-)Diode und einer Transistordiode bestehen, da nur diese die Spannungsspitzen zuverlässig begrenzen können.

Über den Regelbaustein NCP1014 wird der Übertrager angesteuert. Neben der Spannungsübersetzung muss der Übertrager auch die erforderliche Trennung zwischen Primär- und Sekundärspannung sicherstellen. Daher müssen Kriech- und Luftstrecken sichergestellt sein. Es werden auch Anforderungen an die Dicke der Isolierung und die Prüfspannung gestellt.

Für den Übertrager gelten die folgenden Randbedingungen:

- Eingangsspannung: U_i = 120–385 V_{DC}
- Ausgangsspannung: U_o = 12 V
- Ausgangsstrom: I_o = 0,5 A
- Schaltfrequenz: f = 100 kHz
- Betriebsmodus: DCM

WE-UNIT

Verwendet werden soll ein Standard-Übertrager aus der Reihe WE-UNIT. Aus dieser Serie ist der 749 118 211 2 am besten geeignet. Sein Übersetzungsverhältnis ist 9.5 und die Induktivität beträgt 900 µH. Da der Übertrager für 132 kHz optimiert wurde, muss nun noch überprüft werden, ob der Spitzenstrom primär nicht zu hoch ist. Der IC kann einen maximalen Eingangsspitzenstrom von 450 mA bewältigen.

Den Spitzenstrom kann man wie folgt berechnen:

$$L_{prim} = 2 \cdot \frac{P_0}{\eta \cdot I_{peak}^2 \cdot f} \tag{3.164}$$

$$I_{peak} = \sqrt{2 \cdot \frac{6\,W}{0{,}75 \cdot 900\,\mu H \cdot 100\,kHz}} = 0{,}42\,A \tag{3.165}$$

Die Feedbackspannung ist:

$$U_{FB} = T \cdot U_0 = 9{,}5 \cdot 12{,}5\,V = 119\,V \tag{3.166}$$

Somit ist der WE-UNIT 749 118 2112 eine geeignete Wahl für diese Anwendung.

Nach dem Übertrager folgt mit L_2 noch eine Glättungsdrossel mit einer Induktivität von 10 µH bei einem Strom von 0,85 A. Hier kann z.B. 744 772 100 aus der Reihe WE-TI oder wenn ein SMD Bauteil bevorzugt wird, 744 775 10 aus der Reihe WE-PD2 eingesetzt werden. Die Rückkopplung erfolgt über einen Optokoppler.

8.3.4 LinkSwitch-II – Isolierte 4,2 W LED Treiberschaltung

Funktionsbeschreibung

Abbildung 3.167 zeigt das Schaltbild eines Weitbereichs-Schaltnetzteiles mit 12 V, 350 mA Ausgang in Sperrwandlerausführung mit dem Baustein Linkswitch-II LNK-605DG (U1). Typische Anwendungen sind LED Ansteuerung- oder Akkuladegeräte, welche eine konstante Spannung-(CV) oder einen konstanten Strom(CC) benötigen. Der IC U1 beinhaltet einen Leistungsschalter, einen Oszillator, eine CV/CC Kontrolleinheit sowie Anlauf- und Sicherheitsfunktionen. Die Konstantspannungsquelle bietet Ausgangsüberspannungsschutz (OVP) für den Fall einer Leitungsunterbrechung der LED's. Die Dioden D_1, D_2, D_3 und D_4 richten den Wechselstromeingang gleich, der nachfolgend durch die Kondensatoren C_1 und C_2 gefiltert wird. Die Induktivitäten L_1 und L_2 mit den Kondensatoren C_1 und C_2 bilden einen PI (π) Filter zum Dämpfen von Störungen im Gegentakt. Diese Konfiguration, zusammen mit der von Power Integrations vorgeschlagenen „Transformer E-Shield" Technologie, ermöglicht es, die EMV-Anforderungen der Norm EN55015 Klasse B mit 10 dB Margin einzuhalten, ohne einen Y Kondensator zu verwenden. Die Widerstände R_1 und R_2 bedämpfen die hohe Güte der Drosseln L_1 und L_2 und verbessern damit die Dämpfung der Störsignale und somit auch die Störfestigkeit. Der Sicherungswiderstand (nicht entflammbarer Widerstand) RF1 begrenzt den Einschaltstrom und sorgt für die Absicherung der Schaltung im Kurzschluss- bzw. Fehlerfall.

Das Bauteil U1 versorgt sich komplett über den BYPASS Pin (BP) und Entkoppelkondensator C_4 selbst.

III Anwendungen

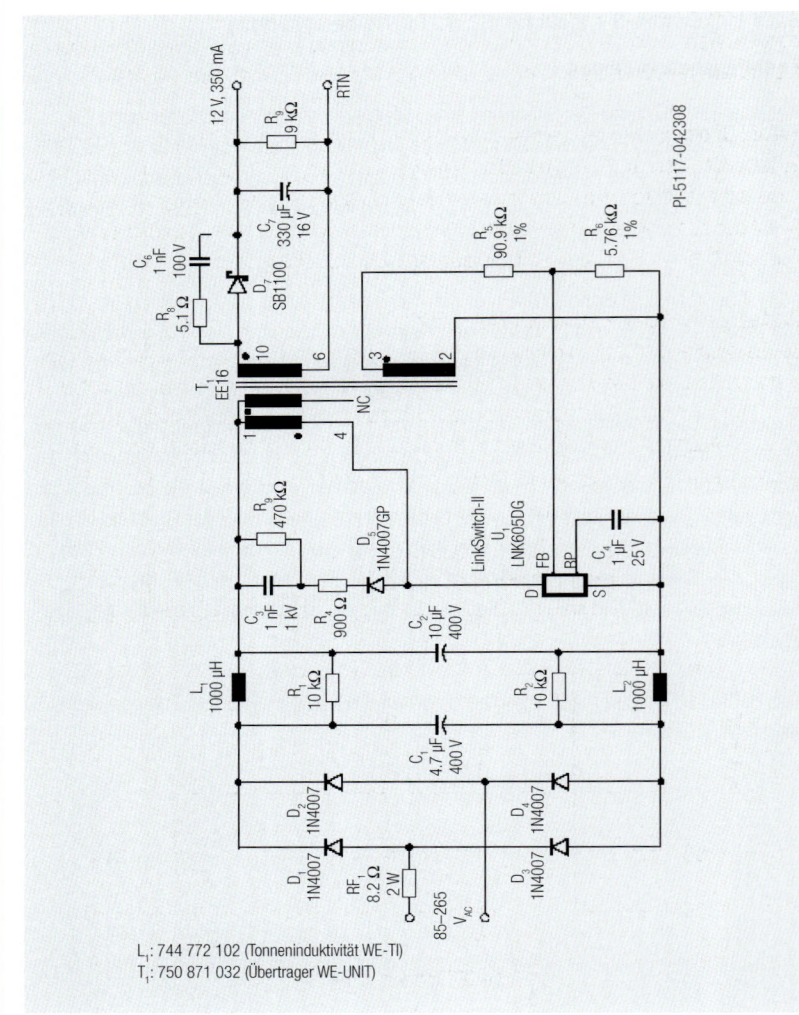

Abb. 3.167: Schaltbild eines Weitbereichs-Schaltnetzteil mit 12 V

Auf der Primärseite von T_1 am Pin 1 liegt die gleichgerichtete und gefilterte Eingangsspannung an. Der MOSFET im Baustein U_1 steuert über Pin 4 den Trafo an. Überschwinger und damit zu hohe Spannungsspitzen am Drain des MOSFETs im IC U_1, die durch die Streuinduktivität des Trafos entstehen, werden mittels dem RCD-R Snubber, bestehend aus D_5, R_3, R_4 und C_3, begrenzt. Im Verlauf von Leerlauf zur Volllast regelt der Controller U_1 zuerst im Konstantspannungsbereich, indem der Ausgang über den sog. ON/OFF-Modus gesteuert wird. In diesem Modus hält der Controller die Ausgangsspannung konstant, indem Schaltzyklen bei Bedarf übersprungen werden und die Regelung über das Verhältnis von tatsächlich ausgeführten Einschalt- zu übersprungenen Ausschaltzyklen angepasst wird. Dies erhöht zusätzlich die Effizienz des Schaltnetzteils über den gesamten Leistungsbereich. Bei niedrigen Lasten ist der Strombegrenzungseinsatz heruntergesetzt, um die Flussdichte des Übertragers zu verringern, sodass ggf. hörbare Geräusche vermieden und die Schaltverluste reduziert werden. Wenn sich der Laststrom erhöht, erhöht sich auch der Strombegrenzungseinsatz. Daraus resultiert, dass immer weniger Schaltzyklen übersprungen werden.

Sobald U_1 den maximalen Leistungswert erkennt (d.h. der Kontroller überspringt keine Schaltzyklen), schaltet der Controller in den Konstantstrom-Modus. Jede weitere Erhöhung der Last durch den Laststrom bewirkt ein Spannungsabfall am Ausgang. Dieser Abfall der Ausgangsspannung, am FB Pin gemessen, bewirkt einen geradlinigen Abfall der Schaltfrequenz, um den Konstantausgangstrom zu sichern.

Diode D_7, eine Schottky-Barrier Diode gewählt für hohe Effizienz, richtet die von der Sekundärseite des Trafos kommende Spannung gleich, mit C_7 wird die Sekundärspannung gefiltert. Der Kondensator C_7 verfügt über einen niedrigen ESR, was der Schaltung ermöglicht den geforderten niedrigen Ausgangsspannungsrippel ohne Verwendung eines LC Ausgangsfilters einzuhalten. Widerstand R_8 und Kondensator C_6 dämpfen hochfrequente Störungen, die durch die Gleichrichterdiode verursacht werden.

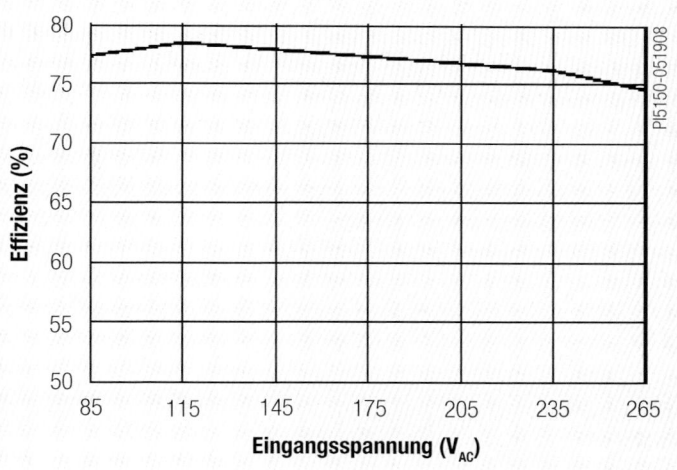

Abb. 3.168: *Effizienz des Schaltnetzteils in Abhängigkeit der Eingangsspannung, bei voller Last*

Designhinweise:

- Das IC-Gehäuse bietet eine erweiterte Kriechstrecke zwischen Hoch- und Niederspannungspins für erhöhte Zuverlässigkeit (über das Gehäuse und auch die Anschlüsse, d.h. auf der Leiterplatte).
- Platzieren Sie C_4 so nahe wie möglich am Pin BP des IC's.
- Für optimale Regelung sollten die Feedback Widerstände R_5 und R_6 eine Toleranz von 1% haben.
- Die Hilfswicklung ist optional (wird in diesem Design nicht benutzt), senkt den Leerlauf Stromverbrauch und erhöht somit nochmals die Effizienz bei hoher Eingangsspannung.

III Anwendungen

In Abbildung 3.169 ist das Diagramm einer Störstpannungsmessung des Weitbereich-Netzteils abgebildet. Der Frequenzbereich wurde hier bis 70 MHz erweitert. Es ist deutlich zu erkennen, dass das Schaltungsdesign einen sehr niedrigen Emissionspegel über den gesamten Frequenzbereich von 150 kHz bis 70 MHz hat.

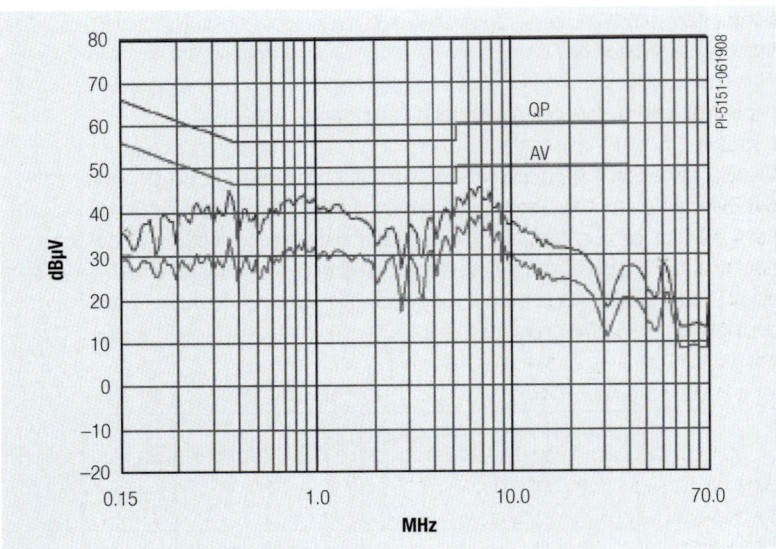

Abb. 3.169: Funkstörspannungsmessung des Weitbereichnetzteils im Frequenzbereich zwischen 150 kHz bis 70 MHz

Tabelle 3.39 beinhaltet die elektrischen und die mechanischen Parameter für den Transformator bzw. Übertrager T_1 nach Abb. 3.167.

Parameter des Übertragers, bzw. Transformators T_1	
Kernmaterial	PC44, Luftspalt für ALG von 139nH/I2
Spulenkörper	Horizontal 10Pin, EE16
Wicklungsdetails	Schirmwicklung: 16Tsx2, Ø AWG32 Primärwicklung: 100Ts, Ø AWG33 Feedbackwicklung: 13Ts, Ø AWG24 Sekundärwicklung: 14Ts, Ø TIW24
Wicklungsanordnung	Schirm (Pin 1-NC), Primär (Pin 4-1), Feedback (Pin 3-2), Sekundär (Pin 10-6)
Primärinduktivität	1,545 mH, ±10%
Resonanzfrequenz der Primärinduktivität	500 kHz (min.)
Streuinduktivität	70 μH (max.)
Übertrager Parameter: AWG = American Wire Gauge; TIW = Triple Insulated Wire; NC = No Connection	

Tab. 3.40: Parameter des nach Abbildung 3.167 eingesetzten Übertragers, bzw. Transformators T_1

8.3.5 LinkSwitch-II – LED-Treiber Schaltung 350 mA, 12 V

Funktionsbeschreibung

Abbildung 3.170 zeigt das Schaltbild eines Netzteils mit 12 V, 350 mA Ausgang zur LED Ansteuerung mit Weitbereichs-Eingang, d.h. universeller Eingangsspannung. Hier kommt der LNK605DG, der LinkSwitch-II Reihe zum Einsatz und steuert einen Transformator mit Anzapfung an.

Die Schaltung arbeitet ohne galvanische Trennung und wird im Abwärtswandler-Modus betrieben. Eine Abwärtswandlertopologie mit Trafo mit Mittelabzapfung ist für einen Wandler mit einem hohen Tastverhältnis von Eingangs- zu Ausgangsspannung ideal. Die Topologie bietet eine Strommultiplizierung am Ausgang, die es ermöglicht, sie für Anwendungen zu nutzen, bei denen Ausgangsströme doppelt so hoch sind, wie die Strombegrenzung des ICs. Diese Topologie führt zu sehr kleinen Schaltungen, mit kleineren Induktivitäten und hat eine hohe Effizienz von 80% bei maximaler Last. Die Filterung für die Störemission ist hier recht einfach ausgeführt. Diese Schaltung erfordert normalerweise eine Klemmschaltung auf der Primärseite, doch auf Grund des in U_1 integrierten 700 V Mosfets, ist eine Klemmschaltung nicht notwendig.

Der IC U_1 besteht aus einem Leistungsschalter (700 V MOSFET), einem Oszillator, einer hoch integrierten Konstantspannung-(CV)/Konstantstrom-(CC) Kontrolleinheit sowie Anlauf- und Sicherheitsfunktionen. Der MOSFET hat einen ausreichend weiten Eingangsspannungsbereich, einschließlich einer hohen Störfestigkeit gegen Netzspannungsspitzen. Die Dioden D_3, D_4, D_5 und D_6 richten die Spannung am Wechselstromeingang gleich, die gleichgerichtete Spannung wird dann mit der Drossel L_1 und den Kondensatoren C_4 und C_5 in PI (π) Filterschaltung gefiltert.

Diese Konfiguration ermöglicht es, die Funkstörgrenzwerte nach der Norm EN55015 Klasse B mit 10 dB Margin einzuhalten, ohne einen Y-Kondensator zu verwenden. Der Sicherungswiderstand (nicht entflammbarer Widerstand) RF1 begrenzt den Einschaltstrom und sorgt für die Absicherung der Schaltung im Kurzschluss- bzw. Fehlerfall.

III Anwendungen

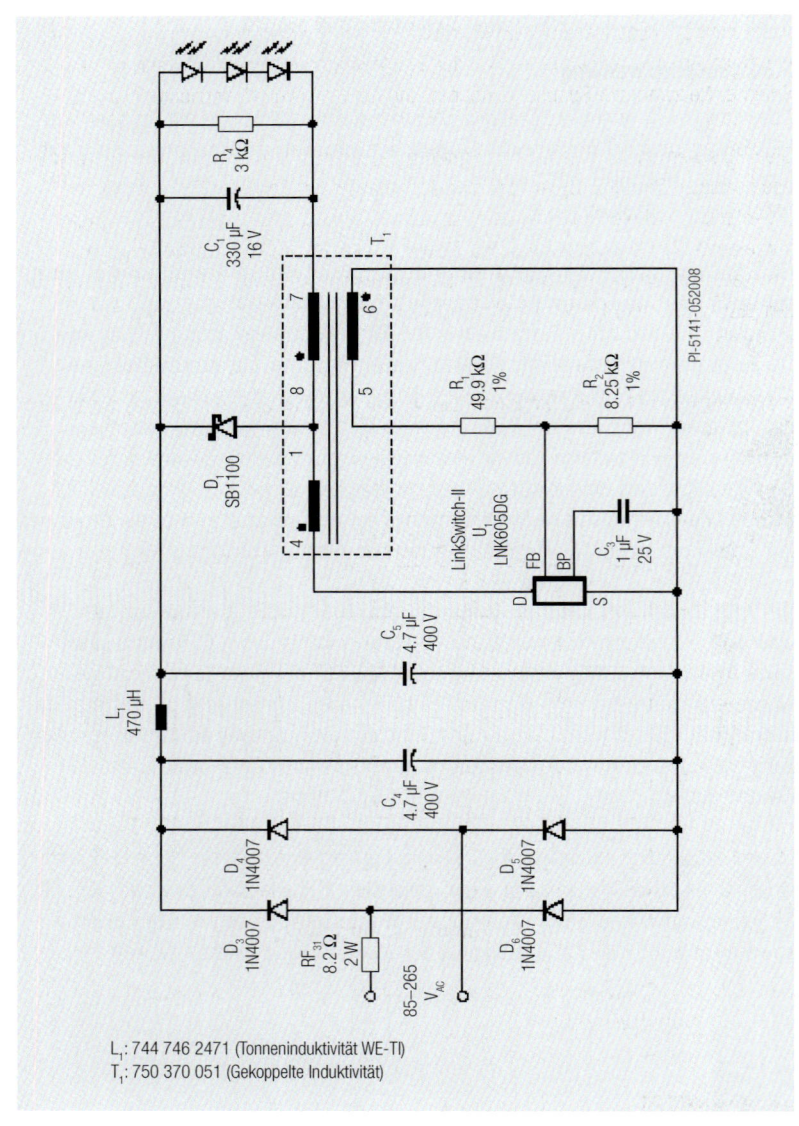

Abb. 3.170: 12 V, 350 mA – Netzteil für einen weiten Eingangsspannungsbereich, galvanisch nicht isoliert

Die Funktion der Schaltung ist wie folgt. Wenn der MOSFET-Schalttransistor in U_1 schließt, steigt der Strom an und fließt durch die Last und die Induktivität. Der Kondensator C_1 filtert den Laststrom. Die Diode D_1 schaltet nicht durch, da sie in Sperrrichtung betrieben wird. Der Strom steigt weiterhin an, bis die Stromgrenze von U_1 erreicht ist. Sobald der Strom die Grenze erreicht, öffnet der Schalter. Wenn der Schalter offen ist, induziert die in der Induktivität T_1, über die Wicklung Pin 4 – Pin 1, gespeicherte Energie einen Strom, der in die Ausgangswicklung (Pin 8 – Pin 7) fließt. Der Strom in der Ausgangswicklung steigt um den Faktor 4,6 (dem Übersetzungsverhältnis) und fließt von der Ausgangsseite der Induktivität durch die Freilaufdiode hin zur Last. Bei niedriger Streuinduktivität (zwischen den Induktivitäten 4-1 und 8-7) kann auf ein Snubber Netzwerk zur Spannungsbegrenzung am Drain von U_1 verzichtet werden.

Die LED's werden mit einem Konstantstrom betrieben, daher betreibt man während des normalen Betriebs, U_1 im Konstantstrom-Modus. Im Constant-Current-Modus (CC-Modus) wird die Schaltfrequenz als Funktion der Ausgangsspannung verändert (abgetastet über Wicklung Pin 5 und 6), um den Laststrom konstant zu halten. Im Konstantspannungs-Modus bietet der Schaltkreis im Falle einer Leitungsunterbrechung der LED's oder einer Lastunterbrechung einen integrierten Überspannungsschutz am Ausgang.

In Abbildung 3.171 ist ein Diagramm des Wirkungsgrades über der Eingangsspannung dargestellt.

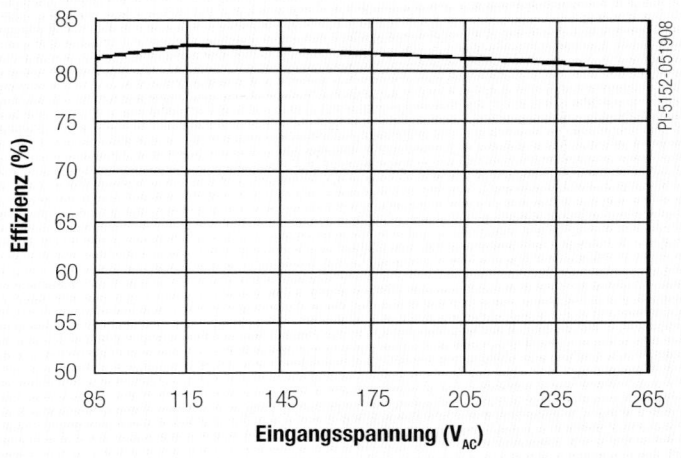

Abb. 3.171: Effizienz des Schaltreglers nach Abb. 3.170 über der Eingangsspannung, bei voller Last

Designhinweise

- T_1 hat ein Übersetzungsverhältnis von 4,6, um zu gewährleisten, dass diese Schaltung bei einer niedrigen Eingangsspannung von 85 V_{AC} im diskontinuierlichen Modus arbeitet (DCM), D_1 hat eine Durchsteuerzeit von mindestens 4,5 µs.
- Die Feedback-Widerstände R_1 und R_2 sollten eine Toleranz von 1% haben
- RF1 arbeitet als Sicherung. Sie sollte so gewählt sein, dass die Einschaltstrom-Pulse nicht zur Zerstörung des Reglers oder anderer Komponenten führen können.
- Der Grundlastwiderstand R_4 hält die Ausgangsspannung im lastseitigen Fehlerfall aufrecht.

In Abbildung 3.172 ist das Diagramm einer Störspannungsmessung des Weitbereich-Netzteils abgebildet. Der Frequenzbereich wurde hier bis 70 MHz erweitert. Es ist

III Anwendungen

deutlich zu erkennen, dass das Schaltungsdesign einen sehr niedrigen Emissionspegel über den gesamten Frequenzbereich von 150 kHz bis 70 MHz hat.

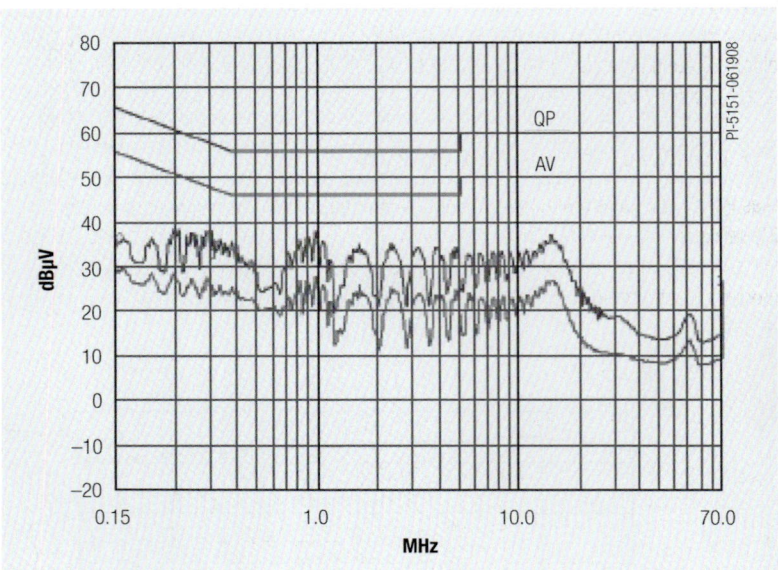

Abb. 3.172: Funkstörspannungsmessung des Weitbereichnetzteils im Frequenzbereich zwischen 150 kHz bis 70 MHz

Tabelle 3.41 beinhaltet die elektrischen und die mechanischen Parameter für den Transformator bzw. Übertrager T_1 nach Abbildung 3.170.

Parameter des Übertragers, bzw. Transformators T_1	
Kernmaterial	PC44, Luftspalt für AL von 86,3 nH/l2
Spulenkörper	Horizontal 8Pin, EE10
Wicklungsdetails	Hauptinduktivität: 97Ts, Ø AWG34 Biaswicklung: 27Ts, Ø AWG33 Feedbackwicklung: 27Ts, Ø AWG24
Wicklungsanordnung	Hauptinduktivität (Pin 4-1), Biaswicklung (Pin 8-7) Feedback (Pin 6-5),
Primärinduktivität	1,32 mH, ±10%
Resonanzfrequenz der Primärinduktivität	1,1 MHz (min.)
Streuinduktivität	–
Übertrager Parameter: AWG = American Wire Gauge; TIW = Triple Insulated Wire	

Tab. 3.41: Elektrische- und Konstruktionsparameter für den Übertrager, bzw. Transformator T_1 nach Abbildung 3.170

8.3.6 25 W Quasi-Resonanz-Netzteil

Dieser Abschnitt beschreibt eine Lösung für ein Schaltnetzteil mit einer Ausgangsleistung von 25 W. Als Steuerbaustein wird der Green Mode FPS™ FSQ0365RL von Fairchild verwendet. Der Eingangsspannungsbereich liegt zwischen 160–265 V_{RMS} mit einer DC Ausgangsspannung von 12 V/2,1 A. Als Topologie verwendet das Netzteil einen Quasi-Resonanz Konverter.

Prinzip und Nutzen von Quasi-Resonanz Betrieb

Das Prinzip der Quasi-Resonanz-Wandlung dient dazu, die Einschaltverluste des Steuerbausteines in einer Anwendung zu verringern. Eine Möglichkeit die Quasi-Resonanz-Schaltung zu erklären ist, sie als Erweiterung des diskontinuierlichen Betriebsmodus zu betrachten.

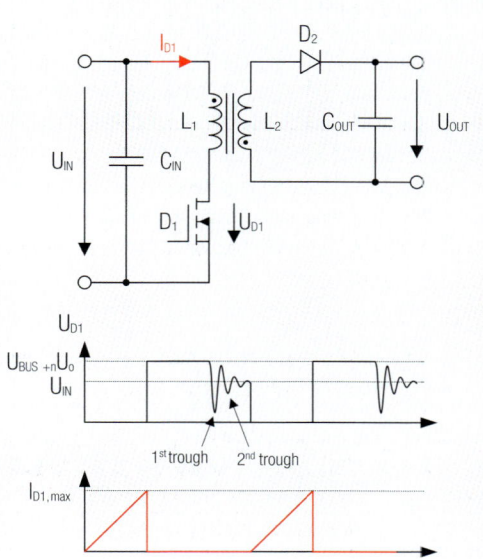

Abb. 3.173: Darstellung der Drainspannung und des Drainstroms über der Zeit beim Sprerrwandler während eines Schaltzyklus

Die Abbildung zeigt die Drainspannungskurve V_{DS} des Sperrwandlers im diskontinuierlichen Betriebsmodus. Betrachtet wird nur ein Schaltzyklus. Während des ersten Zeitintervals, steigt der Drainstrom an, bis der gewünschte Strom erreicht ist, der Steuerbaustein schaltet den internen Leistungstransistor ab. Die nun am Leistungstransistor anliegende Drainspannung V_{DS} ergibt sich aus der Busspannung V_{BUS}, der Ausgangsspannung V_0 multipliziert mit dem Übersetzungsverhältnis des Übertragers und der durch die Streuinduktivität des Übertragers bestimmten Spannungsspitze V_{ind}. Somit berechnet sich die Drain-Source-Spannung des D_1 wie folgt:

$$V_{DS} = V_{BUS} + (n^*V_0) + V_{ind}$$

III Anwendungen

Das Abklingen der Überspannungsspitze ist definiert durch den Schwingkreis der Streuinduktivität im Übertrager und der Knotenkapazität. Die Spannungsspitze welche durch die Streuinduktivität bestimmt ist, wird durch ein Snubber-Glied (RCD-Snubber) begrenzt. Nachdem die induktive Überspannungspitze abgenommen hat, reduziert sich die Drainspannung V_{DS} auf die Eingangsspannung V_{BUS} plus der reflektierten Ausgangspannung ($n*V_0$).

Wie in Abbildung 3.173 gezeigt wird, ist der Übertrager an dem Punkt entmagnetisiert, wenn der Strom in der Ausgangsdiode auf Null fällt. Die Drainspannung würde sofort auf die Busspannung abfallen, wenn man den Effekt des Schwingkreises ignoriert, der durch die Primärinduktivität und die Knotenkapazität erzeugt wird. Bedingt durch den Schwingkreis fällt die Drainspannung auf den Level zurück, wie in der Zeichnung gezeigt wird.

Die Primärinduktivität und die Knotenkapazität bilden einen Resonanzkreis. Nimmt man einen Induktivitätswert von 1,8 mH und 350 pF für die Knotenkapazität, so ergibt sich eine Resonanzfrequenz von 200 kHz. Die Abschätzung der Werte ergibt sich aus der Primärinduktivität des Übertragers und als Kapazitätswert aus den Parasitären Kapazitätswerten von Übertrager und Transistor (C_{OUT}). Der Resonanzkreis ist leicht gedämpft. Die Resonanzfrequenz ist mit diesen Annäherungswerten unabhängig von der Eingangsspannung und den Lastströmen. Bei Quasi-Resonanz-Betrieb hat der Baustein keine feste Schaltfrequenz, stattdessen wartet der Kontroller auf ein Tal in der Drainspannung V_{DS} und schaltet dann den Leistungstransistor wieder ein.

Ältere Quasi-Resonanz-Bausteine schalteten immer bei Erreichen des Spannungsminimums U_{DS_min} bei entmagnetisiertem Übertrager (erstes Tal), was ein Problem für Lasten mit weitem Dynamikbereich darstellte. Die Zeit zwischen dem Abschalten des Transistors und dem ersten Tal wird durch die Resonanzfrequenz sowie die Last bestimmt. Die Zeit zwischen dem Einschalten des Leistungstransistors und dem Abschalten wird vom Controller bestimmt. Bei kleineren Lasten ist die Zeit kürzer, da weniger Energie in dem Übertrager benötigt wird. Daraus resultiert eine kürzere Einschaltzeit des Leistungstransistors und ebenso eine kürzere Einschaltzeit der Ausgangsdiode. Bei kleineren Lasten erhöht sich die Frequenz, was zu höheren Schaltverlusten führt.

Bei der FSQ-Reihe von Fairchild Schaltreglern wird dieses Problem vermieden, indem eine Frequenzbegrenzung angebracht wird. Diese Schaltung sorgt dafür, dass eine maximale Schaltfrequenz nicht überschritten wird, während gleichzeitig in einem der Täler geschaltet wird. Die Frequenz befindet sich innerhalb einer engen Bandbreite (z.B. 55–67 kHz) welche die Schaltverluste unter Kontrolle hält und das Übertrager-Design vereinfacht.

Vergleicht man diskontinuierliche und kontinuierliche Betriebsmodi eines Sperrwandlers, so bietet eine Quasi-Resonanz-Schaltung reduzierte Einschaltverluste. Daraus resultieren eine verbesserte Effizienz und eine niedrigere Gerätetemperatur. Der Nachteil von höheren Verlusten bei kleiner Last für einfache Quasi-Resonanz-Schaltungen wird durch die Frequenzbegrenzung, welche in modernen Steuerungen oder integrierten Schaltreglern benutzt wird, reduziert.

Die Aussendung, bzw. Erzeugung elektromagnetischer Störungen wird automatisch reduziert, wenn mit niedrigen Spannungen und Strömen geschaltet wird. Dies ist beim Quasi-Resonanz-Wandler der Fall, diese Topologie reduziert die Störemission im Frequenzbereich von 1–50 MHz deutlich.

Darüber hinaus gibt es einen intrinsischen Frequenz-Jitter im Quasi-Resonanz-Prozess, der die EMV-Störungen im Frequenzspektrum verteilt (Spread Spectrum) und Filterkosten reduziert. Dieser wird durch den Eingangsspannungsrippel am Stützkondensator verursacht. Sowohl die Einschaltzeit des MOSFETs, als auch die Einschaltzeit der Ausgangsdioden sind kürzer, wenn die Rippelspannung auf maximalem Pegel ist. Die beiden Einschaltzeiten sind dagegen länger, wenn die Rippelspannung auf minimalem Pegel ist. Daraus resultiert eine sich proportional ändernde Schaltfrequenz mit einer Frequenzmodulation mit der Rippelfrequenz (z.B. 100 Hz für eine gleichgerichtete Vollbrücke bei einer Netzfrequenz von 50 Hz). Dies reduziert die Emission, besonders im Quasipeak- und Mittlewert-Modus, im Frequenzbereich von 150 kHz bis 1 MHz.

Schaltbild

Das Schaltbild ist in Abbildung 3.174 abgebildet. Die stromkompensierte Drossel LF101, der X2 Kondensator C108, und der Y2 Kondensator C107 arbeiten als EMV-Filter. Die Netzwechselspannung wird durch den Brückengleichrichter D101 gleichgerichtet und mit dem Kondensator C101 geglättet. . Nach dem Anlauf des Reglers IC101 wird der Schaltkreis stabil über die Wicklung W3 (Übertrager Pins 4/5) des Trafos T101 versorgt. Diese Versorgungsspannung wird über D103 gleichgerichtet und durch C104 gefiltert. Die Zenerdiode D202 begrenzt mit dem Strombergrenzenden Widerstand R106 die Versorgungsspannung am Pin 2 (V_{cc}) von IC101 auf 20 V unter Volllastbedienungen.

Die benötigte Erkennung des Spannunsminimums für die Quasi-Resonanz-Wandlung wird durch die Überwachung der Wechselspannung am Pin5 der Wicklung W3, über das Netzwerk R103, R104, R105, C104 und D104 erreicht. R107, C102 und D102 bilden ein Snubber-Netzwerk, welches die Spannungsspitzen aufgrund der Streuinduktivität des Übertragers an der Wicklung W1 zwischen den Pins 1 und 3 begrenzt.

Die Übertragerspannung auf der Sekundärseite wird durch D201 gleichgerichtet und mit den Elektrolyt-Kondensatoren C201 und C202 geglättet. Der tatsächliche Wert der Ausgangsspannung wird durch den Spannungsteiler, bestehend aus R202/R203, zusammen mit der internen Spannungsreferenz des Optokopplers IC102 bestimmt. Letzterer enthält einen spannungsabhängigen und optisch isolierten Fehlerverstärker.

R204 und C205, C105 bilden das Frequenz-Kompensationsnetzwerk der Regelschleife. Darüber hinaus bestimmt C105 die Abschaltverzögerungszeit bei Überlastbedingungen. R201 wird verwendet, um den Strom durch die interne LED von IC102 zu bestimmen.

III Anwendungen

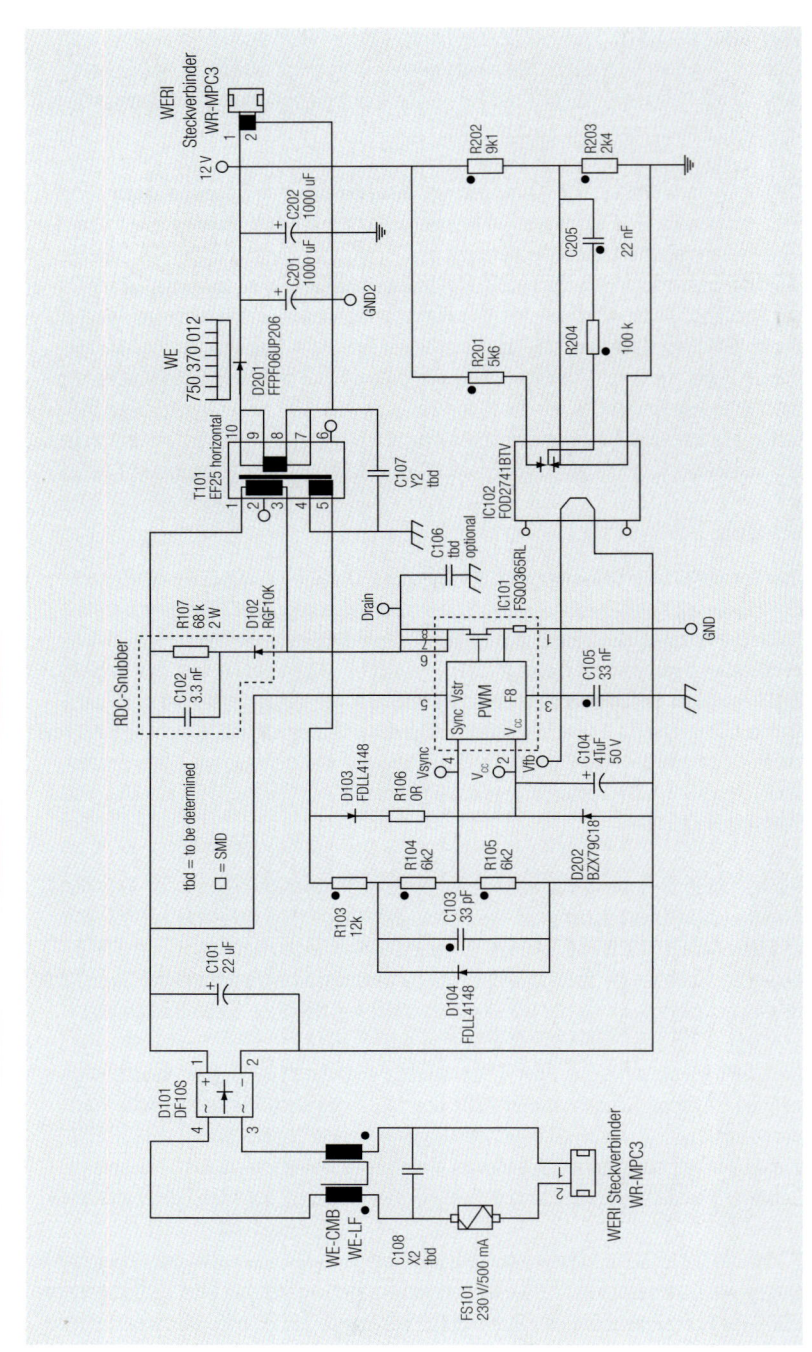

Abb. 3.174: Schaltbild des Quasi-Resonanten Schaltnetzteils mit dem Controller FSQ0365

Übertragerkonstruktion

Die folgende Zeichnung (Abbildung 3.175) zeigt das Design des Übertragers. Wichtige Übertragerparameter sind das Übersetzungsverhältnis sowie die Primärinduktivität. Die Primärinduktivität L_{PRI}, bestimmt die Quasi-Resonanz-Frequenz. Das Übersetzungsverhältnis des Übertragers bestimmt die zu erwartenden Spannungen an den Sekundärwicklungen.

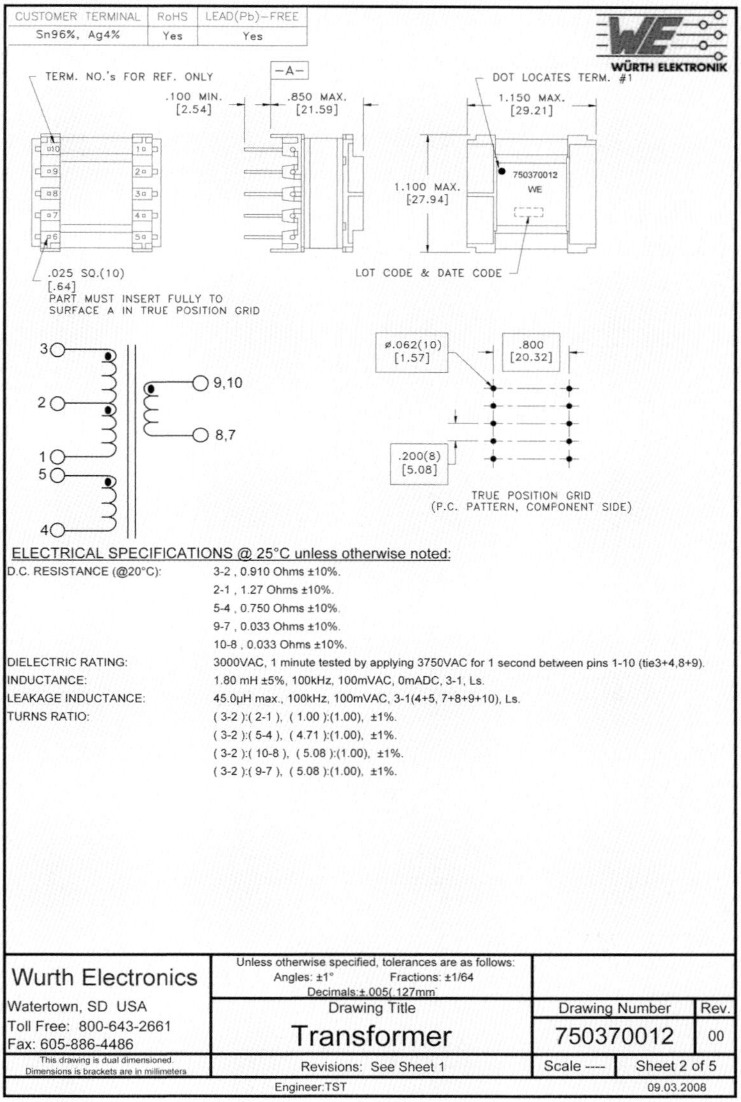

Abb. 3.175: Datenblatt des Sperrwandler Übertragers 750 370 012

III Anwendungen

Wirkungsgrad des Schaltnetzteils

Der Wirkungsgrad dieser Lösung liegt bei voller Last bei über 80%. Die Standby-Stromaufnahme ist kleiner als 0,15 W. Netz- und Lastregelung sind hervorragend, beide Werte liegen weit unterhalb von 1 % der Nennausgangsspannung V_0.

Die IC-Temperatur erreicht ca. 70 °C, die Transformatortemperatur beträgt 75 °C und die Temperatur der Ausgangsdiode beträgt 80 °C, alle Parameter bei Raumtemperatur gemessen.

8.3.7 Eintakt-Durchflusswandler mit dem LTC1681 mit Synchrongleichrichtung

Abbildung 3.176 zeigt einen Two-switch-forward-converter mit folgenden Eigenschaften:

- Eingangsspannung: U_i = 36–72 V
- Ausgangsspannung: U_o = 5 V
- Ausgangsstrom: I_o = 7 A
- Schaltfrequenz: f = 150 kHz
- Maximales Tastverhältnis: D_{max} = 50 %

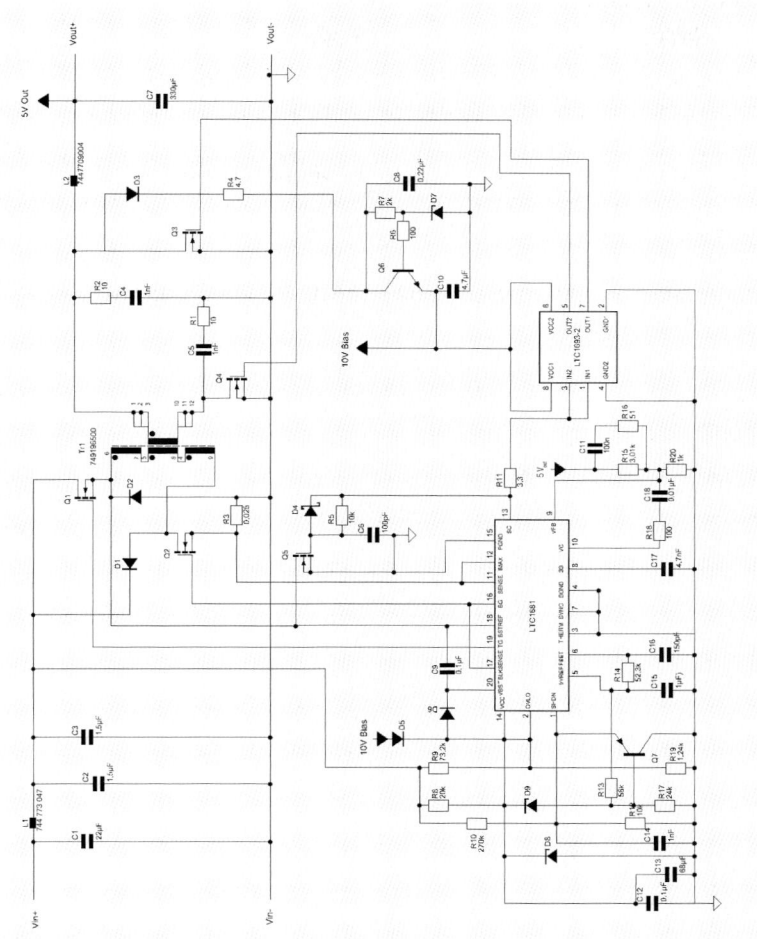

Abb. 3.176: Schaltbild des Eintakt-Durchflusswandlers mit dem LTC1681

Der Wandler arbeitet nicht isoliert. Somit benötigt der Übertrager nur Funktionsisolierung, d.h. er darf bei den anliegenden Spannungen nicht ausfallen. Der LTC1681 steuert die beiden Primär-MOSFETs während der LTC1693 die Synchron-MOSFETs ansteuert. Die Primär-MOSFETs Q_1 und Q_2 werden gleichzeitig durchgeschaltet.

Gleichzeitig wird auch der MOSFET Q_3 geschlossen, während Q_4 geöffnet sein muss. In der Aus-Phase werden Q_1–Q_3 gleichzeitig „ausgeschaltet" und Q_4 wird geschlossen. Durch die Schalttopologie (Two-switch-forward) ist der Duty-Cycle auf 50 % beschränkt.

Für den Übertrager soll ein Standardübertrager der Reihe WE-FLEX ausgewählt werden.

III Anwendungen

Der Layoutforschlag ist in Abbildung 3.177 gegeben.

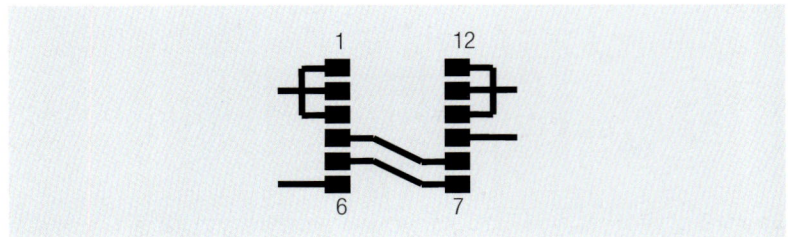

Abb. 3.177: Layoutvorschlag für den Übertrager WE-FLEX 749 196 500, Tr 1 im Schaltbild in Abb. 3.175

Aus Gleichung 3.167 ergibt sich für das Übersetzungsverhältnis für den Übertrager:

$$\frac{N_1}{N_2} < \frac{V_{i,min}}{V_O} \cdot 0{,}5 = \frac{36\,V}{5\,V} = 3{,}6 \qquad (3.167)$$

Mit dem WE-FLEX 749 196 500 kann ein Übersetzungsverhältnis von 3:1 erzeugt werden. Für das maximale Tastverhältnis ergibt sich:

$$D_{max} = 3 \cdot \frac{5\,V}{36\,V} = 0{,}42 \qquad (3.168)$$

Die primärseitige Aussteuerung des Übertragers, berechnet über die Spannungs-Zeit-Fläche (Volt-µ-Sekunden-Produkt), berechnet sich mit:

$$\int V dt = \frac{V_i \cdot D}{f} = \frac{36\,V \cdot 0{,}42}{150\,kHz} = 100\,\mu Vs \qquad (3.169)$$

Volt-µ-Sekunden-Produkt

Das maximale Volt-µ-Sekunden-Produkt eines Übertragers ist linear mit der Primärwindungszahl verknüpft, so dass man das in den Tabellen der FLEX-Übertrager angegebene Volt-µ-Sekunden-Produkt einer Wicklung mit den in Reihe geschalteten Wicklungen multiplizieren kann. Umgekehrt kann für die Auswahl des Übertragers das oben berechnete Volt-µ-Sekunden-Produkt durch die Anzahl der in Reihe geschalteten Wicklungen dividiert werden, um einen Mindestwert für den Übertrager zu definieren:

$$\text{Volt-}\mu\text{sec}_{base} > \frac{100\,\mu Vs}{3} = 33{,}3\,\mu Vs \qquad (3.170)$$

Als Effektivströme erhalten wir aus den Gleichungen 3.171 und 3.172:

$$I_{eff,sec} = I_0 \cdot \sqrt{D} = 7\,A \cdot \sqrt{0{,}42} = 4{,}54\,A \qquad (3.171)$$

$$I_{eff,prim} = I_0 \cdot \frac{N_2}{N_1} \cdot \sqrt{D} = 7\,A \cdot \frac{1}{3} \cdot \sqrt{0{,}42} = 1{,}51\,A \qquad (3.172)$$

Da primär drei Wicklungen in Reihe geschaltet werden, können die übrigen drei Wicklungen auf der Sekundärseite parallel geschaltet werden. Für den minimalen Nominalstrom einer Wicklung ergibt sich $I_{Nbase} = 1{,}51\,A$.

Daraus ergeben sich folgende Anforderungen an den Übertrager:

- Übertrager ohne Luftspalt
- V-µsec$_{base}$ > 33,3 µVs
- I_{Nbase} > 1,51 A

$$E_\tau = \frac{(U_{in(max)} - U_{out}) \cdot U_{out}}{U_{in(max)} \cdot f} \qquad (3.173)$$

Aus der Tabelle 2.44 kann der passende Übertrager WE-FLEX 749 196 500 ausgewählt werden.

Im nächsten Schritt muss noch die Ausgangsdrossel L_2 ausgewählt werden. Der Rippel soll bei maximaler Eingangsspannung maximal 100% des Ausgangsstroms betragen. Aus Gleichung 3.174 ergibt sich:

$$L_2 = \frac{5\,V \cdot (1 - 0{,}21)}{7\,A \cdot 150\,kHz} = 3{,}8\,\mu H \qquad (3.174)$$

Der Maximalstrom liegt bei 10,5 A. Geeignet ist z.B. 744 770 9004 aus der Baureihe WE-PD oder falls eine niedrigere Bauhöhe gewählt werden muss, kann die Drossel 744 355 0480 aus der Reihe WE-HCI verwendet werden.

Da sich der Rippel auch auf der Primärseite widerspiegelt, muss zur Auswahl der Eingangsdrossel auch dieser berücksichtigt werden. Die Drossel muss für einen Effektivstrom von 1,5 A geeignet sein. Als Induktivität wird ebenfalls 4,7 µH gewählt. Es eignet sich hierfür die 744 773 047 aus der Reihe WE-PD2.

III Anwendungen

8.3.8 Push-Pull-Converter mit dem LT1683

Der in Abbildung 3.178 dargestellte Gegentakt-Durchflusswandler hat folgende Parameter:

- Eingangsspannung: U_i = 24–30 V
- Ausgangsspannung: U_o = 5 V
- Ausgangsstrom: I_o = 5 A
- Schaltfrequenz: f = 86 kHz
- maximales Tastverhältnis: D_{max} = 90%

Aus dem maximalen Tastverhältnis kann mit Gleichung 3.175 das maximale Übersetzungsverhältnis berechnet werden:

$$\frac{N_1}{N_2} < \frac{U_{i,min}}{U_0} \cdot D_{max} = \frac{24\,\text{V}}{5\,\text{V}} \cdot 0{,}9 = 4{,}32 \tag{3.175}$$

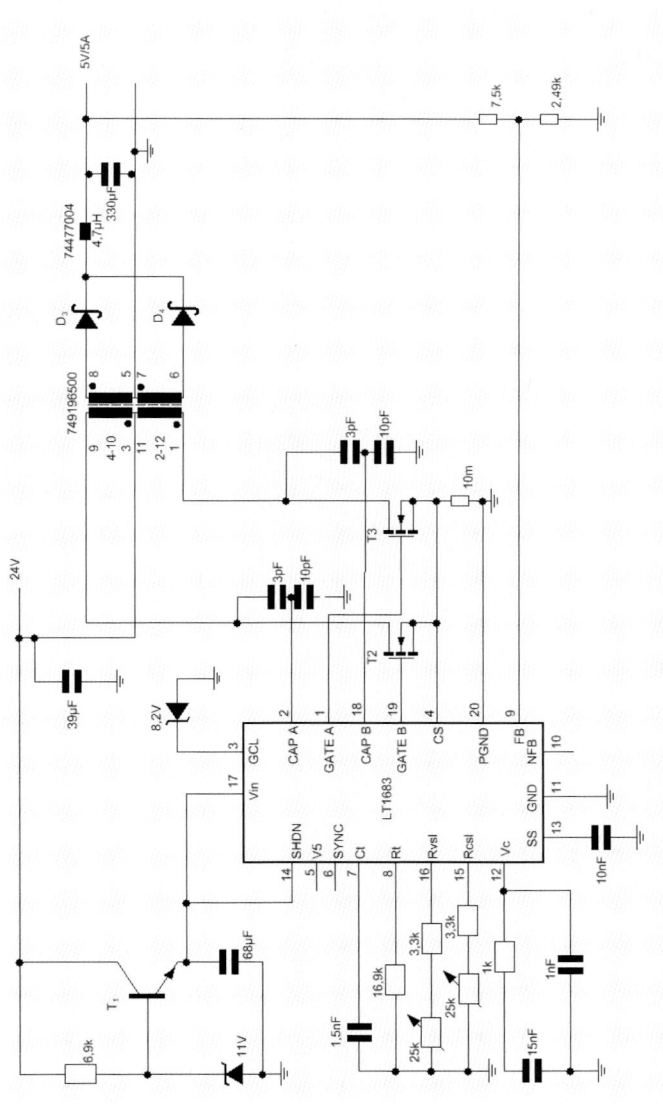

Abb. 3.178: Schaltbild des Gegentakt-Durchflusswandlers mit dem LT1683

Als Übertrager bietet sich ein Flex-Übertrager an.

WE-FLEX

$$D_{max} = \frac{N_1}{N_2} \cdot \frac{V_0}{V_{i,min}} = 2 \cdot \frac{5\,V}{24\,V} = 0{,}42 \qquad (3.176)$$

III Anwendungen

Nun kann berechnet werden, welche Spannungs-Zeit-Fläche der Übertrager aufweisen muss:

$$V \cdot \Delta t = V_{i,min} = \frac{D_{max}}{2 \cdot f} = 58 \text{ V}\mu\text{s} \qquad (3.177)$$

Mit dem Übertrager WE-FLEX 749 196 500 ergibt sich ein Volt-µ-Sekunden-Produkt von 65,6 µVs je Wicklung. Da wir zwei Wicklungen in Reihe schalten, ist dieser Übertrager ausreichend. Die Kernverluste liegen bei der Aussteuerung von 140 mT bei ca. 100 kW/m³. Das entspricht ca. 30 mW. Das Layout des Übertragers ist in Abbildung 3.179 gegeben.

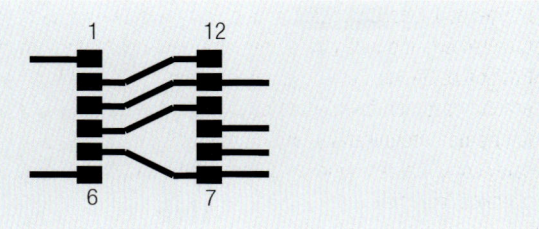

Abb. 3.179: Layoutvorschlag für den Übertrager

Nun muss noch geklärt werden, ob der Übertrager auch für die auftretenden Effektivströme geeignet ist. Durch die Mittelpunktsanzapfungen kann mit dem halben Tastverhältnis gerechnet werden. Nach Gleichungen 3.178 und 3.179 fließen folgende Ströme.

$$I_{eff,sec} = I_0 \cdot \sqrt{\frac{D_{max}}{2}} = 5 \text{ A} \cdot \sqrt{0{,}21} = 2{,}29 \text{ A} \qquad (3.178)$$

$$I_{eff,prim} = I_0 \cdot \frac{N_2}{N_1} \cdot \sqrt{\frac{D_{max}}{2}} = 5 \text{ A} \cdot 0{,}5 \cdot \sqrt{0{,}21} = 1{,}15 \text{ A} \qquad (3.179)$$

Obwohl der Übertrager WE-FLEX 749 196 500 nur für einen Nennstrom von 1,91 A je Wicklung spezifiziert ist, kann er hier eingesetzt werden, da die Ströme auf der Primärseite wesentlich geringer sind als der Nennstrom.

Die Schaltung des Übertragers besteht primärseitig aus zwei Wicklungen in Reihe, einer Mittelanzapfung und wieder zwei Wicklungen in Reihe. Sekundär sind zwei Wicklungen, getrennt durch die Mittelanzapfung, geschaltet.

Die Drossel wird so ausgelegt, dass der Rippel ca. 150% des Nennstroms beträgt

$$L = \frac{U_0 \cdot (1 - D)}{f \cdot I_{PP}} = \frac{5\,V \cdot (1 - 0{,}42)}{86\,kHz \cdot 7{,}5\,A} = 4{,}5\,\mu H \qquad (3.180)$$

Wir wählen eine Induktivität von 4,7 µH. Der Rippel beträgt dann ca. 7,2 A. Der Maximalstrom der Drossel liegt somit bei 8,6 A. Geeignet ist z.B. die Drosssel 744 770 04 aus der Reihe WE-PD 1280.

8.3.9 150-W-LLCR-Halbbrücke mit WE-LLCR

Bei der Suche nach höheren Wirkungsgraden, die erforderlich sind, um den ständig steigenden Anforderungen an den Energieverbrauch gerecht zu werden, steht jedes Bauelement und jedes Verfahren, das bei Schaltnetzteilen eingesetzt wird, auf dem Prüfstand. Um die Leistungsdichten zu steigern, wurden die Betriebsfrequenzen soweit erhöht, dass herkömmliche Hartschaltverfahren zu verlustbehaftet sind. Immer beliebter werden Techniken zur sinusförmigen Leistungsverarbeitung, bei denen Schaltgeräte sanft kommutieren können. Hierzu gehört auch der LLC-Konverter in seiner Halbbrückenkonfiguration.

Eines der Probleme, mit denen Techniker konfrontiert sind, ist das grundlegende Verständnis der Funktionsweise. Anders als herkömmliche pulsbreitenmodulierte Stromversorgungen verwendet der LLC-Wandler ein konstantes, nahezu 50%iges Tastverhältnis und regelt den Ausgang mittels Frequenzmodulation über ein Resonanzsystem. Das Prinzipschaltbild des Halbbrücken-Resonanzwandlers ist in Abbildung 3.180 dargestellt.

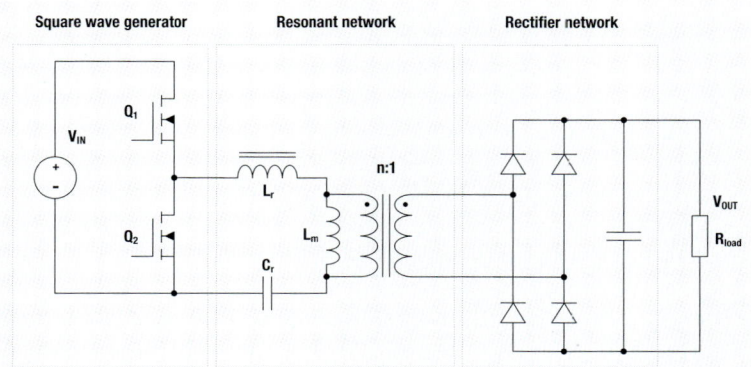

Abb. 3.180: Prinzipschaltbild eines Halbbrücken-Resonanzwandlers

Funktionsprinzip

Die detaillierte Vorgehensweise wird in der Literatur ausführlich beschrieben. Ein prinzipieller Unterschied zu anderen Verfahren besteht darin, dass die Ausgangsspannung Teil eines Spannungsteilers ist, der durch den Schwingkreis und die reflektierte Last

III Anwendungen

gebildet wird. Die Regelung erfolgt durch Steuerung der Impedanz (also der Spannung) des Schwingkreises. Anstelle der Pulsweiten- wird die Frequenzmodulation verwendet, die einen anderen Konstruktionsansatz erfordert. Eine weitere Überlegung besteht darin, dass diese Topologie im Allgemeinen bei höheren Leistungen hinter einer PFC-Schaltung verwendet wird, die die Eingangsspannung zum Wandler in einem engen Spannungsbereich regelt.

Ein gängiges Verfahren zur Analyse und Konstruktion ist die so genannte FHA-Technik (First Harmonic Approximation, Erste harmonische Näherung). Da die Wellenformen nahezu sinusförmig sind, verwendet das Verfahren nur die erste Harmonische für die klassische Wechselstromschaltungsanalyse.

Der integrierte Übertrager

Der LLC-Resonanzwandler ist eine Kombination aus Reihenresonanz- und Parallelresonanzkreisen. Er macht sich die Möglichkeit zunutze, zwei Induktivitäten zu einer physischen Komponente zusammenzufassen. Die Streuinduktivität des Übertragers wird erhöht und so als Reiheninduktivitätselement genutzt. Die magnetisierende Induktivität wird reduziert und wird zum Parallelinduktivitätselement. Zwischen diesen beiden ist ein bestimmtes Verhältnis erforderlich.

Entwurfsverfahren

Beispiel

V_{in} = 350–400 VDC (hinter PFC, mindestens der Rippletiefpunkt)
V_{out} = 24 VDC
I_{out} = 6,25 A
Zielresonanzfrequenz: 100 kHz

Eine der Schwierigkeiten beim Entwerfen eines Übertragers für LLC-Anwendungen besteht darin zu wissen, welche Streuinduktivität bei Verwendung eines bestimmten Übertragerkerns und einer bestimmten Wicklungstechnik möglich ist. Dies erfordert eine enge Zusammenarbeit mit einem Magnetanbieter und kann eine kundenspezifische Spulenform notwendig machen. Für Netzteile, die hinter PFC-Stufen (360–400 V) gängige Busspannungen (12, 24 oder 48 V) erzeugen, kann die Übertragerbaureihe WE-LLCR verwendet werden. Diese Übertrager haben definierte Streuinduktivitäten, die proportional zur Magnetisierungsinduktivität im richtigen Verhältnis stehen.

Der erste Schritt besteht darin, die maximale und minimale Verstärkung des Resonanzsystems zu definieren. Die Verstärkung bei der Resonanzfrequenz f_0 ist eine Funktion des Verhältnisses der Magnetisierungsinduktivität L_m und der Streuinduktivität L_r. Die typische Verstärkungskurve eines Resonanzwandlers ist in Abbildung 3.181 gezeigt.

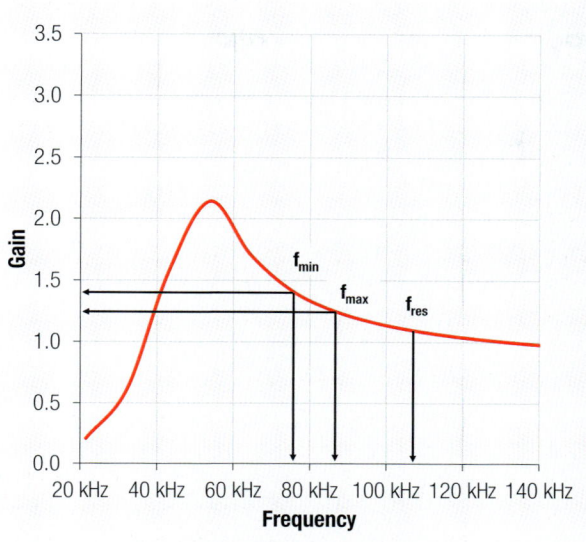

Abb. 3.181: Typische Verstärkungskurve eines Resonanzwandlers

Es sei daran erinnert, dass die gemessene Primärinduktivität die Summe der Magnetisierungs- und der Streuinduktivität ist (gemessen auf der Primärseite bei Sekundärkurzschluss).

$$m = \frac{L_m}{L_r} \tag{3.181}$$

Wobei:

$L_m = L_{pri} - L_{leakage}$
$L_r = L_{leakage}$

Typische Werte für das Induktivitätsverhältnis m sind 3 bis 7, was zu Verstärkungen von 1,1 bis 1,3 führt.

$$M_{min} = \sqrt{\frac{m}{m-1}} \tag{3.182}$$

$$M_{max} = \frac{U_{in(max)}}{U_{in(min)}} = M_{min} \tag{3.183}$$

III Anwendungen

Dem Datenblatt entnehmen wir, dass $L_{pri} = 600\ \mu H$ und $L_r = 100\ \mu H$ ist. Deswegen gilt $L_m = 500\ \mu H$ und $m = 5$.

$$M_{min} = \sqrt{\frac{5}{5-1}} = 1{,}25 \qquad M_{max} = \frac{400}{360} \cdot 1{,}25 = 1{,}39 \qquad (3.184)$$

Das Übersetzungsverhältnis, als Wert für den ungünstigsten Fall berechnet bei der minimalen Eingangsspannung (Rippletiefpunkt), berechnet sich mit:

$$n = \frac{N_P}{N_S} = \frac{U_{in,min}}{2 \cdot (U_O + U_F)} \cdot M_{min} \qquad (3.185)$$

Hieraus ergibt sich:

$$n = \frac{350\ V}{2 \cdot (24\ V + 0{,}5\ V)} \cdot 1{,}39 = 8{,}93 \qquad (3.186)$$

Aus dem Datenblatt geht hervor, dass das Übersetzungsverhältnis $35:4 = 8{,}75$ beträgt, was nahe an dem Ergebnis liegt. Wenn das Übersetzungsverhältnis festgelegt ist, erhält man den äquivalenten Lastwiderstand wie folgt:

$$R_{AC} = \frac{8n^2 \cdot U_O^2}{\pi^2 \cdot P_O} \qquad (3.187)$$

$$R_{AC} = \frac{8 \cdot 8{,}75^2 \cdot 24^2\ V}{\pi^2 \cdot 150} = 238\ \Omega \qquad (3.188)$$

Nun kann das Resonanzsystem bestimmt werden

$$C_r = \frac{1}{2 \cdot \pi \cdot Q \cdot f_0 \cdot R_{ac}} = \frac{1}{(2 \cdot \pi \cdot f_0)^2 \cdot L_r} \qquad (3.189)$$

$$L_r = \frac{1}{(2 \cdot \pi \cdot f_0)^2 \cdot C_r} \qquad (3.190)$$

$$L_P = m \cdot L_r \qquad (3.191)$$

Da wir einen Standardübertrager verwenden, werden die Induktivitätswerte festgelegt. Wir müssen dann nur noch den Kondensator bestimmen und den Q-Faktor überprüfen. Der Übertrager ist für einen Betriebsbereich von 70 bis 120 kHz ausgelegt. Wir wählen zunächst $f_0 = 100$ kHz.

$$C_r = \frac{1}{(2 \cdot \pi \cdot 100 \text{ kHz})^2 \cdot 100 \text{ µF}} = 25{,}3 \text{ nF} \quad (3.192)$$

Mithilfe eines Standardwertes von 22 nF wird die Frequenz auf 107,3 kHz verschoben. Nun bestimmen wir Q:

$$Q = \frac{1}{2 \cdot \pi \cdot C_r \cdot f_0 \cdot R_{AC}} = \frac{1}{2 \cdot \pi \cdot 22 \text{ nF} \cdot 107{,}3 \text{ kHz} \cdot 238 \text{ } \Omega} = 0{,}283 \quad (3.193)$$

Bei Verwendung von Q = 0,3 (Abbildung 3.182) entspricht dies einer maximalen Verstärkung von 2,15 (Abbildung 3.183), was eine Reserve von 50% bezogen auf die Spezifikation ergibt.

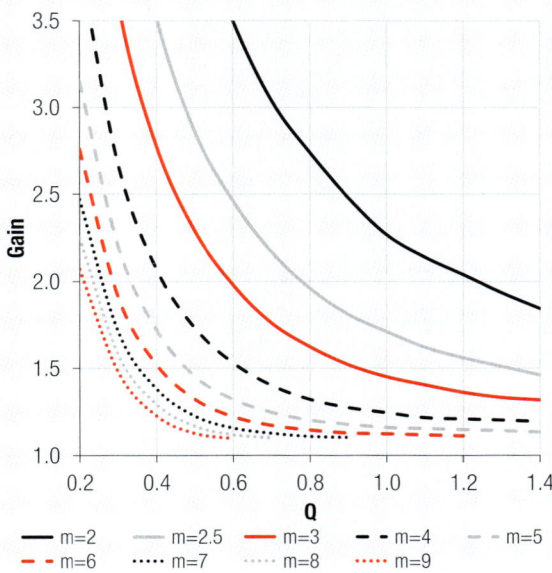

Abb. 3.182: Erreichbare Spitzenverstärkung bezogen auf Q für verschiedene m-Werte

III Anwendungen

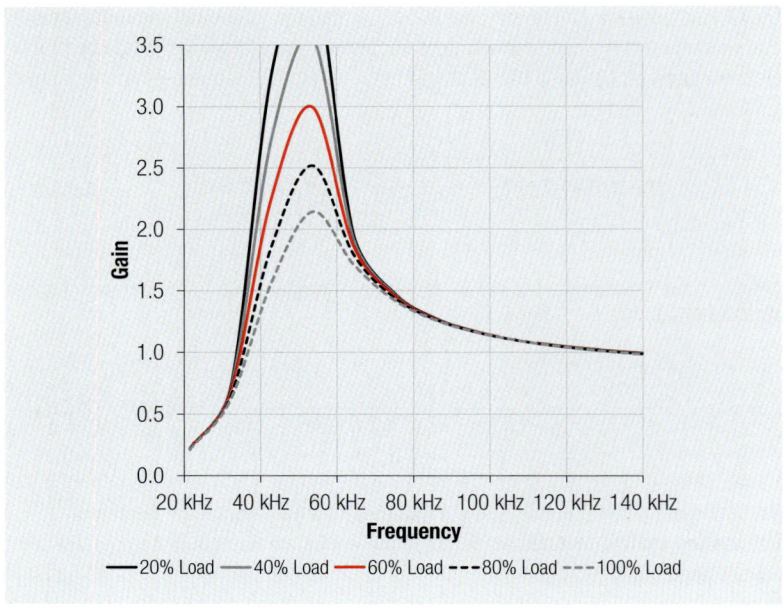

Abb. 3.183: Verstärkungsdiagramm für verschiedene Lasten

Der ungünstigste Fall für die Übertragerkonstruktion ist die minimale Eingangsspannung bei Volllast, was zur minimalen Schaltfrequenz führt. Dies ist die Bedingung für den maximalen Fluss, der eine möglichst kleine Windungszahl erfordert, um eine Kernsättigung zu verhindern.

Berechnen der Primärwindungszahl

$$N_{P(min)} = \frac{n(U_O + U_F)}{2 \cdot f_{min} \cdot M_V \cdot \Delta B \cdot A_e} \qquad (3.194)$$

Wobei

M_V = virtuelle Verstärkung

$$M_V = \sqrt{\frac{L_P}{L_P - L_r}} = \sqrt{\frac{600}{600 - 100}} = 1{,}095 \qquad (3.195)$$

Die Ausgangsspannung wird näherungsweise bestimmt durch:

$$U_O = M_g \cdot \frac{1}{n} \cdot \frac{U_{in}}{2} \qquad (3.196)$$

Die Minimalfrequenz f_{min} stammt aus dem Verstärkungsdiagramm (Abbildung 3.183), das für verschiedene Lastzustände durch Berechnung von Q mit verschiedenen Lastwiderständen erstellt werden kann.

$$M_g(Q,m,f_x) = \frac{f_x^2 \cdot (m-1)}{\sqrt{\left(m \cdot f_x^2 - 1\right)^2 + f_x^2 \cdot \left(f_x^2 - 1\right)^2 \cdot (m-1)^2 \cdot Q^2}} \qquad (3.197)$$

Hierbei beträgt der Gütefaktor

$$Q = \sqrt{\frac{\frac{L}{C_r}}{R_{ac}}} \qquad (3.198)$$

Reflektierter Lastwiderstand

$$R_{AC} = \frac{8 \cdot n^2}{\pi^2} \cdot \frac{U_0^2}{P_0} \qquad (3.199)$$

Normalisierte Schaltfrequenz

$$f_x = \frac{f_s}{f_r} \qquad (3.200)$$

Resonanzfrequenz

$$f_r = \frac{1}{2 \cdot \pi \cdot \sqrt{L_r \cdot C_r}} \qquad (3.201)$$

Verhältnis der primären Magnetisierungsinduktivität zur Resonanzinduktivität

$$m = \frac{L_m}{L_r} \qquad (3.202)$$

Die Spitzenverstärkung, bezogen auf die Erreichbarkeit verschiedener Q-Werte bei m = 5, ist in Abb. 3.184 gezeigt.

III Anwendungen

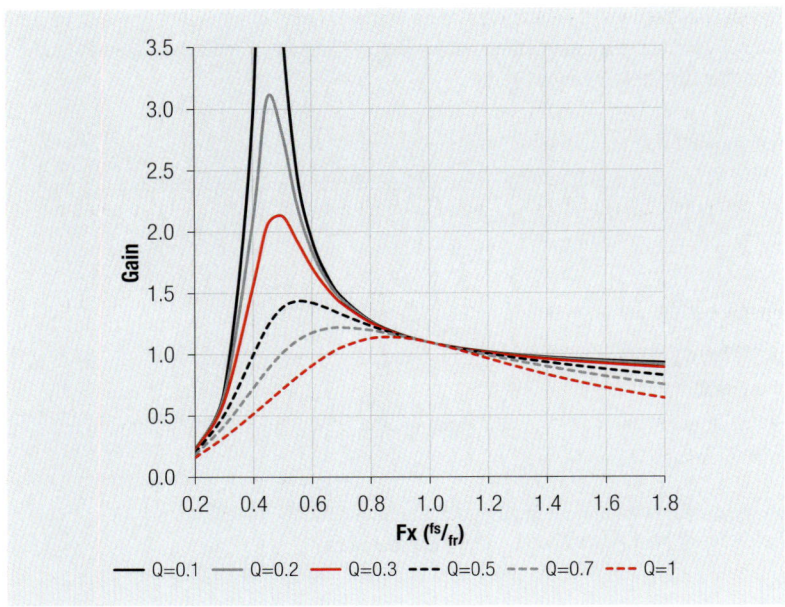

Abb. 3.184: Spitzenverstärkung bezogen auf Erreichbarkeit für verschiedene Q-Werte bei m = 5

Primärwindungen im Beispiel

$$N_{P(min)} = \frac{8{,}75\,(24\,V + 0{,}5\,V)}{2 \cdot 75000\,Hz \cdot 1{,}095 \cdot 0{,}4\,T \cdot 97{,}2\,mm^2} = 35\text{ Windungen} \quad (3.203)$$

$\Delta B = 0{,}4\,T$
$A_e = 97{,}2\,mm^2$ für den ETD34-Kern

Wie üblich, gibt das Datenblatt nicht die tatsächliche Anzahl der Windungen an. Allerdings ist der Übertrager so ausgelegt, dass er bis hinab zu 70 kHz funktioniert, was unter der berechneten Mindestfrequenz liegt. Das Übersetzungsverhältnis ist ganzzahlig spezifiziert, was darauf schließen lässt, dass mindestens die erforderliche Anzahl von Windungen vorhanden ist.

Beachten Sie, dass der Übertrager bipolare Flussauslenkungen aufweist; folglich beträgt der Spitzenfluss, mit dem der Kernverlust bestimmt wird, nur die Hälfte von ΔB.

Der auf die Primärseite reflektierte Effektivlaststrom wird bestimmt durch:

$$I_{rl} = \frac{\pi}{2\sqrt{2}} \cdot \frac{I_{out}}{n} \quad (3.204)$$

Der Magnetisierungseffektivstrom wird bestimmt durch:

$$I_m = 0{,}901 \cdot \frac{n \cdot V_{out}}{\omega \cdot L_m} \tag{3.205}$$

Der Strom des Schwingkreises – also der Primärwicklungsstrom – wird bestimmt durch:

$$I_r = \sqrt{I_m^2 + I_{rl}^2} \tag{3.206}$$

Der Sekundäreffektivstrom unter Verwendung einer Vollwellenbrücke mit einem LC-Filter wird bestimmt durch:

$$I_S = \frac{\pi}{2\sqrt{2}} \cdot I_{out} \tag{3.207}$$

Zum Beispiel:

$$\begin{aligned} I_{r(load)} &= \frac{\pi}{2\sqrt{2}} \cdot \frac{6{,}25}{8{,}75} = 0{,}79\ \text{A} \\ I_m &= 0{,}901 \cdot \frac{8{,}75 \cdot 24\ \text{V}}{2 \cdot \pi \cdot 75\ \text{kHz} \cdot 600\ \mu\text{H}} \\ I_r &= \sqrt{0{,}67^2 + 0{,}79^2} = 1{,}04\ \text{A} \\ I_S &= \frac{\pi}{2\sqrt{2}} \cdot 6{,}25 = 6{,}94\ \text{A} \end{aligned} \tag{3.208}$$

Eine sehr grobe Schätzung der Verluste ergibt sich mit:

$$P_{wdg} = 1{,}04^2\ \text{A} \cdot 0{,}260\ \Omega + 6{,}94^2\ \text{A} \cdot 0{,}004\ \Omega = 0{,}47\ \text{W} \tag{3.209}$$

Wobei entsprechend dem Datenblatt zu 760895441 gilt:

R_{pri} = 260 mΩ
R_{sec} = 4 mΩ (2. Wicklung ist parallel)

$$P_{Core} = 7{,}64 \cdot 0{,}20 = 1{,}53\ \text{W} \tag{3.210}$$

III Anwendungen

Den Kerndaten entnehmen wir:

V_e = 7640 mm³ eines ETD34-Kerns
P_{cv} = 0,20 für TP4A-Material bei 80 kHz, 80 °C
R_{th} = 20 K/W

Der aus dem Wärmewiderstand ermittelte Temperaturanstieg beträgt:

$$T_{rise} = R_{th} \cdot P_{losses} = 20 \frac{K}{W} \cdot (1{,}53\ W + 0{,}47\ W) = 40\ K \qquad (3.211)$$

Die Ergebnisse zeigen, dass der Übertrager eine geeignete Wahl ist.

9 SiC-MOSFET und GAN Technologien

Die MOSFET- und JFET-Technologien teilen sich auf in MOSFETs (Si) mit konventioneller Planar-Technologie und Superjunction-Technologie, MOSFETs (SiC) in konventioneller Planarstruktur und JFETs (GaN) als selbstleitende und selbstsperrende Halbleiter. Wesentliche Unterschiede der Halbleiter sind der technologische Einsatzbereich, die schaltungstechnischen Voraussetzungen, der Preis und die Verfügbarkeit.

Bei Halbleitern sind das höchste besetzte Energieband (Valenzband) und das nächsthöhere Band (Leitungsband) durch eine Bandlücke getrennt. Bei einer Temperatur in der Nähe des absoluten Nullpunktes, ist das Valenzband voll besetzt und das Leitungsband vollkommen frei von Ladungsträgern (Abbildung 3.185).

Da unbesetzte Bänder mangels beweglicher Ladungsträger keinen elektrischen Strom leiten und Ladungsträger in vollbesetzten Bändern mangels erreichbarer freier Zustände keine Energie aufnehmen können, was zu einer beschränkten Beweglichkeit führt, leiten Halbleiter den elektrischen Strom bei einer Temperatur nahe dem absoluten Nullpunkt nicht.

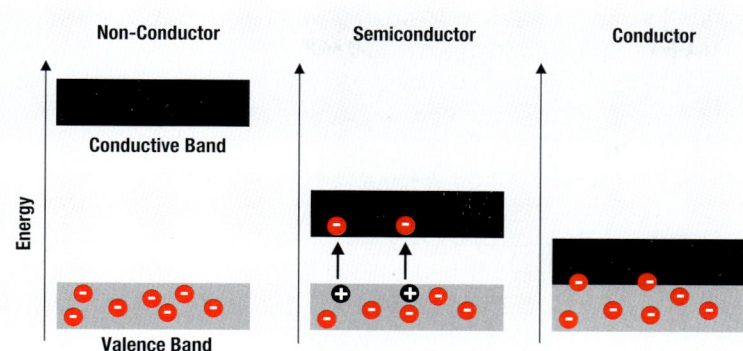

Abb. 3.185: Ladungsträger in Valenz- und Leitungsband bei Nichtleitern, Halbleitern und Leitern

Für den Leitungsvorgang sind teilbesetzte Bänder notwendig, die bei Metallen durch eine Überlappung der äußeren Bänder bei jeder Temperatur zu finden sind. Dies ist bei Halbleitern und Isolatoren nicht gegeben. Die Bandlücke ist bei Halbleitern im Gegensatz zu Isolatoren relativ klein, so dass beispielsweise durch die Energie der Wärmeschwingungen bei Raumtemperatur oder durch Absorption von Licht viele Elektronen vom vollbesetzten Valenzband ins Leitungsband angeregt werden können.

Nur angeregte Elektronen im Leitungsband können sich praktisch frei durch einen Festkörper bewegen und tragen zur elektrischen Leitfähigkeit bei. Bei endlichen Temperaturen sind durch thermische Anregung immer einige Elektronen im Leitungsband, jedoch variiert deren Anzahl stark mit der Größe der Bandlücke. Anhand dieser wird deshalb die Klassifizierung nach Leitern, Halbleitern und Isolatoren vorgenommen. Die genauen Grenzen der Bandlücken sind unscharf, man kann jedoch in etwa folgende Grenzwerte als Faustregel benutzen:

- Leiter haben keine Bandlücke
- Halbleiter haben eine Bandlücke im Bereich von 0,1 bis ≈ 4 eV
- Nichtleiter haben eine Bandlücke größer als 4 eV

Halbleiter haben also eine intrinsische, mit der Temperatur zunehmende elektrische Leitfähigkeit. Die Energie der Bandlücke nimmt mit steigender Temperatur für viele Materialen zuerst quadratisch, dann linear ab. Deshalb werden Halbleiter auch zu den Heißleitern gezählt.

Halbleiter mit großer Bandlücke haben eine Bandlücke, die am oberen Ende des Bereichs der Halbleiter bei 3 eV bis über 4 eV liegt (Tabelle 3.42).

III Anwendungen

Material	Band-abstand [eV]	Elektronen-beweglich-keit [cm²/(Vs)]	Intrinsische Ladungsträger-konzentration bei 300 °C [1/cm³]	Kritische Feldstärke [V/cm x 10⁶]	Sättigungs-driftgeschwindigkeit der Elektronen [cm/s]
Silicon (Si)	1,12	1400	> $1,0 \times 10^{15}$	0,23	$1,0 \times 10^7$
Silicon carbide (4H-SiC)	3,26	950	$1,0 \times 10^4$	2,2	$2,0 \times 10^7$
Gallium nitride (GaN)	3,39	1500	$2,0 \times 10^2$	3,3	$2,5 \times 10^7$

Tab. 3.42: Gegenüberstellung physikalischer Parameter von verschiedenen Halbleitern

Die Verwendung von Materialien mit großer Bandlücke bietet wichtige Vorteile:

- Geringere Verluste beim Schalten
- Verarbeitung höherer Spannungen
- Geringer On-Widerstand (RDSon)
- Betrieb bei höheren (Umgebungs-)Temperaturen
- Verarbeitung höherer Frequenzen
- Keine Sperrverzugszeit
- Größere Zuverlässigkeit

9.1 SiC-Dioden

In Durchlassrichtung weisen SiC-Schottky-Dioden ähnliche Schwellenspannungen, wie Si-Fast-Recovery Dioden auf (knapp unter 1 V). Die Schwellenspannung wird durch die Höhe der Schottky-Barriere bestimmt. Eine niedrige Barriere ergibt eine geringe Schwellenspannung und einen hohen Leckstrom in Sperrrichtung. Anders als bei Si-Fast-Recovery Dioden, nimmt der U_f-Wert, also der Durchlasswiderstand, mit der Temperatur zu. SiC-Schottky-Dioden weisen somit einen positiven Temperaturkoeffizienten auf, so dass es hier bei einer Parallelschaltung zu keinem thermischen Durchgehen kommt.

Bei schnellen pn-Dioden auf Siliziumbasis, darunter auch die Fast-Recovery Dioden, kommt es zu einer kurzzeitigen hohen Stromspitze, wenn die an der Sperrschicht liegende Spannung ihre Polarität wechselt. Erhebliche Schaltverluste sind die Folge. Ursache für dieses Phänomen sind Minoritätsträger, die sich in der Driftregion sammeln, während die Diode bei angelegter Vorwärtsspannung leitend ist.

Die Funktion von SiC-Schottky-Dioden basiert auf Majoritätsträgern, der Sperrverzugsstrom entsteht ausschließlich durch das Entladen der Sperrschichtkapazität, da keine Minoritätsträger gespeichert werden. Je höher der Strom in Durchlassrichtung oder die Temperatur ist, umso mehr steigen die Sperrverzögerungszeit und der Sperrverzögerungsstrom an. Im Vergleich zu Si-Fast-Recovery Dioden, haben SiC-Schottky-Dioden keine Sperrverzugszeiten bzw. Sperrverzugsströme. Die damit verbundenen Verluste und Störaussendungen werden so drastisch reduziert.

Anders als bei Siliziumdioden sind diese Eigenschaften über den gesamten Strom- und Betriebstemperaturbereich weitgehend konstant. Abbildung 3.186 zeigt den Vergleich von Sperrverzugsströmen verschiedener Technologien.

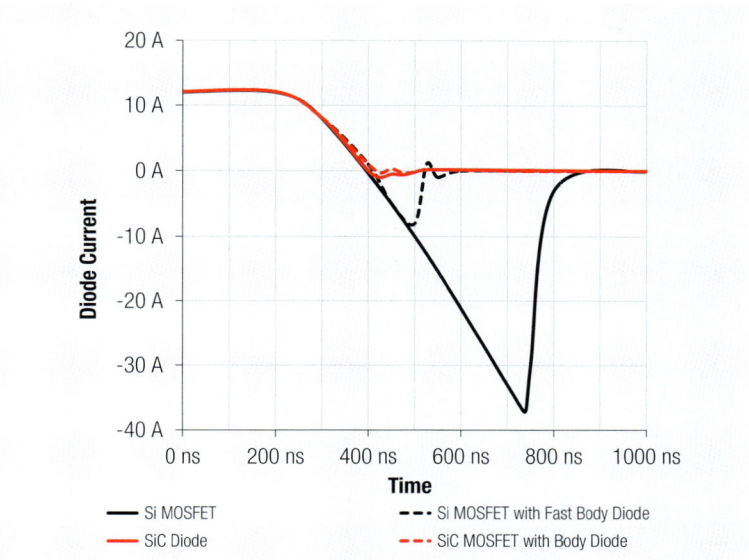

Abb. 3.186: Vergleich der Sperrverzugsströme verschiedener Bauelemente-Technologien

Ein Nachteil von SiC-Dioden ist ihre etwas höhere Durchlassspannung U_f von 1,5 V. Ihre geringe parasitäre Kapazität bei hohen Strömen und das Fehlen der Sperrverzugszeit sind klare Vorteile.

9.2 SiC-MOSFET Transistoren

Der SiC-MOSFET vereint die drei wichtigsten Parameter eines idealen Leistungsschalters. In Tabelle 3.44 sind diese Parameter des SiC-MOSFET Transistors mit MOSFETs herkömmlicher Technologien verglichen.

III Anwendungen

Parameter	SiC MOSFET	Si IGBT	Si Superjunction MOSFET
Durchbruch-spannung	> 1700 V	ca. 1400 V	bis zu 900 V
Durchgangs-widerstand (R_{DSon})	Niedrig, erhöht sich von 25 °C auf 150 °C nur um ca. 35%	Niedrig, aber bei kleinen Strömen wegen der Schwellspannung hoch	Niedrig, aber erhöht sich von 25 °C auf 150 °C um ca. 250%
Schaltgeschwindigkeit	Hoch, einfaches Design	Niedrig < 10 kHz, begrenzt durch den Schweifstrom	Hoch

Tab. 3.43: Vergleich der wichtigsten MOSFET-Transistor Parameter, Gegenüberstellung verschiedener Technologien

Durch die kleinere Chipfläche verringern sich die Gate-Ladung Q_g und die Gate-Kapazität C_{iss}. Gegenwärtige Si-Superjunction-MOSFETs erreichen Durchbruchspannungen bis etwa 900 V, SiC-MOSFETs sind für Durchbruchspannungen bis 1700 V und darüber mit niedrigen Einschaltwiderständen erhältlich.

Da SiC-MOSFETs anders als IGBTs keine Schwellenspannung (Kniespannung) aufweisen, arbeiten sie über einen weiten Strombereich hinweg mit niedrigen Verlusten. Der Einschaltwiderstand von Si-MOSFETs ist bei 150 °C mehr als doppelt so hoch wie bei Zimmertemperatur, während der Einschaltwiderstand von SiC-MOSFETs nur mit einer relativ niedrigen Rate ansteigt, so dass sich die thermische Auslegung vereinfacht und der Einschaltwiderstand auch bei hohen Temperaturen gering ist.

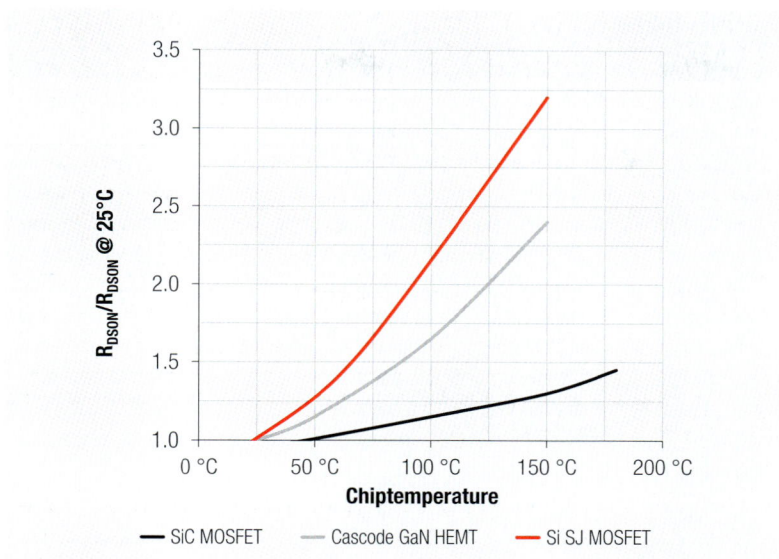

Abb. 3.187: Durchgangswiderstand $R_{DSON}/R_{DSON\_25°C}$ über der Chiptemperatur verschiedener MOSFET-Technologien

Im Vergleich zu IGBTs haben SiC-MOSFETs bei einer Betriebsspannung von 1200 V 20 % geringere Schaltverluste. SiC hat durchschnittlich 50 % geringere Durchgangswiderstände (R_{DSon}). Bei höheren Betriebsspannungen haben SiC-MOSFETs klare Vorteile gegenüber Si-MOSFETs. Der wichtigste Vorteil sind die geringen Schaltverluste und die dadurch höhere Effizienz und der deutlich erweitere Arbeitsbereich zu höheren Frequenzen hin, die obere Grenzfrequenz, verglichen mit Si-MOSFETs ist fünfmal so hoch.

Die Body-Diode eines SiC-MOSFET besteht aus einer pn-Sperrschicht mit kurzer Minoritätsträger-Lebensdauer. Der Sperrverzugsstrom resultiert in erster Linie aus dem Entladen der Sperrschichtkapazität; die Sperrverzögerungs-Eigenschaften entsprechen jenen einer diskreten SiC-Schottky-Diode. Die Durchlassspannung von SiC-Bodydioden ist höher, die Schnelligkeit der Diode verringert die Einschaltverluste E_{on} jedoch um 15 bis 20 %. Ebenso wie bei einer Schottky-Diode ist die Sperrverzugszeit der Body-Diode unabhängig vom Durchlassstrom If und bei gegebenem dl/dt-Wert konstant. Wegen der sehr niedrigen Sperrverzugsströme sind auch geringere Störaussendungen zu erwarten.

SiC-MOSFETs haben einen positiven Temperaturkoeffizienten, was die Parallelschaltung mehrerer Transistoren vereinfacht.

III Anwendungen

9.3 GaN-Halbleiter

Die herkömmlichen GaN-Strukturen haben einen gravierenden Nachteil: Im Normalzustand sind sie selbstleitend (normally on). Anders als MOSFETs leiten sie also Strom, wenn keine Gate-Spannung anliegt. Nur durch eine negative Gate-Spannung lassen sich GaN-Transistoren wirklich sicher ausschalten. Als Alternative haben die Chiphersteller eine Kaskodenstruktur implementiert, um ein pseudo-selbstsperrendes Bauteil (normally off) zu erhalten. Die Kaskode besteht aus einem GaN-Transistor und einem Standard-Silizium-MOSFET mit niedriger Sperrspannung in Serie dazu (Abbildung 3.188). Beide Komponenten sind in einem Gehäuse als Modul oder als Multi-Chip-Lösung integriert. Ein wesentlicher Nachteil der Kaskodenstruktur bestehen darin, dass es nicht möglich ist, die Schaltgeschwindigkeit des GaN-Elements direkt zu steuern, die zusätzlichen Bond-Drähte erhöhen die parasitären Induktivitäten des Bauteils. Ein Vorteil der kombinierten Komponenten ist, dass der Kleinspannungs-MOSFET, mit einer relativ hohen Gate-Schwellspannung die Immunität gegen Störeinkopplungen und unkontrolliertes Verhalten erheblich erhöht.

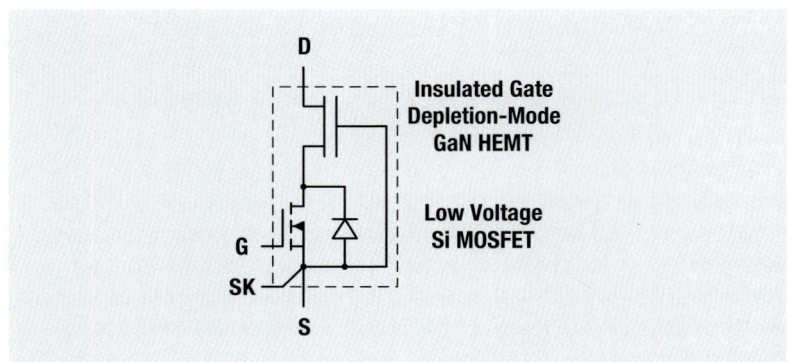

Abb. 3.188: Schaltbild des GaN-HEMT (High Electron Mobility Transistor) Kaskoden-Transistors

Für einen gegebenen Durchgangswiderstand R_{DS_on} weisen die GaN-Transistoren im Vergleich zu den besten heute verfügbaren Si-MOSFETs eine geringere Ausgangsladung Q_{oss}, eine geringere Gateladung Q_G, sowie eine sehr stark reduzierte Sperrverzugsladung Q_{rr} auf. Einen Vergleich typischer Werte zeigt Tabelle 3.44.

Parameter	Si-SJ MOSFET	GaN-HEMT
V_{dss}	650 V	600 V
R_{dson}	115 mΩ	135 mΩ
Q_G	35 nC	8,8 nC
Q_{OSS}	160 nC	24–60 nC
E_{OSS}	2,7 uJ	3,7–7,5 uJ
Q_{rr}	6,4 uC	0,05 uC

Tab. 3.44: Vergleich der wichtigsten Ladungsparameter zwischen GaN-MOSFET und Si-SJ-MOSFET (typische Werte)

GaN-MOSFETs sind extrem schnell. Deshalb sind die Bauelemente deutlich anfälliger gegen parasitäre Impedanzen, die durch Aufbau und Layout entstehen können. Einige hundert pH beeinträchtigen die Funktion schon erheblich. GaN-Schaltzeiten bewegen sich im Bereich um 40V/ns. Ein experimenteller Laboraufbau ist mit GaN-Transistoren relativ schwierig zu realisieren. Große Gehäusebauformen beeinflussen stark das HF-Verhalten, Chip-Gehäuse sind eine löttechnische Herausforderung, die kaum zu lösen ist.

9.4 Schaltungsbeispiel

Wide-Ban-Gap-Materialien ermöglichen den Betrieb bei höheren Frequenzen, höheren Temperaturen und bei höheren Wirkungsgraden (geringere Schaltverluste). Dies bedeutet, dass magnetische Komponenten wie Induktivitäten und Transformatoren, eher verlustbegrenzt als sättigungsbegrenzt sind und bei niedrigeren Flussdichten arbeiten, um akzeptable Verluste zu gewährleisten. Das Kernmaterial muss sorgfältig ausgewählt werden, um die geringen Verluste im ein- bis zweistelligen MHz-Bereich zu erzielen. Buck-Wandler mit sehr kurzen Einschaltdauern sind möglich, führen aber zu erhöhten Wirbelströmen im Kern, erhöhen die Verluste und müssen optimal an die Schaltungsparameter angepasst werden. Bei hohen Frequenzen ist besonders darauf zu achten, dass Wicklungsverluste durch Skin-Effekte, Wirbelstromeffekte und parasitäre Kapazitäten minimiert werden. Die Eigenkapazität der Wicklung muss minimiert werden, um Einschaltstromspitzen zu reduzieren. Die Streuinduktivität muss minimiert werden, um Spannungsspitzen zu reduzieren und die Wicklungs- zur Wicklungs-Kapazität muss möglichst gering sein, um EMV-Effekte zu reduzieren. Die Verwendung von mehrteiligen Wicklungen und das Bewusstsein für die Dielektrizitätskonstante von Isolatoren wie Klebeband können dazu beitragen, die parasitäre Kapazität zu reduzieren. Wie in jeder Hochfrequenzschaltung kommt der effektiven Entkopplung der verschiedenen Schaltungselemente eine zusätzliche Bedeutung zu.

In Abbildung 3.189 ist das Schaltbild einer Push-Pull Endstufe mit dem Treiber-Baustein LMG1210 gezeigt. Der LMG1210 ist ein Hochgeschwindigkeits-Halbbrückentreiber, der speziell für den Betrieb mit GaN-Transistoren entwickelt wurde und bis zu einer Frequenz von 50 MHz arbeitet. Die extrem kleine Ausgangskapazität von < 1 pF und die kurze Flankenanstiegszeit des Ausgangssignals von 300 V/ns erlauben eine effektive Ansteuerung der GaN-Transistoren.

III Anwendungen

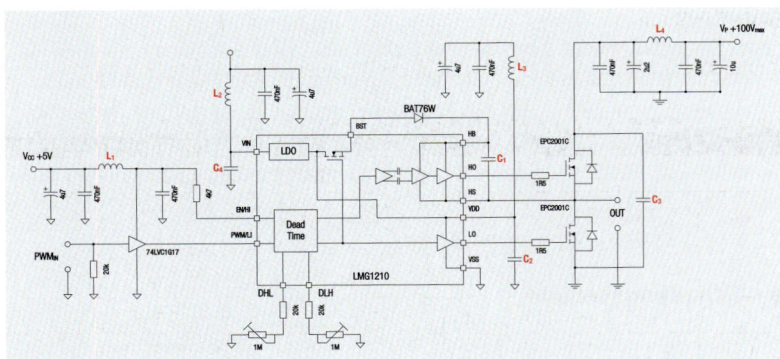

Abb. 3.189: Push-Pull Endstufe mit Treiber-Baustein LMG1210 und GaN-Transistoren

Der interne LDO zur Versorgung der Bootstrapschaltung wird über ein Filternetzwerk mit L_2 und den zugehörigen Kondensatoren gesondert mit Spannung versorgt. Die Versorgungsspannung von +5 V zum Eingangspuffer und für die Low-Side Treiberendstufe des LMG1210 müssen mit den Filtern um L_1 und um L_3 effektiv voneinander entkoppelt werden. Um die GaN-MOSFETs richtig zu betreiben, müssen für C_1 und C_2 qualitativ hochwertige, keramische Bypass-Kondensatoren verendet werden. Die Kondensatoren müssen so nahe wie möglich zwischen HB/HS und VDD/VSS unmittelbar an den Pins des LMG1210 platziert werden.

Für den LDO ist ein Kondensator (C_4) zwischen VDD und GND von mindestens 470 nF einzusetzen um den LDO genügend stabil zu halten, ggf. muss der Wert des Kondensators auf bis zu 4,7 uF erhöht werden. Wesentlich dazu ist aber, dass die GND-Störungen zwischen der GaN-MOSFET-Endstufe und dem LMG1210 ausreichend entkoppelt sind. Dazu dürfen GND und PGND, wie im Schaltplan angedeutet schaltungstechnisch nur am Source-Anschluss des Low-Side-Transistors miteinander verbunden werden.

Für ein störungsames und effektives Schalten der Endsufentransistoren ist es unerlässlich, die Stromschleife vom Drain des High-Side Transistors zum Source des Low-Side Transistors möglichst klein zu halten. Dazu muss ein Kondensator mit niedrigem ESR und ESL unmittelbar an die PINs der Transistoren platziert werden. Ggf. müssen meherere Kondensatoren parallel geschaltet werden, um die nötige Kapazität zu erreichen. Folgend die Beschreibung der wichtigsten Bauelemente mit den zugehörigen elektrischen Parametern.

SMD-Ferrit L3:

Im Datenblatt ist die Stromaufnahme des LMG1210 angegeben (Tabelle 3.45):

Eigenschaft		Prüfbedingung	Min	typ	Max	Einheit
SUPPLY CURRENT						
I_{DD}	5 V Quiescent Current, Low-Side Circuits Only	LI, HI = 0 V, Independent Mode		250	400	µA
		EN = 0 V, PWM = X, PWM Input Mode, DHL and DLH floating		325	500	µA
I_{HB}	HB Quiescent Current	HI = 0 V, Independent Mode		520	800	µA
I_{HBS}	HB to V_{SS} Quiescent Current	V_{HS} = 100 V			25	nA
I_{HBSO}	HB to V_{SS} Operating Current	V_{HS} = 100 V, F_{SW} = 1 MHz		1		nA
I_{LSDyn}	Low-side dynamic current	Unloaded, PWM Mode		1	1,25	mA/MHz
I_{HSDyn}	High-side dynamic current	Unloaded		0,5	0,6	mA/MHz

Tab. 3.45: Stromaufnahme des LMG1210 (Datenblattauszug)

Damit ergibt sich für die minimale Stromtragfähigkeit für den SMD-Ferrit bei einer Arbeitsfrequenz von beispielsweise 10 MHz:

$$I_{NOM} > (I_{LS,DYN} + I_{HS,DYN}) \cdot f_{FW} \cdot k \quad (3.212)$$

Wobei

k = Sicherheitsfaktor; hier 2 ausgewählt

$$I_{NOM} > 1{,}25 \,\frac{mA}{MHz} + 0{,}6 \,\frac{mA}{MHz} \cdot 10 \text{ MHz} \cdot 2 = 40 \text{ mA} \quad (3.213)$$

Die Angaben des Nominalstoms des SMD-Ferrittes beziehen sich auf eine Umgebungstemperatur von 20 °C. Desweiteren wird beim Nominalstrom die Impedanz um bis zu 60 % abnehmen. Deshalb sollte ein Sicheheitsfaktor von 2 berücksichtigt werden.

Der dominate Frequenzbereich, in dem der SMD-Ferrit seine höchste Impedanz haben sollte, ermittelt sich nach der Flankenanstiegs-/Abfallzeiten der Treibersignale, dargestellt in Tabelle 3.46.

III Anwendungen

PARAMETER		TEST CONDITIONS	MIN	TYP	MAX	UNIT
t_{OR}	Output Rise Time, Unloaded	10–90%		0,5		ns
t_{OF}	Output Fall Time, Unloaded	90–10%		0,5		ns
t_{ORL}	Output Rise Time, Loaded	C_O = 1 nF, 10–90%			5,6	ns
t_{OFL}	Output Fall Time, Loaded	C_O = 1 nF, 90–10%			3,3	ns
t_{PW}	Minimum Input Pulse Width	Minimum input pulse width, which changes the output		1,8	2,7	ns

Tab. 3.46: Signalanstiegs- und Abfallzeiten des LMG1210 (Datenblattauszug)

Der dominate Frequenzbereich, mit der höchsten Relevanz des Störpotenzials berechnet sich mit:

$$f_u = \frac{1}{\pi \cdot t_i} \quad (3.214)$$

Wobei:

t_i = Impulsdauer

$$f_0 = \frac{1}{\pi \cdot t_{r/f}} \quad (3.215)$$

mit

$t_{r/f}$ = Signalanstiegs-, bzw. Signalabfallzeit, die kürzere wählen.

Somit ergebnen sich mit der Arbeitsfrequenz von 10 MHz (t_i = 0,1 µs) und der nach Tabelle 3.46 minimalen Signalabfallzeit von 3,3 ns folgende Eckfrequenzen:

$f_u = 1/(\pi \times t_i) = 3{,}18$ MHz
$f_o = 1/(\pi \times t_f) = 96{,}46$ MHz

Der auszuwählende SMD-Ferrit sollte deshalb in einem rel. niedrigen Frequenzbereich eine entsprechend hohe resistive Impedanz aufweisen.

Ausgewählt wird hier der Typ: WE-CBF 742792662 (Abbildung 3.190).

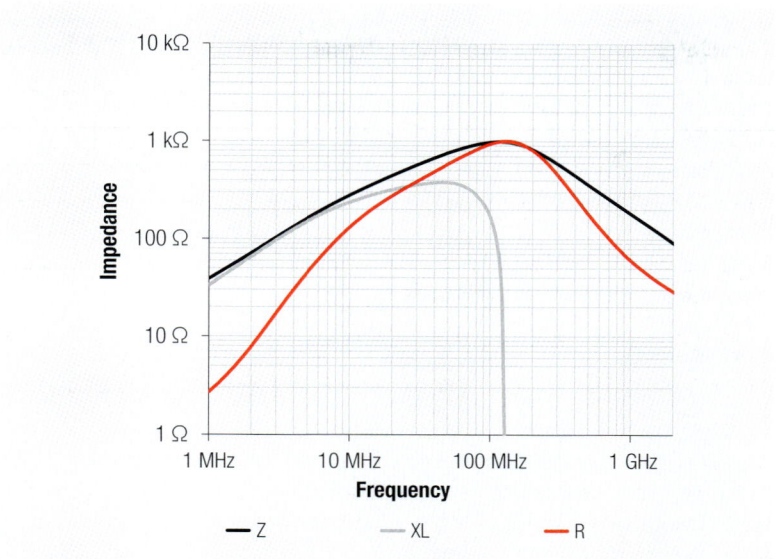

Abb. 3.190: Impedanzverlauf des SMD-Ferrits WE-CBF 742792662, Bauform 0603

Der SMD-Ferrit hat eine Stromtragfähigkeit von 600 mA. Die Impedanz beträgt bei 3 MHz schon 100 Ω und steigt bei ca. 100 MHz auf 1000 Ω an. So kann in Kombination mit den Kondensatoren um L_3 ein effektives Filter aufgebaut werden.

SMD-Ferrit L_2:

Die 5V-LDO Versorgung ist im Datenblatt mit einem Strom von 100 mA, bei Kurzschluss von maximal 250 mA angegeben. Somit kann der Gleiche SMD-Ferrit wie für L_3 verwendet werden.

SMD-Ferrit L_1:

Hier kann der gleiche SMD-Ferrit, wie für L_2 und L_3 verwendet werden.

Drossel L_4:

Der Strom durch L_4 ist von der zu versorgenden Last am Ausgang und von der gewählten Versorgungsspannung abhängig. Für einen Strom von beispielsweise 3 A, kann die Drossel WE-HCI SMD „Flat Wire High Current Inductor" mit der Bezeichnung 744316220 verwendet werden. Die Drossel, mit einer Induktivität von 2,2 uH, hat eine Stromtragfähigkeit von 7,5 A. Die Resonazfrequenz liegt bei 108 MHz, das ist hoch genug, um bis 100 MHz ein effektives Filter aufzubauen.

Kondensatoren C_1, C_2:

Die Kondensatoren C_1 und C_2 müssen in der Lage sein, die hochfrequenten Strompulse der Treiber des LMG1210 in Richtung Stromversorgung abzublocken. Dazu werden von Texas Instruments Durchführungs- bzw. Dreipolkondensatoren empfohlen. Durfüh-

III Anwendungen

gungskondensatoren benötigen eine niederimpedante, störungsfreie Bezugsamasse. In dem Beispiel nach Abbildung 3.189 muss die Stromschleifenfläche der beiden Treiber möglichst klein gehalten werden, ein Massebezug ist nicht notwendig. Somit entscheiden die parasitäre Impedanz des Kondensators und seine zur Verfügung stehende Ladung über der Zeit über die „Ruhigstellung" der Gate-Treiber. Der hier passende Kondensator ist WCAP-CSGP Ceramic Capacitors, 1 uF/16 V mit der Bezeichnung 885012207051 TI empfiehlt in seiner Applikation, dass C_2 (V_{DD}-V_{SS}) mindestens fünfmal größer als C_1 (HB-HS) sein sollte, um zu verhindern, dass der Bootstrap-Kondensator die Versorgungsspappung VDD so weit nach unten zieht, dass UVLO-Bedingungen und damit Funktionsstörungen entstehen.

Kondensator C_3:

Wie die Kondensatoren C_1 und C_2 muss auch C_3 mit den Anschlüssen an die GaN-Transistoren eine möglichst kleine Stromschleifenfläche bilden. Der Anschluss der Stromversorgung zum MOSFETs von V_p und Masse der GaN-Transistoren muss „praktisch ohne Zuleitungsinduktivität" erfolgen. Eine Kondensatorbank, unmittelbar an den MOSFETs platziert, hat sich als sehr effizient bewiesen, um L_D drastisch zu reduzieren. Als primäre Stützkondensatoren sollten mehrere Folienkondensatoren im uF-Bereich mit sehr geringem ESL verwendet werden. Parallel dazu müssen weitere Keramikkondensatoren im 470 nF-Bereich unmittelbar am MOSFET platziert werden. Ausgewählte Kondensatoren für C_4: 5 x 470 nF / 250V, X7R, No. 885342211003.

C_4:

470 nF → 4,7 uF/15 V → 35 V, siehe Text.

Wichtige Punkte zum Aufbau und zum Layout der Schaltung:

- Verwenden einer vierlagigen Platine
- Platzieren des Rückleitungspfades von den Endstufentransistoren zum Gatetreiber auf einer inneren Lage, um die Induktivität zu minimieren
- Einsatz von „Low ESR" – SMD-Bypass- und Bus-Kondensatoren, um die parasitäre Induktivität zu minimieren
- Kompromislose Platzierung der kritischen Bauelemente in unmitelbarer Nähe der entsprechenden Quelle (IC, Transistoren)
- Platzieren des LMG1210 so nah wie möglich an den GaN-Transistoren, um die Länge der Anschlüsse zu minimieren
- Trennen der Hochstrom- und der Signalpfade, z.B. Ausgangs- und Eingangssignale
- Anschluss des LMG1210-GND am Source des Low-Side. Den GND-Anschluss als „Stichleitung" ausführen und Spannungsabfall im stromführenden Pfad vermeiden
- Überlappung, bzw. kapazitive Kopplung zwischen den verschiedenen Spannungsplanes und den verschiedenen GND-Planes vermeiden

10 Kabellose Leistungsübertragung

Wir verwenden ausschließlich Nahfeldenergieübertragung. Zu dieser Übertragungsart zählt die induktive Kopplung die auf dem magnetischen Fluss zwischen zwei Spulen basiert. Wie Abbildung zeigt, besteht die Übertragungsstrecke aus vier Hauptkomponenten. Auf der Senderseite sind dies ein Oszillator, der als Wechselrichter arbeitet und die Sendespule. Empfangsseitig besteht das System aus der Empfangsspule und dem Gleichrichter, der aus der Wechsel- wieder eine Gleichspannung generiert. Der Oszillator erzeugt einen Wechselstrom aus der eingehenden Gleichspannung, wodurch dann ein Wechselfeld in der Sendespule (L1) generiert wird. Durch die Gegeninduktion zwischen den beiden Spulen wird die Energie zwischen der Sendespule L1 und der Empfangsspule L2 gemäß Faraday'schem Induktionsgesetz übertragen, dann gleichgerichtet und an die Last weitergeleitet.

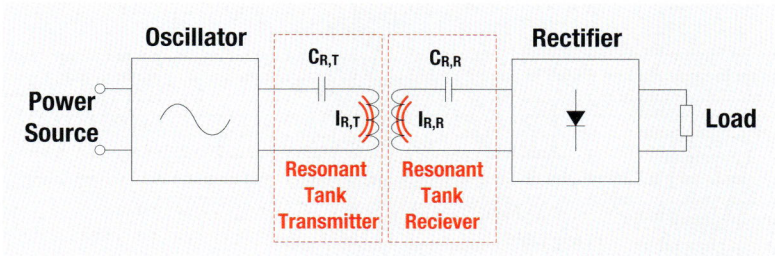

Abb. 3.191: Prinzip der Nahfeldübertragung auf induktiver Basis

Ein Problem bei größeren Abständen zwischen Sende- und Empfangsspule besteht darin, dass der Streufluss stark zunimmt und damit der Wirkungsgrad der Energieübertragung sinkt. Das entspricht der Funktion eines Übertragers mit loser Kopplung. Durch resonant-induktive Kopplung lässt sich dieses Problem beheben.

Mithilfe der resonant-induktiven Kopplung können sowohl die Reichweite als auch der Wirkungsgrad erhöht werden. Dies stellt eine Erweiterung der reinen induktiven Kopplung dar, bei der ein Kondensator in Reihe mit der Sende- und Empfangsspule eingesetzt wird. Das Ergebnis ist ein LC-Reihenschwingkreis, auch Resonanzkreis genannt. Um bei der Energieübertragung einen optimalen Wirkungsgrad zu erzielen, müssen die Resonanzfrequenzen der Schwingkreise abgestimmt werden. Die sehr hohe Streuinduktivität wird durch den in Reihe zur Wireless Power Transmission-Spule (WPT-Spule) gesetzten Kondensator nahezu vollständig kompensiert. Die Resonanz zwischen den beiden Schwingkreisen führt bei der gewählten Resonanzfrequenz zu einer verbesserten magnetischen Kopplung zwischen Sende- und Empfangsspule.

Abbildung 3.192 und Abbildung 3.193 zeigen jeweils ein Blockschaltbild eines Vollbrückenresonanzwandlers bei positiver und bei negativer Halbwelle im Sendeschwingkreis. Der Blockschaltplan umfasst die folgenden Bereiche:

- Oszillator mit festem Tastverhältnis (50%) und MOSFET-Vollbrückentreiber
- Vollbrücke mit vier schaltenden Elementen (MOSFETs)

III Anwendungen

- Serienschwingkreis bestehend aus Resonanzkondensator und WPT Senderspule
- Serienschwingkreis bestehend aus Resonanzkondensator und WPT Empfängerspule
- Gleichrichter (Brückengleichrichter oder synchron Gleichrichter)

Diese Schaltung ist nicht selbstschwingend: Die Schaltfrequenz wird durch den Oszillator bestimmt und ist auf die Resonanzfrequenz des Reihenschwingkreises abgestimmt.

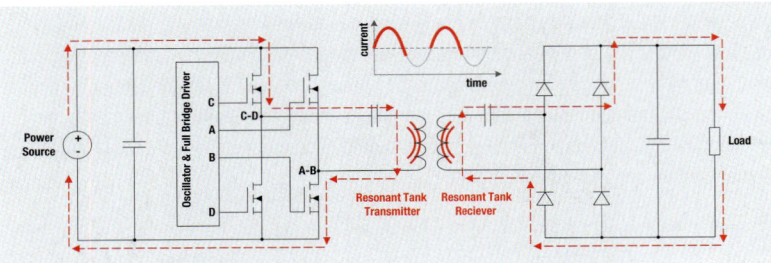

Abb. 3.192: Prinzip der Energieübertragung während der positiven Halbwelle im Resonanzkreis

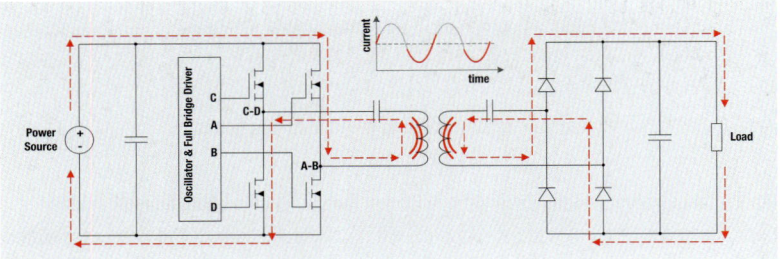

Abb. 3.193: Prinzip der Energieübertragung während der negativen Halbwelle im Resonanzkreis

Vorteile dieses Konzeptes sind:

- Skalierbarkeit von kleiner bis sehr großer Leistung (10 W bis mehrere 10 kW)
- Der Stromfluss in Schwingkreis und Gleichrichter ist sinusförmig und bewirkt so ein günstiges EMV-Verhalten
- Die MOSFETs schalten spannungsfrei und bieten einen sehr hohen Wirkungsgrad von über 90%
- Leicht skalierbar für viele verschiedene Spannungen/Ströme
- Durch Ändern der Schaltfrequenz kann die Ausgangsspannunggröße größer oder kleiner als die Eingangsspannung sein
- Die Ausgangsspannung ist regelbar
- Daten lassen sich zwischen Empfänger und Sender übertragen

Betrieb eines Vollbrückenresonanzwandlers

Die Abbildung 3.192 und Abbildung 3.193 zeigen die Leistungsübertragung zwischen Sender und Empfänger. Der (Resonanz-)Strom ist in der Sendespule sinusförmig und schwingt um den Nullpunkt. Energie wird in beiden Halbwellen des Resonanzstroms $I_{CR/LR}$ übertragen.

Abbildung 3.194 zeigt die Signale im Schwingkreis. Die Signale „Node CD" und „Node AB" sind die Spannungskurven innerhalb der Vollbrücke. Während der Hochphase von Node AB ist die an Node CD anliegende Spannung niedrig und umgekehrt.

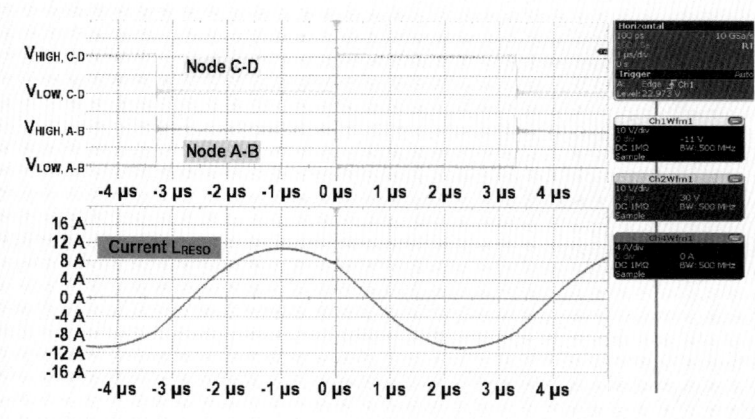

Abb. 3.194: Oszillogramm der Drain-Signale A-B und C-D und Spulenstrom ($V_{In} = 20\ V$, $V_{Out} = 17\ V$, $I_{Out} = 6\ A$, $P_{Out} = 100\ W$) im Sendekreis

Der Stromfluss im Schwingkreis ist sinusförmig und es ist eine Phasenverschiebung zwischen den Spannungssignalen und dem Stromsignal zu erkennen. Diese Phasenverschiebung tritt auf, weil die Schaltfrequenz der Vollbrücke über der Resonanzfrequenz des Reihenschwingkreises liegt. Der Arbeitspunkt liegt im Induktionsbereich des Reihenschwingkreises, der Strom folgt der Spannung.

Dies ist für den Betrieb außerordentlich wichtig, da nur durch diese Phasenverschiebung in den induktiven Bereich der ZVS-Betrieb (Zero-Voltage-Switching) möglich ist. So wird ein hoher Wirkungsgrad erzielt. Wenn die Phasenverschiebung in den kapazitiven Bereich verschoben wird, der Strom der Spannung also vorangeht, dann arbeitet der Wandler nicht mehr im ZVS-, sondern im ZCS-Modus (Zero-Current-Switching). Der ZCS-Betrieb führt zu höheren Verlusten, da der Strom drastisch in den Body-Dioden der MOSFETs kommutiert. Unter ungünstigen Umständen kann dies zur Zerstörung der MOSFETs führen.

III Anwendungen

Zusammenhang zwischen Schaltfrequenz, Resonanzfrequenz und Last

Die folgende Simulation zeigt auf der linken Seite ein vereinfachtes Modell dieser Schaltung. In Abbildung 3.195 sind nur der Schwingkreis des Senders und des Empfängers dargestellt, dies reicht für unsere Zwecke aus.

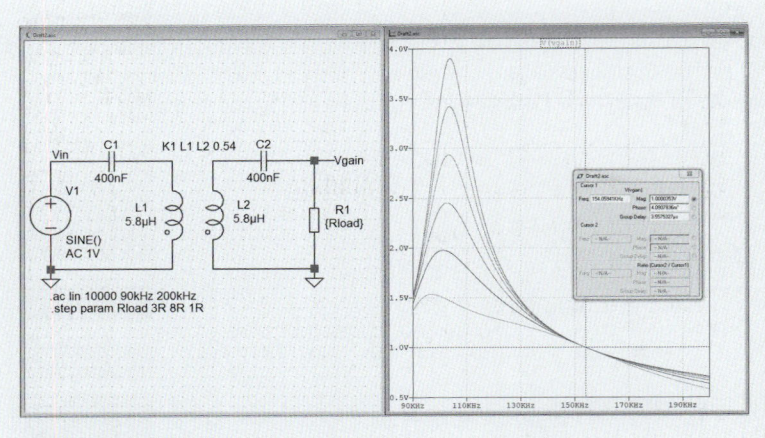

Abb. 3.195: Simulation des Resonanzverhaltens unter verschiedenen Lastbedingungen

Die Schaltung auf der linken Seite zeigt zwei Reihenschwingkreise, einen auf der Sender- und einen auf der Empfängerseite, die so die Resonanz-Tanks aus dem Blockschaltbild in Abbildung 3.192 resp. Abbildung 3.193 repräsentieren. Auf jeder Seite befinden sich ein Kondensator mit 400 nF und eine WPT-Spule (760 308 102 142) mit einer Induktivität von 5,8 µH. Beide Schwingkreise sind aufeinander abgestimmt. Für die Simulation benötigen wir den Koppelfaktor der Sende- und Empfangsspulen. Dieser hängt vom Abstand zwischen den beiden Spulen ab. In unserem Beispiel haben wir einen Abstand von 6 mm gewählt, was zu einem Koppelfaktor von 0,54 führt. Dieser Wert wurde durch Messung ermittelt. Die Resonanzfrequenz des Systems, bestehend aus Sende- und Empfangsspule, beträgt ca. 100 kHz.

Im Bode-Plot auf der rechten Seite werden die Frequenz auf der X-Achse und die Verstärkung auf der Y-Achse dargestellt. Bei einer Verstärkung = 1 ($V_{gain} - V_{in}$) laufen alle Kurven der verschiedenen Lastzustände durch genau einen Punkt. In unserem Beispiel geschieht dies bei 155 kHz. Dies ist die Schaltfrequenz der Schaltung. Wie oben erwähnt, ist die Schaltfrequenz höher als die Resonanzfrequenz des Schwingkreises und hier können wir auch sehen, warum das so ist. Das folgende Oszillogramm (Abbildung 3.196) zeigt die Schaltfrequenz und den Resonanzstrom.

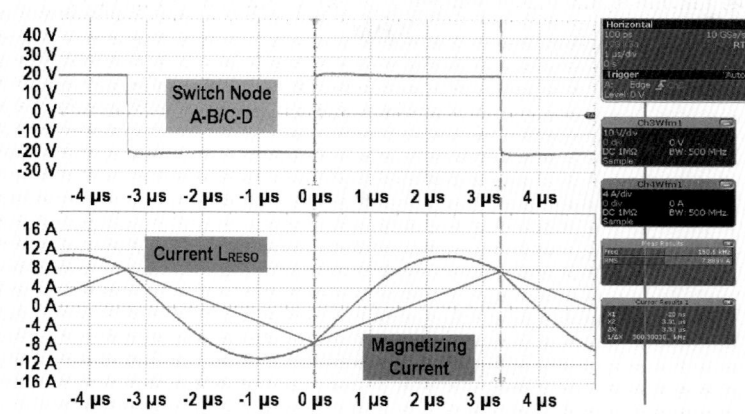

Abb. 3.196: Schaltfrequenz und Magnetisierungsstrom ($V_{In} = 20$ V, $V_{Out} = 17$ V, $I_{Out} = 6$ A, $P_{Out} = 100$ W) des Sendeschwingkreissystems

Die obige Messung zeigt eine Schaltfrequenz von ca. 150 kHz, die der Simulation sehr ähnlich ist. Abbildung 3.196 zeigt den Spannungsverlauf des Schaltknotens (Switch Node) A-B/C-D und den Resonanzstrom durch den senderseitigen Reihenschwingkreis.

Aus diesen beiden Kurven ist ersichtlich, dass bei jeder Halbwelle ein vollständiger Energietransfer zwischen Sender und Empfänger stattfindet. Der Resonanzstrom erreicht bei jedem Umschalten des Schaltknotens den Magnetisierungsstrom. An diesem Betriebspunkt arbeitet das System mit maximaler Effizienz. Senderseitig schalten sich die MOSFETs bei einer Drain-Source-Spannung von ca. 1 V (ZVS-Betrieb) ab. Diese Spannung ist abhängig von den Eigenschaften der Freilaufdiode in den MOSFETs. Laut Datenblatt zu den MOSFETs liegt der typische Wert zwischen 0,93 und 1,2 V.

Empfängerseitig arbeiten die Gleichrichterdioden oder der Synchrongleichrichter im ZCS-Modus (Zero-Current-Switching). Erreicht der Strom im Schwingkreis (Empfängerseite) 0 V oder der senderseitige Schwingstrom den Magnetisierungsstrom, dann wird der Strom sanft zwischen den beiden Brückenzweigen im Gleichrichter umgeschaltet. Die Ausgangsspannung kann durch Änderung der Schaltfrequenz modifiziert werden: Wird die Schaltfrequenz reduziert, bewegt sich der Arbeitspunkt in Richtung Resonanzfrequenz und die Ausgangsspannung steigt.

Wird die Schaltfrequenz dagegen erhöht, bewegt sich der Arbeitspunkt von der Resonanzfrequenz weg und die Ausgangsspannung sinkt.

10.1 Datenübertragung zwischen Sender und Empfänger

Die Form dieser Übertragungstopologie ermöglicht auch eine Übertragung von Daten zwischen Sender und Empfänger und umgekehrt. Dies wird durch eine Modulation des

III Anwendungen

Wechselfeldes zwischen den Spulen ermöglicht. Das Prinzip der Datenübertragung zeigt das Blockdiagramm in Abbildung 3.197.

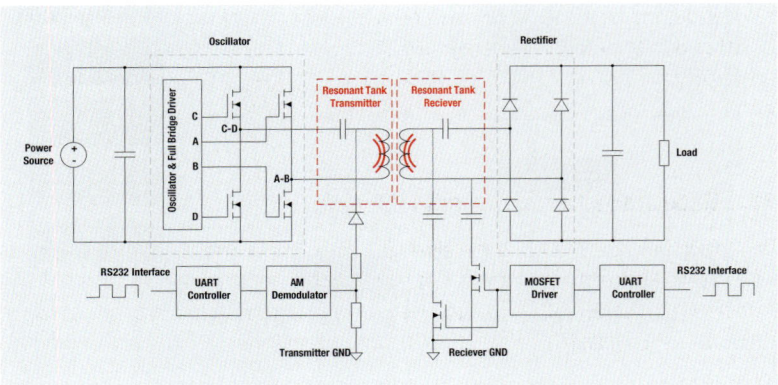

Abb. 3.197: Prinzip der Datenübertragung vom Empfänger zum Sender

In Abbildung 3.198 ist ein Oszillogramm des Datenverkehrs zwischen Sender und Empfänger dargestellt. Die Datenübertragung erfolgt seriell mit einer Übertragungsrate von ca. 9,6 kBaud. Die obere Kurve zeigt den vom Empfänger kommenden Datenstrom, die untere Kurve ist das demodulierte Signal am Ausgang des Senders. In unserem Beispiel werden die Daten vom WPT-Empfänger an den WPT-Sender übertragen. Ein praktisches Beispiel wäre ein Druck- oder Temperatursensor. In im obigen Blockschaltbild in Abbildung 3.197 ist ein Sensor mit RS232-Schnittstelle an den WPT-Empfänger angeschlossen, der über die WPT-Spule mit Energie versorgt wird. Daten können so von einem Sensor gleichzeitig über dieselbe Spule an den WPT-Sender übertragen werden.

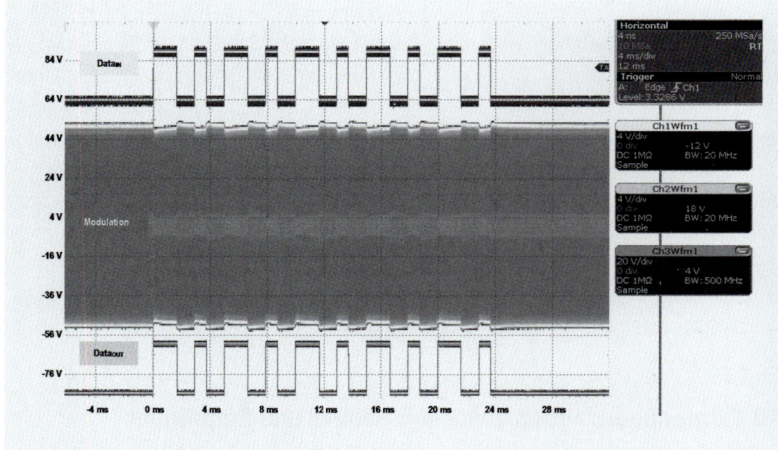

Abb. 3.198: Datenübertragung vom Empfänger an den Sender
(V_{In} = 20 V, V_{Out} = 17 V, I_{Out} = 6 A, P_{Out} = 100 W)

Auf der Empfängerseite (Datenquelle) ist ein zusätzlicher Kondensator über einen Schalter mit dem vorhandenen Resonanzkondensator verbunden. Dieser Schalter ist mit dem Ausgang des UART des Mikrocontrollers verbunden (Abbildung 3.199). Ein AM-Demodulator und die UART-Steuerung empfangen die Daten aus dem modulierten Signal an der Sendespule. Die senderseitigen Daten können auf einem LCD-Display angezeigt oder über ein zusätzliches HF-Modul an jeglichen Cloudservice gesendet werden.

10.2 Kabelloses Ladegerät mit LTC1420

Der Analog Devices LTC4120 bietet einen drahtlosen Energieempfänger und eine 400-mA-Akkuladeeinheit auf einem einzigen Chip. Dieser Controller befindet sich auf dem Applikationsboard DC1967A von Linear Technology. Die Resonanzfrequenz des Tanks auf der Empfängerplatine beträgt 127 kHz bei Abstimmung und 140 kHz bei Verstimmung.

Merkmale des LTC4120:

- DHC (Dynamic Harmonization Control) zur Optimierung des drahtlosen Ladens über einen breiten Koppelbereich
- Breiter Eingangsspannungsbereich: 4,3 bis 40 V
- Einstellbare Erhaltungsspannung: 3,5 bis 11 V
- 50 bis 400 mA Ladestrom, programmiert mit einem einzigen Widerstand
- ±1 % Genauigkeit bei der Rückführspannung
- Ladestrom auf 5 % genau programmierbar
- Galvanische Trennung ohne Übertragerkern

Das WPT-Demo-Set DC1968A besteht aus einem einfachen Sender, der mit einem stromgespeisten, astabilen Multivibrator mit einer, durch einen Resonanztank auf 130 kHz eingestellten Übertragungsfrequenz, ausgestattet ist.

Die Betriebsfrequenz variiert jedoch abhängig von der Belastung des Empfängers und vom Koppelfaktor zwischen der Sende- und der Empfangsspule.

III Anwendungen

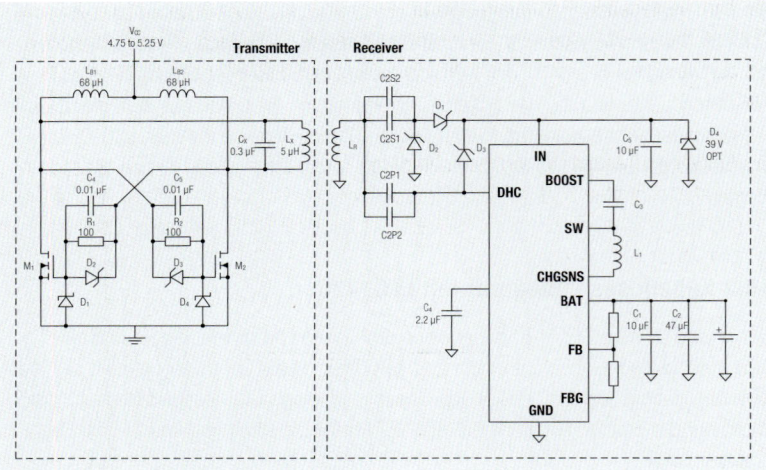

Abb. 3.199: Schaltbild eines einfachen drahtlosen Energie-Übertragungssystems, links der Sendeteil und rechts der Empfangsteil mit dem Wireless Power Receiver LTC4120

Die DHC-Funktion des LTC4120 regelt die Frequenz, abhängig vom Energiebedarf des Akkus (Last), von der Resonanzfrequenz des Senders weg, oder an sie heran. Wenn die Kopplung zwischen Sende- und Empfangsspule hoch ist, wird die Frequenz angepasst, um die Energieübertragung zu begrenzen; ist die Kopplung zwischen Sende- und Empfangsspule dagegen niedrig, dann wird die Frequenz so angepasst, dass die Energieübertragung erhöht wird.

Wichtige Parameter des Systems

Es ist wichtig, die Funktionsweise und die Eigenschaften des Wireless Power Charging-Reglers LTC4120 und die Spezifikation der in den Demoschaltungen verwendeten Spulen zu verstehen. Die Sendespule wird von einer stromgespeisten Quelle versorgt, wodurch die Übertragung eines sauberen Sinussignals vom Sender gewährleistet werden soll.

Wie im Datenblatt des LTC4120 angegeben, ist bei der Auswahl der Sendespulen-induktivität (L_x) und der Empfangsspuleninduktivität (L_r) idealerweise ein Übersetzungsverhältnis von 1:3 zu berücksichtigen. Die Induktivitätswerte können so gewählt werden, dass die benötigten Spulenwerte nicht zu groß sind, was den Einsatz eines kleinen Kondensators auf der Senderseite ermöglicht und womit auch der Sendekreis-Strom auf der Senderseite nicht zu hoch wird. Auf den folgenden Seiten wird detailliert die Auswahl geeigneter Induktivitäten und Kondensatoren für die Resonanzkreise beschrieben.

Empfangsspule und Frequenz

Die derzeit im Demoset DC1969A verwendete Spule auf der Empfangsseite hat eine Induktivität von 47 µH. Die Induktivität besteht aus einer vierlagigen Leiterplattenspule mit darunterliegender Ferritplatte. Würth Elektronik bietet eine Spule an, die über die Leiterplattenspezifikation hinausgeht und so einen deutlich besseren Wirkungsgrad erzielt. Die Artikel-Nr. lautet 760 308 101 303, spezifiziert sind 47 µH, 1,4 A, 460 mΩ und Q = 25.

Die Empfängerfrequenz ändert sich betriebsabhängig zwischen 127 und 142 kHz. In einem abgestimmten Zustand beeinflussen sowohl C2P als auch C2S die Resonanzfrequenz, in verstimmtem Zustand geschieht das nur über C2S. Die Resonanzfrequenzen berechnen sich wie folgt:

$$f_R = \frac{1}{2 \cdot \pi \cdot \sqrt{L_r \cdot (C2P + C2S)}}$$
$$f_D \cong \frac{1}{2 \cdot \pi \cdot \sqrt{L_r \cdot C2S}}$$
(3.216)

Bei der Berechnung für die Resonanzfrequenz bei Verstimmung (f_D = 142 kHz) nach obiger Gleichung, beträgt die erforderliche Kapazität C2S = 26,7 nF.

- Die Parallelschaltung von 22 nF und 4,7 nF ergibt die erforderliche Kapazität.
- Die verstimmte Frequenz von 142 kHz (statt 140) ist auf die Einschränkung der verfügbaren Kapazität zurückzuführen.

Ebenso beträgt die erforderliche Kapazität für die Resonanzfrequenz bei Abstimmung (f_R = 127 kHz) C2P = 6,75 nF.

- Der nächstgelegene Wert für diese Kapazität ist 6,8 nF.

Hinweis: Die in DC1969A verwendeten Kondensatoren haben Kapazitäten von 1,8 nF und 4,7 nF und sind parallel geschaltet. Bei diesem Gesamtkapazitätswert beträgt die Frequenz 131 kHz.

Sendespule und Frequenz

Nach der Auswahl der Empfangsspule mit einem Induktivitätswert von 47 µH kann gezielt eine Sendespule gewählt werden, die das im Datenblatt des LTC4120 empfohlene Übersetzungsverhältnis von 1:3 erfüllt. Die für die Sendespule erforderliche Induktivität beträgt nach Formel 3.217:

$$n = \frac{nR}{nX} = \sqrt{\frac{L_r}{L_X}}$$
$$3^2 = 9 = \frac{47 \mu H}{L_X}$$
$$L_X = 5,2 \, \mu H$$
(3.217)

III Anwendungen

Für die obige Anforderung bietet Würth Elektronik ein Bauelement mit der Artikel-Nr. 760 308 101 302 an, für das 5,3 μH, 6 A, 33 mΩ, Q = 100 spezifiziert ist.

Die Frequenz der gewünschten Resonanz beträgt:

$$f_0 \approx \frac{1}{2 \cdot \pi \cdot \sqrt{L_x \cdot C_x}} = 130 \text{ kHz} \tag{3.218}$$

Mit der obigen Gleichung zur Erfüllung der Senderresonanzfrequenz von 130 kHz beträgt der erforderliche Kondensatorwert C_x = 283 nF. Zum erreichen dieses Kapazitätswertes können 180 nF und 100 nF parallel geschaltet werden, um eine gute Näherung an die für den Betrieb vorgesehene Frequenz zu erzielen. Diese beiden Kondensatoren teilen sich den Umlaufstrom entsprechend des Kehrwertes ihrer Kapazität. Es können selbstverständlich genauere Kapazitätswerte gewählt werden, um die gewünschte Resonanzfrequenz exakt zu erreichen.

Für die Kapazität von 280 nF beträgt die Resonanzfrequenz:

f_0 = 130,71 kHz, der Wert ist 0,5% höher als die ursprünglich erforderliche Frequenz.

Der gewählte Kapazitätswert im DC1969A beträgt jedoch 2 · 0,15 μF (Artikel-Nr. ECH-U1H154GX9), was zu einer Resonanzfrequenz von 126,3 kHz (ohne Last) führt.

Umlaufstrom

Für einen zuverlässigen Betrieb des Kreises muss der Umlaufstrom im LC-Tank von Primär- und Sekundärseite geschätzt werden. Die geschätzte Spannung an der Primärspule ist:

$$V_{pk\text{-}pk} = 2 \cdot \pi \cdot V_{in} = 2 \cdot \pi \cdot 5 \text{ V} = 31,4 \text{ V} \tag{3.219}$$

Daraus folgt ein Spitzenwert von:

$$V_{pk} = 15,7 \text{ V} \tag{3.220}$$

Die Blindimpedanz des 0,3-μF-Kondensators bei einer Frequenz von 126,3 kHz beträgt:

$$X_C = \frac{1}{2 \cdot \pi \cdot f \cdot C} = 3,74 \text{ Ω} \tag{3.221}$$

Der oben berechnete Wert für X_C ergibt einen Umlaufstrom von ca. 4,2 A_{pk} und 3 A_{eff}.

Daher muss jeder 0,15-µF-Kondensator so gewählt werden, dass er einen zulässigen Effektivstrom von mindestens 1,5 A bei 126,3 kHz tragen kann. Für diese Applikation wurde der Kondensator ECHU1H154GX9 ausgewählt, der einen zulässigen maximalen Strom von ca. 1,5 A_{eff} tragen kann.

Eingangsstrom

Der Eingangsstrom des Senders ist abhängig von dem in der Primärspule erzeugten Magnetfeld. Das Magnetfeld wiederum muss so kräftig sein, um genügend Sekundärstrom im Empfänger zur Versorgung der Last zu erzeugen. Die Größe dieses Magnetfeldes ist direkt proportional zum Strom der Sendespule, der ein Produkt aus Eingangsstrom und der Güte Q ist:

$$B = Q \cdot I_{Lx} \qquad (3.222)$$

Daher ist bei der Wahl der Primärspule vor allem auf deren Güte Q zu achten. Die Sendeinduktivität WE-WPCC 760 308 101 302 hat einen Q-Wert von 100. Dies ist der höchste bisher verfügbare Vergleichswert. Der zur Versorgung des Laststroms erforderliche Eingangsstrom kann durch den Einsatz einer Sendespule mit möglichst hohem Q-Wert und dem optimalen Übersetzungsverhältnis minimiert werden. Wenn das Übersetzungsverhältnis hoch ist, begrenzt die DHC-Funktion die auf die Empfängerseite übertragene Energie.

Gleichstromwiderstand R_{DC}

Der R_{DC} der Sende- und Empfangsspulen ist direkt proportional zum ohmschen Verlust. Daher ist ein niedrigerer R_{DC} der Spulen zu bevorzugen, um einen höheren Wirkungsgrad zu erzielen.

Der Gleichstromwiderstand der Sekundärspule beeinflusst deren Wirkungsgrad. Dieser ist gegeben durch:

$$\frac{R_L}{R_2 + R_L} \qquad (3.223)$$

Der R_{DC} der Sendeinduktivität WE-WPCC 760 308 101 302 beträgt 33 mΩ und der Effektivstrom beläuft sich auf 2,2 A.

Daher beträgt die Verlustleistung: $I^2 \cdot R = 0,16$ W

Impedanzrückwirkung

Die Resonanzfrequenzen der LC-Tanks von Sender und Empfänger ändern sich im belasteten und unbelasteten Zustand. Es ist wichtig zu verstehen, was die Impedanzrückwirkung in den gekoppelten Schwingkreisen beeinflusst und in ihrer Wirkung ihrerseits die Leistung des Systems beeinflusst.

III Anwendungen

Die Faktoren, die die Impedanzrückwirkung beeinflussen, sind in Abbildung 3.200 und Abbildung 3.201 illustriert. In untenstehender Abbildung 3.200 ist die Kopplung der beiden Schwingkreise gezeigt.

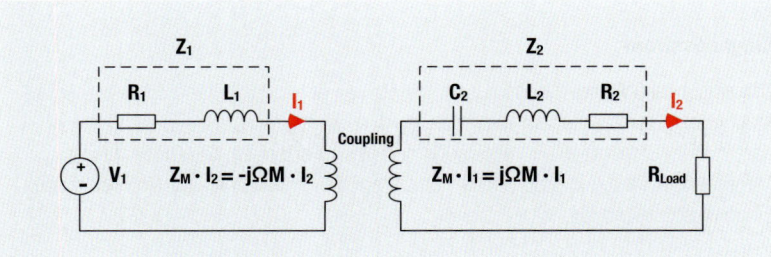

Abb. 3.200: Modell der Kopplung zwischen Sende- und Empfangskreis

Das Modell des Sendeschwingkreises in seiner Ersatzschaltung ergibt sich nach Abbildung 3.201. Hier wurde die Impedanzrückwirkung des Empfangsschwingkreises mit berücksichtigt.

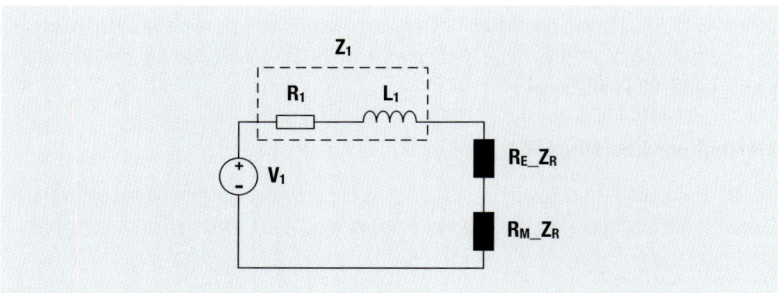

Abb. 3.201: Ersatzschaltbild des Primärkreis-Ersatzmodell mit Impedanzrückwirkung

Die Impedanzrückwirkung Z_R kann mithilfe der Kirchhoff'sche Gleichung des Primärkreises aus Abbildung 3.201 wie folgt ausgedrückt werden:

$$I_1 \cdot Z_1 + I_2 \cdot Z_m = V_1 \tag{3.224}$$

Die Kirchhoff'sche Gleichung des Primärkreises unter Berücksichtigung kurzgeschlossener Lasten ist wie folgt:

$$I_1 \cdot Z_M + I_2 \cdot Z_2 = 0$$
$$I_2 = I_1 \cdot \frac{Z_M}{Z_2} \tag{3.225}$$

Ersetzen des Werts von I_2 in Gleichung 1 ergibt:

$$Z_{eq} = \frac{V_1}{I_1} = Z_1 - \frac{Z_M^2}{Z_2} \qquad (3.226)$$

Wobei $Z_M = -j\omega M$ und

M = gegenseitige Induktivität zwischen Primär- und Sekundärteil und somit:

$$Z_{eq} = Z_1 - \frac{\omega^2 \cdot M^2}{Z_2} \qquad (3.227)$$

Nachfolgend kann die reflektierte Impedanz in der Schaltung wie folgt ausgedrückt werden:

$$\frac{\omega^2 \cdot M^2}{Z_2} \qquad (3.228)$$

Wenn der Sekundärkreis mit der gleichen Frequenz wie der Primärkreis schwingt, wird nur die ohmsche Impedanz am Primärkreis reflektiert, nicht jedoch die induktive oder die kapazitive. Die ohmsche Impedanz des Sekundärkreises beträgt:

$$Z_2 = R_2 + R_L \qquad (3.229)$$

Daher beträgt die reflektierte Impedanz, wenn beide Kreise mit der gleichen Frequenz schwingen:

$$Re_{Zr} = \frac{\omega^2 M^2}{R_2 + R_L} \qquad (3.230)$$

Der Wirkungsgrad des Systems wird voraussichtlich höher sein, wenn der Re_{Zr}-Term höher ist.

Allerdings wirkt sich eine deutliche Abnahme des Lastwiderstandes R_L auch auf den sekundären Wirkungsgrad aus, da R_s beim Spannungsabfall dominiert.

Sekundäre Spannungsabfallfaktoren sind:

$$\frac{R_L}{R_2 + R_L} \qquad (3.231)$$

III Anwendungen

DHC-Funktion

Die DHC-Funktion (Dynamic Harmonization Control) beim LTC4120 ist ein Verfahren zur Regelung der empfangenen Energie. Es verschiebt die Resonanzfrequenz auf die voreingestellte verstimmte Frequenz f_D von 140 kHz, wenn die Spulen einen hohen Koppelfaktor aufweisen. Dies ist dann der Fall, wenn die V_{IN} am Pin 3 des ICs größer als 14 V ist. In diesem Fall wird die Spannung über die Verstimmung der Resonanzfrequenz f_R auf 127 kHz zurückgeregelt, bis der Koppelfaktor der Spulen wieder niedriger wird und somit die Spannung V_{IN} wieder unter 14 V fällt.

Daher ist es bei der Auswahl der Spule für eine Senderschaltung wichtig, die Resonanzfrequenz höher zu wählen als die im abgestimmten Zustand eingestellte Empfängerfrequenz. Dies gewährleistet beim Empfänger die gleiche Frequenz wie die Senderresonanz, und der Schaltkreis arbeitet dann wie ein doppelt abgestimmter Schwingkreis, wodurch der Chip die volle Leistungsübertragung gewährleistet.

Das nachfolgend dargestellte Oszillogramm in Abbildung 3.202 zeigt die wesentlichen Signale der DHC-Funktion. Kanal CH1 zeigt einen Rechteckimpuls der Senderfrequenz. Jedes Mal, wenn das empfangene Signal an V_{IN} die Spannung am DHC-Pin überschreitet, wird der DHC-Pin nach unten gezogen, damit V_{IN} (CH3) nicht weiter ansteigt. Die CH2-Kurve ist das Signal auf der Empfängerwicklung, CH4 stellt den Strom durch den Sender dar.

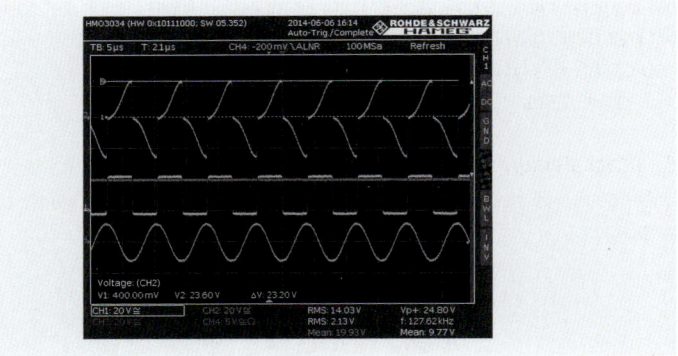

Abb. 3.202: Nachweis der DHC-Funktion am Empfänger

Zusammenfassung

Höhere Kopplung, geringerer physischer Abstand zwischen Sender und Empfänger und ein höheres Übersetzungsverhältnis sorgen für eine höhere Spannung am Empfänger und damit für eine höhere V_{IN}. Die DHC-Funktion begrenzt die dem DC-Gleichstromwandler zur Verfügung stehende V_{IN} und sorgt dafür, dass der Sender über einen breiten Betriebsspannungsbereich betrieben werden kann. Aus dem Experiment (Bedingung 2) geht hervor, dass der Wirkungsgrad umso höher ist, je ausgeprägter die Sinusform des empfangenen Signals ist. Daher kann, wenn die Anwendung ein größeres Eingangsspannungsfenster erfordert, ein höheres Übersetzungsverhältnis (ca. 3) gewählt werden; ist dagegen ein höherer Wirkungsgrad gefragt, dann wird das optimierte Übersetzungsverhältnis (mit sinusförmigem Empfangssignal) empfohlen.

Die Sende- und die Empfangsspule müssen sorgfältig unter Berücksichtigung aller oben aufgeführten Parameter im Hinblick auf einen hohen Wirkungsgrad und/oder einen breiteren Eingangsbetriebsbereich der Demo-Schaltung DC1969A für drahtlose Energieübertragung ausgewählt werden. Würth Elektronik bietet verschiedene Sende- und Empfangsladespulen mit hohem Q-Faktor an, die die Leistungsübertragung effizienter machen.

10.3 Klassischer 100-W-Eigenresonanzwandler

Ein klassischer Eigenresonanzwandler wird als Taktungsschaltung verwendet, um zu demonstrieren, dass einfach zu realisierende Lösungen für die drahtlose Energieübertragung von 100 W und mehr nur mithilfe von konventioneller Schaltungstechnik, ohne Einsatz von Software oder Controller, erzielbar sind.

ZVS-Oszillatoren(Gegentaktresonanzwandler)

Dieser Oszillator bietet mehrere Vorteile:

- Er schwingt selbstständig an und benötigt nur eine Gleichspannungsquelle
- Der Strom- und der Spannungsverlauf sind nahezu sinusförmig
- Es werden keine aktiven Bauteile und keine Software benötigt
- Er ist skalierbar von 1 bis 200 W
- Die MOSFETs schalten nahe dem Nulldurchgang
- Er ist skalierbar für viele verschiedene Spannungen/Ströme

Grundschaltung/Prinzipschaltbild

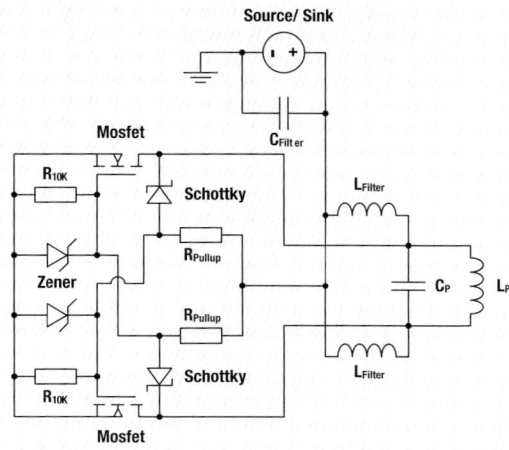

Abb. 3.203: Grundschaltung des Eigenresonanzwandlers für den Sendeteil des drahtlosen Energieübertragungs-Systems

III Anwendungen

Die hier gezeigte Grundschaltung in Abbildung 3.203 ist die Senderseite inkl. Senderspule L_p. Die Empfängerseite kann mit der gleichen Grundschaltung aufgebaut werden.

Funktionsweise

Der Eigenresonanzwandler arbeitet normalerweise bei einer konstanten Arbeitsfrequenz, welche durch die Resonanzfrequenz des LC-Parallelschwingkreises maßgeblich bestimmt wird. Sobald eine Gleichspannung an die Schaltung angelegt wird, beginnt sie entsprechend den Toleranzen der MOSFET-Bauelemente zu schwingen. Einer der beiden MOSFETs wird in Sekundenbruchteilen etwas schneller leitend als der andere. Durch die Mitkopplung der beiden MOSFET-Gates mit dem gegenüberliegenden Drain des weniger leitfähigen MOSFETs ergibt sich eine Phasenverschiebung um 180°. Somit werden die beiden MOSFETs stets gegenphasig angesteuert und können nie zeitgleich leitend sein. Die MOSFETs verbinden abwechselnd beide Enden des Parallelschwingkreises mit Masse, sodass der Schwingkreis periodisch mit Energie aufgeladen werden kann. Die Resonanzbedingung kann wie folgt berechnet werden.

Der Blindwiderstand der Induktivität ist:

$$X_L = 2 \cdot \pi \cdot f \cdot L \tag{3.232}$$

Der Blindwiderstand der Kapazität ist:

$$X_C = \frac{1}{2 \cdot \pi \cdot f \cdot C} \tag{3.233}$$

Die Resonanz des Schwingkreises berechnet sich mit:

$$f_0 = \frac{1}{2 \cdot \pi \sqrt{L \cdot C}} \tag{3.234}$$

Die Impedanz der Parallelresonanz ist:

$$Z_P = \frac{-jX_L \cdot X_C}{X_L - X_C} \tag{3.235}$$

Die reale Resonanzfrequenz ohne Koppelfaktor bestimmt sich mit:

$$f_r = \frac{1}{2 \cdot \pi} \sqrt{\frac{1}{L \cdot C} - \frac{R_{dc}^2}{L^2}} = f_0 \sqrt{1 - \frac{R_{dc}}{Z_P}} \tag{3.236}$$

Ein weiteres Merkmal dieser Schaltungstopologie besteht darin, dass die Spannung immer nahe dem Nulldurchgang geschaltet wird, wodurch die Schaltverluste in den MOSFETs sehr gering ausfallen. Der Nachteil dieser Schaltungstopologie ist, dass die Leistungsaufnahme im Leerlauf aufgrund der zirkulierenden Blindströme im Schwingkreis verhältnismäßig hoch ist. Aus diesem Grund sollte ein Eigenresonanzwandler idealerweise nur mit einer Last betrieben werden.

Es ist zu beachten, dass sich die Frequenz des Schwingkreises mit dem Koppelfaktor der Empfängerseite ändert. Dies ergibt sich aus der Impedanzrückwirkung an der Empfängerseite, die die Magnetisierungsinduktivität der Senderseite beeinflusst, da beide Seiten parallel zueinander stehen. Ein abnehmender Koppelfaktor führt zu einem Anstieg der Frequenz, da die Magnetisierungsinduktivität der Senderseite abnimmt.

Die Grundschaltung aus Abbildung 3.203 kann je nach verwendeten Bauelementen, mit Spannungen von 3,3 V bis über 230 V laufen. Dabei muss ab Eingangsspannungen von 20 V auf den Berührschutz geachtet werden, da die Spannung im Schwingkreis schon jetzt mindestens um den Faktor π über der SELV-Schwelle von 50 VAC/120 VDC liegt.

Der Wirkungsgrad der gesamten Schaltung zur drahtlosen Energieübertragung kann in der Praxis 90% übersteigen. Dies ist insofern ausgesprochen bemerkenswert, als dass die Koppelverluste über den Luftspalt bereits berücksichtigt sind und eine konstante Gleichspannung am Eingang anliegt. Der Wirkungsgrad bleibt in einem Luftspalt von 4 bis 10 mm stabil. Ein großer Teil der Energie im Magnetfeld, die nicht mit der Empfängerseite gekoppelt ist, wird in den „Tankkreis" zurückgeführt. Je nach Anwendung ist ein maximaler Abstand von bis zu 18 mm möglich; allerdings sind Zugeständnisse in Bezug auf Kopplungsfaktor und EMV zu machen. Der Kondensator im Schwingkreis kompensiert die Streuinduktivität der Übertragungsspule und wenn die Schaltung sorgfältig gestaltet wurde, kann der Empfänger Energie an den Sender zurückspeisen.

Der Wirkungsgrad kann durch die Verwendung kleinerer MOSFETs anstelle von Schottky-Dioden zum Ansteuern des Gates oder durch Verwendung einer bipolaren Gegentaktstufe erhöht werden (siehe Anwendungsbeispiele).

Ebenso kann auf der Empfängerseite anstelle eines Resonanzwandlers auch ein klassischer Brückengleichrichter verwendet werden. Hier bestehen die Vorteile in einer höheren Ausgangsspannung, niedrigeren Kosten und Platzersparnis, wobei dafür aufgrund der Diodenverluste Einbußen beim Wirkungsgrad in Kauf zu nehmen sind.

Die Frequenz unter Last sollte 150 kHz im Regelfall nicht übersteigen, da andernfalls die Verluste in den Parallelkondensatoren sowie der Sende- und der Empfangsspule zu groß werden. Zusätzlich sind die EMV-Grenzwerte bei Frequenzen unter 150 kHz höher (z.B. 9 kHz bis 30 MHz bei CISPR 15, bzw. EN 55015). In den bisherigen Tests hat sich der Frequenzbereich zwischen 105 und 140 kHz als bester Kompromiss herausgestellt. So ist auch gewährleistet, dass man den – bezogen auf das gegenwärtig zugelassene Frequenzband für induktive Leistungsübertragung – sicheren Bereich von 100 bis 205 kHz nicht verlässt.

III Anwendungen

Wird das Endprodukt in verschiedenen Ländern auf den Markt gebracht, müssen Regelungen und zulässige Frequenzbänder für jedes Land vorab ermittelt werden, um die Entwicklungsphase zu beschleunigen.

EMV-Verhalten bei Wireless-Power-Übertragern

Da bei allen Wireless-Power-Anwendungen Energie übertragen wird, ist die Einhaltung der EMV-Grenzwerte nicht trivial. Die Herausforderung besteht darin, dass die Sende- und Empfangsspulen sich wie ein Übertrager mit schlechtem Koppelfaktor und sehr großem Luftspalt verhalten. Dadurch kommt es in der Umgebung der Spulen zu einem sehr starken elektromagnetischen Streufeld. EMV-Messungen haben gezeigt, dass Störungen breitbandig im Spektrum der Grundwelle bis in den Frequenzbereich von 80 MHz auftreten können. Schafft man es, die Pegel in der Störspannungsmessung mit Reserve zum Grenzwert einzuhalten, so kann meist davon ausgegangen werden, dass auch in der Störfeldstärke die Grenzwerte eingehalten werden. Allgemein lässt sich feststellen, dass die Grenzwerte z.B. bei EN55022 Class B eine nicht zu unterschätzende Herausforderung für die Entwicklung darstellen können. Abbildung 3.204 zeigt ein Diagramm der Störspannungsmessung im Frequenzbereich von 9 kHz bis 30 MHz.

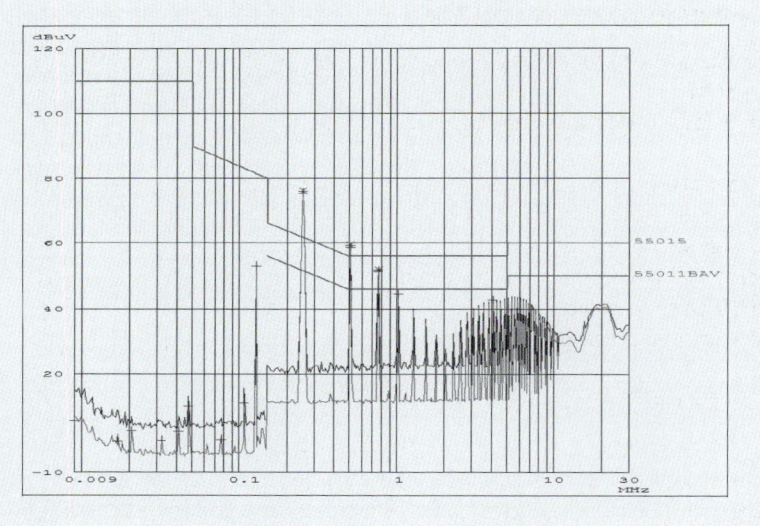

Abb. 3.204: Beispiel für ein Spektrum der Störspannung (9 kHz – 30 MHz/Grenzwert Class B)

Das H-Feld (dI/dt) kann Störströme in benachbarte Leitungspfade induktiv einkoppeln. Dagegen hilft meist ein größerer Abstand oder eine Ferritfolie, wie die WE-FSFS.

Es ist aber vor allem das E-Feld (dV/dt), welches sehr leicht kapazitiv gegen Erde auskoppelt, das lässt sich bei der Messung der Störspannung als auch bei der Störfeldstärke beobachten. Diesen Gleichtaktstörquellen muss im niedrigen Frequenzbe-

Eingangsfilterkondensator nicht überdimensioniert ist, was diesen Latchup-Effekt noch verstärken kann, da die Stromversorgung mehr Kapazität laden muss.

Dieser Effekt kann in der Praxis vermieden werden, indem die Kondensatoren und der Schwingkreis vor den verbleibenden Elementen des Stromkreises an die Betriebsspannung angeschlossen werden. Die MOSFET-Gates können dann über Optokoppler oder Transistoren geschaltet werden. Alternativ können die Gates auch über eine separate Spannungsquelle (z.B. das Würth Elektronik MagI³C Power Module) angesteuert werden, deren Umschaltung durch die Versorgung verzögert erfolgt.

2. Die von der Empfängerseite zur Senderseite rückwirkende Impedanz

Bei großen Lastsprüngen auf der Empfängerseite oder plötzlichen Änderungen der Koppelfaktoren der beiden Spulen kann es vorkommen, dass die Magnetisierungsinduktivität der Senderseite durch Impedanzrückwirkung teilweise kurzgeschlossen wird. Dies wiederum kann dazu führen, dass die Schwingung zusammenfällt und die Schaltung in einen Latchup wechselt.

Der Koppelfaktor k der beiden Induktivitäten berechnet sich mit:

$$k = \frac{U_{sec}}{U_{pri} \cdot \pi} \cdot \frac{N_{pri}}{N_{sec}} = \frac{M}{\sqrt{L_{pri} \cdot L_{sec}}} \qquad (3.245)$$

Die Kopplungsinduktivität M berechnet sich mit:

$$M = k\sqrt{L_{pri} \cdot L_{sec}} \qquad (3.246)$$

Um dem Latchup entgegenzuwirken ist es hilfreich, die Frequenz des Empfängerschwingkreises mithilfe eines weiteren Parallelkondensators (für eine im Vergleich zum Sender um 10 bis 20% höhere Frequenz) leicht zu verstimmen. Alternativ kann eine zusätzliche Induktivität (Speicherdrossel) parallel zur Sendespule geschaltet werden, die keine magnetische Kopplung mit dem Übertragungsweg aufweist. Diese Parallelinduktivität muss kleiner oder gleich der Magnetisierungsinduktivität der Sendespule sein. Die Parallelinduktivität speichert während des ZVS-Vorgangs Energie und hilft, die Schwingung bei ungünstigen Lasttransienten aufrechtzuerhalten.

Berechnung der reflektierten Impedanz mit paralleler Kompensation:

$$Z_{re} = \frac{(2 \cdot \pi \cdot f)^2 \cdot M^2}{L_{sec}} \cdot \left(\frac{R_{load}}{(2 \cdot \pi \cdot f \cdot L_{sec})} - j \right) \qquad (3.247)$$

III Anwendungen

Berechnung des Resonanzkondensators am Empfänger:

$$C_{sec} = \frac{1}{L_{sec}\sqrt{1-k^2 \cdot (2 \cdot \pi \cdot f)^2}} \qquad (3.248)$$

Zusätzliche Kompensationskapazität am Empfänger:

$$C_{comp} = \frac{1}{(2 \cdot \pi \cdot f)^2 \cdot L_{pri}\sqrt{1-k^2}} \qquad (3.249)$$

Während der ersten Prototypenphase ist es wichtig, alle denkbaren Lastsituationen, soweit möglich, zu testen, um eine robuste Konstruktion mit einwandfreier Funktionalität zu gewährleisten.

Einfache Empfängerschaltung

In Abbildung 3.206 ist das Schaltbild einer einfachen Empfängerschaltung gezeigt, bei der die erläuterten Designpunkte berücksichtigt wurden.

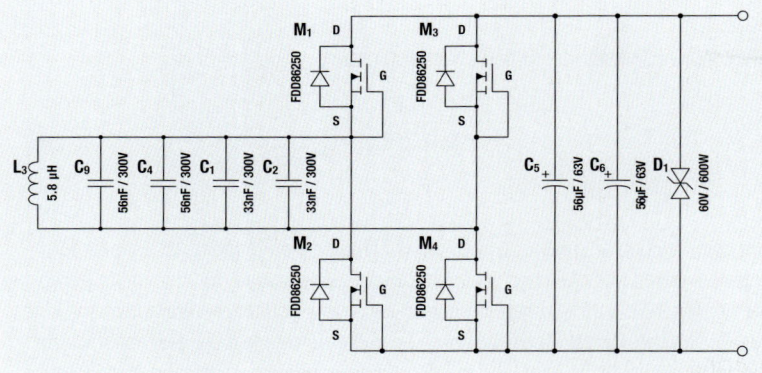

Abb. 3.206: Brückengleichrichterschaltung mit MOSFET-Body-Dioden und kippstromstabilen SMD-Aluminium-Polymer-Kondensatoren. Alternativ können auch Schottky-Dioden oder ein Vollbrückengleichrichter verwendet werden.

Die Ausgangsspannung U_a berechnet sich mit folgender Gleichung:

$$U_a = 2 \cdot U_e \cdot \sqrt{2} - 2 \cdot U_{diode} \qquad (3.250)$$

Die TVS-Leistungsdiode am Ausgang ist zum Schutz vor transienten Überspannungen (bidirektional; max. Betriebsspannung 60 V).

Achtung: Vorsichtsmaßnahmen und Berührungsschutz bei Spannungen über 50 VAC/120 VDC beachten!

Standard-Eigenresonanzwandler (Sender und Empfänger), 100 W

Ein Schaltungsbeispiel eines 100 W-Resonanzwandlers ist in Abbildung 3.207 gezeigt. Diese kann sowohl auf der Sender- als auch auf der Empfängerseite verwendet werden. Wenn man für die Pull-Up-Widerstände eine niedrigere Hilfsspannung generiert, kann die Verlustleistung gesenkt und die Oszillation mit dieser Hilfsspannung gestartet werden. C5 und C6 können 1 nF/50 V-NP0-Kondensatoren sein (niedrige Impedanz für schnelle Flanke).

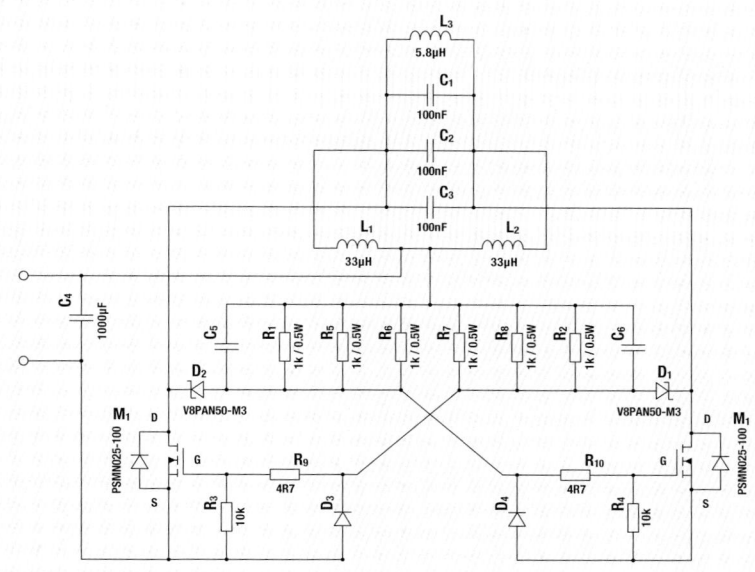

Abb. 3.207: Beispiel für eine einfache und robuste Eigenresonanzwandlerschaltung

Achtung: Vorsichtsmaßnahmen und Berührungsschutz bei Spannungen über 50 VAC/120 VDC beachten!

Der Eigenresonanzwandler ist sehr flexibel und kann an die Anforderungen vieler verschiedener Anwendungen angepasst werden. Diese Schaltung stellt derzeit die effektivste Möglichkeit der drahtlosen Übertragung von Energie von bis zu mehreren hundert Watt dar. Wenn die Anforderungen der Applikation im Hinblick auf Sicherheit, On/Off, Ladezustandserkennung usw. steigen, kann diese Schaltung als Grundlage dienen und vom Hardwareentwickler beliebig erweitert werden. Anstelle der Eigenresonanzwandlertopologie kann auch eine klassische H-Brückenschaltung mit aktiver Regelung als Grundlage dienen. In jedem Fall sollten in einem frühen Stadium der Entwicklung EMV-Messungen an den ersten Prototypen durchgeführt werden.

III Anwendungen

Entscheidend für einen hohen Wirkungsgrad, eine kompakte Bauform und gute EMV-Eigenschaften sind, neben der taktgebenden Schaltung, vor allem die Sende- und Empfangsspulen. Würth Elektronik bietet neben dem breitesten Sortiment auch die Spulen mit dem höchsten Q-Faktor in ihrer jeweiligen Bauform an. Dadurch können höhere Induktivitätswerte und damit einhergehend kleinere Bauformen für die Kondensatoren erzielt werden.

Darüber hinaus wird HF-Litzendraht ausschließlich für hohe Energien (mit geringeren Wechselstromverlusten) mit hochwertigem Ferritmaterial (hohe Permeabilität) verwendet. Das bedeutet maximale Effizienz und bestmögliche EMV-Leistung für das Endprodukt.

11 HF-Schaltungen

11.1 Auswahlkriterium von HF-Komponenten für ein 20 dBm Bluetooth® Frontend Modul

Bluetooth Produkte müssen sich einigen harten Zulassungstests unterziehen. Je höher die Ausgangsleistung des Verstärkers ist, umso wichtiger muss die sorgfältige Planung durch den Entwickler sein. Unter anderen können folgende Probleme auftreten:

- Rückkopplung auf den VCO des Modemchips im Sendebetrieb
- Schwingneigung des Verstärkers
- Isolationsprobleme zwischen Sende- und Empfangspfad
- Störer aus anderen Frequenzbändern z.B. DECT werden unzureichend unterdrückt

Wichtig bei der Auswahl der HF-Komponenten wie Bandpassfilter, Tiefpassfilter, HF-Schalter, Baluns und dem Verstärker ist, diese genau zu verifizieren und gegebenenfalls das Zusammenspiel zwischen den einzelnen Komponenten zu prüfen. Dadurch lassen sich schon im Vorfeld größere Probleme aufdecken. Dies kann etliche Layoutänderungen ersparen.

Auswahl des Bandpassfilters

Bandpassfilter

Bei der Auswahl des Bandpassfilters ist es wichtig, dass die Einfügedämpfung sowie das Stehwellenverhältnis VSWR sehr niedrig sind, damit die Empfangsempfindlichkeit des Systems nicht unnötig verschlechtert wird. Jedes gewonnene dB erhöht das Linkbudget und somit die Reichweite.

Das Bandpassfilter für Bluetooth-Produkte sollte im DECT-Frequenzbereich (1,8–1,9 GHz) und im HyperLAN Frequenzbereich (5,5 GHz) eine hohe Dämpfung aufweisen, wie z.B. der Bandpass 748 351 124 (Abbildung 3.208). Dieses Bauelement eignet sich gut zur Kompensation des Tiefpassfilters (Abbildung 3.210), der im Sendezweig nach dem Verstärker eingebaut ist. Das Tiefpassfilter besitzt bei den Frequenzen $2 \cdot f_0$ und $3 \cdot f_0$ eine sehr hohe Dämpfung. Für diese Version muss der Bandpass zwischen dem HF-Schalter und dem Antennenfußpunkt eingebaut werden. Ein Nachteil ist, dass die Einfügedämpfung eines Bandpasses meist im Bereich von 1,8 dB bis 3 dB liegt, die eines guten Tiefpassfilters jedoch im Bereich von 0,4 dB bis 0,6 dB (Abbildung 3.206). Durch die Kombination des Bandpasses im Empfangspfad und des Tiefpasses im Sendepfad gewinnt man ca. 1 dB an Ausgangsleistung. Aus technischer Sicht können beide Möglichkeiten in Betracht gezogen werden.

Damit sichergestellt ist, dass das Filter auch bei höheren Frequenzen die im Datenblatt angegebene Dämpfung erreicht, ist es wichtig, die Masseanschlüsse des Bandpasses zur Masselage mittels mehreren Durchkontaktierungen (Vias) zu verbinden.

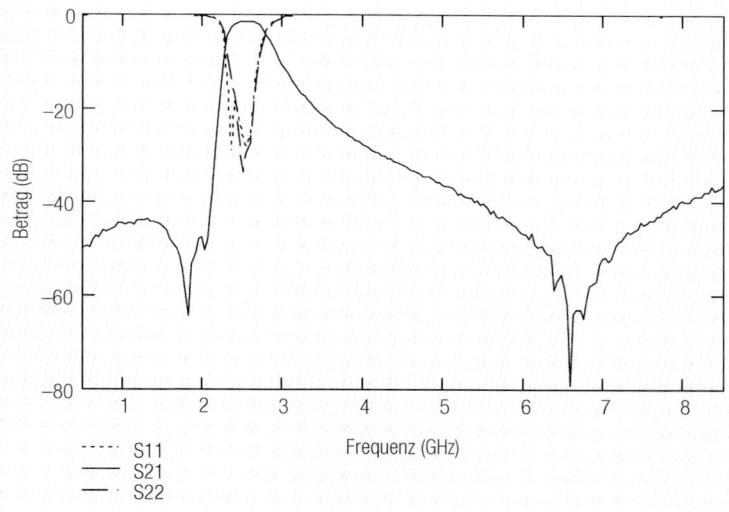

Abb. 3.208: Frequenzgang des Bandpassfilter WE-BPF 748 351 124

HF-Schalter

Ein wichtiges Bauteil bei der Entwicklung einer 20 dBm Frontend Lösung ist der HF-Schalter. Bei der Auswahl müssen folgende Kriterien beachtet werden:

- geringe Einfügedämpfung
- möglichst hohe Isolation
- geringe Stromaufnahme

Es gibt eine Vielzahl von Anbietern auf dem Markt, wie z.B. die Firmen Hexawave, Alpha Industrie, M/A-COM. Je nach Hersteller liegt die Einfügedämpfung im Bereich von 0,3 dB bis 0,5 dB bei 2,45 GHz, die Isolation im ISM-Band zwischen 15 dB und 24 dB. Einen Vergleich verschiedener Schalter zeigt Tabelle 3.47.

III Anwendungen

Beschreibung	Hersteller	Bauform	Einfügedämpfung @ 2,45 GHz (dB)	Isolation @ 2,45 GHz (dB)
SW 485	M/A-COM	SOT-363	0,3	21
AS179-92	Alpha Industries	SOT-363	0,4	23
HSW 314	Hexawave	SOT-363	0,5	24

Tab. 3.47: Vergleich einiger am Markt erhältliche 3-GHz SPDT Schalter

Die Werte, die im Datenblatt dokumentiert sind, müssen überprüft werden. Der Schalter HSW-314 von Hexawave wurde nachgemessen, in Abbildung 3.209 sind die Werte der Einfügedämpfung sowie die Isolation abgebildet. Die Einfügedämpfung beträgt 0,5 dB @ 2,45 GHz. Dieser Wert deckt sich mit der Angabe aus dem Datenblatt. Die Isolation mit 24,8 dB @ 2,45 GHz deckt sich ebenfalls mit der Angabe aus dem Datenblatt.

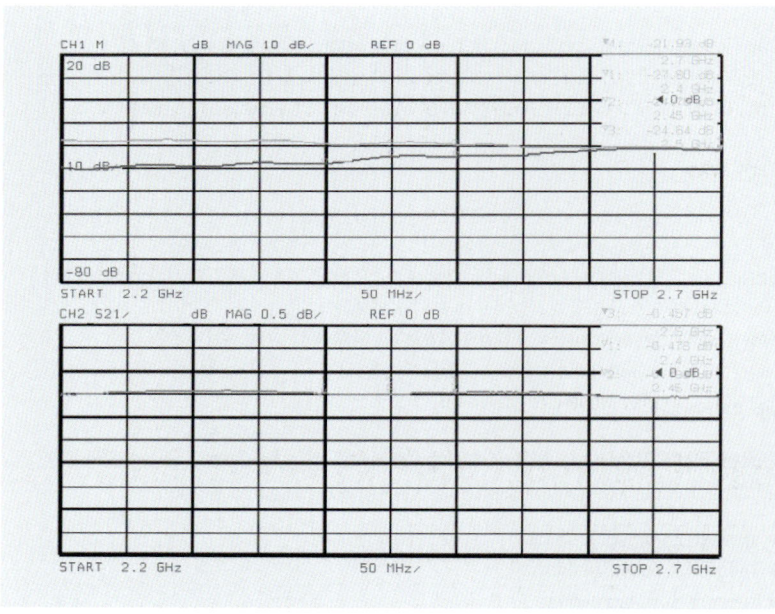

Abb. 3.209: Isolation und Einfügedämpfung des HWS-314 auf einem Evaluation-Board vermessen

Auswahl des Tiefpassfilters

Tiefpassfilter

Bei der Auswahl des geeigneten Tiefpassfilters spielen Kriterien wie Einfügedämpfung, Welligkeit, Flankensteilheit, Sperrdämpfung für den relevanten Frequenzbereich eine große Rolle.

In Frage kommt hier z.B. ein Multilayer-Chip-Keramikfilter wie z.B. das Tiefpassfilter WE-LPF 748 112 024 (Abbildung 3.210).

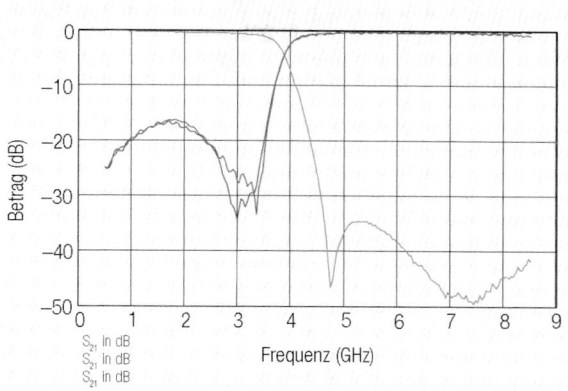

Abb. 3.210: Frequenzgang des Tiefpassfilters WE-LPF 748 112 024

Das Tiefpassfilter in Abbildung 3.210 ist zu empfehlen, wenn die Harmonischen $2 \cdot f_0$ und $3 \cdot f_0$, die durch den Verstärker produziert werden, in ihren Sendepegeln zu hoch sind, da genau bei diesen Frequenzen der Tiefpass ausgeprägte Polstellen hat.

Verstärker

Bei der HF-Zulassung werden verschiedene kabelgebundene Testfälle durchlaufen.

Dazu gehört z.B. der Out of Band Spurious Emissions Test. Die Messung der Out of Band Spurious erfolgt in einem Frequenzbereich von 30 MHz – 12,75 GHz. Dieser Bereich ist in vier Frequenzbänder aufgeteilt, in denen verschiedene Grenzwerte nicht überschritten werden dürfen. Die Messung besteht aus drei Teilmessungen: TX Mode, Idle Mode und RX Mode (Tabelle 3.48).

Frequenzbereich	TX Mode	Idle- und RX Mode
30 MHz–1 GHz	–36 dBm	–57 dBm
1–12,75 GHz	–30 dBm	–47 dBm
1,8–1,9 GHz	–47 dBm	–47 dBm
5,15–5,3 GHz	–47 dBm	–47 dBm

Tab. 3.48: Grenzwerte der Out of Band Spurious gemäß Bluetooth Spezifikation

Der Idle Mode und der RX Mode stellen in den meisten Fällen bei der Zulassung kein größeres Problem dar. Zwar generieren Taktleitungen, Quarze und DC/DC-Wandler Störsignale, welche jedoch mit einfachen Maßnahmen in den Griff zu bekommen sind.

Probleme bereiten vielmehr die Harmonischen $2 \cdot f_0$, $3 \cdot f_0$, ... $n \cdot f_0$ der Grundschwingung f_0, die überproportional ansteigen, wenn die Leistungsendstufe in der Sättigung betrieben wird. Bei der Auswahl der Endstufe sollte man diesbezüglich keine Kompro-

III Anwendungen

misse eingehen, sondern die Datenblätter der jeweiligen Endstufen genau vergleichen und auf dem Laborplatz vermessen.

Der Verstärker muss mindestens 23 dBm Ausgangsleistung zur Verfügung stellen, damit das Erreichen von 20 dBm Ausgangsleistung am Antennenfußpunkt der HF-Schaltung gewährleistet ist und somit die Einfügedämpfung (Insertion Loss) vom HF-Schalter, des Tiefpassfilters sowie die des Baluns kompensiert werden können (Abbildung 3.211).

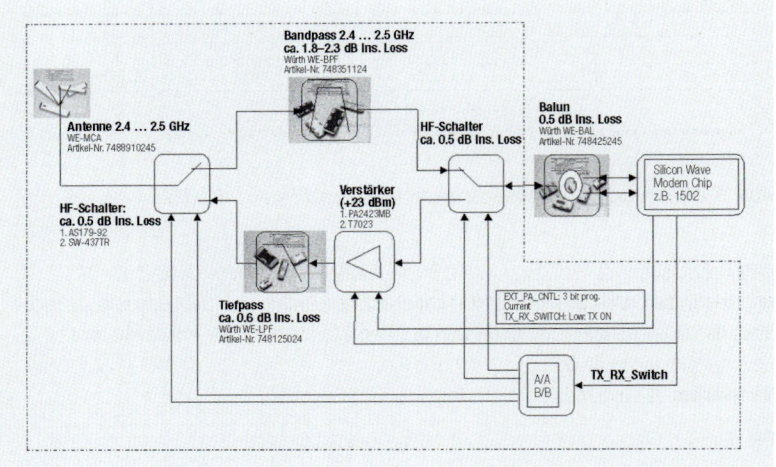

Abb. 3.211: Blockschaltbild einer diskreten 20 dBm Bluetooth Frontend Lösung

Entwickler finden in den Datenblättern der Hersteller, z.B. der Firma SiGe, (Abbildung 3.212) den jeweiligen minimalen Pegelunterschied in dB zwischen der n-ten Harmonischen und der Grundschwingung (Maßeinheit dBc: dB below carrier). Das heißt, wenn der Verstärker eine Ausgangsleistung von 23 dBm generiert und im Datenblatt für $2 \cdot f_0$ ein Wert von −25 dBc angegeben ist, hat die 2fache Harmonische einen Pegel von −2 dBm. Damit der Grenzwert von −30 dBm bei $2 \cdot f_0$ nicht überschritten wird, muss das Tiefpassfilter eine Dämpfung von mindestens 28 dB aufweisen.

Conditions: $V_{CC0} = V_{CC1} = V_{CC2} = V_{RAMP} = 3.3V$, $V_{CTL} = 3.3V$, $P_{IN} = +2$ dBm, $T_A = 25°C$, $f = 2.45$ GHz, Input and Output externally matched to 50Ω, unless otherwise noted.

Symbol	Note	Parameter	Min.	Typ.	Max	Unit
f_{L-U}	3	Frequency Range	2400		2500	MHz
P_{out}	1	Output Power @ $P_{IN} = +2$ dBm, $V_{CTL} = 3.3V$	21	22.7	23.5	dBm
	1	Output Power @ $P_{IN} = +2$ dBm, $V_{CTL} = 0.4V$		-20	0	dBm
ΔP_{temp}	3	Output Power variation over temperature (-40°C < T_A < +85°C)		1	2	dB
dP_{OUT}/dV_{CTL}	3	Control Voltage Sensitivity			120	dBmV
PAE		Power Added Efficiency at +22.5 dBm Output Power		45		%
G_{VAR}	3	Gain Variation over band (2400-2500 MHz)		0.7	1.0	dB
2f, 3f	3,4	Harmonics		-30	-25	dBc
$|S_{21}|_{OFF}$	1	Isolation in "OFF" State, $P_{IN} = +2$dBm, V_{RAMP} = logic low	20	25		dB
$|S_{12}|$	2	Reverse Isolation	32	42		dB
STAB	2	Stability ($P_{IN} = +2$dBm, Load VSWR = 6:1)	All non-harmonically related outputs less than -50 dBc			

Abb. 3.212: Auszug aus dem Datenblatt des Verstärkers PA 2423MB der Firma SiGe

Vereinzelt geben die Hersteller, wie z.B. die Firma SiGe, in ihren Datenblättern die Anforderungen, die ein Tiefpassfilter haben sollte, an. In deren Application Notes steht, dass das Filter mindestens 30 dB Dämpfung bei $2 \cdot f_0$ und $3 \cdot f_0$ aufweisen sollte. Es empfiehlt sich, die Dämpfung von Filtern zu vermessen, da einige Faktoren (wie beispielsweise Layout, Leiterplattentyp) die Eigenschaften beeinflussen.

11.2 Bluetooth® Transceiver mit integriertem GFSK Modem

Bluetooth® ist eine äußerst flexibel einsetzbare Übertragungstechnik für die drahtlose Sprach- und Datenverbindung. Dieser neue Standard vereinfacht stark die Vernetzung von datentechnischen Komponenten und auch vor dem Mobilfunksektor macht Bluetooth® nicht Halt. Weitere Einsatzgebiete sind PC-Peripherie, digitale Kameras, elektronisches Spielzeug usw. Bluetooth® hat eine nur geringe Reichweite, zeichnet sich aber durch Vorteile wie Robustheit, niedrige Komplexität und geringe Kosten aus. Bluetooth® arbeitet im lizenzfreien ISM-Band um 2,4 GHz. In den USA und in Europa wird ein Frequenzband von 83,5 MHz mit 79 Kanälen zur Verfügung gestellt, eine Ausnahme sind Japan, Spanien und Frankreich, die lediglich 23 Kanäle bereitstellen (Tabelle 3.49).

ISM-Band

Land	Frequenzbereich	Frequenzbereich der Kanäle	Anzahl der Kanäle
Europa	2400,0–2483,5 MHz	f = 2402 + k MHz	k = 0…78
Japan	2471,0–2497,0 MHz	f = 2473 + k MHz	k = 0…22
Spanien	2445,0–2475,0 MHz	f = 2449 + k MHz	k = 0…22
Frankreich	2446,5–2483,5 MHz	f = 2454 + k MHz	k = 0…22

Tab. 3.49: Übersicht der verfügbaren Bluetooth® Frequenzbereiche in verschiedenen Ländern

III Anwendungen

Der Transceiver beinhaltet ein Kanalsprungverfahren das automatisch bei zu starken Interferenzen oder Fading den Sende- und den Empfangskanal wechselt. Die Datenübertragungsrate beträgt 1 Ms/sek vollduplex. Bluetooth® wird als „add on" in vielen Applikationen eingesetzt, z.B. als Einsteckbaugruppe – ähnlich der RAM-Module – in ein Notebook. Deshalb stellen Chiphersteller hochintegrierte Bausteine zur Verfügung, die die meisten Funktionen des Übertragungsverfahrens bereits beinhalten. Trotzdem muss sich der Entwickler bewusst sein, dass Mikrowellentechnik und Digitaltechnik auf engstem Raum aufeinander treffen. Beispielsweise enthält der Baustein SiW1501 von Silicon Wave einen 2,4 GHz-Transceiver und ein GFSK-Modem mit digitaler Modulation, Kanalfilterung und AFC.

Abbildung 3.213 zeigt das Schaltbild des Transceiver-Modems. Die Entkopplung von Digital- und HF-Teil sowie die Entkopplung der Funktionsblöcke von der Spannungsversorgung sind hier funktionsentscheidend.

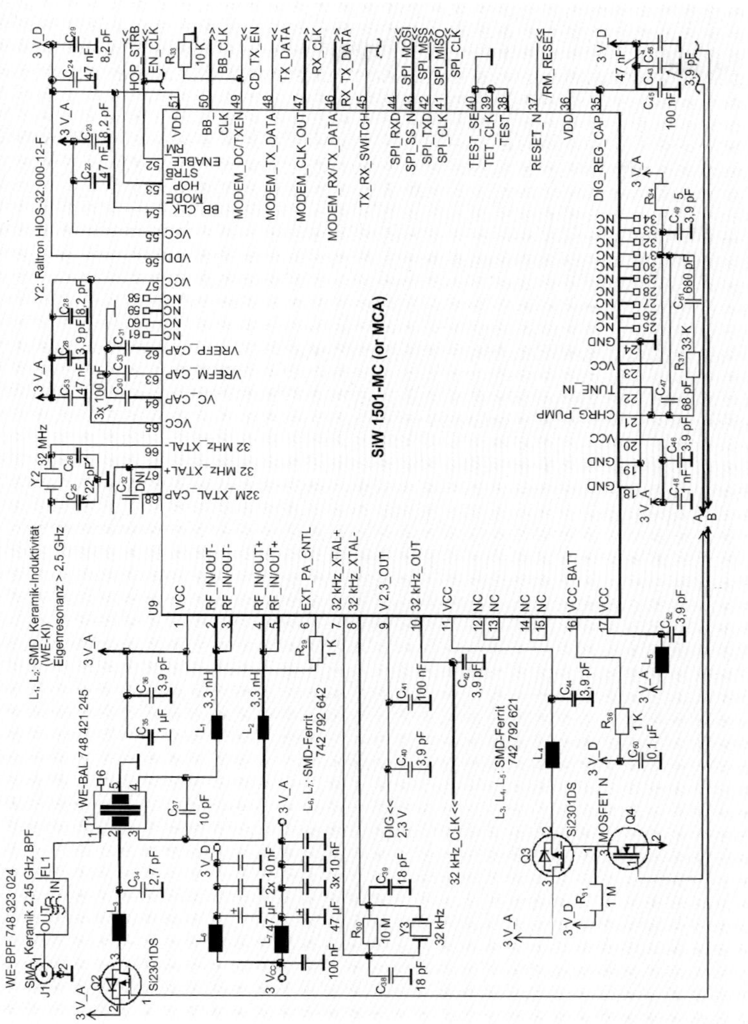

Abb. 3.213: Schaltungsbeispiel des Bluetooth® Transceiver-Modems (nach Silicon Wave)

Aufbauhinweise

Folgend einige Aufbauhinweise: Alle Filterkondensatoren zur Abblockung der individuellen Versorgungsspannungen müssen unmittelbar an den IC-Pins platziert werden. Digital- und Analogteil müssen layouttechnisch getrennt werden. Digitale und analoge Leiterbahnen dürfen nicht eng parallel geroutet werden. Der Hochfrequenzpfad mit FL_1, T_1 und L_1/L_2 ist separat zu verlegen und zu schirmen. Die Masselage der Baugruppe muss durchgehend sein, im Bereich des Hochfrequenzpfades sollten Durchkontaktierungen vermieden werden. Die Versorgungslage muss gesplittet werden. 3V_D und 3V_A werden als getrennte Inseln aufgebaut. Niederkapazitive Abblockkondensatoren (< 25 pF) müssen masseseitig mit zwei Durchkontaktierungen versehen werden um

III Anwendungen

parasitäre Induktivitäten gering zu halten. Der HF-Eingangspfad muss entsprechend der Eingangsimpedanz der $R_{FIN/OUT}$-Eingänge ($(40 + j90)\,\Omega$) angepasst werden.

Entsprechend des Leiterplattenmaterials müssen Leiterbahnbreite und Leiterbahnabstand angepasst werden. Die HF-Drosseln L_1 und L_2 sind keine Standardbauteile. Die Eigenresonanz dieser Bauelemente muss bei $L = 3{,}3$ nH über 2,5 GHz liegen, dass erfordert eine minimale parasitäre Kapazität. Die Drosseln L_3–L_7 sind SMD-Ferrite, die mit den jeweils nachgeschalteten Kondensatoren eine hochfrequente Entkopplung der jeweiligen Funktionskreise gewährleisten.

11.3 Funktionsweise eines WLAN-Moduls

Ein WLAN Modul besteht aus zahlreichen einzelnen Funktionsblöcken, in Abbildung 3.214 is ein Blockschaltbild dargestellt. Der Media Access Controller (MAC) ist für die funktionale Steuerung zuständig. Im Basisband (BB) erfolgt nach der Aufteilung der Daten in ein I und ein Q Signal, die digitale Spreizung der Nutzdaten. Schließlich wird das Signal im Transceiver (TRX) moduliert und nach einer Aufbereitung im Hochfrequenz Ein-/ Ausgang (RF I/O) durch die Antenne abgestrahlt. Der Empfangsweg erfolgt analog dazu nach dem gleichen Prinzip.

Das Blockschaltbild zeigt den Aufbau eines Direct Sequence Spread Spectrum (DSSS) WLAN Moduls. Während der MAC, BB und der TRX in einem oder mehreren Chips untergebracht sind, handelt es sich beim RF I/O meist um einzelne Komponenten.

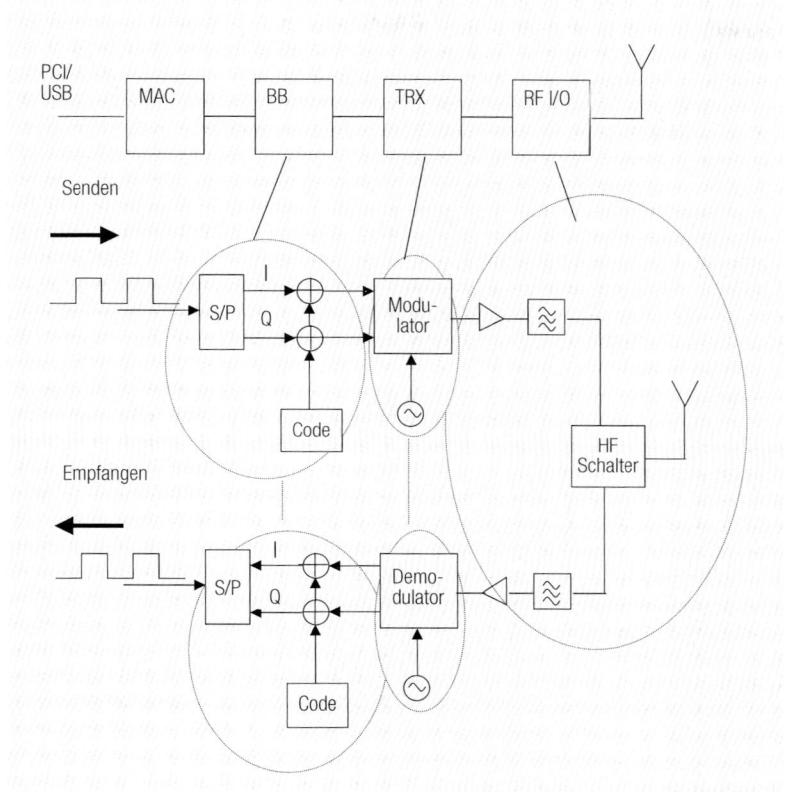

Abb. 3.214: Blockschaltbild eines WLAN-Moduls

Der Hochfrequenz Ein-/Ausgangsbereich (RF I/O) besteht im Sendepfad aus einer Endstufe (PA) mit einem nachgeschalteten Tiefpassfilter (LPF), das Blockschaltbild zeigt Abbildung 3.215. Danach wird das Signal über den Hochfrequenzschalter (RF Switch) an die Antenne geführt und abgestrahlt. WLAN arbeitet im Semi-Duplex Betrieb, d.h. es wird zwischen Senden und Empfangen per Schalter gewechselt. Im Empfangsfall wird das Signal nach dem Bandpassfilter durch den HF-Balun transformiert. Danach wird es vom Eingangsverstärker (Low Noise Amplifier) aufbereitet.

III Anwendungen

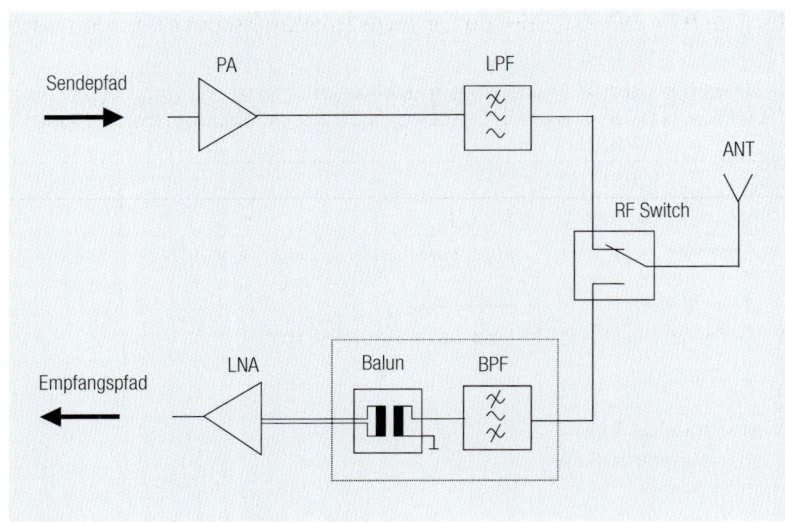

Abb. 3.215: Blockschaltbild des WLAN RF I/O

Um das Empfangsverhalten zu verbessern, gibt es zusätzlich Möglichkeiten zur Beseitigung des negativen Einflusses von Mehrwegeausbreitung. Mit Hilfe einer zweiten Antenne (Antenna Diversity), eines zusätzlichen Empfangspfades (Dual RX) oder einer digitalen Aufbereitung im Basisband (Rake Receiver) kann so die Reichweite verbessert werden.

Anforderungen an die HF-Bauteile

Tiefpassfilter

Tiefpassfilter am Ausgang

Das Tiefpassfilter am Ausgang ist notwendig, um die Vorgaben der ETSI-Normen einhalten zu können. So muss die 1. harmonische Oberschwingung bei 4,8 GHz kleiner als −30 dBm sein (Abbildung 3.216). Dabei kann das Nutzsignal bei 2,4 GHz bis zu +20 dBm betragen. Daraus ergibt sich eine Differenz von 50 dB. Vom Filter werden 25 dB gedämpft, die restlichen 25 dB werden von der Endstufe unterdrückt.

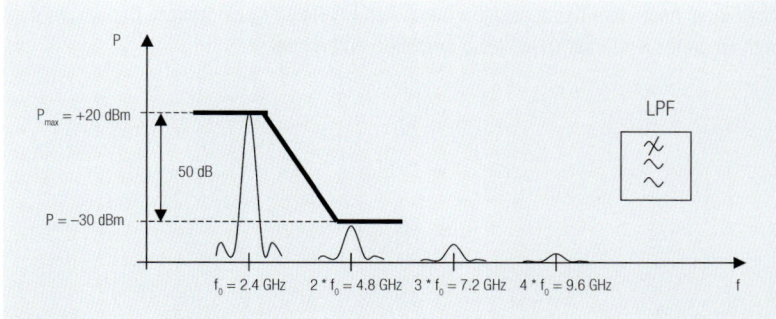

Abb. 3.216: Tiefpass-Filterfrequenzgang für die Anforderungen nach den ETSI-Normen

Nach der Norm EN 300328 sind die Grenzwerte für Störemissionen des Senders wie in folgender Tabelle (3.49) gelistet:

Frequenzbereich	Übertragungsgrenzwert
30 MHz bis 1 GHz	−36 dBm
1 bis 12,75 GHz	−30 dBm
1,8 bis 1,9 GHz/5,15 bis 5,3 GHz	−47 dBm

Tab. 3.50: Grenzwerte für Spurious Emissions des Senders aus EN 300328

Grenzwerte für Spurious Emissions

Bei der Angabe in dBm ist die Leistung auf 1 mW bezogen.

Beispiele:
0 dBm entspricht 1 mW
10 dBm entspricht 10 mW

Die Umrechnung ist:

$$P[dBm] = 10 \log \frac{P}{1\,mW} \qquad (3.251)$$

Die Einfügedämpfung S21 sollte im Nutzfrequenzbereich möglichst gering, z.B. 0,5 dB und die Rückflussdämpfung S11 sollte in dem Bereich möglichst gut, z.B. −14 dB, sein. Die Selektivität muss ausreichen, um die von der Endstufe erzeugte erste harmonische Schwingung bei 4,8 GHz ausreichend zu dämpfen. So sind, wie im obigen Beispiel 25 dB Filterdämpfung ausreichend, falls die Endstufe selbst die harmonische um −25 dBc (Maßeinheit dBc: dB below carrier) unterhalb der Ausgangsleistung des Nutzsignals hält. Das Filter WE-LPF 748 112 024, dessen Frequenzgang in Abbildung 3.217 dargestellt ist, erfüllt diese Werte.

III Anwendungen

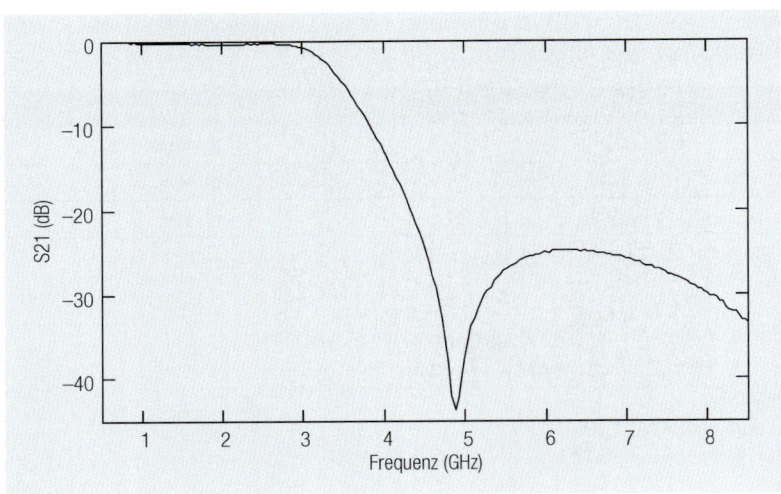

Abb. 3.217: Einfügedämpfung S21(f) für das Tiefpassfilter WE-LPF 748 112 024

Die Endstufe (PA) wird durch eine Blechhaube abgeschirmt. Das LPF ist in der Nähe des Ausgangs platziert, um dort ein gutes Signal zu garantieren. Das Schaltbild und einen Layoutauszug für die Implementierung des Filters sind in Abbildung 3.218 und Abbildung 3.219 gezeigt.

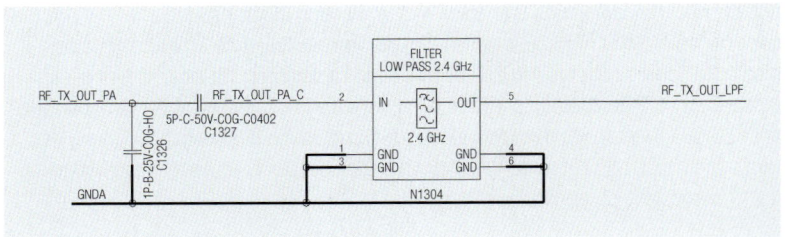

Abb. 3.218: Schaltbild des Filters WE-LPF 748 112 024

Layout

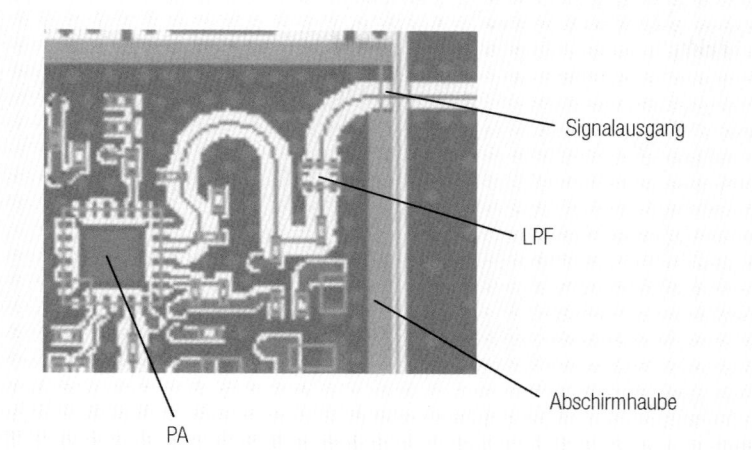

Abb. 3.219: Layout des Tiefpassfilters WE-LPF 748 112 024

Das Bandpassfilter im Eingangspfad

Bandpassfilter

Das Bandpassfilter ist wichtig, um die Blockierung des Empfängers zu vermeiden. Der rauscharme Eingangsverstärker (LNA) weist eine sehr hohe Empfindlichkeit von typisch −80 dBm auf. Funksignale in benachbarten Frequenzbändern können auch vom LNA verstärkt werden. Werden diese zu groß, wird das Nutzsignal geblockt. So könnte z.B. ein Mobiltelefon, das bei 1,8 GHz arbeitet und mit −50 dBm empfangen wird, ein WLAN Nutzsignal von −70 dBm blockieren (Abbildung 3.220). Blockierung bedeutet, dass die Verstärkung für das Nutzsignal sinkt, weil das größere Störsignal verstärkt wird.

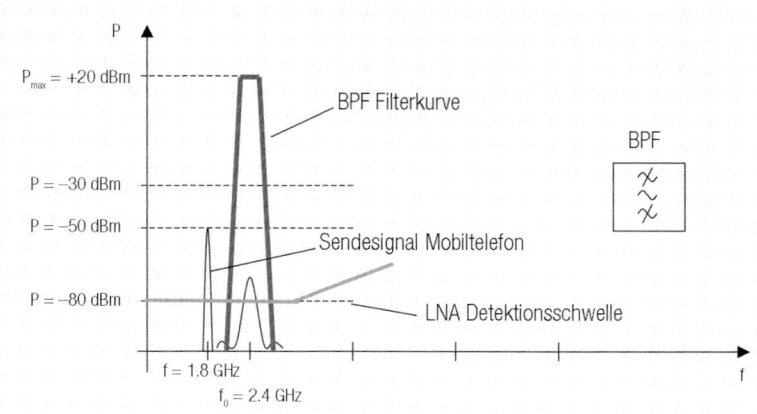

Abb. 3.220: Bandpass-Filterfrequenzgang, Darstellung der Dämpfung von Störern in benachbarten Frequenzbereichen

III Anwendungen

Wenn wie in Abbildung 3.221 das Störsignal zu hoch ist, liegt am Ausgang des LNA's das Nutzsignal unter der Detektionsschwelle des Eingangspfads.

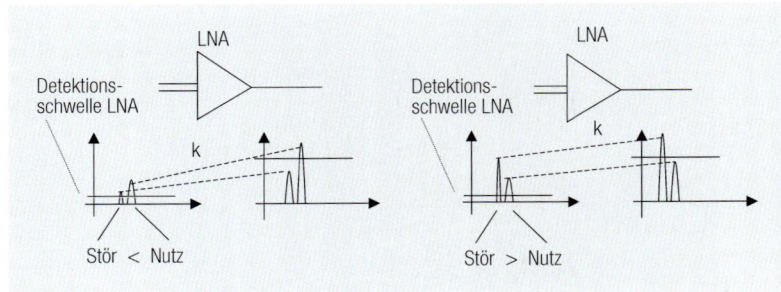

Abb. 3.221: Übersteuerung LNA durch Störpegel (π)

Auswahl des Bandpassfilters

Die Einfügedämpfung S21 sollte im Nutzfrequenzbereich möglichst gering und die Rückflussdämpfung S11 möglichst gut z.B. −14 dB sein. An die Selektivität werden hohe Anforderungen gestellt. Sie muss ausreichen, um schon ein Mobiltelefon bei 1,9 GHz herauszufiltern. So erfüllt z.B. 30 dB Dämpfung bei 1,9 GHz diese Anforderung.

Die Empfangstufe wird durch eine Blechhaube abgeschirmt. Das Bandpassfilter BPF ist in der Nähe des Eingangs platziert, um die Störungen sobald wie möglich zu unterdrücken (Abbildung 3.222).

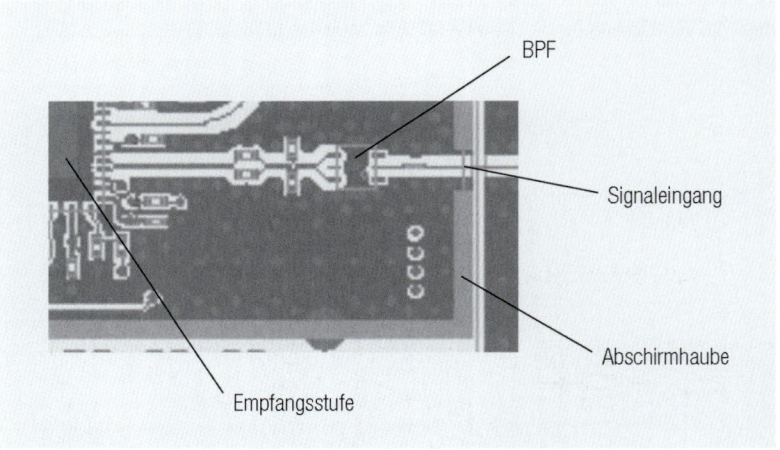

Abb. 3.222: Layout des Bandpassfilters, Platzierung Nahe dem Eingang

Der Balun im Empfangspfad

Die differentielle Signalübertragung wird schon lange Zeit bei niederfrequenten Schaltungen eingesetzt. Damit wird eine geringere Störanfälligkeit erreicht, was sich vor allem bei kleinem Nutzsignal als vorteilhaft erweist. Der Balun transformiert ein auf

Masse bezogenes Signal in ein symmetrisches zwischen zwei Leitungen bezogenes Signal (Abbildung 3.223). Ein Störsignal ist in der Regel nicht differentiell und wird somit als Common Mode Signal unterdrückt.

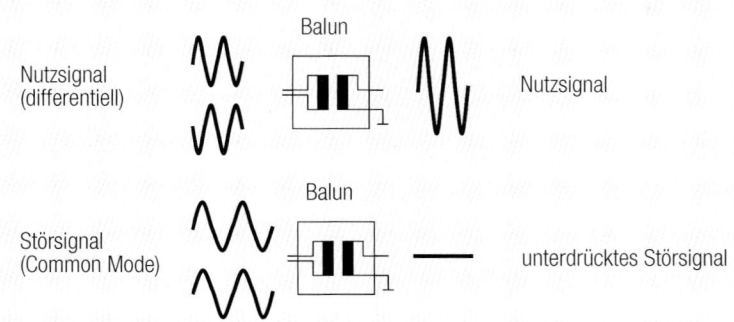

Abb. 3.223: Wirkung des Baluns, bezogen auf differentielle und gleichgetaktete Signale

11.4 VHF/UHF-Breitbandverstärker

Als Verstärker wird ein integrierter Baustein des Herstellers Mini-Circuits eingesetzt. Das Schaltbild in Abbildung 3.224 zeigt den Verstärker mit einer systeminternen Stromversorgung. In der Schaltung nach Abbildung 3.226 wird der Verstärker über eine Phantomspeisung, d.h. das signalführende Kabel, ferngespeist.

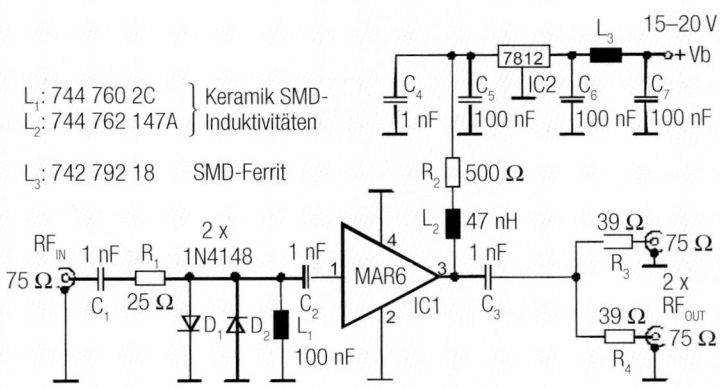

Abb. 3.224: Schaltbild des VHF/UHF-Verstärkers

III Anwendungen

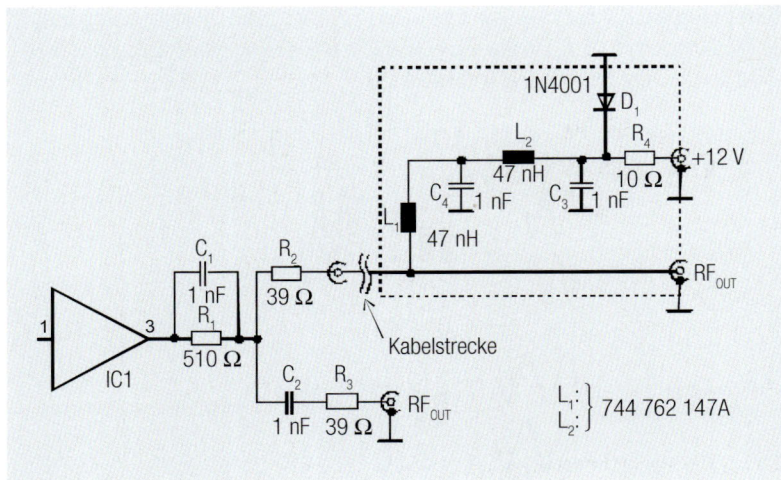

Abb. 3.225: Ergänzung für Phantomspeisung (Fernspeisung)

Reflexionen

Da der IC eine Eingangsimpedanz von 50 Ω hat, wird durch R1 die Eingangsimpedanz auf 75 Ω erhöht um Reflexionen zu vermeiden. C_1 und C_2 blocken Gleichspannungen ab, C_2 den gleichspannungsführenden Eingang von IC1 und C_1 eventuelle Fernspeisungsspannungen. D_1 und D_2 schützen den Eingang vor Spannungsspitzen, bei zu großer kapazitiver Last der Dioden 1N4148 kann auf kapazitätsarme Shottky Dioden (z.B.: HP 1800) ausgewichen werden. L_1 verhindert niederfrequente Störungseinkoppelungen im Kurzwellenbereich und darunter. Sollen Frequenzen im Bereich von 30–100 MHz mit verstärkt werden, muss der Wert für L_1 auf 220 nH (WE-KI 744 760 222C) erhöht werden, man erreicht dann jedoch bei 850 MHz die Eigenresonanzfrequenz der Drossel.

C_3 entkoppelt den Verstärkerausgang gleichspannungsmäßig, R_3 und R_4 teilen das HF-Signal auf, d.h. es können zwei Lasten versorgt werden. Die Spannungsversorgung des Verstärkers wird mit IC2, einem Standard-Spannungsregler 7812 geregelt, über R_2 und L_2 wird die Spannung in den HF-Verstärker eingekoppelt. L_2 ist unkritisch und soll lediglich den Ausgang HF-mäßig entkoppeln, über R_2 wird der Gleichstrom und damit der Arbeitspunkt von IC1 eingestellt. Die Kondensatoren C_4 und C_5 sind zur Abblockung der Versorgungsspannung am IC2. C_6, C_7 und L_3 entkoppeln die Schaltung hochfrequent.

Layout

Beim Layout ist auf HF-gerechten Aufbau zu achten. Die Anschlüsse 2 und 4 des IC1 müssen unmittelbar auf Masse gelötet werden, Ein- und Ausgang des Verstärkers sind voneinander getrennt zu halten um Rückkopplung und damit Schwingneigung zu vermeiden. Alle HF-führenden Komponenten (C_1, R_1, C_2 usw.) müssen in SMD-Ausführung mit höchstens 3–5 mm Leiterbahnlänge auf eine zweilagige Baugruppe platziert

Bezugsmasse

werden. Eine durchgehende Lage darf ausschließlich für die Bezugsmasse verwendet werden, die andere ist die Signallage (Abbildung 3.226).

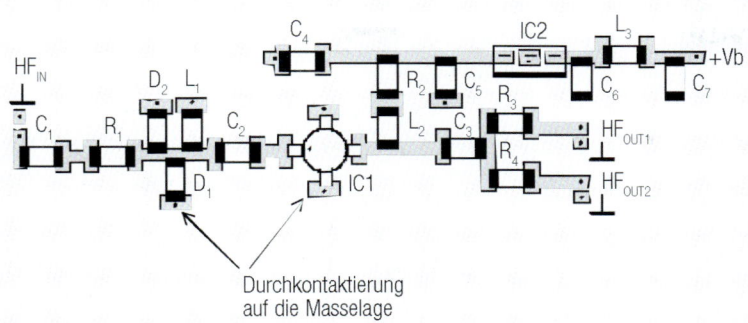

Abb. 3.226: Layout des VHF/UHF-Verstärkers nach Abbildung 3.223

Fernspeisung

Soll der Verstärker ferngespeist werden, muss die Schaltung, wie in Abbildung 3.225 angegeben, geändert werden.

C_2 entkoppelt die Gleichspannung, C_1 schließt wechselspannungsmäßig den Arbeitswiderstand R_1 kurz. Das Filter L_1, L_2 mit C_3 und C_4 entkoppelt die Versorgungsspannung. Das Filter ist getrennt vom Verstärker, z.B.: am Empfänger platziert – deshalb Fernspeisung, das hochfrequente Nutzsignal und die Versorgungsspannung werden über das gleiche 75 Ω-Koaxialkabel geführt. R_4 und D_1 sind lediglich ein Verpolschutz, zur Versorgungsspannung kann ein handelsübliches 12 V Steckernetzteil Verwendung finden

Verpolschutz

11.5 Antennensysteme

Antennendesign erfordert geeignete Testgeräte und Know-how, um optimale Leistung zu erhalten. Sollte der Entwickler weder die Erfahrung noch die geeigneten Testgeräte zur Verfügung haben, wird dringend empfohlen, professionelle Unterstützung von Dienstleistungsunternehmen zu suchen, die auf die Entwicklung und Platzierung von Antennen spezialisiert sind.

Die Antenne und das HF-Layout sind in einem System, das elektromagnetische Strahlung sendet und empfängt, die kritischen Komponenten. Die Funkreichweite, die ein Anwender mit einer begrenzten Energiequelle, wie einem kleinen Akku aus einem Produkt herausholt, hängt stark vom Antennendesign, dem Gehäuse und einem guten Leiterplattenlayout ab. Es ist nicht ungewöhnlich, dass die HF-Performance für Schaltungen, die das gleiche Chipset und die gleiche Leistung, aber ein anderes Layout und eine anderes Antennendesign verwenden, stark variieren.

Folgend werden Praxis-Tips, Layout-Richtlinien und ein Antennen-Abstimm-Verfahren beschrieben, um eine gute HF-Performance zu erzielen. Dazu gehören auch allgemeine Überlegungen wie Layout für HF-Leiterzüge, Netzteilentkopplung, Durchkontaktierungen, PCB-Stackup und die Antennenerdung. Ein weiterer wichtiger Punk im Design ist die Auswahl von HF-Bauelementen, wie Induktivitäten und Kondensatoren.

III Anwendungen

Wichtige Komponenten des Übertragungssystems

Abbildung 3.227 zeigt die kritischen Komponenten eines drahtlosen Übertragungssystems, sowohl am Sender (TX) als auch am Empfänger (RX).

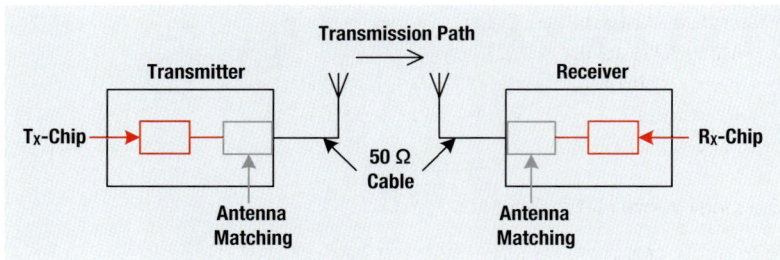

Abb. 3.227: Komponenten eines typischen „Short-Range" Wireless Systems

Die kritischen Komponenten sind:

- die Antenne
- die Zuleitung incl. der Steckkontakte zur Leiterplatte
- das Anpassungsnetzwerk
- die Zuleitung vom Anpassungsnetzwerk zum TX- bzw. RX-Chip

In der Praxis haben die meisten Produkte einen Sende- und einen Empfangsteil, den Transceiver-Chip. Das heißt natürlich auch, dass die Antennenanpassung, Zuleitungen und die Antenne selbst sowohl für den Sendebetrieb, als auch für den Empfangsbetrieb genutzt werden. Der Empfängerbaustein hat im Allgemeinen eine hohe Dynamik und eine 3–4 dB geringere Empfindlichkeit der Antenne oder Verluste wegen Fehlanpassung können durch eine Verstärkungsnachregelung kompensiert werden. Kritisch ist jedoch der Sendebetrieb eines Systems, da, 3 dB weniger Empfindlichkeit der Antenne oder 3 dB höhere Verluste auf der Strecke zwischen Sendeendstufe und Antenne eine doppelt so hohe Leistung des Senders erfordern. Das wird zwangsläufig, sofern der Tx-Chip die Sendeleistung erzeugen kann, zu hoher Stromaufnahme und schneller Entladung der Batterie führen.

Eine gut ausgelegte Antenne gewährleistet eine optimale Reichweite des Wireless-Produkts. Je mehr Leistung es übertragen kann, desto größer ist die Entfernung, die es für eine gegebene Paketfehlerrate (PER) und Empfängerempfindlichkeit abdecken kann. Ebenso kann ein gut abgestimmtes System auf der Empfängerseite mit minimaler Empfangsfeldstärke arbeiten. Der gesamte Pfad, bestehend aus dem Layout, mit dem zugehörigen Anpassungsnetzwerk, den Steckverbindern und der Antenne muss richtig entworfen sein, um sicherzustellen, dass die meiste Energie vom Transceiver-Baustein abgestrahlt wird und das umgekehrt die meiste an der Antenne empfangene Energie den Transceiver-Baustein erreicht. Der Markt bietet heute eine Vielzahl von Antennen und es ist auf den ersten Blick schwer, die richtige Antenne, passend zum System, zu finden. Es gibt eine Anzahl von Parametern, die bei der Auswahl der passenden Antenne zu beachten sind:

- Position der Antenne am/im System
- Größe der Masselage, für ¼ λ – Antennen (¼ λ – Monopol)
- Antennen-Anpassung zum System
- Einstreuefekte auf der Leiterplatte von der Antenne
- Anwendungsbereich, Umgebung des Kommunikationssystems
- Gewinncharakteristik der Antenne, Effizienz der Antenne
- Bandbreite der Antenne

Die meist verwendeten Antennen Typen:

Entsprechend der oben genannten Parameter kann die zum System passende Antenne ausgewählt werden. Es sei hier darauf hingewiesen, dass normalerweise vom Hersteller des Transceiver-Chips, bzw. des Kommunikationsmoduls, in der Spezifikation die passenden Antennen angegeben werden. So kann sichergestellt werden, dass unter Beachtung der Applikation die entsprechenden normativen Anforderungen im Rahmen der RED – Richtlinie 2014/53/EU eingehalten werden. Werden andere Antennen eingesetzt, oder wird vom empfohlenen Aufbau abgewichen, sind andere HF-Eigenschaften zu erwarten. Folgend eine kurze Erklärung der am häufigsten eingesetzten Antennen.

a) ¼ λ-Monopol

Ein ¼ λ-Monopol hat einen relativ hohen Gewinn und eine hohe Stabilität, hat ein isotropes Abstrahlmuster, eine große Bandbreite, ist billig und einfach zu gestalten.

Da ein Vollwellen- oder sogar ein Halbwellen-Monopol im Allgemeinen zu lang ist, sind die meisten Monopole auf ein 1/4 der Wellenlänge abgestimmt. Der Monopol beruht auf der „Spiegelung" des halben Dipols: Wenn ein Zweig der Dipolantenne durch eine unendlich große Grundfläche ersetzt wird, bleibt das Strahlungsmuster über der Grundfläche wegen der Spiegelung unbeeinträchtigt und liefert praktisch die gleiche Leistung wie ein ganzer Halbwellendipol. Voraussetzung für diese Funktion ist also eine genügend große Massefläche, die den Dipolteil spiegelbildlich abbilden kann. Abbildung 3.228 veranschaulicht die elektrische, spiegelbildliche Darstellung des ¼ λ – Monopols.

III Anwendungen

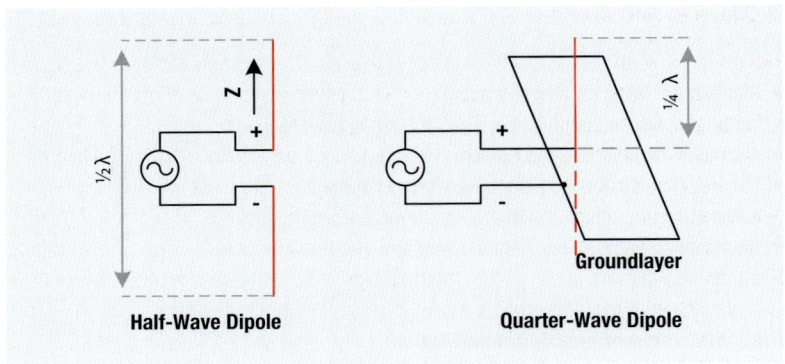

Abb. 3.228: ¼ λ-Monopol über Leitender Ebene (Masselage)

b) Helical- bzw. Wendel-Antenne

Eine Helical- oder Wendelantenne ist eine lang gezogene Drahtspule, die üblicherweise aus Kupfer, Messingoder Stahl gewickelt ist, oder sogar auf eine Leiterplatte aufgebracht werden kann. Verglichen mit dem Monopol, der im Wesentlichen eine zweidimensionale Struktur ist, ist die Wendelantenne eine dreidimensionale Struktur, ist aber nichts anderes als eine „kürzere Viertelwellen-Antenne". Sein Strahlungsmuster ist dem Monopol ähnlich. Eine Wendelantenne reduziert die Länge der Antenne und das ist wichtig bei niedrigeren Frequenzen (größerer Wellenlänge). Diese Reduktion hat jedoch einen Nachteil, da eine Wendelantenne einen höheren Q-Faktor hat, d.h. eine höhere Güte, ist seine Bandbreite schmaler und sein Gewinn ist grundsätzlich niedriger als der eines normalen ¼ λ-Monopols. Ein Vorteil der Wendelantenne ist, dass der spiralförmige Aufbau verteilte Kapazitäten zwischen den Windungen hat. Die verteilten Kapazitäten der Antenne wirken als ein Impedanzanpassungsabschnitt, der den Effekt von Massekopplungen verringert. Abbildung 3.229 zeigt ein Beispiel einer typischen Wendelantenne.

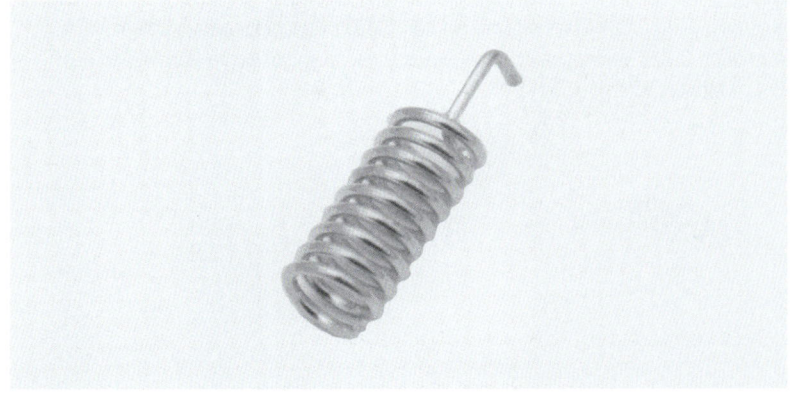

Abb. 3.229: Typische Wendelantenne, hier als Beispiel für den 868 MHz-Bereich

c) Chip, oder SMD-Antenne

Keramische Chip-Antennen bieten mehrere Vorteile. Sie sind klein und es gibt eine große Auswahl verschiedener Konfigurationen. Sie sind nicht so empfindlich gegen elektromagnetische Einflüsse benachbarter Komponenten. Änderungen am Platinen-Design oder Layout lassen sich leicht ohne Simulation vornehmen. Die Keramikchipantenne kann leichter abgestimmt, oder sogar ersetzt werden. Die Chip-Antenne ist eine Komponente, die nach Abschluss der Entwurfsphase auf das Board integriert wird. Das ermöglicht während der Entwicklung eine größere Flexibilität bei der Abstimmung. Die SMD-Ausführung der Chip-Antennen ermöglicht es, sie leicht zu entfernen und auszutauschen, um schnelle Hardware-Modifikationen zu ermöglichen.

Chip-Antennen oder dielektrische Resonatorantennen arbeiten durch Erzeugen einer stehenden Welle eines elektrischen Feldes bei einer gegebenen Frequenz. Technisch handelt es sich um einen Hohlraumresonator, bei dem der Hohlraum zwischen den leitfähigen Oberflächen durch den Keramikkern ausgefüllt ist. Der tatsächliche Schwingungsmodus wird durch die Geometrie der Antenne definiert.

Im einfachsten Fall besteht die Geometrie aus zwei parallelen Platten, im Abstand von $\lambda/\sqrt{\varepsilon}$, wobei ε die Dielektrizitätskonstante der Keramik ist. Der Vorteil besteht darin, dass die stehende Welle in der Chipantenne innerhalb des Antennenkörpers mit hoher Permittivitätskonstante erzeugt wird. Dies bringt zwei wesentliche Vorteile. Zum einen reduziert die hohe Permittivität die Größe der Antenne und zum anderen werden die herkömmlichen Metallstrukturen mit steigender Frequenz immer verlustreicher (Skin- und Proximity Effekte), dielektrische Resonatoren leiden nicht unter diesen Phänomenen. Aufgrund dieser Eigenschaften werden Chipantennen häufig in mobilen und hochfrequenten Anwendungen wie GPS oder 2,4 GHz-Funkgeräten eingesetzt. Abbildung 3.230 zeigt verschiedene WE-MCA Multilayer Chipp Antennen.

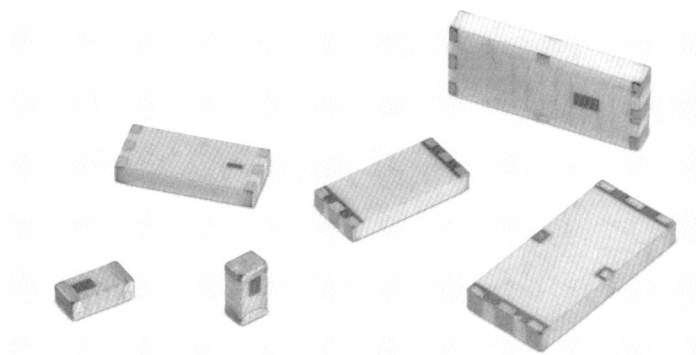

Abb. 3.230: Verschiedene WE-MCA Multilayer Chipp Antennen

III Anwendungen

d) PCB Antenne, oder Antenne auf der Leiterplatte

Die PCB-Antenne ist nichts anderes als eine „spezielle" ¼-Monopol-Antenne, bei der die Antennenstruktur als Leiterbahn auf einer Leiterplatte (PCB) realisiert ist. Eine PCB-Antenne ist stabil, reproduzierbar, einfach zu fertigen und nutzt die vorhandene Platine.

Eine Übersicht der verschiedenen Antennentypen ist in Tabelle 1 dargestellt.

Antennentyp	Vorteil	Nachteil
Monopol-, Wendel-Antenne	• Gute Performance • Kurze Entwicklungszeit • Billig (gelötet, ohne Stecker)	• Langer Draht, schwer in Design implementierbar • kann verbogen werden
Struktur auf Leiterplatte (PCB)	• Sehr Billig • Hohe Perform. bei 868 MHz • Klein bei hohen Frequenzen • Standarddesigns verfügbar	• Schwieriges Design < 433 MHz • Niedrige Perform. < 433 MHz • Generell große Struktur für niedrige Frequenzen
Chip-Antenne	• Sehr klein • Sehr kurze Entwicklungszeit	• Mittlere Performance • teurer verglichen mit anderen Systemen

Tab. 3.51: Übersicht verschiedener gebräuchlicher Antennentypen

Die meisten Antennentypen wie der Monopol, die Wendelantenne oder die Leiterplattenstruktur sind unsymmetrische Antennen (unbalanced). Solche Antennen haben dementsprechend einen unsymmetrischen Signalanschluss, der seinen Bezugspunkt zur Masse des Systems, bzw. des Gehäuses hat. Die charakteristische Impedanz ist in der Regel 50 Ω. Manche HF-Controller, bzw. Transceiver haben einen differentiellen Eingang/Ausgang, dann ist es notwendig, einen Transformator (Balun) zwischenzuschalten, der es ermöglicht das symmetrische Interface in ein unsymmetrisches zu transformieren. Solche Baluns sind z.B. die WE-BAL Multilayer Chip Balun – Serie, dessen Bild und Anschluss-Schema ist in Abbildung 3.231 gezeigt.

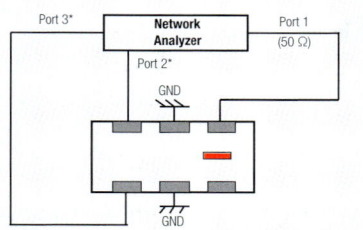

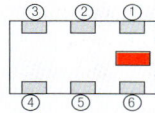

Abb. 3.231: WE-BAL Multilayer Chip Baluns

Maximale Übertragungsleistung

Die maximale Leistung wird dann übertragen, wenn die Impedanz der Quelle gleich der Impedanz der Last ist. Das heißt, dass für den Fall der Übertragungsstrecke nach Abbildung 3.227 links der Transmitter mit seiner Impedanz Z_T die Quelle ist, der eine Leiterbahn mit einer Impedanz Z_L speist. Diese wiederum überträgt die Leistung (über das Anpassnetzwerk) an die Antenne mit der Impedanz Z_A. Die maximale Leistung wird also dann übertragen, wenn alle Impedanzen den gleichen Wert haben. Bei nicht idealer Anpassung, wird ein Signal mit der Amplitude V_{IN} vom Transceiver in die Leiterbahn gesendet und nur ein Teil des Signals wird an der Antenne ankommen. Der Rest wird an den Übergängen, zum einen zwischen Quelle und Leitung und zum anderen zwischen Leitung und Antenne, reflektiert werden.

Daraus gibt sich ein Parameter zur Darstellung der Anpassung, der sog. Reflexionskoeffizient, oder Reflexionsfaktor. Der Faktor ist eine vektorielle Größe und berechnet sich durch das Amplitudenverhältnis zwischen reflektierter und übertragener Spannung:

$$\Gamma = \frac{V_{REFL}}{V_{IN}} \qquad RF_{dB} = 10 \log_{10} |\Gamma^2| \, [dB] \qquad (3.252)$$

Der Reflexionskoeffizient ist 0, wenn die Impedanz der Übertragungsleitung gleich der komplex konjugierten der Quellimpedanz der Antennenimpedanz ist, woraus folgt, dass die imaginären Anteile der Impedanz sich aufheben und reelle Anpassung herrscht (→ $Z = a + jb$ und $Z = a - jb$). Das heißt, wenn $Z_T = Z_L = Z_A$, dann ist das System perfekt angepasst.

III Anwendungen

Ein weiterer Begriff in der Antennenwelt ist das Stehwellenverhältnis, oder VSWR (Voltage Standing Wave Ratio):

$$VSWR = \frac{U_{max}}{U_{min}} = \frac{1+|\Gamma|}{1-|\Gamma|} \qquad (3.253)$$

Das Verhältnis von reflektierter zur übertragenen Leistung ist die Reflexionsdämpfung, die angibt, wieviele dB die reflektierte Leistung geringer ist, als die übertragene. Die Berechnung ergibt sich mit:

$$R_{L,dB} = 10 \log_{10} \frac{P_{IN}}{P_{REFL}} = -20 \log_{10} |\Gamma| dB \qquad (3.254)$$

Beim Antennendesign, bzw. Systemdesign der Übertragungsstrecke müssen VSWR und Reflexionsdämpfung gemessen werden, um festzustellen, wie gut die Anpassung der Antenne an das System ist. Typische Werte sind (Tabelle 3.52):

VSWR	RL [dB]	Power Transmitted	Bemerkungen
1,5	14,0	96,0%	Gut abgestimmt
2,5	7,4	81,6%	Verbesserung möglich
3,5	5,1	69,1%	Schlecht abgestimmt

Tab. 3.52: Typische Werte für das Stehwellenverhältnis bei Antennenanpassung

Fehlanpassung kann durch Einfügen eines Anpassungsnetzwerkes, in der Regel ein π-, T, LL- oder LC-Netzwerk, zum Großteil reduziert werden. Die Kapazitäts- und Induktivitätswerte im Netzwerk bewegen sich im Bereich von pF und nH, es ist sinnvoll Mustersets in den Bereichen von 0,5 pF bis 20 pF und 0,5 nH bis 20 nH zur Verfügung zu haben.

11.6 Einsatz von Antennen

Grundlegende Berechnung, Bestimmen der Länge einer PCB-Monopolantenne

Alle Antennen sind resonante RLC-Netzwerke und haben wie jedes elektronische Bauteil mindestens zwei Anschlüsse. ¼ λ-Monopol, Wendel-, Chip- oder PCB-Antennen sind, im Gegensatz zum Halbwellendipol alle massebezogen, das heißt, sie müssen eine Masseebene haben, um ihre Funktion erfüllen zu können.

Ein ¼ λ-Monopol und eine Masseebene bilden zusammen einen vollständigen Resonanzkreis bei der definierten Betriebsfrequenz. Wenn die Massefläche zu klein ist, geht das auf Kosten von Antennengewinn und Anpassung. Als Massefläche von kleinen Geräten kann die homogene Kupferfläche der Leiterplatte verwendet werden. Es können, um eine stabile Masse zu erhalten, verschiedene Flächen der Leiterplatte HF-technisch, z.B. über 100 pF NP0-Kondensatoren miteinander verbunden werden.

Idealerweise sollte sich die Masseebene mindestens um ein Viertel der Wellenlänge um den Antennen-Einspeisepunkt herum erstrecken. Da die HF-Stufe auf die Masse der Schaltung bezogen ist, ist diese Massefläche oder das Gehäuse ebenfalls mit Antennenmasse verbunden. Die Größe und Form der Bezugsmassefläche, sowie seine Lage in Bezug auf die Antenne kann eine bedeutende Auswirkung auf die Leistung haben. Folgend ein Beispiel, wie eine ¼ λ-Monopol-Antenne auf einer Leiterplatte dimensioniert werden kann. In den meisten Fällen wird die Antenne auf einem Standard 1,55 mm FR4-Substratmaterial mit einer typischen Dielektrizitätskonstante von $\varepsilon_r = 4,2$ gegenüber Luft ($\varepsilon_o = 1$) aufgebaut werden. Die Breite der Leiterbahn sei w = 1,5 mm. Die Wellenlänge von 868 MHz in Luft (ε_o) beträgt $\lambda_o = 34,6$ cm. Näherungsweise ist die Wellenlänge in der effektiv resultierenden Umgebung (PCB + Luft) etwa $\lambda_e = 0,75 \cdot \lambda_o$.

Die physikalische Länge einer PCB-Viertelwellen-Monopolantenne beträgt somit:

$$L = \frac{1}{4} \cdot \lambda_e \quad \text{oder} \quad 0,25 \cdot (0,75 \cdot 34,6 \text{ cm}) = 6,49 \text{ cm} \quad (3.255)$$

Voraussetzung ist aber, dass die Größe der verfügbaren Masseebene nahe dem Ideal ist und dass die Leiterbahn zur Antenne einheitlich von dem FR4-Substrat umgeben ist.

Die Anfangslänge der Antenne sollte beim ersten Prototyp etwas verlängert werden (beginnend mit etwa +20%), so kann eine endgültige Feinabstimmung der Antenne bei 868 MHz leichter durchgeführt werden. Der Abstand zwischen dem offenen Ende der Antenne und der nächstgelegenen Massefläche muss so groß wie möglich sein (> 20 mm), unterhalb der Antenne darf keine Massefläche liegen. Andere Leiterbahnen, Beuelemente und leitende mechanische Komponenten müssen ebenfalls, je nach Größe, mindestens 20–30 mm entfernt platziert werden.

Die Abstimmung der Antenne erfolgt einfach durch schrittweises Abschneiden der Ausgangslänge der Antenne, bis eine Resonanz bei 868 MHz erreicht ist. Die Antenne muss mit voll bestückter Platine abgestimmt werden, die Platine muss sich in dem dafür vorgesehenen Gehäuse befinden. Für Anwendungen, bei denen die Ausgangsleistung nicht kritisch ist, kann die Antenne durch Messen der Strahlungsleistung mit einem Spektrumanalysator abgestimmt werden. Zur genaueren Abstimmung muss jedoch ein Vektor-Netzwerkanalysator verwendet werden, mit dem die Impedanz und das Stehwellenverhältnis des Systems gemessen werden können. Der Antennengewinn von Monopolen auf Leiterbahnen ist etwa um den Faktor 0,75 geringer als der von Standard-Stabantennen.

Für die Produktion sollte die optimale Antennenlänge L des Prototyps verwendet werden. Zur Feinabstimmung in der Produktion kann das Design mit einer Abstimmmöglichkeit, wie in Abbildung 3.232 dargestellt, erweitert werden. Die Länge L der Antenne wird zum einen um 5% gekürzt, aber die „Kürzung" wird in der Produktion verlötet. Zum anderen wird eine offene Verlängerung um 5% gewährleistet, um die Antenne um

III Anwendungen

5% verlängern zu können. So können Toleranzen der Leiterplatten-Materialien in der Massenproduktion abgefangen werden.

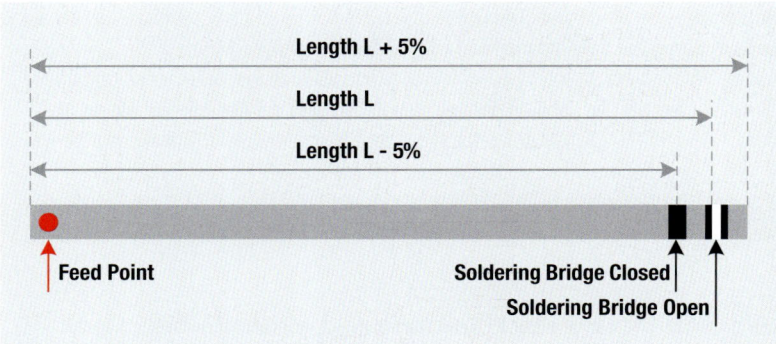

Abb. 3.232: ¼ λ-Monopol PCB-Antennen Layout für die Massenproduktion

Design-In einer Chip Antenne

Eine Chip-Antenne wird von professionellen Herstellern geliefert und kann unter Berücksichtigung einiger technischer Regeln relativ einfach angewendet werden. Layout und Positionierung der Chip-Antenne auf der Leiterplatte sind wichtig. Die Antennenposition, die Größe der ausgesparten Fläche um die Antenne und die Entfernung zwischen der Antenne und der Bezugsmasse-Ebene beeinflussen die Antennen-Resonanzfrequenz und die Antennenimpedanz. Abbildung 3.233 zeigt mögliche gute und schlechte Positionen der Antenne auf der Leiterplatte.

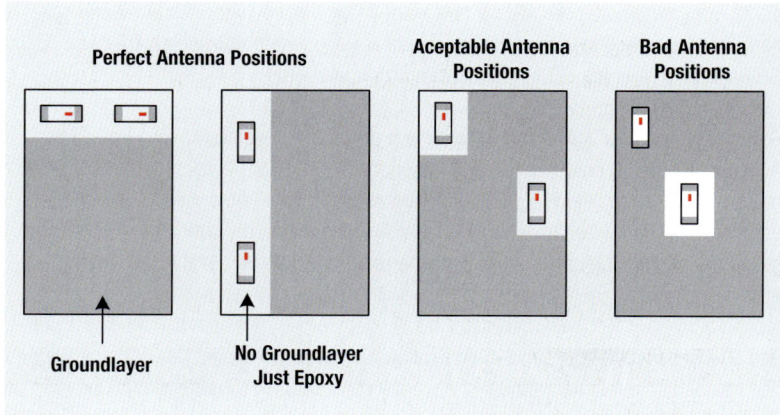

Abb. 3.233: Verschiedene Positionsmöglichkeiten der Chip-Antenne auf der Leiterplatte

Beispiele von Front-end Layout mit Anpassungsnetzwerken

In Abbildung 3.234 ist ein Stromlaufausschnitt von einem WLAN-Antenntnsystem dargestellt. Die Anpassung der Antenne geschieht durch ein T-Glied, bestehend aus zwei Kondensatoren und einer Induktivität. Die Antennposition ist alternativ für den 2,4 GHz-Bereich, für den 5,5 GHz Bereich oder für eine Dualband-Antenne vorgesehen. Nachdem die gewählte Antenne bestückt wurde, können die Werte der Kondensatoren und der Induktivität variiert werden, bis die beste Performance erreicht ist. Das kann entweder durch die Messung der S-Parameter mit einem Netzwerkanalysator oder behelfsmäßig durch die Messung der Sende-, bzw. Empfangsfeldstärke mit einem Spektrumanalysator der einen Trackinggenerator hat und einer passenden Antenne durchgeführt werden.

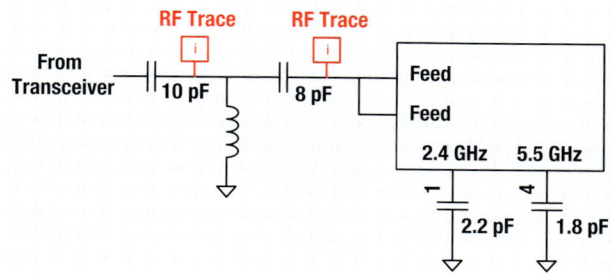

Abb. 3.234: Stromlauf eines Antennen-Anpassnetzwerkes mit 2,4/5,5 GHz Chip-Antenne

Die Leiterbahn zur Antenne ist als Teil des Antennenresonanzsystems zu betrachten. Der Randbereich der Masseflächen wird auf die GND-Plane durchkontaktiert. So wird sichergestellt, dass die Antenne eine stabile Bezugsmasse bekommt. Die Länge der Leiterbahn, die die Antenne speist und die Länge und Breite der Masseebene bestimmen, ob das System wie ein Dipol oder wie ein Monopol wirkt. Wenn die Massefläche ca. 3–4 cm lang und etwa 1–2 cm breit ist, wird das System als Dipol arbeiten, ist die Massefläche größer, arbeitet das System als Monopol-Antenne.

Geeignete Bauelemente für den Aufbau eines solchen Systems sind

1) WE-MCA Multilayer Chip Antenne No. 7488912455 (Tabelle 3.53)

Eigenschaften	Wert	Wert	Einheit	Tol.
Frequenzbereich	2400 ~ 2500	4900 ~ 5875	MHz	
VSWR	2,2	2,2		max.
Impedanz	50	50	Ω	
Gewinn, Spitze	1 (XZ-V)	−1,5 (YX-V)	dBi	typ.
Gewinn, Mittelwert	−2,5 (XZ-V)	−2,5 (YX-V)	dBi	typ.

Tab. 3.53: Elektrische Eigenschaften der Antenne WE-MCA, No. 7488912455

III Anwendungen

2) WCAP-CSGP Keramik Kondensatoren 0402 (Tabelle 3.54)

Eigenschaften	Prüf-bedingungen		Wert	Einheit	Tol.
Kapazität	1 ±0,2 V_{RMS}, 1 MHz ±10%	C	1,5	pF	±0,5 pF
Nennspannung		U_R	50	V (dc)	max.
Verlustfaktor	1 ±0,2 V_{RMS}, 1 MHz ±10%	DF	Q ≥ 400 +20 C		max.
Isolations-widerstand	U_R für max. 120 s anlegen	R_{ISO}	≥ 10	GΩ	

Tab. 3.54: Typ. elektrische Eigenschaften der Kondensatorreihe WCAP-CSGP Ceramic Capacitors 0402

3) WE-KI SMD Drahtgewickelte Keramik-Induktivitäten (Tabelle 3.55)

Eigenschaften	Prüf-bedingungen		Wert	Einheit	Tol.
Induktivität	250 MHz	L	1,0	N	±0,2 nH
Q-Faktor	250 MHz	Q	13		min.
Q-Faktor	900 MHz	Q	26		typ.
DR Resistance	@ 20 °C	R_{DC}	0,045	Ω	max.
Nennstrom	ΔT = 15 K	I_R	1360	mA	max.
Eigenresonanz-frequenz		f_{res}	6000	MHz	min.

Tab. 3.55: Elektrische Eigenschaften der Serie WE-KI SMD Drahtgewickelte Keramik-Induktivitäten (Wire Wound Ceramic Inductors)

Faustregeln für ein gutes Antennen Design

- Wenn der verfügbare Platz ausreicht, sollte eine ¼ λ-Monopol-Antenne eingesetzt werden. Die hat die höchste Effizienz.
- Die Effizienz einer Chip-Antenne ist direkt proportional zu ihrem Volumen. Die Antennenlänge hängt direkt mit der zu übertragenden Wellenlänge zusammen. Folglich kann eine extrem kleine Antenne nicht gleichzeitig effizient sein. Deshalb müssen die Rahmenparameter wie Position, Größe und Effizienz vor dem Design eindeutig definiert werden.
- In einem kleinen Gehäuse kann eine gut entworfene Wendelantenne eine bessere Leistung erzielen, als eine mittelmäßig angepasste Monopol-Antenne. Grund sind die bei der Wendel-Antenne über den Windungen verteilten Kapazitäten, die den Effekt von Massekopplungen verringern.
- Die Performance einer Antenne hängt immer auch von der zur Verfügung stehenden, angeschlossenen Massefläche ab. Die Spezifikationen des Herstellers werden nur dann erreicht, wenn die Massefläche die gleiche Größe und Form hat, wie die des Evaluierungsboards des Herstellers. In allen anderen Fällen muss die Impedanz

der Antenne unter den realen Anwendungsbedingungen gemessen und angepasst werden.

- Messung der Antennenparameter und Anpassung der Antenne müssen unter realen Anwendungsbedingungen im Gehäuse und mit den die Antenne umgebenden Materialien durchgeführt werden. Plastikgehäuse, die die Antenne umgeben, beeinflussen in Abhängigkeit von Dicke, ε_r des Kunststoffes, Abstand zwischen Antenne und Kunststoff die Resonanzfrequenz der Antenne.
- Auf konsequentes Layout von Massefüllflächen, Anzahl der Durchkontaktierungen, Abstand zu anderen Leiterbahnen, Positionierung der Filter-/Anpassnetzwerk – Komponenten achten. Kompromisse machen sich in niedrigerer Effizienz bemerkbar.
- Die Leiterbahn vom Transceiver über Balun, Filter zur Antenne müssen eine Impedanz von 50 Ω haben (bei 1,55 mm starkem FR4-Material ca. 2,6–2,8 mm breit). Abweichungen davon führen zu Fehlanpassung. Generell: Die Leitungen so kurz wie möglich halten.

Antennengewinn ist einer der wichtigsten Parameter bei einer Funkübertragung. Trotzdem müssen im Sendefall die Funkparameter wie max. Sendeleistung, Abstrahlung von Harmonischen und viele weitere nach den entsprechenden Normen der jeweiligen Betriebsorte (Europa, USA, ...) eingehalten werden.

III Anwendungen

Trilogie der induktiven Bauelemente

Verzeichnisse & Stichworte

Applikations-handbuch für EMV-Filter, getaktete Stromversorgungen und HF-Schaltungen

IV Verzeichnisse & Stichworte

Teil 4: Verzeichnisse & Stichworte

1	**Fachwortlexikon**	**825**
2	**Stichwortlexikon**	**840**
3	**Formelsammlung**	**853**
3.1	Formelsammlung zur Berechnung der wichtigsten Parameter im Sperrwandler	853
3.2	Kerngeometrien und typische übertragbare Leistung bei 100 kHz	854
3.3	Snubber-Design	854
3.4	Verschaltungsbeispiele der Flex-Übertrager WE-FLEX	856

1 Fachwortlexikon

AC:
Wechselstrom

A_L-Wert:

Der A_L-Wert repräsentiert die wirksame Induktivität bezogen auf eine Windung und muss zur Berechnung der tatsächlichen Induktivität L mit dem Quadrat der Windungszahl N multipliziert werden.

Um dem Anwender die Berechnung der magnetisch wirksamen Längen l_{eff} und Fläche A_{eff} zu ersparen, gibt man zu Ringkernen und Hülsen den entsprechenden A_L-Wert an.

$$A_L = \frac{L}{N^2} \quad (4.1)$$

Amplitudenpermeabilität μ_a:

Auch Wechselpermeabilität genannt, wird bei sinusförmiger Induktion großer Amplitude ermittelt:

$$\mu_a = \frac{1}{\mu_0} \cdot \frac{\hat{B}}{\hat{H}} \quad (4.2)$$

Analoges Signal:

Die Wiedergabe von Informationen durch einen kontinuierlich veränderlichen physikalischen Wert, z.B. eine Spannung. Ein analoges Signal kann praktisch jeden beliebigen Wert oder Zustand annehmen. Im Gegensatz dazu wird ein digitales Signal durch eine rechteckige Welle wiedergegeben und weist deshalb nur eine begrenzte Anzahl diskreter Zustände auf.

Analoge Übertragung:

Signalübertragung über Kabel oder durch die Luft, bei der die Informationen durch die Veränderung einer Kombination aus Amplitude, Frequenz und Phase des Signals übermittelt werden.

IV Verzeichnisse & Stichworte

Anfangspermeabilität μ_i:

Die Permeabilität des Werkstoffes bei sehr kleinem magnetischen Feld und ohne Vormagnetisierung. In der Praxis wird die Anfangspermeabilität aus einem Ringkern bekannter Größe bestimmt

$$\mu_i = \frac{L \cdot l_{eff}}{\mu_0 \cdot N^2 \cdot A_{eff}} \quad \text{with: L in H, } l_{eff} \text{ in mm and } A_{eff} \text{ in mm}^2 \quad (4.3)$$

Als maximale Flussdichte B sollte bei Messungen an geschlossenen Ringen und Hülsen B < 0,1 mT und bei verzweigten Kreisen (z.B. E-Kerne) B < 1 mT eingestellt werden.

Anwendungsschicht:

Die oberste Schicht des Netzwerkprotokolls.

Architektur:

Die Gesamtstruktur eines Computers oder Kommunikationssystems. Die Architektur beeinflusst die Möglichkeiten und Beschränkungen des Systems.

Arbeitstemperaturbereich:

Bereich der Umgebungstemperaturen in dem das Bauteil sicher betrieben werden kann. Der Arbeitstemperaturbereich berücksichtigt auch die Eigenerwärmung des Bauteils und ist nicht mit dem Lagertemperaturbereich zu verwechseln! Zwischen diesen Temperaturbereichen besteht folgender Zusammenhang:

Maximale Arbeitstemperatur = Maximale Lagertemperatur − Maximale Eigenerwärmung

ATM:

Asynchroner Übertragungsmodus (engl: Asynchronous Transfer Mode). Der internationale Vermittlungsstandard, bei dem verschiedene Servicearten (Stimme, Video, Daten usw.) in Paketen einer vorgegebenen Länge (53 Byte) übertragen werden.

AUI:

Schnittstelle für die Anschlusseinheit (engl: Auxiliary Unit Interconnect). Ein Standard zur Verbindung von Ethernet-Empfängern mit Reglern über DB-15-Stecker.

AWG American Wire Gauge:

Amerikanisches Drahtmaß für Wickeldrähte. Über folgende Formel kann der Drahtdurchmesser d in mm bestimmt werden:

$$d = \frac{25.4 \text{ mm}}{\pi} \cdot 10^{\frac{-AWG}{20}} \qquad (4.4)$$

Balun:

Angepasst, unangepasst. Ein Balun wird benutzt, um eine Impedanzanpassung von einer unangepassten Leitung zu einer angepassten Leitung, für gewöhnlich verdrillten Leitung oder einem Coaxial-Kabel, durchzuführen.

Bandbreite:

Frequenzbereich einer Leitung oder eines Kanals. Übertragungskapazität: Je größer die Bandbreite ist, umso mehr Informationen können übertragen werden. Bei einem digitalen Kanal wird die Bandbreite in Bit/s definiert. Bei analogen Kanälen hängt sie von der Art und Methode der zur Kodierung der Daten verwendeten Modulation ab.

Basisband:

Netzwerktechnologie, bei der nur eine Trägerfrequenz genutzt wird. Das Ethernet ist ein Basisband-Netzwerk. Auch als Schmalband bezeichnet. Gegenstück zum Breitband.

Bit/s:

Bit pro Sekunde. Maß der Übertragungsgeschwindigkeit.

Breitband:

Übertragungssystem, bei dem in einem Kabel mehrere unabhängige Signale miteinander gebündelt werden.

LAN-Terminologie: Ein Koaxialkabel, über das analoge Signale übertragen werden. Ein Funksystem mit einer konstanten Datenübertragungsrate von mehr als 1,5 MBit/s. Gegenstück zum Basisband.

Träger:

Ein kontinuierliches Signal mit konstanter Frequenz, dass durch ein zweites Signal moduliert oder verändert werden kann.

Chip:

Ein integrierter Schaltkreis. Die physikalische Struktur, aus der die integrierten Schaltungen als Komponenten eines Systems zusammengesetzt sind.

IV Verzeichnisse & Stichworte

CMRR (Gleichtaktunterdrückungsverhältnis):

Ein Maß für die Fähigkeit eines Bauteils, Gleichtaktstörungen zu verringern.

Coating:

Unter Coating versteht man die Beschichtung von Ringkernen mit z.B. Epoxidharz, um die Isolationsspannungsfestigkeit zu erhöhen. Die Beschichtung muss nahtlos und ohne Angriffstellen erfolgen. Standardmäßig werden damit Durchschlagsfestigkeiten von größer 1500 V erreicht. Höhere Durchschlagfestigkeiten erzielt man durch mehrfaches Beschichten.

Common Mode Choke:

Eine gekoppelte Spule, mit der ein Gleichtaktsignal gefiltert oder gedrosselt wird.

Crosstalk:

Eine Form der Störung zwischen Geräten, die durch Audiofrequenzen verursacht wird (gemessen in db).

CSMA/CD:

Zugriffsverfahren mit Trägerprüfung und Kollisionserkennung. Von lokalen Netzwerktechnologien wie dem Ethernet verwendete Zugriffsmethode.

Curie-Temperatur:

Die Temperatur ab der ein Material seine magnetischen Eigenschaften verliert. Die Permeabilität fällt bei Überschreiten der Curie-Temperatur sehr schnell ab. Bei Abkühlung des Materials unter die Curie-Temperatur stellen sich die magnetischen Eigenschaften wieder ein (reversibler Vorgang). In den Datenblättern der Kernwerkstoffe bezeichnet die Curie-Temperatur die Temperatur, bei der die Permeabilität des Kernmaterials auf 10% des Wertes bei Raumtemperatur gefallen ist.

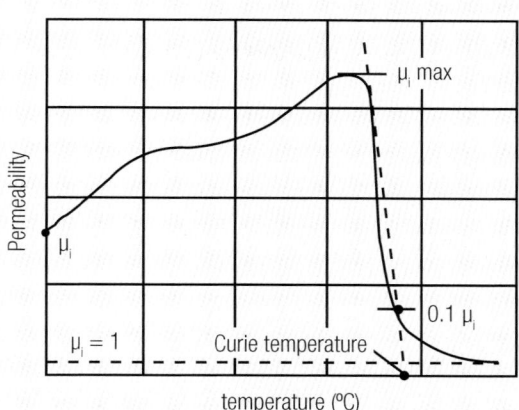

Abb. 4.1: Bestimmung der Curie-Temperatur

Cww:

Die Wicklungs- oder Kopplungskapazität zwischen der Primär- und Sekundärseite eines Transformators. Diese Kapazität beeinflusst die Hochfrequenzleistung des Transformators. Je höher die Kapazität ist, umso geringer ist die Grenzfrequenz.

DC

Gleichstrom

DCR (engl. DC Resistance) → Gleichstromwiderstand

Derating:

Unter Derating versteht man die Herabsetzung von Betriebsparametern, um das Bauteil vor Überlastung zu schützen. Dies bedeutet z.B. bei Induktivitäten, die unter hohen Umgebungstemperaturen (> 85 °C) betrieben werden, dass der zulässige Nennstrom durch das Bauteil entsprechend reduziert werden muss. Damit wird verhindert, dass die Summe aus Umgebungstemperatur und Eigenerwärmung des Bauteils die zulässige Bauteiltemperatur überschreitet.

Dowell:

1966 verfasste P. L. Dowell den Artikel „Effect of Eddy Currents in Transformer Windings" („Effekt von Wirbelströmen in Übertragerwicklungen"). Darin beschrieb er ein Verfahren zur Berechnung der Variation bei Wicklungswiderstand und Streuinduktivität mit der Frequenz in ein- und mehrlagigen Wicklungen. Bei diesem Verfahren werden Wicklungen in gleichwertige Folien umgewandelt, wodurch das Problem auf eine Dimension reduziert wird. Es bietet einen einfachen Ansatz für eine erste annähernde Schätzung des Wechselstromwiderstands.

IV Verzeichnisse & Stichworte

Eisenpulverkern:

Der Eisenkern ist ab einer gewissen Grenzfrequenz mit starken Wirbelstromverlusten behaftet. Um diese zu verringern wird der Kern in viele elektrisch voneinander isolierte Bereiche unterteilt. Dazu pulverisiert man das Eisen, isoliert die Teilchen wirksam und fügt ein Bindemittel zur Formgebung beim Pressen bei. Durch Sinterung stellen sich die endgültigen magnetischen Eigenschaften ein. Der magnetische Fluss durchdringt so abwechselnd nichtmagnetische und magnetische Bereiche. Damit bleibt das Streufeld dieser Kerne sehr klein und gleichzeitig kann hohe Energie gespeichert werden. Eisenpulverkerne eignen sich auch sehr gut zu Anwendungen mit großer Gleichstromvormagnetisierung.

Zur Familie der Eisenpulverkerne zählen viele Varianten bis hin zu CoolMy® und MPP oder HighFlux-Kernen, die durch Beimischung weiterer Materialien besondere Eigenschaften aufweisen.

Eigenerwärmung:

Der Anstieg der Oberflächentemperatur des Bauteiles gegenüber der Umgebungstemperatur aufgrund der Bauteilverluste. Bei Induktivitäten verursachen sowohl Drahtverluste als auch Kernmaterialverluste die Eigenerwärmung.

EMV:

Elektromagnetische Verträglichkeit. Die Fähigkeit einer Einrichtung oder eines Systems, eines Gerätes, in ihrer/seiner elektromagnetischen Umgebung zufriedenstellend zu funktionieren, ohne in diese Umgebung, zu der auch andere Einrichtungen gehören, unzulässige elektromagnetische Störgrößen einzubringen.

Einfügedämpfung:

Die Einfügedämpfung ist definiert als das logarithmische Maß des Verhältnisses der Störamplitude des unbedämpften Systems zum mit Ferrit bedämpften System. Somit berechnet sich die Einfügedämpfung mit:

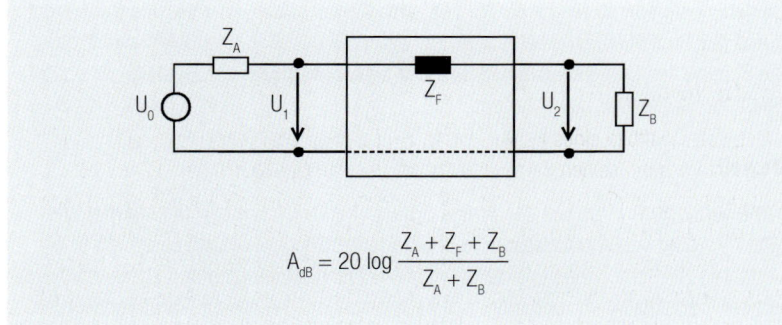

$$A_{dB} = 20 \log \frac{Z_A + Z_F + Z_B}{Z_A + Z_B}$$

Abb. 4.2: *Vierpolersatzschaltbild zur Berechnung der Einfügedämpfung*
$Z_A = Z_B$ = *Systemimpedanz*; Z_F = *Impedanz des Ferrites*

Der Quotient aus der mit einem in die Schaltung integrierten Transformator/Filter verfügbaren Lastleistung zur Lastleistung ohne Transformator/Filter.

Eigenresonanzfrequenz (SRF):

Die Frequenz bei der die Wicklungskapazität der Spule mit der Induktivität in Parallelresonanz geht (engl. Self Resonant Frequency). Bei dieser Frequenz entsteht an den Anschlüssen der Induktivität scheinbar ein ohmscher Widerstand, da sich kapazitive und induktive Impedanzen ausgleichen und gegenseitig aufheben.

Oberhalb der Eigenresonanzfrequenz wirkt die Spule immer stärker kapazitiv. In der Praxis ist man daher bestrebt, Induktivitäten weit unterhalb ihrer Eigenresonanzfrequenz zu betreiben.

Effektive Permeabilität μ_e:

Resultiert aus der reduzierten Permeabilität verursacht durch das Einsetzen eines Luftspaltes. Die effektive Permeabilität μ_e kann berechnet werden, wenn die Luftspaltweite l_g in mm und die magnetische Kernweglänge l_e in mm bekannt sind:

$$\mu_e = \frac{\mu_i}{\mu_i/(1 + l_g/l_e \cdot \mu_i)} \qquad (4.5)$$

Wobei:

μ_i ist die Anfangspermeabilität des Kerns
l_g ist die Spaltlänge
l_e ist die Magnetweglänge des Kerns

Die effektive Permeabilität kann durch Messung der Induktivität L ermittelt werden:

$$\mu_e = \frac{C_1 \cdot 10^3}{\mu_0 \cdot N^2} \cdot L \qquad (4.6)$$

Ersatzschaltbild:

Das Ersatzschaltbild eines Bauteiles ist die möglichst reale Darstellung des wahren Bauelementes mit seinen parasitären, unerwünschten Eigenschaften unter Wechselstrombetrachtung. Das Ersatzschaltbild weicht deutlich von dem Bild des idealen Bauteiles ab, da es die bauartbedingten Effekte mit einbezieht. Das Verständnis der Schaltung im Wechselstrombereich wird damit vereinfacht und Grenzen der Bauteile werden aufgezeigt. Außerdem dient das Ersatzschaltbild als Grundlage für rechnergestützte Simulationen. Moderne Bauelementetestgeräte liefern automatisch entsprechene Parameter. Im Folgenden einige Beispiele solcher Ersatzschaltbilder:

IV Verzeichnisse & Stichworte

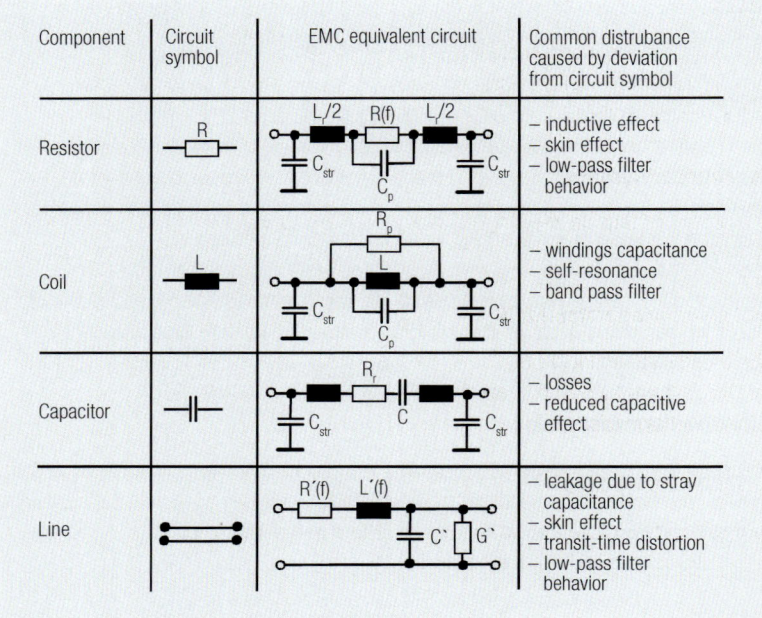

Abb. 4.3:   Ersatzschaltbilder realer Bauteile

Ausnahmen:

Bei einigen Induktivitätsbauformen wird der Nennstrom unter zwei Kriterien definiert:

a) die Eigenerwärmung des Bauteils überschreitet die zulässigen Werte.

oder

b) die Toleranz des Induktivitätswertes wird erreicht, je nachdem welcher Wert der Kleinere ist.

Diese Unterscheidung ist bei eng tolerierten Bauteilen oder Powerinduktivitäten, wo stabile Induktivitätswerte gefordert werden, sinnvoll Bei Ringkernspeicherdrosseln der Serie WE-SI ist mit dem Nennstrom auch die Nenninduktivität definiert.

Ferrit:

Ferrite sind weichmagnetische Werkstoffe, die sich aus Mischkristallen oder Verbindungen aus Eisenoxid mit einem oder mehreren Oxiden zweiwertiger Metalle (Manganoxid, Nickeloxid, Zinkoxid u.a.m.) zusammensetzt. Der Vorteil von Ferriten ist der hohe spezifische Widerstand von 10–1 Ωm bis 107 Ωm. Dadurch bleiben die Wirbelstromverluste bis zu hohen Frequenzen von mehreren MHz vernachlässigbar gering.

Filter:

Kann aus Drosseln, Kondensatoren und Widerständen bestehen. Ein Filter konditioniert Signale, formt Wellen, lässt gewünschte Signale passieren und/oder blockiert unerwünschte Signale.

Gegentaktstörgrößen:

Ungewünschte Signale, die auf einer Ader hin- und gegenphasig auf der anderen Ader zurücklaufen.

Gleichstromwiderstand RDC:

Der Widerstand der Induktivität gemessen mit einem kleinen Mess-Gleichstrom wird als Gleichstromwiderstand bezeichnet (engl. DCR = DC-Resistance). Diese Angabe erfolgt normalerweise als Maximalwert.

Gleichtaktstörgrößen:

Ungewünschte Signale, die sich in gleicher Amplitude und gleicher Phasenlage auf einem oder mehreren Leiterpaaren ausbreiten.

Güte Q:

Die Güte (engl. Q = Quality Factor) einer Induktivität kennzeichnet die Verluste einer Induktivität. Sie ist definiert als das Verhältnis des induktiven Blindwiderstands zu der Summe aller Verlustwiderstände. Die Güte ist frequenzabhängig und wird von den Kernverlusten und den Wicklungsverlusten (Gleichstromwiderstand und Skineffekt) bestimmt.

$$Q = \frac{X_L}{R} = \frac{2\pi \cdot f \cdot L}{R} \qquad (4.7)$$

Hysteresekurve:

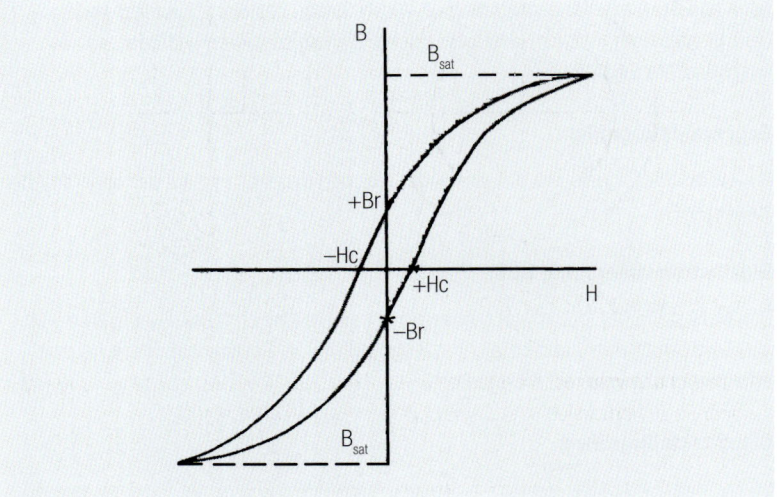

Abb. 4.4: Hysteresekurve

Die grafische Darstellung des Zusammenhanges B = f(H) wird Magnetisierungskurve genannt und zeigt bei ferromagnetischen Stoffen einen nichtlinearen Verlauf. Im Verlauf einer kompletten Auf- und Abmagnetisierung ergibt sich die Hysteresekurve des Werkstoffes. Hier können folgende Punkte definiert werden:

- B_r = Remanenz; verbleibender Restmagnetismus bei Feldstärke H = 0
- H_c = Koerzitivfeldstärke; die Feldstärke, die notwendig ist, um das Material zu entmagnetisieren ($B_r \rightarrow 0$)
- B_{max} = Sättigungsflussdichte; eine weitere Steigerung des magnetischen Feldes führt nur noch zu einer Steigerung der Flussdichte proportional zu μ_0

Isolierung:

Die elektrische Trennung zweier Schaltkreise oder Bauteile.

Isolationsspannung:

Die vorgegebene maximale Wechsel- oder Gleichspannung, die kontinuierlich zwischen zwei voneinander isolierten Schaltungen anliegen darf, ohne die Isolation zu beschädigen.

Kernkonstanten:

Die Kernkonstanten dienen der einfachen Berechnung magnetischer Kreise. In ihnen sind die geometrischen Eigenschaften des geformten Kernmateriales zusammengefasst.

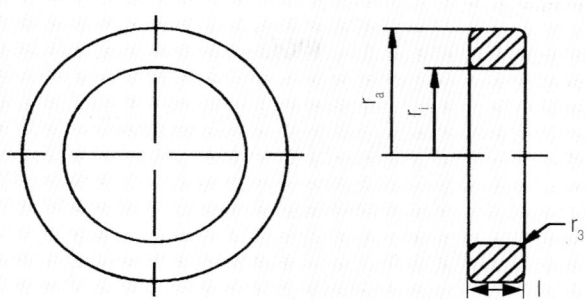

Abb. 4.5: Maßdefinition

Bei Abweichung vom rechteckigen Kernquerschnitt (abgerundete Kanten) sind Korrekturfaktoren zu berücksichtigen. Es folgt daraus für den Formfaktor C1:

$$C_1 = \frac{2\pi}{\left[1 - \left(\frac{0.8584 \cdot r_3^2}{l(r_a - r_i)}\right)\right] \cdot \ln \frac{r_a}{r_i}} \quad (4.8)$$

Zur Bestimmung des exakten magnetischen Querschnittes dient die Formkonstante C2:

$$C_2 = \frac{2\pi \cdot \left(\frac{1}{r_i} - \frac{1}{r_a}\right)}{\left[l\left(1 - \frac{0.8584 \cdot r_3^2}{l(r_a - r_i)}\right)\right]^2 \cdot \ln^3 \frac{r_a}{r_i}} \quad (4.9)$$

Für den effektiven magnetischen Querschnitt A_{eff} folgt:

$$A_{eff} = \frac{C_1}{C_2} \quad (4.10)$$

Die effektive Weglänge l_{eff}:

$$l_{eff} = \frac{C_1^2}{C_2} \quad (4.11)$$

IV Verzeichnisse & Stichworte

Das effektive magnetische Volumen V_{eff}:

$$V_{eff} = \frac{C_1^3}{C_2^2} \qquad (4.12)$$

Der A_L-Wert lässt sich auch mit Kenntnis der Formkenngrößen ermitteln:

$$A_L = \frac{\mu \cdot \mu_0}{C_1} \qquad (4.13)$$

Kernverluste:

Kernverluste werden durch einen wechselnden magnetischen Fluss im Kern erzeugt. Die Kernverluste sind dabei von folgenden Parametern abhängig:

- Kermaterial
- Frequenz f
- Wechselfeldinduktion (Flussdichte))

Und setzen sich zusammen aus den Anteilen:

- Hystereseverluste
- Wirbelstromverluste (engl. Eddy Current Losses)

LED:

Leuchtdiode

MAC:

Medienzugriffssteuerung. Untere der beiden Teilschichten in der vom IEEE definierten Sicherungsschicht. Die MAC-Teilschicht überprüft den Zugriff auf gemeinsam genutzte Medien.

MDI:

Medienabhängige Schnittstelle. Die mechanische und elektrische Schnittstelle zwischen dem Medium des Verbindungskabels und der Medium-Anschlusseinheit (MAU).

MDIX:

Medienabhängige Schnittstelle mit Überkreuzung. Eine mechanische und elektrische Schnittstelle, über die Bauteile mit unterschiedlichen Steckerbelegungen miteinander verbunden und Konflikte beim Senden und Empfangen von Paketen über den gleichen Ausgang vermieden werden können.

Nennstrom:

Der Dauergleichstrom, mit dem die Induktivität betrieben werden darf, wird Nennstrom genannt. Dieser Wert basiert auf einer maximal zulässigen Eigenerwärmung des Bauteiles, bei der maximal zulässigen Umgebungstemperatur (Arbeitstemperaturbereich). Der Nennstrom ist eng mit dem DC-Widerstand der Induktivität verknüpft und kann bei niedrigen Frequenzen mit dem Effektivwert des Wechselstromes gleichgesetzt werden.

OCL:

Induktivität des offenen Stromkreises: Induktivitätsmessung einer Wicklung, während alle anderen Wicklungen im Leerlauf sind.

Permeabilität:

Die Permeabilität kennzeichnet das magnetische Leitvermögen eines Werkstoffes.

PFC:

Power Factor Correction: Elektronische Schaltungen zur sinusförmigen Stromaufnahme aus dem Wechselstromnetz zur Reduzierung von Oberwellen und Vermeidung von elektromagnetischen Störungen.

PHY:

Bauteil der Bitübertragungsschicht. Definiert Schnittstellen und Zugriffsmethoden und kann mit einer Geschwindigkeit von 10/100/1000 MBit/s betrieben werden.

Protokoll:

Die formale Beschreibung eines Satzes aus Regeln und Vereinbarungen, mit denen festgelegt wird, wie die Geräte in einem Netzwerk Informationen austauschen.

Proximity-Effekt:

Der Proximity-Effekt wird verwendet, um die Stromüberlastung in einem Leiter als Folge von Strömen zu beschreiben, die aus der Nähe durch Wechselströme induziert werden. In einer Induktivitäts- oder Übertragerwicklung induzieren die Windungen gemäß dem Faradayschen Gesetz Ströme in benachbarten Windungen und Lagen. Diese zusätzlichen Wirbelströme drängen den Strom auf einen kleinen Teil des Leiters zusammen, wodurch der Wirkwiderstand und die Realverluste erhöht werden. Der Effekt nimmt mit der Frequenz und der Anzahl der Lagen zu.

RDC → Gleichstromwiderstand

Rückflussdämpfung:

Der in db ausgedrückte Anteil der durch eine Fehlanpassung verursachten Reflexion eines Signals.

IV Verzeichnisse & Stichworte

RJ45:

Genormter Stecker. Ein achtpoliger Anschluss zur Verbindung von Computern mit einem lokalen Netzwerk, insbesondere dem Ethernet. Wird auch als 8P8C-Steckverbinder bezeichnet.

Sättigungsstrom I_{sat}:

Der Gleichstrom durch die Induktivität, bei dem der Induktivitätswert im Vergleich zur Leerlaufinduktivität mit I = 0 um einen gewissen Prozentsatz gefallen ist. Als Sättigungsstrom lassen sich für z.B. Ferrite 10% Induktivitätsabfall und für Eisenpulverkerne 20% Induktivitätsabfall definieren. Diese Grenzen sind jedoch nicht bindend und so hat sich hier eine Vielfalt an Definitionen zu unterschiedlichen Bauformen gebildet.

Sättigungsinduktion B_{sat}:

Unter der Sättigungsinduktion versteht man den Punkt, ab dem eine weitere Steigerung des Magnetfeldes H nur noch eine kleine Änderung der Induktion B bewirkt. Der Wert des Sättigungsflusses B_{sat} wird mit einer definierten Feldstärke H von typischerweise 1194 A/m bei 10 kHz für Ferrit gemessen.

Skineffekt:

Der Skineffekt beschreibt die Eigenschaft der Stromverdrängung im Inneren eines Leiters hin zur Leiteroberfläche mit steigender Frequenz des Wechselstromes.

SRF → Eigenresonanzfrequenz

Streuinduktivität:

In einem Transformator oder einer Drossel führt der nicht an den Sekundärkreis geführte Strom zu einem gewissen Streufluss. Je höher dieser ausfällt, umso größer ist die Streuinduktivität. Die Streuinduktivität wird an einer Wicklung gemessen, während alle anderen Wicklungen kurzgeschlossen sind. Sie hat eine Auswirkung auf die Bandbreite des Transformators.

Temperaturbeiwert α_F:

Die temperaturabhängige Änderung der Anfangspermeabilität als Permeabilitätsänderung pro Grad Kelvin wird durch die Bestimmung der Anfangspermeabilitäten bei den Temperaturen T_2 und T_1 errechnet:

$$\alpha_F = \frac{\mu_{i2} - \mu_{i1}}{\mu_{i2} \cdot \mu_{i1} \cdot (T_2 - T_1)} \qquad (4.14)$$

Überlagerungspermeabilität μ_Δ:

Sie entspricht der Amplitudenpermeabilität µa bei konstanter Gleichstromvormagnetisierung:

$$\mu_\Delta = \frac{1}{\mu_i} \cdot \frac{\Delta B}{\Delta H} \bigg|_{\lim \Delta H \to 0}^{H_B = \text{constant}} \quad (4.15)$$

Vollduplex (engl. Full duplex):

Die Fähigkeit zur gleichzeitigen Datenübertragung zwischen einem Sender und einem Empfänger.

Wirbelstromverluste:

Wirbelstromverluste (engl. Eddy Current Losses) treten sowohl in der Wicklung als auch im Kernmaterial auf. Wirbelströme im Leiter bedingen zwei Hauptarten von Verlusten: Proximity Effekt (Stromverdrängung als Effekt der benachbarten Wicklung) und Skineffekt. Im Kernmaterial entsteht bei Wechselfeldaussteuerung ein elektrisches Feld um die Flusslinen des magnetischen Feldes. Ist das Kernmaterial leitfähig, entsteht in ihm ein Stromfluss, der als Wirbelstrom bezeichnet wird. Bei Hochfrequenzdrosseln muss zur Vermeidung dieser Verluste das Kernmaterial durch Lammelierung, entsprechende Pulverkerne oder Herstellung auf Keramikbasis möglichst hochohmig gestaltet werden.

Effektive magnetische Länge l_{eff} → Kernkonstanten

Effektives magnetisches Volumen V_{eff} → Kernkonstanten

IV Verzeichnisse & Stichworte

2 Stichwortlexikon

π-Filter	608
π-Filter	666
6-Loch-Ferritperle	318
10 Base-T	423
100 Base-T	423
1000 Base-T	423

A

Abwärtswandler	176
Active-Clamp-Forward	205
Admittanzebene	282
ADSL	433
AirFuel	263
A_L-Wert	23, 40, 326, 366
Ampéresche Gesetz	16
Amplitudengang	97
Amplitudenreserve	219, 220
Analogien	24
Anpassung	140, 275
Anpassungsnetzwerk	285
Antennenanpassung	284
Antennenimpedanz	498
Applikationen	675
Applikationsschaltung	672
Aufbauhinweise	799
Aufwärtswandler	187, 706
Ausgangsfilter	225, 542
Ausgangsinduktivität	207
Ausgangsstrom	673
Ausgleichsströme	528
Auswahl des Bandpassfilters	806

B

Bandpassfilter	448, 792, 805
Berührungsschutz	662
Betriebstemperatur	366, 372
Bezugsmasse	808
(B-H-Kurve)	25
Bifilare Wicklung	348
Bildqualität	552
Biot-Savart Gesetz	17
Blochwände	24

Bode-Plots	239
Breitbandfilter	657
Brückengleichrichtung	211
Brummschleifen	526
Bursts	663
Burst-Test	313
Bypasskondensatoren	305

C

Chip Bead	302
Class-A	536
Class-AB	537
Class-B	537
Class-D	538, 545
Common Mode Drossel	322
Continuous Modus	692
CoolMµ® Kerne	384
Crosstalk	435
Curietemperatur	74

D

DC-Widerstand	400
Dielektrizitätskonstante	72
Dimensionierung Ringkerndrossel	365
Discontinuous Modus	691
Distanz zum Filter	661
Dowell	47
Drahtdurchmesser	369
Drahttabelle	368
DSL transformer	432
Durchflusswandler	203
Durchgangsdämpfung	660
Durchkontaktierung	101
Durchkontaktierungen	656, 665
Duty Cycle	185–187

E

Effizienz	500
Eigenerwärmung	304, 674
Eigenresonanzfrequenz	42
Eigenstrombedarf	671
Einbau- und Kompaktfilter	653

841

IV Verzeichnisse & Stichworte

Einfluss des Widerstands	256
Einfluss Parasitäre Effekte	528
Einfügedämpfung	81, 135, 307
Eingangsfilter	194
Eingangsimpedanz	498
Eingangsreflexion	275
Eingangsripplestrom	185
Eingangs-Spitzenspannung	709
Eingangswechselspannung	709
Eisenpulver (Fe)	37
elektrisches Feld des Dipols	496
elektrische Welle	496
Elektromagnetische Resonanz	252
elektromagnetische Welle	496
Elektrostatische Entladungen	454
Elektrostatische Induktion	252
Empfänger	527
EMV-Ferritauswahl	331
EMV-Ferrite	56, 300
EMV Simulationen	79
Entkopplung	552, 665
Entmagnetisierung	204
Ersatzschaltbild	76, 497
Ersatzschaltbildbestimmung	64
Ersatzschaltbild eines Varistors	457
Ersatzschaltbilder	57
ESD-Impuls	455
ESD und Burst	534
ESR	226
Externe Schnittstellenkabel	662

F

Faraday'sche Gesetz	22
Fehlanpassung	141, 276
Fehlerverstärker	229
Feldstärke	20
Fernspeisung	809
Ferritbrücke	321, 657
Ferritring	115
Ferrit zur Absorption	69
Ferromagnetische Resonanzfrequenz	303
Ferromagnetische Stoffe	14
feste Schaltfrequenz	680
Filterbezugsmasse	103
Filterdämpfung	499
Filterdesign	117

Filterkondensatoren	660
Filterwirkung	305
Flachdraht	387
Flachkern/Blockkern	603
Flimmereffekt	672
frequenzabhängiger Spannungsteiler	99
frequenzabhängige Verlustanteile	36
Frequenzabhängige Verluste	43
Frequenzbereich	339
Frequenzgang	94
Frequenzgangkorrektur	217, 218, 230
Funkentstördrosseln	339

G

galvanische Entkopplung	114
galvanische Trennung	114
Gate-Drive-Transformer	216
Gegenkopplungsinduktivität	502
Gegenkopplungskapazität	500
Gegentakt-Durchflusswandler	207
Gehäuseaustritt	506
gerader Leiter	18
Geschirmte Kabel	107
Gleichspannungsripple	666
Gleichstromwiderstand	365, 372
Gleichstrom-Widerstand (R_{DC})	303
Gleichtaktstörungen	667
GND-Anschluss	677
Grenzwerte für Spurious Emissions	803
GSE	29
Gütefaktor Q	52, 268

H

Halbbrückenwandler	209
Hall-Versorgung	608
hartmagnetische Materialien	25
HDSL	433
HF-Emissionen	601
HF-Filter	667
HF-Kondensator	663
HF-Schalter	793
HF-Störanteile	113
hochfrequenter Ripplestrom	710

843

IV Verzeichnisse & Stichworte

Hochgeschwindigkeitssignale	116
Hysterese-Kurve	25

I

Imaginärteil	279
Impedanz	497, 659
Impedanzbandbreite	498
Impedanz Klappferrite	334
Impedanzkurve	35
Impedanzverhältnisse	499
Impedanz von parallelen Kondensatoren	68
Impulsbreitenmodulator	221
Induktion	251
Induktive Impedanzanteile	36
induktive Kopplung	677
Induktivität	56, 264, 372
Induktivität L	37
Induktivitätsimpedanz	63
Induktivitätsmessung	364
Induktivitätswert	678
Industriebedingte Überspannungen	453
induzierte Spannung	503
Initiale Permeabilitätsverluste	72
$I_{sat,base}$	411
ISM-Band	797
Isolationsspannung	366
Isolationswiderstand	373

K

Kabel als Antenne	92
Kabelschirm	114
Kabelschirm	606
Kabelschirm	607
Kapazitive Kopplung	100
kapazitiven Kopplungen	659
Keramikscheibenkondensator	64
Kernmaterialverluste	380
Kernverluste	26, 149
Kernverluste WE-HCI	385
Kernvolumen	368
K-Faktor	236
Klappferrit	329, 343
Klappferrite	331
Klirrfaktor	546

Koerzitivfeldstärke HC	25
Kompensationstyp I	230
Kompensationstyp II	232
Kompensationstyp III	234
Komplexe Permeabilität	33
Kondensator	499
Konstruktion	101
Kontaktstreifen zum Gehäuse	102
Kontinuierlicher und diskontinuierlicher Modus	224
Konturenschärfe	552
Koppelfaktor	132
Koppelfaktor	501
Koppelkapazität	125, 130
Koppelmechanismus	601
Kopplungen	532
Kopplungsfaktor	126
Kupferverluste	44, 380

L

Lagenaufbau	504
LAN mit PoE+	431
Laplacetransformation	94
Latch-up	529
Lautsprecherimpedanz	543
Layout	100, 500, 528, 531, 535, 544, 552, 604, 608, 614, 661, 676, 805, 808
L_{base}	411
LC-Tiefpass	99
Leerlaufinduktivität	364
Leistungsfaktor	706
Leistungsübertragung	139
Leitende Textildichtung	103
Leiterbahnführung	504
Leitungsinduktivität	65
Leitungsinduktivitäten	104
Lenz'sches Gesetz	23
LLC-Wandler	212
LM5070	715
Low pass filter	446
LT1166®	548
LT1399	551
LTC1871	718
LTspice	77, 126
Lückender Betrieb	179

IV Verzeichnisse & Stichworte

M

Magnetfeldsensoren	605
Magnetische Feldenergie	365
magnetische Feldkonstante	21
magnetische Feldstärke H	17
magnetische Flussdichte	20
magnetische Induktion B	21
Magnetischer Fluss Φ	22
Magnetismus	14
Mangan-Zink-Ferrite	72
Mangan-Zink (MnZn)	37
Mantelströme	329
Masse als Füllfläche	665
Massebezug	99, 114, 603
Masselage	665, 675
Massestörungen	104, 105
Massetrennung	105
MAX455	554
MMF Diagramm	49
MnZn Ferrite	30
Motoranschlussleitung	614
Motoransteuerkabel	612
Motorsteuerimpulse	614
MPP-Kerne	384
MSE	28
Multimediabereich	529
Multiplizierer	707

N

Nahfeld	251
Natürliche Überspannungen	453
NCP1014	722
Nenninduktivität	365
Nennstrom	55, 304, 365, 372, 400, 616
Netzfilter	652
Netzkabel	652
Nicht Lückender Betrieb	179
Nickel-Zink (NiZn)	37
Niedrige Störemissionen	107
Ni-Zn-Ferrite	73
Nomogramm	308
normierte Kurven	62

O

Oberwellen	674
Output ripple current	186

P

Parallelersatzbild	35
Parallelresonanz	68
Parallelwiderstand	59
Parameter des Parallelersatzschaltbildes	71
Parasitäre Eigenschaften	113
Parasitäre Induktivität	100
Peripheriekabel	497
Permeabilität	32
PFC-Stufe	705
Phasengang	97
Phasenmessung	706
Phasenreserve	219, 220
Phasenverschiebung	706
Platinenlayout	676, 678
Platzierung der Bauelemente	504
PolyPhase™	182
Potentialausgleichsnetz	107
Power over Ethernet	423, 715
Prinzip der Filterung	91
Proximity-Effekt	46
pulsierender Eingangsstrom	705

Q

Qi	262
Quasiresonanter Sperrwandler	201
Quell- und Senkenimpedanz	92, 99, 305

R

REDEXPERT®	29, 304, 318, 380, 615
Reflexionen	808
Reflexionsdämpfung	136
Reflexionsfaktor	136, 277
Reflexionsfaktorebene	277
Regelschleife	218
relative Permeabilität μ_r	32
Remanenzflussdichte Br	25

IV Verzeichnisse & Stichworte

Resistive Impedanzanteile 37
Resonanzerhöhung 543
Resonanzfrequenz 58, 341
Resonanzstelle 96
Right half-plane zeros 229
Ringing 181
Ringkernspule 19
Ripple 674
Ripplestrom 616, 709
Ripplestrom I_r 224
Rückflussdämpfung 135, 276
Rückstellwicklung 204

S

Sättigung 15, 76, 343, 660, 694
Sättigungseffekte 674
Sättigungsfluss, B_{SAT} 627
Sättigungsstrom 55, 374, 401
SCART-Anschluss 533
SCART-Schnittstellen 534
Schaltfrequenz 615, 675
Schaltspikes 614
Scheinwiderstand 41, 97
Schirmanschlussdraht 665
Schirmdämpfung 115
Schirmkontaktierung 607
Schirmung 529
Schirmungsmaßnahmen 110
Schrittmotor 612
Schutzleiteranschluss 653
Schutzleiterdrossel 654
Sektionelle Wicklung 348
Sender 527
SEPIC 191
Serienimpedanz Z 34
Serieninduktivität 500
Serienresonanz 58
Sicherheitsaufschlag 710
Sicherheitsbestimmungen 654, 661
Signalanstiegszeit 612
Signallast 112
Signalübertrager bifilar 135
Simulation Impedanzanalysator 75
Skin-Effekt 44
SMD Ferrite 301
SMD-Hochstrominduktivität WE-HCI 384

SMD Multilayer Induktivität WE-MI	338
Smith-Diagramm	139, 278
Snubber	181
Snubber design	857
Spannungsteilerverhältnis	113
Spannungszeitfläche	681
S-Parameter	82, 271
Speicherdrossel	708
Speicherdrossel Berechnung	368
Sperrwandlerübertrager	198
Spulenstrom	680
Spulenverluste	43
SSM2141	527
SSM2142	527
Stabantenne	497
Stabilitätskriterium	219
Stabkerndrosseln	610
Standardfilter	545
STAR-CLIP	326
STAR-GAP	331
STAR-RING	325
STAR-TEC	324, 335
Stecker	606
Steckernetzteil	531
Stehwellenverhältnis	137, 276
Steinmetz Formel	26, 378
Stichleitung	100
Störenergie	91
Störgrößentester Aufbau	249
Störsignalpfad	115
Störspannung	666
Störspannung im Sekundärstromkreis	503
Streuinduktivität	129, 147, 434
Stromaufnahme	671
Stromdichtenverteilung	45
Stromkompensation	343
Stromkompensierte Drossel	114, 115
Stromschleife	502
Stromsteuersignal	707
Stromverdopplung	211
Stromversorgungsanschlüsse	655
Stromversorgungsfilter	602
Stromwandler	214
Stromwelligkeit	673
Superflux-200	385
Surge-Impuls	454
Surge- und Burst-Impulse	608

IV Verzeichnisse & Stichworte

Symmetriewandler 526
symmetrischen Filter. 110
symmetrische Schnittstelle 663
Symmetrische Signalübertragung. 106
symmetrische und asymmetrische Filter 662
Synchronität. 118

T

Tastverhältnis. 177
TDA1517. 529
TDA9859. 533
Temperaturdrift. 54
Temperaturerhöhung. 381
T-Filter 90
Thermal Aging 385
Tiefpass. 92
Tiefpassfilter 93, 794
Tiefpassfilter 802
Total Harmonic Distortion. 435
Transformator. 125
Trenngraben. 105
Two-Switch-Forward. 205
Typische Permeabilitäten. 33

U

Übergangsfrequenz. 236
Übersetzungsverhältnis 112, 113, 129, 631
Überspannung 673
Übersprechdämpfung 552
Übertragerkonstruktion 201
Übertragungs-Frequenzgang 132
Übertragungsverlust 138
ungeschirmte Kabel 115
unsymmetrische Störkomponente. 665
Unterspannung. 673
USB 2.0. . . . . 481, 488

V

Varistor 107
Varistor Eigenschaften. 460
Varistoren 455
VDSL. 433

Verbesserung der Bezugsmasse	101
Verdrillte Kabel	108
Verdrillte Leiterpaare	107
Verluste	366, 709
Verlustleistung	380
Verlustwinkel tan δ	34
Verpolschutz	809
Versorgungsspannungen	662
Versorgungsspannung (Entstörung)	310
Verstärker	795
Verzerrung	705
Videosignale	551
Vollbrückentreiber LM18245	612
Vollbrückenwandler	210
voltage-fed-forward	223
Volt-Mikrosekundenprodukt	681
Volt-µ-Sekunden-Produkt	740

W

WE-AC HC	444
WE-BAL	450
WE-BPF	448
WE-CAIR	443
WE-CMB NiZn	354
WE-CNSW	344
WE-CPIB	404
WE-CST	419
WE-DD	397
WE-DPC	401, 404
WE-DSL	432
WE-EHPI	396
WE-FLEX	405, 719, 743
WE-FLEX HV	412
WE-FRI	437
WE-GDT	418
WE-HCC	390
WE-HCF	392
WE-HCI	384
Weiche Sättigung	377
weichmagnetische Materialien	25
WE-KI, WE-KI HC	437
WE-LAN	422
WE-LAN 10G	431
WE-LF	350
WE-LLCR	416
Wellenanregung	496

IV Verzeichnisse & Stichworte

WE-LPF	446
WE-MAPI	362
WE-MCRI	402
WE-MK	439
WE-MLS	321
WE-MPSB	317
WE-MTCI	403
WE-PBF	316
WE-PERM	386
WE-PFC	394
WE-PMI	359
WE-PoEH	415
WE-RFH	437, 439
WE-RJ45 HPLE	428
WE-RJ45 LAN	427
WE-SI	364
WE-SL	345
WE-SL1	347
WE-SL2	348
WE-SL3	349
WE-SL5	350
WE-SLM	346
WE-SUKW	315
WE-TCI	442
WE-TDC	404
WE-TPC	382
WE-UKW	318
WE-UNIT	724
WE-VS	459
WE-WPCC Wireless Power-Übertragungsspulen	421
Wicklungskapazität	42, 125, 130, 148
Wicklungskapazitäten	58
Windungszahl	115
Wirkungsanalyse	664
Wirkungsgrad	675, 680
Wirkwiderstand	705

Z

Z-Parameter	272
Zulässiger Spitzenstrom	485
Zylinderspule	19

3 Formelsammlung

3.1 Formelsammlung zur Berechnung der wichtigsten Parameter im Sperrwandler

1) Übersetzungsverhältnis:

$$\frac{N_1}{N_2} = \frac{U_i \cdot DC}{U_o \cdot (1 - DC)} \tag{4.16}$$

2) Tastverhältnis:

$$DC = \frac{U_o \cdot \frac{N_1}{N_2}}{\left(U_i + U_o \cdot \frac{N_1}{N_2}\right)} \tag{4.17}$$

3) Effektivströme:

$$I_{rmsprim} = \frac{\frac{P_o}{\eta \cdot U_i}}{\sqrt{DC}} \qquad I_{rms\,sec} = \frac{I_o}{\sqrt{1 - DC}} \tag{4.18}$$

4) Durchschnittsströme):

$$I_{avgprim} = \frac{\frac{P_o}{\eta \cdot U_i}}{DC} \qquad I_{avg\,sec} = \frac{I_o}{1 - DC} \tag{4.19}$$

5) Induktivität:

$$L_{sec} = \frac{U_o \cdot (1 - DC)^2}{0.3 \cdot I_o \cdot f} \qquad L_{prim} = \left(\frac{N_1}{N_2}\right)^2 \cdot L_{sec} \tag{4.20}$$

6) Spitzenströme:

$$I_{peak} = I_{avg} + \frac{I_{ripple}}{2} \tag{4.21}$$

IV Verzeichnisse & Stichworte

3.2 Kerngeometrien und typische übertragbare Leistung bei 100 kHz

Kerngeometrie	Übertragbare Leistung		
	Sperrwandler	Eintakt-Durchfluss-Wandler	Gegentakt-Durchfluss-Wandler
ER11/5	8.5 W	10 W	14 W
ER14.5/6	20 W	23 W	32 W
EFD15	26 W	30 W	42 W
EFD20	50 W	57 W	80 W
EP10	15 W	18 W	25 W
EP13	28 W	32 W	46 W
EF12.6	17 W	20 W	28 W
EF16	41 W	48 W	67 W
EF20	73 W	85 W	118 W

Tab. 4.1: Kerngeometrien und maximale übertragbare Leistung

Kerngeometrie	A_e [mm²]	L_e [mm]	V_e [mm³]	R_{th} [K/W]
ER11/5	11.9	14.7	174	134
ER14.5/6	17.6	19	333	99
EFD15	15	34	510	75
EFD20	31	47	1460	45
EP10	11.3	19.3	215	122
EP13	19.5	24.2	472	82
EF12.6	12.4	29.7	369	94
EF16	20.1	37.6	750	76
EF20	32	46	1490	46

Tab. 4.2: Kerngeometrien und Parameter

3.3 Snubber-Design

Auf der Primärseite von Schaltreglern können zwei Arten von Snubbern zum Einsatz kommen. Einerseits werden Snubber eingesetzt, um Selbstoszillationen (Abbildung 3.177, S. 570) beim Ausschalten des Schalters zu dämpfen, andererseits gibt es Snubber, die die am MOSFET auftretende Spannung reduzieren sollen.

Snubber zur Dämpfung von Selbstoszillationen

Zum Dämpfen der Selbstoszillationen werden in der Regel RC-Snubber eingesetzt, die dem MOSFET parallel geschaltet werden (Abbildung 4.6). Die Selbstoszillationen entstehen durch Resonanzen aus der Streuinduktivität des Übertragers und der Ausgangskapazität des MOSFETs. Die Kapazität des Snubbers soll ca. den dreifachen Wert der Kapazität des MOSFETs aufweisen. Dadurch halbiert sich die Frequenz der Selbstoszillation. Der Widerstand soll die beim Laden und Entladen der Kapazität entstehenden Ströme in Wärme umwandeln und somit die Schwingung dämpfen. Er sollte gleich der Impedanz des ursprünglichen LC-Schwingkreises sein.

$$R = \sqrt{\frac{L}{C}} = 2 \cdot \pi \cdot f \cdot L \qquad (4.22)$$

C ist die Ausgangskapazität des MOSFET und L die Streuinduktiviät des Übertragers.

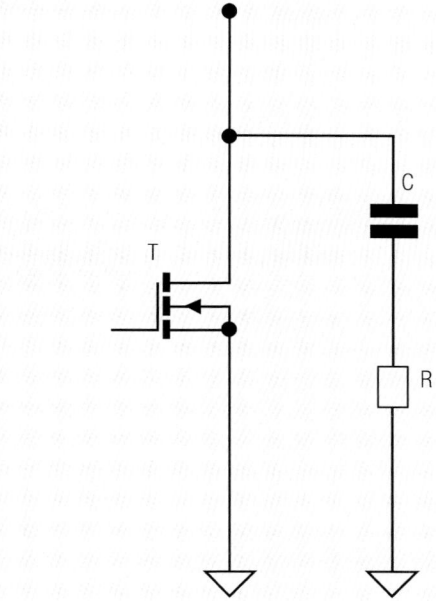

Abb. 4.6: *Schaltbild eines RC-Snubbers zur Dämpfung von Selbstoszillationen*

Snubber zur Reduzierung der auftretenden Drain-Source-Spannung

Insbesondere beim Sperrwandler treten während der Sperrphase am MOSFET sehr hohe Spannungen auf. Zur Eingangsspannung addiert sich die übersetzte Ausgangsspannung und die Spannung, die beim Entladen der Streuinduktivität auftritt. Um den MOSFET zu schützen, wird dafür häufig ein RCD-Snubber eingesetzt (Abbildung 4.7). Dieser ist parallel zur Primärwicklung des Übertragers. Die Diode sperrt während der Leitendphase des Wandlers, so dass der Snubber nur während der Sperrphase wirkt.

Die Kapazität muss so groß gewählt werden, dass sie die Energie der Streuinduktivität aufnehmen kann.

IV Verzeichnisse & Stichworte

$$\frac{1}{2} \cdot L \cdot I^2 = \frac{1}{2} \cdot C \cdot U^2 \Leftrightarrow C = \frac{LI^2}{U^2} \qquad (4.23)$$

L ist wieder die Streuinduktivität, I ist der maximale Primärstrom. U ist die Spannung aus der Streuinduktivität, die noch am MOSFET anstehen soll. R ist so zu wählen, dass die Zeitkonstante des RC-Glieds groß gegen die Schaltperiode ist.

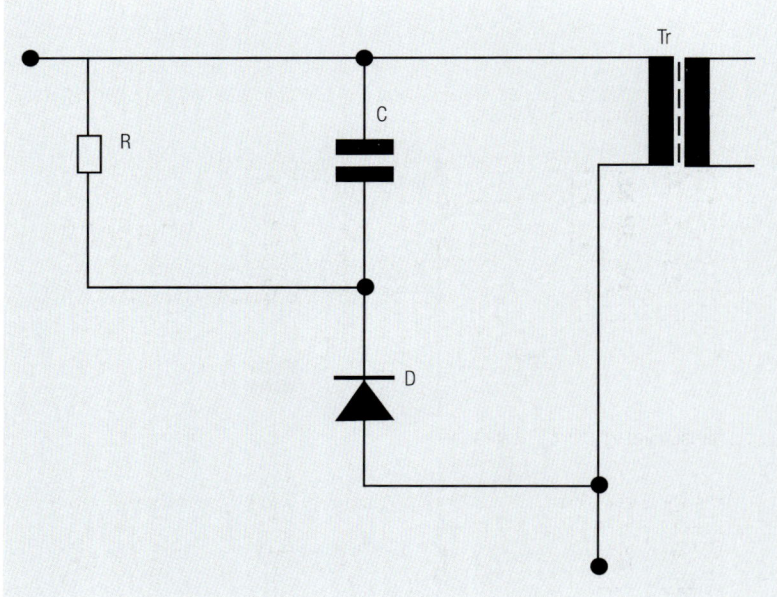

Abb. 4.7: Schaltbild eines RC-Snubbers zur Reduzierung der Drain-Source-Spannung

Weitere Informationen zu Snubber-Netzwerken findet man in Todd (1993).

3.4 Verschaltungsbeispiele der Flex-Übertrager WE-FLEX

Jeder Flex-Übertrager kann in einer großen Anzahl an Varianten verschaltet werden. Dazu muss nur das Leiterplattenlayout der jeweiligen Anwendung angepasst werden. Parallelverschalten erhöht die Strombelastbarkeit, in Reihe Schalten vervielfacht die Induktivität. Mit jedem der 25 Flex-Übertrager können 6 verschiedene Induktivitäten und 15 verschiedene Übersetzungsverhältnisse realisiert werden. Das ersetzt über 500 verschiedene Bauelemente.

Drosselverschaltungsbeispiele

1) Reihenschaltung von 6 Wicklungen

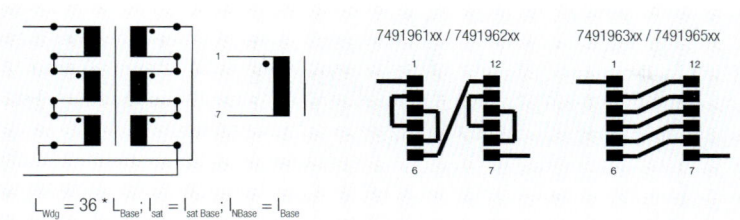

$L_{Wdg} = 36 * L_{Base}; I_{sat} = I_{sat\,Base}; I_{NBase} = I_{Base}$

2) Reihenschaltung von 5 Wicklungen

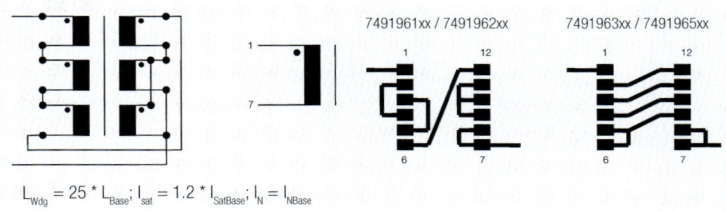

$L_{Wdg} = 25 * L_{Base}; I_{sat} = 1.2 * I_{SatBase}; I_N = I_{NBase}$

3) Reihenschaltung von 4 Wicklungen

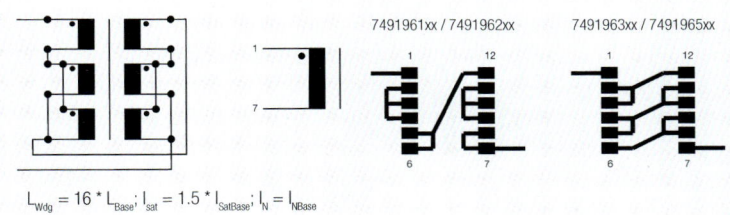

$L_{Wdg} = 16 * L_{Base}; I_{sat} = 1.5 * I_{SatBase}; I_N = I_{NBase}$

4) Reihenschaltung von 3 Wicklungen

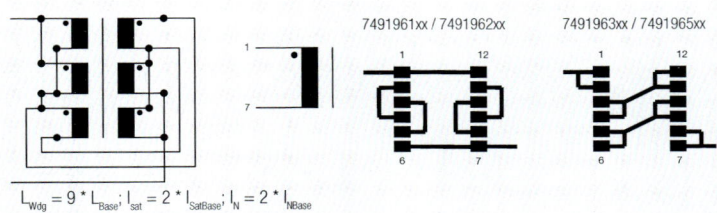

$L_{Wdg} = 9 * L_{Base}; I_{sat} = 2 * I_{SatBase}; I_N = 2 * I_{NBase}$

IV Verzeichnisse & Stichworte

5) Reihenschaltung von 2 Wicklungen

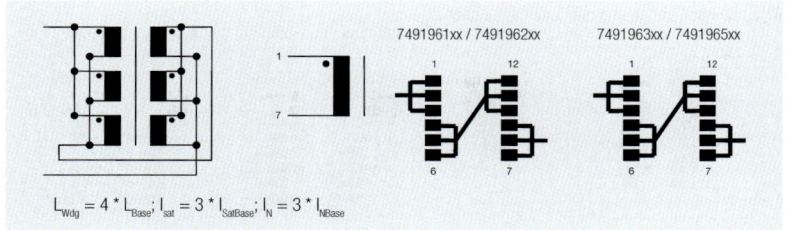

$L_{Wdg} = 4 * L_{Base}$; $I_{sat} = 3 * I_{SatBase}$; $I_N = 3 * I_{NBase}$

6) 1 Wicklung

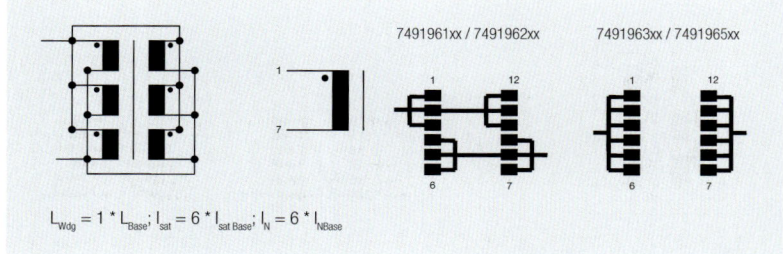

$L_{Wdg} = 1 * L_{Base}$; $I_{sat} = 6 * I_{satBase}$; $I_N = 6 * I_{NBase}$

Trafoverschaltungsbeispiele

1) 1 : 1

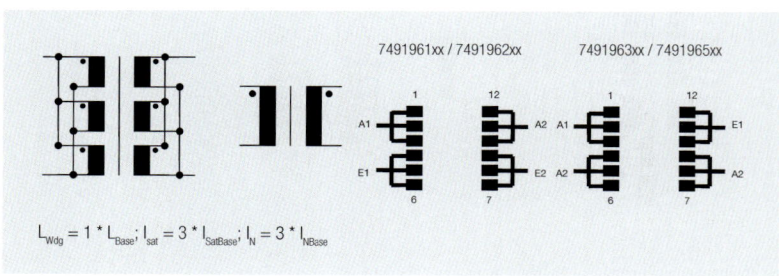

$L_{Wdg} = 1 * L_{Base}$; $I_{sat} = 3 * I_{SatBase}$; $I_N = 3 * I_{NBase}$

2) 1 : 2

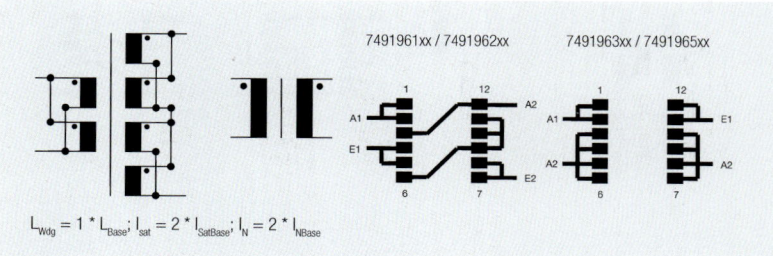

$L_{Wdg} = 1 * L_{Base}$; $I_{sat} = 2 * I_{SatBase}$; $I_N = 2 * I_{NBase}$

3) 1 : 3

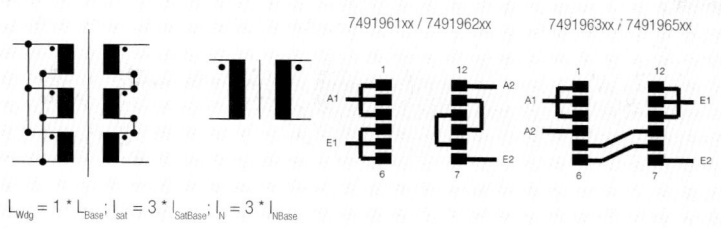

$L_{Wdg} = 1 * L_{Base}; I_{sat} = 3 * I_{SatBase}; I_N = 3 * I_{NBase}$

4) 1 : 4

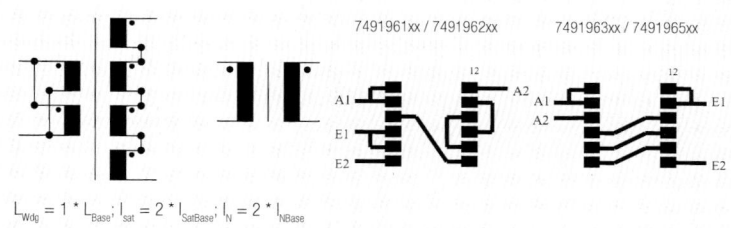

$L_{Wdg} = 1 * L_{Base}; I_{sat} = 2 * I_{SatBase}; I_N = 2 * I_{NBase}$

5) 1 : 5

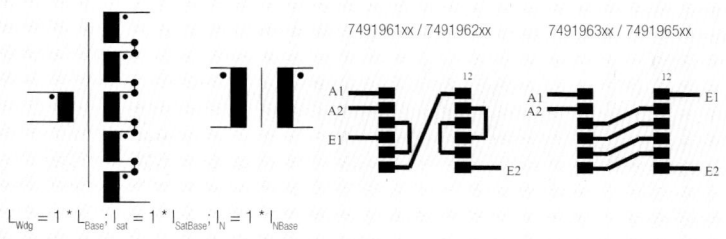

$L_{Wdg} = 1 * L_{Base}; I_{sat} = 1 * I_{SatBase}; I_N = 1 * I_{NBase}$

6) 2 : 2

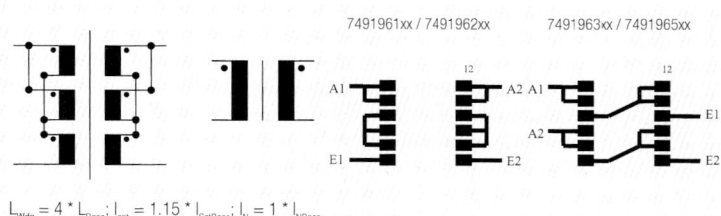

$L_{Wdg} = 4 * L_{Base}; I_{sat} = 1.15 * I_{SatBase}; I_N = 1 * I_{NBase}$

IV Verzeichnisse & Stichworte

7) 2 : 3

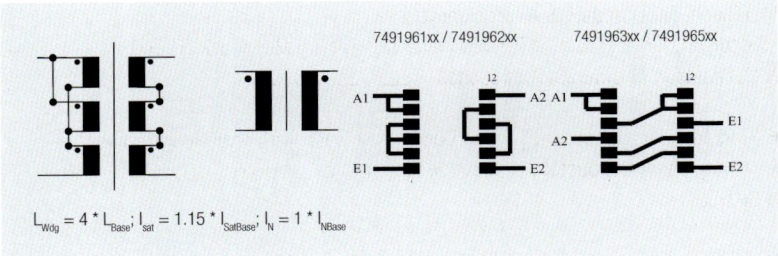

$L_{Wdg} = 4 * L_{Base}; I_{sat} = 1.15 * I_{SatBase}; I_N = 1 * I_{NBase}$

8) 2 : 4

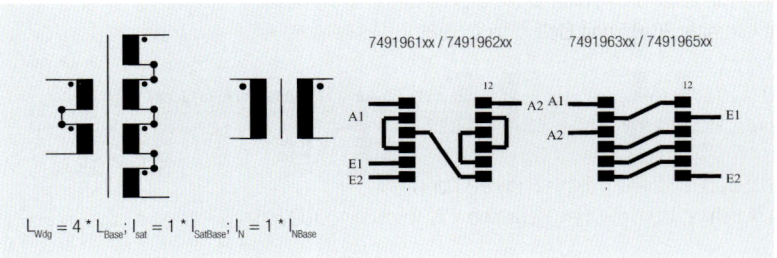

$L_{Wdg} = 4 * L_{Base}; I_{sat} = 1 * I_{SatBase}; I_N = 1 * I_{NBase}$

9) 3 : 3

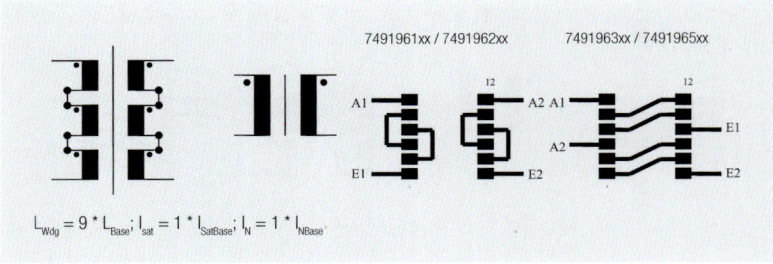

$L_{Wdg} = 9 * L_{Base}; I_{sat} = 1 * I_{SatBase}; I_N = 1 * I_{NBase}$

Literatur:

M. Albach, Th. Dürbaum & A. Brockmeyer
»Calculating Core Losses in Transformers for Arbitrary Magnetizing Currents –
A Comparison of Different Approaches« (IEEE PESC 1998)

B. Carsten »Switchmode Magnetics Design Calculating an Controlling Skin and
Proximity Effect Conductor Losses in HF Magnetics«
(PCIM Seminar Notes 8; 2001)

Prof. Chr. Dirks, U. Margieh »EMV-Filterentwurf mit der Drosseldatenbank«
(Elektronik 4/92)

Nils Dirks »EMV beginnt auf der Leiterplatte«
(Elektronik 26/07 und Elektronik 01/08)

U. Schlienz »Schaltnetzteile und ihre Peripherie – Dimensionierung, Einsatz, EMV«
(Vieweg Praxiswissen 2003)

R. Severns »History of the Forward Converter«
(Switching Power Power Magazine Vol. 1, issue 1, 2000)

P.C. Todd »Snubber Circuits: Theory, Design and Application«
(Unitrode Seminar 900 Topic 2; 1993)

A. Van den Bossche & V.C. Valchev »Inductors and Transformers for Power Electronics«
(Taylor & Francis 2005)

Datenblätter und Application Notes der beschriebenen Schaltregler

IV Verzeichnisse & Stichworte

IV Verzeichnisse & Stichworte